Fatores de Conversão e Definições

Dimensão Fundamental	Unidade Inglesa	Valor SI Exato	Valor Aproximado SI
Comprimento	1 in	0,0254 m	—
Massa	1 lbm	0,453 592 37 kg	0,454 kg
Temperatura	1°F	5/9 K	—

Definições:

Aceleração da gravidade: $g = 9,8066$ m/s² ($= 32,174$ ft/s²)

Energia: Btu (Unidade térmica britânica) ≡ quantidade de energia requerida para aumentar a temperatura de 1 lbm de água de 1°F (1 Btu = 778,2 ft · lbf)

quilocaloria ≡ quantidade de energia requerida para aumentar a temperatura de 1 kg de água de 1 K (1 kcal = 4187 J)

Comprimento: 1 milha = 5280 ft; 1 milha náutica = 6076,1 ft = 1852 m (exato)

Potência: 1 horsepower ≡ 550 ft · lbf/s

Pressão: 1 bar ≡ 10⁵ Pa

Temperatura: grau Fahrenheit, $T_F = \frac{9}{5}T_C + 32$ (na qual T_C é dado em graus Celsius)

grau Rankine, $T_R = T_F + 459,67$

Kelvin, $T_K = T_C + 273,15$ (exato)

Viscosidade: 1 Poise ≡ 0,1 kg/(m · s)

1 Stoke ≡ 0,0001 m²/s

Volume: 1 gal ≡ 231 in³ (1 ft³ = 7,48 gal)

Fatores de Conversão Úteis:

Comprimento:	1 ft = 0,3048 m	Potência:	1 hp = 745,7 W
	1 in = 25,4 mm		1 ft · lbf/s = 1,356 W
Massa:	1 lbm = 0,4536 kg		1 Btu/h = 0,2931 W
	1 slug = 14,59 kg	Área	1 ft² = 0,0929 m²
Força:	1 lbf = 4,448 N		1 acre = 4047 m²
	1 kgf = 9,807 N	Volume:	1 ft³ = 0,02832 m³
Velocidade:	1 ft/s = 0,3048 m/s		1 gal (EUA) = 0,003785 m³
	1 ft/s = 15/22 mph		1 gal (EUA) = 3,785 L
	1 mph = 0,447 m/s	Vazão volumétrica:	1 ft³/s = 0,02832 m³/s
Pressão:	1 psi = 6,895 kPa		1 gpm = 6,309 × 10⁻⁵ m³/s
	1 lbf/ft² = 47,88 Pa	Viscosidade (dinâmica)	1 lbf · s/ft² = 47,88 N · s/m²
	1 atm = 101,3 kPa		1 g/(cm · s) = 0,1 N · s/m²
	1 atm = 14,7 psi		1 Poise = 0,1 N · s/m²
	1 in Hg = 3,386 kPa	Viscosidade (cinemática)	1 ft²/s = 0,0929 m²/s
	1 mm Hg = 133,3 Pa		1 Stoke = 0,0001 m²/s
Energia:	1 Btu = 1,055 kJ		
	1 ft · lbf = 1,356 J		
	1 cal = 4,187 J		

INTRODUÇÃO À MECÂNICA DOS FLUIDOS

9ª edição

O GEN | Grupo Editorial Nacional – maior plataforma editorial brasileira no segmento científico, técnico e profissional – publica conteúdos nas áreas de ciências exatas, humanas, jurídicas, da saúde e sociais aplicadas, além de prover serviços direcionados à educação continuada e à preparação para concursos.

As editoras que integram o GEN, das mais respeitadas no mercado editorial, construíram catálogos inigualáveis, com obras decisivas para a formação acadêmica e o aperfeiçoamento de várias gerações de profissionais e estudantes, tendo se tornado sinônimo de qualidade e seriedade.

A missão do GEN e dos núcleos de conteúdo que o compõem é prover a melhor informação científica e distribuí-la de maneira flexível e conveniente, a preços justos, gerando benefícios e servindo a autores, docentes, livreiros, funcionários, colaboradores e acionistas.

Nosso comportamento ético incondicional e nossa responsabilidade social e ambiental são reforçados pela natureza educacional de nossa atividade e dão sustentabilidade ao crescimento contínuo e à rentabilidade do grupo.

INTRODUÇÃO À MECÂNICA DOS FLUIDOS

9ª edição

Robert W. Fox *Purdue University, Professor Emérito*
Alan T. McDonald *Purdue University, Professor Emérito*
Philip J. Pritchard *Manhattan College*
John W. Mitchell *University of Wisconsin-Madison*

Com a contribuição especial de:
John C. Leylegian *Manhattan College*

Tradução e Revisão Técnica
Ricardo Nicolau Nassar Koury Departamento de Engenharia Mecânica
Universidade Federal de Minas Gerais

Luiz Machado Departamento de Engenharia Mecânica
Universidade Federal de Minas Gerais

Os autores deste livro e a editora empenharam seus melhores esforços para assegurar que as informações e os procedimentos apresentados no texto estejam em acordo com os padrões aceitos à época da publicação, *e todos os dados foram atualizados pelos autores até a data de fechamento do livro.* Entretanto, tendo em conta a evolução das ciências, as atualizações legislativas, as mudanças regulamentares governamentais e o constante fluxo de novas informações sobre os temas que constam do livro, recomendamos enfaticamente que os leitores consultem sempre outras fontes fidedignas, de modo a se certificarem de que as informações contidas no texto estão corretas e de que não houve alterações nas recomendações ou na legislação regulamentadora.

Os autores e a editora se empenharam para citar adequadamente e dar o devido crédito a todos os detentores de direitos autorais de qualquer material utilizado neste livro, dispondo-se a possíveis acertos posteriores caso, inadvertida e involuntariamente, a identificação de algum deles tenha sido omitida.

Atendimento ao cliente: (11) 5080-0751 | faleconosco@grupogen.com.br

Traduzido de
INTRODUCTION TO FLUID MECHANICS, NINTH EDITION, SI VERSION
Copyright © 2016 John Wiley & Sons (Asia) Pte Ltd
All Rights Reserved. This translation published under license with the original publisher John Wiley & Sons Inc.
ISBN: 978-1-118-96127-8

Direitos exclusivos para a língua portuguesa
Copyright © 2018 by
LTC — Livros Técnicos e Científicos Editora Ltda.
Uma editora componente do GEN | Grupo Editorial Nacional
Travessa do Ouvidor, 11
Rio de Janeiro – RJ – 20040-040
www.grupogen.com.br

Reservados todos os direitos. É proibida a duplicação ou reprodução deste volume, no todo ou em parte, em quaisquer formas ou por quaisquer meios (eletrônico, mecânico, gravação, fotocópia, distribuição na Internet ou outros), sem permissão expressa da editora.

Designer de capa: fotovoyager/iStockphoto.com
Imagens de capa: © Sergey Aryaev/Shutterstock

Editoração Eletrônica: Focus Editoração Eletrônica

CIP-BRASIL. CATALOGAÇÃO NA PUBLICAÇÃO
SINDICATO NACIONAL DOS EDITORES DE LIVROS, RJ

I48

Introdução à mecânica dos fluidos / Robert W. Fox ... [et. al.] ; tradução Ricardo Nicolau Nassar Koury e Luiz Machado ; contribuição especial de John C. Leylegian. - 9. ed. - [Reimpr.]. - Rio de Janeiro : LTC, 2020.
: il. ; 28 cm.

Tradução de: Introduction to fluid mechanics
Apêndice
Inclui bibliografia e índice
ISBN 978-85-216-3481-2

1. Mecânica dos fluidos. I. Fox, Robert W., 1934-.

17-45348   CDD: 532
                      CDU: 531.3

Prefácio

Introdução

Este texto foi escrito para um curso de introdução em mecânica dos fluidos. Nossa abordagem do assunto, assim como nas edições anteriores, enfatiza os conceitos físicos da mecânica dos fluidos e os métodos de análise que se iniciam a partir dos princípios básicos. O objetivo principal deste livro é auxiliar os usuários a desenvolver uma metodologia ordenada para a solução de problemas. Para isso, partimos sempre das equações básicas, estabelecemos com clareza as considerações ou hipóteses adotadas e tentamos relacionar os resultados matemáticos com o comportamento físico correspondente. Mantivemos a ênfase no uso de volumes de controle como suporte de uma metodologia prática para resolver problemas, bem como incluímos uma abordagem teórica.

Metodologia de Solução de Problemas

A metodologia de solução Fox-McDonald usada neste texto é ilustrada em numerosos exemplos em cada capítulo. As soluções para os exemplos foram preparadas de modo a ilustrar a boa técnica de solução e a explicar pontos difíceis da teoria. Os exemplos aparecem destacados na sequência do texto e, por isso, são de fácil identificação e acompanhamento. As informações adicionais importantes sobre o texto e nossos procedimentos são apresentados na "Nota aos Estudantes" existente na Seção 1.1 do livro-texto. Aconselhamos que você analise essa seção com bastante atenção e que incorpore os procedimentos sugeridos à sua metodologia de solução de problemas e de representação de resultados.

Objetivos e Vantagens de Utilizar Este Texto

As explicações completas apresentadas no texto, juntamente com os numerosos exemplos detalhados, tornam este livro bem compreensível para estudantes. Isso permite ao professor deixar de lado os métodos tradicionais de ensino que se baseiam em aulas expositivas. O tempo em sala de aula pode ser utilizado, então, para apresentar material complementar, aprofundar tópicos especiais (tais como escoamento não newtoniano, escoamento de camada-limite, sustentação e arrasto, ou métodos experimentais), resolver exemplos de problemas, ou explicar pontos difíceis dos problemas extraclasse propostos. Além disso, os muitos exemplos com planilhas do *Excel* são úteis para apresentar uma variedade de fenômenos da mecânica dos fluidos, especialmente os efeitos produzidos quando os parâmetros de entrada variam. Desse modo, cada período de aula pode ser utilizado da maneira mais apropriada para atender às necessidades dos estudantes.

Quando os estudantes terminarem o curso de mecânica dos fluidos, esperamos que estejam aptos a aplicar as equações básicas em uma variedade de problemas, incluindo aqueles com os quais eles não tenham tido contato previamente. Enfatizamos em particular os conceitos físicos em todo o texto para ajudar os estudantes a modelar a variedade de fenômenos que ocorrem nas situações reais de escoamento fluido. Embora nesta edição incluamos, por conveniência, um resumo das equações úteis no final da maioria dos capítulos, salientamos que nossa filosofia é minimizar o uso de "fórmulas mágicas" e enfatizar a abordagem sistemática e fundamental para resolver o problema. Seguindo esse formato, acreditamos que os estudantes adquiram segurança em suas habilidades para aplicar o conteúdo e para descobrir que podem pensar em soluções para problemas um tanto desafiadores.

O livro é bem adequado para o estudo independente de estudantes ou engenheiros profissionais. Sua leitura agradável e os exemplos claros ajudam a adquirir segurança. Respostas de problemas selecionados estão incluídas no fim do livro, de modo que os estudantes podem conferir os resultados obtidos.

Cobertura do Texto

O conteúdo deste livro foi selecionado cuidadosamente, de modo a incluir uma ampla faixa de tópicos adequados para um curso de um ou dois semestres em mecânica dos fluidos de nível introdutório ou mais avançado. Consideramos ser necessário um conhecimento prévio em dinâmica de corpo rígido e em equações diferenciais. É desejável uma base em termodinâmica para o estudo de escoamento compressível.

Os conteúdos mais avançados, que geralmente não são cobertos em um curso introdutório, foram transferidos para o *site* da LTC Editora (essas seções estão identificadas no Sumário e nos capítulos). Esse conteúdo avançado está disponível *online* para os usuários do livro interessados em aprofundar seus estudos, o que não prejudica a sequência textual no livro-texto.

Os assuntos no livro-texto foram organizados em áreas de tópicos abrangentes:

- Conceitos introdutórios, abrangência da mecânica dos fluidos e estática dos fluidos (Capítulos 1, 2 e 3).

vi   Prefácio

- Desenvolvimento e aplicação de formas de volume de controle das equações básicas (Capítulo 4).
- Desenvolvimento e aplicação de formas diferenciais das equações básicas (Capítulos 5 e 6).
- Análise dimensional e correlação de dados experimentais (Capítulo 7).
- Aplicações para escoamentos internos viscosos e incompressíveis (Capítulo 8).
- Aplicações para escoamentos externos viscosos e incompressíveis (Capítulo 9).
- Análise e aplicações de máquinas de fluxo (Capítulo 10).
- Análise e aplicações de escoamentos em canais abertos (Capítulo 11).
- Análise e aplicações do escoamento compressível em uma dimensão (Capítulo 12).

O Capítulo 4 trata de análises usando tanto volumes de controles finitos quanto diferenciais. A equação de Bernoulli é deduzida como um exemplo de aplicação das equações básicas a um volume de controle diferencial. Estando aptos a usar a equação de Bernoulli no Capítulo 4, podemos incluir problemas mais desafiadores, lidando com a equação da quantidade de movimento para volumes de controle finitos.

Outra dedução da equação de Bernoulli é apresentada no Capítulo 6, no qual ela é obtida da integração das equações de Euler ao longo de uma linha de corrente. Caso um professor prefira postergar a introdução da equação de Bernoulli, os problemas desafiadores do Capítulo 4 podem ser resolvidos durante o estudo do Capítulo 6.

Características do Texto

Esta edição incorpora diversas características úteis:

- *Resumo do Capítulo e Equações Úteis*: No final da maior parte dos capítulos, para a conveniência dos estudantes, reunimos as equações mais usadas ou mais significativas do capítulo. Embora isso seja conveniente, não há como enfatizarmos suficientemente a necessidade de os estudantes se certificarem de que obtiveram uma compreensão da dedução e das limitações de cada equação antes de utilizá-las!
- *Problemas de Projeto*: Onde apropriado, usamos problemas de projeto de resposta aberta no lugar dos experimentos de laboratório tradicionais. Nos cursos que não dispõem de um laboratório completo, os estudantes podem formar grupos de trabalho para resolver esses problemas. Os problemas de projeto encorajam os estudantes a despender mais tempo explorando aplicações dos princípios de mecânica dos fluidos em projetos de dispositivos e sistemas. Como na edição anterior, os problemas de projeto estão juntos com os problemas de fim de capítulo.
- *Problemas de Resposta Aberta*: Incluímos muitos problemas de resposta aberta. Alguns são questões insti-

gantes para testar a compreensão dos conceitos fundamentais, outros requerem pensamento criativo, síntese e/ou respostas discursivas. Esperamos que esses problemas ajudem os professores a incentivar seus alunos no que se refere ao raciocínio e ao trabalho de forma mais dinâmica; da mesma forma, que eles estimulem os professores a desenvolver e usar mais problemas de resposta aberta.

- *Problemas de Final de Capítulo*: Em cada capítulo, os problemas são agrupados por tópico, nos quais o grau de complexidade ou de dificuldade aumenta à medida que eles se sucedem. Esse recurso facilita a solicitação de problemas extraclasse para o professor, de acordo com o nível de dificuldade apropriado para cada seção do livro. Por conveniência, os problemas agora estão agrupados de acordo com os títulos das seções dos capítulos.
- *Respostas de Problemas Selecionados*: Respostas de diversos problemas estão apresentadas no final do livro como uma forma de ajuda para o estudante verificar o entendimento da matéria.
- *Exemplos*: Diversos exemplos incluem planilhas do *Excel*, disponíveis *online* no *site* da LTC Editora, tornando-as úteis para as discussões e análises pelos estudantes ou pelo professor durante as aulas.

Novidade Desta Edição

Esta edição incorpora um número significativo de mudanças:

Cada capítulo é introduzido com um estudo de caso, uma interessante e nova aplicação do assunto tratado no capítulo. Nosso objetivo é ilustrar a ampla faixa de áreas que utilizam a disciplina de mecânica dos fluidos. Em geral, são temas que não podem ser tratados com profundidade em um texto como o deste livro. Desejamos que os estudos de casos estimulem o estudante a explorar novas aplicações e que ele não se sinta limitado pelos temas cobertos neste livro.

Frequentemente, o comportamento de fluidos pode ser mais bem entendido por meio de técnicas de visualização que capturam a dinâmica do escoamento do fluido. Para muitos assuntos dos capítulos, pequenos vídeos podem ser usados para ilustrar fenômenos específicos. Esses vídeos, que estão disponíveis *online* tanto para estudantes quanto professores no GEN-IO, ambiente virtual de aprendizagem do GEN | Grupo Editorial Nacional, que pode ser acessado pelo *site* www.grupogen.com.br, estão indicados por um ícone na margem do texto. Também incluímos mais referências de vídeos para uma ampla faixa de tópicos em mecânica dos fluidos. Incentivamos estudantes e professores a usar esses vídeos para ter ideias sobre o real comportamento de fluidos.

O escoamento compressível foi coberto em dois capítulos nas edições precedentes. Agora, esses capítulos acham-se condensados em um só capítulo, e os assuntos mais avançados (escoamento de Fanno, escoamento de Rayleigh e ondas de choque oblíquo e de expansão) foram retirados do texto. Essas seções e os problemas correspondentes estão disponíveis no GEN-IO, ambiente virtual de aprendizagem do GEN | Grupo Editorial Nacional, para estudantes e professores. Ele proporciona uma excelente introdução para aqueles que estiverem interessados em um estudo mais aprofundado do escoamento incompressível. A abordagem do escoamento compressível na presente edição é paralela à abordagem do escoamento em canais abertos, enfatizando a similaridade entre os dois tópicos.

Agradecimentos

Esta nona edição representa outro passo na evolução deste clássico texto para se adaptar às necessidades de estudantes e professores de mecânica dos fluidos. Ela mantém a tradição de fornecer uma introdução forte e pedagógica de temas relacionados com fluidos, conforme concebido pelos autores originais, Robert Fox e Alan McDonald. O foco deles é fornecer não somente os fundamentos para estudantes que farão apenas um curso de fluidos, mas também uma base forte para aqueles que continuarão seus estudos em tópicos mais avançados.

Apesar de os autores originais não terem se envolvido com as últimas edições, tentamos preservar o entusiasmo deles pelos assuntos abordados e suas ideias pessoais sobre o comportamento dos fluidos. Seus comentários dão uma dimensão raramente encontrada em livros-texto e aumentam a compreensão dos estudantes sobre esses importantes assuntos.

Ao longo dos anos, muitos estudantes e escolas têm fornecido problemas extras de fim de capítulo e novos materiais que moldaram edições subsequentes deste livro. Assim, a presente edição contou com a colaboração de muitos professores e pesquisadores do campo de fluidos que suplementaram e ajudaram os autores desta obra.

Não é possível agradecer a todos os colaboradores individualmente, mas o esforço coletivo deles tem sido crucial para o sucesso desta obra. Em particular, Philip J. Pritchard, o autor da edição anterior e responsável por muitas revisões significativas no texto e nos materiais *online* incluídos nesta nona edição. Desejamos que colegas e outros que usam este livro continuem nos enviando sugestões, pois suas contribuições são essenciais para manter a qualidade e a relevância deste livro.

John W. Mitchell
Julho de 2014

Sumário

CAPÍTULO 1 INTRODUÇÃO 1

1.1 Introdução à Mecânica dos Fluidos 2
   Nota aos Estudantes 2
   Escopo da Mecânica dos Fluidos 3
   Definição de um Fluido 4
1.2 Equações Básicas 5
1.3 Métodos de Análise 6
   Sistema e Volume de Controle 6
   Formulação Diferencial *Versus* Formulação
     Integral 7
   Métodos de Descrição 8
1.4 Dimensões e Unidades 10
   Sistemas de Dimensões 11
   Sistemas de Unidades 11
   Sistemas de Unidades Preferenciais 12
   Consistência Dimensional e Equações de
     "Engenharia" 14
1.5 Análise de Erro Experimental 15
1.6 Resumo 15
Problemas 16

CAPÍTULO 2 CONCEITOS FUNDAMENTAIS 18

2.1 Fluido como um Contínuo 19
2.2 Campo de Velocidade 21
   Escoamentos Uni, Bi e Tridimensionais 22
   Linhas de Tempo, Trajetórias, Linhas de
     Emissão e Linhas de Corrente 23
2.3 Campo de Tensão 27
2.4 Viscosidade 29
   Fluido Newtoniano 30
   Fluidos Não Newtonianos 32
2.5 Tensão Superficial 34
2.6 Descrição e Classificação dos Movimentos
     de Fluido 36
   Escoamentos Viscosos e Não Viscosos 37
   Escoamentos Laminar e Turbulento 40
   Escoamentos Compressível e
     Incompressível 40
   Escoamentos Interno e Externo 42
2.7 Resumo e Equações Úteis 43
Referências 44
Problemas 44

CAPÍTULO 3 ESTÁTICA DOS FLUIDOS 50

3.1 A Equação Básica da Estática dos
     Fluidos 51
3.2 A Atmosfera-Padrão 54
3.3 Variação de Pressão em um Fluido
     Estático 55
   Líquidos Incompressíveis: Manômetros 55
   Gases 60
3.4 Forças Hidrostáticas sobre Superfícies
     Submersas 63
   Força Hidrostática sobre uma Superfície
     Plana Submersa 63
   Força Hidrostática sobre uma Superfície
     Curva Submersa 70
3.5 Empuxo e Estabilidade 74
3.6 Fluidos em Movimento de Corpo Rígido (no
     GEN-IO, ambiente virtual de aprendizagem
     do GEN) 77
3.7 Resumo e Equações Úteis 77
Referências 78
Problemas 78

CAPÍTULO 4 EQUAÇÕES BÁSICAS NA
FORMA INTEGRAL PARA UM VOLUME
DE CONTROLE 87

4.1 Leis Básicas para um Sistema 89
   Conservação de Massa 89
   Segunda Lei de Newton 89
   O Princípio da Quantidade de Movimento
     Angular 89
   A Primeira Lei da Termodinâmica 90
   A Segunda Lei da Termodinâmica 90
4.2 Relação entre as Derivadas do Sistema e a
     Formulação para Volume de Controle 90
   Derivação 91
   Interpretação Física 93
4.3 Conservação de Massa 94
   Casos Especiais 95
4.4 Equação da Quantidade de Movimento para
     um Volume de Controle Inercial 101
   Análise de Volume de Controle
     Diferencial 112

ix

x   Sumário

Volume de Controle Movendo com Velocidade Constante   115

4.5   Equação da Quantidade de Movimento para um Volume de Controle com Aceleração Retilínea   118

4.6   Equação da Quantidade de Movimento para Volume de Controle com Aceleração Arbitrária (no GEN-IO, ambiente virtual de aprendizagem do GEN)   125

4.7   O Princípio da Quantidade de Movimento Angular   125
Equação para Volume de Controle Fixo   125

4.8   A Primeira e a Segunda Leis da Termodinâmica   129
Taxa de Trabalho Realizado por um Volume de Controle   130
Equação do Volume de Controle   132

4.9   Resumo e Equações Úteis   136
Problemas   138

CAPÍTULO 5   INTRODUÇÃO À ANÁLISE DIFERENCIAL DOS MOVIMENTOS DOS FLUIDOS   153

5.1   Conservação da Massa   154
Sistema de Coordenadas Retangulares   154
Sistema de Coordenadas Cilíndricas   158

*5.2   Função de Corrente para Escoamento Incompressível Bidimensional   161

5.3   Movimento de uma Partícula Fluida (Cinemática)   163
Translação de um Fluido: Aceleração de uma Partícula Fluida em um Campo de Velocidade   164
Rotação de Fluido   170
Deformação de Fluido   174

5.4   Equação da Quantidade de Movimento   177
Forças Atuando sobre uma Partícula Fluida   177
Equação Diferencial da Quantidade de Movimento   178
Fluidos Newtonianos: as Equações de Navier–Stokes   179

*5.5   Introdução à Dinâmica de Fluidos Computacional   186
Por que a DFC É Necessária   187
Aplicações de DFC   188
Alguns Métodos Numéricos/DFC Básicos Usando uma Planilha   188

A Estratégia de DFC   193
Discretização Usando o Método das Diferenças Finitas   194
Montagem do Sistema Discreto e Aplicação de Condições de Contorno   195
Solução do Sistema Discreto   196
Malha de Convergência   196
Lidando com a Não Linearidade   197
Solucionadores Diretos e Iterativos   198
Convergência Iterativa   199
Considerações Finais   201

5.6   Resumo e Equações Úteis   202
Referências   203
Problemas   204

CAPÍTULO 6   ESCOAMENTO INCOMPRESSÍVEL DE FLUIDOS NÃO VISCOSOS   209

6.1   Equação da Quantidade de Movimento para Escoamento sem Atrito: a Equação de Euler   210

6.2   A Equação de Bernoulli — Integração da Equação de Euler ao Longo de uma Linha de Corrente para Escoamento Permanente   214
Dedução Usando Coordenadas de Linha de Corrente   214
Dedução Usando Coordenadas Retangulares   215
Pressões Estática, de Estagnação e Dinâmica   217
Aplicações   220
Precauções no Emprego da Equação de Bernoulli   225

6.3   A Equação de Bernoulli Interpretada como uma Equação de Energia   226

6.4   Linha de Energia e Linha Piezométrica   230

6.5   Equação de Bernoulli para Escoamento Transiente — Integração da Equação de Euler ao Longo de uma Linha de Corrente (no GEN-IO, ambiente virtual de aprendizagem do GEN)   232

*6.6   Escoamento Irrotacional   232
A Equação de Bernoulli Aplicada a um Escoamento Irrotacional   232
Potencial de Velocidade   233
Função de Corrente e Potencial de Velocidade para Escoamento Bidimensional,

Irrotacional e Incompressível: Equação de Laplace 234

Escoamentos Planos Elementares 237

Superposição de Escoamentos Planos Elementares 239

6.7 Resumo e Equações Úteis 249

Referências 250

Problemas 250

CAPÍTULO 7 ANÁLISE DIMENSIONAL E SEMELHANÇA 258

7.1 As Equações Diferenciais Básicas Adimensionais 259

7.2 A Natureza da Análise Dimensional 261

7.3 O Teorema Pi de Buckingham 263

7.4 Grupos Adimensionais Importantes na Mecânica dos Fluidos 269

7.5 Semelhança de Escoamentos e Estudos de Modelos 271

Semelhança Incompleta 274

Transporte por Escala com Múltiplos Parâmetros Dependentes 280

Comentários sobre Testes com Modelos 283

7.6 Resumo e Equações Úteis 284

Referências 285

Problemas 285

CAPÍTULO 8 ESCOAMENTO INTERNO VISCOSO E INCOMPRESSÍVEL 291

8.1 Características de Escoamento Interno 292

Escoamento Laminar *Versus* Turbulento 292

A Região de Entrada 293

PARTE A ESCOAMENTO LAMINAR COMPLETAMENTE DESENVOLVIDO 294

8.2 Escoamento Laminar Completamente Desenvolvido entre Placas Paralelas Infinitas 294

Ambas as Placas Estacionárias 294

Placa Superior Movendo-se com Velocidade Constante, U 299

8.3 Escoamento Laminar Completamente Desenvolvido em um Tubo 305

PARTE B ESCOAMENTO EM TUBOS E DUTOS 309

8.4 Distribuição de Tensão de Cisalhamento no Escoamento Completamente Desenvolvido em Tubos 310

8.5 Perfis de Velocidade em Escoamentos Turbulentos Completamente Desenvolvidos em Tubos 312

8.6 Considerações de Energia no Escoamento em Tubos 314

Coeficiente de Energia Cinética 316

Perda de Carga 316

8.7 Cálculo da Perda de Carga 317

Perdas Maiores: Fator de Atrito 317

Perdas Menores 322

Bombas, Ventiladores e Sopradores em Sistemas de Fluidos 327

Dutos Não Circulares 328

8.8 Solução de Problemas de Escoamento em Tubo 329

Sistemas de Trajeto Único 329

Sistemas de Trajetos Múltiplos 343

PARTE C MEDIÇÃO DE VAZÃO 346

8.9 Medidores de Vazão de Restrição para Escoamentos Internos 347

A Placa de Orifício 350

O Bocal Medidor 351

O Venturi 353

Elemento de Escoamento Laminar 353

Medidores de Vazão Lineares 356

Métodos Transversos 358

8.10 Resumo e Equações Úteis 359

Referências 361

Problemas 362

CAPÍTULO 9 ESCOAMENTO VISCOSO, INCOMPRESSÍVEL, EXTERNO 373

PARTE A CAMADAS-LIMITE 375

9.1 O Conceito de Camada-Limite 375

9.2 Camada-Limite Laminar sobre uma Placa Plana: Solução Exata (no GEN-IO, ambiente virtual de aprendizagem no GEN) 379

9.3 Equação Integral da Quantidade de Movimento 379

9.4 Uso da Equação Integral da Quantidade de Movimento para Escoamento com Gradiente de Pressão Zero 384

Escoamento Laminar 385

Escoamento Turbulento 390

Resumo dos Resultados para Escoamento em Camada-Limite com Gradiente de Pressão Zero 393

xii   Sumário

9.5   Gradientes de Pressão no Escoamento da
      Camada-Limite   393

PARTE B   ESCOAMENTO FLUIDO EM TORNO DE
CORPOS SUBMERSOS   396

9.6   Arrasto   397
      Arrasto de Atrito Puro: Escoamento
        sobre uma Placa Plana Paralela ao
        Escoamento   398
      Arrasto de Pressão Puro: Escoamento
        sobre uma Placa Plana Normal ao
        Escoamento   401
      Arrastos de Pressão e de Atrito: Escoamento
        sobre uma Esfera e um Cilindro   401
      Carenagem   408
9.7   Sustentação   410
9.8   Resumo e Equações Úteis   426
Referências   428
Problemas   429

CAPÍTULO 10   MÁQUINAS DE FLUXO   438

10.1 Introdução e Classificação de Máquinas de
        Fluxo   439
      Máquinas para Realizar Trabalho sobre um
        Fluido   439
      Máquinas para Extrair Trabalho (Potência)
        de um Fluido   442
      Abrangência   443
10.2 Análise de Turbomáquinas   444
      O Princípio da Quantidade de Movimento
        Angular: A Equação de Euler para
        Turbomáquinas   444
      Diagramas de Velocidade   446
      Eficiência — Potência Hidráulica   449
      Análise Dimensional e Velocidade
        Específica   450
10.3 Bombas, Ventiladores e Sopradores   455
      Aplicação da Equação de Euler
        para Turbomáquinas para Bombas
        Centrífugas   455
      Aplicação da Equação de Euler para Bombas
        e Ventiladores Axiais   456
      Características de Desempenho   460
      Regras de Semelhança   466
      Cavitação e Altura de Carga de Sucção
        Positiva Líquida   470
      Seleção de Bomba: Aplicação para Sistemas
        Fluidos   473
      Sopradores e Ventiladores   485

10.4 Bombas de Deslocamento Positivo   492
10.5 Turbinas Hidráulicas   496
      Teoria de Turbina Hidráulica   496
      Características de Desempenho para Turbinas
        Hidráulicas   498
      Dimensionamento de Turbinas Hidráulicas
        para Sistemas Fluidos   502
10.6 Hélices e Máquinas Eólicas   506
      Hélices   506
      Máquinas Eólicas   515
10.7 Turbomáquinas de Escoamento
        Compressível   524
      Aplicação da Equação da Energia
        para uma Máquina de Escoamento
        Compressível   524
      Compressores   525
      Turbinas de Escoamento Compressível   529
10.8 Resumo e Equações Úteis   530
Referências   532
Problemas   533

**CAPÍTULO 11   ESCOAMENTO EM CANAIS
ABERTOS   540**

11.1 Conceitos Básicos e Definições   542
      Considerações para Simplificação   543
      Geometria do Canal   544
      Velocidade de Ondas Superficiais e o
        Número de Froude   545
11.2 Equação de Energia para Escoamentos em
        Canal Aberto   549
      Energia Específica   552
      Profundidade Crítica: Energia Específica
        Mínima   555
11.3 Efeito Localizado de Mudança de Área
        (Escoamento sem Atrito)   558
      Escoamento sobre um Ressalto   558
11.4 O Ressalto Hidráulico   563
      Aumento de Profundidade Através de um
        Ressalto Hidráulico   566
      Perda de Carga Através de um Ressalto
        Hidráulico   566
11.5 Escoamento Uniforme em Regime
        Permanente   570
      A Equação de Manning para Escoamento
        Uniforme   571
      Equação de Energia para Escoamento
        Uniforme   577
      Seção Transversal do Canal Ótima   578

Sumário **xiii**

11.6 Escoamento com Profundidade Variando Gradualmente 579
Cálculo de Perfis de Superfície 581
11.7 Medição de Descarga Usando Vertedouros 584
Vertedouro Retangular Suprimido 584
Vertedouros Retangulares Contraídos 585
Vertedouro Triangular 585
Vertedouro de Soleira Espessa 586
11.8 Resumo e Equações Úteis 587
Referências 588
Problemas 589

CAPÍTULO 12 INTRODUÇÃO AO ESCOAMENTO COMPRESSÍVEL 592

12.1 Revisão de Termodinâmica 593
12.2 Propagação de Ondas de Som 599
Velocidade do Som 599
Tipos de Escoamento — o Cone de Mach 604
12.3 Estado de Referência: Propriedades de Estagnação Isentrópica Local 607
Propriedades Locais de Estagnação Isentrópica para o Escoamento de um Gás Ideal 608
12.4 Condições Críticas 615
12.5 Equações Básicas para Escoamento Compressível Unidimensional 615
Equação da Continuidade 616
Equação da Quantidade de Movimento 616
Primeira Lei da Termodinâmica 617
Segunda Lei da Termodinâmica 618
Equação de Estado 618
12.6 Escoamento Isentrópico de um Gás Ideal: Variação de Área 619
Escoamento Subsônico, $M < 1$ 621
Escoamento Supersônico, $M > 1$ 621
Escoamento Sônico, $M = 1$ 622
Condições Críticas e de Estagnação de Referência para Escoamento Isentrópico de um Gás Ideal 623
Escoamento Isentrópico em um Bocal Convergente 629
Escoamento Isentrópico em um Bocal Convergente-Divergente 633
12.7 Choques Normais 638
Equações Básicas para um Choque Normal 639

Funções de Escoamento de Choque Normal para Escoamento Unidimensional de um Gás Ideal 641
12.8 Escoamento Supersônico em Canais, com Choque 646
12.8 Escoamento Supersônico em Canais, com Choque (continuação, no GEN-IO, ambiente virtual de aprendizagem do GEN) 648
12.9 Escoamento em Duto de Área Constante, com Atrito (no GEN-IO, ambiente virtual de aprendizagem do GEN) 648
12.10 Escoamento sem Atrito em um Duto de Área Constante, com Transferência de Calor (no GEN-IO, ambiente virtual de aprendizagem do GEN) 648
12.11 Choques Oblíquos e Ondas de Expansão (no GEN-IO, ambiente virtual de aprendizagem do GEN) 648
12.12 Resumo e Equações Úteis 648
Referências 651
Problemas 651

APÊNDICE A DADOS DE PROPRIEDADES DE FLUIDOS 655

APÊNDICE B FILMES PARA MECÂNICA DOS FLUIDOS 665

APÊNDICE C CURVAS DE DESEMPENHO SELECIONADAS PARA BOMBAS E VENTILADORES 667

APÊNDICE D FUNÇÕES DE ESCOAMENTO PARA O CÁLCULO DE ESCOAMENTO COMPRESSÍVEL 682

APÊNDICE E ANÁLISE DE INCERTEZA EXPERIMENTAL 685

APÊNDICE F FUNÇÕES ADICIONAIS DE ESCOAMENTO COMPRESSÍVEL (no GEN-IO, ambiente virtual de aprendizagem do GEN)

APÊNDICE G UM RESUMO DO MICROSOFT EXCEL (no GEN-IO, ambiente virtual de aprendizagem do GEN)

RESPOSTAS DE PROBLEMAS SELECIONADOS 692

ÍNDICE 702

Material Suplementar

Este livro conta com os seguintes materiais suplementares:

- Apêndice F: Funções Adicionais de Escoamento Compressível (.pdf) (acesso livre);
- Apêndice G: Revisão Sintética do Microsoft Excel (.pdf) (acesso livre);
- Ilustrações da obra em formato de apresentação em (.pdf) (restrito a docentes);
- Lecture PowerPoint Slides: arquivos em formato (.ppt), em inglês, contendo apresentações para uso em sala de aula (restrito a docentes);
- Modelos em Excel (acesso livre);
- Seções Extras (acesso livre);
- Online-Only Solutions Manual: arquivos em (.pdf), em inglês, contendo soluções para os problemas das seções extras (restrito a docentes);
- Solutions Manual: arquivos em formato (.pdf), em inglês, contendo as soluções dos exercícios do livro (restrito a docentes);
- Coletânea de vídeos, em inglês, sobre mecânica dos fluidos (acesso livre).

O acesso aos materiais suplementares é gratuito. Basta que o leitor se cadastre em nosso *site* (www.grupogen.com.br), faça seu *login* e clique em GEN-IO, no menu superior do lado direito. É rápido e fácil.

Caso haja alguma mudança no sistema ou dificuldade de acesso, entre em contato conosco (gendigital@grupogen.com.br).

GEN-IO (GEN | Informação Online) é o repositório de materiais suplementares e de serviços relacionados com livros publicados pelo GEN | Grupo Editorial Nacional, maior conglomerado brasileiro de editoras do ramo científico-técnico-profissional, composto por Guanabara Koogan, Santos, Roca, AC Farmacêutica, Forense, Método, Atlas, LTC, E.P.U. e Forense Universitária. Os materiais suplementares ficam disponíveis para acesso durante a vigência das edições atuais dos livros a que eles correspondem.

CAPÍTULO 1

Introdução

1.1 Introdução à Mecânica dos Fluidos
1.2 Equações Básicas
1.3 Métodos de Análise
1.4 Dimensões e Unidades
1.5 Análise de Erro Experimental
1.6 Resumo

Estudo de Caso

No início de cada capítulo, apresentamos um estudo de caso que mostra como o material do capítulo está associado à tecnologia moderna. Tentamos apresentar novos desenvolvimentos, que mostram a contínua importância do campo da mecânica dos fluidos. Talvez, como um engenheiro novo e criativo, você será capaz de usar as ideias aprendidas neste curso para melhorar alguns dos atuais dispositivos de fluidos mecânicos ou inventar novos equipamentos!

Energia Eólica

De acordo com a edição de 16 de julho de 2009 do *New York Times*, o potencial global de energia eólica é muito maior do que o estimado anteriormente tanto pelos grupos industriais quanto pelas agências governamentais. Usando os dados obtidos a partir de milhares de estações meteorológicas, a pesquisa indica que o potencial mundial de energia eólica é em torno de 40 vezes maior do que o consumo atual total de energia; estudos anteriores haviam posto esse valor em torno de sete vezes maior! Nos 48 estados mais baixos dos EUA, o potencial de energia eólica é 16 vezes maior do que a demanda total de energia elétrica nos EUA, sugeriram os pesquisadores, novamente muito além do que um estudo de 2008 do Departamento de Energia dos EUA, que projetou que a energia eólica poderia suprir um quinto de toda a energia elétrica no país até 2030. Os resultados indicam a validade da alegação muitas vezes feita de que "os Estados Unidos são a Arábia Saudita da Energia Eólica".

A nova estimativa é baseada na ideia de implantação de turbinas eólicas de 2,5 a 3,0 megawatts (MW) em áreas rurais que não são congeladas e nem de florestas, além de estarem longe de locais de mar raso. Essa é uma estimativa conservadora de 20% para o fator de capacidade, que é uma medida de quanta energia dada turbina realmente produz. Tem sido estimado que a energia eólica total que concebivelmente poderia ser extraída está em torno de 72 terawatts (TW, 72×10^{12} watts). Tendo em conta que o consumo total de energia de todos os seres humanos foi cerca de 16 TW (como em 2006), fica claro que a energia eólica poderia suprir toda a necessidade mundial em um futuro previsível!

Uma razão para a nova estimativa é decorrente da utilização cada vez mais comum de turbinas muito grandes, que se elevam a quase 100 m de altura, em que as velocidades do vento são maiores. Estudos anteriores do vento foram baseados no uso de turbinas de 50 a 80 m. Adicionalmente, para chegar ainda a elevações mais altas (e, consequentemente, maiores velocidades do vento), duas abordagens foram propostas. Em um artigo recente, o professor Archer da California State University e o professor Caldeira da Carnegie Institution of Washington, Stanford, discutiram algumas possibilidades. Uma delas é um projeto de uma pipa chamada *KiteGen* (mostrada na figura), que consiste em aerofólios amarrados (pipas), que são manipulados por uma unidade de controle conectada a uma base no solo, um gerador em forma de carrossel; as pipas são manobráveis, de modo que dirigem o carrossel, gerando energia, possivelmente tanto quanto 100 MW. Essa abordagem seria melhor

Pipas *KiteGen* poderiam voar a uma altitude de aproximadamente 1.000 m e girar um carrossel sobre o solo.

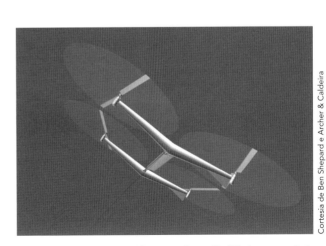

Os geradores de energia elétrica voadores *Sky Windpower* poderiam voar a altitudes de aproximadamente 10.000 m.

2   Capítulo 1

para os primeiros quilômetros da atmosfera. Uma abordagem usando maiores elevações teria que gerar energia elétrica e, em seguida, transmiti-la da parte superior para a superfície por meio de um cabo. No projeto proposto por *Sky Windpower*, quatro rotores são montados sobre uma estrutura aérea; os rotores fornecem sustentação para o dispositivo e geração de energia elétrica. A aeronave poderia se levantar do local com a energia elétrica fornecida para atingir a altitude desejada, mas geraria até 40 MW de energia elétrica. Conjuntos múltiplos poderiam ser usados para geração de energia elétrica em grande escala.

1.1 *Introdução à Mecânica dos Fluidos*

Decidimos dar o título "Introdução à..." para este livro-texto pela seguinte razão: depois de estudar o livro, você *não* estará apto para projetar a aerodinâmica de um novo carro ou avião, ou projetar uma nova válvula cardíaca, ou selecionar corretamente os extratores e dutos de ar para um edifício de 100 milhões de dólares; contudo, *terá* desenvolvido uma boa compreensão dos conceitos que estão atrás de tudo isso, e muitas outras aplicações. Você terá feito significativo progresso na direção de estar pronto para trabalhar em projetos de ponta em mecânica dos fluidos, tais como esses.

Para iniciar na direção desse objetivo, abordamos alguns tópicos básicos neste capítulo: um estudo de caso, a abrangência da mecânica dos fluidos, a definição-padrão do ponto de vista da engenharia para um fluido e equações básicas e métodos de análises. Finalmente, discutimos algumas confusões frequentes que o estudante de engenharia faz em temas como sistemas da unidade e análise experimental.

Nota aos Estudantes

Este é um livro orientado para o estudante: acreditamos que ele seja bastante detalhado para um texto introdutório, e que um estudante possa aprender por si por meio dele. Contudo, muitos estudantes usarão o texto em um ou mais cursos de graduação. Em um caso ou no outro, recomendamos uma leitura apurada dos capítulos relevantes. De fato, uma boa estratégia é ler rapidamente cada capítulo uma vez, e então reler cuidadosamente uma segunda e mesmo uma terceira vez, de modo que os conceitos formem um contexto e adquiram significado. Tendo em vista que os estudantes frequentemente acham a mecânica dos fluidos bastante desafiadora, acreditamos que essa técnica, associada às informações dadas por seu professor, que aumentarão e expandirão o material do texto (isso se você estiver fazendo um curso), revelarão que a mecânica dos fluidos é um fascinante e variado campo de estudo.

Outras fontes de informações sobre mecânica dos fluidos são facilmente encontradas. Além daqueles fornecidos por seu professor, há muitos outros textos e revistas de mecânica dos fluidos, bem como a Internet (uma busca recente feita no Google para "*fluid mechanics*" indicou 26,4 milhões de *links*, incluindo muitos com cálculos e animações de mecânica dos fluidos!).

Há alguns pré-requisitos para ler este livro-texto. Consideramos que você já tenha estudado introdutoriamente termodinâmica, assim como estática, dinâmica e cálculo; em todo caso, na medida da necessidade, revisaremos alguns pontos desse conteúdo.

Acreditamos firmemente que se aprende melhor *fazendo*. Isso é uma verdade, seja o assunto estudado mecânica dos fluidos, termodinâmica ou futebol. Os fundamentos em qualquer um desses assuntos são poucos, e o domínio deles vem com a prática. *Então, é extremamente importante que você resolva problemas*. Os inúmeros problemas incluídos ao final de cada capítulo oferecem a você a oportunidade de praticar aplicação de fundamentos na resolução de problemas. Mesmo que tenhamos providenciado para sua comodidade um resumo de equações úteis no final de cada capítulo (à exceção deste), você deve evitar a tentação de adotar métodos do tipo "receita de bolo" na resolução de problemas. Muitos dos problemas propostos são tais que essa técnica simplesmente não funciona. Para resolver problemas, recomendamos fortemente que você desenvolva os seguintes passos lógicos:

1 Estabeleça de forma breve e concisa (com suas próprias palavras) a informação dada.

2 Identifique a informação que deve ser encontrada.

3 Faça um desenho esquemático do sistema ou do volume de controle a ser usado na análise. Certifique-se de assinalar as fronteiras do sistema ou do volume de controle e as direções e os sentidos apropriados das coordenadas.

4 Apresente a formulação matemática das leis *básicas* que você considera necessárias para resolver o problema.

5 Relacione as considerações simplificadoras que você considera apropriadas para o problema.

6 Complete a análise algebricamente, antes de introduzir valores numéricos.

7 Substitua os valores numéricos dados (usando um sistema consistente de unidades) para obter a resposta numérica desejada.

   (a) Referencie a fonte de valores para as propriedades físicas.

   (b) Certifique-se de que os algarismos significativos da resposta são compatíveis com aqueles dos dados fornecidos.

8 Verifique a resposta e reveja as considerações feitas na solução a fim de assegurar que elas são razoáveis.

9 Destaque a resposta.

Nos primeiros exercícios, essa formatação do problema pode parecer longa e mesmo desnecessária. Contudo, em nossa experiência, sabemos que essa técnica para resolver problemas é, em último caso, a mais eficiente; ela o preparará, também, para a comunicação clara e precisa de seus métodos de solução e de seus resultados a terceiros, como será frequentemente necessário em sua carreira como um profissional de sucesso. *Esse formato de solução é empregado em todos os Exemplos apresentados neste texto*; as respostas desses Exemplos são arredondadas para três algarismos significativos.

Finalmente, *nós o estimulamos enfaticamente a fazer um exame da vantagem das muitas ferramentas Excel disponíveis* no GEN-IO, ambiente virtual de aprendizagem do GEN | Grupo Editorial Nacional para serem usadas na resolução de problemas. Muitos deles podem ser resolvidos muito mais rapidamente usando essas ferramentas; ocasionalmente, certos problemas poderão ser resolvidos apenas com tais ferramentas ou com um programa computacional equivalente.

Escopo da Mecânica dos Fluidos

Como o nome indica, a mecânica dos fluidos é o estudo de fluidos em repouso ou em movimento. Ela tem sido tradicionalmente aplicada em áreas tais como o projeto sistemas de canal, dique e represa; o projeto de bombas, compressores, tubulações e dutos usados nos sistemas de água e condicionamento de ar de casas e edifícios, assim como sistemas de bombeamento necessários na indústria química; as aerodinâmicas de automóveis e aviões sub e supersônicos; e o desenvolvimento de muitos diferentes medidores de vazão, tais como os medidores de bombas de gás.

Como as áreas citadas anteriormente ainda são extremamente importantes (veja, por exemplo, a ênfase atual dada à aerodinâmica dos carros e as falhas dos diques em Nova Orleans*), a mecânica dos fluidos é realmente uma disciplina de "alta tecnologia" ou "de tope". Ela permitiu o desenvolvimento de muitos campos instigantes no último quarto de século. Alguns exemplos incluem questões sobre meio ambiente e energia (por exemplo, contenção de derramamento de óleos, turbinas eólicas de grande

---

*Os autores referem-se às inundações ocorridas em agosto de 2005 em Nova Orleans, nos EUA, provocadas pelo furacão Katrina. (N.T.)

escala, geração de energia a partir de ondas do oceano, aspectos aerodinâmicos de grandes edificações, mecânica dos fluidos da atmosfera e do oceano e de fenômenos atmosféricos como tornados, furacões e *tsunamis*); biomecânica (por exemplo, corações e válvulas artificiais e outros órgãos como o fígado; compreensão da mecânica dos fluidos do sangue, líquido sinovial das juntas, os sistemas respiratório, circulatório e urinário); esportes (projeto de bicicletas e capacetes de bicicleta, esquis, vestimentas para corrida e natação, a aerodinâmica de bolas de golfe, tênis e futebol); "fluidos inteligentes" (por exemplo, em sistemas de suspensão automotiva para otimizar o movimento sobre todas as condições do terreno, uniformes militares contendo uma camada de fluido que é "mole" até o combate, quando então ela pode tornar-se firme para dar força e proteção ao soldado, e líquidos de lentes com propriedades parecidas às humanas para uso em câmaras e telefones celulares); e microfluidos (por exemplo, para aplicações extremamente precisas de medicações).

Essa é apenas uma pequena amostragem de novos campos de aplicação da mecânica dos fluidos. Eles ilustram como essa disciplina ainda é altamente relevante e como os seus horizontes estão se ampliando, ainda que ela exista há milhares de anos.

Definição de um Fluido

Nós temos um sentimento comum quando trabalhamos com um fluido, que é oposto àquele do trabalho com um sólido: fluidos tendem a escoar quando interagimos com eles (por exemplo, quando você agita seu café da manhã); sólidos tendem a se deformar ou dobrar (por exemplo, quando você bate sobre um teclado, as molas sob as teclas se comprimem). Os engenheiros necessitam de uma definição mais formal e precisa de um fluido: um *fluido* é uma substância que se deforma continuamente sob a aplicação de uma tensão de cisalhamento (tangencial), não importando o quão pequeno seja seu valor. Como o movimento do fluido continua sobre a aplicação dessa tensão, definimos um fluido também como uma substância que não pode suportar uma tensão de cisalhamento quando em repouso.

Assim, líquidos e gases (ou vapores) são as formas, ou fases, que os fluidos podem se apresentar. Gostaríamos de distinguir essas fases da fase sólida da matéria. Podemos ver a diferença entre o comportamento de um sólido e um fluido na Fig. 1.1. Se colocarmos uma espécie de uma ou da outra substância entre dois planos (Fig. 1.1*a*), e depois aplicarmos uma força de cisalhamento F, cada uma sofrerá uma deformação inicial (Fig. 1.1*b*); contudo, ao passo que um sólido ficará em repouso (considerando que a força não seja suficientemente grande para levá-lo além de seu limite elástico), um fluido *continuará* se deformando (Fig. 1.1*c*, Fig. 1.1*d* etc.) enquanto a força for aplicada. Note que um fluido em contato com uma superfície sólida não desliza sobre ela. O fluido tem a mesma velocidade da superfície por causa da condição de *não deslizamento*, que é um fato experimental.

O tamanho da deformação do sólido depende do módulo de rigidez G do sólido; no Capítulo 2, aprenderemos que a *razão de deformação* do fluido depende da viscosidade μ do fluido. Referimo-nos aos sólidos como elásticos e aos fluidos como viscosos. Mais informalmente, dizemos que os sólidos exibem "elasticidade". Por exemplo, quando você dirige sobre um buraco, o carro salta para cima e para baixo por causa da compressão e expansão das molas de metal da suspensão do carro. Por outro lado, os fluidos exibem os efeitos do atrito de forma que os amortecedores da suspensão

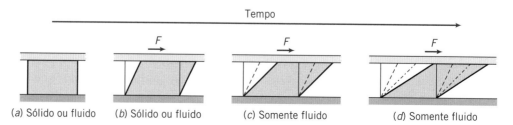

Fig. 1.1 Diferença em comportamento de um sólido e um líquido por causa da força de cisalhamento.

(contendo um fluido que é forçado através de uma pequena abertura conforme o carro salta) dissipam energia por causa do atrito do fluido, que para o balanço do carro após poucas oscilações. Se seus amortecedores estão "batendo", o fluido contido em seu interior escapou de modo que quase não existe atrito enquanto o carro salta, e o carro balança muitas vezes em vez de retornar rapidamente ao repouso. A ideia de que substâncias podem ser classificadas como um sólido ou um líquido serve para a maioria das substâncias, mas diversas substâncias exibem tanto rigidez quanto atrito; essas substâncias são conhecidas como *viscoelásticas*. Muitos tecidos biológicos são viscoelásticos. Por exemplo, o fluido sinovial no joelho humano lubrifica essas juntas, mas também absorve parte do impacto que ocorre durante uma caminhada ou corrida. Note que o sistema de molas e amortecedores que compreende a suspensão do carro é também viscoelástico, embora os componentes individuais não o sejam. Teremos mais a dizer sobre esse tópico no Capítulo 2.

1.2 Equações Básicas

A análise de qualquer problema de mecânica dos fluidos inclui, necessariamente, o estabelecimento das leis básicas que governam o movimento do fluido. As leis básicas, que são aplicáveis a qualquer fluido, são:

1 A conservação da massa
2 A segunda lei do movimento de Newton
3 O princípio da quantidade de movimento angular
4 A primeira lei da termodinâmica
5 A segunda lei da termodinâmica

Nem todas as leis básicas são necessárias para resolver um problema qualquer. Por outro lado, em muitos problemas é necessário buscar relações adicionais que descrevam o comportamento das propriedades físicas dos fluidos sob determinadas condições.

Você provavelmente se recorda, por exemplo, do estudo das propriedades dos gases na física básica ou na termodinâmica. A equação de estado do gás ideal

$$p = \rho RT \tag{1.1}$$

é um modelo que relaciona a massa específica com a pressão e a temperatura para muitos gases sob condições normais. Na Eq. 1.1, R é a constante do gás. Valores de R são dados no Apêndice A para diversos gases comuns; p e T, na Eq. 1.1, são a pressão e a temperatura absolutas, respectivamente; ρ é a massa específica (massa por unidade de volume). O Exemplo 1.1 ilustra o emprego da equação de estado do gás ideal.

Exemplo 1.1 APLICAÇÃO DA PRIMEIRA LEI AO SISTEMA FECHADO

Um dispositivo cilindro-pistão contém 0,95 kg de oxigênio inicialmente a uma temperatura de 27°C e a uma pressão de 150 kPa (absoluta). Calor é adicionado ao gás até ele atingir uma temperatura de 627°C. Determine a quantidade de calor adicionado durante o processo.

Dados: Cilindro-pistão contendo O_2, $m = 0,95$ kg.

$$T_1 = 27°C \quad T_2 = 627°C$$

Determinar: $Q_{1\to2}$.

Solução: $p = $ constante $= 150$ kPa (abs.)
Estamos lidando com um sistema, $m = 0,95$ kg.

Equação básica: Primeira lei para o sistema, $Q_{12} - W_{12} = E_2 - E_1$

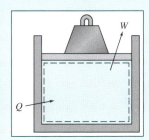

6 Capítulo 1

Considerações: 1 $E = U$, visto que o sistema é estacionário.
2 Gás ideal com calores específicos constantes.

Com as considerações acima,

$$E_2 - E_1 = U_2 - U_1 = m(u_2 - u_1) = mc_v(T_2 - T_1)$$

O trabalho realizado durante o processo é o da fronteira em movimento

$$W_{12} = \int_{V_1}^{V_2} pdV = p(V_2 - V_1)$$

Para um gás ideal, $pV = mRT$. Assim, $W_{12} = mR(T_2 - T_1)$. Então, da equação da primeira lei,

$$Q_{12} = E_2 - E_1 + W_{12} = mc_v(T_2 - T_1) + mR(T_2 - T_1)$$
$$Q_{12} = m(T_2 - T_1)(c_v + R)$$
$$Q_{12} = mc_p(T_2 - T_1) \quad \{R = c_p - c_v\}$$

Do Apêndice, Tabela A.6, para O_2, $c_p = 909,4$ J/(kg · K). Resolvendo para Q_{12}, obtemos

$$Q_{12} = 0,95\,\text{kg} \times 909\frac{\text{J}}{\text{kg} \cdot \text{K}} \times 600\,\text{K} = 518\,\text{kJ} \longleftarrow \underline{\qquad Q_{12} \qquad}$$

> **Este problema:**
> - Foi resolvido usando as nove etapas lógicas discutidas anteriormente.
> - Reviu o uso da equação de gás ideal e a primeira lei da termodinâmica para um sistema.

É óbvio que as leis básicas com as quais lidaremos são as mesmas usadas na mecânica e na termodinâmica. Nossa tarefa será formular essas leis de modo adequado para resolver problemas de escoamento de fluidos e então aplicá-las a uma grande variedade de situações.

Devemos enfatizar que, conforme veremos, existem muitos problemas aparentemente simples na mecânica dos fluidos que não podem ser resolvidos de forma analítica. Em tais casos, devemos recorrer a soluções numéricas mais complicadas e/ou a resultados de testes experimentais.

1.3 *Métodos de Análise*

O primeiro passo na resolução de um problema é definir o sistema que você está tentando analisar. Na mecânica básica, fizemos uso intenso do *diagrama de corpo livre*. Agora, utilizaremos um *sistema* ou um *volume de controle*, dependendo do problema que estiver sendo resolvido. Esses conceitos são idênticos àqueles utilizados na termodinâmica (exceto que você pode tê-los chamados de *sistema fechado* e de *sistema aberto*, respectivamente). Podemos utilizar um ou outro para obter expressões matemáticas para cada uma das leis básicas. Na termodinâmica, esses conceitos foram utilizados basicamente na obtenção de expressões para a conservação da massa, da primeira e da segunda leis da termodinâmica; em nosso estudo de mecânica dos fluidos, estaremos mais interessados na conservação da massa e na segunda lei do movimento de Newton. Na termodinâmica, nosso foco era a energia; na mecânica dos fluidos, a ênfase será, principalmente, em forças e movimento. Devemos estar sempre atentos ao conceito que estaremos utilizando, sistema ou volume de controle, pois cada um conduz a diferentes expressões matemáticas das leis básicas. A seguir, vamos rever as definições de sistema e de volume de controle.

Sistema e Volume de Controle

Um *sistema* é definido como uma quantidade de massa fixa e identificável; o sistema é separado do ambiente pelas suas fronteiras. As fronteiras do sistema podem ser fixas ou móveis; contudo, nenhuma massa cruza essas fronteiras.

No clássico conjunto cilindro-pistão da termodinâmica, Fig. 1.2, o gás no cilindro é o sistema. Se o gás for aquecido, o pistão levantará o peso; a fronteira do sistema então se move. Calor e trabalho poderão cruzar as fronteiras do sistema, mas a quan-

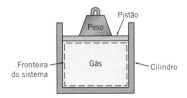

Fig. 1.2 Conjunto cilindro-pistão.

tidade de matéria dentro delas permanecerá constante. Nenhuma massa cruza as fronteiras do sistema.

Nos cursos de mecânica, empregamos bastante o diagrama de corpo livre (enfoque de sistema). Isso era lógico, porque lidávamos com um corpo rígido facilmente identificável. Entretanto, na mecânica dos fluidos, normalmente estamos interessados em escoamentos de fluidos através de dispositivos como compressores, turbinas, tubulações, bocais, entre outros. Nesses casos, é difícil focar a atenção em uma quantidade de massa fixa identificável. É muito mais conveniente, para análise, concentrar a atenção sobre um volume no espaço através do qual o fluido escoa. Por isso, usamos o enfoque do volume de controle.

Um *volume de controle* é um volume arbitrário no espaço através do qual o fluido escoa. A fronteira geométrica do volume de controle é denominada superfície de controle. A superfície de controle pode ser real ou imaginária; ela pode estar em repouso ou em movimento. A Fig. 1.3 mostra um escoamento em uma junção de tubos com uma superfície de controle delimitada pela linha tracejada. Note que algumas regiões dessa superfície correspondem a limites físicos (as paredes dos tubos) e outras (regiões ①, ② e ③) são imaginárias (entradas ou saídas). Para o volume de controle definido pela superfície de controle, poderíamos escrever equações para as leis básicas e obter resultados como a vazão na saída ③ dadas as vazões na entrada ① e na saída ② (de modo semelhante ao problema que analisaremos no Exemplo 4.1 no Capítulo 4), a força requerida para manter a junção no lugar, e assim por diante. É sempre importante tomar cuidado na seleção de um volume de controle, pois a escolha tem um grande efeito sobre a formulação matemática das leis básicas. A seguir, ilustraremos o uso de um volume de controle com um exemplo.

Formulação Diferencial *Versus* Formulação Integral

As leis básicas que aplicamos em nosso estudo da mecânica dos fluidos podem ser formuladas em termos de sistemas e volumes de controle *infinitesimais* ou *finitos*. Como você pode supor, as equações parecerão diferentes nos dois casos. Ambas as formulações são importantes no estudo da mecânica dos fluidos, e as duas serão desenvolvidas no decorrer de nosso trabalho.

No primeiro caso, as equações resultantes são equações diferenciais. A solução das equações diferenciais do movimento fornece uma maneira de determinar o comporta-

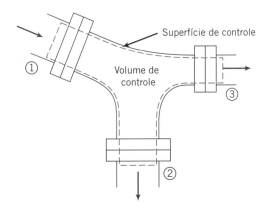

Fig. 1.3 Escoamento de um fluido através de uma junção de tubos.

Exemplo 1.2 CONSERVAÇÃO DA MASSA APLICADA A VOLUME DE CONTROLE

Um trecho de redução em um tubo de água tem um diâmetro de entrada de 50 mm e diâmetro de saída de 30 mm. Se a velocidade na entrada (média através da área de entrada) é 2,5 m/s, encontre a velocidade de saída.

Dados: Tubo, entrada $D_e = 50$ mm e saída $D_s = 30$ mm.
Velocidade de entrada, $V_e = 2,5$ m/s.

Determinar: Velocidade de saída, V_s.

Solução:

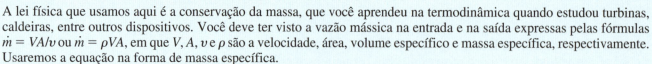

Consideração: A água é incompressível (massa específica ρ = constante).

A lei física que usamos aqui é a conservação da massa, que você aprendeu na termodinâmica quando estudou turbinas, caldeiras, entre outros dispositivos. Você deve ter visto a vazão mássica na entrada e na saída expressas pelas fórmulas $\dot{m} = VA/v$ ou $\dot{m} = \rho VA$, em que V, A, v e ρ são a velocidade, área, volume específico e massa específica, respectivamente. Usaremos a equação na forma de massa específica.

Assim, a vazão mássica é:

$$\dot{m} = \rho VA$$

Aplicando a conservação da massa, de nosso estudo de termodinâmica,

$$\rho V_e A_e = \rho V_s A_s$$

(Nota: $\rho_e = \rho_s = \rho$ de acordo com a primeira consideração feita.)
(Nota: mesmo que já estejamos familiarizados com essa equação da termodinâmica, nós a deduziremos no Capítulo 4.)

Resolvendo para V_s,

$$V_s = V_e \frac{A_e}{A_s} = V_e \frac{\pi D_e^2/4}{\pi D_s^2/4} = V_e \left(\frac{D_e}{D_s}\right)^2$$

$$V_s = 2,7 \frac{m}{s} \left(\frac{50}{30}\right)^2 = 7,5 \frac{m}{s} \qquad V_s$$

Este problema:
- Foi resolvido usando as nove etapas lógicas.
- Demonstrou o uso de volume de controle e a lei da conservação de massa.

---

mento detalhado do escoamento. Um exemplo pode ser a distribuição de pressão sobre a superfície de uma asa.

Frequentemente, a informação procurada não requer um conhecimento detalhado do escoamento. Muitas vezes estamos interessados no comportamento de um dispositivo como um todo; nesses casos, é mais apropriado empregar a formulação integral das leis básicas. Um exemplo pode ser a sustentação total que uma asa produz. As formulações integrais, usando sistemas ou volumes de controle finitos, em geral têm tratamento analítico mais fácil. As leis básicas da mecânica e da termodinâmica, formuladas em termos de sistemas finitos, são a base para a dedução das equações do volume de controle no Capítulo 4.

Métodos de Descrição

A mecânica lida quase exclusivamente com sistemas; você já deve ter usado intensivamente as equações básicas aplicadas a uma quantidade de massa identificável e fixa. Por outro lado, ao tentar analisar dispositivos termodinâmicos, muitas vezes considerou necessário utilizar um volume de controle (sistema aberto). Claramente, o tipo de análise depende do problema em questão.

Quando é fácil acompanhar elementos de massa identificáveis (por exemplo, em mecânica de partícula), lançamos mão de um método de descrição que acompanha a partícula. Referimos a isso, usualmente, como o método de descrição *lagrangiano*.

Considere, por exemplo, a aplicação da segunda lei de Newton a uma partícula de massa fixa. Matematicamente, podemos escrever a segunda lei de Newton para um sistema de massa m como

$$\Sigma \vec{F} = m\vec{a} = m\frac{d\vec{V}}{dt} = m\frac{d^2\vec{r}}{dt^2} \qquad (1.2)$$

Na Eq. 1.2, $\Sigma \vec{F}$ é a soma de todas as forças externas atuantes sobre o sistema, $\vec{a}$ e $\vec{V}$ são, respectivamente, a aceleração e a velocidade do centro de massa do sistema, e $\vec{r}$ é o vetor posição do centro de massa do sistema em relação a um sistema fixo de coordenadas. No Exemplo 1.3, mostramos como a segunda lei de Newton pode ser aplicada para determinar a velocidade de um objeto caindo.

Exemplo 1.3 QUEDA LIVRE DE UMA BOLA NO AR

A resistência do ar (força de arrasto) sobre uma bola de 200 g em queda livre é dada por $F_D = 2 \times 10^{-4} V^2$, em que F_D é dada em newtons e V, em metros por segundo. Se a bola for largada do repouso a 500 m acima do solo, determine a velocidade com que ela atinge o solo. Que porcentagem da velocidade terminal esse valor representa? (A *velocidade terminal* é a velocidade de regime permanente que um corpo em queda em algum momento atinge.)

Dados: Bola, $m = 0{,}2$ kg, largada do repouso a $y_0 = 500$ m.
Resistência do ar, $F_D = kV^2$, em que $k = 2 \times 10^{-4}$ N · s²/m².
Unidades: F_D(N), V(m/s).

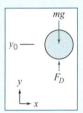

Determinar:

(a) A velocidade com a qual a bola atinge o solo.
(b) A razão entre a velocidade final e a velocidade terminal.

Solução:

Equação básica: $\Sigma \vec{F} = m\vec{a}$

Consideração: Desconsiderar a força de empuxo.

O movimento da bola é modelado pela equação

$$\Sigma F_y = ma_y = m\frac{dV}{dt}$$

Como $V = V(y)$, escrevemos $\Sigma F_y = m\dfrac{dV}{dy}\dfrac{dy}{dt} = mV\dfrac{dV}{dy}$. Então,

$$\Sigma F_y = F_D - mg = kV^2 - mg = mV\frac{dV}{dy}$$

Separando as variáveis e integrando,

$$\int_{y_0}^{y} dy = \int_{0}^{V} \frac{mVdV}{kV^2 - mg}$$

$$y - y_0 = \left[\frac{m}{2k}\ln(kV^2 - mg)\right]_0^V = \frac{m}{2k}\ln\frac{kV^2 - mg}{-mg}$$

Aplicando os antilogaritmos, obtemos

$$kV^2 - mg = -mg\, e^{[(2k/m)(y - y_0)]}$$

Resolvendo para V, achamos

$$V = \left\{\frac{mg}{k}\left(1 - e^{[(2k/m)(y - y_0)]}\right)\right\}^{1/2}$$

10   Capítulo 1

Substituindo valores numéricos com $y = 0$, obtemos

$$V = \left\{ 0,2\,\text{kg} \times 9,81\,\frac{\text{m}}{\text{s}^2} \times \frac{\text{m}^2}{2 \times 10^{-4}\,\text{N} \cdot \text{s}^2} \times \frac{\text{N} \cdot \text{s}^2}{\text{kg} \cdot \text{m}} \left(1 - e^{[(2 \times 2 \times 10^{-4}/0,2)(-500)]} \right) \right\}^{1/2}$$

$$V = 78,7\,\text{m/s} \longleftarrow \hspace{5cm} V$$

Na velocidade terminal, $a_y = 0$ e $\Sigma F_y = 0 = kV_t^2 - mg$.

Então, $V_t = \left[\dfrac{mg}{k} \right]^{1/2} = \left[0,2\,\text{kg} \times 9,81\,\frac{\text{m}}{\text{s}^2} \times \dfrac{\text{m}^2}{2 \times 10^{-4}\,\text{N} \cdot \text{s}^2} \times \dfrac{\text{N} \cdot \text{s}^2}{\text{kg} \cdot \text{m}} \right]^{1/2}$

$$= 99,0\,\text{m/s}$$

A razão entre a velocidade final real e a velocidade terminal é

$$\frac{V}{V_t} = \frac{78,7}{99,0} = 0,795, \text{ ou } 79,5\% \longleftarrow \hspace{3cm} \frac{V}{V_t}$$

Este problema:
- Reviu os métodos usados em mecânicas de partículas.
- Introduziu a variável aerodinâmica força de arrasto.

Tente variações na formulação deste problema com o auxílio da planilha Excel.

Podemos utilizar essa formulação lagrangiana para analisar um escoamento considerando que o fluido seja composto de um grande número de partículas cujos movimentos devem ser descritos. Entretanto, acompanhar o movimento de cada partícula fluida separadamente seria um terrível quebra-cabeça. Consequentemente, uma descrição de partícula torna-se impraticável. Assim, para analisar o escoamento de fluidos é conveniente, em geral, utilizar um tipo de descrição diferente. Particularmente, com a análise de volume de controle, convém usar o campo de escoamento, ou método de descrição *euleriano*, que foca as propriedades de um escoamento em determinado ponto no espaço como uma função do tempo. No método de descrição euleriano, as propriedades do campo de escoamento são descritas como funções das coordenadas espaciais e do tempo. Veremos, no Capítulo 2, que esse método de descrição é um desenvolvimento natural da hipótese de que os fluidos podem ser tratados como meios contínuos.

1.4 *Dimensões e Unidades*

Os problemas de engenharia são resolvidos para responder a questões específicas. É desnecessário dizer que uma resposta deve incluir unidades. Em 1999, uma sonda da Nasa para exploração de Marte despedaçou-se, porque os engenheiros da construtora JPL consideraram que as medidas eram em metros, mas os engenheiros projetistas haviam usado medidas em pés! Consequentemente, é apropriado apresentar uma breve revisão de *dimensões* e unidades. Dizemos "revisão" porque o tópico é familiar de nossos estudos anteriores da mecânica.

Referimo-nos a quantidades físicas tais como comprimento, tempo, massa e temperatura como *dimensões*. Em termos de um sistema particular de dimensões, todas as quantidades mensuráveis podem ser subdivididas em dois grupos: quantidades *primárias* e quantidades *secundárias*. Referimo-nos a um pequeno grupo de dimensões básicas, a partir do qual todos os outros podem ser formados como quantidades primárias, para as quais estabelecemos arbitrariamente escalas de medida. Quantidades secundárias são aquelas cujas dimensões são expressas em termos das dimensões das quantidades primárias.

Unidades são os nomes (e módulos) arbitrários dados às dimensões primárias adotadas como padrões de medidas. Por exemplo, a dimensão primária de comprimento pode ser medida em unidades de metros, pés, jardas ou milhas. Cada unidade de comprimento é relacionada com as outras por fatores de conversão de unidades (1 milha = 5280 pés = 1609 metros).

Sistemas de Dimensões

Qualquer equação válida relacionando quantidades físicas deve ser dimensionalmente homogênea; cada termo da equação deve ter as mesmas dimensões. Reconhecemos que a segunda lei de Newton ($\vec{F} \propto m\vec{a}$) relaciona as quatro dimensões, F, M, L e t. Portanto, força e massa não podem ser selecionadas como dimensões primárias sem introduzir uma constante de proporcionalidade que tenha dimensões (e unidades).

Comprimento e tempo são dimensões primárias em todos os sistemas dimensionais de uso corrente. Em alguns deles, a massa é tomada como uma dimensão primária. Em outros, a força é selecionada como tal; um terceiro sistema escolhe ambas, a força e a massa, como dimensões primárias. Temos, assim, três sistemas básicos de dimensões correspondendo aos diferentes modos de especificar as dimensões primárias.

(a) Massa [M], comprimento [L], tempo [t], temperatura [T].

(b) Força [F], comprimento [L], tempo [t], temperatura [T].

(c) Força [F], massa [M], comprimento [L], tempo [t], temperatura [T].

No sistema a, a força [F] é uma dimensão secundária, e a constante de proporcionalidade na segunda lei de Newton é adimensional. No sistema b, a massa [M] é uma dimensão secundária, e mais uma vez a constante de proporcionalidade na segunda lei de Newton não tem dimensão. No sistema c, tanto a força [F] quanto a massa [M] foram selecionadas como dimensões primárias. Nesse caso, a constante de proporcionalidade g_c (não confundi-la com g, aceleração da gravidade!) na segunda lei de Newton (escrita como $\vec{F} = m\vec{a}/g_c$) tem dimensões. As dimensões de g_c devem, de fato, ser [ML/Ft^2] para que a equação seja dimensionalmente homogênea. O valor numérico da constante de proporcionalidade depende das unidades de medida escolhidas para cada uma das quantidades primárias.

Sistemas de Unidades

Há mais de uma maneira de selecionar a unidade de medida para cada dimensão primária. Apresentaremos apenas os sistemas de unidades mais comuns na engenharia para cada um dos sistemas básicos de dimensões. A Tabela 1.1 mostra as unidades básicas assinaladas para as dimensões primárias para esses sistemas. As unidades entre parênteses são aquelas destinadas à dimensão secundária para aquele sistema de unidades. Seguindo a tabela, apresentamos uma breve descrição de cada um dos sistemas de unidades.

a. MLtT

O SI, que é a abreviatura oficial em todas as línguas do Sistema Internacional de Unidades,[1] é uma extensão e um refinamento do tradicional sistema métrico. Mais de 30 países declararam o SI como o único sistema legalmente aceito.

No sistema de unidades SI, a unidade de massa é o quilograma (kg), a unidade de comprimento é o metro (m), a unidade de tempo é o segundo (s) e a unidade de tem-

Tabela 1.1
Sistemas de Unidades Mais Comuns

Sistemas de Dimensões	Sistema de Unidades	Força F	Massa M	Comprimento L	Tempo t	Temperatura T
a. MLtT	Sistema Internacional de Unidades (SI)	(N)	kg	m	s	K
b. FLtT	Gravitacional Britânico (GB)	lbf	(slug)	ft	s	°R
c. FMLtT	Inglês de Engenharia (EE)	lbf	lbm	ft	s	°R

---

[1]American Society for Testing and Materials, *ASTM Standard for Metric Practice*, E380-97. Conshohocken, PA: ASTM, 1997.

peratura é o kelvin (K). A força é uma dimensão secundária, e sua unidade, o newton (N), é definida da segunda lei de Newton como

$$1\ N \equiv 1 kg \cdot m/s^2$$

No sistema de unidades Métrico Absoluto, a unidade de massa é o grama, a unidade de comprimento é o centímetro, a unidade de tempo é o segundo e a unidade de temperatura é o Kelvin. Posto que a força é uma dimensão secundária, sua unidade, o dina, é definida em termos da segunda lei de Newton como

$$1\ dina \equiv 1g \cdot cm/s^2$$

b. FLtT

No sistema de unidades Gravitacional Britânico, a unidade de força é a libra-força (lbf), a unidade de comprimento é o pé (ft), a unidade de tempo é o segundo e a unidade de temperatura é o Rankine (°R). Como a massa é uma dimensão secundária, sua unidade, o slug, é definida em termos da segunda lei de Newton como

$$1\ slug \equiv 1\ lbf \cdot s^2/ft$$

c. FMLtT

No sistema de unidades Inglês Técnico ou de Engenharia, a unidade de força é a libra-força (lbf), a unidade de massa é a libra-massa (lbm), a unidade de comprimento é o pé, a unidade de tempo é o segundo e a unidade de temperatura é o grau Rankine. Posto que ambas, força e massa, são escolhidas como unidades primárias, a segunda lei de Newton é escrita como

$$\vec{F} = \frac{m\vec{a}}{g_c}$$

Uma libra-força (1 lbf) é a força que dá à massa de uma libra-massa (1 lbm) uma aceleração igual à aceleração-padrão da gravidade na Terra, 32,2 ft/s^2. Da segunda lei de Newton concluímos que

$$1\ lbf \equiv \frac{1\ lbm \times 32,2\ ft/s^2}{g_c}$$

ou

$$g_c \equiv 32,2\ ft \cdot lbm/(lbf \cdot s^2)$$

A constante de proporcionalidade, g_c, tem dimensões e unidades. As dimensões surgiram porque escolhemos ambas, força e massa, como dimensões primárias; as unidades (e o valor numérico) são uma consequência de nossas escolhas para os padrões de medidas.

Como uma força de 1 lbf acelera 1 lbm a 32,2 ft/s^2, ela aceleraria 32,2 lbm a 1 ft/s^2. Um slug também é acelerado a 1 ft/s^2 por uma força de 1 lbf. Portanto,

$$1\ slug \equiv 32,2\ lbm$$

Muitos livros-textos e referências utilizam lb em vez de lbf ou lbm, deixando para o leitor determinar, segundo o contexto, se é a força ou a massa que está sendo referenciada.

Sistemas de Unidades Preferenciais

Neste texto, usaremos tanto o *SI* quanto o sistema *Gravitacional Britânico*. Em qualquer um dos casos, a constante de proporcionalidade na segunda lei de Newton é sem dimensões e tem o valor da unidade. Consequentemente, a segunda lei de Newton é escrita como $\vec{F} = m\vec{a}$. Nesses sistemas, resulta que a força gravitacional (o "peso"[2]) sobre um objeto de massa m é dada por $W = mg$.

---

[2]Note que, no sistema Inglês de Engenharia, o peso de um objeto é dado por $W = mg/g_c$.

Introdução **13**

As unidades e prefixos do SI, assim como outras unidades e fatores de conversão úteis, encontram-se, no verso da capa deste livro. No Exemplo 1.4, mostramos a conversão entre massa e peso nos diferentes sistemas de unidades usados.

Exemplo 1.4 USO DE UNIDADES

A etiqueta em um pote de pasta de amendoim indica que seu peso líquido é 510 g. Expresse sua massa e peso em unidades SI, GB e EE.

Dados: "Peso" da pasta de amendoim, $m = 510$ g.

Determinar: Massa e peso em unidades SI, GB e EE.

Solução: Este problema envolve conversões de unidades e uso da equação relacionando peso e massa:

$$W = mg$$

O "peso" dado, de fato, é a massa, pois o valor está expresso em unidades de massa:

$$m_{SI} = 0{,}510 \text{ kg} \quad\longleftarrow\quad m_{SI}$$

Usando os fatores de conversões da tabela no verso da capa deste livro,

$$m_{EE} = m_{SI} \left(\frac{1 \text{ lbm}}{0{,}454 \text{ kg}} \right) = 0{,}510 \text{ kg} \left(\frac{1 \text{ lbm}}{0{,}454 \text{ kg}} \right) = 1{,}12 \text{ lbm} \quad\longleftarrow\quad m_{EE}$$

Usando o fato de que 1 slug = 32,2 lbm,

$$m_{GB} = m_{EE} \left(\frac{1 \text{ slug}}{32{,}2 \text{ lbm}} \right) = 1{,}12 \text{ lbm} \left(\frac{1 \text{ slug}}{32{,}2 \text{ lbm}} \right)$$

$$= 0{,}0349 \text{ slug} \quad\longleftarrow\quad m_{GB}$$

Para achar o peso, usamos

$$W = mg$$

Em unidades SI, e usando a definição de um newton,

$$W_{SI} = 0{,}510 \text{ kg} \times 9{,}81 \frac{\text{m}}{\text{s}^2} = 5{,}00 \left(\frac{\text{kg} \cdot \text{m}}{\text{s}^2} \right) \left(\frac{\text{N}}{\text{kg} \cdot \text{m/s}^2} \right)$$

$$= 5{,}00 \text{ N} \quad\longleftarrow\quad W_{SI}$$

Em unidades GB, e usando a definição de um slug,

$$W_{GB} = 0{,}0349 \text{ slug} \times 32{,}2 \frac{\text{ft}}{\text{s}^2} = 1{,}12 \frac{\text{slug} \cdot \text{ft}}{\text{s}^2}$$

$$= 1{,}12 \left(\frac{\text{slug} \cdot \text{ft}}{\text{s}^2} \right) \left(\frac{\text{s}^2 \cdot \text{lbf/ft}}{\text{slug}} \right) = 1{,}12 \text{ lbf} \quad\longleftarrow\quad W_{GB}$$

Em unidades EE, usamos a fórmula $W = mg/g_c$, e usando a definição de g_c,

$$W_{EE} = 1{,}12 \text{ lbm} \times 32{,}2 \frac{\text{ft}}{\text{s}^2} \times \frac{1}{g_c} = \frac{36{,}1}{g_c} \frac{\text{lbm} \cdot \text{ft}}{\text{s}^2}$$

$$= 36{,}1 \left(\frac{\text{lbm} \cdot \text{ft}}{\text{s}^2} \right) \left(\frac{\text{lbf} \cdot \text{s}^2}{32{,}2 \text{ ft} \cdot \text{lbm}} \right) = 1{,}12 \text{ lbf} \quad\longleftarrow\quad W_{EE}$$

> *Este problema ilustrou:*
> - Conversões do SI para os sistemas GB e EE.
> - O uso de g_c no sistema EE.
>
> Notas: O estudante deve perceber que este exemplo apresenta muitos detalhes desnecessários de cálculos (por exemplo, um fator de 32,2 aparece e logo depois desaparece). Apesar disso, é importante ver que esses passos minimizam os erros. Se você não escrever todos os passos e unidades, pode acontecer, por exemplo, de multiplicar um número por um fator de conversão, quando, de fato, deveria dividir por ele. Para os pesos em unidades SI, GB e EE, poderíamos ter realizado, alternativamente, a conversão de newton para lbf.

Consistência Dimensional e Equações de "Engenharia"

Em engenharia, nos esforçamos para que as equações e fórmulas tenham dimensões consistentes. Isto é, cada termo em uma equação e obviamente ambos os membros da equação devem ser reduzíveis às mesmas dimensões. Por exemplo, uma equação muito importante, que deduziremos mais tarde, é a equação de Bernoulli

$$\frac{p_1}{\rho} + \frac{V_1^2}{2} + gz_1 = \frac{p_2}{\rho} + \frac{V_2^2}{2} + gz_2$$

que relaciona a pressão p, a velocidade V e a elevação z entre pontos 1 e 2 ao longo de uma linha de corrente de um escoamento incompressível, sem atrito e em regime permanente (massa específica ρ). Essa equação é dimensionalmente consistente porque cada termo na equação pode ser reduzido às dimensões de L^2/t^2 (as dimensões do termo de pressão são FL/M, mas da segunda lei de Newton encontramos $F = ML/t^2$, de forma que $FL/M = ML^2/Mt^2 = L^2/t^2$).

Provavelmente, quase todas as equações que você encontrar serão dimensionalmente consistentes. Contudo, você deve ficar alerta para algumas, ainda comumente usadas, que não são; em geral, essas são equações de "engenharia" deduzidas muitos anos atrás, ou obtidas de modo empírico (baseadas mais na experiência do que na teoria), ou são equações usadas em uma indústria ou companhia particular. Por exemplo, engenheiros civis usam com frequência a equação semiempírica de Manning

$$V = \frac{R_h^{2/3} S_0^{1/2}}{n}$$

que fornece a velocidade de escoamento V em um conduto aberto (como um canal) em função do raio hidráulico R_h (que é uma relação entre a seção transversal do escoamento e da superfície de contato do fluido), a inclinação S_0 do conduto e de uma constante n (o coeficiente de resistência de Manning). O valor dessa constante depende das condições da superfície do conduto. Por exemplo, para um canal feito de concreto mal-acabado, muitas referências dão $n \approx 0,014$. Infelizmente, essa equação é dimensionalmente inconsistente! Para o segundo membro da equação, R_h tem dimensão L, enquanto S_0 é adimensional. Portanto, para a constante n adimensional, encontramos a dimensão de $L^{2/3}$; para o primeiro membro da equação, a dimensão deve ser L/t! Supõe-se que um usuário dessa equação saiba que os valores de n fornecidos em muitas referências darão resultados corretos *apenas* se ignorar a inconsistência dimensional, sempre usar R_h em metros e interpretar que V é dado em m/s! (O estudante atento perceberá que, embora os manuais forneçam apenas simples valores numéricos para n, estes devem ter a unidade de $s/m^{1/3}$.) Como a equação é dimensionalmente inconsistente, o uso do *mesmo* valor de n com R_h em pés *não* gera o valor correto para V em ft/s.

Um segundo tipo de problema refere-se a uma equação em que as dimensões são consistentes, mas o uso das unidades não o é. Uma razão comumente usada em condicionadores de ar (CA) é o *EER*: (*energy efficiency ratio*):

$$EER = \frac{\text{taxa de resfriamento}}{\text{potência elétrica de entrada}}$$

que indica o quão eficientemente o CA trabalha — um valor de *EER* elevado indica um melhor desempenho do aparelho. A equação *é* dimensionalmente consistente, com *EER* sendo adimensional (a taxa de resfriamento e a energia elétrica de entrada, ambas, são medidas em energia/tempo). Contudo, ela é *usada*, de certo modo, incorretamente, pois as *unidades* tradicionalmente usadas nela não são consistentes. Por exemplo, um bom valor de *EER* é 10, que poderia aparentar indicar que você obtém, digamos, 10 kW de resfriamento para cada 1 kW de potência elétrica. De fato, um *EER* igual a 10 significa que você recebe 10 *Btu/h* de resfriamento para cada 1 *W* de potência elétrica! Nesse aspecto, fabricantes, comerciantes e clientes, todos usam o *EER* incorretamente, pois deveriam dizer 10 Btu/h/W em vez de simplesmente 10. (Do ponto de vista de unidades, e como é usado atualmente, o *EER* é uma versão inconsistente do coeficiente de *performance*, *COP*, estudado em termodinâmica.)

Os dois exemplos anteriores ilustram os perigos de se usar certas equações. Quase todas as equações encontradas neste texto serão dimensionalmente corretas, mas você deve ficar preparado para, ocasionalmente, encontrar equações incômodas em seus estudos de engenharia.

Como uma nota final sobre unidades, afirmamos anteriormente que usaremos as unidades SI neste texto. Com o do uso dessas unidades, você ficará bem familiarizado com elas. Todavia, fique consciente que muitas dessas unidades, embora sejam corretas do ponto de vista científico e de engenharia, não serão sempre as unidades que você usará em suas atividades diárias, e vice-versa; na mercearia, não recomendamos que você peça, digamos, 22 newtons de batatas; você também não deve esperar entender imediatamente qual é o significado de uma viscosidade do óleo de um motor igual a 5W20!

Unidades SI e prefixos, outras definições de unidades e fatores de conversão úteis são dados no verso da capa.

1.5 *Análise de Erro Experimental*

A maior parte dos consumidores não sabe, mas as latinhas de bebidas são cheias com mais ou menos certa quantidade, como é permitido por lei. A razão disso é a dificuldade de medir precisamente o conteúdo de um recipiente em um processo rápido de enchimento de latinhas de refrigerante, uma latinha de 350 mL pode na realidade conter 352 mL ou 355 mL. Nunca se supõe que o fabricante abasteça o produto com um valor menor que aquele especificado; ele reduzirá os lucros se for desnecessariamente generoso. Da mesma forma, o fornecedor de componentes para o interior de um carro deve respeitar dimensões mínimas e máximas (cada componente tem uma tolerância), de modo que a aparência final do interior seja visualmente agradável. Os experimentos de engenharia devem fornecer não apenas dimensões básicas, como também as incertezas dessas medidas. Eles devem também, de alguma forma, indicar como tais incertezas afetam a incerteza do produto final.

Todos esses exemplos ilustram a importância da *incerteza experimental*, que é o estudo das incertezas nas medições e dos seus efeitos nos resultados globais. Há sempre uma lei de compensação nos trabalhos experimentais ou nos produtos manufaturados: Nós podemos reduzir as incertezas para um nível desejado, mas, quanto menor ela for (maior precisão nas medidas ou no experimento), mais caro será o produto. Além disso, em um processo de fabricação ou experimento complexo, nem sempre é fácil saber qual incerteza de medidas exerce a maior influência sobre a encomenda final.

Os profissionais envolvidos com processos de fabricação, ou com trabalhos experimentais, devem ter conhecimento sobre incertezas experimentais. No Apêndice F (ou no GEN-IO, ambiente virtual de aprendizagem do GEN | Grupo Editorial Nacional), você encontra detalhes sobre este tópico; propomos uma seleção de problemas sobre esse assunto no final deste capítulo.

1.6 *Resumo*

Neste Capítulo, introduzimos ou revimos alguns conceitos básicos e definições, incluindo:

✓ Como são definidos os fluidos, e a condição de não deslizamento
✓ Conceitos de sistema/volume de controle
✓ Descrições lagrangiana e euleriana
✓ Unidades e dimensões (incluindo os sistemas SI, Gravitacional Britânico e Inglês de Engenharia)
✓ Incertezas experimentais

16 Capítulo 1

PROBLEMAS

Definição de um Fluido: Equações Básicas

1.1 Enuncie, com suas palavras, cada uma das cinco leis básicas de conservação apresentadas na Seção 1.4 aplicadas a um sistema.

Métodos de Análise

1.2 Discuta a física do ricochete de uma pedra na superfície de um lago. Compare esses mecanismos com aqueles de uma pedra quicando após ser atirada ao longo de uma rodovia.

1.3 Faça uma estimativa da ordem de grandeza da massa de ar-padrão contida em uma sala de 3 m por 3 m por 2,4 m (por exemplo, 0,01; 0,1; 1,0; 10; 100 ou 1000 kg). Em seguida, calcule essa massa em kg para verificar como foi sua estimativa.

1.4 Um tanque esférico de diâmetro interno igual a 500 cm contém oxigênio comprimido a 7 MPa e 25°C. Qual é a massa de oxigênio?

1.5 Partículas muito pequenas movendo-se em fluidos são conhecidas por sofrerem uma força de arrasto proporcional à velocidade. Considere uma partícula de peso W abandonada em um fluido. A partícula sofre uma força de arrasto, $F_D = kV$, em que V é a sua velocidade. Determine o tempo necessário para a partícula acelerar do repouso até 95% de sua velocidade terminal, V_t, em função de k, W e g.

1.6 Considere novamente a partícula do Problema 1.5. Expresse a distância percorrida para ela atingir 95% de sua velocidade terminal em função de g, k e W.

1.7 Um tanque cilíndrico deve ser projetado para conter 5 kg de nitrogênio comprimido a pressão de 200 atm (manométrica) e 20°C. As restrições do projeto são que o comprimento do tanque deve ser o dobro do diâmetro e a espessura das paredes deve ser igual a 0,5 cm. Quais são as dimensões externas do tanque?

1.8 Em um processo de combustão, partículas de gasolina são soltas no ar a 93°C. As partículas devem cair pelo menos 25 cm em 1 s. Encontre o diâmetro d das gotinhas necessário para isso. (O arrasto sobre essas partículas é dado por $F_D = 3\pi\mu Vd$, na qual V é a velocidade da partícula e μ é a viscosidade do ar. Para resolver esse problema, use uma planilha *Excel*.)

1.9 Para uma pequena partícula de isopor (16 kg/m³) (esférica, com diâmetro $d = 0,3$ mm) caindo em ar-padrão a uma velocidade V, a força de arrasto é dada por $F_D = 3\pi\mu Vd$, em que μ é a viscosidade do ar. Partindo do repouso, determine a velocidade máxima e o tempo que a partícula leva para atingir 95% dessa velocidade. Trace um gráfico da velocidade em função do tempo.

1.10 Em um experimento para controle de poluição, diminutas partículas sólidas (massa típica 5×10^{-11} kg) são abandonadas no ar. A velocidade terminal das partículas de 5 cm é medida. O arrasto sobre as partículas é dado por $F_D = kV$, em que V é a velocidade instantânea da partícula. Encontre o valor da constante k. Encontre o tempo necessário para se atingir 99% da velocidade terminal.

1.11 Uma praticante de voo livre, com uma massa de 70 kg, pula de um avião. Sabe-se que a força de arrasto aerodinâmico agindo sobre ela é dada por $F_D = kV^2$, em que $k = 0,25$ N · s²/m². Determine a velocidade máxima de queda livre da esportista e a velocidade atingida depois de 100 m de queda. Trace um gráfico da velocidade em função do tempo da esportista, assim como em função da distância de queda.

1.12 Para o Problema 1.11, considere que a velocidade horizontal da esportista seja 70 m/s. Como ela cai, o valor de k para a vertical permanece como antes, mas o valor para o movimento horizontal é $k = 0,05$ N · s²/m². Faça cálculos e desenhe a trajetória 2D da esportista.

Dimensões e Unidades

1.13 Para cada grandeza física listada, indique as dimensões usando a massa como a dimensão primária, e dê as unidades SI e Inglesas típicas:

(a) Potência
(b) Pressão
(c) Módulo de elasticidade
(d) Velocidade angular
(e) Energia
(f) Momento de uma força
(g) Quantidade de movimento
(h) Tensão de cisalhamento
(i) Deformação
(j) Quantidade de movimento angular

1.14 Deduza os seguintes fatores de conversão:

(a) Converta uma viscosidade de 1 m²/s para ft²/s.
(b) Converta uma potência de 100 W para horsepower.
(c) Converta uma energia específica de 1 kJ/kg para Btu/lbm.

1.15 Deduza os seguintes fatores de conversão:

(a) Converta uma pressão de 1 psi para kPa.
(b) Converta um volume de 1 litro para galões.
(c) Converta uma viscosidade de 1 lbf · s/ft² para N · s/m².

1.16 Deduza os seguintes fatores de conversão:

(a) Converta um calor específico de 4,18 kJ/kg · K para Btu/lbm · °R.
(b) Converta uma velocidade de 30 m/s para mph.
(c) Converta um volume de 5,0 L para in³.

1.17 Expresse os seguintes valores em unidades SI:

(a) 7,5 acre · ft
(b) 190 in³/s
(c) 5 gpm
(d) 5 mph/s

1.18 Expresse os seguintes valores em unidades SI:

(a) 100 cfm (ft³/min)
(b) 5 gal
(c) 65 mph
(d) 5,4 acres

1.19 Expresse os seguintes valores em unidades GB:

(a) 180 cc/min
(b) 300 kW · h
(c) 50 N · s/m²
(d) 40 m² · h

1.20 Enquanto você está esperando pelas costelas para cozinhar, medita sobre o botijão com propano ligado ao fogão. Você está curioso sobre o volume de gás *versus* o volume total do botijão. Encontre o volume de propano líquido quando o botijão está cheio (o peso do propano está especificado sobre o botijão). Compare esse valor com o volume do botijão (faça algumas medidas e considere a forma do botijão como cilíndrica com um hemisfério em cada extremidade). Explique as discrepâncias.

1.21 Um fazendeiro necessita de 4 cm de chuva por semana em sua fazenda, que tem 10 hectares de área plantada. Se há uma seca, quantos galões por minuto (L/min) deverão ser bombeados para irrigar a colheita?

1.22 A massa específica do mercúrio é dada como 13,550 kg/m³. Calcule a densidade relativa e o volume específico do mercúrio em m³/kg. Calcule seu peso específico em N/m³ na Terra e na Lua. A aceleração da gravidade na Lua é 1,67 m/s².

1.23 O quilograma-força é comumente usado na Europa como unidade de força. (1 kgf é a força exercida por uma massa de 1 kg na gravidade-padrão.) Pressões moderadas, tais como aquelas aplicadas em pneus de automóveis e de caminhões, são expressas em kgf/cm². Converta 220 kPa para essas unidades.

1.24 Na Seção 1.6, aprendemos que a equação de Manning nos permite calcular a velocidade de escoamento V (m/s) em um canal feito de concreto mal-acabado, dados o raio hidráulico R_h (m), a inclinação S_0 do canal e o valor da constante do coeficiente de resistência $n \approx$ 0,014. Determine a velocidade de escoamento para um canal com R_h = 7,5 m e uma inclinação de 1/10. Compare esse resultado com aquele obtido usando o mesmo valor de n, mas com R_h primeiro convertido para m, considerando que a resposta seja em m/s. Finalmente, encontre o valor de n se desejarmos usar *corretamente* a equação em unidades GB (e calcule V para verificar)!

1.25 A massa específica do tetrabromoetano é 2950 kg/m³. Calcule o volume específico e a gravidade específica do tetrabromoetano. Calcule o peso específico em N/m³ na Terra e em Marte. A aceleração da gravidade em Marte é 3,7 m/s².

1.26 A máxima vazão mássica teórica (kg/s) através de um bocal supersônico é

$$\dot{m}_{\text{máx}} = 2,38 \frac{A_t p_0}{\sqrt{T_0}}$$

em que A_t (m²) é a área da garganta do bocal, p_0 (Pa) é a pressão de estagnação e T_0 (K) é a temperatura de estagnação. Esta equação é dimensionalmente correta? Se não, encontre as unidades do termo 2,38.

1.27 No Capítulo 9, estudaremos a aerodinâmica e aprenderemos que a força de arrasto F_D sobre um corpo é dada por

$$F_D = \frac{1}{2} \rho V^2 A C_D$$

Assim, o arrasto depende da velocidade V, da massa específica ρ do fluido e do tamanho do corpo (indicado pela área frontal A) e sua forma (indicado pelo coeficiente de arrasto C_D). Qual são as dimensões de C_D?

1.28 Um recipiente pesa 15,5 N quando vazio. Quando cheio com água a 32°C, a massa do recipiente e do seu conteúdo é de 36,5 kg. Determine o peso da água no recipiente, e o seu volume em pés cúbicos, usando dados do Apêndice A.

1.29 Uma importante equação na teoria de vibrações é

$$m \frac{d^2 x}{dt^2} + c \frac{dx}{dt} + kx = f(t)$$

em que m (kg) é a massa e x (m) é a posição no instante de tempo t (s). Para uma equação dimensionalmente consistente, quais são as dimensões de c, k e f? Quais seriam as unidades convenientes para c, k e f nos sistemas SI e GB?

1.30 Um parâmetro que é frequentemente usado para descrever o desempenho de bombas é a velocidade específica, $N_{S_{cu}}$, dada por

$$N_{S_{cu}} = \frac{N(\text{rpm})[Q(\text{gpm})]^{1/2}}{[H(\text{ft})]^{3/4}}$$

Quais são as unidades da velocidade específica? Uma bomba em particular tem uma velocidade específica de 3000. Qual será a velocidade específica em unidades SI (velocidade angular em rad/s)?

1.31 Determinada bomba tem sua equação característica de desempenho, relacionando a altura manométrica H com a vazão Q, dada por H (m) = 0,46 − 9,57 × 10^{-7} [Q (Lit/min)]². Quais são as unidades dos coeficientes 1,5 e 4,5 × 10^{-5}? Deduza uma versão SI dessa equação.

Análise de Erro Experimental

1.32 Calcule a massa específica do ar-padrão a partir da equação de estado do gás ideal. Estime a incerteza experimental na massa espe-

cífica calculada para a condição-padrão (101,3 kPa e 15°C) se a incerteza na medida da altura do barômetro é ±2,5 mm de mercúrio e a incerteza na medida da temperatura é ±0,3°C.

1.33 Repita o cálculo da incerteza do Problema 1.32 para o ar em um balão de ar quente. Considere que a altura medida no barômetro é 759 mm de mercúrio com uma incerteza de ±1 mm de mercúrio e a temperatura é 60°C com uma incerteza de ±1°C. [Note que 759 mmHg correspondem a 101 kPa (abs).]

1.34 A massa da bola de golfe oficial americana é (45,4 ± 0,3 g) e seu diâmetro médio é 43 ± 0,25 mm. Determine a massa específica e a densidade relativa da bola de golfe americana. Estime as incertezas nos valores calculados.

1.35 Uma lata de alimento para animais de estimação tem as seguintes dimensões internas: altura de 105 mm e diâmetro de 75 mm (cada uma com ±1 mm, com limite de confiança de 20 para 1). No rótulo da lata, a massa do conteúdo é indicada como 398 g. Avalie o valor da massa específica do alimento e sua incerteza estimada, considerando que a incerteza no valor da massa é ±1 g, para o limite de confiança citado.

1.36 Um cilindro de raio 0,2 m gira concentricamente dentro de um cilindro rígido de raio 0,202 m, sendo as alturas de ambos iguais a 0,4 m. Sabe-se que um momento de força de 2 N·m é requerido para manter uma velocidade angular de 32,6 revoluções por segundo. Calcule a viscosidade do líquido usado entre os cilindros.

1.37 A massa da bola de golfe oficial inglesa é (52,1 ± 0,3) g e seu diâmetro médio é (43,1 ± 0,3) mm. Determine a massa específica e a densidade relativa da bola de golfe inglesa. Estime as incertezas nos valores calculados.

1.38 As dimensões estimadas de uma lata de refrigerante são D = (66,0 ± 0,5) mm e H = (110 ± 0,5) mm. Meça as massas de uma lata cheia e de uma lata vazia, utilizando uma balança de cozinha ou de correio. Estime o volume de refrigerante contido na lata. De suas medições, estime até que profundidade a lata seja preenchida e a incerteza na estimativa. Considere o valor da densidade relativa do refrigerante SG = 1,055, fornecida pelo fabricante.

1.39 Usando as dimensões nominais da lata de refrigerante dadas no Problema 1.38, determine a precisão com que o diâmetro e a altura devem ser medidos para que o volume da lata seja estimado dentro de uma incerteza de ±0,5%.

1.40 Uma revista de aficionados publica dados de seus testes de estrada sobre a capacidade de aceleração lateral de carros. As medições são feitas utilizando-se uma pista de 46 m de diâmetro. Suponha que a trajetória do veículo desvia-se do círculo por ±0,6 m e que a velocidade do veículo é medida por um dispositivo medidor de quinta roda com incerteza de ±0,8 km/h. Estime a incerteza experimental em uma aceleração lateral anotada de 0,7 g. Como você poderia melhorar o procedimento experimental para reduzir a incerteza?

1.41 A altura de um edifício pode ser estimada medindo-se a distância horizontal até um ponto no solo e o ângulo desse ponto ao topo do edifício. Supondo que essas medições sejam L = 30 ± 0,15 m e θ = 30 ± 0,2°, estime a altura H do edifício e a incerteza na estimativa. Para a mesma altura de edifício e mesmas incertezas de medição, utilize uma planilha *Excel* para determinar o ângulo (e a correspondente distância a partir do edifício) para o qual as medições devem ser feitas para minimizar a incerteza na estimativa da altura. Avalie e trace um gráfico do ângulo de medição ótimo como função da altura do edifício para 15 ≤ H ≤ 300 m.

1.42 Uma bomba tipo seringa é usada para bombear líquido a uma vazão de 100 mL/min. O projeto para o pistão é tal que a incerteza na velocidade do pistão é de 0,0025 cm, e o diâmetro interno do cilindro possui uma incerteza de 0,00125 cm/min. Trace um gráfico da incerteza na vazão como função do diâmetro do cilindro. Determine a combinação de velocidade do pistão e diâmetro do cilindro que minimiza a incerteza na vazão.

CAPÍTULO **2**

Conceitos Fundamentais

2.1 O Fluido como um Contínuo

2.2 Campo de Velocidade

2.3 Campo de Tensão

2.4 Viscosidade

2.5 Tensão Superficial

2.6 Descrição e Classificação dos Movimentos de Fluidos

2.7 Resumo e Equações Úteis

Estudo de Caso

Mecânica dos Fluidos e Seu Aparelho MP3

Algumas pessoas têm a impressão de que a mecânica dos fluidos é de tecnologia velha ou ultrapassada: o escoamento de água em uma tubulação residencial, as forças fluidas agindo sobre uma represa, e assim por diante. Embora seja verdade que muitos conceitos em mecânica dos fluidos tenham centenas de anos, existem ainda muitas novas e excitantes áreas de pesquisa e desenvolvimento. Todos já ouviram falar da área de mecânica dos fluidos de tecnologia relativamente de ponta chamada carenagem (de carros, aeronaves, bicicletas de corrida e roupas para competição em natação, para mencionar somente algumas), mas existem muitas outras. Todos esses desenvolvimentos dependem da compreensão das ideias básicas sobre o que é um fluido e como um fluido se comporta, conforme discutido neste capítulo.

Se você é um estudante de engenharia típico, existe uma boa chance de que, enquanto estiver lendo este capítulo, esteja ouvindo

© SKrow/iStockphoto

Aparelho de MP3 de um dos autores.

música em seu aparelho de MP3; você pode agradecer à mecânica dos fluidos por poder fazer isso! O minúsculo disco rígido em um desses aparelhos guarda tipicamente em torno de 250 GB de dados, portanto a superfície do disco deve ter uma enorme densidade (maior do que 40.000 faixas por cm); adicionalmente, o cabeçote leitor/gravador deve ficar muito perto do disco enquanto ele transfere os dados (tipicamente o cabeçote está 0,05 μm acima da superfície do disco — um cabelo humano tem cerca de 100 μm). O disco também gira a uma velocidade maior do que 500 rotações por segundo! Consequentemente, os rolamentos em que o eixo do disco gira devem ter pouquíssimo atrito e também não ter balanços ou folgas — caso contrário, na pior das hipóteses, o cabeçote vai colidir com o disco ou, na melhor das hipóteses, você não será capaz de ler os dados (eles estarão guardados demasiadamente perto). O atrito é causado tanto pelo efeito da viscosidade do ar sobre o disco rotativo quanto pela viscosidade do óleo nos rolamentos.

Projetar tal rolamento representa um grande desafio. Até poucos anos atrás, a maioria dos discos rígidos utilizava rolamentos de esferas, que são essencialmente parecidos com aqueles na roda de uma bicicleta; eles trabalham segundo o princípio de que um eixo pode rodar se ele está seguro por um anel de pequenas esferas que são suportadas em uma armação. Os problemas com os rolamentos de esferas são que eles têm muitos componentes; são muito difíceis de construir com a precisão necessária ao disco rígido; são vulneráveis ao choque (se você soltar um disco rígido com uma unidade dessas é provável que uma das esferas se quebre assim que atingir o eixo, destruindo o rolamento); e esses rolamentos são relativamente ruidosos.

Os construtores de discos rígidos estão crescentemente adotando os rolamentos fluidodinâmicos. Esses são mecanicamente mais simples do que os rolamentos de esferas; eles consistem basicamente em um eixo montado diretamente sobre a abertura do rolamento, somente com um lubrificante viscoso formulado especialmente (tal como óleo éster) na fenda de somente uns poucos mícrons. O eixo e/ou superfícies do rolamento têm o modelo de uma espinha para manter o óleo no lugar. Esses rolamentos são extremamente duráveis (eles podem frequentemente resistir a um impacto de 500 *g*!) e pouco ruidosos; no futuro eles permitirão também velocidades de rotação acima de 15.000 rpm, tornando o acesso aos dados ainda mais rápido do que nos aparelhos atuais. Os rolamentos fluidodinâmicos foram usados anteriormente, em aparelhos tais como giroscópios, mas a fabricação deles em tamanho tão pequeno é novidade. Alguns rolamentos fluidodinâmicos usam o ar como fluido lubrificante, mas um dos problemas é que eles algumas vezes param de trabalhar quando você tenta acionálos durante o voo em uma aeronave — a pressão na cabine é insuficiente para manter a pressão que o rolamento necessita!

Recentemente, os preços e a capacidade de memória *flash* têm melhorado tanto que muitos aparelhos de som estão migrando da tecnologia de HD para a tecnologia de memória *flash*. Aos poucos, computadores do tipo notebook e desktop também começam a usar memória *flash*, mas, pelo menos para os próximos anos, o meio primário de armazenagem de dados será o HD. Seu computador ainda terá componentes vitais baseados na mecânica dos fluidos.

No Capítulo 1, discutimos, em termos gerais, o que é a mecânica dos fluidos e desenvolvemos algumas abordagens que serão utilizadas na análise de problemas nessa área. Neste capítulo, seremos mais específicos na definição de algumas propriedades importantes dos fluidos e das formas pelas quais os escoamentos podem ser descritos e caracterizados.

2.1 *Fluido como um Contínuo*

Todos nós estamos familiarizados com os fluidos — sendo os mais comuns a água e o ar — e os tratamos como "lisos e suaves", isto é, como um meio contínuo. Não podemos estar seguros da natureza molecular dos fluidos, a menos que utilizemos equipamentos especializados para identificá-la. Essa estrutura molecular é tal que a massa *não* está distribuída de forma contínua no espaço, mas está concentrada em moléculas que estão separadas por regiões relativamente grandes de espaço vazio. O esboço na Fig. 2.1a mostra uma representação esquemática disso. Uma região do espaço "preenchida" por um fluido estacionário (por exemplo, o ar, tratado como um único gás) parece um meio contínuo, mas se ampliarmos um pequeno cubo da região, poderemos ver que a maior parte do espaço é vazia, com moléculas de gás espalhadas ao redor, movendo-se a alta velocidade (indicada pela temperatura do gás). Note que o tamanho das moléculas de gás está muito exagerado (elas seriam quase invisíveis, mesmo nessa escala) e que colocamos vetores de velocidade somente sobre uma pequena amostra. Gostaríamos de perguntar: qual é o mínimo volume, $\delta V'$, que um ponto C deve ter, de modo a podermos falar sobre propriedades de fluido contínuo tal como a massa específica em um ponto? Em outras palavras, sob que circunstâncias um fluido pode ser tratado como um *meio contínuo*, para o qual, por definição, as propriedades variam suavemente de ponto a ponto? Essa é uma questão importante porque o conceito de um meio contínuo é a base da mecânica dos fluidos clássica.

Considere a forma como determinamos a massa específica em um ponto. A massa específica é definida como a massa por unidade de volume; na Fig. 2.1a, a massa δm será dada pelo número instantâneo de moléculas em δV (e a massa de cada molécula), de modo que a massa específica média no volume δV é dada por $\rho = \delta m/\delta V$. Dizemos "média" porque o número de moléculas em δV, e consequentemente a massa específica, flutua. Por exemplo, se o ar na Fig. 2.1a estivesse nas condições-padrão de temperatura

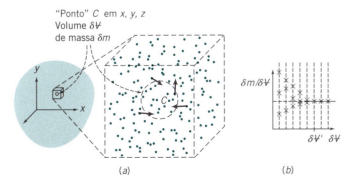

Fig. 2.1 Definição da massa específica em um ponto.

20   Capítulo 2

e pressão (CPPT)[1] e o volume $\delta \mathcal{V}$ fosse uma esfera de diâmetro 0,01 μm, poderia haver 15 moléculas em $\delta \mathcal{V}$ (como mostrado), mas um instante mais tarde poderia haver 17 (três podem entrar enquanto uma sai). Consequentemente, a massa específica em um "ponto" C flutua aleatoriamente com o tempo, como mostrado na Fig. 2.1*b*. Nessa figura, cada linha pontilhada vertical representa um volume específico escolhido, $\delta \mathcal{V}$, e cada ponto dado representa a massa específica medida em um instante. Para volumes muito pequenos, a massa específica varia grandemente, mas, acima de certo volume $\delta \mathcal{V}'$, a massa específica torna-se estável — o volume agora anexa um enorme número de moléculas. Por exemplo, se $\delta \mathcal{V} = 0,001$ mm^3 (em torno do tamanho de um grão de areia), existirão em média $2,5 \times 10^{13}$ moléculas presentes. Consequentemente, podemos concluir que o ar nas CPPTs (e outros gases e líquidos) pode ser tratado como um meio contínuo enquanto considerarmos que um "ponto" não é maior do que aproximadamente esse tamanho; isso é suficientemente preciso para a maior parte das aplicações em engenharia.

O conceito de um contínuo é a base da mecânica dos fluidos clássica. A hipótese do contínuo é válida no tratamento do comportamento dos fluidos sob condições normais. Ela falha, no entanto, somente quando a trajetória média livre das moléculas[2] torna-se da mesma ordem de grandeza da menor dimensão característica significativa do problema. Isso ocorre em casos específicos como no escoamento de um gás rarefeito (como encontrado, por exemplo, em voos nas camadas superiores da atmosfera). Nesses casos específicos (não tratados neste texto), devemos abandonar o conceito de contínuo em favor do ponto de vista microscópico e estatístico.

Como consequência da consideração do contínuo, cada propriedade do fluido é considerada como tendo um valor definido em cada ponto no espaço. Dessa forma, as propriedades dos fluidos, tais como massa específica, temperatura, velocidade e assim por diante, são consideradas funções contínuas da posição e do tempo. Por exemplo, temos agora uma definição exequível da massa específica em um ponto,

$$\rho \equiv \lim_{\delta \mathcal{V} \to \delta \mathcal{V}'} \frac{\delta m}{\delta \mathcal{V}} \tag{2.1}$$

Uma vez que o ponto C foi arbitrário, a massa específica em qualquer outro ponto no fluido poderia ser determinada pela mesma forma. Se a massa específica fosse medida simultaneamente em um número infinito de pontos no fluido, obteríamos uma expressão para a distribuição da massa específica como uma função das coordenadas espaciais, $\rho = \rho(x, y, z)$, no instante dado.

A massa específica em qualquer ponto pode também variar com o tempo (como um resultado de trabalho realizado sobre o fluido, ou por ele, e/ou de transferência de calor para o fluido). Portanto, a representação completa da massa específica (a representação do *campo*) é dada por

$$\rho = \rho(x, y, z, t) \tag{2.2}$$

Como a massa específica é uma quantidade escalar, requerendo, para uma descrição completa, apenas a especificação de um módulo, o campo representado pela Eq. 2.2 é um campo escalar.

Uma forma alternativa de expressar a massa específica de uma substância (sólido ou fluido) é compará-la com um valor de referência aceito, tipicamente a massa específica máxima da água, $\rho_{\text{H}_2\text{O}}$ (1.000 kg/m^3 a 4°C(277K)). Desse modo, a *gravidade específica*, ou *densidade relativa*,* SG, de uma substância é expressa como

$$SG = \frac{\rho}{\rho_{\text{H}_2\text{O}}} \tag{2.3}$$

---

[1]A STP (*Standard Temperature and Pressure*) ou CPPT (condição-padrão de temperatura e pressão) para o ar corresponde a 15°C (288K) e 101,3 kPa absolutos, respectivamente.

[2]Aproximadamente 6×10^{-8} m, na CPPT, para moléculas de gás que se comportam como gás ideal [1].
*Muitos autores usam apenas o termo densidade, com a notação *d*, no lugar de densidade relativa ou gravidade específica. (N.T.)

Por exemplo, a SG do mercúrio é tipicamente 13,6 — o mercúrio é 13,6 vezes mais denso que a água. O Apêndice A contém dados de densidade relativa de materiais selecionados para a engenharia. A densidade relativa de líquidos é uma função da temperatura; para a maioria dos líquidos, a densidade relativa decresce com o aumento da temperatura.

O *peso específico*, γ, de uma substância é outra propriedade útil da matéria. Ele é definido como o peso de uma substância por unidade de volume e dado como

$$\gamma = \frac{mg}{V} \rightarrow \gamma = \rho g \tag{2.4}$$

Por exemplo, o peso específico da água é aproximadamente 9,81 kN/m³.

2.2 *Campo de Velocidade*

Na seção anterior, vimos que a consideração do contínuo levou diretamente à noção do campo de massa específica. Outras propriedades dos fluidos também podem ser descritas por campos.

Uma propriedade muito importante definida por um campo é o campo de velocidade, dado por

$$\vec{V} = \vec{V}(x, y, z, t) \tag{2.5}$$

A velocidade é uma quantidade vetorial, exigindo um módulo e uma direção para uma completa descrição. Por conseguinte, o campo de velocidade (Eq. 2.5) é um campo vetorial.

O vetor velocidade, $\vec{V}$, também pode ser escrito em termos de suas três componentes escalares. Denotando as componentes nas direções x, y e z por u, v e w, então

$$\vec{V} = u\hat{i} + v\hat{j} + w\hat{k} \tag{2.6}$$

Em geral, cada componente, u, v e w, será uma função *de x, y, z e t*.

Necessitamos ser claros sobre o que $\vec{V}(x, y, z, t)$ mede: esse campo indica a velocidade de uma partícula fluida que está passando através do ponto x, y, z, no instante de tempo t, na percepção euleriana. Podemos continuar a medir a velocidade no mesmo ponto ou escolher qualquer outro ponto x, y, z, no próximo instante de tempo; o ponto x, y, z não é a posição em curso de uma partícula *individual*, mas um ponto que escolhemos para olhar. (Por isso x, y e z são variáveis independentes. No Capítulo 5 discutiremos a *derivada material* da velocidade, na qual escolhemos $x = x_p(t)$, $y = y_p(t)$ e $z = z_p(t)$, em que $x_p(t)$, $y_p(t)$, $z_p(t)$ é a posição de uma partícula específica.) Concluímos que $\vec{V}(x, y, z, t)$ deve ser pensado como o campo de velocidade de todas as partículas, e não somente a velocidade de uma partícula individual.

Se as propriedades em cada ponto em um campo de escoamento não variam com o tempo, o escoamento é dito em *regime permanente*. Matematicamente, a definição de escoamento em regime permanente é

$$\frac{\partial \eta}{\partial t} = 0$$

em que η representa qualquer propriedade do fluido. Por isso, para o regime permanente,

$$\frac{\partial \rho}{\partial t} = 0 \quad \text{ou} \quad \rho = \rho(x, y, z)$$

e

$$\frac{\partial \vec{V}}{\partial t} = 0 \quad \text{ou} \quad \vec{V} = \vec{V}(x, y, z)$$

Em regime permanente, qualquer propriedade pode variar de ponto para ponto no campo, porém todas as propriedades permanecem constantes com o tempo em cada ponto.

Escoamentos Uni, Bi e Tridimensionais

Um escoamento é classificado como uni, bi ou tridimensional de acordo com o número de coordenadas espaciais necessárias para especificar seu campo de velocidade.[3] A Eq. 2.5 indica que o campo de velocidade pode ser uma função de três coordenadas espaciais e do tempo. Tal campo de escoamento é denominado *tridimensional* (ele é também *transiente*), porque a velocidade em qualquer ponto no campo de escoamento depende das três coordenadas requeridas para se localizar o ponto no espaço.

Embora a maioria dos campos de escoamento seja intrinsecamente tridimensional, a análise baseada em uma quantidade menor de dimensões é, com frequência, significativa. Considere, por exemplo, o escoamento permanente através de um longo tubo retilíneo que tem uma seção divergente, conforme mostrado na Fig. 2.2. Nesse exemplo, usaremos coordenadas cilíndricas (r, θ, x). Vamos aprender (no Capítulo 8) que, sob certas circunstâncias (por exemplo, longe da entrada do tubo e da seção divergente, em que o escoamento pode ser bastante complicado), a distribuição de velocidades pode ser descrita por

$$u = u_{máx}\left[1 - \left(\frac{r}{R}\right)^2\right] \quad (2.7)$$

Isso é mostrado à esquerda na Fig. 2.2. O campo de velocidade $u(r)$ é uma função de uma coordenada apenas e, portanto, o escoamento é unidimensional. Por outro lado, na seção divergente, a velocidade decresce no sentido positivo de x, e o escoamento torna-se bidimensional: $u = u(r, x)$.

Como você pode imaginar, a complexidade da análise aumenta consideravelmente com o número de dimensões do campo de escoamento. Para muitos problemas encontrados na engenharia, uma análise unidimensional é adequada para fornecer soluções aproximadas, com a precisão requerida na prática da engenharia.

Como todos os fluidos que satisfazem a hipótese do contínuo devem ter velocidade relativa zero em uma superfície sólida (para atender à condição de não deslizamento), a maioria dos escoamentos é intrinsecamente bi ou tridimensional. Para simplificar a análise, muitas vezes é conveniente introduzir a consideração de *escoamento uniforme* em uma dada seção transversal. Em um escoamento que é uniforme em dada seção transversal, a velocidade é constante através de qualquer seção normal ao escoamento. Com essa consideração,[4] o escoamento bidimensional da Fig. 2.2 é modelado como o escoamento mostrado na Fig. 2.3, em que o campo de velocidade é uma função de x somente e, portanto, o modelo do escoamento é unidimensional. (Outras propriedades, tais como massa específica ou pressão, também podem ser consideradas como uniformes em uma seção, se for apropriado.)

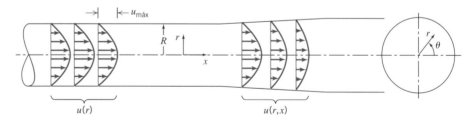

Fig. 2.2 Exemplos de escoamentos uni e bidimensionais.

---

[3]Alguns autores preferem classificar um escoamento como uni, bi ou tridimensional em função do número de coordenadas espaciais necessárias para se especificar *todas* as propriedades do fluido. Neste texto, a classificação dos campos de escoamento terá como base o número de coordenadas espaciais necessárias para especificar apenas o campo de velocidade.

[4]Isso pode parecer uma simplificação não realista, mas, na verdade, muitas vezes conduz a resultados de precisão aceitável. Considerações amplas, como essa de escoamento uniforme em uma seção transversal, devem ser aplicadas sempre com cautela a fim de assegurar que o modelo analítico do escoamento real seja razoável.

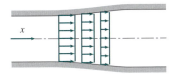

Fig. 2.3 Exemplo de escoamento uniforme em uma seção.

O termo *campo de escoamento uniforme* (em contraposição a escoamento uniforme em uma seção transversal) é empregado para descrever um escoamento no qual o módulo e o sentido do vetor velocidade são constantes, ou seja, independentes de todas as coordenadas espaciais através de todo o campo de escoamento.

Linhas de Tempo, Trajetórias, Linhas de Emissão e Linhas de Corrente

As empresas de aeronaves e automóveis e laboratórios de faculdades de engenharia, entre outros, usam frequentemente túneis de vento para visualizar os campos de escoamento [2]. Por exemplo, a Fig. 2.4 mostra um modelo de escoamento para o escoamento em torno de um carro montado em um túnel de vento, gerado por fumaça solta no escoamento em cinco pontos a montante. Modelos de escoamentos podem ser visualizados usando linhas de tempo, trajetórias, linhas de emissão ou linhas de corrente.

Se, em um campo de escoamento, várias partículas fluidas adjacentes forem marcadas em dado instante, formarão uma linha no fluido naquele instante; essa linha é chamada *linha de tempo*. Observações subsequentes da linha podem fornecer informações a respeito do campo de escoamento. Por exemplo, ao discutirmos o comportamento de um fluido sob a ação de uma força de cisalhamento constante (Seção 1.1), foram introduzidas linhas de tempo para demonstrar a deformação do fluido em instantes sucessivos.

Uma *trajetória* é o caminho traçado por uma partícula fluida em movimento. Para torná-la visível, temos que identificar uma partícula fluida em dado instante, por exemplo, pelo emprego de um corante ou fumaça e, em seguida, tiramos uma fotografia de exposição prolongada de seu movimento subsequente. A linha traçada pela partícula é uma trajetória. Essa metodologia pode ser usada para estudar, por exemplo, a trajetória de um poluente liberado em uma chaminé.

Por outro lado, poderíamos preferir concentrar a atenção em um local fixo do espaço e identificar, novamente pelo emprego de corante ou fumaça, todas as partículas fluidas passando por aquele ponto. Após um curto período, teríamos certo número de partículas fluidas identificáveis no escoamento, e todas elas, em algum momento, passaram pelo mesmo local fixo no espaço. A linha unindo essas partículas fluidas é definida como uma *linha de emissão*.

Linhas de corrente são aquelas desenhadas no campo de escoamento de modo que, em dado instante, são tangentes à direção do escoamento em cada ponto do campo. Como as linhas de corrente são tangentes ao vetor velocidade em cada ponto do campo de escoamento, não pode haver fluxo de matéria através delas. As linhas de corrente é uma das técnicas de visualização mais comumente utilizada. Elas são utilizadas, por exemplo, para estudar o escoamento sobre um automóvel em uma simulação computacional. O procedimento adotado para obter a equação de uma linha de corrente em um escoamento bidimensional é ilustrado no Exemplo 2.1.

No escoamento permanente, a velocidade em cada ponto do campo permanece constante com o tempo e, por conseguinte, as linhas de corrente não variam de um instante a outro. Isso implica que uma partícula localizada em determinada linha de corrente permanecerá sobre a mesma. Além disso, partículas consecutivas passando através de um ponto fixo do espaço estarão sobre a mesma linha de corrente e, subsequentemente, permanecerão nela. Então, em um escoamento permanente, trajetórias, linhas de emissão e linhas de corrente são idênticas no campo de escoamento.

A Fig. 2.4 mostra uma fotografia de 10 *linhas de emissão* para o escoamento sobre um automóvel em um túnel de vento. Uma linha de emissão é a linha produzida em um escoamento quando todas as partículas movendo-se sobre um ponto fixo são marcadas de alguma

Vídeo: Linhas de Corrente

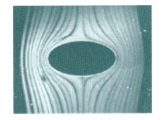

Vídeo: Linhas de Emissão

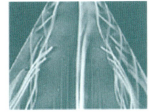

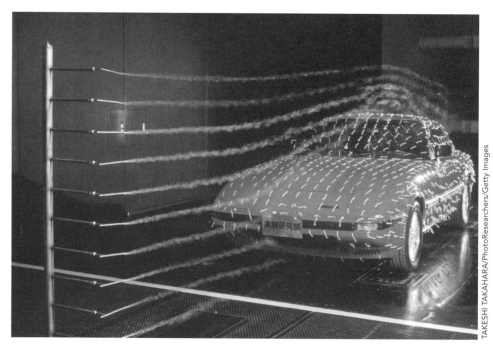

Fig. 2.4 Linhas de emissão sobre um automóvel em um túnel de vento.

forma (por exemplo, usando fumaça, conforme mostrado na Fig. 2.4). Podemos também definir as *linhas de corrente*. Essas são as linhas traçadas no campo de escoamento de modo que em *dado instante* elas são tangentes à direção do escoamento em cada ponto no campo de escoamento. Uma vez que as linhas de corrente são tangentes ao vetor velocidade em cada ponto no campo de escoamento, não existe escoamento através de uma linha de corrente. As trajetórias são o que está subentendido em seu nome: elas mostram, ao longo do tempo, as trajetórias que partículas individuais tomam (se você já viu fotos com lapsos de tempo do tráfego noturno, essa é a ideia). Finalmente, as *linhas de tempo* são criadas marcando uma linha em um escoamento e observando como ela evolui ao longo do tempo.

Mencionamos que a Fig. 2.4 mostra linhas de emissão, mas na verdade o modelo mostrado também representa linhas de corrente e trajetórias! O modelo em regime permanente mostrado existirá enquanto a fumaça for solta dos 10 pontos fixados. Se tivéssemos que medir de alguma forma a velocidade em todos os pontos em um instante, para gerar linhas de corrente, gostaríamos de ter o mesmo padrão; se tivéssemos que soltar apenas uma partícula de fumaça em cada local, ou assistir seu movimento ao longo do tempo, veríamos as partículas seguirem as mesmas curvas. Concluímos que para o escoamento em *regime permanente*, as linhas de emissão, linhas de corrente e trajetórias são idênticas.

As coisas são completamente diferentes para o escoamento em *regime transiente*. Nesse caso, as linhas de emissão, linhas de corrente e trajetórias terão geralmente formas diferentes. Por exemplo, considere que uma mangueira de jardim seja segura pelas mãos e balançada para os lados enquanto a água sai com alta velocidade, como está mostrado na Fig. 2.5. Obteremos um lençol de água. Se considerarmos partículas individuais de água, veremos que cada partícula, uma vez ejetada, segue uma trajetória em linha reta (aqui, para simplificar, desprezamos a gravidade): as trajetórias são linhas retas, conforme está mostrado. Por outro lado, se começarmos a injetar corante na água enquanto ela sai da mangueira, geraremos uma linha de emissão, e essa toma a forma de uma onda senoidal em expansão, conforme mostrado. Claramente, as trajetórias e linhas de emissão não coincidem para este escoamento em regime transiente (deixamos a determinação das linhas de corrente como um exercício).

Trajetórias de partículas individuais do fluido

Linha de emissão em algum instante

Linha de emissão em um instante posterior

Fig. 2.5 Trajetórias e linhas de emissão para o escoamento da saída de uma mangueira oscilante de jardim.

Exemplo 2.1 LINHAS DE CORRENTE E TRAJETÓRIAS NO ESCOAMENTO BIDIMENSIONAL

Um campo de velocidade é dado por $\vec{V} = Ax\hat{i} - Ay\hat{j}$; as unidades de velocidade são m/s; x e y são dados em metros; $A = 0{,}3$ s^{-1}.
(a) Obtenha uma equação para as linhas de corrente no plano xy.
(b) Trace a linha de corrente que passa pelo ponto $(x_0, y_0) = (2, 8)$.
(c) Determine a velocidade de uma partícula no ponto $(2, 8)$.
(d) Se a partícula passando pelo ponto (x_0, y_0) no instante $t = 0$ for marcada, determine a sua localização no instante $t = 6$ s.
(e) Qual a velocidade dessa partícula em $t = 6$ s?
(f) Mostre que a equação da trajetória da partícula é a mesma equação da linha de corrente.

Dados: Campo de velocidade, $\vec{V} = Ax\hat{i} - Ay\hat{j}$; x e y em metros; $A = 0{,}3$ s^{-1}.

Determinar: (a) A equação das linhas de corrente no plano xy.
(b) O gráfico da linha de corrente pelo ponto $(2, 8)$.
(c) A velocidade da partícula no ponto $(2, 8)$.
(d) A posição em $t = 6$ s da partícula localizada em $(2, 8)$ em $t = 0$.
(e) A velocidade da partícula na posição encontrada em (d).
(f) A equação da trajetória da partícula localizada em $(2, 8)$ em $t = 0$.

Solução:
(a) Linhas de corrente são aquelas desenhadas no campo de escoamento de modo que, em dado instante, são tangentes à direção do escoamento em cada ponto. Consequentemente,

$$\left.\frac{dy}{dx}\right)_{\text{linha de corrente}} = \frac{v}{u} = \frac{-Ay}{Ax} = \frac{-y}{x}$$

Separando as variáveis e integrando, obteremos

$$\int \frac{dy}{y} = -\int \frac{dx}{x}$$

ou

$$\ln y = -\ln x + c_1$$

Isso pode ser escrito como $xy = c$

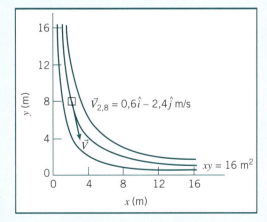

(b) Para a linha de corrente que passa pelo ponto $(x_0, y_0) = (2, 8)$, a constante, c, tem um valor de 16 e a equação da linha de corrente que passa pelo ponto $(2, 8)$ é então

$$xy = x_0 y_0 = 16 \text{ m}^2$$

O gráfico está esquematizado na figura.
(c) O campo de velocidade é $\vec{V} = Ax\hat{i} - Ay\hat{j}$. No ponto $(2, 8)$ a velocidade é

$$\vec{V} = A(x\hat{i} - y\hat{j}) = 0{,}3\text{s}^{-1}(2\hat{i} - 8\hat{j})\text{m} = 0{,}6\hat{i} - 2{,}4\hat{j}\,\text{m/s}$$

(d) Uma partícula movendo-se no campo de escoamento terá a velocidade dada por

$$\vec{V} = Ax\hat{i} - Ay\hat{j}$$

26 Capítulo 2

Então

$$u_p = \frac{dx}{dt} = Ax \quad \text{e} \quad v_p = \frac{dy}{dt} = -Ay$$

Separando as variáveis e integrando (em cada equação) resulta

$$\int_{x_0}^{x} \frac{dx}{x} = \int_{0}^{t} A\,dt \quad \text{e} \quad \int_{y_0}^{y} \frac{dy}{y} = \int_{0}^{t} -A\,dt$$

Então

$$\ln\frac{x}{x_0} = At \quad \text{e} \quad \ln\frac{y}{y_0} = -At$$

ou

$$x = x_0 e^{At} \quad \text{e} \quad y = y_0 e^{-At}$$

Em $t = 6$,

$$x = 2\,\text{m}\ e^{(0,3)6} = 12,1\,\text{m} \quad \text{e} \quad y = 8\,\text{m}\ e^{-(0,3)6} = 1,32\,\text{m}$$

Para $t = 6$ s, a partícula estará em (12,1; 1,32) m ⟵———————

(e) No ponto (12,1; 1,32) m,

$$\vec{V} = A(x\hat{i} - y\hat{j}) = 0,3\,\text{s}^{-1}(12,1\hat{i} - 1,32\hat{j})\text{m}$$

$$= 3,63\hat{i} - 0,396\hat{j}\,\text{m/s} \longleftarrow\!\!—————$$

(f) Para determinar a equação da trajetória, empregamos as equações paramétricas

$$x = x_0 e^{At} \quad \text{e} \quad y = y_0 e^{-At}$$

e eliminamos t. Resolvendo para e^{At} nas duas equações

$$e^{At} = \frac{y_0}{y} = \frac{x}{x_0}$$

Portanto, $xy = x_0 y_0 = 16\ \text{m}^2$ ⟵—————

> **Notas:**
> - Este problema ilustra o método de cálculo de linhas de corrente e trajetórias.
> - Posto que o escoamento é em regime permanente, as linhas de correntes e as trajetórias têm a mesma forma — isso não é verdade para um escoamento transiente.
> - Quando se acompanha uma partícula (a formulação lagrangiana), sua posição (x, y) e velocidade ($u_p = dx/dt$ e $v_p = dy/dt$) são funções do tempo, mesmo se o escoamento for permanente.

Podemos usar o campo de velocidade para deduzir as formas das linhas de emissão, trajetórias e linhas de corrente. Iniciemos com as linhas de corrente: como as linhas de corrente são paralelas ao vetor velocidade, podemos escrever (para 2D)

$$\left.\frac{dy}{dx}\right)_{\text{linha de corrente}} = \frac{v(x,y)}{u(x,y)} \tag{2.8}$$

Note que as linhas de corrente são obtidas em um instante no tempo; se o escoamento é em regime transiente, o tempo t é mantido constante na Eq. 2.8. A solução dessa equação dá a equação $y = y(x)$, com uma constante de integração indeterminada, cujo valor determina a linha de corrente particular.

Para trajetórias (considerando novamente 2D), fazemos $x = x_p(t)$ e $y = y_p(t)$ em que $x_p(t)$ e $y_p(t)$ são as coordenadas instantâneas de uma partícula específica. Temos, portanto

$$\left.\frac{dx}{dt}\right)_{\text{partícula}} = u(x,y,t) \qquad \left.\frac{dy}{dt}\right)_{\text{partícula}} = v(x,y,t) \tag{2.9}$$

A solução simultânea dessas equações fornece a trajetória de uma partícula na forma paramétrica $x_p(t)$, $y_p(t)$.

O cálculo das linhas de emissão é um pouco complicado. O primeiro passo é calcular a trajetória de uma partícula (usando as Eqs. 2.9) que foi solta a partir da fonte pontual de emissão (coordenadas x_0, y_0) no tempo t_0, na forma

$$x_{\text{partícula}}(t) = x(t, x_0, y_0, t_0) \qquad y_{\text{partícula}}(t) = y(t, x_0, y_0, t_0)$$

Em seguida, em vez de interpretarmos isso como a posição de uma partícula ao longo do tempo, reescrevemos essas equações como

$$x_{\text{linha de emissão}}(t_0) = x(t, x_0, y_0, t_0) \qquad y_{\text{linha de emissão}}(t_0) = y(t, x_0, y_0, t_0) \qquad (2.10)$$

As Eqs. 2.10 fornecem a linha gerada (pelo tempo t) a partir de uma fonte pontual (x_0, y_0). Nessas equações, t_0 (o tempo de soltura das partículas) é variado de 0 a t para mostrar as posições instantâneas de todas as partículas soltas até o instante t!

2.3 Campo de Tensão

Em nosso estudo de mecânica dos fluidos, precisamos entender que tipos de força agem sobre as partículas fluidas. Cada partícula fluida pode sofrer a ação de *forças de superfície* (pressão, atrito) que são geradas pelo contato com outras partículas ou com superfícies sólidas; e *forças de campo* (tais como forças de gravidade e eletromagnética) que agem através das partículas.

A força de campo gravitacional atuando sobre um elemento de volume, dV, é dada por $\rho \vec{g} dV$, no qual ρ é a massa específica (massa por unidade de volume) e $\vec{g}$ é a aceleração local da gravidade. Portanto, a força de campo gravitacional por unidade de volume é $\rho \vec{g}$ e por unidade de massa é $\vec{g}$.

Forças de superfície agindo sobre uma partícula fluida geram *tensões*. O conceito de tensão é útil para descrever como é que forças, agindo sobre as fronteiras de um meio (fluido ou sólido), são transmitidas através do meio. Você provavelmente estudou tensões em mecânica dos sólidos. Por exemplo, quando você fica de pé sobre uma prancha de esqui, tensões são geradas na prancha. Por outro lado, quando um corpo se move através de um fluido, tensões são desenvolvidas no fluido. A diferença entre um fluido e um sólido, como já vimos, é que as tensões em um fluido são majoritariamente geradas por movimento e não por deflexão.

Imagine a superfície de uma partícula fluida em contato com outras partículas fluidas e considere a força de contato sendo gerada entre as partículas. Considere uma porção, $\delta \vec{A}$, da superfície em um ponto qualquer C. A orientação de $\delta \vec{A}$ é dada pelo vetor unitário, $\hat{n}$, mostrado na Fig. 2.6. O vetor $\hat{n}$ é normal à superfície da partícula apontando para fora dela.

A força, $\delta \vec{F}$, agindo sobre $\delta \vec{A}$, pode ser decomposta em duas componentes, uma normal e a outra tangente à área. Uma *tensão normal* σ_n e uma *tensão de cisalhamento* τ_n são então definidas como

$$\sigma_n = \lim_{\delta A_n \to 0} \frac{\delta F_n}{\delta A_n} \qquad (2.11)$$

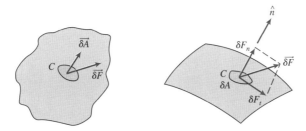

Fig. 2.6 O conceito de tensão em um meio contínuo.

e

$$\tau_n = \lim_{\delta A_n \to 0} \frac{\delta F_t}{\delta A_n} \qquad (2.12)$$

O subscrito n na tensão foi incluído para lembrar que as tensões estão associadas à superfície $\delta \vec{A}$ que passa por C, tendo uma normal com a direção e sentido de $\hat{n}$. O fluido é realmente um contínuo, de modo que podemos imaginá-lo ao redor do ponto C como composto por determinado número de partículas delimitadas de diferentes maneiras, obtendo, assim, um número qualquer de diferentes tensões no ponto C.

Ao lidar com quantidades vetoriais, tais como a força, é usual considerar as componentes em um sistema ortogonal de coordenadas cartesianas. Em coordenadas retangulares, podemos considerar as tensões atuando em planos cujas normais orientadas para fora (novamente em relação ao elemento fluido considerado) estão nas direções dos eixos x, y ou z. Na Fig. 2.7, consideramos a tensão no elemento δA_x, cuja normal orientada para fora está na direção do eixo x. A força, $\delta \vec{F}$, foi decomposta em componentes ao longo de cada eixo de coordenadas. Dividindo o módulo de cada componente da força pela área, δA_x, e tomando o limite quando δA_x se aproxima de zero, definimos as três componentes da tensão mostradas na Fig. 2.7b:

$$\sigma_{xx} = \lim_{\delta A_x \to 0} \frac{\delta F_x}{\delta A_x}$$
$$\tau_{xy} = \lim_{\delta A_x \to 0} \frac{\delta F_y}{\delta A_x} \qquad \tau_{xz} = \lim_{\delta A_x \to 0} \frac{\delta F_z}{\delta A_x} \qquad (2.13)$$

Usamos uma notação com índice duplo para designar as tensões. O *primeiro* índice (nesse caso, x) indica o *plano* no qual a tensão atua (nesse caso, a superfície perpendicular ao eixo x). O *segundo* índice indica a *direção* na qual a tensão atua.

Considerando agora a área elementar δA_y, definiremos as tensões σ_{yy}, τ_{yx} e τ_{yz}; a utilização da área elementar δA_z levaria, de modo semelhante, à definição de σ_{zz}, τ_{zx} e τ_{zy}.

Embora tenhamos focalizado apenas três planos ortogonais, um infinito número de planos pode passar através do ponto C, resultando em um número infinito de tensões associadas a esses planos. Felizmente, o estado de tensão em um ponto pode ser completamente descrito pela especificação das tensões atuantes em três planos *quaisquer* ortogonais entre si que passam pelo ponto. A tensão em um ponto é especificada, então, pelas nove componentes

$$\begin{bmatrix} \sigma_{xx} & \tau_{xy} & \tau_{xz} \\ \tau_{yx} & \sigma_{yy} & \tau_{yz} \\ \tau_{zx} & \tau_{zy} & \sigma_{zz} \end{bmatrix}$$

em que σ foi usado para denotar uma tensão normal, e τ para denotar uma tensão cisalhante. A notação para designar tensão é mostrada na Fig. 2.8.

Referindo-nos ao elemento infinitesimal mostrado na Fig. 2.8, vemos que há seis planos (dois planos x, dois planos y e dois planos z), nos quais as tensões podem atuar. Para designar o plano de interesse, poderíamos usar termos como frontal e posterior,

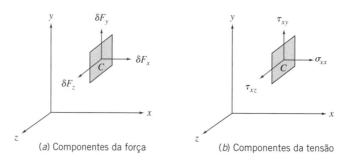

(a) Componentes da força   (b) Componentes da tensão

Fig. 2.7 Componentes da força e tensão sobre o elemento de área δA_x.

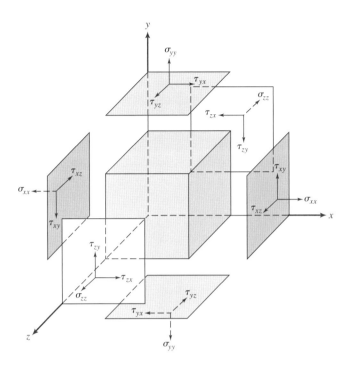

Fig. 2.8 Notação para tensão.

superior e inferior, ou esquerdo e direito. Contudo, é mais lógico nomear os planos em termos dos eixos de coordenadas. Os planos são nomeados e denotados como positivos ou negativos de acordo com o sentido da sua normal. Dessa forma, o plano superior, por exemplo, é um plano y positivo, o posterior é um plano z negativo.

Também é necessário adotar uma convenção de sinais para a tensão. Uma componente da tensão é positiva quando o seu sentido e o do plano no qual atua são ambos positivos ou ambos negativos. Assim, $\tau_{yx} = 345$ N/m^2 representa uma tensão de cisalhamento em um plano y positivo no sentido de x positivo, ou uma tensão de cisalhamento em um plano y negativo no sentido de x negativo. Na Fig. 2.8, todas as tensões foram traçadas como positivas. As componentes da tensão são negativas quando seu sentido tem sinal oposto ao sinal do plano no qual atuam.

2.4 Viscosidade

Qual a origem das tensões? Para um sólido, as tensões são desenvolvidas quando um material é deformado ou cisalhado elasticamente; para um fluido, as tensões de cisalhamento aparecem por causa do escoamento viscoso (discutiremos sucintamente as tensões normais de um fluido). Desse modo, dizemos que os sólidos são *elásticos* e os fluidos são *viscosos* (e é interessante notar que muitos tecidos biológicos são *viscoelásticos*, significando que eles combinam características de um sólido e de um fluido). Para um fluido em repouso, não existirá tensão de cisalhamento. Veremos a seguir que o exame da relação entre a tensão de cisalhamento aplicada e o escoamento (especialmente a taxa de deformação) do fluido pode ser usado para definir categorias de classificação de cada fluido.

Considere o comportamento de um elemento fluido entre duas placas infinitas conforme mostrado na Fig. 2.9a. O elemento fluido retangular está inicialmente em repouso no tempo t. Consideremos agora que uma força constante para a direita δF_x seja aplicada à placa de modo que ela é arrastada através do fluido a velocidade constante δu. A ação de cisalhamento relativo da placa infinita produz uma tensão de cisalhamento, τ_{yx}, aplicada ao elemento fluido que é dada por

$$\tau_{yx} = \lim_{\delta A_y \to 0} \frac{\delta F_x}{\delta A_y} = \frac{dF_x}{dA_y}$$

em que δA_y é a área de contato do elemento fluido com a placa e δF_x é a força exercida pela placa sobre aquele elemento. Imagens instantâneas do elemento fluido, mostradas nas Fig. 2.9a-c, ilustram a deformação do elemento fluido da posição *MNOP* no tempo

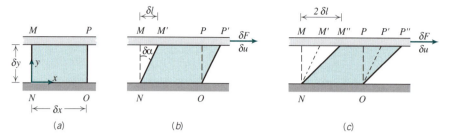

Fig. 2.9 (a) Elemento fluido no tempo t, (b) deformação do elemento fluido no tempo t + δt, e (c) deformação do elemento fluido no tempo t + 2δt.

t, para a posição M'NOP' no tempo t + δt, e para M"NOP" no tempo t + 2δt, por causa da tensão de cisalhamento imposta. Como mencionado na Seção 1.1, o fato de que o fluido se deforma continuamente em resposta a uma tensão de cisalhamento aplicada é que o torna diferente dos sólidos.

Durante o intervalo de tempo δt (Fig. 2.9b), a deformação do fluido é dada por

$$\text{taxa de deformação} = \lim_{\delta t \to 0} \frac{\delta \alpha}{\delta t} = \frac{d\alpha}{dt}$$

Desejamos expressar $d\alpha/dt$ em função de quantidades prontamente mensuráveis. Isso pode ser feito facilmente. A distância δl, entre os pontos M e M', é dada por

$$\delta l = \delta u \, \delta t$$

Alternativamente, para pequenos ângulos,

$$\delta l = \delta y \, \delta \alpha$$

Igualando essas duas expressões para δl, obteremos

$$\frac{\delta \alpha}{\delta t} = \frac{\delta u}{\delta y}$$

Tomando os limites de ambos os lados da igualdade, obteremos

$$\frac{d\alpha}{dt} = \frac{du}{dy}$$

Dessa forma, o elemento fluido da Fig. 2.9, quando submetido à tensão de cisalhamento, τ_{yx}, experimenta uma taxa de deformação (*taxa de cisalhamento*) dada por du/dy. Já estabelecemos que qualquer fluido sob a ação de uma tensão de cisalhamento escoará (ele terá uma taxa de cisalhamento). Qual é a relação entre tensão de cisalhamento e taxa de cisalhamento? Os fluidos para os quais a tensão de cisalhamento é diretamente proporcional à taxa de deformação são *fluidos newtonianos*. A expressão *não newtoniano* é empregada para classificar todos os fluidos em que a tensão cisalhante não é diretamente proporcional à taxa de deformação.

Fluido Newtoniano

Os fluidos mais comuns (aqueles discutidos neste texto), tais como água, ar e gasolina, são newtonianos em condições normais. Se o fluido da Fig. 2.9 for newtoniano, então

$$\tau_{yx} \propto \frac{du}{dy} \tag{2.14}$$

Já estamos familiarizados com o fato de que alguns fluidos resistem mais ao movimento que outros. Por exemplo, é muito mais difícil agitar óleo SAE 30W em um reservatório do que agitar água nesse mesmo reservatório. Portanto, o óleo SAE 30W é muito mais viscoso que a água — ele tem uma viscosidade mais alta. (Note que também é difícil agitar o mercúrio, mas por uma razão diferente!) A constante de proporcionalidade na Eq. 2.14 é a *viscosidade absoluta* (ou *dinâmica*), μ. Desse modo, em termos das coordenadas da Fig. 2.9, a lei de Newton da viscosidade para o escoamento unidimensional é dada por

$$\tau_{yx} = \mu \frac{du}{dy} \tag{2.15}$$

Note que, como as dimensões de τ são $[F/L^2]$ e as dimensões de du/dy são $[1/t]$, μ tem dimensões $[Ft/L^2]$. Uma vez que as dimensões de força, F, massa, M, comprimento, L, e tempo, t, são relacionadas pela segunda lei do movimento de Newton, as dimensões de μ também podem ser expressas como $[M/Lt]$. No sistema SI, as unidades de viscosidade são kg/(m·s) ou Pa·s (1 Pa · s = 1 N·s/m^2). O cálculo da tensão de cisalhamento viscoso é ilustrado no Exemplo 2.2.

Na mecânica dos fluidos, a razão entre a viscosidade absoluta, μ, e a massa específica, ρ, surge com frequência. Essa razão toma o nome de *viscosidade cinemática* e é representada pelo símbolo v. Como a massa específica tem as dimensões $[M/L^3]$, as dimensões de v são $[L^2/t]$. No sistema SI, a unidade de v é stoke (1 stoke $\equiv$ 1 m^2/s).

O Apêndice A apresenta dados de viscosidade para diversos fluidos newtonianos comuns. Note que, para gases, a viscosidade aumenta com a temperatura, enquanto, para líquidos, a viscosidade diminui com o aumento de temperatura.

Exemplo 2.2 VISCOSIDADE E TENSÃO DE CISALHAMENTO EM UM FLUIDO NEWTONIANO

Uma placa infinita move-se sobre uma segunda placa, havendo entre elas uma camada de líquido, como mostrado. Para uma pequena altura da camada, d, podemos supor uma distribuição linear de velocidade no líquido. A viscosidade do líquido é 0,0065 g/cm · s e sua densidade relativa é 0,88. Determine:

(a) A viscosidade absoluta do líquido, em N · s/m^2.
(b) A viscosidade cinemática do líquido, em m^2/s.
(c) A tensão de cisalhamento na placa superior, em N/m^2.
(d) A tensão de cisalhamento na placa inferior, em Pa.
(e) O sentido de cada tensão cisalhante calculada nas partes (c) e (d).

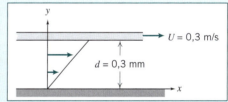

Dados: O perfil linear de velocidade no líquido entre placas paralelas infinitas, conforme mostrado.

$\mu = 0{,}0065$ g/cm·s
SG $= 0{,}88$

Determinar: (a) μ em unidade de N · s/m^2.
(b) v em unidades de m^2/s.
(c) τ na placa superior em unidades de N/m^2.
(d) τ na placa inferior em unidades de Pa.
(e) O sentido da tensão nas partes (c) e (d).

Solução:

Equação básica: $\tau_{yx} = \mu \dfrac{du}{dy}$ **Definição:** $\nu = \dfrac{\mu}{\rho}$

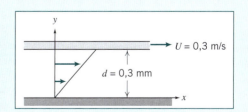

Considerações:

1 Distribuição linear de velocidade (dado)
2 Escoamento em regime permanente
3 μ = constante

(a) $\mu = 0{,}0065 \dfrac{\text{g}}{\text{cm}\cdot\text{s}} \times \dfrac{\text{kg}}{1000\text{ g}} \times \dfrac{9{,}81\text{ m}}{\text{s}^2} \times \dfrac{100\text{ cm}}{\text{m}} \times \dfrac{\text{s}^2}{9{,}81\text{ m}}$

$\mu = 6{,}5 \times 10^{-4}$ N · s/m^2 ⟵ _____ μ

(b) $\nu = \dfrac{\mu}{\rho} = \dfrac{\mu}{SG\,\rho_{H_2O}}$

$= 6{,}5 \times 10^{-4} \dfrac{N \cdot s}{m^2} \times \dfrac{m^3}{(0{,}88)1000\,kg} = 6{,}5 \times 10^{-4} \dfrac{kg \cdot m}{s^2} \times \dfrac{s}{m^2} \times \dfrac{m^3}{(0{,}88)1000\,kg}$

$\nu = 7{,}39 \times 10^{-7}\, m^2/s \longleftarrow \nu$

(c) $\tau_{superior} = \tau_{yx,\,superior} = \left.\mu\dfrac{du}{dy}\right)_{y=d}$

Como u varia linearmente com y,

$$\dfrac{du}{dy} = \dfrac{\Delta u}{\Delta y} = \dfrac{U-0}{d-0} = \dfrac{U}{d}$$

$$= 0{,}3\,\dfrac{m}{s} \times \dfrac{1}{0{,}3\,mm} \times 1000\,\dfrac{mm}{m} = 1000\,s^{-1}$$

$\tau_{superior} = \mu\dfrac{U}{d} = 6{,}5 \times 10^{-4}\,\dfrac{N \cdot s}{m^2} \times \dfrac{1000}{s} = 0{,}65\,N/m^2 \longleftarrow \tau_{superior}$

(d) $\tau_{inferior} = \mu\dfrac{U}{d} = 0{,}65\,N/m^2 \times \dfrac{Pa \cdot m^2}{N} = 0{,}65\,Pa \longleftarrow \tau_{inferior}$

(e) Sentido das tensões de cisalhamento nas placas superior e inferior.

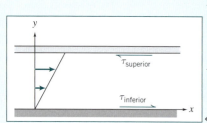

A placa superior é uma superfície de y negativo, de modo que a tensão τ_{yx} age no sentido de x negativo.

A placa inferior é uma superfície de y positivo, de modo que a tensão τ_{yx} age no sentido de x positivo.

(e)

> A parte (c) mostra que a tensão de cisalhamento é:
> - Constante através da folga para um perfil de velocidade linear.
> - Diretamente proporcional à velocidade da placa superior (por causa da linearidade dos fluidos newtonianos).
> - Inversamente proporcional ao espaçamento entre as placas.
>
> Note que, em problemas como este, a força requerida para manter o movimento é obtida pela multiplicação da tensão pela área da placa.

Fluidos Não Newtonianos

Fluidos para os quais a tensão de cisalhamento *não* é diretamente proporcional à taxa de deformação são não newtonianos. Embora esse assunto não seja discutido profundamente neste texto, muitos fluidos comuns apresentam comportamento não newtoniano. Dois exemplos familiares são pasta dental e tinta Lucite.[5] Essa última é muito "espessa" no interior da lata, mas torna-se "fina" quando espalhada com o pincel. A pasta dental comporta-se como um "fluido" quando espremida do tubo. Contudo, ela não escorre por si só quando a tampa é removida. Há uma demarcação ou um limite de tensão abaixo da qual a pasta dental comporta-se como um sólido. Estritamente falando, nossa definição de fluido é válida apenas para materiais cuja tensão limítrofe é igual a zero. Os fluidos não newtonianos são geralmente classificados como tendo comportamento independente ou dependente do tempo. Exemplos de comportamento independente do tempo são apresentados no diagrama reológico da Fig. 2.10.

Inúmeras equações empíricas têm sido propostas [3, 4] para modelar as relações observadas entre τ_{yx} e du/dy para fluidos com comportamento independente do tempo. Para muitas aplicações da engenharia, essas relações podem ser adequada-

---

[5]Marca registrada, E. I. du Pont de Nemours & Company.

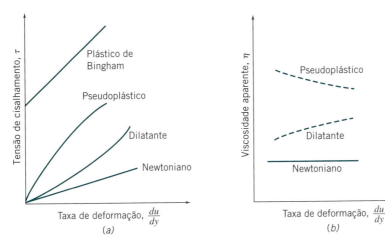

Fig. 2.10 (*a*) Tensão de cisalhamento, τ, (*b*) viscosidade aparente, η, como uma função da taxa de deformação para o escoamento unidimensional de vários fluidos não newtonianos.

mente representadas pelo modelo exponencial, que, para o escoamento unidimensional, se torna

$$\tau_{yx} = k\left(\frac{du}{dy}\right)^n \tag{2.16}$$

em que o expoente, *n*, é chamado de índice de comportamento do escoamento e o coeficiente, *k*, o índice de consistência. Essa equação reduz-se à lei da viscosidade de Newton para $n = 1$ com $k = \mu$.

Para assegurar que τ_{yx} tenha o mesmo sinal de *du/dy*, a Eq. 2.16 é reescrita na forma

$$\tau_{yx} = k\left|\frac{du}{dy}\right|^{n-1}\frac{du}{dy} = \eta\frac{du}{dy} \tag{2.17}$$

O termo $\eta = k|du/dy|^{n-1}$ é referenciado como a *viscosidade aparente* do fluido. A ideia por trás da Eq. 2.17 é usar uma viscosidade η em uma equação cujo formato seja idêntico ao da Eq. 2.15, em que a viscosidade newtoniana μ é aplicada. A grande diferença é que, enquanto μ é constante (exceto para efeitos de temperatura), η depende da taxa de cisalhamento. A maioria dos fluidos não newtonianos tem viscosidade aparente relativamente elevada quando comparada com a viscosidade da água.

Os fluidos em que a viscosidade aparente decresce conforme a taxa de deformação cresce ($n < 1$) são chamados de fluidos *pseudoplásticos* (tornam-se mais finos quando sujeitos a tensões cisalhantes). A maioria dos fluidos não newtonianos enquadra-se nesse grupo; exemplos incluem as soluções de polímeros, as suspensões coloidais e a polpa de papel em água. Se a viscosidade aparente cresce conforme a taxa de deformação cresce ($n > 1$), o fluido é chamado *dilatante*. Você pode ter uma ideia disso na praia — se você andar lentamente (e, portanto, gerando uma baixa taxa de cisalhamento) sobre uma areia muito úmida, você afunda nela, mas se você corre sobre ela (gerando uma alta taxa de cisalhamento), a areia é firme.

Um "fluido" que se comporta como um sólido até que uma tensão limítrofe, τ_y, seja excedida e, subsequentemente, exibe uma relação linear entre tensão de cisalhamento e taxa de deformação é denominado *plástico de Bingham* ou *plástico ideal*. O modelo correspondente para a tensão de cisalhamento é

$$\tau_{yx} = \tau_y + \mu_p\frac{du}{dy} \tag{2.18}$$

Suspensões de argila, lama de perfuração e pasta dental são exemplos de substâncias que exibem esse comportamento.

O estudo dos fluidos não newtonianos é ainda mais complicado pelo fato de que a viscosidade aparente pode ser dependente do tempo. Fluidos *tixotrópicos* mostram um decréscimo em η com o tempo sob uma tensão cisalhante constante; muitas tintas são tixotrópicas. Fluidos *reopéticos* mostram um aumento em η com o tempo. Após a deformação, alguns fluidos retornam parcialmente à sua forma original quando livres da tensão aplicada; esses fluidos são denominados *viscoelásticos* (muitos fluidos biológicos funcionam desse jeito).

2.5 Tensão Superficial

Você pode dizer quando seu carro precisa ser lavado: as gotas de água tendem a parecer um pouco achatadas. Após a lavagem, as gotas de água sobre a superfície teriam contornos mais esféricos. Esses dois casos são ilustrados na Fig. 2.11. Dizemos que um líquido "molha" uma superfície quando o *ângulo de contato* θ é menor que 90°. Por essa definição, a superfície do carro estava molhada antes da lavagem, e não molhada após a lavagem. Esse é um exemplo dos efeitos da *tensão superficial*. Sempre que um líquido está em contato com outros líquidos ou gases, ou com uma superfície gás/sólido, como nesse caso, uma interface se desenvolve agindo como uma membrana elástica esticada e criando tensão superficial. Essa membrana exibe duas características: o ângulo de contato θ e o módulo da tensão superficial σ (N/m). Ambas dependem do tipo de líquido e do tipo da superfície sólida (ou do outro líquido ou gás) com a qual ele compartilha uma interface. No exemplo da lavagem de carro, o ângulo de contato mudou de um valor menor que 90° para um valor maior que 90° porque a lavagem mudou a natureza da superfície sólida. Entre os fatores que afetam o ângulo de contato estão a limpeza da superfície e a pureza do líquido.

Outros exemplos de efeitos de tensão superficial aparecem quando você consegue colocar uma agulha sobre uma superfície de água e, similarmente, quando pequenos insetos aquáticos são capazes de caminhar sobre a superfície da água.

O Apêndice A contém dados de tensão superficial e ângulo de contato para líquidos comuns na presença de ar e de água.

Um balanço de força em um segmento de interface mostra que há um salto de pressão através da suposta membrana elástica sempre que a interface é curva. Para uma gota de água no ar, a pressão na água é maior que a pressão ambiente; o mesmo é verdade para uma bolha de gás em um líquido. Para uma bolha de sabão no ar, a tensão superficial age em ambas as interfaces, interna e externa, entre a película de sabão e o ar ao longo da superfície curva da bolha. A tensão superficial também conduz aos fenômenos de ondas capilares (isto é, de comprimentos de onda muito pequenos) em uma superfície líquida [5] e de ascensão ou depressão capilar discutidos no Exemplo 2.3.

Vídeo: Aumento Capilar.

Em engenharia, o efeito provavelmente mais importante da tensão superficial é a criação de um *menisco* curvo nos tubos de leitura de manômetros ou barômetros, causando a (normalmente indesejável) *ascensão* (ou depressão) *capilar*, conforme mostrado na Fig. 2.12. A ascensão capilar pode ser pronunciada se o líquido estiver em um tubo de diâmetro pequeno ou em uma fenda estreita, conforme mostrado no Exemplo 2.3.

Folsom [6] mostra que a análise simples do Exemplo 2.3 superestima o efeito da capilaridade e fornece resultados razoáveis somente para diâmetros menores do que 2,54 mm. Para diâmetros na faixa 2,54 < D < 27,94 mm, dados experimentais para

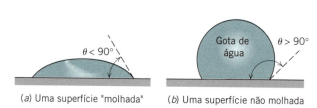

(a) Uma superfície "molhada"   (b) Uma superfície não molhada

Fig. 2.11 Efeitos da tensão superficial sobre gotas de água.

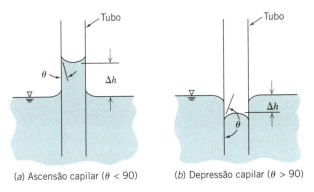

(a) Ascensão capilar ($\theta < 90$) (b) Depressão capilar ($\theta > 90$)

Fig. 2.12 Ascensão capilar e depressão capilar no interior e no exterior de um tubo circular.

a ascensão capilar em uma interface água-ar estão correlacionados por meio da expressão empírica $\Delta h = 0{,}400/e^{4{,}37D}$.

As leituras em barômetros e manômetros devem ser feitas no nível médio do menisco. Esse local está afastado dos efeitos máximos da tensão superficial e, portanto, mais próximo do nível correto de líquido.

Todos os dados de tensão superficial do Apêndice A correspondem a medidas em líquidos puros em contato com superfícies verticais limpas. Impurezas no líquido, sujeiras sobre a superfície ou inclinação na superfície podem causar meniscos indistintos; nessas condições, torna-se difícil determinar o nível de líquido com precisão. O nível de líquido é mais distinto em um tubo vertical. Quando tubos inclinados são utilizados para aumentar a sensibilidade de manômetros (veja Seção 3.3), é importante fazer cada leitura no mesmo ponto sobre o menisco e evitar a utilização de tubos com inclinações maiores que 15° em relação à horizontal.

Compostos *surfactantes* reduzem significativamente a tensão superficial (em mais de 40% com pequenas variações em outras propriedades [7]) quando adicionados à água. Essas substâncias têm grande aplicação comercial: a maioria dos detergentes contém surfactantes para ajudar a água a penetrar e retirar sujeira de superfícies. Os surfactantes são também bastante utilizados industrialmente na catálise, em aerossóis e na recuperação de óleos minerais e vegetais.

Exemplo 2.3 ANÁLISE DO EFEITO CAPILAR EM UM TUBO

Crie um gráfico mostrando a ascensão ou depressão capilar em uma coluna de mercúrio ou de água, respectivamente, como uma função do diâmetro do tubo D. Determine o diâmetro mínimo requerido para cada coluna de modo que a magnitude da altura seja menor que 1 mm.

Dado: Um tubo com líquido conforme mostrado na Fig. 2.12.

Determine: Uma expressão geral para Δh como uma função de D.

Solução: Aplique a análise do diagrama de corpo livre e a soma das forças verticais.

Equação básica:

$$\sum F_z = 0$$

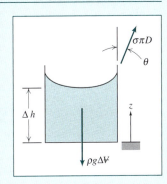

Considerações:

1 Medidas feitas no meio do menisco
2 Desconsiderar o volume na região do menisco

Somando as forças na direção z:

$$\sum F_z = \sigma \pi D \cos\theta - \rho g \Delta V = 0 \tag{1}$$

Desconsiderando o volume na região do menisco

$$\Delta V \approx \frac{\pi D^2}{4} \Delta h$$

Substituindo na Eq. (1) e resolvendo para Δh, resulta

$$\Delta h = \frac{4\sigma \cos\theta}{\rho g D} \quad\longleftarrow\quad \Delta h$$

Para a água, $\sigma = 72,8$ mN/m e $\theta \approx 0°$ e, para o mercúrio, $\sigma = 484$ mN/m e $\theta = 140°$ (Tabela A.4). Traçando o gráfico,

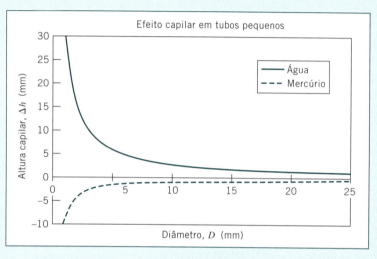

Utilizando a equação anterior para calcular $D_{mín}$, obtivemos para o mercúrio e para a água, e para $\Delta h = 1$ mm,

$$D_{M_{mín}} = 11,2 \text{ mm} \quad \text{e} \quad D_{W_{mín}} = 30 \text{ mm}$$

Notas:
- Este problema reviu o uso do método do diagrama de corpo livre.
- Verificou-se que só é válido desprezar o volume na região do menisco quando Δh é grande em comparação com D. Entretanto, neste problema, Δh é cerca de 1 mm quando D é 11,2 mm (ou 30 mm); portanto, os resultados são apenas razoavelmente bons.

O gráfico e os resultados foram gerados com o auxílio da planilha *Excel*.

2.6 Descrição e Classificação dos Movimentos de Fluido

No Capítulo 1 e neste capítulo, praticamente finalizamos nossa breve introdução a alguns conceitos e ideias que são frequentemente necessários para o estudo da mecânica dos fluidos. Antes de prosseguirmos com a análise detalhada dessa disciplina no restante do texto, descreveremos alguns exemplos interessantes que ilustram uma classificação ampla da mecânica dos fluidos com base em características importantes do escoamento. A mecânica dos fluidos é uma disciplina muito vasta: cobre tudo, desde a aerodinâmica de um veículo de transporte supersônico até a lubrificação das juntas do corpo humano pelo fluido sinuvial. Por isso, necessitamos delimitar a mecânica dos fluidos a proporções aceitáveis para um curso introdutório. Os dois aspectos da mecânica dos fluidos mais difíceis de tratar são: (1) a natureza viscosa dos fluidos e, (2) sua compressibilidade. De fato, a primeira área da teoria da mecânica dos fluidos a se tornar altamente desenvolvida (em torno de 250 anos atrás!) foi aquela que trata do escoamento incompressível e sem atrito. Conforme veremos logo a seguir (e com mais detalhes mais adiante), esta teoria, embora extremamente elegante, leva ao famoso resultado denominado paradoxo de d'Alembert: nenhum corpo experimenta arrasto quando se movimenta em um fluido sem atrito — um resultado que não é exatamente consistente com qualquer comportamento real!

Embora não seja a única forma de fazê-lo, a maioria dos engenheiros subdivide a mecânica dos fluidos em termos da presença ou não dos efeitos viscosos e de compressibilidade, conforme mostrado na Fig. 2.13. Nessa figura, são mostradas também

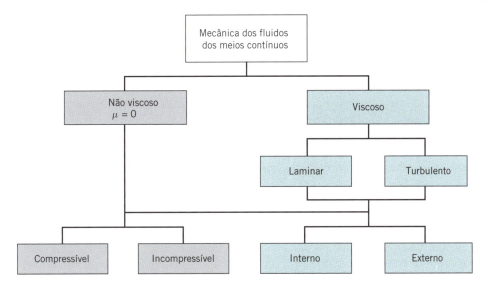

Fig. 2.13 Possível classificação da mecânica dos fluidos de meios contínuos.

classificações em termos do tipo de escoamento, se laminar ou turbulento e se interno ou externo. Vamos agora discutir cada um desses casos.

Escoamentos Viscosos e Não Viscosos

Quando se joga uma bola para o ar (como no jogo de beisebol, futebol ou em qualquer outro esporte), além do efeito da gravidade, a bola experimenta também o arrasto aerodinâmico do ar. A questão que surge é: qual é a natureza da força de arrasto do ar sobre a bola? Em um primeiro momento, poderemos concluir que o arrasto é decorrente do atrito do ar escoando sobre a bola; com um pouco mais de reflexão, poderemos chegar à conclusão de que o atrito não deve contribuir muito para o arrasto, pois a viscosidade do ar é muito pequena e, assim, o arrasto seria decorrente principalmente do aumento da pressão do ar na região frontal da bola à medida que ela empurra o ar para fora de seu caminho. A questão que surge: podemos predizer, em qualquer instante, a importância relativa da força viscosa e da força de pressão na frente da bola? Podemos fazer previsões similares para *qualquer* objeto, como um automóvel, um submarino ou um glóbulo vermelho do sangue movendo-se através de um fluido *qualquer,* como ar, água ou plasma sanguíneo? A resposta (que discutiremos com mais detalhes no Capítulo 7) é que podemos! Podemos estimar se as forças viscosas são ou não desprezíveis em comparação com as forças de pressão pelo simples cálculo do número de Reynolds

$$Re = \rho \frac{VL}{\mu}$$

em que ρ e μ são, respectivamente, a massa específica e a viscosidade do fluido e V e L são a velocidade e o comprimento típicos ou "característicos" do escoamento (nesse exemplo, a velocidade e o diâmetro da bola), respectivamente. Se o número de Reynolds for "grande", os efeitos viscosos serão desprezíveis (porém ainda terão importantes consequências conforme veremos em breve) pelo menos na maior parte do escoamento; se o número de Reynolds for pequeno, os efeitos viscosos serão dominantes. Finalmente, se o número de Reynolds não for nem pequeno nem grande, nenhuma conclusão geral poderá ser tirada.

Para ilustrar essa poderosa ideia, considere dois exemplos simples. Primeiro, o arrasto na bola: suponha que você chute uma bola de futebol (diâmetro = 22,23 cm) de modo que ela se mova a 97 km/h. O número de Reynolds (usando as propriedades do ar da Tabela A.10) para esse caso é em torno de 400.000 — por qualquer medida um número grande; o arrasto sobre a bola de futebol é quase inteiramente decorrente do aumento de pressão do ar na região frontal da bola. Para nosso segundo exemplo, considere uma partícula de poeira (modelada como uma esfera com diâmetro de 1 mm) caindo com uma velocidade terminal de 1 cm/s sob o efeito da gravidade; nesse caso, $Re \approx 0{,}7$ – um número bastante pequeno; desse modo, o arrasto é quase que inteiramente devido ao atrito do ar. É claro que, nesses dois exemplos, se desejássemos *determinar* a força de arrasto, teríamos que fazer uma análise mais detalhada.

Esses exemplos ilustram um ponto importante: um escoamento é considerado dominado (ou não) pelo atrito com base não apenas na viscosidade do fluido, mas no sistema completo do escoamento. Nesses exemplos, o escoamento de ar representava pouco atrito para a bola de futebol, mas muito atrito para a partícula de poeira.

Vamos retornar por um instante à noção idealizada do escoamento sem atrito denominado *escoamento não viscoso ou escoamento invíscido*. Esse é o ramo mostrado à esquerda na Fig. 2.13. Ele engloba a maior parte da aerodinâmica e, entre outras coisas, explica, por exemplo, porque aeronaves subsônicas e supersônicas têm diferentes formas, como uma asa gera sustentação, e assim por diante. Se essa teoria for aplicada à bola voando através do ar (um escoamento que também é incompressível), ela prediz linhas de corrente (em coordenadas fixas à bola esférica) conforme mostrado na Fig. 2.14a.

As linhas de corrente são simétricas da frente para trás da bola. Como a vazão mássica é constante entre duas linhas de corrente quaisquer, sempre que essas linhas se abrem, a velocidade deve decrescer, e vice-versa. Desse modo, podemos verificar que a velocidade do ar na vizinhança dos pontos A e C deve ser relativamente baixa; no ponto B a velocidade será alta. De fato, o ar fica em repouso nos pontos A e C: eles são *pontos de estagnação*. Segue-se que (conforme estudaremos no Capítulo 6) a pressão nesse escoamento é alta sempre que a velocidade é baixa, e vice-versa. Assim, os pontos A e C têm pressões relativamente grandes (e iguais); o ponto B será um ponto de pressão baixa. De fato, a distribuição de pressão sobre a bola esférica é simétrica da frente para trás e não existe força líquida de arrasto devido à pressão. Como estamos supondo escoamento não viscoso, não pode haver também arrasto devido ao atrito. Temos, então, do paradoxo de d'Alembert de 1752: a bola não sofre arrasto!

Isso obviamente não é realista. Por outro lado, tudo parece logicamente consistente: nós verificamos que Re para a esfera era muito grande (400.000), indicando que o atrito era desprezível. Usamos então a teoria do escoamento invíscido para obter o nosso resultado de arrasto zero. Como podemos conciliar essa teoria com a realidade? Foram necessários cerca de 150 anos, após o aparecimento do paradoxo, para a resposta, obtida por Prandtl em 1904: a condição de não deslizamento (Seção 1.1) requer que a velocidade em todo local sobre a superfície da esfera seja zero (em coordenadas esféricas), porém a teoria do escoamento não viscoso estabelece que a velocidade seja grande no ponto B. Prandtl sugeriu que, embora de forma geral o atrito seja desprezível para escoamentos com valores altos do número de Reynolds, existirá sempre uma *camada-limite* delgada, na qual o atrito é significante e, através dela, a velocidade aumenta rapidamente de zero (na superfície) até o valor previsto pela teoria do escoamento invíscido (sobre a borda externa da camada-limite). Isso é mostrado na Fig. 2.14b, do ponto A ao ponto B, e com mais detalhes na Fig. 2.15.

Essa camada-limite permite-nos reconciliar, imediatamente, a teoria com a experimentação: uma vez que temos atrito em uma camada-limite, então teremos arrasto. Entretanto, essa camada-limite tem outra importante consequência: ela frequentemente

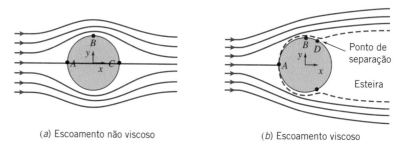

(a) Escoamento não viscoso (b) Escoamento viscoso

Fig. 2.14 Imagem qualitativa de escoamento incompressível em torno de uma esfera.

Figura 2.15 Esquema de uma camada-limite.

faz com que os corpos produzam uma *esteira*, conforme mostrado na Fig. 2.14b do ponto D em diante no sentido do escoamento. O ponto D é um *ponto de separação* ou *de descolamento*, onde as partículas fluidas são afastadas da superfície do objeto causando o desenvolvimento de uma esteira. Considere novamente o escoamento invíscido original (Fig. 2.14a): conforme a partícula se movimenta ao longo da superfície do ponto B ao ponto C, ela se desloca de uma região de baixa pressão para uma de alta pressão. Esse *gradiente de pressão adverso* (uma variação de pressão em oposição ao movimento do fluido) causa uma diminuição na velocidade das partículas à medida que elas se movem ao longo da traseira da esfera. Se nós agora somarmos a isso o fato de que as partículas estão se movendo em uma camada-limite com atrito que também diminui a velocidade do fluido, as partículas serão eventualmente levadas ao repouso e então afastadas da superfície da esfera pelas partículas seguintes, formando a esteira. Isto é, em geral, uma situação muito ruim: ocorre que a esteira terá sempre uma pressão relativamente baixa, porém o ar à frente da esfera possuirá ainda uma pressão relativamente alta. Desse modo, a esfera estará sujeita a um considerável *arrasto de pressão* (ou *arrasto de forma* — assim chamado porque ele é decorrente da forma do objeto).

Essa descrição reconcilia os resultados do escoamento invíscido de arrasto zero com os resultados experimentais do escoamento com arrasto significante sobre uma esfera. É interessante notar que embora a presença da camada-limite seja necessária para explicar o arrasto sobre a esfera, ele é realmente decorrente, em sua maior parte, da distribuição de pressão assimétrica criada pela separação da camada-limite — o arrasto decorrente exclusivamente do atrito é ainda desprezível!

Podemos, agora, começar a ver também como funciona a *carenagem* de um corpo. Em aerodinâmica, a força de arrasto é decorrente, em geral, da esteira de baixa pressão: se pudermos reduzir ou eliminar a esteira, o arrasto será bastante reduzido. Se considerarmos mais uma vez o porquê da separação da camada-limite, recairemos sobre dois fatos: o atrito na camada-limite reduz a velocidade das partículas, mas também cria o gradiente de pressão adverso. A pressão aumenta muito rapidamente na metade posterior da esfera na Fig. 2.14a, porque as linhas de corrente se abrem também muito rapidamente. Se fizermos com que a esfera ganhe o formato de uma gota de lágrima, conforme mostrado na Fig. 2.16, as linhas de corrente vão se abrir gradualmente e, desse modo, o gradiente de pressão aumentará lentamente por uma extensão em que as partículas não serão forçadas a se separar do objeto até quase atingirem seu final. A esteira será muito menor (e isso faz com que a pressão não seja tão baixa quanto antes), resultando em um arrasto de pressão também bem menor. O único aspecto negativo dessa carenagem é que a área total da superfície sobre a qual ocorre atrito aumenta e, com isso, o arrasto decorrente do atrito aumenta um pouco.

Devemos salientar que esta discussão não se aplica ao exemplo de uma partícula de pó caindo: este escoamento com baixo número de Reynolds é viscoso — não existe região invíscida.

Vídeo: Escoamento em Camada-limite.

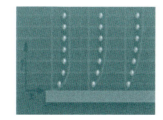

Vídeo: Linhas de Corrente em Torno de um Carro.

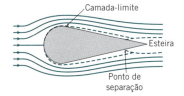

Figura 2.16 Escoamento sobre um objeto carenado.

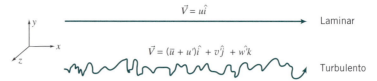

Fig. 2.17 Trajetórias de partículas em escoamentos unidimensionais, laminar e turbulento.

Finalmente, essa discussão ilustra a diferença bastante significativa entre escoamento não viscoso ($\mu = 0$) e escoamento no qual a viscosidade é desprezível, porém superior a zero ($\mu \to 0$).

Vídeo: Escoamento Laminar e Turbulento.

Escoamentos Laminar e Turbulento

Se você abrir uma torneira (que não tem dispositivo de aeração ou outra derivação) com uma vazão muito pequena, a água escoará para fora suavemente — quase "vitrificada". Se você aumentar a vazão, a água sairá de forma agitada, caótica. Esses são exemplos de como um escoamento viscoso pode ser laminar ou turbulento, respectivamente. Um escoamento *laminar* é aquele em que as partículas fluidas movem-se em camadas lisas, ou lâminas; um escoamento *turbulento* é aquele em que as partículas fluidas rapidamente se misturam enquanto se movimentam ao longo do escoamento por causa de flutuações aleatórias no campo tridimensional de velocidades. Exemplos típicos de trajetórias de cada um desses escoamentos são ilustrados na Fig. 2.17, que mostra um escoamento unidimensional. Na maioria dos problemas de mecânica dos fluidos — por exemplo, escoamento de água em um tubo — a turbulência é um fenômeno quase sempre indesejável, porém inevitável, porque cria maior resistência ao escoamento; em outros problemas — por exemplo, o escoamento de sangue através de vasos sanguíneos —, a turbulência é desejável porque o movimento aleatório permite o contato de todas as células de sangue com as paredes dos vasos para trocar oxigênio e outros nutrientes.

A velocidade do escoamento laminar é simplesmente u; a velocidade do escoamento turbulento é composta pela velocidade média $\bar{u}$ mais as três componentes das flutuações aleatórias de velocidade u', v' e w'.

Embora muitos escoamentos turbulentos de interesse sejam permanentes na média ($\bar{u}$ não é uma função do tempo), a presença de flutuações aleatórias de velocidade e de alta frequência torna a análise do escoamento turbulento extremamente difícil. Em um escoamento laminar, unidimensional, a tensão de cisalhamento está relacionada com o gradiente de velocidade pela relação simples

$$\tau_{yx} = \mu \frac{du}{dy} \tag{2.15}$$

Para um escoamento turbulento, no qual o campo de velocidade média é unidimensional, nenhuma relação simples como essa é válida. Flutuações tridimensionais e aleatórias de velocidade (u', v' e w') transportam quantidade de movimento através das linhas de corrente do escoamento médio, aumentando a tensão de cisalhamento efetiva. (Essa tensão aparente é discutida com mais detalhes no Capítulo 8.) Consequentemente, para um escoamento turbulento, não existem relações universais entre o campo de tensões e o campo de velocidade média. Portanto, para a análise de escoamentos turbulentos, temos que nos apoiar fortemente em teorias semiempíricas e em dados experimentais.

Escoamentos Compressível e Incompressível

Escoamentos nos quais as variações na massa específica são desprezíveis denominam-se *incompressíveis*; quando as variações de massa específica não são desprezíveis, o escoamento é denominado *compressível*. O exemplo mais comum de escoamento

Conceitos Fundamentais **41**

compressível é o escoamento de gases, enquanto o escoamento de líquidos pode, geralmente, ser tratado como incompressível.

Para muitos líquidos, a temperatura tem pouca influência sobre a massa específica. Sob pressões moderadas, os líquidos podem ser considerados incompressíveis. Entretanto, em altas pressões, os efeitos de compressibilidade nos líquidos podem ser importantes. Mudanças de pressão e de massa específica em líquidos são relacionadas pelo *módulo de compressibilidade*, ou módulo de elasticidade,

$$E_v \equiv \frac{dp}{(d\rho/\rho)} \tag{2.19}$$

Se o módulo de compressibilidade for independente da temperatura, a massa específica será uma função da pressão apenas (o fluido é *barotrópico*). Valores de módulos de compressibilidade para alguns líquidos comuns são dados no Apêndice A.

O golpe de aríete e a cavitação são exemplos da importância dos efeitos de compressibilidade nos escoamentos de líquidos. O *golpe de aríete* ou martelo hidráulico é causado pela propagação e reflexão de ondas acústicas em um líquido confinado, por exemplo, quando uma válvula é bruscamente fechada em uma tubulação. O ruído resultante pode ser similar ao da "batida de um martelo" em um tubo, daí a origem do termo.

A *cavitação* ocorre quando bolhas ou bolsas de vapor se formam em um escoamento líquido como consequência de reduções locais na pressão (por exemplo, nas extremidades das pás da hélice de um barco a motor). Dependendo do número e da distribuição de partículas no líquido às quais pequenas bolhas de gás ou ar não dissolvido podem se agregar, a pressão no local de início da cavitação pode ser igual ou menor do que a pressão de vapor do líquido. Essas partículas agem como locais de nucleação para iniciar a vaporização.

A *pressão de vapor* de um líquido é a pressão parcial do vapor em contato com o líquido saturado a uma dada temperatura. Quando a pressão em um líquido é reduzida abaixo da pressão de vapor, o líquido pode passar abruptamente para a fase vapor, em um fenômeno que lembra o espocar do *flash* de uma máquina fotográfica.

As bolhas de vapor em um escoamento de líquido podem alterar substancialmente a geometria do campo de escoamento. O crescimento e o colapso ou implosão de bolhas de vapor em regiões adjacentes a superfícies sólidas podem causar sérios danos por erosão das superfícies do material.

Líquidos muito puros podem suportar grandes pressões negativas (tanto quanto -6 MPa para a água destilada) antes que as "rupturas" e a vaporização do líquido ocorram. Ar não dissolvido está invariavelmente presente próximo à superfície livre da água doce ou da água do mar, de modo que a cavitação ocorre onde a pressão total local está bastante próxima da pressão de vapor.

Escoamentos de gases com transferência de calor desprezível também podem ser considerados incompressíveis, desde que as velocidades do escoamento sejam pequenas em relação à velocidade do som; a razão entre a velocidade do escoamento, V, e a velocidade local do som, c, no gás, é definida como o número de Mach,

$$M \equiv \frac{V}{c}$$

Para $M < 0,3$, a variação máxima da massa específica é inferior a 5%. Assim, os escoamentos de gases com $M < 0,3$ podem ser tratados como incompressíveis; um valor de $M = 0,3$ no ar, na condição-padrão, corresponde a uma velocidade de aproximadamente 100 m/s. Por exemplo, quando você dirige o seu carro a 105 km/h, o ar escoando em torno dele apresenta pequena variação na massa específica, embora isso possa parecer um pouco contrário à intuição. Como veremos no Capítulo 12, a velocidade do som em um gás ideal é dada por $c = \sqrt{kRT}$, na qual k é a razão dos calores específicos, R é a constante do gás e T é a temperatura absoluta. Para o ar nas condições-padrão de temperatura e pressão, $k = 1,40$ e $R = 286,9$ J/kg $\cdot$ K. Os valores para k e R são fornecidos no Apêndice A nas condições-padrão de temperatura e pressão para diversos

42 Capítulo 2

gases selecionados entre os mais comuns. Adicionalmente, o Apêndice A contém alguns dados úteis sobre propriedades atmosféricas, tais como temperatura para várias elevações.

Escoamentos compressíveis ocorrem com frequência nas aplicações de engenharia. Exemplos comuns incluem sistemas de ar comprimido empregados no acionamento de ferramentas e equipamentos pneumáticos e brocas dentárias, a condução de gases em tubulações a altas pressões, os controles pneumático e hidráulico e os sistemas sensores. Os efeitos de compressibilidade são muito importantes nos projetos de aeronaves modernas e de mísseis de alta velocidade, de instalações de potência, de ventiladores e de compressores.

Escoamentos Interno e Externo

Escoamentos completamente envoltos por superfícies sólidas são chamados de *escoamentos internos* ou *em dutos*. Escoamentos sobre corpos imersos em um fluido não contido são denominados *escoamentos externos*. Tanto o escoamento interno quanto o externo podem ser laminares ou turbulentos, compressíveis ou incompressíveis.

Mencionamos um exemplo de um escoamento interno quando discutimos o escoamento para fora de uma torneira — o escoamento da água no interior do tubo até a torneira é um escoamento interno. Ocorre que temos um número de Reynolds para escoamento em tubos definido por $Re = \rho \overline{V} D / \rho$, em que $\overline{V}$ é a velocidade média do escoamento e D é o diâmetro interno do tubo (note que não usamos o comprimento do tubo). Esse número de Reynolds indica se o escoamento em um tubo será laminar ou turbulento. Os escoamentos serão geralmente laminares para $Re \leq 2.300$ e turbulentos para valores maiores: o escoamento em um tubo de diâmetro constante será inteiramente laminar ou inteiramente turbulento, dependendo do valor da velocidade $\overline{V}$. Exploraremos escoamentos internos em detalhes no Capítulo 8.

Na discussão do escoamento sobre uma esfera (Fig. 2.14*b*) e sobre um objeto carenado (Fig. 2.16), vimos alguns exemplos de escoamentos externos. O que não foi mencionado é que esses escoamentos podem ser laminares ou turbulentos. Além disso, mencionamos as camadas-limites (Fig. 2.15): elas também podem ser laminares ou turbulentas. Quando discutirmos isso mais detalhadamente no Capítulo 9, começaremos com o tipo mais simples de camada-limite — aquela sobre uma placa plana — e aprenderemos que assim como existe um número de Reynolds para o escoamento externo global que indica a importância relativa das forças viscosas, existirá também um número de Reynolds para a camada-limite $Re_x = \rho U_\infty x / \mu$, para o qual a velocidade característica U_∞ é a velocidade imediatamente do lado de fora da camada-limite e o comprimento característico x é a distância ao longo da placa contada a partir de sua borda de ataque. Nessa borda, $Re_x = 0$ e, na borda de fuga da placa de comprimento L, $Re_x = \rho U_\infty L / \mu$. O significado do número de Reynolds é que (conforme aprenderemos) a camada-limite será laminar para $Re_x \leq 5 \times 10^5$ e turbulenta para valores maiores: a camada-limite inicia-se laminar e, se a placa for longa o suficiente, a camada irá desenvolver uma região de transição e, em seguida, se tornará turbulenta.

Está claro, neste instante, que o cálculo do número de Reynolds traz, em geral, muita informação para os escoamentos internos e externos. Discutiremos isso e outros *grupos adimensionais* importantes (tais como o número de Mach) no Capítulo 7.

O escoamento interno através de máquinas de fluxo é considerado no Capítulo 10. O princípio da quantidade de movimento angular é aplicado no desenvolvimento das equações fundamentais para as máquinas de fluxo. Bombas, ventiladores, sopradores, compressores e hélices, que adicionam energia à corrente fluida, são considerados, assim como turbinas e moinhos de vento, que extraem energia. O capítulo apresenta uma discussão detalhada da operação de sistemas fluidos.

O escoamento interno de líquidos em que o duto não fica plenamente preenchido — onde há uma superfície livre submetida a uma pressão constante — é denominado *escoamento em canal aberto*. Exemplos comuns de escoamento em canal aberto incluem aqueles em rios, canais de irrigação e aquedutos. O escoamento em canais abertos será abordado no Capítulo 11.

Tanto o escoamento interno quanto o externo podem ser compressíveis ou incompressíveis. Os escoamentos compressíveis podem ser divididos nos regimes subsônico e supersônico. Estudaremos escoamentos compressíveis no Capítulo 12 e, veremos, entre outras coisas, que os *escoamentos supersônicos* ($M > 1$) se comportam de maneira bastante diferente dos *escoamentos subsônicos* ($M < 1$). Por exemplo, escoamentos supersônicos podem experimentar choques normais e oblíquos e, também, podem ter um comportamento que contraria a nossa intuição — por exemplo, um bocal supersônico (um equipamento para acelerar um escoamento) deve ser divergente (isto é, ter área da seção transversal *crescente*) no sentido do escoamento! Notamos aqui, também, que em um bocal subsônico (que tem área de seção transversal convergente), a pressão do escoamento no plano de saída será sempre a pressão ambiente; para um escoamento sônico, a pressão de saída pode ser maior que a do ambiente; e, para um escoamento supersônico, a pressão de saída pode ser maior, igual, ou menor que a pressão ambiente!

2.7 *Resumo e Equações Úteis*

Neste capítulo, completamos nossa revisão sobre alguns conceitos fundamentais que utilizaremos no estudo da mecânica dos fluidos. Alguns deles são:

✓ Como descrever os escoamentos (linhas de tempo, trajetórias, linhas de corrente e linhas de emissão).
✓ Forças (de superfície e de campo) e tensões (cisalhante e normal).
✓ Tipos de fluidos (newtonianos, não newtonianos — dilatante, pseudoplástico, tixotrópico, reopético, plástico de Bingham) e viscosidade (cinemática, dinâmica e aparente).
✓ Tipos de escoamento (viscoso/invíscido, laminar/turbulento, compressível/incompressível, interno/externo).

Discutimos também, brevemente, alguns fenômenos de interesse, tais como tensão superficial, camada-limite, esteira e carenagem. Finalmente, apresentamos dois grupos adimensionais muito úteis — o número de Reynolds e o número de Mach.

Nota: A maior parte das Equações Úteis na tabela a seguir tem restrições ou limitações — *para usá-las com segurança, verifique os detalhes no capítulo, conforme a numeração de referência*!

Equações Úteis

Definição da gravidade específica:	$$SG = \frac{\rho}{\rho_{\mathrm{H_2O}}}$$	(2.3)
Definição do peso específico:	$$\gamma = \frac{mg}{V} \rightarrow \gamma = \rho g$$	(2.4)
Definição de linhas de corrente (2D):	$$\left.\frac{dy}{dx}\right)_{\text{linha de corrente}} = \frac{v(x,y)}{u(x,y)}$$	(2.8)
Definição de trajetórias (2D):	$$\left.\frac{dx}{dt}\right)_{\text{partícula}} = u(x,y,t) \qquad \left.\frac{dy}{dt}\right)_{\text{partícula}} = v(x,y,t)$$	(2.9)
Definição de linhas de emissão (2D):	$$x_{\text{linha de emissão}}(t_0) = x(t, x_0, y_0, t_0)$$ $$y_{\text{linha de emissão}}(t_0) = y(t, x_0, y_0, t_0)$$	(2.10)
Lei da viscosidade de Newton (Escoamento 1D):	$$\tau_{yx} = \mu \frac{du}{dy}$$	(2.15)
Tensão de cisalhamento para um fluido não newtoniano (escoamento 1D):	$$\tau_{yx} = k\left|\frac{du}{dy}\right|^{n-1}\frac{du}{dy} = \eta\frac{du}{dy}$$	(2.17)

44 Capítulo 2

REFERÊNCIAS

1. Vincenti, W. G., and C. H. Kruger Jr., *Introduction to Physical Gas Dynamics*. New York: Wiley, 1965.

2. Merzkirch, W., *Flow Visualization*, 2nd ed. New York: Academic Press, 1987.

3. Tanner, R. I., *Engineering Rheology*. Oxford: Clarendon Press, 1985.

4. Macosko, C. W., *Rheology: Principles, Measurements, and Applications*. New York: VCH Publishers, 1994.

5. Loh, W. H. T., "Theory of the Hydraulic Analogy for Steady and Unsteady Gas Dynamics," in *Modern Developments in Gas Dynamics*, W. H. T. Loh, ed. New York: Plenum, 1969.

6. Folsom, R. G., "Manometer Errors Due to Capillarity," *Instruments*, 9, 1, 1937, pp. 36-37.

7. Waugh, J. G., and G. W. Stubstad, *Hydroballistics Modeling*. San Diego: Naval Undersea Center, ca. 1972.

PROBLEMAS

Campo de Velocidade

2.1 Um líquido viscoso é cisalhado entre dois discos paralelos; o disco superior gira e o inferior é fixo. O campo de velocidade entre os discos é dado por $\vec{V} = \hat{e}_\theta r\omega z/h$. (A origem das coordenadas está localizada no centro do disco inferior; o disco superior está em $z = h$.) Quais são as dimensões desse campo de velocidade? Ele satisfaz as condições físicas de fronteira apropriadas? Quais são elas?

2.2 Para o campo de velocidade $\vec{V} = Ax^2y\hat{i} + Bxy^2\hat{j}$, em que $A = 2$ m^{-2} s^{-1} e $B = 1$ m^{-2} s^{-1}, e as coordenadas são medidas em metros, obtenha uma equação para as linhas de corrente do escoamento. Trace diversas linhas de corrente para valores no primeiro quadrante.

2.3 O campo de velocidade $\vec{V} = Ax\hat{i} - Ay\hat{j}$, em que $A = 2$ s^{-1}, pode ser interpretado para representar o escoamento em um canto. Determine uma equação para as linhas de corrente do escoamento. Trace diversas linhas de corrente no primeiro quadrante, incluindo aquela que passa pelo ponto $(x, y) = (0, 0)$.

2.4 Um campo de velocidade é especificado como $\vec{V} = axy\hat{i} + by^2\hat{j}$, em que $a = 2$ m^{-1}s^{-1}, $b = -6$ m^{-1}s^{-1} e as coordenadas são medidas em metros. O campo de escoamento é uni, bi ou tridimensional? Por quê? Calcule as componentes da velocidade no ponto $(2, \frac{1}{2})$. Deduza uma equação para a linha de corrente que passa por esse ponto. Trace algumas linhas de corrente no primeiro quadrante incluindo aquela que passa pelo ponto $(2, \frac{1}{2})$.

2.5 O campo de velocidade é dado por $\vec{V} = ax\hat{i} - bty\hat{j}$, em que $a = 1$ s^{-1}, $b = 1$ s^{-2}. Determine a equação das linhas de corrente para qualquer tempo t. Trace diversas linhas de corrente no primeiro quadrante para $t = 0$, $t = 1$ s e $t = 20$ s.

2.6 Um campo de velocidade é definido por $u = 3y^2$, $v = 5x$, $w = 0$. No ponto $(2, 4, 0)$, calcule:

(a) A velocidade

(b) A aceleração local

(c) A aceleração convectiva

2.7 Um escoamento é descrito pelo campo de velocidade $\vec{V} = (Ax + B)\hat{i} + (-Ay)\hat{j}$, em que $A = 3$ m/s/m e $B = 6$ m/s. Trace algumas linhas de corrente no plano xy, incluindo aquela que passa pelo ponto $(x, y) = (0,3; 0,6)$.

2.8 A velocidade para um escoamento permanente incompressível no plano xy é dada por $\vec{V} = \hat{i}A/x + \hat{j}Ay/x^2$, em que $A = 3$ m^2/s e as coordenadas são medidas em metros. Obtenha uma equação para a linha de corrente que passa pelo ponto $(x, y) = (2, 6)$. Calcule o tempo necessário para que uma partícula fluida se mova de $x = 1$ m até $x = 3$ m neste campo de escoamento.

2.9 O campo de escoamento para um escoamento atmosférico é dado por

$$\vec{V} = -\frac{My}{2\pi}\hat{i} + \frac{Mx}{2\pi}\hat{j}$$

em que $M = 1$ s^{-1} e as coordenadas x e y são paralelas à latitude e longitude locais. Trace um gráfico com o módulo da velocidade ao longo do eixo x, ao longo do eixo y e ao longo da linha $y = x$, e discuta o sentido da velocidade em relação a esses três eixos. Para cada gráfico use a faixa $0 \le x$ ou $y \le 1$ km. Determine a equação para as linhas de corrente e esboce diversas dessas linhas. O que esse campo de escoamento modela?

2.10 Um campo de escoamento é dado por

$$\vec{V} = -\frac{qx}{2\pi(x^2 + y^2)}\hat{i} - \frac{qy}{2\pi(x^2 + y^2)}\hat{j}$$

em que $q = 5 \times 10^4$ m^2/s. Trace um gráfico com o módulo da velocidade ao longo do eixo x, ao longo do eixo y e ao longo da linha $y = x$, e discuta o sentido da velocidade em relação a esses três eixos. Para cada gráfico use a faixa -1 km $\le x$ ou $y \le 1$ km, excluindo |x| ou |y| < 100 m. Determine a equação para as linhas de corrente e esboce diversas dessas linhas. O que esse campo de escoamento modela?

2.11 Começando com o campo de velocidade do Problema 2.3, verifique que as equações paramétricas para o movimento da partícula são dadas por $x_p = c_1e^{At}$ e $y_p = c_2e^{-At}$. Obtenha a equação para a trajetória da partícula localizada no ponto $(x, y) = (2, 2)$ no instante $t = 0$. Compare essa trajetória com a linha de corrente passando pelo mesmo ponto.

2.12 Um campo de velocidade é dado por $\vec{V} = Ax\hat{i} + 2Ay\hat{j}$, em que $A = 2$ s^{-1}. Verifique que as equações paramétricas para o movimento da partícula são dadas por $x_p = c_1e^{At}$ e $y_p = c_2e^{2At}$. Obtenha a equação para a trajetória da partícula localizada no ponto $(x, y) = (2, 2)$ no instante $t = 0$. Compare essa trajetória com a linha de corrente passando pelo mesmo ponto.

2.13 Ar escoando verticalmente para baixo atinge uma larga placa plana horizontal. O campo de velocidade é dado por $\vec{V} = (ax\hat{i} - ay\hat{j})(2 + \cos \omega t)$, em que $a = 5$ s^{-1}, $\omega = 2\pi$ s^{-1}, x e y (medidos em metros) são direcionados para a direita na horizontal e para cima na vertical, respectivamente, e t é dado em segundos. Obtenha uma equação algébrica para a linha de corrente em $t = 0$. Trace a linha de corrente que passa pelo ponto $(x, y) = (3, 3)$ nesse instante. A linha de corrente mudará com o tempo? Explique brevemente. Mostre, no gráfico, o vetor velocidade nesse mesmo ponto e para o mesmo instante. O vetor velocidade é tangente à linha de corrente? Explique.

2.14 Considere o escoamento descrito pelo campo de velocidade $\vec{V} = A(1 + Bt)\hat{i} + Cty\hat{j}$, com $A = 1$ m/s, $B = 1$ s^{-1} e $C = 1$ s^{-2}. As coordenadas são medidas em metros. Trace a trajetória da partícula que passou pelo ponto $(1, 1)$ no instante $t = 0$. Compare-a com as linhas de corrente que passam pelo mesmo ponto nos instantes $t = 0, 1$ e 2 s.

2.15 Estime a diferença de pressão entre o interior e o exterior de uma gota de água a 20°C quando a gota tem um diâmetro de 0,06 cm.

2.16 Considere o campo de escoamento dado na descrição euleriana pela expressão $\vec{V} = A\hat{i} - Bt\hat{j}$, em que $A = 2$ m/s, $B = 2$ m/s^2 e as coordenadas são medidas em metros. Deduza as funções de posição lagrangiana para a partícula fluida que passou pelo ponto $(x, y) = (1, 1)$ no instante $t = 0$. Obtenha uma expressão algébrica para a trajetória seguida por essa partícula. Trace a trajetória e compare-a com as linhas de corrente que passam por esse mesmo ponto nos instantes $t = 0, 1$ e 2 s.

2.17 Considere o campo de velocidades $V = ax\hat{i} + by(1 + ct)\hat{j}$, em que $a = b = 2$ s^{-1} e $c = 0,4$ s^{-1}. As coordenadas são medidas em metros. Para a partícula que passa pelo ponto $(x, y) = (1, 1)$ no instante $t = 0$, trace a trajetória durante o intervalo de tempo de $t = 0$ a $t = 1,5$ s. Compare esta trajetória com as linhas de corrente que passam pelo mesmo ponto nos instantes t = 0, 1 e 1,5 s.

2.18 Considere o campo de escoamento dado na descrição euleriana pela expressão $\vec{V} = ax\hat{i} + byt\hat{j}$, em que $a = 0,2$ s^{-1}, $b = 0,04$ s^{-2}, e as coordenadas são medidas em metros. Deduza as funções de posição lagrangiana para a partícula fluida que passou pelo ponto $(x, y) = (1, 1)$ no instante $t = 0$. Obtenha uma expressão algébrica para a trajetória seguida por essa partícula. Trace a trajetória e compare-a com as linhas de corrente que passam por esse mesmo ponto nos instantes $t = 0, 10$ e 20 s.

2.19 Considere o campo de escoamento $\vec{V} = axt\hat{i} + b\hat{j}$, em que $a = 0,1$ s^{-2} e $b = 4$ m/s. As coordenadas são medidas em metros. Para a partícula que passa pelo ponto $(x, y) = (3, 1)$ no instante $t = 0$, trace a trajetória durante o intervalo de tempo de $t = 0$ a $t = 3$ s. Compare essa trajetória com as linhas de corrente que passam pelo mesmo ponto nos instantes $t = 1, 2$ e 3 s.

2.20 Considere a mangueira de jardim da Fig. 2.5. Suponha que o campo de velocidade é dado por $\vec{V} = u_0\hat{i} + v_0\text{sen}[\omega(t - x/u_0)]\hat{j}$, onde a direção x é horizontal e a origem está na posição média da mangueira, $u_0 = 10$ m/s, $v_0 = 2$ m/s e $\omega = 5$ ciclos/s. Determine e trace em um gráfico as linhas de corrente instantâneas que passam através da origem em $t = 0$ s, 0,05 s, 0,1 s e 0,15 s. Também determine a trace um gráfico com as trajetórias das partículas que deixam a origem para os mesmos quatro instantes de tempos.

2.21 Considere o campo de escoamento $\vec{V} = axt\hat{i} + b\hat{j}$, em que $a = 1/4$ s^{-2} e $b = 1/3$ m/s. As coordenadas são medidas em metros. Para a partícula que passa pelo ponto $(x, y) = (1, 2)$ no instante $t = 0$, trace a trajetória durante o intervalo de tempo de $t = 0$ a 3 s. Compare-a com a linha de emissão que passa pelo mesmo ponto no instante $t = 3$ segundos.

2.22 Considere o campo de escoamento $\vec{V} = ay^2\hat{i} + b\hat{j}$, em que $a = 2$ m^{-1}s^{-1} e $b = 3$ m/s. As coordenadas são medidas em metros. Obtenha a linha de corrente que passa pelo ponto $(8, 8)$. No instante $t = 2$ s, quais são as coordenadas da partícula que passou pelo ponto $(1, 6)$ no instante t = 0? Em $t = 4$ s, quais são as coordenadas da partícula que passou dois segundos antes pelo ponto $(-4, 0)$? Mostre que as trajetórias, as linhas de corrente e as linhas de emissão para este escoamento são coincidentes.

2.23 Um escoamento é descrito pelo campo de velocidade $\vec{V} = a\hat{i} + bx\hat{j}$, em que $a = 2$ m/s e $b = 1$ s^{-1}. As coordenadas são medidas em metros. Obtenha a equação para a linha de corrente que passa pelo ponto $(2, 5)$. Em $t = 2$ s, quais são as coordenadas da partícula que passou pelo ponto $(0, 4)$ em $t = 0$? Em $t = 3$ s, quais são as coor-denadas da partícula que passou dois segundos antes pelo ponto $(x, y) = (1, 4, 25)$? Que conclusões você pode tirar a respeito da trajetória, linha de corrente e de emissão para esse escoamento?

2.24 Um escoamento é descrito pelo campo de velocidade $\vec{V} = ay\hat{i} + bt\hat{j}$, em que $a = 0,2$ s^{-1} e $b = 0,4$ m/s^2. Em $t = 2$ s, quais são as coordenadas da partícula que passou pelo ponto $(1, 2)$ em $t = 0$. Em $t = 3$ s, quais são as coordenadas da partícula que passou pelo ponto $(1, 2)$ em $t = 2$ s? Trace a trajetória e linha de emissão através do ponto $(1, 2)$, e compare com as linhas de corrente através do mesmo ponto nos instantes $t = 0, 1, 2$ e 3 s.

2.25 Um soquete em forma cilíndrica com 60 cm de diâmetro é montado dentro de um elevador hidráulico que desliza em outro cilin-dro com 60,085 cm de diâmetro interno. O espaço anular entre os dois cilindros é preenchido com óleo cuja viscosidade cinemática é 0,045 cm^2/s, sendo a gravidade específica de 0,95. O soquete opera a uma taxa de 10,15 m/min. Qual é a resistência ao atrito quando existem 4,25 m de queda dentro do cilindro?

Viscosidade

2.26 A variação da viscosidade do ar com a temperatura é bem cor-relacionada pela equação empírica de Sutherland

$$\mu = \frac{bT^{1/2}}{1 + S/T}$$

Os valores de b e S que melhor ajustam esta equação são dados no Apêndice A. Use esses valores para desenvolver uma equação para calcular a viscosidade cinemática do ar em unidades do Sistema Inter-nacional de Unidades como uma função da temperatura a pressão atmosférica. Considere o comportamento de gás ideal. Cheque a equa-ção calculando a viscosidade cinemática do ar a 0°C e a 100°C, e compare com os dados no Apêndice A (Tabela A.10); trace o gráfico da viscosidade cinemática para a faixa de temperatura de 0°C a 100°C, usando a equação e dados na Tabela A.10.

2.27 Um cilindro vertical com 0,085 m de diâmetro é montado con-centricamente em um tambor com 0,086 m de diâmetro interno. Óleo preenche o espaço entre ambos até uma profundidade de 0,4 m. O torque requerido para girar o cilindro no tambor é de 6 Nm quando a velocidade de rotação é 8,5 rotações/s. Considerando que os efeitos de bordas são desprezíveis, calcule o coeficiente de viscosidade do óleo.

2.28 A distribuição de velocidade para o escoamento laminar desen-volvido entre placas paralelas é dada por

$$\frac{u}{u_{\text{máx}}} = 1 - \left(\frac{2y}{h}\right)^2$$

em que h é a distância separando as placas e a origem está situada na linha mediana entre as placas. Considere um escoamento de água a 20°C, com $u_{\text{máx}} = 0,20$ m/s e $h = 0,2$ mm. Calcule a tensão de cisalha-mento na placa superior e dê o seu sentido. Esboce a variação da ten-são de cisalhamento em uma seção transversal do canal.

2.29 Explique como um patim interage com a superfície de gelo. Que mecanismos agem no sentido de reduzir o atrito de deslizamento entre o patim e o gelo?

2.30 Petróleo bruto, com densidade relativa SG = 0,85 e viscosidade $\mu = 0,1$ N $\cdot$ s/m^2, escoa de forma permanente sobre uma superfície incli-nada de $\theta = 45$ graus para baixo em relação à horizontal, em uma pelí-cula de espessura $h = 2,5$ mm. O perfil de velocidade é dado por

$$u = \frac{\rho g}{\mu}\left(hy - \frac{y^2}{2}\right)\text{sen}\,\theta$$

(A coordenada x está ao longo da superfície e y é normal a ela.) Trace o perfil da velocidade. Determine a magnitude e o sentido da tensão de cisalhamento que atua sobre a superfície.

2.31 Uma patinadora de estilo livre no gelo desliza sobre patins à velocidade $V = 6$ m/s. O seu peso, 450 N, é suportado por uma fina película de água fundida do gelo pela pressão da lâmina do patim. Considere que a lâmina tem comprimento $L = 0,3$ m e largura $w = 3$ mm, e que a película de água tem espessura $h = 0,0015$ mm. Estime a desaceleração da patinadora que resulta do cisalhamento viscoso na película de água, desprezando efeitos das extremidades do patim.

2.32 Um bloco cúbico pesando 45 N e com arestas de 250 mm é puxado para cima sobre uma superfície inclinada sobre a qual há uma fina película de óleo SAE 10W a 37°C. Se a velocidade do bloco é de 0,6 m/s e a película de óleo tem 0,025 mm de espessura, determine a força requerida para puxar o bloco. Suponha que a distribuição de velocidade na película de óleo seja linear. A superfície está inclinada de 25° a partir da horizontal.

2.33 Um bloco cúbico de massa 10 kg e de aresta de 250 mm é puxado para cima em uma superfície inclinada, sobre o qual há um filme de óleo SAE 10W-30 a −1,1°C de espessura 0,025 mm. Determine a velocidade constante do bloco se ele for liberado. Se uma força de 75 N for aplicada para puxar o bloco para cima da superfície inclinada, determine a velocidade constante de subida do bloco. Se agora a força for aplicada para puxar o bloco para baixo, determine a velocidade constante do bloco. Considere que a distribuição de velocidade do bloco no filme seja linear. A superfície está inclinada de 30° a partir da horizontal.

2.34 Uma fita adesiva, de espessura 0,38 mm e largura de 25 mm, deve ser revestida em ambos os lados com cola. Para isso, ela puxada em posição centrada através de uma ranhura retangular estreita, sobrando um espaço de 0,3 mm em cada lado. A cola, de viscosidade $\mu = 1$ N · s/m², preenche completamente os espaços entre a fita e a ranhura. Se a fita pode suportar uma força máxima de tração de 110 N, determine o máximo comprimento através da ranhura que ela pode ser puxada a uma velocidade de 1 m/s.

2.35 Um pistão de alumínio (SG = 2,64) com 73 mm de diâmetro e 120 mm de comprimento, está em tubo de aço estacionário com 78 mm de diâmetro interno. Óleo SAE 10 W a 25°C ocupa o espaço anular entre os tubos. Uma massa $m = 5$ kg está suspensa na extremidade inferior do pistão, como mostrado na figura. O pistão é colocado em movimento cortando-se uma corda suporte. Qual é a velocidade terminal da massa m? Considere um perfil de velocidade linear dentro do óleo.

2.36 O pistão no Problema 2.35 está viajando a velocidade terminal, mas, agora, com a massa m desconectada do pistão. Trace um gráfico com a velocidade do pistão em função do tempo. Quanto tempo o pistão leva para alcançar 1% dessa nova velocidade terminal?

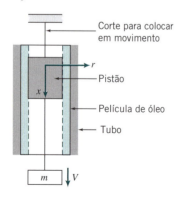

P2.36, P2.37

2.37 A distribuição de velocidade de um líquido viscoso (viscosidade dinâmica igual a 0,8 N·s/m²) escoando sobre uma placa rígida é dada por $u = 0,78y − y^2$ (u é a velocidade em m/s, e y, a distância a partir da placa em m). Quais as tensões de cisalhamento na superfície da placa e em $y = 0,39$ m?

2.38 Um bloco cúbico, com arestas de 0,1 m e massa de 5 kg, desliza em um plano inclinado 30° para baixo em relação à horizontal, sobre um filme de óleo SAE 30 a 20°C com 0,20 mm de espessura. Se o bloco for liberado do repouso em $t = 0$, qual a sua aceleração inicial? Deduza uma expressão para a velocidade do bloco em função do tempo. Trace a curva $V(t)$. Determine a velocidade do bloco após 0,1 s. Se desejássemos que o bloco atingisse uma velocidade de 0,3 m/s nesse tempo, qual deveria ser a viscosidade μ do óleo?

2.39 Um bloco cúbico, com arestas de dimensão a mm, desliza sobre uma fina película de óleo em uma placa plana. O óleo tem viscosidade μ e a película tem espessura h mm. O bloco de massa M move-se com velocidade constante U sob a ação de uma força constante F. Indique o módulo e o sentido das tensões de cisalhamento atuando no fundo do bloco e na placa. Esboce uma curva para a velocidade resultante do bloco em função do tempo, quando a força é repentinamente removida e o bloco começa a reduzir a velocidade. Obtenha uma expressão para o tempo requerido para que o bloco perca 85% de sua velocidade inicial.

2.40 Um fio magnético deve ser revestido com verniz isolante sendo puxado através de uma matriz circular com 1,0 mm de diâmetro e 50 mm de comprimento. O diâmetro do fio é de 0,9 mm e ele passa centrado na matriz. O verniz ($\mu = 20$ centipoise) preenche completamente o espaço entre o fio e as paredes da matriz. O fio é puxado a uma velocidade de 50 m/s. Determine a força necessária para puxar o fio através da matriz.

2.41 Uma laje quadrada pesando 2,0 kN com uma área superficial lateral de 0,2 m² desliza para baixo em uma superfície inclinada com ângulo de 20°. A superfície é protegida com uma película de óleo. O óleo cria uma distância entre o bloco e a superfície inclinada de 2×10^{-6} m. Qual é a velocidade do bloco em regime permanente? Considere um perfil de velocidade linear no óleo e que todo o óleo está em regime permanente. A viscosidade cinemática do óleo é 5×10^{-5} m²/s.

2.42 Fluidos com viscosidades $\mu_1 = 0,2$ N · s/m² e $\mu_2 = 0,25$ N · s/m² estão contidos entre duas placas (cada placa tem área de 2 m²). As espessuras são $h_1 = 1,0$ mm e $h_2 = 0,8$ mm, respectivamente. Determine a força F para fazer com que a placa superior se mova a uma velocidade de 2 m/s. Qual é a velocidade do fluido na interface entre os dois fluidos?

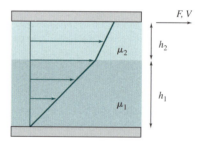

P2.42

2.43 Fluidos com viscosidades $\mu_1 = 0,15$ N · s/m², $\mu_2 = 0,5$ N · s/m² e $\mu_3 = 0,2$ N · s/m² estão contidos entre duas placas (cada placa tem área de 1 m²). As espessuras são $h_1 = 0,5$ mm, $h_2 = 0,25$ mm e $h_3 = 0,2$ mm, respectivamente. Determine a velocidade constante V da placa superior e as velocidades das duas interfaces causadas por uma força $F = 100$ N. Trace o gráfico da distribuição da velocidade.

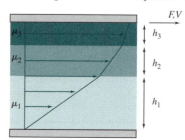

P2.43

2.44 Um viscosímetro com cilindros concêntricos pode ser formado pela rotação do membro interior de um par de cilindros bem-ajustados. Para pequenas folgas anulares, um perfil de velocidade linear pode ser considerado no líquido que preenche essa folga. Um viscosímetro tem um cilindro interno de diâmetro 100 mm e altura 200 mm, com a largura da folga anular de 0,001 in, preenchida com óleo castor a 32°C. Determine o torque para manter o cilindro interno girando a 400 rpm.

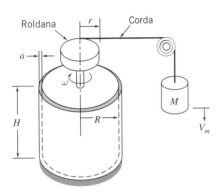

P2.44, P2.45, P2.46, P2.47

2.45 Um viscosímetro de cilindros concêntricos pode ser obtido pela rotação do membro interno de um par de cilindros encaixados. A folga anular entre os cilindros deve ser muito pequena de modo a desenvolver um perfil de velocidade linear na amostra líquida que preenche a folga. Um viscosímetro tem um cilindro interno de 75 mm de diâmetro e altura de 150 mm, com uma folga anular de 0,02 mm. Um torque de 0,021 N · m é requerido para manter o cilindro girando a 100 rpm. Determine a viscosidade do líquido que preenche a folga do viscosímetro.

2.46 Um viscosímetro de cilindros concêntricos é acionado pela queda de uma massa M, conectada por corda e polia ao cilindro interno, conforme mostrado. O líquido a ser testado preenche a folga anular de largura a e altura H. Após um breve transiente de partida, a massa cai a velocidade constante V_m. Deduza uma expressão algébrica para a viscosidade do líquido no dispositivo em termos de M, g, V_m, r, R, a e H. Avalie a viscosidade do líquido empregando:

$M = 0{,}20$ kg $r = 50$ mm
$R = 100$ mm $a = 0{,}40$ mm
$H = 160$ mm $V_m = 60$ mm/s

2.47 O viscosímetro do Problema 2.35 está sendo usado para verificar que a viscosidade de um fluido específico é $\mu = 0{,}1$ N · s/m². Infelizmente, a corda se rompe durante o experimento. Quanto tempo o cilindro levará para perder 99% de sua velocidade? O momento de inércia do sistema cilindro/roldana é 0,0273 kg · m².

2.48 Um eixo com diâmetro externo de 20 mm gira a 40 rotações por segundo dentro de um mancal de sustentação estacionário de 80 mm de comprimento. Uma película de óleo com espessura de 0,4 mm preenche a folga anular entre o eixo e o mancal. O torque necessário para girar o eixo é de 0,0040 N · m. Estime a viscosidade do óleo que preenche a folga anular.

2.49 O delgado cilindro externo (massa m_2 e raio R) de um pequeno viscosímetro portátil de cilindros concêntricos é acionado pela queda de uma massa, m_1, ligada a uma corda. O cilindro interno é estacionário. A folga entre os cilindros é a. Desprezando o atrito do mancal externo, a resistência do ar e a massa do líquido no viscosímetro, obtenha uma expressão algébrica para o torque devido ao cisalhamento viscoso que atua no cilindro à velocidade angular ω. Deduza e resolva uma equação diferencial para a velocidade angular do cilindro externo como função do tempo. Obtenha uma expressão para a velocidade angular máxima do cilindro.

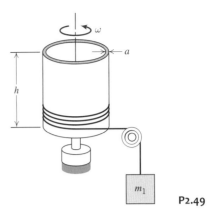

P2.49

2.50 Um acoplamento imune a choques, para acionamento mecânico de baixa potência, deve ser fabricado com um par de cilindros concêntricos. O espaço anular entre os cilindros será preenchido com óleo. O dispositivo deve transmitir uma potência $\mathcal{P} = 15$ W. Outras dimensões e propriedades estão indicadas na figura do exercício. Despreze qualquer atrito de mancal e efeitos de extremidade. Considere que a folga mínima, prática, para o dispositivo seja $\delta = 0{,}30$ mm. A indústria Dow fabrica fluidos à base de silicone com viscosidades tão altas quanto 10^6 centipoises. Determine a viscosidade que deverá ser especificada de modo a satisfazer os requisitos desse dispositivo.

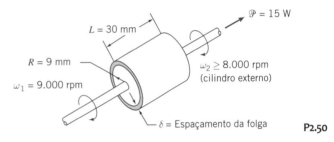

P2.50

2.51 Um eixo circular de alumínio montado sobre um mancal de sustentação estacionário é mostrado. A folga simétrica entre o eixo e o mancal está preenchida com óleo SAE 10W-30 a $T = 30$°C. O eixo é posto em rotação pela massa e corda a ele conectadas. Desenvolva e resolva uma equação diferencial para a velocidade angular do eixo como função do tempo. Calcule a velocidade angular máxima do eixo e o tempo requerido para ele atingir 95% dessa velocidade.

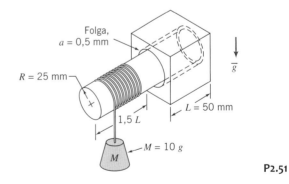

P2.51

2.52 O viscosímetro de cone e placa mostrado é um instrumento frequentemente usado para caracterizar fluidos não newtonianos. Ele consiste em uma placa plana e em um cone giratório, com ângulo muito obtuso (θ é, tipicamente, inferior a 0,5°). Apenas o ápice do cone toca a superfície da placa, e o líquido a ser testado preenche a estreita fenda formada pelas duas peças. Deduza uma expressão para a taxa de cisalhamento no líquido que preenche a fenda em termos da geometria do sistema. Avalie o torque de acionamento do cone em termos da tensão de cisalhamento e da geometria do sistema.

48 Capítulo 2

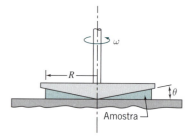

P2.52, 2.53

2.53 Uma placa com dimensões 3 m × 3 m é colocada 0,37 mm distante de outra placa fixa. A placa requer uma força de 2 N para se mover a uma velocidade de 45 cm/s. Determine a viscosidade do fluido entre as placas.

2.54 Uma empresa de isolamento está examinando um novo material para extrusão em cavidades. Os dados experimentais são fornecidos a seguir para a velocidade U da placa superior, que é separada de uma placa fixa inferior por uma amostra do material com 1 mm de espessura, quando uma dada tensão de cisalhamento é aplicada. Determine o tipo de material. Se um material substituto com um limite de escoamento mínimo de 250 Pa for necessário, que viscosidade o material deverá ter para apresentar o mesmo comportamento a uma tensão de cisalhamento de 450 Pa?

τ (Pa)	50	100	150	163	171	170	202	246	349	444
U (m/s)	0	0	0	0,005	0,01	0,025	0,05	0,1	0,2	0,3

2.55 Uma embreagem viscosa deve ser feita de um par de discos paralelos muito próximos, com uma fina camada de líquido viscoso entre eles. Desenvolva expressões algébricas para o torque e a potência transmitida pelo par de discos, em termos da viscosidade do líquido, μ, do raio dos discos, R, do afastamento entre eles, a, e das velocidades angulares: ω_i do disco interno e ω_o do disco externo. Desenvolva também expressões para a razão de deslizamento, $s = \Delta\omega/\omega_i$, em termos de ω_i e do torque transmitido. Determine a eficiência, η, em termos da razão de deslizamento.

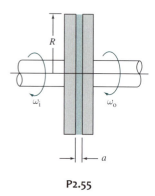

P2.55

2.56 Um viscosímetro de cilindros concêntricos é mostrado. O torque viscoso é produzido pela folga anular em torno do cilindro interno. Um torque viscoso adicional é produzido pelo fundo plano do cilindro interno à medida que gira acima do fundo plano do cilindro externo estacionário. Obtenha expressões algébricas para o torque viscoso devido ao escoamento na folga anular de largura a e para o torque viscoso devido ao escoamento na folga do fundo de altura b. Faça um gráfico mostrando a razão, b/a, necessária para manter o torque do fundo a 1%, ou menos, do torque do espaço anular, *versus* as outras variáveis geométricas. Quais são as implicações do projeto? Que modificações no projeto você recomendaria?

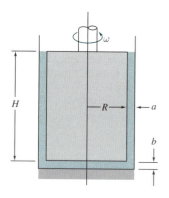

P2.56

2.57 Um viscosímetro é construído de um eixo de ponta cônica que gira em um mancal cônico, como mostrado. A folga entre o eixo e o mancal é preenchida com uma amostra do óleo de teste. Obtenha uma expressão algébrica para a viscosidade μ do óleo como função da geometria do viscosímetro (H, a e θ), da velocidade de rotação ω e do torque T aplicado. Para os dados fornecidos, determine, com base na Figura A.2 no Apêndice A, o tipo de óleo para o qual o torque aplicado vale 0,325 N·m. O óleo está a 20°C. *Dica*: Primeiro obtenha uma expressão para a tensão de cisalhamento sobre a superfície do eixo cônico como função de z.

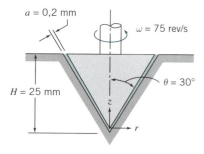

P2.57

2.58 Um mancal de escora esférico é mostrado. A folga entre o membro esférico e seu alojamento tem largura constante h. Obtenha e faça o gráfico de uma expressão algébrica para o torque adimensional no membro esférico como uma função do ângulo α.

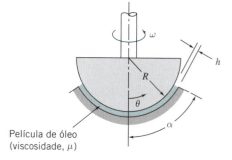

P2.58

2.59 Um eixo cilíndrico de 100 mm é fixado em um tubo cilíndrico de comprimento igual a 55 cm e diâmetro interno de 110 mm. O eixo gira sobre um eixo vertical dentro do cilindro. O espaço entre o tubo e o eixo está preenchido por um óleo com viscosidade dinâmica igual a 3,0 poise. Se o eixo cilíndrico gira a uma velocidade de 290 rpm, calcule a potência requerida para vencer a resistência viscosa.

Tensão Superficial

2.60 Pequenas bolhas de gás são formadas quando uma garrafa ou uma lata de refrigerante é aberta. O diâmetro médio de uma bolha é cerca de 0,2 mm. Estime a diferença de pressão entre o interior e o exterior de uma dessas bolhas.

2.61 Você pretende colocar cuidadosamente algumas agulhas de aço sobre a superfície livre da água em um grande tanque. As agulhas vêm em dois comprimentos: algumas com 6 cm e outras com 12 cm de comprimento, e estão disponíveis nos diâmetros de 2 mm, 3,5 mm e 6 mm. Faça uma previsão de quais agulhas irão flutuar, se é que alguma delas flutuará.

2.62 De acordo com Folsom [6], a elevação capilar Δh (mm) de uma interface água-ar em um tubo é correlacionada pela seguinte expressão empírica:

$$\Delta h = A e^{-b \cdot D}$$

no qual D (mm) é o diâmetro do tubo, $A = 0{,}400$ e $b = 4{,}37$. Você faz um experimento para medir Δh em função de D e obtém:

D (mm)	2,5	5,0	7,5	10,0	12,5	15,0	17,5	20,0	22,5	25,0	27,5
Δh (mm)	5,8	4,6	2,25	1,48	1,30	0,83	0,43	0,25	0,15	0,1	0,08

Quais são os valores de A e b que melhor ajustam esses dados usando a ferramenta *linha de tendência do Excel*? Esses valores concordam com os valores de Folsom? Os dados obtidos são bons? Quanto?

2.63 Encha lentamente um copo de vidro com água até o máximo nível possível. Observe o nível da água bem de perto. Explique agora como esse nível pode ser superior ao da borda do copo.

2.64 Planeje um experimento para medir a tensão superficial de um líquido similar à água. O filme da NCFMF *Surface Tension* pode ajudar no desenvolvimento de ideias. Qual método seria mais adequado para uso em um laboratório de graduação? Qual a precisão esperada no experimento?

Descrição e Classificação de Movimentos de Fluidos

2.65 A água é normalmente considerada como um fluido incompressível quando se avaliam variações na pressão estática. Na verdade, a água é 100 vezes mais compressível que o aço. Considerando que o módulo de compressibilidade da água seja constante, calcule a variação percentual na sua massa específica para um aumento na pressão manométrica de 10 MPa. Trace um gráfico mostrando a variação percentual na massa específica da água como função de p/p_{atm} até a pressão de 350 MPa, que é aproximadamente a pressão utilizada em jatos líquidos de alta velocidade para corte de concreto e de outros materiais compostos. A hipótese de massa específica constante seria razoável em cálculos de engenharia para jatos de corte?

2.66 O perfil de velocidade da camada-limite viscosa, mostrado na Fig. 2.15, pode ser aproximado por uma equação parabólica,

$$u(y) = a + b\left(\frac{y}{\delta}\right) + c\left(\frac{y}{\delta}\right)^2$$

A condição limite é $u = U$ (a velocidade da corrente livre) na borda limite δ (onde o atrito viscoso se torna zero). Determine os valores de a, b e c.

2.67 A que velocidade mínima (em km/h) um automóvel teria que viajar para que os efeitos de compressibilidade fossem importantes? Considere que a temperatura local do ar atmosférico seja de 15,5°C.

2.68 Qual é o número de Reynolds da água a 30°C escoando a 0,30 m/s através de tubo de diâmetro 5 mm? Se agora o tubo for aquecido, a que temperatura média da água irá ocorrer a transição do escoamento para turbulento? Considere que a velocidade do escoamento permaneça constante.

2.69 Uma aeronave supersônica viaja a 2.800 km/h em uma altitude de 30 km. Qual é o número de Mach da aeronave? A que distância aproximada medida a partir da borda de ataque da asa da aeronave a camada-limite deve mudar de laminar para turbulenta?

2.70 Óleo SAE 30 a 110°C escoa através de um tubo de aço inoxidável com 14 mm de diâmetro. Qual é a gravidade específica e o peso específico do óleo? Se o óleo descarregado do tubo enche um cilindro graduado com 110 ml em 10 segundos, o escoamento é laminar ou turbulento?

2.71 Um hidroavião voa a 160 km/h através do ar a 7°C. A que distância da borda de ataque do lado inferior da fuselagem a camada-limite deve passar do regime laminar para turbulento? Como essa transição do regime da camada-limite muda conforme o lado inferior da aeronave toca na água durante a aterrissagem? Considere que a temperatura da água também é 7°C.

2.72 Como as asas de um aeroplano desenvolvem sustentação?

CAPÍTULO 3
Estática dos Fluidos

3.1 A Equação Básica da Estática dos Fluidos
3.2 A Atmosfera-Padrão
3.3 Variação de Pressão em um Fluido Estático
3.4 Forças Hidrostáticas sobre Superfícies Submersas
3.5 Empuxo e Estabilidade
3.6 Fluidos em Movimento de Corpo Rígido (no GEN-IO, ambiente virtual de aprendizagem do GEN)
3.7 Resumo e Equações Úteis

Estudo de Caso

Energia das Ondas: *Wavebob*

Os seres humanos têm se interessado por séculos em tomar a imensa energia do oceano, mas, com os combustíveis fósseis (óleo e gás) se esgotando, o desenvolvimento de tecnologias para aproveitar a energia do oceano está se tornando importante. Em particular, a energia das ondas é atrativa para diversos países com acesso a fontes convenientes. Acredita-se que do ponto de vista geográfico e comercial os mais ricos recursos atualmente conhecidos de energia das ondas estão na costa da Europa banhada pelo oceano Atlântico (em particular, perto da Irlanda, do Reino Unido e de Portugal), na costa oeste da América do Norte (de São Francisco até Colúmbia Britânica), Havaí e Nova Zelândia.

Uma família de dispositivos chamados absorvedores pontuais está sendo desenvolvida por diversas empresas. Esses dispositivos são normalmente simétricos em relação a um eixo vertical e, por definição, são pequenos em comparação com o comprimento de onda das ondas que eles são projetados para explorar. Os dispositivos normalmente operam em um modo de oscilação vertical, frequentemente referido como *heave*; um flutuador penetrante na superfície sobe e desce conforme as ondas passam e reage contra o fundo do mar ou algo ligado a ele. Em última análise, esses dispositivos dependem de uma força de empuxo, um dos tópicos deste capítulo.

Uma empresa chamada *Wavebob Ltd*. desenvolveu um dos modelos mais simples desses dispositivos. Inovador e epônimo, conforme mostra a figura, o dispositivo está provando ser um sucesso para extrair a energia das ondas. Embora a figura não indique o tamanho do dispositivo, ele é bastante grande; a câmara superior tem um diâmetro de 20 m. Ela parece apenas uma boia qualquer flutuando sobre a superfície, mas embaixo dela existe constante captação de energia. O componente inferior do *Wavebob* é amarrado ao fundo do oceano e assim permanece em sua posição vertical, enquanto a seção na superfície oscila em consequência das ondas que passam sobre ela. Por isso, a distância entre os dois componentes varia constantemente, com uma força significativa entre eles; assim, trabalho pode ser realizado sobre um gerador elétrico. Os dois componentes do mecanismo contêm sistemas eletrônicos que podem ser controlados remotamente ou autorregulados, e estes fazem o mecanismo interno reagir automaticamente a variações nas condições do oceano e das ondas, retornando conforme necessário, para que em todos os momentos a máxima quantidade de energia seja captada.

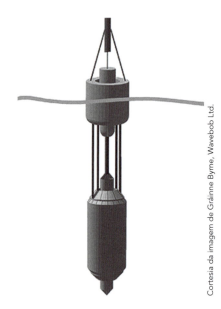

Desenho esquemático de um *Wavebob*.

Esse dispositivo já foi testado na costa do oceano Atlântico da Irlanda e é projetado para ter uma vida útil de 25 anos e ser capaz de sobreviver às piores tempestades. Espera-se que cada *Wavebob* produza em torno de 500 kW de potência ou mais, eletricidade suficiente para mais de mil casas; pretende-se que ele seja parte de um grande conjunto de tais dispositivos. Parece provável que esse dispositivo se tornará onipresente porque é relativamente barato, demanda pouca manutenção, é durável e necessita de uma pequena área.

No Capítulo 1, definimos um fluido como qualquer substância que escoa (deforma continuamente) quando sofre uma tensão de cisalhamento; portanto, em um fluido em repouso (ou em movimento de "corpo rígido"), apenas tensão normal está presente — ou, em outras palavras, pressão. Neste capítulo, estudaremos a estática dos fluidos (frequentemente chamada de *hidrostática*, apesar de ela não ser restrita ao estudo da água).

Embora os problemas de estática dos fluidos sejam do tipo mais simples da mecânica dos fluidos, essa não é a única razão pela qual vamos estudá-los. A pressão gerada no interior de um fluido estático é um fenômeno importante em muitas situações práticas. Usando os princípios da hidrostática, podemos calcular forças sobre objetos submersos, desenvolver instrumentos para medir pressões e deduzir propriedades da atmosfera e dos oceanos. Os princípios da hidrostática também podem ser usados para determinar as forças desenvolvidas por sistemas hidráulicos em aplicações como prensas industriais ou freios de automóveis.

Em um fluido homogêneo e estático, ou em movimento de corpo rígido, uma partícula fluida mantém sua identidade por todo o tempo, e os elementos do fluido não se deformam. Podemos aplicar a segunda lei de Newton do movimento para avaliar as forças agindo sobre a partícula do fluido.

3.1 A Equação Básica da Estática dos Fluidos

O primeiro objetivo deste capítulo é obter uma equação para calcular o campo de pressão em um fluido estático. Vamos deduzir o que já sabemos da experiência do dia a dia: a pressão aumenta com a profundidade. Para isso, aplicamos a segunda lei de Newton a um elemento de fluido diferencial de massa $dm = \rho\, d\forall$, com lados dx, dy e dz, conforme mostrado na Fig. 3.1. O elemento fluido está em repouso em relação ao sistema inercial de coordenadas retangulares mostrado. (Fluidos em movimento de corpo rígido serão abordados na Seção 3.6 no GEN-IO, ambiente virtual de aprendizagem do GEN.)

De nossas discussões anteriores, vamos relembrar os dois tipos genéricos de forças que podem ser aplicadas a um fluido: forças de campo (ou de ação a distância) e forças de superfície (ou de contato). A única força de campo que deve ser considerada na maioria dos problemas de engenharia é aquela decorrente da gravidade. Em algumas situações, forças causadas por campos elétricos ou magnéticos podem estar presentes; elas não serão consideradas neste texto.

Para um elemento de fluido diferencial, a força de campo é

$$d\vec{F}_B = \vec{g}\, dm = \vec{g}\rho\, d\forall$$

em que $\vec{g}$ é o vetor gravidade local, ρ é a massa específica e $d\forall$ é o volume do elemento. Em coordenadas cartesianas, $d\forall = dx\, dy\, dz$, de modo que

$$d\vec{F}_B = \rho\vec{g}\, dx\, dy\, dz$$

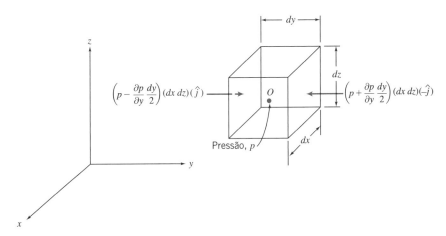

Fig. 3.1 Elemento fluido diferencial de forças de pressão na direção y.

52   Capítulo 3

Em um fluido estático, nenhuma tensão de cisalhamento pode estar presente. Então, a única força de superfície é a força de pressão. A pressão é um campo escalar, $p = p(x, y, z)$; de modo geral, esperamos que a pressão varie com a posição dentro do fluido. A força líquida de pressão que resulta dessa variação pode ser avaliada pela soma de todas as forças que atuam nas seis faces do elemento fluido.

Sejam p a pressão no centro e O a do elemento. Para determinar a pressão em cada uma das seis faces do elemento, utilizamos uma expansão em séries de Taylor da pressão em torno do ponto O. A pressão na face esquerda do elemento diferencial é

$$p_L = p + \frac{\partial p}{\partial y}(y_L - y) = p + \frac{\partial p}{\partial y}\left(-\frac{dy}{2}\right) = p - \frac{\partial p}{\partial y}\frac{dy}{2}$$

(Os termos de ordem superior são omitidos porque desaparecerão no processo subsequente do desenvolvimento.) A pressão na face direita do elemento diferencial é

$$p_R = p + \frac{\partial p}{\partial y}(y_R - y) = p + \frac{\partial p}{\partial y}\frac{dy}{2}$$

As *forças* de pressão atuando nas duas superfícies y do elemento diferencial são mostradas na Fig. 3.1. Cada força de pressão é um produto de três fatores. O primeiro é o módulo da pressão. Esse módulo é multiplicado pela área da face para dar o módulo da força de pressão, e um vetor unitário é introduzido para indicar o sentido. Note também na Fig. 3.1 que a força de pressão em cada face atua *contra* a face. Uma pressão positiva corresponde a uma tensão normal de *compressão*.

As forças de pressão sobre as outras faces do elemento são obtidas do mesmo modo. Combinando todas essas forças, obtemos a força superficial líquida ou resultante agindo sobre o elemento. Assim,

$$d\vec{F}_S = \left(p - \frac{\partial p}{\partial x}\frac{dx}{2}\right)(dy\,dz)(\hat{i}) + \left(p + \frac{\partial p}{\partial x}\frac{dx}{2}\right)(dy\,dz)(-\hat{i})$$

$$+ \left(p - \frac{\partial p}{\partial y}\frac{dy}{2}\right)(dx\,dz)(\hat{j}) + \left(p + \frac{\partial p}{\partial y}\frac{dy}{2}\right)(dx\,dz)(-\hat{j})$$

$$+ \left(p - \frac{\partial p}{\partial z}\frac{dz}{2}\right)(dx\,dy)(\hat{k}) + \left(p + \frac{\partial p}{\partial z}\frac{dz}{2}\right)(dx\,dy)(-\hat{k})$$

Agrupando e cancelando os termos, obtemos:

$$d\vec{F}_S = -\left(\frac{\partial p}{\partial x}\hat{i} + \frac{\partial p}{\partial y}\hat{j} + \frac{\partial p}{\partial z}\hat{k}\right)dx\,dy\,dz \tag{3.1a}$$

O termo entre parênteses é denominado gradiente da pressão ou simplesmente gradiente de pressão e pode ser escrito como grad p ou ∇p. Em coordenadas retangulares,

$$\text{grad}\, p \equiv \nabla p \equiv \left(\hat{i}\frac{\partial p}{\partial x} + \hat{j}\frac{\partial p}{\partial y} + \hat{k}\frac{\partial p}{\partial z}\right) \equiv \left(\hat{i}\frac{\partial}{\partial x} + \hat{j}\frac{\partial}{\partial y} + \hat{k}\frac{\partial}{\partial z}\right)p$$

O gradiente pode ser visto como um operador vetorial; tomando o gradiente de um campo escalar, obtém-se um campo vetorial. Usando a designação de gradiente, a Eq. 3.1a pode ser escrita como

$$d\vec{F}_S = -\text{grad}\, p\,(dx\,dy\,dz) = -\nabla p\,dx\,dy\,dz \tag{3.1b}$$

Fisicamente, o gradiente de pressão é o negativo da força de superfície por unidade de volume devido à pressão. Note que o nível de pressão não é importante na avaliação da força resultante da pressão; em vez disso, o que importa é a taxa de variação da pressão com a distância, o *gradiente de pressão*. Encontraremos esse termo várias vezes ao longo do nosso estudo de mecânica dos fluidos.

Estática dos Fluidos **53**

Combinamos as formulações desenvolvidas para as forças de superfície e de campo de modo a obter a força total atuando sobre um elemento fluido. Assim,

$$d\vec{F} = d\vec{F}_S + d\vec{F}_B = (-\nabla p + \rho\vec{g})\,dx\,dy\,dz = (-\nabla p + \rho\vec{g})\,d\forall$$

ou, por unidade de volume,

$$\frac{d\vec{F}}{d\forall} = -\nabla p + \rho\vec{g} \tag{3.2}$$

Para uma partícula fluida, a segunda lei de Newton fornece $\vec{F} = \vec{a}\,dm = \vec{a}\rho d\forall$. Para um fluido estático, $\vec{a} = 0$. Então,

$$\frac{d\vec{F}}{d\forall} = \rho\vec{a} = 0$$

Substituindo $d\vec{F}/d\forall$ na Eq. 3.2, obtemos

$$-\nabla p + \rho\vec{g} = 0 \tag{3.3}$$

Façamos uma breve revisão dessa equação. O significado físico de cada termo é

$$-\nabla p \quad + \quad \rho\vec{g} \quad = 0$$

$$\left\{\begin{array}{c}\text{força de pressão líquida}\\ \text{por unidade de volume}\\ \text{em um ponto}\end{array}\right\} + \left\{\begin{array}{c}\text{força de campo por}\\ \text{unidade de volume}\\ \text{em um ponto}\end{array}\right\} = 0$$

Essa é uma equação vetorial, o que significa que ela é equivalente a três equações de componentes que devem ser satisfeitas individualmente. As equações de componentes são:

$$\left.\begin{array}{ll} -\dfrac{\partial p}{\partial x} + \rho g_x = 0 & x\,\text{direção}\\[2mm] -\dfrac{\partial p}{\partial y} + \rho g_y = 0 & y\,\text{direção}\\[2mm] -\dfrac{\partial p}{\partial z} + \rho g_z = 0 & z\,\text{direção}\end{array}\right\} \tag{3.4}$$

As Eqs. 3.4 descrevem a variação de pressão em cada uma das três direções dos eixos coordenados em um fluido estático. É conveniente escolher um sistema de coordenadas no qual o vetor gravidade esteja alinhado com um dos eixos de coordenadas. Se o sistema de coordenadas for escolhido com o eixo z apontando verticalmente para cima, como mostrado na Fig. 3.1, então $g_x = 0$, $g_y = 0$, $g_z = -g$. Sob tais condições, as equações das componentes tornam-se

$$\frac{\partial p}{\partial x} = 0 \quad \frac{\partial p}{\partial y} = 0 \quad \frac{\partial p}{\partial z} = -\rho g \tag{3.5}$$

As Eqs. 3.5 indicam que, com as considerações feitas, a pressão é independente das coordenadas x e y; ela depende de z apenas. Portanto, como p é uma função de uma só variável, a derivada total pode ser usada no lugar da derivada parcial. Com essas simplificações, as Eqs. 3.5 reduzem-se finalmente a

$$\frac{dp}{dz} = -\rho g \equiv -\gamma \tag{3.6}$$

Restrições:

1 Fluido estático.

2 A gravidade é a única força de campo.

3 O eixo z é vertical e voltado para cima.

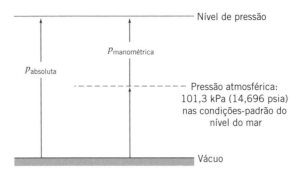

Fig. 3.2 Pressões absoluta e manométrica mostrando os níveis de referência.

Na Eq. 3.6, γ é o peso específico do fluido. Essa equação é a relação básica pressão-altura da estática dos fluidos. Ela está sujeita às restrições mencionadas. Portanto, essa equação deve ser aplicada somente quando tais restrições forem razoáveis para a situação física. Para determinar a distribuição de pressão em um fluido estático, a Eq. 3.6 pode ser integrada, aplicando-se em seguida as condições de contorno apropriadas.

Antes de considerarmos aplicações específicas dessa equação, é importante relembrar que os valores de pressão devem ser estabelecidos em relação a um nível de referência. Se o nível de referência for o vácuo, as pressões são denominadas *absolutas*, como mostrado na Fig. 3.2.

A maioria dos medidores de pressão indica uma *diferença* de pressão — a diferença entre a pressão medida e aquela do ambiente (usualmente a pressão atmosférica). Os níveis de pressão medidos em relação à pressão atmosférica são denominados pressões *manométricas*. Assim,

$$p_{\text{manométrica}} = p_{\text{absoluta}} - p_{\text{atmosférica}}$$

Por exemplo, uma medida manométrica poderia indicar 207 kPa; a pressão absoluta seria próxima de 308 kPa. Pressões absolutas devem ser empregadas em todos os cálculos com a equação de gás ideal ou com outras equações de estado.

3.2 A Atmosfera-Padrão

Às vezes, os cientistas e engenheiros precisam de um modelo numérico ou analítico da atmosfera da Terra para simular variações climáticas para estudar, por exemplo, efeitos do aquecimento global. Não existe um modelo-padrão simples. Uma Atmosfera-Padrão Internacional (API) foi definida pela Organização da Aviação Civil Internacional (OACI); existe também uma Atmosfera-Padrão similar dos Estados Unidos.

O perfil de temperatura da Atmosfera-Padrão nos EUA é mostrado na Fig. 3.3. Valores para outras propriedades estão tabelados como funções da altitude no Apêndice A. As condições da Atmosfera-Padrão nos EUA ao nível do mar estão resumidas na Tabela 3.1.

Tabela 3.1
Condições da Atmosfera-Padrão nos EUA ao Nível do Mar

Propriedade	Símbolo	SI
Temperatura	T	15°C
Pressão	p	101,3 kPa (abs)
Massa específica	ρ	1,225 kg/m^3
Peso específico	γ	—
Viscosidade	μ	$1{,}789 \times 10^{-5}$ kg/(m · s) (Pa · s)

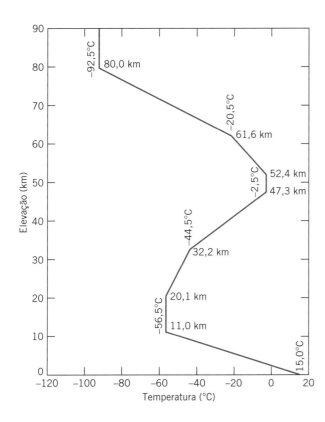

Fig. 3.3 Variação da temperatura com a altitude na Atmosfera-Padrão nos Estados Unidos.

3.3 Variação de Pressão em um Fluido Estático

Vimos que a variação de pressão em qualquer fluido em repouso é descrita pela relação básica pressão-altura

$$\frac{dp}{dz} = -\rho g \qquad (3.6)$$

Embora ρg possa ser definido como o peso específico, v, ele foi escrito como ρg na Eq. 3.6 para enfatizar que *ambos*, ρ e g, devem ser considerados variáveis. Na integração da Eq. 3.6 para achar a distribuição de pressão, devemos fazer considerações sobre as variações em ambos, ρ e g.

Para a maioria das situações práticas da engenharia, a variação em g é desprezível. A variação em g precisa ser considerada apenas em situações de cálculo muito preciso da variação de pressão para grandes diferenças de elevação. A menos que seja especificado de outra forma, iremos supor que g é constante com a altitude em qualquer local dado.

Líquidos Incompressíveis: Manômetros

Para um fluido incompressível, ρ = constante. Então, considerando aceleração da gravidade constante,

$$\frac{dp}{dz} = -\rho g = \text{constante}$$

Para determinar a variação de pressão, devemos integrar e aplicar condições de contorno apropriadas. Se a pressão no nível de referência, z_0, for designada como p_0, então a pressão p no nível z é encontrada por integração:

$$\int_{p_0}^{p} dp = -\int_{z_0}^{z} \rho g \, dz$$

ou

$$p - p_0 = -\rho g(z - z_0) = \rho g(z_0 - z)$$

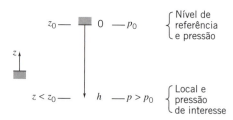

Fig. 3.4 Uso das coordenadas z e h.

Para líquidos, em geral, é conveniente colocar a origem do sistema de coordenadas na superfície livre (nível de referência) e medir distâncias para baixo a partir dessa superfície como positivas, como mostrado na Fig. 3.4.

Com h medido positivo para baixo, temos

$$z_0 - z = h$$

e obtemos

$$p - p_0 = \Delta p = \rho g h \qquad (3.7)$$

A Eq. 3.7 indica que a diferença de pressão entre dois pontos em um fluido estático pode ser determinada pela medida da diferença de elevação entre os dois pontos. Os dispositivos utilizados com esse propósito são chamados de *manômetros*. A aplicação da Eq. 3.7 a um manômetro é ilustrada no Exemplo 3.1.

Exemplo 3.1 PRESSÕES SISTÓLICA E DIASTÓLICA

A pressão sanguínea normal em um ser humano é de 120/80 mmHg. Simulando um manômetro de tubo em U como um esfigmomanômetro (medidor de pressão arterial), converta essas pressões para kPa.

Dados: Pressões manométricas de 120 e 80 mmHg.

Determinar: As pressões correspondentes em kPa.

Solução:

Aplique a equação básica da hidrostática aos pontos A, A' e B.

Equação básica:

$$p - p_0 = \Delta p = \rho g h \qquad (3.7)$$

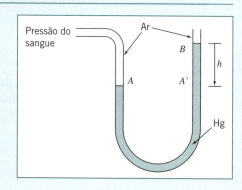

Considerações:

1 Fluido estático.
2 Fluidos incompressíveis.
3 Massa específica do ar desprezível em relação à massa específica do mercúrio.

Aplicando a equação governante entre os pontos A' e B (como p_B é a pressão atmosférica, o seu valor manométrico é zero):

$$p_{A'} = p_B + \rho_{Hg} g h = SG_{Hg} \rho_{H_2O} g h$$

Além disso, a pressão aumenta quando se desce no fluido do ponto A' ao fundo do manômetro, e diminui de igual quantidade quando se sobe pelo ramo esquerdo até o ponto A. Portanto, os pontos A e A' têm a mesma pressão e, assim,

$$p_A = p_{A'} = SG_{Hg} \rho_{H_2O} g h$$

Substituindo $SG_{Hg} = 13{,}6$ e $\rho_{H_2O} = 1000 \text{ kg/m}^3$ do Apêndice A.1, resulta para a pressão sistólica ($h = 120$ mmHg)

$$p_{\text{sistólica}} = p_A = 13{,}6 \times 1000 \,\frac{\text{kg}}{\text{m}^3} \times 9{,}81 \,\frac{\text{m}}{\text{s}^2} \times 120 \,\frac{\text{m}}{100} \times \frac{\text{N} \cdot \text{s}^2}{\text{kg} \cdot \text{m}}$$

$$= 16.000 \,\frac{\text{N}}{\text{m}^2} = 16 \text{ kPa} \longleftarrow$$

Por um processo similar, a pressão diastólica ($h = 80$ mmHg) é

$$p_{\text{diastólica}} = 10{,}67 \text{ kPa} \longleftarrow \qquad p_{\text{diastólica}}$$

Notas:
- Dois pontos, em um mesmo nível de um fluido único contínuo, têm a mesma pressão.
- Em problemas de manômetro, desprezamos variações na pressão com a altura em um gás, pois
  $\rho_{\text{gás}} \ll \rho_{\text{líquido}}$.
- Este problema mostra a conversão de mmHg para psi, usando a Eq. 3.7: 120 mmHg é equivalente a cerca de 2,32 psi. Generalizando, as seguintes relações aproximadas são usadas em trabalhos de engenharia: 1 atm = 14,7 psi = 101 kPa = 760 mmHg.

Os manômetros são aparelhos simples e baratos usados com frequência em medições de pressão. Como a mudança de nível do líquido é muito pequena para pequenas diferenças de pressão, o manômetro de tubo em U pode dificultar leituras mais precisas. A *sensibilidade* de um manômetro é uma medida do quão sensível ele é comparado a um manômetro simples de tubo em U cheio com água. Especificamente, a sensibilidade é definida como a razão entre a deflexão do manômetro e aquela do manômetro de tubo em U com água para uma mesma diferença de pressão Δp aplicada. A sensibilidade pode ser aumentada, modificando-se o projeto do manômetro ou por meio do uso de dois líquidos imiscíveis com massas específicas ligeiramente diferentes. A análise de um manômetro de tubo inclinado está ilustrada no Exemplo 3.2.

Exemplo 3.2 ANÁLISE DE MANÔMETRO DE TUBO INCLINADO

Um manômetro de reservatório com tubo inclinado é construído como mostrado. Deduza uma expressão geral para a deflexão do líquido, L, no tubo inclinado, em termos da diferença de pressão aplicada, Δp. Obtenha, também, uma expressão geral para a sensibilidade do manômetro e discuta os efeitos sobre a sensibilidade exercida nos parâmetros D, d, θ e SG.

Dados: Manômetro de reservatório e tubo inclinado.

Determinar: Expressão para L em termos de Δp.
Expressão geral para a sensibilidade do manômetro.
Efeito de valores dos parâmetros sobre a sensibilidade.

Solução:

Use o nível do líquido em equilíbrio como referência.

Equações básicas: $\quad p - p_0 = \Delta p = \rho g h \qquad SG = \dfrac{\rho}{\rho_{H_2O}}$

Considerações:

1. Fluido estático.
2. Fluido incompressível.

Aplicando as equações governantes entre os pontos *1* e *2*, obtemos

$$p_1 - p_2 = \Delta p = \rho_l g(h_1 + h_2) \qquad (1)$$

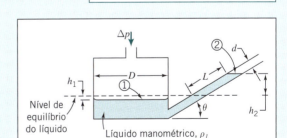

Para eliminar h_1, usamos a condição de que o *volume* do líquido no manômetro permanece constante; o volume deslocado do reservatório deve ser igual ao volume que sobe na coluna do tubo, e então

$$\frac{\pi D^2}{4} h_1 = \frac{\pi d^2}{4} L \quad \text{ou} \quad h_1 = L\left(\frac{d}{D}\right)^2$$

Além disso, a partir da geometria do manômetro, $h_2 = L\,\text{sen}\,\theta$. Substituindo na Eq. 1, resulta

$$\Delta p = \rho_l g \left[L\,\text{sen}\,\theta + L \left(\frac{d}{D} \right)^2 \right] = \rho_l g L \left[\text{sen}\,\theta + \left(\frac{d}{D} \right)^2 \right]$$

Então

$$L = \frac{\Delta p}{\rho_l g \left[\text{sen}\,\theta + \left(\dfrac{d}{D} \right)^2 \right]} \qquad L$$

Para obter a sensibilidade do manômetro, precisamos comparar a deflexão acima com a deflexão h de um manômetro comum de tubo em U, usando água (massa específica ρ), e que é dada por

$$h = \frac{\Delta p}{\rho g}$$

Então, a sensibilidade s é

$$s = \frac{L}{h} = \frac{1}{SG_l \left[\text{sen}\,\theta + \left(\dfrac{d}{D} \right)^2 \right]} \qquad s$$

em que $SG_l = \rho_l/\rho$. Essa fórmula mostra que, para aumentar a sensibilidade, os parâmetros SG_l, $\text{sen}\,\theta$ e d/D devem ser tão pequenos quanto possível. Portanto, o projetista do aparelho deve escolher um líquido manométrico e de dois parâmetros geométricos conforme discutido a seguir.

Líquido Manométrico

O líquido manométrico deve ter a menor densidade relativa possível de modo a aumentar a sensibilidade do aparelho. Além disso, o líquido manométrico deve ser seguro (não tóxico e não inflamável), ser imiscível com o fluido cuja pressão se deseja medir, sofrer perda mínima por evaporação e desenvolver um menisco satisfatório. Portanto, o líquido manométrico deve apresentar tensão superficial relativamente baixa e aceitar coloração para melhorar sua visibilidade.

As Tabelas A.1, A.2 e A.4 mostram que hidrocarbonetos líquidos satisfazem muitos desses critérios. A menor densidade relativa tabelada é cerca de 0,8, valor que aumenta a sensibilidade do manômetro em 25% em relação a água.

Razão de Diâmetros

Os gráficos mostram o efeito da razão de diâmetros sobre a sensibilidade para um manômetro de reservatório vertical com um líquido manométrico de densidade relativa unitária. Note que $d/D = 1$ corresponde a um manômetro de tubo em U ordinário; a sua sensibilidade vale 0,5 porque, para esse caso, a deflexão total será h, e para cada lado ela será $h/2$, de modo que $L = h/2$. A sensibilidade dobra para 1,0 quando d/D se aproxima de zero, pois a maior parte da variação no nível do líquido ocorre no tubo de medição.

O diâmetro d mínimo do tubo deve ser maior que 6 mm para evitar efeito capilar excessivo. O diâmetro D máximo do reservatório é limitado pelo tamanho do manômetro. Se D for fixado em 60 mm, de modo que d/D seja 0,1, então $(d/D)^2$ será 0,01, e a sensibilidade aumentará para 0,99, bem perto do máximo valor atingível de 1,0.

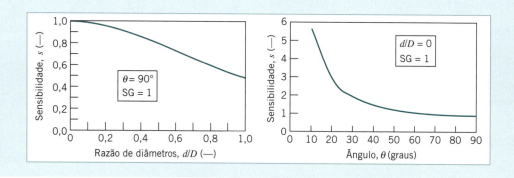

Ângulo de Inclinação

O último gráfico mostra o efeito do ângulo de inclinação sobre a sensibilidade para $d/D = 0$. A sensibilidade aumenta abruptamente quando o ângulo de inclinação é reduzido para valores abaixo de 30°. Um limite prático é estabelecido em torno de 10°: o menisco torna-se indistinto e a leitura do nível torna-se difícil para ângulos menores.

Resumo

Combinando os melhores valores ($SG = 0,8$, $d/D = 0,1$ e $\theta = 10°$) obtém-se uma sensibilidade de 6,81 para o manômetro. Fisicamente, essa é a razão entre a deflexão observada no líquido e a altura de coluna de água equivalente. Portanto, a deflexão no tubo inclinado é ampliada 6,81 vezes em relação àquela de uma coluna de água vertical. Com a sensibilidade melhorada, uma pequena diferença de pressão pode ser lida com maior precisão que em um manômetro de água, ou uma menor diferença de pressão pode ser lida com a mesma precisão.

> Neste exemplo, os gráficos foram gerados com o auxílio da planilha *Excel*. Este aplicativo pode gerar gráficos mais detalhados, mostrando curvas de sensibilidade para uma faixa de valores de d/D e θ.

Às vezes, os estudantes têm dificuldades em analisar situações de manômetros de múltiplos líquidos. As seguintes regras são úteis nessas análises:

1. Quaisquer dois pontos na mesma elevação em um volume contínuo do mesmo líquido estão à mesma pressão.
2. A pressão cresce à medida que se *desce* na coluna de líquido (lembre-se da mudança de pressão quando se mergulha em uma piscina).

Para se determinar a diferença de pressão Δp entre dois pontos separados por uma série de fluidos, a seguinte modificação da Eq. 3.7 pode ser utilizada:

$$\Delta p = g \sum_i \rho_i h_i \qquad (3.8)$$

em que ρ_i e h_i representam as massas específicas e as profundidades dos vários fluidos, respectivamente. Tenha cuidado na aplicação dos sinais para as alturas h_i; elas serão positivas para baixo e negativas para cima. O Exemplo 3.3 ilustra o uso de um manômetro de múltiplos líquidos para medição de uma diferença de pressão.

Exemplo 3.3 MANÔMETRO DE MÚLTIPLOS LÍQUIDOS

Água escoa no interior dos tubos *A* e *B*. Óleo lubrificante está na parte superior do tubo em U invertido. Mercúrio está na parte inferior dos dois tubos em U. Determine a diferença de pressão, $p_A - p_B$, nas unidades kPa.

Dados: Manômetro de múltiplos líquidos conforme mostrado.

Determinar: A diferença de pressão, $p_A - p_B$, em kPa.

Solução:

Equações básicas:

$$\Delta p = g \sum_i \rho_i h_i \qquad SG = \frac{\rho}{\rho_{H_2O}}$$

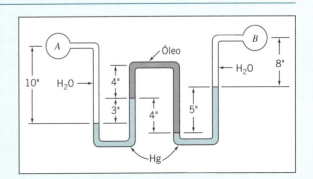

Considerações:

1. Fluidos estáticos.
2. Fluidos incompressíveis.

Trabalhando do ponto B para o ponto A com a aplicação das equações básicas, obtemos:

$$p_A - p_B = \Delta p = g(\rho_{H_2O}d_5 + \rho_{Hg}d_4 - \rho_{óleo}d_3 \\ + \rho_{Hg}d_2 - \rho_{H_2O}d_1) \quad (1)$$

Essa equação também pode ser deduzida pelo uso repetido da Eq. 3.7 na seguinte forma:

$$p_2 - p_1 = \rho g(h_2 - h_1)$$

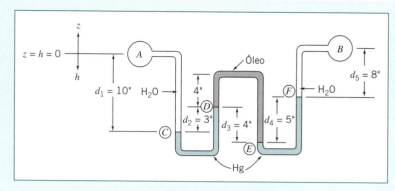

Iniciando no ponto A e aplicando a equação entre os pontos sucessivos ao longo do manômetro, obtemos:

$$p_C - p_A = +\rho_{H_2O}gd_1$$
$$p_D - p_C = -\rho_{Hg}gd_2$$
$$p_E - p_D = +\rho_{óleo}gd_3$$
$$p_F - p_E = -\rho_{Hg}gd_4$$
$$p_B - p_F = -\rho_{H_2O}gd_5$$

A Eq. (1) é obtida multiplicando cada uma dessas equações por -1 e somando-as em seguida

$$p_A - p_B = (p_A - p_C) + (p_C - p_D) + (p_D - p_E) + (p_E - p_F) + (p_F - p_B)$$
$$= -\rho_{H_2O}gd_1 + \rho_{Hg}gd_2 - \rho_{óleo}gd_3 + \rho_{Hg}gd_4 + \rho_{H_2O}gd_5$$

Substituindo $\rho = SG\rho_{H_2O}$, com $SG_{Hg} = 13{,}6$ e $SG_{óleo} = 0{,}88$ (Tabela A.2), resulta

$$p_A - p_B = g(-\rho_{H_2O}d_1 + 13{,}6\rho_{H_2O}d_2 - 0{,}88\rho_{H_2O}d_3 + 13{,}6\rho_{H_2O}d_4 + \rho_{H_2O}d_5)$$
$$= g\rho_{H_2O}(-d_1 + 13{,}6d_2 - 0{,}88d_3 + 13{,}6d_4 + d_5)$$
$$p_A - p_B = g\rho_{H_2O}(-250 + 1020 - 88 + 1700 + 200) \text{ mm}$$
$$p_A - p_B = g\rho_{H_2O} \times 2582 \text{ mm}$$

$$= 9{,}81 \frac{m}{s^2} \times 1000 \frac{kg}{m^3} \times 2582 \frac{m}{1000} \times \frac{N \cdot s^2}{kg \cdot m}$$

$p_A - p_B = 25{,}33 \text{ kPa}$ ← $p_A - p_B$

> Este exemplo ilustra o uso das Eqs. 3.7 e 3.8. O emprego de uma ou de outra é uma questão de preferência pessoal.

A pressão atmosférica pode ser obtida por um *barômetro*, no qual a altura de uma coluna de mercúrio é medida. A altura medida pode ser convertida para pressão usando a Eq. 3.7 e os dados de densidade relativa do mercúrio apresentados no Apêndice A, como discutido nas Notas do Exemplo 3.1. Embora a pressão de vapor do mercúrio possa ser desprezada nos trabalhos de precisão, correções de temperatura e altitude devem ser aplicadas ao valor do nível medido e os efeitos de tensão superficial também devem ser considerados. O efeito capilar em um tubo causado pela tensão superficial foi ilustrado no Exemplo 2.3.

Gases

Em muitos problemas práticos de engenharia, a massa específica varia consideravelmente com a altitude, e resultados precisos requerem que essa variação seja levada em consideração. A variação da pressão em um fluido compressível pode ser avaliada pela integração da Eq. 3.6. se a massa específica for expressa como uma função de p ou z. Uma equação de estado ou uma informação de propriedades pode ser usada para a obtenção da correlação requerida para a massa específica. Diversos tipos de variação de propriedades podem ser analisados. (Veja o Exemplo 3.4.)

A massa específica de gases depende geralmente da pressão e da temperatura. A equação de estado de gás ideal,

$$p = \rho RT \tag{1.1}$$

em que R é a constante universal dos gases (veja o Apêndice A) e T a temperatura absoluta, modela com exatidão o comportamento de grande parte dos gases em condições usadas em engenharia. Entretanto, o uso da Eq. 1.1 introduz a temperatura do gás como uma variável adicional. Então, uma hipótese adicional deve ser feita sobre a variação da temperatura antes da integração da Eq. 3.6.

Na Atmosfera-Padrão dos EUA, a temperatura decresce linearmente com a altitude até uma elevação de 11,0 km. Para uma variação linear de temperatura com a altitude dada por $T = T_0 - mz$, obtemos, a partir da Eq. 3.6,

$$dp = -\rho g\, dz = -\frac{pg}{RT}dz = -\frac{pg}{R(T_0 - mz)}dz$$

Separando as variáveis e integrando de $z = 0$, em que $p = p_0$, até a elevação z, em que a pressão é p, resulta

$$\int_{p_0}^{p} \frac{dp}{p} = -\int_{0}^{z} \frac{g\,dz}{R(T_0 - mz)}$$

Então

$$\ln\frac{p}{p_0} = \frac{g}{mR}\ln\left(\frac{T_0 - mz}{T_0}\right) = \frac{g}{mR}\ln\left(1 - \frac{mz}{T_0}\right)$$

e a variação da pressão em um gás cuja temperatura varia linearmente com a elevação é dada por

$$p = p_0\left(1 - \frac{mz}{T_0}\right)^{g/mR} = p_0\left(\frac{T}{T_0}\right)^{g/mR} \tag{3.9}$$

Os sistemas hidráulicos são usados para transmitir forças de um local para outro usando um fluido como meio. Por exemplo, os freios hidráulicos automotivos desenvolvem pressões acima de 10 MPa (10.342 kPa); sistemas de atuação hidráulica de aviões e máquinas são frequentemente projetados para pressões acima de 40 MPa (41.368,5 kPa) e os macacos hidráulicos usam pressões de até 70 MPa (68.947,6 kPa). Equipamentos de testes de laboratório para tarefas especiais são comercialmente disponíveis para uso com pressões de até 1000 MPa (1.034.213,6 kPa)!

Embora os líquidos sejam geralmente considerados incompressíveis sob pressões ordinárias, variações em suas massas específicas podem ser apreciáveis sob pressões elevadas. Os módulos de compressibilidade de fluidos hidráulicos sob pressões elevadas também podem apresentar variação acentuada. Nos problemas de escoamento transiente, tanto a compressibilidade do fluido quanto a elasticidade da estrutura envoltória (por exemplo, paredes de tubo) devem ser consideradas. A análise de problemas tais como ruído de golpe de aríete e vibração em sistemas hidráulicos, atuadores e amortecedores de choque é complexa e está além do escopo deste livro, embora sejam aplicados os mesmos princípios apresentados nessa seção.

Exemplo 3.4 VARIAÇÃO DA PRESSÃO E DA MASSA ESPECÍFICA NA ATMOSFERA

A máxima capacidade de fornecimento de potência de um motor de combustão interna decresce com a altitude porque a massa específica do ar e, portanto, a vazão mássica de ar decresce. Um caminhão parte de Denver (elevação de 1610 m) em um dia em que a temperatura e a pressão barométrica são, respectivamente, 27°C e 630 mm de mercúrio. Ele passa por Vail Pass (elevação de 3230 m), onde a temperatura é de 17°C. Determine a pressão barométrica em Vail Pass e a variação percentual na massa específica do ar entre as duas cidades.

62 Capítulo 3

Dados: Caminhão trafega de Denver para Vail Pass.

$$\text{Denver:} \quad z = 1610 \text{ m} \qquad \text{Vail Pass:} \quad z = 3230 \text{ m}$$
$$p = 630 \text{ mmHg} \qquad\qquad\qquad T = 17°\text{C}$$
$$T = 27°\text{C}$$

Determinar: A pressão atmosférica em Vail Pass.
A variação percentual na massa específica do ar entre Denver e Vail Pass.

Solução:

Equações básicas: $\dfrac{dp}{dz} = -\rho g \qquad p = \rho RT$

Considerações:

1 Fluido estático.
2 O ar comporta-se como um gás ideal.

Vamos considerar quatro hipóteses para as variações de propriedades com a altitude.

(a) Supondo que a massa específica varie linearmente com a altitude, a Eq. 3.9 fornece

$$\frac{p}{p_0} = \left(\frac{T}{T_0}\right)^{g/mR}$$

A avaliação da constante m dá

$$m = \frac{T_0 - T}{z - z_0} = \frac{(27 - 17)°\text{C}}{(3230 - 1610)\text{ m}} = 6{,}17 \times 10^{-3}\,°\text{C/m}$$

e

$$\frac{g}{mR} = 9{,}81\,\frac{\text{m}}{\text{s}^2} \times \frac{1}{6{,}17 \times 10^{-3}} \times \frac{1}{286{,}9\,\text{J/kg}°\text{K}} \times \frac{\text{N}\cdot\text{s}^2}{\text{kg}\cdot\text{m}} \times \frac{\text{J}}{\text{N}\cdot\text{m}} = 5{,}54$$

Então

$$\frac{p}{p_0} = \left(\frac{T}{T_0}\right)^{g/mR} = \left(\frac{273 + 17}{273 + 27}\right)^{5{,}54} = (0{,}967)^{5{,}54} = 0{,}829$$

e

$$p = 0{,}829\,p_0 = (0{,}829)630\text{ mmHg} = 522{,}3\text{ mmHg} = 69{,}6\text{ kPa} \longleftarrow \qquad p$$

Note que a temperatura deve ser expressa como uma temperatura absoluta na equação de gás ideal.
A variação percentual na massa específica é dada por

$$\frac{\rho - \rho_0}{\rho_0} = \frac{\rho}{\rho_0} - 1 = \frac{p}{p_0}\frac{T_0}{T} - 1 = \frac{0{,}829}{0{,}967} - 1 = -0{,}143 \quad \text{ou} \quad -14{,}3\% \longleftarrow \qquad \frac{\Delta\rho}{\rho_0}$$

(b) Supondo a massa específica do ar constante e igual a ρ_0, temos

$$p = p_0 - \rho_0 g(z - z_0) = p_0 - \frac{p_0 g\,(z - z_0)}{RT_0} = p_0\left[1 - \frac{g(z - z_0)}{RT_0}\right]$$

$$p = 513{,}3\text{ mmHg} = 68{,}4\text{ kPa} \quad \text{e} \quad \frac{\Delta\rho}{\rho_0} = 0 \longleftarrow \qquad p, \frac{\Delta\rho}{\rho_0}$$

(c) Supondo a temperatura constante, temos

$$dp = -\rho g\, dz = -\frac{p}{RT} g\, dz$$

e

$$\int_{p_0}^{p} \frac{dp}{p} = -\int_{z_0}^{z} \frac{g}{RT} dz$$

$$p = p_0 \exp\left[\frac{-g(z - z_0)}{RT}\right]$$

Para T = constante = T_0

$$p = 523,8\,\text{mmHg} = 69,8\,\text{kPa} \qquad \text{e} \qquad \frac{\Delta\rho}{\rho_0} = -16,9\% \quad \longleftarrow \qquad p, \frac{\Delta\rho}{\rho_0}$$

(d) Supondo uma atmosfera adiabática, p/ρ^k = constante, e assim

$$p = p_0\left(\frac{T}{T_0}\right)^{k/k-1} = 559,5\,\text{mmHg} = 74,6\,\text{kPa} \quad \text{e} \quad \frac{\Delta\rho}{\rho_0} = -8,2\% \quad \longleftarrow \qquad p, \frac{\Delta\rho}{\rho_0}$$

Podemos notar que, para variações modestas na altitude, a pressão predita não é muito dependente da forma suposta para a variação de propriedades; os valores calculados para as quatro diferentes hipóteses apresentam um desvio máximo em torno de 9%. Há um desvio consideravelmente maior na variação percentual da massa específica. A hipótese de variação linear da temperatura com a altitude é a suposição mais razoável.

> Este exemplo ilustra o uso da equação de gás ideal com a relação básica pressão-altura para obter a variação na pressão atmosférica com a altura sob várias hipóteses atmosféricas.

3.4 Forças Hidrostáticas sobre Superfícies Submersas

Agora que já determinamos a maneira pela qual a pressão varia em um fluido estático, podemos examinar a força que atua sobre uma superfície submersa em um líquido.

Para determinar completamente a resultante de força atuando sobre uma superfície submersa, devemos especificar:

1 O módulo da força.
2 O sentido da força.
3 A linha de ação da força.

Consideraremos superfícies submersas tanto planas quanto curvas.

Força Hidrostática sobre uma Superfície Plana Submersa

A Fig. 3.5 mostra uma superfície plana submersa em cuja face superior queremos achar a força hidrostática resultante. As coordenadas foram escolhidas de modo que a superfície situa-se no plano xy e a origem O está localizada na interseção da superfície plana (ou de sua extensão) com a superfície livre. Além do módulo da força resultante, F_R, também desejamos localizar o ponto (de coordenadas x', y') de aplicação dessa força sobre a superfície.

Como não há tensões de cisalhamento em um fluido em repouso, a força hidrostática sobre qualquer elemento da superfície age normalmente à superfície. A força de pressão atuando sobre um elemento $dA = dx\, dy$ da face superior é dada por

$$dF = p\, dA$$

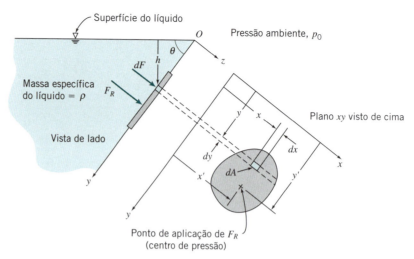

Fig. 3.5 Superfície submersa plana.

A força *resultante* agindo sobre a superfície é encontrada somando as contribuições das forças infinitesimais sobre a área inteira.

Normalmente, quando somamos forças devemos fazê-lo utilizando a soma de vetores. Nesse caso, contudo, todas as forças infinitesimais são perpendiculares ao plano. Portanto, a força resultante também o será. Seu módulo é dado por

$$F_R = \int_A p\, dA \qquad (3.10a)$$

Para avaliar a integral da Eq. 3.10a, tanto a pressão p quanto o elemento de área dA devem ser expressos em termos das mesmas variáveis.

Podemos usar a Eq. 3.7 para expressar a pressão p em uma profundidade h do líquido como

$$p = p_0 + \rho g h$$

Nessa expressão, p_0 é a pressão na superfície livre ($h = 0$).

Temos ainda, da geometria do sistema, que $h = y\, \mathrm{sen}\,\theta$. Substituindo essa expressão e a equação anterior da pressão na Eq. 3.10a, obtemos

$$F_R = \int_A p\, dA = \int_A (p_0 + \rho g h) dA = \int_A (p_0 + \rho g y\, \mathrm{sen}\,\theta) dA$$
$$F_R = p_0 \int_A dA + \rho g\, \mathrm{sen}\,\theta \int_A y\, dA = p_0 A + \rho g\, \mathrm{sen}\,\theta \int_A y\, dA$$

A integral é o primeiro momento de área da superfície em torno do eixo x, que pode ser escrita como

$$\int_A y\, dA = y_c A$$

em que y_c é a coordenada y do *centroide* da área A. Então,

$$F_R = p_0 A + \rho g\, \mathrm{sen}\,\theta\, y_c A = (p_0 + \rho g h_c) A$$

ou

$$F_R = p_c A \qquad (3.10b)$$

em que p_c é a pressão absoluta no líquido na posição do centroide de área A. A Eq. 3.10b exprime a força resultante devido ao líquido — incluindo o efeito da pres-

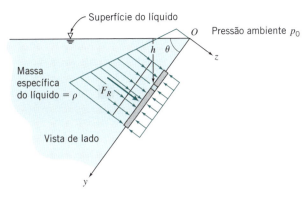

Fig. 3.6 Distribuição de pressão sobre uma superfície submersa plana.

são ambiente p_0 — sobre um lado de uma superfície plana submersa. Ela não leva em conta nenhuma pressão ou distribuição de forças que eventualmente existam no outro lado da superfície submersa. Entretanto, se a *mesma* pressão p_0 da superfície livre do líquido existir no lado externo da superfície, conforme mostrado na Fig. 3.6, seu efeito sobre F_R é cancelado e, se desejamos obter a força *líquida* sobre a superfície, podemos usar a Eq. 3.10b *com p_c expresso como uma pressão manométrica em vez de pressão absoluta*.

Para o cálculo de F_R, podemos usar a integral da Eq. 3.10a ou a Eq. 3.10b resultante. É importante notar que, embora a força resultante possa ser calculada a partir da pressão no centro da placa (centroide da área), esse *não* é seu ponto de aplicação!

Nossa próxima tarefa é determinar (x', y') a localização do ponto de aplicação da força resultante. Vamos primeiramente obter y', reconhecendo que o momento da força resultante em torno do eixo x deve ser igual ao momento devido à força distribuída da pressão. Tomando a soma (isto é, integral) dos momentos das forças infinitesimais dF em torno do eixo x, nós obtemos

$$y'F_R = \int_A yp\,dA \qquad (3.11a)$$

Como feito anteriormente, podemos fazer a integração expressando p como uma função de y:

$$y'F_R = \int_A yp\,dA = \int_A y(p_0 + \rho gh)\,dA = \int_A (p_0 y + \rho g y^2 \operatorname{sen}\theta)\,dA$$
$$= p_0 \int_A y\,dA + \rho g \operatorname{sen}\theta \int_A y^2\,dA$$

A primeira integral é, como já definimos, igual a $y_c A$. A segunda, $\int_A y^2\,dA$, é o segundo momento de área em torno do eixo x, I_{xx}. Podemos usar o teorema dos eixos paralelos (translação de eixo), $I_{xx} = I_{\hat{x}\hat{x}} + Ay_c^2$, para substituir I_{xx} pelo segundo momento de área-padrão, em torno do eixo $\hat{x}$ com origem do centroide. Usando essas relações, obtemos

$$y'F_R = p_0 y_c A + \rho g \operatorname{sen}\theta (I_{\hat{x}\hat{x}} + Ay_c^2) = y_c(p_0 + \rho g y_c \operatorname{sen}\theta)A + \rho g \operatorname{sen}\theta I_{\hat{x}\hat{x}}$$
$$= y_c(p_0 + \rho g h_c)A + \rho g \operatorname{sen}\theta I_{\hat{x}\hat{x}} = y_c F_R + \rho g \operatorname{sen}\theta I_{\hat{x}\hat{x}}$$

Finalmente, obtemos para y':

$$y' = y_c + \frac{\rho g \operatorname{sen}\theta I_{\hat{x}\hat{x}}}{F_R} \qquad (3.11b)$$

A Eq. 3.11b é conveniente para o cálculo da coordenada y' do ponto de aplicação da força sobre o lado submerso da superfície, quando se deseja incluir a pressão ambiente

66 Capítulo 3

p_0. Se essa mesma pressão atua sobre o outro lado da superfície, podemos usar a Eq. 3.10b, desprezando p_0 no cálculo da força líquida.

$$F_R = p_{c_{\text{manométrica}}} A = \rho g h_c A = \rho g y_c \operatorname{sen}\theta A$$

e a Eq. 3.11b torna-se, nesse caso,

$$y' = y_c + \frac{I_{\hat{x}\hat{x}}}{Ay_c} \tag{3.11c}$$

A Eq. 3.11a é a equação integral para o cálculo da localização y' da força resultante. A Eq. 3.11b é uma forma algébrica útil para calcular y' quando se está interessado na força resultante sobre o lado submerso da superfície; a Eq. 3.11c é conveniente para calcular y' quando o interesse é na força líquida, no caso em que a mesma pressão p_0 atua sobre os dois lados da superfície submersa. Para problemas em que a pressão sobre o outro lado da superfície *não* é p_0, podemos ou analisar cada um dos lados da superfície separadamente ou reduzir as duas distribuições de pressão a uma distribuição líquida de pressão. Isso corresponde, em efeito, a criar um sistema para ser resolvido usando a Eq. 3.10b, com a pressão p_c expressa como uma pressão manométrica.

Note que em qualquer situação, $y' > y_c$ — a localização do ponto de aplicação da força é sempre abaixo do centroide. Isto faz sentido — como mostra a Fig. 3.6, as pressões serão sempre maiores nas regiões mais baixas, deslocando a força resultante para abaixo do plano.

Uma análise similar pode ser feita para calcular x', a coordenada x do ponto de aplicação da força resultante sobre a superfície. Tomando a soma dos momentos das forças infinitesimais dF em torno do eixo y, obtemos

$$x'F_R = \int_A x p \, dA \tag{3.12a}$$

Podemos expressar p como uma função de y como antes:

$$x'F_R = \int_A xp \, dA = \int_A x(p_0 + \rho gh) \, dA = \int_A (p_0 x + \rho gxy\operatorname{sen}\theta) \, dA$$
$$= p_0 \int_A x \, dA + \rho g\operatorname{sen}\theta \int_A xy \, dA$$

A primeira integral é $x_c A$ (em que x_c é a distância do centroide medida a partir do eixo y). A segunda integral é $\int_A xy \, dA = I_{xy}$. Usando ainda o teorema dos eixos paralelos, $I_{xy} = I_{\hat{x}\hat{y}} + Ax_c\, y_c$, encontramos

$$x'F_R = p_0 x_c A + \rho g\operatorname{sen}\theta(I_{\hat{x}\hat{y}} + Ax_c y_c) = x_c(p_0 + \rho gy_c \operatorname{sen}\theta)A + \rho g\operatorname{sen}\theta I_{\hat{x}\hat{y}}$$
$$= x_c(p_0 + \rho gh_c)A + \rho g\operatorname{sen}\theta I_{\hat{x}\hat{y}} = x_c F_R + \rho g\operatorname{sen}\theta I_{\hat{x}\hat{y}}$$

Finalmente, obtemos para x':

$$x' = x_c + \frac{\rho g\operatorname{sen}\theta I_{\hat{x}\hat{y}}}{F_R} \tag{3.12b}$$

A Eq. 3.12b é conveniente para calcular x' quando se deseja incluir a pressão ambiente p_0. Quando a pressão ambiente age sobre o outro lado da superfície, podemos de novo usar a Eq. 3.10b, desprezando p_0 no cálculo da força líquida, e a Eq. 3.12b torna-se, nesse caso,

$$x' = x_c + \frac{I_{\hat{x}\hat{y}}}{Ay_c} \tag{3.12c}$$

Estática dos Fluidos

A Eq. 3.12a é a equação integral para o cálculo da localização x' da força resultante. A Eq. 3.12b pode ser usada nos cálculos em que há interesse na força apenas sobre o lado submerso. A Eq. 3.12c é útil quando o que interessa é a força líquida e a pressão p_0 atua sobre os dois lados da superfície submersa.

Em resumo, as Eqs. 3.10 a 3.12 constituem um conjunto completo de equações para o cálculo do módulo e localização da força resultante devido à pressão hidrostática sobre uma superfície plana submersa. A direção da força será sempre perpendicular ao plano da superfície.

Podemos agora considerar diversos exemplos usando essas equações. No Exemplo 3.5, nós usamos ambos os conjuntos de equações, integrais e algébricas, e no Exemplo 3.6 usamos somente o conjunto algébrico.

Exemplo 3.5 FORÇA RESULTANTE SOBRE UMA SUPERFÍCIE PLANA INCLINADA SUBMERSA

A superfície inclinada mostrada, articulada ao longo de A, tem 5 m de largura. Determine a força resultante, F_R, da água e do ar sobre a superfície inclinada.

Dados: Comporta retangular, articulada ao longo de A, $w = 5$ m.

Determinar: A força resultante, F_R, da água e do ar sobre a comporta.

Solução:
Para determinar F_R completamente, devemos encontrar (a) o módulo e (b) a linha de ação da força (o sentido da força é o da normal à superfície em uma convenção de compressão). Resolveremos este problema usando (i) integração direta e (ii) as equações algébricas.

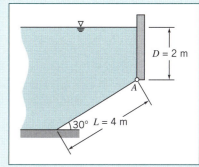

Integração Direta

Equações básicas:

$$p = p_0 + \rho g h \quad F_R = \int_A p\, dA \quad \eta' F_R = \int_A \eta p\, dA \quad x' F_R = \int_A x p\, dA$$

Como a pressão atmosférica p_0 age sobre ambos os lados da placa fina, seu efeito é cancelado. Assim, podemos trabalhar com a pressão hidrostática manométrica ($p = \rho g h$). Além disso, embora *pudéssemos* integrar usando a variável y, será mais conveniente definir aqui uma variável η, conforme mostrado na figura.

Usando η para obter expressões para h e dA, resulta

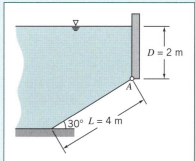

Distribuição de pressão hidrostática líquida sobre a comporta

$h = D + \eta\, \text{sen}\, 30°$ e $dA = w\, d\eta$

Substituindo essas equações na equação básica para a força resultante, obtemos

$$F_R = \int_A p\, dA = \int_0^L \rho g(D + \eta\, \text{sen}\, 30°) w\, d\eta$$

$$= \rho g w \left[D\eta + \frac{\eta^2}{2} \text{sen}\, 30° \right]_0^L = \rho g w \left[DL + \frac{L^2}{2} \text{sen}\, 30° \right]$$

$$= 999 \frac{\text{kg}}{\text{m}^3} \times 9{,}81 \frac{\text{m}}{\text{s}^2} \times 5\, \text{m} \left[2\, \text{m} \times 4\, \text{m} + \frac{16\, \text{m}^2}{2} \times \frac{1}{2} \right] \frac{\text{N} \cdot \text{s}^2}{\text{kg} \cdot \text{m}}$$

$F_R = 588\, \text{kN}$ ⟵ F_R

68 Capítulo 3

Para a localização da força, calculamos η' (a distância medida a partir da borda superior da placa),

$$\eta' F_R = \int_A \eta p \, dA$$

Então

$$\eta' = \frac{1}{F_R} \int_A \eta p dA = \frac{1}{F_R} \int_0^L \eta p w \, d\eta = \frac{\rho g w}{F_R} \int_0^L \eta (D + \eta \operatorname{sen} 30°) \, d\eta$$

$$= \frac{\rho g w}{F_R} \left[\frac{D\eta^2}{2} + \frac{\eta^3}{3} \operatorname{sen} 30° \right]_0^L = \frac{\rho g w}{F_R} \left[\frac{DL^2}{2} + \frac{L^3}{3} \operatorname{sen} 30° \right]$$

$$= 999 \frac{kg}{m^3} \times 9{,}8 \frac{m}{s^2} \times \frac{5\,m}{5{,}88 \times 10^5\,N} \left[\frac{2\,m \times 16\,m^2}{2} + \frac{64\,m^3}{3} \times \frac{1}{2} \right] \frac{N \cdot s^2}{kg \cdot m}$$

$$\eta' = 2{,}22\,m \quad e \quad y' = \frac{D}{\operatorname{sen} 30°} + \eta' = \frac{2\,m}{\operatorname{sen} 30°} + 2{,}22\,m = 6{,}22\,m \longleftarrow \qquad\qquad y'$$

Ainda, da consideração de momentos sobre o eixo y em torno da articulação A,

$$x' = \frac{1}{F_R} \int_A x p \, dA$$

No cálculo do momento das forças distribuídas (lado direito da equação), lembre-se dos estudos anteriores de estática, que o centroide do elemento de área deve ser usado para x. O valor de x (medido a partir de A em uma normal ao plano da figura para dentro dela) pode ser tomado igual a $w/2$, pois o elemento de área tem largura constante. Assim,

$$x' = \frac{1}{F_R} \int_A \frac{w}{2} p \, dA = \frac{w}{2F_R} \int_A p \, dA = \frac{w}{2} = 2{,}5\,m \longleftarrow \qquad\qquad x'$$

Equações Algébricas

Ao usar as equações algébricas, devemos tomar cuidado para selecionar o conjunto adequado de equações. Neste problemas temos que $p_0 = p_{atm}$ em ambos os lados da placa, de forma que a Eq. 3.10b, com p_c como uma pressão manométrica, pode ser usada para avaliar a força líquida:

$$F_R = p_c A = \rho g h_i A = \rho g \left(D + \frac{L}{2} \operatorname{sen} 30° \right) Lw$$

$$F_R = \rho g w \left[DL + \frac{L^2}{2} \operatorname{sen} 30° \right]$$

Essa é a mesma expressão que foi obtida por integração direta.

A coordenada y do centro de pressão é dada pela Eq. 3.11c:

$$y' = y_c + \frac{I_{\hat{x}\hat{x}}}{A y_c} \tag{3.11c}$$

Para a comporta retangular inclinada, temos

$$y_c = \frac{D}{\operatorname{sen} 30°} + \frac{L}{2} = \frac{2\,m}{\operatorname{sen} 30°} + \frac{4\,m}{2} = 6\,m$$

$$A = Lw = 4\,m \times 5\,m = 20\,m^2$$

$$I_{\hat{x}\hat{x}} = \frac{1}{12} w L^3 = \frac{1}{12} \times 5\,m \times (4\,m)^3 = 26{,}7\,m^2$$

$$y' = y_c + \frac{I_{\hat{x}\hat{x}}}{A y_c} = 6\,m + 26{,}7\,m^4 \times \frac{1}{20\,m^2} \times \frac{1}{6\,m} = 6{,}22\,m \longleftarrow \qquad\qquad y'$$

A coordenada x do centro de pressão é dada pela Eq. 3.12c:

$$x' = x_c + \frac{I_{\hat{x}\hat{y}}}{Ay_c} \quad (3.12c)$$

Para a comporta retangular $I_{\hat{x}\hat{y}} = 0$ e $x' = x_c = 2{,}5$ m. ←——— x'

> *Este exemplo ilustra:*
> • O uso de equações algébricas e integrais.
> • O uso de equações algébricas no cálculo da força *líquida*.

Exemplo 3.6 FORÇA SOBRE UMA SUPERFÍCIE VERTICAL PLANA, SUBMERSA, COM PRESSÃO MANOMÉTRICA DIFERENTE DE ZERO NA SUPERFÍCIE LIVRE

A porta mostrada na lateral do tanque é articulada ao longo da sua borda inferior. Uma pressão de 4790 Pa (manométrica) é aplicada na superfície livre do líquido. Determine a força, F_t, requerida para manter a porta fechada.

Dados: Porta conforme o mostrado na figura.

Determinar: A força necessária para manter a porta fechada.

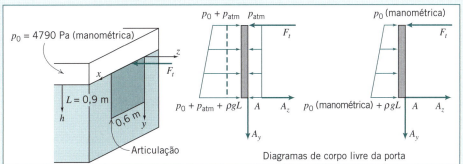
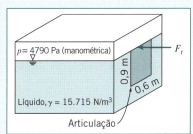

Diagramas de corpo livre da porta

Solução: Este problema requer um diagrama de corpo livre (DCL) da porta. As distribuições de pressão sobre os lados interno e externo da porta levarão à força líquida (e à sua localização) que será incluída no DCL. Devemos ser cuidadosos na escolha do conjunto de equações para os cálculos da força resultante e de sua localização. Podemos usar tanto pressões absolutas (como no DCL da esquerda) e calcular duas forças (uma sobre cada lado), ou pressões manométricas e calcular apenas uma força (como no DCL da direita). Para simplificar, usaremos pressões manométricas. Nesse caso, o DCL da direita deixa claro que devemos usar as Eqs. 3.10b e 3.11b, que foram deduzidas para problemas nos quais desejamos incluir os efeitos de uma pressão ambiente (p_0) ou, em outras palavras, para problemas em que temos uma pressão manométrica diferente de zero na superfície livre. As componentes da força devido à articulação são A_y e A_z. A força F_t pode ser determinada tomando momentos em torno da articulação A (a dobradiça).

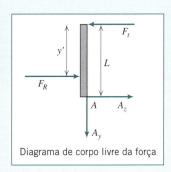

Diagrama de corpo livre da força

Equações básicas:

$$F_R = p_c A \qquad y' = y_c + \frac{\rho g \, \text{sen}\, \theta \, I_{\hat{x}\hat{x}}}{F_R} \qquad \sum M_A = 0$$

A força resultante e sua localização são

$$F_R = (p_0 + \rho g h_c)A = \left(p_0 + \gamma \frac{L}{2}\right)bL \quad (1)$$

e

$$y' = y_c + \frac{\rho g \, \text{sen}\, 90° \, I_{\hat{x}\hat{x}}}{F_R} = \frac{L}{2} + \frac{\gamma b L^3/12}{\left(p_0 + \gamma \frac{L}{2}\right)bL} = \frac{L}{2} + \frac{\gamma L^2/12}{\left(p_0 + \gamma \frac{L}{2}\right)} \quad (2)$$

70 Capítulo 3

Tomando os momentos em torno do ponto A

$$\sum M_A = F_t L - F_R(L - y') = 0 \qquad \text{ou} \qquad F_t = F_R\left(1 - \frac{y'}{L}\right)$$

Substituindo essa equação nas Eqs. (1) e (2), encontramos

$$F_t = \left(p_0 + \gamma\frac{L}{2}\right)bL\left[1 - \frac{1}{2} - \frac{\gamma L^2/12}{\left(p_0 + \gamma\frac{L}{2}\right)}\right]$$

$$F_t = \left(p_0 + \gamma\frac{L}{2}\right)\frac{bL}{2} + \gamma\frac{bL^2}{12} = \frac{p_0 bL}{2} + \frac{\gamma bL^2}{6}$$

$$= 4790\,\frac{\text{N}}{\text{m}^2}\times 0{,}6\,\text{m}\times 0{,}9\,\text{m}\times\frac{1}{2} + 15.715\,\frac{\text{N}}{\text{m}^3}\times 0{,}6\,\text{m}\times 0{,}81\,\text{m}^2\times\frac{1}{6} \qquad (3)$$

$$F_t = 2566\,\text{N} \longleftarrow \hspace{6cm} F_t$$

Poderíamos ter resolvido este problema considerando as duas distribuições distintas de pressão sobre cada um dos lados da porta, resultando em duas forças resultantes e suas localizações. A soma dos momentos dessas forças sobre o ponto A daria o mesmo resultado para a força resultante F_t. Note, também, que a Eq. 3 poderia ter sido obtida diretamente (sem determinar separadamente F_R e y') pelo método de integração direta:

$$\sum M_A = F_t L - \int_A y\,p\,dA = 0$$

> *Este exemplo ilustra:*
> - O uso de equações algébricas para pressões manométricas diferentes de zero na superfície livre do líquido.
> - O uso da equação de momento, da estática, no cálculo da força aplicada requerida.

Força Hidrostática sobre uma Superfície Curva Submersa

Para superfícies curvas, deduziremos novamente expressões para a força resultante por integração da distribuição de pressões sobre a superfície. Contudo, diferentemente da superfície plana, temos um problema mais complicado — a força de pressão é normal à superfície em cada ponto, mas agora os elementos infinitesimais de área apontam em diversas direções por causa da curvatura da superfície. Isso significa que, em vez de integrar sobre um elemento de área dA, devemos integrar sobre o elemento vetorial $d\vec{A}$. Inicialmente, isso levará a uma análise mais complicada, porém veremos que uma técnica simples para a solução será desenvolvida.

Considere a superfície curva mostrada na Fig. 3.7. A força de pressão agindo sobre o elemento de área, $d\vec{A}$, é dada por

$$d\vec{F} = -p\,d\vec{A}$$

em que o sinal menos indica que a força age sobre a área, em sentido oposto ao da normal da área. A força resultante é dada por

$$\vec{F}_R = -\int_A p\,d\vec{A} \qquad (3.13)$$

Podemos escrever

$$\vec{F}_R = \hat{i}F_{R_x} + \hat{j}F_{R_y} + \hat{k}F_{R_z}$$

em que F_{Rx}, F_{Ry} e F_{Rz} são as componentes de $\vec{F}_R$ nas direções positivas de x, y e z, respectivamente.

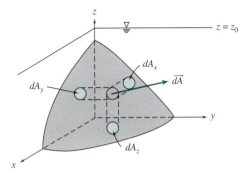

Fig. 3.7 Superfície submersa curva.

Para avaliar a componente da força em uma dada direção, tomamos o produto escalar da força pelo vetor unitário na direção considerada. Por exemplo, tomando o produto escalar em cada lado da Eq. 3.13 com vetor unitário $\hat{i}$, obtemos

$$F_{R_x} = \vec{F}_R \cdot \hat{i} = \int d\vec{F} \cdot \hat{i} = -\int_A p\, d\vec{A} \cdot \hat{i} = -\int_{A_x} p\, dA_x$$

em que dA_x é a projeção de $d\vec{A}$ sobre um plano perpendicular ao eixo x (veja a Fig. 3.7) e o sinal menos indica que a componente x da força resultante é no sentido de x negativo.

Em qualquer problema, como o sentido da componente da força pode ser determinado por inspeção, o emprego de vetores não é necessário. Em geral, o módulo da componente da resultante na direção l é dado por

$$F_{R_l} = \int_{A_l} p\, dA_l \tag{3.14}$$

em que dA_l é a projeção do elemento de área dA sobre um plano perpendicular à direção l. A linha de ação de cada componente da força resultante é encontrada reconhecendo que o momento da componente da força resultante em relação a um dado eixo deve ser igual ao momento da componente da força distribuída correspondente em relação ao mesmo eixo.

A Eq. 3.14 pode ser utilizada para avaliar as forças horizontais F_{R_x} e F_{R_y}. Assim, chegamos ao resultado interessante de que *a força horizontal e sua localização são as mesmas que para uma superfície plana vertical imaginária da mesma área projetada*. Isso é ilustrado na Fig. 3.8, na qual chamamos a força horizontal de F_H.

A Fig. 3.8 também ilustra como podemos calcular a componente vertical da força: Quando a pressão atmosférica atua sobre a superfície livre e sobre o outro lado da superfície curva, *a força líquida vertical é igual ao peso do fluido diretamente acima da superfície*. Isso pode ser confirmado aplicando a Eq. 3.14 para determinar o módulo da componente vertical da força resultante

$$F_{R_z} = F_V = \int p\, dA_z$$

Como $p = \rho g h$,

$$F_V = \int \rho g h\, dA_z = \int \rho g\, d\forall$$

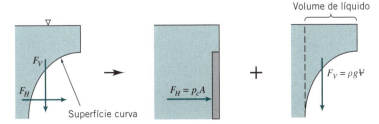

Fig. 3.8 Forças sobre superfície submersa curva.

em que $\rho g h\, dA_z = \rho g\, d\forall$ é o peso de um cilindro diferencial de líquido acima do elemento de área da superfície, dA_z, estendendo-se de uma distância h desde a superfície curva até a superfície livre. A componente vertical da força resultante é obtida pela integração sobre a superfície submersa inteira. Então

$$F_V = \int_{A_z} \rho g h\, dA_z = \int_{\forall} \rho g\, d\forall = \rho g\, \forall$$

Em resumo, para uma superfície curva podemos usar duas fórmulas simples para calcular as componentes de força horizontal e vertical devidas apenas ao fluido (sem a pressão ambiente),

$$F_H = p_c A \quad \text{e} \quad F_V = \rho g \forall \tag{3.15}$$

em que p_c e A são a pressão no centro e a área, respectivamente, de uma superfície plana vertical de mesma área projetada, e $\forall$ é o volume do fluido acima da superfície curva.

Pode ser mostrado que a linha de ação da componente vertical da força passa através do centro de gravidade do volume de líquido diretamente acima da superfície curva (veja o Exemplo 3.7).

Mostramos que a força hidrostática resultante sobre uma superfície curva submersa é especificada em termos de suas componentes. Dos estudos de estática, sabemos que a resultante de qualquer sistema de forças pode ser representada por um sistema força-conjugado, isto é, a força resultante aplicada em um ponto e um conjugado ou momento em relação ao ponto. Se os vetores força e conjugado forem ortogonais (como é o caso para uma superfície curva bidimensional), a resultante pode ser representada por uma força pura com uma linha de ação única. De outro modo, a resultante pode ser representada por um "torque", também com uma única linha de ação.

Exemplo 3.7 COMPONENTES DA FORÇA SOBRE UMA SUPERFÍCIE CURVA SUBMERSA

A comporta mostrada é articulada em O e tem largura constante, $w = 5$ m. A equação da superfície é $x = y^2/a$, com $a = 4$ m. A profundidade da água à direita da comporta é $D = 4$ m. Determine o módulo da força, F_a, aplicada como mostrado, requerida para manter a comporta em equilíbrio se o peso da comporta for desprezado.

Dados: Comporta de largura constante, $w = 5$ m.
A equação da superfície no plano xy é $x = y^2/a$, em que $a = 4$ m.
A água tem profundidade $D = 4$ m à direita da comporta.
A força F_a é aplicada como mostrado, e o peso da comporta deve ser desconsiderado. (Note que, por simplicidade, não mostramos a reação em O.)

Determinar: A força F_a requerida para manter a comporta em equilíbrio.

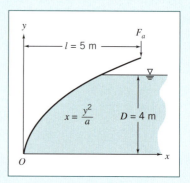

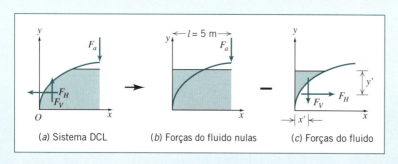

Solução: Vamos tomar os momentos em relação ao ponto O após encontrar os módulos e as localizações das forças horizontal e vertical causados pela ação da água. O diagrama de corpo livre (DCL) do sistema é mostrado na parte (a) da figura. Antes de prosseguir, devemos pensar sobre como calcular F_V, a componente vertical da força do fluido — já estabelecemos que ela é igual (em módulo e localização) ao peso do fluido diretamente acima da superfície. Entretanto, não temos fluido nessa região, o que pode nos levar à falsa conclusão de que não existe força vertical! Nesse caso, devemos "usar a imaginação" para entender que esse problema é equivalente a um sistema com água em ambos os lados da comporta (com forças nulas sobre ela), menos um sistema com água diretamente acima da comporta (com forças não nulas sobre ela). Essa lógica é demonstrada anteriormente: o sistema DCL (a) = o DCL nulo (b) — o DCL de forças do fluido (c). Desse modo, as forças vertical e horizontal do fluido sobre o sistema, DCL (a), são iguais e opostas àquelas sobre o DCL (c). Em resumo, o módulo e a localização da força fluida vertical, F_V, são dadas pelo peso e a posição do centroide do fluido "acima" da comporta; o módulo e a localização da força horizontal do fluido, F_H, são dados pelo módulo e localização da força sobre uma superfície plana vertical equivalente à projeção da comporta.

Equações básicas:

$$F_H = pcA \qquad y' = y_c + \frac{I_{\hat{x}\hat{x}}}{Ay_c} \qquad F_V = \rho g \cancel{V} \qquad x' = \text{centro de gravidade da água}$$

Para o cálculo de F_H, a coordenada y do centroide, a área e o segundo momento da superfície (placa fina) vertical projetada são, respectivamente, $y_c = h_c = D/2$, $A = Dw$ e $I_{\hat{x}\hat{x}} = wD^3/12$.

$$
\begin{aligned}
F_H = p_cA &= \rho g h_c A \\
&= \rho g \frac{D}{2} Dw = \rho g \frac{D^2}{2} w = 999 \frac{\text{kg}}{\text{m}^3} \times 9,81 \frac{\text{m}}{\text{s}^2} \times \frac{(4\,\text{m}^2)}{2} \times 5\,\text{m} \times \frac{\text{N} \cdot \text{s}^2}{\text{kg} \cdot \text{m}} \\
F_H &= 392\,\text{kN}
\end{aligned}
\tag{1}
$$

e

$$
\begin{aligned}
y' &= y_c + \frac{I_{\hat{x}\hat{x}}}{Ay_c} = \frac{D}{2} + \frac{wD^3/12}{wDD/2} = \frac{D}{2} + \frac{D}{6} \\
y' &= \frac{2}{3}D = \frac{2}{3} \times 4\,\text{m} = 2,67\,\text{m}
\end{aligned}
\tag{2}
$$

Para F_V, é necessário calcular o peso da água "acima" da comporta. Para fazer isso, definimos uma coluna de volume diferencial $(D - y)w\,dx$ e integramos

$$
\begin{aligned}
F_V = \rho g \cancel{V} &= \rho g \int_0^{D^{2/a}} (D - y)w\,dx = \rho g w \int_0^{D^{2/a}} (D - \sqrt{a}x^{1/2})\,dx \\
&= \rho g w \left[Dx - \frac{2}{3}\sqrt{a}x^{3/2} \right]_0^{D^{3/a}} = \rho g w \left[\frac{D^3}{a} - \frac{2}{3}\sqrt{a}\frac{D^3}{a^{3/2}} \right] = \frac{\rho g w D^3}{3a} \\
F_V &= 999 \frac{\text{kg}}{\text{m}^3} \times 9,81 \frac{\text{m}}{\text{s}^2} \times 5\,\text{m} \times \frac{(4)^3\text{m}^3}{3} \times \frac{1}{4\,\text{m}} \times \frac{\text{N} \cdot \text{s}^2}{\text{kg} \cdot \text{m}} = 261\,\text{kN}
\end{aligned}
\tag{3}
$$

A localização x' dessa força é dada pela posição do centro de gravidade da água "acima" da comporta. Da estática, isso pode ser obtido pelo uso do conceito de que o momento de F_V deve ser igual ao momento da soma dos pesos diferenciais em torno do eixo y. Assim,

$$
\begin{aligned}
x'F_V &= \rho g \int_0^{D^{2/a}} x(D - y)w\,dx = \rho g w \int_0^{D^{2/a}} (D - \sqrt{a}x^{3/2})\,dx \\
x'F_V &= \rho g w \left[\frac{D}{2}x^2 - \frac{2}{5}\sqrt{a}x^{5/2} \right]_0^{D^{2/a}} = \rho g w \left[\frac{D^5}{2a^2} - \frac{2}{5}\sqrt{a}\frac{D^5}{a^{5/2}} \right] = \frac{\rho g w D^5}{10a^2} \\
x' &= \frac{\rho g w D^5}{10a^2 F_V} = \frac{3D^2}{10a} = \frac{3}{10} \times \frac{(4)^2\,\text{m}^2}{4\,\text{m}} = 1,2\,\text{m}
\end{aligned}
\tag{4}
$$

Uma vez determinadas as forças do fluido, podemos agora tomar os momentos sobre O (tendo o cuidado de aplicar os sinais apropriados), usando os resultados da Eqs. (1) a (4)

$$\sum M_O = -lF_a + x'F_V + (D - y')F_H = 0$$

$$F_a = \frac{1}{l}[x'F_V + (D - y')F_H]$$

$$= \frac{1}{5\,\text{m}}[1{,}2\,\text{m} \times 261\,\text{kN} + (4 - 2{,}67)\,\text{m} \times 392\,\text{kN}]$$

$$F_a = 167\,\text{kN} \quad \longleftarrow \quad F_a$$

> *Este exemplo ilustra:*
> - O uso das equações de placa plana vertical para cálculo da força horizontal e as equações de peso do fluido para a força vertical sobre uma superfície curva.
> - O uso da "imaginação" para converter um problema com fluido abaixo da superfície curva em um problema equivalente com fluido acima dessa superfície.

3.5 Empuxo e Estabilidade

Se um objeto estiver imerso em um líquido, ou flutuando em sua superfície, a força líquida vertical agindo sobre ele por causa da pressão do líquido é denominada *empuxo*. Considere um objeto totalmente imerso em um líquido estático, conforme mostrado na Fig. 3.9.

A força vertical sobre o corpo devido à pressão hidrostática pode ser encontrada mais facilmente considerando elementos de volume cilíndricos similares àquele mostrado na Fig. 3.9.

Lembremos que é possível usar a Eq. 3.7 para calcular a pressão p em um líquido a uma profundidade h,

$$p = p_0 + \rho g h$$

A força vertical líquida decorrente da pressão sobre o elemento é então

$$dF_z = (p_0 + \rho g h_2)\,dA - (p_0 + \rho g h_1)\,dA = \rho g (h_2 - h_1)\,dA$$

Porém, $(h_2 - h_1)dA = d\forall$, que é o volume do elemento. Portanto,

$$F_z = \int dF_z = \int_\forall \rho g\,d\forall = \rho g \forall$$

em que $\forall$ é o volume do objeto. Assim, concluímos que, para um corpo submerso, *a força de empuxo do fluido é igual ao peso do fluido deslocado,*

$$F_{\text{empuxo}} = \rho g \forall \qquad (3.16)$$

Essa relação foi usada por Arquimedes no ano 220 a.C. para determinar o teor de ouro na coroa do rei Hiero II. Por isso, é muitas vezes chamada de "Princípio de Arquimedes". Nas aplicações técnicas mais correntes, a Eq. 3.16 é empregada no projeto de embarcações, peças flutuantes e equipamentos submersíveis [1].

O objeto submerso não necessita ser sólido. Bolhas de hidrogênio, usadas na visualização de linhas de tempo e de emissão em água (veja a Seção 2.2), estão sujeitas a um

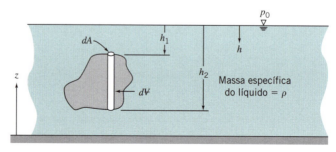

Fig. 3.9 Corpo imerso em um líquido em repouso.

empuxo positivo; elas sobem lentamente enquanto são arrastadas pelo escoamento. Por outro lado, gotas de água em óleo geram um empuxo negativo e tendem a afundar.

Dirigíveis e balões são conhecidos como máquinas "mais leves que o ar". A massa específica de um gás ideal é proporcional ao seu peso molecular, de modo que o hidrogênio e o hélio são menos densos que o ar para as mesmas condições de temperatura e pressão. O hidrogênio ($M_m = 2$) é menos denso que o hélio ($M_m = 4$), mas extremamente inflamável, enquanto o hélio é inerte. O hidrogênio não tem sido usado comercialmente desde a desastrosa explosão do dirigível alemão *Hindenburg* em 1937. O uso da força de empuxo para gerar sustentação está ilustrado no Exemplo 3.8.

A Eq. 3.16 prediz a força líquida vertical decorrente da pressão sobre um corpo que está totalmente submerso em um único fluido. Nos casos de imersão parcial, um corpo flutuante desloca um volume de líquido com peso igual ao peso do corpo.

A linha de ação da força de empuxo, que pode ser determinada usando os métodos da Seção 3.4, age por meio do centroide do volume deslocado. Como os corpos flutuantes estão em equilíbrio sob a ação de forças de campo e de empuxo, a localização da linha de ação da força de empuxo determina a estabilidade, conforme mostrado na Fig. 3.10.

Exemplo 3.8 FORÇA DE EMPUXO EM UM BALÃO DE AR QUENTE

Um balão de ar quente (com a forma aproximada de uma esfera de 15 m de diâmetro) deve levantar um cesto com carga de 2670 N. Até que temperatura o ar deve ser aquecido de modo a possibilitar a decolagem?

Dados: Atmosfera na condição-padrão, diâmetro do balão $d = 15$ m e carga de peso $W_{carga} = 2670$ N.

Determinar: A temperatura do ar quente para decolagem.

Solução: Aplique a equação do empuxo para determinar a sustentação gerada pela atmosfera, e aplique a equação de equilíbrio de forças verticais para obter a massa específica do ar quente. Em seguida, use a equação do gás ideal para obter a temperatura do ar quente.

Equações básicas:

$$F_{empuxo} = \rho g V \qquad \sum F_y = 0 \qquad p = \rho R T$$

Considerações:

1. Gás ideal.
2. A pressão atmosférica age em todos os lados.

Somando as forças verticais, obtemos

$$\sum F_y = F_{empuxo} - W_{ar\ quente} - W_{carga} = \rho_{atm} g V - \rho_{ar\ quente} g V - W_{carga} = 0$$

Rearranjando e resolvendo para $\rho_{ar\ quente}$ (usando dados do Apêndice A),

$$\rho_{ar\ quente} = \rho_{atm} - \frac{W_{carga}}{gV} = \rho_{atm} - \frac{6 W_{carga}}{\pi d^3 g}$$

$$= 1{,}227 \frac{kg}{m^3} - 6 \times \frac{2670\,N}{\pi (15)^3\,m^3} \times \frac{s^2}{0{,}81\,m} \times \frac{kg \cdot m}{N \cdot s^2}$$

$$\rho_{ar\ quente} = (1{,}227 - 0{,}154) \frac{kg}{m^3} = 1{,}073 \frac{kg}{m^3}$$

Finalmente, para obter a temperatura do ar quente, podemos usar a equação do gás ideal na seguinte forma

$$\frac{p_{ar\ quente}}{\rho_{ar\ quente} R T_{ar\ quente}} = \frac{p_{atm}}{\rho_{atm} R T_{atm}}$$

e com $p_{\text{ar quente}} = p_{\text{atm}}$

$$T_{\text{ar quente}} = T_{\text{atm}} \frac{\rho_{\text{atm}}}{\rho_{\text{ar quente}}} = (273 + 15)°K \times \frac{1,227}{1,073} = 329°K$$

$$T_{\text{ar quente}} = 56°C \longleftarrow T_{\text{ar quente}}$$

> **Notas:**
> • Pressões e temperaturas absolutas devem sempre ser empregadas na equação de gás ideal.
> • Este problema demonstra que, para veículos mais leves que o ar, a força de empuxo excede o peso do veículo — isto é, o peso do fluido (ar) deslocado excede o peso do veículo.

O peso de um objeto atua sobre o seu centro de gravidade, CG. Na Fig. 3.10a, as linhas de ação das forças de empuxo e do peso estão deslocadas de modo a produzir um conjugado que tende a aprumar a embarcação. Na Fig. 3.10b, o conjugado tende a emborcar a embarcação.

O uso de lastro pode ser necessário para se obter estabilidade de rolamento em embarcações. Naus de guerra feitas de madeira transportavam lastro de pedras nos porões para compensar o grande peso dos canhões no convés de armas. Os navios modernos também podem ter problemas de estabilidade: barcos de transporte têm naufragado quando os passageiros se acumulam em um dos lados do convés superior, deslocando o CG lateralmente. Em navios cargueiros, os grandes empilhamentos de carga devem ser feitos com cuidado para evitar o deslocamento do centro de gravidade para um nível que possa resultar na condição de instabilidade descrita na Fig. 3.10b.

Para uma embarcação com fundo relativamente plano, conforme mostrado na Fig. 3.10a, o momento ou conjugado restaurador aumenta conforme o ângulo de rolamento torna-se maior. Para alguns ângulos, tipicamente para aquele em que a borda do barco fica abaixo do nível da água, o conjugado restaurador passa por um pico e começa a decrescer. O momento pode tornar-se nulo para um ângulo de rolamento grande, conhecido como ângulo de perda de estabilidade. O barco pode emborcar, se o rolamento exceder esse ângulo; em seguida, caso ainda esteja intacto, o barco pode achar um novo estado de equilíbrio na posição emborcada.

A forma real da curva do conjugado restaurador depende da forma do casco. Um casco de viga larga permite um grande deslocamento lateral na linha de ação da força de empuxo e, portanto, um grande conjugado restaurador. Bordas livres altas acima da linha da água aumentam o ângulo de pico do momento restaurador, mas podem fazê-lo cair rapidamente acima desse ângulo.

Embarcações a vela são submetidas a grandes forças laterais quando o vento bate nas velas (um veleiro sob um vento forte opera tipicamente com ângulo de rolamento considerável). A força de vento lateral deve ser contrabalançada por uma quilha pesada e estendida abaixo do fundo do casco. Em pequenos barcos a vela, como os de competição, a tripulação deve inclinar-se sobre um lado do barco no sentido de aumentar o momento restaurador e evitar o emborcamento [2].

Dentro de limites largos, o empuxo de uma embarcação flutuante é ajustado automaticamente à medida que ela navega acima ou mais abaixo na superfície da água.

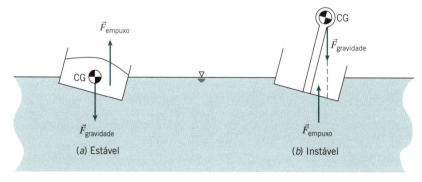

Fig. 3.10 Estabilidade de corpos flutuantes.

Entretanto, um engenho que opere totalmente submerso deve ajustar efetivamente o empuxo e a força de gravidade para permanecer flutuando submerso. Em submarinos, isso é feito com o auxílio de tanques de lastro que são inundados para reduzir o excesso de empuxo ou drenados com ar comprimido para aumentar o empuxo [1]. Dirigíveis deixam escapar gás para descer ou soltam lastro para subir. O empuxo de um balão de ar quente é controlado pela variação da temperatura do ar no interior do balão.

Para mergulhos em grandes profundidades no oceano, o uso de ar comprimido torna-se impraticável por causa das altas pressões envolvidas (o Oceano Pacífico tem mais de 10 km de profundidade; a pressão da água do mar nessa profundidade é superior a 1.000 atmosferas!). Um líquido como a gasolina, que flutua na água do mar, pode ser usado para aumentar o empuxo. Entretanto, como a gasolina é mais compressível do que a água, seu empuxo diminui com o aumento da profundidade. É necessário, portanto, carregar e soltar lastro para obter empuxo positivo a fim de retornar à superfície.

A forma de casco estruturalmente mais eficiente para dirigíveis e submarinos é aquela com seção transversal circular. A força de empuxo passa através do centro do círculo. Portanto, para estabilidade de rolamento, o CG deve estar localizado abaixo da linha de centro do casco. Por isso, o compartimento da tripulação de um dirigível está localizado abaixo do casco, de modo a deslocar o CG para baixo.

3.6 Fluidos em Movimento de Corpo Rígido (no GEN-IO, ambiente virtual de aprendizagem do GEN)

3.7 Resumo e Equações Úteis

Neste capítulo, revisamos os conceitos básicos de estática dos fluidos. Isso incluiu:

✓ Dedução das equações básicas de estática dos fluidos na forma vetorial.
✓ Aplicação dessas equações para calcular a variação de pressão em um fluido estático:
  • Líquidos incompressíveis: a pressão aumenta uniformemente conforme a profundidade aumenta.
  • Gases: a pressão (dependente de outras propriedades termodinâmicas) diminui não uniformemente com o aumento da altitude.
✓ Estudo de:
  • Pressão absoluta e pressão manométrica.
  • Uso de manômetros e barômetros.
✓ Análise do módulo e localização da força de um fluido sobre:
  • Superfície submersa plana.
  • Superfície submersa curva.
✓ Dedução e utilização do Princípio do Empuxo de Arquimedes.
✓ Análise do movimento retilíneo uniforme de fluido (no GEN-IO, ambiente virtual de aprendizagem do GEN).

Nota: A maior parte das Equações Úteis na tabela a seguir tcm determinadas restrições e limitações — *para usá-las com segurança, verifique os detalhes no capítulo conforme numeração de referência*!

Equações Úteis

Variação de pressão hidrostática:	$\dfrac{dp}{dz} = -\rho g \equiv -\gamma$	(3.6)
Variação de pressão hidrostática (fluido incompressível):	$p - p_0 = \Delta p = \rho g h$	(3.7)
Variação de pressão hidrostática (diversos fluidos incompressíveis):	$\Delta p = g \sum_i \rho_i h_i$	(3.8)
Força hidrostática sobre um plano submerso (forma integral):	$F_R = \displaystyle\int_A p\, dA$	(3.10a)

(continua)

Equações Úteis (Continuação)

Força hidrostática sobre um plano submerso:	$F_R = p_c A$	(3.10b)
Localização y' da força hidrostática sobre um plano submerso (integral):	$y' F_R = \int_A y p \, dA$	(3.11a)
Localização y' da força hidrostática sobre um plano submerso (algébrica):	$y' = y_c + \dfrac{\rho g \operatorname{sen}\theta \, I_{\hat{x}\hat{x}}}{F_R}$	(3.11b)
Localização y' da força hidrostática sobre um plano submerso (desprezando-se p_0):	$y' = y_c + \dfrac{I_{\hat{x}\hat{x}}}{A y_c}$	(3.11c)
Localização x' da força hidrostática sobre um plano submerso (integral):	$x' F_R = \int_A x p \, dA$	(3.12a)
Localização x' da força hidrostática sobre um plano submerso (algébrica):	$x' = x_c + \dfrac{\rho g \operatorname{sen}\theta \, I_{\hat{x}\hat{y}}}{F_R}$	(3.12b)
Localização x' da força hidrostática sobre um plano submerso (desprezando-se p_0):	$x' = x_c + \dfrac{I_{\hat{x}\hat{y}}}{A y_c}$	(3.12c)
Forças hidrostáticas, horizontal e vertical sobre uma superfície submersa curva:	$F_H = p_c A$ e $F_V = \rho g \forall$	(3.15)
Força de empuxo sobre um objeto submerso:	$F_{empuxo} = \rho g \forall$	(3.16)

Concluímos nossa introdução aos conceitos fundamentais de mecânica dos fluidos e os conceitos básicos de estática dos fluidos. No próximo capítulo, começaremos o estudo sobre os fluidos em movimento.

REFERÊNCIAS

1. Burcher, R., and L. Rydill, Concepts in Submarine Design. Cambridge, UK: Cambridge University Press, 1994.

2. Marchaj, C. A., Aero-Hydrodynamics of Sailing, rev. ed. Camden, ME: International Marine Publishing, 1988.

PROBLEMAS

3.1 Nitrogênio comprimido (63,5 kg) é armazenado em um tanque esférico de diâmetro $D = 0,75$ m a uma temperatura de 25°C. Qual é a pressão no interior do tanque? Se a tensão máxima admissível na parede do tanque é 210 MPa, determine sua espessura mínima teórica.

A Atmosfera-Padrão

3.2 Você está sobre a lateral de uma montanha e, ao ferver água, nota que a temperatura de ebulição é 90°C. Qual é a altitude aproximada em que você se encontra? No dia seguinte, você está em outro local nessa montanha, onde a água ferve a 85°C. Considere a Atmosfera-Padrão Americana.

Variação de Pressão em um Fluido Estático

3.3 Um tubo transporta água a uma velocidade de 451 L/s. Os diâmetros das duas seções, A e B, do tubo são 25 cm e 15 cm, respectivamente. A seção A está a 7 m e a seção B está a 3 m acima do nível do solo. A pressão na seção A é de 6 bar. Determine a pressão na seção B.

3.4 O tubo mostrado está cheio com mercúrio a 20°C. Calcule a força aplicada no pistão.

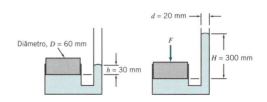

P3.4

Estática Dos Fluidos   79

3.5 As seguintes medidas de pressão e temperatura foram tomadas por um balão meteorológico subindo através da atmosférica inferior:

p (em 10^3 Pa)	101,4	100,8	100,2	99,6	99,0	98,4	97,8	97,2	96,6	96,0	95,4
T (em °C)	12,0	11,1	10,5	10,2	10,1	10,0	10,3	10,8	11,6	12,2	12,1

Os valores iniciais (no topo da tabela) correspondem ao nível do solo. Usando a lei de gás ideal ($p = \rho RT$ com $R = 287 \text{m}^2/(S^2 \cdot K)$), calcule a massa específica do ar (em kg/m³) em função da altura e trace o gráfico correspondente.

3.6 Um cubo metálico oco, com arestas de 200 mm, flutua na interface entre uma camada de água e uma camada de óleo SAE 10W de tal forma que 10% do cubo está imerso no óleo. Qual é a diferença de pressão entre a face horizontal superior e a inferior do cubo? Qual é a massa específica média do cubo?

3.7 Um manômetro indicou uma pressão de 0,25 MPa nos pneus frios de seu carro em uma altitude de 3.500 m sobre uma montanha. Qual é a pressão absoluta nos pneus? Com a descida até o nível do mar, os pneus foram aquecidos até 25°C. Que pressão o manômetro indica nessa condição? Considere a Atmosfera-Padrão Americana.

3.8 Uma bolha de ar de 8 mm de diâmetro é liberada pelo aparelho regulador de respiração de um mergulhador a 30 m abaixo da superfície do mar. (A temperatura da água é 30°C.) Estime o diâmetro da bolha no momento em que ela atinge a superfície.

3.9 Um cubo com arestas de 150 mm, suspenso por um fio, está submerso em um líquido de modo que sua face horizontal superior está 203 mm abaixo da superfície livre. A massa do cubo é $M = 29$ kg e a tração no fio é $T = 226$ N. Determine a densidade relativa do líquido e, com ela, identifique o líquido. Quais são as pressões manométricas na face horizontal superior e na inferior do cubo?

3.10 Veículos de pesquisa oceanográfica já desceram a 10 km abaixo do nível do mar. Nessas profundidades extremas, a compressibilidade da água do mar pode ser significativa. O comportamento da água do mar pode ser modelado supondo que o seu módulo de compressibilidade permanece constante. Usando essa hipótese, avalie, para essa profundidade, os desvios na massa específica e na pressão em relação aos valores calculados considerando a água do mar incompressível a uma profundidade, h, de 10 km na água do mar. Expresse as suas respostas em valores percentuais. Plote os resultados na faixa de $0 \leq h \leq 11$ km.

3.11 Um recipiente cilíndrico é imerso vagarosamente de "boca para baixo" em uma piscina. O ar aprisionado no recipiente é comprimido isotermicamente enquanto a pressão hidrostática aumenta. Desenvolva uma expressão para a altura de água, y, dentro do recipiente, em termos da altura do recipiente, H, e da profundidade de imersão, h. Trace um gráfico de y/h em função de h/H.

3.12 Com o polegar, você fecha o topo do canudinho do seu refrigerante e levanta-o para fora do copo que contém a bebida. Mantendo-o na vertical, o seu comprimento total é 45 cm, mas o refrigerante ocupa 15 cm no interior do canudinho, contadas a partir do fundo. Qual é a pressão dentro do canudinho logo abaixo de seu polegar? Ignore qualquer efeito de tensão superficial.

3.13 Um tanque cheio com de água até uma profundidade de 5 m tem uma abertura quadrada (2,5 cm × 2,5 cm) em sua base para ensaios, onde um suporte de plástico é colocado. O suporte pode suportar uma carga de 40 N. Para as condições desse teste, o suporte é suficientemente forte? Em caso afirmativo, que profundidade de água deveria ser usada para causar a sua ruptura?

3.14 Um reservatório com dois tubos cilíndricos verticais de diâmetros $d_1 = 39,5$ mm e $d_2 = 12,7$ mm é parcialmente preenchido com mercúrio. O nível de equilíbrio do líquido é mostrado no diagrama da esquerda. Um objeto cilíndrico sólido, feito de latão, flutua no tubo maior conforme mostrado no diagrama da direita. O objeto tem diâmetro $D = 37,5$ mm e altura $H = 76,2$ mm. Calcule a pressão na superfície inferior necessária para fazer flutuar o objeto. Determine o novo nível de equilíbrio, h, do mercúrio com a presença do cilindro de metal.

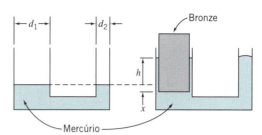

P3.14

3.15 Um tanque repartido contém água e mercúrio conforme mostrado na figura. Qual é a pressão manométrica do ar preso na câmara esquerda? A que pressão deveria o ar da câmara esquerda ser comprimido de modo a levar a superfície da água para o mesmo nível da superfície livre na câmara direita?

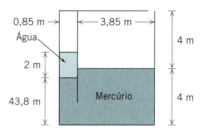

P3.15, P3.16

3.16 Considere o manômetro de dois fluidos mostrado. Calcule a diferença de pressão aplicada.

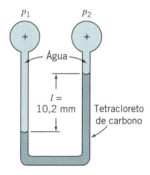

P3.16

3.17 Um manômetro é construído com um tubo de vidro de diâmetro interno uniforme, $D = 6,35$ mm, conforme mostrado na figura. O tubo em U é preenchido parcialmente com água. Em seguida, um volume $\forall = 3,25$ cm³ de óleo Meriam vermelho é adicionado no lado esquerdo do tubo. Calcule a altura de equilíbrio, H, quando ambas as pernas do tubo em U estão abertas para a atmosfera.

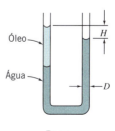

P3.17

3.18 O manômetro mostrado contém água e querosene. Com ambos os tubos abertos para a atmosfera, as elevações da superfície livre diferem de $H_0 = 20,0$ mm. Determine a diferença de elevação quando uma pressão de 98,0 Pa (manométrica) é aplicada no tubo da direita

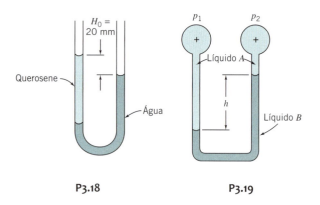

P3.18 P3.19

3.19 O manômetro mostrado contém dois líquidos. O líquido A tem densidade relativa = 0,88 e o líquido B = 2,95. Calcule a deflexão, h, quando a diferença de pressão aplicada é $p_1 - p_2 = 860$ Pa.

3.20 Um departamento de engenharia de uma empresa de pesquisa está avaliando um sofisticado sistema de *laser*, de \$80.000,00, para medir a diferença entre os níveis de água de dois grandes tanques de armazenagem. Você sugere que essa tarefa pode ser feita por um arranjo de manômetro de apenas \$200,00. Para isso, um óleo menos denso que a água pode ser usado para fornecer uma ampliação significativa do movimento do menisco; uma pequena diferença de nível, entre os tanques, provocará uma deflexão muito maior nos níveis de óleo do manômetro. Se você configurar um equipamento usando o óleo Meriam vermelho como fluido manométrico, determine o fator de amplificação que será visto no equipamento.

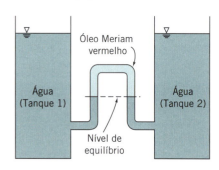

P 3.20

3.21 Água flui para baixo ao longo de um tubo inclinado de 30° em relação à horizontal conforme mostrado. A diferença de pressão $p_A - p_B$ é causada parcialmente pela gravidade e parcialmente pelo atrito. Deduza uma expressão algébrica para a diferença de pressão. Calcule a diferença de pressão se $L = 1,5$ m e $h = 150$ mm.

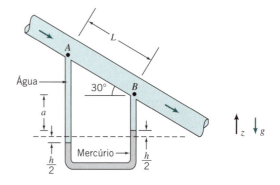

P3.21

3.22 Considere um tanque contendo mercúrio, água, benzeno e ar conforme mostrado. Determine a pressão do ar (manométrica). Determine o novo nível de equilíbrio do mercúrio no manômetro, se uma abertura for feita na parte superior do tanque.

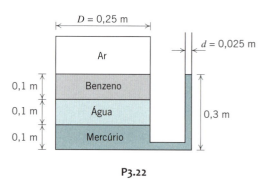

P3.22

3.23 Um tanque retangular, aberto para a atmosfera, está cheio com água até uma profundidade de 2,7 m conforme mostrado. Um manômetro de tubo em U é conectado ao tanque em um local 0,9 m acima do fundo do tanque. se o nível zero do fluido, óleo Meriam azul, está a 0,3 m abaixo da conexão, determine a deflexão l após a instalação do manômetro e a remoção de todo o ar no tubo de conexão.

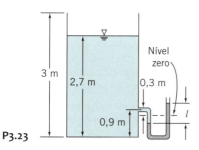

P3.23

3.24 Um manômetro de reservatório é calibrado para uso com um líquido de densidade relativa 0,827. O diâmetro do reservatório é 16 mm e o do tubo (vertical) é 5 mm. Calcule a distância necessária entre marcas na escala vertical para a leitura de uma diferença de pressão de 25 mm de coluna d'água.

3.25 O manômetro de tubo inclinado mostrado tem $D = 96$ mm e $d = 8$ mm. Determine o ângulo, θ, necessário para fornecer um aumento de 5:1 na deflexão do líquido, L, comparada com a deflexão total de um manômetro comum de tubo em U. Avalie a sensibilidade do manômetro de tubo inclinado.

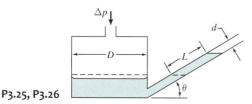

P3.25, P3.26

3.26 O manômetro de tubo inclinado mostrado tem $D = 76$ mm e $d = 8$ mm, e está cheio com óleo Meriam vermelho. Calcule o ângulo, θ, que dará uma deflexão de 15 cm ao longo do tubo inclinado para uma pressão aplicada de 25 mmH$_2$O (manométrica). Determine a sensibilidade desse manômetro.

3.27 Um barômetro contém acidentalmente 165 mm de água no topo da coluna de mercúrio (nesse caso, existe vapor d'água em vez de vácuo no topo do barômetro). Em um dia em que a temperatura ambiente é 21°C, a altura da coluna de mercúrio é 720 mm (com correção para expansão térmica). Determine a pressão barométrica em Pa. se a temperatura ambiente aumentasse para 29°C, sem variação

Estática Dos Fluidos 81

na pressão barométrica, a coluna de mercúrio seria maior, menor ou permaneceria com o mesmo comprimento? Justifique sua resposta.

3.28 Um aluno deseja projetar um manômetro com sensibilidade melhor que aquela de um tubo em U de diâmetro constante com água. A concepção do aluno envolve o emprego de tubos com diferentes diâmetros e dois líquidos, conforme mostrado. Avalie a deflexão, h, desse manômetro, se a diferença de pressão aplicada for $\Delta p = 250$ N/m². Determine a sensibilidade do manômetro. Trace um gráfico da sensibilidade do manômetro como função da razão de diâmetros d_2/d_1.

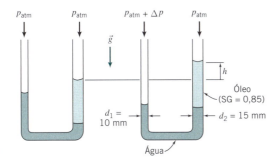

P3.28

3.29 Considere um tubo de pequeno diâmetro e de extremidades abertas inserido na interface entre dois líquidos imiscíveis de massas específicas diferentes. Deduza uma expressão para a diferença de nível Δh entre os níveis das interfaces interna e externa ao tubo em termos do diâmetro do tubo, Δ, das duas massas específicas dos fluidos, ρ_1 e ρ_2, da tensão superficial σ e do ângulo θ para as duas interfaces dos fluidos. se os dois fluidos forem água e mercúrio, determine a diferença de altura, Δh, se o diâmetro do tubo é 40 mils (1 mil = 0,0254 mm).

3.30 Um manômetro consiste em um tubo de diâmetro interno de 1,25 cm. Em um dos lados a perna do manômetro contém mercúrio, 10 cc de um óleo (densidade relativa de 1,4) e 3 cc de ar na forma de uma bolha no óleo. A outra perna contém apenas mercúrio. Ambas as pernas estão abertas para a atmosfera e estão em repouso. Um acidente ocorre de modo que 3cc de óleo e a bolha de ar são removidos de uma das pernas. De quanto mudam os níveis das colunas de mercúrio?

3.31 Duas placas de vidro verticais de 300 mm × 300 mm são colocadas em um tanque aberto contendo água. Em uma das extremidades laterais, a folga entre as placas é de 0,01 mm e na outra é de 2 mm. Trace a curva da altura da água entre as placas de uma extremidade lateral a outra.

3.32 Em um certo dia calmo, uma inversão moderada faz a temperatura atmosférica permanecer constante em 30°C entre o nível do mar e 5000 m de altitude. Nestas condições, (a) calcule a variação de elevação para que ocorra uma redução de 3% na pressão do ar, (b) determine a variação de elevação necessária para que ocorra uma redução de 5% na massa específica e (c) plote p_2/p_1 e ρ_2/ρ_1 como funções de Δz.

3.33 A atmosfera de Marte comporta-se como um gás ideal com massa molecular média de 32,0 e temperatura constante de 200 K. A massa específica da atmosfera na superfície do planeta é $\rho = 0,015$ kg/m³ e a gravidade é igual a 3,92 m/s². Calcule a massa específica da atmosfera Marciana em uma altitude $z = 20$ km acima da superfície. Trace um gráfico da razão entre a massa específica e a massa específica na superfície como uma função da elevação. Compare o resultado com os dados da atmosfera terrestre.

3.34 Uma porta de acesso, de 1 m de largura e 1,5 m de altura, está localizada em uma parede plana e vertical de um tanque de água. A porta é articulada ao longo da sua borda superior que está 1 m abaixo da superfície da água. A pressão atmosférica atua na superfície externa da porta. (a) se a pressão atmosférica atua na superfície da água, que força mínima deve ser aplicada na borda inferior da porta de modo a mantê-la fechada? (b) se a pressão manométrica na superfície da água for de 0,5 atm, que força mínima deve ser aplicada na borda inferior da porta de forma a mantê-la fechada? (c) Determine a razão F/F_0 como uma função da razão de pressões na superfície p_0/p_{atm}. (F_0 é a força mínima requerida quando $p_s = p_{atm}$.)

3.35 Um elevador hidráulico-pneumático consiste em um conjunto pistão-cilindro para içar a cabine do elevador. Óleo hidráulico, armazenado em um tanque acumulador pressurizado por ar, aciona o pistão por meio de uma válvula sempre que é necessário içar a cabine. Quando o elevador desce, o óleo hidráulico retorna para o acumulador. Projete o acumulador mais barato que atenda às necessidades do sistema. Considere uma ascensão de três andares com carga máxima de 10 passageiros e pressão máxima do sistema de 800 kPa (manométrica). Para resistir à flambagem, o pistão deve ter diâmetro mínimo de 150 mm. O pistão e a cabine do elevador têm massa total de 3000 kg, e devem ser comprados. Tendo como base a pressão de operação do sistema, faça a análise necessária para definir o diâmetro do pistão, o volume e o diâmetro do acumulador e a espessura da sua parede. Discuta aspectos de segurança que a sua firma deve considerar no sistema completo do elevador. Seria preferível utilizar um projeto totalmente pneumático ou totalmente hidráulico? Por quê?

3.36 Encontre as pressões nos pontos A, B e C, como mostrado, e também nas duas cavidades de ar.

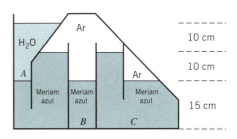

P3.36

Forças Hidrostáticas sobre Superfícies Submersas

3.37 Uma portinhola triangular de acesso deve ser projetada para ser colocada na lateral de uma forma contendo concreto líquido. Usando as coordenadas e dimensões mostradas, determine a força resultante que age sobre a portinhola e seu ponto de aplicação.

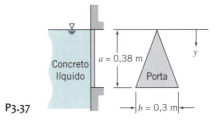

P3.37

3.38 Uma comporta plana, de espessura uniforme, suporta uma coluna de água conforme mostrado. Determine o peso mínimo da comporta necessário para mantê-la fechada.

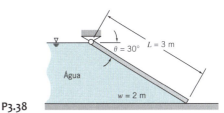

P3.38

3.39 Considere um recipiente semicilíndrico de raio R e comprimento L. Desenvolva expressões gerais para o módulo e a linha de ação da força hidrostática em uma extremidade, se o recipiente estiver parcialmente cheio com água e aberto para a atmosfera. Plote os resultados (na forma adimensional) para a faixa de profundidade da água de $0 \leq d/R \leq 1$.

3.40 Considere uma caneca de chá (com 65 mm de diâmetro). Imagine a caneca cortada simetricamente ao meio por um plano vertical. Encontre a força que cada metade experimenta devido a coluna de 80 mm de chá.

3.41 Uma seção de parede vertical deve ser construída com mistura pronta de concreto derramada entre formas. A seção de parede tem 3 m de altura, 0,25 m de espessura e 5 m de largura. Calcule a força exercida pelo concreto sobre cada forma. Determine a linha de aplicação da força.

3.42 Resolva novamente o Exemplo 3.6, usando o método das duas pressões separadas. Considere a força distribuída como a soma de uma força F_1 causada pela pressão manométrica uniforme com uma força F_2 causada pelo líquido. Calcule essas forças e determine suas linhas de ação. Some, então, os momentos em relação à articulação para avaliar F_r.

3.43 Um grande tanque aberto contém água e está conectado a um condutor com 2 m de diâmetro conforme mostrado. Um tampo circular é usado para selar o condutor. Determine o modulo, o sentido e a localização da força da água sobre o tampo.

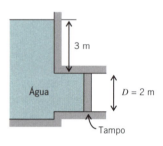

P3.43

3.44 O que sustenta um carro sobre seus pneus? A maioria das pessoas pensa que é a pressão do ar dentro dos pneus. Contudo, a pressão interna é a mesma em volta do pneu. Assim, a pressão de ar que empurra o pneu para cima é a mesma que o empurra para baixo, não havendo nenhum efeito líquido na roda. Resolva esse paradoxo explicando onde está a força que impede o carro de afundar no chão.

3.45 O pórtico circular de acesso na lateral de um reservatório vertical de água tem diâmetro de 0,6 m e está fixado por oito parafusos igualmente espaçados em torno da circunferência. se o diâmetro da coluna de água no reservatório é 7 m e o centro do pórtico está localizado a 12 metros abaixo da superfície livre da água, determine (a) a força total sobre o pórtico e (b) o diâmetro adequado do parafuso.

3.46 A comporta retangular mostrada na figura abre-se automaticamente, quando o nível da água no seu lado esquerdo atinge uma determinada altura. A que profundidade acima da articulação isso acontece? Despreze a massa da comporta.

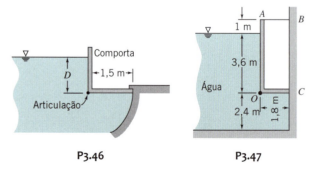

P3.46   P3.47

3.47 A comporta AOC mostrada na figura tem 1,8 m de largura e é articulada em O. Desconsiderando o peso da comporta, determine a força na barra AB. A comporta é vedada em C.

3.48 A comporta mostrada na figura tem 3 m de largura e, para fins de análise, pode ser considerada sem massa. Para qual profundidade de água esta comporta retangular ficará em equilíbrio como mostrado?

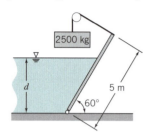

P3.48

3.49 A face de uma represa é vertical até uma profundidade de 8,5 m abaixo da superfície da água e então se inclina 45° com a vertical. Se a profundidade da água é de 18 m, qual é a força resultante por metro agindo em toda a face?

3.50 Um longo bloco de madeira, de seção quadrada, é articulado em uma de suas arestas. O bloco está em equilíbrio quando imerso em água na profundidade mostrada. Avalie a densidade relativa da madeira, se o atrito no pivô for desprezível.

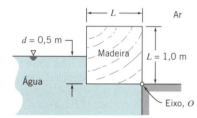

P3.50

3.51 Uma sólida represa de concreto deve ser construída de modo a reter água até uma profundidade D. Para facilitar a construção, as paredes da represa devem ser planas. Sua supervisora solicita que você considere as seguintes seções transversais para a represa: um retângulo, um triângulo retângulo com a hipotenusa em contato com a água e um triângulo retângulo com um cateto vertical em contato com a água. Ela quer que você determine quais dessas três seções requer a menor quantidade de concreto. O que estará escrito em seu relatório? Você decide estudar uma possibilidade a mais: um triângulo qualquer conforme mostrado. Desenvolva e trace um gráfico de uma expressão para a área da seção transversal A como função de a, e determine a área mínima requerida da seção transversal.

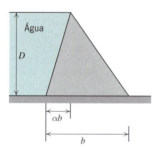

P3.51

3.52 Para a geometria mostrada, qual é a força vertical sobre a represa? Os degraus têm 0,5 m de altura, 0,5 m de profundidade e 3 m de largura.

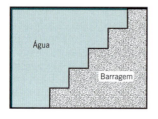

P3.52

3.53 Para a geometria mostrada, qual é a força vertical da água sobre a represa?

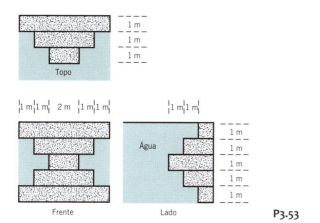

P3.53

3.54 A comporta mostrada tem 1,5 m de largura e é articulada em O; $a = 1{,}0$ m^{-2}, $D = 1{,}20$ m e $H = 1{,}40$ m. Determine (a) o módulo e o momento da componente vertical da força em torno de O, e (b) a força horizontal que deve ser aplicada em torno do ponto A para manter a comporta na posição mostrada.

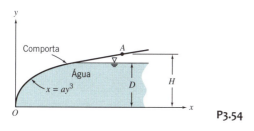

P3.54

3.55 Concreto líquido é despejado na forma mostrada ($R = 0{,}313$ m). A forma tem largura $w = 4{,}25$ m normal ao diagrama. Calcule o módulo da força vertical exercida sobre a forma pelo concreto e especifique sua linha de ação.

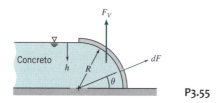

P3.55

3.56 Um tanque aberto está cheio com água na profundidade indicada. A pressão atmosférica atua sobre todas as superfícies externas do tanque. Determine o módulo e a linha de ação da componente vertical da força da água sobre a parte curva do fundo do tanque.

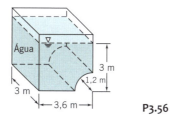

P3.56

3.57 Uma comporta de vertedouro, com a forma de um arco circular, tem w metros de largura. Determine o módulo e a linha de ação da componente vertical da força devida a todos os fluidos atuando sobre a comporta.

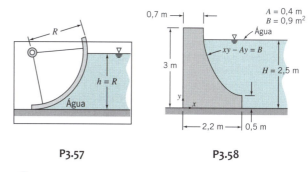

P3.57   P3.58

3.58 Uma represa deve ser construída usando a seção transversal mostrada. Suponha que a largura da represa seja $w = 50$ m. Para uma altura de água $H = 2{,}5$ m calcule o módulo e a linha de ação da força vertical da água sobre a face da represa. É possível que a força da água derrube essa represa? Sob quais circunstâncias?

3.59 Uma comporta *Tainter*, usada para controlar a vazão de água na represa de Uniontown no Rio Ohio, é mostrada na figura; sua largura é $w = 35$ m. Determine o módulo, o sentido e a direção da linha de ação da força da água sobre a comporta.

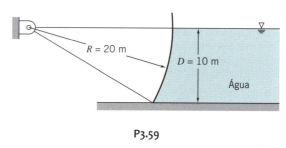

P3.59

3.60 Considere a barragem cilíndrica com diâmetro de 3 m e comprimento de 6 m. Se o fluido no lado esquerdo tem SG = 1,6 e o fluido no lado direito tem SG = 0,8, determine o módulo e o sentido da força resultante.

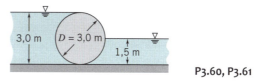

P3.60, P3.61

3.61 Uma barragem cilíndrica tem diâmetro de 3 m e comprimento de 6 m. Determine o módulo e o sentido da força resultante da água agindo sobre a barragem.

3.62 Uma grande tora cilíndrica de madeira, com diâmetro D, apoia-se contra o topo de uma barragem. A água está nivelada com o topo da tora e o centro dessa está nivelado com o topo da barragem. Obtenha expressões para (a) a massa da tora por unidade de comprimento e (b) a força de contato entre a tora e a barragem por unidade de comprimento.

3.63 Uma superfície curva é formada com um quadrante de um cilindro circular de raio $R = 0{,}750$ m, conforme mostrado. A superfície tem largura $w = 3{,}55$ m. Água permanece à direita da superfície até uma profundidade $H = 0{,}650$ m. Calcule a força hidrostática vertical sobre a superfície curva. Avalie a linha de ação dessa força. Determine o módulo e a linha de ação da força horizontal sobre a superfície.

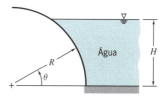

P3.63

Empuxo e Estabilidade

3.64 Uma superfície submersa curva, no formato de um quarto de cilindro com raio $R = 0,3$ m está mostrada na figura. A forma pode resistir a uma carga máxima vertical de 1,6 kN antes de se romper. A largura é $w = 1,25$ m Determine a profundidade máxima H para a qual a configuração pode ser mantida. Determine a linha de ação da força vertical para esta condição. Trace um gráfico dos resultados em função da profundidade da faixa de concreto $0 \leq H \leq R$.

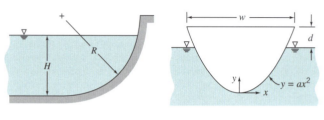

P3.64   P3.65

3.65 O perfil da seção reta de uma canoa é modelado pela curva $y = ax^2$, em que $a = 3,89$ m^{-1} e as coordenadas são medidas em pés. Suponha que a largura da canoa tenha valor constante $w = 0,6$ m em todo o seu comprimento $L = 5,25$ m. Estabeleça uma expressão algébrica geral relacionando a massa total da canoa e seu conteúdo com a distância d entre a superfície da água e a borda da canoa. Calcule a massa total máxima para que a canoa não afunde.

3.66 Uma canoa é representada por um semicilindro circular reto, com $R = 0,35$ m e $L = 5,25$ m. A canoa flutua sozinha em água com seu fundo a uma profundidade $d = 0,245$ m. Estabeleça uma expressão algébrica geral para a massa total (canoa e carga) que pode flutuar em função da profundidade. Avalie para as condições dadas. Plote os resultados para a faixa de profundidade na água $0 \leq d \leq R$.

3.67 Uma estrutura de vidro deve ser instalada em um canto inferior de um aquário para servir como observatório marinho. O aquário está cheio com água do mar até uma profundidade de 10 m. O vidro é um segmento de esfera, com raio 1,5 m, montado simetricamente em uma quina, no fundo do aquário. Calcule o módulo e o sentido da força líquida da água sobre a estrutura de vidro.

*3.68 Determine o peso específico da esfera mostrada na figura, se o seu volume é de 0,025 m³. Enuncie todas as considerações feitas. Qual será a posição de equilíbrio da esfera, se o peso for removido?

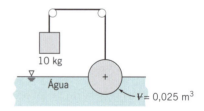

P3.68

*3.69 A relação entre gordura e músculo de uma pessoa pode ser determinada por uma medição de densidade relativa. A medição é feita imergindo o corpo em um tanque de água e medindo o peso líquido. Desenvolva uma expressão para a densidade relativa de uma pessoa em termos do seu peso no ar, peso líquido na água e da densidade relativa $SG = f(T)$ para a água.

*3.70 Quantifique o enunciado, "Somente a ponta de um iceberg aparece (na água do mar)".

*3.71 Quantifique o experimento realizado por Arquimedes para identificar o material da coroa do rei Hiero. Suponha que você possa medir o peso da coroa do rei no ar, W_a, e também o peso na água, W_w. Expresse a densidade relativa da coroa como uma função desses valores medidos.

*3.72 Bolhas de gás são liberadas do regulador do equipamento de respiração de um mergulhador submerso. O que acontece com essas bolhas enquanto elas sobem na água do mar? Explique.

*3.73 O balonismo a ar quente é um esporte popular. De acordo com um artigo recente, "os volumes de ar quente devem ser grandes porque o ar aquecido a 65°C acima da temperatura ambiente levanta apenas 0,29 kg/m³, comparado com 1,06 e 1,14 para o hélio e o hidrogênio, respectivamente". Verifique esses dados para as condições ao nível do mar. Avalie o efeito de aumentar a temperatura máxima do ar quente para 121°C acima da ambiente.

*3.74 Bolhas de hidrogênio são usadas para a visualização de linhas de emissão no filme *Flow Visualization*. O diâmetro típico de uma bolha de hidrogênio é $d = 0,025$ mm. As bolhas tendem a subir lentamente na água por causa do empuxo; eventualmente, elas atingem uma velocidade terminal em relação à água. A força de arrasto da água sobre a bolha é dada por $F_D = 3\pi\mu V d$, em que μ é a viscosidade da água e V é a velocidade da bolha relativa à água. Determine a força de empuxo que atua sobre uma bolha de hidrogênio imersa na água. Estime a velocidade terminal de uma bolha em ascensão na água.

*3.75 Deseja-se usar um balão de ar quente com um volume de 9060 m³ para passeios planejados em manhãs de verão quando a temperatura do ar é de 9°C. A tocha aquecerá o ar dentro do balão a uma temperatura de 70°C. Ambas as pressões, dentro e fora do balão, serão padrão (101,3 kPa). Que massa o balão pode levar (cesto, combustível, passageiros, itens pessoais e os próprios equipamentos do balão) para que um empuxo equilibrante seja garantido? E que massa pode ser levada para o balão subir com uma aceleração vertical de 0,75 m/s²? Para isso, considere que tanto o balão quanto o ar interno tenham que ser acelerados, bem como algum ar vizinho (que passa pelo balão). A regra prática é que a massa total sujeita à aceleração é igual à massa do balão, com todos seus pertences, e duas vezes a massa do seu volume de ar. Dado que o volume de ar quente é fixo durante o voo, o que os balonistas podem fazer quando eles querem descer?

*3.76 Balões científicos operando em uma pressão de equilíbrio com o ambiente têm sido usados para levar instrumentos a altitudes extremamente elevadas. Um desses balões, construído em poliéster com espessura de 0,013 mm e diâmetro de 120 m, elevou uma carga de 230 kg. A densidade relativa do material do balão é 1,28. Determine a altitude na qual o hélio usado no balão está em equilíbrio térmico com o ar ambiente. Suponha que o balão seja perfeitamente esférico.

*3.77 Um bloco de volume 0,025 m³ está imerso na água, conforme mostrado. Um tirante de seção circular de 5 m de comprimento e 20 cm² de seção transversal está preso ao bloco assim como à parede. Se a massa do tirante é 1,25 kg e o tirante faz um ângulo de 12 graus com a horizontal, qual será a massa do bloco?

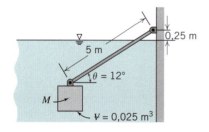

P3.77

---

*Esses problemas requerem material das seções que podem ser omitidas sem perda de continuidade no material do texto.

*3.78 A haste de vidro de um densímetro utilizado na medição de densidade relativa tem 7 mm de diâmetro. A distância entre marcas na haste é de 3 mm por 0,2 mm de incremento de densidade relativa. Calcule o módulo e o sentido da tendência do erro introduzido pela tensão superficial, se o densímetro flutua em querosene. (Considere que o ângulo de contato entre o querosene e o vidro é zero grau.)

*3.79 Se a massa M no Problema 3.77 for liberada do tirante, quanto do tirante permanecerá submerso na nova condição de equilíbrio? Qual será a força mínima para cima necessária para levantar a extremidade do tirante até imediatamente fora d'água?

*3.80 Em uma operação de extração de madeira, a tora de madeira flutua rio abaixo em direção a uma serraria. É um ano seco e o leito do rio está tão baixo que, em alguns locais, a profundidade é de 60 cm. Qual é o maior diâmetro de tora que pode ser transportado dessa forma (partindo de uma distância mínima de 5 cm entre a tora e o fundo do rio e considerando que a madeira tem SG = 0,8)?

*3.81 Uma esfera de raio 25 mm, feita de material de densidade específica SG = 0,95, está submersa em um tanque contendo água. A esfera é colocada sobre um furo de raio 1,88 mm, no fundo do tanque. Quando a esfera é solta, ela permanecerá no fundo do tanque ou flutuará para a superfície?

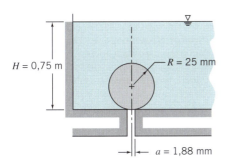

P3.81

*3.82 Uma tora cilíndrica, com $D = 0,3$ m e $L = 4$ m, é mais pesada em sua extremidade inferior, de modo que flutua verticalmente com 3 m submersos na água. Quando deslocada verticalmente da sua posição de equilíbrio, a tora oscila ou "saltita" na direção vertical ao ser solta. Estime a frequência de oscilação da tora. Despreze efeitos viscosos e o movimento da água.

*3.83 Você está no Triângulo das Bermudas quando vê uma erupção de plumas de bolhas (uma extensa massa de bolhas de ar, similar a uma espuma) fora e ao lado do barco. Você gostaria de ir em direção a ela e sentir a sua ação? Qual é a massa específica da mistura de água e bolhas de ar no desenho à direita que causará o afundamento do barco? Seu barco tem 3 m de comprimento e o peso é o mesmo em ambos os casos.

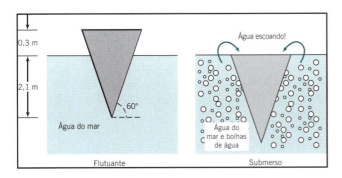

P3.83

*3.84 Uma tigela é invertida e emborcada em um fluido denso, com densidade relativa SG = 15,6. A tigela é mantida a uma profundidade de 200 mm medida ao longo de sua linha central e a partir do seu fundo externo. A tigela tem uma altura de 80 mm e o fluido denso penetra 20 mm dentro dela. A tigela é única: o diâmetro interno da base vale 100 mm, e ela é feita de uma velha receita de barro, de densidade relativa SG = 6,1. O volume da tigela é aproximadamente 0,9 L. Qual é a força necessária para mantê-la no local?

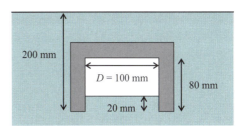

P3.84

*3.85 Em um brinquedo infantil, um mergulhador em miniatura é imerso em uma coluna de líquido. Quando um diafragma no topo da coluna é empurrado para baixo, o mergulhador afunda. Quando o diafragma é liberado, o mergulhador sobe de novo. Explique o princípio de funcionamento desse brinquedo.

*3.86 Considere um funil cônico imerso lentamente, com a boca maior para baixo, em um recipiente com água. Discuta a força necessária para submergir o funil, se a sua ponta estiver aberta para a atmosfera. Compare com a força necessária para submergir o funil, quando sua ponta estiver bloqueada com uma rolha.

*3.87 Um esquema proposto para resgate em alto-mar envolve o bombeamento de ar em bolsões colocados dentro e em volta da embarcação naufragada. Discuta a praticidade dessa estratégia, fundamentando suas conclusões em análises consistentes.

Fluidos em Movimento de Corpo Rígido

*3.88 Um contêiner cilíndrico, semelhante ao analisado no Exemplo 3.10 (no GEN-IO, ambiente virtual de aprendizagem do GEN), é girado a uma velocidade angular constante de 2 Hz em torno do seu eixo. O cilindro tem 0,5 m de diâmetro e inicialmente contém água com profundidade de 0,3 m. Determine a altura da superfície livre do líquido ao centro do contêiner. A sua resposta depende da massa específica do líquido? Explique.

*3.89 Um acelerômetro rudimentar pode ser feito com um tubo em U cheio de líquido, conforme mostrado. Deduza uma expressão para a diferença de nível h, causada por uma aceleração $\vec{a}$, em termos, da geometria do tubo e das propriedades do fluido.

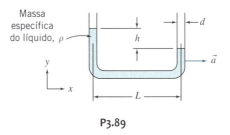

P3.89

*3.90 O tubo em U mostrado está cheio com água a $T = 20°C$. Ele é vedado em A e aberto para a atmosfera em D. O tubo gira a 1600 rpm em torno do eixo vertical AB. Para as dimensões mostradas, ocorreria cavitação no tubo?

---

*Esses problemas requerem material das seções que podem ser omitidas sem perda de continuidade no material do texto.

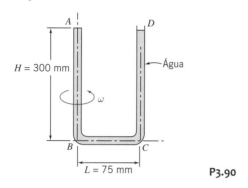

P3.90

*3.91 Um micromanômetro centrífugo pode ser usado para criar pequenas e precisas pressões diferenciais no ar para trabalhos de medição de alta precisão. O dispositivo consiste em um par de discos paralelos que giram, desenvolvendo uma diferença de pressão radial. Não há escoamento entre os discos. Obtenha uma expressão para a diferença de pressão em termos da velocidade de rotação, raio do dispositivo e massa específica do ar. Avalie a velocidade de rotação necessária para desenvolver uma pressão diferencial de 8 μm de água, usando um dispositivo com 50 mm de raio.

*3.92 Um contêiner retangular, com dimensões da base 0,4 m × 0,2 m e altura 0,4 m, contém água com uma profundidade de 0,2 m; a massa do recipiente vazio é 10 kg. O contêiner é colocado em um plano inclinado de 30° com a horizontal. Determine o ângulo da superfície da água em relação à horizontal, para um coeficiente de atrito de deslizamento entre o recipiente e o plano de 0,3.

*3.93 Uma caixa cúbica de arestas de 80 cm, preenchida até a metade com óleo (SG = 0,80), recebe uma aceleração horizontal constante igual a 0,25 g paralela a uma das bordas. Determine a inclinação da superfície livre e a pressão ao longo do fundo horizontal da caixa.

*3.94 Centrífugas de gás são usadas em um processo de produção de urânio enriquecido para varetas de combustível nuclear. A velocidade periférica máxima de um gás nessas centrífugas é limitada, por considerações de tensões, a cerca de 300 m/s. Considere uma centrífuga contendo hexafluoreto de urânio gasoso, com massa molecular M_m = 352 e comportamento de gás ideal. Desenvolva uma expressão para a razão entre a pressão máxima e a pressão no eixo da centrífuga. Avalie a razão para uma temperatura do gás de 325°C.

*3.95 Um balde cilíndrico, com diâmetro e altura de 400 mm, pesa 15 N e contém água até uma altura de 200 mm. O balde é girado a 5 m/s em uma trajetória circular vertical de raio igual a 1 m. Suponha que o movimento da água seja de corpo rígido. No instante em que o balde está no cume de sua trajetória, calcule a tração na corda e a pressão no fundo do balde.

*3.96 Uma lata de refrigerante parcialmente cheia é colocada na borda externa de um carrossel, localizada a R = 1,5 m do eixo de rotação. O diâmetro da lata é D = 65 mm e a sua altura é H = 120 mm. A lata contém refrigerante pela metade, com densidade relativa SG = 1,05. Avalie a inclinação da superfície líquida na lata, se o carrossel gira a uma velocidade de 20 rpm. Calcule a velocidade de rotação para a qual o líquido transbordará, supondo que não há deslizamento da lata. O que é mais provável, a lata escorregar ou o líquido transbordar?

*3.97 Moldes de ferro fundido ou de aço são usados em máquinas rotativas de eixo horizontal para a fabricação de peças fundidas tubulares. Uma carga de metal líquido é vazada dentro do molde giratório. A aceleração radial permite a obtenção de espessuras de parede aproximadamente uniformes. Um tubo de aço, com comprimento L = 2 m, raio externo r_o = 0,15 m e raio interno r_i = 0,10 m, deve ser fabricado por esse processo. Para obter espessura aproximadamente uniforme, a velocidade angular mínima deve ser de 300 rpm. Determine (a) a aceleração radial resultante sobre a superfície interior do revestimento de aço e (b) a pressão máxima e a pressão mínima na superfície do molde.

*3.98 A análise do Problema 3.92 sugere que talvez seja possível determinar o coeficiente de atrito de deslizamento entre duas superfícies pela medida do ângulo da superfície livre em um recipiente contendo líquido e deslizando para baixo em uma superfície inclinada. Investigue a viabilidade dessa ideia.

---

*Esses problemas requerem material das seções que podem ser omitidas sem perda de continuidade no material do texto.

CAPÍTULO 4

Equações Básicas na Forma Integral para um Volume de Controle

4.1 Leis Básicas para um Sistema

4.2 Relação entre as Derivadas do Sistema e a Formulação para Volume de Controle

4.3 Conservação de Massa

4.4 Equação da Quantidade de Movimento para um Volume de Controle Inercial

4.5 Equação da Quantidade de Movimento para um Volume de Controle com Aceleração Retilínea

4.6 Equação da Quantidade de Movimento para Volume de Controle com Aceleração Arbitrária (no GEN-IO, ambiente virtual de aprendizagem do GEN)

4.7 O Princípio da Quantidade de Movimento Angular

4.8 A Primeira e a Segunda Leis da Termodinâmica

4.9 Resumo e Equações Úteis

Estudo de Caso

Energia das Correntes em Oceanos: O Vivace

As correntes em rios e oceanos representam abundante fonte de energia renovável. Embora as correntes dos rios e dos oceanos se movam lentamente em comparação com as velocidades típicas dos ventos, elas carregam uma grande quantidade de energia porque a água é em torno de 1000 vezes mais densa que o ar, e o fluxo de energia em uma corrente é diretamente proporcional à massa específica. Consequentemente, água movendo-se a 16,0934 km/h exerce aproximadamente a mesma quantidade de força do que o vento a 160,934 km/h. As correntes dos rios e oceanos contêm uma enorme quantidade de energia que pode ser capturada e convertida para uma forma usável. Por exemplo, perto da superfície da corrente do estreito da Flórida, EUA, a densidade de energia extraível relativamente constante é da ordem de 1 kW/m² de área de escoamento. Estima-se que a captura de apenas 1/1.000 da energia disponível da corrente do golfo poderia fornecer à Flórida 35% de suas necessidades de energia elétrica.

O aproveitamento da energia das correntes dos oceanos está em um estágio inicial de desenvolvimento, e apenas um pequeno número de protótipos e unidades de demonstração foi testado até agora. Uma equipe de jovens engenheiros na University of Strathclyde na Escócia fez recentemente uma pesquisa sobre os desenvolvimentos na área. Eles concluíram que a abordagem mais óbvia talvez seja o uso de turbinas submersas. A primeira figura mostra uma turbina de eixo horizontal (que é similar à turbina eólica) e uma turbina de eixo vertical. Em cada caso, colunas, cabos ou âncoras são necessários para manter as turbinas estacionárias com relação às correntes com as quais elas interagem. Por exemplo, amarradas com cabos, de tal forma que a corrente interaja com a turbina para manter sua posição e estabilidade; isto é análogo à pipa voadora submersa, com a turbina desempenhando o papel da pipa e a âncora, no fundo do oceano, o papel da pipa voadora. As turbinas podem ser recobertas com tubos de Venturi em torno das pás para aumentar a velocidade de escoamento e a saída de energia da turbina. Em regiões com correntes potentes sobre uma grande área, as turbinas poderiam ser montadas em aglomerados, similarmente às fazendas de turbinas eólicas. Um espaço seria necessário entre as turbinas de água para eliminar os efeitos interativos de esteira e para permitir o acesso para os navios de manutenção. Os engenheiros em Strathclyde discutem também o terceiro dispositivo mostrado na figura, um projeto de

Uma turbina de eixo vertical e outra de eixo horizontal, e um dispositivo de pá flutuante.

uma folha oscilante, em que um ângulo de ataque do hidrofólio seria ajustado repetidamente para gerar uma força de sustentação que é para cima e em seguida para baixo. O mecanismo e controles usariam esta força oscilante para gerar energia. A vantagem desse projeto é que não existem partes rotativas que poderiam ser obstruídas, mas a desvantagem é que os sistemas de controle seriam bastante complexos.

Para que a energia de correntes dos oceanos seja explorada comercialmente com sucesso, uma diversidade de desafios técnicos necessita ser abordada, incluindo problemas de cavitação, prevenção do acúmulo de crescimento marinho nas pás das turbinas e resistência à corrosão. As preocupações ambientais incluem a proteção da vida selvagem (peixes e mamíferos marinhos) do movimento das pás das turbinas.

Conforme a pesquisa destes tipos de turbinas e folhas continua, os engenheiros procuram também outros dispositivos alternativos. Um bom exemplo é o trabalho do professor Michael Bernitsas, do Departamento de Arquitetura Naval e Engenharia Marinha da University of Michigan. Ele desenvolveu um novo dispositivo, chamado de *Conversor Vivace*, que usa o fenômeno bem conhecido de vibrações induzidas por vórtex para extrair energia de uma corrente escoando. Estamos todos familiarizados com as vibrações induzidas por vórtex, nas quais um objeto em um escoamento é colocado para vibrar devido ao derramamento de vórtices primeiramente de um lado e depois do outro lado da traseira do objeto. Por exemplo, cabos ou fios frequentemente vibram no vento, às vezes o suficiente para fazer ruído (*tons eólicos*); muitas chaminés industriais e antenas de automóvel possuem uma superfície em espiral construída em seu interior especificamente para suprimir esta vibração. Outro exemplo famoso é o colapso, em 1940, da ponte Tacoma Narrows no estado de Washington nos EUA, que muitos engenheiros acreditam que ocorreu por causa do derramamento de vórtices de ventos cruzados (um vídeo bastante assustador, mas fascinante deste acontecimento pode facilmente ser obtido na internet). O professor Bernitsas fez uma fonte de energia a partir de um fenômeno que é normalmente um estorvo ou um perigo!

A figura mostra uma conceitualização desse dispositivo, que consiste em uma montagem de cilindros submersos horizontais. Conforme a corrente escoa através desses cilindros, ocorre um derramamento de vórtices, gerando uma força oscilatória para cima e para baixo sobre cada cilindro. Em vez de serem rigidamente montados, os cilindros são ligados a um sistema hidráulico projetado de tal forma que, conforme os cilindros são forçados para cima e para baixo, eles geram energia. Enquanto os sistemas de turbinas existentes necessitam de uma corrente de em torno de 9,26 km/h para operar efi-

O Conversor VIVACE.

cientemente, o conversor Vivace pode gerar energia usando correntes lentas com velocidade de apenas 1,852 km/h (a maior parte das correntes na terra tem velocidade menor do que 5,556 km/h). O dispositivo também não obstrui vistas ou acessos sobre a superfície da água porque pode ser instalado no fundo do rio ou oceano. É provável que esta nova tecnologia seja mais amigável com a vida aquática porque possui movimento mais lento e imita os modelos de vórtice naturais criados pelos peixes nadando. Uma instalação de 1 × 1,5 km em uma corrente de 5,556 km/h poderia gerar energia suficiente para abastecer 100.000 residências. Um protótipo, financiado pelo Departamento de Energia e pelo Escritório de Pesquisa Naval dos EUA, está atualmente em operação no Laboratório de Hidrodinâmica Marinha da University of Michigan.

O projeto de um dispositivo como o conversor Vivace tira proveito das relações básicas para um volume de controle como apresentadas neste capítulo. A corrente de água que o atravessa é governada pelo princípio de conservação da massa, as forças são governadas pelos princípios de momento, e a energia produzida é determinada pelas leis da termodinâmica. Além dessas relações básicas, o fenômeno de derramamento de vórtice é discutido no Capítulo 9; o medidor de vazão tipo vórtice, que explora o fenômeno para medir vazão, é discutido no Capítulo 8. Discutiremos o projeto de aerofólio no Capítulo 9 e os conceitos envolvidos na operação de turbinas e propulsores no Capítulo 10.

Estamos agora prontos para estudar fluidos em movimento e devemos decidir como examinar um escoamento fluido. Existem duas opções disponíveis, discutidas no Capítulo 1:

1 Podemos estudar o movimento de uma *partícula individual de fluido ou um grupo de partículas* conforme elas se movem através do espaço. Essa é a abordagem de sistema, que tem a vantagem de que as leis físicas (por exemplo, a segunda lei de Newton, $\vec{F} = d\vec{P}/dt$, em que $\vec{F}$ é a força e $d\vec{P}/dt$ é a taxa de variação da quantidade de movimento do fluido) se aplicam à matéria e, portanto, diretamente ao sistema. Uma desvantagem é que a matemática associada a essa abordagem pode se tornar um tanto complicada, normalmente levando a um conjunto de equações diferenciais parciais. Examinaremos essa metodologia em detalhes no Capítulo 5. A abordagem de sistema é necessária se estivermos interessados em estudar a trajetória de partículas ao longo do tempo, por exemplo, em estudos de poluição.

2 Podemos estudar uma *região do espaço* conforme o fluido escoa através dela, que é a abordagem de *volume de controle*. Esse é frequentemente o método escolhido,

Equações Básicas na Forma Integral para um Volume de Controle **89**

pois ele tem uma grande quantidade de aplicações práticas; por exemplo, em aerodinâmica, geralmente, estamos mais interessados na sustentação e no arrasto sobre uma asa (que é selecionada como parte do volume de controle) do que saber o que acontece com partículas individuais do fluido. A desvantagem dessa abordagem é que as leis da física aplicam-se à matéria e não diretamente à região do espaço, de modo que devemos trabalhar matematicamente para converter as leis físicas de sua formulação para sistema para a formulação de volume de controle.

Examinaremos a abordagem de volume de controle neste capítulo. O leitor atento notará que este capítulo tem a palavra *integral* em seu título, e que o Capítulo 5 tem a palavra *diferencial*. Essa é uma distinção importante: ela indica que estudaremos uma região finita neste capítulo e o movimento de uma partícula (um infinitesimal) no Capítulo 5 (apesar de que, na Seção 4.4, vamos analisar um volume de controle diferencial para deduzir a famosa equação de Bernoulli). A agenda para este capítulo é rever as leis da física tal como elas se aplicam a um sistema (Seção 4.1); desenvolver um pouco de matemática para converter a representação de um sistema para um volume de controle (Seção 4.2); e obter fórmulas para as leis físicas para a análise de volume de controle por meio da combinação dos resultados das Seções 4.1 e 4.2.

4.1 *Leis Básicas para um Sistema*

As leis básicas que aplicaremos são a conservação da massa, a segunda lei de Newton, o princípio da quantidade de movimento angular e a primeira e segunda leis de termodinâmica. Para converter este sistema de equações em fórmulas equivalentes para volume de controle, desejamos expressar cada uma das leis como uma equação de taxa.

Conservação de Massa

Para um sistema (por definição, uma quantidade de matéria fixa, M, que escolhemos), temos o resultado simples de que $M = $ constante. Entretanto, como desejamos expressar cada lei física como uma equação de taxa, escrevemos

$$\left.\frac{dM}{dt}\right)_{\text{sistema}} = 0 \tag{4.1a}$$

em que

$$M_{\text{sistema}} = \int_{M(\text{sistema})} dm = \int_{V\!(\text{sistema})} \rho \, dV \tag{4.1b}$$

Segunda Lei de Newton

Para um sistema com movimento relativo a um sistema de referência inercial, a segunda lei de Newton estabelece que a soma de todas as forças externas agindo sobre o sistema é igual à taxa de variação com o tempo da quantidade de movimento linear do sistema,

$$\vec{F} = \left.\frac{d\vec{P}}{dt}\right)_{\text{sistema}} \tag{4.2a}$$

em que a quantidade de movimento linear do sistema é dada por

$$\vec{P}_{\text{sistema}} = \int_{M(\text{sistema})} \vec{V} \, dm = \int_{V\!(\text{sistema})} \vec{V} \rho \, dV \tag{4.2b}$$

O Princípio da Quantidade de Movimento Angular

O princípio da quantidade de movimento angular para um sistema estabelece que a taxa de variação da quantidade de movimento angular é igual à soma de todos os torques atuando sobre o sistema,

$$\vec{T} = \left.\frac{d\vec{H}}{dt}\right)_{\text{sistema}} \tag{4.3a}$$

em que a quantidade de movimento angular do sistema é dada por

$$\vec{H}_{\text{sistema}} = \int_{M(\text{sistema})} \vec{r} \times \vec{V}\, dm = \int_{\Psi(\text{sistema})} \vec{r} \times \vec{V}\, \rho\, d\Psi \qquad (4.3b)$$

O torque pode ser produzido por forças de superfície e de campo (nesse caso, a gravidade) e também por eixos que cruzam a fronteira do sistema.

$$\vec{T} = \vec{r} \times \vec{F}_s + \int_{M(\text{sistema})} \vec{r} \times \vec{g}\, dm + \vec{T}_{\text{eixo}} \qquad (4.3c)$$

A Primeira Lei da Termodinâmica

A primeira lei da termodinâmica é um enunciado da conservação de energia para um sistema,

$$\delta Q - \delta W = dE$$

Essa equação pode ser escrita na forma de taxa como

$$\dot{Q} - \dot{W} = \left. \frac{dE}{dt} \right)_{\text{sistema}} \qquad (4.4a)$$

em que a energia total do sistema é dada por

$$E_{\text{sistema}} = \int_{M(\text{sistema})} e\, dm = \int_{\Psi(\text{sistema})} e\, \rho\, d\Psi \qquad (4.4b)$$

e

$$e = u + \frac{V^2}{2} + gz \qquad (4.4c)$$

Na Eq. 4.4a, $\dot{Q}$ (a taxa de transferência de calor) é positivo quando calor é adicionado ao sistema pela sua vizinhança; $\dot{W}$ (a taxa de trabalho) é positivo quando o trabalho é realizado pelo sistema sobre sua vizinhança. Na Eq. 4.4c, u é a energia interna específica, V a velocidade e z a altura (relativa a uma referência conveniente) de uma partícula de substância de massa dm.

A Segunda Lei da Termodinâmica

Se uma quantidade de calor, δQ, for transferida para um sistema à temperatura T, a segunda lei da termodinâmica estabelece que a variação de entropia, dS, do sistema satisfaz a relação

$$dS \geq \frac{\delta Q}{T}$$

Em uma base de taxa, podemos escrever

$$\left. \frac{dS}{dt} \right)_{\text{sistema}} \geq \frac{1}{T} \dot{Q} \qquad (4.5a)$$

em que a entropia total do sistema é dada por

$$S_{\text{sistema}} = \int_{M(\text{sistema})} s\, dm = \int_{\Psi(\text{sistema})} s\, \rho\, d\Psi \qquad (4.5b)$$

4.2 *Relação entre as Derivadas do Sistema e a Formulação para Volume de Controle*

Agora temos as cinco leis básicas expressas como equações de taxa para um sistema. Nosso trabalho nesta seção é desenvolver uma expressão geral para converter uma equação de taxa para um sistema em uma equação equivalente para um volume de

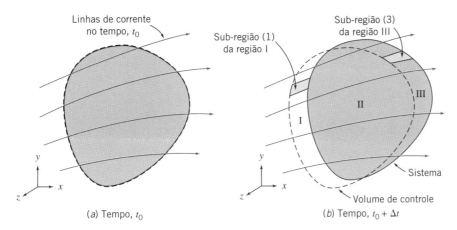

Fig. 4.1 Configuração para sistema e volume de controle.

controle. Em vez de converter as equações para taxas de variação de $M, \vec{P}, \vec{H}, E$ e S (Eqs. 4.1a, 4.2a, 4.3a, 4.4a e 4.5a) uma a uma, representamos todas as variáveis pelo símbolo N. Portanto, N representa a quantidade de massa, ou quantidade de movimento, ou quantidade de movimento angular, ou energia, ou entropia de um sistema. Correspondendo a essa propriedade extensiva, necessitaremos também da propriedade intensiva (isto é, por unidade de massa) η. Portanto

$$N_{\text{sistema}} = \int_{M(\text{sistema})} \eta \, dm = \int_{\forall(\text{sistema})} \eta \, \rho \, d\forall \tag{4.6}$$

Comparando a Eq. 4.6 com as Eqs. 4.1b, 4.2b, 4.3b, 4.4b e 4.5b, constatamos que, se:

$$\begin{aligned}
N &= M, & \text{então } \eta &= 1 \\
N &= \vec{P}, & \text{então } \eta &= \vec{V} \\
N &= \vec{H}, & \text{então } \eta &= \vec{r} \times \vec{V} \\
N &= E, & \text{então } \eta &= e \\
N &= S, & \text{então } \eta &= s
\end{aligned}$$

Como podemos deduzir uma descrição para volume de controle a partir da descrição de sistema de um escoamento? Antes de responder especificamente essa questão, nós podemos descrever a dedução em termos gerais. Vamos imaginar que selecionamos uma porção arbitrária de um fluido em escoamento em algum instante t_0, conforme mostrado na Fig. 4.1a — poderíamos imaginar que tingimos essa porção de fluido, digamos, com um corante azul. Essa forma inicial do sistema fluido é escolhida como nosso volume de controle, que está fixo no espaço relativo às coordenadas xyz. Após um tempo infinitesimal Δt, o sistema terá se movimentado (provavelmente modificando sua forma) para um novo local, conforme mostrado na Fig. 4.1b. As leis que discutimos anteriormente se aplicam a essa porção de fluido — por exemplo, sua massa será constante (Eq. 4.1a). Examinando cuidadosamente a geometria do par sistema/volume de controle em $t = t_0$ e em $t = t_0 + \Delta t$, seremos capazes de obter as formulações das leis básicas para um volume de controle.

Derivação

Observando a Fig. 4.1, notamos que o sistema, que estava inteiramente dentro do volume de controle no instante t_0, está parcialmente fora do volume de controle no instante $t_0 + \Delta t$. De fato, três regiões podem ser identificadas. São elas: as regiões I e II, que juntas formam o volume de controle, e a região III que, junto com a região II, delimita o sistema no instante $t_0 + \Delta t$.

Lembre-se de que o nosso objetivo é relacionar a taxa de variação de qualquer propriedade extensiva arbitrária, N, do sistema com quantidades associadas ao volume de controle. Da definição de uma derivada, a taxa de variação de N_{sistema} é dada por

$$\left.\frac{dN}{dt}\right)_{\text{sistema}} \equiv \lim_{\Delta t \to 0} \frac{N_s)_{t_0 + \Delta t} - N_s)_{t_0}}{\Delta t} \tag{4.7}$$

Por conveniência, o índice s foi usado para denotar o sistema na definição de uma derivada na Eq. 4.7.

Da geometria da Fig. 4.1,

$$N_s)_{t_0 + \Delta t} = (N_{\text{II}} + N_{\text{III}})_{t_0 + \Delta t} = (N_{\text{VC}} - N_{\text{I}} + N_{\text{III}})_{t_0 + \Delta t}$$

e

$$N_s)_{t_0} = (N_{\text{VC}})_{t_0}$$

Substituindo na definição da derivada do sistema, Eq. 4.7, obtivemos

$$\left.\frac{dN}{dt}\right)_s = \lim_{\Delta t \to 0} \frac{(N_{\text{VC}} - N_{\text{I}} + N_{\text{III}})_{t_0 + \Delta t} - N_{\text{VC}})_{t_0}}{\Delta t}$$

Como o limite da soma é igual à soma dos limites, podemos escrever

$$\left.\frac{dN}{dt}\right)_s = \lim_{\Delta t \to 0} \frac{N_{\text{VC}})_{t_0 + \Delta t} - N_{\text{VC}})_{t_0}}{\Delta t} + \lim_{\Delta t \to 0} \frac{N_{\text{III}})_{t_0 + \Delta t}}{\Delta t} - \lim_{\Delta t \to 0} \frac{N_{\text{I}})_{t_0 + \Delta t}}{\Delta t} \tag{4.8}$$

$$\qquad\qquad\qquad\quad ① \qquad\qquad\qquad ② \qquad\qquad ③$$

A nossa tarefa agora é avaliar cada um dos três termos da Eq. 4.8.

O termo ① na Eq. 4.8 é simplificado para

$$\lim_{\Delta t \to 0} \frac{N_{\text{VC}})_{t_0 + \Delta t} - N_{\text{VC}})_{t_0}}{\Delta t} = \frac{\partial N_{\text{VC}}}{\partial t} = \frac{\partial}{\partial t} \int_{\text{VC}} \eta \rho \, d\mathcal{V} \tag{4.9a}$$

Para avaliar o termo ②, primeiro desenvolveremos uma expressão para $N_{\text{III}})_{t_0 + \Delta t}$ examinando a vista ampliada de uma sub-região típica da região III (sub-região (3)) mostrada na Fig. 4.2. O vetor elemento de área $d\vec{A}$ tem o módulo do elemento de área, dA, da superfície de controle; o sentido de $d\vec{A}$ é o da normal à superfície *para fora* do elemento. Em geral, o vetor velocidade $\vec{V}$ fará um ângulo qualquer α com relação a $d\vec{A}$.

Para essa sub-região, temos

$$dN_{\text{III}})_{t_0 + \Delta t} = (\eta \rho \, d\mathcal{V})_{t_0 + \Delta t}$$

Precisamos obter uma expressão para o volume $d\mathcal{V}$ desse elemento cilíndrico. O vetor comprimento do cilindro é dado por $\Delta \vec{l} = \vec{V} \Delta t$. O volume de um cilindro prismático, cuja área $d\vec{A}$ está em um ângulo α com relação ao seu comprimento $\Delta \vec{l}$, é dado por

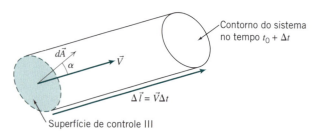

Fig. 4.2 Vista ampliada da sub-região (3) da Fig. 4.1.

$d\mathcal{V} = \Delta l\, dA \cos \alpha = \Delta \vec{l} \cdot d\vec{A} = \vec{V} \cdot d\vec{A}\Delta t$. Portanto, para a sub-região (3), podemos escrever

$$dN_{\text{III}})_{t_0+\Delta t} = \eta\, \rho \vec{V} \cdot d\vec{A}\, \Delta t$$

Desse modo, podemos integrar sobre toda a região III e obter, para o termo ② na Eq. 4.8,

$$\lim_{\Delta t \to 0} \frac{N_{\text{III}})_{t_0+\Delta t}}{\Delta t} = \lim_{\Delta t \to 0} \frac{\int_{\text{SC}_{\text{III}}} dN_{\text{III}})_{t_0+\Delta t}}{\Delta t} = \lim_{\Delta t \to 0} \frac{\int_{\text{SC}_{\text{III}}} \eta \rho \vec{V} \cdot d\vec{A}\, \Delta t}{\Delta t} = \int_{\text{SC}_{\text{III}}} \eta \rho \vec{V} \cdot d\vec{A} \quad (4.9b)$$

Podemos desenvolver uma análise similar para a sub-região (1), e obter, para o termo ③ na Eq. 4.8,

$$\lim_{\Delta t \to 0} \frac{N_{\text{I}})_{t_0+\Delta t}}{\Delta t} = -\int_{\text{SC}_{\text{I}}} \eta \rho \vec{V} \cdot d\vec{A} \quad (4.9c)$$

Para a sub-região (1), o vetor velocidade age *para dentro* do volume de controle, mas a normal à área sempre (por convenção) aponta *para fora* (ângulo $\alpha > \pi/2$), de modo que o produto escalar na Eq. 4.9c é negativo. Portanto, o sinal negativo na Eq. 4.9c é necessário para cancelar o resultado negativo do produto escalar para certificar a obtenção de um resultado positivo para a quantidade de matéria que estava na região I (não podemos ter matéria negativa).

Esse conceito do sinal do produto escalar é ilustrado na Fig. 4.3 para (a) o caso geral de uma entrada ou saída, (b) uma velocidade de saída paralela à normal à superfície e (c) uma velocidade de entrada paralela à normal à superfície. Os casos (b) e (c) são obviamente casos especiais convenientes de (a); o valor do cosseno no caso (a) gera automaticamente o sinal correto tanto na entrada quanto na saída.

Finalmente, podemos usar as Eqs. 4.9a, 4.9b e 4.9c na Eq. 4.8 para obter

$$\left.\frac{dN}{dt}\right)_{\text{sistema}} = \frac{\partial}{\partial t}\int_{\text{VC}} \eta\rho\, d\mathcal{V} + \int_{\text{SC}_{\text{I}}} \eta\rho \vec{V} \cdot d\vec{A} + \int_{\text{SC}_{\text{III}}} \eta\rho \vec{V} \cdot d\vec{A}$$

e as duas últimas integrais podem ser combinadas porque SC_{I} e SC_{III} constituem a superfície de controle inteira,

$$\left.\frac{dN}{dt}\right)_{\text{sistema}} = \frac{\partial}{\partial t}\int_{\text{VC}} \eta\rho\, d\mathcal{V} + \int_{\text{SC}} \eta\rho \vec{V} \cdot d\vec{A} \quad (4.10)$$

A Eq. 4.10 é a relação que buscávamos obter. É a relação fundamental entre a taxa de variação de qualquer propriedade extensiva arbitrária, N, de um sistema e as variações dessa propriedade associadas a um volume de controle. Alguns autores referem-se à Eq. 4.10 como o *Teorema de Transporte de Reynolds*.

Interpretação Física

Foram necessárias várias páginas, mas atingimos o nosso objetivo: agora temos uma fórmula (Eq. 4.10) que podemos usar para converter a taxa de variação de qualquer propriedade extensiva, N, de um sistema para uma formulação equivalente para uso com um

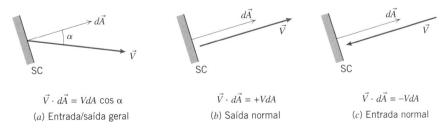

Fig. 4.3 Avaliando o produto escalar.

volume de controle. Agora podemos usar a Eq. 4.10 nas várias equações das leis físicas fundamentais (Eqs. 4.1a, 4.2a, 4.3a, 4.4a e 4.5a) uma a uma, com N substituído por cada uma das propriedades M, $\vec{P}$, $\vec{H}$, E e S (com os símbolos correspondentes para η), para substituir as derivadas do sistema com as expressões para o volume de controle. Como essa equação é considerada "básica" vamos repeti-la para enfatizar a sua importância:

$$\left.\frac{dN}{dt}\right)_{\text{sistema}} = \frac{\partial}{\partial t}\int_{\text{VC}} \eta\,\rho\,d\forall + \int_{\text{SC}} \eta\,\rho\vec{V}\cdot d\vec{A} \tag{4.10}$$

Neste momento, é necessário que seja claro o seguinte: o sistema é a matéria que está passando através do volume de controle escolhido e no instante escolhido. Por exemplo, se escolhemos como um volume de controle a região contida por uma asa de aeronave e por um limite imaginário retangular em torno dela, o sistema seria a massa de ar que está instantaneamente contida entre o retângulo e o aerofólio. Antes de aplicar a Eq. 4.10 às leis físicas, vamos discutir o significado de cada termo da equação:

$\left.\dfrac{dN}{dt}\right)_{\text{sistema}}$ é a taxa de variação da propriedade extensiva do sistema N. Por exemplo, se $N = \vec{P}$, obtemos a taxa de variação da quantidade de movimento.

$\dfrac{\partial}{\partial t}\displaystyle\int_{\text{VC}} \eta\,\rho\,d\forall$ é a taxa de variação da quantidade da propriedade N dentro do volume de controle. O termo $\int_{\text{VC}} \eta\,\rho\,d\forall$ calcula o valor instantâneo de N dentro do volume de controle ($\int_{\text{VC}} \rho\,d\forall$ é a massa instantânea dentro do volume de controle). Por exemplo, se $N = \vec{P}$, então $\eta = \vec{V}$ e $\int_{\text{VC}} \vec{V}\rho\,d\forall$ calculam a quantidade instantânea de quantidade de movimento no volume de controle.

$\displaystyle\int_{\text{SC}} \eta\,\rho\vec{V}\cdot d\vec{A}$ é a taxa na qual a propriedade N está saindo da superfície do volume de controle. O termo $\rho\vec{V}\cdot d\vec{A}$ calcula a taxa de transferência de massa saindo através do elemento de área $d\vec{A}$ da superfície de controle; multiplicando-se por η calcula-se a taxa de fluxo da propriedade N através do elemento; e, por consequência, a integração calcula o fluxo líquido de N para fora do volume de controle. Por exemplo, se $N = \vec{P}$, então $\eta = \vec{V}$ e $\int_{\text{SC}}\vec{V}\rho\vec{V}\cdot d\vec{A}$ calculam o fluxo líquido de quantidade de movimento para fora do volume de controle.

Vamos fazer dois comentários sobre a velocidade $\vec{V}$ na Eq. 4.10. Primeiramente, reiteramos a discussão para a Fig. 4.3 de que deve ser tomado cuidado na avaliação do produto escalar: como $\vec{A}$ está sempre direcionado para fora, o produto escalar será positivo quando $\vec{V}$ está para fora e negativo quando $\vec{V}$ está para dentro. Em segundo lugar, $\vec{V}$ é medido com relação ao volume de controle: quando as coordenadas do volume de controle xyz estão estacionárias ou se movendo com uma velocidade linear constante, o volume de controle constituirá um sistema inercial e as leis físicas (especificamente a segunda lei de Newton) que descrevemos serão aplicadas.[1]

Com esses comentários estamos preparados para combinar as leis físicas (Eqs. 4.1a, 4.2a, 4.3a, 4.4a e 4.5a) com a Eq. 4.10 para obter algumas equações úteis para volume de controle.

4.3 Conservação de Massa

O primeiro princípio físico para o qual aplicamos a relação entre as formulações de sistema e de volume de controle é o princípio de conservação da massa: a massa do sistema permanece constante.

$$\left.\frac{dM}{dt}\right)_{\text{sistema}} = 0 \tag{4.1a}$$

---

[1]Para um volume de controle em aceleração (um cujas coordenadas xyz estejam aceleradas com relação a um conjunto "absoluto" de coordenadas XYZ), devemos modificar a forma da segunda lei de Newton (Eq. 4.2a). Faremos isso nas Seções 4.6 (aceleração linear) e 4.7 (aceleração arbitrária).

em que

$$M_{\text{sistema}} = \int_{M(\text{sistema})} dm = \int_{V(\text{sistema})} \rho \, dV \quad (4.1b)$$

As formulações de sistema e de volume de controle são relacionadas pela Eq. 4.10,

$$\left.\frac{dN}{dt}\right)_{\text{sistema}} = \frac{\partial}{\partial t}\int_{VC} \eta \rho \, dV + \int_{SC} \eta \rho \vec{V} \cdot d\vec{A} \quad (4.10)$$

em que

$$N_{\text{sistema}} = \int_{M(\text{sistema})} \eta \, dm = \int_{V(\text{sistema})} \eta \rho \, dV \quad (4.6)$$

Para deduzir a formulação de volume de controle da conservação de massa, fazemos

$$N = M \quad \text{e} \quad \eta = 1$$

Com essa substituição, obtivemos

$$\left.\frac{dM}{dt}\right)_{\text{sistema}} = \frac{\partial}{\partial t}\int_{VC} \rho \, dV + \int_{SC} \rho \vec{V} \cdot d\vec{A} \quad (4.11)$$

Comparando as Eqs. 4.1a e 4.11, chegamos (após rearranjos) à formulação de volume de controle da conservação de massa:

$$\frac{\partial}{\partial t}\int_{VC} \rho \, dV + \int_{SC} \rho \vec{V} \cdot d\vec{A} = 0 \quad (4.12)$$

Na Eq. 4.12, o primeiro termo representa a taxa de variação da massa dentro do volume de controle; o segundo termo representa a taxa líquida de fluxo de massa para fora através da superfície de controle. A Eq. 4.12 indica que a soma da taxa de variação da massa dentro do volume de controle com a taxa líquida de fluxo de massa através da superfície de controle é zero. A equação da conservação da massa é também chamada de equação *da continuidade*. Em outras palavras, a taxa de aumento da massa no volume de controle é decorrente do fluxo líquido de entrada de massa:

Vídeo: Conservação de Massa: Enchimento de um Tanque

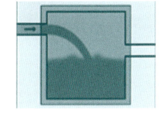

$$\begin{array}{c}\text{Taxa de aumento}\\\text{de massa no VC}\end{array} = \begin{array}{c}\text{Taxa líquida de massa}\\\text{para dentro do VC}\end{array}$$

$$\frac{\partial}{\partial t}\int_{VC} \rho \, dV = -\int_{SC} \rho \vec{V} \cdot d\vec{A}$$

Mais uma vez, notamos que, ao usar a Eq. 4.12, um cuidado deve ser tomado na avaliação do produto escalar $\vec{V} \cdot d\vec{A} = V dA \cos\alpha$: ele pode ser positivo (escoamentos para fora, $\alpha < \pi/2$), negativo (escoamento para dentro, $\alpha > \pi/2$) ou mesmo zero ($\alpha = \pi/2$). Lembre-se de que a Fig. 4.3 ilustra o caso geral, bem como os casos convenientes $\alpha = 0$ e $\alpha = \pi$.

Casos Especiais

Em casos especiais, é possível simplificar a Eq. 4.12. Considere primeiramente o caso de um fluido incompressível, no qual a massa específica permanece constante. Quando ρ é constante, ele não é uma função do espaço e nem do tempo. Consequentemente, para *fluidos incompressíveis*, a Eq. 4.12 pode ser escrita como

$$\rho\frac{\partial}{\partial t}\int_{VC} dV + \rho\int_{SC} \vec{V} \cdot d\vec{A} = 0$$

A integral de $d\forall$ sobre todo o volume de controle é simplesmente o volume total do volume de controle. Assim, dividindo por ρ, escrevemos

$$\frac{\partial \forall}{\partial t} + \int_{SC} \vec{V} \cdot d\vec{A} = 0$$

Para um volume de controle não deformável, de forma e tamanho fixos, $\forall$ = constante. A conservação de massa para escoamento incompressível através de um volume de controle fixo torna-se,

$$\int_{SC} \vec{V} \cdot d\vec{A} = 0 \qquad (4.13a)$$

Um caso especial útil é quando a velocidade é (ou pode ser aproximada como) uniforme em cada entrada e saída. Nesse caso, a Eq. 4.13a é simplificada para

$$\sum_{SC} \vec{V} \cdot \vec{A} = 0 \qquad (4.13b)$$

Note que não consideramos escoamento permanente na redução da Eq. 4.12 para as formas 4.13a e 4.13b. Impusemos apenas a restrição de escoamento incompressível. Assim, as Eqs. 4.13a e 4.13b são expressões da conservação de massa para um escoamento de um fluido incompressível que pode ser em regime permanente ou em regime transiente.

As dimensões do integrando na Eq. 4.13a são L^3/t. A integral $\vec{V} \cdot d\vec{A}$ sobre uma seção da superfície de controle é comumente chamada *taxa de fluxo de volume* ou *vazão em volume,* ou ainda *vazão volumétrica.* Desse modo, para um escoamento incompressível, a vazão volumétrica para dentro de um volume de controle deve ser igual à vazão volumétrica para fora do volume de controle. A vazão volumétrica Q, através de uma seção de uma superfície de controle de área A, é dada por

$$Q = \int_A \vec{V} \cdot d\vec{A} \qquad (4.14a)$$

O módulo da velocidade média, V, em uma seção é definido por

$$V = \frac{Q}{A} = \frac{1}{A} \int_A \vec{V} \cdot d\vec{A} \qquad (4.14b)$$

Considere agora o caso geral de *escoamento permanente, compressível,* através de um volume de controle fixo. Como o escoamento é permanente, significa que, no máximo, $\rho = \rho(x, y, z)$. Por definição, nenhuma propriedade do fluido varia com o tempo em um escoamento permanente. Consequentemente, o primeiro termo da Eq. 4.12 deve ser zero e, assim, para escoamento permanente, o enunciado da conservação de massa reduz-se a

$$\int_{SC} \rho \vec{V} \cdot d\vec{A} = 0 \qquad (4.15a)$$

Um caso especial útil é quando a velocidade é (ou pode ser aproximada como) uniforme em cada entrada e saída. Nesse caso, a Eq. 4.15a é simplificada para

$$\sum_{SC} \rho \vec{V} \cdot \vec{A} = 0 \qquad (4.15b)$$

Então, para escoamento permanente, a vazão mássica para dentro do volume de controle deve ser igual à vazão mássica para fora do volume de controle.

Vamos agora considerar três exemplos para ilustrar algumas peculiaridades das diversas formas da equação da conservação de massa para um volume de controle. O Exemplo 4.1 ilustra uma situação na qual existe escoamento uniforme em todas as seções; o Exemplo 4.2 ilustra uma situação na qual temos escoamento não uniforme em uma seção; e o Exemplo 4.3 ilustra uma situação de escoamento transiente.

Exemplo 4.1 FLUXO DE MASSA EM UMA JUNÇÃO DE TUBOS

Considere o escoamento permanente de água em uma junção de tubos conforme mostrado no diagrama. As áreas das seções são: $A_1 = 0{,}2\ m^2$, $A_2 = 0{,}2\ m^2$ e $A_3 = 0{,}15\ m^2$. O fluido também vaza para fora do tubo através de um orifício em ④ com uma vazão volumétrica estimada em $0{,}1\ m^3/s$. As velocidades médias nas seções ① e ③ são $V_1 = 5\ m/s$ e $V_3 = 12\ m/s$, respectivamente. Determine a velocidade do escoamento na seção ②.

Dados: Escoamento permanente de água através do dispositivo mostrado.

$$A_1 = 0{,}2\ m^2 \quad A_2 = 0{,}2\ m^2 \quad A_3 = 0{,}15\ m^2$$
$$V_1 = 5\ m/s \quad V_3 = 12\ m/s \quad \rho = 999\ kg/m^3$$

Vazão volumétrica em ④ = $0{,}1\ m^3/s$

Determinar: A velocidade na seção ②.

Solução: Escolha um volume de controle fixo, conforme mostrado. Considere a hipótese de que o escoamento na seção ② é para fora e sinalize no diagrama (se esta suposição for incorreta, o resultado final nos dirá).

Equação básica: A equação geral para um volume de controle é a Eq. 4.12, porém podemos escrever imediatamente a Eq. 4.13b por causa das considerações (2) e (3) a seguir,

$$\sum_{SC} \vec{V} \cdot \vec{A} = 0$$

Considerações:

1 Escoamento permanente (dado).
2 Escoamento incompressível.
3 Propriedades uniformes em cada seção.

Por isso (usando a Eq. 4.14a para o vazamento),

$$\vec{V}_1 \cdot \vec{A}_1 + \vec{V}_2 \cdot \vec{A}_2 + \vec{V}_3 \cdot \vec{A}_3 + Q_4 = 0 \qquad (1)$$

em que Q_4 é a vazão volumétrica do vazamento.

Vamos examinar os três primeiros termos na Eq. 1 com base na Fig. 4.3 e nos sentidos dos vetores velocidades:

$\vec{V}_1 \cdot \vec{A}_1 = -V_1 A_1$ 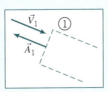 $\left\{ \begin{array}{l} \text{Sinal de } \vec{V}_1 \cdot \vec{A}_1 \text{ é} \\ \text{negativo na superfície ①} \end{array} \right\}$

$\vec{V}_2 \cdot \vec{A}_2 = +V_2 A_2$ 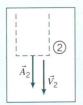 $\left\{ \begin{array}{l} \text{Sinal de } \vec{V}_2 \cdot \vec{A}_2 \text{ é} \\ \text{positivo na superfície ②} \end{array} \right\}$

$\vec{V}_3 \cdot \vec{A}_3 = +V_3 A_3$

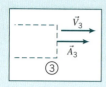

$\left\{ \begin{array}{l} \text{Sinal de } \vec{V}_3 \cdot \vec{A}_3 \text{ é} \\ \text{positivo na superfície } ③ \end{array} \right\}$

Usando esses resultados na Eq. 1,

$$-V_1 A_1 + V_2 A_2 + V_3 A_3 + Q_4 = 0$$

ou

$$V_2 = \frac{V_1 A_1 - V_3 A_3 - Q_4}{A_2}$$

$$= \frac{5\,\frac{m}{s} \times 0{,}2\,m^2 - 12\,\frac{m}{s} \times 0{,}15\,m^2 - \frac{0{,}1\,m^3}{s}}{0{,}2\,m^2}$$

$$= -4{,}5\,m/s \longleftarrow V_2$$

Lembre-se de que V_2 representa o módulo da velocidade, que foi suposta apontar para fora do volume de controle. O fato de V_2 ter sinal negativo significa que, na verdade, temos uma entrada de escoamento na seção ② — a nossa suposição inicial não era válida.

> Este problema demonstra o uso da convenção de sinais para avaliar $\int_A \vec{V} \cdot d\vec{A}$ ou $\Sigma_{SC} \vec{V} \cdot \vec{A}$. Em particular, a normal à área é *sempre* traçada *para fora* da superfície de controle.

Exemplo 4.2 VAZÃO MÁSSICA NA CAMADA-LIMITE

O fluido em contato direto com uma fronteira sólida estacionária tem velocidade zero; não há deslizamento na fronteira. Então, o escoamento sobre uma placa plana adere-se à superfície da placa e forma uma camada-limite, como esquematizado a seguir. O escoamento a montante da placa é uniforme com velocidade $\vec{V} = U\hat{i}$; $U = 30$ m/s. A distribuição de velocidade dentro da camada-limite ($0 \leq y \leq \delta$) ao longo de cd é aproximada por $u/U = 2(y/\delta) - (y/\delta)^2$.

A espessura da camada-limite na posição d é $\delta = 5$ mm. O fluido é ar com massa específica $\rho = 1{,}24$ kg/m³. Supondo que a largura da placa perpendicular ao papel seja $w = 0{,}6$ m, calcule a vazão mássica através da superfície bc do volume de controle $abcd$.

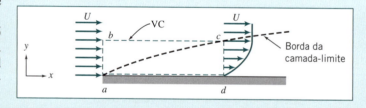

Borda da camada-limite

Dados: Escoamento permanente, incompressível, sobre uma placa plana, $\rho = 1{,}24$ kg/m³. Largura da placa, $w = 0{,}6$ m. A velocidade a montante da placa é uniforme: $\vec{V} = U\hat{i}$; $U = 30\ m/s$.

$$\text{Em } x = x_d:$$

$$\delta = 5\ \text{mm}$$

$$\frac{u}{U} = 2\left(\frac{y}{\delta}\right) - \left(\frac{y}{\delta}\right)^2$$

Determinar: A vazão mássica através da superfície bc.

Solução: O volume de controle fixo é mostrado pelas linhas tracejadas.

Equação básica: A equação geral para um volume de controle é a Eq. 4.12, porém podemos escrever diretamente a Eq. 4.15a por causa da consideração (1) a seguir,

$$\int_{SC} \rho \vec{V} \cdot d\vec{A} = 0$$

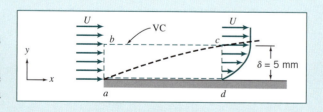

Considerações:

1 Escoamento permanente (dado).
2 Escoamento incompressível (dado).
3 Escoamento bidimensional, as propriedades são independentes de z.

Considerando que não exista escoamento na direção z, tem-se

$$\int_{A_{ab}} \rho\vec{V}\cdot d\vec{A} + \int_{A_{bc}} \rho\vec{V}\cdot d\vec{A} + \int_{A_{cd}} \rho\vec{V}\cdot d\vec{A} + \underbrace{\int_{A_{da}} \rho\vec{V}\cdot d\vec{A}}_{\text{não existe escoamento através da}} = 0$$

$$\therefore \dot{m}_{bc} = \int_{A_{bc}} \rho\vec{V}\cdot d\vec{A} = -\int_{A_{ab}} \rho\vec{V}\cdot d\vec{A} - \int_{A_{cd}} \rho\vec{V}\cdot d\vec{A} \quad (1)$$

Precisamos avaliar as integrais no lado direito da equação.

Para uma profundidade w na direção z, obtivemos

$$\int_{A_{ab}} \rho\vec{V}\cdot d\vec{A} = -\int_{A_{ab}} \rho u\, dA = -\int_{y_a}^{y_b} \rho u w\, dy$$

$$= -\int_0^\delta \rho u w\, dy = -\int_0^\delta \rho U w\, dy$$

$$\int_{A_{ab}} \rho\vec{V}\cdot d\vec{A} = -\left[\rho U w y\right]_0^\delta = -\rho U w \delta$$

$$\int_{A_{cd}} \rho\vec{V}\cdot d\vec{A} = \int_{A_{cd}} \rho u\, dA = \int_{y_d}^{y_c} \rho u w\, dy$$

$$= \int_0^\delta \rho u w\, dy = \int_0^\delta \rho w U \left[2\left(\frac{y}{\delta}\right) - \left(\frac{y}{\delta}\right)^2\right] dy$$

$$\int_{A_{cd}} \rho\vec{V}\cdot d\vec{A} = \rho w U \left[\frac{y^2}{\delta} - \frac{y^3}{3\delta^2}\right]_0^\delta = \rho w U \delta \left[1 - \frac{1}{3}\right] = \frac{2\rho U w \delta}{3}$$

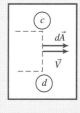

$$\left\{\begin{array}{l}\vec{V}\cdot d\vec{A} \text{ é negativo}\\ dA = w\, dy\end{array}\right\}$$

$\{u = U$ sobre a área $ab\}$

$$\left\{\begin{array}{l}\vec{V}\cdot d\vec{A} \text{ é positivo}\\ dA = w\, dy\end{array}\right\}$$

Substituindo na Eq. 1, obtivemos

$$\therefore \dot{m}_{bc} = \rho U w \delta - \frac{2\rho U w \delta}{3} = \frac{\rho U w \delta}{3}$$

$$= \frac{1}{3} \times 1{,}24\,\frac{\text{kg}}{\text{m}^3} \times 30\,\frac{\text{m}}{\text{s}} \times 0{,}6\,\text{m} \times 5\,\text{mm} \times \frac{\text{m}}{1000\,\text{mm}}$$

$\dot{m}_{bc} = 0{,}0372$ kg/s ← $\left\{\begin{array}{l}\text{Sinal positivo indica escoamento}\\ \text{para fora através da superfície } bc.\end{array}\right\}\; \dot{m}_b$

Este problema demonstra o uso da equação da conservação da massa quando temos escoamento não uniforme em uma seção.

Exemplo 4.3 VARIAÇÃO DE MASSA ESPECÍFICA EM TANQUE DE VENTILAÇÃO

Um tanque, com volume de 0,05 m³, contém ar a 800 kPa (absoluta) e 15°C. Em $t = 0$, o ar começa a escapar do tanque por meio de uma válvula com área de escoamento de 65 mm². O ar passando pela válvula tem velocidade de 300 m/s e massa específica de 6 kg/m³. Determine a taxa instantânea de variação da massa específica do ar no tanque em $t = 0$.

Dados: Um tanque de volume $\forall = 0{,}05~m^3$ contendo ar a $p = 800$ kPa (absoluta) e $T = 15°C$. Em $t = 0$, o ar começa a escapar por uma válvula. O ar sai com velocidade $V = 300$ m/s e massa específica $\rho = 6$ kg/m³ por meio de uma área $A = 65$ mm².

Determinar: A taxa de variação da massa específica do ar no tanque em $t = 0$.

Solução: Escolha um volume de controle fixo, conforme mostrado pela linha tracejada.

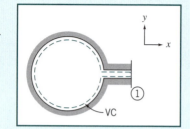

Equação básica: $\dfrac{\partial}{\partial t}\displaystyle\int_{VC} \rho\, d\forall + \int_{SC} \rho \vec{V} \cdot d\vec{A} = 0$

Considerações:

1. As propriedades no tanque são uniformes, mas dependentes do tempo.
2. Escoamento uniforme na seção ①.

Uma vez que as propriedades são consideradas uniformes no tanque em qualquer instante, podemos colocar ρ para fora da integral do primeiro termo,

$$\frac{\partial}{\partial t}\left[\rho_{VC}\int_{VC} d\forall\right] + \int_{SC} \rho \vec{V} \cdot d\vec{A} = 0$$

Mas, $\int_{VC} d\forall = \forall$, e então

$$\frac{\partial}{\partial t}(\rho\forall)_{VC} + \int_{SC} \rho \vec{V} \cdot d\vec{A} = 0$$

O único lugar onde massa atravessa a fronteira do volume de controle é na seção ①. Assim,

$$\int_{SC} \rho \vec{V} \cdot d\vec{A} = \int_{A_1} \rho \vec{V} \cdot d\vec{A} \quad \text{e} \quad \frac{\partial}{\partial t}(\rho\forall) + \int_{A_1} \rho \vec{V} \cdot d\vec{A} = 0$$

Na superfície ①, o sinal de $\rho \vec{V} \cdot d\vec{A}$ é positivo, de modo que

$$\frac{\partial}{\partial t}(\rho\forall) + \int_{A_1} \rho V\, dA = 0$$

Como o escoamento é considerado uniforme sobre a superfície ①, então

$$\frac{\partial}{\partial t}(\rho\forall) + \rho_1 V_1 A_1 = 0 \quad \text{ou} \quad \frac{\partial}{\partial t}(\rho\forall) = -\rho_1 V_1 A_1$$

Uma vez que o volume, $\forall$, do tanque não é uma função do tempo,

$$\forall \frac{\partial \rho}{\partial t} = -\rho_1 V_1 A_1$$

e

$$\frac{\partial \rho}{\partial t} = -\frac{\rho_1 V_1 A_1}{\forall}$$

Em $t = 0$,

$$\frac{\partial \rho}{\partial t} = -6\,\frac{kg}{m^3} \times 300\,\frac{m}{s} \times 65~mm^2 \times \frac{1}{0{,}05~m^3} \times \frac{m^2}{10^6~mm^2}$$

$$\frac{\partial \rho}{\partial t} = -2{,}34~(kg/m^3)/s \quad \longleftarrow \quad \{\text{A massa específica é decrescente.}\}\; \frac{\partial \rho}{\partial t}$$

> Este problema demonstra o uso da equação de conservação da massa para problemas de escoamento em regime transiente.

Equações Básicas na Forma Integral para um Volume de Controle **101**

4.4 *Equação da Quantidade de Movimento para um Volume de Controle Inercial*

Agora, desejamos obter uma formulação matemática da segunda lei de Newton adequada para aplicação a um volume de controle. Usamos o mesmo procedimento adotado para a conservação da massa, com uma nota de precaução: as coordenadas do volume de controle (em relação às quais medimos todas as velocidades) são inerciais; isto é, as coordenadas do volume de controle xyz estão em repouso ou movendo-se a velocidade constante em relação a um conjunto de coordenadas "absolutas" XYZ. (Nas Seções 4.5 e 4.6 serão analisados os volumes de controle não inerciais.) Iniciamos com a formulação matemática para um sistema e, em seguida, usamos a Eq. 4.10 para chegar à formulação para volume de controle.

Lembre-se de que a segunda lei de Newton, para um sistema movendo-se em relação a um sistema de coordenadas inerciais, foi dada pela Eq. 4.2a como

$$\vec{F} = \left. \frac{d\vec{P}}{dt} \right)_{\text{sistema}} \tag{4.2a}$$

em que a quantidade de movimento linear do sistema é dada por

$$\vec{P}_{\text{sistema}} = \int_{M(\text{sistema})} \vec{V}\, dm = \int_{\Psi(\text{sistema})} \vec{V}\, \rho\, d\Psi \tag{4.2b}$$

e a força resultante, $\vec{F}$, inclui todas as forças de campo e de superfície atuando sobre o sistema,

$$\vec{F} = \vec{F}_S + \vec{F}_B$$

As formulações para sistema e para volume de controle são relacionadas usando a Eq. 4.10,

$$\left. \frac{dN}{dt} \right)_{\text{sistema}} = \frac{\partial}{\partial t} \int_{\text{VC}} \eta\, \rho\, d\Psi + \int_{\text{SC}} \eta\, \rho \vec{V} \cdot d\vec{A} \tag{4.10}$$

Para deduzir a formulação para volume de controle da segunda lei de Newton, fazemos

$$N = \vec{P} \quad \text{e} \quad \eta = \vec{V}$$

Da Eq. 4.10, com esta substituição, obtivemos

$$\left. \frac{d\vec{P}}{dt} \right)_{\text{sistema}} = \frac{\partial}{\partial t} \int_{\text{VC}} \vec{V}\, \rho\, d\Psi + \int_{\text{SC}} \vec{V} \rho \vec{V} \cdot d\vec{A} \tag{4.16}$$

Da Eq. 4.2a,

$$\left. \frac{d\vec{P}}{dt} \right)_{\text{sistema}} = \vec{F})_{\text{sobre o sistema}} \tag{4.2a}$$

Como, na dedução da Eq. 4.10, o sistema e o volume de controle coincidiam em t_0, segue que

$$\vec{F})_{\text{sobre o sistema}} = \vec{F})_{\text{sobre o volume de controle}}$$

À luz disso, as Eqs. 4.2a e 4.16 podem ser combinadas para dar a formulação da segunda lei de Newton para um volume de controle não acelerado

$$\vec{F} = \vec{F}_S + \vec{F}_B = \frac{\partial}{\partial t} \int_{\text{VC}} \vec{V} \rho d\Psi + \int_{\text{SC}} \vec{V} \rho \vec{V} \cdot d\vec{A} \tag{4.17a}$$

102 Capítulo 4

Para os casos quando temos escoamento uniforme em cada entrada e saída, podemos usar

$$\vec{F} = \vec{F}_S + \vec{F}_B = \frac{\partial}{\partial t}\int_{\text{VC}} \vec{V}\,\rho\,d\Psi + \sum_{\text{SC}}\vec{V}\,\rho\vec{V}\cdot\vec{A} \tag{4.17b}$$

As Eqs. 4.17a e 4.17b são nossas formulações (sem aceleração) para a segunda lei de Newton. Ela estabelece que a força total (resultado das forças de superfície e de campo) atuando sobre o volume de controle leva à taxa de variação da quantidade de movimento dentro do volume de controle (a integral de volume) e/ou à taxa líquida na qual a quantidade de movimento está saindo do volume de controle através da superfície de controle.

Devemos ter um pouco de cuidado na aplicação das Eqs. 4.17a. O primeiro passo será sempre escolher cuidadosamente um volume de controle e sua superfície de controle de forma que possamos avaliar a integral de volume e a integral de superfície (ou somatório); cada entrada e saída deve ser cuidadosamente rotulada, de modo a indicar como as forças externas agem. Em mecânica dos fluidos a força de campo é normalmente a gravidade, e

$$\vec{F}_B = \int_{\text{VC}} \rho\vec{g}\,d\Psi = \vec{W}_{\text{VC}} = M\vec{g}$$

em que $\vec{g}$ é a aceleração da gravidade e $\vec{W}_{\text{VC}}$ é o peso instantâneo de todo o volume de controle. Em muitas aplicações a força de superfície é decorrente da pressão,

$$\vec{F}_S = \int_A -pd\vec{A}$$

Note que o sinal negativo é para assegurar que sempre calculamos as forças de pressão atuando *sobre* a superfície de controle (lembre-se de que $d\vec{A}$ foi escolhido para ser um vetor apontando para *fora* do volume de controle). Vale a pena ressaltar que *mesmo em pontos sobre a superfície que possui um escoamento para fora*, a força de pressão atua *sobre* o volume de controle.

Nas Eqs. 4.17, devemos também ter cuidado na avaliação de $\int_{\text{SC}}\vec{V}\rho\vec{V}\cdot d\vec{A}$ ou $\Sigma_{\text{SC}}\vec{V}\rho\vec{V}\cdot\vec{A}$ (isso pode ser fácil de fazer se escrevermos essas expressões com parênteses subentendidos, $\int_{\text{SC}}\vec{V}\rho(\vec{V}\cdot d\vec{A})$ ou $\Sigma_{\text{SC}}\vec{V}\rho(\vec{V}\cdot\vec{A})$. A velocidade $\vec{V}$ deve ser medida com relação às coordenadas do volume de controle xyz, com os sinais apropriados para as componentes vetoriais u, v e w; lembre também que o produto escalar será positivo para escoamentos para fora e negativo para escoamentos para dentro (referentes à Fig. 4.3).

A equação da quantidade de movimento (Eqs. 4.17) é uma equação vetorial. Geralmente escreveremos as três componentes escalares, como medidas nas coordenadas xyz do volume de controle,

$$F_x = F_{S_x} + F_{B_x} = \frac{\partial}{\partial t}\int_{\text{VC}} u\,\rho\,d\Psi + \int_{\text{SC}} u\,\rho\vec{V}\cdot d\vec{A} \tag{4.18a}$$

$$F_y = F_{S_y} + F_{B_y} = \frac{\partial}{\partial t}\int_{\text{VC}} v\,\rho\,d\Psi + \sum_{\text{SC}} v\,\rho\vec{V}\cdot\vec{A} \tag{4.18b}$$

$$F_z = F_{S_z} + F_{B_z} = \frac{\partial}{\partial t}\int_{\text{VC}} w\,\rho\,d\Psi + \int_{\text{SC}} w\,\rho\vec{V}\cdot d\vec{A} \tag{4.18c}$$

ou, para escoamento uniforme em cada entrada e saída,

$$F_x = F_{S_x} + F_{B_x} = \frac{\partial}{\partial t}\int_{\text{VC}} u\,\rho\,d\Psi + \sum_{\text{SC}} u\,\rho\vec{V}\cdot\vec{A} \tag{4.18d}$$

$$F_y = F_{S_y} + F_{B_y} = \frac{\partial}{\partial t}\int_{VC} v\rho \, dV + \sum_{SC} v\rho \vec{V}\cdot\vec{A} \qquad (4.18e)$$

$$F_z = F_{S_z} + F_{B_z} = \frac{\partial}{\partial t}\int_{VC} w\rho \, dV + \sum_{SC} w\rho \vec{V}\cdot\vec{A} \qquad (4.18f)$$

Note que, conforme achamos para a equação da conservação da massa (Eq. 4.12), para escoamento em regime permanente o primeiro termo no lado direito nas Eqs. 4.17 e 4.18 é zero.

Vídeo: Efeito da Quantidade de Movimento: Um Jato Impactando uma Superfície

Examinaremos agora exemplos para ilustrar algumas peculiaridades das várias formas da equação da quantidade de movimento para um volume de controle. O Exemplo 4.4 demonstra como uma escolha inteligente do volume de controle pode simplificar a análise do problema, o Exemplo 4.5 ilustra uma situação em que existem forças de campo significativas, o Exemplo 4.6 explica como simplificar a avaliação de forças de superfície trabalhando com pressões manométricas, o Exemplo 4.7 envolve forças de superfície não uniformes e o Exemplo 4.8 ilustra uma situação de escoamento não permanente.

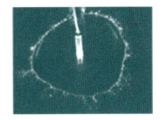

Exemplo 4.4 ESCOLHA DO VOLUME DE CONTROLE PARA ANÁLISE DE QUANTIDADE DE MOVIMENTO

A água sai de um bocal estacionário e atinge uma placa plana, conforme mostrado. A água deixa o bocal a 15 m/s; a área do bocal é 0,01 m². Considerando que a água é dirigida normal à placa e que escoa totalmente ao longo da placa, determine a força horizontal sobre o suporte.

Dados: A água é dirigida de um bocal estacionário normal a uma placa plana; o escoamento subsequente é paralelo à placa.

$$\text{Velocidade do jato, } \vec{V} = 15\hat{i}\,\text{m/s}$$
$$\text{Área do bocal, } A_n = 0{,}01\,\text{m}^2$$

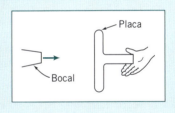

Determinar: A força horizontal sobre o suporte.

Solução: Já escolhemos um sistema de coordenadas quando definimos o problema. Devemos agora escolher um volume de controle adequado. Duas escolhas possíveis são mostradas pelas linhas tracejadas nas figuras.

Em ambos os casos, a água proveniente do bocal cruza a superfície de controle através da área A_1 (considerada igual à área do bocal), e considera-se que ela deixa o volume de controle tangencialmente à superfície da placa no sentido $+y$ ou $-y$. Antes de tentarmos decidir sobre qual o "melhor" volume de controle, vamos escrever as equações de governo.

$$\vec{F} = \vec{F}_S + \vec{F}_B = \frac{\partial}{\partial t}\int_{VC}\vec{V}\rho dV + \int_{SC}\vec{V}\rho\vec{V}\cdot d\vec{A} \quad \text{e} \quad \frac{\partial}{\partial t}\int_{VC}\rho\,dV + \int_{SC}\rho\vec{V}\cdot d\vec{A} = 0$$

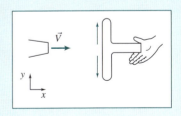

Considerações:

1 Escoamento permanente.
2 Escoamento incompressível.
3 Escoamento uniforme em cada seção onde o fluido cruza as fronteiras do VC.

A despeito de nossa escolha do volume de controle, as considerações (1), (2) e (3) levam a

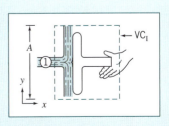

$$\vec{F} = \vec{F}_S + \vec{F}_B = \sum_{SC}\vec{V}\rho\vec{V}\cdot\vec{A} \quad \text{e} \quad \sum_{SC}\rho\vec{V}\cdot\vec{A} = 0$$

104   Capítulo 4

A avaliação do termo de fluxo da quantidade de movimento conduzirá ao mesmo resultado para ambos os volumes de controle. Devemos então escolher o volume de controle que permita a avaliação mais direta das forças.

Lembre-se, ao aplicar a equação da quantidade de movimento, de que a força, $\vec{F}$, representa todas as forças atuando *sobre* o volume de controle.

Vamos resolver o problema, utilizando cada um dos volumes de controle.

VC$_I$

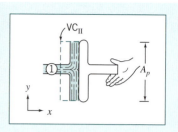

O volume de controle foi selecionado de modo que a área da superfície esquerda seja igual à área da superfície direita. Essa área é denotada por A.

O volume de controle atravessa o suporte. Sejam R_x e R_y as componentes, supostas positivas, da força de reação do suporte sobre o volume de controle. (As componentes da força do volume de controle sobre o suporte são iguais e opostas a R_x e R_y.)

A pressão atmosférica age sobre todas as superfícies do volume de controle. Note que *a pressão em um jato livre é a ambiente*, isto é, a pressão atmosférica neste caso. (A força distribuída por causa da pressão atmosférica foi mostrada somente nas faces verticais.)

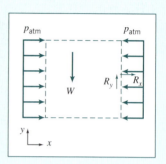

A força de campo no volume de controle é simbolizada por W.

Como estamos à procura da força horizontal, escrevemos a componente x da equação da quantidade de movimento para escoamento permanente

$$F_{S_x} + F_{B_x} = \sum_{SC} u\,\rho\vec{V}\cdot\vec{A}$$

Não há forças de campo na direção x, logo, $F_{B_x} = 0$, e

$$F_{S_x} = \sum_{SC} u\,\rho\vec{V}\cdot\vec{A}$$

Para avaliar F_{S_x}, devemos incluir todas as forças de superfície atuando sobre o volume de controle

$$F_{S_x} = \underset{\substack{\text{força decorrente da ação}\\\text{da pressão atmosférica}\\\text{para a direita (direção}\\\text{positiva) sobre a superfície}\\\text{esquerda}}}{p_{\text{atm}}A} - \underset{\substack{\text{força decorrente da ação}\\\text{da pressão atmosférica}\\\text{para a esquerda (direção}\\\text{negativa) sobre a superfície}\\\text{direita}}}{p_{\text{atm}}A} + \underset{\substack{\text{força sobre o suporte}\\\text{sobre o volume de}\\\text{controle (considerada}\\\text{positiva)}}}{R_x}$$

Consequentemente, $F_{S_x} = R_x$, e

$$R_x = \sum_{SC} u\,\rho\vec{V}\cdot\vec{A} = u\,\rho\vec{V}\cdot\vec{A}|_1 \qquad \text{\{Para as superfícies horizontais superior e inferior, } u = 0\}$$

$$R_x = -u_1\,\rho V_1 A_1 \qquad \begin{aligned}&\{\text{Em } \textcircled{4},\,\rho\vec{V}_1\cdot\vec{A}_1 = \rho(-V_1A_1),\text{visto que}\\ &\vec{V}_1 \text{ e } \vec{A}_1 \text{ têm inclinação de } 180°\\&\text{um em relação ao outro}\\&\text{Note que } u_1 = V_1\}\end{aligned}$$

$$R_x = -15\,\frac{\text{m}}{\text{s}} \times 999\,\frac{\text{kg}}{\text{m}^3} \times 15\,\frac{\text{m}}{\text{s}} \times 0{,}01\,\text{m}^2 \times \frac{\text{N}\cdot\text{s}^2}{\text{kg}\cdot\text{m}} \qquad \{u_1 = 15\,\text{m/s}\}$$

$$R_x = -2{,}25\,\text{kN} \qquad \{R_x \text{ age ao contrário do sentido considerado positivo.}\}$$

A força horizontal sobre o suporte é

$$K_x = -R_x = 2{,}25\,\text{kN} \longleftarrow \qquad \{\text{a força sobre o suporte age para a direita}\} \qquad K_x$$

VC$_{II}$ com as Forças Horizontais Mostradas

O volume de controle foi selecionado de modo que as áreas das superfícies esquerda e direita sejam iguais à área da placa. Essa área é denotada por A_p.

O volume de controle está em contato com a placa sobre toda a sua superfície. Seja B_x a força horizontal (suposta positiva) de reação da placa sobre o volume de controle.

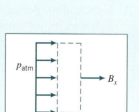

A pressão atmosférica age sobre a superfície esquerda do volume de controle (e sobre as duas superfícies horizontais).

A força de campo sobre o volume de controle não tem componente na direção x. Desse modo, a componente x da equação da quantidade de movimento

$$F_{S_x} = \sum_{SC} u\, \rho \vec{V} \cdot \vec{A}$$

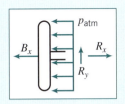

resulta

$$F_{S_x} = p_{atm} A_p + B_x = u\, \rho \vec{V} \cdot \vec{A}|_1 = -u_1 V_1 A_1 = -2{,}25 \text{ kN}$$

Então

$$B_x = -p_{atm} A_p - 2{,}25 \text{ kN}$$

Para determinar a força líquida sobre a placa, precisamos de um diagrama de corpo livre da placa:

$$\sum F_x = 0 = -B_x - p_{atm} A_p + R_x$$
$$R_x = p_{atm} A_p + B_x$$
$$R_x = p_{atm} A_p + (-p_{atm} A_p - 2{,}25 \text{ kN}) = -2{,}25 \text{ kN}$$

Assim, a força horizontal sobre o suporte é $K_x = -R_x = 2{,}25$ kN.

Note que a escolha de VC_{II} resultou na necessidade de um novo diagrama de corpo livre. Em geral, é vantajoso selecionar o volume de controle de modo que a força aja explicitamente sobre o volume de controle.

Notas:
- Este problema demonstra como uma escolha cuidadosa do volume de controle pode simplificar o uso da equação da quantidade de movimento.
- A análise poderia ser muito simplificada se tivéssemos trabalhado com pressões manométricas (veja o Exemplo 4.6).
- Para este problema, a força gerada foi inteiramente decorrente da absorção da quantidade de movimento horizontal do jato pela placa.

Exemplo 4.5   TANQUE SOBRE BALANÇA: FORÇA DE CAMPO

Um recipiente de metal, com 0,61 m de altura e seção reta interna de 0,09 m², pesa 22,2 N quando vazio. O recipiente é colocado sobre uma balança e a água escoa para o interior do recipiente por uma abertura no topo e para fora por meio de duas aberturas iguais nas laterais do recipiente, conforme mostrado no diagrama. Sob condições de escoamento permanente, a altura da água no tanque é $h = 0{,}58$ m.

$$A_1 = 0{,}009 \text{ m}^2$$
$$\vec{V}_1 = -3\hat{j}\text{ m/s}$$
$$A_2 = A_3 = 0{,}009 \text{ m}^2$$

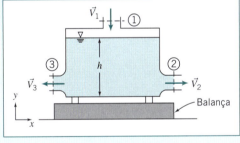

Seu chefe quer que a balança leia o peso do volume de água no tanque mais o peso do tanque, isto é, que o problema seja tratado como um simples problema de estática. Você discorda, dizendo que uma análise de escoamento do fluido é necessária. Quem está certo, e que leitura a balança indica?

Dados: Recipiente metálico, com altura de 0,61 m e seção reta $A = 0{,}09$ m², pesando 22,2 N quando vazio. O recipiente repousa sobre uma balança. Sob condições de escoamento permanente, a profundidade da água é $h = 0{,}58$ m. A água entra verticalmente pela seção ① e sai horizontalmente através das seções ② e ③.

$$A_1 = 0{,}009 \text{ m}^2$$
$$\vec{V}_1 = -3\hat{j}\text{ m/s}$$
$$A_2 = A_3 = 0{,}009 \text{ m}^2$$

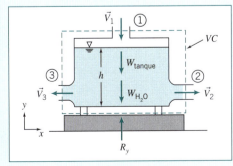

Determinar: A leitura da balança.

Solução: Escolha um volume de controle como mostrado; R_y é a força da balança sobre o volume de controle (exercida sobre o volume de controle através dos suportes) e é suposta como positiva.

106   Capítulo 4

O peso do tanque é designado por W_{tanque}; o peso da água no tanque é $W_{\text{H}_2\text{O}}$.

A pressão atmosférica age uniformemente sobre todas as superfícies do volume de controle e, portanto, não tem efeito líquido sobre o volume de controle. Por isso, não foi mostrada a distribuição de pressões no diagrama.

Equações básicas: As equações gerais para quantidade de movimento e conservação da massa em um volume de controle são as Eqs. 4.17 e 4.12, respectivamente,

$$\vec{F}_S + \vec{F}_B = \overset{=\,0(1)}{\cancel{\frac{\partial}{\partial t}} \int_{\text{VC}} \vec{V} \rho \, d\forall} + \int_{\text{SC}} \vec{V} \rho \vec{V} \cdot d\vec{A}$$

$$\overset{=\,0(1)}{\cancel{\frac{\partial}{\partial t}} \int_{\text{VC}} \rho \, d\forall} + \int_{\text{SC}} \rho \vec{V} \cdot d\vec{A} = 0$$

Note que, nos exemplos anteriores, começamos com as formas mais simples das equações da conservação da massa e da quantidade de movimento (simplificadas como as considerações do problema, por exemplo, escoamento permanente). Entretanto, neste problema, para fins de ilustração, vamos começar com a formulação mais geral dessas equações.

Considerações:

1   Escoamento permanente (dado).
2   Escoamento incompressível.
3   Escoamento uniforme em cada seção onde o fluido cruza as fronteiras do VC.

Estamos interessados apenas na componente y da equação da quantidade de movimento

$$F_{S_y} + F_{B_y} = \int_{\text{SC}} v \rho \vec{V} \cdot d\vec{A} \tag{1}$$

$$F_{S_y} = R_y \qquad\qquad\qquad \text{\{Não há força devido à pressão atmosférica.\}}$$

$$F_{B_y} = -W_{\text{tanque}} - W_{\text{H}_2\text{O}} \qquad \text{\{As duas forças de campo atuam na direção negativa de } y.\}$$

$$W_{\text{H}_2\text{O}} = \rho g \forall = \gamma A h$$

$$\int_{\text{SC}} v \rho \vec{V} \cdot d\vec{A} = \int_{A_1} v \rho \vec{V} \cdot d\vec{A} = \int_{A_1} v (-\rho V_1 dA_1) \qquad \left\{ \begin{array}{l} \vec{V} \cdot d\vec{A} \text{ é negativo na seção } \textcircled{1} \\ v = 0 \text{ nas seções } \textcircled{2} \text{ e } \textcircled{3} \end{array} \right\}$$

$$= v_1(-\rho V_1 A_1) \qquad\qquad\qquad \left\{ \begin{array}{l} \text{Consideramos propriedades} \\ \text{uniformes na seção } \textcircled{1} \end{array} \right\}$$

Usando esses resultados na Eq. 1, resulta

$$R_y - W_{\text{tanque}} - \gamma A h = v_1(-\rho V_1 A_1)$$

Note que v_1 é a componente y da velocidade, de modo que $v_1 = -V_1$, sendo $V_1 = 3$ m/s, é o módulo da velocidade $\vec{V}_1$. Assim, resolvendo para R_y,

$$R_y = W_{\text{tanque}} + \gamma A h + \rho V_1^2 A_1$$

$$= 22{,}2 \text{ N} + 9800 \frac{\text{N}}{\text{m}^3} \times 0{,}09 \text{ m}^2 \times 0{,}58 \text{ m} + 1000 \frac{\text{kg}}{\text{m}^3} \times 9 \frac{\text{m}^2}{\text{s}^2} \times 0{,}009 \text{ m}^2 \times \frac{\text{N} \cdot \text{s}^2}{\text{kg} \cdot \text{m}}$$

$$= 22{,}2 \text{ N} + 511{,}6 \text{ N} + 81 \text{ N}$$

$$R_y = 614{,}8 \text{ N} \xleftarrow{\hspace{5cm}} R_y$$

Note que essa é a força da balança sobre o volume de controle; é também a leitura da balança. Podemos verificar que a leitura da balança deve-se: ao peso do tanque (22,2 N), ao peso instantâneo da água sobre o tanque (511,6 N) e à força de equilíbrio da quantidade de movimento do fluido para baixo na seção ① (81 N). Portanto, o procedimento sugerido por seu superior não é correto — desconsiderar os resultados da quantidade de movimento resulta em um erro de quase 13%.

> Este problema ilustra o uso da equação de quantidade de movimento incluindo forças de campo significativas.

Exemplo 4.6 ESCOAMENTO ATRAVÉS DE UM COTOVELO: USO DE PRESSÕES MANOMÉTRICAS

A água escoa em regime permanente através do cotovelo redutor de 90° mostrado no diagrama. Na entrada do cotovelo, a pressão absoluta é 220 kPa e a área da seção transversal é 0,01 m². Na saída, a área da seção transversal é 0,0025 m² e a velocidade média é 16 m/s. O cotovelo descarrega para a atmosfera. Determine a força necessária para manter o cotovelo estático.

Dados: Escoamento em regime permanente de água através de um cotovelo redutor de 90°.

$$p_1 = 220 \text{ kPa (abs)} \quad A_1 = 0{,}01 \text{ m}^2 \quad \vec{V}_2 = -16\,\hat{j}\text{ m/s} \quad A_2 = 0{,}0025 \text{ m}^2$$

Determinar: A força requerida para manter o cotovelo estático.

Solução: Escolha um volume de controle fixo conforme mostrado. Note que temos diversos cálculos de forças de superfície: de p_1 sobre a área A_1 e de p_{atm} sobre as demais superfícies. A saída na seção ② é para um jato livre e, portanto, para a pressão ambiente (nesse caso, pressão atmosférica). Aqui, podemos usar uma simplificação: subtraindo p_{atm} de toda a superfície (um efeito nulo no que se refere às forças), podemos trabalhar com pressões manométricas conforme mostrado.

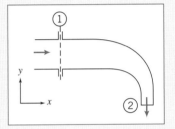

Note que, como o cotovelo está ancorado no tubo de suprimento, em adição às forças de reação R_x e R_y (mostradas), existirá também um momento de reação (não mostrado).

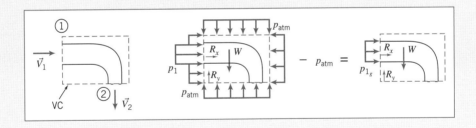

Equações básicas:

$$\vec{F} = \vec{F}_S + \vec{F}_B = \overset{=0(4)}{\cancel{\frac{\partial}{\partial t}\int_{VC} \vec{V}\rho\, d\mathcal{V}}} + \int_{SC} \vec{V}\rho\vec{V}\cdot d\vec{A}$$

$$\overset{=0(4)}{\cancel{\frac{\partial}{\partial t}\int_{VC} \rho\, d\mathcal{V}}} + \int_{SC} \rho\vec{V}\cdot d\vec{A} = 0$$

Considerações:

1. Escoamento uniforme em cada seção.
2. Pressão atmosférica, $p_{atm} = 101$ kPa (abs).
3. Escoamento incompressível.
4. Escoamento em regime permanente (dado).
5. Desprezar o peso do cotovelo e da água no cotovelo.

108 Capítulo 4

Mais uma vez (embora não seja obrigatório), iniciamos com a formulação mais geral das equações de governo. A componente x da equação da quantidade de movimento resulta em

$$F_{S_x} = \int_{SC} u\rho \vec{V} \cdot d\vec{A} = \int_{A_1} u\rho \vec{V} \cdot d\vec{A} \qquad\qquad \{F_{B_x} = 0 \quad \text{e} \quad u_2 = 0\}$$

$$p_{1_g} A_1 + R_x = \int_{A_1} u\,\rho \vec{V} \cdot d\vec{A}$$

então

$$R_x = -p_{1_g} A_1 + \int_{A_1} u\,\rho \vec{V} \cdot d\vec{A}$$

$$= -p_{1_g} A_1 + u_1(-\rho V_1 A_1)$$

$$R_x = -p_{1_g} A_1 - \rho V_1^2 A_1$$

Note que u_1 é a componente x da velocidade, de modo que $u_1 = V_1$. Para determinar V_1, use a equação de conservação da massa:

$$\int_{SC} \rho \vec{V} \cdot d\vec{A} = \int_{A_1} \rho \vec{V} \cdot d\vec{A} + \int_{A_2} \rho \vec{V} \cdot d\vec{A} = 0$$

$$\therefore (-\rho V_1 A_1) + (\rho V_2 A_2) = 0$$

e

$$V_1 = V_2 \frac{A_2}{A_1} = 16\frac{\text{m}}{\text{s}} \times \frac{0,0025}{0,01} = 4\,\text{m/s}$$

Podemos, agora, calcular R_x

$$R_x = -p_{1_g} A_1 - \rho V_1^2 A_1$$

$$= -1,19 \times 10^5 \frac{\text{N}}{\text{m}^2} \times 0,01\,\text{m}^2 - 999\frac{\text{kg}}{\text{m}^3} \times 16\frac{\text{m}^2}{\text{s}^2} \times 0,01\,\text{m}^2 \times \frac{\text{N} \cdot \text{s}^2}{\text{kg} \cdot \text{m}}$$

$$R_x = -1,35\,\text{kN} \longleftarrow \underline{\hspace{6cm}} R_x$$

Escrevendo a componente y da equação da quantidade de movimento, obtém-se

$$F_{S_y} + F_{B_y} = R_y + F_{B_y} = \int_{SC} v\,\rho \vec{V} \cdot d\vec{A} = \int_{A_2} v\,\rho \vec{V} \cdot d\vec{A} \qquad\qquad \{v_1 = 0\}$$

ou

$$R_y = -F_{B_y} + \int_{A_2} v\,\rho \vec{V} \cdot d\vec{A}$$

$$= -F_{B_y} + v_2(\rho V_2 A_2)$$

$$R_y = -F_{B_y} - \rho V_2^2 A_2$$

Note que v_2 é a componente y da velocidade, de modo que $v_2 = -V_2$, sendo V_2 o módulo da velocidade de saída.
Substituindo os valores conhecidos

$$R_y = -F_{B_y} + -\rho V_2^2 A_2$$

$$= -F_{B_y} - 999\frac{\text{kg}}{\text{m}^3} \times (16)^2 \frac{\text{m}^2}{\text{s}^2} \times 0,0025\,\text{m}^2 \times \frac{\text{N} \cdot \text{s}^2}{\text{kg} \cdot \text{m}}$$

$$= -F_{B_y} - 639\,\text{N} \longleftarrow \underline{\hspace{5cm}} R_y$$

Desprezando F_{B_y}, resulta

$$R_y = -639\,\text{N} \longleftarrow \underline{\hspace{5cm}} R_y$$

Este problema ilustra como a utilização de pressões manométricas simplifica a avaliação das forças de superfície na equação da quantidade de movimento.

Exemplo 4.7 ESCOAMENTO SOB UMA COMPORTA VERTICAL: FORÇA DA PRESSÃO HIDROSTÁTICA

A água de um canal aberto escoa sob uma comporta. Compare a força horizontal da água sobre a comporta (a) quando a comporta está fechada e (b) quando a comporta está aberta (considerando escoamento permanente, conforme mostrado). Considere que o escoamento nas seções ① e ② seja incompressível e uniforme e que (visto que as linhas de correntes ali são retilíneas) as distribuições de pressão são hidrostáticas.

Dados: Escoamento sob uma comporta. Largura = w.

Determinar: A força horizontal exercida (por unidade de largura) sobre a comporta aberta e fechada.

Solução: Escolha um volume de controle conforme mostrado para a comporta aberta. Note que é muito mais simples trabalhar com pressões manométricas, conforme aprendemos no Exemplo 4.6.

As forças agindo sobre o VC incluem

- Força da gravidade W.
- Força de atrito F_f.
- Componentes R_x e R_y da força de reação da comporta.
- Distribuição de pressão hidrostática sobre as superfícies verticais, consideração (6).
- Distribuição da pressão $p_b(x)$ ao longo da superfície de fundo (não mostrado).

Aplique a componente x da equação da quantidade de movimento.

Equação básica:

$$F_{S_x} + \cancel{F_{B_x}}^{=0(2)} = \cancel{\frac{\partial}{\partial t} \int_{VC} u\,\rho\,dV}^{=0(3)} + \int_{SC} u\,\rho\vec{V}\cdot d\vec{A}$$

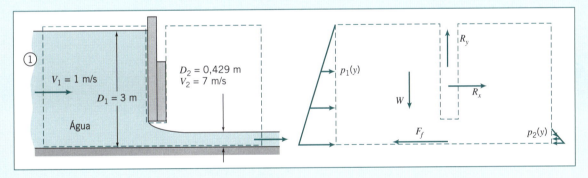

Considerações:

1. F_f desprezível (despreze o atrito no fundo do canal).
2. $F_{B_x} = 0$.
3. Escoamento em regime permanente.
4. Escoamento incompressível (dado).
5 Escoamento uniforme em cada seção (dado).
6 Distribuições de pressão hidrostática em ① e ② (dado).

Então,

$$F_{S_x} = F_{R_1} + F_{R_2} + R_x = u_1(-\rho V_1 w D_1) + u_2(\rho V_2 w D_2)$$

As forças de superfície atuando sobre o VC são decorrentes das distribuições de pressão e da força desconhecida R_x. Da consideração (6), podemos integrar as distribuições de pressões manométricas sobre cada lado para calcular as forças hidrostáticas F_{R_1} e F_{R_2},

$$F_{R_1} = \int_0^{D_1} p_1\,dA = w\int_0^{D_1} \rho g y\,dy = \rho g w \left.\frac{y^2}{2}\right|_0^{D_1} = \frac{1}{2}\rho g w D_1^2$$

110   Capítulo 4

em que y é medido para baixo a partir da superfície livre na seção ①, e

$$F_{R_2} = \int_0^{D_2} p_2 \, dA = w \int_0^{D_2} \rho g y \, dy = \rho g w \frac{y^2}{2} \bigg|_0^{D_2} = \frac{1}{2} \rho g w D_2^2$$

em que y é medido para baixo a partir da superfície livre na seção ②. (Note que poderíamos ter usado a equação de força hidrostática, Eq. 3.10b, diretamente para obter essas forças.)

Avaliando F_{S_x}, resulta

$$F_{S_x} = R_x + \frac{\rho g w}{2}(D_1^2 - D_2^2)$$

Substituindo na equação da quantidade de movimento, com $u_1 = V_1$ e $u_2 = V_2$, obtivemos

$$R_x + \frac{\rho g w}{2}(D_1^2 - D_2^2) = -\rho V_1^2 w D_1 + \rho V_2^2 w D_2$$

ou

$$R_x = \rho w (V_2^2 D_2 - V_1^2 D_1) - \frac{\rho g w}{2}(D_1^2 - D_2^2)$$

O segundo termo no lado direito desta equação é a força hidrostática resultante sobre a comporta; o primeiro termo é uma "correção" (leva a uma força líquida menor) para o caso da comporta aberta. Qual é a natureza dessa "correção"? A pressão no fluido longe da comporta em ambas as direções é sem dúvida hidrostática, mas considere o escoamento perto da comporta: como existem ali variações significativas de velocidade (em módulo e direção), as distribuições de pressão desviam-se significativamente da hidrostática — por exemplo, à medida que o fluido é acelerado sob a comporta haverá uma queda de pressão significativa no lado esquerdo inferior da comporta. Deduzir esse campo de pressões seria uma tarefa difícil, mas graças à escolha cuidadosa de nosso volume de controle pudemos evitar essa dedução!

Podemos agora calcular a força horizontal por unidade de largura,

$$\frac{R_x}{w} = \rho(V_2^2 D_2 - V_1^2 D_1) - \frac{\rho g}{2}(D_1^2 - D_2^2)$$

$$= 999 \frac{\text{kg}}{\text{m}^3} \times \left[(7)^2(0{,}429) - (1)^2(3)\right] \frac{\text{m}^2}{\text{s}^2}\text{m} \times \frac{\text{N} \cdot \text{s}^2}{\text{kg} \cdot \text{m}}$$

$$- \frac{1}{2} \times 999 \frac{\text{kg}}{\text{m}^3} \times 9{,}81 \frac{\text{m}}{\text{s}^2} \times [(3)^2 - (0{,}429)^2]\text{m}^2 \times \frac{\text{N} \cdot \text{s}^2}{\text{kg} \cdot \text{m}}$$

$$\frac{R_x}{w} = 18{,}0 \, \text{kN/m} - 43{,}2 \, \text{kN/m}$$

$$\frac{R_x}{w} = -25{,}2 \, \text{kN/m}$$

R_x é a força externa atuando sobre o volume de controle, aplicada pela comporta. Portanto, a força de todos os fluidos sobre a comporta é K_x, na qual $K_x = -R_x$. Então,

$$\frac{K_x}{w} = -\frac{R_x}{w} = 25{,}2 \, \text{kN/m} \longleftarrow \qquad\qquad \frac{K_x}{w}$$

Essa força pode ser comparada com a força sobre a comporta fechada de 44,1 kN/m (que é obtida a partir do segundo termo à direita da equação de cálculo de R_x/w fazendo D_2 igual a zero, porque, para a comporta fechada, não há fluido no lado direito) — a força sobre a comporta aberta é significativamente menor quando a água é acelerada para fora sob a comporta.

> Este problema ilustra a aplicação da equação da quantidade de movimento a um volume de controle para o qual a pressão não é uniforme sobre a superfície de controle.

Exemplo 4.8 ENCHIMENTO DE CORREIA TRANSPORTADORA: TAXA DE VARIAÇÃO DA QUANTIDADE DE MOVIMENTO NO VOLUME DE CONTROLE

Uma correia transportadora horizontal movendo-se a 0,9 m/s recebe areia de um carregador. A areia cai verticalmente sobre a correia com velocidade de 1,5 m/s e vazão de 225 kg/s (a massa específica da areia é de aproximadamente 1580 kg/m³). A correia transportadora está inicialmente vazia e vai se enchendo gradativamente com areia. Se o atrito no sistema de acionamento e nos roletes for desprezível, determine a força de tração necessária para puxar a correia enquanto é carregada.

Dados: Correia transportadora e carregador mostrados no esquema.

Determinar: $T_{correia}$ no instante mostrado.

Solução: Use o volume de controle e coordenadas mostrados. Aplique a componente x da equação da quantidade de movimento.

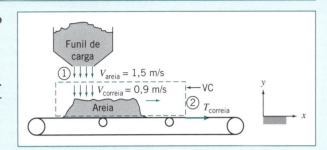

Equações básicas:

$$F_{S_x} + \overset{=0(2)}{F_{B_x}} = \frac{\partial}{\partial t}\int_{VC} u\rho\, dV + \int_{SC} u\rho \vec{V}\cdot d\vec{A} \qquad \frac{\partial}{\partial t}\int_{VC}\rho\, dV + \int_{SC}\rho\vec{V}\cdot d\vec{A} = 0$$

Considerações:

1. $F_{S_x} = T_{correia} = T$.
2. $F_{B_x} = 0$.
3. Escoamento uniforme na seção ①.
4. Toda a areia na correia move-se com $V_{correia} = V_b$.

Então,

$$T = \frac{\partial}{\partial t}\int_{VC} u\rho\, dV + u_1(-\rho V_1 A_1) + u_2(\rho V_2 A_2)$$

Como $u_1 = 0$, e não existe fluxo de areia na seção ②,

$$T = \frac{\partial}{\partial t}\int_{VC} u\rho\, dV$$

Da consideração (4), dentro do VC, $u = V_b =$ constante, e assim

$$T = V_b\frac{\partial}{\partial t}\int_{VC}\rho\, dV = V_b\frac{\partial M_s}{\partial t}$$

em que M_s é a massa de areia na correia (dentro do volume de controle). Talvez este resultado não seja uma surpresa — a tração na correia é a força requerida para aumentar a quantidade de movimento no interior do volume de controle (que é crescente, pois a massa não é constante no interior do volume de controle, embora a velocidade seja). Da equação da continuidade,

$$\frac{\partial}{\partial t}\int_{VC}\rho\, dV = \frac{\partial}{\partial t}M_s = -\int_{SC}\rho\vec{V}\cdot d\vec{A} = \dot{m}_s = 225\text{ kg/s}$$

Então

$$T = V_b\dot{m}_s = 0{,}9\,\frac{\text{m}}{\text{s}} \times 225\,\frac{\text{kg}}{\text{s}} \times \frac{\text{N}\cdot\text{s}^2}{\text{kg}\cdot\text{m}}$$

$$T = 203{,}4\text{ N} \longleftarrow \qquad T$$

> Este problema ilustra a aplicação da equação da quantidade de movimento a um volume de controle no qual a quantidade de movimento está variando.

Análise de Volume de Controle Diferencial

A metodologia do volume de controle, conforme vimos nos exemplos anteriores, fornece resultados úteis quando aplicada a uma região finita.

Se aplicarmos a metodologia a um volume de controle diferencial, podemos obter equações diferenciais descrevendo um campo de escoamento. Nesta seção, aplicaremos as equações da conservação da massa e da quantidade de movimento a um volume de controle diferencial para obter uma equação diferencial simples descrevendo um escoamento incompressível, sem atrito e em regime permanente, e integrá-la ao longo de uma linha de corrente para deduzir a famosa equação de Bernoulli.

Apliquemos as equações da continuidade e da quantidade de movimento a um escoamento em regime permanente, incompressível e sem atrito, conforme mostrado na Fig. 4.4. O volume de controle escolhido é fixo no espaço e limitado pelas linhas de corrente do escoamento, e é, portanto, um elemento de um tubo de corrente. O comprimento do volume de controle é ds.

Como o volume de controle é limitado por linhas de corrente, escoamentos cruzando as superfícies de controle ocorrem somente nas seções transversais das extremidades do tubo de corrente. Essas seções estão localizadas nas coordenadas s e $s + ds$, medidas ao longo da linha de corrente central.

Valores simbólicos arbitrários foram atribuídos às propriedades na seção de entrada. Considera-se que, na seção de saída, as propriedades aumentam de uma quantidade diferencial. Então, em $s + ds$, a velocidade do escoamento é considerada como $V_s + dV_s$, e assim por diante. As variações diferenciais, dp, dV_s e dA, são todas consideradas positivas na formulação do problema. (Tal como em uma análise de diagrama de corpo livre na estática ou na dinâmica, o sinal algébrico real de cada variação diferencial será determinado pelos resultados da análise.)

Agora, vamos aplicar a equação da continuidade e a componente s da equação da quantidade de movimento ao volume de controle da Fig. 4.4.

a. Equação da Continuidade

Equação básica:
$$\underset{=\,0(1)}{\frac{\partial}{\partial t}\int_{VC} \rho\, dV} + \int_{SC} \rho \vec{V} \cdot d\vec{A} = 0 \tag{4.12}$$

Considerações:

1. Escoamento em regime permanente.
2. Não há escoamento através das linhas de corrente limitadoras do VC.
3. Escoamento incompressível, $\rho =$ constante.

Então,

$$(-\rho V_s A) + \{\rho(V_s + dV_s)(A + dA)\} = 0$$

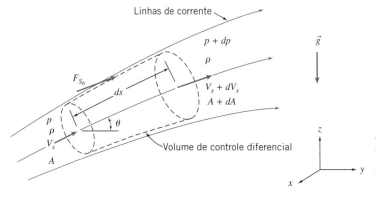

Fig. 4.4 Volume de controle diferencial para análise da quantidade de movimento de escoamento através de um tubo de corrente.

Equações Básicas na Forma Integral para um Volume de Controle **113**

logo

$$\rho(V_s + dV_s)(A + dA) = \rho V_s A \qquad (4.19a)$$

Expandindo o lado esquerdo e simplificando, obtivemos

$$V_s \, dA + A \, dV_s + dA \, dV_s = 0$$

Mas $dA \, dV_s$ é um produto de diferenciais que pode ser desprezado, comparado com $V_s \, dA$ ou $A \, dV_s$. Assim

$$V_s \, dA + A \, dV_s = 0 \qquad (4.19b)$$

b. Componente da Equação da Quantidade de Movimento na Direção da Linha de Corrente

Equação básica:
$$F_{S_s} + F_{B_s} = \overset{= \, 0(1)}{\overbrace{\frac{\partial}{\partial t} \int_{\text{VC}}}} u_s \, \rho \, d\Psi + \int_{\text{SC}} u_s \, \rho \vec{V} \cdot d\vec{A} \qquad (4.20)$$

Consideração:

4 Não existe atrito, portanto F_{S_b} é decorrente somente das forças de pressão.

A força de superfície (decorrente somente da pressão) terá três termos:

$$F_{S_s} = pA - (p + dp)(A + dA) + \left(p + \frac{dp}{2} \right) dA \qquad (4.21a)$$

O primeiro e o segundo termos da Eq. 4.21a são as forças de pressão sobre as faces das extremidades da superfície de controle. O terceiro é F_{S_b}, a força de pressão atuando na direção s sobre a superfície do tubo de corrente. Seu módulo é o produto da pressão média agindo na superfície do tubo de corrente, $p + \frac{1}{2} dp$, pela componente de área dA da superfície do tubo de corrente na direção s. A Eq. 4.21a é simplificada para

$$F_{S_s} = -A \, dp - \frac{1}{2} dp \, dA \qquad (4.21b)$$

A componente da força de campo na direção s é

$$F_{B_s} = \rho g_s \, d\Psi = \rho(-g \operatorname{sen}\theta) \left(A + \frac{dA}{2} \right) ds$$

Mas sen $\theta \, ds = dz$, de modo que

$$F_{B_s} = -\rho g \left(A + \frac{dA}{2} \right) dz \qquad (4.21c)$$

O fluxo de quantidade de movimento será

$$\int_{\text{SC}} u_s \, \rho \vec{V} \cdot d\vec{A} = V_s(-\rho V_s A) + (V_s + dV_s)\{\rho(V_s + dV_s)(A + dA)\}$$

uma vez que não há fluxo de massa através das superfícies do tubo de corrente. De acordo com a equação da continuidade, Eq. 4.19a, os fatores de fluxo de massas entre parênteses e chaves são iguais, de modo que

$$\int_{\text{SC}} u_s \, \rho \vec{V} \cdot d\vec{A} = V_s(-\rho V_s A) + (V_s + dV_s)(\rho V_s A) = \rho V_s A \, dV_s \qquad (4.22)$$

Substituindo as Eqs. 4.21b, 4.21c e 4.22 na Eq. 4.20 (a equação da quantidade de movimento), resulta

$$-A \, dp - \frac{1}{2} dp \, dA - \rho g A \, dz - \frac{1}{2} \rho g \, dA \, dz = \rho V_s A \, dV_s$$

114   Capítulo 4

Dividindo por ρA e observando que os termos com produtos de diferenciais são desprezíveis em relação aos demais, obtivemos

$$-\frac{dp}{\rho} - g\,dz = Vs\,dV_s = d\left(\frac{V_s^2}{2}\right)$$

ou

$$\frac{dp}{\rho} + d\left(\frac{V_s^2}{2}\right) + g\,dz = 0 \tag{4.23}$$

Como o escoamento é incompressível, essa equação pode ser integrada para obter

$$\frac{p}{\rho} + \frac{V_s^2}{2} + gz = \text{constante} \tag{4.24}$$

ou, retirando o subscrito s,

$$\frac{p}{\rho} + \frac{V_s^2}{2} + gz = \text{constante} \tag{4.24}$$

Essa equação está sujeita às seguintes restrições:

1 Escoamento em regime permanente.
2 Ausência de atrito.
3 Escoamento ao longo de uma linha de corrente.
4 Escoamento incompressível.

Deduzimos uma forma da equação, talvez uma das mais famosas (e mal empregada) em mecânica dos fluidos — a equação de Bernoulli. Ela *somente* pode ser usada quando as quatro restrições listadas anteriormente forem aplicadas, para obter pelo menos uma precisão razoável! Embora nenhum escoamento real satisfaça todas essas restrições (especialmente a segunda), podemos aproximar o comportamento de muitos escoamentos com a Eq. 4.24.

Por exemplo, a equação é largamente usada em aerodinâmica para relacionar a pressão com a velocidade em um escoamento (por exemplo, ela explica a sustentação em uma asa subsônica). Ela pode também ser usada para determinar a pressão na entrada do cotovelo de redução analisado no Exemplo 4.6 ou para determinar a velocidade da água saindo da comporta vertical do Exemplo 4.7 (esses dois escoamentos satisfazem aproximadamente as quatro restrições). Por outro lado, a Eq. 4.24 *não* descreve corretamente a variação da pressão da água no escoamento em um tubo. Pela equação, para um tubo horizontal de diâmetro constante, a pressão será constante, porém, na verdade, a pressão cai significativamente ao longo do tubo — necessitaremos da maior parte do Capítulo 8 para explicar isso.

A equação de Bernoulli e os seus limites de utilização são tão importantes que a deduziremos novamente e discutiremos suas limitações em detalhes no Capítulo 6.

Exemplo 4.9   ESCOAMENTO EM BOCAL: APLICAÇÃO DA EQUAÇÃO DE BERNOULLI

A água escoa, em regime permanente, através de um bocal horizontal que a descarrega para a atmosfera. Na entrada, o diâmetro do bocal é D_1 e, na saída, D_2. Deduza uma expressão para a pressão manométrica mínima necessária na entrada do bocal para produzir uma vazão volumétrica dada, Q. Avalie a pressão manométrica para $D_1 = 75$ mm e $D_2 = 25$ mm, quando a vazão volumétrica desejada for 0,02 m³/s.

Dados: Escoamento em regime permanente de água através de um bocal horizontal descarregando para a atmosfera.

$$D_1 = 75 \text{ mm} \qquad D_2 = 25\text{ mm} \qquad p_2 = p_{\text{atm}}$$

Determinar: (a) p_{1g} como uma função da vazão volumétrica, Q.
(b) p_{1g} para $Q = 0,02$ m³/s.

Solução:

Equações básicas:

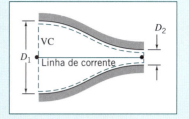

$$\frac{p_1}{\rho} + \frac{V_1^2}{2} + gz_1 = \frac{p_2}{\rho} + \frac{V_2^2}{2} + gz_2$$

$$\cancelto{0(1)}{\frac{\partial}{\partial t}\int_{VC} \rho\, dV} + \int_{SC} \rho\vec{V}\cdot d\vec{A} = 0$$

Considerações:

1. Escoamento permanente (dado).
2. Escoamento incompressível.
3. Escoamento sem atrito.
4. Escoamento ao longo de uma linha de corrente.
5. $z_1 = z_2$.
6. Escoamento uniforme nas seções ① e ②.

Para avaliar p_1, devemos aplicar a equação de Bernoulli ao longo de uma linha de corrente, entre os pontos ① e ②. Então,

$$p_{1g} = p_1 - p_{atm} = p_1 - p_2 = \frac{\rho}{2}(V_2^2 - V_1^2) = \frac{\rho}{2}V_1^2\left[\left(\frac{V_2}{V_1}\right)^2 - 1\right]$$

A aplicação da equação da continuidade resulta em

$$(-\rho V_1 A_1) + (\rho V_2 A_2) = 0 \quad \text{ou} \quad V_1 A_1 = V_2 A_2 = Q$$

de modo que

$$\frac{V_2}{V_1} = \frac{A_1}{A_2} \quad \text{e} \quad V_1 = \frac{Q}{A_1}$$

Então,

$$p_{1g} = \frac{\rho Q^2}{2A_1^2}\left[\left(\frac{A_1}{A_2}\right)^2 - 1\right]$$

Como $A = \pi D^2/4$, resulta

$$p_{1g} = \frac{8\rho\, Q^2}{\pi^2 D_1^4}\left[\left(\frac{D_1}{D_2}\right)^4 - 1\right] \longleftarrow \qquad p_{1g}$$

(Note que, para um dado bocal, a pressão requerida é proporcional ao quadrado da vazão — isso não é surpresa, pois usamos a Eq. 4.24 que mostra que $p \sim V^2 \sim Q^2$.) Com $D_1 = 75$ mm, $D_2 = 25$ mm e $\rho = 1000$ kg/m³,

$$p_{1g} = \frac{8}{\pi^2} \times 1000\frac{\text{kg}}{\text{m}^3} \times \frac{1}{(0,075)^4 \text{m}^4} \times Q^2[(3,0)^4 - 1]\frac{\text{N}\cdot\text{s}^2}{\text{kg}\cdot\text{m}} \times \frac{\text{Pa}\cdot\text{m}^2}{\text{N}^2}$$

$$p_{1g} = 2049,44 \times 10^6\, Q^2 \frac{\text{N}\cdot\text{s}^2}{\text{m}^8} \times \frac{\text{Pa}\cdot\text{m}^2}{\text{N}}$$

Com $Q = 0,02$ m³/s, então $p_{1g} = 819.776$ kPa $\longleftarrow \qquad p_{1g}$

> Este problema ilustra a aplicação da equação de Bernoulli a um escoamento no qual as restrições de escoamento em regime permanente, incompressível e sem atrito ao longo de uma linha de corrente são razoáveis.

Volume de Controle Movendo com Velocidade Constante

Nos problemas precedentes, que ilustram a aplicação da equação da quantidade de movimento a volumes de controle inerciais, consideramos apenas volumes de controle estacionários. Suponha agora que temos um volume de controle em movimento, com velocidade constante. Podemos, nesse caso, definir dois sistemas de coordenadas: o referencial XYZ de nossas coordenadas estacionárias originais (inercial, portanto), e o referencial xyz das coordenadas fixas ao volume de controle (também inercial, porque o volume de controle não está acelerado em relação a XYZ).

A Eq. 4.10, que expressa as derivadas do sistema em termos das variáveis do volume de controle, é válida para qualquer movimento do sistema de coordenadas xyz (fixo ao volume de controle), desde que todas as velocidades sejam medidas *em relação* ao volume de controle. Para ressaltar esse ponto, reescrevemos a Eq. 4.10 como

$$\left.\frac{dN}{dt}\right)_{\text{sistema}} = \frac{\partial}{\partial t}\int_{\text{VC}} \eta\,\rho\,dV + \int_{\text{SC}} \eta\,\rho\,\vec{V}_{xyz}\cdot d\vec{A} \tag{4.25}$$

Posto que todas as velocidades devam ser medidas em relação ao volume de controle, ao usar essa equação para obter a equação de quantidade de movimento para um volume de controle inercial, partindo da formulação de sistema, devemos fazer

$$N = \vec{P}_{xyz} \quad \text{e} \quad \eta = \vec{V}_{xyz}$$

A equação de volume de controle é então escrita como

$$\vec{F} = \vec{F}_S + \vec{F}_B = \frac{\partial}{\partial t}\int_{\text{VC}} \vec{V}_{xyz}\,\rho\,dV + \int_{\text{SC}} \vec{V}_{xyz}\,\rho\vec{V}_{xyz}\cdot d\vec{A} \tag{4.26}$$

A Eq. 4.26 é a formulação da segunda lei de Newton aplicada a qualquer volume de controle inercial (estacionário ou movendo com velocidade constante). Ela é idêntica à Eq. 4.17a, exceto pela inclusão do subscrito xyz para assinalar que as velocidades devem ser medidas em relação ao volume de controle. (É didático imaginar que as velocidades são aquelas que seriam detectadas por um observador em movimento junto ao volume de controle.) O Exemplo 4.10 ilustra o uso da Eq. 4.26 para um volume de controle movendo com velocidade constante.

Exemplo 4.10 PÁ DEFLETORA MOVENDO-SE COM VELOCIDADE CONSTANTE

O esquema mostra uma pá defletora com ângulo de curvatura de 60°. Ela se move com velocidade constante, $U = 10$ m/s, e recebe um jato de água que deixa um bocal estacionário com velocidade $V = 30$ m/s. O bocal tem área de saída de 0,003 m². Determine as componentes da força que age sobre a pá.

Dados: Pá defletora, com ângulo de curvatura $\theta = 60°$, movendo-se com velocidade constante, $\vec{U} = 10\hat{i}$ m/s. Água, proveniente de um bocal de área constante, $A = 0,003$ m², com velocidade $\vec{V} = 30\hat{i}$ m/s, escoa sobre a pá conforme mostrado.

Determinar: As componentes da força agindo sobre a pá.

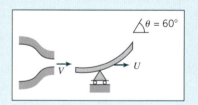

Solução: Selecione um volume de controle que se move com a pá a velocidade constante, $\vec{U}$, conforme mostrado pelas linhas tracejadas. R_x e R_y são as componentes da força requerida para manter a velocidade do volume de controle em $10\hat{i}$ m/s.

O volume de controle é inercial, pois não está com aceleração (U = constante). Lembre-se de que todas as velocidades devem ser medidas em relação ao volume de controle para aplicação das equações básicas.

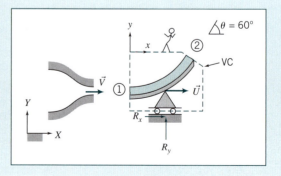

Equações básicas:

$$\vec{F}_S + \vec{F}_B = \frac{\partial}{\partial t}\int_{\text{VC}} \vec{V}_{xyz}\rho\,dV + \int_{\text{SC}} \vec{V}_{xyz}\,\rho\vec{V}_{xyz}\cdot d\vec{A}$$

$$\frac{\partial}{\partial t}\int_{\text{VC}} \rho\,dV + \int_{\text{SC}} \rho\vec{V}_{xyz}\cdot d\vec{A} = 0$$

Equações Básicas na Forma Integral para um Volume de Controle   **117**

Considerações:

1 Escoamento permanente em relação à pá defletora.
2 A magnitude da velocidade relativa ao longo da pá é constante: $|\vec{V}_1| = |\vec{V}_2| = V - U$.
3 Propriedades uniformes nas seções ① e ②.
4 $F_{B_x} = 0$.
5 Escoamento incompressível.

A componente x da equação da quantidade de movimento é

$$F_{S_x} + \overset{= 0(4)}{\cancel{F_{B_x}}} = \overset{= 0(1)}{\cancel{\frac{\partial}{\partial t}}} \int_{VC} u_{xyz}\, \rho\, dV + \int_{SC} u_{xyz}\, \rho \vec{V}_{xyz} \cdot d\vec{A}$$

Não há força resultante de pressão, pois p_{atm} atua em todos os lados do VC. Assim,

$$R_x = \int_{A_1} u(-\rho V dA) + \int_{A_2} u(\rho V dA) = +u_1(-\rho V_1 A_1) + u_2(\rho V_2 A_2)$$

(Todas as velocidades são medidas em relação a xyz.) Da equação da continuidade,

$$\int_{A_1} (-\rho V dA) + \int_{A_2} (\rho V dA) = (-\rho V_1 A_1) + (\rho V_2 A_2) = 0$$

ou

$$\rho V_1 A_1 = \rho V_2 A_2$$

Portanto,

$$R_x = (u_2 - u_1)(\rho V_1 A_1)$$

Todas as velocidades devem ser medidas em relação ao volume de controle. Logo, notamos que

$$\begin{aligned} V_1 &= V - U & V_2 &= V - U \\ u_1 &= V - U & u_2 &= (V - U)\cos\theta \end{aligned}$$

Substituindo, resulta

$$R_x = [(V - U)\cos\theta - (V - U)](\rho(V - U)A_1) = (V - U)(\cos\theta - 1)\{\rho(V - U)A_1\}$$

$$= (30 - 10)\frac{m}{s} \times (0{,}50 - 1) \times \left(999\frac{kg}{m^3}(30 - 10)\frac{m}{s} \times 0{,}003\, m^2\right) \times \frac{N \cdot s^2}{kg \cdot m}$$

$$R_x = -599N \ \{\text{para a esquerda}\}$$

Escrevendo a componente y da equação da quantidade de movimento, obtivemos

$$F_{S_y} + F_{B_y} = \overset{= 0(1)}{\cancel{\frac{\partial}{\partial t}}} \int_{VC} v_{xyz}\, \rho\, dV + \int_{SC} v_{xyz}\, \rho \vec{V}_{xyz} \cdot d\vec{A}$$

Denotando a massa do VC por M, segue que

$$R_y - Mg = \int_{SC} v\rho\vec{V} \cdot d\vec{A} = \int_{A_2} v\rho\vec{V} \cdot d\vec{A} \quad \{v_1 = 0\} \qquad \left\{\begin{array}{l}\text{Todas as velocidades}\\ \text{são medidas em relação}\\ \text{a } xyz.\end{array}\right\}$$

$$= \int_{A_2} v(\rho V dA) = v_2(\rho V_2 A_2) = v_2(\rho V_1 A_1) \qquad \{\text{Lembre-se } \rho V_2 A_2 = \rho V_1 A_1.\}$$

$$= (V - U)\text{sen}\,\theta\{\rho(V - U)A_1\}$$

$$= (30 - 10)\frac{m}{s} \times (0{,}866) \times \left((999)\frac{kg}{m^3}(30 - 10)\frac{m}{s} \times 0{,}003\, m^2\right) \times \frac{N \cdot s^2}{kg \cdot m}$$

118 Capítulo 4

$$R_y - Mg = 1,04\,\text{kN} \qquad \{\text{para cima}\}$$

Assim, a força vertical é

$$R_y = 1,04\,\text{kN} + Mg \qquad \{\text{para cima}\}$$

Desse modo, a força resultante sobre a pá (desprezando o peso da pá e da água dentro do VC) é

$$\vec{R} = -0,599\hat{i} + 1,04\hat{j}\,\text{kN} \longleftarrow \hspace{3cm} \vec{R}$$

> Este problema ilustra como aplicar a equação da quantidade de movimento para um volume de controle em movimento com velocidade constante pela avaliação de todas as velocidades relativas ao volume de controle.

4.5 Equação da Quantidade de Movimento para um Volume de Controle com Aceleração Retilínea

Para um volume de controle inercial (sem aceleração em relação a um referencial estacionário), a formulação apropriada da segunda lei de Newton é dada pela Eq. 4.26,

$$\vec{F} = \vec{F}_S + \vec{F}_B = \frac{\partial}{\partial t} \int_{\text{VC}} \vec{V}_{xyz}\,\rho\,d\Psi + \int_{\text{SC}} \vec{V}_{xyz}\,\rho\vec{V}_{xyz} \cdot d\vec{A} \qquad (4.26)$$

Nem todos os volumes de controle são estacionários; por exemplo, um foguete deve acelerar para sair do chão. Como estamos interessados na análise de volumes de controle que podem acelerar em relação a um referencial estacionário, é lógico questionar se a Eq. 4.26 pode ser usada para um volume de controle acelerado. Para responder a essa pergunta, revisemos brevemente os dois elementos principais usados no desenvolvimento da Eq. 4.26.

Primeiramente, ao relacionarmos as derivadas do sistema com a formulação de volume de controle (Eq. 4.25 ou 4.10), o campo de escoamento, $\vec{V}(x, y, z, t)$, foi especificado em relação às coordenadas do volume de controle, x, y e z. Nenhuma restrição foi feita quanto ao movimento do referencial xyz. Consequentemente, a Eq. 4.25 (ou Eq. 4.10) é válida em qualquer instante para qualquer movimento arbitrário das coordenadas x, y e z, desde que todas as velocidades na equação sejam medidas em relação ao volume de controle.

Em segundo lugar, a equação de sistema

$$\vec{F} = \left.\frac{d\vec{P}}{dt}\right)_{\text{sistema}} \qquad (4.2a)$$

em que a quantidade de movimento linear do sistema é dada por

$$\vec{P}_{\text{sistema}} = \int_{M(\text{sistema})} \vec{V}\,dm = \int_{\Psi(\text{sistema})} \vec{V}\,\rho\,d\Psi \qquad (4.2b)$$

é válida apenas para velocidades medidas em relação a um referencial de coordenadas inerciais. Assim, se denotarmos o referencial inercial por XYZ, a segunda lei de Newton estabelece que

$$\vec{F} = \left.\frac{d\vec{P}_{XYZ}}{dt}\right)_{\text{sistema}} \qquad (4.27)$$

Uma vez que as derivadas temporais de $\vec{P}_{XYZ}$ e $\vec{P}_{xyz}$ não são iguais quando o referencial xyz está acelerando em relação ao referencial inercial, a Eq. 4.26 não é válida para um volume de controle acelerado.

Para desenvolver a equação da quantidade de movimento para um volume de controle com aceleração linear, é necessário relacionar $\vec{P}_{XYZ}$ do sistema com $\vec{P}_{xyz}$ do sistema.

Equações Básicas na Forma Integral para um Volume de Controle **119**

A derivada do sistema $d\vec{P}_{xyz}/dt$ pode ser relacionada com as variáveis do volume de controle pela Eq. 4.25. Começaremos escrevendo a segunda lei de Newton para um sistema, lembrando que a aceleração deve ser medida em relação ao referencial inercial que designamos por XYZ. Escrevemos, então,

$$\vec{F} = \frac{d\vec{P}_{XYZ}}{dt}\Bigg)_{\text{sistema}} = \frac{d}{dt}\int_{M(\text{sistema})} \vec{V}_{XYZ} dm = \int_{M(\text{sistema})} \frac{d\vec{V}_{XYZ}}{dt} dm \quad (4.28)$$

As velocidades relativas ao referencial inercial (XYZ) e às coordenadas do volume de controle (xyz) são relacionadas pela equação do movimento relativo

$$\vec{V}_{XYZ} = \vec{V}_{xyz} + \vec{V}_{rf} \quad (4.29)$$

em que $\vec{V}_{rf}$ é a velocidade do sistema de coordenadas xyz do volume de controle com relação ao sistema de coordenadas XYZ estacionário "absoluto".

Como estamos considerando que o movimento de xyz é de translação pura, sem rotação, e relativo ao referencial estacionário XYZ, então

$$\frac{d\vec{V}_{XYZ}}{dt} = \vec{a}_{XYZ} = \frac{d\vec{V}_{xyz}}{dt} + \frac{d\vec{V}_{rf}}{dt} = \vec{a}_{xyz} + \vec{a}_{rf} \quad (4.30)$$

em que

$\vec{a}_{XYZ}$ é a aceleração retilínea do sistema em relação ao referencial estacionário XYZ,

$\vec{a}_{xyz}$ é a aceleração retilínea do sistema em relação ao referencial não estacionário xyz (isto é, relativo ao volume de controle), e

$\vec{a}_{rf}$ é a aceleração retilínea do referencial não estacionário xyz (isto é, do volume de controle) em relação ao referencial estacionário XYZ.

Substituindo da Eq. 4.30 na Eq. 4.28, resulta

$$\vec{F} = \int_{M(\text{sistema})} \vec{a}_{rf} dm + \int_{M(\text{sistema})} \frac{d\vec{V}_{xyz}}{dt} dm$$

ou

$$\vec{F} - \int_{M(\text{sistema})} \vec{a}_{rf} dm = \frac{d\vec{P}_{xyz}}{dt}\Bigg)_{\text{sistema}} \quad (4.31a)$$

em que a quantidade de movimento linear do sistema é dada por

$$\vec{P}_{xyz})_{\text{sistema}} = \int_{M(\text{sistema})} \vec{V}_{xyz} dm = \int_{\mathcal{V}(\text{sistema})} \vec{V}_{xyz} \rho \, d\mathcal{V} \quad (4.31b)$$

e a força, $\vec{F}$, inclui todas as forças de campo e de superfície agindo sobre o sistema.

Para deduzir a formulação de volume de controle da segunda lei de Newton, fazemos

$$N = \vec{P}_{xyz} \qquad \text{e} \qquad \eta = \vec{V}_{xyz}$$

Da Eq. 4.25, com essa substituição, obtivemos

$$\frac{d\vec{P}_{xyz}}{dt}\Bigg)_{\text{sistema}} = \frac{\partial}{\partial t}\int_{\text{VC}} \vec{V}_{xyz} \rho \, d\mathcal{V} + \int_{\text{SC}} \vec{V}_{xyz} \rho \vec{V}_{xyz} \cdot d\vec{A} \quad (4.32)$$

Combinando a Eq. 4.31a (a equação da quantidade de movimento linear) e a Eq. 4.32 (a conversão de sistema para volume de controle) e considerando que, no tempo t_0, o sistema e o volume de controle coincidem, a segunda lei de Newton para um volume de controle acelerado, sem rotação, em relação a um referencial estacionário é

$$\vec{F} - \int_{\text{VC}} \vec{a}_{rf} \, \rho \, d\mathcal{V} = \frac{\partial}{\partial t}\int_{\text{VC}} \vec{V}_{xyz} \, \rho \, d\mathcal{V} + \int_{\text{SC}} \vec{V}_{xyz} \, \rho \vec{V}_{xyz} \cdot d\vec{A}$$

Posto que $\vec{F} = \vec{F}_S + \vec{F}_B$, a equação torna-se

$$\vec{F}_S + \vec{F}_B - \int_{\text{VC}} \vec{a}_{rf}\,\rho\,d\Psi = \frac{\partial}{\partial t}\int_{\text{VC}} \vec{V}_{xyz}\,\rho\,d\Psi + \int_{\text{SC}} \vec{V}_{xyz}\,\rho\vec{V}_{xyz}\cdot d\vec{A} \qquad (4.33)$$

Comparando essa equação da quantidade de movimento para um volume de controle com aceleração retilínea com aquela para um volume de controle sem aceleração, Eq. 4.26, vemos que a única diferença é a presença de um termo adicional na Eq. 4.33. Quando o volume de controle não está acelerando em relação ao referencial estacionário XYZ, então $\vec{a}_{rf} = 0$, e a Eq. 4.33 reduz-se à Eq. 4.26.

As precauções concernentes ao emprego da Eq. 4.26 também se aplicam ao uso da Eq. 4.33. Antes de tentar aplicar qualquer uma delas, devem-se desenhar as fronteiras do volume de controle e assinalar direções e sentidos apropriados para as coordenadas de referência. Para um volume de controle com aceleração, dois conjuntos de coordenadas devem ser definidos: um (xyz), sobre o volume de controle, e o outro (XYZ), estacionário.

Na Eq. 4.33, $\vec{F}_S$ representa todas as forças de superfície atuando sobre o volume de controle. Como a massa dentro do volume de controle pode variar com o tempo, ambos os termos remanescentes no lado esquerdo da equação podem ser funções do tempo. Além disso, a aceleração, $\vec{a}_{rf}$, do referencial xyz em relação ao referencial inercial será, em geral, função do tempo.

Todas as velocidades na Eq. 4.33 são medidas em relação ao volume de controle. O fluxo de quantidade de movimento, $\vec{V}_{xyz}\rho\vec{V}_{xyz}\cdot d\vec{A}$, através de um elemento de área da superfície de controle, $d\vec{A}$, é um vetor. Conforme já visto para um volume de controle sem aceleração, o sinal do produto escalar, $\rho\vec{V}_{xyz}\cdot d\vec{A}$, depende do sentido do vetor velocidade, $\vec{V}_{xyz}$, em relação ao vetor área, $d\vec{A}$.

A equação da quantidade de movimento é uma equação vetorial. Ela pode, portanto, como todas as equações vetoriais, ser escrita na forma de três componentes escalares. As componentes escalares da Eq. 4.33 são:

$$F_{S_x} + F_{B_x} - \int_{\text{VC}} a_{rf_x}\,\rho d\Psi = \frac{\partial}{\partial t}\int_{\text{VC}} u_{xyz}\,\rho d\Psi + \int_{\text{SC}} u_{xyz}\,\rho\vec{V}_{xyz}\cdot d\vec{A} \qquad (4.34a)$$

$$F_{S_y} + F_{B_y} - \int_{\text{VC}} a_{rf_y}\,\rho d\Psi = \frac{\partial}{\partial t}\int_{\text{VC}} v_{xyz}\,\rho d\Psi + \int_{\text{SC}} v_{xyz}\,\rho\vec{V}_{xyz}\cdot d\vec{A} \qquad (4.34b)$$

$$F_{S_z} + F_{B_z} - \int_{\text{VC}} a_{rf_z}\,\rho d\Psi = \frac{\partial}{\partial t}\int_{\text{VC}} w_{xyz}\,\rho d\Psi + \int_{\text{SC}} w_{xyz}\,\rho\vec{V}_{xyz}\cdot d\vec{A} \qquad (4.34c)$$

Consideraremos duas aplicações para um volume de controle com aceleração linear: o Exemplo 4.11 analisará um volume de controle acelerado, com massa em seu interior constante com o tempo; o Exemplo 4.12 analisará um volume de controle acelerado, com massa em seu interior variável com o tempo.

Exemplo 4.11 PÁ DEFLETORA MOVENDO COM ACELERAÇÃO RETILÍNEA

Uma pá, com ângulo de deflexão $\theta = 60°$, está fixada em um carrinho. O conjunto, de massa $M = 75$ kg, rola sobre uma pista horizontal. O atrito e a resistência do ar podem ser desprezados. A pá recebe um jato de água que sai, com velocidade $V = 35$ m/s, de um bocal horizontal estacionário. A área de saída do bocal é $A = 0,003$ m². Determine a velocidade do carrinho com a pá como uma função do tempo e trace um gráfico dos resultados.

Dados: Pá defletora fixada a um carrinho conforme mostrado na figura, com $M = 75$ kg.

Equações Básicas na Forma Integral para um Volume de Controle **121**

Determinar: $U(t)$ e traçar o gráfico correspondente.

Solução: Adote o volume de controle e o sistema de coordenadas mostrados. Note que XY é um referencial fixo, enquanto xy move-se com o volume de controle. Aplique a componente x da equação da quantidade de movimento.

Equação básica:

$$\int_A \vec{V} \cdot dA \text{ e } \int_A \vec{V}(\vec{V} \cdot d\vec{A}).$$

Considerações:

1 $F_{S_x} = 0$, pois nenhuma resistência está presente.
2 $F_{B_x} = 0$.
3 A massa de água em contato com a pá é desprezível comparada com a massa total do dispositivo.
4 A taxa de variação de quantidade de movimento do líquido dentro do volume de controle é desprezível.

$$\frac{\partial}{\partial t} \int_{VC} u_{xyz} \, \rho \, d\forall \simeq 0$$

5 Escoamento uniforme nas seções ① e ②.
6 A velocidade da corrente de água não é desacelerada pelo atrito com a pá, portanto $|\vec{V}_{xyz_1}| = |\vec{V}_{xyz_2}|$.
7 $A_2 = A_1 = A$.

Assim, retirando os índices rf e xyz para maior clareza (sem esquecer, porém, que todas as velocidades são medidas em relação ao sistema de coordenadas movendo-se com o volume de controle), obtemos

$$-\int_{VC} a_x \, \rho \, d\forall = u_1(-\rho V_1 A_1) + u_2(\rho V_2 A_2)$$
$$= (V - U)\{-\rho(V - U)A\} + (V - U)\cos\theta\{\rho(V - U)A\}$$
$$= -\rho(V - U)^2 A + \rho(V - U)^2 A\cos\theta$$

Para o lado esquerdo dessa equação, temos

$$-\int_{VC} a_x \, \rho \, d\forall = -a_x M_{VC} = -a_x M = -\frac{dU}{dt} M$$

tal que

$$-M \frac{dU}{dt} = -\rho(V - U)^2 A + \rho(V - U)^2 A\cos\theta$$

ou

$$M \frac{dU}{dt} = (1 - \cos\theta)\rho(V - U)^2 A$$

Separando variáveis, resulta

$$\frac{dU}{(V - U)^2} = \frac{(1 - \cos\theta)\rho A}{M} dt = b\,dt \quad \text{em que } b = \frac{(1 - \cos\theta)\rho A}{M}$$

Note que, sendo $V = $ constante, $dU = -d(V - U)$. Integrando entre os limites $U = 0$, para $t = 0$, e $U = U$, para $t = t$,

$$\int_0^U \frac{dU}{(V - U)^2} = \int_0^U \frac{-d(V - U)}{(V - U)^2} = \frac{1}{(V - U)}\Bigg]_0^U = \int_0^t b\,dt = bt$$

ou

$$\frac{1}{(V - U)} - \frac{1}{V} = \frac{U}{V(V - U)} = bt$$

Resolvendo para U, obtemos

$$\frac{U}{V} = \frac{Vbt}{1 + Vbt}$$

Avaliando Vb, temos

$$Vb = V\frac{(1 - \cos\theta)\rho A}{M}$$

$$Vb = 35\frac{\text{m}}{\text{s}} \times \frac{(1 - 0{,}5)}{75\ \text{kg}} \times 999\ \frac{\text{kg}}{\text{m}^3} \times 0{,}003\ \text{m}^2 = 0{,}699\ \text{s}^{-1}$$

Assim

$$\frac{U}{V} = \frac{0{,}699t}{1 + 0{,}699t} \qquad (t \text{ em segundos}) \qquad U(t)$$

Gráfico:

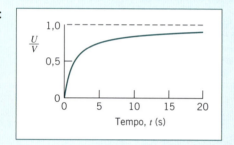

O gráfico foi gerado a partir de uma planilha *Excel*. Essa planilha é interativa: ela nos permite ver o efeito de valores diferentes de ρ, A, M e θ sobre U/V em função do tempo t, e também determinar o tempo necessário para o carrinho atingir, por exemplo, 95% da velocidade do jato.

Exemplo 4.12 FOGUETE LANÇADO VERTICALMENTE

Um pequeno foguete, com massa inicial de 400 kg, deve ser lançado verticalmente. Após a ignição, o foguete consome combustível a uma taxa de 5 kg/s e ejeta gás à pressão atmosférica com velocidade relativa de 3500 m/s. Determine a aceleração inicial do foguete e sua velocidade 10 segundos após o lançamento, desprezando a resistência do ar.

Dados: Um pequeno foguete acelera verticalmente, partindo do repouso.
Massa inicial, $M_0 = 400$ kg.
Resistência do ar pode ser desprezada.
Taxa de consumo de combustível, $\dot{m}_e = 5$ kg/s.
Velocidade da descarga à pressão atmosférica, $V_e = 3500$ m/s relativa ao foguete.

Determinar: (a) A aceleração inicial do foguete.
(b) A velocidade do foguete 10 s após o lançamento.

Solução: Adote o volume de controle mostrado pelas linhas tracejadas. Como o volume de controle está acelerando, defina o sistema de coordenadas inerciais XY e o sistema xy ligado ao VC. Aplique a componente y da equação da quantidade de movimento.

Equação básica: $F_{S_y} + F_{B_y} - \int_{VC} a_{rf_y} \rho\, dV = \frac{\partial}{\partial t}\int_{VC} v_{xyz}\, \rho\, dV + \int_{VC} v_{xyz}\, \rho \vec{V}_{xyz} \cdot d\vec{A}$

Considerações:

1. A pressão atmosférica atua sobre todas as superfícies do VC; como a resistência do ar é desprezada, $F_{S_y} = 0$.
2. A gravidade é a única força de campo; g é constante.
3. O fluxo deixando o foguete é uniforme e V_e é constante.

Equações Básicas na Forma Integral para um Volume de Controle **123**

Com essas considerações, a equação da quantidade de movimento reduz-se a

$$F_{B_y} - \int_{VC} a_{rf_y}\, \rho\, d\forall = \frac{\partial}{\partial t} \int_{VC} v_{xyz}\, \rho\, d\forall + \int_{SC} v_{xyz}\, \rho \vec{V}_{xyz} \cdot d\vec{A} \qquad (1)$$

$$\text{(A)} \qquad\qquad \text{(B)} \qquad\qquad \text{(C)} \qquad\qquad \text{(D)}$$

Examinemos essa equação termo a termo:

(A) $\quad F_{B_y} = - \int_{VC} g\rho\, d\forall = -g \int_{VC} \rho\, d\forall = -gM_{VC}$ $\qquad$ {como g é constante}

A massa do VC será uma função do tempo porque a massa está saindo dele a uma taxa $\dot{m}_e$. Para determinar M_{VC} como uma função do tempo, utilizamos a equação de conservação da massa

$$\frac{\partial}{\partial t} \int_{VC} \rho\, d\forall + \int_{SC} \rho \vec{V} \cdot d\vec{A} = 0$$

Então

$$\frac{\partial}{\partial t} \int_{VC} \rho\, d\forall = - \int_{SC} \rho \vec{V} \cdot d\vec{A} = - \int_{SC} (\rho V_{xyz} dA) = -\dot{m}_e$$

O sinal negativo indica que a massa do VC está diminuindo com o tempo. Uma vez que a massa do VC é função apenas do tempo, podemos escrever

$$\frac{dM_{VC}}{dt} = -\dot{m}_e$$

Para determinar a massa do VC em qualquer instante, t, integramos

$$\int_{M_0}^{M} dM_{VC} = - \int_{0}^{t} \dot{m}_e\, dt \quad \text{em que em } t = 0,\ M_{VC} = M_0, \text{ e em } t = t,\ M_{VC} = M$$

Portanto, $M - M_0 = -\dot{m}_e t$ ou $M = M_0 - \dot{m}_e t$.

Substituindo a expressão para M no termo (B), obtemos

$$F_{B_y} = - \int_{VC} g\, \rho\, d\forall = -gM_{VC} = -g(M_0 - \dot{m}_e t)$$

(B) $\quad - \int_{VC} a_{rf_y}\, \rho\, d\forall$

A aceleração, a_{rf_y}, do VC é aquela detectada por um observador no sistema de coordenadas XY. Dessa forma, a_{rf_y} não é uma função das coordenadas xyz, e

$$- \int_{VC} a_{rf_y}\, \rho\, d\forall = -a_{rf_y} \int_{VC} \rho\, d\forall = -a_{rf_y} M_{VC} = -a_{rf_y}(M_0 - \dot{m}_e t)$$

(C) $\quad \dfrac{\partial}{\partial t} \displaystyle\int_{VC} v_{xyz}\, \rho\, d\forall$

Essa é a taxa de variação, na direção y, da quantidade de movimento do fluido no volume de controle medida em relação ao volume de controle.

Mesmo que a quantidade de movimento do fluido segundo y, dentro do VC e medida em relação a ele, tenha um valor considerável, ela não deve variar significativamente com o tempo. Essa hipótese baseia-se nas seguintes considerações:

1 O combustível não queimado e a estrutura do foguete têm quantidade de movimento zero em relação ao foguete.
2 A velocidade do gás na saída do bocal permanece constante com o tempo, assim como a velocidade em outros pontos no bocal.

124   Capítulo 4

Consequentemente, é razoável considerar que

$$\frac{\partial}{\partial t}\int_{VC} v_{xyz}\,\rho\,d\forall \approx 0$$

Ⓓ $$\int_{SC} v_{xyz}\,\rho\vec{V}_{xyz}\cdot d\vec{A} = \int_{SC} v_{xyz}(\rho V_{xyz}\,dA) = -V_e\int_{SC}(\rho V_{xyz}\,dA)$$

A velocidade v_{xyz} (relativa ao volume de controle) é $-V_e$ (está no sentido de y negativo) e é uma constante, de modo que foi colocada do lado de fora da integral. A integral restante é simplesmente a vazão mássica na saída (positiva, porque o escoamento é para fora do volume de controle),

$$\int_{SC}(\rho V_{xyz}\,dA) = \dot{m}_e$$

e então

$$\int_{SC} v_{xyz}\,\rho\vec{V}_{xyz}\cdot d\vec{A} = -V_e\dot{m}_e$$

Substituindo os termos de Ⓐ a Ⓓ na Eq. 1, obtemos

$$-g(M_0 - \dot{m}_e t) - a_{rf_y}(M_0 - \dot{m}_e t) = -V_e\dot{m}_e$$

ou

$$a_{rf_y} = \frac{V_e\dot{m}_e}{M_0 - \dot{m}_e t} - g \qquad (2)$$

em tempo $t = 0$,

$$a_{rf_y})_{t=0} = \frac{V_e\dot{m}_e}{M_0} - g = 3500\,\frac{m}{s}\times 5\,\frac{kg}{s}\times\frac{1}{400\,kg} - 9,81\,\frac{m}{s^2}$$

$$a_{rf_y})_{t=0} = 33,9\,m/s^2 \longleftarrow \underline{\hspace{5cm} a_{rf_y})_{t=0}}$$

A aceleração do VC é, por definição,

$$a_{rf_y} = \frac{dV_{VC}}{dt}$$

Substituindo da Eq. 2,

$$\frac{dV_{VC}}{dt} = \frac{V_e\dot{m}_e}{M_0 - \dot{m}_e t} - g$$

Separando variáveis e integrando, temos

$$V_{VC} = \int_0^{V_{VC}} dV_{VC} = \int_0^t \frac{V_e\dot{m}_e\,dt}{M_0 - \dot{m}_e t} - \int_0^t g\,dt = -V_e\ln\left[\frac{M_0 - \dot{m}_e t}{M_0}\right] - gt$$

em tempo $t = 10$ s,

$$V_{VC} = -3500\,\frac{m}{s}\times\ln\left[\frac{350\,kg}{400\,kg}\right] - 9,81\,\frac{m}{s^2}\times 10\,s$$

$$V_{VC} = 369\,m/s \longleftarrow \underline{\hspace{4cm} V_{VC})_{t=10s}}$$

> O gráfico da velocidade em função do tempo é mostrado em uma planilha do livro *Excel*. Essa planilha é interativa: ela nos permite ver o efeito de valores diferentes de M_0, V_e, e $\dot{m}_e$ sobre V_{VC} em função do tempo t. Também, o tempo necessário para o foguete atingir uma determinada velocidade, por exemplo, 2000 m/s, pode ser determinado.

Equações Básicas na Forma Integral para um Volume de Controle **125**

4.6 Equação da Quantidade de Movimento para Volume de Controle com Aceleração Arbitrária (no GEN-IO, ambiente virtual de aprendizagem do GEN)

4.7 O Princípio da Quantidade de Movimento Angular

Nossa próxima tarefa é deduzir uma formulação de volume de controle para o princípio do momento da quantidade de movimento ou da quantidade de movimento angular. Existem duas abordagens óbvias que podemos utilizar para expressar o princípio da quantidade de movimento angular: podemos utilizar um volume de controle inercial (fixo) XYZ; podemos também utilizar um volume de controle rotativo xyz. Para cada uma destas abordagens, nós iniciaremos com formulação do princípio para um sistema (Eq. 4.3a), em seguida escreveremos a quantidade de movimento angular para sistema em termos das coordenadas XYZ ou xyz e, finalmente, usaremos a Eq. 4.10 (ou sua forma ligeiramente diferente, Eq. 4.25) para converter a formulação de sistema para volume de controle. Para verificar que essas duas abordagens são equivalentes, vamos usar as duas para resolver o mesmo problema, nos Exemplos W4.1 e W4.2 (no GEN-IO, ambiente virtual de aprendizagem do GEN), respectivamente.

Existem duas razões para o material dessa seção: desejamos desenvolver uma equação de volume de controle para cada uma das leis físicas fundamentais da Seção 4.2; necessitaremos dos resultados para usar no Capítulo 10, onde discutiremos máquinas rotativas.

Equação para Volume de Controle Fixo

O princípio da quantidade de movimento angular, para um sistema, é

$$\vec{T} = \left. \frac{d\vec{H}}{dt} \right)_{\text{sistema}} \tag{4.3a}$$

em que

$\vec{T}$ = torque total exercido sobre o sistema pela sua vizinhança, e
$\vec{H}$ = quantidade de movimento angular do sistema,

$$\vec{H} = \int_{M(\text{sistema})} \vec{r} \times \vec{V} \, dm = \int_{\Psi(\text{sistema})} \vec{r} \times \vec{V} \, \rho \, d\Psi \tag{4.3b}$$

Todas as quantidades na equação de sistema devem ser formuladas com respeito ao referencial inercial. Sistemas de referência em repouso ou em movimento de translação com velocidade linear constante são inerciais, e a Eq. 4.3b pode ser empregada diretamente para desenvolver a formulação de volume de controle do princípio da quantidade de movimento angular.

O vetor posição, $\vec{r}$, localiza cada elemento de massa ou de volume do sistema com respeito ao sistema de coordenadas. O torque $\vec{T}$, aplicado a um sistema pode ser escrito

$$\vec{T} = \vec{r} \times \vec{F}_s + \int_{M(\text{sistema})} \vec{r} \times \vec{g} \, dm + \vec{T}_{\text{eixo}} \tag{4.3c}$$

em que $\vec{F}_s$ é a força de superfície exercida sobre o sistema.

A relação entre as formulações de sistema e de volume de controle estacionário é

$$\left. \frac{dN}{dt} \right)_{\text{sistema}} = \frac{\partial}{\partial t} \int_{\text{VC}} \eta \, \rho \, d\Psi + \int_{\text{SC}} \eta \, \rho \vec{V} \cdot d\vec{A} \tag{4.10}$$

em que

$$N_{\text{sistema}} = \int_{M(\text{sistema})} \eta \, dm$$

126 Capítulo 4

Se fizermos $N = \vec{H}$, então $\eta = \vec{r} \times \vec{V}$, e

$$\left.\frac{d\vec{H}}{dt}\right)_{\text{sistema}} = \frac{\partial}{\partial t}\int_{VC} \vec{r}\times\vec{V}\,\rho\,dV + \int_{SC}\vec{r}\times\vec{V}\,\rho\vec{V}\cdot d\vec{A} \qquad (4.45)$$

Combinando as Eqs. 4.3a, 4.20 e 4.45, obtivemos

$$\vec{r}\times\vec{F}_s + \int_{M(\text{sistema})}\vec{r}\times\vec{g}\,dm + \vec{T}_{\text{eixo}} = \frac{\partial}{\partial t}\int_{VC}\vec{r}\times\vec{V}\,\rho\,dV + \int_{SC}\vec{r}\times\vec{V}\,\rho\vec{V}\cdot d\vec{A}$$

Posto que o sistema e o volume de controle coincidiam no instante t_0,

$$\vec{T} = \vec{T}_{VC}$$

e

$$\vec{r}\times\vec{F}_s + \int_{VC}\vec{r}\times\vec{g}\,\rho\,dV + \vec{T}_{\text{eixo}} = \frac{\partial}{\partial t}\int_{VC}\vec{r}\times\vec{V}\,\rho\,dV + \int_{SC}\vec{r}\times\vec{V}\,\rho\vec{V}\cdot d\vec{A} \qquad (4.46)$$

A Eq. 4.46 é uma formulação geral do princípio da quantidade de movimento angular para um volume de controle inercial. O lado esquerdo da equação expressa todos os torques que atuam sobre o volume de controle. Os termos no lado direito expressam a taxa de variação da quantidade de movimento angular dentro do volume de controle e a taxa líquida de fluxo da quantidade de movimento angular atravessando a superfície do volume de controle. Todas as velocidades na Eq. 4.46 são medidas em relação ao volume de controle fixo.

Para a análise de máquinas rotativas, a Eq. 4.46 é frequentemente empregada na forma escalar, considerando apenas a componente orientada ao longo do eixo de rotação. Essa aplicação é ilustrada no Capítulo 10.

A aplicação da Eq. 4.46 na análise de um simples regador giratório de gramados é ilustrada no Exemplo 4.13. Esse mesmo problema é considerado no Exemplo W4.2 (no GEN-IO, ambiente virtual de aprendizagem do GEN) usando o princípio da quantidade de movimento angular expresso em termos de um volume de controle *rotativo*. A equação para o princípio da quantidade de movimento angular aplicada para um volume de controle rotativo é desenvolvida na Seção 4.7. "Equação para ver Volume do Controle Rotativo", disponível no GEN-IO, ambiente virtual de aprendizagem do GEN.

Exemplo 4.13 REGADOR GIRATÓRIO DE GRAMADOS: ANÁLISE USANDO VOLUME DE CONTROLE FIXO

Um pequeno regador giratório de gramados é mostrado na figura. Para uma pressão manométrica de entrada de 20 kPa, a vazão volumétrica total de água é de 7,5 litros por minuto e o dispositivo gira a 30 rpm. O diâmetro de cada jato é 4 mm. Calcule a velocidade do jato em relação a cada bocal do regador. Avalie o torque de atrito no pivô do regador.

Dados: Um pequeno regador giratório de jardim conforme mostrado.

Determinar: (a) A velocidade do jato relativa a cada bocal.
(b) O torque devido ao atrito no pivô.

Solução: Aplique as equações da continuidade e da quantidade de movimento angular, usando o volume de controle fixo que envolve os braços do regador.

Equações básicas:

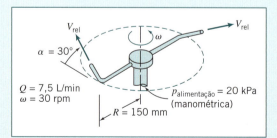

$$\underset{= 0(1)}{\cancel{\frac{\partial}{\partial t}\int_{VC}\rho\,dV}} + \int_{SC}\rho\vec{V}\cdot d\vec{A} = 0$$

$$\vec{r}\times\vec{F}_s + \int_{VC}\vec{r}\times\vec{g}\,\rho\,dV + \vec{T}_{\text{eixo}} = \frac{\partial}{\partial t}\int_{VC}\vec{r}\times\vec{V}\rho\,dV + \int_{SC}\vec{r}\times\vec{V}\,\rho\vec{V}\cdot d\vec{A} \qquad (1)$$

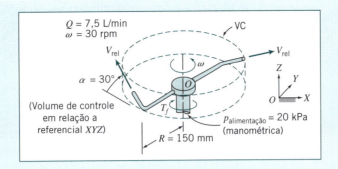

em que todas as velocidades são medidas em relação às coordenadas inerciais XYZ.

Considerações: 1 Escoamento incompressível.
2 Escoamento uniforme em cada seção.
3 $\vec{\omega}$ = constante.

Da equação da continuidade, a velocidade do jato em relação ao bocal é dada por

$$V_{\text{rel}} = \frac{Q}{2A_{\text{jato}}} = \frac{Q}{2}\frac{4}{\pi D_{\text{jato}}^2}$$

$$= \frac{1}{2} \times 7{,}5 \frac{L}{\text{min}} \times \frac{4}{\pi} \frac{1}{(4)^2 \text{mm}^2} \times \frac{\text{m}^3}{1000\,L} \times 10^6 \frac{\text{mm}^2}{\text{m}^2} \times \frac{\text{min}}{60\,\text{s}}$$

$$V_{\text{rel}} = 4{,}97\ \text{m/s} \longleftarrow \hspace{5cm} V_{\text{rel}}$$

Considere, separadamente, os termos na equação da quantidade de movimento angular. Visto que a pressão atmosférica atua sobre toda a superfície de controle e a força de pressão na entrada não causa momento em torno de O, $\vec{r} \times \vec{F}_s = 0$. As quantidades de movimento das forças de campo (isto é, da gravidade) são iguais e de sinal contrário nos dois braços do dispositivo, logo, o segundo termo no lado esquerdo da equação é igual a zero. O único torque externo atuando sobre o VC é o atrito no pivô. Ele opõe-se ao movimento, de modo que

$$\vec{T}_{\text{eixo}} = -T_f \hat{K} \qquad (2)$$

Nossa próxima tarefa é determinar os dois termos de quantidade de movimento angular do lado direito da Eq. 1. Considere o termo em regime transiente: ele é a taxa de variação da quantidade de movimento angular no interior do volume de controle. Está claro que, embora a posição $\vec{r}$ e a velocidade $\vec{V}$ das partículas de fluido sejam funções do tempo nas coordenadas XYZ porque o regador gira com velocidade constante, a quantidade de movimento do volume de controle é constante nas coordenadas XYZ e, portanto, esse termo é zero; contudo, como exercício de manipulação de quantidades vetoriais, vamos deduzir esse resultado. Para determinar a integral do volume de controle, necessitamos antes desenvolver expressões para o vetor posição instantânea, $\vec{r}$, e para o vetor velocidade instantânea, $\vec{V}$ (medido em relação ao sistema de coordenadas fixas XYZ) para cada elemento do fluido no volume de controle. OA situa-se no plano XY; AB é inclinada de um ângulo α em relação ao plano XY; o ponto B' é a projeção do ponto B sobre o plano XY.

Consideramos que o comprimento, L, da extremidade AB é pequeno comparado com o comprimento, R, do braço horizontal OA. Assim, podemos desprezar a quantidade de movimento angular do fluido nas extremidades comparada com a quantidade de movimento angular nos braços horizontais.

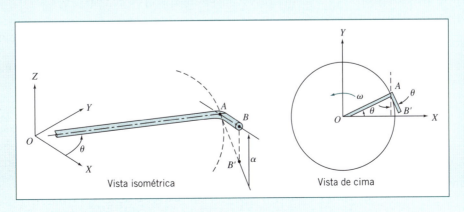

Vista isométrica   Vista de cima

Considere agora o escoamento no tubo horizontal *OA* de comprimento *R*. Denote a posição radial a partir de *O* por *r*. Em qualquer ponto no tubo, a velocidade do fluido em relação às coordenadas fixas *XYZ* é a soma da velocidade relativa ao tubo $\vec{V}_t$ com a velocidade tangencial $\vec{\omega} \times \vec{r}$. Deste modo,

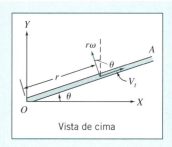
Vista de cima

$$\vec{V} = \hat{I}(V_t \cos\theta - r\omega \,\text{sen}\,\theta) + \hat{J}(V_t \,\text{sen}\,\theta + r\omega \cos\theta)$$

(Note que θ é uma função do tempo.) O vetor posição é

$$\vec{r} = \hat{I} r \cos\theta + \hat{J} r \,\text{sen}\,\theta$$

e

$$\vec{r} \times \vec{V} = \hat{K}(r^2 \omega \cos^2\theta + r^2 \omega \,\text{sen}^2\,\theta) = \hat{K} r^2 \omega$$

Então

$$\int_{\forall_{OA}} \vec{r} \times \vec{V} \rho \, d\forall = \int_0^R \hat{K} r^2 \omega \rho A \, dr = \hat{K} \frac{R^3 \omega}{3} \rho A$$

e

$$\frac{\partial}{\partial t} \int_{\forall_{OA}} \vec{r} \times \vec{V} \rho \, d\forall = \frac{\partial}{\partial t}\left[\hat{K} \frac{R^3 \omega}{3} \rho A\right] = 0 \tag{3}$$

em que *A* é a área da seção transversal do tubo horizontal. Resultados idênticos são obtidos para o outro tubo horizontal no volume de controle. Dessa forma, confirmamos a nossa assertiva de que a quantidade de movimento angular no interior do volume de controle não varia com o tempo.

Precisamos agora determinar o segundo termo no lado direito da equação (1), a taxa líquida de fluxo de quantidade de movimento através da superfície de controle. Existem três superfícies através das quais detectamos fluxo de massa e, portanto, de quantidade de movimento; a seção transversal do tubo de suprimento de água (para o qual $\vec{r} \times \vec{V} = 0$ porque $\vec{r} = 0$) e as seções dos dois bocais. Considere o bocal no final do braço *OAB*. Para $L \ll R$, temos

$$\vec{r}_{\text{jato}} = \vec{r}_B \approx \vec{r}|_{r=R} = (\hat{I} r \cos\theta + \hat{J} r \,\text{sen}\,\theta)|_{r=R} = \hat{I} R \cos\theta + \hat{J} R \,\text{sen}\,\theta$$

e para a velocidade instantânea do jato $\vec{V}_j$, temos

$$\vec{V}_j = \vec{V}_{\text{rel}} + \vec{V}_{\text{extremidade}} = \hat{I} V_{\text{rel}} \cos\alpha \,\text{sen}\,\theta - \hat{J} V_{\text{rel}} \cos\alpha \cos\theta + \hat{K} V_{\text{rel}} \,\text{sen}\,\alpha - \hat{I}\omega R \,\text{sen}\,\theta + \hat{J}\omega R \cos\theta$$

$$\vec{V}_j = \hat{I}(V_{\text{rel}} \cos\alpha - \omega R)\,\text{sen}\,\theta - \hat{J}(V_{\text{rel}} \cos\alpha - \omega R)\cos\theta + \hat{K} V_{\text{rel}} \,\text{sen}\,\alpha$$

$$\vec{r}_B \times \vec{V}_j = \hat{I} R V_{\text{rel}} \,\text{sen}\,\alpha \,\text{sen}\,\theta - \hat{J} R V_{\text{rel}} \,\text{sen}\,\alpha \cos\theta - \hat{K} R(V_{\text{rel}} \cos\alpha - \omega R)(\text{sen}^2\,\theta + \cos^2\theta)$$

$$\vec{r}_B \times \vec{V}_j = \hat{I} R V_{\text{rel}} \,\text{sen}\,\alpha \,\text{sen}\,\theta - \hat{J} R V_{\text{rel}} \,\text{sen}\,\alpha \cos\theta - \hat{K} R(V_{\text{rel}} \cos\alpha - \omega R)$$

A integral do fluxo avaliada para o escoamento atravessando a superfície de controle na posição *B* é, então,

$$\int_{SC} \vec{r} \times \vec{V}_j \rho \vec{V} \cdot d\vec{A} = \left[\hat{I} R V_{\text{rel}} \,\text{sen}\,\alpha \,\text{sen}\,\theta - \hat{J} R V_{\text{rel}} \,\text{sen}\,\alpha \cos\theta - \hat{K} R(V_{\text{rel}} \cos\alpha - \omega R)\right] \rho \frac{Q}{2}$$

Os vetores raio e velocidade, para o escoamento no braço esquerdo devem ser descritos em termos dos mesmos vetores unitários usados para o braço direito. No braço esquerdo, as componentes $\hat{I}$ e $\hat{J}$ do produto vetorial são de sinais opostos, pois $\text{sen}(\theta + \pi) = -\text{sen}(\theta)$ e $\cos(\theta - \pi) = -\cos(\theta)$. Assim, para todo o VC,

$$\int_{SC} \vec{r} \times \vec{V}_j \rho \vec{V} \cdot d\vec{A} = -\hat{K} R(V_{\text{rel}} \cos\alpha - \omega R) \rho Q \tag{4}$$

Substituindo os termos (2), (3) e (4) na Eq. 1, obtemos

$$-T_f \hat{K} = -\hat{K} R(V_{\text{rel}} \cos\alpha - \omega R) \rho Q$$

ou

$$T_f = R(V_{rel} \cos \alpha - \omega R)\rho Q$$

Essa expressão indica que, quando o regador gira com velocidade constante, o torque de atrito no pivô balanceia o torque gerado pela quantidade de movimento angular dos dois jatos.

Dos dados fornecidos,

$$\omega R = 30 \frac{\text{rev}}{\text{min}} \times 150 \text{ mm} \times 2\pi \frac{\text{rad}}{\text{rev}} \times \frac{\text{min}}{60 \text{ s}} \times \frac{\text{m}}{1000 \text{ mm}} = 0,471 \text{ m/s}$$

Substituindo, resulta

$$T_f = 150 \text{ mm} \times \left(4,97 \frac{\text{m}}{\text{s}} \times \cos 30° - 0,471 \frac{\text{m}}{\text{s}}\right) 999 \frac{\text{kg}}{\text{m}^3} \times 7,5 \frac{\text{L}}{\text{min}}$$

$$\times \frac{\text{m}^3}{1000 \text{ L}} \times \frac{\text{min}}{60 \text{ s}} \times \frac{\text{N} \cdot \text{s}^3}{\text{kg} \cdot \text{m}} \times \frac{\text{m}}{1000 \text{ mm}}$$

$$T_f = 0,0718 \text{ N} \cdot \text{m} \longleftarrow \underline{\hspace{3cm}} T_f$$

> Este problema ilustra o uso do princípio da quantidade de movimento angular para um volume de controle inercial. Note que neste exemplo o vetor posição da partícula fluida $\vec{r}$ e o vetor velocidade $\vec{V}$ são dependentes do tempo (através de θ) em coordenadas *XYZ*. Este problema será novamente resolvido usando um sistema de coordenadas não inerciais *xyz* (rotativo) no Exemplo W4.2 (no GEN-IO, ambiente de aprendizagem virtual do GEN).

4.8 *A Primeira e a Segunda Leis da Termodinâmica*

A primeira lei da termodinâmica é um enunciado da conservação da energia. Lembre-se de que a formulação para sistema da primeira lei foi

$$\dot{Q} - \dot{W} = \frac{dE}{dt}\bigg)_{\text{sistema}} \qquad (4.4a)$$

em que a energia total do sistema é dada por

$$E_{\text{sistema}} = \int_{M(\text{sistema})} e \, dm = \int_{\Psi(\text{sistema})} e \, \rho \, d\Psi \qquad (4.4b)$$

e

$$e = u + \frac{V^2}{2} + gz$$

Na Eq. 4.4a, a taxa de transferência de calor, $\dot{Q}$, é positiva quando calor é adicionado *ao* sistema pelo meio que o envolve; a taxa de transferência de trabalho, $\dot{W}$, é positiva quando trabalho é realizado pelo sistema sobre o meio. (Note que alguns textos usam a notação oposta para o trabalho.)

Para deduzir a formulação de volume de controle da primeira lei da termodinâmica, fazemos

$$N = E \qquad \text{e} \qquad \eta = e$$

na Eq. 4.10, e obtivemos

$$\frac{dE}{dt}\bigg)_{\text{sistema}} = \frac{\partial}{\partial t} \int_{\text{VC}} e \, \rho \, d\Psi + \int_{\text{SC}} e \, \rho \vec{V} \cdot d\vec{A} \qquad (4.53)$$

Como o sistema e o volume de controle coincidem no instante t_0,

$$[\dot{Q} - \dot{W}]_{\text{sistema}} = [\dot{Q} - \dot{W}]_{\text{volume de controle}}$$

130 Capítulo 4

À luz disso, as Eqs. 4.4a e 4.53 fornecem a formulação de volume de controle da primeira lei da termodinâmica,

$$\dot{Q} - \dot{W} = \frac{\partial}{\partial t} \int_{VC} e\,\rho\,dV + \int_{SC} e\,\rho\vec{V} \cdot d\vec{A} \tag{4.54}$$

em que

$$e = u + \frac{V^2}{2} + gz$$

Note que, para escoamento em regime permanente, o primeiro termo no lado direito da Eq. 4.54 é zero.

A Eq. 4.54 é a forma da primeira lei usada na termodinâmica? Mesmo para escoamento permanente, a Eq. 4.54 não é exatamente a mesma forma usada na aplicação da primeira lei a problemas de volume de controle. Para obter uma formulação adequada e conveniente à solução de problemas, vamos examinar mais detidamente o termo de taxa de trabalho, $\dot{W}$.

Taxa de Trabalho Realizado por um Volume de Controle

O termo $\dot{W}$ na Eq. 4.54 tem um valor numérico positivo quando o trabalho é realizado pelo volume de controle sobre o meio que o envolve. A taxa de trabalho realizado *sobre* o volume de controle é de sinal oposto ao trabalho feito *pelo* volume de controle.

A taxa de trabalho realizado pelo volume de controle é convenientemente subdividida em quatro classificações,

$$\dot{W} = \dot{W}_s + \dot{W}_{normal} + \dot{W}_{cisalhamento} + \dot{W}_{outros}$$

Vamos considerá-las separadamente:

1. Trabalho de Eixo

Designaremos o trabalho de eixo por $\dot{W}_s$ e, portanto, a taxa de trabalho de eixo transferido para fora através da superfície de controle é designada por $\dot{W}_s$. Exemplos de trabalho de eixo são o trabalho produzido por uma turbina a vapor (trabalho de eixo positivo) de uma central termelétrica, e o trabalho requerido para acionar um compressor de um refrigerador (trabalho de eixo negativo).

2. Trabalho Realizado por Tensões Normais na Superfície de Controle

Lembre-se de que o trabalho requer que uma força aja através de uma distância. Assim, quando uma força, $\vec{F}$, age através de um deslocamento infinitesimal $d\vec{s}$, o trabalho realizado é

$$\delta W = \vec{F} \cdot d\vec{s}$$

Para obter a taxa na qual o trabalho é realizado pela ação da força, divida pelo incremento de tempo Δt e tome o limite quando $\Delta t \to 0$. Assim procedendo, a taxa de trabalho realizado pela ação da força, $\vec{F}$, é dada por

$$\dot{W} = \lim_{\Delta t \to 0} \frac{\delta W}{\Delta t} = \lim_{\Delta t \to 0} \frac{\vec{F} \cdot d\vec{s}}{\Delta t} \quad \text{ou} \quad \dot{W} = \vec{F} \cdot \vec{V}$$

Podemos utilizar isso para calcular a taxa de trabalho realizado pelas tensões normais e cisalhantes. Considere o segmento de superfície de controle mostrado na Fig. 4.5. Para uma área elementar $d\vec{A}$, podemos escrever uma expressão para a força da tensão normal $d\vec{A}_{normal}$: ela será dada pela tensão normal σ_{nn} multiplicada pelo vetor do elemento de área $d\vec{A}$ (normal à superfície de controle).

Então, a taxa de trabalho realizado sobre um elemento de área é

$$d\vec{F}_{\text{normal}} \cdot \vec{V} = \sigma_{nn} d\vec{A} \cdot \vec{V}$$

Uma vez que o trabalho para fora através da superfície de controle é o negativo do trabalho feito sobre o volume de controle, a taxa total de trabalho para fora do volume de controle por causa das tensões normais é

$$\dot{W}_{\text{normal}} = -\int_{SC} \sigma_{nn} d\vec{A} \cdot \vec{V} = -\int_{SC} \sigma_{nn} \vec{V} \cdot d\vec{A}$$

3. Trabalho Realizado por Tensões de Cisalhamento na Superfície de Controle

Da mesma forma que trabalho é realizado por tensões normais nas fronteiras do volume de controle, também pode ser feito por tensões de cisalhamento.

Conforme mostrado na Fig. 4.5, a força de cisalhamento atuando sobre um elemento de área da superfície de controle é dada por

$$d\vec{F}_{\text{cisalhamento}} = \vec{\tau} \, dA$$

em que o vetor tensão de cisalhamento, $\vec{\tau}$, é a tensão de cisalhamento atuando em alguma direção no plano de dA.

A taxa de trabalho feito sobre toda a superfície de controle pelas tensões de cisalhamento é dada por

$$\int_{SC} \vec{\tau} \, dA \cdot \vec{V} = \int_{SC} \vec{\tau} \cdot \vec{V} \, dA$$

Uma vez que o trabalho para fora através das fronteiras do volume de controle é o negativo do trabalho feito sobre o volume de controle, a taxa total de trabalho para fora do volume de controle por causa das tensões de cisalhamento é dada por

$$\dot{W}_{\text{cisalhamento}} = -\int_{SC} \vec{\tau} \cdot \vec{V} \, dA$$

Essa integral é mais bem descrita pelos três termos

$$\dot{W}_{\text{cisalhamento}} = -\int_{SC} \vec{\tau} \cdot \vec{V} \, dA$$
$$= -\int_{A(\text{eixos})} \vec{\tau} \cdot \vec{V} \, dA - \int_{A(\text{superfície sólida})} \vec{\tau} \cdot \vec{V} \, dA - \int_{A(\text{portas})} \vec{\tau} \cdot \vec{V} \, dA$$

Já consideramos o primeiro termo, visto que incluímos $\dot{W}_s$. Em superfícies sólidas, $\vec{V} = 0$, de modo que o segundo termo é zero (para um volume de controle fixo). Então,

$$\dot{W}_{\text{cisalhamento}} = -\int_{A(\text{portas})} \vec{\tau} \cdot \vec{V} \, dA$$

O último termo pode ser igualado a zero pela escolha apropriada das superfícies de controle. Se escolhermos uma superfície de controle que corte cada passagem perpen-

Fig. 4.5 Forças de tensão normal e de cisalhamento.

132 Capítulo 4

dicularmente ao escoamento, então $d\vec{A}$ será paralelo a $\vec{V}$. Como $\vec{\tau}$ está no plano de dA, $\vec{\tau}$ é perpendicular a $\vec{V}$. Assim, para uma superfície de controle perpendicular a $\vec{V}$,

$$\vec{\tau} \cdot \vec{V} = 0 \qquad e \qquad \dot{W}_{cisalhamento} = 0$$

4. Outros Trabalhos

Energia elétrica poderia ser adicionada ao volume de controle. Energia eletromagnética também poderia ser absorvida, como, por exemplo, em radares ou feixes de *laser*. Na maioria dos problemas, tais contribuições estão ausentes, mas devemos considerá-las em nossa formulação geral.

Com a avaliação de todos os termos em $\dot{W}$, obtemos

$$\dot{W} = \dot{W}_s - \int_{SC} \sigma_{nn} \vec{V} \cdot d\vec{A} + \dot{W}_{cisalhamento} + \dot{W}_{outros} \qquad (4.55)$$

Equação do Volume de Controle

Substituindo a expressão para $\dot{W}$ da Eq. 4.55 na Eq. 4.54, temos

$$\dot{Q} - \dot{W}_s + \int_{SC} \sigma_{nn} \vec{V} \cdot d\vec{A} - \dot{W}_{cisalhamento} - \dot{W}_{outros} = \frac{\partial}{\partial t} \int_{VC} e\, \rho\, d\Psi + \int_{SC} e\, \rho \vec{V} \cdot d\vec{A}$$

Rearranjando essa equação, resulta

$$\dot{Q} - \dot{W}_s - \dot{W}_{cisalhamento} - \dot{W}_{outros} = \frac{\partial}{\partial t} \int_{VC} e\, \rho\, d\Psi + \int_{SC} e\, \rho \vec{V} \cdot d\vec{A} - \int_{SC} \sigma_{nn} \vec{V} \cdot d\vec{A}$$

Como $\rho = 1/v$, em que v é o *volume específico*, segue que

$$\int_{SC} \sigma_{nn} \vec{V} \cdot d\vec{A} = \int_{SC} \sigma_{nn}\, v\, \rho \vec{V} \cdot d\vec{A}$$

Então

$$\dot{Q} - \dot{W}_s - \dot{W}_{cisalhamento} - \dot{W}_{outros} = \frac{\partial}{\partial t} \int_{VC} e\, \rho\, d\Psi + \int_{SC} (e - \sigma_{nn}v)\, \rho \vec{V} \cdot d\vec{A}$$

Efeitos viscosos podem fazer a tensão normal, σ_{nn}, diferente do negativo da pressão termodinâmica, $-p$. Contudo, para a maioria dos escoamentos de interesse comum em engenharia, $\sigma_{nn} \simeq -p$. Desse modo,

$$\dot{Q} - \dot{W}_s - \dot{W}_{cisalhamento} - \dot{W}_{outros} = \frac{\partial}{\partial t} \int_{VC} e\, \rho\, d\Psi + \int_{SC} (e + pv)\, \rho \vec{V} \cdot d\vec{A}$$

Finalmente, substituindo $e = u + V^2/2 + gz$ no último termo à direita, obtivemos a forma familiar da primeira lei para um volume de controle,

$$\dot{Q} - \dot{W}_s - \dot{W}_{cisalhamento} - \dot{W}_{outros} = \frac{\partial}{\partial t} \int_{VC} e\, \rho\, d\Psi + \int_{SC} \left(u + pv + \frac{V^2}{2} + gz \right) \rho \vec{V} \cdot d\vec{A}$$
$$(4.56)$$

Cada termo de trabalho na Eq. 4.56 representa a taxa de trabalho realizado pelo volume de controle sobre o meio. Note que na termodinâmica, por conveniência, a combinação $u + pv$ (a energia interna do fluido mais o que é comumente chamado de "trabalho do fluxo") é substituída pela entalpia, $h \equiv u + pv$ (esta é uma das razões pelas quais o termo h foi criado). Exemplo 4.14 ilustra a aplicação da primeira lei para um sistema em regime de escoamento permanente, e o Exemplo 4.15 mostra como aplicar a Primeira lei para um sistema no qual o escoamento é transiente.

Exemplo 4.14 COMPRESSOR: ANÁLISE DA PRIMEIRA LEI

Ar a 101 kPa, 21°C, entra em um compressor com velocidade desprezível e é descarregado a 344 kPa, 38°C, através de um tubo com área transversal de 0,09 m². A vazão em massa é 9 kg/s. A potência fornecida ao compressor é 447 kW. Determine a taxa de transferência de calor.

Dados: Ar entra em um compressor em ① e sai em ② com as condições mostradas. A razão em massa de ar é 9 kg/s e a potência fornecida ao compressor é 447 kW.

Determinar: A taxa de transferência de calor.

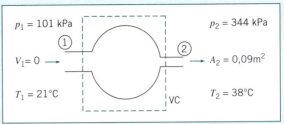

Solução:
Equações básicas:

$$\cancelto{0(1)}{\frac{\partial}{\partial t}\int_{VC} \rho \, dV} + \int_{SC} \rho \vec{V} \cdot d\vec{A} = 0$$

$$\dot{Q} - \dot{W}_s - \cancelto{0(4)}{\dot{W}_{cisalhamento}} = \cancelto{0(1)}{\frac{\partial}{\partial t}\int_{VC} e \rho \, dV} + \int_{SC} \left(u + pv + \frac{V^2}{2} + gz\right) \rho \vec{V} \cdot d\vec{A}$$

Considerações:

1. Escoamento em regime permanente.
2. Propriedades uniformes nas seções de entrada e saída.
3. O ar é tratado como um gás ideal, $p = \rho RT$.
4. As áreas do VC em ① e ② são perpendiculares à velocidade, assim, $\dot{W}_{cisalhamento} = 0$.
5. $z_1 = z_2$.
6. Energia cinética desprezível na entrada.

Com essas considerações, a primeira lei torna-se

$$\dot{Q} - \dot{W}_s = \int_{VC} \left(u + pv + \frac{V^2}{2} + gz\right) \rho \vec{V} \cdot d\vec{A}$$

$$\dot{Q} - \dot{W}_s = \int_{SC} \left(h + \frac{V^2}{2} + gz\right) \rho \vec{V} \cdot d\vec{A}$$

ou

$$\dot{Q} = \dot{W}_s + \int_{SC} \left(h + \frac{V^2}{2} + gz\right) \rho \vec{V} \cdot d\vec{A}$$

Para hipótese de propriedades uniformes, consideração (2), podemos escrever

$$\dot{Q} = \dot{W}_s + \left(h_1 + \cancelto{\approx 0(6)}{\frac{V_1^2}{2}} + gz_1\right)(-\rho_1 V_1 A_1) + \left(h_2 + \frac{V_2^2}{2} + gz_2\right)(\rho_2 V_2 A_2)$$

Da equação da conservação de massa para escoamento em regime permanente, obtivemos

$$\int_{SC} \rho \vec{V} \cdot d\vec{A} = 0$$

Portanto, $-(\rho_1 V_1 A_1) + (\rho_2 V_2 A_2) = 0$, ou $\rho_1 V_1 A_1 = \rho_2 V_2 A_2 = \dot{m}$. Então, podemos escrever

$$\dot{Q} = \dot{W}_s + \dot{m}\left[(h_2 - h_1) + \frac{V_2^2}{2} + g\cancelto{=0(5)}{(z_2 - z_1)}\right]$$

Considere que o ar comporta-se como um gás ideal, com calor específico, c_p, constante. Então, $h_2 - h_1 = c_p(T_2 - T_1)$, e

$$\dot{Q} = \dot{W}_s + \dot{m}\left[c_p(T_2 - T_1) + \frac{V_2^2}{2}\right]$$

Da equação da continuidade, $V_2 = \dot{m}/\rho_2 A_2$. Como $p_2 = \rho_2 R T_2$,

$$V_2 = \frac{\dot{m}}{A_2}\frac{RT_2}{p_2} = \frac{9 \text{ kg}}{\text{s}} \times \frac{1}{0,09 \text{ m}^2} \times 287\frac{\text{j}}{\text{kg} \cdot \text{K}} \times (38 + 273)°\text{K} \times \frac{1}{344.000 \text{ Pa}} \times \frac{\text{Pa} \cdot \text{m}^2}{\text{N}} \times \frac{\text{N} \cdot \text{m}}{\text{j}}$$

$$V_2 = 25,9 \text{ m/s}$$

Note que a potência é fornecida *ao* VC, logo $\dot{W}_s = -447$ kW, e

$$\dot{Q} = \dot{W}_s + \dot{m}c_p(T_2 - T_1) + \dot{m}\frac{V_2^2}{2}$$

$$\dot{Q} = -447.000 \text{ W} + 9\frac{\text{kg}}{\text{s}} \times 1005\frac{\text{j}}{\text{kg} \cdot °\text{K}} \times [(273 + 38) - (273 + 21)]°\text{K} \times \frac{\text{W} \cdot \text{s}}{\text{j}}$$

$$+ 9\frac{\text{kg}}{\text{s}} \times \frac{(25,9)^2}{2}\frac{\text{m}^2}{\text{s}^2} \times \frac{\text{N} \cdot \text{s}^2}{\text{kg} \cdot \text{m}} \times \frac{\text{W} \cdot \text{s}^2}{\text{N} \cdot \text{m}}$$

$$\dot{Q} = -290,2 \text{ kW} \longleftarrow \{\text{rejeição de calor}\}\dot{Q}$$

> Este problema ilustra o uso da primeira lei da termodinâmica para um volume de controle. Também é um exemplo para mostrar que muito cuidado deve ser tomado com as conversões de unidades de massa, energia e potência.

Exemplo 4.15 ENCHIMENTO DE UM TANQUE: ANÁLISE DA PRIMEIRA LEI

Um tanque, com volume de 0,1 m³, está conectado a uma linha de ar de alta pressão (linha de ar comprimido); tanto a linha quanto o tanque estão inicialmente a uma temperatura uniforme de 20°C. A pressão manométrica inicial no tanque é 100 kPa. A pressão absoluta na linha de ar é 2,0 MPa; a linha é suficiente grande, de modo que a temperatura e a pressão do ar comprimido podem ser consideradas constantes. A temperatura no tanque é monitorada por um termopar de resposta rápida. Imediatamente após a abertura da válvula, a temperatura do ar no tanque sobe à taxa de 0,05°C/s. Determine a vazão em massa instantânea de ar entrando no tanque se a transferência de calor é desprezível.

Dados: Tubulação de suprimento de ar e tanque, conforme mostrado. Em $t = 0^+$, $\partial T/\partial t = 0,05$°C/s.

Determinar: $\dot{m}$ para $t = 0^+$.

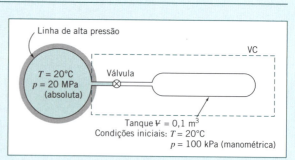

Solução: Escolha o VC mostrado e aplique a equação da energia.

Equação básica:

$$\overset{=0(1)}{\cancel{\dot{Q}}} - \overset{=0(2)}{\cancel{\dot{W}_s}} - \overset{=0(3)}{\cancel{\dot{W}_{\text{cisalhamento}}}} - \overset{=0(4)}{\cancel{\dot{W}_{\text{outros}}}} = \frac{\partial}{\partial t}\int_{\text{VC}} e\rho\, dV + \int_{\text{SC}} (e + pv)\rho\vec{V}\cdot d\vec{A}$$

$$e = u + \overset{\simeq 0(5)}{\cancel{\frac{V^2}{2}}} + \overset{\simeq 0(6)}{\cancel{gz}}$$

Considerações:

1. $\dot{Q} = 0$ (dado).
2. $\dot{W}_s = 0$.
3. $\dot{W}_{\text{cisalhamento}} = 0$.
4. $\dot{W}_{\text{outros}} = 0$.
5. As velocidades na linha e no tanque são pequenas.
6. A energia potencial é desprezível.

Equações Básicas na Forma Integral para um Volume de Controle **135**

7 Escoamento em regime uniforme na entrada do tanque.
8 Propriedades uniformes no tanque.
9 Gás ideal, $p = \rho RT$, $du = c_v dT$.

Então,

$$\frac{\partial}{\partial t}\int_{VC} u_{\text{tanque}}\,\rho\,dV + (u + pv)|_{\text{linha}}(-\rho VA) = 0$$

Isso expressa o fato de que o ganho de energia no tanque é decorrente da energia específica (na forma de entalpia $h = u + pv$) contida no escoamento de ar da linha para o tanque. O que nos interessa é o instante inicial, quando T é uniforme e igual 20°C, logo $u_{\text{tanque}} + u_{\text{linha}} = u$, a energia interna a T; também, $pv_{\text{linha}} = RT_{\text{linha}} = RT$, e

$$\frac{\partial}{\partial t}\int_{VC} u\,\rho\,dV + (u + RT)(-\rho VA) = 0$$

Uma vez que as propriedades no tanque são uniformes, $\partial/\partial t$ pode ser substituída por d/dt, e

$$\frac{d}{dt}(uM) = (u + RT)\dot{m}$$

(em que M é a massa instantânea no tanque e $\dot{m} = \rho VA$ é a vazão mássica instantânea para dentro do tanque), ou

$$u\frac{dM}{dt} + M\frac{du}{dt} = u\dot{m} + RT\dot{m} \tag{1}$$

O termo dM/dt pode ser avaliado da equação da continuidade:

Equação básica:

$$\frac{\partial}{\partial t}\int_{VC}\rho\,dV + \int_{SC}\rho\vec{V}\cdot d\vec{A} = 0$$

$$\frac{dM}{dt} + (-\rho VA) = 0 \quad \text{ou} \quad \frac{dM}{dt} = \dot{m}$$

Substituindo na Eq. 1, obtemos

$$u\dot{m} + Mc_v\frac{dT}{dt} = u\dot{m} + RT\dot{m}$$

ou

$$\dot{m} = \frac{Mc_v(dT/dt)}{RT} = \frac{\rho V c_v(dT/dt)}{RT} \tag{2}$$

Mas em $t = 0$, $p_{\text{tanque}} = 100$ kPa (manométrica), e

$$\rho = \rho_{\text{tanque}} = \frac{p_{\text{tanque}}}{RT} = (1{,}00 + 1{,}01)10^5\,\frac{\text{N}}{\text{m}^2} \times \frac{\text{kg}\cdot\text{K}}{287\,\text{N}\cdot\text{m}} \times \frac{1}{293\,\text{K}}$$

$$= 2{,}39\,\text{kg/m}^3$$

Substituindo na Eq. 2, obtemos

$$\dot{m} = 2{,}39\,\frac{\text{kg}}{\text{m}^3} \times 0{,}1\,\text{m}^3 \times 717\,\frac{\text{N}\cdot\text{m}}{\text{kg}\cdot\text{K}} \times 0{,}05\,\frac{\text{K}}{\text{s}}$$

$$\times \frac{\text{kg}\cdot\text{K}}{287\,\text{N}\cdot\text{m}} \times \frac{1}{293\,\text{K}} \times 1000\,\frac{\text{g}}{\text{kg}}$$

$$\dot{m} = 0{,}102\,\text{g/s} \underleftarrow{\hspace{5cm}} \dot{m}$$

Este problema ilustra o uso da primeira lei da termodinâmica para um volume de controle. Também é um exemplo para mostrar que muito cuidado deve ser tomado com as conversões de unidades de massa, energia e potência.

136 Capítulo 4

A segunda lei da termodinâmica aplica-se a todos os sistemas fluidos. Recorde que a formulação da segunda lei, para um sistema, pode ser escrita como

$$\left. \frac{dS}{dt} \right)_{\text{sistema}} \geq \frac{1}{T} \dot{Q} \qquad (4.5a)$$

em que a entropia total do sistema é dada por

$$S_{\text{sistema}} = \int_{M(\text{sistema})} s \, dm = \int_{\Psi(\text{sistema})} s \, \rho \, d\Psi \qquad (4.5b)$$

Para deduzir a formulação de volume de controle da segunda lei da termodinâmica, fazemos

$$N = S \quad \text{e} \quad \eta = s$$

na Eq. 4.10, de modo a obter

$$\left. \frac{dS}{dt} \right)_{\text{sistema}} = \frac{\partial}{\partial t} \int_{\text{VC}} s \, \rho \, d\Psi + \int_{\text{SC}} s \, \rho \vec{V} \cdot d\vec{A} \qquad (4.57)$$

O sistema e o volume de controle coincidem em t_0; logo, na Eq. 4.5a,

$$\left. \frac{1}{T} \dot{Q} \right)_{\text{sistema}} = \frac{1}{T} \dot{Q})_{\text{VC}} = \int_{\text{SC}} \frac{1}{T} \left(\frac{\dot{Q}}{A} \right) dA$$

À luz disso, as Eqs. 4.5a e 4.57 resultam na formulação da segunda lei da termodinâmica para volume de controle,

$$\frac{\partial}{\partial t} \int_{\text{VC}} s \, \rho \, d\Psi + \int_{\text{SC}} s \, \rho \, \vec{V} \cdot d\vec{A} \geq \int_{\text{SC}} \frac{1}{T} \left(\frac{\dot{Q}}{A} \right) dA \qquad (4.58)$$

Na Eq. 4.58, o termo $(\dot{Q}/A)$ representa a taxa de transferência de calor por unidade de área para dentro do volume de controle através do elemento de área dA. Para avaliar o termo

$$\int_{\text{SC}} \frac{1}{T} \left(\frac{\dot{Q}}{A} \right) dA$$

tanto o fluxo local de calor $(\dot{Q}/A)$ quanto a temperatura local, T, devem ser conhecidos para cada elemento de área da superfície de controle.

4.9 *Resumo e Equações Úteis*

Neste capítulo, escrevemos as leis básicas para um sistema: conservação de massa (ou continuidade), segunda lei de Newton, equação da quantidade de movimento angular, primeira lei da termodinâmica e segunda lei da termodinâmica. Desenvolvemos, em seguida, uma equação (por vezes chamada de Teorema do Transporte de Reynolds) para relacionar as formulações de sistema com as de volume de controle. Usando essa equação, deduzimos as formas para volumes de controle da:

✓ Equação da conservação de massa (comumente chamada de equação da continuidade).
✓ Segunda lei de Newton (ou equação da quantidade de movimento linear) para:
  • Um volume de controle inercial.
  • Um volume de controle com aceleração retilínea.
  • Um volume de controle com aceleração arbitrária (no GEN-IO, ambiente virtual de aprendizagem do GEN).
✓ Equação da quantidade de movimento angular (ou do momento da quantidade de movimento) para:
  • Um volume de controle fixo.
  • Um volume de controle rotatório (no GEN-IO, ambiente virtual de aprendizagem do GEN).

Equações Básicas na Forma Integral para um Volume de Controle **137**

✓ Primeira lei da termodinâmica (ou equação da energia).
✓ Segunda lei da termodinâmica.

O significado físico de cada termo contido nessas equações de volume de controle foi discutido, e usamos as equações para a solução de uma variedade de problemas de escoamento. Em particular, usamos um volume de controle diferencial para deduzir uma equação famosa da mecânica dos fluidos — a equação de Bernoulli — e, enquanto fizemos isso, aprendemos sobre as restrições ao seu uso para a solução de problemas.

Nota: A maior parte das Equações Úteis na tabela a seguir tem determinadas restrições ou limitações — *para usá-las com segurança, verifique os detalhes no capítulo conforme numeração de referência*!

Equações Úteis

Continuidade (conservação da massa), fluido incompressível:	$$\int_{SC} \vec{V} \cdot d\vec{A} = 0$$	(4.13a)
Continuidade (conservação da massa), escoamento uniforme:	$$\sum_{SC} \vec{V} \cdot \vec{A} = 0$$	(4.13b)
Continuidade (conservação da massa), escoamento em regime permanente:	$$\int_{SC} \rho \vec{V} \cdot d\vec{A} = 0$$	(4.15a)
Continuidade (conservação da massa), escoamento em regime permanente, escoamento uniforme:	$$\sum_{SC} \rho \vec{V} \cdot \vec{A} = 0$$	(4.15b)
Quantidade de movimento (segunda lei de Newton):	$$\vec{F} = \vec{F}_S + \vec{F}_B = \frac{\partial}{\partial t} \int_{VC} \vec{V} \rho \, d\mathbf{V} + \int_{SC} \vec{V} \rho \vec{V} \cdot d\vec{A}$$	(4.17a)
Quantidade de movimento (segunda lei de Newton), escoamento uniforme:	$$\vec{F} = \vec{F}_S + \vec{F}_B = \frac{\partial}{\partial t} \int_{VC} \vec{V} \rho \, d\mathbf{V} + \sum_{SC} \vec{V} \rho \vec{V} \cdot \vec{A}$$	(4.17b)
Quantidade de movimento (segunda lei de Newton), componentes escalares:	$$F_x = F_{S_x} + F_{B_x} = \frac{\partial}{\partial t} \int_{VC} u \, \rho \, d\mathbf{V} + \int_{SC} u \, \rho \vec{V} \cdot d\vec{A}$$	(4.18a)
	$$F_y = F_{S_y} + F_{B_y} = \frac{\partial}{\partial t} \int_{VC} v \, \rho \, d\mathbf{V} + \int_{SC} v \, \rho \vec{V} \cdot d\vec{A}$$	(4.18b)
	$$F_z = F_{S_z} + F_{B_z} = \frac{\partial}{\partial t} \int_{VC} w \, \rho \, d\mathbf{V} + \int_{SC} w \, \rho \vec{V} \cdot d\vec{A}$$	(4.18c)
Quantidade de movimento (segunda lei de Newton), escoamento uniforme, componentes escalares:	$$F_x = F_{S_x} + F_{B_x} = \frac{\partial}{\partial t} \int_{VC} u \, \rho \, d\mathbf{V} + \sum_{SC} u \, \rho \vec{V} \cdot \vec{A}$$	(4.18d)
	$$F_y = F_{S_y} + F_{B_y} = \frac{\partial}{\partial t} \int_{VC} v \, \rho \, d\mathbf{V} + \sum_{SC} v \, \rho \vec{V} \cdot \vec{A}$$	(4.18e)
	$$F_z = F_{S_z} + F_{B_z} = \frac{\partial}{\partial t} \int_{VC} w \, \rho \, d\mathbf{V} + \sum_{SC} w \, \rho \vec{V} \cdot \vec{A}$$	(4.18f)
Equação de Bernoulli (escoamento incompressível, em regime permanente, sem atrito, ao longo de uma linha de corrente):	$$\frac{p}{\rho} + \frac{V^2}{2} + gz = \text{constante}$$	(4.24)
Quantidade de movimento (segunda lei de Newton), volume de controle inercial (estacionário ou com velocidade constante):	$$\vec{F} = \vec{F}_S + \vec{F}_B = \frac{\partial}{\partial t} \int_{VC} \vec{V}_{xyz} \rho \, d\mathbf{V} + \int_{SC} \vec{V}_{xyz} \rho \vec{V}_{xyz} \cdot d\vec{A}$$	(4.26)
Quantidade de movimento (segunda lei de Newton), aceleração retilínea do volume de controle:	$$\vec{F}_S + \vec{F}_B - \int_{VC} \vec{a}_{rf} \rho \, d\mathbf{V} = \frac{\partial}{\partial t} \int_{VC} \vec{V}_{xyz} \rho \, d\mathbf{V} \int_{SC} \vec{V}_{xyz} \rho \vec{V}_{xyz} \cdot d\vec{A}$$	(4.33)

(continua)

Equações Úteis (Continuação)

Princípio da quantidade de movimento angular:	$\vec{r} \times \vec{F}_s + \int_{VC} \vec{r} \times \vec{g}\, \rho\, dV\!\!\!/ + \vec{T}_{eixo}$ $= \dfrac{\partial}{\partial t} \int_{VC} \vec{r} \times \vec{V}\, \rho\, dV\!\!\!/ + \int_{SC} \vec{r} \times \vec{V}\, \rho \vec{V} \cdot d\vec{A}$	(4.46)
Primeira lei da termodinâmica:	$\dot{Q} - \dot{W}_s - \dot{W}_{cisalhamento} - \dot{W}_{outros}$ $= \dfrac{\partial}{\partial t}\int_{VC} e\, \rho\, dV\!\!\!/ + \int_{SC}\left(u + pv + \dfrac{V^2}{2} + gz\right)\rho \vec{V} \cdot d\vec{A}$	(4.56)
Segunda lei da termodinâmica:	$\dfrac{\partial}{\partial t}\int_{VC} s\, \rho\, dV\!\!\!/ + \int_{SC} s\, \rho\, \vec{V} \cdot d\vec{A} \geq \int_{SC} \dfrac{1}{T}\left(\dfrac{\dot{Q}}{A}\right) dA$	(4.58)

PROBLEMAS

Leis Básicas para um Sistema

4.1 Uma massa de 2,27 kg é liberada quando está exatamente em contato com uma mola, de constante elástica de 365 kg/s², fixa no solo. Qual é a máxima compressão da mola? Compare esse valor à deflexão da mola se a massa estivesse apenas em repouso sobre ela. Qual seria a máxima compressão da mola se a massa fosse liberada de uma distância de 1,5 m acima do topo da mola?

4.2 Uma forma de cubos de gelos contendo 270 mL de água fria a 20°C é colocada em um freezer a −7°C. Determine a mudança de energia interna (kJ) e de entropia (kJ/K) da água quando ela for congelada.

4.3 Uma pequena bola de aço de raio $r = 1$ mm é colocada no topo de um tubo horizontal de raio externo maior $R = 50$ mm, e começa a rolar para baixo sob a influência da gravidade. As resistências de rolamento e do ar são desprezíveis. Como a velocidade da bola aumenta, ela eventualmente deixa a superfície do tubo e torna-se um projétil. Determine a velocidade e o local em que a bola perde o contato com o tubo.

4.4 O vapor que entra na turbina com velocidade de 35 m/s tem uma entalpia, h_1, de 3548 kJ/kg. O fluido sai da turbina na forma de mistura de líquido e vapor com velocidade de 70 m/s. A entalpia da mistura é 2780 kJ/kg. Considere o escoamento através da turbina como adiabático e despreze variações na altura. Calcule o trabalho produzido por unidade de massa de vapor através do escoamento.

4.5 Uma investigação policial de marcas de pneus mostrou que um carro, trafegando ao longo de uma rua nivelada e reta, tinha deslizado por uma distância total de 50 m até parar, após a aplicação dos freios. O coeficiente de atrito estimado entre os pneus e o pavimento é $\mu = 0,6$. Qual era a velocidade mínima provável do carro (km/h) quando os freios foram aplicados? Por quanto tempo o carro derrapou?

4.6 Um carro viajando a 48 km/h chega a uma curva na estrada. O raio da curva é 30 m. Encontre a máxima velocidade (km/h) antes da perda de tração, se o coeficiente de atrito com a pista seca é $\mu_s = 0,7$ e com ela molhada é $\mu_m = 0,3$.

4.7 Ar, a 25°C e pressão absoluta de 101,3 kPa, é comprimido adiabaticamente em um cilindro-pistão sem atrito até uma pressão absoluta de 415,3 kPa. Determine o trabalho fornecido (MJ).

4.8 Em um experimento com uma lata de refrigerante, ela leva 3 horas para ser resfriada de uma temperatura inicial de 24°C até uma temperatura de 10°C dentro de um refrigerador a 4°C. Em seguida, se ela é retirada do refrigerador e exposta a uma temperatura ambiente de 20°C, quanto tempo ela levará para atingir 15°C? Considere que, para ambos os processos, a transferência de calor é modelada por $\dot{Q} \approx k(T - T_{amb})$, na qual T é a temperatura da lata, T_{amb} é a temperatura ambiente e k é um coeficiente de transferência de calor.

4.9 Um bloco de cobre de massa 8 kg é aquecido a 80°C e mergulhado em um recipiente isolado contendo 5 L de água a 20°C. Encontre a temperatura final do sistema. O calor específico do cobre é 390 J/kg · K e o da água é 4200 J/kg · K.

4.10 A taxa média de transferência de calor de uma pessoa para o ambiente é cerca de 85 W, quando a pessoa não está trabalhando ativamente. Suponha que, em um auditório com volume de aproximadamente $3,5 \times 10^5$ m³, com 6000 pessoas presentes, o sistema de ventilação falhe. Qual o aumento da energia interna do ar do auditório, durante os primeiros 15 minutos após a pane? Considerando o auditório e as pessoas como um sistema, e também considerando que não haja transferência de calor para o meio ambiente, qual a variação da energia interna do sistema? Como você explica o fato de que a temperatura do ar aumenta? Estime a taxa de aumento de temperatura nessas condições.

Conservação da Massa

4.11 A área sombreada mostrada está em um escoamento onde o campo de velocidade é dado por $\vec{V} = ax\hat{i} + by\hat{j}$; $a = b = 1$ s⁻¹ e as coordenadas são medidas em metros. Avalie a vazão volumétrica e o fluxo de quantidade de movimento através da área sombreada ($\rho = 1$ kg/m³).

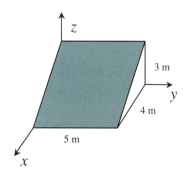

P4.11

4.12 A área sombreada mostrada está em um escoamento onde o campo de velocidade é dado por $\vec{V} = ax\hat{i} + by\hat{j} + c\hat{k}$; $a = b = 2$ s⁻¹

e $c = 1$ m/s. Escreva uma expressão vetorial para um elemento da área sombreada. Avalie as integrais $\int_A \vec{V} \cdot d\vec{A}$ e $\int_A \vec{V}(\vec{V} \cdot d\vec{A})$ sobre a área sombreada.

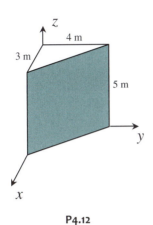

P4.12

4.13 Obtenha expressões para a vazão volumétrica e para o fluxo de quantidade de movimento através da seção transversal ① do volume de controle mostrado no diagrama.

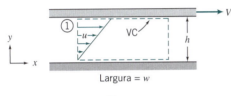

P4.13

4.14 A distribuição de velocidades para escoamento laminar em um longo tubo circular de raio R é dada pela expressão unidimensional,

$$\vec{V} = u\hat{i} = u_{máx}\left[1 - \left(\frac{r}{R}\right)^2\right]\hat{i}$$

Para esse perfil, obtenha expressões para a vazão volumétrica e para o fluxo de quantidade de movimento através da seção normal ao eixo do tubo.

4.15 A ducha de um chuveiro alimentado por um tubo de água com diâmetro interno de 19,05 mm consiste em 50 bocais de diâmetros internos de 0,79 mm. Considerando uma vazão de $1,39 \times 10^{-4}$ m³/s, qual é a velocidade (m/s) de cada jato de água? Qual é a velocidade média (m/s) no tubo?

4.16 Um agricultor está pulverizando um líquido através de 20 bocais com diâmetro interno de 5 mm, a uma velocidade média na saída de 5 m/s. Qual é a velocidade média na entrada do alimentador que possui diâmetro interno igual a 35 mm? Qual é a vazão do sistema, em L/min?

4.17 Um reservatório cilíndrico de exploração de água tem diâmetro interno igual a 3 m e altura de 3 m. Existe somente uma entrada com diâmetro igual a 10 cm, uma saída com diâmetro de 8 cm, e um dreno. Inicialmente o tanque está vazio quando a bomba de entrada é acionada, produzindo uma velocidade média na entrada de 5 m/s. Quando o nível do tanque atinge 0,7 m, a bomba de saída é acionada, causando uma vazão para fora do tanque na saída; a velocidade média na saída é 3 m/s. Quando o nível de água atinge 2 m, o dreno é aberto de tal forma que o nível permanece em 2 m. Determine (a) o tempo no qual a bomba de saída é acionada, (b) o tempo no qual o dreno é aberto e (c) a vazão no dreno (m³/min).

4.18 Uma torre de arrefecimento resfria água quente, pulverizando-a contra um escoamento forçado de ar seco. Uma parte da água evapora nesse ar e é carregada para a atmosfera fora da torre; a evaporação resfria as gotas de água remanescentes, que são coletadas no tubo de saída da torre (com 150 mm de diâmetro interno). Medições indicam que vazão de água quente é 31,5 kg/s, e água fria (21°C) escoa a uma velocidade média de 1,7 m/s no tubo de saída. A massa específica do ar úmido é 1,06 kg/m³. Determine (a) as vazões mássica (kg/s) e volumétrica (L/min) da água fria, (b) a vazão mássica (kg/s) do ar úmido e (c) a vazão mássica (kg/s) do ar seco.

Sugestão: No Google, digite "density of moist air" ou "massa específica do ar úmido" para obter informações sobre a massa específica do ar úmido e seco!

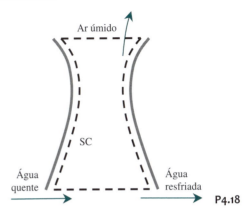

P4.18

4.19 Um fluido, com massa específica de 1040 kg/m³, flui em regime permanente através da caixa retangular mostrada. Dados $A_1 = 0,046$ m², $A_2 = 0,009$ m², $A_3 = 0,056$ m², $\vec{V}_1 = 3\hat{i}$ m/s e $\vec{V}_2 = 6\hat{j}$ m/s, determine a velocidade $\vec{V}_3$.

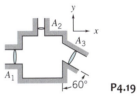

P4.19

4.20 Considere o escoamento incompressível e permanente através do dispositivo mostrado. Determine o módulo e o sentido da vazão volumétrica através da porta 3.

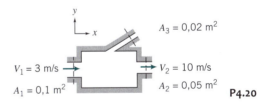

P4.20

4.21 Um agricultor de arroz necessita encher de água uma área de plantio de 125 m × 300 m, com uma profundidade de 9 cm em 2 h. Quantos tubos de suprimento de água com 45 cm de diâmetro são necessários se a velocidade média em cada um deve ser menor que 2 m/s?

4.22 Você está fazendo cerveja. O primeiro passo é encher o garrafão de vidro com o mosto líquido. O diâmetro interno do garrafão é 37,5 cm, e você deseja enchê-lo até o nível de 0,6 m. Se o seu mosto é retirado da chaleira usando um sifão com uma vazão de 11,36 L/min, quanto tempo levará o enchimento?

4.23 Em sua cozinha, a pia tem 0,6 m por 45,7 cm e tem 30,5 cm de profundidade. Você a está enchendo com água com uma vazão de 252×10^{-6} m³/s. Quanto tempo (em minutos) você leva para encher metade da pia? Depois disso, você fecha a torneira e abre um pouco a válvula de drenagem, de modo que a vazão de saída é de 63×10^{-6} m³/s. Qual a taxa (em m/s) na qual o nível de água abaixa?

4.24 Normas para ventilação de ar em salas de aula especificam uma renovação do ar da sala com uma vazão de pelo menos 8,0 L/s de ar fresco por pessoa (estudantes e professor). Um sistema de ventilação para alimentar 6 salas com capacidade para 20 estudantes deve ser projetado. O ar entra através de um duto central, com ramificações curtas que chegam sucessivamente em cada sala. As grelhas de saídas de ar das ramificações para as salas têm 200 mm de altura e 500 mm de largura. Calcule a vazão volumétrica e a velocidade do ar que entra em cada sala. Ruídos de ventilação aumentam com a velocidade do ar. Fixando a altura do duto de alimentação em 500 mm, determine a largura do duto que limitará a velocidade do ar a um valor máximo de 1,75 m/s.

4.25 Você está tentando bombear água para fora de seu porão durante uma tempestade. A bomba pode extrair 0,6 L/s. O nível de água no porão está agora reduzindo a uma taxa de 0,4 mm/min. Qual é a vazão (L/s) da tempestade para o porão? O porão tem uma área de 7,6 m × 6 m.

4.26 Em um escoamento a montante em regime permanente, a massa específica é 1 kg/m³, a velocidade é 1000 m/s, e a área é 0,1 m². A jusante, a velocidade é 1500 m/s, e a área é 0,25 m². Qual é a massa específica a jusante?

4.27 Óleo escoa em regime permanente formando uma fina camada em um plano inclinado para baixo. O perfil de velocidade é dado por:

$$u = \frac{\rho g \, \text{sen}\, \theta}{\mu}\left[hy - \frac{y^2}{2}\right]$$

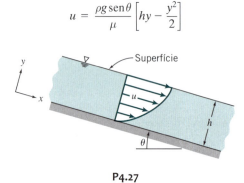

P4.27

Expresse a vazão mássica por unidade de largura em termos de ρ, μ, g, θ e h.

4.28 Água entra em um canal largo e plano, de altura $3h$, com uma velocidade de 3,5 m/s. Na saída do canal, a distribuição de velocidades é dada por

$$\frac{u}{u_{\text{máx}}} = 1 - \left(\frac{y}{h}\right)^2$$

em que y é medido a partir da linha de centro do canal. Determine a velocidade, $u_{\text{máx}}$, na linha de centro na saída do canal.

4.29 Água escoa em regime permanente através de um tubo de comprimento L e raio R = 75 mm. Calcule a velocidade de entrada uniforme, U, se a distribuição de velocidade através da saída é dada por

$$u = u_{\text{máx}}\left[1 - \frac{r^2}{R^2}\right]$$

e $u_{\text{máx}}$ = 3 m/s.

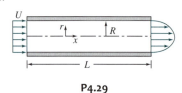

P4.29

4.30 O perfil de velocidade para escoamento laminar em uma seção anular é dado por

$$u(r) = -\frac{\Delta p}{4\mu L}\left[R_o^2 - r^2 + \frac{R_o^2 - R_i^2}{\ln(R_i/R_o)}\ln\frac{R_o}{r}\right]$$

em que $\Delta p/L$ = −10 kPa/m é o gradiente de pressão, μ é a viscosidade (óleo SAE 10 a 20°C) e R_o = 5 mm e R_i = 1 mm são os raios externo e interno do anel. Determine a vazão volumétrica, a velocidade média e a velocidade máxima. Faça um gráfico da distribuição de velocidades.

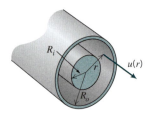

P4.30

4.31 Uma curva redutora bidimensional tem um perfil de velocidade linear na seção ①. O escoamento é uniforme nas seções ② e ③. O fluido é incompressível e o escoamento é permanente. Determine o módulo e o sentido da velocidade uniforme na seção ①.

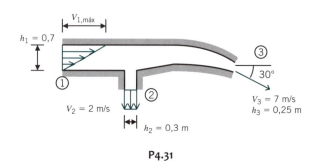

P4.31

4.32 Água entra em um canal bidimensional de largura constante, h = 75,5 mm, com velocidade uniforme, U. O canal faz uma curva de 90° que distorce o escoamento de modo a produzir, na saída, o perfil linear de velocidade mostrado com $V_{\text{máx}} = 2V_{\text{mín}}$. Avalie $V_{\text{mín}}$, se U = 7,5 m/s.

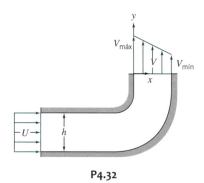

P4.32

4.33 Um tubo redondo e poroso, com D = 60 mm, transporta água. A velocidade de entrada é uniforme com V_1 = 7,0 m/s. A água vaza para fora do tubo através das paredes porosas, radialmente e com simetria em relação ao eixo do tubo. A distribuição de velocidades da água vazando ao longo do tubo é dada por

$$v = V_0\left[1 - \left(\frac{x}{L}\right)^2\right]$$

em que V_0 = 0,03 m/s e L = 0,950 m. Calcule a vazão mássica dentro do tubo em $x = L$.

4.34 Um *acumulador hidráulico* é projetado para reduzir as pulsações de pressão do sistema hidráulico de uma máquina operatriz. Para o instante mostrado, determine a taxa à qual o acumulador ganha ou perde óleo hidráulico.

Equações Básicas Na Forma Integral Para Um Volume De Controle **141**

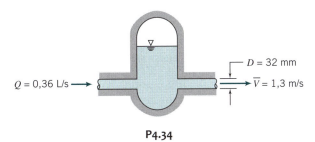

P4.34

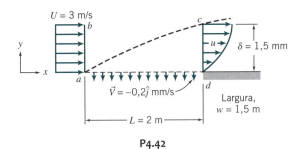

P4.42

4.35 Um tanque cilíndrico, de diâmetro 0,5 m, está sendo drenado através de um furo em sua base. No instante em que a profundidade da água é 0,8 m, observa-se que a vazão de água do tanque é de 6 kg/s. Determine a taxa de variação do nível da água nesse instante.

4.36 Um tanque, com volume de 0,4 m³, contém ar comprimido. Uma válvula é aberta e o ar escapa com velocidade de 250 m/s através de uma abertura de 100 mm² de área. A temperatura do ar passando pela abertura é igual a $-20°C$ e a pressão absoluta é 300 kPa. Determine a taxa de variação da massa específica do ar no tanque nesse instante.

4.37 Ar entra em um tanque através de uma área de 0,018 m² com velocidade de 4,6 m/s e massa específica de 15,5 kg/m³. Ar sai com uma velocidade de 1,5 m/s e uma massa específica igual àquela no tanque. A massa específica inicial do ar no tanque é 10,3 kg/m³. O volume total do tanque é 0,6 m³ e a área de saída é 0,4 m². Determine a taxa de variação inicial da massa específica do ar no tanque.

4.38 Em uma notícia divulgada recentemente na TV sobre o abaixamento do nível do lago Shafer perto de Monticello, Indiana, pelo aumento na descarga através da comporta do lago, as seguintes informações foram repassadas a respeito do escoamento na comporta:

Vazão normal	8,2 m³/s
Vazão durante a drenagem do lago	57 m³/s

(A vazão durante a drenagem foi dita ser equivalente a 60,5 m³/s.) O repórter disse também que, durante a drenagem, esperava-se uma diminuição no nível do lago à taxa de 0,3 m a cada 8 horas. Calcule a vazão real durante a drenagem em m³/s. Estime a área superficial do lago.

4.39 Um tanque cilíndrico de diâmetro $D = 50$ mm, possui o esgoto por uma abertura de diâmetro $d = 5$ mm, em seu fundo. A velocidade do líquido saindo do tanque é aproximadamente $V = \sqrt{2gy}$, em que y é a altura do fundo do tanque à superfície livre. Se o tanque inicialmente está cheio com água a $y_0 = 0,4$ m, determine a profundidade da água em $t = 60$ s, $t = 120$ s e $t = 180$ s. Trace o gráfico de y (m) em função de t para os primeiros 180 segundos.

4.40 Para as condições do Problema 4.39, estime o tempo requerido para drenar o tanque à profundidade de $y = 0,3$ m (uma mudança na profundidade de 0,1 m), e de $y = 0,3$ m para $y = 0,2$ m (também uma mudança na profundidade de 0,1 m). Você pode explicar a discrepância nesses tempos? Trace o gráfico do tempo de drenagem do tanque como função do diâmetro do furo na profundidade $y = 0,1$ m do tanque variando de $d = 2,5$ mm para $d = 12,5$ mm.

4.41 Um funil cônico, com meio ângulo $\theta = 15°$, com diâmetro máximo $D = 70$ mm e altura H, deixa escapar líquido por um orifício (diâmetro $d = 3,12$ mm) no seu vértice. A velocidade do líquido deixando o reservatório é dada, aproximadamente, por $V = \sqrt{2gy}$, em que y é a altura da superfície livre do líquido acima do orifício. Determine a taxa de variação do nível da superfície no reservatório no instante em que $y = H/2$.

4.42 Considere um escoamento incompressível e permanente de ar-padrão em uma camada-limite sobre toda a extensão da superfície porosa mostrada. Considere também que a camada-limite na extremidade a jusante da superfície tenha um perfil de velocidade aproximadamente parabólico dado por $u/U_\infty = 2(y/\delta) - (y/\delta)^2$. Uma sucção uniforme é aplicada ao longo da superfície porosa, como mostrado. Calcule a vazão volumétrica por meio da superfície cd, da superfície porosa de sucção e da superfície bc.

4.43 Em um funil cônico, com meio ângulo $\theta = 30°$, o líquido é drenado através de um pequeno orifício de diâmetro $d = 6,25$ mm no vértice do funil. A velocidade do líquido através do orifício é dada, aproximadamente, por $V = \sqrt{2gy}$, em que y é a altura da superfície livre do líquido acima do orifício. Inicialmente, o funil está cheio até uma altura $y_0 = 300$ mm. Obtenha uma expressão para o tempo, t, de drenagem do funil. Encontre o tempo de drenagem de 300 mm para 150 mm (uma variação de profundidade de 150 mm), e de 150 mm para o esvaziamento total (também uma variação de profundidade de 150 mm). Você pode explicar a discrepância desse tempo? Trace o gráfico do tempo de drenagem t em função de d para esse diâmetro variando de 6,25 mm até 12,5 mm.

4.44 Para o funil do Problema 4.43, determine o diâmetro d requerido se o funil é drenado em $t = 1$ min para uma profundidade inicial $y_0 = 30$ cm. Trace o gráfico do diâmetro d requerido para drenar o funil em 1 min em função da profundidade y_0, para y_0 variando de 2,5 cm para 60 cm.

4.45 Com o passar do tempo, o ar escapa dos pneus de alta pressão de uma bicicleta por migração através dos poros da borracha. É regra corrente dizer que um pneu perde pressão a uma taxa de "6,9 kPa por dia". A taxa real de perda de pressão não é constante; o que ocorre é que a taxa de perda de massa de ar instantânea é proporcional à massa específica e à pressão manométrica do ar no pneu, $\dot{m} \propto \rho p$. Como a taxa de vazamento é baixa, o ar no pneu é aproximadamente isotérmico. Considere um pneu que está inicialmente inflado com 0,7 MPa (manométrica). Considere que a taxa inicial de perda de pressão seja de 6,9 kPa por dia. Estime o tempo necessário para que a queda de pressão atinja 500 kPa. Quão preciso é "6,9 kPa por dia" no período total de 30 dias? Trace um gráfico da pressão no pneu *versus* tempo para um período de 30 dias. Compare os resultados obtidos com aqueles da regra prática de "uma libra por dia".

Equação da Quantidade de Movimento para um Volume de Controle Inercial

4.46 Para as condições do Problema 4.28, avalie a razão entre o fluxo de quantidade de movimento na direção x na saída do canal e aquele na entrada.

4.47 Para as condições do Problema 4.29, avalie a razão entre o fluxo de quantidade de movimento na direção x na saída do tubo e aquele na entrada.

4.48 Avalie o fluxo líquido de quantidade de movimento através do canal do Problema 4.32. Você esperaria que a pressão na saída fosse maior, menor ou a mesma que a pressão na entrada? Por quê?

4.49 Jatos de água estão sendo usados cada vez com maior frequência para operações de cortes de metais. Se uma bomba gera uma vazão de 63×10^{-6} m³/s através de um orifício de diâmetro 0,254 mm, qual é a velocidade média do jato? Que força (N) o jato produzirá por impacto, considerando como uma aproximação que a água segue pelos lados depois do impacto?

4.50 Calcule a força requerida para manter o tampão fixo na saída do tubo de água. A vazão é 1,5 m³/s e a pressão a montante é 3,5 MPa.

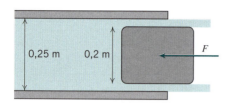

P4.50

4.51 Um grande tanque, de altura $h = 1$ m e diâmetro $D = 0,75$ m, está fixado sobre uma plataforma rolante conforme mostrado. Água jorra do tanque por meio de um bocal de diâmetro $d = 15$ mm. A velocidade uniforme do líquido saindo do bocal é, aproximadamente, $V = \sqrt{2gy}$, em que y é a distância vertical do bocal até a superfície livre do líquido. Determine a tração no cabo para $y = 0,9$ m. Trace um gráfico da tração no cabo como uma função da profundidade de água para a faixa $0 \leq y \leq 0,9$ m.

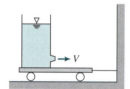

P4.51

4.52 Um cilindro circular inserido de través em uma corrente de água, conforme mostrado, deflete o escoamento de um ângulo θ. (Isto é chamado de "efeito Coanda".) Para $a = 14$ mm, $b = 3,5$ mm, $V = 4$ m/s e $\theta = 30°$, determine a componente horizontal da força sobre o cilindro devido ao escoamento da água.

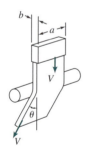

P4.52

4.53 Uma placa vertical tem um orifício de bordas vivas no seu centro. Um jato de água com velocidade V atinge a placa concentricamente. Obtenha uma expressão para a força externa requerida para manter a placa no lugar, se o jato que sai do orifício também tem velocidade V. Avalie a força para $V = 4,6$ m/s, $D = 100$ mm e $d = 25$ mm. Trace um gráfico da força requerida versus a razão de diâmetros para uma faixa adequada do diâmetro d.

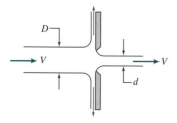

P4.53

4.54 Um tanque de água está apoiado sobre um carrinho com rodas sem atrito como mostrado. O carro está ligado a uma massa $M = 10$ kg por meio de um cabo e o coeficiente de atrito estático da massa com o solo é $\mu = 0,55$. Se a porta bloqueando a saída do tanque é removida, o escoamento resultante na saída será suficiente para iniciar o movimento do tanque? (Considere que escoamento de água sem atrito, e que a velocidade do jato é $V = \sqrt{2gy}$, em que $h = 2$ m é a profundidade da água.) Encontre o valor da massa M justamente necessária para manter o tanque no lugar.

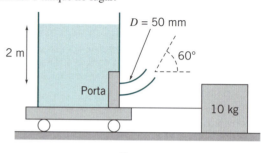

P4.54

4.55 Uma comporta possui 2,4 m de largura e 2 m de altura, é articulada no fundo. De um lado, a comporta suporta uma coluna de água com 1 m de profundidade. De outro lado, um jato de água com 6 cm de diâmetro atinge a comporta a uma altura de 2 m. Qual velocidade V é necessária para que o jato mantenha a comporta na vertical? Qual será essa velocidade se a coluna de água for diminuída para 1 m? Qual será a velocidade se a coluna de água for diminuída para 0,5 m?

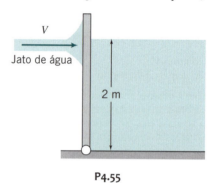

P4.55

4.56 Um fazendeiro compra 675 kg de grãos, a granel, da cooperativa local. Os grãos são despejados na sua caminhonete através de um alimentador afunilado com um diâmetro de saída de 0,3 m. O operador do alimentador determina a carga a pagar observando a variação como o tempo do peso bruto da caminhonete indicado na balança. O fluxo de grãos do alimentador ($\dot{m} = 40$ kg/s) é interrompido, quando a leitura da balança atinge o peso bruto desejado. Se a massa específica do grão é 600 kg/m³, determine a verdadeira carga a pagar.

4.57 Uma mangueira de jardim com um bocal é usada para encher um balde de 20 galões. O diâmetro interno da mangueira é de 4 cm, e ele é reduzido para 0,9 cm na saída do bocal. Se o enchimento do balde leva 60 s, determine:

(a) a vazão volumétrica e mássica através da mangueira e

(b) a velocidade média da água na saída do bocal.

4.58 Um tipo de prato, raso e circular, tem um orifício de bordas vivas no centro. Um jato de água, de velocidade V, atinge o prato concentricamente. Obtenha uma expressão para a força externa necessária para manter o prato no lugar, se o jato que sai pelo orifício também tem velocidade V. Avalie a força para $V = 5$ m/s, $D = 100$ mm e $d = 25$ mm. Trace um gráfico da força requerida em função do ângulo θ ($0 \leq \theta \leq 90°$), com a razão de diâmetros como parâmetro, para uma faixa adequada do diâmetro d.

Equações Básicas Na Forma Integral Para Um Volume De Controle 143

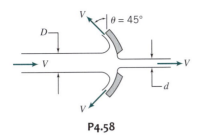
P4.58

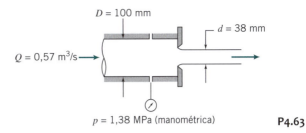
P4.63

4.59 Em um cotovelo redutor de 180°, de diâmetro interno de 0,2 m, a água tem uma velocidade média de 0,8 m/s e uma pressão manométrica de 350 kPa. Na saída, a pressão é 75 kPa, e o diâmetro interno é 0,04 m. Qual é a força requerida para manter o cotovelo no lugar?

4.60 Água está escoando em regime permanente por um cotovelo de 180°. Na entrada do cotovelo, a pressão manométrica é 103 kPa. A água é descarregada para a atmosfera. Considere que as propriedades são uniformes nas seções de entrada e de saída; $A_1 = 2500$ mm², $A_2 = 650$ mm² e $V_1 = 3$ m/s. Determine a componente horizontal da força necessária para manter o cotovelo no lugar.

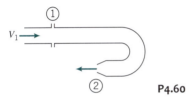
P4.60

4.61 Água escoa em regime permanente pelo bocal mostrado, descarregando para a atmosfera. Calcule a componente horizontal da força na junta flangeada. Indique se a junta está sob tração ou compressão.

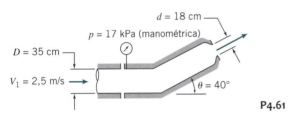
P4.61

4.62 Um dispositivo de formação de jato é mostrado no diagrama. A água é fornecida a $p = 10$ kPa (manométrica) através da abertura flangeada de área $A = 1900$ mm². A água sai do dispositivo em um jato livre, em regime permanente, à pressão atmosférica. A área e a velocidade do jato são $a = 650$ mm² e $V = 4,6$ m/s. O dispositivo tem massa de 0,09 kg e contém $\forall = 196$ cm³ de água. Determine a força exercida pelo dispositivo sobre o tubo de suprimento de água.

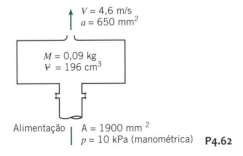
P4.62

4.63 Uma placa plana com um orifício de 50 mm de diâmetro está instalada na extremidade de um tubo de 100 mm de diâmetro. Água escoa através do tubo e do orifício com uma vazão de 0,57 m³/s. O diâmetro do jato a jusante do orifício é 38 mm. Calcule a força externa necessária para manter a placa de orifício no lugar. Despreze o atrito na parede do tubo.

4.64 O bocal mostrado descarrega uma cortina de água por meio de um arco de 180°. A uma distância radial de 0,3 m a partir da linha de centro do tubo de suprimento, a velocidade da água é 15 m/s e a espessura do jato é 30 mm. Determine (a) a vazão volumétrica da cortina de água e (b) a componente y da força necessária para manter o bocal no lugar.

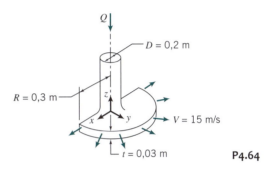
P4.64

4.65 Um motor de foguete a combustível líquido consome, na condição de empuxo nominal, 60 kg/s de ácido nítrico como oxidante e 30 kg/s de anilina como combustível. Os gases de escape saem axialmente a 160 m/s em relação ao bocal de descarga e a 105 kPa. O diâmetro de saída do bocal é $D = 0,4$ m. Calcule o empuxo produzido pelo motor em uma bancada de testes instalada no nível do mar.

4.66 Uma máquina típica para testes de motores a jato é mostrada na figura, juntamente com alguns dados de testes. O combustível entra verticalmente no topo da máquina a uma taxa igual a 2% da vazão em massa do ar de admissão. Para as condições dadas, calcule a vazão mássica de ar através da máquina e estime o empuxo produzido.

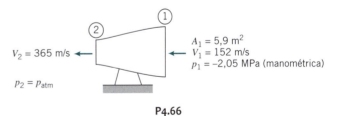
P4.66

4.67 Um jato livre de água, com área de seção transversal constante e igual a 0,01 m², é defletido por uma placa suspensa de 2 m de comprimento, suportada por uma mola com constante $k = 500$ N/m e comprimento normal $x_0 = 1$ m. Determine e trace um gráfico do ângulo de deflexão θ como uma função da velocidade do jato V. Qual velocidade do jato tem ângulo de deflexão $\theta = 5°$?

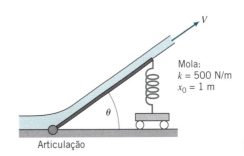
P4.67

4.68 Um avião está voando com a velocidade de 981 km/h. A massa específica do ar que entra no motor a jato do avião é 0,846 kg/m³, e a área frontal da tomada de admissão do motor é 0,90 m². Os gases de exaustão estão saindo do motor com velocidade de 1070 km/h. A massa específica dos gases de exaustão é 0,615 kg/m³, e a área frontal na exaustão é 0,665 m². Determine a vazão mássica do combustível que entra no motor em kg/s.

4.69 A figura mostra um redutor em uma tubulação. O volume interno do redutor é 0,2 m³ e a sua massa é 25 kg. Avalie a força total de reação que deve ser feita pelos tubos adjacentes para suportar o redutor. O fluido é a gasolina.

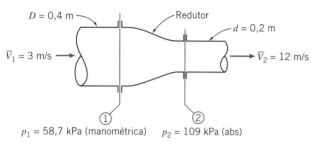

P4.69

4.70 Uma montagem com um bocal curvo que descarrega para a atmosfera é mostrada. A massa do bocal é 4,5 kg e seu volume interno é de 0,002 m³. O fluido é a água. Determine a força de reação exercida pelo bocal sobre o acoplamento para o tubo de entrada.

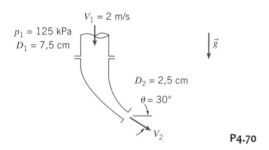

4.71 Uma bomba a jato de água tem área do jato de 0,009 m² e velocidade do jato de 30,5 m/s. O jato está dentro de uma corrente secundária de água com velocidade $V = 3$ m/s. A área total do duto (a soma das áreas do jato principal e da corrente secundária) é de 0,07 m². As duas correntes são vigorosamente misturadas e a água deixa a bomba como uma corrente uniforme. As pressões do jato e da corrente secundária são iguais na entrada da bomba. Determine a velocidade na saída da bomba e o aumento de pressão, $p_2 - p_1$.

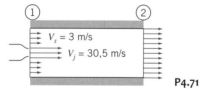

P4.71

4.72 Considere o escoamento permanente e adiabático de ar através de um longo tubo retilíneo com área de seção transversal de 0,05 m². Na entrada do tubo, o ar está a 200 kPa (manométrica), 60°C e tem uma velocidade de 150 m/s. Na saída, o ar está a 80 kPa, com velocidade de 300 m/s. Calcule a força axial do ar sobre o tubo. (Certifique-se de estabelecer com clareza o sentido da força.)

4.73 Uma caldeira monotubular consiste em um tubo de 6 m de comprimento e 9,5 mm de diâmetro interno. Água líquida entra no tubo a uma taxa de 0,135 kg/s com pressão de 3,45 MPa (abs). Vapor sai do tubo a 2,76 MPa (manométrica), com massa específica de 12,4 kg/m³. Determine o módulo e o sentido da força exercida pelo fluido sobre o tubo.

4.74 Um gás escoa em regime permanente por meio de um tubo poroso aquecido, de área de seção transversal constante e igual a 0,15 m². Na entrada do tubo, a pressão absoluta é 400 kPa, a massa específica é 6 kg/m³ e a velocidade média é de 170 m/s. O fluido que atravessa a parede porosa sai em uma direção normal ao eixo do tubo com vazão mássica total de 20 kg/s. Na saída do tubo, a pressão absoluta é 300 kPa e a massa específica é 2,75 kg/m³. Determine a força axial do fluido sobre o tubo.

4.75 Água é descarregada a vazão de 0,4 m³/s por uma fenda estreita em um tubo de 250 mm de diâmetro. O jato resultante, horizontal e bidimensional, tem 1,5 m de comprimento e espessura de 30 mm, mas com velocidade não uniforme; a velocidade na localização ② é o dobro da velocidade na localização ①. A pressão na seção de entrada é 60 kPa (manométrica). Calcule (a) a velocidade no tubo e nas localizações ① e ② e (b) as forças requeridas no acoplamento para manter o tubo de jateamento no lugar. Despreze as massas do tubo e da água nele contida.

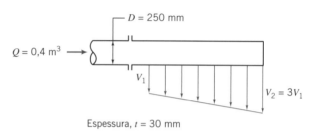

P4.75

4.76 Água escoa em regime permanente através da curva de 90° do Problema 4.32. O escoamento na entrada está a $p_1 = 185$ kPa (absoluta). O escoamento na saída é não uniforme, vertical e à pressão atmosférica. A massa da estrutura do canal é $M_c = 2,05$ kg; o volume interno do canal é $V = 0,00355$ m³. Avalie a força exercida pelo canal sobre o duto de suprimento de água.

4.77 Um pequeno objeto redondo é testado em um túnel de vento de 0,75 m de diâmetro. A pressão é uniforme nas seções ① e ②. A pressão a montante é 30 mm de H₂O (manométrica), a pressão a jusante é 15 mm de H₂O (manométrica) e a velocidade média do ar é 12,5 m/s. O perfil de velocidade na seção ② é linear; ele varia de zero na linha de centro do túnel a um máximo na parede do túnel. Calcule (a) a vazão mássica no túnel de vento, (b) a velocidade máxima na seção ② e (c) o arrasto sobre o objeto e sua haste de sustentação. Despreze a resistência viscosa na parede do túnel.

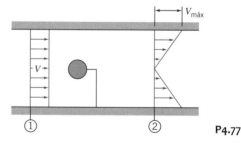

P4.77

4.78 Um fluido incompressível escoa em regime permanente na região de entrada de um canal bidimensional de altura $2h = 100$ mm e largura $w = 25$ mm. A vazão é $Q = 0,025$ m³/s. Encontre a velocidade uniforme U_1 na entrada. A distribuição de velocidades em uma seção a jusante é

$$\frac{u}{u_{máx}} = 1 - \left(\frac{y}{h}\right)^2$$

Avalie a velocidade máxima na seção a jusante. Calcule a queda de pressão que existiria no canal, se o atrito viscoso nas paredes fosse desprezível.

Equações Básicas Na Forma Integral Para Um Volume De Controle **145**

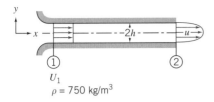

P4.78

4.79 Um fluido incompressível escoa em regime permanente na região de entrada de um tubo circular de raio $R = 75$ mm. A vazão é $Q = 0,01$ m³/s. Encontre a velocidade uniforme U_1 na entrada. A distribuição de velocidades em uma seção a jusante é

$$\frac{u}{u_{máx}} = 1 - \left(\frac{r}{R}\right)^2$$

Avalie a velocidade máxima na seção a jusante. Calcule a queda de pressão que existiria no tubo, se o atrito viscoso nas paredes fosse desprezível.

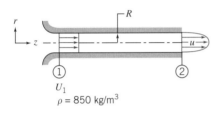

P4.79

4.80 Ar entra em um duto, de diâmetro $D = 25,0$ mm, por uma entrada bem arredondada com velocidade uniforme, $U_1 = 0,870$ m/s. Em uma seção a jusante, onde $L = 2,25$ m, o perfil de velocidade inteiramente desenvolvido é

$$\frac{u(r)}{U_c} = 1 - \left(\frac{r}{R}\right)^2$$

A queda de pressão entre essas seções é $p_1 - p_2 = 1,92$ N/m². Determine a força total de atrito exercida pelo tubo sobre o ar.

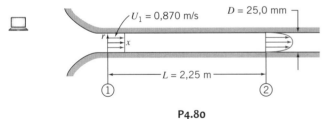

P4.80

4.81 Um fluido com massa específica $\rho = 750$ kg/m³ escoa ao longo de uma placa plana de largura 1 m. A velocidade da corrente livre, não perturbada, é $U_0 = 10$ m/s. Em $L = 1$ m a jusante da borda de ataque da placa, a espessura da camada-limite é $\delta = 5$ mm. O perfil de velocidade nesse local é

$$\frac{u}{U_0} = \frac{3}{2}\frac{y}{\delta} - \frac{1}{2}\left(\frac{y}{\delta}\right)^3$$

Trace o gráfico do perfil da velocidade. Calcule a componente horizontal da força requerida para manter a placa estacionária.

4.82 Ar, na condição-padrão, escoa ao longo de uma placa plana. A velocidade da corrente livre, não perturbada, é $U_0 = 20$ m/s. Em $L = 0,4$ m a jusante da borda de ataque da placa, a espessura da camada-limite é $\delta = 2$ mm. O perfil de velocidade nesse local é aproximado para $u/U_0 = y/\delta$. Calcule a componente horizontal da força por unidade de largura requerida para manter a placa estacionária.

4.83 Uma placa divisora de jato, de borda viva, inserida parcialmente em uma corrente plana de água, produz o padrão de escoamento mostrado. Analise a situação de modo a avaliar θ como uma função de α, na qual $0 \leq \alpha < 0,5$. Avalie a força necessária para manter a placa divisora no lugar. (Despreze qualquer força de atrito entre a corrente de água e a placa divisora.) Trace um gráfico de ambos, θ e R_x, como funções de α.

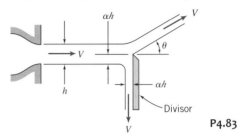

P4.83

4.84 Quando um jato plano de líquido atinge uma placa inclinada, ele se parte em duas correntes de velocidades iguais, mas de espessuras desiguais. Para escoamento sem atrito, não pode haver força tangencial na superfície da placa. Use essa simplificação para desenvolver uma expressão para h_2/h como função do ângulo da placa, θ. Trace um gráfico dos seus resultados e comente sobre os casos-limite, $\theta = 0$ e $\theta = 90°$.

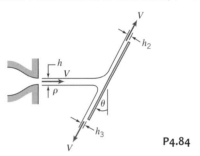

P4.84

*__4.85__ Um jato de ar horizontal com 13 mm de diâmetro, e axialmente simétrico, atinge um disco estacionário vertical com 203 mm de diâmetro. A velocidade do jato é de 69 m/s na saída do bocal. Um manômetro está conectado ao centro do disco. Calcule (a) a deflexão, h, se o líquido do manômetro tem densidade relativa SG = 1,75 e (b) a força exercida pelo jato sobre o disco.

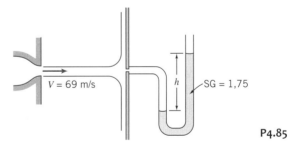

P4.85

*__4.86__ Estudantes estão brincando com uma mangueira de água. Quando eles a apontam para cima, o jato de água atinge apenas uma das janelas do escritório do professor Pritchard, a 12 m de altura. Se o diâmetro da mangueira é de 0,8 cm, estime a vazão de água (L/min). O professor Pritchard desce e coloca sua mão um pouco acima da mangueira, obrigando o jato a sair pelos lados assimetricamente. Estime a pressão máxima e a força total que ele sente. No dia seguinte, os estudantes estão brincando novamente; dessa vez, a meta é a janela do professor Fox, 17 m acima. Ache a vazão (L/min) e a força total e a pressão máxima quando ele, naturalmente, aparece e bloqueia o escoamento.

---

*Esses problemas requerem material de seções que podem ser omitidas sem perda de continuidade no material do texto.

***4.87** Um jato uniforme de água sai de um bocal de 15 mm de diâmetro e escoa diretamente para baixo. A velocidade do jato no plano de saída do bocal é 2,5 m/s. O jato atinge um disco horizontal e escoa radialmente para fora como uma lâmina de água. Obtenha uma expressão geral para a velocidade que a corrente líquida atingiria no nível do disco. Desenvolva uma expressão para a força requerida para manter o disco estacionário, desprezando as massas do disco e da lâmina de água. Avalie para $h = 3$ m.

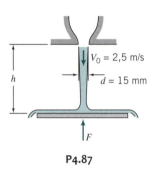

P4.87

***4.88** Um disco de 3 kg é restringido horizontalmente, mas está livre para mover na direção vertical. O disco é atingido por baixo por um jato vertical de água Na saída do bocal, a velocidade e o diâmetro do jato de água são 15 m/s e 35 mm. Obtenha uma expressão geral para a velocidade do jato de água como uma função da altura, h. Determine a altura que o disco subirá e permanecerá estacionário.

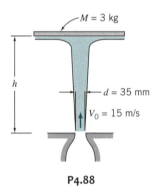

P4.88

***4.89** A água de um jato de diâmetro D é usada para suportar o objeto cônico mostrado. Deduza uma expressão para a massa combinada do cone e da água, M, que pode ser suportada pelo jato, em termos de parâmetros associados a um volume de controle adequadamente escolhido. Use a expressão obtida para calcular M quando $V_0 = 10$ m/s, $H = 1$ m, $h = 0,8$ m, $D = 50$ mm e $\theta = 30°$. Estime a massa de água no volume de controle.

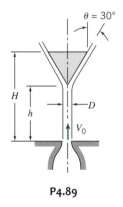

P4.89

***4.90** Uma corrente de água, na condição-padrão, sai de um bocal de 60 mm de diâmetro e atinge uma pá curva, conforme mostrado. Um tubo de estagnação conectado a um manômetro de em tubo U com água é instalado no plano de saída do bocal. Calcule a velocidade do ar deixando o bocal. Estime a componente horizontal da força exercida pelo jato sobre a pá. Comente sobre cada uma das considerações usadas na solução do problema.

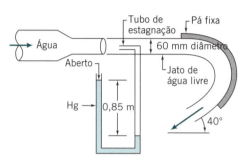

P4.90

***4.91** Um medidor Venturi, instalado em uma tubulação de água, consiste em uma seção convergente, uma garganta de área constante e uma seção divergente. O diâmetro do tubo é $D = 100$ mm e o diâmetro da garganta é $d = 50$ mm. Determine a força resultante do fluido atuando sobre a seção convergente, se a pressão da água no tubo é 200 kPa (manométrica) e a velocidade média é 1000 L/min. Para a análise, despreze efeitos viscosos.

***4.92** Você abre a torneira da cozinha muito lentamente, de modo que um filete de água escoa para a pia. Você nota que o escoamento é laminar e que isso se reforça para os primeiros 50 mm de descida. Para medir a vazão, você leva três minutos para encher uma garrafa de 1 L, e você estima que o filete de água tem 5 mm de diâmetro. Considerando que a velocidade em qualquer seção transversal seja uniforme e desprezando os efeitos viscosos, deduza expressões e construa um gráfico para as variações da velocidade da corrente e do diâmetro como função de z (adote a origem de coordenadas na saída da torneira). Qual a velocidade e o diâmetro do filete 50 mm abaixo desse ponto?

***4.93** Uma corrente de fluido incompressível movendo-se a baixa velocidade sai de um bocal apontado diretamente para baixo. Considere que a velocidade em qualquer seção reta seja uniforme e despreze efeitos viscosos. A velocidade e a área do jato na saída do bocal são V_0 e A_0, respectivamente. Aplique a equação da conservação de massa e a equação da quantidade de movimento a um volume de controle diferencial de comprimento dz na direção do escoamento. Deduza expressões para as variações da velocidade e da área do jato como funções de z. Encontre a posição na qual a área do jato é a metade do seu valor original. (Adote a origem de coordenadas na saída do bocal.)

***4.94** Um líquido incompressível de viscosidade desprezível é bombeado com uma vazão volumétrica total Q através de dois pequenos orifícios para dentro de uma pequena fresta entre discos paralelos estreitamente espaçados, conforme mostrado. Considere que, na fresta, o líquido tenha apenas movimento radial e que o escoamento é uniforme através de qualquer seção vertical. A descarga é feita para a pressão atmosfera em $r = R$. Obtenha uma expressão para a variação de pressão como uma função do raio. *Sugestão*: Aplique a conservação de massa e a equação da quantidade de movimento a um volume de controle diferencial de tamanho dr localizado no raio r.

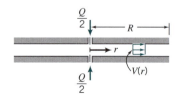

P4.94

---

* Esses problemas requerem material de seções que podem ser omitidas sem perda de continuidade no material do texto.

*4.95 Um líquido cai verticalmente dentro de um canal retangular aberto, curto e horizontal, de largura b. A vazão volumétrica total, Q, é uniformemente distribuída sobre a área bL. Despreze efeitos viscosos. Obtenha uma expressão para h_1 em termos de h_2, Q e b. *Sugestão*: Escolha um volume de controle com fronteira externa localizada em $x = L$. Esboce o perfil da superfície, $h(x)$. *Sugestão*: Use um volume de controle diferencial de largura dx.

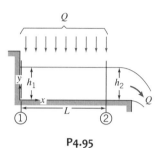

P4.95

4.96 Um jato de água é dirigido contra uma pá defletora, que poderia ser uma pá de turbina ou outra peça de uma máquina hidráulica qualquer. A água sai de um bocal estacionário, de 40 mm de diâmetro, com uma velocidade de 25 m/s e entra na pá tangente à sua superfície em A. A superfície interna da pá em B faz um ângulo $\theta = 150°$ com a direção x. Calcule a força que deve ser aplicada sobre a pá para manter sua velocidade constante em $U = 5$ m/s.

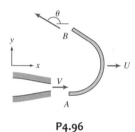

P4.96

4.97 Água, proveniente de um bocal estacionário, atinge uma pá fixa sobre um carrinho. O ângulo da pá é $\theta = 120°$. O carrinho afasta-se do bocal com velocidade constante $U = 20$ m/s à medida que a pá recebe o jato de água com velocidade $V = 50$ m/s. O bocal tem uma área de saída de 0,008 m². Determine a força que deve ser aplicada sobre o carrinho de modo a manter a sua velocidade constante.

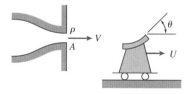

P4.97, P4.100, P4.102, P4.109

4.98 O prato circular, cuja seção reta é mostrada, tem um diâmetro externo de 0,20 m. Um jato de água, com velocidade de 35 m/s, atinge o prato concentricamente. O diâmetro do jato saindo do bocal é 20 mm e o prato distancia-se do bocal a uma velocidade de 15 m/s. O disco tem um orifício central que permite a passagem sem resistência de uma corrente de água com 10 mm de diâmetro. O restante do jato é defletido e escoa pelo prato. Calcule a força requerida para manter o movimento do prato.

*Esses problemas requerem material de seções que podem ser omitidas sem perda de continuidade no material do texto.

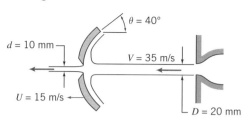

P4.98

4.99 Um barco a jato capta água através de aberturas laterais e a ejeta por meio de um bocal de diâmetro $D = 80$ mm; a velocidade do jato é V_j. O arrasto sobre o barco é dado por $F_{arrasto} \propto kV^2$, em que V é a velocidade do barco. Encontre uma expressão para a velocidade em regime permanente, V, em função da massa específica da água ρ, da vazão volumétrica através do sistema Q, da constante k e da velocidade do jato V_j. Uma velocidade do jato $V_j = 20$ m/s produz uma velocidade do barco $V = 15$ m/s.

(a) Nessas condições, qual é a vazão Q?
(b) Encontre o valor da constante k.
(c) Que velocidade V será produzida se a velocidade do jato aumentar para $V_j = 30$ m/s?
(d) Qual será a nova vazão?

4.100 Um jato de óleo (SG = 0,8) atinge uma lâmina curva que desvia o fluido de um ângulo $\theta = 180°$. A área do jato é 1200 mm² e sua velocidade relativa ao bocal estacionário é de 20 m/s. A lâmina aproxima-se do bocal a uma velocidade de 10 m/s. Determine a força que deve ser aplicada sobre a lâmina para manter a sua velocidade constante.

4.101 O avião anfíbio Canadair CL-215T é especialmente projetado para combater incêndios. Ele é o único avião em produção que pode sugar água — 6120 litros em 12 segundos — de qualquer lago, rio ou oceano. Determine o empuxo adicional requerido durante a sucção de água como uma função da velocidade do avião, para uma faixa razoável de velocidades.

4.102 Considere uma pá defletora simples, com curvatura θ, movendo-se horizontalmente com velocidade constante, U, sob a ação de um jato impingente como no Problema 4.97. A velocidade absoluta do jato é V. Obtenha expressões gerais para a força resultante e para a potência que a pá poderia produzir. Mostre que a potência é maximizada quando $U = V/3$.

4.103 Um jato de água, de 100 mm de diâmetro e velocidade de 3 m/s para a direita é defletido por um cone que se move de encontro ao jato a uma taxa de 14 m/s, conforme mostrado. Determine (a) a espessura da lâmina de água em um raio de 230 mm e (b) a força externa horizontal necessária para mover o cone.

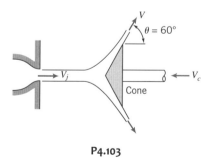

P4.103

4.104 O prato circular, cuja seção transversal é mostrada, tem um diâmetro externo de 0,15 m. Um jato de água o atinge concentricamente e em seguida escoa para fora ao longo da superfície do prato. A velocidade do jato é 45 m/s e o prato move-se para a esquerda a uma velocidade de 10 m/s. Determine a espessura da lâmina de água em um raio de 75 mm a partir do eixo do jato. Que força horizontal sobre o prato é requerida para manter o seu movimento?

148 Capítulo 4

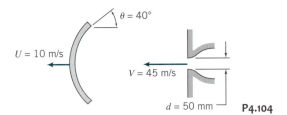

P4.104

4.105 Um jato contínuo de água é empregado para propelir um carrinho ao longo de uma pista horizontal, conforme mostrado. A resistência total ao movimento do carrinho é dada por $F_D = kU^2$, com $k = 1,02$ N · s²/m². Avalie a aceleração do carrinho no instante em que a sua velocidade é $U = 12$ m/s.

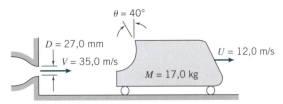

P4.105, P4.107

4.106 Um jato plano de água atinge uma pá divisora, repartindo-se em duas correntes planas, conforme mostrado. Determine a razão entre as vazões mássicas, $\dot{m}_2/\dot{m}_3$, necessária para produzir uma força resultante vertical igual a zero sobre a pá divisora. Se há uma força resistiva de 16 N aplicada na pá divisora, determine a velocidade de regime permanente U da pá.

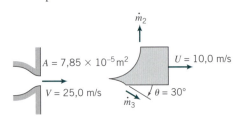

P4.106

Equação da Quantidade de Movimento para Volume de Controle com Aceleração Retilínea

4.107 A catapulta hidráulica do Problema 4.105 é acelerada por um jato de água que atinge sua pá curva e se move ao longo de uma pista horizontal com resistência desprezível. Em um dado instante, sua velocidade é U. Calcule o tempo requerido para acelerar o carrinho do repouso até $U = V/3$.

4.108 Um carrinho é propelido por um jato de líquido que sai horizontalmente de um tanque, conforme mostrado. A pista é horizontal e a resistência ao movimento pode ser desprezada. O tanque é pressurizado de modo que a velocidade do jato pode ser considerada constante. Obtenha uma expressão geral para a velocidade do carrinho à medida que ele acelera a partir do repouso. Se $M_0 = 100$ kg, $\rho = 999$ kg/m³ e $A = 0,005$ m², determine a velocidade do jato V requerida para que o carrinho atinja uma velocidade de 1,5 m/s após 30 segundos. Para essa condição, trace um gráfico da velocidade U como uma função do tempo. Trace um gráfico da velocidade do carrinho em função da velocidade do jato, para o tempo após 30 segundos.

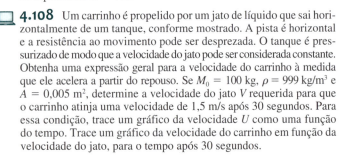

P4.108, P4.135

4.109 A aceleração do conjunto carrinho/pá do Problema 4.97 deve ser controlada pela variação do ângulo da sua pá, θ, a partir do instante em que ele inicia o movimento. Uma aceleração constante, $a = 1,5$ m/s², é desejada. O jato de água deixa o bocal de área $A = 0,025$ m² com velocidade $V = 15$ m/s. O conjunto carrinho/pá tem massa de 55 kg; despreze o atrito. Determine θ no instante $t = 5$ s. Trace um gráfico de $\theta(t)$ para uma dada aceleração constante sobre uma faixa adequada de tempo.

4.110 Um veículo-foguete, pesando 44.500 N e viajando a 960 km/L, deve ser freado pelo abaixamento de uma concha para dentro de um reservatório de água. A concha tem 150 mm de largura. Determine o tempo necessário (após o abaixamento da concha até uma profundidade de 75 mm na água), para reduzir a velocidade do veículo a 32 km/L. Trace um gráfico da velocidade do veículo em função do tempo.

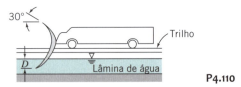

P4.110

4.111 Partindo do repouso, o carrinho mostrado é propelido por uma catapulta hidráulica (jato de líquido). O jato atinge a superfície curva e é defletido de 180°, saindo na horizontal. As resistências de rolamento e do ar podem ser desprezadas. Se a massa do carrinho é de 100 kg e o jato de água sai do bocal (área 0,001 m²) com uma velocidade de 35 m/s, determine a velocidade do carrinho 5 s após ser atingido pelo jato. Trace um gráfico da velocidade do carrinho em função do tempo.

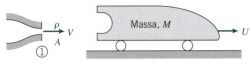

P4.111, P4.112, P4.128

4.112 Considere novamente o jato e o carrinho do Problema 4.111, mas inclua agora uma força de arrasto aerodinâmico proporcional ao quadrado da velocidade do carrinho, $F_D = kU^2$, com $k = 2,0$ N · s²/m². Deduza uma expressão para a aceleração do carrinho como uma função de sua velocidade e de outros parâmetros dados. Avalie a aceleração do carrinho para $U = 10$ m/s. Essa velocidade representa que fração da velocidade terminal do carrinho?

4.113 Um carrinho, com uma pá defletora fixa, está livre para rolar sobre uma superfície nivelada. A massa do conjunto carrinho/pá é $M = 5$ kg e sua velocidade inicial é $U_0 = 5$ m/s. Em $t = 0$, a pá é atingida por um jato de água em sentido oposto ao movimento do carrinho, conforme mostrado. Despreze quaisquer forças externas decorrentes de resistência do ar e de rolamento. Determine a velocidade do jato V requerida para levar o carrinho ao repouso em (a) 1 s e (b) 2 s. Em cada caso, encontre a distância total percorrida.

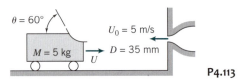

P4.113

4.114 Um bloco retangular de massa M, com faces verticais, rola sobre uma superfície horizontal entre dois jatos opostos, conforme mostrado. Em $t = 0$, o bloco é posto em movimento com velocidade U_0. Em seguida, ele move-se sem atrito paralelamente aos eixos dos jatos com velocidade $U(t)$. Despreze a massa de líquido aderente ao bloco em comparação com M. Obtenha expressões gerais para a aceleração do bloco, $a(t)$, e para sua velocidade, $U(t)$.

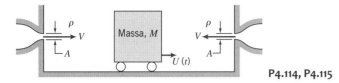

P4.114, P4.115

4.115 Considere o enunciado e o diagrama do Problema 4.114. Considere que em $t = 0$, quando o bloco de massa $M = 5$ kg está em $x = 0$, ele seja posto em movimento para a direita com velocidade $U_0 = 10$ m/s. O jato de água tem velocidade $V = 20$ m/s e área $A = 100$ mm². Calcule o tempo requerido para reduzir a velocidade do bloco a $U = 2,5$ m/s. Trace o gráfico da posição do bloco *versus* o tempo. Calcule a posição final do bloco em repouso. Explique por que esse é um repouso momentâneo.

*4.116 Um jato vertical de água atinge um disco horizontal conforme mostrado. O peso do disco é igual a 40 kg. No instante em que o disco encontra-se a 3 m acima da saída do bocal, seu movimento é para cima com velocidade $U = 8$ m/s. Calcule a aceleração vertical do disco nesse instante.

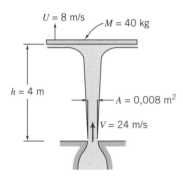

P4.116, P4.117

4.117 Um jato vertical de água sai de um bocal de 75 mm de diâmetro. O jato atinge um disco horizontal (veja Problema 4.116). O disco é restringido horizontalmente, mas está livre para se mover verticalmente. A massa do disco é 35 kg. Trace um gráfico da massa do disco *versus* vazão para determinar a vazão de água requerida para elevar o disco 3 m acima do plano de saída do jato.

4.118 Uma cápsula espacial tripulada viaja em voo nivelado acima da atmosfera terrestre com velocidade inicial $U_0 = 8,00$ km/s. A cápsula deve ser desacelerada por um retrofoguete até $U = 5,00$ km/s na preparação para a manobra de reentrada. A massa inicial da cápsula é $M_0 = 1600$ kg. O foguete consome combustível à taxa $\dot{m} = 8,0$ kg/s e os gases de descarga saem a $V_e = 3000$ m/s em relação à cápsula, com pressão desprezível. Avalie o tempo de funcionamento do retrofoguete necessário para realizar a desaceleração. Trace um gráfico da velocidade final como uma função do tempo de duração da operação para uma faixa de ±10% do tempo de queima do combustível.

4.119 Um trenó-foguete acelera do repouso sobre uma pista com resistências do ar e de rolamento desprezíveis. A massa inicial do trenó é $M_0 = 600$ kg e o foguete contém inicialmente 150 kg de combustível. O motor do foguete queima combustível a uma taxa constante, $\dot{m} = 15$ kg/s. Os gases de combustão saem do bocal do foguete à pressão atmosférica, em um fluxo uniforme e axial, e com velocidade $V_e = 2900$ m/s em relação ao bocal. Determine a velocidade máxima alcançada pelo trenó-foguete. Calcule a aceleração máxima do trenó durante a corrida.

4.120 Um trenó-foguete tem massa inicial de 5000 kg, incluindo 1000 kg de combustível. As resistências do ar e de rolamento na pista sobre a qual o trenó corre totalizam kU, em que k é 50 N · s/m

*Esses problemas requerem material de seções que podem ser omitidas sem perda de continuidade no material do texto.

e U é a velocidade do trenó em m/s. A velocidade de saída dos gases de combustão relativa ao foguete é de 1750 m/s, e a pressão de saída é atmosférica. A queima de combustível ocorre a uma taxa de 50 kg/s.

(a) Trace o gráfico da velocidade em função do tempo.
(b) Encontre a velocidade máxima.
(c) Que aumento percentual seria obtido na velocidade máxima pela redução de k em 10%?

4.121 Um trenó-foguete, com massa inicial de 800 kg, deve ser acelerado em um pista nivelada. O motor do foguete queima combustível a uma taxa constante $\dot{m} = 14,5$ kg/s. Os gases de combustão saem do bocal do foguete à pressão atmosférica, em um fluxo uniforme e axial, e com velocidade de 2850 m/s em relação ao bocal. Determine a massa mínima de combustível necessária para propelir o trenó a uma velocidade de 275 m/s antes que o foguete apague. Como primeira aproximação, despreze forças de resistências.

4.122 Um motor de foguete é usado para acelerar um míssil até uma velocidade de 5600 km/h em voo horizontal. Os gases de combustão deixam o bocal do foguete axialmente e à pressão atmosférica com uma velocidade de 9600 km/h em relação ao foguete. A ignição do motor do foguete ocorre no momento do lançamento do míssil por uma aeronave voando horizontalmente a $U_0 = 960$ km/h. Desprezando resistência do ar, obtenha uma expressão algébrica para a velocidade alcançada pelo míssil em voo nivelado. Determine a mínima fração da massa inicial do míssil que deve ser combustível para realizar a aceleração desejada.

4.123 Um destemido piloto, considerando a possibilidade de um recorde (o mais longo salto de motocicleta do mundo), pede ajuda ao seu consultor: para realizar o salto, o piloto deve atingir 875 km/h (a partir do repouso sobre um terreno plano) e, para tanto, ele precisa da propulsão de um foguete. A massa total da motocicleta mais o motor do foguete sem combustível mais o motociclista é de 375 kg. Os gases de combustão deixam o bocal do foguete horizontalmente, com velocidade de 2510 m/s e à pressão atmosférica. Avalie a mínima quantidade de combustível do foguete necessária para acelerar a motocicleta e o motociclista até a velocidade requerida.

4.124 Um foguete de "construção caseira", a combustível sólido, tem uma massa inicial de 9 kg; 6,8 kg são de combustível. O foguete é lançado verticalmente para cima a partir do repouso, queima combustível a uma taxa constante de 0,225 kg/s e expele os gases de combustão a uma velocidade de 1980 m/s em relação ao foguete. Considere que a pressão na saída seja atmosférica e a resistência do ar possa ser desprezada. Calcule a velocidade do foguete e a distância percorrida por ele 20 s após o lançamento. Trace o gráfico da velocidade do foguete e a distância percorrida como funções do tempo.

4.125 Um grande foguete de dois estágios, a combustível líquido, com massa de 30.000 kg, deve ser lançado de uma plataforma no nível do mar. O motor principal queima uma mistura estequiométrica de hidrogênio líquido e oxigênio líquido a uma taxa de 2450 kg/s. O bocal de empuxo tem um diâmetro de saída de 2,6 m. Os gases de combustão saem a 2270 m/s e a pressão absoluta no plano de saída do bocal é 66 kPa. Calcule a aceleração do foguete ao deixar o solo. Obtenha uma expressão para a velocidade como uma função do tempo, desprezando a resistência do ar.

4.126 Encha um balão de brinquedo com ar e, em seguida, solte-o em um quarto. Observe como o balão se desloca bruscamente de um lado para outro no quarto. Explique o que causa esse fenômeno.

4.127 O conjunto carrinho/pá de massa $M = 30$ kg, mostrado no Problema 4.97, é movido por um jato de água. A água deixa o bocal estacionário de área $A = 0,02$ m², com uma velocidade de 20 m/s. O coeficiente de atrito cinético entre o carrinho e a superfície é 0,10. Trace um gráfico da velocidade terminal do conjunto como uma função do ângulo de deflexão da pá, θ, para $0 \le \theta \le \pi/2$. Para qual ângulo, o conjunto começa a mover se o coeficiente de atrito estático é 0,15?

4.128 Considere o veículo mostrado no Problema 4.111. Partindo do repouso, ele é propelido por uma catapulta hidráulica (jato de líquido). O jato atinge a superfície curva e faz uma volta de 180°, saindo na horizontalmente. As resistências do ar e de rolamento podem ser desprezadas. Usando a notação mostrada, obtenha uma equação para a aceleração do veículo em qualquer instante e determine o tempo requerido para o veículo desenvolver a velocidade $U = V/2$.

4.129 O tanque mostrado pode movimentar ao longo de uma pista horizontal com resistência desprezível. Ele deve ser acelerado do repouso por um jato líquido que se choca contra sua parede curva e é defletido para dentro do tanque. A massa inicial do tanque é M_0. Aplique as equações da continuidade e da quantidade de movimento para mostrar que, em qualquer instante, a massa do veículo mais a do líquido no seu interior é $M = M_0V/(V - U)$. Obtenha uma expressão geral para U/V como uma função do tempo.

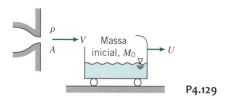
P4.129

4.130 Um modelo de foguete, a propelente sólido, tem uma massa de 69,6 g, da qual 12,5 g são de combustível. O foguete produz 5,75 N de empuxo por um período de 1,7 s. Para essas condições, calcule a velocidade máxima e altura atingida, na ausência de resistência do ar. Trace um gráfico da velocidade do foguete e da distância percorrida como funções do tempo.

4.131 Um pequeno motor de foguete é utilizado para acionar um dispositivo a "jato portátil" destinado a elevar um só astronauta acima da superfície da Lua. O motor do foguete produz um jato uniforme com velocidade constante, $V_e = 3000$ m/s. O impulso é alterado pela mudança do tamanho do jato. A massa total inicial, a do astronauta e a do aparelho, vale $M_0 = 200$ kg, dos quais 100 kg são de combustível para o motor do foguete. Encontre (a) a vazão mássica de exaustão requerida para iniciar o voo, (b) a vazão mássica no momento que o combustível e o oxigênio tiverem se esgotados e (c) o tempo máximo previsto de voo. Note que a aceleração da gravidade da Lua é cerca de 17% da terrestre.

*__*4.132__ Um disco de massa M é restringido horizontalmente, mas está livre para movimentar na vertical. Um jato de água atinge o disco por baixo. O jato sai do bocal com velocidade inicial V_0. Obtenha uma equação diferencial para a altura variável do disco, $h(t)$, acima do plano de saída do jato, se o disco for largado na horizontal de uma altura, H. (Você não poderá resolver essa equação, pois ela é altamente não linear!) Considere que, quando o disco atinge o equilíbrio, a sua altura acima do plano de saída do bocal é h_0.

(a) Esboce um gráfico de $h(t)$ para o disco liberado em $t = 0$ partindo de $H > h_0$.

(b) Explique por que a curva $h(t)$ tem o aspecto encontrado.

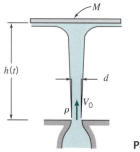
P4.132

4.133 Um pequeno motor de foguete, a combustível sólido, é testado em uma bancada. A câmara de combustão é circular, com 100 mm de diâmetro. O combustível, de massa específica 1660 kg/m³, queima uniformemente à taxa de 12,7 mm/s. Medições mostram que os gases de combustão saem do foguete para o ambiente com uma velocidade de 2750 m/s. A pressão e a temperatura absolutas na câmara de combustão são 7,0 MPa e 3610 K. Trate os produtos da combustão como um gás ideal com massa molecular 25,8. Avalie as taxas de variação da massa e da quantidade de movimento dentro do motor do foguete. Expresse esta taxa de variação da quantidade de movimento como um percentual do empuxo do motor.

*__*4.134__ Uma demonstração em sala de aula da quantidade de movimento linear é planejada usando um sistema de propulsão a jato de água para um carrinho trafegando sobre uma pista horizontal retilínea. A pista tem 5 m de comprimento e a massa do carrinho é 155 g. O objetivo do projeto é obter o melhor desempenho para o carrinho, usando 1 litro de água contida em um tanque cilíndrico aberto feito de material plástico com massa específica de 0,0819 g/cm³. Para estabilidade, a máxima altura do tanque de água não deve exceder 0,5 m. O diâmetro do bocal de jato de água, liso e bem arredondado, não pode exceder 10% do diâmetro do tanque. Determine as melhores dimensões do tanque e do jato de água por modelagem do desempenho do sistema. Usando um método numérico, tal como o método de Euler (veja a Seção 5.5), trace os gráficos da aceleração, da velocidade e da distância como funções do tempo. Encontre as dimensões ótimas do tanque e do bocal. Discuta as limitações de sua análise. Discuta como as hipóteses afetam o desempenho previsto do carrinho. Seria o desempenho real do carrinho melhor ou pior que o previsto? Por quê? Que fatores contribuem para a(s) diferença(s) entre o desempenho real e o previsto?

*__*4.135__ Analise o projeto e otimize o desempenho de um carrinho impulsionado ao longo de uma pista horizontal por um jato de água que sai, sob a ação da gravidade, de um tanque cilíndrico aberto fixado na carroceria do carrinho. (Um carrinho a jato de água é mostrado no diagrama do Problema 4.108.) Despreze qualquer variação na inclinação da superfície livre do líquido no tanque durante a aceleração. Analise o movimento do carrinho ao longo de uma pista horizontal, considerando que ele parte do repouso e começa a acelerar quando o jato de água começa a escoar. Deduza equações algébricas ou resolva numericamente para a aceleração e a velocidade do carrinho como funções do tempo. Apresente os resultados como gráficos da aceleração e da velocidade em função do tempo, desprezando a massa do tanque. Determine as dimensões de um tanque de massa mínima requerida para acelerar o carrinho ao longo de uma pista horizontal do repouso até uma velocidade especificada em um intervalo de tempo especificado.

O Princípio da Quantidade de Movimento Angular

*__*4.136__ Um grande dispositivo de irrigação montado sobre um carrinho descarrega um jato de água com velocidade de 40 m/s a um ângulo de 30° com a horizontal. O bocal de 50 mm de diâmetro está 3 m acima do solo. A massa do dispositivo mais o carrinho é $M = 350$ kg. Calcule o módulo do momento que tende a tombar o carrinho. Que valor de V levará à condição de movimento iminente do carrinho? Qual será a natureza desse movimento? Qual é o efeito do ângulo de inclinação do jato sobre os resultados? Para o caso de movimento iminente do carrinho, trace um gráfico da velocidade do jato como função do seu ângulo de inclinação, para uma faixa apropriada de ângulos do jato.

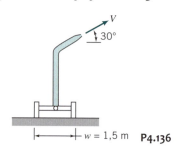
P4.136

---

* Esses problemas requerem material de seções que podem ser omitidas sem perda de continuidade no material do texto.

*4.137 Petróleo bruto (SG = 0,95), proveniente de um petroleiro ancorado, escoa através de uma tubulação de 0,25 m de diâmetro com a configuração mostrada. A vazão é 0,58 m³/s e as pressões manométricas são mostradas no diagrama. Determine a força e o torque que são exercidos pela tubulação sobre os seus suportes.

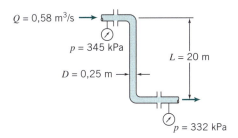

P4.137

*4.138 Água entra em um regador de gramado através de sua base com uma vazão constante de 1200 mL/s. A área de saída de cada um dos bocais é 25 mm². Calcule a velocidade média da água que sai de cada bocal, em relação ao bocal, nas seguintes condições:

(a) Quando a cabeça do regador está estacionária.

(b) Quando a cabeça do regador gira a 70 rpm.

(c) Quando a cabeça do regador acelera de 0 a 700 rpm.

*4.139 Água escoa em fluxos uniformes através de ranhuras de 2,5 mm do sistema rotativo mostrado. A vazão é de 3 L/s. Determine (a) o torque requerido para manter o dispositivo estacionário e (b) a velocidade de rotação em regime permanente após a retirada do torque resistente.

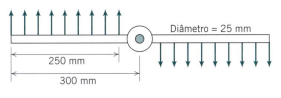

P4.139

*4.140 Um dispositivo simples de irrigação gira com velocidade angular constante, conforme mostrado. Água é bombeada através do tubo com uma vazão $Q = 13,8$ L/min. Determine o torque que deve ser aplicado para manter o dispositivo com rotação constante, usando dois métodos de análise: (a) um volume de controle rotativo e (b) um volume de controle fixo.

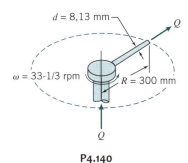

P4.140

*4.141 O regador de gramados mostrado é suprido com água a uma taxa de 68 L/min. Desprezando o atrito no pivô, determine a velocidade angular do regador em regime permanente para $\theta = 30°$. Trace um gráfico da velocidade angular do regador em regime permanente para $0 \le \theta \le 90°$.

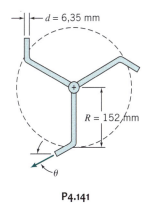

P4.141

*4.142 A figura mostra um pequeno regador de gramados. Ele opera com uma pressão manométrica de 140 kPa. A vazão volumétrica total de água através dos braços do regador é de 4 L/min. Cada jato descarrega água a 17 m/s (em relação ao braço do regador) com uma inclinação de 30° para cima em relação ao plano horizontal. O regador gira em torno de um eixo vertical (pivô). O atrito no pivô causa um torque de oposição à rotação de 0,18 N · m. Avalie o torque necessário para manter o regador estacionário.

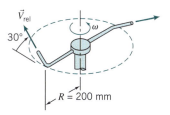

P4.142, P4.144

*4.143 Água está entrando em regador de gramado através de sua base com uma vazão constante de 1200 mL/s. A área de saída do bocal do regador gera um fluxo de água em uma direção tangencial. O raio do eixo de rotação de cada bocal, tomado em relação à linha central do regador, é de 250 mm. Determine o seguinte:

(a) O torque resistente requerido para manter a cabeça do regador estacionária.

(b) O torque resistente associado quando o regador está girando à velocidade de 600 rpm.

(c) A velocidade do regador se o torque resistente associado for nulo.

*4.144 Um pequeno regador de gramados é mostrado (Problema 4.143). Ele opera com uma pressão manométrica na entrada de 140 kPa. A vazão total em volume de água através do regador é de 4,0 L/min. Cada jato descarrega água a 17 m/s (em relação ao braço do regador) com uma inclinação de 30° para cima em relação ao plano horizontal. O regador gira em torno de um eixo vertical (pivô). O atrito no pivô causa um torque de oposição à rotação de 0,18 N · m. Determine a velocidade de rotação em regime permanente do regador e a área aproximada coberta pelos jatos de água.

*4.145 Quando uma mangueira de jardim é usada para encher um balde, a água no interior do balde pode desenvolver um movimento giratório como o de um redemoinho. Por que isso ocorre? Como poderia ser avaliada, aproximadamente, a quantidade de movimento giratório?

*4.146 Água escoa com vazão de 0,15 m³/s através de uma tubulação com bocal que gira com velocidade constante de 30 rpm. As massas do tubo inclinado e do bocal são desprezíveis comparadas com a massa de água no interior. Determine o torque necessário para girar o conjunto e os torques de reação no flange.

---

* Esses problemas requerem material de seções que podem ser omitidas sem perda de continuidade no material do texto.

152 Capítulo 4

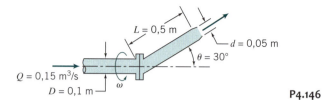

P4.146

*4.147 Uma tubulação de diâmetro 800 mm transporta água a uma altura de 40 m com uma velocidade de 5 m/s. A tubulação de alimentação dessa água está equipada com uma curva horizontal de 85° (isto é, o ângulo interno da curva é de 115°). Calcule a força resultante na curva e seu ângulo com a horizontal.

*4.148 Líquido, em um jato fino de largura w e espessura h, escoa de uma ranhura e atinge uma placa plana estacionária. Experiências mostram que a força resultante do jato de líquido sobre a placa não atua através do ponto O, em que a linha de centro do jato intercepta a placa. Determine o módulo e a linha de ação da força resultante como funções de θ. Avalie o ângulo de equilíbrio da placa, se a força resultante fosse aplicada no ponto O. Despreze qualquer efeito viscoso.

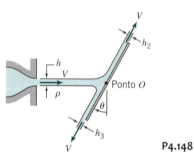

P4.148

*4.149 Para o regador giratório do Exemplo 4.14, que valor de α produzirá a máxima velocidade de rotação? Que ângulo fornecerá a máxima área de cobertura do regador? Desenhe um diagrama de velocidades (usando um sistema de coordenadas r, θ, z) para indicar a velocidade absoluta do jato de água deixando o bocal. O que governa a velocidade de rotação do regador no regime permanente? A velocidade de rotação do regador afeta a área coberta pelos jatos de água? Como você estimaria essa área? Para α fixo, o que pode ser feito para aumentar ou diminuir a área coberta pelos jatos de água?

A Primeira Lei da Termodinâmica

4.150 Ar, na condição-padrão, entra em um compressor a 75 m/s e sai com pressão e temperatura absolutas de 200 kPa e 345 K e velocidade $V = 125$ m/s. A vazão é 1 kg/s. A água de resfriamento que circula na carcaça do compressor remove 18 kJ/kg de ar. Determine a potência requerida pelo compressor.

4.151 Ar comprimido é armazenado a 600 kPa e 25°C em um recipiente de pressão com volume de 110 L. Em um determinado instante, uma válvula é aberta e ar escoa do recipiente à taxa $\dot{m} = 0,02$ kg/s. Determine a taxa de variação da temperatura do ar no recipiente nesse instante.

4.152 Uma bomba centrífuga, com diâmetro de 0,1 m nos tubos de sucção e de descarga, fornece uma vazão de água de 0,02 m³/s. A pressão na sucção é de 0,2 m de Hg (vácuo) e a pressão manométrica na descarga é de 240 kPa. As seções de entrada e de saída da bomba estão na mesma elevação. A potência elétrica medida no motor da bomba é 6,75 kW. Determine a eficiência da bomba.

4.153 Uma turbina é alimentada com 0,6 m³/s de água por meio de um tubo com 0,3 m de diâmetro; o tubo de descarga tem diâmetro de 0,4 m. Determine a queda de pressão através da turbina, se ela fornece 60 kW.

4.154 Ar entra em um compressor a 96 kPa e 27°C, com velocidade desprezível e é descarregado a 480 kPa e 260°C, com velocidade de 152 m/s. Se a potência fornecida ao compressor for 2,39 MW e a vazão mássica for 9 kg/s, determine a taxa de transferência de calor.

4.155 Ar é aspirado da atmosfera para dentro de uma turbo-máquina. Na saída, as condições são 550 kPa (manométrica) e 140°C. A velocidade de saída é de 110 m/s e a vazão é de 1,2 kg/s. O escoamento é permanente e não há transferência de calor. Calcule a potência da turbomáquina.

4.156 Todos os grandes portos são equipados com barcos de combate a incêndio em navios cargueiros. Uma mangueira com 75 mm de diâmetro está conectada à descarga de uma bomba de 11 kW em um desses barcos. O bocal conectado à extremidade da mangueira tem um diâmetro de 25 mm. Se a descarga do bocal for mantida 3 m acima da superfície da água, determine a vazão volumétrica através do bocal, a altura máxima que a água poderia atingir e a força sobre o barco se o jato de água for dirigido horizontalmente sobre a popa.

4.157 Uma bomba retira água de um reservatório por um tubo de sucção de 150 mm de diâmetro e a descarrega para um tubo de saída de 75 mm de diâmetro. A extremidade do tubo de sucção está 2 m abaixo da superfície livre do reservatório. O manômetro no tubo de descarga (2 m acima da superfície do reservatório) indica 170 kPa. A velocidade média no tubo de descarga é de 3 m/s. Se a eficiência da bomba é 75%, determine a potência necessária para acioná-la.

4.158 A massa total do tipo de helicóptero mostrado é de 1000 kg. A pressão do ar é a atmosférica na saída. Considere que o escoamento seja permanente e unidimensional. Trate o ar como incompressível nas condições-padrão e calcule, para uma posição em que o aparelho paira no ar, a velocidade do ar saindo da aeronave e a potência mínima que deve ser fornecida ao ar pela hélice.

P4.158

4.159 Líquido escoando a alta velocidade em um largo canal horizontal aberto pode, sob certas condições, produzir um ressalto hidráulico conforme mostrado. Para um volume de controle convenientemente escolhido, os escoamentos entrando e saindo do ressalto podem ser considerados uniformes com distribuições hidrostáticas de pressão (veja o Exemplo 4.7). Considere um canal de largura w, com escoamento de água com $D_1 = 0,6$ m e $V_1 = 5$ m/s. Mostre que, em geral,
$D_2 = D_1 \left[\sqrt{1 + 8V_1^2/gD_1} - 1 \right]/2.$

P4.159

Avalie a variação na energia mecânica através do ressalto hidráulico. Se a transferência de calor para o meio ambiente for desprezível, determine a variação na temperatura da água através do ressalto.

---

*Esses problemas requerem material de seções que podem ser omitidas sem perda de continuidade no material do texto.

CAPÍTULO **5**

Introdução à Análise Diferencial dos Movimentos dos Fluidos

5.1 Conservação da Massa
5.2 Função de Corrente para Escoamento Incompressível Bidimensional
5.3 Movimento de uma Partícula Fluida (Cinemática)
5.4 Equação da Quantidade de Movimento
5.5 Introdução à Dinâmica de Fluidos Computacional (DFC)*
5.6 Resumo e Equações Úteis

Estudo de Caso

Energia das Ondas: Conversor de Energia das Ondas Aquamarine Oyster

Aquamarine Power, uma empresa de energia das ondas localizada na Escócia, desenvolveu um inovador conversor de energia das ondas hidroelétrico, conhecido como Oyster (Ostra); um modelo de demonstração em escala foi instalado em 2009 e começou a produzir energia para residências em algumas regiões da Escócia. Eles planejam possuir fazendas de ondas Ostra comercialmente viáveis em todo o mundo. Uma fazenda com 20 dispositivos *Oyster* forneceria energia suficiente para 9000 residências, evitando as emissões de cerca de 2×10^6 kg de carbono.

O dispositivo Oyster consiste em uma simples aba mecânica articulada, como mostrado na figura, conectada ao fundo do mar em torno de 10 metros de profundidade. Conforme as ondas passam, elas forçam a aba a se mover; a aba, por sua vez, aciona pistões hidráulicos que entregam água à alta pressão, por uma tubulação, a uma turbina elétrica situada em terra. Espera-se que as fazendas *Oyster*, usando múltiplos dispositivos, sejam capazes de gerar 100 MW ou até mais.

O dispositivo Oyster tem diversas vantagens: tem boa eficiência e durabilidade e, com seu baixo custo de fabricação, operação e manutenção, espera-se que ele produzirá energia elétrica confiável com *custo competitivo* a partir da energia das ondas pela primeira vez. O dispositivo usa componentes mecânicos robustos e simples situados em alto-mar, combinados com componentes hidroelétricos convencionais de uso comprovado situados em terra. Projetado com o conceito de que o simples é o melhor, menos é mais, o dispositivo tem um mínimo de partes móveis submersas em alto-mar; não existem geradores sob a água, eletrônica de potência, ou caixas de transmissão. O Oyster é projetado para tirar proveito das ondas mais consistentes encontradas perto da terra; visando a durabilidade, qualquer excesso de energia a partir de ondas excepcionalmente grandes simplesmente transbordam sobre o topo da aba do dispositivo Oyster. A empresa *Aquamarine Power* acredita que seu dispositivo é competitivo com

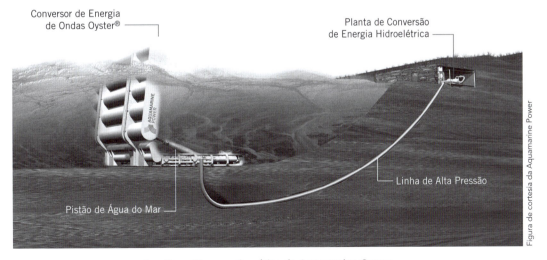

Em dispositivo esquiemático da Aquamarine Oyster.

---

*Embora tenhamos optado pela sigla DFC, a sigla inglesa CFD (*computational fluid dynamics*) é bastante difundida entre os profissionais e os estudantes no Brasil. (N.T.)

dispositivos pesando até cinco vezes mais e, com múltiplas bombas alimentando um único gerador em terra, o Oyster, oferecerá boas economias de escala. Como um benefício final, o Oyster usa água, em vez de óleo, como fluido hidráulico para minimizar o impacto ambiental e não produzir poluição sonora.

O projeto e a análise do escoamento em torno e através de um dispositivo como o Oyster e a determinação das forças produzidas pelo escoamento sobre as superfícies frequentemente utilizam programas computacionais. Nesses programas, as equações diferenciais básicas que descrevem o movimento do fluido são programadas e resolvidas normalmente por métodos numéricos. As equações que descrevem o movimento do fluido serão desenvolvidas neste capítulo. O nome dado ao uso de programas computacionais para simular o comportamento do escoamento de um fluido é dinâmica dos fluidos computacional (DFC), e as técnicas da DFC são discutidas no final deste capítulo.

No Capítulo 4, desenvolvemos as equações básicas na forma integral para um volume de controle. As equações integrais são úteis quando estamos interessados no comportamento genérico de um campo de escoamento e nos seus efeitos sobre um ou mais dispositivos. Contudo, a abordagem integral não nos permite obter conhecimentos detalhados ponto por ponto do campo de escoamento. Por exemplo, a metodologia integral pode fornecer informações sobre a sustentação gerada por uma asa, mas ela não pode ser usada para determinar a distribuição de pressão que produz a sustentação na asa.

Para obter o conhecimento detalhado de um escoamento, devemos aplicar as equações de movimento dos fluidos na forma diferencial. Neste capítulo, desenvolveremos equações diferenciais para a conservação da massa e a segunda lei de Newton. Como estamos interessados na formulação de equações diferenciais, a nossa análise será em termos de sistemas e volumes de controle infinitesimais.

5.1 Conservação da Massa

No Capítulo 2, desenvolvemos a representação de campos de propriedades dos fluidos. Os campos de propriedades são definidos por funções contínuas das coordenadas espaciais e do tempo. Os campos de massa específica e de velocidade foram relacionados pela conservação da massa na forma integral no Capítulo 4 (Eq. 4.12). Neste capítulo, vamos deduzir a equação diferencial para conservação da massa em coordenadas retangulares e cilíndricas. Em ambos os casos, a dedução é feita aplicando a conservação da massa a um volume de controle diferencial.

Sistema de Coordenadas Retangulares

Em coordenadas retangulares, o volume de controle escolhido é um cubo infinitesimal com lados de comprimento dx, dy, dz, conforme mostrado na Fig. 5.1. A massa específica no centro, O, do volume de controle é considerada ρ e a velocidade ali é considerada $\vec{V} = \hat{i}u + \hat{j}v + \hat{k}w$.

Para avaliar as propriedades em cada uma das seis faces da superfície de controle, vamos usar uma expansão por série de Taylor em torno do ponto O. Por exemplo, na face direita,

$$\rho)_{x+dx/2} = \rho + \left(\frac{\partial \rho}{\partial x}\right)\frac{dx}{2} + \left(\frac{\partial^2 \rho}{\partial x^2}\right)\frac{1}{2!}\left(\frac{dx}{2}\right)^2 + \cdots$$

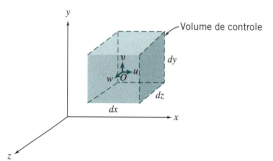

Fig. 5.1 Volume de controle diferencial em coordenadas retangulares.

Desprezando os termos de ordem superior, podemos escrever

$$\rho)_{x+dx/2} = \rho + \left(\frac{\partial\rho}{\partial x}\right)\frac{dx}{2}$$

e

$$u)_{x+dx/2} = u + \left(\frac{\partial u}{\partial x}\right)\frac{dx}{2}$$

em que ρ, u, $\partial\rho/\partial x$ e $\partial u/\partial x$ são todos avaliados no ponto O. Os termos correspondentes na face esquerda são

$$\rho)_{x-dx/2} = \rho + \left(\frac{\partial\rho}{\partial x}\right)\left(-\frac{dx}{2}\right) = \rho - \left(\frac{\partial\rho}{\partial x}\right)\frac{dx}{2}$$

$$u)_{x-dx/2} = u + \left(\frac{\partial u}{\partial x}\right)\left(-\frac{dx}{2}\right) = u - \left(\frac{\partial u}{\partial x}\right)\frac{dx}{2}$$

Podemos escrever expressões similares envolvendo ρ e v para as faces da frente e de trás, e ρ e w para as faces de cima e de baixo do cubo infinitesimal $dx\,dy\,dz$. Essas expressões podem ser usadas para avaliar a integral de superfície na Eq. 4.12 (lembre-se de que $\int_{SC}\rho\vec{V}\cdot d\vec{A}$ é o fluxo líquido de massa saindo do volume de controle):

$$\frac{\partial}{\partial t}\int_{VC}\rho\,d\Psi + \int_{SC}\rho\vec{V}\cdot d\vec{A} = 0 \tag{4.12}$$

Tabela 5.1
Fluxo de Massa através da Superfície de Controle de um Volume de Controle Diferencial Retangular

Superfície	Avaliação de $\int \rho\vec{V}\cdot d\vec{A}$
Esquerda $(-x)$	$= -\left[\rho - \left(\frac{\partial\rho}{\partial x}\right)\frac{dx}{2}\right]\left[u - \left(\frac{\partial u}{\partial x}\right)\frac{dx}{2}\right]dy\,dz = -\rho u\,dy\,dz + \frac{1}{2}\left[u\left(\frac{\partial\rho}{\partial x}\right) + \rho\left(\frac{\partial u}{\partial x}\right)\right]dx\,dy\,dz$
Direita $(+x)$	$= \left[\rho + \left(\frac{\partial\rho}{\partial x}\right)\frac{dx}{2}\right]\left[u + \left(\frac{\partial u}{\partial x}\right)\frac{dx}{2}\right]dy\,dz = \rho u\,dy\,dz + \frac{1}{2}\left[u\left(\frac{\partial\rho}{\partial x}\right) + \rho\left(\frac{\partial u}{\partial x}\right)\right]dx\,dy\,dz$
Fundo $(-y)$	$= -\left[\rho - \left(\frac{\partial\rho}{\partial y}\right)\frac{dy}{2}\right]\left[v - \left(\frac{\partial v}{\partial y}\right)\frac{dy}{2}\right]dx\,dz = -\rho v\,dx\,dz + \frac{1}{2}\left[v\left(\frac{\partial\rho}{\partial y}\right) + \rho\left(\frac{\partial v}{\partial y}\right)\right]dx\,dy\,dz$
Topo $(+y)$	$= \left[\rho + \left(\frac{\partial\rho}{\partial y}\right)\frac{dy}{2}\right]\left[v + \left(\frac{\partial v}{\partial y}\right)\frac{dy}{2}\right]dx\,dz = \rho v\,dx\,dz + \frac{1}{2}\left[v\left(\frac{\partial\rho}{\partial y}\right) + \rho\left(\frac{\partial v}{\partial y}\right)\right]dx\,dy\,dz$
Traseiro $(-z)$	$= -\left[\rho - \left(\frac{\partial\rho}{\partial z}\right)\frac{dz}{2}\right]\left[w - \left(\frac{\partial w}{\partial z}\right)\frac{dz}{2}\right]dx\,dy = -\rho w\,dx\,dy + \frac{1}{2}\left[w\left(\frac{\partial\rho}{\partial z}\right) + \rho\left(\frac{\partial w}{\partial z}\right)\right]dx\,dy\,dz$
Frontal $(+z)$	$= \left[\rho + \left(\frac{\partial\rho}{\partial z}\right)\frac{dz}{2}\right]\left[w + \left(\frac{\partial w}{\partial z}\right)\frac{dz}{2}\right]dx\,dy = \rho w\,dx\,dy + \frac{1}{2}\left[w\left(\frac{\partial\rho}{\partial z}\right) + \rho\left(\frac{\partial w}{\partial z}\right)\right]dx\,dy\,dz$

Adicionando os resultados para todas as faces,

$$\int_{SC}\rho\vec{V}\cdot d\vec{A} = \left[\left\{u\left(\frac{\partial\rho}{\partial x}\right) + \rho\left(\frac{\partial u}{\partial x}\right)\right\} + \left\{v\left(\frac{\partial\rho}{\partial y}\right) + \rho\left(\frac{\partial v}{\partial y}\right)\right\} + \left\{w\left(\frac{\partial\rho}{\partial z}\right) + \rho\left(\frac{\partial w}{\partial z}\right)\right\}\right]dx\,dy\,dz$$

ou

$$\int_{SC}\rho\vec{V}\cdot d\vec{A} = \left[\frac{\partial\rho u}{\partial x} + \frac{\partial\rho v}{\partial y} + \frac{\partial\rho w}{\partial z}\right]dx\,dy\,dz$$

Os detalhes dessa avaliação são mostrados na Tabela 5.1. Nota: consideramos que as componentes da velocidade u, v e w são positivas nos sentidos x, y e z, respectivamente;

Capítulo 5

a convenção de que a normal da área é positiva para fora de cada face foi aplicada; e termos de ordem superior [por exemplo, $(dx)^2$] foram desprezados no limite quando dx, dy e $dz \to 0$.

O resultado de todo esse trabalho é

$$\left[\frac{\partial \rho u}{\partial x} + \frac{\partial \rho v}{\partial x} + \frac{\partial \rho w}{\partial x} \right] dx\, dy\, dz$$

Essa expressão é a avaliação da integral de superfície para o nosso cubo diferencial. Para completar a Eq. 4.12, precisamos avaliar a integral de volume (lembre-se de que $\partial/\partial t \int_{VC} \rho d\forall$ é a taxa de variação de massa no volume de controle):

$$\frac{\partial}{\partial t} \int_{VC} \rho d\forall \to \frac{\partial}{\partial t} [\rho dx\, dy\, dz] = \frac{\partial \rho}{\partial t} dx\, dy\, dz$$

Assim, depois de cancelar $dx\, dy\, dz$, obtemos, da Eq. 4.12, uma forma diferencial da lei de conservação da massa

$$\frac{\partial \rho u}{\partial x} + \frac{\partial \rho v}{\partial y} + \frac{\partial \rho w}{\partial z} + \frac{\partial \rho}{\partial t} = 0 \qquad (5.1a)$$

A Eq. 5.1a é frequentemente chamada de *equação da continuidade*.

Posto que o operador vetorial, ∇, em coordenadas retangulares, é dado por

$$\nabla = \hat{i} \frac{\partial}{\partial x} + \hat{j} \frac{\partial}{\partial y} + \hat{k} \frac{\partial}{\partial z}$$

então

$$\frac{\partial \rho u}{\partial x} + \frac{\partial \rho v}{\partial y} + \frac{\partial \rho w}{\partial z} = \nabla \cdot \rho \vec{V}$$

Note que o operador del, ∇, age sobre ρ e $\vec{V}$. Pense nele como $\nabla \cdot (\rho \vec{V})$. A conservação da massa pode ser escrita como

$$\nabla \cdot \rho \vec{V} + \frac{\partial \rho}{\partial t} = 0 \qquad (5.1b)$$

Dois casos de escoamento para os quais a equação diferencial da continuidade pode ser simplificada devem ser destacados.

Para um fluido *incompressível*, ρ = constante; a massa específica não é função nem das coordenadas espaciais nem do tempo. Para um fluido incompressível, a equação da continuidade é simplificada para

$$\frac{\partial u}{\partial x} + \frac{\partial v}{\partial y} + \frac{\partial w}{\partial z} = \nabla \cdot \vec{V} = 0 \qquad (5.1c)$$

Portanto, o campo de velocidade, $\vec{V}(x, y, z, t)$, para escoamento incompressível deve satisfazer $\nabla \cdot \vec{V} = 0$.

Para escoamento em *regime permanente*, todas as propriedades dos fluidos são, por definição, independentes do tempo; assim $\partial \rho/\partial t = 0$ e, no máximo, $\rho = \rho(x, y, z)$. Para escoamento em regime permanente, a equação da continuidade pode ser escrita como

$$\frac{\partial \rho u}{\partial x} + \frac{\partial \rho v}{\partial y} + \frac{\partial \rho w}{\partial z} = \nabla \cdot \rho \vec{V} = 0 \qquad (5.1d)$$

(e lembre-se de que o operador del ∇ age sobre ρ e $\vec{V}$). O Exemplo 5.1 mostra a integração da equação da continuidade para um escoamento imcompressível, e o Exemplo 5.2 mostra sua aplicação em um escoamento em regime transiente.

Introdução à Análise Diferencial dos Movimentos dos Fluidos **157**

Exemplo 5.1 INTEGRAÇÃO DA EQUAÇÃO DIFERENCIAL BIDIMENSIONAL DA CONTINUIDADE

Para um escoamento bidimensional no plano xy, a componente x da velocidade é dada por $u = Ax$. Determine uma possível componente y para escoamento incompressível. Quantas componentes y são possíveis?

Dados: Escoamento bidimensional no plano xy para o qual $u = Ax$.

Determinar: (a) Uma possível componente y da velocidade para escoamento incompressível.
(b) Número possível de componentes y.

Solução:

Equação básica: $\nabla \cdot \rho \vec{V} + \dfrac{\partial \rho}{\partial t} = 0$

Para escoamento incompressível, essa equação se reduz a $\nabla \cdot \vec{V} = 0$. Em coordenadas retangulares

$$\frac{\partial u}{\partial x} + \frac{\partial v}{\partial y} + \frac{\partial w}{\partial z} = 0$$

Para escoamento bidimensional no plano xy, $\vec{V} = \vec{V}(x, y)$. Então, as derivadas parciais com relação a z são nulas, e

$$\frac{\partial u}{\partial x} + \frac{\partial v}{\partial y} = 0$$

Então

$$\frac{\partial v}{\partial y} = -\frac{\partial u}{\partial x} = -A$$

que dá uma expressão para a taxa de variação de v mantendo x constante. Essa equação pode ser integrada para obter uma expressão para v. O resultado é

$$v = \int \frac{\partial v}{\partial y} dy + f(x, t) = -Ay + f(x, t) \longleftarrow \qquad v$$

{A função de x e de t aparece porque tínhamos uma derivada parcial de v com relação a y.}

Qualquer função $f(x, t)$ é permitida, visto que $\partial/\partial y\, f(x, t) = 0$. Desse modo, qualquer número de expressões para v pode satisfazer a equação diferencial da continuidade sob as condições dadas. A expressão mais simples para v é obtida estabelecendo $f(x, t) = 0$. Nesse caso, $v = -Ay$, e

$$\vec{V} = Ax\hat{i} - Ay\hat{j} \longleftarrow \qquad \vec{V}$$

> **Este problema:**
> • Ilustra o uso da equação diferencial da continuidade para obter informação sobre um campo de escoamento.
> • Demonstra a integração de uma derivada parcial.
> • Prova que o escoamento originalmente discutido no Exemplo 2.1 é de fato incompressível.

Exemplo 5.2 EQUAÇÃO DIFERENCIAL DA CONTINUIDADE PARA REGIME NÃO PERMANENTE

Um amortecedor a gás na suspensão de um automóvel comporta-se como um dispositivo pistão-cilindro. No instante em que o pistão está afastado de uma distância $L = 0,15$ m da extremidade fechada do cilindro, a massa específica do gás $\rho = 18$ kg/m^3 é uniforme e o pistão começa a se mover, afastando-se da extremidade fechada do cilindro com uma velocidade $V = 12$ m/s. Considere como modelo simples que a velocidade do gás é unidimensional e proporcional à distância em relação à extremidade fechada; ela varia linearmente de zero, na extremidade, a $u = V$ no pistão. Encontre a taxa de variação da massa específica do gás nesse instante. Obtenha uma expressão para a massa específica média como uma função do tempo.

Dados: Conjunto pistão-cilindro, conforme mostrado.

Determinar: (a) A taxa de variação da massa específica.
(b) $\rho(t)$.

Solução:

Equação básica: $\nabla \cdot \rho \vec{V} + \dfrac{\partial \rho}{\partial t} = 0$

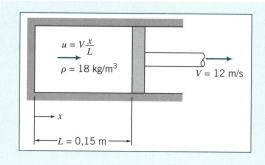

Em coordenadas retangulares, $\dfrac{\partial \rho u}{\partial x} + \dfrac{\partial \rho v}{\partial y} + \dfrac{\partial \rho w}{\partial z} + \dfrac{\partial \rho}{\partial t} = 0$

Como $u = u(x)$, as derivadas parciais com relação a y e z são nulas, e

$$\dfrac{\partial \rho u}{\partial x} + \dfrac{\partial \rho}{\partial t} = 0$$

Então

$$\dfrac{\partial \rho}{\partial t} = -\dfrac{\partial \rho u}{\partial x} = -\rho \dfrac{\partial u}{\partial x} - u \dfrac{\partial \rho}{\partial x}$$

Como ρ é suposto uniforme no volume, então $\dfrac{\partial \rho}{\partial x} = 0$ e $\dfrac{\partial \rho}{\partial t} = \dfrac{d\rho}{dt} = -\rho \dfrac{\partial u}{\partial x}$.

Posto que $u = V\dfrac{x}{L}$, $\dfrac{\partial u}{\partial x} = \dfrac{V}{L}$, então $\dfrac{d\rho}{dt} = -\rho \dfrac{V}{L}$. Contudo, note que $L = L_0 + Vt$.

Separando as variáveis e integrando,

$$\int_{\rho_0}^{\rho} \dfrac{d\rho}{\rho} = -\int_0^t \dfrac{V}{L} dt = -\int_0^t \dfrac{V\, dt}{L_0 + Vt}$$

$$\ln \dfrac{\rho}{\rho_0} = \ln \dfrac{L_0}{L_0 + Vt} \quad \text{e} \quad \rho(t) = \rho_0 \left[\dfrac{1}{1 + Vt/L_0} \right] \longleftarrow \rho(t)$$

Em $t = 0$

$$\dfrac{\partial \rho}{\partial t} = -\rho_0 \dfrac{V}{L} = -18 \dfrac{\text{kg}}{\text{m}^3} \times 12 \dfrac{\text{m}}{\text{s}} \times \dfrac{1}{0{,}15\,\text{m}} = -1440\,\text{kg}/(\text{m}^3 \cdot \text{s}) \longleftarrow \dfrac{\partial \rho}{\partial t}$$

> Este problema demonstra o uso da equação diferencial da continuidade para obter a variação temporal da massa específica em um escoamento transiente.
>
> 💻 O gráfico da massa específica como função do tempo é mostrado em uma planilha *Excel*. A planilha é interativa: Ela permite que se veja o efeito de diferentes valores de ρ_0, L e V sobre ρ em função de t. Além disso, o tempo para o qual a massa específica atinge um valor prescrito também pode ser determinado.

Sistema de Coordenadas Cilíndricas

Um volume de controle adequado em coordenadas cilíndricas é mostrado na Fig. 5.2. A massa específica no centro, O, do volume de controle é considerada ρ, e a velocidade ali é considerada $\vec{V} = \hat{e}_r V_r + \hat{e}_\theta V_\theta + \hat{k} V_z$, em que $\hat{e}_r, \hat{e}_\theta$, e $\hat{k}$, são vetores unitários nas direções r, θ e z, respectivamente e V_r, V_θ e V_z são as componentes da velocidade nas direções r, θ e z, respectivamente. Para avaliar $\int_{SC} \rho \vec{V} \cdot d\vec{A}$, devemos considerar o fluxo de massa através de cada uma das seis faces da superfície de controle. As propriedades em cada uma das faces da superfície de controle são obtidas a partir de um desenvolvimento por série de Taylor em torno do ponto O. Os detalhes da avaliação do fluxo de massa são mostrados na Tabela 5.2. As componentes da velocidade, V_r, V_θ e V_z, são todas consideradas no sentido positivo das coordenadas; a convenção de que a normal da área é positiva para fora de cada face foi aplicada e os termos de ordem superior foram desprezados.

Vemos que a taxa líquida de fluxo de massa para fora da superfície de controle (o termo $\int_{SC} \rho \vec{V} \cdot d\vec{A}$ na Eq. 4.12) é dada por

$$\left[\rho V_r + r \dfrac{\partial \rho V_r}{\partial r} + \dfrac{\partial \rho V_\theta}{\partial \theta} + r \dfrac{\partial \rho V_z}{\partial z} \right] dr\, d\theta\, dz$$

A massa dentro do volume de controle, em qualquer instante, é o produto da massa por unidade de volume, ρ, pelo volume, $rd\theta\, dr\, dz$. Desse modo, a taxa de variação da

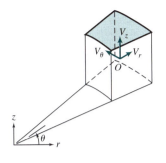 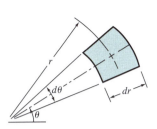

(a) Vista isométrica   (b) Projeção sobre o plano rθ

Fig. 5.2 Volume de controle diferencial em coordenadas cilíndricas.

Tabela 5.2
Fluxo de Massa através da Superfície de Controle de um Volume de Controle Diferencial Cilíndrico

Superfície	Avaliação de $\int \rho \vec{V} \cdot d\vec{A}$
Dentro ($-r$)	$= -\left[\rho - \left(\frac{\partial \rho}{\partial r}\right)\frac{dr}{2}\right]\left[V_r - \left(\frac{\partial V_r}{\partial r}\right)\frac{dr}{2}\right]\left(r - \frac{dr}{2}\right)d\theta\, dz = -\rho V_r\, r d\theta\, dz + \rho V_r \frac{dr}{2} d\theta\, dz + \rho\left(\frac{\partial V_r}{\partial r}\right) r \frac{dr}{2} d\theta\, dz + V_r\left(\frac{\partial \rho}{\partial r}\right) r \frac{dr}{2} d\theta\, dz$
Fora ($+r$)	$= \left[\rho + \left(\frac{\partial \rho}{\partial r}\right)\frac{dr}{2}\right]\left[V_r + \left(\frac{\partial V_r}{\partial r}\right)\frac{dr}{2}\right]\left(r + \frac{dr}{2}\right)d\theta\, dz = \rho V_r\, r d\theta\, dz + \rho V_r \frac{dr}{2} d\theta\, dz + \rho\left(\frac{\partial V_r}{\partial r}\right) r \frac{dr}{2} d\theta\, dz + V_r\left(\frac{\partial \rho}{\partial r}\right) r \frac{dr}{2} d\theta\, dz$
Frontal ($-\theta$)	$= -\left[\rho - \left(\frac{\partial \rho}{\partial \theta}\right)\frac{d\theta}{2}\right]\left[V_\theta - \left(\frac{\partial V_\theta}{\partial \theta}\right)\frac{d\theta}{2}\right] dr\, dz = -\rho V_\theta\, dr\, dz + \rho\left(\frac{\partial V_\theta}{\partial \theta}\right)\frac{d\theta}{2} dr\, dz + V_\theta\left(\frac{\partial \rho}{\partial \theta}\right)\frac{d\theta}{2} dr\, dz$
Traseiro ($+\theta$)	$= \left[\rho + \left(\frac{\partial \rho}{\partial \theta}\right)\frac{d\theta}{2}\right]\left[V_\theta + \left(\frac{\partial V_\theta}{\partial \theta}\right)\frac{d\theta}{2}\right] dr\, dz = \rho V_\theta\, dr\, dz + \rho\left(\frac{\partial V_\theta}{\partial \theta}\right)\frac{d\theta}{2} dr\, dz + V_\theta\left(\frac{\partial \rho}{\partial \theta}\right)\frac{d\theta}{2} dr\, dz$
Fundo ($-z$)	$= -\left[\rho - \left(\frac{\partial \rho}{\partial z}\right)\frac{dz}{2}\right]\left[V_z - \left(\frac{\partial V_z}{\partial z}\right)\frac{dz}{2}\right] r d\theta\, dr = -\rho V_z\, r d\theta\, dr + \rho\left(\frac{\partial V_z}{\partial z}\right)\frac{dz}{2} r d\theta\, dr + V_z\left(\frac{\partial \rho}{\partial z}\right)\frac{dz}{2} r d\theta\, dr$
Topo ($+z$)	$= \left[\rho + \left(\frac{\partial \rho}{\partial z}\right)\frac{dz}{2}\right]\left[V_z + \left(\frac{\partial V_z}{\partial z}\right)\frac{dz}{2}\right] r d\theta\, dr = \rho V_z\, r d\theta\, dr + \rho\left(\frac{\partial V_z}{\partial z}\right)\frac{dz}{2} r d\theta\, dr + V_z\left(\frac{\partial \rho}{\partial z}\right)\frac{dz}{2} r d\theta\, dr$

Adicionando os resultados para todas as seis faces,

$$\int_{SC} \rho \vec{V} \cdot d\vec{A} = \left[\rho V_r + r\left\{\rho\left(\frac{\partial V_r}{\partial r}\right) + V_r\left(\frac{\partial \rho}{\partial r}\right)\right\} + \left\{\rho\left(\frac{\partial V_\theta}{\partial \theta}\right) + V_\theta\left(\frac{\partial \rho}{\partial \theta}\right)\right\} + r\left\{\rho\left(\frac{\partial V_z}{\partial z}\right) + V_z\left(\frac{\partial \rho}{\partial z}\right)\right\}\right] dr\, d\theta\, dz$$

ou

$$\int_{SC} \rho \vec{V} \cdot d\vec{A} = \left[\rho V_r + r\frac{\partial \rho V_r}{\partial r} + \frac{\partial \rho V_\theta}{\partial \theta} + r\frac{\partial \rho V_z}{\partial z}\right] dr\, d\theta\, dz$$

massa no interior do volume de controle (o termo $\partial/\partial t \int_{VC} \rho d\forall$ na Eq. 4.12) é dada por

$$\frac{\partial \rho}{\partial t} r\, d\theta\, dr\, dz$$

Em coordenadas cilíndricas, a equação diferencial para a conservação da massa é então

$$\rho V_r + r\frac{\partial \rho V_r}{\partial r} + \frac{\partial \rho V_\theta}{\partial \theta} + r\frac{\partial \rho V_z}{\partial z} + r\frac{\partial \rho}{\partial t} = 0$$

ou

$$\frac{\partial(r\rho V_r)}{\partial r} + \frac{\partial \rho V_\theta}{\partial \theta} + r\frac{\partial \rho V_z}{\partial z} + r\frac{\partial \rho}{\partial t} = 0$$

160   Capítulo 5

Dividindo por r, resulta

$$\frac{1}{r}\frac{\partial(r\rho V_r)}{\partial r} + \frac{1}{r}\frac{\partial(\rho V_\theta)}{\partial\theta} + \frac{\partial(\rho V_z)}{\partial z} + \frac{\partial\rho}{\partial t} = 0 \qquad (5.2a)$$

Em coordenadas cilíndricas, o operador vetorial ∇ é dado por

$$\nabla = \hat{e}_r\frac{\partial}{\partial r} + \hat{e}_\theta\frac{1}{r}\frac{\partial}{\partial\theta} + \hat{k}\frac{\partial}{\partial z} \qquad (3.19)$$

A Eq. 5.2a também pode ser escrita[1] em notação vetorial como

$$\nabla\cdot\rho\vec{V} + \frac{\partial\rho}{\partial t} = 0 \qquad (5.1b)$$

Para um fluido *incompressível*, ρ = constante, e a Eq. 5.2a reduz-se a

$$\frac{1}{r}\frac{\partial(rV_r)}{\partial r} + \frac{1}{r}\frac{\partial V_\theta}{\partial\theta} + \frac{\partial V_z}{\partial z} = \nabla\cdot\vec{V} = 0 \qquad (5.2b)$$

Assim, o campo de velocidade, $\vec{V}(x, y, z, t)$, para escoamento incompressível, deve satisfazer $\nabla\cdot\vec{V} = 0$. Para escoamento em *regime permanente*, a Eq. 5.2a reduz-se a

$$\frac{1}{r}\frac{\partial(r\rho V_r)}{\partial r} + \frac{1}{r}\frac{\partial(\rho V_\theta)}{\partial\theta} + \frac{\partial(\rho V_z)}{\partial z} = \nabla\cdot\rho\vec{V} = 0 \qquad (5.2c)$$

(e lembre-se mais uma vez de que o operador ∇ age sobre ρ e $\vec{V}$).

Quando escrita na forma vetorial, a equação diferencial da continuidade (o enunciado matemático da conservação da massa), Eq. 5.1b, pode ser aplicada em qualquer sistema de coordenadas. Simplesmente substituímos a expressão apropriada para o operador vetorial ∇. Em retrospecto, esse resultado não surpreende, posto que a massa precisa ser conservada a despeito da nossa escolha do sistema de coordenadas. O Exemplo 5.3 ilustra a aplicação da equação da continuidade em coordenadas cilíndricas.

Exemplo 5.3 EQUAÇÃO DIFERENCIAL DA CONTINUIDADE EM COORDENADAS CILÍNDRICAS

Considere um escoamento radial e unidimensional, no plano $r\theta$, caracterizado por $V_r = f(r)$ e $V_\theta = 0$. Determine as condições sobre $f(r)$ necessárias para que o escoamento seja incompressível.

Dados: Escoamento radial e unidimensional no plano $r\theta$: $V_r = f(r)$ e $V_\theta = 0$.

Determinar: Os requisitos de $f(r)$ para escoamento incompressível.

Solução:

Equação básica: $\nabla\cdot\rho\vec{V} + \dfrac{\partial\rho}{\partial t} = 0$

Para escoamento incompressível em coordenadas cilíndricas esta equação reduz-se à Eq. 5.2b,

$$\frac{1}{r}\frac{\partial}{\partial r}(rV_r) + \frac{1}{r}\frac{\partial}{\partial\theta}V_\theta + \frac{\partial V_z}{\partial z} = 0$$

Para o campo de velocidade dado, $\vec{V} = \vec{V}(r)$. $V_\theta = 0$ e as derivadas parciais em relação a z são nulas, de modo que

$$\frac{1}{r}\frac{\partial}{\partial r}(rV_r) = 0$$

---

[1]Para avaliar $\nabla\cdot\rho\vec{V}$ em coordenadas cilíndricas, devemos lembrar que

$$\frac{\partial\hat{e}_r}{\partial\theta} = \hat{e}_\theta \quad\text{e}\quad \frac{\partial\hat{e}_\theta}{\partial\theta} = -\hat{e}_r$$

Integrando em r, resulta

$$rV_r = \text{constante}$$

Assim, a equação da continuidade mostra que a velocidade radial deve ser $V_r = f(r) = C/r$ para o escoamento radial e unidimensional de um fluido incompressível. Esse não é um resultado surpreendente: conforme o fluido afasta-se do centro, a vazão volumétrica (por unidade de profundidade na direção z) $Q = 2\pi rV$ para qualquer raio r permanece constante.

*5.2 Função de Corrente para Escoamento Incompressível Bidimensional

Já discutimos brevemente as linhas de corrente no Capítulo 2, onde as descrevemos como linhas tangentes aos vetores velocidades em um escoamento em um instante

$$\left.\frac{dy}{dx}\right|_{\text{linha de corrente}} = \frac{v}{u} \tag{2.8}$$

Podemos desenvolver agora uma definição mais formal das linhas de corrente por meio da introdução da *função de corrente*, ψ. Isso nos permitirá representar matematicamente duas entidades, as componentes $u(x, y, t)$ e $v(x, y, t)$ da velocidade de um escoamento incompressível bidimensional, usando uma única função $\psi(x, y, t)$.

Vídeo: Um Exemplo de Linhas de Corrente/ Linhas de Emissão

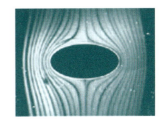

Há várias formas de definir a função de corrente. Vamos começar pela versão bidimensional da equação da continuidade para escoamento incompressível (Eq. 5.1c):

$$\frac{\partial u}{\partial x} + \frac{\partial v}{\partial y} = 0 \tag{5.3}$$

Essa expressão, que, em princípio, parece um exercício puramente matemático (mais tarde, discutiremos o conceito físico disso), permite definir a função de corrente por

$$u \equiv \frac{\partial \psi}{\partial y} \quad \text{e} \quad v \equiv -\frac{\partial \psi}{\partial x} \tag{5.4}$$

de modo que a Eq. 5.3 é *automaticamente* satisfeita para *qualquer* $\psi(x, y, t)$ que venhamos a escolher! Para se certificar disso, substitua a Eq. 5.4 na Eq. 5.3:

$$\frac{\partial u}{\partial x} + \frac{\partial v}{\partial y} = \frac{\partial^2 \psi}{\partial x \partial y} - \frac{\partial^2 \psi}{\partial y \partial x} = 0$$

Usando a Eq. 2.8, podemos obter uma equação válida sempre *ao longo* de uma linha de corrente

$$u\,dy - v\,dx = 0$$

ou, usando a definição da nossa função de corrente,

$$\frac{\partial \psi}{\partial x}dx + \frac{\partial \psi}{\partial y}dy = 0 \tag{5.5}$$

Por outro lado, de um ponto de vista estritamente físico, em qualquer instante de tempo t, a variação em uma função $\psi(x, y, t)$ no espaço (x, y) é dada por

$$d\psi = \frac{\partial \psi}{\partial x}dx + \frac{\partial \psi}{\partial y}dy \tag{5.6}$$

---
*Esta seção pode ser omitida sem perda de continuidade no material do texto.

Comparando as Eqs. 5.5 e 5.6, verificamos que, ao longo de uma linha de corrente instantânea, $d\psi = 0$; em outras palavras, *ψ é uma constante ao longo de uma linha de corrente*. Portanto, podemos especificar linhas de corrente individuais pelos valores de suas funções de corrente: $\psi = 0, 1, 2$ etc. Qual é o significado dos valores de ψ? A resposta é que eles podem ser usados para obter a vazão volumétrica entre duas linhas de corrente quaisquer. Considere as linhas de corrente mostradas na Fig. 5.3. Podemos calcular a vazão volumétrica entre as linhas de corrente ψ_1 e ψ_2 usando a linha AB, BC, DE ou EF (lembre-se de que não existe escoamento *através* de uma linha de corrente).

Vamos calcular a vazão usando a linha AB e, em seguida, usando a linha BC — elas devem ser as mesmas!

Para uma profundidade unitária (dimensão perpendicular ao plano xy), a vazão através de AB é

$$Q = \int_{y_1}^{y_2} u \, dy = \int_{y_1}^{y_2} \frac{\partial \psi}{\partial y} dy$$

Porém, ao longo de AB, x = constante, e (a partir da Eq. 5.6) $d\psi = \partial\psi/\partial y \, dy$. Por consequência,

$$Q = \int_{y_1}^{y_2} \frac{\partial \psi}{\partial y} dy = \int_{\psi_1}^{\psi_2} d\psi = \psi_2 - \psi_1$$

Para uma profundidade unitária, a vazão através de BC é

$$Q = \int_{x_1}^{x_2} v \, dx = -\int_{x_1}^{x_2} \frac{\partial \psi}{\partial x} dx$$

Ao longo de BC, y = constante, e (a partir da Eq. 5.6) $d\psi = \partial\psi/\partial x \, dy$. Por consequência,

$$Q = -\int_{x_1}^{x_2} \frac{\partial \psi}{\partial x} dx = -\int_{\psi_2}^{\psi_1} d\psi = \psi_2 - \psi_1$$

Assim, quando usamos as linhas AB ou a linha BC (ou as linhas DE ou DF, no que diz respeito ao assunto), encontramos que *a vazão volumétrica (por unidade de profundidade) entre duas linhas de corrente é dada pela diferença entre dois valores da função corrente*.[2] (As demonstrações feitas com as linhas AB e BC são as justi-

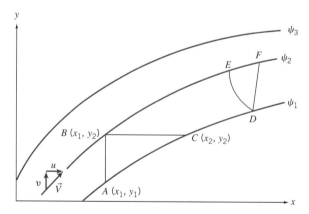

Fig. 5.3 Linhas de corrente instantâneas em um escoamento bidimensional.

---

[2]Para escoamento compressível, permanente e bidimensional, no plano xy, a função de corrente, ψ, pode ser definida de forma que

$$\rho u \equiv \frac{\partial \psi}{\partial y} \quad \text{e} \quad \rho v \equiv -\frac{\partial \psi}{\partial x}$$

A diferença entre os valores constantes de ψ que definem duas linhas de corrente é, nesse caso, a vazão em massa (por unidade de profundidade) entre as duas linhas de corrente.

ficativas para o uso da definição de função de corrente da Eq. 5.4.) Se a linha de corrente através da origem for designada $\psi = 0$, então o valor de ψ para qualquer outra linha de corrente representa a vazão entre a origem e aquela linha de corrente. [Nós estamos livres para selecionar qualquer linha de corrente como a linha de corrente zero porque a função de corrente é definida como uma diferencial (Eq. 5.3); também, a vazão será dada sempre por uma *diferença* de valores de ψ.] Note que, como a vazão em volume entre duas linhas de corrente quaisquer é constante, *a velocidade será relativamente alta onde as linhas de corrente estiverem muito próximas, e relativamente baixa onde as linhas de corrente estiverem afastadas* — um conceito muito útil para identificar visualmente regiões de alta ou de baixa velocidade no campo de escoamento.

Para um escoamento incompressível e bidimensional, no plano $r\theta$, a conservação da massa, Eq. 5.2b, pode ser escrita como

$$\frac{\partial(rV_r)}{\partial r} + \frac{\partial V_\theta}{\partial \theta} = 0 \qquad (5.7)$$

Usando uma lógica similar àquela usada para a Eq. 5.4, a função de corrente, $\psi(r, \theta, t)$, é definida então de modo que

$$V_r \equiv \frac{1}{r}\frac{\partial \psi}{\partial \theta} \quad \text{e} \quad V_\theta \equiv -\frac{\partial \psi}{\partial r} \qquad (5.8)$$

Com ψ definido de acordo com a Eq. 5.8, a equação da continuidade, Eq. 5.7, é satisfeita com exatidão.

5.3 Movimento de uma Partícula Fluida (Cinemática)

A Fig. 5.4 mostra um elemento finito de fluido típico, no interior do qual selecionamos uma partícula infinitesimal de massa dm e volume inicial $dx\,dy\,dz$, no tempo t, e como o elemento (e a partícula infinitesimal) pode aparecer após um intervalo de tempo dt. O elemento finito moveu e mudou sua forma e orientação. Note que, enquanto o elemento finito apresenta distorções bastante graves, a partícula infinitesimal tem variações na forma limitadas a estiramento/contração e rotação dos lados do elemento — isso acontece porque estamos considerando tanto um passo temporal infinitesimal quanto uma partícula infinitesimal, de modo que os lados permanecem retos. Vamos examinar a partícula infinitesimal de modo a, eventualmente, obter resultados aplicáveis a um ponto. Podemos decompor o movimento dessa partícula em quatro componentes: *translação*, na qual a partícula desloca-se de um ponto para outro; *rotação* da partícula, que pode ocorrer em torno de qualquer um dos eixos x, y ou z ou de todos

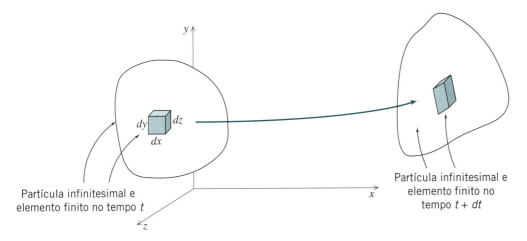

Fig. 5.4 Elemento de fluido finito e partícula infinitesimal nos instantes t e $t + dt$.

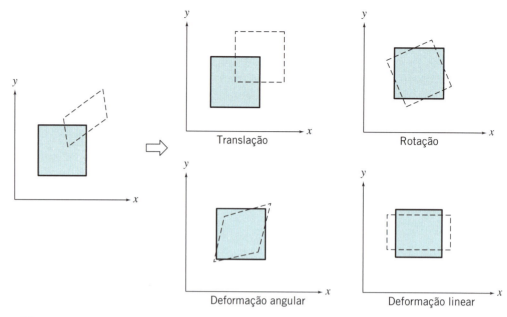

Fig. 5.5 Representação esquemática das componentes do movimento de fluido.

eles; *deformação linear*, na qual os lados da partícula esticam ou contraem; e *deformação angular*, na qual os ângulos entre os lados (que eram inicialmente 90° na partícula) variam.

Pode parecer difícil, por uma análise visual da Fig. 5.4, distinguir entre rotação e deformação angular da partícula infinitesimal de fluido. É importante reconhecer então que a rotação pura não envolve nenhuma deformação, ao contrário do que ocorre com a deformação angular, e, conforme aprendemos no Capítulo 2, a deformação do fluido gera tensões de cisalhamento. A Fig. 5.5 ilustra o movimento da partícula no plano xy decomposto nas quatro componentes descritas e, conforme examinamos separadamente cada uma dessas quatro componentes, concluímos que *podemos* distinguir entre rotação e deformação angular.

Vídeo: Movimento de uma Partícula em um Canal

Translação de um Fluido: Aceleração de uma Partícula Fluida em um Campo de Velocidade

A translação de uma partícula de fluido está obviamente conectada com o campo de velocidade $\vec{V} = \vec{V}(x, y, z, t)$ que discutimos previamente na Seção 2.2. Necessitaremos da aceleração de uma partícula fluida para uso na segunda lei de Newton. A princípio, poderíamos ser tentados a calcular a aceleração simplesmente como $\vec{a} = \partial \vec{V}/\partial t$. Isso é incorreto, porque $\vec{V}$ é um *campo*, ou seja, ele descreve o escoamento inteiro e não somente o movimento individual de uma partícula. (Podemos ver que essa forma de cálculo é incorreta examinando o Exemplo 5.4, no qual as partículas estão claramente acelerando e desacelerando, de modo que $\vec{a} \neq 0$, mas $\partial \vec{V}/\partial t = 0$.)

Exemplo 5.4 FUNÇÃO DE CORRENTE PARA ESCOAMENTO EM UM CANTO

Dado o campo de velocidade para o escoamento permanente e incompressível em um canto (Exemplo 2.1), $\vec{V} = Ax\hat{i} - Ay\hat{j}$, com $A = 0{,}3$ s^{-1}, determine a função de corrente que resultará desse campo de velocidade. Trace gráficos e interprete a configuração das linhas de corrente no primeiro e no segundo quadrantes do plano xy.

Dados: Campo de velocidade, $\vec{V} = Ax\hat{i} - Ay\hat{j}$, com $A = 0{,}3$ s^{-1}.

Determinar: A função de corrente ψ; traçar configurações no primeiro e no segundo quadrantes; interpretar os resultados.

Solução: O escoamento é incompressível, de modo que a função de corrente satisfaz a Eq. 5.4.

A partir da Eq. 5.4, $u = \dfrac{\partial \psi}{\partial y}$ e $v = -\dfrac{\partial \psi}{\partial y}$. Do campo de velocidade dado,

$$u = Ax = \frac{\partial \psi}{\partial y}$$

Integrando em y, resulta

$$\psi = \int \frac{\partial \psi}{\partial y} dy + f(x) = Axy + f(x) \tag{1}$$

em que $f(x)$ é arbitrária. A função $f(x)$ pode ser avaliada usando a equação para v. Assim, da Eq. 1,

$$v = -\frac{\partial \psi}{\partial x} = -Ay - \frac{df}{dx} \tag{2}$$

Do campo de velocidade dado, $v = -Ay$. A comparação dessa expressão com a Eq. 2 mostra que $\dfrac{df}{dx} = 0$, ou que $f(x) =$ constante. Por conseguinte, a Eq. 1 torna-se

$$\psi = Axy + c \quad\longleftarrow\quad \psi$$

As linhas de ψ constante representam linhas de corrente no campo de escoamento. A constante c pode ser escolhida como qualquer valor conveniente para fins de traçado do gráfico. A constante é escolhida como zero para que a linha de corrente através da origem seja designada como $\psi = \psi_1 = 0$. Desse modo, o valor para qualquer outra linha de corrente representa a vazão entre a origem e aquela linha de corrente. Com $c = 0$ e $A = 0{,}3 \text{ s}^{-1}$, temos

$$\psi = 0{,}3xy \quad (\text{m}^3/\text{s}/\text{m})$$

Essa equação de uma linha de corrente é idêntica ao resultado ($xy =$ constante) obtido no Exemplo 2.1.

Gráficos separados das linhas de corrente no primeiro e no segundo quadrantes são apresentados a seguir. Note que no quadrante 1, $u > 0$, de modo que os valores de ψ são positivos. No quadrante 2, $u < 0$, e os valores de ψ são negativos.

No primeiro quadrante, como $u > 0$ e $v < 0$, o escoamento é da esquerda para a direita e para baixo. A vazão em volume entre a linha de corrente $\psi = \psi_1$ que passa pela origem e a linha de corrente $\psi = \psi_2$ é

$$Q_{12} = \psi_2 - \psi_1 = 0{,}3 \text{ m}^3/\text{s}/\text{m}$$

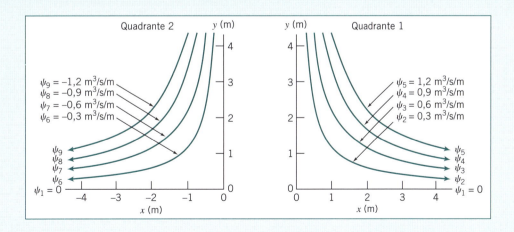

No segundo quadrante, como $u < 0$ e $v < 0$, o escoamento é da direita para a esquerda e para baixo. A vazão em volume entre as linhas de corrente ψ_7 e ψ_9 é

$$Q_{79} = \psi_9 - \psi_7 = [-1{,}2 - (-0{,}6)] \text{m}^3/\text{s}/\text{m} = -0{,}6 \text{ m}^3/\text{s}/\text{m}$$

O sinal negativo é consistente com o escoamento que tem $u < 0$.

> Conforme indicam tanto o espaçamento entre as linhas de corrente no gráfico quanto a equação para V, a velocidade é menor próximo da origem (um "canto").
>
> 💻 Há uma planilha *Excel* para este problema que pode ser usada para gerar linhas de corrente para esta e outras funções de corrente.

O problema, então, consiste em reter a descrição de campo para as propriedades do fluido e obter uma expressão para a aceleração de uma partícula à medida que ela se move em um campo escoamento. Simplificando, o enunciado do problema é:

Dado o campo de velocidade, $\vec{V} = \vec{V}(x, y, z, t)$, encontre a aceleração de uma partícula fluida, $\vec{a}_p$.

Considere uma partícula em movimento em um campo de velocidade. No instante t, a partícula está na posição x, y, z e tem uma velocidade correspondente à velocidade naquele ponto no espaço, no tempo t,

$$\vec{V}_p\Big]_t = \vec{V}(x, y, z, t)$$

Em $t + dt$, a partícula foi deslocada para uma nova posição, com as coordenadas $x + dx$, $y + dy$, $z + dz$, e tem uma velocidade dada por

$$\vec{V}_p\Big]_{t+dt} = \vec{V}(x + dx, y + dy, z + dz, t + dt)$$

Isso é mostrado no esquema da Fig. 5.6.

A velocidade da partícula no tempo t (posição $\vec{r}$) é dada por $\vec{V}_p = \vec{V}(x, y, z, t)$. Então $d\vec{V}_p$, a variação na velocidade da partícula, no deslocamento da posição $\vec{r}$ para a posição $\vec{r} + d\vec{r}$, no intervalo de tempo dt, é dada pela regra da cadeia,

$$d\vec{V}_p = \frac{\partial \vec{V}}{\partial x}dx_p + \frac{\partial \vec{V}}{\partial y}dy_p + \frac{\partial \vec{V}}{\partial z}dz_p + \frac{\partial \vec{V}}{\partial t}dt$$

A aceleração total da partícula é dada por

$$\vec{a}_p = \frac{d\vec{V}_p}{dt} = \frac{\partial \vec{V}}{\partial x}\frac{dx_p}{dt} + \frac{\partial \vec{V}}{\partial y}\frac{dy_p}{dt} + \frac{\partial \vec{V}}{\partial z}\frac{dz_p}{dt} + \frac{\partial \vec{V}}{\partial t}$$

Uma vez que

$$\frac{dx_p}{dt} = u, \qquad \frac{dy_p}{dt} = v, \qquad \text{e} \qquad \frac{dz_p}{dt} = w,$$

temos

$$\vec{a}_p = \frac{d\vec{V}_p}{dt} = u\frac{\partial \vec{V}}{\partial x} + v\frac{\partial \vec{V}}{\partial y} + w\frac{\partial \vec{V}}{\partial z} + \frac{\partial \vec{V}}{\partial t}$$

Para deixar bem claro que o cálculo da aceleração de uma partícula fluida em um campo de velocidade requer uma derivada especial, ela recebe o símbolo $D\vec{V}/Dt$. Assim,

$$\frac{D\vec{V}}{Dt} \equiv \vec{a}_p = u\frac{\partial \vec{V}}{\partial x} + v\frac{\partial \vec{V}}{\partial y} + w\frac{\partial \vec{V}}{\partial z} + \frac{\partial \vec{V}}{\partial t} \qquad (5.9)$$

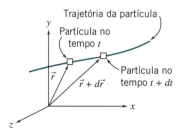

Fig. 5.6 Movimento de uma partícula em um campo de escoamento.

Introdução à Análise Diferencial dos Movimentos dos Fluidos   **167**

A derivada, D/Dt, definida pela Eq. 5.9, é comumente chamada de *derivada substancial* para lembrar-nos de que ela é calculada para uma partícula de "substância". Ela é também frequentemente chamada de *derivada material* ou de *derivada de partícula*.

Os significados físicos dos termos na Eq. 5.9 são

$$\vec{a}_p = \underbrace{\frac{D\vec{V}}{Dt}}_{\substack{\text{aceleração} \\ \text{total de uma} \\ \text{partícula}}} = \underbrace{u\frac{\partial \vec{V}}{\partial x} + v\frac{\partial \vec{V}}{\partial y} + w\frac{\partial \vec{V}}{\partial z}}_{\substack{\text{aceleração} \\ \text{conectiva}}} + \underbrace{\frac{\partial \vec{V}}{\partial t}}_{\substack{\text{aceleração} \\ \text{local}}}$$

Da Eq. 5.9, reconhecemos que uma partícula fluida em movimento em um campo de escoamento pode sofrer aceleração por duas razões. Como uma ilustração, vamos nos referir ao Exemplo 5.4, que aborda um escoamento em regime permanente no qual as partículas são conduzidas *por convecção* em direção à região de baixa velocidade (próxima do "canto") e, em seguida, para uma região de alta velocidade. Se um campo de escoamento é não permanente, uma partícula fluida estará submetida a uma aceleração adicional *local*, pois o campo de velocidade é função do tempo.

A aceleração convectiva pode ser escrita como uma única expressão vetorial com a utilização do operador gradiente ∇. Assim,

$$u\frac{\partial \vec{V}}{\partial x} + v\frac{\partial \vec{V}}{\partial y} + w\frac{\partial \vec{V}}{\partial z} = (\vec{V} \cdot \nabla)\vec{V}$$

(Sugerimos que você verifique esta igualdade expandindo o lado direito da equação, usando a operação familiar do produto escalar de vetores.) Assim, a Eq. 5.9 pode então ser escrita como

$$\frac{D\vec{V}}{Dt} \equiv \vec{a}_p = (\vec{V} \cdot \nabla)\vec{V} + \frac{\partial \vec{V}}{\partial t} \tag{5.10}$$

Para um *escoamento bidimensional*, digamos $\vec{V} = \vec{V}(x, y, t)$, a Eq. 5.9 reduz-se a

$$\frac{D\vec{V}}{Dt} = u\frac{\partial \vec{V}}{\partial x} + v\frac{\partial \vec{V}}{\partial y} + \frac{\partial \vec{V}}{\partial t}$$

Para um *escoamento unidimensional*, digamos $\vec{V} = \vec{V}(x, t)$, a Eq. 5.9 reduz-se a

$$\frac{D\vec{V}}{Dt} = u\frac{\partial \vec{V}}{\partial x} + \frac{\partial \vec{V}}{\partial t}$$

Finalmente, para um *escoamento em regime permanente em três dimensões*, a Eq. 5.9 torna-se

$$\frac{D\vec{V}}{Dt} = u\frac{\partial \vec{V}}{\partial x} + v\frac{\partial \vec{V}}{\partial y} + w\frac{\partial \vec{V}}{\partial z}$$

que, conforme já vimos, não é necessariamente igual a zero, embora o escoamento seja em regime permanente. Assim, uma partícula fluida pode estar submetida a uma aceleração convectiva devido ao seu movimento, mesmo em um campo de velocidade permanente.

A Eq. 5.9 é uma equação vetorial. Assim como todas as equações vetoriais, ela pode ser escrita na forma de suas componentes escalares. Em relação a um sistema de coordenadas xyz, as componentes escalares da Eq. 5.9 são escritas

$$a_{x_p} = \frac{Du}{Dt} = u\frac{\partial u}{\partial x} + v\frac{\partial u}{\partial y} + w\frac{\partial u}{\partial z} + \frac{\partial u}{\partial t} \tag{5.11a}$$

$$a_{y_p} = \frac{Dv}{Dt} = u\frac{\partial v}{\partial x} + v\frac{\partial v}{\partial y} + w\frac{\partial v}{\partial z} + \frac{\partial v}{\partial t} \tag{5.11b}$$

$$a_{z_p} = \frac{Dw}{Dt} = u\frac{\partial w}{\partial x} + v\frac{\partial w}{\partial y} + w\frac{\partial w}{\partial z} + \frac{\partial w}{\partial t} \tag{5.11c}$$

As componentes da aceleração em coordenadas cilíndricas podem ser obtidas da Eq. 5.10 expressando a velocidade, $\vec{V}$, em coordenadas cilíndricas (Seção 5.1) e utilizando a expressão apropriada (Eq. 3.19, no GEN-IO, ambiente virtual de aprendizagem do GEN) para o operador vetorial ∇. Desse modo,[3]

$$a_{r_p} = V_r\frac{\partial V_r}{\partial r} + \frac{V_\theta}{r}\frac{\partial V_r}{\partial \theta} - \frac{V_\theta^2}{r} + V_z\frac{\partial V_r}{\partial z} + \frac{\partial V_r}{\partial t} \tag{5.12a}$$

$$a_{\theta_p} = V_r\frac{\partial V_\theta}{\partial r} + \frac{V_\theta}{r}\frac{\partial V_\theta}{\partial \theta} + \frac{V_r V_\theta}{r} + V_z\frac{\partial V_\theta}{\partial z} + \frac{\partial V_\theta}{\partial t} \tag{5.12b}$$

$$a_{z_p} = V_r\frac{\partial V_z}{\partial r} + \frac{V_\theta}{r}\frac{\partial V_z}{\partial \theta} + V_z\frac{\partial V_z}{\partial z} + \frac{\partial V_z}{\partial t} \tag{5.12c}$$

As Eqs. 5.9, 5.11 e 5.12 são úteis para o cálculo da aceleração de uma partícula fluida em qualquer parte de um escoamento a partir do seu campo de velocidade (uma função de x, y, z e t); esse é o método *euleriano* de descrição, a abordagem mais utilizada em mecânica dos fluidos.

Como alternativa (por exemplo, se desejarmos rastrear o movimento de uma partícula individual em estudos de poluição), podemos utilizar o método de descrição *lagrangiano* do movimento de uma partícula, no qual a posição, a velocidade e a aceleração de uma partícula são especificadas como funções do tempo apenas. Ambas as descrições estão ilustradas no Exemplo 5.5.

Exemplo 5.5 ACELERAÇÃO DE PARTÍCULA NAS DESCRIÇÕES EULERIANA E LAGRANGIANA

Considere o escoamento bidimensional, em regime permanente e incompressível através do canal plano convergente mostrado. A velocidade sobre a linha de centro horizontal (eixo x) é dada por $\vec{V} = V_1[1 + (x/L)]\hat{i}$. Determine uma expressão para aceleração de uma partícula movendo-se ao longo da linha de centro usando (a) o método euleriano e (b) o método lagrangiano. Avalie a aceleração quando a partícula estiver no início e no final do canal.

Dados: Escoamento permanente, bidimensional e incompressível através do canal convergente mostrado.

$$\vec{V} = V_1\left(1 + \frac{x}{L}\right)\hat{i} \quad \text{sobre o eixo } x$$

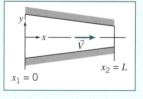

Determinar: (a) A aceleração de uma partícula movendo ao longo da linha central usando o método euleriano.
(b) A aceleração de uma partícula movendo ao longo da linha central usando o método lagrangiano.
(c) A aceleração quando a partícula se acha no início e no final do canal.

Solução:
(a) O método euleriano
A Eq. 5.9 é a equação de governo para a aceleração de uma partícula fluida:

$$\vec{a}_p(x,y,z,t) = \frac{D\vec{V}}{Dt} = u\frac{\partial \vec{V}}{\partial x} + v\frac{\partial \vec{V}}{\partial y} + w\frac{\partial \vec{V}}{\partial z} + \frac{\partial \vec{V}}{\partial t} \tag{5.9}$$

---
[3]Ao avaliar $(\vec{V} \cdot \nabla)\vec{V}$, lembre-se de que $\hat{e}_r$ e $\hat{e}_\theta$ são funções de θ (reveja a nota 1 de rodapé).

Introdução à Análise Diferencial dos Movimentos dos Fluidos **169**

Nesse caso, estamos interessados na componente x da velocidade (Eq. 5.11a):

$$a_{x_p}(x,y,z,t) = \frac{Du}{Dt} = u\frac{\partial u}{\partial x} + v\frac{\partial u}{\partial y} + w\frac{\partial u}{\partial z} + \frac{\partial u}{\partial t} \tag{5.11a}$$

No eixo x, $v = w = 0$ e $u = V_1\left(1 + \dfrac{x}{L}\right)$, de modo que, para o escoamento em regime permanente, obtemos

$$a_{x_p}(x) = \frac{Du}{Dt} = u\frac{\partial u}{\partial x} = V_1\left(1 + \frac{x}{L}\right)\frac{V_1}{L}$$

ou

$$a_{x_p}(x) = \frac{V_1^2}{L}\left(1 + \frac{x}{L}\right) \longleftarrow \hspace{4cm} a_{x_p}(x)$$

Essa expressão fornece a aceleração de *qualquer* partícula que está no ponto x em um dado instante.

(b) O método lagrangiano

Nesse método, obtemos o movimento de uma partícula fluida da forma como faríamos para uma partícula mecânica; ou seja, a partir da posição $\vec{x}_p(t)$, podemos obter a velocidade $\vec{V}_p(t) = d\vec{x}_p/dt$ e a aceleração $\vec{a}_p(t) = d\vec{V}_p/dt$. De fato, estamos considerando o movimento ao longo do eixo x, de modo que queremos $x_p(t)$, $u_p(t) = dx_p/dt$ e $a_{x_p}(t) = du_p/dt$. Não fornecemos $x_p(t)$, mas sim

$$u_p = \frac{dx_p}{dt} = V_1\left(1 + \frac{x_p}{L}\right)$$

Separando as variáveis, e usando os limites $x_p(t = 0) = 0$ e $x_p(t = t) = x_p$,

$$\int_0^{x_p} \frac{dx_p}{\left(1 + \frac{x_p}{L}\right)} = \int_0^1 V_1 dt \quad\text{e}\quad L\ln\left(1 + \frac{x_p}{L}\right) = V_1 t \tag{1}$$

Explicitando $x_p(t)$, obtemos:

$$x_p(t) = L(e^{V_1 t/L} - 1)$$

Então, a velocidade e a aceleração são

$$u_p(t) = \frac{dx_p}{dt} = V_1 e^{V_1 t/L}$$

e

$$a_{x_p}(t) = \frac{du_p}{dt} = \frac{V_1^2}{L}e^{V_1 t/L} \longleftarrow \hspace{3cm} a_{x_p}(t) \tag{2}$$

Essa expressão fornece a aceleração, em qualquer instante t, da partícula que estava inicialmente em $x = 0$.

(c) Queremos achar a aceleração quando a partícula está em $x = 0$ e $x = L$. Pelo método euleriano, isso é direto:

$$a_{z_p}(x = 0) = \frac{V_1^2}{L}, \qquad a_{x_p}(x = L) = 2\frac{V_1^2}{L} \longleftarrow \hspace{2cm} a_{x_p}$$

Pelo método lagrangiano, precisamos achar os instantes de tempo para os quais $x = 0$ e $x = L$. Usando a Eq. 1, essas instantes são:

$$t(x_p = 0) = \frac{L}{V_1} \qquad t(x_p = L) = \frac{L}{V_1}\ln(2)$$

Então, da Eq. 2,

$$a_{z_p}(t = 0) = \frac{V_1^2}{L}, \qquad\text{e}$$

$$a_{x_p}\left(t = \frac{L}{V_1}\ln(2)\right) = \frac{V_1^2}{L}e^{\ln(2)} = 2\frac{V_1^2}{L} \longleftarrow \hspace{2cm} a_{x_p}$$

Note que ambos os métodos forneceram os mesmos resultados para a aceleração da partícula, como era esperado.

Este problema ilustra o uso dos métodos euleriano e lagrangiano para descrever o movimento de uma partícula.

Rotação de Fluido

Uma partícula de fluido movendo em um campo de escoamento genérico tridimensional pode girar em relação a todos os três eixos de coordenadas. Portanto, a rotação de uma partícula é uma quantidade vetorial e, em geral,

$$\vec{\omega} = \hat{i}\omega_x + \hat{j}\omega_y + \hat{k}\omega_z$$

em que ω_x é a rotação sobre o eixo x, ω_y é a rotação sobre o eixo y e ω_z é a rotação sobre o eixo z. O sentido positivo da rotação é dado pela regra da mão direita.

Vamos agora ver como podem ser extraídas as componentes da rotação no movimento de uma partícula. Considere a vista no plano xy de uma partícula no tempo t. Os lados esquerdo e inferior da partícula são dados pelos dois segmentos de linha perpendiculares oa e ob de comprimentos Δx e Δy, respectivamente, mostrados na Fig. 5.7a. Em geral, após um intervalo de tempo Δt, a partícula terá transladado para uma nova posição e terá, também, girado e deformado. Uma possível orientação instantânea das linhas no instante $t + \Delta t$ é mostrada na Fig. 5.7b.

Precisamos ter cuidado com os sinais dos ângulos. De acordo com a regra da mão direita, *a rotação no sentido anti-horário é positiva*, e mostramos o lado oa girando do ângulo $\Delta\alpha$ no sentido anti-horário, mas veja que mostramos o lado ob girando do ângulo $\Delta\beta$ no sentido horário. Obviamente, esses ângulos são arbitrários, mas, para facilitar a visualização de nossa discussão, vamos indicar valores para eles, digamos, $\Delta\alpha = 6°$ e $\Delta\beta = 4°$.

Como podemos extrair dos ângulos $\Delta\alpha$ e $\Delta\beta$ uma medida da rotação da partícula? A resposta é que devemos calcular a média das rotações $\Delta\alpha$ e $\Delta\beta$, de modo que a rotação no sentido anti-horário da partícula de corpo rígido é $\frac{1}{2}(\Delta\alpha - \Delta\beta)$, como mostrado na Fig. 5.7c. O sinal menos é necessário porque a rotação no *sentido horário* de ob é $-\Delta\beta$. Usando os valores escolhidos, a rotação da partícula é então $\frac{1}{2}(6° - 4°) = 1°$. (Fornecidas as duas rotações, o uso da média é a única forma de medir a rotação da partícula, pois qualquer outro método poderia favorecer a rotação de um lado sobre o outro, o que não faz sentido.)

Agora podemos determinar a partir de $\Delta\alpha$ e $\Delta\beta$ uma medida da deformação angular da partícula, como mostrado na Fig. 5.7d. Para obter a deformação do lado oa na Fig. 5.7d, usamos a Fig. 5.7b e Fig. 5.7c: se subtrairmos a rotação da partícula $\frac{1}{2}(\Delta\alpha - \Delta\beta)$, na Fig. 5.7c, da rotação real de oa, $\Delta\alpha$, na Fig. 5.7b, o que sobra é a deformação pura $[\Delta\alpha - \frac{1}{2}(\Delta\alpha - \Delta\beta) = \frac{1}{2}(\Delta\alpha + \Delta\beta)]$, na Fig. 5.7d]. Usando os valores escolhidos, a deformação do lado oa é $6° - \frac{1}{2}(6° - 4°) = 5°$. Por um processo similar, para o lado ob obtemos $\Delta\beta - \frac{1}{2}(\Delta\alpha - \Delta\beta) = -\frac{1}{2}(\Delta\alpha + \Delta\beta)$, ou uma deformação no sentido horário de $\frac{1}{2}(\Delta\alpha + \Delta\beta)$, como mostrado na Fig. 5.7d. A deformação total da partícula é a soma das deformações dos lados, ou $(\Delta\alpha + \Delta\beta)$ (igual a 10°, usando os valores do nosso exemplo). Verificamos que isso deixa-nos o valor correto para a deformação da partícula: lembre-se de que, na Seção 2.4, vimos que a deformação é medida pela mudança em relação ao ângulo de 90°. Na Fig. 5.7a, vemos que isso é o ângulo aob, e na Fig. 5.7d, vemos que a mudança total desse ângulo é de fato $\frac{1}{2}(\Delta\alpha + \Delta\beta) + \frac{1}{2}(\Delta\alpha + \Delta\beta) = (\Delta\alpha + \Delta\beta)$.

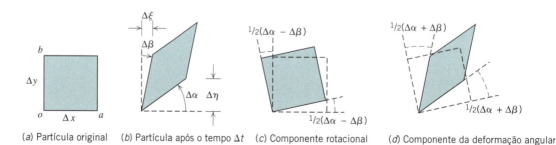

(a) Partícula original   (b) Partícula após o tempo Δt (c) Componente rotacional   (d) Componente da deformação angular

Fig. 5.7 Rotação e deformação angular de segmentos de linha perpendiculares em um escoamento bidimensional.

Introdução à Análise Diferencial dos Movimentos dos Fluidos **171**

Necessitamos converter essas medidas angulares em quantidades que possam ser extraídas do campo de escoamento. Para fazer isso, consideramos que (para pequenos ângulos) $\Delta\alpha = \Delta\eta/\Delta x$ e $\Delta\beta = \Delta\xi/\Delta y$. Porém, $\Delta\xi$ surge porque, se no intervalo Δt o ponto o desloca horizontalmente de uma distância $u\Delta t$, então o ponto b terá deslocado de uma distância $(u + [\partial u/\partial y]\Delta y)\Delta t$ (usando uma expansão em séries de Taylor). Do mesmo modo, $\Delta\eta$ surge porque, se no intervalo Δt o ponto o desloca verticalmente de uma distância $v\Delta t$, então o ponto a terá deslocado de uma distância $(v + [\partial u/\partial x]\Delta x)\Delta t$. Portanto,

$$\Delta\xi = \left(u + \frac{\partial u}{\partial y}\Delta y\right)\Delta t - u\Delta t = \frac{\partial u}{\partial y}\Delta y\Delta t$$

e

$$\Delta\eta = \left(v + \frac{\partial v}{\partial x}\Delta x\right)\Delta t - v\Delta t = \frac{\partial v}{\partial x}\Delta x\Delta t$$

Podemos agora calcular a velocidade angular da partícula sobre o eixo z, ω_z, pela combinação de todos esses resultados:

$$\omega_z = \lim_{\Delta t\to 0}\frac{\frac{1}{2}(\Delta\alpha - \Delta\beta)}{\Delta t} = \lim_{\Delta t\to 0}\frac{\frac{1}{2}\left(\frac{\Delta\eta}{\Delta x} - \frac{\Delta\xi}{\Delta y}\right)}{\Delta t} = \lim_{\Delta t\to 0}\frac{\frac{1}{2}\left(\frac{\partial v}{\partial x}\frac{\Delta x}{\Delta x}\Delta t - \frac{\partial u}{\partial y}\frac{\Delta y}{\Delta y}\Delta t\right)}{\Delta t}$$

$$\omega_z = \frac{1}{2}\left(\frac{\partial v}{\partial x} - \frac{\partial u}{\partial y}\right)$$

Considerando a rotação dos pares de segmentos de linhas perpendiculares nos planos yz e xz, pode-se mostrar similarmente que:

$$\omega_x = \frac{1}{2}\left(\frac{\partial w}{\partial y} - \frac{\partial v}{\partial z}\right) \qquad e \qquad \omega_y = \frac{1}{2}\left(\frac{\partial u}{\partial z} - \frac{\partial w}{\partial x}\right)$$

Portanto, $\vec{\omega} = \hat{i}\,\omega_x + \hat{j}\,\omega_y + \hat{k}\,\omega_z$ torna-se

$$\vec{\omega} = \frac{1}{2}\left[\hat{i}\left(\frac{\partial w}{\partial y} - \frac{\partial v}{\partial z}\right) + \hat{j}\left(\frac{\partial u}{\partial z} - \frac{\partial w}{\partial x}\right) + \hat{k}\left(\frac{\partial v}{\partial x} - \frac{\partial u}{\partial y}\right)\right] \qquad (5.13)$$

O termo entre colchetes é reconhecido como

$$\text{rotacional } \vec{V} = \nabla \times \vec{V}$$

Então, em notação vetorial, podemos escrever

$$\vec{\omega} = \frac{1}{2}\nabla \times \vec{V} \qquad (5.14)$$

É importante notar aqui que não devemos confundir rotação de uma partícula fluida com um escoamento consistindo em linhas de corrente circulares, ou escoamento de *vórtice*. Conforme veremos no Exemplo 5.6, em tais escoamentos, as partículas *podem* girar à medida que elas escoam em um movimento circular, mas elas não têm que girar obrigatoriamente!

Exemplo 5.6 ESCOAMENTOS DE VÓRTICES LIVRE E FORÇADO

Considere campos de escoamento com movimento puramente tangencial (linhas de corrente circulares): $V_r = 0$ e $V_\theta = f(r)$. Avalie a rotação, a vorticidade e a circulação para rotação de corpo rígido, um *vórtice forçado*. Mostre que é possível escolher $f(r)$ de modo que o escoamento seja irrotacional, isto é, a produzir um *vórtice livre*.

Dados: Campo de escoamento com movimento tangencial, $V_r = 0$ e $V_\theta = f(r)$.

Determinar: (a) Rotação, vorticidade e circulação para movimento de corpo rígido (um *vórtice forçado*).
(b) $V_\theta = f(r)$ para movimento irrotacional (um *vórtice livre*).

Solução:

Equação básica:
$$\vec{\zeta} = 2\vec{\omega} = \nabla \times \vec{V} \tag{5.15}$$

Para movimento no plano $r\theta$, as únicas componentes de rotação e vorticidade estão na direção z,

$$\zeta_z = 2\omega_z = \frac{1}{r}\frac{\partial rV_\theta}{\partial r} - \frac{1}{r}\frac{\partial V_r}{\partial \theta}$$

Posto que $V_r = 0$ em qualquer ponto desses campos, a expressão anterior reduz-se a $\zeta_z = 2\omega_z = \frac{1}{r}\frac{\partial rV_\theta}{\partial r}$.

(a) Para rotação de corpo rígido, $V_\theta = \omega r$.

Então, $\omega_z = \frac{1}{2}\frac{1}{r}\frac{\partial rV_\theta}{\partial r} = \frac{1}{2}\frac{1}{r}\frac{\partial}{\partial r}\omega r^2 = \frac{1}{2r}(2\omega r) = \omega$ e $\zeta_z = 2\omega$.

A circulação é

$$\Gamma = \oint_c \vec{V} \cdot d\vec{s} = \int_A 2\omega_z \, dA. \tag{5.18}$$

Como $\omega_z = \omega =$ constante, a circulação sobre qualquer contorno fechado é dada por $\Gamma = 2\omega A$, em que A é a área delimitada pelo contorno. Assim, para movimento de corpo rígido (um vórtice forçado), a rotação e a vorticidade são constantes; a circulação depende da área no interior do contorno.

(b) Para escoamento irrotacional, $\omega_z = \frac{1}{r}\frac{\partial}{\partial r}rV_\theta = 0$. Integrando, encontramos

$$rV_\theta = \text{constante} \quad \text{ou} \quad V_\theta = f(r) = \frac{C}{r}$$

Para esse escoamento, a origem é um ponto singular onde $V_\theta \to \infty$. A circulação para qualquer contorno envolvendo a origem é

$$\Gamma = \oint_c \vec{V} \cdot d\vec{s} = \int_0^{2\pi} \frac{C}{r} r \, d\theta = 2\pi C$$

A circulação sobre qualquer contorno que *não* envolva o ponto singular na origem é igual a zero. Linhas de corrente para os dois escoamentos de vórtice são mostradas na figura a seguir, ilustrando a localização e a orientação em diferentes instantes de uma marca de cruz no fluido localizada inicialmente na posição de 12 horas de um relógio. Para o movimento de corpo rígido (que ocorre, por exemplo, no olho de um tornado, criando a região "morta" bem no centro), a cruz gira à medida que realiza um movimento circular; também, as linhas de corrente estão mais próximas à medida que se afasta da origem. Para o movimento irrotacional (que ocorre, por exemplo, fora do olho de um tornado — em uma grande região onde os efeitos viscosos são desprezíveis), a cruz não gira ao realizar o movimento circular; também, as linhas de corrente estão mais distantes umas das outras à medida que se afasta da origem.

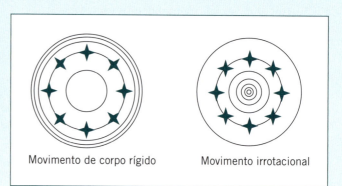

Movimento de corpo rígido   Movimento irrotacional

Quando devemos esperar que as partículas de fluido tenham rotação em um escoamento ($\vec{\omega} \neq 0$)? Uma primeira possibilidade é um escoamento no qual (por alguma razão) as partículas já possuam rotação. Por outro lado, se considerarmos que as partículas não estejam inicialmente em rotação, elas só começarão a girar quando forem submetidas a um torque causado por tensões superficiais de cisalhamento; as forças de corpo e as forças normais (de pressão) da partícula podem acelerar e deformar a partícula, mas não podem gerar um torque. Podemos concluir então que a rotação de partículas fluidas *sempre* ocorrerá em escoamentos nos quais temos tensões de cisalhamento. Já aprendemos no Capítulo 2 que tensões de cisalhamento estão presentes sempre que um fluido viscoso experimenta uma deformação angular (cisalhamento). Concluímos, então, que a rotação de partículas fluidas ocorrerá somente em escoamentos viscosos[4] (a menos que as partículas estejam inicialmente em rotação, como no Exemplo 3.10).

Escoamentos para os quais nenhuma rotação de partícula ocorre são chamados de *escoamentos irrotacionais*. Embora nenhum escoamento real seja verdadeiramente irrotacional (todos os fluidos possuem viscosidade), muitos escoamentos podem ser estudados com sucesso considerando que eles sejam invíscidos (não viscosos) e irrotacionais, porque os efeitos viscosos são frequentemente desprezíveis. Conforme foi discutido no Capítulo 1, e que discutiremos novamente no Capítulo 6, boa parte da teoria aerodinâmica é tratada com a hipótese de escoamento não viscoso. É preciso ressaltar, no entanto, que em qualquer escoamento sempre existirão regiões (por exemplo, a camada-limite do escoamento sobre uma asa) nas quais os efeitos viscosos não podem ser ignorados.

O fator de 1/2 pode ser eliminado da Eq. 5.14 por meio da definição de *vorticidade*, $\vec{\zeta}$, que é duas vezes a rotação,

$$\vec{\zeta} \equiv 2\vec{\omega} = \nabla \times \vec{V} \tag{5.15}$$

A vorticidade é uma medida da rotação de um elemento de fluido conforme ele se move no campo de escoamento. Em coordenadas cilíndricas a vorticidade é

$$\nabla \times \vec{V} = \hat{e}_r \left(\frac{1}{r} \frac{\partial V_z}{\partial \theta} - \frac{\partial V_\theta}{\partial z} \right) + \hat{e}_\theta \left(\frac{\partial V_r}{\partial z} - \frac{\partial V_z}{\partial r} \right) + \hat{k} \left(\frac{1}{r} \frac{\partial rV_\theta}{\partial r} - \frac{1}{r} \frac{\partial V_r}{\partial \theta} \right) \tag{5.16}$$

A *circulação*, Γ (que abordaremos no Exemplo 6.12), é definida como a integral de linha da componente de velocidade tangencial sobre qualquer curva fechada delimitada no escoamento,

$$\Gamma = \oint_c \vec{V} \cdot d\vec{s} \tag{5.17}$$

em que $d\vec{s}$ é um elemento de vetor tangente à curva e que tem comprimento ds do elemento de arco; um sentido positivo corresponde a um caminho de integração no sentido anti-horário ao redor da curva. Podemos desenvolver uma relação entre a circulação e a vorticidade considerando o circuito retangular mostrado na Fig. 5.8, em que as componentes da velocidade em o são consideradas (u, v) e as velocidades ao longo dos segmentos bc e ac podem ser deduzidas usando aproximações em séries de Taylor.

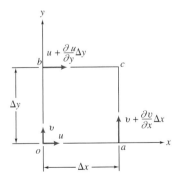

Fig. 5.8 Componentes de velocidade nas fronteiras de um elemento de fluido.

---

[4] Uma prova rigorosa, utilizando as equações completas do movimento de uma partícula fluida, é dada em Li e Lam, pp. 123-126.

174 Capítulo 5

Para a curva fechada *oacb*,

$$\Delta\Gamma = u\Delta x + \left(v + \frac{\partial v}{\partial x}\Delta x\right)\Delta y - \left(u + \frac{\partial u}{\partial y}\Delta y\right)\Delta x - v\,\Delta y$$

$$\Delta\Gamma = \left(\frac{\partial v}{\partial x} - \frac{\partial u}{\partial y}\right)\Delta x\Delta y$$

$$\Delta\Gamma = 2\omega_z\Delta x\Delta y$$

Então,

$$\Gamma = \oint_c \vec{V}\cdot d\vec{s} = \int_A 2\omega_z\,dA = \int_A (\nabla\times\vec{V})_z\,dA \qquad (5.18)$$

A Eq. 5.18 é um enunciado do Teorema de Stokes em duas dimensões. Dessa forma, a circulação sobre um contorno fechado é a soma da vorticidade encerrada pelo contorno.

Deformação de Fluido

a. Deformação Angular

Conforme discutido anteriormente (e como mostrado na Fig. 5.7d), a *deformação angular* de uma partícula é dada pela soma de duas deformações angulares, ou em outras palavras por $(\Delta\alpha + \Delta\beta)$.

Relembramos, também, que $\Delta\alpha = \Delta\eta/\Delta x$ e $\Delta\beta = \Delta\xi/\Delta y$, e que $\Delta\xi$ e $\Delta\eta$ são dados por

$$\Delta\xi = \left(u + \frac{\partial u}{\partial y}\Delta y\right)\Delta t - u\Delta t = \frac{\partial u}{\partial y}\Delta y\Delta t$$

e

$$\Delta\eta = \left(v + \frac{\partial v}{\partial x}\Delta x\right)\Delta t - v\Delta t = \frac{\partial v}{\partial x}\Delta x\Delta t$$

Podemos agora calcular a taxa de deformação angular da partícula no plano xy por meio da combinação desses resultados

$$\begin{array}{l}\text{Taxa de deformação}\\ \text{angular no plano } xy\end{array} = \lim_{\Delta t\to 0}\frac{(\Delta\alpha + \Delta\beta)}{\Delta t} = \lim_{\Delta t\to 0}\frac{\left(\dfrac{\Delta\eta}{\Delta x} + \dfrac{\Delta\xi}{\Delta y}\right)}{\Delta t}$$

$$\begin{array}{l}\text{Taxa de deformação}\\ \text{angular no plano } xy\end{array} = \lim_{\Delta t\to 0}\frac{\left(\dfrac{\partial v}{\partial x}\dfrac{\Delta x}{\Delta x}\Delta t + \dfrac{\partial u}{\partial y}\dfrac{\Delta y}{\Delta y}\Delta t\right)}{\Delta t} = \left(\frac{\partial v}{\partial x} + \frac{\partial u}{\partial y}\right) \qquad (5.19a)$$

Expressões similares podem ser escritas para a taxa de deformação angular da partícula nos planos yz e zx,

$$\text{Taxa de deformação angular no plano } yz = \left(\frac{\partial w}{\partial y} + \frac{\partial v}{\partial z}\right) \qquad (5.19b)$$

$$\text{Taxa de deformação angular no plano } zx = \left(\frac{\partial w}{\partial x} + \frac{\partial v}{\partial z}\right) \qquad (5.19c)$$

Vimos no Capítulo 2 que, para um escoamento newtoniano unidimensional e laminar, a tensão de cisalhamento é dada pela taxa de deformação (du/dy) da partícula de fluido,

$$\tau_{yx} = \mu\frac{du}{dy} \qquad (2.15)$$

Vamos ver, rapidamente, como podemos generalizar a Eq. 2.15 para o caso de um escoamento laminar tridimensional; isso conduzirá a expressões para tensões de cisalhamento tridimensionais envolvendo as três taxas de deformação angular dadas anteriormente. (Eq. 2.15 é um caso especial da Eq. 5.19a.)

O cálculo de deformação angular está ilustrado no Exemplo 5.7 para um campo de escoamento simples.

Exemplo 5.7 ROTAÇÃO EM ESCOAMENTO VISCOMÉTRICO

Um escoamento viscométrico no espaço estreito entre duas grandes placas paralelas é mostrado na figura ao lado. O campo de velocidade na folga estreita é dado por $\vec{V} = U(y/h)\hat{i}$, em que $U = 4$ mm/s e $h = 4$ mm. Em $t = 0$, os segmentos de linhas ac e bd são marcados no fluido para formar uma cruz conforme mostrado. Avalie as posições dos pontos marcados em $t = 1,5$ s e faça um esquema para comparação. Calcule a taxa de deformação angular e a taxa de rotação de uma partícula fluida nesse campo de velocidade. Comente seus resultados.

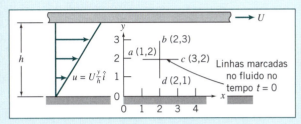

Dados: Campo de velocidade, $\vec{V} = U(y/h)\hat{i}$; $U = 4$ mm/s e $h = 4$ mm. Partículas fluidas marcadas em $t = 0$, formando uma cruz como mostrado.

Determinar:
(a) As posições dos pontos a' b', c' e d' em $t = 1,5$ s; traçar gráfico.
(b) A taxa de deformação angular.
(c) A taxa de rotação de uma partícula fluida.
(d) Significado desses resultados.

Solução: Para o campo de escoamento dado, $v = 0$, ou seja, não há movimento vertical. A velocidade de cada ponto permanece constante, de modo que $\Delta x = u \Delta t$ para cada ponto. No ponto b, $u = 3$ mm/s, e então

$$\Delta x_b = 3 \frac{\text{mm}}{\text{s}} \times 1,5\,\text{s} = 4,5\,\text{mm}$$

Similarmente, os pontos a e c deslocam de 3 mm cada um e o ponto d desloca de 1,5 mm. O gráfico para $t = 1,5$ s é

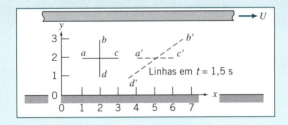

A taxa de deformação angular é

$$\frac{\partial u}{\partial y} + \frac{\partial v}{\partial x} = U\frac{1}{h} + 0 = \frac{U}{h} = 4\frac{\text{mm}}{\text{s}} \times \frac{1}{4\,\text{mm}} = 1\,\text{s}^{-1}$$

A taxa de rotação é

$$\omega_z = \frac{1}{2}\left(\frac{\partial v}{\partial x} - \frac{\partial u}{\partial y}\right) = \frac{1}{2}\left(0 - \frac{U}{h}\right) = -\frac{1}{2} \times 4\frac{\text{mm}}{\text{s}} \times \frac{1}{4\,\text{mm}} = -0,5\,\text{s}^{-1} \quad \omega_z$$

Neste problema, temos um escoamento viscoso e, portanto, seriam esperadas tanto deformação angular quanto rotação de partícula.

b. Deformação Linear

Durante uma deformação linear, a forma de um elemento de fluido, descrita pelos ângulos em seus vértices, permanece imutável, visto que todos os ângulos retos continuam retos (veja a Fig. 5.5). O comprimento do elemento variará na direção x somente se $\partial u/\partial x$ for diferente de zero. Analogamente, uma mudança

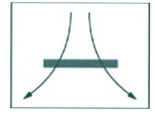

Vídeo: Deformação Linear

na dimensão y requer um valor diferente de zero para $\partial v/\partial y$ e uma mudança na dimensão z requer um valor diferente de zero para $\partial w/\partial z$. Estas quantidades representam as componentes das taxas longitudinais de deformação nas direções x, y e z, respectivamente.

Variações no comprimento dos lados podem produzir alterações no volume do elemento. A taxa de *dilatação volumétrica* local, instantânea, é dada por

$$\text{Taxa de dilatação volumétrica} = \frac{\partial u}{\partial x} + \frac{\partial v}{\partial y} + \frac{\partial w}{\partial z} = \nabla \cdot \vec{V} \quad (5.20)$$

Para escoamento incompressível, a taxa de dilatação volumétrica é zero (Eq. 5.1c).

Mostramos, nesta seção, que o campo de velocidade contém todas as informações necessárias para achar a aceleração, a rotação e as deformações angular e linear de uma partícula em um campo de escoamento. A avaliação da taxa de deformação para um escoamento próximo a um canto é ilustrada no Exemplo 5.8.

Exemplo 5.8 TAXAS DE DEFORMAÇÃO PARA ESCOAMENTO EM UM CANTO

O campo de velocidade $\vec{V} = Ax\hat{i} - Ay\hat{j}$ representa escoamento em um "canto", como mostrado no Exemplo 5.4, em que $A = 0{,}3$ s^{-1} e as coordenadas são medidas em metros. Um quadrado é marcado no fluido em $t = 0$, conforme mostrado na figura a seguir. Avalie as novas posições dos quatro pontos dos vértices, quando o ponto a tiver movido para $x = 3/2$ m após τ segundos. Avalie as taxas de deformação linear nas direções x e y. Compare a área $a'b'c'd'$ em $t = \tau$ com a área $abcd$ em $t = 0$. Comente o significado dos resultados.

Dados: $\vec{V} = Ax\hat{i} - Ay\hat{j}$; $A = 0{,}3$ s^{-1}, x e y em metros.

Determinar:
(a) A posição do quadrado em $t = \tau$, quando a está em a' em $x = 3/2$ m.
(b) Taxas de deformação linear.
(c) Área $a'b'c'd'$ comparada com a área $abcd$.
(d) Significado dos resultados.

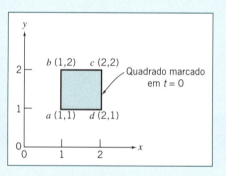

Solução: Primeiro, devemos determinar τ e, para isso, vamos seguir uma partícula fluida usando a descrição lagrangiana. Assim,

$$u = \frac{dx_p}{dt} = Ax_p, \quad \frac{dx}{x} = A\, dt, \text{ então } \int_{x_0}^{x} \frac{dx}{x} = \int_0^{\tau} A\, dt \text{ e } \ln\frac{x}{x_0} = A\tau$$

$$\tau = \frac{\ln x/x_0}{A} = \frac{\ln\left(\dfrac{3}{2}\right)}{0{,}3\,\text{s}^{-1}} = 1{,}35\text{ s}$$

Na direção y

$$v = \frac{dy_p}{dt} = -Ay_p \quad \frac{dy}{y} = -A\, dt \quad \frac{y}{y_0} = e^{-A\tau}$$

As coordenadas do ponto em τ são:

Ponto	$t = 0$	$t = \tau$
a	(1, 1)	$\left(\dfrac{3}{2}, \dfrac{2}{3}\right)$
b	(1, 2)	$\left(\dfrac{3}{2}, \dfrac{4}{3}\right)$
c	(2, 2)	$\left(3, \dfrac{4}{3}\right)$
d	(2, 1)	$\left(3, \dfrac{2}{3}\right)$

O gráfico é:

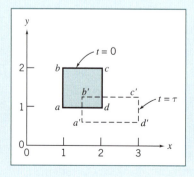

As taxas de deformação linear são:

$$\frac{\partial u}{\partial x} = \frac{\partial}{\partial x} Ax = A = 0,3 \text{ s}^{-1} \qquad \text{na direção } x$$

$$\frac{\partial v}{\partial y} = \frac{\partial}{\partial y}(-Ay) = -A = -0,3 \text{ s}^{-1} \qquad \text{na direção } y$$

A taxa de dilatação volumétrica é:

$$\nabla \cdot \vec{V} = \frac{\partial u}{\partial x} + \frac{\partial v}{\partial y} = A - A = 0$$

A área $abcd$ = 1 m² e a área $a'b'c'd' = \left(3 - \frac{3}{2}\right)\left(\frac{4}{3} - \frac{2}{3}\right) = 1 \text{ m}^2$.

> **Notas:**
> - Planos paralelos permanecem paralelos; há deformação linear, mas não há deformação angular.
> - O escoamento é irrotacional ($\partial v/\partial x - \partial u/\partial y = 0$).
> - O volume é conservado porque as duas taxas de deformação linear são iguais e opostas.
> - O filme da NCFMF *Flow Visualization* (veja grátis esse filme no *site* http://web.mit.edu/fluids/www/Shapiro/ncfmf.html) usa bolhas de hidrogênio para marcar linhas de tempo e de emissão na demonstração experimental de que a área do quadrado marcado no fluido é conservada em um escoamento bidimensional incompressível.
> - 💻 A planilha *Excel* para este problema mostra animações desse movimento.

5.4 *Equação da Quantidade de Movimento*

Uma equação dinâmica descrevendo o movimento do fluido pode ser obtida aplicando a segunda lei de Newton a uma partícula. Para deduzir a forma diferencial da equação da quantidade de movimento, aplicaremos a segunda lei de Newton a uma partícula fluida infinitesimal de massa dm.

Já vimos que a segunda lei de Newton para um sistema é dada por

$$\vec{F} = \left. \frac{d\vec{P}}{dt} \right)_{\text{sistema}} \tag{4.2a}$$

em que a quantidade de movimento linear, $\vec{P}$, do sistema é dada por

$$\vec{P}_{\text{sistema}} = \int_{\text{massa (sistema)}} \vec{V} \, dm \tag{4.2b}$$

Então, para um sistema infinitesimal de massa dm, a segunda lei de Newton pode ser escrita

$$d\vec{F} = dm \left. \frac{d\vec{V}}{dt} \right)_{\text{sistema}} \tag{5.21}$$

Introduzindo a expressão obtida para a aceleração de um elemento de fluido de massa dm em movimento em um campo de velocidade (Eq. 5.9), podemos escrever a segunda lei de Newton na seguinte forma vetorial

$$d\vec{F} = dm \frac{D\vec{V}}{Dt} = dm \left[u \frac{\partial \vec{V}}{\partial x} + v \frac{\partial \vec{V}}{\partial y} + w \frac{\partial \vec{V}}{\partial z} + \frac{\partial \vec{V}}{\partial t} \right] \tag{5.22}$$

Necessitamos agora obter uma formulação adequada para a força, $d\vec{F}$, ou para suas componentes, dF_x, dF_y e dF_z, atuando sobre o elemento.

Forças Atuando sobre uma Partícula Fluida

Lembre-se de que as forças que atuam sobre um elemento fluido podem ser classificadas como forças de campo e forças de superfície; forças de superfície incluem tanto forças normais quanto forças tangenciais (de cisalhamento).

Consideremos a componente x da força atuando sobre um elemento diferencial de massa dm e volume $d\forall = dx \, dy \, dz$. Somente aquelas tensões que atuam na direção x darão origem a forças de superfície na direção x. Se as tensões no centro do elemento diferencial forem tomadas como σ_{xx}, τ_{yx} e τ_{zx}, então as tensões atuando na direção x em cada face do elemento (obtidas por uma expansão em séries de Taylor em torno do centro do elemento) são conforme mostrado na Fig. 5.9.

Para obter a força de superfície resultante na direção x, dF_{S_x}, devemos somar as forças nesta direção. Assim procedendo,

$$dF_{S_x} = \left(\sigma_{xx} + \frac{\partial \sigma_{xx}}{\partial x}\frac{dx}{2}\right)dy\,dz - \left(\sigma_{xx} - \frac{\partial \sigma_{xx}}{\partial x}\frac{dx}{2}\right)dy\,dz$$
$$+ \left(\tau_{yx} + \frac{\partial \tau_{yx}}{\partial y}\frac{dy}{2}\right)dx\,dz - \left(\tau_{yx} - \frac{\partial \tau_{yx}}{\partial y}\frac{dy}{2}\right)dx\,dz$$
$$+ \left(\tau_{zx} + \frac{\partial \tau_{zx}}{\partial z}\frac{dz}{2}\right)dx\,dy - \left(\tau_{zx} - \frac{\partial \tau_{zx}}{\partial z}\frac{dz}{2}\right)dx\,dy$$

Simplificando, obtemos

$$dF_{S_x} = \left(\frac{\partial \sigma_{xx}}{\partial x} + \frac{\partial \tau_{yx}}{\partial y} + \frac{\partial \tau_{zx}}{\partial z}\right)dx\,dy\,dz$$

Quando a força da gravidade é a única força de corpo atuante, a força de corpo por unidade de massa é igual $\vec{g}$. A força resultante na direção x, dF_x, é dada por

$$dF_x = dF_{B_x} + dF_{S_x} = \left(\rho g_x + \frac{\partial \sigma_{xx}}{\partial x} + \frac{\partial \tau_{yx}}{\partial y} + \frac{\partial \tau_{zx}}{\partial z}\right)dx\,dy\,dz \quad (5.23a)$$

Expressões semelhantes podem ser deduzidas para as componentes da força nas direções y e z:

$$dF_y = dF_{B_y} + dF_{S_y} = \left(\rho g_y + \frac{\partial \tau_{xy}}{\partial x} + \frac{\partial \sigma_{yy}}{\partial y} + \frac{\partial \tau_{zy}}{\partial z}\right)dx\,dy\,dz \quad (5.23b)$$

$$dF_z = dF_{B_z} + dF_{S_z} = \left(\rho g_z + \frac{\partial \tau_{xz}}{\partial x} + \frac{\partial \tau_{yz}}{\partial y} + \frac{\partial \sigma_{zz}}{\partial z}\right)dx\,dy\,dz \quad (5.23c)$$

Equação Diferencial da Quantidade de Movimento

Acabamos de formular expressões para as componentes, dF_x, dF_y e dF_z, da força, $d\vec{F}$ atuando sobre o elemento de massa dm. Se substituirmos essas expressões (Eqs. 5.23) nas componentes x, y e z da força na Eq. 5.22, obteremos as equações diferenciais do movimento,

$$\rho g_x + \frac{\partial \sigma_{xx}}{\partial x} + \frac{\partial \tau_{yx}}{\partial y} + \frac{\partial \tau_{zx}}{\partial z} = \rho\left(\frac{\partial u}{\partial t} + u\frac{\partial u}{\partial x} + v\frac{\partial u}{\partial y} + w\frac{\partial u}{\partial z}\right) \quad (5.24a)$$

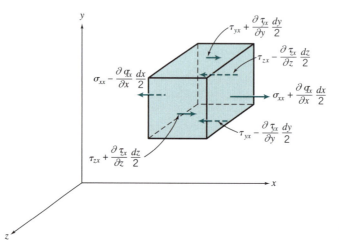

Fig. 5.9 Tensões sobre um elemento de fluido na direção x.

$$\rho g_y + \frac{\partial \tau_{xy}}{\partial x} + \frac{\partial \sigma_{yy}}{\partial y} + \frac{\partial \tau_{zy}}{\partial z} = \rho \left(\frac{\partial v}{\partial t} + u \frac{\partial v}{\partial x} + v \frac{\partial v}{\partial y} + w \frac{\partial v}{\partial z} \right) \tag{5.24b}$$

$$\rho g_z + \frac{\partial \tau_{xz}}{\partial x} + \frac{\partial \tau_{yz}}{\partial y} + \frac{\partial \sigma_{zz}}{\partial z} = \rho \left(\frac{\partial w}{\partial t} + u \frac{\partial w}{\partial x} + v \frac{\partial w}{\partial y} + w \frac{\partial w}{\partial z} \right) \tag{5.24c}$$

As Eqs. 5.24 são as equações diferenciais do movimento de qualquer partícula fluida satisfazendo a hipótese do contínuo. Antes que elas possam ser usadas na solução para u, v e w, expressões adequadas para as tensões devem ser obtidas em termos dos campos de velocidade e de pressão.

Fluidos Newtonianos: as Equações de Navier–Stokes

Para um fluido newtoniano, a tensão viscosa é diretamente proporcional à taxa de deformação por cisalhamento (taxa de deformação angular). Vimos no Capítulo 2 que, para um escoamento newtoniano, unidimensional e laminar, a tensão de cisalhamento é proporcional à taxa de deformação angular: $\tau_{yx} = du/dy$ (Eq. 2.15). Para um escoamento tridimensional, a situação é um pouco mais complicada (entre outras coisas, necessitamos usar expressões mais complexas para a taxa de deformação angular, Eq. 5.19). As tensões podem ser expressas em termos de gradientes de velocidade e de propriedades dos fluidos, em coordenadas retangulares, como segue:[5]

$$\tau_{xy} = \tau_{yx} = \mu \left(\frac{\partial v}{\partial x} + \frac{\partial u}{\partial y} \right) \tag{5.25a}$$

$$\tau_{yz} = \tau_{zy} = \mu \left(\frac{\partial w}{\partial y} + \frac{\partial v}{\partial z} \right) \tag{5.25b}$$

$$\tau_{zx} = \tau_{xz} = \mu \left(\frac{\partial u}{\partial z} + \frac{\partial w}{\partial x} \right) \tag{5.25c}$$

$$\sigma_{xx} = -p - \frac{2}{3} \mu \nabla \cdot \vec{V} + 2\mu \frac{\partial u}{\partial x} \tag{5.25d}$$

$$\sigma_{yy} = -p - \frac{2}{3} \mu \nabla \cdot \vec{V} + 2\mu \frac{\partial v}{\partial y} \tag{5.25e}$$

$$\sigma_{zz} = -p - \frac{2}{3} \mu \nabla \cdot \vec{V} + 2\mu \frac{\partial w}{\partial z} \tag{5.25f}$$

em que p é a pressão termodinâmica local.[6] A pressão termodinâmica está relacionada com a massa específica e com a temperatura por meio de relações termodinâmicas usualmente chamadas de equações de estado.

Introduzindo essas expressões para as tensões nas equações diferenciais do movimento (Eqs. 5.24), obtemos:

$$\rho \frac{Du}{Dt} = \rho g_x - \frac{\partial p}{\partial x} + \frac{\partial}{\partial x} \left[\mu \left(2 \frac{\partial u}{\partial x} - \frac{2}{3} \nabla \cdot \vec{V} \right) \right] + \frac{\partial}{\partial y} \left[\mu \left(\frac{\partial u}{\partial y} + \frac{\partial v}{\partial x} \right) \right]$$
$$+ \frac{\partial}{\partial z} \left[\mu \left(\frac{\partial w}{\partial x} + \frac{\partial u}{\partial z} \right) \right] \tag{5.26a}$$

---

[5]A dedução desses resultados está além dos objetivos deste livro. Deduções detalhadas podem ser encontradas em Daily e Harleman [2], Schlichting [3] e White [4].
[6]Sabersky et al. [5] discutem a relação entre a pressão termodinâmica e a pressão média definida como $p = -(\sigma_{xx} + \sigma_{yy} + \sigma_{zz})/3$.

180   Capítulo 5

$$\rho\frac{Dv}{Dt} = \rho g_y - \frac{\partial p}{\partial y} + \frac{\partial}{\partial x}\left[\mu\left(\frac{\partial u}{\partial y} + \frac{\partial v}{\partial x}\right)\right] + \frac{\partial}{\partial y}\left[\mu\left(2\frac{\partial v}{\partial y} - \frac{2}{3}\nabla\cdot\vec{V}\right)\right]$$

$$+ \frac{\partial}{\partial z}\left[\mu\left(\frac{\partial v}{\partial z} + \frac{\partial w}{\partial y}\right)\right] \tag{5.26b}$$

$$\rho\frac{Dw}{Dt} = \rho g_z - \frac{\partial p}{\partial z} + \frac{\partial}{\partial x}\left[\mu\left(\frac{\partial w}{\partial x} + \frac{\partial u}{\partial z}\right)\right] + \frac{\partial}{\partial y}\left[\mu\left(\frac{\partial w}{\partial z} + \frac{\partial w}{\partial y}\right)\right]$$

$$+ \frac{\partial}{\partial z}\left[\mu\left(2\frac{\partial w}{\partial z} - \frac{2}{3}\nabla\cdot\vec{V}\right)\right] \tag{5.26c}$$

Essas equações de movimento são chamadas de equações de *Navier–Stokes*. Elas são bastante simplificadas quando aplicadas ao *escoamento incompressível* com *viscosidade constante*. Sob estas condições, as equações se reduzem a:

$$\rho\left(\frac{\partial u}{\partial t} + u\frac{\partial u}{\partial x} + v\frac{\partial u}{\partial y} + w\frac{\partial u}{\partial z}\right) = \rho g_x - \frac{\partial p}{\partial x} + \mu\left(\frac{\partial^2 u}{\partial x^2} + \frac{\partial^2 u}{\partial y^2} + \frac{\partial^2 u}{\partial z^2}\right) \tag{5.27a}$$

$$\rho\left(\frac{\partial v}{\partial t} + u\frac{\partial v}{\partial x} + v\frac{\partial v}{\partial y} + w\frac{\partial v}{\partial z}\right) = \rho g_y - \frac{\partial p}{\partial y} + \mu\left(\frac{\partial^2 v}{\partial x^2} + \frac{\partial^2 v}{\partial y^2} + \frac{\partial^2 v}{\partial z^2}\right) \tag{5.27b}$$

$$\rho\left(\frac{\partial w}{\partial t} + u\frac{\partial w}{\partial x} + v\frac{\partial w}{\partial y} + w\frac{\partial w}{\partial z}\right) = \rho g_z - \frac{\partial p}{\partial z} + \mu\left(\frac{\partial^2 w}{\partial x^2} + \frac{\partial^2 w}{\partial y^2} + \frac{\partial^2 w}{\partial z^2}\right) \tag{5.27c}$$

Essa forma das equações de Navier–Stokes é provavelmente (junto com a equação de Bernoulli) o conjunto de equações mais famoso em mecânica dos fluidos, e tem sido largamente estudado. Essas equações, mais a equação da continuidade (Eq. 5.1c), formam um conjunto de quatro equações diferenciais parciais não lineares acopladas para u, v, w e p. Em princípio, essas quatro equações descrevem muitos escoamentos comuns; as únicas restrições são que o fluido deve ser newtoniano (com uma viscosidade constante) e incompressível. Por exemplo, teoria de lubrificação (descrição do comportamento de rolamento de máquinas), escoamento em tubos, e até mesmo o movimento do seu café quando você o mexe, são explicadas por essas equações. Infelizmente, elas não podem ser resolvidas analiticamente, exceto para casos muito básicos [3], nos quais as geometrias e as condições iniciais ou de contorno são simples. Resolveremos as equações para um problema igualmente simples no Exemplo 5.9.

Exemplo **5.9**   **ANÁLISE DE UM ESCOAMETO LAMINAR COMPLETAMENTE DESENVOLVIDO PARA BAIXO SOBRE UM PLANO INCLINADO**

Um líquido escoa para baixo sobre uma superfície plana inclinada em um filme laminar, permanente, completamente desenvolvido e de espessura h. Simplifique as equações da continuidade e de Navier–Stokes para modelar esse campo de escoamento. Obtenha expressões para o perfil de velocidades do líquido, a distribuição de tensões de cisalhamento, a vazão volumétrica e a velocidade média. Relacione a espessura do filme de líquido com a vazão volumétrica por unidade de profundidade da superfície normal ao escoamento. Calcule a vazão volumétrica em um filme de água com espessura $h = 1$ mm, escoando sobre uma superfície de largura $b = 1$ m, inclinada de $\theta = 15°$ em relação à horizontal.

Dados: Líquido escoando para baixo sobre uma superfície plana, inclinada, em um filme laminar, permanente, completamente desenvolvido e de espessura h.

Determinar: (a) As equações simplificadas da continuidade e de Navier-Stokes para modelar este campo de escoamento.
                (b) O perfil de velocidades.
                (c) A distribuição da tensão de cisalhamento.

(d) A vazão volumétrica por unidade de profundidade da superfície normal ao diagrama.
(e) A velocidade média de escoamento.
(f) A espessura do filme em termos da vazão volumétrica por unidade de profundidade da superfície normal ao diagrama.
(g) A vazão volumétrica em um filme de água de 1 mm de espessura sobre uma superfície de 1 m de largura, inclinada de 15° em relação à horizontal.

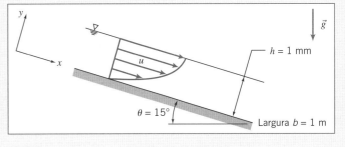

Solução: A geometria e o sistema de coordenadas usados para modelar o campo de escoamento são mostrados na figura. (É conveniente alinhar uma coordenada com a direção do escoamento para baixo sobre a superfície plana.)

As equações de governo escritas para um escoamento incompressível com viscosidade constante são

$$\cancel{\frac{\partial u}{\partial x}}^4 + \frac{\partial v}{\partial y} + \cancel{\frac{\partial w}{\partial z}}^3 = 0 \tag{5.1c}$$

$$\rho\left(\cancel{\frac{\partial u}{\partial t}}^1 + u\cancel{\frac{\partial u}{\partial x}}^4 + v\cancel{\frac{\partial u}{\partial y}}^5 + w\cancel{\frac{\partial u}{\partial z}}^3\right) = \rho g_x - \cancel{\frac{\partial p}{\partial x}}^4 + \mu\left(\cancel{\frac{\partial^2 u}{\partial x^2}}^4 + \frac{\partial^2 u}{\partial y^2} + \cancel{\frac{\partial^2 u}{\partial z^2}}^3\right) \tag{5.27a}$$

$$\rho\left(\cancel{\frac{\partial v}{\partial t}}^1 + u\cancel{\frac{\partial v}{\partial x}}^4 + v\cancel{\frac{\partial v}{\partial y}}^5 + w\cancel{\frac{\partial v}{\partial z}}^3\right) = \rho g_y - \frac{\partial p}{\partial y} + \mu\left(\cancel{\frac{\partial^2 v}{\partial x^2}}^4 + \cancel{\frac{\partial^2 v}{\partial y^2}}^5 + \cancel{\frac{\partial^2 v}{\partial z^2}}^3\right) \tag{5.27b}$$

$$\rho\left(\cancel{\frac{\partial w}{\partial t}}^1 + u\cancel{\frac{\partial w}{\partial x}}^3 + v\cancel{\frac{\partial w}{\partial y}}^3 + w\cancel{\frac{\partial w}{\partial z}}^3\right) = \cancel{\rho g_z}^3 - \frac{\partial p}{\partial z} + \mu\left(\cancel{\frac{\partial^2 w}{\partial x^2}}^3 + \cancel{\frac{\partial^2 w}{\partial y^2}}^3 + \cancel{\frac{\partial^2 w}{\partial z^2}}^3\right) \tag{5.27c}$$

Os termos cancelados para simplificar as equações básicas estão relacionados com as seguintes considerações, que foram listadas e discutidas na ordem em que foram aplicadas para simplificar as equações.

Considerações:
1 Escoamento em regime permanente (dado).
2 Escoamento incompressível; ρ = constante.
3 Nenhum escoamento ou variação das propriedades na direção z; $w = 0$ e $\partial/\partial z = 0$.
4 Escoamento completamente desenvolvido, logo nenhuma propriedade varia na direção x, $\partial/\partial x = 0$.

A consideração (1) elimina variações do tempo em qualquer propriedade do fluido.
A consideração (2) elimina variações espaciais na massa específica.
A consideração (3) estabelece que não existe componente z da velocidade e que não existem variações das propriedades na direção z. Todos os termos na componente z da equação de Navier–Stokes se cancelam.
Após a aplicação da consideração (4), a equação da continuidade reduz-se a $\partial v/\partial y = 0$. As considerações (3) e (4) também indicam que $\partial v/\partial z = 0$ e $\partial v/\partial x = 0$. Portanto, v deve ser constante. Como v é igual a zero na superfície sólida, então v deve ser também igual a zero em qualquer lugar.
O fato de v ser igual a zero simplifica ainda mais a equação de Navier–Stokes, como indicado por (5). As equações finais simplificadas são

$$0 = \rho g_x + \mu \frac{\partial^2 u}{\partial y^2} \tag{1}$$

$$0 = \rho g_y - \frac{\partial p}{\partial y} \tag{2}$$

Como $\partial u/\partial z = 0$ (consideração 3) e $\partial u/\partial x = 0$ (consideração 4), então u é no máximo uma função de y, e $\partial^2 u/\partial y^2 = d^2 u/dy^2$. Então, da Eq. 1 resulta

$$\frac{d^2 u}{dy^2} = -\frac{\rho g_x}{\mu} = -\rho g \frac{\text{sen }\theta}{\mu}$$

182   Capítulo 5

Integrando,

$$\frac{du}{dy} = -\rho g \frac{\operatorname{sen} \theta}{\mu} y + c_1 \tag{3}$$

e integrando novamente,

$$u = -\rho g \frac{\operatorname{sen} \theta}{\mu} \frac{y^2}{2} + c_1 y + c_2 \tag{4}$$

As condições de contorno necessárias para avaliar as constantes são as condições de não deslizamento na superfície sólida ($u = 0$ em $y = 0$) e a condição de tensão de cisalhamento zero na superfície livre do líquido ($du/dy = 0$ em $y = h$).

Avaliando a Eq. 4 em $y = 0$, obtemos $c_2 = 0$. Da Eq. 3, em $y = h$,

$$0 = -\rho g \frac{\operatorname{sen} \theta}{\mu} h + c_1$$

ou

$$c_1 = \rho g \frac{\operatorname{sen} \theta}{\mu} h$$

Substituindo na Eq. 4, obtemos o perfil de velocidades

$$u = -\rho g \frac{\operatorname{sen} \theta}{\mu} \frac{y^2}{2} + \rho g \frac{\operatorname{sen} \theta}{\mu} hy$$

ou

$$u = \rho g \frac{\operatorname{sen} \theta}{\mu} \left(hy - \frac{y^2}{2} \right) \longleftarrow \hspace{6cm} u(y)$$

A distribuição da tensão de cisalhamento é (da Eq. 5.25a após fazer $\partial v/\partial y$ igual a zero, ou alternativamente, da Eq. 2.15 para um escoamento unidimensional)

$$\tau_{yx} = \mu \frac{du}{dy} = \rho g \operatorname{sen} \theta \, (h - y) \longleftarrow \hspace{5cm} \tau_{yx}(y)$$

A tensão de cisalhamento no fluido atinge seu valor máximo na parede ($y = 0$); conforme esperado, ela é zero na superfície livre ($y = h$). Na parede, a tensão de cisalhamento τ_{yx} é positiva, porém a superfície normal *para o fluido* está na direção negativa de y; portanto, a força de cisalhamento age na direção negativa de x, e apenas contrabalança a componente x da força de corpo agindo sobre o fluido. A vazão volumétrica é

$$Q = \int_A u \, dA = \int_0^h u \, b dy$$

em que b é a largura da superfície na direção z. Substituindo,

$$Q = \int_0^h \frac{\rho g \operatorname{sen} \theta}{\mu} \left(hy - \frac{y^2}{2} \right) b \, dy = \rho g \frac{\operatorname{sen} \theta \, b}{\mu} \left[\frac{hy^2}{2} - \frac{y^3}{6} \right]_0^h$$

$$Q = \frac{\rho g \operatorname{sen} \theta \, b}{\mu} \frac{h^3}{3} \longleftarrow \hspace{6cm} Q \tag{5}$$

A velocidade média do escoamento é $\overline{V} = Q/A = Q/bh$. Então,

$$\overline{V} = \frac{Q}{bh} = \frac{\rho g \operatorname{sen} \theta}{\mu} \frac{h^2}{3} \longleftarrow \hspace{6cm} \overline{V}$$

Resolvendo para a espessura de filme, resulta

$$h = \left[\frac{3\mu Q}{\rho g \operatorname{sen} \theta \, b} \right]^{1/3} \longleftarrow \hspace{5cm} h \tag{6}$$

Um filme de água com $h = 1$ mm de espessura sobre um plano de largura $b = 1$ m, inclinado em $\theta = 15°$, transportaria

$$Q = 999\frac{\text{kg}}{\text{m}^3} \times 9{,}81\frac{\text{m}}{\text{s}^2} \times \text{sen}(15°) \times 1\,\text{m} \times \frac{\text{m}\cdot\text{s}}{1{,}00 \times 10^{-3}\,\text{kg}}$$

$$\times \frac{(0{,}001)^3\,\text{m}^3}{3} \times 1000\frac{\text{L}}{\text{m}^3}$$

$$Q = 0{,}846\,\text{L/s} \longleftarrow \hspace{3cm} Q$$

> **Notas:**
> - Este problema ilustra como as equações completas de Navier–Stokes (Eqs. 5.27a 5.27c) podem, às vezes, ser reduzidas a um conjunto de equações de solução relativamente fácil (Eqs. 1 e 2 neste problema).
> - Após a integração das equações simplificadas, condições de contorno (ou iniciais) são usadas para completar a solução.
> - Uma vez obtido o campo de velocidade, outras quantidades úteis (por exemplo, tensão de cisalhamento, vazão volumétrica etc.) podem ser determinadas.
> - As Eqs. (5) e (6) mostram que, mesmo para problemas relativamente simples, os resultados podem ser bastante complicados: a profundidade do escoamento depende de forma não linear da vazão ($h \propto Q^{1/3}$).

As equações de Navier–Stokes para massa específica e viscosidade constantes são dadas, em coordenadas cilíndricas, no Exemplo 5.10. Elas também foram deduzidas para coordenadas esféricas [3]. Aplicaremos a formulação em coordenadas cilíndricas na solução do Exemplo 5.10.

Nos últimos anos, programas de computador (tais como *Fluent* [6] e *STAR-CD* [7]) de aplicação em dinâmica de fluidos computacional (DFC) têm sido desenvolvidos para análise das equações de Navier–Stokes em problemas mais complexos, ou seja, problemas do mundo real. Embora um tratamento detalhado desses tópicos esteja além do alcance deste texto, faremos uma breve introdução em DFC na próxima seção.

Para o caso de escoamento sem atrito ($\mu = 0$), as equações do movimento (Eqs. 5.26 ou Eqs. 5.27) reduzem-se à *equação de Euler*,

$$\rho\frac{D\vec{V}}{Dt} = \rho\vec{g} - \nabla p$$

Consideraremos o caso de escoamento sem atrito no Capítulo 6.

Exemplo 5.10 ANÁLISE DE UM ESCOAMENTO LAMINAR VISCOMÉTRICO ENTRE CILINDROS COAXIAIS

Um líquido viscoso enche o espaço anular entre dois cilindros concêntricos verticais. O cilindro interno é estacionário e o cilindro externo gira com velocidade constante. O escoamento é laminar. Simplifique as equações da continuidade, de Navier–Stokes e da tensão de cisalhamento tangencial para modelar esse campo de escoamento. Obtenha expressões para o perfil de velocidades do líquido e para a distribuição de tensões de cisalhamento. Compare a tensão de cisalhamento na superfície do cilindro interior com aquela calculada por meio de uma aproximação obtida pelo "desdobramento" do espaço anular em um plano e com a consideração de um perfil de velocidade linear através da folga. Determine a razão entre os raios dos cilindros para a qual a aproximação planar prediz a tensão de cisalhamento na superfície do cilindro interno com incerteza máxima de 1%.

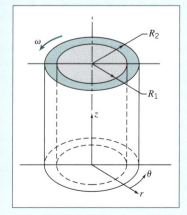

Dados: Escoamento viscométrico laminar de um líquido no espaço anular entre dois cilindros verticais concêntricos. O cilindro interno é estacionário e o externo gira com velocidade constante.

Determinar:
(a) As equações da continuidade e de Navier–Stokes simplificadas para modelar esse campo de escoamento.
(b) O perfil de velocidades na folga anular.
(c) A distribuição de tensões de cisalhamento na folga anular.

184 Capítulo 5

(d) A tensão de cisalhamento na superfície do cilindro interno.

(e) Comparação com uma aproximação "planar" para tensão de cisalhamento constante na folga estreita entre os cilindros.

(f) A razão entre os raios dos cilindros para a qual a aproximação planar prediz a tensão de cisalhamento com incerteza máxima de 1% em relação ao valor correto.

Solução: A geometria e o sistema de coordenadas utilizados para modelar o campo de escoamento são mostrados na figura anterior. (A coordenada z está direcionada verticalmente para cima; como consequência, $g_r = g_\theta = 0$ e $g_z = -g$.)

As equações da continuidade, de Navier–Stokes e da tensão de cisalhamento tangencial escritas para um escoamento incompressível com viscosidade constante são

$$\frac{1}{r}\frac{\partial}{\partial r}(rv_r) + \frac{1}{r}\frac{\partial}{\partial \theta}(v_\theta)^{\!4} + \frac{\partial}{\partial z}(v_z)^{\!3} = 0 \tag{1}$$

componente r:

$$\rho\left(\frac{\partial v_r}{\partial t}^{\!1} + v_r\frac{\partial v_r}{\partial r}^{\!5} + \frac{v_\theta}{r}\frac{\partial v_r}{\partial \theta}^{\!4} - \frac{v_\theta^2}{r} + v_z\frac{\partial v_r}{\partial z}^{\!3}\right)$$

$$= \rho g_r^{\!0} - \frac{\partial p}{\partial r} + \mu\left\{\frac{\partial}{\partial r}\left(\frac{1}{r}\frac{\partial}{\partial r}[rv_r]\right)^{\!5} + \frac{1}{r^2}\frac{\partial^2 v_r}{\partial \theta^2}^{\!4} - \frac{2}{r^2}\frac{\partial v_\theta}{\partial \theta}^{\!4} + \frac{\partial^2 v_r}{\partial z^2}^{\!3}\right\} \tag{2}$$

componente θ:

$$\rho\left(\frac{\partial v_\theta}{\partial t}^{\!1} + v_r\frac{\partial v_\theta}{\partial r}^{\!5} + \frac{v_\theta}{r}\frac{\partial v_\theta}{\partial \theta}^{\!4} + \frac{v_r v_\theta}{r}^{\!5} + v_z\frac{\partial v_\theta}{\partial z}^{\!3}\right)$$

$$= \rho g_\theta^{\!0} - \frac{1}{r}\frac{\partial p}{\partial \theta}^{\!4} + \mu\left\{\frac{\partial}{\partial r}\left(\frac{1}{r}\frac{\partial}{\partial r}[rv_\theta]\right) + \frac{1}{r^2}\frac{\partial^2 v_\theta}{\partial \theta^2}^{\!4} + \frac{2}{r^2}\frac{\partial v_\theta}{\partial \theta}^{\!4} + \frac{\partial^2 v_\theta}{\partial z^2}^{\!3}\right\} \tag{3}$$

componente z:

$$\rho\left(\frac{\partial v_z}{\partial t}^{\!1} + v_r\frac{\partial v_z}{\partial r}^{\!5} + \frac{v_\theta}{r}\frac{\partial v_z}{\partial \theta}^{\!4} + v_z\frac{\partial v_z}{\partial z}^{\!3}\right) = \rho g_z - \frac{\partial p}{\partial z} + \mu\left\{\frac{1}{r}\frac{\partial}{\partial r}\left(r\frac{\partial v_z}{\partial r}\right)^{\!3} + \frac{1}{r^2}\frac{\partial^2 v_z}{\partial \theta^2}^{\!3} + \frac{\partial^2 v_z}{\partial z^2}^{\!3}\right\} \tag{4}$$

$$\tau_{r\theta} = \mu\left[r\frac{\partial}{\partial r}\left(\frac{v_\theta}{r}\right) + \frac{1}{r}\frac{\partial v_r}{\partial \theta}^{\!4}\right] \tag{5}$$

Os termos cancelados para simplificar as equações básicas estão relacionados com as seguintes considerações, que foram listadas e discutidas na ordem em que foram aplicadas para simplificar as equações.

Considerações:

1 Escoamento em regime permanente; a velocidade angular do cilindro externo é constante.

2 Escoamento incompressível; ρ = constante.

3 Nenhum fluxo ou variação das propriedades na direção z; $v_z = 0$ e $\partial/\partial z = 0$.

4 Escoamento axissimétrico, logo as propriedades não variam com θ e $\partial/\partial \theta = 0$.

A consideração (1) elimina variações temporais nas propriedades do fluido.

A consideração (2) elimina variações espaciais na massa específica.

A consideração (3) causa o cancelamento de todos os termos na componente z da equação de Navier–Stokes, exceto para a distribuição de pressão hidrostática.

Após a aplicação das considerações (3) e (4), a equação da continuidade fica reduzida a

$$\frac{1}{r}\frac{\partial}{\partial r}(rv_r) = 0$$

Como $\partial/\partial \theta = 0$ e $\partial/\partial z = 0$ pelas considerações (3) e (4), então $\dfrac{\partial}{\partial r} \to \dfrac{d}{dr}$, de modo que a integração fornece

$$rv_r = \text{constante}$$

Como v_r é zero na superfície sólida de cada cilindro, então v_r deve ser zero em qualquer lugar.

Introdução à Análise Diferencial dos Movimentos dos Fluidos **185**

O fato de v_r ser igual a zero, simplifica ainda mais as equações de Navier–Stokes, conforme indicado pelos cancelamentos. As equações finais ficam reduzidas a

$$-\rho \frac{v_\theta^2}{r} = -\frac{\partial p}{\partial r}$$

$$0 = \mu \left\{ \frac{\partial}{\partial r} \left(\frac{1}{r} \frac{\partial}{\partial r} [rv_\theta] \right) \right\}$$

Mas como $\partial/\partial\theta = 0$ e $\partial/\partial z = 0$ pelas considerações (3) e (4), então v_θ é uma função somente do raio, e

$$\frac{d}{dr} \left(\frac{1}{r} \frac{d}{dr} [rv_\theta] \right) = 0$$

Integrando uma vez,

$$\frac{1}{r} \frac{d}{dr} [rv_\theta] = c_1$$

ou

$$\frac{d}{dr} [rv_\theta] = c_1 r$$

Integrando novamente,

$$rv_\theta = c_1 \frac{r^2}{2} + c_2 \qquad \text{ou} \qquad v_\theta = c_1 \frac{r}{2} + c_2 \frac{1}{r}$$

Duas condições de contorno são necessárias para determinar as constantes c_1 e c_2. As condições de contorno são

$$v_\theta = \omega R_2 \qquad \text{em} \qquad r = R_2 \qquad \text{e}$$
$$v_\theta = 0 \qquad \text{em} \qquad r = R_1$$

Substituindo

$$\omega R_2 = c_1 \frac{R_2}{2} + c_2 \frac{1}{R_2}$$

$$0 = c_1 \frac{R_1}{2} + c_2 \frac{1}{R_1}$$

Após algumas operações algébricas

$$c_1 = \frac{2\omega}{1 - \left(\dfrac{R_1}{R_2} \right)^2} \qquad \text{e} \qquad c_2 = \frac{-\omega R_1^2}{1 - \left(\dfrac{R_1}{R_2} \right)^2}$$

Substituindo na expressão para v_θ,

$$v_\theta = \frac{\omega r}{1 - \left(\dfrac{R_1}{R_2} \right)^2} - \frac{\omega R_1^2/r}{1 - \left(\dfrac{R_1}{R_2} \right)^2} = \frac{\omega R_1}{1 - \left(\dfrac{R_1}{R_2} \right)^2} \left[\frac{r}{R_1} - \frac{R_1}{r} \right] \longleftarrow \qquad v_\theta(r)$$

A distribuição da tensão de cisalhamento após o uso da consideração (4) é:

$$\tau_{r\theta} = \mu r \frac{d}{dr} \left(\frac{v_\theta}{r} \right) = \mu r \frac{d}{dr} \left\{ \frac{\omega R_1}{1 - \left(\dfrac{R_1}{R_2} \right)^2} \left[\frac{1}{R_1} - \frac{R_1}{r^2} \right] \right\} = \mu r \frac{\omega R_1}{1 - \left(\dfrac{R_1}{R_2} \right)^2} (-2) \left(-\frac{R_1}{r^3} \right)$$

$$\tau_{r\theta} = \mu \frac{2\omega R_1^2}{1 - \left(\dfrac{R_1}{R_2} \right)^2} \frac{1}{r^2} \longleftarrow \qquad \tau_{r\theta}$$

Na superfície do cilindro interno, $r = R_1$, e então

$$\tau_{\text{superfície}} = \mu \frac{2\omega}{1 - \left(\dfrac{R_1}{R_2}\right)^2} \quad \longleftarrow \quad \tau_{\text{superfície}}$$

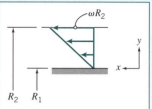

Para uma folga "planificada"

$$\tau_{\text{planificada}} = \mu \frac{\Delta v}{\Delta y} = \mu \frac{\omega R_2}{R_2 - R_1}$$

ou

$$\tau_{\text{planificada}} = \mu \frac{\omega}{1 - \dfrac{R_1}{R_2}} \quad \longleftarrow \quad \tau_{\text{planificada}}$$

Fatorando o denominador da expressão exata para a tensão de cisalhamento na superfície, resulta

$$\tau_{\text{superfície}} = \mu \frac{2\omega}{\left(1 - \dfrac{R_1}{R_2}\right)\left(1 + \dfrac{R_1}{R_2}\right)} = \mu \frac{\omega}{1 - \dfrac{R_1}{R_2}} \cdot \frac{2}{1 + \dfrac{R_1}{R_2}}$$

Portanto,

$$\frac{\tau_{\text{superfície}}}{\tau_{\text{planificada}}} = \frac{2}{1 + \dfrac{R_1}{R_2}}$$

Para uma precisão de 1%,

$$1{,}01 = \frac{2}{1 + \dfrac{R_1}{R_2}}$$

ou

$$\frac{R_1}{R_2} = \frac{1}{1{,}01}(2 - 1{,}01) = 0{,}980 \quad \longleftarrow \quad \frac{R_1}{R_2}$$

O critério de precisão é encontrado quando a largura da folga é menor que 2% do raio do cilindro.

> **Notas:**
> - Este problema ilustra como as equações completas de Navier–Stokes em coordenadas cilíndricas (Eqs. 1 a 5) podem, às vezes, ser reduzidas a um conjunto de equações de solução relativamente fácil.
> - Como no Exemplo 5.9, após a integração das equações simplificadas, condições de contorno (ou iniciais) são usadas para completar a solução.
> - Uma vez obtido o campo de velocidade, outras quantidades úteis (neste problema, a tensão de cisalhamento) podem ser determinadas.
>
> 💻 A planilha *Excel* para este problema compara os perfis de velocidade linear e viscométrico. Ela permite, também, que seja determinado um valor adequado do raio externo que atenda uma exigência de precisão prescrita para o resultado da aproximação planar. No Capítulo 8, discutiremos novamente a aproximação de cilindros concêntricos, infinitos, planos e paralelos.

*5.5 Introdução à Dinâmica de Fluidos Computacional

Nesta seção, discutiremos, de maneira muito básica, as ideias por trás da *dinâmica de fluidos computacional* (DFC). Revisaremos primeiramente alguns conceitos básicos de métodos numéricos aplicando-os para resolver uma equação diferencial ordinária e uma equação diferencial parcial usando uma planilha tal como a do *Excel*, com um par de exemplos. Após o estudo desses exemplos, o leitor será capaz de usar o seu computador para resolver numericamente uma variedade de problemas simples em DFC. Em seguida, para aqueles com interesse adicional em DFC, iremos rever em mais detalhes alguns conceitos após os métodos numéricos, particularmente a DFC; essa revisão ressaltará algumas das vantagens e armadilhas da DFC. Aplicaremos alguns desses conceitos para um modelo unidimensional simples, mas esses conceitos são tão fundamentais que são aplicáveis a quase todos os cálculos em DFC. Conforme

---

*Esta seção pode ser omitida sem perda de continuidade no material do texto.

Introdução à Análise Diferencial dos Movimentos dos Fluidos **187**

aplicarmos o procedimento de solução ao modelo, comentaremos sobre a extensão ao caso geral. O objetivo é capacitar o leitor a aplicar o procedimento de solução de DFC para equações não lineares simples.

Por que a DFC É Necessária

Como discutido na Seção 5.4, as equações que descrevem o escoamento de fluidos podem ser bastante complicadas. Por exemplo, mesmo quando limitamos os problemas para escoamentos incompressíveis com viscosidade constante, ainda ficamos com as seguintes equações:

$$\frac{\partial u}{\partial x} + \frac{\partial v}{\partial y} + \frac{\partial w}{\partial z} = 0 \tag{5.1c}$$

$$\rho\left(\frac{\partial u}{\partial t} + u\frac{\partial u}{\partial x} + v\frac{\partial u}{\partial y} + w\frac{\partial u}{\partial z}\right) = \rho g_x - \frac{\partial p}{\partial x} + \mu\left(\frac{\partial^2 u}{\partial x^2} + \frac{\partial^2 u}{\partial y^2} + \frac{\partial^2 u}{\partial z^2}\right) \tag{5.27a}$$

$$\rho\left(\frac{\partial v}{\partial t} + u\frac{\partial v}{\partial x} + v\frac{\partial v}{\partial y} + w\frac{\partial v}{\partial z}\right) = \rho g_y - \frac{\partial p}{\partial y} + \mu\left(\frac{\partial^2 v}{\partial x^2} + \frac{\partial^2 v}{\partial y^2} + \frac{\partial^2 v}{\partial z^2}\right) \tag{5.27b}$$

$$\rho\left(\frac{\partial w}{\partial t} + u\frac{\partial w}{\partial x} + v\frac{\partial w}{\partial y} + w\frac{\partial w}{\partial z}\right) = \rho g_z - \frac{\partial p}{\partial z} + \mu\left(\frac{\partial^2 w}{\partial x^2} + \frac{\partial^2 w}{\partial y^2} + \frac{\partial^2 w}{\partial z^2}\right) \tag{5.27c}$$

A Eq. 5.1c é a equação da continuidade (conservação da massa) e as Eqs. 5.27 são as equações de Navier–Stokes (quantidade de movimento), expressas em coordenadas cartesianas. Em princípio, podemos resolver essas equações para o campo de velocidade $\vec{V} = \hat{i}u + \hat{j}v + \hat{k}w$ e para o campo de pressão p, fornecidas as condições inicial e de contorno suficientes. Note que, em geral, u, v, w e p dependem das coordenadas x, y e z, além do instante de tempo t. Na prática, não há solução analítica geral para estas equações, pelo efeito combinado de uma série de razões (nenhuma delas é insuperável por si mesma):

1 Elas são equações acopladas. As incógnitas, u, v, w e p, aparecem em todas as equações (p não aparece na Eq. 5.1c) e não podemos manipulá-las de modo a obter uma só equação em função de qualquer uma das incógnitas. Assim, devemos resolver as equações para todas as incógnitas simultaneamente.

2 Elas são equações não lineares. Por exemplo, na Eq. 5.27a, o termo de aceleração convectiva, $u\partial u/\partial x + v\partial u/\partial y + w\partial u/\partial z$, apresenta produtos envolvendo u consigo mesmo, bem como com v e w. A consequência disso é que não podemos tomar uma solução das equações a combiná-la com uma segunda solução para obter uma terceira solução. Veremos, no Capítulo 6, que, se pudermos limitar o problema a um escoamento sem atrito, *poderemos* deduzir equações lineares, que nos permitirão fazer procedimentos de combinações (se você quiser, veja a Tabela 6.3, que apresenta belos exemplos sobre isso).

3 Elas são equações diferenciais parciais de segunda ordem. Por exemplo, na Eq. 5.27a, o termo referente à viscosidade, $\mu(\partial^2 u/\partial x^2 + \partial^2 u/\partial y^2 + \partial^2 u/\partial z^2)$, é de segunda ordem em relação a u. Obviamente, essas equações são mais complicadas do que, por exemplo, equações diferenciais ordinárias de primeira ordem.

Essas dificuldades levaram engenheiros, cientistas e matemáticos a adotar várias aproximações para a solução de problemas de mecânica dos fluidos.

Para geometrias físicas e condições de contorno ou iniciais relativamente simples, as equações podem ser frequentemente reduzidas a uma forma solucionável. Vimos dois exemplos desses casos nos Exemplos 5.9 e 5.10 (para formas cilíndricas das equações).

Se pudermos desprezar os termos viscosos, a incompressibilidade resultante, o escoamento invíscido pode ser frequentemente analisado com sucesso. Esse é o escopo do Capítulo 6.

Naturalmente, muitos escoamentos incompressíveis de interesse não apresentam geometrias simples e não são invíscidos; para esses casos, caímos nas Eqs. 5.1c e 5.27. A única opção que resta é usar métodos numéricos para analisar os problemas. É possível obter soluções aproximadas através de cálculos com computador para as equações em uma variedade de problemas de engenharia. Esse é o objetivo principal sobre a matéria de DFC.

Aplicações de DFC

A DFC é empregada em uma variedade de aplicações, sendo hoje largamente adotada por várias indústrias. Para ilustrar aplicações industriais de DFC, apresentamos a seguir alguns exemplos desenvolvidos usando FLUENT, um programa de DFC da empresa ANSYS. A dinâmica de fluidos computacional é usada para estudar o campo de escoamento em torno de meios de transporte, incluindo carros, caminhões, aviões, helicópteros e navios. A Fig. 5.10 mostra os caminhos formados por partículas fluidas selecionadas em volta de um carro de Fórmula 1. Estudando tais linhas de trajetórias e outros atributos do escoamento, engenheiros tiram ideias para projetar o carro com um menor arrasto e um maior desempenho. A Fig. 5.11 mostra um escoamento através de uma descarga com catalisador. Esse é um dispositivo usado para reduzir a poluição dos gases de exaustão automotivos, e permitir que todos nós possamos respirar um ar de melhor qualidade. A imagem na Fig. 5.11 mostra linhas de trajetórias coloridas de acordo com o módulo da velocidade. A DFC ajuda os engenheiros a desenvolver descargas com catalisadores mais eficientes, permitindo estudar como diferentes espécies químicas se misturam e reagem no dispositivo. A Fig. 5.12 representa os contornos de pressão estática em um ventilador centrífugo inclinado para trás usado em aplicações de ventilação. As características de desempenho do ventilador obtidas através de simulações com DFC concordaram bem com os resultados obtidos em testes experimentais.

A DFC é atraente à indústria desde que o método tenha um custo efetivo melhor que testes experimentais. Contudo, devemos observar que simulações de escoamentos complexos são desafiantes e propensas a erros. Por isso, as análises dos resultados devem ser realizadas por engenheiros capazes de obter soluções realistas.

Vídeo: Escoamento sobre um Cilindro

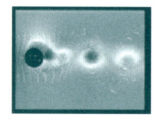

Alguns Métodos Numéricos/DFC Básicos Usando uma Planilha

Antes de discutir a DFC um pouco mais detalhadamente, podemos compreender melhor os métodos numéricos para resolver alguns problemas simples em mecânica dos flui-

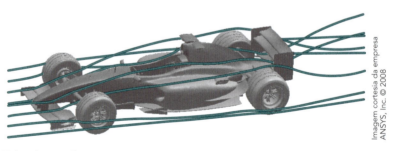

Fig. 5.10 Linhas de trajetórias em torno de um carro de Fórmula 1.

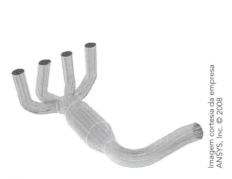

Fig. 5.11 Escoamento através de uma descarga automotiva com catalisador.

Fig. 5.12 Contornos de pressão estática para um escoamento através de um ventilador centrífugo.

dos com o auxílio de uma planilha eletrônica. Esses métodos mostraram como os estudantes devem realizar a DFC usando um computador pessoal. Primeiramente, consideraremos a solução da forma mais simples de uma equação diferencial: uma equação diferencial ordinária de primeira ordem:

$$\frac{dy}{dx} = f(x,y) \quad y(x_0) = y_0 \quad (5.28)$$

em que $f(x, y)$ é uma função dada. Percebemos que graficamente a derivada dy/dx é a inclinação da curva solução $y(x)$ (ainda desconhecida). Se estivermos no mesmo ponto (x_n, y_n) sobre a curva, podemos seguir a tangente àquele ponto, como uma aproximação do movimento real ao longo da própria curva, para achar um novo valor para y, y_{n+1}, correspondente a um novo valor de x, x_{n+1}, como mostrado na Fig. 5.13. Temos então

$$\frac{dy}{dx} = \frac{y_{n+1} - y_n}{x_{n+1} - x_n}$$

Se escolhermos um tamanho de passo $h = x_{n+1} - x_n$, então a equação anterior pode ser combinada com a equação diferencial. A Eq. 5.28 para fornecer

$$\frac{dy}{dx} = \frac{y_{n+1} - y_n}{h} = f(x_n, y_n)$$

ou

$$y_{n+1} = y_n + hf(x_n, y_n) \quad (5.29a)$$

com

$$x_{n+1} = x_n + h \quad (5.29b)$$

As Eqs. 5.29 são o conceito básico oculto no famoso método de Euler para resolver uma equação diferencial ordinária – EDO de primeira ordem: uma diferencial é substituída por uma diferença finita. (Como veremos na próxima subseção, equações similares às Eqs. 5.29 poderiam também ter sido deduzidas mais formalmente como resultado de uma expansão em séries de Taylor truncada.) Nessas equações, y_{n+1} representa agora nossa melhor estimativa para determinar o próximo ponto sobre a curva de solução. A partir da Fig. 5.13, vemos que y_{n+1} *não* está sobre a curva de solução, mas perto dela; se fizermos o triângulo bem menor, diminuindo o tamanho de passo h, então y_{n+1} estará ainda mais perto da solução desejada. Podemos usar repetidamente as duas equações iterativas de Euler para iniciar em (x_0, y_0) e obter (x_1, y_1), em seguida (x_2, y_2), (x_3, y_3), e assim por diante. Não finalizamos o processo com uma equação para a solução, mas sim com um conjunto de números; portanto, é uma representação numérica em vez de um método analítico. Essa é a abordagem do método de Euler.

Esse método é muito fácil de ser configurado, tornando-o uma abordagem atrativa, porém não é muito exato: seguindo a tangente a uma curva a cada ponto, em uma tentativa de seguir a curva, é muito bruto! Se fizermos o tamanho de passo h menor, a exatidão do método geralmente crescerá, mas obviamente necessitaremos de mais passos para encontrar a solução. Acontece que, se usarmos muitos passos (se o valor de h for extremamente pequeno), a exatidão dos resultados pode realmente *decrescer* porque, embora cada pequeno passo seja muito exato, necessitaremos agora de muitos passos de modo que os erros de arredondamento podem se acumular. Como com qualquer método numérico, que não garantem a obtenção de uma solução ou uma solução que seja bastante exata! O método de Euler é o método numérico mais simples, porém menos exato para solução de equações diferenciais ordinárias – EDO de primeira ordem; existem diversos métodos mais sofisticados disponíveis, apresentados em qualquer bom livro-texto de métodos numéricos [8, 9]. Vamos ilustrar o método de Euler no Exemplo 5.11.

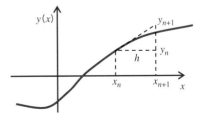

Fig. 5.13 O método de Euler.

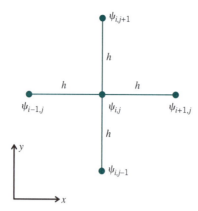

Fig. 5.14 Esquema para discretização da equação de Laplace.

Outra aplicação básica de um método numérico a um problema de mecânica dos fluidos é quando temos um escoamento não viscoso, bidimensional incompressível, em regime permanente. Estas parecem um conjunto grave de restrições sobre um escoamento, mas a análise de escoamentos com essas considerações leva a predições de escoamentos reais muito boas, como para a sustentação sobre uma seção de asa. Este é o tópico do Capítulo 6, mas, por enquanto, simplesmente declaramos que sob tais circunstâncias tais escoamentos podem ser modelados com a equação de Laplace,

$$\frac{\partial^2 \psi}{\partial x^2} + \frac{\partial^2 \psi}{\partial y^2} = 0$$

em que ψ é a função de corrente. Deixamos de apresentar a sequência de passos (eles consistem na aproximação de cada diferencial com uma expansão em séries de Taylor), mas uma aproximação numérica dessa equação é

$$\frac{\psi_{i+1,j} + \psi_{i-1,j}}{h^2} + \frac{\psi_{i,j+1} + \psi_{i,j-1}}{h^2} - 4\frac{\psi_{i,j}}{h^2} = 0$$

Aqui h é o tamanho de passo na direção de x ou de y, e $\psi_{i,j}$ é o valor de ψ no i-ésimo valor de x e o j-ésimo valor de y (veja a Fig. 5.14). Rearranjando e simplificando,

$$\psi_{i,j} = \frac{1}{4}\left(\psi_{i+1,j} + \psi_{i-1,j} + \psi_{i,j+1} + \psi_{i,j-1}\right) \tag{5.30}$$

Essa equação indica que o valor da função corrente ψ é simplesmente a média de seus quatro vizinhos! Para usar esta equação, necessitamos especificar os valores da função corrente em todos os contornos; a Eq. 5.30 permite então o cálculo dos valores interiores.

A Eq. 5.30 é ideal para resolver usando uma planilha eletrônica como a do *Excel*. Os Exemplos 5.11 e 5.12 fornecem orientações sobre o uso de computadores pessoais para resolver alguns problemas simples de DFC.

Exemplo 5.11 A SOLUÇÃO DO MÉTODO DE EULER PARA A DRENAGEM DE UM TANQUE

Um tanque contém água com uma profundidade inicial $y_0 = 1$ m. O diâmetro do tanque é $D = 250$ mm. Um furo com diâmetro $d = 2$ mm aparece no fundo do tanque. Um modelo aceitável para o nível de água em função do tempo é

$$\frac{dy}{dt} = -\left(\frac{d}{D}\right)^2 \sqrt{2gy} \qquad y(0) = y_0$$

Usando os métodos de Euler com 11 pontos e com 21 pontos, estime a profundidade de água após o tempo $t = 100$ min, e calcule os erros comparados com a solução exata.

$$y_{\text{exata}}(t) = \left[\sqrt{y_0} - \left(\frac{d}{D}\right)^2 \sqrt{\frac{g}{2}}\, t\right]^2$$

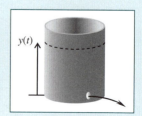

Trace os resultados obtidos pelo método de Euler e pela solução exata.

Dados: Água sendo drenada de um tanque.

Determinar: A profundidade de água após 100 min; traçar um gráfico da profundidade em função do tempo; exatidão dos resultados.

Solução: Use as equações de Euler, Eq. (5.29).

Equações básicas: $y_{n+1} = y_n + hf(t_n, y_n) \quad t_{n+1} = t_n + h$

com

$$f(t_n, y_n) = -\left(\frac{d}{D}\right)^2 \sqrt{2gy_n} \qquad y_0 = 1$$

(Note que, aplicando as Eqs. 5.29, usamos *t* em vez de *x*.)

Esse tipo de problema é conveniente de ser resolvido com uma planilha eletrônica do tipo *Excel*, como mostrado a seguir. Obtivemos os seguintes resultados:

Profundidade após 100 min = −0,0021 m (Euler 11 pontos)
= 0,0102 m (Euler 21 pontos)
= 0,0224 m (Exata) ← *y* (100 min)

Erro após 100 min = 110% (Euler 11 pontos)
= 54% (Euler 21 pontos) ← Erro

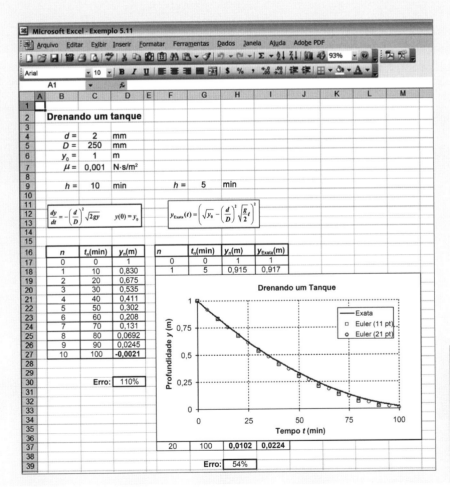

Este Exemplo mostra uma aplicação simples do método de Euler. Note que embora os erros após o tempo de 100 minutos sejam grandes para as duas soluções pelo método de Euler, os seus gráficos são razoavelmente perto da solução exata.

A planilha *Excel* deste problema pode ser modificada para resolver diversos problemas de fluidos que envolvem EDOs de primeira ordem.

Exemplo 5.12 MODELAGEM NUMÉRICA DO ESCOAMENTO SOBRE UM CANTO

Considere um escoamento não viscoso, incompressível, unidimensional, em regime permanente, em um canal n0 qual a área é reduzida pela metade. Trace um gráfico com as linhas de corrente.

Dados: Escoamento em um canal na qual a área é reduzida pela metade.

Determinar: Gráfico das linhas de corrente.

Solução: Use a aproximação numérica da equação de Laplace.

Equação básica: $\psi_{i,j} = \dfrac{1}{4}\left(\psi_{i+1,j} + \psi_{i-1,j} + \psi_{i,j+1} + \psi_{i,j-1}\right)$

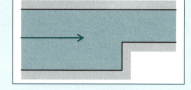

Novamente, este é um problema conveniente de ser resolvido usando uma planilha eletrônica tal como a do *Excel*. Cada célula na planilha representa um local no espaço físico, e o valor na célula representa o valor da função corrente ψ naquele local. Referentemente à figura, atribuímos valores de zero para uma faixa de células que representam o fundo do canal. Em seguida, atribuímos um valor de 10 para uma segunda faixa de células para representar o topo do canal. (A escolha de 10 é arbitrária para finalidade do gráfico; tudo que ela determina são os valores de velocidade, e não as formas das linhas de correntes.) Em seguida, atribuímos uma distribuição uniforme de valores nas extremidades direita e esquerda, para gerar escoamento uniforme nesses locais. Todos os valores inseridos estão mostrados em negrito na figura.

Podemos agora entrar com as fórmulas no "interior" das células para calcular a função corrente. Em vez da equação de governo anterior, é mais intuitivo reescrevê-la na seguinte forma

$$\psi = \frac{1}{4}(\psi_A + \psi_R + \psi_B + \psi_L)$$

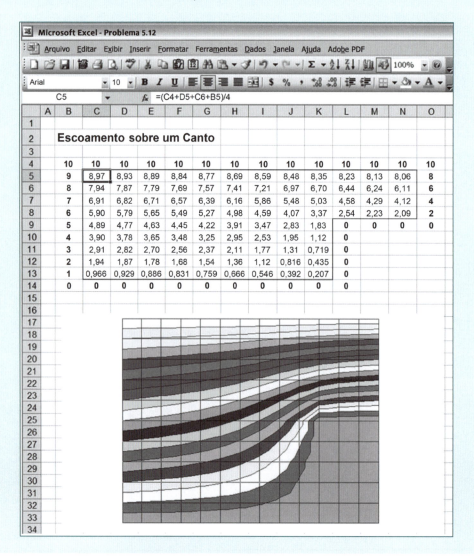

em que ψ_A, ψ_R, ψ_B e ψ_L representam os valores estocados nas células *Acima*, à *Direita*, *Abaixo*, e à *Esquerda* da célula atual. É fácil trabalhar com esta fórmula — isso está mostrado na célula C5 na figura. Em seguida, ela é copiada para o interior de todas as células, com uma ressalva: a planilha indicará um erro de cálculo circular. Isso é uma advertência que levará você a pensar que está cometendo um erro; por exemplo, a célula C5 necessita da célula C6 para ser calculada, mas a célula C6 necessita da célula C5! Lembre-se de que o valor no interior de cada célula é a média de seus vizinhos. A matemática circular não é o que normalmente queremos, mas, neste caso, desejamos que ela ocorra. Precisamos ligar as iterações na planilha. No caso do *Excel*, isso está sob o item do menu *Ferramentas/Opções/Cálculos*. Finalmente, necessitamos de iterações repetidas (no *Excel*, aperte a tecla F9 diversas vezes) até que a convergência seja obtida; os valores no interior das células irão sendo atualizados repetidamente até que as variações nesses valores sejam iguais a zero ou desprezíveis. Após isso, os resultados podem ser colocados em gráfico (usando uma superfície gráfica), como mostrado.

Podemos ver que as linhas de corrente parecem muito como prevemos, embora na realidade provavelmente houvesse separação de escoamento no canto. Note também uma imprecisão matemática, pois existem leves oscilações das linhas de corrente conforme elas fluem para a superfície vertical; usando uma grade mais fina (aumentando o número de células), este problema seria reduzido.

> Este Exemplo mostra uma modelagem numérica simples da equação de Laplace.
>
> A planilha *Excel* para este problema pode ser modificada para resolver uma variedade de problemas de fluidos que envolvem a equação de Laplace.

A Estratégia de DFC

Agora nós voltamos para uma descrição mais detalhada de alguns dos conceitos por trás da DFC. Quase sempre, a estratégia de DFC é substituir o domínio contínuo de um problema para um domínio discreto usando uma "malha" ou "grade". No domínio contínuo, cada variável do escoamento é definida em cada ponto no domínio. Por exemplo, a pressão p no domínio contínuo 1D mostrado na Fig. 5.15 poderia ser dada como

$$p = p(x), \quad 0 \leq x \leq 1$$

No domínio discreto, cada variável do escoamento é definida apenas nos pontos da malha. Assim, no domínio discreto na Fig. 5.15, a pressão poderia ser definida apenas nos N pontos da malha,

$$p_i = p(x_i), \quad i = 1, 2, \ldots, N$$

Podemos estender essa conversão de domínio contínuo para domínio discreto também para duas ou três dimensões. A Fig. 5.16 mostra uma malha em 2D para a solução do escoamento sobre um aerofólio. Os pontos da malha indicam as posições em que as linhas da malha se cruzam. Em uma solução por DFC, poderíamos resolver diretamente para as variáveis relevantes do escoamento apenas nos pontos da malha. Os valores nas outras localizações são determinados por interpolação dos valores dos pontos da malha. As equações diferenciais parciais de governo e as condições de contorno são definidas em termos das variáveis contínuas p, $\vec{V}$, e assim por diante. Podemos aproximar essas variáveis no domínio discreto em termos de valores discretos p_i, $\vec{V}_i$, e assim por diante. Usando esse procedimento, achamos um sistema discreto que consiste em um grande conjunto de equações algébricas acopladas com as variáveis discretas. Depois da montagem do sistema discreto, sua resolução (que é um problema de inversão de matriz) envolve um grande número de cálculos repetidos, uma tarefa que se tornou possível apenas com o advento dos modernos computadores.

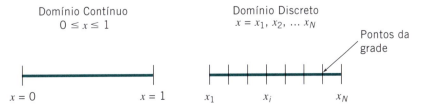

Fig. 5.15 Domínios contínuo e discreto para um problema unidimensional.

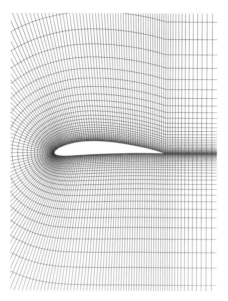

Fig. 5.16 Exemplo de uma malha usada para resolver o escoamento em torno de um aerofólio.

Discretização Usando o Método das Diferenças Finitas

Para simplificar, vamos ilustrar a mudança do domínio contínuo para o domínio discreto para a seguinte equação em uma dimensão:

$$\frac{du}{dx} + u^m = 0; \qquad 0 \le x \le 1; \qquad u(0) = 1 \tag{5.31}$$

Primeiramente vamos considerar $m = 1$, que é o caso quando a equação é linear. Depois, vamos considerar o caso não linear, em que $m = 2$. Tenha em mente que esse é um problema de valor inicial, enquanto o procedimento de solução numérica, apresentado na sequência, é mais adequado para problemas de condição de contorno. A maioria dos problemas de DFC envolve condições de contorno.

Deduziremos uma representação discreta da Eq. 5.31 com $m = 1$ sobre a malha grosseira mostrada na Fig. 5.17. Essa malha é constituída por quatro pontos de malhas uniformemente espaçados, sendo $\Delta x = \frac{1}{3}$ o espaço entre pontos sucessivos. Desde que a equação de governo seja válida em qualquer ponto da malha, temos

$$\left(\frac{du}{dx}\right)_i + u_i = 0 \tag{5.32}$$

em que o subscrito i representa o valor no ponto x_i da malha. A fim de obtermos uma expressão para $(du/dx)_i$ em termos dos valores de u nos pontos da malha, expandimos u_{i-1} em uma série de Taylor:

$$u_{i-1} = u_i - \left(\frac{du}{dx}\right)_i \Delta x + \left(\frac{d^2u}{dx^2}\right)_i \frac{\Delta x^2}{2} - \left(\frac{d^3u}{dx^3}\right)_i \frac{\Delta x^3}{6} + \cdots$$

Rearranjando os termos, obtemos

$$\left(\frac{du}{dx}\right)_i = \frac{u_i - u_{i-1}}{\Delta x} + \left(\frac{d^2u}{dx^2}\right)_i \frac{\Delta x}{2} - \left(\frac{d^3u}{dx^3}\right)_i \frac{\Delta x^2}{6} + \cdots \tag{5.33}$$

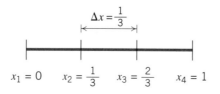

Fig. 5.17 Uma malha simples unidimensional com quatro pontos de grade.

Introdução à Análise Diferencial dos Movimentos dos Fluidos **195**

No segundo membro dessa expressão, vamos desprezar os termos de segunda ordem, terceira ordem e ordens superiores. Assim, o primeiro termo no segundo membro é a representação em diferenças finitas para $(du/dx)_i$, que buscávamos. O erro em $(du/dx)_i$ por causa dos termos desprezados na série de Taylor é chamado de *erro de truncamento*. Em geral, o erro de truncamento é a diferença entre a equação diferencial e sua representação em diferenças finitas. O termo de ordem preeminente no erro de truncamento na Eq. 5.33 é proporcional a Δx. A Eq. 5.33 pode ser reescrita como

$$\left(\frac{du}{dx}\right)_i = \frac{u_i - u_{i-1}}{\Delta x} + O(\Delta x) \qquad (5.34)$$

em que o último termo é denominado "ordem de delta x". A notação $O(\Delta x)$ tem um significado preciso em matemática, que não abordaremos aqui. Em vez disso, para ganhar tempo, falaremos desse significado mais à frente, no tópico referente à convergência da malha. Desde que o erro de truncamento seja proporcional à primeira potência de Δx, essa representação de discrepância é chamada de *exatidão de primeira ordem*.

Substituindo a Eq. 5.34 na Eq. 5.32, obtemos a seguinte representação discreta para nossa equação do modelo:

$$\frac{u_i - u_{i-1}}{\Delta x} + u_i = 0 \qquad (5.35)$$

Note que passamos de uma equação diferencial para uma equação algébrica! Embora não a tenhamos escrito explicitamente, não se esqueça de que o erro nessa representação é $O(\Delta x)$.

Esse método de dedução da equação discreta usando expansões de séries de Taylor é o chamado *método de diferenças finitas*. Saiba que a maioria dos programas computacionais industriais de DFC usa os métodos de discretização por volumes finitos ou elementos finitos, uma vez que eles são mais adequados para modelar escoamentos através de geometrias complexas. Usaremos o método das diferenças finitas neste texto porque ele é de entendimento mais fácil; além disso, os conceitos discutidos também se aplicam em outros métodos de discretização.

Montagem do Sistema Discreto e Aplicação de Condições de Contorno

Rearranjando a equação discreta, Eq. 5.35, obtemos

$$-u_{i-1} + (1 + \Delta x)u_i = 0$$

A aplicação dessa equação aos pontos $i = 2, 3, 4$ da malha para 1D na Fig. 5.17 fornece

$$-u_1 + (1 + \Delta x)u_2 = 0 \qquad (5.36a)$$

$$-u_2 + (1 + \Delta x)u_3 = 0 \qquad (5.36b)$$

$$-u_3 + (1 + \Delta x)u_4 = 0 \qquad (5.36c)$$

A equação discreta não pode ser aplicada ao contorno esquerdo ($i = 1$), pois $u_{i-1} = u_0$ não está definido. Em vez disso, usamos a condição de contorno dada

$$u_1 = 1 \qquad (5.36d)$$

As Eqs. 5.36 formam um sistema de quatro equações algébricas simultâneas com quatro incógnitas u_1, u_2, u_3 e u_4. É conveniente escrever esse sistema na forma matricial:

$$\begin{bmatrix} 1 & 0 & 0 & 0 \\ -1 & 1+\Delta x & 0 & 0 \\ 0 & -1 & 1+\Delta x & 0 \\ 0 & 0 & -1 & 1+\Delta x \end{bmatrix} \begin{bmatrix} u_1 \\ u_2 \\ u_3 \\ u_4 \end{bmatrix} = \begin{bmatrix} 1 \\ 0 \\ 0 \\ 0 \end{bmatrix} \qquad (5.37)$$

Em uma situação geral (por exemplo, domínios 2D ou 3D), iríamos aplicar as equações discretas aos pontos da malha no interior do domínio. Para pontos da malha sobre ou próximo do contorno, aplicaríamos uma combinação das equações discretas e de condições de contorno. No final, seria obtido um sistema de equações algébricas e simultâneas similar às Eqs. 5.36 e uma equação matricial similar à Eq. 5.37, com o número de equações igual ao número de variáveis discretas independentes. O processo é essencialmente o mesmo daquele das equações do modelo anterior, com os detalhes, obviamente, sendo muito mais complexos.

Solução do Sistema Discreto

O sistema discreto (Eq. 5.37) para nosso exemplo simples unidimensional pode ser facilmente invertido, usando qualquer técnica de álgebra linear, de modo a obter as incógnitas nos pontos da malha. Para $\Delta x = \frac{1}{3}$, a solução é:

$$u_1 = 1 \quad u_2 = \frac{3}{4} \quad u_3 = \frac{9}{16} \quad u_4 = \frac{27}{64}$$

A solução exata para a Eq. 5.31 com $m = 1$, que pode ser obtida facilmente, é

$$u_{\text{exata}} = e^{-x}$$

A Fig. 5.18 mostra a comparação da solução discreta obtida na malha de quatro pontos com a solução exata, usando a planilha *Excel*. O erro maior no contorno direito, onde ele é igual a 14,7%. [Também é mostrado os resultados usando oito pontos ($N = 8$, $\Delta x = \frac{1}{7}$) e 16 pontos ($N = 16$, $\Delta x = \frac{1}{15}$), que discutimos na sequência.]

Em uma aplicação prática de DFC, teríamos milhares, até mesmo milhões, de variáveis no sistema discretizado; caso usássemos um procedimento de eliminação de Gauss para inverter os cálculos, seria necessário um tempo de computação extremamente grande, mesmo com um computador rápido. Consequentemente, muito trabalho foi dedicado para aperfeiçoar a inversão de matriz de modo a minimizar o tempo de CPU e memória requerida. A matriz a ser invertida é esparsa, isto é, a maior parte de suas entradas são zeros. As entradas diferentes de zero são agregadas em torno da diagonal visto que a equação discreta em um ponto da grade contém somente quantidades na vizinhança dos pontos de grade, como mostrado na Eq. 5.37. Um programa de DFC armazenaria somente os valores diferentes de zero para minimizar a utilização de memória. Esse programa também geralmente usa um procedimento iterativo para inverter a matriz; quanto mais iterações, mais perto se chega da verdadeira solução para a inversão de matriz. Retornaremos a essa ideia mais tarde.

Malha de Convergência

Ao desenvolver a aproximação por diferenças finitas para o problema do modelo 1D (Eq. 5.37), vimos que o erro de truncamento em nosso sistema discreto é $O(\Delta x)$. Assim, quando aumentamos o número de pontos da malha, e reduzimos Δx, é esperado que o

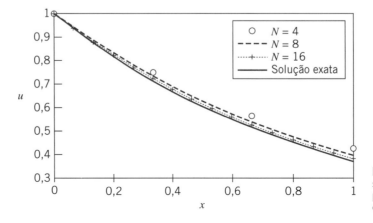

Fig. 5.18 Comparação da solução numérica obtida para três diferentes malhas com a solução exata.

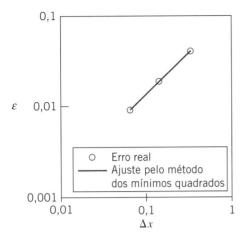

Fig. 5.19 A variação do erro de concordância ε em função de Δx.

erro na solução numérica viesse a diminuir e que a concordância entre as soluções numérica e exata fique melhor.

Vamos considerar o efeito do aumento do número N de pontos da malha na solução numérica do problema 1D. Consideraremos $N = 8$ e $N = 16$ em extensão ao caso $N = 4$ resolvido anteriormente. Repetimos a montagem anterior e os passos da solução para cada uma dessas novas malhas; em vez de termos um problema 4×4 da Eq. 5.37, encontramos com um problema 8×8 e um 16×16, respectivamente. A Fig. 5.18 compara os resultados obtidos (usando uma planilha *Excel*) em três malhas a solução exata. Como era esperado, o erro numérico diminui à medida que o número de pontos da malha é aumentado (mas isso funciona apenas até certo ponto; se fizermos Δx muito pequeno, começaremos a acumular erros de arredondamentos, e os resultados ficarão piores!). Quando as soluções numéricas obtidas para diferentes malhas concordam com um nível de tolerância especificada pelo usuário, elas são chamadas de soluções de "malha convergida". É muito importante investigar o efeito de resolução da malha na solução em todo problema de DFC. Nunca devemos confiar em uma solução de DFC sem estarmos convencidos de que ela é realmente uma solução de malha convergida para um nível de tolerância aceitável (que será dependente do problema).

Seja ε alguma medida de concordância do erro na solução numérica obtida em uma malha específica. Para as soluções numéricas na Fig. 5.19, ε é, por exemplo, estimado como a raiz média quadrática das diferenças (RMQ) da diferença entre as soluções numérica e exata:

$$\varepsilon = \sqrt{\frac{\sum_{i=1}^{N}(u_i - u_{i_{\text{exata}}})^2}{N}}$$

É razoável esperar que

$$\varepsilon \propto \Delta x^n$$

Uma vez que o erro de truncamento em nosso esquema de discretização é $O(\Delta x)$, esperamos $n = 1$ (ou mais precisamente, $n \to 1$ quando $\Delta x \to 0$). Os valores de ε para as três malhas estão em escala logarítmica na Fig. 5.19. A inclinação da reta gerada pelo método dos mínimos quadrados fornece o valor de n. Para a Fig. 5.19, temos $n = 0,92$, que é quase igual a 1. Esperamos que conforme a grade é refinada adicionalmente e Δx torna-se progressivamente menor, o valor de n se aproximará de 1. Para um esquema de segunda ordem, esperaríamos $n \sim 2$; isso significa que o erro da discretização diminui duas vezes com o refinamento da malha.

Lidando com a Não Linearidade

As equações de Navier–Stokes (Eqs. 5.27) contêm termos convectivos não lineares; por exemplo, na Eq. 5.27a, o termo de aceleração convectiva, $u\partial u/\partial x + v\partial u/\partial y + w\partial u/\partial z$, tem produtos de u consigo mesmo, bem como com v e w. Fenômenos, tais como turbulência e reações químicas, introduzem não linearidades extras. O alto grau de não linearidade das equações de governo para um fluido torna a obtenção de soluções numéricas precisas um grande desafio para escoamentos complexos de interesse prático.

Demonstraremos o efeito da não linearidade fazendo $m = 2$ em nosso exemplo simples em 1D, a Eq. 5.31:

$$\frac{du}{dx} + u^2 = 0; \quad 0 \leq x \leq 1; \quad u(0) = 1$$

Uma aproximação de primeira ordem em diferenças finitas para essa equação, análoga àquela na Eq. 5.35 para $m = 1$, é

$$\frac{u_i - u_{i-1}}{\Delta x} + u_i^2 = 0 \tag{5.38}$$

Essa é uma equação algébrica não linear com termo u_i^2 sendo a fonte da não linearidade.

A estratégia que é adotada para lidar com a não linearidade é linearizar as equações em torno de um *valor arbitrado* da solução e iteragir até que haja *concordância da solução* para um nível de tolerância especificada. Ilustraremos isso no exemplo seguinte. Vamos considerar que u_{g_i} seja o valor suposto para u_i. Assim

$$\Delta u_i = u_i - u_{g_i}$$

Rearranjando os termos e elevando ao quadrado, obtivemos

$$u_i^2 = u_{g_i}^2 + 2u_{g_i}\Delta u_i + (\Delta u_i)^2$$

Considerando que $\Delta u_i \ll u_{g_i}$, podemos desprezar o termo $(\Delta u_i)^2$, resultando

$$u_i^2 \approx u_{g_i}^2 + 2u_{g_i}\Delta u_i = u_{g_i}^2 + 2u_{g_i}(u_i - u_{g_i})$$

Assim

$$u_i^2 \approx 2u_{g_i}u_i - u_{g_i}^2 \tag{5.39}$$

A aproximação por diferenças finitas, Eq. 5.38, após a linearização em u_i, fica

$$\frac{u_i - u_{i-1}}{\Delta x} + 2u_{g_i}u_i - u_{g_i}^2 = 0 \tag{5.40}$$

Como o erro devido à linearização é $O(\Delta u^2)$, e que tende a zero quando $u_g \to u$.

Para calcular a aproximação por diferenças finitas, a Eq. 5.40, precisamos arbitrar valores de u_g nos pontos da malha. Começamos com um valor inicial na primeira iteração. Para cada iteração subsequente, o valor u obtido na iteração anterior é usado para realimentar o processo. Continuamos com as iterações até que elas convirjam. Mais adiante no texto, explicaremos como avaliar a convergência.

A discussão apresentada até aqui é essencialmente o processo usado nos códigos em DFC para linearizar os termos não lineares nas equações de conservação, com os detalhes variando de acordo com o código. Os pontos importantes a serem destacados são que a linearização é baseada em uma suposição e que essa é necessária para promover as sucessivas aproximações que antecedem a convergência.

Solucionadores Diretos e Iterativos

Vimos que é preciso fazer iterações envolvendo os termos não lineares nas equações de governo. Agora, vamos discutir outros fatores que são importantes para executar tais iterações em problemas práticos de DFC.

Como um exercício, você pode verificar que o sistema de equações discreto que resulta das aproximações por diferenças finitas da Eq. 5.40, em nossa malha de quatro pontos, é

$$\begin{bmatrix} 1 & 0 & 0 & 0 \\ -1 & 1+2\Delta x u_{g_2} & 0 & 0 \\ 0 & -1 & 1+2\Delta x u_{g_3} & 0 \\ 0 & 0 & -1 & 1+2\Delta x u_{g_4} \end{bmatrix} \begin{bmatrix} u_1 \\ u_2 \\ u_3 \\ u_4 \end{bmatrix} = \begin{bmatrix} 1 \\ \Delta x u_{g_2}^2 \\ \Delta x u_{g_3}^2 \\ \Delta x u_{g_4}^2 \end{bmatrix} \quad (5.41)$$

Em um problema prático, usualmente teríamos de milhares a milhões de pontos de malha ou células, de modo que cada dimensão da matriz anterior seria da ordem de um milhão (com a maioria dos elementos iguais a zero). A inversão direta de tal matriz demandaria uma quantidade proibitiva de memória. Em vez disso, a matriz é invertida usando um esquema iterativo como discutido na sequência.

Primeiro, devemos rearranjar a aproximação por diferença finita, a Eq. 5.40, no ponto da malha i de modo que u_i seja expresso em termos dos valores na vizinhança dos pontos da malha e dos valores arbitrados:

$$u_i = \frac{u_{i-1} + \Delta x\, u_{g_i}^2}{1 + 2\Delta x\, u_{g_i}}$$

Se um valor vizinho na iteração corrente não está disponível, então usamos o valor arbitrado. Digamos que vamos percorrer a nossa malha da direita para a esquerda; isto é, em cada interação, utilizamos u_4, depois u_3, e finalmente u_2. Em qualquer iteração, u_{i-1} não está disponível enquanto u_i está sendo atualizado, de modo que usamos o valor arbitrado $u_{g_{i-1}}$ em seu lugar:

$$u_i = \frac{u_{g_{i-1}} + \Delta x\, u_{g_i}^2}{1 + 2\Delta x\, u_{g_i}} \quad (5.42)$$

Uma vez que usamos os valores arbitrados nos pontos vizinhos, estamos efetivamente obtendo apenas uma solução aproximada para a inversão de matriz na Eq. 5.41 durante cada iteração. Contudo, nesse processo, reduzimos consideravelmente a memória requerida para a inversão da matriz. Essa troca é uma boa estratégia desde que ela não despenda recursos em demasia na geração da matriz inversa à medida que os elementos da matriz são continuamente corrigidos. De fato, combinamos a iteração para tratar termos não lineares com a iteração da inversão matriz em um processo de iteração único. O mais importante é que, como as iterações convergem e $u_g \to u$, a solução aproximada para a inversão de matriz tende para a solução exata, pois o erro devido ao uso de u_g em vez de u na Eq. 5.42 também tende a zero. Chegamos à solução sem obter explicitamente o sistema matricial (Eq. 5.41), o que simplifica enormemente a implantação computacional.

Assim, a iteração serve a dois propósitos:

1 Ela conduz a uma inversão eficiente de matriz com grande redução da memória requerida.
2 Ela nos capacita a resolver equações não lineares.

Em problemas em regime permanente, uma estratégia comum e efetiva, usada em programas de DFC, consiste em resolver a parte dinâmica das equações de governo e fazer uma marcha das soluções no tempo até que a solução convirja para um valor do regime permanente. Nesse caso, cada passo no tempo é efetivamente uma iteração, com o valor arbitrado em qualquer instante de tempo sendo dado pela solução no instante de tempo anterior.

Convergência Iterativa

Como vimos, quando $u_g \to u$, os erros de linearização e de inversão de matriz tendem a zero. A partir desse ponto, continuamos com o processo de iteração até que alguma medida selecionada da diferença entre u_g e u, chamada de resíduo, seja "suficientemente pequena". Poderíamos, por exemplo, definir o resíduo R como o valor da raiz média quadrática (RMQ) da diferença entre u e u_g na malha:

$$R \equiv \sqrt{\frac{\sum_{i=1}^{N}(u_i - u_{g_i})^2}{N}}$$

É útil criar uma escala para esse resíduo em termos do valor médio de u no domínio. Essa escala assegura que o resíduo é um valor *relativo*, e não uma medida *absoluta*. Dividindo o resíduo pelo valor médio de u, obtivemos a escala desejada:

$$R = \left(\sqrt{\frac{\sum_{i=1}^{N}(u_i - u_{g_i})^2}{N}}\right)\left(\frac{N}{\sum_{i=1}^{N} u_i}\right) = \frac{\sqrt{N \sum_{i=1}^{N}(u_i - u_{g_i})^2}}{\sum_{i=1}^{N} u_i} \quad (5.43)$$

Em nosso exemplo não linear 1D, tomaremos o valor inicial arbitrado em todos os pontos da malha como iguais aos valores no contorno esquerdo, isto é, $u_g^{(1)} = 1$ (em que $^{(1)}$ significa a primeira iteração). Em cada iteração, atualizamos u_g, varrendo a malha da direita para a esquerda para atualizar, a sua vez, u_4, u_3 e u_2 usando a Eq. 5.42, e calculando o resíduo usando a Eq. 5.43. As iterações terminarão quando o resíduo ficar abaixo de 10^{-9} (esse valor é denominado *critério de convergência*). A variação do resíduo com iterações é mostrada na Fig. 5.20. Note que uma escala logarítmica é usada para a ordenada. O processo iterativo converge a um nível menor que 10^{-9} em apenas seis iterações. Em problemas mais complexos, muito mais iterações seriam necessárias para a convergência ser atingida.

A solução depois de duas, quatro e seis iterações e a solução exata são mostradas na Fig. 5.21. É fácil verificar que a solução exata é dada por

$$u_{\text{exata}} = \frac{1}{x+1}$$

As soluções para quatro e seis iterações são indistinguíveis no gráfico. Isso é outra indicação que a solução convergiu. A solução convergida não concorda bem com a solução exata porque usamos uma malha grosseira para a qual o erro de truncamento é muito grande (repetiremos esse problema com malhas mais refinadas através de problemas no final do capítulo). O erro de convergência das iterações, que é da ordem de 10^{-9}, é consumido pelo de truncamento, que é da ordem de 10^{-1}. Portanto, como o erro de truncamento é da ordem de 10^{-1}, conduzir o resíduo abaixo de 10^{-9} é obviamente um desperdício de recursos computacionais. Em um cálculo eficiente, ambos os erros seriam estabelecidos em níveis comparáveis, e menores que um nível de tolerância que foi escolhido pelo usuário. O acordo entre a solução numérica e a

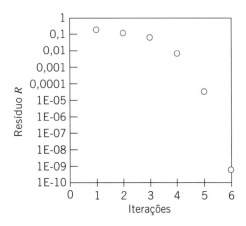

Fig. 5.20 História da convergência para o problema do modelo não linear.

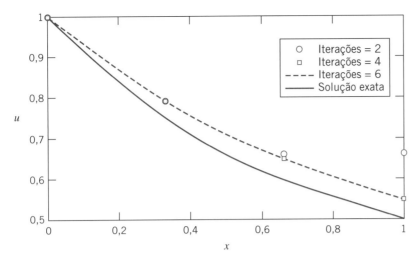

Fig. 5.21 Progressão da solução iterativa.

solução exata deve tornar-se muito melhor com o refinamento da malha, como foi o caso linear (para $m = 1$). Os vários códigos de DFC usam definições ligeiramente diferentes para o resíduo. Você sempre poderá ler os seus tutoriais para entender como o resíduo é calculado.

Considerações Finais

Nesta seção introduzimos algumas formas simples de usar uma planilha eletrônica para a solução numérica de dois tipos de problemas de mecânica dos fluidos. Os Exemplos 5.11 e 5.12 mostram como certos escoamentos unidimensionais e bidimensionais podem ser calculados. Estudamos então alguns conceitos em maiores detalhes, tais como os critérios de convergência, envolvidos com os métodos numéricos e DFC, considerando uma equação diferencial ordinária de primeira ordem. Em nosso exemplo simples 1D, as iterações convergem muito rapidamente. Na prática, encontramos muitos exemplos em que o processo iterativo não converge ou converge letargicamente. Por isso, é útil conhecer *a priori* as condições sobre as quais dado esquema numérico converge. Isso é determinado efetuando uma análise de estabilidade do esquema numérico. A análise de estabilidade de esquemas numéricos e as várias estratégias de estabilização usadas para superar a não convergência são tópicos muito importantes. Você deverá estudá-los, caso queira avançar os estudos em DFC.

Muitos escoamentos em engenharia são turbulentos, caracterizados por grandes flutuações quase aleatórias na velocidade e na pressão tanto no espaço quanto no tempo. Em geral, escoamentos turbulentos ocorrem no limite de números de Reynolds elevados. A maioria dos escoamentos não pode ser resolvida em uma vasta faixa de tempo e comprimento, exceto com o uso de computadores potentes. Em vez disso, podemos resolvê-los para uma média estatística das propriedades do escoamento. Para fazer isso, é preciso aumentar as equações de governo com um modelo de turbulência. Infelizmente, não existe um modelo único de turbulência que seja uniformemente válido para todos os escoamentos. Assim, os pacotes em DFC ajudam você a selecionar um modelo entre tantos existentes. Antes de usar um modelo de turbulência, você precisa compreender suas possibilidades e limitações para o tipo de escoamento que está sendo estudado.

Nesta breve introdução, procuramos explorar alguns dos conceitos por trás da DFC. O desenvolvimento de códigos em DFC é difícil e demanda algum tempo. Por isso, a maioria dos engenheiros usa pacotes comerciais, tais como *Fluent* [6] e *STAR-CD* [7]. Esta introdução advertiu você sobre a complexidade destas aplicações. Assim, um pacote de DFC não é exatamente uma "caixa-preta" de truques de mágica.

202 Capítulo 5

5.6 Resumo e Equações Úteis

Neste capítulo:

✓ Deduzimos a formulação diferencial da equação da conservação da massa (continuidade) na forma vetorial e em coordenadas cilíndricas e retangulares.

✓ *Definimos a função de corrente ψ para um escoamento bidimensional incompressível e aprendemos como deduzir as componentes da velocidade a partir dessa função, bem como a determinar ψ a partir do campo de velocidade.

✓ Aprendemos como obter as acelerações total, local e convectiva de uma partícula fluida a partir do campo de velocidade.

✓ Apresentamos exemplos de translação e rotação de uma partícula fluida e da deformação angular e linear.

✓ Definimos vorticidade e circulação de um escoamento.

✓ Deduzimos e resolvemos para casos simples, as equações de Navier–Stokes e discutimos o significado físico de cada termo.

✓ *Introduzimos alguns conceitos básicos sobre as ideias por trás da dinâmica de fluidos computacional.

Também exploramos ideias do tipo como determinar se um escoamento é incompressível usando o campo de velocidade e, dada uma componente da velocidade de um campo de escoamento incompressível e bidimensional, como deduzir as outras componentes da velocidade.

Neste capítulo, estudamos os efeitos das tensões viscosas sobre a deformação e a rotação de uma partícula fluida; no próximo capítulo, examinaremos escoamentos para os quais os efeitos viscosos são desprezíveis.

Nota: A maior parte das Equações Úteis na tabela a seguir tem determinadas restrições ou limitações — *para usá-las com segurança, verifique os detalhes no capítulo conforme numeração de referência*!

Equações Úteis

Equação da continuidade (geral, coordenadas retangulares):	$$\frac{\partial \rho u}{\partial x} + \frac{\partial \rho v}{\partial y} + \frac{\partial \rho w}{\partial z} + \frac{\partial \rho}{\partial t} = 0$$	(5.1a)
	$$\nabla \cdot \rho \vec{V} + \frac{\partial \rho}{\partial t} = 0$$	(5.1b)
Equação da continuidade (incompressível, coordenadas retangulares):	$$\frac{\partial u}{\partial x} + \frac{\partial v}{\partial y} + \frac{\partial w}{\partial z} = \nabla \cdot \vec{V} = 0$$	(5.1c)
Equação da continuidade (regime permanente, coordenadas retangulares):	$$\frac{\partial \rho u}{\partial x} + \frac{\partial \rho v}{\partial y} + \frac{\partial \rho w}{\partial z} = \nabla \cdot \rho \vec{V} = 0$$	(5.1d)
Equação da continuidade (geral, coordenadas cilíndricas):	$$\frac{1}{r}\frac{\partial (r\rho V_r)}{\partial r} + \frac{1}{r}\frac{\partial (\rho V_\theta)}{\partial \theta} + \frac{\partial (\rho V_z)}{\partial z} + \frac{\partial \rho}{\partial t} = 0$$	(5.2a)
	$$\nabla \cdot \rho \vec{V} + \frac{\partial \rho}{\partial t} = 0$$	(5.1b)
Equação da continuidade (incompressível, coordenadas cilíndricas):	$$\frac{1}{r}\frac{\partial (rV_r)}{\partial r} + \frac{1}{r}\frac{\partial V_\theta}{\partial \theta} + \frac{\partial V_z}{\partial z} = \nabla \cdot \vec{V} = 0$$	(5.2b)
Equação da continuidade (regime permanente, coordenadas cilíndricas):	$$\frac{1}{r}\frac{\partial (r\rho V_r)}{\partial r} + \frac{1}{r}\frac{\partial (\rho V_\theta)}{\partial \theta} + \frac{\partial (\rho V_z)}{\partial z} = \nabla \cdot \rho \vec{V} = 0$$	(5.2c)
Equação da continuidade (2D, incompressível, coordenadas retangulares):	$$\frac{\partial u}{\partial x} + \frac{\partial v}{\partial y} = 0$$	(5.3)
Função de corrente (2D, incompressível, coordenadas retangulares):	$$u \equiv \frac{\partial \psi}{\partial y} \quad e \quad v \equiv -\frac{\partial \psi}{\partial x}$$	(5.4)

(continua)

*Esses tópicos aplicam-se a uma seção que pode ser omitida sem perda de continuidade no material do texto.

Equações Úteis (Continuação)

Equação da continuidade (2D, incompressível, coordenadas cilíndricas):	$$\frac{\partial(rV_r)}{\partial r} + \frac{\partial V_\theta}{\partial \theta} = 0$$	(5.7)
Função de corrente (2D, incompressível, coordenadas cilíndricas):	$$V_r \equiv \frac{1}{r}\frac{\partial \psi}{\partial \theta} \quad e \quad V_\theta \equiv -\frac{\partial \psi}{\partial r}$$	(5.8)
Aceleração de partícula (coordenadas retangulares):	$$\frac{D\vec{V}}{Dt} \equiv \vec{a}_p = u\frac{\partial \vec{V}}{\partial x} + v\frac{\partial \vec{V}}{\partial y} + w\frac{\partial \vec{V}}{\partial z} + \frac{\partial \vec{V}}{\partial t}$$	(5.9)
Componentes da aceleração de partícula em coordenadas retangulares:	$$a_{x_p} = \frac{Du}{Dt} = u\frac{\partial u}{\partial x} + v\frac{\partial u}{\partial y} + w\frac{\partial u}{\partial z} + \frac{\partial u}{\partial t}$$	(5.11a)
	$$a_{y_p} = \frac{Dv}{Dt} = u\frac{\partial v}{\partial x} + v\frac{\partial v}{\partial y} + w\frac{\partial v}{\partial z} + \frac{\partial v}{\partial t}$$	(5.11b)
	$$a_{z_p} = \frac{Dw}{Dt} = u\frac{\partial w}{\partial x} + v\frac{\partial w}{\partial y} + w\frac{\partial w}{\partial z} + \frac{\partial w}{\partial t}$$	(5.11c)
Componentes da aceleração de partícula em coordenadas cilíndricas:	$$a_{r_p} = V_r\frac{\partial V_r}{\partial r} + \frac{V_\theta}{r}\frac{\partial V_r}{\partial \theta} - \frac{V_\theta^2}{r} + V_z\frac{\partial V_r}{\partial z} + \frac{\partial V_r}{\partial t}$$	(5.12a)
	$$a_{\theta_p} = V_r\frac{\partial V_\theta}{\partial r} + \frac{V_\theta}{r}\frac{\partial V_\theta}{\partial \theta} + \frac{V_r V_\theta}{r} + V_z\frac{\partial V_\theta}{\partial z} + \frac{\partial V_\theta}{\partial t}$$	(5.12b)
	$$a_{z_p} = V_r\frac{\partial V_z}{\partial r} + \frac{V_\theta}{r}\frac{\partial V_z}{\partial \theta} + V_z\frac{\partial V_z}{\partial z} + \frac{\partial V_z}{\partial t}$$	(5.12c)
Equações de Navier-Stokes (incompressível, viscosidade constante):	$$\rho\left(\frac{\partial u}{\partial t} + u\frac{\partial u}{\partial x} + v\frac{\partial u}{\partial y} + w\frac{\partial u}{\partial z}\right)$$ $$= \rho g_x - \frac{\partial p}{\partial x} + \mu\left(\frac{\partial^2 u}{\partial x^2} + \frac{\partial^2 u}{\partial y^2} + \frac{\partial^2 u}{\partial z^2}\right)$$	(5.27a)
	$$\rho\left(\frac{\partial u}{\partial t} + u\frac{\partial u}{\partial x} + v\frac{\partial u}{\partial y} + w\frac{\partial u}{\partial z}\right)$$ $$= \rho g_y - \frac{\partial p}{\partial y} + \mu\left(\frac{\partial^2 v}{\partial x^2} + \frac{\partial^2 v}{\partial y^2} + \frac{\partial^2 v}{\partial z^2}\right)$$	(5.27b)
	$$\rho\left(\frac{\partial w}{\partial t} + u\frac{\partial w}{\partial x} + v\frac{\partial w}{\partial y} + w\frac{\partial w}{\partial z}\right)$$ $$= \rho g_z - \frac{\partial p}{\partial z} + \mu\left(\frac{\partial^2 w}{\partial x^2} + \frac{\partial^2 w}{\partial y^2} + \frac{\partial^2 w}{\partial z^2}\right)$$	(5.27c)

REFERÊNCIAS

1. Li, W. H., and S. H. Lam, *Principles of Fluid Mechanics*. Reading, MA: Addison-Wesley, 1964.

2. Daily, J. W., and D. R. F. Harleman, *Fluid Dynamics*. Reading, MA: Addison-Wesley, 1966.

3. Schlichting, H., *Boundary-Layer Theory*, 7th ed. New York: McGraw-Hill, 1979.

4. White, F. M., *Viscous Fluid Flow*, 3rd ed. New York: McGraw-Hill, 2000.

5. Sabersky, R. H., A. J. Acosta, E. G. Hauptmann, and E. M. Gates, *Fluid Flow—A First Course in Fluid Mechanics*, 4th ed. New Jersey: Prentice Hall, 1999.

204   Capítulo 5

6. *Fluent.* Fluent Incorporated, Centerra Resources Park, 10 Cavendish Court, Lebanon, NH 03766 (www.fluent.com).

7. *STAR-CD.* Adapco, 60 Broadhollow Road, Melville, NY 11747 (www.cd-adapco.com).

8. Chapra, S. C., and R. P. Canale, *Numerical Methods for Engineers*, 5th ed. New York: McGraw-Hill, 2005.

9. Epperson, J. F., *An Introduction to Numerical Methods and Analysis*, rev. ed. New York: Wiley, 2007.

PROBLEMAS

Conservação da Massa

5.1 Quais dos seguintes conjuntos de equações representam possíveis casos de escoamento bidimensional incompressível?

(a) $u = 2x^2 + y^2 - x^2y;\ v = x^3 + x(y^2 - 4y)$
(b) $u = 2xy - x^2y;\ v = 2xy - y^2 + x^2$
(c) $u = x^2t + 2y;\ v = xt^2 - yt$
(d) $u = (2x + 4y)xt;\ v = 3(x + y)yt$

5.2 Quais dos seguintes conjuntos de equações representam possíveis casos de escoamento tridimensional incompressível?

(a) $u = 4y^2 + 4xz;\ v = -4yz + 10x^2yz;\ w = 3x^2z^2 + x^3y^4$
(b) $u = x^2yzt;\ v = -xy^2zt^2;\ w = z^2(xt^2 - yt)$
(c) $u = x^3 + 3y;\ v = 2x - 4y;\ w = -4xz + 2y^3 + 3z$

5.3 Para um escoamento no plano xy, a componente x da velocidade é dada por $u = Ax(y - B)$, em que $A = 3,3$ m$^{-1}\cdot$s^{-1}, $B = 1,8$ m e x e y são medidos em metros. Encontre uma possível componente y para escoamento em regime permanente e incompressível. Ela também é válida para escoamento incompressível não permanente? Por quê? Quantas são as possíveis componentes y?

5.4 Quais dos seguintes conjuntos de equações representam possíveis casos de escoamento incompressível e tridimensional?

(a) $u = 5x^2 + 5xyz;\ v = -4xy + 10x^3y^3z^3;\ w = x^2y^5 + z^3$
(b) $u = x^2y^2z^2t^2;\ v = -3xyzt^2;\ w = 5z^3xt^4 - 5z^3yt^4$
(c) $u = 6x^2 + 10xy;\ v = -xz + 2xyz + x^3y^3z^3;$
    $w = x^2z^3 + 10xyz + 8z^3$
(d) $u = x^2 + 2y + z^2;\ v = x - 2y + z;\ w = -2xz + y^2 + 2z$

5.5 Para um escoamento no plano xy, a componente x da velocidade é dada por $u = 3x^2y - y^3$. Encontre uma possível componente y para escoamento em regime permanente e incompressível. Ela também é válida para escoamento incompressível em regime não permanente? Por quê? Quantas são as possíveis componentes y?

5.6 A componente x da velocidade em um campo de escoamento em regime permanente e incompressível, no plano xy, é $u = B/x$, em que $B = 3$ m^2/s e x é medido em metros. Determine a mais simples componente y da velocidade para esse campo de escoamento.

5.7 A componente y da velocidade em um campo de escoamento em regime permanente e incompressível, no plano xy, é $v = Axy(x^2 - y^2)$, em que $A = 3$ m$^{-3}\cdot$s^{-1} e x e y são medidos em metros. Determine a mais simples componente x da velocidade para este campo de escoamento.

5.8 A componente x da velocidade em um campo de escoamento em regime permanente e incompressível no plano xy é $u = Ae^{x/b}\cos(y/b)$, em que $A = 10$ m/s e $b = 5$ m e x e y são medidos em metros. Determine a mais simples componente y da velocidade para este campo de escoamento.

5.9 Uma aproximação útil para a componente x da velocidade em uma camada-limite laminar e incompressível é uma variação parabólica de $u = 0$ na superfície ($y = 0$) até a velocidade de corrente livre, U, na borda da camada-limite ($y = \delta$). A equação do perfil é $u/U = 2(y/\delta) - (y/\delta)^2$, em que $\delta = cx^{1/2}$, sendo c uma constante. Mostre que a expressão mais simples para a componente y da velocidade é

$$\frac{v}{U} = \frac{\delta}{x}\left[\frac{1}{2}\left(\frac{y}{\delta}\right)^2 - \frac{1}{3}\left(\frac{y}{\delta}\right)^3\right]$$

Trace v/U em função de y/δ, e determine o local do máximo valor da razão v/U. Determine a razão em que $\delta = 5$ mm e $x = 0,5$ m.

5.10 Uma aproximação útil para a componente x da velocidade em uma camada-limite laminar e incompressível é uma variação senoidal de $u = 0$ na superfície ($y = 0$) até a velocidade de corrente livre, U, na borda da camada-limite ($y = \delta$). A equação do perfil é $u = U\,\text{sen}(\pi y/2\delta)$, em que $\delta = cx^{1/2}$, sendo c uma constante. Mostre que a expressão mais simples para a componente y da velocidade é

$$\frac{v}{U} = \frac{1}{\pi}\frac{\delta}{x}\left[\cos\left(\frac{\pi}{2}\frac{y}{\delta}\right) + \left(\frac{\pi}{2}\frac{y}{\delta}\right)\text{sen}\left(\frac{\pi}{2}\frac{y}{\delta}\right) - 1\right]$$

Trace u/U e v/U em função de y/δ, e determine o local do máximo valor da razão v/U. Avalie a razão em que $x = 0,5$ m e $\delta = 5$ mm.

5.11 Para um escoamento no plano xy, a componente da velocidade em x é dada por $u = Ax^2y^2$, em que $A = 0,3$ m$^{-3}\cdot$s^{-1} e x e y são medidos em metros. Determine uma possível componente y para escoamento em regime permanente e incompressível. Ela é válida também para um escoamento não permanente incompressível? Por quê? Quantas possíveis componentes y existem? Determine a equação da linha de corrente para a mais simples componente y da velocidade. Trace as linhas de corrente que passam pelos pontos $(1, 4)$ e $(2, 4)$.

5.12 A componente y da velocidade em um campo de escoamento em regime permanente e incompressível, no plano xy, é $v = -Bxy^3$, em que $B = 0,2$ m$^{-3}\cdot$s^{-1} e x e y são medidos em metros. Encontre a mais simples componente x da velocidade para esse campo de escoamento. Determine a equação da linha de corrente para esse escoamento. Trace as linhas de corrente que passam pelos pontos $(1, 4)$ e $(2, 4)$.

5.13 Considere um jato d'água saindo de um irrigador oscilatório de gramados. Descreva as trajetórias e as linhas de emissão correspondentes.

5.14 Deduza a forma diferencial da conservação da massa em coordenadas retangulares por expansão em série de Taylor em torno do ponto O dos *produtos* da massa específica pelas componentes da velocidade: ρu, ρv e ρw. Mostre que o resultado é idêntico à Eq. 5.1a.

5.15 Quais dos seguintes conjuntos de equações representam possíveis casos de escoamento incompressível?

(a) $V_r = -K/r;\ V_\theta = 0$
(b) $V_r = 0;\ V_\theta = K/r$
(c) $V_r = -K\cos\theta/r^2;\ V_\theta = -K\,\text{sen}\,\theta/r^2$

5.16 Para um escoamento incompressível no plano $r\theta$, a componente r da velocidade é dada por $V_r = U\cos\theta$.

(a) Determine uma possível componente θ da velocidade.
(b) Quantas possíveis componentes θ existem?

5.17 Para um escoamento incompressível no plano $r\theta$, a componente r da velocidade é dada por $V_r = -\Lambda\cos\theta/r^2$. Determine uma possível componente θ da velocidade. Quantas possíveis componentes θ existem?

5.18 Avalie $\nabla\cdot\rho\vec{V}$ em coordenadas cilíndricas. Use a definição de ∇ em coordenadas cilíndricas. Substitua o vetor velocidade e aplique o operador gradiente, usando a informação da nota 1 de rodapé. Agrupe termos e simplifique; mostre que o resultado é idêntico à Eq. 5.2c.

Introdução à Análise Diferencial dos Movimentos dos Fluidos **205**

Função de Corrente para Escoamento Incompressível Bidimensional

*5.19 Um campo de velocidade em coordenadas cilíndricas é dado por $\vec{V} = \hat{e}_r A/r + \hat{e}_\theta B/r$, em que A e B são constantes com dimensões de m²/s. Isso representa um possível escoamento incompressível? Trace a linha de corrente que passa pelo ponto $r_0 = 1$ m, $\theta = 90°$, se $A = B = 1$ m²/s, se $A = 1$ m²/s e $B = 0$, e se $B = 1$ m²/s e $A = 0$.

*5.20 O campo de velocidade para o escoamento viscométrico do Exemplo 5.7 é $\vec{V} = U(y/h)\hat{i}$. Determine a função de corrente para este escoamento. Localize a linha de corrente que divide a vazão volumétrica total em duas partes iguais.

*5.21 A função de corrente para certo campo de escoamento incompressível é dada pela expressão $\psi = -Ur$ sen $\theta + q\theta/2\pi$. Obtenha uma expressão para o campo de velocidade. Encontre o(s) ponto(s) de estagnação em que $|\vec{V}| = 0$, e mostre que ali $\psi = 0$.

*5.22 Considere um escoamento com as componentes da velocidade $u = z(3x^2 - z^2)$, $v = 0$ e $w = x(x^2 - 3z^2)$.

(a) Esse escoamento é uni, bi ou tridimensional?
(b) Demonstre se esse é um escoamento incompressível ou compressível.
(c) Se possível, deduza uma função de corrente para este escoamento.

*5.23 Um campo de escoamento incompressível, sem atrito, é especificado pela função de corrente $\psi = -5Ax - 2Ay$, em que $A = 2$ m/s e x e y são coordenadas em metros.

(a) Esboce as linhas de corrente $\psi = 0$ e $\psi = 5$ e indique a direção do vetor velocidade no ponto $(0, 0)$ em um desenho esquemático.
(b) Determine o módulo da vazão volumétrica entre as linhas de corrente que passam pelos pontos $(2, 2)$ e $(4, 1)$.

*5.24 Um perfil de velocidade parabólico foi usado para modelar o escoamento em uma camada-limite laminar e incompressível no Problema 5.9. Deduza a função de corrente para este campo de escoamento. Localize as linhas de corrente a um quarto e a um meio da vazão volumétrica total na camada-limite.

*5.25 Deduza a função de corrente que representa a aproximação senoidal usada para modelar a componente x da velocidade na camada-limite do Problema 5.10. Localize as linhas de corrente a um quarto e a um meio da vazão volumétrica total na camada-limite.

*5.26 Um movimento de corpo rígido foi modelado no Exemplo 5.6 pelo campo de velocidade $\vec{V} = r\omega\hat{e}_\theta$. Determine a função de corrente para este escoamento. Avalie a vazão em volume por unidade de profundidade entre $r_1 = 0,10$ m e $r_2 = 0,12$ m, se $\omega = 0,5$ rad/s. Esboce o perfil de velocidade ao longo de uma linha de θ constante. Confira a vazão em volume calculada a partir da função de corrente, integrando o perfil de velocidade ao longo dessa linha.

5.27 Uma corrente escoa uniformemente a uma velocidade igual a 7 m/s em um ângulo de 40° com relação ao eixo x, em um campo bidimensional. Deduza a equação para a função de corrente e potencial de velocidade.

*5.28 O Exemplo 5.6 mostrou que o campo de velocidade para um vórtice livre no plano $r\theta$ é $\vec{V} = \hat{e}_\theta C/r$. Determine a função de corrente para esse escoamento. Avalie a vazão em volume por unidade de profundidade entre $r_1 = 0,20$ m e $r_2 = 0,24$ m, se $C = 0,3$ m²/s. Esboce o perfil de velocidade ao longo de uma linha de θ constante. Confira a vazão calculada a partir da função de corrente, integrando o perfil de velocidade ao longo dessa linha.

Movimento de uma Partícula Fluida (Cinemática)

5.29 Considere o campo de escoamento dado por $\vec{V} = xy^3\hat{i} - \frac{1}{4}y^4\hat{j} + xy\hat{k}$. Determine (a) o número de dimensões do escoamento, (b)

se ele é um possível escoamento incompressível e (c) a aceleração de uma partícula fluida no ponto $(x, y, z) = (2, 3, 4)$.

5.30 Considere o campo de velocidade no plano xy dado por $\vec{V} = A(x^4 - 6x^2y^2 + y^4)\hat{i} + A(4xy^3 - 4x^3y)\hat{j}$, em que $A = 0,25$ m⁻³ · s⁻¹ e as coordenadas são medidas em metros. Esse é um possível campo de escoamento incompressível? Calcule a aceleração de uma partícula fluida no ponto $(x, y) = (2, 1)$.

5.31 Considere o campo de escoamento dado por $\vec{V} = ax^3y\hat{i} - by\hat{j} + cz^3\hat{k}$, em que $a = 3$ m⁻² · s⁻¹, $b = 3$ s⁻¹ e $c = 2$ m⁻¹ · s⁻¹. Determine (a) o número de dimensões do escoamento, (b) se ele é um possível escoamento incompressível e (c) a aceleração de uma partícula fluida no ponto $(x, y, z) = (3, 2, 1)$.

5.32 A componente x da velocidade em um campo de escoamento em regime permanente, incompressível, no plano xy, é $u = A(x^5 - 10x^3y^2 + 5xy^4)$, em que $A = 2$ m⁻⁴ · s⁻¹ e x é medido em metros. Encontre a mais simples componente y da velocidade deste campo de escoamento. Avalie a aceleração de uma partícula fluida no ponto $(x, y) = (1, 3)$.

5.33 O campo de velocidade em uma camada-limite laminar é dado pela expressão

$$\vec{V} = \frac{AUy}{x^{1/2}}\hat{i} + \frac{AUy^2}{4x^{3/2}}\hat{j}$$

Nessa expressão, $A = 151$ m⁻¹/² e $U = 0,360$ m/s é a velocidade da corrente livre. Mostre que esse campo de velocidade representa um possível escoamento incompressível. Calcule a aceleração de uma partícula fluida no ponto $(x, y) = (0,8$ m, 8 mm$)$. Determine a inclinação da linha de corrente através desse ponto.

5.34 Um escoamento em onda de um fluido incompressível em uma superfície sólida segue um modelo senoidal. O escoamento é bidimensional com o eixo x normal à superfície e o eixo y ao longo da parede. A componente x do escoamento segue o modelo

$$u = Ax \, \text{sen}\left(\frac{2\pi t}{T}\right)$$

Determine a componente y do escoamento (v) e as componentes convectiva e local do vetor aceleração.

5.35 Considere o campo de velocidade no plano xy dado por $\vec{V} = Ax/(x^2 + y^2)\hat{i} + Ay/(x^2 + y^2)\hat{j}$, em que $A = 10$ m²/s e x e y são medidos em metros. Esse é um possível campo de escoamento incompressível? Deduza uma expressão para a aceleração do fluido. Avalie a velocidade e a aceleração ao longo do eixo x, do eixo y e ao longo da linha definida por $y = x$. O que você pode concluir sobre este escoamento?

5.36 Um líquido incompressível, com viscosidade desprezível, escoa em regime permanente no interior de um tubo horizontal de diâmetro constante. Em uma seção porosa de comprimento $L = 0,3$ m, líquido é removido a uma taxa constante por unidade de comprimento, de modo que a velocidade axial no tubo é $u(x) = U(1 - x/2L)$, em que $U = 5$ m/s. Desenvolva uma expressão para a aceleração de uma partícula fluida ao longo da linha de centro da seção porosa.

5.37 Um líquido incompressível com viscosidade desprezível escoa através de um tubo horizontal. O escoamento é permanente. O diâmetro do tubo varia linearmente de 10 cm até 2,5 cm ao longo de um comprimento de 2 m. Desenvolva uma expressão para a aceleração de uma partícula fluida ao longo da linha central do tubo. Trace um gráfico da velocidade e da aceleração na linha central *versus* a posição ao longo do tubo, se a velocidade na linha central for igual a 1 m/s.

5.38 O campo de velocidade de um escoamento é dado por $\vec{V} = 3tx^2\hat{i} - t^3y\hat{j} - 5xy\hat{k}$.

(a) O escoamento é em regime permanente ou transiente?

---

*Esses problemas requerem material de seções que podem ser omitidas sem perda de continuidade no material do texto.

206 Capítulo 5

(b) É possível aproximar o escoamento como um escoamento bidimensional?

(c) Determine o campo de aceleração desse campo de velocidade.

5.39 Resolva o Problema 4.94 para mostrar que a velocidade radial na folga estreita é $V_r = Q/2\pi r h$. Deduza uma expressão para a aceleração de uma partícula fluida na folga.

5.40 Como uma das etapas de um estudo sobre poluição, um modelo da concentração c em função da posição x foi desenvolvido, em que a concentração é dada por

$$c(x) = A(e^{-x/2a} - e^{-x/a})$$

em que $A = 3 \times 10^{-5}$ ppm (partes por milhão) e $a = 1$ m. Trace o gráfico desta concentração desde $x = 0$ até $x = 10$ m. Se um veículo com um sensor de poluição viaja através dessa atmosfera a $u = U = 20$ m/s, desenvolva uma expressão para a taxa de concentração medida da mudança de c com o tempo, e trace um gráfico usando esses dados.

(a) Em qual localização o sensor indicará a maior taxa de mudança?
(b) Qual é o valor dessa taxa de mudança?

5.41 Após uma chuva, a concentração de sedimentos em um certo ponto de um rio aumenta à taxa de 100 partes por milhão (ppm) por hora. Além disso, a concentração de sedimentos aumenta com a distância rio abaixo como resultado do recebimento de correntes tributárias; este aumento é de 30 ppm por quilômetro. Nesse ponto, a corrente de água flui a 0,8 km/h. Um barco é usado para inspecionar a concentração de sedimentos. O operador fica surpreso ao descobrir três taxas aparentes de variação de sedimentos quando o barco sobe o rio, ou se deixa levar pela corrente ou desce o rio. Explique fisicamente por que as diferentes taxas são observadas. Se a velocidade do barco é de 4 km/h, calcule as três taxas de variação.

5.42 Quando um avião voa através de uma frente fria, um instrumento de bordo indica que a temperatura ambiente cai à taxa de 0,28°C por minuto. Outros instrumentos mostram uma velocidade no ar de 154 m/s e uma taxa de subida de 18 m/s. A frente fria é estacionária e verticalmente uniforme. Calcule a taxa de variação da temperatura com respeito a distância horizontal através da frente fria.

5.43 Um avião voa para o norte a 480 km/h em relação ao solo. Sua taxa de subida é 15 m/s. O gradiente vertical de temperatura é $-5,6$°C por 1 quilômetro de altitude. A temperatura do solo varia com a posição através de uma frente fria, caindo a uma razão de 0,345°C por quilômetro. Calcule a taxa de variação da temperatura mostrada por um registrador a bordo da aeronave.

5.44 Expanda $(\vec{V} \cdot \nabla)\vec{V}$ em coordenadas retangulares pela substituição direta do vetor velocidade para obter a aceleração convectiva de uma partícula fluida. Verifique os resultados dados nas Eqs. 5.11.

5.45 Um campo de velocidade bidimensional permanente é dado por $\vec{V} = Ax^2\hat{i} - Ay^2\hat{j}$, em que $A = 1$ s^{-1}. Mostre que as linhas de corrente para este escoamento são hipérboles retangulares, $xy = C$. Obtenha uma expressão geral para a aceleração da partícula neste campo de velocidade. Calcule a aceleração das partículas fluidas nos pontos $(x, y) = (\frac{1}{2}, 2)$, $(1, 1)$ e $(2, \frac{1}{2})$, em que x e y são medidos em metros. Trace as linhas de corrente que correspondem a $C = 0,1$ e 2 m^2 e mostre os vetores aceleração sobre o gráfico das linhas de corrente.

5.46 Um campo de velocidade é representado pela expressão $\vec{V} = (Ax - B)\hat{i} - Ay\hat{j}$, em que $A = 0,2$ s^{-1}, $B = 0,6$ m · s^{-1} e as coordenadas são medidas em metros. Obtenha uma expressão geral para a aceleração da partícula neste campo de velocidade. Calcule a aceleração das partículas fluidas nos pontos $(x, y) = (0, \frac{4}{3})$, $(1, 2)$ e $(2, 4)$. Trace algumas linhas de corrente no plano xy. Mostre os vetores de aceleração sobre o gráfico das linhas de corrente.

5.47 Um perfil de velocidade aproximadamente parabólico foi usado no Problema 5.10 para modelar o escoamento em uma camada-limite laminar e incompressível sobre uma placa plana. Para este perfil, encontre a componente x da aceleração, a_x, de uma partícula fluida dentro da camada-limite. Trace a_x para a posição $x = 0,8$ m, em que $\delta = 1,2$ mm, para um escoamento com $U = 6$ m/s. Determine o máximo valor de a_x nesta posição x.

5.48 Um perfil de velocidade aproximadamente senoidal foi usado no Problema 5.11 para modelar o escoamento em uma camada-limite laminar e incompressível sobre uma placa plana. Para este perfil, obtenha expressões para as componentes x e y da aceleração de uma partícula fluida na camada-limite. Trace a_x e a_y para a posição $x = 1$ m, em que $\delta = 1$ mm, para um escoamento com $U = 5$ m/s. Encontre os máximos de a_x e a_y nesta posição x.

5.49 Ar escoa em uma folga estreita, de altura h, entre duas placas paralelas muito próximas, através de uma superfície porosa, conforme mostrado. Use um volume de controle, com superfície externa localizada na posição r, para mostrar que a velocidade uniforme na direção r é $V = v_0 r/2h$. Encontre uma expressão para a componente da velocidade na direção z ($v_0 \ll V$). Avalie a aceleração de uma partícula fluida na folga.

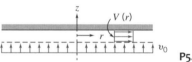

P5.49

5.50 Ar escoa em uma folga estreita, de altura h, entre dois discos paralelos muito próximos, através de uma superfície porosa, conforme mostrado. Use um volume de controle, com superfície externa localizada na posição x, para mostrar que a velocidade uniforme na direção r é $u = v_0 x/h$. Encontre uma expressão para a componente da velocidade na direção y. Avalie as componentes da aceleração de uma partícula fluida na folga.

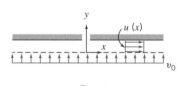

P5.50

5.51 Considere o escoamento incompressível de um fluido através de um bocal, conforme mostrado. A área do bocal é dada por $A = A_0(1 - bx)$ e a velocidade de entrada varia de acordo com $U = U_0(0,5 + 0,5\cos \omega t)$, em que $A_0 = 0,5$ m^2, $L = 5$ m, $b = 0,1$ m^{-1}, $w = 0,16$ rad/s e $U_0 = 5$ m/s. Determine e trace um gráfico da aceleração na linha central, usando o tempo como parâmetro.

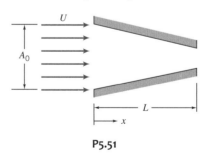

P5.51

5.52 Um escoamento é representado pelo campo de velocidade; $V = (x^9 - 35x^7y^4 + 45x^5y^8 - 9xy^6)\hat{i} + (9x^8y - 40x^5y^4 + 35x^3y^7 - y^9)\hat{j}$. Determine se o campo é (a) um possível escoamento incompressível e (b) irrotacional.

5.53 Quais, se existir algum, dos seguintes campos de escoamento são irrotacionais?

(a) $u = 2x^2 + y^2 - x^2y$; $v = x^3 + x(y^2 - 2y)$
(b) $u = 2xy - x^2 + y$; $v = 2xy - y^2 + x^2$
(c) $u = xt + 2y$; $v = xt^2 - yt$
(d) $u = (x + 2y)xt$; $v = -(2x + y)yt$

Introdução à Análise Diferencial dos Movimentos dos Fluidos   **207**

5.54 Expanda $(\vec{V} \cdot \nabla)\vec{V}$ em coordenadas cilíndricas pela substituição direta do vetor velocidade para obter a aceleração convectiva de uma partícula fluida. (Lembre-se de reler a nota 1 de rodapé.) Compare os resultados com as Eqs. 5.12.

5.55 Considere novamente o perfil de velocidade senoidal usado para modelar a componente x velocidade para a camada-limite no Problema 5.11. Despreze a componente vertical da velocidade. Avalie a circulação sobre o contorno limitado por $x = 0{,}4$ m, $x = 0{,}6$ m, $y = 0$ e $y = 8$ mm. Quais seriam os resultados dessa avaliação, se ela fosse feita 0,2 m mais a jusante? Considere $U = 0{,}5$ m/s.

5.56 Considere o campo de velocidade para escoamento em um "canto", $\vec{V} = Ax^2\hat{i} - Ay^2\hat{j}$, com $A = 0{,}6$ s^{-1}, como no Exemplo 5.8. Avalie a circulação sobre o quadrado unitário do Exemplo 5.8.

5.57 Um escoamento é representado pelo campo de velocidade $\vec{V} = (x^7 - 21x^5y^2 + 35x^3y^4 - 7xy^6)\hat{i} + (7x^6y - 35x^4y^3 + 21x^2y^5 - y^7)\hat{j}$. Determine se o campo é (a) um possível escoamento incompressível e (b) irrotacional.

5.58 Considere o campo de escoamento bidimensional no qual $u = Ax^2$ e $v = Bxy$, em que $A = 1{,}6$ m$^{-1} \cdot$ s^{-1}, $B = -3{,}3$ m$^{-1} \cdot$ s^{-1} e as coordenadas são medidas em metros. Mostre que esse campo de velocidade representa um possível escoamento incompressível. Determine a rotação no ponto $(x, y) = (0{,}3; 0{,}3)$. Avalie a circulação sobre a "curva" delimitada por $y = 0$, $x = 0{,}3$, $y = 0{,}3$ e $x = 0$.

5.59 Considere o campo de escoamento bidimensional no qual $u = Axy$ e $v = By^2$, em que $A = 1$ m$^{-1} \cdot$ s^{-1}, $B = -1/2$ m$^{-1} \cdot$ s^{-1} e as coordenadas são medidas em metros. Mostre que este campo de velocidade representa um possível escoamento incompressível. Determine a rotação no ponto $(x, y) = (1, 1)$. Avalie a circulação sobre a "curva" delimitada por $y = 0$, $x = 1$, $y = 1$ e $x = 0$.

*5.60 Considere o campo de escoamento representado pela função de corrente $\psi = 4x^5y - 20x^3y^3 + 4xy^5$. Esse é um possível escoamento bidimensional incompressível? O escoamento é irrotacional?

*5.61 Considere o campo de escoamento representado pela função de corrente $\psi = x^6 - 15x^4y^2 + 15x^2y^4 - y^6$. Esse é um possível escoamento bidimensional incompressível? O escoamento é irrotacional?

*5.62 Considere as componentes de velocidade em um escoamento bidimensional: $u = y^3/3 + 2x - x^2y$ e $v = xy^2 - 2y - x^3/3$. Essas componentes representam um escoamento irrotacional?

*5.63 Considere o campo de escoamento representado pela função de corrente $\psi = -A/2(x^2 + y^2)$, em que A é constante. Esse é um possível escoamento bidimensional incompressível? O escoamento é irrotacional?

*5.64 Considere o campo de escoamento representado pela função de corrente $\psi = Axy + Ay^2$, em que $A = 1$ s^{-1}. Mostre que esse campo de velocidade representa um possível escoamento incompressível. Avalie a rotação do escoamento. Trace algumas linhas de corrente no semiplano superior.

*5.65 Um campo de escoamento é representado pela função de corrente $\psi = x^2 - y^2$. Determine o campo de velocidade correspondente. Mostre que este campo de escoamento é irrotacional. Trace diversas linhas de corrente e ilustre o campo de velocidade.

*5.66 Considere o campo de velocidade dado por $\vec{V} = Ax^2\hat{i} + Bxy\hat{j}$, em que $A = 3{,}3$m$^{-1} \cdot$ s^{-1}, $B = -6{,}6$m$^{-1} \cdot$ s^{-1} e as coordenadas são medidas em metros.

(a) Determine a rotação do fluido.

(b) Avalie a circulação sobre a "curva" delimitada por $y = 0$, $x = 0{,}3$, $y = 0{,}3$ e $x = 0$.

(c) Obtenha uma expressão para a função de corrente.

(d) Trace diversas linhas de corrente no primeiro quadrante.

*5.67 Considere o escoamento representado pelo campo de velocidade $\vec{V} = (Ay + B)\hat{i} + Ax\hat{j}$, em que $A = 10$ s^{-1}, $B = 3$ m/s e as coordenadas são medidas em metros.

(a) Obtenha uma expressão para a função de corrente.

(b) Trace algumas linhas de corrente (incluindo a linha de corrente de estagnação) no primeiro quadrante.

(c) Avalie a circulação sobre a "curva" delimitada por $y = 0$, $x = 1$, $y = 1$ e $x = 0$.

5.68 Considere o escoamento induzido por pressão entre placas paralelas e estacionárias, separadas pela distância b. A coordenada y é medida a partir da placa inferior. O campo de velocidade é dado por $u = U(y/b)[1 - (y/b)]$. Obtenha uma expressão para a circulação sobre o contorno fechado de altura h e comprimento L. Avalie para $h = b/2$ e para $h = b$. Mostre que o mesmo resultado é obtido a partir da integral de área do Teorema de Stokes (Eq. 5.18).

*5.69 O campo de velocidade perto do núcleo de um furacão pode ser aproximado por

$$\vec{V} = -\frac{q}{2\pi r}\hat{e}_r + \frac{K}{2\pi r}\hat{e}_\theta$$

Este é um campo de escoamento irrotacional? Obtenha a função de corrente para esse escoamento.

5.70 O perfil de velocidade para o escoamento inteiramente desenvolvido em um tubo circular é $V_z = V_{máx}[1 - (r/R)^2]$. Avalie as taxas de deformação linear e angular para este escoamento. Obtenha uma expressão para o vetor vorticidade, $\vec{\varsigma}$.

5.71 Um navio se move a uma velocidade igual a 20 m/s em um oceano que escoa a uma velocidade de 10 m/s. O motor interno usa uma bomba para aspirar água da frente $A_e = 0{,}4$ m^2 e rejeitar essa água pela parte traseira do navio com área de saída $A_s = 0{,}06$ m^2. Quais são as velocidades relativas entrando e saindo do navio e a taxa de bombeamento?

Equação da Quantidade de Movimento

5.72 Considere que o filme líquido no Exemplo 5.9 não é isotérmico, mas tem a seguinte distribuição:

$$T(y) = T_0 + (T_w - T_0)\left(1 - \frac{y}{h}\right)$$

em que T_0 e T_w são, respectivamente, a temperatura ambiente e a temperatura da parede. A viscosidade do fluido decresce com o aumento da temperatura e é considerado descrito por

$$\mu = \frac{\mu_0}{1 + a(T - T_0)}$$

com $a > 0$. De forma similar ao Exemplo 5.9, deduza uma expressão para o perfil de velocidade.

5.73 A componente x da velocidade em uma camada-limite laminar na água é aproximada por $u = U$ sen $(\pi y/2\delta)$, em que $U = 3$ m/s e $\delta = 2$ mm. A componente y da velocidade é muito menor que u. Obtenha uma expressão para a força de cisalhamento resultante sobre um elemento fluido por unidade de volume na direção x. Calcule o seu valor máximo para esse escoamento.

5.74 Considere um microcanal plano com largura h, conforme mostrado (o microcanal realmente é muito longo na direção x e aberto em ambas extremidades). Um sistema de coordenadas cartesianas com sua origem posicionada no centro do microcanal é usado nesse estudo. O microcanal é preenchido com uma solução de baixa condutividade elétrica. Quando uma corrente elétrica é aplicada através das duas paredes condutivas, a densidade de corrente elétrica, $\vec{J}$, transmitida através da solução é paralela ao eixo y. Todo esse dispositivo é colocado em um campo magnético cons-

---

*Esses problemas requerem material de seções que podem ser omitidas sem perda de continuidade no material do texto.

tante, $\vec{B}$, que está apontado para fora do plano xy (a direção z), como mostrado. A interação entre a densidade de corrente elétrica e o campo magnético induz uma *força de Lorentz* de densidade $\vec{J} \times \vec{B}$. Considere que a solução condutiva é incompressível, e, uma vez que o volume de amostragem é muito pequeno em aplicações em um laboratório integrado em um *chip*, a força de campo gravitacional pode ser desprezada. Em regime permanente, o escoamento acionado pela força de Lorentz é descrito pela equação da continuidade (Eq. 5.1a) e pelas equações de Navier-Stokes (Eqs. 5.27), exceto as componentes x, y e z, das equações de Navier-Stokes que têm componentes da força de Lorentz extra no lado direito. Considerando que o escoamento é completamente desenvolvido e que o campo de velocidade $\vec{V}$ é uma função somente de y, determine as três componentes da velocidade.

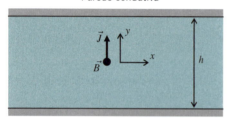

P5.74

5.75 Escoamento eletro-osmótico (EOF) é o movimento de líquido induzido por um campo elétrico aplicado através de um tubo capilar ou microcanal carregado com energia elétrica. Considere que a parede do canal está negativamente carregada, uma camada final chamada camada dupla elétrica (EDL na sigla em inglês) se forma na vizinhança da parede do canal na qual o número de íons positivos é muito maior do que o número de íons negativos. Os íons carregados negativamente na EDL arrastam então juntamente consigo a solução eletrolítica e causam o escoamento do fluido em direção ao cátodo. A espessura da EDL tem valor típico da ordem de 10 nm. Quando as dimensões do canal são muito maiores do que a espessura da EDL, existirá uma velocidade de deslizamento, $y - \dfrac{\varepsilon \zeta}{\mu}\vec{E}$, sobre a parede do canal, em que ε é a permissividade do fluido, ζ é o potencial elétrico da superfície negativa, $\vec{E}$, é a intensidade do campo elétrico, e μ é a viscosidade dinâmica do fluido. Considere um microcanal formado por duas placas paralelas. As paredes do canal têm potencial elétrico de superfície negativo de ζ. O microcanal é preenchido com uma solução eletrolítica, e as extremidades do microcanal são submetidas a uma diferença de potencial elétrico que dá origem a um campo elétrico uniforme de magnitude E ao longo da direção x. O gradiente de pressão no canal é zero. Deduza a velocidade do escoamento eletro-osmótico, em regime permanente, completamente desenvolvido. Compare o perfil de velocidade do EOF com aquele do escoamento devido a um diferencial de pressão. Calcule a velocidade do EOF usando $\varepsilon = 7,08 \times 10^{-10}$ $CV^{-1}m^{-1}$, $\zeta = -0,1$ V, $\mu = 10^{-3}$ Pa·s e $E = 1000$ V/m.

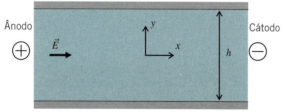

P5.75

Introdução à Dinâmica dos Fluidos Computacional (DFC)

*5.76 Use o método de Euler para resolver e traçar o gráfico

$$\frac{dy}{dx} = \cos(x) \qquad y(0) = 0$$

de $x = 0$ a $x = \pi/2$, usando passo espacial de $\pi/48$, $\pi/96$, $\pi/144$. Trace também um gráfico com a solução exata,

$$y(x) = \text{sen}(x)$$

e calcule os erros em $x = \pi/2$ para as soluções obtidas pelo método de Euler.

*5.77 Seguindo os passos para converter a equação diferencial Eq. 5.31 (para $m = 1$) em uma equação por diferenças (por exemplo, Eq. 5.37 para $N = 4$), resolva

$$\frac{du}{dx} + u = 2\cos(2x) \qquad 0 \le x \le 1 \quad u(0) = 0$$

para $N = 4$, 8 e 16, e compare com a solução exata

$$u_{\text{exata}} = \frac{2}{5}\cos(2x) + \frac{4}{5}\text{sen}(2x) - \frac{2}{5}e^{-x}$$

Sugestão: Apenas o lado direito das equações por diferenças mudarão, comparado ao método de solução da Eq. 5.31 (por exemplo, apenas o lado direito da Eq. 5.37 precisa de modificação).

*5.78 Um cubo de aresta 50 mm e de massa $M = 3$ kg está deslizando através de uma superfície recoberta com óleo. A viscosidade do óleo é $\mu = 0,45$ N·s/m^2, e a espessura de óleo entre o cubo e a superfície é $\delta = 0,2$ mm. Se a velocidade inicial do bloco for $u_0 = 1$ m/s, use o método numérico que foi aplicado à forma linear da Eq. 5.31 para prever a velocidade do cubo para o primeiro segundo do movimento. Use $N = 4$, 8 e 16, e compara com a solução exata

$$u_{\text{exata}} = u_0 e^{2(A\mu/M\delta)t}$$

em que A é a área de contato. *Sugestão:* Siga as orientações dadas no Problema 5.77.

*5.79 Use a planilha *Excel* para gerar soluções da Eq. 5.31 para $m = 2$, como mostradas na Fig. 5.21.

*5.80 Use a planilha *Excel* para gerar soluções da Eq. 5.31 para $m = 2$, como mostradas na Fig. 5.21, exceto o uso de 16 pontos e a necessidade de tantas iterações para obter uma convergência razoável.

*5.81 Use a planilha *Excel* para gerar soluções da Eq. 5.31 para $m = -1$, com $u(0) = 3$, usando 4 e 16 pontos sobre o intervalo de $x = 0$ a $x = 3$, com suficientes iterações, e compare à solução exata

$$u_{\text{exata}} = \sqrt{9 - 2x}$$

Para fazer isso, siga os passos descritos na seção "Lidando com a não linearidade".

*5.82 Um engenheiro ambiental solta uma sonda de medição de poluição com uma massa de 4,4 kg em um rio com grande correnteza (a velocidade da água no rio é $U = 7,5$ m/s). A equação do movimento para sua velocidade u é

$$M\frac{du}{dt} = k(U - u)^2$$

em que $k = 0,958$ kg/m é uma constante indicando o arrasto da água. Use a planilha *Excel* para gerar e traçar um gráfico da sua velocidade em função do tempo (para os primeiros 10 s) usando as mesmas aproximações da Eq. 5.31 para $m = 2$, como mostradas na Fig. 5.21, exceto o uso de 16 pontos e a necessidade de tantas iterações para obter uma convergência razoável. Compare os seus resultados com a solução exata

$$u_{\text{exata}} = \frac{kU^2 t}{M + kUt}$$

Sugestão: Use uma substituição para $(U - u)$ de modo que a equação do movimento fique semelhante à Eq. 5.31.

---

*Esses problemas requerem material de seções que podem ser omitidas sem perda de continuidade no material do texto.

CAPÍTULO **6**

Escoamento Incompressível de Fluidos Não Viscosos

6.1 Equação da Quantidade de Movimento para Escoamento sem Atrito: a Equação de Euler

6.2 A Equação de Bernoulli — Integração da Equação de Euler ao Longo de uma Linha de Corrente para Escoamento Permanente

6.3 A Equação de Bernoulli Interpretada como uma Equação de Energia

6.4 Linha de Energia e Linha Piezométrica

6.5 Equação de Bernoulli para Escoamento Transiente — Integração da Equação de Euler ao Longo de uma Linha de Corrente (no GEN-IO, ambiente virtual de aprendizagem do GEN)

6.6 Escoamento Irrotacional

6.7 Resumo e Equações Úteis

Estudo de Caso

As Fontes do Bellagio em Las Vegas

Qualquer visitante em Las Vegas reconhecerá as fontes de água no hotel Bellagio. Elas são constituídas de uma sequência de jatos de água de alta potência, criados e construídos pela Companhia de Projeto WET, coreografadas de maneira que a intensidade e a direção dos jatos variam de acordo com as peças de músicas selecionadas.

A companhia WET desenvolveu muitas inovações para fabricar este sistema. As fontes tradicionais usam bombas e tubos, que

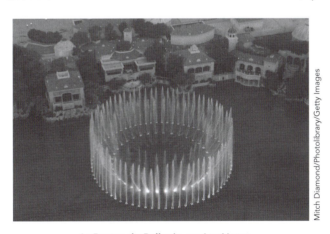

As Fontes do Bellagio em Las Vegas.

devem ser combinados para gerar escoamentos otimizados. Muitos dos projetos da WET usam ar comprimido em vez de bombas de água, permitindo que a energia seja continuamente gerada e acumulada, pronta para uso imediato. Esse uso original do ar comprimido permitiu que as fontes se transformassem em uma realidade — com o sistema tradicional de tubos e bombas, uma fonte tal como a do Bellagio seria impraticável e onerosa. Por exemplo, seria difícil obter as alturas de 73,16 m nas fontes sem usar bombas de água muito caras, grandes e barulhentas. Os "Atiradores" (*Shooters*) que a WET desenvolveu trabalham introduzindo uma grande bolha de ar comprimido na tubulação, forçando a água coletada através de um bocal de alta pressão. Os sistemas instalados no Bellagio são capazes de disparar até 0,283 m^2/s a uma altura de 73,16 m no ar. Além de obter um efeito espetacular, esses sistemas consomem apenas um décimo da energia de bombas tradicionais para produzir o mesmo efeito. Outros dispositivos de ar comprimido produzem jatos pulsantes de água, alcançando uma altura máxima de 38,1 m. Além de toda essa potência, as inovações permitiram reduzir em 80% ou mais os custos de energia e o custo de construção do projeto é cerca de 50% menor que o de fontes tradicionais com tubos e bombas.

Fontes como a do Bellagio são projetadas usando as relações para o fluxo de água em atrito com os tubos. As negociações entre a potência de bombeamento, o custo do equipamento e os efeitos desejados para a fonte utilizam as técnicas apresentadas neste capítulo.

No Capítulo 5, trabalhamos muito na dedução das equações diferenciais (Eqs. 5.24) que descrevem o comportamento de qualquer fluido satisfazendo a hipótese de contínuo. Vimos, também, como essas equações podem ser reduzidas para várias formas particulares — as mais notáveis sendo as equações de Navier–Stokes para um fluido incompressível, com viscosidade constante (Eqs. 5.27). Embora as Eqs. 5.27 descrevam o comportamento de fluidos comuns (isto é, água, ar, óleo lubrificante) para uma larga faixa de problemas, conforme discutido no Capítulo 5, elas não têm solução analítica, exceto para geometrias e escoamentos mais simples. A aplicação dessas equações para modelar, por exemplo, o movimento do café em uma xícara, após ser agitado

209

210 Capítulo 6

suavemente com uma colher, necessitaria de ferramentas computacionais avançadas de mecânica dos fluidos, e a predição necessitaria de um longo tempo computacional, maior do que o tempo para agitar o café! Neste capítulo, em vez das equações de Navier–Stokes, vamos estudar a equação de Euler, que se aplica a um fluido sem viscosidade. Embora não existam fluidos reais sem viscosidade, muitos problemas de escoamento (especialmente em aerodinâmica) podem ser analisados com sucesso pela aproximação de $\mu = 0$.

6.1 *Equação da Quantidade de Movimento para Escoamento sem Atrito: a Equação de Euler*

A equação de Euler (obtida das Eqs. 5.27 após desconsiderar os termos viscosos) é

$$\rho \frac{D\vec{V}}{Dt} = \rho \vec{g} - \nabla p \tag{6.1}$$

Essa equação estabelece que, para um fluido invíscido, a variação na quantidade de movimento de uma partícula fluida é causada pela força de campo (considerada somente a gravidade) e pela força líquida de pressão. Por conveniência, vamos relembrar que a aceleração da partícula é

$$\frac{D\vec{V}}{Dt} = \frac{\partial \vec{V}}{\partial t} + (\vec{V} \cdot \nabla)\vec{V} \tag{5.10}$$

Neste capítulo, aplicaremos a Eq. 6.1 na solução de problemas de escoamentos incompressíveis e sem viscosidade. Além da Eq. 6.1, usaremos também a formulação diferencial da equação da conservação de massa para escoamentos incompressíveis,

$$\nabla \cdot \vec{V} = 0 \tag{5.1c}$$

A Eq. 6.1, escrita em coordenadas retangulares, é

$$\rho \left(\frac{\partial u}{\partial t} + u\frac{\partial u}{\partial x} + v\frac{\partial u}{\partial y} + w\frac{\partial u}{\partial z} \right) = \rho g_x - \frac{\partial p}{\partial x} \tag{6.2a}$$

$$\rho \left(\frac{\partial v}{\partial t} + u\frac{\partial v}{\partial x} + v\frac{\partial v}{\partial y} + w\frac{\partial v}{\partial z} \right) = \rho g_y - \frac{\partial p}{\partial y} \tag{6.2b}$$

$$\rho \left(\frac{\partial w}{\partial t} + u\frac{\partial w}{\partial x} + v\frac{\partial w}{\partial y} + w\frac{\partial w}{\partial z} \right) = \rho g_z - \frac{\partial p}{\partial z} \tag{6.2c}$$

Se o eixo z for considerado vertical e orientado para cima, então $g_x = 0$, $g_y = 0$ e $g_z = -g$, de modo que $\vec{g} = -g\hat{k}$.

Em coordenadas cilíndricas, tendo apenas a gravidade como força de campo, as equações na forma das componentes são

$$\rho a_r = \rho \left(\frac{\partial V_r}{\partial t} + V_r\frac{\partial V_r}{\partial r} + \frac{V_\theta}{r}\frac{\partial V_r}{\partial \theta} + V_z\frac{\partial V_r}{\partial z} - \frac{V_\theta^2}{r} \right) = \rho g_r - \frac{\partial p}{\partial r} \tag{6.3a}$$

$$\rho a_\theta = \rho \left(\frac{\partial V_\theta}{\partial t} + V_r\frac{\partial V_\theta}{\partial r} + \frac{V_\theta}{r}\frac{\partial V_\theta}{\partial \theta} + V_z\frac{\partial V_\theta}{\partial z} + \frac{V_r V_\theta}{r} \right) = \rho g_\theta - \frac{1}{r}\frac{\partial p}{\partial \theta} \tag{6.3b}$$

$$\rho a_z = \rho \left(\frac{\partial V_z}{\partial t} + V_r\frac{\partial V_z}{\partial r} + \frac{V_\theta}{r}\frac{\partial V_z}{\partial \theta} + V_z\frac{\partial V_z}{\partial z} \right) = \rho g_z - \frac{\partial p}{\partial z} \tag{6.3c}$$

Se o eixo z for orientado verticalmente para cima, então $g_r = g_\theta = 0$ e $g_z = -g$.

As Eqs. 6.1, 6.2 e 6.3 aplicam-se a problemas nos quais não existem tensões viscosas. Antes de continuar com o tópico principal deste capítulo (escoamento invíscido), vamos considerar quando é que não temos tensões viscosas, diferentemente de quando $\mu = 0$. Em nossas discussões anteriores, concluímos que, em geral, tensões viscosas estão presentes quando há deformação do fluido (de fato, foi com isso que definimos inicialmente um fluido); quando não existe deformação do fluido, isto é, quando lidamos com um movimento de *corpo rígido*, nenhuma tensão viscosa estará presente, mesmo se $\mu \neq 0$. Desse modo, as equações de Euler aplicam-se tanto aos movimentos de corpo rígido quanto aos escoamentos sem viscosidade. Discutimos o movimento de corpo rígido detalhadamente na Seção 3.6 como um caso especial da estática dos fluidos. Como exercício, seria interessante você mostrar que as equações de Euler podem ser utilizadas para resolver os Exemplos 3.9 e 3.10.

Nos Capítulos 2 e 5, assinalamos que as linhas de corrente, desenhadas tangentes aos vetores velocidade em cada ponto do campo de escoamento, fornecem uma representação gráfica conveniente do escoamento. No escoamento em regime permanente, uma partícula fluida move-se ao longo de uma linha de corrente porque, para esse tipo de escoamento, as trajetórias e as linhas de corrente coincidem. Assim, na descrição do movimento de uma partícula fluida em um escoamento em regime permanente, adicionalmente ao uso das coordenadas ortogonais, x, y, z, a distância ao longo de uma linha de corrente é uma coordenada lógica para se usar na formulação das equações do movimento. As "coordenadas de linha de corrente" também podem ser usadas para descrever um escoamento em regime transiente. As linhas de corrente no escoamento transiente fornecem uma representação gráfica do campo instantâneo de velocidade.

Para simplificar, considere o escoamento no plano yz mostrado na Fig. 6.1. Queremos escrever as equações do movimento em termos da coordenada s, distância ao longo de uma linha de corrente, e da coordenada n, distância normal à linha de corrente. A pressão no centro do elemento fluido é p. Aplicando a segunda lei de Newton na direção s da linha de corrente ao elemento fluido de volume $ds\,dn\,dz$, desprezando forças viscosas, obtemos

$$\left(p - \frac{\partial p}{\partial s}\frac{ds}{2}\right)dn\,dx - \left(p + \frac{\partial p}{\partial s}\frac{ds}{2}\right)dn\,dx - \rho g \operatorname{sen}\beta\,ds\,dn\,dx = \rho a_s\,ds\,dn\,dx$$

em que β é o ângulo entre a tangente à linha de corrente e a horizontal e a_s é a aceleração da partícula de fluido ao longo da linha de corrente. Simplificando a equação, obtemos

$$-\frac{\partial p}{\partial s} - \rho g \operatorname{sen}\beta = \rho a_s$$

Como $\operatorname{sen}\beta = \partial z/\partial s$, podemos escrever

$$-\frac{1}{\rho}\frac{\partial p}{\partial s} - g\frac{\partial z}{\partial s} = a_s$$

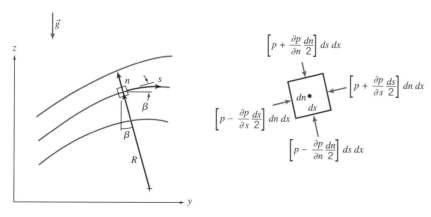

Fig. 6.1 Movimento de uma partícula fluida ao longo de uma linha de corrente.

Ao longo de qualquer linha de corrente $V = V(s, t)$, de modo que a aceleração material ou total de uma partícula fluida na direção da linha de corrente é dada por

$$a_s = \frac{DV}{Dt} = \frac{\partial V}{\partial t} + V\frac{\partial V}{\partial s}$$

A equação de Euler na direção da linha de corrente, com o eixo z dirigido verticalmente para cima, é então

$$-\frac{1}{\rho}\frac{\partial p}{\partial s} - g\frac{\partial z}{\partial s} = \frac{\partial V}{\partial t} + V\frac{\partial V}{\partial s} \tag{6.4a}$$

Para escoamento em regime permanente, e desprezando forças de campo, a equação de Euler na direção da linha de corrente reduz-se a

$$\frac{1}{\rho}\frac{\partial p}{\partial s} = -V\frac{\partial V}{\partial s} \tag{6.4b}$$

que indica que (para um escoamento incompressível e não viscoso) *uma diminuição na velocidade é acompanhada de um aumento na pressão*, e vice-versa. Isso faz sentido: a única força experimentada pela partícula é a força líquida de pressão, de forma que a partícula é acelerada em direção das regiões de baixa pressão e desacelerada quando se aproxima das regiões de alta pressão.

Para obter a equação de Euler em uma direção normal às linhas de corrente, aplicamos a segunda lei de Newton na direção n ao elemento fluido. Novamente, desprezando forças viscosas, obtemos

$$\left(p - \frac{\partial p}{\partial n}\frac{dn}{2}\right)ds\,dx - \left(p + \frac{\partial p}{\partial n}\frac{dn}{2}\right)ds\,dx - \rho g\cos\beta\,dn\,dx\,ds = \rho a_n dn\,dx\,ds$$

em que β é o ângulo entre a direção n e a vertical e a_n é a aceleração da partícula fluida na direção n. Simplificando a equação, obtemos

$$-\frac{\partial p}{\partial n} - \rho g\cos\beta = \rho a_n$$

Como $\cos\beta = \partial z/\partial n$, escrevemos

$$-\frac{1}{\rho}\frac{\partial p}{\partial n} - g\frac{\partial z}{\partial n} = a_n$$

A aceleração normal do elemento fluido é dirigida para o centro de curvatura da linha de corrente, ou seja, no sentido negativo de n; assim, no sistema de coordenadas da Fig. 6.1, a familiar aceleração centrípeta é escrita

$$a_n = -\frac{V^2}{R}$$

para escoamento em regime permanente, em que R é o raio de curvatura da linha de corrente. Então, a equação de Euler normal à linha de corrente é escrita para escoamento permanente como

$$\frac{1}{\rho}\frac{\partial p}{\partial n} + g\frac{\partial z}{\partial n} = \frac{V^2}{R} \tag{6.5a}$$

Para escoamento em regime permanente em um plano horizontal, a equação de Euler normal a uma linha de corrente torna-se

$$\frac{1}{\rho}\frac{\partial p}{\partial n} = \frac{V^2}{R} \tag{6.5b}$$

A Eq. 6.5b indica que a *pressão aumenta para fora na direção normal às linhas de corrente a partir do centro de curvatura dessas linhas*. Isso também faz sentido: posto que a única força que age sobre a partícula é a força líquida de pressão, é o campo de pressão que cria a aceleração centrípeta. Em regiões onde as linhas de corrente são retas, o raio de curvatura, R, é infinito, de forma que *não há variação de pressão em uma direção normal às linhas de corrente*. O Exemplo 6.1 mostra como a Eq. 6.5b pode ser usada para calcular a velocidade a partir do gradiente de pressão na direção normal ao escoamento.

Exemplo 6.1 ESCOAMENTO EM UMA CURVA

A vazão de ar na condição-padrão, em um duto plano, deve ser determinada pela instalação de tomadas de pressão em uma curva. O duto tem 0,3 m de altura por 0,1 m de largura. O raio interno da curva é 0,25 m. Se a diferença de pressão medida entre as tomadas for 40 mm de coluna de água, estime a vazão volumétrica.

Dados: Escoamento através de um duto curvo, conforme mostrado.

$$p_2 - p_1 = \rho_{H_2O} g \, \Delta h$$

em que $\Delta h = 40$ mm H_2O. O ar está na condição-padrão.

Determinar: A vazão volumétrica, Q.

Solução: Aplique a componente n da equação de Euler através das linhas de corrente do escoamento.

Equação básica: $\dfrac{\partial p}{\partial r} = \dfrac{\rho V^2}{r}$

Considerações:
1 Escoamento sem atrito.
2 Escoamento incompressível.
3 Escoamento uniforme na seção de medição.

Para esse escoamento, $p = p(r)$, então,

$$\frac{\partial p}{\partial r} = \frac{dp}{dr} = \frac{\rho V^2}{r}$$

ou

$$dp = \rho V^2 \frac{dr}{r}$$

Integrando, obtemos

$$p_2 - p_1 = \rho V^2 \ln r \Big]_{r_1}^{r_2} = \rho V^2 \ln \frac{r_2}{r_1}$$

e assim,

$$V = \left[\frac{p_2 - p_1}{\rho \ln(r_2/r_1)} \right]^{1/2}$$

Mas, $\Delta p = p_2 - p_1 = \rho_{H_2O} g \Delta h$, então $V = \left[\dfrac{\rho_{H_2O} g \Delta h}{\rho \ln(r_2/r_1)} \right]^{1/2}$

Substituindo os valores numéricos,

$$V = \left[999 \frac{\text{kg}}{\text{m}^3} \times 9{,}81 \frac{\text{m}}{\text{s}^2} \times 0{,}04 \text{ m} \times \frac{\text{m}^3}{1{,}23 \text{ kg}} \times \frac{1}{\ln(0{,}35 \text{ m}/0{,}25 \text{ m})} \right]^{1/2}$$

$$= 30{,}8 \text{ m/s}$$

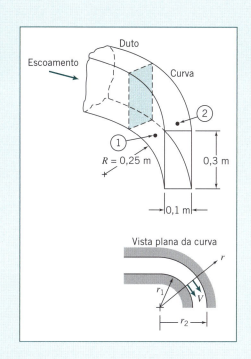

Vista plana da curva

214 Capítulo 6

Para escoamento uniforme,

$$Q = VA = 30,8\frac{m}{s} \times 0,1 \text{ m} \times 0,3 \text{ m}$$

$$Q = 0,924 \text{ m}^3/\text{s} \longleftarrow \hspace{4cm} Q$$

> Neste problema, consideramos que a velocidade é uniforme através da seção. Na verdade, a velocidade na curva se aproxima de um perfil de vórtice livre (irrotacional) no qual $V \propto 1/r$ (em que r é o raio) em vez de $V =$ constante. Portanto, este dispositivo de medida de escoamento somente poderia ser utilizado para obter valores aproximados da vazão (veja o Problema 6.18).

6.2 A Equação de Bernoulli — Integração da Equação de Euler ao Longo de uma Linha de Corrente para Escoamento Permanente

Comparada às equações equivalentes de escoamentos viscosos, a equação da quantidade de movimento ou de Euler para um escoamento incompressível e sem viscosidade (Eq. 6.1) é matematicamente mais simples, mas sua solução (em conjunto com a equação da conservação de massa, Eq. 5.1c) ainda apresenta dificuldades consideráveis, exceção feita aos problemas mais básicos de escoamento. Uma aproximação conveniente para um problema de escoamento em regime permanente é integrar a equação de Euler ao longo de uma linha de corrente. Faremos isso, em seguida, utilizando duas metodologias matemáticas diferentes que resultarão na equação de Bernoulli. Lembre-se de que, na Seção 4.4, deduzimos a equação de Bernoulli a partir de um volume de controle diferencial; essas duas deduções alternativas nos proporcionarão uma maior compreensão das restrições inerentes ao uso dessa equação.

Dedução Usando Coordenadas de Linha de Corrente

A equação de Euler para escoamento em regime permanente ao longo de uma linha de corrente é (da Eq. 6.4a)

$$-\frac{1}{\rho}\frac{\partial p}{\partial s} - g\frac{\partial z}{\partial s} = V\frac{\partial V}{\partial s} \tag{6.6}$$

Se uma partícula fluida desloca-se de uma distância, ds, ao longo de uma linha de corrente, então,

$$\frac{\partial p}{\partial s}ds = dp \qquad \text{(a variação de pressão ao longo de } s\text{)}$$

$$\frac{\partial z}{\partial s}ds = dz \qquad \text{(a variação de elevação ao longo de } s\text{)}$$

$$\frac{\partial V}{\partial s}ds = dV \qquad \text{(a variação de velocidade ao longo de } s\text{)}$$

Assim, após multiplicar a Eq. 6.6 por ds, podemos escrever

$$-\frac{dp}{\rho} - g\,dz = V\,dV \qquad \text{ou} \qquad \frac{dp}{\rho} + V\,dV + g\,dz = 0 \qquad \text{(ao longo de } s\text{)}$$

A integração dessa equação fornece

$$\int \frac{dp}{\rho} + \frac{V^2}{2} + gz = \text{constante} \quad \text{(ao longo de } s\text{)} \tag{6.7}$$

Antes de aplicar a Eq. 6.7, devemos conhecer a relação entre a pressão e a massa específica. Para o caso especial de escoamento incompressível, $\rho =$ constante, e a Eq. 6.7 torna-se a equação de Bernoulli,

$$\frac{p}{\rho} + \frac{V^2}{2} + gz = \text{constante} \tag{6.8}$$

Restrições:

1 Escoamento em regime permanente.
2 Escoamento incompressível.
3 Escoamento sem atrito.
4 Escoamento ao longo de uma linha de corrente.

A equação de Bernoulli é provavelmente a equação mais famosa e usada em toda a mecânica dos fluidos. Ela é sempre atraente de ser usada, pois é uma simples equação algébrica que relaciona as variações de pressão com aquelas de velocidade e de elevação em um fluido. Por exemplo, ela é usada para explicar a sustentação de uma asa: em aerodinâmica, geralmente, o termo gravitacional é desprezível, e então a Eq. 6.8 indica que onde quer que a velocidade seja relativamente alta (por exemplo, sobre a superfície superior de uma asa), a pressão deve ser relativamente baixa, e onde quer que a velocidade seja relativamente baixa (por exemplo, sob a superfície inferior de uma asa), a pressão deve ser relativamente alta, gerando uma substancial sustentação. Por outro lado, essa equação não pode ser usada para explicar a perda de pressão em um escoamento através de um tubo horizontal com diâmetro constante: de acordo com essa equação, para z = constante e V = constante, p = constante! A Equação 6.8 indica que, de modo geral (se o escoamento não possui alguma restrição), se uma partícula aumenta sua elevação ($z \uparrow$) ou se move para uma região de maior pressão ($p \uparrow$), ela tende a desacelerar ($V \downarrow$); isso faz sentido do ponto de vista da quantidade de movimento (lembre-se de que a equação foi deduzida a partir de considerações de quantidade de movimento). Estes comentários aplicam-se *somente* no caso em que as quatro restrições listadas foram razoáveis. Salientamos que você deve *manter firmemente as restrições em mente sempre que usar a equações de Bernoulli*! (Em geral, a constante de Bernoulli na Eq. 6.8 tem valores diferentes ao longo de linhas de corrente diferentes.)[1]

Dedução Usando Coordenadas Retangulares

A forma vetorial da equação de Euler, Eq. 6.1, também pode ser integrada ao longo de uma linha de corrente. Restringiremos a dedução ao escoamento em regime permanente; desse modo, o resultado final do nosso esforço será a Eq. 6.7.

Para escoamento em regime permanente, a equação de Euler em coordenadas retangulares pode ser expressa como

$$\frac{D\vec{V}}{Dt} = u\frac{\partial \vec{V}}{\partial x} + v\frac{\partial \vec{V}}{\partial y} + w\frac{\partial \vec{V}}{\partial z} = (\vec{V} \cdot \nabla)\vec{V} = -\frac{1}{\rho}\nabla p - g\hat{k} \tag{6.9}$$

Para escoamento em regime permanente, o campo de velocidade é dado por $\vec{V} = \vec{V}(x, y, z)$. As linhas de corrente são linhas traçadas no campo de escoamento tangentes ao vetor velocidade em cada ponto. Novamente, lembre-se de que, para escoamento em regime permanente, as linhas de corrente, de trajetória e de emissão coincidem. O movimento de uma partícula ao longo de uma linha de corrente é governado pela Eq. 6.9. Durante o intervalo de tempo dt, a partícula tem um vetor deslocamento $d\vec{s}$ ao longo da linha de corrente.

Se nós tomarmos o produto escalar dos termos da Eq. 6.9 pela distância, $d\vec{s}$, ao longo da linha de corrente, obtemos uma equação escalar relacionando a pressão, a velocidade e a elevação ao longo da linha de corrente. Tomando o produto escalar de $d\vec{s}$ com a Eq. 6.9, obtemos

$$(\vec{V} \cdot \nabla)\vec{V} \cdot d\vec{s} = -\frac{1}{\rho}\nabla p \cdot d\vec{s} - g\hat{k} \cdot d\vec{s} \tag{6.10}$$

em que

$$d\vec{s} = dx\hat{i} + dy\hat{j} + dz\hat{k} \quad \text{(ao longo de } s\text{)}$$

---

[1]Para o caso de escoamento irrotacional, a constante tem valor único para todo o campo de escoamento (Seção 6.6).

216 Capítulo 6

Agora, vamos avaliar cada um dos três termos na Eq. 6.10, começando com aqueles à direita do sinal de igualdade,

$$-\frac{1}{\rho}\nabla p \cdot d\vec{s} = -\frac{1}{\rho}\left[\hat{i}\frac{\partial p}{\partial x} + \hat{j}\frac{\partial p}{\partial y} + \hat{k}\frac{\partial p}{\partial z}\right] \cdot [dx\hat{i} + dy\hat{j} + dz\hat{k}]$$

$$= -\frac{1}{\rho}\left[\frac{\partial p}{\partial x}dx + \frac{\partial p}{\partial y}dy + \frac{\partial p}{\partial z}dz\right] \quad \text{(ao longo de } s\text{)}$$

$$-\frac{1}{\rho}\nabla p \cdot d\vec{s} = -\frac{1}{\rho}dp \quad \text{(ao longo de } s\text{)}$$

e

$$-g\hat{k} \cdot d\vec{s} = -g\hat{k} \cdot [dx\hat{i} + dy\hat{j} + dz\hat{k}]$$
$$= -g\,dz \qquad \text{(ao longo de } s\text{)}$$

Usando uma identidade vetorial,[2] podemos escrever o terceiro termo como

$$(\vec{V} \cdot \nabla)\vec{V} \cdot d\vec{s} = \left[\frac{1}{2}\nabla(\vec{V} \cdot \vec{V}) - \vec{V} \times (\nabla \times \vec{V})\right] \cdot d\vec{s}$$

$$= \left\{\frac{1}{2}\nabla(\vec{V} \cdot \vec{V})\right\} \cdot d\vec{s} - \{\vec{V} \times (\nabla \times \vec{V})\} \cdot d\vec{s}$$

O último termo à direita nesta equação é zero, pois $\vec{V}$ é paralelo a $d\vec{s}$ [lembre-se da matemática vetorial de que $\vec{V} \times (\nabla \times \vec{V}) \cdot d\vec{s} = -(\nabla \times \vec{V}) \times \vec{V} \cdot d\vec{s} = -(\nabla \times \vec{V}) \cdot \vec{V} \times d\vec{s}$]. Consequentemente,

$$(\vec{V} \cdot \nabla)\vec{V} \cdot d\vec{s} = \frac{1}{2}\nabla(\vec{V} \cdot \vec{V}) \cdot d\vec{s} = \frac{1}{2}\nabla(V^2) \cdot d\vec{s} \quad \text{(ao longo de)}$$

$$= \frac{1}{2}\left[\hat{i}\frac{\partial V^2}{\partial x} + \hat{j}\frac{\partial V^2}{\partial y} + \hat{k}\frac{\partial V^2}{\partial z}\right] \cdot [dx\hat{i} + dy\hat{j} + dz\hat{k}]$$

$$= \frac{1}{2}\left[\frac{\partial V^2}{\partial x}dx + \frac{\partial V^2}{\partial y}dy + \frac{\partial V^2}{\partial z}dz\right]$$

$$(\vec{V} \cdot \nabla)\vec{V} \cdot d\vec{s} = \frac{1}{2}d(V^2) \quad \text{(ao longo de } s\text{)}$$

Substituindo esses três termos na Eq. 6.10, obtemos

$$\frac{dp}{\rho} + \frac{1}{2}d(V^2) + g\,dz = 0 \quad \text{(ao longo de } s\text{)}$$

Integrando essa equação, obtemos

$$\int \frac{dp}{\rho} + \frac{V^2}{2} + gz = \text{constante} \quad \text{(ao longo de } s\text{)}$$

Para o caso de massa específica constante, obtemos a equação de Bernoulli

$$\frac{p}{\rho} + \frac{V^2}{2} + gz = \text{constante}$$

---

[2]A identidade vetorial

$$(\vec{V} \cdot \nabla)\vec{V} = \frac{1}{2}\nabla(\vec{V} \cdot \vec{V}) - \vec{V} \times (\nabla \times \vec{V})$$

pode ser verificada expandindo cada lado em suas componentes.

Conforme esperado, vemos que as duas últimas equações são idênticas às Eqs. 6.7 e 6.8, deduzidas anteriormente usando coordenadas de linha de corrente. A equação de Bernoulli, deduzida com o uso de coordenadas retangulares, continua sujeita às restrições: (1) escoamento em regime permanente, (2) escoamento incompressível, (3) escoamento sem atrito e (4) escoamento ao longo de uma linha de corrente.

Pressões Estática, de Estagnação e Dinâmica

A pressão, p, que utilizamos na dedução da equação de Bernoulli, Eq. 6.8, é a pressão termodinâmica; ela é comumente chamada de *pressão estática*. A pressão estática é a pressão "sentida" pela partícula fluida em movimento (portanto, ela é, de certa forma, uma designação incorreta!) — temos também as pressões de estagnação e dinâmica, que iremos definir resumidamente. Como medimos a pressão em um fluido em movimento?

Na Seção 6.1, mostramos que não há variação de pressão em uma direção normal a linhas de corrente retilíneas. Esse fato torna possível medir a pressão estática em um fluido em movimento usando uma "tomada" de pressão instalada na parede do duto em uma região onde as linhas de corrente são retilíneas, conforme mostrado na Fig. 6.2a. A tomada de pressão é um pequeno orifício cuidadosamente perfurado na parede de modo a ter o seu eixo perpendicular à superfície. Se o orifício for perpendicular à parede do duto e isento de rebarbas, medições precisas da pressão estática poderão ser feitas por um instrumento de medição adequadamente conectado à tomada de pressão [1].

Em uma corrente do fluido afastada da parede, ou onde as linhas de corrente são curvas, medições precisas da pressão estática podem ser feitas com o emprego criterioso de uma sonda de pressão estática, mostrada na Fig. 6.2b. Tais sondas devem ser projetadas de modo que os pequenos orifícios de medição sejam posicionados corretamente com respeito à ponta e haste da sonda, de modo a evitar resultados errôneos [2]. Em uso, a seção de medição deve estar alinhada com a direção do escoamento local. (Nessas figuras, pode parecer que a tomada de pressão e os pequenos orifícios permitiriam o escoamento entrar ou sair nas mesmas ou serem arrastadas pelo escoamento principal, mas cada uma dessas tomadas é perfeitamente anexada a um sensor de pressão ou manômetro e é, portanto um "beco sem saída", não permitindo que o escoamento seja possível — veja o Exemplo 6.2.)

Sondas de pressão estática, como a mostrada na Fig. 6.2b, e em uma variedade de outras formas, encontram-se disponíveis no comércio em tamanhos tão pequenos quanto 1,5 mm de diâmetro [3].

A *pressão de estagnação* é obtida quando um fluido em escoamento é desacelerado até a velocidade zero por meio de um processo sem atrito. Para escoamento incompressível, a equação de Bernoulli pode ser usada para relacionar variações na velocidade e na pressão ao longo de uma linha de corrente nesse processo. Desprezando diferenças de elevação, a Eq. 6.8 torna-se

$$\frac{p}{\rho} + \frac{V^2}{2} = \text{constante}$$

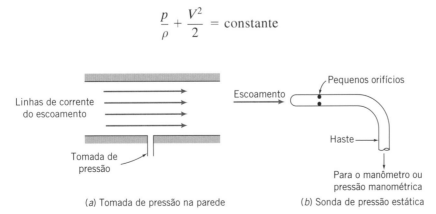

(a) Tomada de pressão na parede   (b) Sonda de pressão estática

Fig. 6.2 Medição da pressão estática.

Se a pressão estática é p em um ponto do escoamento no qual a velocidade é V, então a pressão de estagnação, p_0, no qual a velocidade de estagnação, V_0, é zero, pode ser obtida de

$$\frac{p_0}{\rho} + \underset{=0}{\cancel{\frac{V_0^2}{2}}} = \frac{p}{\rho} + \frac{V^2}{2}$$

ou

$$p_0 = p + \frac{1}{2}\rho V^2 \tag{6.11}$$

A Eq. 6.11 é um enunciado matemático da definição de pressão de estagnação, válido para escoamento incompressível. O termo $\frac{1}{2}\rho V^2$ é usualmente chamado de *pressão dinâmica*. A Eq. 6.11 estabelece que a pressão de estagnação (ou *total*) é igual à pressão estática mais a pressão dinâmica. Uma maneira de descrever as três pressões é imaginar o vento batendo contra a palma de sua mão em regime permanente: a pressão estática será a pressão atmosférica; a pressão maior que você sente no centro da palma de sua mão será a pressão de estagnação; e o acréscimo de pressão (em relação à pressão atmosférica) será a pressão dinâmica. Resolvendo a Eq. 6.11 para a velocidade,

$$V = \sqrt{\frac{2(p_0 - p)}{\rho}} \tag{6.12}$$

Assim, se a pressão de estagnação e a pressão estática puderem ser medidas em um ponto, a Eq. 6.12 fornecerá a velocidade local do escoamento.

A pressão de estagnação é medida no laboratório por meio de uma sonda com orifício posicionada na direção do escoamento principal e em sentido oposto a esse, conforme mostrado na Fig. 6.3. Tal instrumento é chamado de sonda de pressão de estagnação ou tubo pitot. De novo, a seção de medição deve ficar alinhada com a direção do escoamento local.

Vimos que a pressão estática em um ponto pode ser medida com uma sonda ou uma tomada de pressão estática (Fig. 6.2). Se conhecermos a pressão de estagnação no mesmo ponto, então a velocidade do escoamento poderá ser calculada com a Eq. 6.12. Duas possíveis configurações experimentais são mostradas na Fig. 6.4.

Na Fig. 6.4a, a pressão estática correspondente ao ponto A é lida a partir da tomada na parede. A pressão de estagnação é medida diretamente em A pelo tubo de pressão

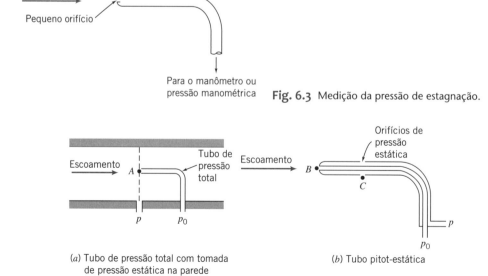

Fig. 6.3 Medição da pressão de estagnação.

(a) Tubo de pressão total com tomada de pressão estática na parede

(b) Tubo pitot-estática

Fig. 6.4 Medições simultâneas das pressões de estagnação e estática.

total, conforme mostrado. (A haste do tubo de pressão total é posicionada a jusante do ponto de medição, a fim de minimizar a perturbação do escoamento local.) O uso de um tubo de pressão total e uma tomada de pressão estática para determinar a velocidade do escoamento é discutido no Exemplo 6.2.

Exemplo 6.2 TUBO DE PITOT

Um tubo pitot é inserido em um escoamento de ar (na condição-padrão) para medir a velocidade do escoamento. O tubo é inserido apontando para montante dentro do escoamento de modo que a pressão captada pela sonda é a pressão de estagnação. A pressão estática é medida no mesmo local do escoamento com uma tomada de pressão na parede. Se a diferença de pressão é de 30 mm de mercúrio, determine a velocidade do escoamento.

Dados: Um tubo pitot inserido em um escoamento, conforme mostrado. O fluido é ar e o líquido do manômetro é mercúrio.

Determinar: A velocidade do escoamento.

Solução:

Equação básica: $\dfrac{p}{\rho} + \dfrac{V^2}{2} + gz = \text{constante}$

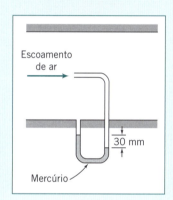

Considerações:
1 Escoamento em regime permanente.
2 Escoamento incompressível.
3 Escoamento ao longo de uma linha de corrente.
4 Desaceleração sem atrito ao longo da linha de corrente de estagnação.

Escrevendo a equação de Bernoulli para a linha de corrente de estagnação (com $\Delta z = 0$), obtemos

$$\frac{p_0}{\rho} = \frac{p}{\rho} + \frac{V^2}{2}$$

p_0 é a pressão de estagnação na ponta do tubo pitot em que a velocidade foi reduzida a zero, sem atrito. Resolvendo para V, temos

$$V = \sqrt{\frac{2(p_0 - p)}{\rho_{ar}}}$$

Da figura,

$$p_0 - p = \rho_{Hg} g h = \rho_{H_2O} g h \, SG_{Hg}$$

e

$$V = \sqrt{\frac{2\rho_{H_2O} g h \, SG_{Hg}}{\rho_{ar}}}$$

$$= \sqrt{2 \times 1000 \frac{\text{kg}}{\text{m}^3} \times 9{,}81 \frac{\text{m}}{\text{s}^2} \times 30 \text{ mm} \times 13{,}6 \times \frac{\text{m}^3}{1{,}23 \text{ kg}} \times \frac{1 \text{ m}}{1000 \text{ mm}}}$$

$V = 80{,}8 \text{ m/s}$ ←——————————————————————— V

Para $T = 20°C$, a velocidade do som no ar é 343 m/s. Portanto, $M = 0{,}236$, e a hipótese de escoamento incompressível é válida.

> Este problema ilustra o uso de um tubo pitot para determinar a velocidade do escoamento. Os tubos pitot (ou pitot-estática) são frequentemente colocados no exterior de aeronaves para indicar a velocidade do ar relativa à aeronave e, portanto, a velocidade da aeronave relativa ao ar.

Frequentemente, as duas sondas são combinadas, como no tubo pitot-estática mostrado na Fig. 6.4b. O tubo interno é usado para medir a pressão de estagnação no ponto B, enquanto a pressão estática em C é captada pelos pequenos orifícios no tubo externo. Em escoamentos em que a variação da pressão estática no sentido do escoamento é pequena, o dispositivo mostrado pode ser empregado para avaliar a velocidade no ponto B do escoamento, considerando que $p_B = p_C$ e usando a Eq. 6.12. (Note que, quando $p_B \neq p_C$, esse procedimento fornecerá resultados errôneos.)

Lembre-se de que a equação de Bernoulli aplica-se somente a escoamento incompressível (número de Mach $M \leq 0,3$). A definição e o cálculo da pressão de estagnação para escoamento compressível serão discutidos na Seção 12.3.

Aplicações

A equação de Bernoulli pode ser aplicada entre dois pontos quaisquer em uma linha de corrente, desde que as outras três restrições sejam atendidas. O resultado é

$$\frac{p_1}{\rho} + \frac{V_1^2}{2} + gz_1 = \frac{p_2}{\rho} + \frac{V_2^2}{2} + gz_2 \quad (6.13)$$

em que os índices 1 e 2 representam dois pontos quaisquer em uma linha de corrente. Aplicações das Eqs. 6.8 e 6.13 a problemas típicos de escoamento são ilustradas nos Exemplos 6.3 a 6.5.

Em algumas situações, o escoamento aparenta ser em regime transiente, se observado de um sistema de referência, porém em regime permanente se observado de outro que translada com o escoamento. Como a equação de Bernoulli foi deduzida por integração da segunda lei de Newton para uma partícula fluida, ela pode ser aplicada em qualquer sistema de referência inercial (veja a discussão sobre sistemas de referência em translação na Seção 4.4). O procedimento é ilustrado no Exemplo 6.6.

Exemplo 6.3 ESCOAMENTO EM UM BOCAL

Ar escoa em regime permanente e com baixa velocidade através de um *bocal* (por definição um equipamento para acelerar um escoamento) horizontal que o descarrega para a atmosfera. Na entrada do bocal, a área é 0,1 m² e, na saída, 0,02 m². Determine a pressão manométrica necessária na entrada do bocal para produzir uma velocidade de saída de 50 m/s.

Dados: Escoamento através de um bocal, conforme mostrado.

Determinar: $p_1 - p_{atm}$.

Solução:

Equações básicas:

$$\frac{p_1}{\rho} + \frac{V_1^2}{2} + gz_1 = \frac{p_2}{\rho} + \frac{V_2^2}{2} + gz_2 \quad (6.13)$$

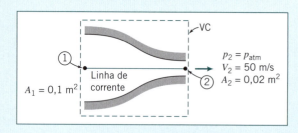

Equação da continuidade para escoamento incompressível e uniforme:

$$\sum_{sc} \vec{V} \cdot \vec{A} = 0 \quad (4.13b)$$

Considerações:
1 Escoamento em regime permanente.
2 Escoamento incompressível.
3 Escoamento sem atrito.
4 Escoamento ao longo de uma linha de corrente.
5 $z_1 = z_2$.
6 Escoamento uniforme nas seções ① e ②.

A velocidade máxima de 50 m/s está bem abaixo do valor de 100 m/s que corresponde a um número de Mach $M \approx 0,3$ no ar-padrão. Portanto, o escoamento pode ser considerado incompressível.

Aplique a equação de Bernoulli ao longo de uma linha de corrente entre os pontos ① e ② para avaliar p_1. Assim,

$$p_1 - p_{atm} = p_1 - p_2 = \frac{\rho}{2}(V_2^2 - V_1^2)$$

Aplique a equação da continuidade para determinar V_1,

$$(-\rho V_1 A_1) + (\rho V_2 A_2) = 0 \quad \text{ou} \quad V_1 A_1 = V_2 A_2$$

de modo que

$$V_1 = V_2 \frac{A_2}{A_1} = 50 \frac{m}{s} \times \frac{0,02 \, m^2}{0,1 \, m^2} = 10 \, m/s$$

Para o ar na condição-padrão, $\rho = 1,23$ kg/m³. Então,

$$p_1 - p_{atm} = \frac{\rho}{2}(V_2^2 - V_1^2)$$
$$= \frac{1}{2} \times 1,23 \frac{kg}{m^3}\left[(50)^2 \frac{m^2}{s^2} - (10)^2 \frac{m^2}{s^2}\right]\frac{N \cdot s^2}{kg \cdot m}$$
$$p_1 - p_{atm} = 1,48 \, kPa \longleftarrow \underline{\quad p_1 - p_{atm} \quad}$$

Notas:
- Este problema ilustra uma aplicação típica da equação de Bernoulli.
- As linhas de corrente devem ser retas na entrada e na saída de modo a ter pressões uniformes nesses locais.

Exemplo 6.4 ESCOAMENTO ATRAVÉS DE UM SIFÃO

Um tubo em U atua como um sifão de água. A curvatura no tubo está 1 m acima da superfície da água; a saída do tubo está 7 m abaixo da superfície da água. A água sai pela extremidade inferior do sifão como um jato livre para a atmosfera. Determine (após listar as considerações necessárias) a velocidade do jato livre e a pressão absoluta mínima da água na curvatura.

Dados: Água escoando através de um sifão, conforme mostrado.

Determinar: (a) A velocidade da água saindo como um jato livre.
(b) A pressão no ponto Ⓐ (o ponto de pressão mínima) do escoamento.

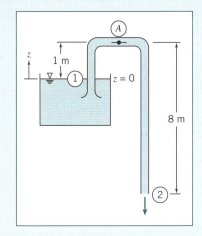

Solução:

Equação básica: $\dfrac{p}{\rho} + \dfrac{V^2}{2} + gz = $ constante

Considerações:
1 Atrito desprezível.
2 Escoamento em regime permanente.
3 Escoamento incompressível.
4 Escoamento ao longo de uma linha de corrente.
5 O reservatório é grande comparado com o tubo.

Aplique a equação de Bernoulli entre os pontos ① e ②.

$$\frac{p_1}{\rho} + \frac{V_1^2}{2} + gz_1 = \frac{p_2}{\rho} + \frac{V_2^2}{2} + gz_2$$

Visto que a área do reservatório é muito maior que a área do tubo, $V_1 \approx 0$. Além disso, $p_1 = p_2 = p_{atm}$, de modo que

$$gz_1 = \frac{V_2^2}{2} + gz_2 \quad \text{e} \quad V_2^2 = 2g(z_1 - z_2)$$

$$V_2 = \sqrt{2g(z_1 - z_2)} = \sqrt{2 \times 9{,}81 \frac{m}{s^2} \times 7 \text{ m}}$$

$$= 11{,}7 \text{ m/s} \longleftarrow \quad V_2$$

Para determinar a pressão no ponto Ⓐ, nós escrevemos a equação de Bernoulli entre ① e Ⓐ.

$$\frac{p_1}{\rho} + \frac{V_1^2}{2} + gz_1 = \frac{p_A}{\rho} + \frac{V_A^2}{2} + gz_A$$

Novamente, $V_1 \approx 0$ e da conservação da massa, $V_A = V_2$. Então,

$$\frac{p_A}{\rho} = \frac{p_1}{\rho} + gz_1 - \frac{V_2^2}{2} - gz_A = \frac{p_1}{\rho} + g(z_1 - z_A) - \frac{V_2^2}{2}$$

$$p_A = p_1 + \rho g(z_1 - z_A) - \rho \frac{V_2^2}{2}$$

$$= 1{,}01 \times 10^5 \frac{N}{m^2} + 999 \frac{kg}{m^3} \times 9{,}81 \frac{m}{s^2} \times (-1 \text{ m}) \frac{N \cdot s^2}{kg \cdot m}$$

$$- \frac{1}{2} \times 999 \frac{kg}{m^3} \times (11{,}7)^2 \frac{m^2}{s^2} \times \frac{N \cdot s^2}{kg \cdot m}$$

$p_A = 22{,}8$ kPa (abs) ou $-78{,}5$ kPa (manométrica) $\longleftarrow \quad p_A$

Notas:
- *Este problema ilustra uma aplicação da equação de Bernoulli que inclui variações de elevação.*
- *É interessante notar que quando se aplica a equação de Bernoulli entre um reservatório e um jato livre alimentado pelo reservatório em um local h abaixo de sua superfície, a velocidade do jato será $V = \sqrt{2gh}$; essa é a mesma velocidade que uma gotícula (ou pedra) teria se caísse de uma altura h sem atrito a partir do nível do reservatório. Você pode explicar por quê?*
- *Sempre tome cuidado ao desprezar o atrito em um escoamento interno. Neste problema, desprezar o atrito é razoável se o tubo tiver uma superfície lisa e for relativamente curto. No Capítulo 8, estudaremos os efeitos do atrito em escoamentos internos.*

Exemplo 6.5 ESCOAMENTO SOB UMA COMPORTA

Água escoa sob uma comporta, em um leito horizontal na entrada de um canal. A montante da comporta, a profundidade da água é 0,45 m e a velocidade é desprezível. Na seção contraída (*vena contracta*) a jusante da comporta, as linhas de corrente são retilíneas e a profundidade é de 50 mm. Determine a velocidade do escoamento a jusante da comporta e a vazão em pés cúbicos por segundo por metro de largura.

Dados: Escoamento de água sob uma comporta, conforme mostrado.

Determinar: (a) V_2.
(b) Q em m³/s/m de largura.

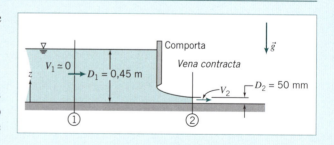

Solução: Com as considerações listadas a seguir, o escoamento satisfaz todas as condições necessárias para a aplicação da equação de Bernoulli. A questão é: que linha de corrente utilizar?

Equação básica: $\dfrac{p_1}{\rho} + \dfrac{V_1^2}{2} + gz_1 = \dfrac{p_2}{\rho} + \dfrac{V_2^2}{2} + gz_2$

Considerações:
1 Escoamento em regime permanente.
2 Escoamento incompressível.
3 Escoamento sem atrito.
4 Escoamento ao longo de uma linha de corrente.
5 Escoamento uniforme em cada seção.
6 Distribuição hidrostática de pressão (em cada local, a pressão aumenta linearmente com a profundidade).

Se considerarmos a linha de corrente que passa ao longo do chão do canal ($z = 0$), por causa da consideração 6, as pressões em ① e ② são

$$p_1 = p_{atm} + \rho g D_1 \quad \text{e} \quad p_2 = p_{atm} + \rho g D_2$$

de modo que a equação de Bernoulli para essa linha de corrente é

$$\frac{(p_{atm} + \rho g D_1)}{\rho} + \frac{V_1^2}{2} = \frac{(p_{atm} + \rho g D_2)}{\rho} + \frac{V_2^2}{2}$$

ou

$$\frac{V_1^2}{2} + gD_1 = \frac{V_2^2}{2} + gD_2 \tag{1}$$

Por outro lado, considere a linha de corrente que passa ao longo da superfície livre em ambos os lados e abaixo na superfície interna da comporta. Para essa linha de corrente,

$$\frac{p_{atm}}{\rho} + \frac{V_1^2}{2} + gD_1 = \frac{p_{atm}}{\rho} + \frac{V_2^2}{2} + gD_2$$

ou

$$\frac{V_1^2}{2} + gD_1 = \frac{V_2^2}{2} + gD_2 \tag{1}$$

Chegamos à mesma equação (Eq. 1) para a linha de corrente no chão e a linha de corrente na superfície livre, implicando que a constante da equação de Bernoulli seja igual para ambas as linhas de corrente. Veremos na Seção 6.6 que esse escoamento pertence a uma família de escoamentos em que isso acontece. Resolvendo para V_2, obtemos

$$V_2 = \sqrt{2g(D_1 - D_2) + V_1^2}$$

Porém $V_1^2 \approx 0$, logo

$$V_2 = \sqrt{2g(D_1 - D_2)} = \sqrt{2 \times 9{,}81\frac{m}{s^2} \times \left(0{,}45 \text{ m} - 50 \text{ mm} \times \frac{m}{1000 \text{ mm}}\right)}$$

$$V_2 = 2{,}8 \text{ m/s} \longleftarrow \hspace{6cm} V_2$$

Para escoamento uniforme, $Q = VA = VDw$, ou

$$\frac{Q}{w} = VD = V_2 D_2 = 2{,}8\frac{m}{s} + 50 \text{ mm} \times \frac{m}{1000 \text{ mm}} = 0{,}14 \text{ m}^2/\text{s}$$

$$\frac{Q}{w} = 0{,}14 \text{ m}^3/\text{s/m pé de comprimento} \longleftarrow \hspace{3cm} \frac{Q}{w}$$

Exemplo 6.6 A EQUAÇÃO DE BERNOULLI EM UM SISTEMA DE REFERÊNCIA EM TRANSLAÇÃO

Um pequeno avião voa a 150 km/h no ar-padrão em uma altitude de 1000 m. Determine a pressão de estagnação na borda de ataque da asa. Em certo ponto perto da asa, a velocidade do ar *relativa* à asa é 60 m/s. Calcule a pressão nesse ponto.

Dados: Pequeno avião em voo no ar-padrão, a 150 km/h e 1000 m de altitude, conforme mostrado.

Determinar: A pressão de estagnação, p_{0_A}, no ponto A, e a pressão estática, p_B, no ponto B.

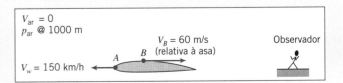

Solução: O escoamento é transiente quando observado de um referencial fixo, isto é, por um observador no solo. Entretanto, um observador *sobre* a asa vê o seguinte escoamento em regime permanente:

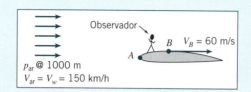

Em $z = 1000$ m no ar-padrão, a temperatura é 281 K e a velocidade do som é 336 m/s. Portanto, no ponto B, $M_B = V_B/c = 0{,}178$. Isso é inferior a 0,3, de modo que o escoamento pode ser considerado incompressível. Assim, a equação de Bernoulli pode ser aplicada ao longo de uma linha de corrente no sistema de referência inercial do observador em movimento.

Equação básica:
$$\frac{p_{ar}}{\rho} + \frac{V_{ar}^2}{2} + gz_{ar} = \frac{p_A}{\rho} + \frac{V_A^2}{2} + gz_A = \frac{p_B}{\rho} + \frac{V_B^2}{2} + gz_B$$

Considerações:
1 Escoamento em regime permanente.
2 Escoamento incompressível ($V < 100$ m/s).
3 Escoamento sem atrito.
4 Escoamento ao longo de uma linha de corrente.
5 Δz desprezível.

Os valores da pressão e da massa específica podem ser encontrados na Tabela A.3. Assim, a 1000 m, $p/p_{SL} = 0{,}8870$ e $\rho/\rho_{SL} = 0{,}9075$. Consequentemente,

$$p = 0{,}8870 p_{SL} = 0{,}8870 \times 1{,}01 \times 10^5 \frac{\text{N}}{\text{m}^2} = 8{,}96 \times 10^4 \text{ N/m}^2$$

e

$$\rho = 0{,}9075 \rho_{SL} = 0{,}9075 \times 1{,}23 \frac{\text{kg}}{\text{m}^3} = 1{,}12 \text{ kg/m}^3$$

Uma vez que a velocidade é $V_A = 0$ no ponto de estagnação,

$$p_{0_A} = p_{ar} + \frac{1}{2}\rho V_{ar}^2$$

$$= 8{,}96 \times 10^4 \frac{\text{N}}{\text{m}^2} + \frac{1}{2} \times 1{,}12 \frac{\text{kg}}{\text{m}^3} \left(150 \frac{\text{km}}{\text{h}} \times 1000 \frac{\text{m}}{\text{km}} \times \frac{\text{h}}{3600 \text{ s}}\right)^2 \times \frac{\text{N} \cdot \text{s}^2}{\text{kg} \cdot \text{m}}$$

$$p_{0_A} = 90{,}6 \text{ kPa(abs)} \longleftarrow \hspace{5cm} p_{0_A}$$

Resolvendo para a pressão estática em B, obtemos

$$p_B = p_{ar} + \frac{1}{2}\rho(V_{ar}^2 - V_B^2)$$

$$p_B = 8{,}96 \times 10^4 \frac{\text{N}}{\text{m}^2} + \frac{1}{2} \times 1{,}12 \frac{\text{kg}}{\text{m}^3} \left[\left(150 \frac{\text{km}}{\text{h}} \times 1000 \frac{\text{m}}{\text{km}} \times \frac{\text{h}}{3600 \text{ s}}\right)^2 - (60)^2 \frac{\text{m}^2}{\text{s}^2}\right] \frac{\text{N} \cdot \text{s}^2}{\text{kg} \cdot \text{m}}$$

$$p_B = 88{,}6 \text{ kPa(abs)} \longleftarrow \hspace{5cm} p_B$$

> Este problema fornece uma dica de como uma asa gera sustentação. O ar que chega possui uma velocidade $V_{ar} = 150$ km/h = 41,7 m/s e *acelera-se* para 60 m/s sobre a superfície superior. Isso conduz, por meio da equação de Bernoulli, a uma *queda* de pressão de 1 kPa (de 89,6 kPa para 88,6 kPa.) Acontece que o escoamento *desacelera-se* sobre a superfície inferior, conduzindo a um aumento de pressão de aproximadamente 1 kPa. Portanto, a asa sofre uma diferença líquida de pressão para cima de aproximadamente 2 kPa, um efeito significativo.

Escoamento Incompressível de Fluidos Não Viscosos **225**

Precauções no Emprego da Equação de Bernoulli

Verificamos, nos Exemplos 6.3 a 6.6, diversas situações nas quais a equação de Bernoulli pôde ser aplicada, porque as restrições ao seu uso conduziam a um modelo razoável do escoamento. Contudo, em algumas situações você poderá ser tentado a aplicá-la quando as restrições não são satisfeitas. Nesta seção, são discutidos brevemente alguns casos sutis que violam essas restrições.

No Exemplo 6.3, foi examinado o escoamento em um bocal. Em um *bocal subsônico* (uma seção convergente) a pressão cai, acelerando o escoamento. Como a pressão cai e as paredes do bocal convergem, não existe separação do escoamento da parede e as camadas-limite permanecem delgadas. Além disso, um bocal é normalmente relativamente curto de modo que os efeitos de atrito não são significativos. Tudo isso leva à conclusão de que a equação de Bernoulli é adequada para uso em escoamentos em bocais subsônicos.

Às vezes é necessário desacelerar um escoamento. Isso pode ser realizado por meio de um *difusor subsônico* (uma seção divergente) ou pela utilização de uma expansão súbita (por exemplo, de um tubo para um reservatório). Nesses dispositivos, o escoamento é desacelerado por causa de um gradiente de pressão adverso. Conforme discutido na Seção 2.6, um gradiente de pressão adverso tende a causar um rápido crescimento na camada-limite e a sua separação. Portanto, devemos ser cuidadosos na aplicação da equação de Bernoulli em tais dispositivos — na melhor das hipóteses, será uma aproximação. Por causa do bloqueio de área causado pelo crescimento da camada-limite, o aumento de pressão nos difusores reais é sempre menor que aquele previsto para um escoamento unidimensional sem viscosidade.

A equação de Bernoulli foi um modelo razoável para o sifão do Exemplo 6.4, pois a entrada era bem arredondada, as curvas suaves e o comprimento total curto. A separação do escoamento, que pode ocorrer em entradas com cantos vivos e em curvas bruscas, causa o afastamento do escoamento em relação ao previsto por um modelo unidimensional e pela equação de Bernoulli. Os efeitos de atrito não seriam desprezíveis se o tubo fosse longo.

No Exemplo 6.5, apresentamos um escoamento em um canal aberto análogo àquele em um bocal, para o qual a equação de Bernoulli é um bom modelo. O ressalto hidráulico é um exemplo de um escoamento em canal aberto com gradiente de pressão adverso. O escoamento através de um ressalto hidráulico é fortemente turbilhonado, tornando impossível a identificação de linhas de corrente. Desse modo, a equação de Bernoulli não pode ser usada para modelar o escoamento através de um ressalto hidráulico. Veremos uma apresentação mais detalhada de escoamentos em canais abertos no Capítulo 11.

A equação de Bernoulli não pode ser aplicada *através* de uma máquina tal como uma hélice propulsora, bomba, turbina ou moinho de vento. A equação foi deduzida por integração ao longo de um tubo de corrente (Seção 4.4) ou de uma linha de corrente (Seção 6.2) na ausência de superfícies móveis, tais como pás ou hélices. É impossível ter um escoamento localmente em regime permanente ou identificar linhas de corrente em um escoamento através, por exemplo, de uma turbo máquina. Portanto, a equação de Bernoulli pode ser aplicada entre pontos *antes* de uma máquina e entre pontos *após* uma máquina (desde que as restrições a seu emprego sejam satisfeitas), ela não pode ser aplicada *através* da máquina. (De fato, a máquina irá modificar significativamente o valor da constante de Bernoulli.)

Finalmente, a compressibilidade deve ser considerada no escoamento de gases. As variações de massa específica causadas pela compressão dinâmica decorrente do movimento podem ser desprezadas para fins de engenharia, se o número de Mach local permanecer abaixo de $M \approx 0,3$, conforme assinalado nos Exemplos 6.2, 6.3 e 6.6. Variações de temperatura podem causar mudanças significativas na massa específica de um gás, mesmo nos escoamentos com baixa velocidade. Dessa forma, a equação de Bernoulli não seria aplicável ao escoamento do ar através de um elemento de aquecimento (por exemplo, um secador de cabelos portátil), em que ocorrem variações consideráveis de temperatura.

6.3 A Equação de Bernoulli Interpretada como uma Equação de Energia

A equação de Bernoulli, Eq. 6.8, foi obtida por integração da equação de Euler ao longo de uma linha de corrente para escoamento em regime permanente, incompressível e sem atrito. Então, a Eq. 6.8 foi deduzida a partir da equação da quantidade de movimento aplicada a uma partícula fluida.

Uma equação idêntica em forma à Eq. 6.8 (embora requerendo restrições muito diferentes) pode ser obtida a partir da primeira lei da termodinâmica. Nosso objetivo nesta seção é reduzir a equação da energia à forma da equação de Bernoulli dada pela Eq. 6.8. Tendo chegado a esta forma, compararemos as restrições às duas equações buscando com isso compreender com mais clareza as restrições ao emprego da Eq. 6.8.

Considere um escoamento em regime permanente na ausência de forças de cisalhamento. Escolhemos um volume de controle limitado por linhas de corrente ao longo da periferia do escoamento. Um volume de controle como este, mostrado na Fig. 6.5, é usualmente chamado de *tubo de corrente*.

Equação básica:

$$\overset{=0(1)}{\dot{Q}} - \overset{=0(2)}{\cancel{\dot{W}_s}} - \overset{=0(3)}{\cancel{\dot{W}_{\text{cisalhamento}}}} - \overset{=0(4)}{\cancel{\dot{W}_{\text{outros}}}} = \frac{\cancel{\partial}}{\cancel{\partial t}} \int_{VC} e\, \rho\, dV\!\!\!\!/ + \int_{SC} (e + pv)\, \rho \vec{V} \cdot d\vec{A} \quad (4.56)$$

$$e = u + \frac{V^2}{2} + gz$$

Restrições:

1 $\dot{W}_s = 0$.
2 $\dot{W}_{\text{cisalhamento}} = 0$.
3 $\dot{W}_{\text{outros}} = 0$.
4 Escoamento em regime permanente.
5 Escoamento e propriedades uniformes em cada seção.

(Lembre-se de que aqui v representa o volume específico e u representa a energia interna específica, e não velocidade!) Sob essas restrições, a Eq. 4.56 torna-se

$$\left(u_1 + p_1 v_1 + \frac{V_1^2}{2} + gz_1\right)(-\rho_1 V_1 A_1) + \left(u_2 + p_2 v_2 + \frac{V_2^2}{2} + gz_2\right)(\rho_2 V_2 A_2) - \dot{Q} = 0$$

Porém, da continuidade, e com as restrições (4) e (5):

$$\sum_{SC} \rho \vec{V} \cdot \vec{A} = 0 \quad (4.15b)$$

ou

$$(-\rho_1 V_1 A_1) + (\rho_2 V_2 A_2) = 0$$

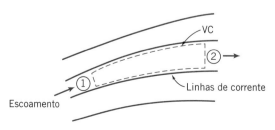

Fig. 6.5 Escoamento através de um tubo de corrente.

Isto é,

$$\dot{m} = \rho_1 V_1 A_1 = \rho_2 V_2 A_2$$

Também

$$\dot{Q} = \frac{\delta Q}{dt} = \frac{\delta Q}{dm}\frac{dm}{dt} = \frac{\delta Q}{dm}\dot{m}$$

Assim, da equação de conservação de energia, após rearranjar

$$\left[\left(p_2 v_2 + \frac{V_2^2}{2} + gz_2\right) - \left(p_1 v_1 + \frac{V_1^2}{2} + gz_1\right)\right]\dot{m} + \left(u_2 - u_1 - \frac{\delta Q}{dm}\right)\dot{m} = 0$$

ou

$$p_1 v_1 + \frac{V_1^2}{2} + gz_1 = p_2 v_2 + \frac{V_2^2}{2} + gz_2 + \left(u_2 - u_1 - \frac{\delta Q}{dm}\right)$$

Com a consideração adicional (6) de escoamento incompressível, $v_1 = v_2 = 1/\rho$, e então

$$\frac{p_1}{\rho} + \frac{V_1^2}{2} + gz_1 = \frac{p_2}{\rho} + \frac{V_2^2}{2} + gz_2 + \left(u_2 - u_1 - \frac{\delta Q}{dm}\right) \qquad (6.14)$$

A Eq. 6.14 ficaria reduzida à equação de Bernoulli, se o termo entre parênteses fosse zero. Assim, sob a restrição adicional,

$$(7) \quad \left(u_2 - u_1 - \frac{\delta Q}{dm}\right) = 0$$

a equação da energia reduz-se a

$$\frac{p_1}{\rho} + \frac{V_1^2}{2} + gz_1 = \frac{p_2}{\rho} + \frac{V_2^2}{2} + gz_2$$

ou

$$\frac{p}{\rho} + \frac{V^2}{2} + gz = \text{constante} \qquad (6.15)$$

A Eq. 6.15 é idêntica em forma à equação de Bernoulli, Eq. 6.8. A equação de Bernoulli foi deduzida a partir de considerações de quantidade de movimento (segunda lei de Newton) e é válida para escoamento em regime permanente, incompressível, sem atrito e ao longo de uma linha de corrente. A Eq. 6.15 foi obtida pela aplicação da primeira lei da termodinâmica a um volume de controle na forma de um tubo de corrente sujeito às restrições de 1 a 7 citadas anteriormente. Desse modo, a equação de Bernoulli (Eq. 6.8) e a forma idêntica derivada da equação da energia (Eq. 6.15) foram desenvolvidas a partir de modelos inteiramente diferentes, de conceitos básicos totalmente diversos e envolvendo diferentes restrições.

Parece que necessitamos da restrição (7) para finalmente transformar a equação de energia na equação de Bernoulli. Na verdade, não necessitamos! Acontece que para um escoamento incompressível e sem atrito [restrição (6), e o fato de que estamos considerando somente escoamentos sem forças de cisalhamento], a restrição (7) fica automaticamente satisfeita, conforme demonstramos no Exemplo 6.7.

Exemplo **6.7** ENERGIA INTERNA E TRANSFERÊNCIA DE CALOR NO ESCOAMENTO INCOMPRESSÍVEL SEM ATRITO

Considere um escoamento incompressível, sem atrito e com transferência de calor. Mostre que

$$u_2 - u_1 = \frac{\delta Q}{dm}$$

228   Capítulo 6

Dados: Escoamento incompressível, sem atrito, com transferência de calor.

Demonstre: $u_2 - u_1 = \dfrac{\delta Q}{dm}$.

Solução: Em geral, a energia interna pode ser expressa como $u = u(T, v)$. Para escoamento incompressível, $v =$ constante e $u = u(T)$. Então, o estado termodinâmico do fluido é determinado apenas pela propriedade termodinâmica, T. Para qualquer processo, a variação de energia interna $(u_2 - u_1)$ depende somente das temperaturas nos estados final e inicial.

Da equação de Gibbs, $Tds = du + p\,dv$, válida para uma substância pura submetida a um processo qualquer, obtemos

$$Tds = du$$

para escoamento incompressível, uma vez que $dv = 0$. Como a variação de energia interna, du, entre os estados inicial e final especificados é independente do processo, supomos um processo reversível para o qual $Tds = d(\delta Q/dm) = du$. Desse modo,

$$u_2 - u_1 = \frac{\delta Q}{dm} \longleftarrow$$

Para o escoamento em regime permanente, incompressível e sem atrito, abordado nesta seção, é verdade que a primeira lei da termodinâmica reduz-se à equação de Bernoulli. Cada termo na Eq. 6.15 possui dimensões de energia por unidade de massa (algumas vezes nos referimos aos três termos na equação como a energia de "pressão", a energia cinética e a energia potencial por unidade de massa do fluido). Não é uma surpresa o fato de a Eq. 6.15 conter termos de energia — afinal, nós utilizamos a primeira lei da termodinâmica em sua dedução. Como é que pudemos obter os mesmos termos de energia na equação de Bernoulli com uma dedução a partir da equação da quantidade de movimento? A resposta é que integramos a equação da quantidade de movimento (que envolve termos de força) ao longo de uma linha de corrente (que envolve distância), fazendo aparecer então os termos de trabalho ou de energia (trabalho sendo definido como força vezes distância): o trabalho das forças de gravidade e de pressão leva à variação da energia cinética (que vem da integração de quantidade de movimento sobre uma distância). Nesse contexto, podemos pensar a equação de Bernoulli como um *balanço de energia mecânica* — a energia mecânica (de "pressão" mais potencial mais cinética) será constante. Devemos ter sempre em mente que, para a equação de Bernoulli ser válida ao longo de uma linha de corrente, é requerido um escoamento incompressível e não viscoso, adicionalmente ao regime permanente. É interessante que essas duas propriedades do escoamento — sua compressibilidade e atrito — vinculam as energias termodinâmica e mecânica. Se um fluido é compressível, quaisquer variações de pressão induzidas no escoamento comprimirão ou expandirão o fluido, realizando trabalho e variando a energia térmica da partícula; e o atrito, conforme sabemos da experiência do dia a dia, converte sempre energia mecânica em energia térmica. Sua ausência, portanto, corta o vínculo entre as energias térmica e mecânica, e elas ficam independentes — é como se estivessem em universos paralelos!

Em resumo, quando as condições que validam a aplicação da equação de Bernoulli são satisfeitas, podemos considerar separadamente a energia mecânica e a energia interna térmica de uma partícula fluida (isso está ilustrado no Exemplo 6.8); quando as condições não são satisfeitas, existirá uma interação entre estas energias, a equação de Bernoulli não será válida e a formulação completa da primeira lei da termodinâmica deverá ser aplicada.

Exemplo **6.8** ESCOAMENTO SEM ATRITO COM TRANSFERÊNCIA DE CALOR

Água escoa em regime permanente de um grande reservatório aberto através de um tubo curto e de um bocal com área de seção transversal $A = 560\ mm^2$. Um aquecedor de 10 kW, bem isolado termicamente, envolve o tubo. Determine o aumento de temperatura da água.

Dados: Água escoa de um grande reservatório através do sistema mostrado na figura e descarrega à pressão atmosférica. O aquecedor é de 10 kW; $A_4 = 560$ mm².

Determinar: O aumento da temperatura da água entre os pontos ① e ②.

Solução:

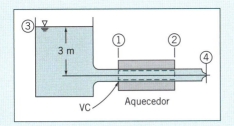

Equações básicas: $\dfrac{p}{\rho} + \dfrac{V^2}{2} + gz = $ constante (6.8)

$$\sum_{SC} \vec{V} \cdot \vec{A} = 0 \quad (4.13b)$$

$$\underbrace{\dot{Q}}_{} - \underbrace{\cancel{\dot{W}_s}}_{=0(4)} - \underbrace{\cancel{\dot{W}_{\text{cisalhamento}}}}_{=0(4)} = \underbrace{\cancel{\dfrac{\partial}{\partial t}\int_{VC} e\rho \, dV}}_{=0(1)} + \int_{SC}\left(u + pv + \dfrac{V^2}{2} + gz\right)\rho \vec{V} \cdot d\vec{A} \quad (4.56)$$

Considerações:
1. Escoamento em regime permanente.
2. Escoamento sem atrito.
3. Escoamento incompressível.
4. Não há trabalho de eixo nem de cisalhamento.
5. Escoamento ao longo de uma linha de corrente.
6. Escoamento uniforme ao longo de cada seção [uma consequência da consideração (2)].

Com as considerações adotadas, a primeira lei da termodinâmica para o VC mostrado torna-se

$$\dot{Q} = \int_{SC}\left(u + pv + \dfrac{V^2}{2} + gz\right)\rho \vec{V} \cdot d\vec{A}$$

$$= \int_{A_1}\left(u + pv + \dfrac{V^2}{2} + gz\right)\rho \vec{V} \cdot d\vec{A} + \int_{A_2}\left(u + pv + \dfrac{V^2}{2} + gz\right)\rho \vec{V} \cdot d\vec{A}$$

Para propriedades uniformes em ① e ②.

$$\dot{Q} = -(\rho V_1 A_1)\left(u_1 + p_1 v + \dfrac{V_1^2}{2} + gz_1\right) + (\rho V_2 A_2)\left(u_2 + p_2 v + \dfrac{V_2^2}{2} + gz_2\right)$$

Da conservação de massa, $\rho V_1 A_1 = \rho V_2 A_2 = \dot{m}$, de modo que

$$\dot{Q} = \dot{m}\left[u_2 - u_1 + \left(\dfrac{p_2}{\rho} + \dfrac{V_2^2}{2} + gz_2\right) - \left(\dfrac{p_1}{\rho} + \dfrac{V_1^2}{2} + gz_1\right)\right]$$

Para escoamento incompressível, sem atrito, permanente e ao longo de uma linha de corrente,

$$\dfrac{p}{\rho} + \dfrac{V^2}{2} + gz = \text{constante}$$

Portanto,

$$\dot{Q} = \dot{m}(u_2 - u_1)$$

Como, para um fluido incompressível, $u_2 - u_1 = c(T_2 - T_1)$, tem-se

$$T_2 - T_1 = \dfrac{\dot{Q}}{\dot{m}c}$$

Da continuidade,

$$\dot{m} = \rho V_4 A_4$$

230 Capítulo 6

Para determinar V_4, escreva a equação de Bernoulli entre a superfície livre em ③ e o ponto ④.

$$\frac{p_3}{\rho} + \frac{V_3^2}{2} + gz_3 = \frac{p_4}{\rho} + \frac{V_4^2}{2} + gz_4$$

Como $p_3 = p_4$ e $V_3 \approx 0$, segue que

$$V_4 = \sqrt{2g(z_3 - z_4)} = \sqrt{2 \times 9{,}81\frac{\text{m}}{\text{s}^2} \times 3 \text{ m}} = 7{,}7 \text{ m/s}$$

e

$$\dot{m} = \rho V_4 A_4 = 1000\frac{\text{kg}}{\text{m}^3} \times 7{,}7\frac{\text{m}}{\text{s}} \times 560\,\text{mm}^2 \times \frac{\text{m}^2}{10^6\,\text{mm}^2} = 4{,}31 \text{ kg/s}$$

Considerando que não há perda de calor para o ambiente, resulta

$$T_2 - T_1 = \frac{\dot{Q}}{\dot{m}c} = \text{W} \times \frac{1}{4{,}31\,\text{kg/s} \times 4179\,\text{J/kg} \cdot \text{K}} \times \frac{\text{J}}{\text{W} \cdot \text{s}}$$

$$T_2 - T_1 = 0{,}555 \text{ K} \longleftarrow \qquad\qquad T_2 - T_1$$

> *Este problema ilustra que:*
> - Geralmente, a primeira lei da termodinâmica e a equação de Bernoulli são equações independentes.
> - Para um escoamento incompressível e não viscoso, a energia interna somente varia por um processo de transferência de calor, e é independente da mecânica dos fluidos.

6.4 *Linha de Energia e Linha Piezométrica*

Aprendemos que para um escoamento em regime permanente, incompressível, sem atrito, podemos usar a equação de Bernoulli (Eq. 6.8), deduzida a partir da equação da quantidade de movimento, e também podemos usar a Eq. 6.15, deduzida a partir da equação de energia:

$$\frac{p}{\rho} + \frac{V^2}{2} + gz = \text{constante} \qquad (6.15)$$

Também interpretamos os três termos na equação, de "pressão", energias, cinética e potencial, para perfazer a energia mecânica total, por unidade de massa do fluido. Se dividirmos a Eq. 6.15 por g, obteremos outra forma,

$$\frac{p}{\rho g} + \frac{V^2}{2g} + z = H \qquad (6.16a)$$

Aqui H é a *altura de carga total* do escoamento; ela mede a energia mecânica total em unidades de metros ou pés. Aprenderemos no Capítulo 8 que, para um fluido real (um com atrito), essa altura de carga *não* é constante, mas diminui continuamente em valor conforme a energia mecânica é convertida em energia térmica; neste capítulo, H é constante. Podemos ir um passo adiante, e encontrarmos uma aproximação gráfica muito útil caso definamos a altura de carga total também como a *linha de energia* (*LE*),

$$LE = \frac{p}{\rho g} + \frac{V^2}{2g} + z \qquad (6.16b)$$

Isso pode ser medido usando o tubo pitot (carga total), mostrado na Fig. 6.3. Colocando-se um tubo como esse em um escoamento mede-se a pressão total, $p_0 = p + \frac{1}{2}\rho V^2$, de modo que isso causará um aumento de altura na coluna de um *mesmo fluido* $h = p_0/\rho g = p/\rho g + V^2/2g$. Se a posição vertical do tubo pitot for z, medida a partir de algum ponto referencial (por exemplo, o solo), a altura de coluna de fluido, *medida a partir do ponto referencial*, será então $h + z = p/\rho g + V^2/2g + z = LE = H$. Em resumo, a altura da coluna, medida a partir do ponto referencial, anexado a um tubo pitot indica diretamente a LE.

Podemos também definir a *linha piezométrica* (LP),

$$LP = \frac{p}{\rho g} + z \qquad (6.16c)$$

Isso pode ser medido usando a tomada de pressão estática (mostrada na Fig. 6.2a). Colocando-se um tubo desse tipo em um escoamento, podemos medir a pressão estática, p, de modo que isso causará um aumento de altura na coluna de um *mesmo fluido* $h = p/\rho g$. Se a posição vertical da tomada é também em z, medida a partir de algum ponto referencial, a altura da coluna do fluido, *medida a partir do ponto referencial*, será então $h + z = p/\rho g + z = LP$. A altura da coluna anexada à tomada de pressão estática indica, portanto, diretamente a LP.

A partir das Eqs. 6.16b e 6.16c, obtemos

$$LE - LP = \frac{V^2}{2g} \qquad (6.16d)$$

que mostra que a diferença entre a LE e a LP é sempre o termo da pressão dinâmica.

Para ver uma interpretação gráfica da LE e da LP, remeta ao exemplo mostrado na Fig. 6.6 que mostra escoamento sem atrito a partir de um reservatório, através de um redutor tubular.

Em todas as posições, a LE é a mesma porque não existe perda de energia mecânica. A posição ① está no reservatório, e aqui a LE e a LP coincidem com a superfície livre: nas Eqs. 6.16b e 6.16c, como $p = 0$ (manométrica), $V = 0$ e $z = z_1$, então $LE_1 = LP_1 = H = z_1$; toda a energia mecânica é potencial. (Se tivéssemos que colocar um tubo pitot no fluido na posição ①, é claro que o fluido se elevaria somente até o nível da superfície livre.)

Na posição ②, temos um tubo (carga total) pitot e uma tomada de pressão estática. A coluna do tubo pitot indica o valor correto da LE ($LE_1 = LE_2 = H$), porém *alguma coisa* mudou entre as duas posições: O fluido agora tem energia cinética significativa

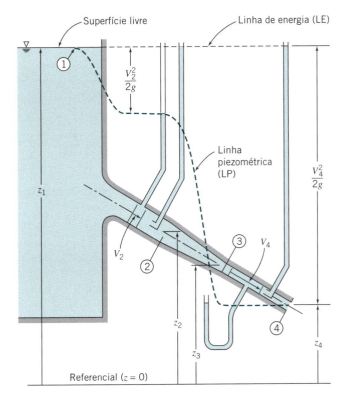

Fig. 6.6 Linhas de energia e piezométrica para escoamento sem atrito.

e perdeu alguma energia potencial (você pode determinar a partir da figura o que aconteceu com a pressão?) A partir da Eq. 6.16d, podemos ver que a LP é menor do que a LE pelo fator $V_2^2/2g$; a LP na posição ② mostra isso.

Da posição ② para a posição ③ existe uma redução no diâmetro, de modo que a equação da continuidade requer que $V_3 > V_2$; portanto, a separação entre a LE e a LP aumenta adicionalmente, como mostrado.

A posição ④ está na saída (para a atmosfera). Como a pressão é zero (manométrica), então a LE consiste totalmente nos termos de energia cinética e potencial, e $LP_4 = LP_3$. Podemos resumir duas ideias importantes quando esboçamos as curvas da LE e da LP:

1. A LE é constante para escoamento incompressível, não viscoso (na ausência de dispositivos que produzam ou recebam trabalho). Veremos no Capítulo 8 que os dispositivos que produzem ou recebam trabalho podem aumentar ou diminuir a LE, e o atrito causará sempre uma queda na LE.
2. A LP está sempre abaixo da LE pela distância $V^2/2g$. Note que o valor da velocidade V depende do sistema global (por exemplo, altura do reservatório, diâmetro do tubo etc.), mas *variações* na velocidade *somente* ocorrem quando o diâmetro varia.

6.5 Equação de Bernoulli para Escoamento Transiente — Integração da Equação de Euler ao Longo de uma Linha de Corrente (no GEN-IO, ambiente virtual de aprendizagem do GEN)

*6.6 Escoamento Irrotacional

Já discutimos escoamentos irrotacionais na Seção 5.3. Eles são escoamentos nos quais as partículas do fluido não rodam ($\vec{\omega} = 0$). Lembremos que somente as tensões de cisalhamento podem gerar rotação da partícula; portanto, escoamentos não viscosos (isto é, sem tensões de cisalhamento) serão irrotacionais, a menos que as partículas estivessem inicialmente em rotação. Usando a Eq. 5.14, obtemos a condição de irrotacionalidade

$$\nabla \times \vec{V} = 0 \tag{6.22}$$

levando a

$$\frac{\partial w}{\partial y} - \frac{\partial v}{\partial z} = \frac{\partial u}{\partial z} - \frac{\partial w}{\partial x} = \frac{\partial v}{\partial x} - \frac{\partial u}{\partial y} = 0 \tag{6.23}$$

Em coordenadas cilíndricas, a partir da Eq. 5.16, a condição de irrotacionalidade requer que

$$\frac{1}{r}\frac{\partial V_z}{\partial \theta} - \frac{\partial V_\theta}{\partial z} = \frac{\partial V_r}{\partial z} - \frac{\partial V_z}{\partial r} = \frac{1}{r}\frac{\partial rV_\theta}{\partial r} - \frac{1}{r}\frac{\partial V_r}{\partial \theta} = 0 \tag{6.24}$$

Vídeo: Um Exemplo de Escoamento Irrotacional

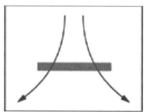

A Equação de Bernoulli Aplicada a um Escoamento Irrotacional

Na Seção 6.2, integramos a equação de Euler ao longo de uma linha de corrente para escoamento em regime permanente, incompressível e sem viscosidade, para obter a equação de Bernoulli

$$\frac{p}{\rho} + \frac{V^2}{2} + gz = \text{constante} \tag{6.8}$$

A Eq. 6.8 pode ser aplicada entre quaisquer dois pontos sobre a *mesma* linha de corrente. Geralmente, o valor da constante variará de linha de corrente para linha de corrente.

---

*Esta seção pode ser omitida sem perda de continuidade no material do texto. (Note que a Seção 5.2 apresenta conhecimento sobre o material necessário para o estudo desta seção.)

Se o campo de escoamento, além de ser em regime permanente, incompressível e não viscoso, adicionalmente for também irrotacional (isto é, as partículas não têm rotação inicial), de forma que $\nabla \times \vec{V} = 0$ (Eq. 6.22), podemos mostrar que a equação de Bernoulli pode ser aplicada entre quaisquer e todos os pontos no escoamento. Então, o valor da constante na Eq. 6.8 é o mesmo para todas as linhas de corrente. Para ilustrar isso, iniciamos com a equação de Euler na formulação vetorial,

$$(\vec{V} \cdot \nabla)\vec{V} = -\frac{1}{\rho} \nabla p - g\hat{k} \tag{6.9}$$

Usando a identidade vetorial

$$(\vec{V} \cdot \nabla)\vec{V} = \frac{1}{2} \nabla(\vec{V} \cdot \vec{V}) - \vec{V} \times (\nabla \times \vec{V})$$

vemos que para escoamento irrotacional, onde $\nabla \times \vec{V} = 0$, que

$$(\vec{V} \cdot \nabla)\vec{V} = \frac{1}{2} \nabla(\vec{V} \cdot \vec{V})$$

e a equação de Euler para escoamento irrotacional pode ser escrita como

$$\frac{1}{2} \nabla(\vec{V} \cdot \vec{V}) = \frac{1}{2} \nabla(V^2) = -\frac{1}{\rho} \nabla p - g\hat{k} \tag{6.25}$$

Considere um deslocamento no campo de escoamento da posição $\vec{r}$ para a posição $\vec{r} + d\vec{r}$; o deslocamento $d\vec{r}$ é um deslocamento infinitesimal *arbitrário* em *qualquer* direção, não necessariamente ao longo de uma linha de corrente. Tomando o produto escalar de $d\vec{r} = dx\hat{i} + dy\hat{j} + dz\hat{k}$ com cada um dos termos na Eq. 6.25, temos

$$\frac{1}{2} \nabla(V^2) \cdot d\vec{r} = -\frac{1}{\rho} \nabla p \cdot d\vec{r} - g\hat{k} \cdot d\vec{r}$$

e, portanto,

$$\frac{1}{2} d(V^2) = -\frac{dp}{\rho} - gdz$$

ou

$$\frac{dp}{\rho} + \frac{1}{2} d(V^2) + gdz = 0$$

Integrando essa equação para escoamento incompressível, obtemos

$$\frac{p}{\rho} + \frac{V^2}{2} + gz = \text{constante} \tag{6.26}$$

Visto que $d\vec{r}$ foi um deslocamento arbitrário, a Eq. 6.26 é válida entre *quaisquer* dois pontos (isto é, não somente ao longo de uma linha de corrente) em um escoamento em regime permanente, incompressível, e não viscoso que também é irrotacional (veja o Exemplo 6.5).

Potencial de Velocidade

Na Seção 5.2, introduzimos a notação da função de corrente ψ para um escoamento bidimensional e incompressível.

Para escoamento irrotacional, podemos introduzir uma função associada, a *função potencial ϕ*, definida por

$$\vec{V} = -\nabla \phi \tag{6.27}$$

Por que essa definição? Porque ela garante que *qualquer* função escalar contínua $\phi(x, y, z, t)$ satisfaz *automaticamente* a condição de irrotacionalidade (Eq. 6.22) por causa de uma identidade fundamental:[3]

$$\nabla \times \vec{V} = -\nabla \times \nabla\phi = -\mathrm{rot}(\mathrm{grad}\,\phi) \equiv 0 \tag{6.28}$$

O sinal de menos (usado na maior parte dos livros-texto) é inserido simplesmente para que ϕ diminua na direção do escoamento (analogamente à temperatura diminuindo na direção do fluxo de calor na condução de calor). Portanto,

$$u = -\frac{\partial\phi}{\partial x}, \quad v = -\frac{\partial\phi}{\partial y} \quad \text{e} \quad w = -\frac{\partial\phi}{\partial z} \tag{6.29}$$

(Você pode checar que a condição de irrotacionalidade, Eq. 6.22, é identicamente satisfeita.)

Em coordenadas cilíndricas,

$$\nabla = \hat{e}_r\frac{\partial}{\partial r} + \hat{e}_\theta\frac{1}{r}\frac{\partial}{\partial\theta} + \hat{k}\frac{\partial}{\partial z} \tag{3.19}$$

A partir da Eq. 6.27, então, em coordenadas cilíndricas

$$V_r = -\frac{\partial\phi}{\partial r} \qquad V_\theta = -\frac{1}{r}\frac{\partial\phi}{\partial\theta} \qquad V_z = -\frac{\partial\phi}{\partial z} \tag{6.30}$$

Como $\nabla \times \nabla\phi = 0$ para todo o ϕ, o potencial de velocidade existe somente para escoamento irrotacional.

A irrotacionalidade pode ser uma consideração válida para aquelas regiões de um escoamento nas quais as forças viscosas são desprezíveis. (Por exemplo, uma região assim existe externamente à camada-limite no escoamento sobre uma superfície de asa, e pode ser analisada para determinar a sustentação produzida pela asa.) A teoria para o escoamento irrotacional é desenvolvida em termos de um fluido ideal imaginário cuja viscosidade é identicamente igual a zero. Visto que, em um escoamento irrotacional, o campo de velocidade pode ser definido pela função potencial ϕ, a teoria é frequentemente referenciada como teoria do escoamento potencial.

Todos os fluidos reais têm viscosidade, mas existem muitas situações em que a consideração de escoamento não viscoso simplifica consideravelmente a análise e, ao mesmo tempo, fornece resultados significativos. Por causa de sua relativa simplicidade e beleza matemática, o escoamento potencial tem sido extensivamente estudado.[4]

Função de Corrente e Potencial de Velocidade para Escoamento Bidimensional, Irrotacional e Incompressível: Equação de Laplace

Para um escoamento bidimensional, incompressível e irrotacional, temos expressões para as componentes da velocidade, u e v, em termos tanto da função corrente ψ quanto do potencial de velocidade ϕ,

$$u = \frac{\partial\psi}{\partial y} \qquad v = -\frac{\partial\psi}{\partial x} \tag{5.4}$$

$$u = -\frac{\partial\phi}{\partial x} \qquad v = -\frac{\partial\phi}{\partial y} \tag{6.29}$$

Substituindo u e v da Eq. 5.4 na condição de irrotacionalidade,

$$\frac{\partial v}{\partial x} - \frac{\partial u}{\partial y} = 0 \tag{6.23}$$

---

[3]Que $\nabla \times \nabla(\ ) \equiv 0$ pode ser facilmente demonstrado mediante a expansão em componentes.
[4]Pessoas interessadas em um estudo detalhado sobre a teoria do escoamento potencial podem achar as referências [4-6] de interesse.

Escoamento Incompressível de Fluidos Não Viscosos **235**

obtemos

$$\frac{\partial^2 \psi}{\partial x^2} + \frac{\partial^2 \psi}{\partial y^2} = \nabla^2 \psi = 0 \qquad (6.31)$$

Substituindo u e v da Eq. 6.29 na equação da continuidade,

$$\frac{\partial u}{\partial x} + \frac{\partial v}{\partial y} = 0 \qquad (5.3)$$

obtemos

$$\frac{\partial^2 \phi}{\partial x^2} + \frac{\partial^2 \phi}{\partial y^2} = \nabla^2 \phi = 0 \qquad (6.32)$$

As Eqs. 6.31 e 6.32 são formas da equação de Laplace — uma equação que surge em muitas áreas das ciências físicas e engenharia. Qualquer função ψ ou ϕ que satisfaz a equação de Laplace representa um possível campo de escoamento bidimensional, incompressível e irrotacional.

A Tabela 6.1 resume os resultados de nossa discussão da função de corrente e potencial de velocidade para escoamentos bidimensionais.

As mesmas regras (de quando aplicar a incompressibilidade e a irrotacionalidade, e com a forma apropriada da equação de Laplace) são válidas para a função de corrente e para o potencial de velocidade quando expressas em coordenadas cilíndricas,

$$V_r = \frac{1}{r}\frac{\partial \psi}{\partial \theta} \qquad \text{e} \qquad V_\theta = -\frac{\partial \psi}{\partial r} \qquad (5.8)$$

e

$$V_r = -\frac{\partial \phi}{\partial r} \qquad \text{e} \qquad V_\theta = -\frac{1}{r}\frac{\partial \phi}{\partial \theta} \qquad (6.33)$$

Na Seção 5.2 mostramos que a função corrente ψ é constante ao longo de qualquer linha de corrente. Para $\psi = $ constante, $d\psi = 0$ e

$$d\psi = \frac{\partial \psi}{\partial x}\,dx + \frac{\partial \psi}{\partial y}\,dy = 0$$

A inclinação de uma linha de corrente — uma linha de ψ constante — é dada por

$$\left.\frac{dy}{dx}\right)_\psi = -\frac{\partial \psi/dx}{\partial x/\partial y} = -\frac{-v}{u} = \frac{v}{u} \qquad (6.34)$$

Tabela 6.1
Definições de ψ e de ϕ, e Condições Necessárias para Satisfazer a Equação de Laplace

Definição	Sempre satisfaz...	Satisfaz a equação de Laplace... $\dfrac{\partial^2()}{\partial x^2} + \dfrac{\partial^2()}{\partial y^2} = \nabla^2() = 0$
Função de corrente ψ $u = \dfrac{\partial \psi}{\partial y} \quad v = -\dfrac{\partial \psi}{\partial x}$	... incompressibilidade: $\dfrac{\partial u}{\partial x} + \dfrac{\partial v}{\partial y} = \dfrac{\partial^2 \psi}{\partial x \partial y} - \dfrac{\partial^2 \psi}{\partial y \partial x} \equiv 0$	... somente se irrotacional: $\dfrac{\partial v}{\partial x} - \dfrac{\partial u}{\partial y} = -\dfrac{\partial^2 \psi}{\partial x \partial x} - \dfrac{\partial^2 \psi}{\partial y \partial y} = 0$
Potencial de velocidade $u = -\dfrac{\partial \phi}{\partial x} \quad v = -\dfrac{\partial \phi}{\partial y}$	... irrotacionalidade $\dfrac{\partial v}{\partial x} - \dfrac{\partial u}{\partial y} = -\dfrac{\partial^2 \phi}{\partial x \partial y} - \dfrac{\partial^2 \phi}{\partial y \partial x} \equiv 0$	... somente se incompressível: $\dfrac{\partial u}{\partial x} + \dfrac{\partial v}{\partial y} = -\dfrac{\partial^2 \phi}{\partial x \partial x} - \dfrac{\partial^2 \phi}{\partial y \partial y} = 0$

236 Capítulo 6

Ao longo de uma linha de ϕ constante, $d\phi = 0$ e

$$d\phi = \frac{\partial\phi}{\partial x}\,dx + \frac{\partial\phi}{\partial y}\,dy = 0$$

Consequentemente, a inclinação de uma linha de potencial — uma linha de ϕ constante — é dada por

$$\left.\frac{dy}{dx}\right)_\phi = -\frac{\partial\phi/\partial x}{\partial\phi/\partial y} = -\frac{u}{v} \tag{6.35}$$

(A última igualdade da Eq. 6.35 com auxílio da Eq. 6.29.)

Comparando as Eqs. 6.34 e 6.35, vemos que a inclinação de uma linha de ψ constante em qualquer ponto é a recíproca negativa da inclinação da linha de ϕ constante nesse ponto; isso significa que *as linhas de ψ constante e de ϕ constante são ortogonais*. Essa propriedade das linhas de potencial e de corrente é útil na análise gráfica de campos de escoamento.

Exemplo **6.10** POTENCIAL DE VELOCIDADE

Considere o campo de escoamento dado por $\psi = ax^2 - ay^2$, em que $a = 3\text{ s}^{-1}$. Mostre que o escoamento é irrotacional. Determine o potencial de velocidade para esse escoamento.

Dados: Campo de escoamento incompressível com $\psi = ax^2 - ay^2$, em que $a = 3\text{ s}^{-1}$.

Determinar: (a) Se o escoamento é irrotacional.
(b) O potencial de velocidade para esse escoamento.

Solução: Se o escoamento é irrotacional, $\nabla^2\psi = 0$. Checando para o escoamento dado,

$$\nabla^2\psi = \frac{\partial^2}{\partial x^2}(ax^2 - ay^2) + \frac{\partial^2}{\partial y^2}(ax^2 - ay^2) = 2a - 2a = 0$$

de modo que o escoamento é irrotacional. Como prova alternativa, podemos calcular a rotação da partícula fluida (no plano xy, a única componente de rotação é ω_z):

$$2\omega_z = \frac{\partial v}{\partial x} - \frac{\partial u}{\partial y} \qquad \text{e} \qquad u = \frac{\partial\psi}{\partial y} \quad v = -\frac{\partial\psi}{\partial x}$$

então

$$u = \frac{\partial}{\partial y}(ax^2 - ay^2) = -2ay \qquad \text{e} \qquad v = -\frac{\partial}{\partial x}(ax^2 - ay^2) = -2ax$$

também

$$2\omega_z = \frac{\partial v}{\partial x} - \frac{\partial u}{\partial y} = \frac{\partial}{\partial x}(-2ax) - \frac{\partial}{\partial y}(-2ay) = -2a + 2a = 0 \longleftarrow \underline{\hspace{2.5cm}2\omega_z}$$

Mais uma vez, concluímos que o escoamento é irrotacional. Como o escoamento é irrotacional, ϕ deve existir, e

$$u = -\frac{\partial\phi}{\partial x} \qquad \text{e} \qquad v = -\frac{\partial\phi}{\partial y}$$

Consequentemente, $u = -\dfrac{\partial\phi}{\partial x} = -2ay$ e $\dfrac{\partial\phi}{\partial x} = 2ay$. Integrando em relação a x, obtém-se $\phi = 2axy + f(y)$, em que $f(y)$ é uma função arbitrária de y. Então

$$v = -2ax = -\frac{\partial\phi}{\partial y} = -\frac{\partial}{\partial x}[2axy + f(y)]$$

Portanto, $-2ax = -2ax - \dfrac{\partial f(y)}{\partial y} = -2ax - \dfrac{df}{dy}$, então $\dfrac{df}{dy} = 0$ e $f = $ constante. Assim

$$\phi = 2axy + \text{constante}$$

Também podemos mostrar que as linhas ψ constante de ϕ constante são ortogonais.

$$\psi = ax^2 - ay^2 \quad \text{e} \quad \phi = 2axy$$

Para ψ = constante e $d\psi = 0 = 2axdx - 2aydy$; portanto $\left.\dfrac{dy}{dx}\right)_{\psi=c} = \dfrac{x}{y}$

Para ϕ = constante, $d\phi = 0 = 2aydx + 2axdy$; portanto $\left.\dfrac{dy}{dx}\right)_{\phi=c} = -\dfrac{y}{x}$

As inclinações de linhas de ϕ constante e ψ constante são as recíprocas negativas. Portanto, as linhas de ϕ constante são ortogonais às linhas de ψ constante.

> Este problema ilustra as relações entre a função de corrente, potencial de velocidade e campo de velocidade.
>
> 💻 A função de corrente ψ e o potencial de velocidade ϕ são mostrados na planilha do *Excel*. Utilizando nessa planilha as equações para ψ e ϕ, podem ser traçados gráficos para outros campos de velocidade.

Escoamentos Planos Elementares

As funções ϕ e ψ para cinco escoamentos bidimensionais elementares — um escoamento uniforme, uma fonte, um sumidouro, um vórtice e um dipolo — estão resumidos na Tabela 6.2. As funções ϕ e ψ podem ser obtidas a partir do campo de velocidade para cada escoamento elementar. (Vimos no Exemplo 6.10 que podemos obter ϕ a partir de u e v.)

Tabela 6.2
Escoamentos Planos Elementares

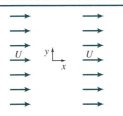

Escoamento Uniforme (sentido positivo de x)

$u = U \qquad \psi = Uy$
$v = 0 \qquad \phi = -Ux$

$\Gamma = 0$ em torno de qualquer curva fechada

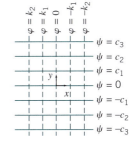

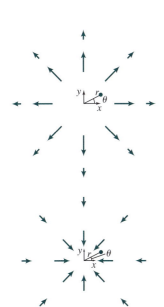

Escoamento Fonte (a partir da origem)

$V_r = \dfrac{q}{2\pi r} \qquad \psi = \dfrac{q}{2\pi}\theta$

$V_\theta = 0 \qquad \phi = -\dfrac{q}{2\pi}\ln r$

A origem é um ponto singular
q é a vazão volumétrica por unidade de profundidade
$\Gamma = 0$ em torno de qualquer curva fechada

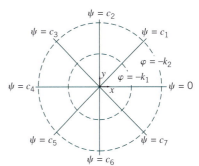

Escoamento Sorvedouro (para a origem)

$V_r = -\dfrac{q}{2\pi r} \qquad \psi = -\dfrac{q}{2\pi}\theta$

$V_\theta = 0 \qquad \phi = \dfrac{q}{2\pi}\ln r$

A origem é um ponto singular
q é a vazão volumétrica por unidade de profundidade
$\Gamma = 0$ em torno de qualquer curva fechada

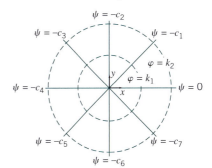

(continua)

Tabela 6.2
Escoamentos Planos Elementares (*Continuação*)

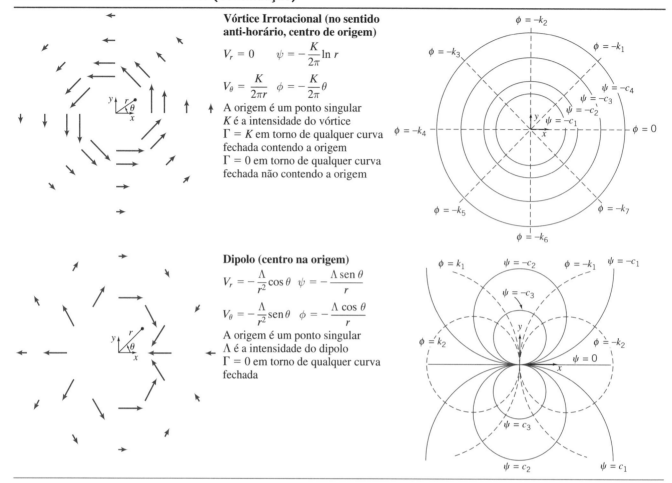

Um *escoamento uniforme* de velocidade constante paralela ao eixo x satisfaz identicamente a equação da continuidade, assim como a condição de irrotacionalidade. Na Tabela 6.2 mostramos as funções ψ e ϕ para um escoamento uniforme e na direção positiva de x.

Para um escoamento uniforme de magnitude constante V, inclinado de um ângulo α em relação ao eixo x,

$$\psi = (V\cos\alpha)y - (V\operatorname{sen}\alpha)x$$
$$\phi = -(V\operatorname{sen}\alpha)y - (V\cos\alpha)x$$

Uma *fonte* elementar é um modelo de escoamento no plano xy em que o escoamento é radial e para fora do eixo z e simétrico em todas as direções. A intensidade, q, da fonte é a vazão volumétrica por unidade de profundidade. Para qualquer raio, r, de uma fonte, a velocidade tangencial, V_θ, é zero; a velocidade radial, V_r, é a vazão volumétrica por unidade de profundidade, q, dividida pela área de escoamento por unidade de profundidade, $2\pi r$. Portanto, $V_r = q/2\pi r$ para uma fonte. Conhecendo-se V_r e V_θ, obtém-se diretamente ψ e ϕ a partir das Eqs. 5.8 e 6.33, respectivamente.

Em um *sumidouro* elementar, o escoamento é radialmente para dentro; um sumidouro é uma fonte negativa. As funções ψ e ϕ para uma fonte mostrada na Tabela 6.2 são as funções negativas correspondentes a um escoamento fonte.

A origem tanto da fonte quanto do sumidouro é um ponto singular, visto que a velocidade radial se aproxima do infinito conforme o raio se aproxima de zero. Portanto,

Escoamento Incompressível de Fluidos Não Viscosos **239**

embora um escoamento real possa se assemelhar a uma fonte ou sumidouro para alguns valores de r, as fontes e sumidouros não têm homólogos fisicamente exatos. O principal valor do conceito de fontes e sumidouros é que, quando combinados com outros escoamentos elementares, produzem modelos de escoamentos que representam adequadamente escoamentos reais.

Um modelo de escoamento em que as linhas de corrente são círculos concêntricos é um vórtice; em um *vórtice livre* (irrotacional), as partículas fluidas não rodam enquanto transladam em uma trajetória circular em torno do centro do vórtice. Existem diversas formas de se obter o campo de velocidade, como combinando a equação do movimento (equação de Euler) e a equação de Bernoulli para eliminar a pressão. Aqui, entretanto, para linhas de corrente circulares, temos somente $V_r = 0$ e $V_\theta = f(\theta)$. Introduzimos previamente também a condição de irrotacionalidade em coordenadas cilíndricas,

$$\frac{1}{r}\frac{\partial rV_\theta}{\partial r} - \frac{1}{r}\frac{\partial V_r}{\partial \theta} = 0 \qquad (6.24)$$

Portanto, usando as formulações conhecidas para V_r e V_θ, obtemos

$$\frac{1}{r}\frac{d(rV_\theta)}{dr} = 0$$

A integração dessa equação fornece

$$V_\theta r = \text{constante}$$

A intensidade, K, do vórtice é definida como $K = 2\pi r V_\theta$; as dimensões de K são L^2/t (vazão volumétrica por unidade de profundidade). Mais uma vez, conhecendo-se V_r e V_θ obtém-se diretamente ψ e ϕ a partir das Eqs. 5.8 e 6.33, respectivamente. O vórtice irrotacional é uma aproximação razoável para o campo de escoamento em um tornado (exceto na região da origem; a origem é um ponto singular).

O escoamento "elementar" final listado na Tabela 6.2 é um *dipolo* de intensidade Λ. Esse escoamento é produzido matematicamente combinando-se os efeitos de uma fonte e de um sumidouro de intensidades iguais. No limite, conforme a distância, δs, entre eles se aproxima de zero, suas intensidades aumentam de modo que o produto $q\delta s/2\pi$ tende para um valor finito, Λ, o que é chamado de intensidade do dipolo.

Superposição de Escoamentos Planos Elementares

Vimos anteriormente que ϕ e ψ satisfazem a equação de Laplace para um escoamento que é incompressível e irrotacional. Visto que a equação de Laplace é uma equação diferencial parcial homogênea, as soluções podem ser superpostas (adicionada uma à outra) para desenvolver modelos de escoamentos mais complexos e interessantes. Portanto se ψ_1 ψ_2 satisfazem a equação de Laplace, então temos $\psi_3 = \psi_1 + \psi_2$. Os escoamentos planos elementares são os blocos de construção nesse processo de superposição. Preste atenção ao seguinte: enquanto a equação de Laplace para a função de corrente, e as equações para função de corrente e campo de velocidade (Eq. 5.3) são lineares, a equação de Bernoulli não é; portanto, no processo de superposição teremos $\psi_3 = \psi_1 + \psi_2$, $u_3 = u_1 + u_2$ e $v_3 = v_1 + v_2$, mas $p_3 \neq p_1 + p_2$! Devemos usar a equação de Bernoulli, que é não linear em V, para achar p_3.

Podemos misturar escoamentos elementares por tentativas e gerar modelos de escoamentos reconhecíveis. A metodologia de superposição mais simples é chamada de método *direto*, no qual tentamos diferentes combinações de escoamentos elementares e verificamos que tipos de modelos de escoamentos são produzidos. Isso pode parecer um processo aleatório, mas com um pouco de experiência torna-se um processo bastante lógico. Por exemplo, olhe para alguns dos exemplos clássicos listados na Tabela 6.3. A combinação de escoamento uniforme e fonte faz sentido — intuitivamente esperaríamos uma fonte impelir parcialmente seu caminho corrente acima, e se afastar em torno do escoamento. A fonte, o sumidouro e o escoamento uniforme (gerando o que é chamado de corpo de Rankine) também não são surpreendentes — todo o escoamento para fora da fonte caminha para o sumidouro, conduzindo a uma linha de corrente fechada. *Qualquer linha de corrente pode ser interpretada como uma superfície sólida porque não existe escoamento através dela*; portanto, podemos supor que essa linha de corrente fechada representa um sólido. Poderíamos facilmente generalizar essa metodologia fonte-sumidouro para qualquer número de fontes e de sumidouros distribuídos ao longo do eixo *x*, e, desde que a soma das intensidades das fontes e sumidouros seja zero, geraríamos uma forma de corpo por meio de linhas de corrente fechadas. O escoamento uniforme-dipolo (com ou sem um vórtice) gera um resultado muito interessante: escoamento sobre um cilindro (com ou sem circulação)! Primeiramente vimos o escoamento sem circulação na Fig. 2.12*a*. O escoamento com um vórtice no sentido horário produz uma assimetria de cima a baixo. Isso acontece porque na região acima do cilindro as velocidades devido ao escoamento uniforme e ao vórtice estão totalmente na mesma direção e conduzem a uma alta velocidade; abaixo do cilindro elas estão em direções opostas e levam, portanto, a uma baixa velocidade. Conforme aprendemos, sempre que as velocidades são altas, as linhas de corrente estarão juntas, e vice-versa, explicando o modelo mostrado. Mais importante, da equação de Bernoulli sabemos que sempre que a velocidade é alta a pressão será baixa, e vice-versa — portanto, podemos antecipar que o cilindro com circulação sofrerá uma força líquida para cima (sustentação) por causa da pressão. Essa metodologia, de olhar para modelos de linhas de corrente para perceber onde temos regiões de alta ou de baixa velocidade e, portanto, de alta ou de baixa pressão, é muito útil. Examinaremos esses dois últimos escoamentos nos Exemplos 6.11 e 6.12. O último exemplo na Tabela 6.3, o vórtice par, sugere uma forma para criar escoamentos que simulam a presença de uma ou várias paredes: para o eixo *y* ser uma linha de corrente (e, portanto, uma parede), somente se certifique de que quaisquer objetos (por exemplo, uma fonte, um vórtice) nos quadrantes positivos de *x* tenham objetos imagem nos quadrantes negativos de *x*; o eixo *y* será, portanto, uma linha de simetria. Para um modelo de escoamento em um canto com 90°, necessitamos colocar objetos de modo que tenhamos simetria com relação aos eixos *x* e *y*. Para o escoamento em um canto cujo ângulo é uma fração de 90° (por exemplo, 30°), necessitamos colocar objetos de modo radialmente simétrico.

Tabela 6.3
Superposição de Escoamentos Planos Elementares

Fonte e Escoamento Uniforme (escoamento decorrido metade corpo)

$$\psi = \psi_{so} + \psi_{uf} = \psi_1 + \psi_2 = \frac{q}{2\pi}\theta + Uy$$

$$\psi = \frac{q}{2\pi}\theta + Ur\,\text{sen}\,\theta$$

$$\phi = \phi_{so} + \phi_{uf} = \phi_1 + \phi_2 = -\frac{q}{2\pi}\ln r - Ux$$

$$\phi = -\frac{q}{2\pi}\ln r - Ur\cos\theta$$

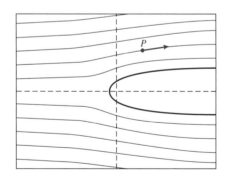

Fonte e Sorvedouro (intensidade igual, distância de separação sobre o eixo *x* = 2a)

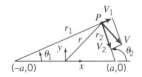

$$\psi = \psi_{so} + \psi_{si} = \psi_1 + \psi_2 = \frac{q}{2\pi}\theta_1 - \frac{q}{2\pi}\theta_2$$

$$\psi = \frac{q}{2\pi}(\theta_1 - \theta_2)$$

$$\phi = \phi_{so} + \phi_{si} = \phi_1 + \phi_2 = -\frac{q}{2\pi}\ln r_1 + \frac{q}{2\pi}\ln r_2$$

$$\phi = \frac{q}{2\pi}\ln\frac{r_2}{r_1}$$

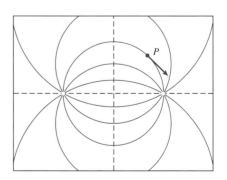

Tabela 6.3
Superposição de Escoamentos Planos Elementares (*Continuação*)

Fonte, Sorvedouro e Escoamento Uniforme (escoamento decorrido sobre um corpo de Rankine)

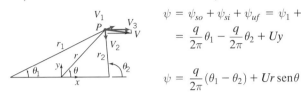
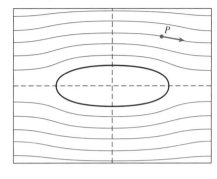

$$\psi = \psi_{so} + \psi_{si} + \psi_{uf} = \psi_1 + \psi_2 + \psi_3$$

$$= \frac{q}{2\pi}\theta_1 - \frac{q}{2\pi}\theta_2 + Uy$$

$$\psi = \frac{q}{2\pi}(\theta_1 - \theta_2) + Ur\,\text{sen}\,\theta$$

$$\phi = \phi_{so} + \phi_{si} + \phi_{uf} = \phi_1 + \phi_2 + \phi_3$$

$$= -\frac{q}{2\pi}\ln r_1 + \frac{q}{2\pi}\ln r_2 - Ux$$

$$\phi = \frac{q}{2\pi}\ln \frac{r_2}{r_1} - Ur\cos\theta$$

Vórtice (sentido horário) e Escoamento Uniforme

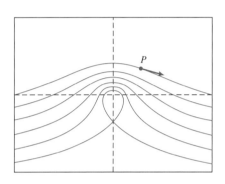

$$\psi = \psi_v + \psi_{uf} = \psi_1 + \psi_2 = \frac{K}{2\pi}\ln r + Uy$$

$$\psi = \frac{K}{2\pi}\ln r + Ur\,\text{sen}\,\theta$$

$$\phi = \phi_v + \phi_{uf} = \phi_1 + \phi_2 = \frac{K}{2\pi}\theta - Ux$$

$$\phi = \frac{K}{2\pi}\theta - Ur\cos\theta$$

Dipolo e Escoamento Uniforme (escoamento decorrido sobre um cilindro)

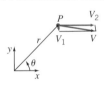
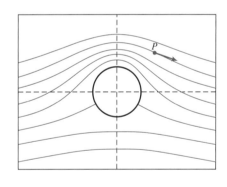

$$\psi = \psi_d + \psi_{uf} = \psi_1 + \psi_2 = -\frac{\Lambda\,\text{sen}\,\theta}{r} + Uy$$

$$= -\frac{\Lambda\,\text{sen}\,\theta}{r} + Ur\,\text{sen}\,\theta$$

$$\psi = U\left(r - \frac{\Lambda}{Ur}\right)\text{sen}\,\theta$$

$$\psi = Ur\left(1 - \frac{a^2}{r^2}\right)\text{sen}\,\theta \quad a = \sqrt{\frac{\Lambda}{U}}$$

$$\phi = \phi_d + \phi_{uf} = \phi_1 + \phi_2 = -\frac{\Lambda\cos\theta}{r} - Ux$$

$$= -\frac{\Lambda\cos\theta}{r} - Ur\cos\theta$$

$$\phi = -U\left(r + \frac{\Lambda}{Ur}\right)\cos\theta = -Ur\left(1 + \frac{a^2}{r^2}\right)\cos\theta$$

Dipolo, Vórtice (sentido horário) e Escoamento Uniforme (escoamento decorrido sobre um cilindro com circulação)

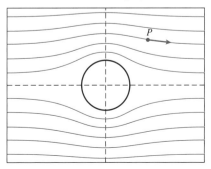

$$\psi = \psi_d + \psi_v + \psi_{uf} = \psi_1 + \psi_2 + \psi_3$$

$$= -\frac{\Lambda\,\text{sen}\,\theta}{r} + \frac{K}{2\pi}\ln r + Uy$$

$$\psi = -\frac{\Lambda\,\text{sen}\,\theta}{r} + \frac{K}{2\pi}\ln r + Ur\,\text{sen}\,\theta$$

$$\psi = Ur\left(1 - \frac{a^2}{r^2}\right)\text{sen}\,\theta + \frac{K}{2\pi}\ln r$$

$$\phi = \phi_d + \phi_v + \phi_{uf} = \phi_1 + \phi_2 + \phi_3$$

(*continua*)

Tabela 6.3
Superposição de Escoamentos Planos Elementares (*Continuação*)

$$= -\frac{\Lambda \cos \theta}{r} + \frac{K}{2\pi}\theta - Ux$$

$a = \sqrt{\dfrac{\Lambda}{U}}; \; K < 4\pi aU \qquad \phi = -\dfrac{\Lambda \cos \theta}{r} + \dfrac{K}{2\pi}\theta - Ur\cos\theta$

$$\phi = -Ur\left(1 + \frac{a^2}{r^2}\right)\cos\theta + \frac{K}{2\pi}\theta$$

Fonte e Vórtice (vórtice em espiral)

$\psi = \psi_{so} + \psi_v = \psi_1 + \psi_2 = \dfrac{q}{2\pi}\theta - \dfrac{K}{2\pi}\ln r$

$\phi = \phi_{so} + \phi_v = \phi_1 + \phi_2 = -\dfrac{q}{2\pi}\ln r - \dfrac{K}{2\pi}\theta$

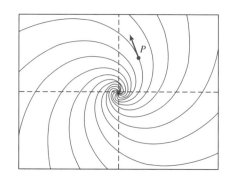

Sorvedouro e Vórtice

$\psi = \psi_{si} + \psi_v = \psi_1 + \psi_2 = -\dfrac{q}{2\pi}\theta - \dfrac{K}{2\pi}\ln r$

$\phi = \phi_{si} + \phi_v = \phi_1 + \phi_2 = \dfrac{q}{2\pi}\ln r - \dfrac{K}{2\pi}\theta$

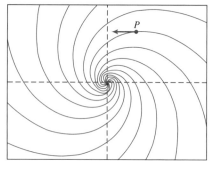

Par de Vórtice (intensidade igual, rotação oposta e distância de separação sobre o eixo $x = 2a$)

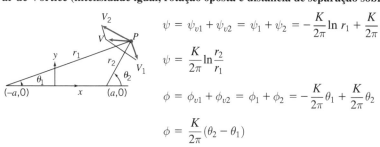

$\psi = \psi_{v1} + \psi_{v2} = \psi_1 + \psi_2 = -\dfrac{K}{2\pi}\ln r_1 + \dfrac{K}{2\pi}\ln r_2$

$\psi = \dfrac{K}{2\pi}\ln\dfrac{r_2}{r_1}$

$\phi = \phi_{v1} + \phi_{v2} = \phi_1 + \phi_2 = -\dfrac{K}{2\pi}\theta_1 + \dfrac{K}{2\pi}\theta_2$

$\phi = \dfrac{K}{2\pi}(\theta_2 - \theta_1)$

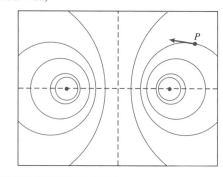

Escoamento Incompressível de Fluidos Não Viscosos **243**

Exemplo **6.11** ESCOAMENTO SOBRE UM CILINDRO: SUPERPOSIÇÃO DE UM DIPOLO E UM ESCOAMENTO UNIFORME

Para um escoamento bidimensional, incompressível e irrotacional, a superposição de um dipolo e um escoamento uniforme representam um escoamento em torno de um cilindro circular. Obtenha a função de corrente e o potencial de velocidade para esse modelo de escoamento. Determine o campo de velocidade, localize os pontos de estagnação e a superfície do cilindro, e obtenha a distribuição de pressão superficial. Integre a distribuição de pressão para obter as forças de arrasto e sustentação sobre o cilindro circular.

Dados: Escoamento bidimensional, incompressível e irrotacional formado a partir da superposição de um dipolo e um escoamento uniforme.

Determinar: (a) A função de corrente e o potencial de velocidade.
                (b) O campo de velocidade.
                (c) Os pontos de estagnação.
                (d) A superfície do cilindro.
                (e) A distribuição de pressão superficial.
                (f) A força de arrasto sobre o cilindro circular.
                (g) A força de sustentação sobre o cilindro circular.

Solução: As funções de corrente podem ser adicionadas porque o campo de escoamento é incompressível e irrotacional. Portanto, a partir da Tabela 6.2, a função de corrente para essa combinação é

$$\psi = \psi_d + \psi_{uf} = -\frac{\Lambda\,\mathrm{sen}\,\theta}{r} + Ur\,\mathrm{sen}\,\theta \quad\longleftarrow\quad\qquad\qquad \psi$$

O potencial de velocidade é

$$\phi = \phi_d + \phi_{uf} = -\frac{\Lambda\cos\theta}{r} - Ur\cos\theta \quad\longleftarrow\quad\qquad\qquad \phi$$

As componentes da velocidade correspondentes são obtidas usando-se as Eqs. 6.30

$$V_r = -\frac{\partial\phi}{\partial r} = -\frac{\Lambda\cos\theta}{r^2} + U\cos\theta$$

$$V_\theta = -\frac{1}{r}\frac{\partial\phi}{\partial\theta} = -\frac{\Lambda\,\mathrm{sen}\,\theta}{r^2} - U\,\mathrm{sen}\,\theta$$

O campo de velocidade é

$$\vec{V} = V_r\hat{e}_r + V_\theta\hat{e}_\theta = \left(-\frac{\Lambda\cos\theta}{r^2} + U\cos\theta\right)\hat{e}_r + \left(-\frac{\Lambda\,\mathrm{sen}\,\theta}{r^2} - U\,\mathrm{sen}\,\theta\right)\hat{e}_\theta \quad\longleftarrow\quad\qquad \vec{V}$$

Os pontos de estagnação estão onde $\vec{V} = V_r\hat{e}_r + V_\theta\hat{e}_\theta = 0$

$$V_r = -\frac{\Lambda\cos\theta}{r^2} + U\cos\theta = \cos\theta\left(U - \frac{\Lambda}{r^2}\right)$$

Portanto $V_r = 0$ quando $r = \sqrt{\dfrac{\Lambda}{U}} = a$.

$$V_\theta = -\frac{\Lambda\,\mathrm{sen}\,\theta}{r^2} - U\,\mathrm{sen}\,\theta = -\mathrm{sen}\,\theta\left(U + \frac{\Lambda}{r^2}\right)$$

Portanto $V_\theta = 0$ quando $\theta = 0, \pi$.

Os pontos de estagnação são $(r,\theta) = (a,0),(a,\pi)$. $\quad\longleftarrow\quad$ Pontos de estagnação

Note que $V_r = 0$ ao longo de $r = a$, de modo que isso representa um escoamento em torno de um cilindro circular, como mostrado na Tabela 6.3. O escoamento é irrotacional, de modo que a equação de Bernoulli pode ser aplicada entre dois pontos quaisquer. Aplicando a equação entre um ponto longe a montante e um ponto sobre a superfície do cilindro (desprezando as diferenças de elevação), obtemos

$$\frac{p_\infty}{\rho} + \frac{U^2}{2} = \frac{p}{\rho} + \frac{V^2}{2}$$

Portanto,

$$p - p_\infty = \frac{1}{2}\rho(U^2 - V^2)$$

Ao longo da superfície, $r = 0$, e

$$V^2 = V_\theta^2 = \left(-\frac{\Lambda}{a^2} - U\right)^2 \operatorname{sen}^2\theta = 4U^2 \operatorname{sen}^2\theta$$

visto que $\Lambda = Ua^2$. Substituindo-se, obtemos

$$p - p_\infty = \frac{1}{2}\rho(U^2 - 4U^2 \operatorname{sen}^2\theta) = \frac{1}{2}\rho U^2(1 - 4\operatorname{sen}^2\theta)$$

ou

$$\frac{p - p_\infty}{\frac{1}{2}\rho U^2} = 1 - 4\operatorname{sen}^2\theta \quad\longleftarrow\quad \text{Distribuição de pressão}$$

O arrasto é a componente da força paralela à direção do escoamento da corrente livre. A força de arrasto é dada por

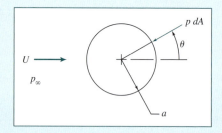

$$F_D = \int_A -p\, dA \cos\theta = \int_0^{2\pi} -pa\, d\theta\, b \cos\theta$$

como $dA = a\, d\theta\, b$, em que b é o comprimento do cilindro normal ao diagrama.

Substituindo $p = p_\infty + \frac{1}{2}\rho U^2(1 - 4\operatorname{sen}^2\theta)$,

$$F_D = \int_0^{2\pi} -p_\infty ab \cos\theta\, d\theta + \int_0^{2\pi} -\frac{1}{2}\rho U^2(1 - 4\operatorname{sen}^2\theta)ab \cos\theta\, d\theta$$

$$= -p_\infty ab \operatorname{sen}\theta \Big]_0^{2\pi} - \frac{1}{2}\rho U^2 ab \operatorname{sen}\theta \Big]_0^{2\pi} + \frac{1}{2}\rho U^2 ab \frac{4}{3} \operatorname{sen}^3\theta \Big]_0^{2\pi}$$

$$F_D = 0 \quad\longleftarrow\quad F_D$$

A sustentação é a componente da força normal na direção do escoamento da corrente livre. (Por convenção, a sustentação positiva é uma força para cima.) A força de sustentação é dada por

$$F_L = \int_A p\, dA(-\operatorname{sen}\theta) = -\int_0^{2\pi} pa\, d\theta\, b \operatorname{sen}\theta$$

Substituindo-se p, obtemos

$$F_L = -\int_0^{2\pi} p_\infty ab \operatorname{sen}\theta\, d\theta - \int_0^{2\pi} \frac{1}{2}\rho U^2(1 - 4\operatorname{sen}^2\theta)ab \operatorname{sen}\theta\, d\theta$$

$$= p_\infty a\, b \cos\theta \Big]_0^{2\pi} + \frac{1}{2}\rho U^2 ab \cos\theta \Big]_0^{2\pi} + \frac{1}{2}\rho U^2 ab \left[\frac{4\cos^3\theta}{3} - 4\cos\theta\right]_0^{2\pi}$$

$$F_L = 0 \quad\longleftarrow\quad F_L$$

Este problema ilustra:
- Como escoamentos planos elementares podem ser combinados para gerar modelos de escoamentos interessantes e úteis.
- O paradoxo de d'Alembert, em que escoamentos potenciais sobre um corpo não geram arrasto.
- 💻 A função de corrente e a distribuição de pressão estão traçadas em uma planilha *Excel*.

Escoamento Incompressível de Fluidos Não Viscosos **245**

Exemplo **6.12** ESCOAMENTO EM TORNO DE UM CILINDRO COM CIRCULAÇÃO: SUPERPOSIÇÃO DE UM DIPOLO, ESCOAMENTO UNIFORME E VÓRTICE LIVRE NO SENTIDO HORÁRIO

Para escoamento bidimensional, incompressível e irrotacional, a superposição de um dipolo, com um escoamento uniforme e um vórtice livre, representa o escoamento em torno de um cilindro circular com circulação. Obtenha a função de corrente e o potencial de velocidade para este modelo de escoamento, usando um vórtice livre no sentido horário. Determine o campo de velocidade, localize os pontos de estagnação e a superfície do cilindro, e obtenha a distribuição de pressão superficial. Integre a distribuição de pressão para obter as forças de arrasto e de sustentação sobre o cilindro circular. Relacione a força de sustentação sobre o cilindro com a circulação do vórtice livre.

Dados: Escoamento bidimensional, incompressível e irrotacional, formado a partir da superposição de um dipolo, com um escoamento uniforme e um vórtice livre no sentido horário.

Determinar: (a) A função de corrente e o potencial de velocidade.
(b) O campo de velocidade.
(c) Os pontos de estagnação.
(d) A superfície do cilindro.
(e) A distribuição de pressão superficial.
(f) A força de arrasto sobre o cilindro circular.
(g) A força de sustentação sobre o cilindro circular.
(h) A força de sustentação em função da circulação do vórtice livre.

Solução: As funções de corrente podem ser somadas porque o campo de escoamento é incompressível e irrotacional. A partir da Tabela 6.2, a função corrente e o potencial de velocidade para um vórtice livre no sentido horário são

$$\psi_{fv} = \frac{K}{2\pi}\ln r \qquad \phi_{fv} = \frac{K}{2\pi}\theta$$

Usando os resultados do Exemplo 6.11, a função de corrente para a combinação é

$$\psi = \psi_d + \psi_{uf} + \psi_{fv}$$

$$\psi = -\frac{\Lambda\,\mathrm{sen}\,\theta}{r} + Ur\,\mathrm{sen}\,\theta + \frac{K}{2\pi}\ln r \longleftarrow \hspace{4cm} \psi$$

O potencial de velocidade para a combinação é

$$\phi = \phi_d + \phi_{uf} + \phi_{fv}$$

$$\phi = -\frac{\Lambda\cos\theta}{r} - Ur\cos\theta + \frac{K}{2\pi}\theta \longleftarrow \hspace{4cm} \phi$$

As componentes da velocidade correspondentes são obtidas usando as Eqs. 6.30 como

$$V_r = -\frac{\partial\phi}{\partial r} = -\frac{\Lambda\cos\theta}{r^2} + U\cos\theta \tag{1}$$

$$V_\theta = -\frac{1}{r}\,\frac{\partial\phi}{\partial\theta} = -\frac{\Lambda\,\mathrm{sen}\,\theta}{r^2} - U\,\mathrm{sen}\,\theta - \frac{K}{2\pi r} \tag{2}$$

O campo de velocidade é

$$\vec{V} = V_r\,\hat{e}_r + V_\theta\,\hat{e}_\theta$$

$$\vec{V} = \left(-\frac{\Lambda\cos\theta}{r^2} + U\cos\theta\right)\hat{e}_r + \left(-\frac{\Lambda\,\mathrm{sen}\,\theta}{r} - U\,\mathrm{sen}\,\theta - \frac{K}{2\pi r}\right)\hat{e}_\theta \longleftarrow \hspace{2cm} \vec{V}$$

Os pontos de estagnação estão localizados onde $\vec{V} = V_r\,\hat{e}_r + V_\theta\,\hat{e}_\theta = 0$. A partir da Eq. 1,

$$V_r = -\frac{\Lambda\cos\theta}{r^2} + U\cos\theta = \cos\theta\left(U - \frac{\Lambda}{r^2}\right)$$

Portanto, $V_r = 0$, quando $r = \sqrt{\Lambda/U} = a$ ← Superfície do cilindro

Os pontos de estagnação estão localizados sobre $r = a$. Substituindo na Eq. 2 com $r = a$,

$$V_\theta = -\frac{\Lambda \,\text{sen}\,\theta}{a^2} - U \,\text{sen}\,\theta - \frac{K}{2\pi a}$$

$$= -\frac{\Lambda \,\text{sen}\,\theta}{\Lambda/U} - U \,\text{sen}\,\theta - \frac{K}{2\pi a}$$

$$V_\theta = -2U \,\text{sen}\,\theta - \frac{K}{2\pi a}$$

Portanto, $V_\theta = 0$ ao longo de $r = a$ quando

$$\text{sen}\,\theta = -\frac{K}{4\pi U a} \quad \text{ou} \quad \theta = \text{sen}^{-1}\left[\frac{-K}{4\pi U a}\right]$$

Pontos de estagnação: $r = a \quad \theta = \text{sen}^{-1}\left[\frac{-K}{4\pi U a}\right]$ ← Pontos de estagnação

Como no Exemplo 6.11, $V_r = 0$ ao longo de $r = a$, de modo que esse campo de escoamento representa, mais uma vez, um escoamento em torno de um cilindro circular, como mostrado na Tabela 6.3. Para $K = 0$, a solução é idêntica àquela do Exemplo 6.11.

A presença do vórtice livre ($K > 0$) move os pontos de estagnação para baixo do centro do cilindro. Portanto, o vórtice livre altera a simetria vertical do campo de escoamento. O campo de escoamento tem dois pontos de estagnação para uma faixa de intensidade de vórtices entre $K = 0$ e $K = 4\pi U a$.

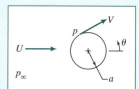

Um ponto de estagnação único é localizado em $\theta = -\pi/2$ quando $K = 4\pi U a$.

Mesmo com o vórtice livre presente, o campo de escoamento é irrotacional, de modo que a equação de Bernoulli pode ser aplicada entre dois pontos quaisquer. Aplicando a equação entre um ponto longe a montante e um ponto sobre a superfície do cilindro, obtemos

$$\frac{p_\infty}{\rho} + \frac{U^2}{2} + gz = \frac{p}{\rho} + \frac{V^2}{2} + gz$$

Portanto, desprezando as diferenças de elevação,

$$p - p_\infty = \frac{1}{2}\rho(U^2 - V^2) = \frac{1}{2}\rho U^2\left[1 - \left(\frac{U}{V}\right)^2\right]$$

Ao longo da superfície $r = a$ e $V_r = 0$, de modo que

$$V^2 = V_\theta^2 = \left(-2U \,\text{sen}\,\theta - \frac{K}{2\pi a}\right)^2$$

e

$$\left(\frac{V}{U}\right)^2 = 4\,\text{sen}^2\,\theta + \frac{2K}{\pi U a}\,\text{sen}\,\theta + \frac{K^2}{4\pi^2 U^2 a^2}$$

Portanto,

$$p = p_\infty + \frac{1}{2}\rho U^2\left(1 - 4\,\text{sen}^2\,\theta - \frac{2K}{\pi U a}\,\text{sen}\,\theta - \frac{K^2}{4\pi^2 U^2 a^2}\right) \quad \leftarrow p(\theta)$$

O arrasto é a componente da força paralela à direção do escoamento da corrente livre. Como no Exemplo 6.11, a força de arrasto é dada por

$$F_D = \int_A -p\,dA\,\cos\theta = \int_0^{2\pi} -pa\,d\theta b\,\cos\theta$$

Escoamento Incompressível de Fluidos Não Viscosos **247**

sendo $dA = a \, d\theta \, b$, em que b é o comprimento do cilindro normal ao diagrama.

Comparando as distribuições de pressão, o vórtice livre contribui apenas para os termos contendo o fator K. A contribuição desses termos para a força de arrasto é

$$\frac{F_{D_{fv}}}{\frac{1}{2}\rho U^2} = \int_0^{2\pi} \left(\frac{2K}{\pi U a} \operatorname{sen} \theta + \frac{K^2}{4\pi^2 U^2 a^2} \right) ab \cos \theta \, d\theta \tag{3}$$

$$\frac{F_{D_{fv}}}{\frac{1}{2}\rho U^2} = \frac{2K}{\pi U a} \, ab \, \frac{\operatorname{sen}^2 \theta}{2} \Bigg]_0^{2\pi} + \frac{K^2}{4\pi^2 U^2 a^2} \, ab \operatorname{sen} \theta \Bigg]_0^{2\pi} = 0 \longleftarrow \hspace{3cm} F_D$$

A sustentação é a componente da força normal na direção do escoamento da corrente livre. (A força para cima é definida como sustentação positiva.) A força de sustentação é dada por

$$F_L = \int_A -p \, dA \operatorname{sen} \theta = \int_0^{2\pi} -pa \, d\theta \, b \operatorname{sen} \theta$$

Comparando as distribuições de pressão, o vórtice livre contribui somente para os termos que contêm o fator K. A contribuição desses termos para a força de sustentação é

$$\frac{F_{L_{fv}}}{\frac{1}{2}\rho U^2} = \int_0^{2\pi} \left(\frac{2K}{\pi U a} \operatorname{sen} \theta + \frac{K^2}{4\pi^2 U^2 a^2} \right) ab \operatorname{sen} \theta \, d\theta$$

$$= \frac{2K}{\pi U a} \int_0^{2\pi} ab \operatorname{sen}^2 \theta d\theta + \frac{K^2}{4\pi^2 U^2 a^2} \int_0^{2\pi} ab \operatorname{sen} \theta \, d\theta$$

$$= \frac{2Kb}{\pi U} \left[\frac{\theta}{2} - \frac{\operatorname{sen}^2 \theta}{4} \right]_0^{2\pi} - \frac{K^2 b}{4\pi^2 U^2 a} \cos \theta \Bigg]_0^{2\pi}$$

$$\frac{F_{L_{fv}}}{\frac{1}{2}\rho U^2} = \frac{2Kb}{\pi U} \left[\frac{2\pi}{2} \right] = \frac{2Kb}{U}$$

Então, $F_{L_{fv}} = \rho U K b \longleftarrow \hspace{3cm} F_L$

A *circulação* é definida por meio da Eq. 5.18 como

$$\Gamma \equiv \oint \vec{V} \cdot d\vec{s}$$

Sobre a superfície do cilindro, $r = a$, e $\vec{V} = V_\theta \hat{e}_\theta$, então

$$\Gamma = \int_0^{2\pi} \left(-2U \operatorname{sen} \theta - \frac{K}{2\pi a} \right) \hat{e}_\theta \cdot a \, d\theta \, \hat{e}_\theta$$

$$= - \int_0^{2\pi} 2Ua \operatorname{sen} \theta \, d\theta - \int_0^{2\pi} \frac{K}{2\pi} \, d\theta$$

$$\Gamma = -K \longleftarrow \hspace{3cm} \text{Circulação}$$

Substituindo na expressão para a sustentação,

$$F_L = \rho U K b = \rho U (-\Gamma) b = -\rho U \, \Gamma b$$

248 Capítulo 6

ou a força de sustentação por unidade de comprimento do cilindro é

$$\frac{F_L}{b} = -\rho U \Gamma$$

> *Este problema ilustra:*
> - Mais uma vez o paradoxo de d'Alembert, em que os escoamentos potenciais não geram arrasto sobre um corpo.
> - Que a sustentação por unidade de comprimento é $-\rho U \Gamma$. Acontece que essa expressão para a sustentação é a mesma para *todos* os corpos em um escoamento fluido ideal, não importando o modelo!
>
> ▣ A função de corrente e a distribuição de pressão são traçadas em uma planilha do *Excel*.

Como a equação de Laplace aparece em muitos problemas de engenharia e aplicações físicas, ela tem sido extensivamente estudada. Uma abordagem é usar uma técnica matemática conversora com auxílio de *variáveis complexas*. Acontece que *qualquer* função complexa contínua $f(z)$ (em que $z = x + iy$, e $i = \sqrt{-1}$) é uma solução da equação de Laplace, e pode, portanto, representar tanto ϕ quanto ψ. Muitos resultados matematicamente elegantes têm sido deduzidos com esta metodologia [7–10]. Mencionamos somente dois: a teoria do círculo, que possibilita que qualquer escoamento dado [por exemplo, de uma fonte no mesmo ponto (a, b)] seja facilmente transformado para permitir a presença de um cilindro na origem; e a teoria de Schwarz-Christoffel, que possibilita que dado escoamento seja transformado para permitir a presença de fronteiras lineares contínuas por partes, praticamente de forma ilimitada (por exemplo, a presença sobre o eixo x da silhueta de um prédio).

Muito desse trabalho analítico foi realizado séculos atrás, quando essa área era chamada de "hidrodinâmica", em vez de teoria do potencial. Uma lista de contribuintes importantes inclui Bernoulli, Lagrange, d'Alembert, Cauchy, Rankine e Euler [11]. Como discutimos na Seção 2.6, a teoria imediatamente passou por dificuldades: em um escoamento ideal nenhum corpo sofre arrasto — o paradoxo de d'Alembert de 1752 — um resultado totalmente contra a experiência. Prandtl, em 1904, resolveu essa discrepância descrevendo como escoamentos reais podem ser essencialmente não viscosos quase em toda a parte, existindo, porém, sempre uma "camada-limite" adjacente ao corpo. Nessa camada ocorrem efeitos viscosos significativos, e a condição de não deslizamento é satisfeita (na teoria do escoamento potencial a condição de não deslizamento não é satisfeita). O desenvolvimento desse conceito, e o histórico primeiro voo humano dos irmãos Wright, permitiu rápidos desenvolvimentos na aeronáutica a partir de 1990. Estudaremos as camadas-limite detalhadamente no Capítulo 9, em que veremos que sua existência leva a arrasto sobre corpos e também afeta a sustentação de corpos.

Uma metodologia de superposição alternativa é o método *inverso*, no qual as distribuições de objetos, tais como fontes, sumidouros e vórtices, são usadas para modelar um corpo [12]. A metodologia é chamada de inversa porque a forma do corpo é deduzida baseada sobre uma distribuição de pressão desejada. Ambos os métodos, direto e inverso, incluindo o espaço tridimensional, são atualmente a maior parte das vezes analisados com o auxílio de programas computacionais, como o *Fluent* [13] e o *STAR-CD* [14].

Escoamento Incompressível de Fluidos Não Viscosos **249**

6.7 *Resumo e Equações Úteis*

Neste capítulo, nós:

✓ Deduzimos a equação de Euler na forma vetorial e em coordenadas retangulares, cilíndricas e de linhas de corrente.
✓ Obtivemos a equação de Bernoulli por integração da equação de Euler ao longo de uma linha de corrente em um escoamento em regime permanente, e discutimos suas restrições. Vimos, também, como a equação da primeira lei da termodinâmica reduz-se à equação de Bernoulli para um escoamento em regime permanente e incompressível através de um tubo de corrente, quando certas restrições são satisfeitas.
✓ Definimos pressões estática, dinâmica e de estagnação (total).
✓ Definimos as linhas de energia e piezométrica.
✓ *Deduzimos a equação de Bernoulli para um escoamento transiente, e discutimos suas restrições.
✓ *Observamos que, para um escoamento irrotacional, em regime permanente e incompressível, a equação de Bernoulli aplica-se entre dois pontos *quaisquer* do escoamento.
✓ *Definimos o potencial de velocidade ϕ e discutimos suas restrições.

Também exploramos em detalhe escoamentos bidimensionais, incompressíveis e irrotacionais, e aprendemos que, para esses escoamentos: a função de corrente ψ e o potencial de velocidade ϕ satisfazem a equação de Laplace; ψ e ϕ podem ser deduzidos a partir das componentes da velocidade, e vice-versa, e as isolinhas da função de corrente ψ e do potencial de velocidade ϕ são ortogonais. Exploramos como combinar escoamentos potenciais de modo a gerar diversas configurações de escoamentos e como determinar a distribuição de pressão e a sustentação e o arrasto sobre, por exemplo, uma forma cilíndrica.

Nota: A maior parte das Equações Úteis na tabela a seguir tem diversas restrições ou limitações — *para usá-las com segurança, verifique os detalhes no capítulo, conforme numeração de referência!*

Equações Úteis

A equação de Euler para escoamento incompressível, e não viscoso:	$$\rho\frac{D\vec{V}}{Dt} = \rho\vec{g} - \nabla p$$	(6.1)
A equação de Euler (coordenadas retangulares):	$$\rho\left(\frac{\partial u}{\partial t} + u\frac{\partial u}{\partial x} + v\frac{\partial u}{\partial y} + w\frac{\partial u}{\partial z}\right) = \rho g_x - \frac{\partial p}{\partial x}$$	(6.2a)
	$$\rho\left(\frac{\partial v}{\partial t} + u\frac{\partial v}{\partial x} + v\frac{\partial v}{\partial y} + w\frac{\partial v}{\partial z}\right) = \rho g_y - \frac{\partial p}{\partial y}$$	(6.2b)
	$$\rho\left(\frac{\partial w}{\partial t} + u\frac{\partial w}{\partial x} + v\frac{\partial w}{\partial y} + w\frac{\partial w}{\partial z}\right) = \rho g_z - \frac{\partial p}{\partial z}$$	(6.2c)
A equação de Euler (coordenadas cilíndricas):	$$\rho a_r = \rho\left(\frac{\partial V_r}{\partial t} + V_r\frac{\partial V_r}{\partial r} + \frac{V_\theta}{r}\frac{\partial V_r}{\partial \theta} + V_z\frac{\partial V_r}{\partial z} - \frac{V_\theta^2}{r}\right) = \rho g_r - \frac{\partial p}{\partial r}$$	(6.3a)
	$$\rho a_\theta = \rho\left(\frac{\partial V_\theta}{\partial t} + V_r\frac{\partial V_\theta}{\partial r} + \frac{V_\theta}{r}\frac{\partial V_\theta}{\partial \theta} + V_z\frac{\partial V_\theta}{\partial z} + \frac{V_r V_\theta}{r}\right) = \rho g_\theta - \frac{1}{r}\frac{\partial p}{\partial \theta}$$	(6.3b)
	$$\rho a_z = \rho\left(\frac{\partial V_z}{\partial t} + V_r\frac{\partial V_z}{\partial r} + \frac{V_\theta}{r}\frac{\partial V_z}{\partial \theta} + V_z\frac{\partial V_z}{\partial z}\right) = \rho g_z - \frac{\partial p}{\partial z}$$	(6.3c)
A equação de Bernoulli (escoamento em regime permanente, incompressível e não viscoso, ao longo de uma linha de corrente):	$$\frac{p}{\rho} + \frac{V^2}{2} + gz = \text{constante}$$	(6.8)
Definição da carga total de um escoamento:	$$\frac{p}{\rho g} + \frac{V^2}{2g} + z = H$$	(6.16a)
Definição da linha de energia (LE):	$$LE = \frac{p}{\rho g} + \frac{V^2}{2g} + z$$	(6.16b)
Definição da linha piezométrica (LP):	$$LP = \frac{p}{\rho g} + z$$	(6.16c)

*Esses tópicos aplicam-se a seções que podem ser omitidas sem perda de continuidade no material do texto.

(continua)

250   Capítulo 6

Equações Úteis (*Continuação*)

Relação entre LE, LP e pressão dinâmica:	$$LE - LP = \frac{V^2}{2g}$$	(6.16d)
A equação de Bernoulli em regime transiente (incompressível, não viscoso, ao longo de uma linha de corrente):	$$\frac{p_1}{\rho} + \frac{V_1^2}{2} + gz_1 = \frac{p_2}{\rho} + \frac{V_2^2}{2} + gz_2 + \int_1^2 \frac{\partial V}{\partial t}\, ds$$	(6.21)
Definição de função de corrente (2D, escoamento incompressível):	$$u = \frac{\partial \psi}{\partial y} \qquad v = -\frac{\partial \psi}{\partial x}$$	(5.4)
Definição de potencial de velocidade (2D, escoamento irrotacional):	$$u = -\frac{\partial \phi}{\partial x} \qquad v = -\frac{\partial \phi}{\partial y}$$	(6.29)
Definição de função de corrente (2D, escoamento incompressível, coordenadas cilíndricas):	$$V_r = \frac{1}{r}\frac{\partial \psi}{\partial \theta} \qquad e \qquad V_\theta = -\frac{\partial \psi}{\partial r}$$	(5.8)
Definição de potencial de velocidade (2D, escoamento irrotacional, coordenadas cilíndricas):	$$V_r = -\frac{\partial \phi}{\partial r} \qquad e \qquad V_\theta = -\frac{1}{r}\frac{\partial \phi}{\partial \theta}$$	(6.33)

REFERÊNCIAS

1. Shaw, R., "The Influence of Hole Dimensions on Static Pressure Measurements," *J. Fluid Mech.*, 7, Part 4, April 1960 , pp. 550-564.

2. Chue, S. H., "Pressure Probes for Fluid Measurement," *Progress in Aerospace Science*, 16, 2, 1975, pp. 147-223.

3. United Sensor Corporation, 3 Northern Blvd., Amherst, NH 03031.

4. Robertson, J. M., *Hydrodynamics in Theory and Application.* Englewood Cliffs, NJ: Prentice-Hall, 1965.

5. Streeter, V. L., *Fluid Dynamics.* New York: McGraw-Hill, 1948.

6. Vallentine, H. R., *Applied Hydrodynamics.* London: Butterworths, 1959.

7. Lamb, H., *Hydrodynamics.* New York: Dover, 1945.

8. Milne-Thomson, L. M., *Theoretical Hydrodynamics*, 4th ed. New York: Macmillan, 1960.

9. Karamcheti, K., *Principles of Ideal-Fluid Aerodynamics.* New York: Wiley, 1966.

10. Kirchhoff, R. H., *Potential Flows: Computer Graphic Solutions.* New York: Marcel Dekker, 1985.

11. Rouse, H., and S. Ince, *History of Hydraulics.* New York: Dover, 1957.

12. Kuethe, A. M., and C.-Y. Chow, *Foundations of Aerodynamics: Bases of Aerodynamic Design*, 4th ed. New York: Wiley, 1986.

13. *Fluent.* Fluent Incorporated, Centerra Resources Park, 10 Cavendish Court, Lebanon, NH 03766 (www.fluent.com).

14. *STAR-CD.* Adapco, 60 Broadhollow Road, Melville, NY 11747 (www.cd-adapco.com).

PROBLEMAS

Equação de Euler

6.1 Considere o campo de escoamento com velocidade dada por $\vec{V} = [A(y^2 - x^2) - Bx]\hat{i} + [2Axy + By]\hat{j}$, em que $A = 3,28\ \text{m}^{-1} \cdot \text{s}^{-1}$, $B = 3,28\ \text{m}^{-1} \cdot \text{s}^{-1}$ e as coordenadas são medidas em metros. A massa específica é 1,030 kg/m³ e a gravidade age no sentido de y negativo. Determine a aceleração de uma partícula fluida e o gradiente de pressão no ponto $(x, y) = (0,3; 0,3)$.

6.2 Um campo de escoamento incompressível e sem atrito é dado por $\vec{V} = (Ax + By)\hat{i} + (Bx - Ay)\hat{j}$, em que $A = 2\ \text{s}^{-1}$, $B = 2\ \text{s}^{-1}$ e as coordenadas são medidas em metros. Determine o módulo e o sentido da aceleração de uma partícula fluida no ponto $(x, y) = (4, 6)$. Determine o gradiente de pressão no mesmo ponto, se $\vec{g} = -g$ e o fluido for a água.

6.3 Um escoamento horizontal de água é descrito pelo campo de velocidade $\vec{V} = (-Ax + Bt)\hat{i} + (Ay + Bt)\hat{j}$, em que $A = 1\ \text{s}^{-1}$, $B = 2\ \text{m/s}^2$, x e y são em metros e t é em segundos. Encontre expressões para a aceleração local, aceleração convectiva e aceleração total. Avalie essas no ponto $(1, 2)$ em $t = 5$ s. Avalie ∇p neste mesmo ponto e tempo.

6.4 Considere o campo de escoamento com a velocidade dada por $\vec{V} = [A(x^2 - y^2) - 3Bx]\hat{i} + [2Axy - 3By]\hat{j}$, em que $A = 3,28\ \text{m}^{-1} \cdot \text{s}^{-1}$, $B = 1\ \text{s}^{-1}$ e as coordenadas são medidas em metros. A massa específica é 1030 kg/m³ e a gravidade age no sentido negativo do eixo y. Determine a aceleração de uma partícula fluida e o gradiente de pressão no ponto $(x, y) = (1, 1)$.

6.5 A componente em x da velocidade em um campo de escoamento incompressível é dada por $u = Ax$, em que $A = 3\ \text{s}^{-1}$ e as coordenadas são medidas em metros. A pressão no ponto $(x, y) = (1, 1)$ é $p_0 = 190$ kPa (manométrica). A massa específica é $\rho = 1,80$ kg/m^3 e o eixo z é na vertical. Determine a componente mais simples possível da velocidade em y. Calcule a aceleração do fluido e determine o gradiente de pressão no ponto $(x, y) = (3, 2)$. Encontre a distribuição de pressão ao longo do eixo de x positivo.

6.6 Considere o campo de escoamento dado por $\vec{V} = Ax\,\text{sen}(2\pi\omega t)\hat{i} + Ay\,\text{sen}(2\pi\omega t)\hat{j}$, em que $A = 2$ s^{-1} e $= 1$ s^{-1}. A massa específica do fluido é 2 kg/m^3. Encontre expressões para a aceleração local, aceleração convectiva e aceleração total. Avalie no ponto $(1, 1)$, para $t = 0$, 0,5 e 1 segundo. Avalie ∇p neste mesmo ponto e instantes.

6.7 A distribuição de velocidade em um campo de escoamento bidimensional e em regime permanente no plano xy é $\vec{V} = (Ax - B)\hat{i} + (C + Ay)\hat{j}$, em que $A = 2$ s^{-1}, $B = 5$ m · s^{-1} e $C = 3$ m · s^{-1}; as coordenadas são medidas em metros e a distribuição das forças de campo é $\vec{g} = -g\hat{k}$. O campo de velocidade representa o escoamento de um fluido incompressível? Encontre o ponto de estagnação do campo de escoamento. Obtenha uma expressão para o gradiente de pressão no campo de escoamento. Avalie a diferença de pressão entre o ponto $(x, y) = (1, 3)$ e a origem se a massa específica for 1,2 kg/m^3.

6.8 Em um escoamento bidimensional sem atrito e incompressível ($\rho = 1600$ kg/m^3), o campo de velocidade em m/s é dado por $\vec{V} = (Ax + By)\hat{i} + (Bx - Ay)\hat{j}$, as coordenadas são medidas em metros, e $A = 6$ s^{-1} e $B = 3$ s^{-1}. A pressão é $p_0 = 400$ kPa no ponto $(x, y) = (0, 0)$. Obtenha uma expressão para o campo de pressão, $p(x, y)$ em função de p_0, A e B, e avalie a pressão no ponto $(x, y) = (1, 1)$.

6.9 Um líquido incompressível, com massa específica igual a 1250 kg/m^3 e viscosidade desprezível, escoa em regime permanente através de um tubo horizontal de diâmetro constante. Em uma seção porosa de comprimento $L = 5$ m, líquido é removido a uma taxa constante por unidade de comprimento de tal forma que a velocidade uniforme axial no tubo é $u(x) = U(1 - x/L)$, em que $U = 15$ m/s. Desenvolva expressões para a aceleração de uma partícula fluida ao longo da linha de centro da seção porosa e para o gradiente de pressão ao longo dessa linha. Avalie a pressão de saída se a pressão na entrada da seção porosa for igual a 100 kPa (manométrica).

6.10 Para o escoamento do Problema 4.94, mostre que a variação da velocidade radial uniforme é $V_r = Q/2\pi r h$. Obtenha expressões para a componente r da aceleração de uma partícula na fresta e para a variação de pressão como uma função da distância radial a partir dos orifícios centrais.

6.11 A componente x da velocidade em um campo de escoamento incompressível é dada por $u = x^2y^2 + 2xy$. Encontre o campo de velocidade e também a aceleração no ponto $(x, y) = (2, 2)$.

6.12 Um fluido incompressível e inviscido escoa para dentro de um tubo circular, horizontal, através de sua parede porosa. O tubo é fechado na extremidade esquerda e o escoamento descarrega para a atmosfera pela extremidade direita. Para simplificar, considere a componente x da velocidade uniforme através de qualquer seção transversal no interior do tubo. A massa específica do fluido é ρ, o diâmetro e o comprimento do tubo são D e L, respectivamente, e a velocidade uniforme de entrada do fluido é v_0. O escoamento é em regime permanente. Obtenha uma expressão algébrica para a componente x da aceleração de uma partícula fluida localizada na posição x, em termos de v_0, x e D. Encontre uma expressão para o gradiente de pressão, $\partial p/\partial x$, na posição x. Integre para obter uma expressão para a pressão manométrica em $x = 0$.

6.13 Um líquido incompressível com viscosidade desprezível e massa específica $\rho = 850$ kg/m^3 escoa em regime permanente através de um tubo horizontal. A área da seção transversal do tubo varia linearmente de 100 cm^2 para 25 cm^2 ao longo de um comprimento de 2 m. Desenvolva uma expressão e trace o gráfico para o gradiente de pressão e para a pressão em função da posição ao longo do tubo, se a velocidade da linha de centro na entrada é 1 m/s e a pressão na entrada é 250 kPa. Qual é a pressão na saída? *Sugestão:* Use a relação:

$$u\frac{\partial u}{\partial x} = \frac{1}{2}\frac{\partial}{\partial x}(u^2)$$

6.14 Um líquido incompressível com viscosidade desprezível e massa específica $\rho = 1250$ kg/m^3 escoa em regime permanente através de um tubo de 5 m de comprimento com seção convergente-divergente, cuja área varia de acordo com a equação

$$A(x) = A_0(1 + e^{-x/a} - e^{-x/2a})$$

em que $A_0 = 0,25$ m^2 e $a = 1,5$ m. Trace o gráfico da área para os primeiros 5 m. Desenvolva uma expressão e trace o gráfico para o gradiente de pressão e para a pressão em função da posição ao longo do tubo, para os primeiros 5 m, se a velocidade da linha de centro na entrada for 10 m/s e a pressão na entrada for 300 kPa. *Sugestão:* Use a relação:

$$u\frac{\partial u}{\partial x} = \frac{1}{2}\frac{\partial}{\partial x}(u^2)$$

6.15 Um difusor para um fluido incompressível e inviscido, com massa específica $\rho = 1000$ kg/m^3, consiste em uma seção de tubo divergente. Na entrada o diâmetro é $D_e = 0,25$ m, e na saída o diâmetro é $D_s = 0,75$ m. O comprimento do difusor é $L = 1$ m, e o diâmetro cresce linearmente com a distância x ao longo do difusor. Deduza e trace um gráfico da aceleração de uma partícula fluida considerando escoamento uniforme em cada seção, se a velocidade na entrada for $V_e = 5$ m/s. Trace um gráfico do gradiente de pressão ao longo do difusor e determine seu valor máximo. Qual deve ser o comprimento do difusor de modo que o gradiente de pressão não ultrapasse 25 kPa/m?

6.16 Considere novamente o campo de escoamento do Problema 5.50. Considere que o escoamento é incompressível com $\rho = 1,23$ kg/m^3 e sem atrito. Suponha, ainda, que a velocidade vertical do fluxo de ar é $v_0 = 15$ mm/s, que a meia-largura da cavidade é $L = 22$ mm e a sua altura é $h = 1,2$ mm. Calcule o gradiente de pressão em $(x, y) = (L, h)$. Obtenha uma equação para as linhas de corrente do escoamento dentro da cavidade.

6.17 Um *chip* retangular de microcircuito flutua sobre uma fina camada de ar, com espessura $h = 0,5$ mm, acima de uma superfície porosa. A largura do *chip* é $b = 40$ mm, conforme mostrado. Seu comprimento, L, é muito grande na direção perpendicular ao plano da figura. Não há escoamento na direção z. Considere que o escoamento na direção x, na fresta sob o *chip*, é uniforme. O escoamento é incompressível e os efeitos de atrito podem ser desprezados. Use um volume de controle adequadamente escolhido para mostrar que $U(x) = qx/h$ na fresta. Encontre uma expressão geral (2D) para a aceleração de uma partícula fluida na fresta em função de q, h, x e y. Obtenha uma expressão para o gradiente de pressão $\partial p/\partial x$. Considere que a face superior do *chip* está sujeita à pressão atmosférica e ache uma expressão para a força líquida de pressão no *chip*; essa força é voltada para cima ou para baixo? Explique. Determine a vazão q requerida (m^3/s/m^2) e a velocidade máxima, se a massa por unidade de comprimento do *chip* for 0,005 kg/m. Trace o gráfico da distribuição de pressão como parte da sua explicação sobre o sentido da força líquida.

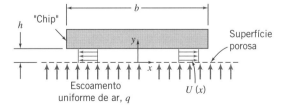

P6.17

6.18 Um campo de velocidade é dado por $\vec{V} = [Ax^3 + Bxy^2]\hat{i} + [Ay^3 + Bx^2y]\hat{j}$; $A = 0,2$ m^{-2} · s^{-1}, B é uma constante e as coordenadas são medidas em metros. Determine o valor e as unidades de B considerando que este campo de velocidade representa um escoamento incompressível. Determine a aceleração de uma partícula fluida no ponto $(x, y) = (2, 1)$. Avalie a componente da aceleração da partícula normal ao vetor velocidade neste ponto.

6.19 Considere o campo de escoamento $\vec{V} = A[x^4 - 6x^2y^2 + y^4]\hat{i} + B[x^3y - xy^3]\hat{j}$; $A = 2$ m$^{-3}\cdot$s^{-1}, B é uma constante e as coordenadas são medidas em metros. Determine B para esse escoamento ser incompressível. Obtenha a equação para a linha de corrente que passa através do ponto $(x, y) = (1, 2)$. Deduza uma expressão algébrica para a aceleração de uma partícula fluida. Estime o raio de curvatura da linha de corrente em $(x, y) = (1, 2)$.

6.20 O campo de velocidade para um dipolo plano é dado na Tabela 6.2. Determine uma expressão para o gradiente de pressão em qualquer ponto (r, θ).

6.21 Escoamento de ar em regime permanente, incompressível e sem atrito, da direita para a esquerda sobre um cilindro circular estacionário de raio a, é dado pelo campo de velocidade

$$\vec{V} = U\left[\left(\frac{a}{r}\right)^2 - 1\right]\cos\theta\,\hat{e}_r + U\left[\left(\frac{a}{r}\right)^2 + 1\right]\textrm{sen}\,\theta\,\hat{e}_\theta$$

Considere o escoamento ao longo da linha de corrente que forma a superfície do cilindro, $r = a$. Obtenha uma expressão para a variação de pressão manométrica sobre a superfície do cilindro. Para $U = 75$ m/s e $a = 150$ mm, trace o gráfico da distribuição da pressão manométrica, e encontre a pressão mínima. Trace um gráfico da velocidade V como função de r ao longo da linha radial $\theta = \pi/2$ para r $> a$ (isto é, diretamente acima do cilindro), e explique.

6.22 Ar a 138 kPa (abs) e 38°C escoa em torno de uma quina arredondada na entrada de um difusor. A velocidade do ar é 46 m/s e o raio de curvatura das linhas de corrente é 75 mm. Determine o módulo da aceleração centrípeta experimentada por uma partícula fluida percorrendo a quina. Expresse sua resposta em gs (número de acelerações da gravidade). Avalie o gradiente de pressão, $\partial p/\partial r$.

6.23 Repita o Exemplo 6.1, porém com uma consideração um pouco mais realista de que o escoamento é similar a um perfil de vórtice livre (irrotacional), $V_\theta = c/r$ (em que c é uma constante), como mostrado na Fig. P6.23. Fazendo isso, prove que a vazão é dada por $Q = k\sqrt{\Delta p}$, em que k é

$$k = w\ln\left(\frac{r_2}{r_1}\right)\sqrt{\frac{2r_2^2 r_1^2}{\rho(r_2^2 - r_1^2)}}$$

e w é a profundidade da curva.

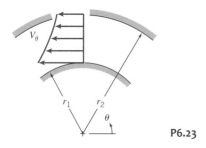

P6.23

6.24 O campo de velocidade em um campo de escoamento bidimensional, em regime permanente e não viscoso, no plano horizontal xy, é dado por $\vec{V} = (Ax + B)\hat{i} - Ay\hat{j}$, em que $A = 1$ s^{-1}, e $B = 2$ m/s; x e y são medidos em metros. Mostre que as linhas de corrente para esse escoamento são dadas por $(x + B/A)y =$ constante. Trace linhas de corrente passando pelos pontos $(x, y) = (1, 1),(1, 2)$ e $(2, 2)$. Determine a aceleração e a velocidade no ponto $(x, y) = (1, 2)$ e trace seus vetores no gráfico da linha de corrente. Determine a componente da aceleração ao longo da linha de corrente nesse ponto; expresse-a como um vetor. Avalie o gradiente de pressão no mesmo ponto se o fluido for ar. Que afirmação, se houver, você pode fazer sobre o valor relativo da pressão nos pontos $(1, 1)$ e $(2, 2)$?

6.25 A componente x da velocidade em um campo de escoamento bidimensional e incompressível é dada por $u = Ax^2$; $A = 3{,}28$ m$^{-1}\cdot$s^{-1} e as coordenadas são medidas em metros. Não há componente ou variação de velocidade na direção z. Calcule a aceleração de uma partícula fluida no ponto $(x, y) = (0{,}3; 0{,}6)$. Estime o raio de curvatura da linha de corrente que passa por esse ponto. Trace a linha de corrente e mostre os vetores velocidade e aceleração no gráfico. (Considere a forma mais simples da componente da velocidade em y.)

6.26 A componente x da velocidade em um escoamento incompressível e bidimensional é dada por $u = -\Lambda(x^2 - y^2)/(x^2 + y^2)^2$, em que u é dada em m/s, as coordenadas são medidas em metros e $\Lambda = 2$ m$^3\cdot$s^{-1}. Mostre que a forma mais simples da velocidade em y é dada por $v = -2\Lambda xy/(x^2 + y^2)^2$. Não há componente ou variação de velocidade na direção z. Calcule a aceleração de uma partícula fluida nos pontos $(x, y) = (0, 1)$, $(0, 2)$ e $(0, 3)$. Estime os raios de curvatura das linhas de corrente passando por esses pontos. O que a relação entre esses três pontos e seus raios de curvatura sugere sobre o campo de escoamento? Verifique isso traçando as três linhas de corrente. [*Sugestão*: Será necessário usar um fator integrante.]

6.27 A componente x da velocidade em um campo de escoamento bidimensional, incompressível, é dada por $u = Axy$, as coordenadas são medidas em metros e $A = 2$ m$^{-1}\cdot$s^{-1}. Não há componente ou variação de velocidade na direção z. Calcule a aceleração de uma partícula fluida no ponto $(x, y) = (2, 1)$. Estime o raio de curvatura da linha de corrente que passa por este ponto. Trace um gráfico da linha de corrente e mostre os vetores velocidade e aceleração. (Considere a forma mais simples da componente da velocidade em y.)

A Equação de Bernoulli

6.28 Água escoa com velocidade de 3 m/s. Calcule a pressão dinâmica desse escoamento. Expresse sua resposta em polegadas de mercúrio.

6.29 Calcule a pressão dinâmica que corresponde a uma velocidade de 100 km/h no ar-padrão. Expresse sua resposta em milímetros de água.

6.30 Você coloca a mão aberta para fora da janela em um automóvel, em uma posição perpendicular ao escoamento do ar. Considerando, por simplicidade, que a pressão do ar em toda a superfície frontal da sua mão é a pressão de estagnação (com respeito às coordenadas do automóvel) e que a pressão atmosférica age sobre o dorso de sua mão, estime a força líquida que você sente na mão quando o automóvel está a (a) 48 km/h e (b) 96 km/h. Você acha que esse resultado se aproxima bem ou apenas grosseiramente do valor real? As simplificações feitas levam a um valor subestimado ou superestimado da força sobre a mão?

6.31 Um jato de ar é soprado de um bocal perpendicularmente contra uma parede na qual existem duas tomadas de pressão. Um manômetro conectado à tomada colocada diretamente na frente do jato mostra uma altura de carga de 27 mm de mercúrio acima da pressão atmosférica. Determine a velocidade aproximada do ar que sai do bocal a -12°C e 220 kPa. Na segunda tomada, um manômetro indica uma altura de carga de 8 mm de mercúrio acima da pressão atmosférica; qual é a velocidade aproximada do ar neste local?

6.32 Um tubo pitot-estática é usado para medir a velocidade do ar na condição-padrão em um ponto de um escoamento. A fim de assegurar que o escoamento possa ser considerado incompressível para cálculos de engenharia, a velocidade deve ser mantida em 100 m/s ou menos. Determine a deflexão do manômetro, em milímetros de água, que corresponde à velocidade máxima desejada.

6.33 A contração de entrada e a seção de teste de um túnel de vento de laboratório estão esquematizadas na figura. A velocidade do ar na seção de teste é $U = 70$ m/s. Um tubo pitot apontado diretamente para montante no escoamento indica que a pressão de estagnação na linha de centro da seção de teste é 12 mm de água abaixo da pressão atmosférica. O laboratório é mantido na pressão atmosférica e à temperatura

Escoamento Incompressível de Fluidos Não Viscosos 253

de −7°C. Avalie a pressão dinâmica na linha de centro da seção de teste do túnel de vento. Calcule a pressão estática no mesmo ponto. Qualitativamente, compare a pressão estática na parede do túnel com aquela na linha de centro. Explique por que as duas não podem ser idênticas.

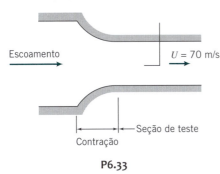

P6.33

6.34 Trabalhos de manutenção em sistemas hidráulicos de alta pressão exigem cuidados especiais. Um pequeno vazamento pode causar um jato de fluido hidráulico de alta velocidade que pode penetrar na pele e provocar ferimentos sérios (por isso, os mecânicos são instruídos a usar um pedaço de papel ou de papelão, e *não um dedo*, para detectar vazamentos). Calcule e trace um gráfico da velocidade do jato de um vazamento *versus* a pressão do sistema, para pressões até 40 MPa (manométrica). Explique como um jato de alta velocidade de fluido hidráulico pode causar ferimentos.

6.35 Um túnel de vento de circuito aberto aspira ar da atmosfera através de um bocal com perfil aerodinâmico. Na seção de teste, onde o escoamento é retilíneo e aproximadamente uniforme, há uma tomada de pressão estática instalada na parede do túnel. Um manômetro conectado a essa tomada mostra que a pressão estática dentro do túnel é 55 mm de água abaixo da pressão atmosférica. Considere que o ar é incompressível e que está a 30°C e 120 kPa (absoluta). Calcule a velocidade do ar na seção de teste do túnel de vento.

6.36 A água escoa em regime permanente para cima no interior do tubo vertical de 0,1 m de diâmetro e é descarregada para a atmosfera através do bocal que tem 0,05 m de diâmetro. A velocidade média do escoamento na saída do bocal deve ser de 20 m/s. Calcule a pressão manométrica mínima requerida na seção ①. Se o equipamento fosse invertido verticalmente, qual seria a pressão mínima requerida na seção ① para manter a velocidade na saída do bocal em 20 m/s?

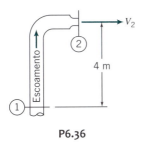

P6.36

6.37 A água escoa em um duto circular. Em uma seção, o diâmetro é 0,3 m, a pressão estática é 260 kPa (manométrica), a velocidade é 3 m/s e a elevação é 10 m acima do nível do solo. Em uma seção a jusante, no nível do solo, o diâmetro do duto é 0,15 m. Determine a pressão manométrica na seção de jusante, desprezando os efeitos de atrito.

6.38 Seu carro fica sem combustível inesperadamente. Para você resolver o problema, você retira gasolina de outro usando um sifão. A diferença de altura do sifão é cerca de 150 mm. O diâmetro da mangueira é de 25 mm. Qual é a vazão de gasolina para seu carro?

6.39 Você (um jovem com idade permitida para beber) está fazendo cerveja caseira. Como parte do processo, você deve sugar o mosto (a cerveja fermentada com sedimentos no fundo) de um tanque limpo por meio de uma mangueira de 5 mm de diâmetro interno. Sendo um jovem engenheiro, você está curioso sobre a vazão que pode produzir. Encontre uma expressão para a vazão Q (em litros por minuto) *versus* a diferença de altura h (em milímetros) entre a superfície livre do líquido e a boca de saída da mangueira. Encontre o valor de h para o qual $Q = 2$ L/min.

6.40 Um tanque, a pressão de 70 kPa (manométrica), fura um tubo de modo que benzeno é ejetado no ar para cima. Ignorando as perdas, que altura o benzeno atinge?

6.41 Uma lata de refrigerante (você não sabe se a bebida é *diet* ou normal) possui um pequeno vazamento em um orifício, que pulveriza o refrigerante verticalmente para cima no ar a uma altura de 0,5 m. Qual é a pressão no interior da lata de refrigerante (estime para os dois tipos de refrigerante)?

6.42 A vazão de água através do sifão é 6 L/s, a temperatura é de 25°C e o diâmetro do tubo é 30 mm. Calcule a máxima altura permitida, h, de modo que a pressão no ponto A fique acima da pressão de vapor da água. (Considere o escoamento sem atrito.)

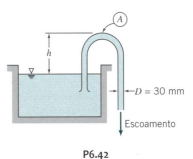

P6.42

6.43 Uma corrente de líquido movendo a baixa velocidade sai de um bocal apontado diretamente para baixo. A velocidade pode ser considerada uniforme na seção de saída do bocal e os efeitos de atrito podem ser desprezados. Na saída do bocal, localizada na elevação z_0, a velocidade e área do jato são V_0 e A_0, respectivamente. Determine a variação da área do jato com a elevação.

6.44 Água escoa de um tanque muito grande através de um tubo de 6 cm de diâmetro. O líquido escuro no manômetro é mercúrio. Estime a velocidade no tubo e a vazão de descarga. (Considere o escoamento sem atrito.)

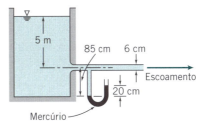

P6.44

6.45 Em uma experiência de laboratório, água escoa radialmente para fora através do espaço entre dois discos planos paralelos, com velocidade moderada. O perímetro dos discos é aberto para a atmosfera. Os discos têm diâmetro $D = 150$ mm e o espaçamento entre eles é $h = 0,8$ mm. A vazão mássica medida da água é $\dot{m} = 305$ g/s. Estime a pressão estática teórica no espaço entre os discos, em $r = 50$ mm, considerando escoamento sem atrito. Na situação de laboratório, em que *algum* atrito existe, a pressão medida nesse local nos discos seria acima ou abaixo do valor teórico? Por quê?

6.46 Considere um escoamento em regime permanente, incompressível e sem atrito sobre a asa de um aeroplano voando a 250 km/h. O ar que se aproxima da asa está a 78 kPa (manométrica) e −13°C. Em certo ponto no escoamento, a pressão é 75 kPa. Calcule a velocidade do ar relativa à asa nesse ponto e a velocidade absoluta do ar.

6.47 Uma lancha com hidrofólios está se movendo a 20 m/s em um lago de água doce. Cada hidrofólio está 3 m abaixo da superfície. Considere, como primeira aproximação, que o escoamento é incompressível e invíscido. Encontre a pressão de estagnação (manométrica) na frente de cada hidrofólio. Em um ponto do hidrofólio, a pressão é −75 kPa (manométrica). Calcule a velocidade da água relativa ao hidrofólio nesse ponto e a velocidade absoluta da água.

6.48 Um bocal está acoplado na ponta de uma mangueira de incêndio com diâmetro interno $D = 75$ mm. O bocal é de perfil liso e tem diâmetro de saída $d = 25$ mm. A pressão de projeto na entrada do bocal é $p_1 = 690$ kPa (manométrica). Avalie a máxima vazão volumétrica que esse bocal pode fornecer.

6.49 Um carro de corrida trafega em Indianapolis a 98,3 m/s em uma reta. O engenheiro da equipe deseja instalar uma tomada de ar na carroceria para obter ar de refrigeração para o piloto. A ideia é colocar a tomada em algum lugar ao longo da superfície do carro em que a velocidade do ar seja de 25,5 m/s. Calcule a pressão estática no local proposto para a tomada de ar. Expresse o aumento de pressão acima da ambiente como uma fração da pressão dinâmica da corrente livre.

6.50 Um escoamento incompressível, em regime permanente e sem atrito, da esquerda para a direita sobre um cilindro circular estacionário de raio a, é representado pelo campo de velocidade

$$\vec{V} = U\left[1 - \left(\frac{a}{r}\right)^2\right]\cos\theta\,\hat{e}_r - U\left[1 + \left(\frac{a}{r}\right)^2\right]\sin\theta\,\hat{e}_\theta$$

Obtenha uma expressão para a distribuição de pressão ao longo da linha de corrente formando a superfície do cilindro, $r = a$. Determine os locais onde a pressão estática sobre o cilindro é igual à pressão estática da corrente livre.

6.51 O campo de velocidade para um dipolo plano é dado na Tabela 6.2. Se $\Lambda = 3$ m³·s⁻¹, a massa específica do fluido é $\rho = 1,5$ kg/m³ e a pressão no infinito é 100 kPa, trace um gráfico da pressão ao longo do eixo x, de $x = -2,0$ m a $x = -0,5$ m, e de $x = 0,5$ m a $x = 2,0$ m.

6.52 A vazão de ar em condições-padrão em um duto plano pode ser calculada com a instalação de duas tomadas de pressão em uma curva. O duto tem 0,5 m de profundidade e 0,2 m de altura. O raio interno da curva é de 0,25 m. Se a medida da diferença de pressão entre as duas tomadas é de 60 mm de coluna de água, calcule aproximadamente a vazão de ar.

6.53 Um bocal está acoplado na ponta de uma mangueira de incêndio com diâmetro interno $D = 75$ mm. O bocal é de perfil liso e tem diâmetro de saída $d = 25$ mm. O bocal foi projetado para operar com uma pressão de água na entrada de 700 kPa (manométrica.) Determine a vazão volumétrica de projeto do bocal. (Expresse a resposta em L/s.) Avalie a força axial necessária para manter o bocal imóvel. Indique se o acoplamento da mangueira está sob tração ou compressão.

6.54 Água escoa em regime permanente no interior de um tubo de 82 mm in de diâmetro, sendo descarregada para a atmosfera através de um bocal com diâmetro 32 mm. A vazão é 93 L/min. Calcule a pressão estática mínima requerida na água do tubo para produzir essa vazão. Avalie a força axial do bocal sobre o flange do tubo.

6.55 Água escoa em regime permanente através de um cotovelo redutor, conforme mostrado. O cotovelo é liso e curto e o escoamento acelera, de modo que o efeito do atrito é pequeno. A vazão em volume é $Q = 2,5$ L/s. O cotovelo está em um plano horizontal. Estime a pressão manométrica na seção ①. Calcule a componente x da força exercida pelo cotovelo redutor sobre o tubo de suprimento de água.

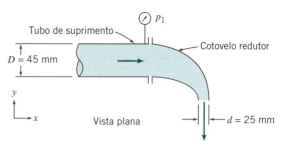

P6.55

6.56 A ramificação de um vaso sanguíneo é mostrada. Sangue à pressão de 140 mmHg escoa no vaso principal a uma vazão de 4,5 L/min. Estime a pressão do sangue em cada ramo, considerando que os vasos comportam-se como tubos rígidos, que o escoamento é sem atrito, e que o vasos situam-se em um plano horizontal. Qual é a força gerada em um ramo pelo sangue? Você pode aproximar a massa específica do sangue em 1060 kg/m³.

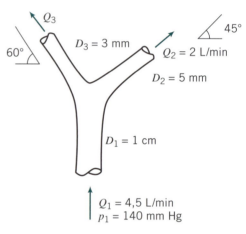

P6.56

6.57 Um objeto, com superfície inferior plana, move-se para baixo com velocidade $U = 1,5$ m/s dentro do jato de líquido do Problema 4.62. Determine a pressão mínima de suprimento necessária para produzir o jato de saída com velocidade $V = 4,6$ m/s. Calcule a pressão máxima exercida pelo jato líquido sobre o objeto plano no instante em que ele está $h = 0,46$ m acima da saída do jato. Estime a força do jato de água sobre o objeto.

6.58 Um jato de água é direcionado para cima a partir de um bocal bem projetado com área $A_1 = 600$ mm²; a velocidade do jato na saída é $V_1 = 6,3$ m/s. O escoamento é em regime permanente e a corrente de líquido não se quebra. O ponto ② está localizado em $H = 1,55$ m acima do plano de saída do bocal. Determine a velocidade no ponto ② no jato não perturbado. Calcule a pressão que seria sentida por um tubo de estagnação posicionado ali. Avalie a força que seria exercida sobre uma placa plana posicionada normal à corrente no ponto ②. Esboce a distribuição de pressão sobre a placa.

6.59 Um velho truque de mágica é feito com um carretel vazio e uma carta de baralho. A carta é apoiada contra o fundo do carretel. Contrariamente à intuição, quando alguém sopra para baixo através do orifício central do carretel, a carta não é expelida na outra extremidade. Em vez disso, ela é "sugada" para cima contra o carretel. Explique.

6.60 Um jato de ar, horizontal e assimétrico, com 10 mm. de diâmetro, atinge um disco vertical de 190 mm de diâmetro. A velocidade do jato é 69 m/s na saída do bocal. Um manômetro é conectado ao centro do disco. Calcule (a) a deflexão, se o líquido do manômetro tem SG = 1,75, (b) a força exercida pelo jato sobre o disco, e c) a força sobre o disco, se for considerado que a pressão de estagnação age sobre

6.61 O tanque, de diâmetro D, tem um orifício arredondado e liso de diâmetro d. Em $t = 0$, o nível da água está na altura h_0. Desenvolva uma expressão para a relação adimensional entre a altura instantânea e a altura inicial da água, h/h_0. Para $D/d = 10$, trace um gráfico de h/h_0 como uma função do tempo com h_0 como parâmetro para $0,1 \le h_0 \le 1$ m. Para $h_0 = 1$ m, trace um gráfico de h/h_0 como uma função do tempo com D/d como parâmetro para $2 \le D/d \le 10$.

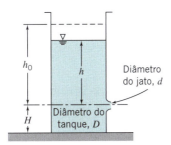

P6.61

6.62 O escoamento sobre uma cabana semicilíndrica pode ser aproximado pela distribuição de velocidade do Problema 6.50 com $0 \le \theta \le \pi$. Durante uma tempestade, a velocidade do vento atinge 100 km/h; a temperatura externa é 5°C. Um barômetro dentro da cabana dá uma leitura de 720 mmHg; a pressão p_∞ é também de 720 mmHg. A cabana tem diâmetro de 6 m e comprimento de 18 m. Determine a força que tende a arrancar a cabana das suas fundações.

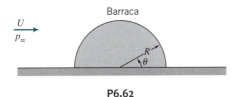

P6.62

6.63 Muitos parques de recreação utilizam estruturas de "bolha" inflável. Uma bolha, cobrindo o equivalente a quatro quadras de tênis, tem grosseiramente o formato de um semicilindro com diâmetro de 30 m e comprimento de 70 m. Os sopradores usados para inflar a estrutura mantêm a pressão do ar no interior da bolha em 10 mm de coluna de água acima da pressão ambiente. A bolha está submetida a um vento que sopra a 60 km/h em uma direção perpendicular ao eixo do semicilindro. Usando coordenadas polares, com o ângulo θ medido a partir do solo sobre a face da bolha do lado que bate o vento, a distribuição de pressões resultante pode ser expressa como

$$\frac{p - p_\infty}{\frac{1}{2}\rho V_\infty^2} = 1 - 4\,\text{sen}^2\,\theta$$

em que p é a pressão na superfície, p_∞ é a pressão atmosférica, V_∞ é a velocidade do vento. Determine a força vertical resultante exercida sobre a estrutura.

6.64 Ar a alta pressão força uma corrente de água através de um pequeno orifício arredondado, de área A, em um tanque. A pressão do ar é suficientemente grande para que a gravidade possa ser desprezada. O ar expande-se lentamente, de modo que a expansão pode ser considerada isotérmica. O volume inicial de ar no tanque é V_0. Nos instantes posteriores, o volume de ar é $V(t)$; o volume total do tanque é V_t. Obtenha uma expressão algébrica para a vazão mássica da água saindo do tanque. Encontre uma expressão algébrica para a taxa de variação na massa de água no interior do tanque. Desenvolva uma equação diferencial ordinária e resolva para a massa de água no interior do tanque em qualquer instante. Se $V_0 = 5$ m³, $V_t = 10$ m³, $A = 25$ mm² e $p_0 = 1$ MPa, trace um gráfico da massa de água no tanque versus o tempo para os primeiros 40 minutos.

6.65 Água escoa, com baixa velocidade, através de um tubo circular com diâmetro interno de 50 mm. Um tampão arredondado e liso, de 38 mm de diâmetro, é mantido na extremidade do tubo onde a água é descarregada para a atmosfera. Ignore efeitos de atrito e considere perfis uniformes de velocidade em cada seção. Determine a pressão medida pelo manômetro e a força requerida para manter o tampão no lugar.

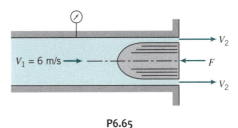

P6.65

6.66 Repita o Problema 6.64, considerando que o ar se expande de forma tão rápida que a expansão pode ser considerada como adiabática.

6.67 Imagine uma mangueira de jardim com um jato de água saindo através de um bocal na ponta da mangueira. Explique por que a extremidade da mangueira pode ficar instável, quando ela é segura a cerca de meio metro do bocal.

6.68 Um tanque com um orifício *reentrante* chamado *bocal de Borda* é mostrado. O fluido é não viscoso e incompressível. O orifício reentrante essencialmente elimina o escoamento ao longo das paredes do tanque, de modo que a pressão ali é aproximadamente hidrostática. Calcule o *coeficiente de contração*, $C_C = A_j/A_0$. Sugestão: Equacione a força de pressão hidrostática e a quantidade de movimento do jato.

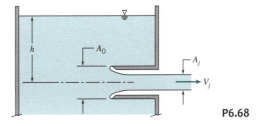

P6.68

Equação de Bernoulli para Regime Transiente

*__6.69__ Ar comprimido é usado para acelerar a água que sai de um tanque através de um tubo, conforme mostrado. Despreze a velocidade da água no tanque e considere que o escoamento no tubo seja uniforme em qualquer seção. Em um instante particular, sabe-se que $V = 1,8$ m/s e $dV/dt = 2,3$ m/s². A área da seção reta do tubo é $A = 20,645$ mm². Determine a pressão no tanque nesse instante.

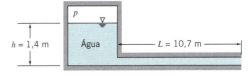

P6.69, P6.70, P6.72

*__6.70__ Se a água no tubo do Problema 6.69 está inicialmente em repouso e a pressão do ar é mantida em 21 kPa (manométrica), qual será a aceleração da água no tubo?

---

*Esses problemas requerem material de seções que podem ser omitidas sem perda de continuidade no material do texto.

6.71 Considere o sistema de escoamento constituído de reservatório e discos, com o nível do reservatório constante, conforme mostrado. O escoamento entre os discos é iniciado do repouso em $t = 0$. Avalie a taxa de variação da vazão volumétrica em $t = 0$, se $r_1 = 50$ mm.

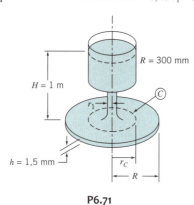

P6.71

6.72 Se a água no tubo do Problema 6.69 está inicialmente em repouso e a pressão é mantida em 10, 3 kPa (manométrica), deduza uma equação diferencial para a velocidade V no tubo como uma função do tempo, integre e trace um gráfico de V em função de t, para $t = 0$ a $t = 5$ s.

6.73 Considere o tanque do Problema 4.39. Usando a equação de Bernoulli para escoamento não permanente ao longo de uma linha de corrente, avalie a mínima razão entre diâmetros, D/d, necessária para justificar a hipótese de que o escoamento no tanque é quase permanente.

Linha de Energia e Linha Piezométrica

6.74 Esboce cuidadosamente as linhas de energia (LE) e as linhas piezométricas (LP) para o sistema mostrado na Fig. 6.6, se o tubo for horizontal (isto é, a saída está na base do reservatório) e uma turbina de água (extraindo energia) estiver localizada no ponto ② ou no ponto ③. No Capítulo 8, investigaremos os efeitos do atrito nos escoamentos internos. Você seria capaz de antecipar e esboçar o efeito do atrito sobre a LE e a LP para estes dois casos?

Escoamento Irrotacional

6.75 Determine se a equação de Bernoulli pode ser aplicada entre raios diferentes para os campos de escoamento dos vórtices (a) $\vec{V} = \omega r \hat{e}_\theta$ e (b) $\vec{V} = \hat{e}_\theta K/2\pi r$.

6.76 Considere o escoamento representado pela função de corrente $\psi = Ax^2 y$, em que A é uma constante dimensional igual a 2,5 $m^{-1} \cdot s^{-1}$. A massa específica é 1200 kg/m³. O escoamento é rotacional? Pode a diferença de pressão entre os pontos $(x, y) = (1, 4)$ e $(2, 1)$ ser calculada? Se afirmativo, calcule, caso contrário, explique por quê.

6.77 Usando a Tabela 6.2, determine a função de corrente e o potencial de velocidade para uma fonte plana, de intensidade q, próxima de um canto em 90°. A fonte é equidistante h de cada um dos dois planos infinitos que formam o canto. Determine a distribuição de velocidades ao longo de um dos planos, considerando $p = p_0$ no infinito. Escolhendo valores adequados para q e h, trace linhas de corrente e de potencial de velocidade constantes. (*Sugestão*: Use a planilha *Excel* do Exemplo 6.10.)

6.78 Usando a Tabela 6.2, determine a função de corrente e o potencial de velocidade para um vórtice plano, de intensidade K, próximo de um canto em 90°. O vórtice é equidistante h de cada um dos dois planos infinitos que formam o canto. Determine a distribuição de velocidades ao longo de um dos planos, considerando $p = p_0$ no infinito. Escolhendo valores adequados para K e h, trace linhas de corrente e de potencial de velocidade constante. (*Sugestão*: Use a planilha *Excel* do Exemplo 6.10.)

6.79 Um campo de escoamento é representado pela função de corrente $\psi = x^5 - 10x^3 y^2 + 5xy^4$. Determine o campo de velocidade correspondente. Mostre que esse campo de escoamento é irrotacional e obtenha a função potencial.

6.80 A função de corrente de um campo de velocidade é $\psi = Ax^3 + B(xy^2 + x^2 - y^2)$, em que ψ, x, y, A e B são todos adimensionais. Encontre a relação entre A e B para esse escoamento. Encontre o potencial de velocidade.

6.81 Um campo de escoamento é representado pela função de potencial $\psi = x^5 - 15x^4 y^2 + 15x^2 y^4 - y^6$. Mostre que esse é um campo de escoamento irrotacional e obtenha a função potencial.

6.82 Considere o campo de escoamento representado pela função potencial $\phi = Ax^2 + Bxy - Ay^2$. Verifique se esse é um escoamento incompressível, e determine a função de corrente correspondente.

6.83 Considere o campo de escoamento representado pela função potencial $\phi = x^6 - 15x^4 y^2 + 15x^2 y^4 - y^6$. Verifique se esse é um escoamento incompressível, e determine a função de corrente correspondente.

6.84 Mostre por expansão e separando os termos real e imaginário que $f = z^6$ (em que z é o número complexo $z = x + iy$) conduz a um potencial de velocidade válido (a parte real de f) e a uma função de corrente correspondente (a parte negativa imaginária de f) de um escoamento irrotacional e incompressível. Mostre que as partes real e imaginária de df/dz conduzem a $-u$ e v, respectivamente.

6.85 Mostre que *qualquer* função diferenciável $f(z)$ do número complexo $z = x + iy$ conduz a um potencial válido (a parte real de f) e a uma função de corrente correspondente (a parte negativa imaginária de f) de um escoamento irrotacional e incompressível. Para fazer isso, prove, usando a regra da cadeia, que $f(z)$ satisfaz automaticamente a equação de Laplace. Então, mostre que $df/dz = -u + iv$.

6.86 Um campo de escoamento é representado pela função potencial $\phi = Ay^3 - Bx^2 y$, em que $A = (1/3)$ $m^{-1} \cdot s^{-1}$, $B = 1$ $m^{-1} \cdot s^{-1}$ e as coordenadas são medidas em metros. Obtenha uma expressão para o módulo do vetor velocidade. Determine a função de corrente para o escoamento. Trace linhas de corrente e de potencial constante e verifique visualmente que elas são ortogonais. (*Sugestão*: Use a planilha *Excel* do Exemplo 6.10.)

6.87 Um campo de escoamento incompressível é caracterizado pela função de corrente $\psi = 3Ax^2 y - Ay^3$, em que $A = 1$ $m^{-1} \cdot s^{-1}$. Deduza o potencial de velocidade para o escoamento. Trace linhas de corrente e linhas de potencial, e verifique visualmente que elas são ortogonais. (*Sugestão*: Use a planilha *Excel* do Exemplo 6.10.)

6.88 Certo campo de escoamento irrotacional no plano xy tem a função de corrente $\psi = Bxy$, em que $B = 0{,}25$ s^{-1} e as coordenadas são medidas em metros. Determine a vazão entre os pontos $(x, y) = (2, 2)$ e $(3, 3)$. Determine o potencial de velocidade para esse escoamento. Trace algumas linhas de corrente e de potencial de velocidade e verifique visualmente que elas são ortogonais. (*Sugestão*: Use a planilha *Excel* do Exemplo 6.10.)

6.89 Considere o escoamento em torno de um cilindro circular com velocidade de corrente livre da direita para a esquerda e um vórtice livre de sentido anti-horário. Mostre que a força de sustentação sobre o cilindro pode ser expressa como $F_L = -\rho U \Gamma$, conforme ilustrado no Exemplo 6.12.

6.90 Considere o escoamento sobre um cilindro circular de raio a, como no Exemplo 6.11. Mostre que $V_r = 0$ ao longo das linhas $(r, \theta) = (r, \pm \pi/2)$. Trace um gráfico de V_θ/U versus o raio para $r \geq a$, ao

---

*Esses problemas requerem material de seções que podem ser omitidas sem perda de continuidade no material do texto.

Escoamento Incompressível de Fluidos Não Viscosos **257**

longo da linha $(r, \theta) = (r, \pi/2)$. Determine a distância além da qual a influência do cilindro é inferior a 1% de U.

*6.91 Um modelo grosseiro de um tornado é formado pela combinação de um sorvedouro, de intensidade $q = 2800$ m²/s, e um vórtice livre, de intensidade $K = 5600$ m²/s. Obtenha a função de corrente e o potencial de velocidade para este campo de escoamento. Estime o raio além do qual o escoamento pode ser tratado como incompressível. Determine a pressão manométrica nesse raio.

*6.92 Um campo de escoamento é formado pela combinação de um escoamento uniforme no sentido positivo de x, com $U = 10$ m/s, e um vórtice de sentido anti-horário localizado na origem, com intensidade $K = 16\pi$ m²/s. Obtenha a função de corrente, o potencial de velocidade e o campo de velocidade para o escoamento combinado. Localize o(s) ponto(s) de estagnação do escoamento. Trace linhas de corrente e linhas de potencial. (*Sugestão*: Use a planilha *Excel* do Exemplo 6.10.)

*6.93 Considere o campo de escoamento formado pela combinação de um escoamento uniforme no sentido positivo de x e um sorvedouro localizado na origem. Seja $U = 50$ m/s e $q = 90$ m²/s. Use um volume de controle adequadamente escolhido para avaliar a força resultante por unidade de profundidade necessária para manter imóvel (no ar-padrão) a forma de superfície gerada pela linha de corrente de estagnação.

*6.94 Considere o campo de escoamento formado pela combinação de um escoamento uniforme no sentido positivo de x e uma fonte localizada na origem. Seja $U = 30$ m/s e $q = 150$ m²/s. Trace um gráfico da razão entre a velocidade local e a velocidade da corrente livre *versus* θ, ao longo da linha de corrente de estagnação. Localize os pontos sobre a linha de corrente de estagnação onde a velocidade atinge seu valor máximo. Determine a pressão manométrica ali, considerando a massa específica do fluido igual a 1,2 kg/m³.

---

*Esses problemas requerem material de seções que podem ser omitidas sem perda de continuidade no material do texto.

CAPÍTULO 7

Análise Dimensional e Semelhança

7.1 As Equações Diferenciais Básicas Adimensionais
7.2 A Natureza da Análise Dimensional
7.3 O Teorema Pi de Buckingham
7.4 Grupos Adimensionais Importantes na Mecânica dos Fluidos
7.5 Semelhança de Escoamentos e Estudos de Modelos
7.6 Resumo e Equações Úteis

Estudo de Caso

T. Rex

A análise dimensional, o principal tópico deste capítulo, é usada em muitas pesquisas científicas. Essa metodologia tem sido usada pelo professor Alexander McNeil, agora trabalhando na Universidade Heriot-Watt na Escócia, para tentar determinar a velocidade com a qual os dinossauros, tais como o *Tyrannosaurus rex*, podem ter sido capazes de correr. Os únicos dados disponíveis sobre essas criaturas estão no registro fóssil — sendo os dados mais pertinentes os comprimentos médios l das pernas e s dos passos dos dinossauros. Esses dados poderiam ser utilizados para avaliar a velocidade dos dinossauros? A comparação de dados de l e s e da velocidade V de quadrúpedes (por exemplo, cavalos, cachorros) e de bípedes (por exemplo, seres humanos) não tinha levado a nenhuma conclusão até a análise dimensional ter sido usada para mostrar que todos esses dados deveriam ser utilizados para traçar um gráfico da seguinte forma: trace um gráfico com a quantidade adimensional V^2/gl (em que V é a velocidade do animal medida e g é a aceleração da gravidade) em função da razão adimensional s/l. Quando isso é feito, "magicamente" os dados para a maior parte dos animais se ajustam aproximadamente sobre uma curva! Portanto, o comportamento de corrida da maior parte dos animais pode ser obtido a partir do gráfico: nesse caso, o valor de s/l para os dinossauros permite que um valor correspondente de V^2/gl seja interpolado a partir da curva, levando a uma estimativa de V para os dinossauros (porque l e g são conhecidos). Baseado nisso, em contraste com os filmes *Jurassic Park*, parece que os seres humanos poderiam facilmente ultrapassar o *Tyrannosaurus rex* em uma corrida!

Tyrannosaurus rex.

Nos capítulos precedentes, mencionamos, diversos exemplos nos quais alegamos que um escoamento simplificado existe. Por exemplo, estabelecemos que um escoamento com uma velocidade típica V será essencialmente incompressível se o número de Mach, $M = V/c$ (em que c é a velocidade do som), for menor do que 0,3 e que podemos desprezar os efeitos viscosos na maior parte de um escoamento se o número de Reynolds, $Re = \rho VL/\mu$ (em que L é um comprimento típico ou "característico" do escoamento), for "grande". Também faremos uso extensivo do número de Reynolds baseado no diâmetro do tubo, D ($Re = \rho VD/\mu$), para predizer com alto grau de exatidão se o escoamento no tubo é laminar ou turbulento. Acontece que existem muitos desses números ou grupos adimensionais na ciência da engenharia — por exemplo, na transferência de calor, o valor do número de Biot, $Bi = hL/k$, de um corpo *quente*, em que L é um comprimento característico e k a condutividade térmica, indica se aquele corpo tenderá a resfriar primeiramente na superfície externa ou resfriará uniformemente quando mergulhado em um fluido refrigerante com coeficiente de transferência de calor por convecção h. (Você pode descobrir o que um alto número de Biot prediz?) Como fazemos para obter esses grupos adimensionais, e por que seus valores têm um poder de predição tão grande?

Análise Dimensional e Semelhança **259**

As respostas a essas questões serão fornecidas neste capítulo quando for apresentado o método da análise adimensional. Essa é uma técnica para adquirir conhecimento em escoamentos de fluidos (na verdade, em muitos fenômenos de ciência e de engenharia) antes de fazermos extensas análises teóricas ou experimentais; essa técnica também permite extrair tendências a partir de dados que de outra forma ficariam desorganizados e incoerentes.

Discutiremos também modelagem. Por exemplo, como fazer para realizar testes corretos de arrasto em um túnel de vento sobre um modelo de automóvel em escala 3/8 para prever o arrasto que existiria sobre um automóvel em escala 1/1 movendo-se a certa velocidade? *Devemos* usar a mesma velocidade para o modelo e para o automóvel real? Como fazer para obter o arrasto sobre o automóvel real a partir do arrasto medido sobre o modelo em escala reduzida?

7.1 *As Equações Diferenciais Básicas Adimensionais*

Antes de descrever a análise dimensional, vamos ver o que podemos aprender de nossas descrições analíticas prévias do escoamento de fluidos. Considere, por exemplo, um escoamento em regime permanente, incompressível e bidimensional de um fluido newtoniano com viscosidade constante (isso já é realmente uma lista de considerações!) A equação da conservação da massa (Eq. 5.1c) torna-se

$$\frac{\partial u}{\partial x} + \frac{\partial v}{\partial y} = 0 \tag{7.1}$$

e as equações de Navier-Stokes (Eqs. 5.27) reduzem-se a

$$\rho\left(u\frac{\partial u}{\partial x} + v\frac{\partial u}{\partial y}\right) = -\frac{\partial p}{\partial x} + \mu\left(\frac{\partial^2 u}{\partial x^2} + \frac{\partial^2 u}{\partial y^2}\right) \tag{7.2}$$

e

$$\rho\left(u\frac{\partial v}{\partial x} + v\frac{\partial v}{\partial y}\right) = -\rho g - \frac{\partial p}{\partial y} + \mu\left(\frac{\partial^2 v}{\partial x^2} + \frac{\partial^2 v}{\partial y^2}\right) \tag{7.3}$$

Conforme discutido na Seção 5.4, essas equações formam um conjunto de equações diferenciais parciais e não lineares acopladas para u, v e p, e são de difícil solução para a maioria dos escoamentos. A Eq. 7.1 tem dimensões de 1/tempo, e as Eqs. 7.2 e 7.3 têm dimensões de força/volume. Vejamos o que acontece quando as convertemos em equações adimensionais. (Mesmo que você não tenha estudado a Seção 5.4, será capaz de entender o material seguinte.)

Para tornar essas equações adimensionais, dividimos todos os comprimentos por um comprimento de referência, L, e todas as velocidades por uma velocidade de referência, V_∞, que usualmente é a velocidade da corrente livre. Tornemos a pressão adimensional dividindo-a por ρV_∞^2 (o dobro da pressão dinâmica da corrente livre*). Denotando as quantidades adimensionais por asteriscos, obteremos

$$x^* = \frac{x}{L}, \quad y^* = \frac{y}{L}, \quad u^* = \frac{u}{V_\infty}, \quad v^* = \frac{v}{V_\infty}, \quad \text{e} \quad p^* = \frac{p}{\rho V_\infty^2} \tag{7.4}$$

de modo que $x = x^*L$, $y = y^*L$, $u = u^*V_\infty$, e assim por diante. Podemos substituir nas Eqs. de 7.1 a 7.3; mostramos a seguir duas substituições representativas:

$$u\frac{\partial u}{\partial x} = u^*V_\infty\frac{\partial(u^*V_\infty)}{\partial(x^*L)} = \frac{V_\infty^2}{L}u^*\frac{\partial u^*}{\partial x^*}$$

e

$$\frac{\partial^2 u}{\partial x^2} = \frac{\partial(u^*V_\infty)}{\partial(x^*L)^2} = \frac{V_\infty}{L^2}\frac{\partial^2 u^*}{\partial x^{*2}}$$

260 Capítulo 7

Usando esse procedimento, as equações tornam-se

$$\frac{V_\infty}{L}\frac{\partial u^*}{\partial x^*} + \frac{V_\infty}{L}\frac{\partial v^*}{\partial y^*} = 0 \tag{7.5}$$

$$\frac{\rho V_\infty^2}{L}\left(u^*\frac{\partial u^*}{\partial x^*} + v^*\frac{\partial u^*}{\partial y^*}\right) = -\frac{\rho V_\infty^2}{L}\frac{\partial p^*}{\partial x^*} + \frac{\mu V_\infty}{L^2}\left(\frac{\partial^2 u^*}{\partial x^{*2}} + \frac{\partial^2 u^*}{\partial y^{*2}}\right) \tag{7.6}$$

$$\frac{\rho V_\infty^2}{L}\left(u^*\frac{\partial v^*}{\partial x^*} + v^*\frac{\partial v^*}{\partial y^*}\right) = -\rho g - \frac{\rho V_\infty^2}{L}\frac{\partial p^*}{\partial y^*} + \frac{\mu V_\infty}{L^2}\left(\frac{\partial^2 v^*}{\partial x^{*2}} + \frac{\partial^2 v^*}{\partial y^{*2}}\right) \tag{7.7}$$

Dividindo a Eq. 7.5 por V_∞/L e as Eqs. 7.6 e 7.7 por $\rho V_\infty^2/L$, resulta

$$\frac{\partial u^*}{\partial x^*} + \frac{\partial v^*}{\partial y^*} = 0 \tag{7.8}$$

$$u^*\frac{\partial u^*}{\partial x^*} + v^*\frac{\partial u^*}{\partial y^*} = -\frac{\partial p^*}{\partial x^*} + \frac{\mu}{\rho V_\infty L}\left(\frac{\partial^2 u^*}{\partial x^{*2}} + \frac{\partial^2 u^*}{\partial y^{*2}}\right) \tag{7.9}$$

$$u^*\frac{\partial v^*}{\partial x^*} + v^*\frac{\partial v^*}{\partial y^*} = -\frac{gL}{V_\infty^2} - \frac{\partial p^*}{\partial y^*} + \frac{\mu}{\rho V_\infty L}\left(\frac{\partial^2 v^*}{\partial x^{*2}} + \frac{\partial^2 v^*}{\partial y^{*2}}\right) \tag{7.10}$$

As Eqs. 7.8, 7.9 e 7.10 são as formas adimensionais de nossas equações originais (Eqs. 7.1, 7.2 e 7.3). Como tais, podemos pensar em suas soluções (com as condições de contorno apropriadas) como um exercício em matemática aplicada. A Eq. 7.9 contém um coeficiente adimensional, $\mu/\rho V_\infty L$, (que reconhecemos como sendo o inverso do número de Reynolds) na frente dos termos de segunda ordem (viscosos); a Eq. 7.10 contém esse e outro coeficiente adimensional, gL/V_∞^2 (o qual discutiremos sucintamente), para o termo da força de gravidade. Lembramos da teoria das equações diferenciais, que a forma matemática da solução de tais equações é muito sensível aos valores dos coeficientes nas equações (por exemplo, certas equações diferenciais parciais de segunda ordem podem ser elípticas, parabólicas ou hiperbólicas, dependendo dos valores dos coeficientes).

Essas equações informam que a solução e, portanto, a configuração real do escoamento que elas descrevem, depende dos valores dos dois coeficientes. Por exemplo, se $\mu/\rho V_\infty L$ é muito pequeno (isto é, o número de Reynolds é alto), as diferenciais de segunda ordem, representando as forças viscosas, podem ser desconsideradas pelo menos na maior parte do escoamento, e nos deparamos com a formulação das equações de Euler (Eqs. 6.2). Dizemos "na maior parte do escoamento" porque já aprendemos que, na realidade, para esse caso, teremos uma camada limite na qual *existe* um efeito significativo da viscosidade; além do mais, do ponto de vista matemático, é sempre perigoso desconsiderar derivadas de ordem superior, mesmo se seus coeficientes forem pequenos, porque a redução para uma equação de ordem inferior significa a perda de uma condição de contorno (especialmente a condição de não deslizamento). Podemos prever então que, se $\mu/\rho V_\infty L$ é grande ou pequeno, as forças viscosas serão significativas ou não, respectivamente; se gLV_∞^2 é grande ou pequeno, podemos prever que as forças de gravidade serão significativas ou não, respectivamente. Podemos, portanto, ganhar compreensão antes de partir para a solução das equações diferenciais. Note que, para completar a análise, deveríamos aplicar o mesmo procedimento de adimensionalização às condições de contorno do problema, o que, em geral, faz aparecer outros coeficientes adimensionais.

A escrita das equações de governo na forma adimensional pode, então, ajudar na compreensão dos fundamentos do fenômeno físico e na identificação das forças dominantes. Caso tivéssemos dois escoamentos geometricamente semelhantes, mas em escalas diferentes, satisfazendo as Eqs. 7.8, 7.9 e 7.10 (por exemplo, um modelo e um protótipo), as equações somente dariam os mesmos resultados matemáticos se os dois escoamentos tivessem os mesmos valores para os dois coeficientes (isto é, apresentassem a mesma importância relativa da gravidade, viscosidade e das forças de inércia). Essa formulação não dimensional das equações é também o ponto de partida em

Análise Dimensional e Semelhança **261**

métodos numéricos, que é com frequência o único meio de obter suas soluções. Deduções adicionais e exemplos de estabelecimento de semelhança a partir das equações de governo de um problema são apresentados em Kline [1] e Hansen [2].

Veremos agora como o método de análise dimensional pode ser usado para encontrar agrupamentos adimensionais apropriados de parâmetros físicos. Como já mencionamos, o uso de grupamentos adimensionais é muito útil para medidas experimentais, e veremos nas duas próximas seções que podemos obter esses agrupamentos mesmo quando não podemos trabalhar a partir das equações básicas como as Eqs. 7.1, 7.2, e 7.3.

7.2 *A Natureza da Análise Dimensional*

A maioria dos fenômenos em mecânica dos fluidos apresenta dependência complexa de parâmetros geométricos e do escoamento. Por exemplo, considere a força de arrasto sobre uma esfera lisa estacionária imersa em uma corrente uniforme. Que experimentos devem ser conduzidos para determinar a força de arrasto sobre a esfera? Para responder a essa questão, devemos especificar os parâmetros que acreditamos serem importantes na determinação da força de arrasto. Obviamente, esperamos que a força de arrasto dependa do tamanho da esfera (caracterizado pelo diâmetro, D), da velocidade do fluido, V, e da sua viscosidade, μ. Além disso, a massa específica do fluido, ρ, também pode ser importante. Representando a força de arrasto por F, podemos escrever a equação simbólica

$$F = f(D, V, \rho, \mu)$$

Embora possamos ter desconsiderado parâmetros dos quais a força de arrasto dependa, tal como a rugosidade superficial (ou possamos ter incluído parâmetros sem influência sobre a força de arrasto), formulamos o problema de determinação da força de arrasto para uma esfera estacionária em função de quantidades que são controláveis e mensuráveis em laboratório.

Poderíamos estabelecer um procedimento experimental para a determinação da dependência de F em relação a V, D, ρ e μ. Para verificar como o arrasto, F, é afetado pela velocidade, V, colocaríamos a esfera em um túnel de vento e mediríamos F para uma faixa de valores de V. Em seguida, faríamos mais testes para explorar o efeito de D sobre F, utilizando esferas com diâmetros diferentes. Já estaríamos gerando uma grande quantidade de dados: se fizermos experimentos em um túnel de vento com 10 velocidades diferentes e 10 tamanhos de esferas diferentes, teríamos dados de 100 pontos experimentais. Poderíamos apresentar esses resultados sobre um gráfico (por exemplo, 10 curvas de F em função de V, uma para cada tamanho da esfera), mas um bom tempo seria consumido na obtenção dos dados: se considerarmos que cada experimento consome meia hora, já teríamos acumulado 50 horas de trabalho! E ainda não terminamos — em um tanque de água, deveríamos repetir todos esses experimentos para valores diferentes de ρ e de μ. Nessa etapa, talvez fosse necessário pesquisar meios de utilizar outros fluidos de modo a criar condições de testes em uma faixa de valores de ρ e de μ (digamos, 10 valores de cada). Findo os testes (de fato, ao final de 2 anos e meio, com a semana de 40 horas!) teríamos realizado em torno de 10^4 testes experimentais. Em seguida, viria a etapa de tratamento de dados e análise de resultados: como traçaríamos gráficos de F em função de V, tendo D, ρ e μ como parâmetros? Essa seria uma tarefa gigantesca, mesmo sendo o fenômeno relativamente simples como o arrasto sobre uma esfera!

Felizmente, não temos que fazer todo esse trabalho. Como veremos no Exemplo 7.1, todos os dados para arrasto sobre uma esfera lisa podem ser expressos como uma simples relação entre dois parâmetros adimensionais na forma

$$\frac{F}{\rho V^2 D^2} = f\left(\frac{\rho V D}{\mu}\right)$$

A forma da função f ainda deve ser determinada experimentalmente, mas o interessante é que todas as esferas, em todos os fluidos, para a maior parte das velocidades, irão se ajustar sobre a mesma curva. Entretanto, em vez de realizar 10^4 experimentos, poderíamos estabelecer a natureza da função com exatidão a partir de 10 experimentos apenas. O tempo economizado na realização de apenas 10 em vez de 10^4 experimentos é óbvio. O mais importante nesse caso é a grande conveniência experimental. Não teremos que pesquisar fluidos com 10 valores diferentes de massa específica e viscosidade, nem haverá necessidade de providenciar 10 esferas com diâmetros diferentes. Em vez disso, somente o parâmetro $\rho VD/\mu$ deve ser variado. Isso pode ser realizado simplesmente usando *uma* esfera (por exemplo, com 25 mm de diâmetro), em *um* fluido (por exemplo, o ar), e variando somente a velocidade, por exemplo.

A Fig. 7.1 mostra alguns dados clássicos para escoamento sobre uma esfera (os fatores 1/2 e $\pi/4$ foram incluídos no denominador do parâmetro à esquerda na equação apenas para colocá-lo na forma de um grupo adimensional muito usado, o coeficiente de arrasto, C_D, que discutiremos em detalhes no Capítulo 9). Se realizarmos os experimentos conforme delineado anteriormente, nossos resultados cairão sobre essa mesma curva, dentro de uma faixa de incertezas experimentais evidentemente. Os pontos de dados representam resultados obtidos por vários experimentadores para diversos fluidos e esferas diferentes. Note que o resultado final é uma curva que pode ser usada para obter a força de arrasto sobre uma grande faixa de combinações esfera/fluido. Ela poderia, por exemplo, ser usada para obter o arrasto sobre um balão de ar quente devido a uma corrente de vento ou sobre uma célula vermelha de sangue (considerando que ela possa ser modelada como uma esfera) à medida que ela se move através da aorta — em ambos os casos, dados o fluido (ρ e μ), a velocidade do escoamento, V, e o diâmetro da esfera, D, poderíamos calcular o valor de $\rho VD/\mu$, ler, em seguida, o valor correspondente para C_D e, finalmente, calcular o valor da força de arrasto F.

Na Seção 7.3, introduzimos o teorema *Pi de Buckingham*, um procedimento formalizado para deduzir grupos adimensionais apropriados para um dado problema de mecânica dos fluidos ou outro problema de engenharia. Esta seção pode parecer um pouco difícil de seguir; sugerimos que você leia esta seção uma vez e que, em seguida, estude os Exemplos 7.1, 7.2 e 7.3, para ver o quão útil e prático o método é na verdade, antes de fazer uma releitura da seção.

O teorema Pi de Buckingham é um enunciado da relação entre uma função expressa em termos de parâmetros dimensionais e uma função correlata expressa em termos de parâmetros adimensionais. O teorema Pi de Buckingham permite o desenvolvimento rápido e fácil de parâmetros adimensionais importantes.

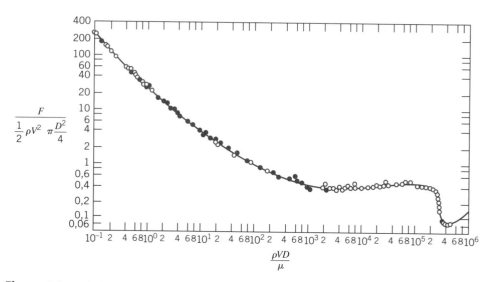

Fig. 7.1 Relação deduzida experimentalmente entre os parâmetros adimensionais [20], [21], [3].

7.3 O Teorema Pi de Buckingham

Na seção precedente, discutimos como a força de arrasto F sobre uma esfera depende do diâmetro da esfera D, da massa específica do fluido ρ, da viscosidade μ, e da velocidade do fluido V, ou

$$F = F(D, \rho, \mu, V)$$

sendo necessário teoria ou experimentos para a determinação da natureza da função f. Mais formalmente, escrevemos

$$g(F, D, \rho, \mu, V) = 0$$

em que g é uma função não especificada, diferente de f. O teorema Pi de Buckingham [4] declara que podemos transformar uma relação entre n parâmetros da forma

$$g(q_1, q_2, \ldots, q_n) = 0$$

em uma relação correspondente entre $n - m$ parâmetros adimensionais Π na forma

$$G(\Pi_1, \Pi_2, \ldots, \Pi_{n-m}) = 0$$

ou

$$\Pi_1 = G_1(\Pi_2, \ldots, \Pi_{n-m})$$

em que m é *normalmente* o número mínimo, r, de dimensões independentes (por exemplo, massa, comprimento, tempo) requerido para definir as dimensões de todos os parâmetros $q_1, q_2, \ldots, q_n$. (Algumas vezes $m \neq r$; veremos isso no Exemplo 7.3.) Por exemplo, para o problema da esfera, veremos (no Exemplo 7.1) que

$$g(F, D, \rho, \mu, V) = 0 \qquad \text{ou} \qquad F = F(D, \rho, \mu, V)$$

levando a

$$G\left(\frac{F}{\rho V^2 D^2}, \frac{\mu}{\rho V D}\right) = 0 \qquad \text{ou} \qquad \frac{F}{\rho V^2 D^2} = G_1\left(\frac{\mu}{\rho V D}\right)$$

O teorema não prediz a forma funcional de G ou de G_1. A relação funcional entre os parâmetros Π adimensionais independentes deve ser determinada experimentalmente.

Os $n - m$ parâmetros Π adimensionais obtidos a partir do procedimento são independentes. Um parâmetro Π não é independente se pode ser formado a partir de qualquer combinação de outros parâmetros Π. Por exemplo, se

$$\Pi_5 = \frac{2\Pi_1}{\Pi_2 \Pi_3} \qquad \text{ou} \qquad \Pi_6 = \frac{\Pi_1^{3/4}}{\Pi_3^2}$$

então, nem Π_5 e nem Π_6 são independentes dos outros parâmetros adimensionais.

Existem diversos métodos para determinar os parâmetros adimensionais. Um procedimento detalhado é apresentado no restante desta seção.

Qualquer que seja o método empregado na determinação dos parâmetros adimensionais, o primeiro passo é listar todos os parâmetros que sabemos (ou julgamos saber) de seus efeitos sobre o fenômeno de escoamento em questão. Reconhecidamente, alguma experiência é de valia na organização da lista. Os estudantes que não têm essa experiência sentem-se muitas vezes em dificuldades pela necessidade de aplicar julgamento de engenharia em uma dose aparentemente maciça. Contudo, é difícil errar se fizermos uma seleção abundante de parâmetros.

Se você suspeitar que um fenômeno depende de um dado parâmetro, inclua-o. Se sua suspeita for correta, as experiências mostrarão que o parâmetro deve ser incluído para a obtenção de resultados consistentes. Se, no entanto, ele for estranho ou inócuo,

264 Capítulo 7

um parâmetro Π extra poderá resultar, mas as experiências mostrarão que ele poderá ser eliminado. Por conseguinte, não receie incluir *todos* os parâmetros que você julgar importantes.

Os seis passos listados a seguir (que podem parecer um pouco abstratos, são, na verdade, fáceis de fazer) delineiam um procedimento recomendado para determinar os parâmetros Π:

Passo 1. *Liste todos os parâmetros dimensionais envolvidos.* (Seja *n* o número de parâmetros.) Se nem todos os parâmetros pertinentes forem incluídos, uma relação poderá ser obtida, mas ela não fornecerá a história completa do fenômeno físico. Se houver inclusão de parâmetros que na verdade não têm efeito sobre o fenômeno físico, ou o processo de análise dimensional mostrará que eles não entrarão na relação imaginada, ou então um ou mais grupos adimensionais estranhos aos fenômenos serão obtidos, conforme mostrarão os experimentos.

Passo 2. *Selecione um conjunto de dimensões fundamentais (primárias),* por exemplo, *MLt* ou *FLt.* (Note que, para problemas de transferência de calor, você pode precisar também de *T* para a temperatura, e, em sistemas elétricos, de *q* para a carga elétrica.)

Passo 3. *Liste as dimensões de todos os parâmetros em termos das dimensões primárias.* (Seja *r* o número de dimensões primárias.) Tanto a força quanto a massa podem ser selecionadas como uma dimensão primária.

Passo 4. *Selecione da lista um conjunto de r parâmetros dimensionais que inclua todas as dimensões primárias.* Esses parâmetros juntos, chamados de parâmetros repetentes, serão combinados com cada um dos parâmetros remanescentes, um de cada vez. Nenhum dos parâmetros repetentes pode ter dimensões que seja uma potência das dimensões de outro parâmetro repetente; por exemplo, que não inclua uma área (L^2) e um momento de inércia de área (L^4), como parâmetros repetentes. Os parâmetros repetentes escolhidos podem aparecer em todos os grupos adimensionais obtidos; por isso, *não* inclua o parâmetro dependente entre aqueles selecionados neste passo.

Passo 5. *Forme equações dimensionais, combinando os parâmetros selecionados no Passo 4 com cada um dos outros parâmetros remanescentes, um de cada vez, a fim de formar grupos dimensionais.* (Haverá *n – m* equações.) Resolva as equações dimensionais para obter os *n – m* grupos adimensionais.

Passo 6. *Certifique-se de que cada grupo obtido é adimensional.* Se a massa for selecionada inicialmente como uma dimensão primária, é aconselhável verificar os grupos obtidos utilizando a força como uma dimensão primária, ou vice-versa.

A relação funcional entre os parâmetros Π deve ser determinada experimentalmente. O procedimento detalhado para determinar os parâmetros Π adimensionais é ilustrado nos Exemplos 7.1 e 7.2.

Exemplo 7.1 FORÇA DE ARRASTO SOBRE UMA ESFERA LISA

Conforme descrito na Seção 7.2, a força de arrasto, *F*, sobre uma esfera lisa depende da velocidade relativa, *V*, do diâmetro da esfera, *D*, da massa específica do fluido, ρ, e da viscosidade do fluido, μ. Obtenha um conjunto de grupos adimensionais que podem ser usados para correlacionar dados experimentais.

Dados: $F = f(\rho, V, D, \mu)$ para uma esfera lisa.

Determinar: Um conjunto apropriado de grupos adimensionais.

Análise Dimensional e Semelhança **265**

Solução:
(Os números circunscritos referem-se aos passos no procedimento de determinação dos parâmetros adimensionais Π.)

① $F \quad V \quad D \quad \rho \quad \mu \qquad n = 5$ parâmetros dimensionais

② Selecione as dimensões primárias M, L e t.

③ $F \quad V \quad D \quad \rho \quad \mu$

$$\frac{ML}{t^2} \quad \frac{L}{t} \quad L \quad \frac{M}{L^3} \quad \frac{M}{Lt} \qquad\qquad r = 3 \text{ dimensões primárias}$$

④ Selecione como parâmetros repetentes ρ, V, D. $m = r = 3$ parâmetros repetentes

⑤ Então resultarão, $n - m = 2$ grupos adimensionais. Formando as equações dimensionais, obtivemos

$$\Pi_1 = \rho^a V^b D^c F \quad \text{e} \quad \left(\frac{M}{L^3}\right)^a \left(\frac{L}{t}\right)^b (L)^c \left(\frac{ML}{t^2}\right) = M^0 L^0 t^0$$

Equacionando os expoentes de M, L e t, resulta em

$$\left.\begin{array}{lll} M: & a + 1 = 0 & a = -1 \\ L: & -3a + b + c + 1 = 0 & c = -2 \\ t: & -b - 2 = 0 & b = -2 \end{array}\right\} \quad \text{Portanto,} \quad \Pi_1 = \frac{F}{\rho V^2 D^2}$$

De modo análogo,

$$\Pi_2 = \rho^d V^e D^f \mu \quad \text{e} \quad \left(\frac{M}{L^3}\right)^d \left(\frac{L}{t}\right)^e (L)^f \left(\frac{M}{Lt}\right) = M^0 L^0 t^0$$

$$\left.\begin{array}{lll} M: & d + 1 = 0 & d = -1 \\ L: & -3d + e + f - 1 = 0 & f = -1 \\ t: & -e - 1 = 0 & e = -1 \end{array}\right\} \quad \text{Portanto,} \quad \Pi_2 = \frac{\mu}{\rho V D}$$

⑥ Verifique, usando as dimensões F, L e t

$$[\Pi_1] = \left[\frac{F}{\rho V^2 D^2}\right] \quad \text{e} \quad F \frac{L^4}{Ft^2} \left(\frac{t}{L}\right)^2 \frac{1}{L^2} = 1$$

em que [ ] significa "tem as dimensões de", e

$$[\Pi_2] = \left[\frac{\mu}{\rho V D}\right] \quad \text{e} \quad \frac{Ft}{L^2} \frac{L^4}{Ft^2} \frac{t}{L} \frac{1}{L} = 1$$

A relação funcional é $\Pi_1 = f(\Pi_2)$, ou

$$\frac{F}{\rho V^2 D^2} = f\left(\frac{\mu}{\rho V D}\right)$$

como visto anteriormente. A forma da função, f, deve ser determinada experimentalmente (veja a Fig. 7.1).

> 💻 A planilha *Excel* é conveniente para o cálculo dos valores de *a*, *b* e *c* neste e em outros problemas.

Exemplo 7.2 QUEDA DE PRESSÃO NO ESCOAMENTO EM UM TUBO

A queda de pressão Δp, para escoamento em regime permanente, incompressível e viscoso, através de um tubo retilíneo horizontal, depende do comprimento do tubo, l, da velocidade média, $\vec{V}$, da viscosidade do fluido, μ, do diâmetro do tubo, D, da massa específica do fluido, ρ, e da altura média da "rugosidade", e. Determine um conjunto de grupos adimensionais que possa ser usado para correlacionar dados.

266   Capítulo 7

Dados: $\Delta p = f(\rho, \vec{V}, D, l, \mu, e)$ para escoamento em um tubo circular.

Determinar: Um conjunto adequado de grupos adimensionais.

Solução:

(Os números circunscritos referem-se aos passos no procedimento de determinação dos parâmetros adimensionais Π.)

① $\Delta p \qquad \rho \qquad \mu \qquad \vec{V} \qquad l \qquad D \qquad e$ $n = 7$ parâmetros dimensionais

②   Escolha as dimensões primárias M, L e t.

③ $\Delta p \qquad \rho \qquad \mu \qquad \vec{V} \qquad l \qquad D \qquad e$

$\dfrac{M}{Lt^2} \qquad \dfrac{M}{L^3} \qquad \dfrac{M}{Lt} \qquad \dfrac{L}{t} \qquad L \qquad L \qquad L$ $r = 3$ dimensões primárias

④   Selecione como parâmetros repetentes ρ, $\vec{V}$, D. $m = r = 3$ parâmetros repetentes

⑤   Então resultarão $n - m = 4$ grupos adimensionais. Formando as equações dimensionais, temos:

$$\Pi_1 = \rho^a \vec{V}^b D^c \Delta p \quad \text{e}$$

$$\left(\frac{M}{L^3}\right)^a \left(\frac{L}{t}\right)^b (L)^c \left(\frac{M}{Lt^2}\right) = M^0 L^0 t^0$$

$$\begin{array}{ll} M: & 0 = a + 1 \\ L: & 0 = -3a + b + c - 1 \\ t: & 0 = -b - 2 \end{array} \Bigg\} \quad \begin{array}{l} a = -1 \\ b = -2 \\ c = 0 \end{array}$$

Portanto, $\Pi_1 = \rho^{-1} \vec{V}^{-2} D^0 \Delta p = \dfrac{\Delta p}{\rho \vec{V}^2}$

$$\Pi_3 = \rho^g \vec{V}^h D^i l \quad \text{e}$$

$$\left(\frac{M}{L^3}\right)^g \left(\frac{L}{t}\right)^h (L)^i L = M^0 L^0 t^0$$

$$\begin{array}{ll} M: & 0 = g \\ L: & 0 = -3g + h + i + 1 \\ t: & 0 = -h \end{array} \Bigg\} \quad \begin{array}{l} g = 0 \\ h = 0 \\ i = -1 \end{array}$$

Portanto, $\Pi_3 = \dfrac{l}{D}$

$$\Pi_2 = \rho^d \vec{V}^e D^f \mu \quad \text{e}$$

$$\left(\frac{M}{L^3}\right)^d \left(\frac{L}{t}\right)^e (L)^f \frac{M}{Lt} = M^0 L^0 t^0$$

$$\begin{array}{ll} M: & 0 = d + 1 \\ L: & 0 = -3d + e + f - 1 \\ t: & 0 = -e - 1 \end{array} \Bigg\} \quad \begin{array}{l} d = -1 \\ e = -1 \\ f = -1 \end{array}$$

Portanto, $\Pi_2 = \dfrac{\mu}{\rho \vec{V} D}$

$$\Pi_4 = \rho^j \vec{V}^k D^l e \quad \text{e}$$

$$\left(\frac{M}{L^3}\right)^j \left(\frac{L}{t}\right)^k (L)^l L = M^0 L^0 t^0$$

$$\begin{array}{ll} M: & 0 = j \\ L: & 0 = -3j + k + l + 1 \\ t: & 0 = -k \end{array} \Bigg\} \quad \begin{array}{l} j = 0 \\ k = 0 \\ l = -1 \end{array}$$

Portanto, $\Pi_4 = \dfrac{e}{D}$

⑥   Verifique, usando as dimensões F, L, t

$$[\Pi_1] = \left[\frac{\Delta p}{\rho \vec{V}^2}\right] \quad \text{e} \quad \frac{F}{L^2}\frac{L^4}{Ft^2}\frac{t^2}{L^2} = 1 \qquad [\Pi_3] = \left[\frac{l}{D}\right] \quad \text{e} \quad \frac{L}{L} = 1$$

$$[\Pi_2] = \left[\frac{\mu}{\rho \vec{V} D}\right] \quad \text{e} \quad \frac{Ft}{L^2}\frac{L^4}{Ft^2}\frac{t}{L}\frac{1}{L} = 1 \qquad [\Pi_4] = \left[\frac{e}{D}\right] \quad \text{e} \quad \frac{L}{L} = 1$$

Finalmente a relação funcional é

$$\Pi_1 = f(\Pi_2, \ \Pi_3, \ \Pi_4)$$

ou

$$\frac{\Delta p}{\rho \vec{V}^2} = f\left(\frac{\mu}{\rho \vec{V} D}, \ \frac{l}{D}, \ \frac{e}{D}\right)$$

Notas:

- Como veremos mais adiante, quando estudarmos em detalhes escoamento em tubos no Capítulo 8, essa relação funciona bem.
- Cada grupo Π é único (por exemplo, existe somente *um* grupamento adimensional possível de μ, ρ, $\vec{V}$ e D).
- Podemos frequentemente deduzir os grupos Π por inspeção, por exemplo, l/D é o único grupamento adimensional óbvio de l com ρ, $\vec{V}$ e D.

   A planilha *Excel* do Exemplo 7.1 é conveniente para calcular os valores de a, b e c para este problema.

O procedimento descrito anteriormente, em que *m* é tomado igual a *r* (o menor número de dimensões independentes necessário para especificar as dimensões de todos os parâmetros envolvidos), quase sempre produz o número correto de parâmetros adimensionais Π. Em alguns casos, poucos, felizmente, surgem dificuldades porque o número de dimensões primárias difere quando as variáveis são expressas em termos de diferentes sistemas de dimensões (por exemplo, *MLt* ou *FLt*). O valor de *m* pode ser definido com exatidão a partir do posto da matriz dimensional; *m* é igual ao posto da matriz dimensional. Embora não seja usado na maior parte das aplicações, para maior clareza, esse procedimento é ilustrado no Exemplo 7.3.

Exemplo 7.3 EFEITO CAPILAR: USO DA MATRIZ DIMENSIONAL

Quando um pequeno tubo é imerso em uma poça de líquido, a tensão superficial causa a formação de um menisco na superfície livre, para cima ou para baixo dependendo do ângulo de contato na interface líquido-sólido-gás. Experiências indicam que o módulo do efeito capilar, Δh, é uma função do diâmetro do tubo, D, do peso específico do líquido, γ, e da tensão superficial, σ. Determine o número de parâmetros Π independentes que podem ser formados e obtenha um conjunto.

Dados: $\Delta h = f(D, \gamma, \sigma)$

Determinar: (a) Número de parâmetros Π independentes.
(b) Um conjunto de Π parâmetros.

Solução:
(Os números circunscritos referem-se aos passos no procedimento de determinação dos parâmetros adimensionais Π.)

① Δh D γ σ $n = 4$ parâmetros dimensionais

② Escolha as dimensões primárias (use tanto as dimensões M, L, t quanto F, L, t para ilustrar o problema na determinação de m).

③ (a) M, L, t

Δh D γ σ

L L $\dfrac{M}{L^2 t^2}$ $\dfrac{M}{t^2}$

$r = 3$ dimensões primárias

(b) F, L, t

Δh D γ σ

L L $\dfrac{F}{L^3}$ $\dfrac{F}{L}$

$r = 2$ dimensões primárias

Desse modo, para cada conjunto de dimensões primárias podemos questionar, "*m* é igual a *r*?" Verifiquemos cada matriz dimensional para descobrir. As matrizes dimensionais são

	Δh	D	γ	σ
M	0	0	1	1
L	1	1	−2	0
t	0	0	−2	−2

	Δh	D	γ	σ
F	0	0	1	1
L	1	1	−3	−1

O posto de uma matriz é igual à ordem de seu maior determinante não nulo.

$\begin{vmatrix} 0 & 1 & 1 \\ 1 & -2 & 0 \\ 0 & -2 & -2 \end{vmatrix} = 0 - (1)(-2) + (1)(-2) = 0$

$\begin{vmatrix} -2 & 0 \\ -2 & -2 \end{vmatrix} = 4 \neq 0$ $\therefore m = 2$
$m \neq r$

$\begin{vmatrix} 1 & 1 \\ -3 & -1 \end{vmatrix} = -1 + 3 = 2 \neq 0$

$\therefore m = 2$
$m = r$

④ $m = 2$. Escolha D, γ, como parâmetros repetentes.
⑤ $n - m = 2$ resultarão adimensionais resultantes.

$m = 2$. Escolha D, γ, como parâmetros repetentes.
$n - m = 2$ resultarão adimensionais resultantes.

268 Capítulo 7

$$\Pi_1 = D^a \gamma^b \Delta h \quad \text{e}$$

$$(L)^a \left(\frac{M}{L^2 t^2}\right)^b (L) = M^0 L^0 t^0$$

$$\left.\begin{array}{rl} M: & b + 0 = 0 \\ L: & a - 2b + 1 = 0 \\ t: & -2b + 0 = 0 \end{array}\right\} \quad \begin{array}{l} b = 0 \\ a = -1 \end{array}$$

Portanto, $\Pi_1 = \dfrac{\Delta h}{D}$

$$\Pi_2 = D^c \gamma^d \sigma \quad \text{e}$$

$$(L)^c \left(\frac{M}{L^2 t^2}\right)^d \frac{M}{t^2} = M^0 L^0 t^0$$

$$\left.\begin{array}{rl} M: & d + 1 = 0 \\ L: & c - 2d = 0 \\ t: & -2d - 2 = 0 \end{array}\right\} \quad \begin{array}{l} d = -1 \\ c = -2 \end{array}$$

Portanto, $\Pi_2 = \dfrac{\sigma}{D^2 \gamma}$

⑥ Confira, usando as dimensões F, L, e t

$$[\Pi_1] = \left[\frac{\Delta h}{D}\right] \quad \text{e} \quad \frac{L}{L} = 1$$

$$[\Pi_2] = \left[\frac{\sigma}{D^2 \gamma}\right] \quad \text{e} \quad \frac{F}{L} \frac{1}{L^2} \frac{L^3}{F} = 1$$

$$\Pi_1 = D^e \gamma^f \Delta h \quad \text{e}$$

$$(L)^e \left(\frac{F}{L^3}\right)^f L = F^0 L^0 t^0$$

$$\left.\begin{array}{rl} F: & f = 0 \\ L: & e - 3f + 1 = 0 \end{array}\right\} \quad e = -1$$

Portanto, $\Pi_1 = \dfrac{\Delta h}{D}$

$$\Pi_2 = D^g \gamma^h \sigma \quad \text{e}$$

$$(L)^g \left(\frac{F}{L^3}\right)^h \frac{F}{L} = F^0 L^0 t^0$$

$$\left.\begin{array}{rl} F: & h + 1 = 0 \\ L: & g - 3h - 1 = 0 \end{array}\right\} \quad \begin{array}{l} h = -1 \\ g = -2 \end{array}$$

Portanto, $\Pi_2 = \dfrac{\sigma}{D^2 \gamma}$

Confira, usando as dimensões F, L, e t

$$[\Pi_1] = \left[\frac{\Delta h}{D}\right] \quad \text{e} \quad \frac{L}{L} = 1$$

$$[\Pi_2] = \left[\frac{\sigma}{D^2 \gamma}\right] \quad \text{e} \quad \frac{M}{t^2} \frac{1}{L^2} \frac{L^2 t^2}{M} = 1$$

Assim, ambos os sistemas de dimensões fornecem os mesmos parâmetros adimensionais Π. A relação funcional prevista é

$$\Pi_1 = f(\Pi_2) \quad \text{ou} \quad \frac{\Delta h}{D} = f\left(\frac{\sigma}{D^2 \gamma}\right)$$

> *Notas:*
> - Este resultado é razoável à luz dos fundamentos físicos. O fluido está estático; não esperamos que o tempo seja uma dimensão importante.
> - Analisamos este problema no Exemplo 2.3, em que achamos que $\Delta h = 4\sigma \cos(\theta)/\rho g D$ (θ é o ângulo de contato). Portanto $\Delta h / D$ é *diretamente proporcional* a $\sigma / D^2 \gamma$.
> - O objetivo deste problema é ilustrar o uso da matriz dimensional para determinar o número requerido de parâmetros repetentes.

Os $n - m$ grupos adimensionais obtidos a partir do procedimento são independentes, mas não únicos. Se um conjunto diferente de parâmetros repetentes for escolhido, resultarão diferentes grupos. Os parâmetros repetentes escolhidos são assim chamados porque podem aparecer em todos os grupos adimensionais obtidos. Por experiência, a viscosidade deveria aparecer apenas em um único parâmetro adimensional. Desse modo, μ *não* seria uma escolha adequada para um parâmetro repetente.

Quando temos escolha, a opção de trabalhar com a massa específica ρ (com dimensões M/L^3 no sistema MLt), a velocidade V (com dimensões L/t) e um comprimento característico L (com dimensão L) como parâmetros repetentes leva, em geral, a um conjunto de parâmetros adimensionais adequados para correlacionar uma larga faixa de dados expe-

Análise Dimensional e Semelhança **269**

rimentais; adicionalmente ρ, V e L são normalmente bastante fáceis de medir ou de obter de outra forma. Os valores dos parâmetros adimensionais obtidos usando estes parâmetros repetentes quase sempre possuem um significado muito tangível, mostrando a relação entre as intensidades de várias forças fluidas (por exemplo, viscosas) com as forças inerciais — discutiremos concisamente diversos "adimensionais clássicos".

Vale a pena ressaltar também que, dados os parâmetros que você está combinando, *podemos frequentemente determinar os parâmetros dimensionais únicos por inspeção*. Por exemplo, se tivéssemos como parâmetros repetentes ρ, V e L e estivéssemos combinando-os com um parâmetro A_f, representando a área frontal de um objeto, é bastante óbvio que somente a combinação A_f/L^2 seria adimensional; profissionais experientes em mecânica dos fluidos também sabem que ρV^2 produz dimensões de tensão, de modo que sempre que uma tensão ou parâmetro de força surge, sua divisão por ρV^2 ou $\rho V^2 L^2$ produzirá uma quantidade adimensional.

Acharemos útil uma medida dos módulos das forças de inércia do fluido, obtida a partir da segunda lei de Newton, $F = ma$; as dimensões da força de inércia são, portanto, MLt^{-2}. O uso de ρ, V e L para construir as dimensões de ma leva à combinação única $\rho V^2 L^{-2}$ (somente ρ tem dimensão M, e somente V^2 produzirá a dimensão t^{-2}; L^2 é assim requerido para trabalharmos com MLt^{-2}).

Se $n - m = 1$, então um único parâmetro Π adimensional será obtido. Nesse caso, o teorema Pi de Buckingham indica que o único parâmetro Π resultante deve ser uma constante.

7.4 *Grupos Adimensionais Importantes na Mecânica dos Fluidos*

Ao longo dos anos, várias centenas de diferentes grupos adimensionais importantes para a engenharia foram identificadas. Seguindo a tradição, cada um desses grupos recebeu o nome de um cientista ou engenheiro proeminente, geralmente daquele que pela primeira vez o utilizou. Alguns desses grupos são tão fundamentais e ocorrem com tanta frequência na mecânica dos fluidos que reservamos algum tempo para aprender suas definições. O entendimento do significado físico desses grupos também aumenta a percepção dos fenômenos que estudamos.

As forças encontradas nos fluidos em escoamento incluem as de inércia, viscosidade, pressão, gravidade, tensão superficial e compressibilidade. A razão entre duas forças quaisquer será adimensional. Mostramos previamente que a força de inércia é proporcional a $\rho V^2 L^2$.

Podemos agora comparar as intensidades relativas das várias forças fluidas em relação às forças de inércia, usando o seguinte esquema:

Força viscosa $\sim$ $\quad \tau A = \mu \dfrac{du}{dy} A \propto \mu \dfrac{V}{L} L^2 = \mu VL$ assim $\dfrac{\text{viscosa}}{\text{inércia}} \sim$ $\quad \dfrac{\mu VL}{\rho V^2 L^2} = \dfrac{\mu}{\rho VL}$

Força de pressão $\sim$ $\quad \Delta p A \propto \Delta p L^2$ $\quad$ assim $\dfrac{\text{pressão}}{\text{inércia}} \sim$ $\quad \dfrac{\Delta p L^2}{\rho V^2 L^2} = \dfrac{\Delta p}{\rho V^2}$

Força de gravidade $\sim$ $\quad mg \propto g\rho L^3$ $\quad$ assim $\dfrac{\text{gravidade}}{\text{inércia}} \sim$ $\quad \dfrac{g\rho L^3}{\rho V^2 L^2} = \dfrac{gL}{V^2}$

Tensão superficial $\sim$ $\quad \sigma L$ $\quad$ assim $\dfrac{\text{tensão superficial}}{\text{inércia}} \sim$ $\quad \dfrac{\sigma L}{\rho V^2 L^2} = \dfrac{\sigma}{\rho V^2 L}$

Força de compressibilidade $\sim$ $\quad E_v A \propto E_v L^2$ assim $\dfrac{\text{força de compressibilidade}}{\text{inércia}} \sim$ $\dfrac{E_v L^2}{\rho V^2 L^2} = \dfrac{E_v}{\rho V^2}$

Todos os parâmetros adimensionais listados anteriormente ocorrem tão frequentemente e são tão poderosos na predição das intensidades relativas das diversas forças fluidas, que (ligeiramente modificados — normalmente tomando seu inverso) receberam nomes identificativos.

270 Capítulo 7

O primeiro parâmetro, $\mu/\rho VL$, é tradicionalmente invertido para a forma $\rho VL/\mu$, e foi, na verdade, explorado independentemente da análise dimensional na década de 1880, por Osborne Reynolds, engenheiro britânico que estudou a transição entre os regimes de escoamentos laminar e turbulento em um tubo. Ele descobriu que o parâmetro (que mais tarde recebeu seu nome)

$$Re = \frac{\rho \overline{V} D}{\mu} = \frac{\overline{V} D}{\nu}$$

é um critério pelo qual o regime do escoamento pode ser determinado. Experiências posteriores mostraram que o *número de Reynolds* é um parâmetro-chave também para outros casos de escoamento. Assim, em geral,

$$Re = \frac{\rho VL}{\mu} = \frac{VL}{\nu} \tag{7.11}$$

em que L é um comprimento característico descritivo da geometria do campo de escoamento. O número de Reynolds é a razão entre forças de inércia e viscosas. Escoamentos com "grande" número de Reynolds são, em geral, turbulentos. Aqueles escoamentos em que as forças de inércia são "pequenas" em comparação com as forças viscosas são tipicamente escoamentos laminares.

Em testes de modelos aerodinâmicos e outros é conveniente modificar o segundo parâmetro, $\Delta p/\rho V^2$, inserindo um fator de 1/2 para fazer o denominador representar a pressão dinâmica (o fator, é claro, não afeta as dimensões). A razão

$$Eu = \frac{\Delta p}{\frac{1}{2}\rho V^2} \tag{7.12}$$

é usada, em que Δp é a pressão local menos a pressão da corrente livre, e ρ e V são propriedades do escoamento na corrente livre. Essa razão recebeu o nome de Leonhard Euler, matemático suíço que foi um dos pioneiros nos trabalhos analíticos em mecânica dos fluidos. Euler recebeu o crédito de ter sido o primeiro a reconhecer o papel da pressão no movimento dos fluidos; as equações de Euler do Capítulo 6 demonstram esse papel. O *número de Euler* é a razão entre forças de pressão e de inércia. O número de Euler é usualmente chamado *coeficiente de pressão*, C_p.

No estudo dos fenômenos de cavitação, a diferença de pressão, Δp, é tomada como $\Delta p = p - p_v$, em que p é a pressão na corrente líquida e p_v é a pressão de vapor do líquido na temperatura de teste. Combinando esses parâmetros com ρ e V, o parâmetro adimensional resultante é denominado *número* ou *índice de cavitação*,

$$Ca = \frac{p - p_v}{\frac{1}{2}\rho V^2} \tag{7.13}$$

Quanto menor o número de cavitação, maior a probabilidade de ocorrer cavitação. Esse fenômeno é quase sempre indesejável.

William Froude foi um arquiteto naval britânico. Juntamente com seu filho, Robert Edmund Froude, ele descobriu que o parâmetro

$$Fr = \frac{V}{\sqrt{gL}} \tag{7.14}$$

era significativo para escoamentos com efeitos de superfície livre. Elevando o *número de Froude* ao quadrado, obtemos

$$Fr^2 = \frac{V^2}{gL}$$

que pode ser interpretado como a razão entre forças de inércia e de gravidade (ele é o inverso da terceira razão de forças, V^2/gL, que apresentamos anteriormente). O comprimento, L, é um comprimento característico descritivo do campo de escoamento. No caso de escoamento em canal aberto, o comprimento característico é a profundidade da água; números de Froude menores que a unidade indicam escoamento subcrítico, e valores maiores que a unidade indicam escoamentos supercríticos. Discutiremos muito mais sobre esse assunto no Capítulo 11.

Por convenção, o inverso da quarta razão de força, $\sigma/\rho V^2 L$, apresentada anteriormente, é chamado de *número de Weber*; ele indica a razão entre forças de inércia e forças de tensão superficial

$$We = \frac{\rho V^2 L}{\sigma} \qquad (7.15)$$

O valor do número de Weber é um indicativo da existência, e da frequência, de ondas capilares em uma superfície livre.

Na década de 1870, o físico austríaco Ernst Mach introduziu o parâmetro

$$M = \frac{V}{c} \qquad (7.16)$$

em que V é a velocidade do escoamento e c é a velocidade local do som. Análises e experimentos têm mostrado que o *número de Mach* é um parâmetro-chave que caracteriza os efeitos de compressibilidade em um escoamento. O número de Mach pode ser escrito

$$M = \frac{V}{c} = \frac{V}{\sqrt{\dfrac{dp}{d\rho}}} = \frac{V}{\sqrt{\dfrac{E_v}{\rho}}} \qquad \text{ou} \qquad M^2 = \frac{\rho V^2 L^2}{E_v L^2} = \frac{\rho V^2}{E_v}$$

que é o inverso da última razão de forças, $E_v/\rho V^2$, apresentada anteriormente, e que pode ser interpretado como uma razão entre forças de inércia e forças de compressibilidade. Para um escoamento verdadeiramente incompressível (e note que, sob algumas condições, mesmo os líquidos são bastante compressíveis), $c = \infty$, de modo que $M = 0$.

As Eqs. de 7.11 a 7.16 são algumas dos grupos adimensionais mais utilizados em mecânica dos fluidos porque para qualquer modelo de escoamento eles indicam imediatamente (mesmo antes de realizar qualquer experimento ou análise) a importância relativa da inércia, viscosidade, pressão, gravidade, tensão superficial e compressibilidade.

7.5 *Semelhança de Escoamentos e Estudos de Modelos*

Para ser de utilidade, um teste de modelo deve resultar em dados que possam, por meio de transposição por escala, fornecer forças, quantidades de movimentos e cargas dinâmicas que existiriam no protótipo em tamanho real. Que condições devem ser atendidas para assegurar a semelhança entre os escoamentos do modelo e do protótipo?

Talvez o requisito mais óbvio seja que o modelo e o protótipo devam ser geometricamente semelhantes. A *semelhança geométrica* requer que ambos tenham a mesma forma e que todas as dimensões lineares do modelo sejam relacionadas com as correspondentes dimensões do protótipo por um fator de escala constante.

Um segundo requisito é que os escoamentos de modelo e de protótipo sejam *cinematicamente semelhantes*. Dois escoamentos são cinematicamente semelhantes quando as velocidades em pontos correspondentes têm a mesma direção e sentido e diferem apenas por um fator de escala constante. Assim, dois escoamentos cinematicamente

Vídeo: Similaridade Geométrica Não Dinâmica: Escoamento Através de um Bloco

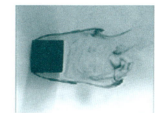

semelhantes também têm configurações de linhas de corrente relacionadas por um fator de escala constante. Como as fronteiras sólidas formam as linhas de corrente de contorno do sólido, escoamentos cinematicamente semelhantes devem ser também geometricamente semelhantes.

Em princípio, de modo a modelar corretamente o fenômeno em um campo de escoamento infinito, a semelhança cinemática exigiria que um túnel de vento de seção reta infinita fosse utilizado na obtenção de dados para arrasto sobre um objeto. Na prática, essa restrição pode ser consideravelmente relaxada, permitindo o uso de equipamento de tamanho razoável.

A semelhança cinemática exige que os regimes de escoamento sejam os mesmos para modelo e protótipo. Se efeitos de compressibilidade ou de cavitação, que podem mudar os padrões qualitativos de um escoamento, não estiverem presentes no escoamento de protótipo, eles devem ser evitados no escoamento de modelo.

Quando dois escoamentos têm distribuições de força tais que tipos idênticos de forças são paralelos e relacionam-se em módulo por um fator de escala constante em todos os pontos correspondentes, então os dois escoamentos são *dinamicamente semelhantes*.

Os requisitos para semelhança dinâmica são os mais restritivos. Semelhança cinemática requer semelhança geométrica; a semelhança cinemática é um requisito necessário, mas não é suficiente para assegurar a semelhança dinâmica.

A fim de estabelecer as condições necessárias para a completa semelhança dinâmica, todas as forças que são importantes na situação do escoamento devem ser consideradas. Assim, os efeitos de forças viscosas, de forças de pressão, de forças de tensão superficial, e assim por diante, devem ser considerados. As condições de teste devem ser estabelecidas de tal forma que todas as forças importantes estejam relacionadas pelo mesmo fator de escala entre os escoamentos de modelo e de protótipo. Quando a semelhança dinâmica existe, os dados medidos em um escoamento de modelo podem ser relacionados quantitativamente com as condições do escoamento de protótipo. Quais são, então, as condições para assegurar a semelhança dinâmica entre os escoamentos do modelo e do protótipo?

O teorema Pi de Buckingham pode ser usado para obter os grupos adimensionais governantes de um fenômeno de escoamento; para alcançar a semelhança dinâmica entre escoamentos geometricamente semelhantes, devemos estar certos de que cada grupo adimensional independente tem o mesmo valor no modelo e no protótipo. Desse modo, não apenas as forças terão a mesma importância relativa, mas também os grupos adimensionais dependentes terão o mesmo valor no modelo e no protótipo.

Por exemplo, considerando a força de arrasto sobre uma esfera no Exemplo 7.1, começamos com

$$F = f(D, \ V, \ \rho, \ \mu)$$

O teorema Pi de Buckingham previu a relação funcional

$$\frac{F}{\rho V^2 D^2} = f_1\left(\frac{\rho V D}{\mu}\right)$$

Na Seção 7.4, mostramos que os parâmetros adimensionais podem ser vistos como razões entre forças. Assim, considerando escoamentos de modelo e de protótipo em torno de uma esfera (os escoamentos são geometricamente semelhantes), eles também serão dinamicamente semelhantes se o valor do parâmetro independente, $\rho V D/\mu$, for repetido entre o modelo e o protótipo, isto é, se

$$\left(\frac{\rho V D}{\mu}\right)_{\text{modelo}} = \left(\frac{\rho V D}{\mu}\right)_{\text{protótipo}}$$

Além disso, se

$$Re_{\text{modelo}} = Re_{\text{protótipo}}$$

então o valor do parâmetro dependente, $F/\rho V^2 D^2$, será duplicado entre o modelo e o protótipo, isto é,

$$\left(\frac{F}{\rho V^2 D^2}\right)_{\text{modelo}} = \left(\frac{F}{\rho V^2 D^2}\right)_{\text{protótipo}}$$

e os resultados determinados a partir do estudo do modelo podem ser usados na predição do arrasto sobre o protótipo em tamanho real.

A força real causada pelo fluido sobre o objeto não é a mesma nos dois casos, modelo e protótipo, mas o valor do seu grupo adimensional é o mesmo. Os dois testes podem ser realizados usando fluidos diferentes, se desejado, desde que os números de Reynolds sejam igualados. Por conveniência experimental, os dados de teste podem ser medidos em um túnel de vento em ar e os resultados usados para predizer o arrasto em água conforme ilustrado no Exemplo 7.4.

Exemplo 7.4 SEMELHANÇA: ARRASTO DE UM TRANSDUTOR DE SONAR

O arrasto de um transdutor de sonar deve ser previsto com base em testes em túnel de vento. O protótipo, uma esfera de 0,3 m de diâmetro, deve ser rebocado a 2,57 m/s na água do mar a 4,5°C. O modelo tem 152 mm de diâmetro. Determine a velocidade de teste requerida no ar. Se a força de arrasto sobre o modelo nas condições de teste for 2,7 N, estime a força de arrasto sobre o protótipo.

Dados: Transdutor de sonar a ser testado em um túnel de vento.

Determinar: (a) V_m.
(b) F_p.

Solução:
Uma vez que o protótipo opera em água e o teste do modelo deve ser feito com ar, os resultados serão úteis somente quando não houver efeito de cavitação no escoamento de protótipo e não houver efeito de compressibilidade nos testes com o modelo. Sob essas condições,

$$\frac{F}{\rho V^2 D^2} = f\left(\frac{\rho V D}{\mu}\right)$$

e o teste deve ser conduzido com

$$Re_{\text{modelo}} = Re_{\text{protótipo}}$$

para assegurar semelhança dinâmica. Para a água do mar a 4,5°C, $\rho = 1000$ kg/m³ e $\nu \approx 1{,}57 \times 10^{-6}$ m²/s. Nas condições do protótipo,

$$V_p = 2{,}57 \text{ m/s}$$

$$Re_p = \frac{V_p D_p}{\nu_p} = 2{,}57 \frac{\text{m}}{\text{s}} \times 0{,}3 \text{ m} \times \frac{1}{1{,}57 \times 10^{-6} \text{ m}^2/\text{s}} = 4{,}91 \times 10^5$$

As condições de teste com o modelo devem reproduzir esse número de Reynolds. Então,

$$Re_m = \frac{V_m D_m}{\nu_m} = 4{,}91 \times 10^5$$

Para o ar na condição-padrão de temperatura e pressão, $\rho = 1{,}227$ kg/m³ e $\nu \approx 1{,}46 \times 10^{-5}$ m²/s. O túnel de vento deve ser operado a

$$V_m = Re_m \frac{\nu_m}{D_m} = 4{,}91 \times 10^5 \times 1{,}46 \times 10^{-5} \frac{\text{m}^2}{\text{s}} \times \frac{1}{152 \text{ mm}} \times \frac{1000 \text{ mm}}{\text{m}}$$

$$V_m = 47{,}16 \text{ m/s} \longleftarrow \qquad V_m$$

274 Capítulo 7

Essa velocidade é baixa o suficiente para desprezar efeitos de compressibilidade.

Nessas condições de teste, os escoamentos de modelo e de protótipo são dinamicamente semelhantes. Portanto,

$$\left.\frac{F}{\rho V^2 D^2}\right)_m = \left.\frac{F}{\rho V^2 D^2}\right)_p$$

e

$$F_p = F_m \frac{\rho_p}{\rho_m} \frac{V_p^2}{V_m^2} \frac{D_p^2}{D_m^2} = 2,7\,\text{N} \times \frac{1000}{1,227} \times \frac{(2,57)^2}{(47,16)^2} \times \frac{(0,3)^2}{(0,152)^2}$$

$$F_p = 25,5\,\text{N} \longleftarrow \hspace{6cm} F_p$$

No caso de cavitação provável — se a sonda do sonar fosse operada em alta velocidade próximo da superfície livre da água —, não seriam obtidos resultados úteis de um teste com modelo em ar.

> *Este problema:*
> - Demonstra o cálculo dos valores do protótipo a partir dos dados do modelo.
> - "Reinvenção da roda": os resultados para o arrasto sobre uma esfera lisa são muito bem conhecidos, de modo que não necessitamos realizar um experimento com o modelo, mas poderíamos simplesmente ler a partir do gráfico da Fig. 7.1 o valor de $C_D = F_D/(\frac{1}{2}\rho V_p^2 \frac{\pi}{4} D_p^2) \approx 0,1$, correspondente a um número de Reynolds de $4,91 \times 10^5$. Em seguida, $F_p \approx 23,3\,\text{N}$ pode ser facilmente calculado. Discutiremos mais sobre os coeficientes de arrasto no Capítulo 9.

Semelhança Incompleta

Mostramos que, para obter semelhança dinâmica completa entre escoamentos geometricamente semelhantes, é necessário duplicar os valores dos grupos adimensionais independentes; assim procedendo, o valor do parâmetro dependente é também duplicado.

Na situação simplificada do Exemplo 7.4, a reprodução do número de Reynolds entre modelo e protótipo assegurou escoamentos dinamicamente semelhantes. Testes em ar permitiram que o número de Reynolds fosse duplicado com exatidão (o que também poderia ter sido obtido em um túnel de água para essa situação). A força de arrasto sobre uma esfera realmente depende da natureza do escoamento de camada-limite. Por conseguinte, a semelhança geométrica requer que a rugosidade superficial relativa seja a mesma, para modelo e para protótipo. Isso significa que a rugosidade relativa também é um parâmetro que deve ser reproduzido entre as situações para modelo e para protótipo. Se considerarmos que o modelo foi construído cuidadosamente, os valores de arrasto nele medidos poderão ser transpostos por escala para predizer o arrasto nas condições de operação do protótipo.

Em muitos estudos com modelos, para conseguir semelhança dinâmica, é preciso duplicar diversos grupos adimensionais. Em alguns casos, a semelhança dinâmica completa entre modelo e protótipo pode não ser atingida. A determinação da força de arrasto (resistência) sobre um navio é um exemplo de uma dessas situações. A resistência sobre um navio surge do atrito de contato da água com o casco (forças viscosas) e da resistência das ondas (forças de gravidade). A semelhança dinâmica completa requer que os números de Froude e de Reynolds sejam ambos reproduzidos entre modelo e protótipo.

Em geral, não é possível predizer a resistência de ondas analiticamente; ela deve, então, ser modelada. Isso exige que

$$Fr_m = \frac{V_m}{(gL_m)^{1/2}} = Fr_p = \frac{V_p}{(gL_p)^{1/2}}$$

Para igualar os números de Froude entre o modelo e o protótipo, é necessário que a razão entre as velocidades seja

$$\frac{V_m}{V_p} = \left(\frac{L_m}{L_p}\right)^{1/2}$$

para garantir configurações de ondas dinamicamente semelhantes.

Desse modo, para qualquer escala do modelo, a reprodução do número de Froude define a razão entre as velocidades. Apenas a viscosidade cinemática pode ser alterada a fim de reproduzir o número de Reynolds. Assim,

$$Re_m = \frac{V_m L_m}{\nu_m} = Re_p = \frac{V_p L_p}{\nu_p}$$

leva à condição que

$$\frac{\nu_m}{\nu_p} = \frac{V_m}{V_p}\frac{L_m}{L_P}$$

Se utilizarmos a razão entre velocidade obtida da reprodução dos números de Froude, a igualdade dos números de Reynolds conduz a uma razão requerida entre as viscosidades cinemáticas de

$$\frac{\nu_m}{\nu_p} = \left(\frac{L_m}{L_p}\right)^{1/2}\frac{L_m}{L_p} = \left(\frac{L_m}{L_p}\right)^{3/2}$$

Se $L_m/L_p = 1/100$ (uma escala típica para comprimento em testes com navios), então ν_m/ν_p deve ser igual a 1/1000. A Fig. A.3 mostra que o mercúrio é o único líquido com viscosidade cinemática inferior à da água. Contudo, a relação é apenas de uma ordem de grandeza inferior, aproximadamente; dessa forma, a razão requerida entre viscosidades cinemáticas para igualar os números de Reynolds não pode ser obtida.

Concluímos que temos um problema: para essa escala de modelo/protótipo de 1/100, é impossível, na prática, satisfazer ambos os critérios, do número de Reynolds e do número de Froude; na melhor das hipóteses, nós seremos capazes de atender a um deles apenas. Além disso, a água é o único fluido viável para a maioria dos testes de modelo com escoamentos de superfície livre. A obtenção de semelhança dinâmica completa exigiria, então, um teste em escala natural. Mas nem tudo está perdido: estudos com modelos fornecem informações úteis mesmo quando a semelhança dinâmica completa não é obtida. Como um exemplo, a Fig. 7.2 mostra dados de um teste com um modelo de navio em escala 1:80 realizado no Laboratório de Hidromecânica da Academia Naval dos Estados Unidos. O gráfico mostra dados do "coeficiente de resistência" *versus* o número de Froude. Os marcadores quadrados foram calculados a

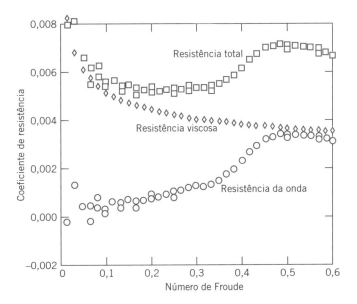

Fig. 7.2 Dados do teste de modelo em escala 1:80 do navio fragata americano de míssil teleguiado *Oliver Hazard Perry* (FFG-7). (Dados do Laboratório de Hidromecânica da Academia Naval dos EUA, cortesia do prof. Bruce Johnson.)

partir de valores da resistência total medida no teste. Gostaríamos de obter a curva de resistência total correspondente para o navio em escala natural.

Analisando o problema, verificamos que *somente* o arrasto total pode ser medido (as marcações com quadrados). O arrasto total é devido tanto à resistência de ondas (dependente do número de Froude) quanto à resistência por atrito (dependente do número de Reynolds), e não é possível determinar experimentalmente o quanto cada uma dessas resistências contribui para o arrasto. *Não podemos* usar a curva de arrasto total da Fig. 7.2 para o navio em escala natural porque, conforme discutimos anteriormente, nunca obteremos, na prática, condições para o modelo que levem à reprodução *simultânea* dos números de Reynolds *e* de Froude do navio em escala natural. Contudo, gostaríamos de extrair da Fig. 7.2 a curva de arrasto total correspondente para o navio em escala natural. Em muitas situações experimentais, lançamos mão de algum "truque" criativo para chegar a uma solução. Nesse caso, os experimentadores utilizaram a teoria da camada-limite (discutida no Capítulo 9) para *predizer* a componente de resistência viscosa no modelo (mostrada com losangos na Fig. 7.2); em seguida, eles estimaram a resistência de onda (não obtenível da teoria) simplesmente subtraindo essa resistência viscosa teórica da resistência experimental total, ponto a ponto (mostrada com círculos na Fig. 7.2).

Usando essa ideia inteligente (típica das aproximações que os experimentadores necessitam empregar), a Fig. 7.2 fornece, então, a resistência de onda do modelo como uma função do número de Froude. Isso é válido *também* para o navio em escala natural, porque a resistência de onda depende apenas do número de Froude! Podemos agora construir um gráfico similar ao da Fig. 7.2, válido para o navio em escala natural: simplesmente calcule da teoria da camada-limite, a resistência viscosa do navio em escala natural e adicione isso aos valores da resistência de onda, ponto a ponto. O resultado é mostrado na Fig. 7.3. Os pontos da resistência de onda são idênticos àqueles na Fig. 7.2; os pontos da resistência viscosa são calculados da teoria (e são diferentes daqueles da Fig. 7.2); a curva de resistência total para o navio em escala natural foi obtida afinal.

Nesse exemplo, as restrições de uma modelagem incompleta foram superadas usando cálculos analíticos; os experimentos em escala reduzida modelaram o número de Froude, mas não o número de Reynolds.

Como o número de Reynolds não pode ser reproduzido para testes com modelos de navios, o comportamento de camada-limite não é o mesmo para o modelo e o protótipo. O número de Reynolds do modelo é apenas uma fração $(L_m/L_p)^{3/2}$ do valor do Reynolds do protótipo, de modo que a extensão do escoamento laminar na camada-limite sobre o modelo será maior que a extensão real. O método que acabamos de

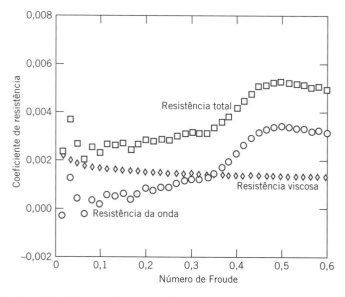

Fig. 7.3 Resistência prevista de um navio em tamanho real a partir de resultados de teste de modelo. (Dados do Laboratório de Hidromecânica da Academia Naval dos EUA, cortesia do prof. Bruce Johnson.)

descrever considera que o comportamento de camada-limite pode ser transportado por escala. Para tornar isso possível, a camada limite no modelo é "forçada" ou "estimulada" a tornar-se turbulenta em um local que corresponda ao comportamento do navio em tamanho real. "Tachas ou rebites" foram usados para estimular a camada-limite nos testes com modelo cujos resultados são apresentados na Fig. 7.2.

Uma correção é, às vezes, incluída nos coeficientes de escala natural calculados a partir dos dados de teste de modelo. Esse fator de correção leva em conta a rugosidade, a ondulação e a não uniformidade que inevitavelmente são mais pronunciadas no navio protótipo que no modelo. Comparações entre as predições de testes com modelo e medições feitas em provas de mar com o protótipo em escala natural sugerem uma precisão global dentro de $\pm 5\%$ [5].

Como veremos no Capítulo 11, o número de Froude é um importante parâmetro na modelagem de rios e portos. Nessas situações, não é prático obter semelhança completa. O emprego de uma escala adequada para o modelo resultaria em profundidades de água extremamente pequenas. As forças viscosas e as forças de tensão superficial teriam efeitos relativos muito mais pronunciados no escoamento do modelo do que no do protótipo. Consequentemente, diferentes escalas de comprimento são empregadas nas direções vertical e horizontal. As forças viscosas no escoamento mais profundo do modelo são aumentadas por meio de elementos artificiais de rugosidade.

A ênfase na economia de combustível tornou importante a redução do arrasto aerodinâmico para automóveis, caminhões e ônibus. A maioria dos trabalhos de desenvolvimento de configurações de baixo arrasto usa testes de modelo. Tradicionalmente, os modelos de automóveis têm sido construídos na escala de 3/8, na qual um modelo de um automóvel real tem uma área frontal de aproximadamente 0,3 m^2. Dessa forma, os testes podem ser feitos em um túnel de vento com área de seção transversal de 6 m^2 ou maior. Na escala de 3/8, uma velocidade do vento de cerca de 240 km/h é necessária para modelar um protótipo trafegando no limite legal de velocidade. Assim, não há problema quanto aos efeitos de compressibilidade, mas os testes são caros e os modelos consomem muito tempo de construção.

Um grande túnel de vento (com dimensões da seção de teste de 5,4 m de altura, 10,4 m de largura e 21,3 m de comprimento; velocidade máxima do ar de 250 km/h com o túnel vazio) é usado pela General Motors para testar automóveis em tamanho real com velocidades de estrada. A grande seção de teste permite o uso de automóveis da linha de produção ou maquetes de argila em tamanho real com as linhas de carroceria propostas. Muitas outras fábricas de veículos automotores estão usando equipamentos similares. A Fig. 7.4 mostra um *sedan* em tamanho real sendo testado no túnel de vento da Volvo. A velocidade relativamente baixa permite a visualização do escoamento, com o uso de tufos ou correntes de "fumaça".[1] Empregando "modelos" em escala natural, estilistas e engenheiros podem trabalhar juntos na otimização dos resultados.

É mais difícil obter semelhança dinâmica em testes de caminhões e ônibus; os modelos devem ser feitos em escalas menores que aquelas usadas para automóveis.[2] Uma escala grande para testes de caminhões e ônibus é 1:8. Para obter semelhança dinâmica completa pela reprodução do número de Reynolds nessa escala, uma velocidade de teste de 700 km/h seria necessária. Isso introduziria efeitos indesejáveis de compressibilidade, e os escoamentos de modelo e de protótipo não seriam cinematicamente semelhantes. Felizmente, caminhões e ônibus são objetos "rombudos". Experiências mostram que, acima de certo número de Reynolds, o arrasto adimensional nestes obje-

---

[1] Uma mistura de nitrogênio líquido e vapor pode ser usada para produzir linhas de emissão de "fumaça" que evaporam e não entopem as finas malhas das telas usadas para reduzir o nível de turbulência no túnel. As linhas de emissão podem ser feitas "coloridas" nas fotografias pela instalação de um filtro sobre a lente da máquina fotográfica. Essa e outras técnicas de visualização do escoamento são detalhadas nas referências [6] e [7].

[2] O comprimento do veículo é particularmente importante em testes com grandes ângulos de ataque para simular o comportamento sob ventos cruzados. Considerações de bloqueio do túnel limitam o tamanho aceitável do modelo. Veja a referência [8] para práticas recomendadas.

Fig. 7.4 Automóvel em tamanho real sendo testado no túnel de vento da Volvo, usando linhas de emissão de fumaça para visualização do escoamento.

tos torna-se independente do número de Reynolds [8]. (A Fig. 7.1, na verdade, mostra um exemplo disso — para uma esfera, o arrasto adimensional é aproximadamente constante para $2000 < Re < 2 \times 10^5$.) Embora a semelhança não seja completa, dados obtidos nos testes podem ser transportados por escala para avaliar as forças de arrasto sobre o protótipo. O procedimento é ilustrado no Exemplo 7.5.

Exemplo 7.5 SEMELHANÇA INCOMPLETA: ARRASTO AERODINÂMICO SOBRE UM ÔNIBUS

Os seguintes dados de teste em um túnel de vento, de um modelo em escala 1:16 de um ônibus, estão disponíveis:

Velocidade do Ar (m/s)	18,0	21,8	26,0	30,1	35,0	38,5	40,9	44,1	46,7
Força de Arrasto (N)	3,10	4,41	6,09	7,97	10,7	12,9	14,7	16,9	18,9

Usando as propriedades do ar-padrão, calcule e trace um gráfico do coeficiente adimensional de arrasto aerodinâmico,

$$C_D = \frac{F_D}{\frac{1}{2}\rho V^2 A}$$

versus o número de Reynolds, $Re = \rho V w / \mu$, em que w é a largura do modelo. Determine a velocidade mínima de teste acima da qual C_D permanece constante. Estime a força de arrasto aerodinâmico e o requisito de potência para o veículo protótipo a 100 km/h. (A largura e a área frontal do protótipo são respectivamente 2,44 m e 7,8 m².)

Dados: Dados de um túnel de vento de teste de um modelo de ônibus. As dimensões do protótipo são 2,44 m de largura e 7,8 m² de área frontal. A escala do modelo é 1:16. O fluido de teste é o ar-padrão.

Determinar: (a) O coeficiente de arrasto aerodinâmico, $C_D = F_D/\frac{1}{2}\rho V^2 A$, *versus* o número de Reynolds, $Re = \rho V w/\mu$; trace o gráfico.
(b) Determine a velocidade acima da qual C_D é constante.

(c) Estime a força de arrasto aerodinâmico e a potência requerida para o veículo em tamanho real a 100 km/h.

Solução:

A largura do modelo é

$$w_m = \frac{1}{16} w_p = \frac{1}{16} \times 2{,}44 \text{ m} = 0{,}152 \text{ m}$$

A área do modelo é

$$A_m = \left(\frac{1}{16}\right)^2 A_p = \left(\frac{1}{16}\right)^2 \times 7{,}8 \text{ m}^2 = 0{,}0305 \text{ m}^2$$

O coeficiente de arrasto aerodinâmico pode ser calculado como

$$C_D = \frac{F_D}{\frac{1}{2}\rho V^2 A}$$

$$= 2 \times F_D(\text{N}) \times \frac{\text{m}^3}{1{,}23 \text{ kg}} \times \frac{\text{s}^2}{(V)^2 \text{ m}^2} \times \frac{1}{0{,}0305 \text{ m}^2} \times \frac{\text{kg} \cdot \text{m}}{\text{N} \cdot \text{s}^2}$$

$$C_D = \frac{53{,}3 \, F_D(\text{N})}{[V(\text{m/s})]^2}$$

O número de Reynolds pode ser calculado como

$$Re = \frac{\rho V w}{\mu} = \frac{V w}{\nu} = V \frac{\text{m}}{\text{s}} \times 0{,}152 \text{ m} \times \frac{\text{s}}{1{,}46 \times 10^{-5} \text{ m}^2}$$

$$Re = 1{,}04 \times 10^4 \, V(\text{m/s})$$

Os valores calculados estão no gráfico da figura seguinte:

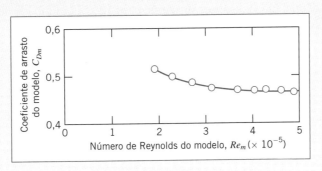

C_{Dm} versus Re_m

O gráfico mostra que o coeficiente de arrasto do modelo torna-se constante em $C_{Dm} \approx 0{,}46$ acima de $Re_m = 4 \times 10^5$, correspondente a uma velocidade do ar de aproximadamente 40 m/s. Visto que o coeficiente de arrasto é independente do número de Reynolds acima de $Re \approx 4 \times 10^5$, então, para o veículo protótipo, ($Re \approx 4{,}5 \times 10^6$), $C_D \approx 0{,}46$. A força de arrasto no veículo em escala natural é

$$F_{D_p} = C_D \frac{1}{2} \rho V_p^2 A_p$$

$$= \frac{0{,}46}{2} \times 1{,}23 \frac{\text{kg}}{\text{m}^3} \left(100 \frac{\text{km}}{\text{h}} \times 1000 \frac{\text{m}}{\text{km}} \times \frac{\text{h}}{3600 \text{ s}}\right)^2 \times 7{,}8 \text{ m}^2 \times \frac{\text{N} \cdot \text{s}^2}{\text{kg} \cdot \text{m}}$$

$$F_{D_p} = 1{,}71 \text{ kN} \quad \longleftarrow \quad F_{D_p}$$

280 Capítulo 7

A potência correspondente requerida para vencer o arrasto aerodinâmico é

$$\mathcal{P}_p = F_{D_p} V_p$$

$$= 1{,}71 \times 10^3 \text{ N} \times 100 \ \frac{\text{km}}{\text{h}} \times 1000 \ \frac{\text{m}}{\text{km}}$$

$$\times \ \frac{\text{h}}{3600 \text{ s}} \times \frac{\text{W} \cdot \text{s}}{\text{N} \cdot \text{m}}$$

$$\mathcal{P}_p = 47{,}5 \text{ kW} \longleftarrow \hspace{4cm} \mathcal{P}_p$$

> Este problema ilustra um fenômeno comum na aerodinâmica: Acima de certo valor mínimo do número de Reynolds, o valor do coeficiente de arrasto de um objeto usualmente aproxima-se de uma constante — isto é, torna-se independente do número de Reynolds. Então, nessas situações, não precisamos igualar os números de Reynolds de modelo e protótipo para resultar no mesmo coeficiente de arrasto — uma vantagem considerável. Contudo, o SAE *Recomended Practices* [8] sugere $Re \geq 2 \times 10^6$ para testes em caminhões e ônibus.

Para detalhes adicionais sobre as técnicas e aplicações da análise dimensional, consulte [9–12].

Transporte por Escala com Múltiplos Parâmetros Dependentes

Em algumas situações de importância prática, pode haver mais de um parâmetro dependente. Em tais casos, os grupos adimensionais devem ser formados separadamente para cada parâmetro dependente.

Como exemplo, considere uma bomba centrífuga típica. A configuração detalhada do escoamento dentro de uma bomba varia com a vazão volumétrica e com a velocidade; essas mudanças afetam o desempenho da bomba. Os parâmetros de desempenho de interesse incluem o aumento de pressão (altura manométrica ou de carga) desenvolvido, a potência de entrada requerida e a eficiência medida da máquina sob condições específicas de operação.[3] As curvas de desempenho são geradas, variando um parâmetro independente tal como a vazão volumétrica. Desse modo, as variáveis independentes são a vazão volumétrica, a velocidade angular, o diâmetro do rotor e as propriedades do fluido. As variáveis dependentes são os diversos parâmetros de desempenho de interesse.

A determinação dos parâmetros adimensionais começa com as equações simbólicas para a dependência da altura de carga, h (energia por unidade de massa, L^2/t^2), e potência, $\mathcal{P}$, com relação aos parâmetros independentes, dadas por

$$h = g_1(Q, \ \rho, \ \omega, \ D, \ \mu)$$

e

$$\mathcal{P} = g_2(Q, \ \rho, \ \omega, \ D, \ \mu)$$

O emprego direto do teorema Pi fornece *o coeficiente adimensional de altura de carga e o coeficiente adimensional de potência*, como

$$\frac{h}{\omega^2 D^2} = f_1\left(\frac{Q}{\omega D^3}, \ \frac{\rho \omega D^2}{\mu}\right) \tag{7.17}$$

e

$$\frac{\mathcal{P}}{\rho \omega^3 D^5} = f_2\left(\frac{Q}{\omega D^3}, \ \frac{\rho \omega D^2}{\mu}\right) \tag{7.18}$$

O parâmetro adimensional $Q/\omega D^3$ nestas equações é chamado de *coeficiente de escoamento*. O parâmetro adimensional $\rho \omega D^2/\mu$ ($\propto \rho V D/\mu$) é uma forma de número de Reynolds.

---

[3]Eficiência é definida como a razão entre a potência fornecida ao fluido e a potência de entrada na bomba, $\eta = \mathcal{P}/\mathcal{P}_{in}$. Para escoamento incompressível, veremos no Capítulo 8 que a equação de energia reduz-se a $\mathcal{P} = \rho Q H$ (quando a "altura" h é expressa como energia por unidade de massa), ou a $\mathcal{P} = \rho g Q H$ (quando a altura H é expressa como energia por unidade de peso).

A altura de carga e a potência, em uma bomba, são desenvolvidas por forças de inércia. Tanto a configuração do escoamento no interior de uma bomba quanto o desempenho da bomba variam com a vazão volumétrica e a velocidade de rotação. É difícil prever analiticamente o desempenho da bomba, exceto no ponto de projeto do equipamento. Por isso, o desempenho é medido experimentalmente. Curvas características típicas, elaboradas a partir de dados experimentais para uma bomba centrífuga testada a velocidade constante, são mostradas na Fig. 7.5 como funções da vazão volumétrica. As curvas de altura de carga e de potência na Fig. 7.5 estão ajustadas e suavizadas entre os pontos experimentais obtidos. A eficiência máxima ocorre geralmente no ponto de projeto.

A semelhança completa nos testes de desempenho de bombas exigiria coeficientes de escoamento e número de Reynolds idênticos. A prática tem mostrado que os efeitos viscosos são relativamente sem importância, quando duas máquinas geometricamente semelhantes operam sob condições "semelhantes" de escoamento. Assim, das Eqs. 7.17 e 7.18, quando

$$\frac{Q_1}{\omega_1 D_1^3} = \frac{Q_2}{\omega_2 D_2^3} \tag{7.19}$$

segue que

$$\frac{h_1}{\omega_1^2 D_1^2} = \frac{h_2}{\omega_2^2 D_2^2} \tag{7.20}$$

e

$$\frac{\mathcal{P}_1}{\rho_1 \omega_1^3 D_1^5} = \frac{\mathcal{P}_2}{\rho_2 \omega_2^3 D_2^5} \tag{7.21}$$

A observação empírica de que os efeitos viscosos são desprezíveis sob condições similares de escoamento permite o emprego das Eqs. 7.19 a 7.21 para transportar por escala as características de desempenho de máquinas para diferentes condições de operação, quando se varia o diâmetro ou a velocidade. Essas relações úteis de transporte por escala são conhecidas como "leis" das bombas ou dos ventiladores. Se as condições de operação de uma máquina forem conhecidas, as condições de operação de qualquer outra máquina geometricamente semelhante podem ser determinadas, variando D e ω de acordo com as Eqs. 7.19 a 7.21. (Mais detalhes sobre análise dimensional, projeto e curvas de desempenho de máquinas de fluxo são apresentados no Capítulo 10.)

Outro parâmetro de bomba útil pode ser obtido pela eliminação do diâmetro da máquina nas Eqs. 7.19 e 7.20. Denotando $\Pi_1 = Q/\omega D^3$ e $\Pi_2 = h/\omega^2 D^2$, então, a razão $\Pi_1^{1/2}/\Pi_2^{3/4}$ é outro parâmetro adimensional; esse parâmetro é a *velocidade específica*, N_s,

$$N_s = \frac{\omega Q^{1/2}}{h^{3/4}} \tag{7.22a}$$

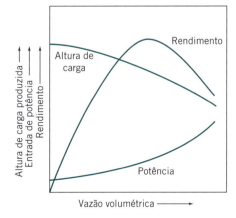

Fig. 7.5 Curvas características típicas para uma bomba centrífuga testada a velocidade constante.

282 Capítulo 7

A velocidade específica, como definida na Eq. 7.22a, é um parâmetro adimensional (desde que a altura de carga, h, seja expressa como energia por unidade de massa). Você pode pensar na velocidade específica como a velocidade requerida para uma máquina produzir uma altura de carga unitária a uma taxa de volume unitária. Uma velocidade específica constante descreve todas as condições de operação de máquinas geometricamente semelhantes com condições semelhantes de escoamento.

Embora a velocidade específica seja um parâmetro adimensional, é prática comum usar um conjunto conveniente, porém inconsistente, de unidades na especificação das variáveis ω e Q, e usar a energia por unidade de peso H em lugar da energia por unidade de massa h na Eq. 7.22a. Quando isso é feito, a velocidade específica,

$$N_{S_{cu}} = \frac{\omega Q^{1/2}}{H^{3/4}} \qquad (7.22b)$$

deixa de ser um parâmetro sem unidades e o seu módulo depende das unidades usadas para calculá-lo. Unidades costumeiras para bombas no Sistema Internacional de Medidas são rpm para ω, m³/h para Q e metros (energia por unidade de peso) para H. Nessas unidades, velocidade específica "baixa" significa $580 < N_{S_{cu}} < 4645$ e "alta" significa $11.615 < N_{S_{cu}} < 17.420$. O Exemplo 7.6 ilustra o emprego das leis das bombas e do parâmetro de velocidade específica. Mais detalhes sobre cálculos de velocidade específica e exemplos adicionais de aplicações em máquinas de fluxo são apresentados no Capítulo 10.

Exemplo 7.6 "LEIS" DAS BOMBAS

Uma bomba centrífuga tem eficiência de 80% na sua velocidade específica de projeto de 2323 (unidades rpm, m³/h e metros). O diâmetro do rotor é 200 mm. Nas condições de escoamento do ponto de projeto, a vazão em volume é 68 m³/h de água a 1170 rpm. Para obter uma vazão volumétrica maior, a bomba deve ser equipada com um motor de 1750 rpm. Use as "leis" das bombas para determinar as características de desempenho da bomba no ponto de projeto na velocidade mais alta. Mostre que a velocidade específica permanece constante para a velocidade de operação mais alta. Determine o tamanho (potência) requerido do motor.

Dados: Bomba centrífuga com velocidade específica de projeto de 2323 (em unidades rpm, m³/h e metros). O diâmetro do rotor é $D = 200$ mm. No ponto de projeto da bomba, as condições de escoamento são $\omega = 1170$ rpm e $Q = 68$ m³/h, com água.

Determinar: (a) As características de desempenho,
(b) a velocidade específica e
(c) o tamanho requerido do motor para condições similares de escoamento a 1750 rpm.

Solução: Das "leis" das bombas, $Q/\omega D^3$ = constante, logo

$$Q_2 = Q_1 \frac{\omega_2}{\omega_1} \left(\frac{D_2}{D_1}\right)^3 = 68 \text{ m}^3/\text{h} \left(\frac{1750}{1170}\right)(1)^3 = 101,7 \text{ m}^3/\text{h} \underleftarrow{\hspace{3cm}} \underline{Q_2}$$

A altura de carga da bomba não é especificada em $\omega_1 = 1170$ rpm, mas pode ser calculada a partir da velocidade específica, $N_{S_{cu}} = 2323$. Usando as unidades dadas e a definição de $N_{S_{cu}}$,

$$N_{S_{cu}} = \frac{\omega Q^{1/2}}{H^{3/4}} \quad \text{assim} \quad H_1 = \left(\frac{\omega_1 Q_1^{1/2}}{N_{S_{cu}}}\right)^{4/3} = 6,68 \text{ m}$$

Então, $H/\omega^2 D^2$ = constante, logo,

$$H_2 = H_1 \left(\frac{\omega_2}{\omega_1}\right)^2 \left(\frac{D_2}{D_1}\right)^2 = 6,68 \text{ m} \left(\frac{1750}{1170}\right)^2 (1)^2 = 14,94 \text{ m} \underleftarrow{\hspace{3cm}} \underline{H_2}$$

A potência fornecida pela bomba é $\mathcal{P}_1 = \rho g Q_1 H_1$, portanto em $\omega_1 = 1170$ rpm,

$$\mathcal{P}_1 = 1000 \frac{\text{kg}}{\text{m}^3} \times 9{,}81 \frac{\text{m}}{\text{s}^2} \times 68 \frac{\text{m}^3}{\text{h}} \times 6{,}68 \text{ m} \times \frac{\text{h}}{60 \text{ min}} \times \frac{\text{min}}{60 \text{ s}}$$

$$\mathcal{P}_1 = 1{,}24 \text{ kW}$$

Mas $\mathcal{P}/\rho\omega^3 D^5 = $ constante, logo

$$\mathcal{P}_2 = \mathcal{P}_1 \left(\frac{\rho_2}{\rho_1}\right)\left(\frac{\omega_2}{\omega_1}\right)^3 \left(\frac{D_2}{D_1}\right)^5 = 1{,}24 \text{ kW}(1)\left(\frac{1750}{1170}\right)^3 (1)^5 = 4{,}15 \text{ kW} \longleftarrow \qquad \mathcal{P}_2$$

A potência de entrada requerida na bomba pode ser calculada como

$$\mathcal{P}_{\text{in}} = \frac{\mathcal{P}_2}{\eta} = \frac{4{,}15 \text{ kW}}{0{,}80} = 5{,}19 \text{ kW} \longleftarrow \qquad \mathcal{P}_{\text{in}}$$

Assim, um motor a 5,6 kW (o tamanho comercial maior mais próximo) provavelmente seria especificado.

A velocidade específica em $\omega_2 = 1750$ rpm é

$$N_{s_{cu}} = \frac{\omega Q^{1/2}}{H^{3/4}} = \frac{1750(101{,}7)^{1/2}}{(14{,}94)^{3/4}} = 2323 \longleftarrow \qquad N_{s_{cu}}$$

> Este problema ilustra a aplicação das "leis" das bombas e da velocidade específica para transportar por escala dados de desempenho. As "leis" das bombas e ventiladores são largamente utilizadas nas indústrias na elaboração de curvas de desempenho para famílias de máquinas a partir dos dados de uma única curva de desempenho, e na especificação de velocidades específicas e potências de acionamento em aplicações de máquinas de fluxo.

Comentários sobre Testes com Modelos

Ao descrever os procedimentos adotados nos testes com modelos, tentamos não sugerir que essa atividade seja uma tarefa simples e que forneça automaticamente resultados facilmente interpretáveis, exatos e completos. Como em todo trabalho experimental, planejamento e execução criteriosos são requisitos necessários para que os resultados obtidos sejam válidos. Os modelos devem ser construídos com cuidado e com precisão, e eles devem incluir detalhes suficientes em áreas críticas para o fenômeno avaliado. Balanças aerodinâmicas ou outros sistemas de medição de forças devem ser cuidadosamente alinhados e calibrados corretamente. Devem ser concebidos métodos de montagem que ofereçam rigidez e movimento adequados ao modelo, sem interferir com o fenômeno a ser mensurado. As referências [13-15] são consideradas as fontes-padrão de referência para detalhes sobre técnicas de testes em túneis de vento. Técnicas mais especializadas para testes de impacto de água são descritas em Waugh e Stubstad [16].

As instalações experimentais devem ser projetadas e construídas cuidadosamente. A qualidade do escoamento em um túnel de vento deve ser documentada. O escoamento na seção de teste deve ser tão uniforme quanto possível (a menos que se deseje simular um perfil especial, tal como uma camada-limite atmosférica), isento de quinas e com o mínimo de redemoinhos. Se interferirem com as medições, as camadas-limite nas paredes do túnel devem ser removidas por sucção ou energizadas por sopro. Os gradientes de pressão na seção de teste de um túnel de vento podem causar leituras errôneas da força de arrasto, devido a variações de pressão na direção do escoamento.

Instalações especiais são necessárias para atender a condições incomuns ou requisitos especiais de testes, particularmente para alcançar grandes números de Reynolds. Muitas instalações são tão grandes ou especializadas que não podem ser mantidas por laboratórios de universidades ou pela indústria privada. Alguns exemplos incluem [17-19]:

- Complexo Nacional de Aerodinâmica em Escala natural, NASA, Centro de Pesquisa Ames, Moffett Field, Califórnia.

  Dois túneis de vento, acionados por sistema elétrico de 93.255 kW:
  - Seção de teste com 12 m de altura por 24 m de largura, máxima velocidade do vento de 154 m/s.

284 Capítulo 7

- Seção de teste com 24 m de altura por 36 m de largura, máxima velocidade do vento de 70,5 m/s.
- Marinha dos Estados Unidos, Centro de Pesquisas David Taylor, Carderock, Maryland.
  - Tanque de Reboque de Alta Velocidade, com 905 m de comprimento, 6,4 m de largura e 4,9 m de profundidade. O carro de reboque pode trafegar com velocidade de até 51 m/s enquanto mede cargas de arrasto de até 35.600 N e cargas laterais de até 8900 N.
  - Túnel de água de pressão variável de 0,91 m, com máxima velocidade de teste de 25,7 m/s para pressões entre 13,8 e 413,4 kPa (abs).
  - Instalações para Escoamento Antieco, com escoamento de ar calmo, de baixa turbulência, em uma seção de teste de jato aberto de 0,75 m² por 6,4 m de comprimento. O ruído do escoamento na velocidade máxima de 61 m/s é menor do que aquele de uma conversação normal.
- Corpo de Engenheiros do Exército dos Estados Unidos, Sausalito, Califórnia.
  - Modelos da Baía de San Francisco e do Delta, com pouco mais de 4047 m² de área, escala horizontal de 1:1000 e escala vertical de 1:100, capacidade de bombeamento de 0,85 m³/s, uso de água doce e salgada e simulação de maré.
- NASA, Centro de Pesquisas Langley, Hampton, Virgínia.
  - Instalação Transônica Nacional (NTF) com tecnologia criogênica (temperatura tão baixa quanto $-184°C$) para reduzir a viscosidade do gás, aumentando o número de Reynolds de um fator 6, enquanto a potência de acionamento é diminuída pela metade.

7.6 *Resumo e Equações Úteis*

Neste capítulo, nós:

✓ Obtivemos coeficientes adimensionais pela adimensionalização das equações diferenciais de governo de um problema.
✓ Enunciamos o teorema Pi de Buckingham e o utilizamos para determinar os parâmetros adimensionais dependentes e independentes a partir dos parâmetros físicos de um problema.
✓ Definimos alguns grupos adimensionais importantes: o número de Reynolds, o número de Euler, o número de cavitação, o número de Froude, o número de Weber e o número de Mach, e discutimos os seus significados físicos.

Também exploramos algumas ideias de suporte da modelagem: semelhança geométrica, cinemática e dinâmica, modelagem incompleta e predição de resultados para protótipos a partir de testes com modelos.

Nota: A maior parte das Equações Úteis na tabela a seguir possui diversas restrições ou limitações — *certifique-se de referir aos seus números de páginas para detalhes*!

Equações Úteis

Número de Reynolds (inércia com viscosas):	$$Re = \frac{\rho VL}{\mu} = \frac{VL}{\nu}$$	(7.11)
Número de Euler (pressão com inércia):	$$Eu = \frac{\Delta p}{\frac{1}{2}\rho V^2}$$	(7.12)
Número de cavitação:	$$Ca = \frac{p - p_v}{\frac{1}{2}\rho V^2}$$	(7.13)
Número de Froude (inércia com gravidade);	$$Fr = \frac{V}{\sqrt{gL}}$$	(7.14)

Equações Úteis (Continuação)

Número de Weber (inércia com tensão superficial):	$$We = \frac{\rho V^2 L}{\sigma}$$	(7.15)
Número de Mach (inércia com compressibilidade):	$$M = \frac{V}{c}$$	(7.16)
Velocidade específica da bomba centrífuga (em função da altura de carga, h):	$$N_s = \frac{\omega Q^{1/2}}{h^{3/4}}$$	(7.22a)
Velocidade específica da bomba centrífuga (em função da altura de carga, H):	$$N_{s_{cu}} = \frac{\omega Q^{1/2}}{H^{3/4}}$$	(7.22b)

REFERÊNCIAS

1. Kline, S. J., *Similitude and Approximation Theory*. New York: McGraw-Hill, 1965.

2. Hansen, A. G., *Similarity Analysis of Boundary-Value Problems in Engineering*. Englewood Cliffs, NJ: Prentice-Hall, 1964.

3. Schlichting, H., *Boundary Layer Theory*, 7th ed. New York: McGraw-Hill, 1979.

4. Buckingham, E., "On Physically Similar Systems: Illustrations of the Use of Dimensional Equations," *Physical Review*, 4, 4, 1914, pp. 345 376.

5. Todd, L. H., "Resistance and Propulsion," in *Principles of Naval Architecture*, J. P. Comstock, ed. New York: Society of Naval Architects and Marine Engineers,1967.

6. "Aerodynamic Flow Visualization Techniques and Procedures." Warrendale, PA: Society of Automotive Engineers, SAE Information Report HS J1566, January 1986.

7. Merzkirch, W., *Flow Visualization*, 2nd ed. New York: Academic Press, 1987.

8. "SAE Wind Tunnel Test Procedure for Trucks and Buses," *Recommended Practice* SAE J1252, Warrendale, PA: Society of Automotive Engineers, 1981.

9. Sedov, L. I., *Similarity and Dimensional Methods in Mechanics*. New York: Academic Press, 1959.

10. Birkhoff, G., Hydrodynamics—*A Study in Logic, Fact, and Similitude*, 2nd ed. Princeton, NJ: Princeton University Press, 1960.

11. Ipsen, D. C., *Units, Dimensions, and Dimensionless Numbers*. New York: McGraw-Hill, 1960.

12. Yalin, M. S., *Theory of Hydraulic Models*. New York: Macmillan, 1971.

13. Pankhurst, R. C., and D. W. Holder, *Wind-Tunnel Technique*. London: Pitman, 1965.

14. Rae, W. H., and A. Pope, *Low-Speed Wind Tunnel Testing*, 2nd ed. New York: Wiley-Interscience, 1984.

15. Pope, A., and K. L. Goin, *High-Speed Wind Tunnel Testing*. New York: Krieger, 1978.

16. Waugh, J. G., and G. W. Stubstad, *Hydroballistics Modeling*. San Diego, CA: U.S. Naval Undersea Center, ca. 1965.

17. Baals, D. W., and W. R. Corliss, *Wind Tunnels of NASA*. Washington, D.C.: National Aeronautics and Space Administration, SP-440, 1981.

18. Vincent, M., "The Naval Ship Research and Development Center." Carderock, MD: Naval Ship Research and Development Center, Report 3039 (Revised), November 1971.

19. Smith, B. E., P. T. Zell, and P. M. Shinoda, "Comparison of Model- and Full-Scale Wind-Tunnel Performance," *Journal of Aircraft*, 27, 3, March 1990, pp. 232-238.

20. L. Prandtl, *Ergebnisse der aerodynamischen, Veersuchsanstalt su Gottingen*, Vol II, 1923.

21. H. Brauer and D. Sucker, "Umstromung von Platten, Zylindernund Kugeln," *Chemie Ingenieur Technik*, 48. Jahrgang, No. 8, 1976, pp. 655–671. Copyright Wiley-VCH Verlag GmbH & Co. KGaA. Reproduced with permission.

PROBLEMAS

As Equações Diferenciais Básicas Adimensionais

Muitos dos problemas deste capítulo envolvem a obtenção dos grupos Π que caracterizam um problema. A planilha *Excel*, usada no Exemplo 7.1, é muito útil para executar cálculos de modo geral. Para evitar duplicação desnecessária, o símbolo do *mouse* será usado para marcar somente aqueles problemas em que o uso dessa planilha forneça algum benefício *adicional* (por exemplo, para traçado de gráficos).

7.1 A velocidade de propagação de ondas superficiais de pequena amplitude em uma região de profundidade uniforme é dada por

$$c^2 = \left(\frac{\sigma}{\rho}\frac{2\pi}{\lambda} + \frac{g\lambda}{2\pi}\right)\mathrm{tgh}\,\frac{2\pi h}{\lambda}$$

em que h é a profundidade do líquido não perturbado e λ é o comprimento de onda. Usando L como comprimento característico e V_0 como uma velocidade característica, obtenha os grupos adimensionais que caracterizam a equação.

7.2 A equação que descreve a vibração de pequena amplitude de uma viga é

$$\rho A \frac{\partial^2 y}{\partial t^2} + EI \frac{\partial^4 y}{\partial x^4} = 0$$

em que y é a deflexão da viga no local x e no tempo t, ρ e E são a massa específica e o módulo de elasticidade do material da viga, respectivamente, e A e I são a área de seção transversal da viga e o segundo

286 Capítulo 7

momento de inércia, respectivamente. Use o comprimento da viga L, e a frequência de vibração ω, para adimensionalizar esta equação. Obtenha os grupos adimensionais que caracterizam esta equação.

7.3 Um escoamento em regime não permanente e unidimensional em uma fina camada de líquido é descrito pela equação

$$\frac{\partial u}{\partial t} + u\frac{\partial u}{\partial x} = -g\frac{\partial h}{\partial x}$$

Use uma escala de comprimento, L, e uma escala de velocidade, V_0, para tornar essa equação adimensional. Obtenha os grupos adimensionais que caracterizam esse escoamento.

7.4 Um escoamento bidimensional em regime permanente em um líquido viscoso é descrito pela equação:

$$u\frac{\partial u}{\partial x} = -g\frac{\partial h}{\partial x} + \frac{\mu}{\rho}\left(\frac{\partial^2 u}{\partial x^2} + \frac{\partial^2 u}{\partial y^2}\right)$$

Use uma escala de comprimento, L, e uma escala de velocidade, V_0, para tornar essa equação adimensional. Obtenha os grupos adimensionais que caracterizam esse escoamento.

7.5 Usando análise de ordem de grandeza, as equações da continuidade e de Navier-Stokes podem ser simplificadas para as equações de camada-limite de Prandtl. Para escoamento em regime permanente, incompressível e bidimensional, desconsiderando a gravidade, o resultado é

$$\frac{\partial u}{\partial x} + \frac{\partial v}{\partial y} = 0$$

$$u\frac{\partial u}{\partial x} + v\frac{\partial u}{\partial y} = -\frac{1}{\rho}\frac{\partial p}{\partial x} + \nu\frac{\partial^2 u}{\partial y^2}$$

Use L e V_0 como comprimento e velocidade característicos, respectivamente. Torne essas equações adimensionais e identifique os parâmetros de semelhança que resultam.

7.6 A equação descrevendo o movimento de um fluido em um tubo, quando o escoamento parte do repouso devido a um gradiente de pressão aplicado, é

$$\frac{\partial u}{\partial t} = -\frac{1}{\rho}\frac{\partial p}{\partial x} + \nu\left(\frac{\partial^2 u}{\partial r^2} + \frac{1}{r}\frac{\partial u}{\partial r}\right)$$

Use a velocidade média $\bar{V}$, a queda de pressão Δp, e o diâmetro D, para tornar esta equação adimensional. Obtenha os grupos adimensionais que caracterizam esse escoamento.

Determinação dos Grupos Π

7.7 Experiências mostram que a queda de pressão para escoamento através de uma placa de orifício de diâmetro d montada em um trecho de tubo de diâmetro D pode ser expressa como $\Delta p = p_1 - p_2 = f(\rho, \mu, \bar{V}, d, D)$. Organize alguns dados experimentais. Obtenha os parâmetros adimensionais resultantes.

7.8 Em velocidades relativamente muito altas, o arrasto sobre um objeto é independente da viscosidade do fluido. Desse modo, a força de arrasto aerodinâmico, F, sobre um automóvel é uma função somente da velocidade, V, da massa específica do ar, ρ, e do tamanho do veículo, caracterizado pela sua área frontal, A. Use a análise dimensional para determinar como a força de arrasto F depende da velocidade V.

7.9 A força de arrasto sobre a Estação Espacial Internacional depende da trajetória livre média das moléculas λ (um comprimento), da massa específica ρ, um comprimento característico L, e da velocidade média das moléculas de ar c. Determine uma forma adimensional dessa relação funcional.

7.10 Quando um objeto se move em velocidades supersônicas, a força de arrasto aerodinâmico F que atua sobre o objeto é uma função da velocidade V, da massa específica do ar ρ, do tamanho do objeto (caracterizado por alguma área de referência A), e da velocidade do som c (note que todas as variáveis com exceção de c foram conside-

radas quando o objeto se movia a velocidades subsônicas como no Problema 7.8). Desenvolva uma relação funcional entre um conjunto de variáveis adimensionais para descrever este problema.

7.11 A tensão de cisalhamento na parede, τ_w, em uma camada-limite depende da distância a partir da borda de ataque do objeto, x, da massa específica, ρ, e da viscosidade, μ, do fluido e da velocidade da corrente livre do escoamento, U. Obtenha os grupos adimensionais e expresse a relação funcional entre eles.

7.12 A espessura da camada limite, δ, sobre uma placa plana e lisa em um escoamento incompressível, sem gradiente de pressão, depende da velocidade de corrente livre, U, da massa específica do fluido, ρ, da viscosidade do fluido, μ, e da distância a partir da borda de ataque da placa, x. Expresse essas variáveis em forma adimensional.

7.13 Se um objeto for leve o suficiente, ele pode ser suportado sobre a superfície de um fluido pela tensão superficial. Testes devem ser realizados para investigar este fenômeno. O peso W, suportável desta forma, depende do perímetro do objeto, p, da massa específica do fluido, ρ, tensão superficial, σ, e da aceleração da gravidade, g. Determine os parâmetros adimensionais que caracterizam este problema.

7.14 A velocidade média, $\bar{u}$, para escoamento turbulento em um tubo ou em uma camada-limite pode ser correlacionada, usando a tensão de cisalhamento na parede, τ_w, a distância da parede, y, e as propriedades do fluido, ρ e μ. Use a análise dimensional para encontrar um parâmetro adimensional contendo $\bar{u}$ e outro contendo y, que sejam adequados para organizar dados experimentais. Mostre que o resultado pode ser escrito como

$$\frac{\bar{u}}{u_*} = f\left(\frac{yu_*}{\nu}\right)$$

em que $u_* = (\tau_w/\rho)^{1/2}$ é a *velocidade de atrito*.

7.15 A energia liberada durante uma explosão, E, é uma função do tempo t após a detonação, do raio R da explosão no tempo t, e da pressão do ar ambiente p, e de sua massa específica ρ. Determine, por meio da análise dimensional, a forma geral da expressão para E em função das outras variáveis.

7.16 Ondas capilares são formadas na superfície livre de um líquido como resultado da tensão superficial. Elas têm comprimentos de onda curtos. A velocidade de uma onda capilar depende da tensão superficial, σ, do comprimento de onda, λ, e da massa específica do líquido, ρ. Use a análise dimensional para expressar a velocidade da onda como uma função dessas variáveis.

7.17 O torque, T, de uma máquina manual para polir automóvel é uma função da velocidade de rotação, ω, da força normal aplicada, F, da rugosidade superficial do automóvel, e, da viscosidade da pasta polidora, μ, e da tensão superficial, σ. Determine os parâmetros adimensionais que caracterizam este problema.

7.18 A potência, $\mathscr{P}$, usada por um aspirador de pó deve ser correlacionada com a quantidade de sucção fornecida (indicada pela queda de pressão, Δp, abaixo da pressão ambiente). Ela também depende do diâmetro da hélice, D, e de sua largura, d, da velocidade de rotação do motor, ω, da massa específica do ar, ρ, e das larguras da entrada e da saída do aspirador, d_e e d_s, respectivamente. Determine os parâmetros adimensionais que caracterizam este problema.

7.19 O tempo, t, para drenagem de óleo para fora de um recipiente de calibração de viscosidade depende da viscosidade, μ, e massa específica, ρ, do fluido, do diâmetro do orifício, d, e da aceleração da gravidade, g. Use a análise dimensional para determinar a dependência funcional de t em relação às outras variáveis. Expresse t na forma mais simples possível.

7.20 A potência por unidade de área de seção transversal, E, transmitida por uma onda sonora, é uma função da velocidade da onda, V, da massa específica do meio, ρ, da amplitude da onda, r, e da frequência da onda, n. Determine, por análise dimensional, a forma geral da expressão de E em função das outras variáveis.

7.21 Uma correia contínua, movendo verticalmente através de um banho de líquido viscoso, arrasta uma camada de líquido de espessura h ao longo dela. Considere que a vazão volumétrica de líquido, Q, depende de μ, ρ, g, h e V, em que V é a velocidade da correia. Aplique a análise dimensional para prever a forma de dependência de Q em relação às outras variáveis.

7.22 Em uma experiência de mecânica dos fluidos em laboratório, um tanque de água de diâmetro D é drenado a partir de um nível inicial, h_0. O orifício de drenagem, perfeitamente arredondado e de bordas muito lisas, tem diâmetro d. Considere que a taxa de massa através do orifício é uma função de h, D, d, g, ρ e μ, em que g é a aceleração da gravidade e ρ e μ são propriedades do fluido. Os dados medidos devem ser correlacionados na forma adimensional. Determine o número de parâmetros adimensionais resultantes. Especifique o número de parâmetros repetentes que deverão ser selecionados para determinar os parâmetros adimensionais. Explicite o parâmetro Π que contém a viscosidade.

7.23 Tanques de água cilíndricos são frequentemente encontrados no topo de altos prédios. Quando um tanque é cheio com água, o fundo do tanque normalmente deflete sob o peso da água que está dentro do tanque. A deflexão, δ, é uma função do diâmetro do tanque, D, da altura da coluna de água, h, da espessura do fundo do tanque, d, do peso específico da água, γ, e do módulo de elasticidade do material do tanque, E. Determine a relação funcional entre esses parâmetros usando grupos adimensionais.

7.24 Gotículas são formadas quando um jato de líquido é borrifado por *spray* em processos de injeção de combustível. Considere que o diâmetro da gotícula resultante, d, dependa da massa específica, da viscosidade e da tensão superficial do líquido, bem como da velocidade, V, e do diâmetro, D, do jato. Quantas razões adimensionais são necessárias para caracterizar este processo? Determine essas razões.

7.25 O diâmetro, d, dos pontos impressos por uma impressora a jato de tinta depende da viscosidade, μ, da massa específica, ρ, e da tensão superficial, σ, da tinta, bem como do diâmetro do bocal, D, da distância, L, do bocal à superfície do papel, e da velocidade do jato de tinta, V. Use a análise dimensional para encontrar os parâmetros Π que caracterizam o comportamento do jato de tinta.

7.26 A velocidade terminal, V, de caixas de transporte deslizando para baixo sobre uma camada de ar em uma rampa (injetada por meio de inúmeros orifícios na superfície inclinada) depende da massa da caixa, m, da área da base, A, da aceleração da gravidade, g, do ângulo de inclinação da rampa, θ, da viscosidade do ar, μ, e da espessura da camada de ar, δ. Use a análise dimensional para encontrar os parâmetros Π que caracterizam esse fenômeno.

7.27 O comprimento w da esteira atrás de um aerofólio é uma função da velocidade do escoamento V, do comprimento de corda L, da espessura t, da massa específica, ρ, e da viscosidade dinâmica, μ, do fluido. Determine os parâmetros adimensionais que caracterizam este fenômeno.

7.28 O agitador de uma máquina de lavar deve ser projetado. A potência, $\mathscr{P}$, requerida para o agitador deve ser correlacionada com a quantidade de água usada (indicada pela profundidade, H, de água). A potência também depende do diâmetro do agitador, D, da altura, h, da velocidade angular máxima, $\omega_{máx}$, da frequência de oscilações, f, da massa específica da água, ρ, e da viscosidade da água, μ. Determine os parâmetros adimensionais que caracterizam esse problema.

7.29 Bocais com escoamento com ondas de choque são frequentemente usados para medir o escoamento de gases através de tubulações. A vazão mássica do gás supostamente depende da área do bocal A, da pressão p, da temperatura T a montante do medidor, e da constante R do gás. Determine quantos parâmetros Π independentes podem ser formados para esse problema. Estabeleça a relação funcional para a vazão mássica em função dos parâmetros adimensionais.

7.30 O tempo, t, para um volante, com momento de inércia, I, alcançar uma velocidade angular, ω, a partir do repouso, depende do torque aplicado, T, bem como das seguintes propriedades do mancal do volante: a viscosidade do óleo μ, a folga δ, o diâmetro D e o comprimento L. Use a análise dimensional para determinar os parâmetros Π que caracterizam esse fenômeno.

7.31 Um grande tanque de líquido sob pressão é drenado através de um bocal de perfil suave e liso, de área A. Considera-se que a vazão em massa depende da área do bocal, A, da massa específica do líquido, ρ, da diferença de altura entre a superfície do líquido e o bocal, h, da pressão manométrica no tanque, Δp e da aceleração da gravidade, g. Determine quantos parâmetros Π independentes podem ser formados para este problema. Determine os parâmetros adimensionais. Enuncie a relação funcional para a vazão em massa em função dos parâmetros adimensionais.

7.32 A ventilação na boate de um navio de turismo é insuficiente para limpar a fumaça de cigarros e similares (nesse navio ainda não é completamente proibido fumar). Testes devem ser realizados para verificar se um ventilador extrator mais potente funcionará. A concentração de fumaça, c (partículas por metro cúbico de ar), depende do número de fumantes, N, da perda de pressão produzida pelo ventilador, Δp, do diâmetro do ventilador, D, da velocidade do motor, ω, da massa específica das partículas de fumaça e do ar, ρ_p e ρ, respectivamente, da aceleração da gravidade, g, e da viscosidade do ar, μ. Determine os parâmetros adimensionais que caracterizam este problema.

7.33 A taxa de combustão $\dot{m}$ de massa de um gás inflamável é uma função da espessura da chama, δ, da massa específica do gás, ρ, da difusividade térmica, α, e da difusividade de massa D. Usando a análise dimensional, determine a forma funcional desta dependência em função dos parâmetros adimensionais. Note que α e D têm as dimensões L^2/t.

7.34 Em um forno de convecção assistido por ventilador, a taxa de transferência de calor para um assado, $\dot{Q}$ (energia por unidade de tempo), depende, por suposição, do calor específico do ar, c_p, da diferença de temperatura, Θ, de uma escala de comprimento, L, da massa específica do ar, ρ, da viscosidade do ar, μ, e da velocidade do ar, V. Quantas dimensões básicas estão incluídas nestas variáveis? Determine o número de parâmetros Π necessários para caracterizar o forno. Avalie os parâmetros Π.

7.35 O empuxo de uma hélice de embarcação deve ser medido durante testes de "água-aberta" a diversas velocidades angulares e velocidades à frente ("velocidades de avanço"). Supõe-se que o empuxo, F_T, depende da massa específica da água, ρ, do diâmetro da hélice, D, da velocidade de avanço, V, da aceleração da gravidade, g, da velocidade angular, ω, da pressão no líquido, p, e da viscosidade do líquido, μ. Desenvolva um conjunto de parâmetros adimensionais para caracterizar o desempenho da hélice. (Um dos parâmetros resultantes, gD/V^2, é conhecido como a *velocidade de avanço de Froude*.)

7.36 A potência, $\mathscr{P}$, necessária para acionar uma hélice depende das seguintes variáveis: velocidade da corrente livre, V, diâmetro da hélice, D, velocidade angular, ω, viscosidade do fluido, μ, massa específica do fluido, ρ, e velocidade do som no fluido, c. Quantos grupos adimensionais são necessários para caracterizar essa situação? Obtenha esses grupos adimensionais.

7.37 A velocidade do fluido, u, em qualquer ponto em uma camada-limite depende da distância, y, do ponto acima da superfície, da velocidade da corrente livre, U, e do gradiente de velocidade da corrente livre, dU/dx, da viscosidade cinemática do fluido, v, e da espessura da camada-limite, δ. Quantos grupos adimensionais são requeridos para descrever esse problema? Determine: (a) dois grupos Π por inspeção, (b) um grupo Π que é um grupo-padrão em mecânica dos fluidos, e (c) quaisquer grupos Π remanescentes usando o teorema Pi de Buckingham.

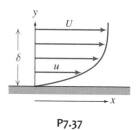

P7.37

Semelhança de Escoamentos e Estudos de Modelos

7.38 Os projetistas de um grande balão, que operará ancorado para coleta de amostras e análise de poluição atmosférica, desejam saber que arrasto haverá sobre o balão para uma velocidade máxima de vento admitida de 5 m/s (o ar é considerado a 20°C). Para isso, um modelo em escala 1:20 é construído para teste a 20°C. Que velocidade de água é requerida para modelar o protótipo? Em que velocidade o arrasto medido do modelo será 2 kN. Qual será o arrasto correspondente do protótipo?

7.39 Uma aeronave deve operar a 40 m/s no ar na condição-padrão. Um modelo é construído em escala 1:40 e testado em um túnel de vento com ar na temperatura-padrão para determinar o arrasto. Que critério deve ser considerado para se obter semelhança dinâmica? Se o modelo for testado a 75 m/s, que pressão deve ser usada no túnel de vento? Se a força de arrasto sobre o modelo for 300 N, qual será a força de arrasto sobre o protótipo?

7.40 Para igualar os números de Reynolds em escoamentos de ar e de água, utilizando modelos de mesmo tamanho, qual escoamento requererá maior velocidade? Quanto maior deve ser a velocidade?

7.41 Um navio deve ser movido por um cilindro circular rotativo. Testes de modelo são planejados para estimar a potência requerida para girar o cilindro protótipo. Uma análise dimensional é necessária para transportar por escala os resultados dos testes do modelo para o protótipo. Liste os parâmetros que deveriam ser incluídos na análise dimensional. Faça uma análise dimensional para identificar os grupos adimensionais importantes.

7.42 Medições da força de arrasto são feitas em um modelo de automóvel em um tanque de provas cheio com água doce. A escala do modelo é 1:5 em relação ao protótipo. Enuncie as condições necessárias para garantir semelhança dinâmica entre o modelo e o protótipo. Determine a fração da velocidade do protótipo no ar com a qual deve ser feito o teste do modelo em água a fim de assegurar condições de semelhança dinâmica. Medições feitas em várias velocidades mostram que a razão adimensional de forças torna-se constante para velocidades de teste do modelo acima de $V_m = 4$ m/s. A força de arrasto medida durante um teste com esta velocidade é $F_{Dm} = 182$ N. Calcule o arrasto esperado sobre o veículo protótipo trafegando a 90 km/h no ar.

7.43 Em um navio de turismo, os passageiros reclamam sobre o ruído proveniente dos propulsores do navio (provavelmente devido aos efeitos do escoamento turbulento entre os propulsores e o navio). Você já esteve engajado na determinação da fonte deste ruído. Você estudará o modelo de escoamento em torno dos propulsores e usará um tanque de água em escala 1:10. Se os propulsores do navio giram a 120 rpm, estime a rotação do propulsor do modelo se (a) o número de Froude ou (b) o número de Reynolds é o grupo adimensional de governo. Qual deles conduzirá à melhor modelagem?

7.44 Um modelo de torpedo em escala 1:7 é testado em um túnel de vento para determinar a força de arrasto. O protótipo opera em água, tem 547 mm de diâmetro e 7,1 m de comprimento. A velocidade de operação desejada do protótipo é 32 m/s. Para evitar efeitos de compressibilidade no túnel de vento, a velocidade máxima é limitada em 115 m/s. Entretanto, a pressão no túnel de vento pode variar enquanto a temperatura é mantida constante em 25°C. Em que pressão mínima deverá o túnel de vento operar para se obter um teste dinamicamente semelhante? Em condições de teste dinamicamente semelhante, a força de arrasto sobre o modelo é medida como 628 N. Avalie a força de arrasto esperada sobre o torpedo em escala natural.

7.45 O arrasto de um aerofólio em ângulo de ataque zero é uma função da massa específica, viscosidade e velocidade, além de um parâmetro de comprimento. Um modelo em escala 1:5 de um aerofólio foi testado em um túnel de vento a uma velocidade de 40 m/s, temperatura de 15°C e pressão absoluta de 3800 mm Hg. O aerofólio protótipo tem um comprimento de corda igual a 1,8 m, e voará no ar-padrão. Determine o número de Reynolds no qual o modelo foi testado no túnel de vento e a correspondente velocidade do protótipo no mesmo número de Reynolds.

7.46 Considere uma esfera lisa, de diâmetro D, imersa em um fluido movendo com velocidade V. A força de arrasto sobre um balão meteorológico com 3 m de diâmetro, movendo no ar a 1,5 m/s, deve ser calculada partindo de dados de teste. O teste deve ser realizado na água, usando um modelo com 50 mm de diâmetro. Sob condições de semelhança dinâmica, a força de arrasto sobre o modelo é medida como 3,8 N. Avalie a velocidade de teste do modelo e a força de arrasto esperada sobre o balão em escala natural.

7.47 Uma asa de avião, com comprimento de corda igual a 2 m e 12 m de envergadura, é projetada para voar no ar-padrão a uma velocidade de 10 m/s. Um modelo em escala 1:20 desta asa deve ser testado em um túnel de água. Que velocidade é necessária no túnel de água para atingir a semelhança dinâmica? Qual será a razão entre as forças medidas no modelo e aquelas sobre a asa protótipo?

7.48 As características fluidodinâmicas de uma bola de golfe devem ser testadas usando um modelo em um túnel de vento. Os parâmetros dependentes são a força de arrasto, F_D, e a força de sustentação, F_L, sobre a bola. Os parâmetros independentes devem incluir a velocidade angular, ω, e a profundidade das cavidades da bola, d. Determine parâmetros adimensionais adequados e expresse a dependência funcional entre eles. Um profissional de golfe pode golpear uma bola a $V = 75$ m/s e $\omega = 8100$ rpm. Para modelar essas condições em um túnel de vento com velocidade máxima de 25 m/s, que diâmetro de modelo deve ser utilizado? Quão rápido deve o modelo girar? (O diâmetro de uma bola de golfe oficial americana é 4,27 cm.)

7.49 Uma bomba de água com diâmetro de hélice igual a 60 cm deve ser projetada para bombear 0,4 m³/s quando operando a 750 rpm. Testes são realizados sobre um modelo em escala 1:4 operando a 2400 rpm usando o ar (20°C) como fluido de trabalho. Para condições similares (desprezando os efeitos do número de Reynolds), qual será a vazão do modelo? Se o modelo consome 75 W, qual será o requerimento de potência do protótipo?

7.50 Um teste de modelo é realizado para determinar as características de voo de um "Frisbee". Os parâmetros dependentes são a força de arrasto, F_D, e a força de sustentação, F_L. Os parâmetros independentes deverão incluir a velocidade angular, ω, e a altura das rugosidades, h. Determine parâmetros adimensionais adequados e expresse a dependência funcional entre eles. O teste (usando ar) em um modelo em escala de 1:7 de um Frisbee deve assegurar semelhança geométrica, cinemática e dinâmica para o protótipo. As condições de teste no túnel de vento são $V_m = 42$ m/s e $\omega_m = 5000$ rpm. Quais são os valores correspondentes de V_p e ω_p?

7.51 Um modelo de hidrofólio deve ser testado em escala de 1:20. A velocidade de teste escolhida deve reproduzir o número de Froude correspondente à velocidade do protótipo de 30 m/s. Para modelar a cavitação corretamente, o índice de cavitação também deve ser reproduzido. Em que pressão ambiente deve ser realizado o teste? A água no tanque de teste do modelo pode ser aquecida a 54°C, comparada aos 7°C para o protótipo.

7.52 Óleo SAE 10W, a 25°C, escoa em um tubo horizontal de diâmetro 25 mm a uma velocidade média de 1 m/s, produzindo uma queda de pressão de 450 kPa (manométrica) sobre um comprimento de 150 m. Água a 15°C escoa através do mesmo tubo sob condições de semelhança dinâmica. Usando os resultados do Exemplo 7.2, calcule a velocidade média do escoamento de água e a correspondente queda de pressão.

7.53 A velocidade de um protótipo de um submarino é de 12 m/s. Um modelo é construído em escala de 28:1 e testado em um túnel de vento. Determine a velocidade do ar no túnel de vento. Também determine a razão de arrasto entre o modelo do submarino e seu protótipo. A viscosidade cinemática da água do mar é 0,015 stoke, e a do ar é 0,018 stoke. A massa específica do ar é dada como 1,35 kg/m³, e para a água do mar é dada como 1080 kg/m³.

7.54 Um modelo em escala 1:8 de um conjunto cavalo-reboque é testado em um túnel de vento pressurizado. A largura, altura e comprimento do modelo são, respectivamente, $W = 0,305$ m, $H = 0,476$ m e $L = 2,48$ m. Para uma velocidade do vento de $V = 75,0$ m/s, a força de arrasto sobre o modelo é $F_D = 128$ N. (A massa específica do ar no túnel é $\rho = 3,23$ kg/m³.) Calcule o coeficiente de arrasto aerodinâmico para o modelo. Compare os números de Reynolds para o teste com modelo e para a carreta protótipo a 88 km/h. Calcule a força de arrasto aerodinâmico sobre o protótipo a uma velocidade de estrada de 88 km/h, com vento contrário de 16 km/h.

7.55 Em um navio de turismo, os passageiros reclamam sobre a quantidade de fumaça proveniente da descarga do motor de combustão. Você já esteve engajado no estudo do escoamento em torno da tubulação de descarga de um motor de combustão, e decidiu usar um modelo em escala 1:15 do tubo de descarga com 4,75 m de comprimento. Que faixa de velocidade do túnel de vento você poderia usar se a velocidade do navio em que o problema ocorre fosse de 6 a 12 m/s?

7.56 O comportamento aerodinâmico de um inseto voador deve ser investigado em um túnel de vento usando um modelo em escala de 1:8. Se o inseto bate suas asas 60 vezes por segundo quando voa a 1,5 m/s, determine a velocidade do ar no túnel de vento e a frequência de oscilação da asa requerida para semelhança dinâmica. Você esperaria que isso fosse um modelo prático ou de sucesso para gerar uma sustentação de asas facilmente mensurável? Se não, você teria uma sugestão de um fluido diferente (por exemplo, água, ou ar a uma pressão e/ou temperatura diferente) que pudesse produzir uma modelagem melhor?

7.57 Um teste de modelo de um conjunto cavalo-reboque é realizado em um túnel de vento. A força de arrasto, F_D, é considerada ser dependente da área frontal, A, da velocidade do vento, V, da massa específica do ar, ρ, e da viscosidade do ar, μ. A escala do modelo é 1:4; a área frontal do modelo é $A = 0,625$ m². Obtenha um conjunto de parâmetros adimensionais adequados para organizar os resultados do teste com o modelo. Defina as condições necessárias para alcançar a semelhança dinâmica entre os escoamentos de modelo e de protótipo. Quando testado à velocidade do vento $V = 89,6$ m/s, no ar-padrão, a força de arrasto medida sobre o modelo foi $F_D = 2,46$ kN. Considerando semelhança dinâmica, estime a força de arrasto aerodinâmico sobre a carreta em tamanho real a $V = 22,4$ m/s. Calcule a potência necessária para vencer essa força de arrasto, se não houver vento.

7.58 Testes são realizados em um modelo de barco em escala 1:10. Qual deve ser a viscosidade cinemática do fluido do modelo se os fenômenos de arrasto de atrito e de onda forem corretamente modelados? O barco em escala real será utilizado em um lago de água doce onde a temperatura média da água é de 10°C.

7.59 Um automóvel deve trafegar a 96 km/h em ar-padrão. Para determinar a distribuição de pressão, um modelo em escala 1:5 deve ser testado em água. Que fatores devem ser considerados de modo a assegurar semelhança cinemática nos testes? Determine a velocidade da água que deve ser empregada. Qual a razão correspondente de forças de arrasto entre os escoamentos sobre o protótipo e sobre o modelo? O mais baixo coeficiente de pressão é $C_p = -1,4$ no local de mínima pressão estática sobre a superfície. Estime a mínima pressão no túnel necessária para evitar cavitação, se este fenômeno se desencadeia a um índice de 0,5.

7.60 Um modelo em escala 1:50 de um submarino deve ser testado em um tanque de teste de reboque sob duas condições: movimento na superfície livre e movimento bem abaixo da superfície livre. Os testes são realizados em água doce. Na superfície, o submarino tem velocidade de 12 m/s. A que velocidade deve o modelo ser rebocado para garantir similaridade dinâmica? Abaixo da superfície, a velocidade do submarino é 0,18 m/s. A que velocidade deve o modelo ser rebocado para garantir similaridade dinâmica? Por qual fator o arrasto do modelo deve ser multiplicado para obter o arrasto do submarino em tamanho real?

7.61 Um túnel de vento está sendo usado para estudar a aerodinâmica de um modelo de foguete em tamanho real que possui 30 cm de comprimento. A escala para cálculo do arrasto é baseada no número de Reynolds. O foguete possui uma velocidade máxima prevista em 190 km/h. Qual é o número de Reynolds para esta velocidade? Considere que o ar ambiente está a 20°C. O túnel de vento é capaz de produzir velocidades até 160 km/h; de modo que uma tentativa é feita para melhorar esta velocidade máxima por meio da variação da temperatura do ar. Calcule a velocidade equivalente para o túnel de vento usando o ar a 5°C e 65°C. Se o ar fosse substituído por dióxido de carbono as velocidades atingidas seriam maiores?

7.62 Considere o escoamento de água em torno de um cilindro circular, de diâmetro D e comprimento l. Além da geometria, sabe-se que a força de arrasto é dependente da velocidade do líquido, V, da massa específica, ρ, e da viscosidade, μ. Expresse a força de arrasto, F_D, em forma adimensional como uma função de todas as variáveis relevantes. A distribuição de pressão estática sobre um cilindro circular, medida no laboratório, pode ser expressa em termos do coeficiente adimensional de pressão; o mais baixo coeficiente de pressão é $C_p = -2,8$, no ponto da mínima pressão estática sobre a superfície do cilindro. Estime a máxima velocidade com a qual um cilindro pode ser rebocado na água, à pressão atmosférica, sem causar cavitação, se o índice de cavitação incipiente for 0,7.

7.63 Um recipiente circular, parcialmente cheio com água, é girado em torno do seu eixo com velocidade angular constante, ω. Em um instante qualquer, τ, após o início da rotação, a velocidade, V_θ, na distância normal r em relação ao eixo de rotação, foi determinada como uma função de τ, ω e das propriedades do líquido. Escreva os parâmetros adimensionais que caracterizam este problema. Se, em outra experiência, mel for girado no mesmo cilindro com a mesma velocidade angular, avalie, usando seus parâmetros adimensionais, se o mel atingirá um movimento permanente tão rápido quanto a água. Explique por que o número de Reynolds não seria um parâmetro adimensional importante na modelagem do movimento do líquido em regime permanente no recipiente.

7.64 Um modelo em escala 1:9 de um conjunto cavalo-reboque é testado em um túnel de vento. A área frontal do modelo é $A_m = 0,2$ m². Quando testado a $V_m = 85$ m/s em ar-padrão, a força de arrasto medida é $F_D = 370$ N. Avalie o coeficiente de arrasto para o modelo nas condições dadas. Considerando que o coeficiente de arrasto seja o mesmo para modelo e protótipo, calcule a força de arrasto sobre uma carreta protótipo a uma velocidade de estrada de 100 km/h. Determine a velocidade do ar na qual o modelo deve ser testado para assegurar resultados dinamicamente semelhantes, se a velocidade do protótipo for 100 km/h. Essa velocidade no ar é prática? Sim ou não? Por quê?

7.65 É recomendado em [8] que a área frontal de um modelo seja inferior a 5% da área da seção de teste de um túnel de vento e $Re = Vw/\nu > 2 \times 10^6$, em que w é a largura do modelo. Além disso, a altura do modelo deve ser inferior a 30% da altura da seção de teste e a largura máxima projetada do modelo na obliquidade máxima (20°) deve ser menor que 30% da largura da seção de teste. A velocidade máxima do ar deve ser inferior a 91 m/s para minimizar efeitos de compressibilidade. Um modelo de um conjunto cavalo-reboque deve ser testado em um túnel com seção de teste de 0,46 m de altura por 0,61 m de largura. A altura, largura e comprimento da carreta em tamanho real são 4,1 m, 2,4 m e 19,8 m, respectivamente. Avalie a razão de escala do maior modelo que atenderia os critérios recomendados. Avalie também se um número de Reynolds adequado pode ou não ser atingido nestas instalações de teste.

7.66 Considera-se que a potência, $\mathscr{P}$, requerida para acionar um ventilador, depende da massa específica do fluido, ρ, da vazão em volume,

290 Capítulo 7

Q, do diâmetro da hélice, D, e da velocidade angular, ω. Se um ventilador com $D_1 = 200$ mm fornece $Q_1 = 0,4$ m³/s de ar a $\omega_1 = 2500$ rpm, qual o tamanho esperado para o diâmetro de um ventilador para que o mesmo forneça $Q_2 = 2,38$ m³/s de ar a $\omega_2 = 1800$ rpm, desde que os mesmos fossem geométrica e dinamicamente semelhantes?

7.67 Testes são realizados em um modelo de embarcação com 1 m de comprimento em um tanque de água. Os resultados obtidos (após a realização de análise de dados) são os seguintes:

V (m/s)	3	6	9	12	15	18	20
D_{Onda} (N)	0	0,125	0,5	1,5	3	4	5,5
D_{Atrito} (N)	0,1	0,35	0,75	1,25	2	2,75	3,25

A consideração é de que a modelagem do arrasto de onda é feita usando o número de Froude, e o arrasto de atrito pelo número de Reynolds. A embarcação em tamanho normal terá 50 m de comprimento quando construída. Estime o arrasto total quando essa embarcação está navegando a 7,7 m/s, e a 10,3 m/s, em um lago de água doce.

7.68 Uma bomba de água, centrífuga, funcionando à velocidade $\omega = 800$ rpm, tem os seguintes dados para a vazão Q e altura de carga Δp:

Q (m³/h)	0	100	150	200	250	300	325	350
Δp (kPa)	361	349	328	293	230	145	114	59

A altura de carga Δp é uma função da vazão, Q, da velocidade, ω, do diâmetro do rotor, D, e da massa específica da água, ρ. Trace um gráfico da altura de carga em função da vazão. Determine os dois parâmetros Π para esse problema e, a partir dos dados da tabela, trace a curva de um parâmetro *versus* o outro. Usando o *Excel*, faça uma análise de linha de tendência dessa curva e, em seguida, gere e trace um gráfico da altura de carga em função da vazão para velocidades do rotor de 600 rpm e 1200 rpm.

7.69 Uma bomba de fluxo axial é necessária para fornecer 0,75 m³/s de água com uma altura de carga de 15 J/kg. O diâmetro do rotor é 0,25 m e ele será acionado a 500 rpm. O protótipo deve ser modelado em um pequeno dispositivo de teste com potência 2,25 kW a 1000 rpm. Para a condição de desempenho semelhante entre protótipo e modelo, calcule a altura de carga, a vazão volumétrica e o diâmetro do rotor do modelo.

7.70 Um modelo de vertedouro geometricamente similar tem descarga por metro de comprimento igual a 1/5 m³/s. A escala do modelo é 1/30. Determine a descarga por metro de comprimento do protótipo.

7.71 Gotas de água são produzidas por um mecanismo que se acredita seguir o modelo $d_p = D (We)^{-3/5}$. Nesta equação, d_p é o tamanho da gota, D é proporcional a um comprimento em escala, e We é o número de Weber. Na construção do modelo ampliado, se o comprimento característico em escala for aumentado por 20 e a velocidade for diminuída por um fator de 5, como difeririam as gotas em pequena e em larga escala para o mesmo material da gota, por exemplo, a água?

7.72 Túneis de vento de circuito fechado podem produzir velocidades mais altas do que aqueles de circuito-aberto, com a mesma potência de acionamento, porque há recuperação de energia no difusor a jusante da seção de teste. A *razão de energia cinética* é uma figura de mérito definida como a razão entre o fluxo de energia cinética na seção de teste e a potência de acionamento. Estime a razão de energia cinética para o túnel de vento de 12,2 m × 24,4 m da NASA-Ames, descrito no final da Seção 7.6.

7.73 Um modelo em escala 1:16 de um caminhão de 20 m de comprimento é testado a 80 m/s em um túnel de vento, onde o gradiente axial de pressão estática é −11,17 N/m² por metro. A área frontal do protótipo é 9,9 m². Estime a correção para o empuxo horizontal para esta situação. Expresse a correção como uma fração do C_D medido, se $C_D = 0,85$.

7.74 Com frequência observa-se uma bandeira tremulando ao vento em um mastro. Explique por que isso ocorre.

7.75 Um modelo em escala 1:16 de um ônibus é testado em um túnel de vento com ar-padrão. O modelo tem 154 mm de largura, 204 mm de altura e 768 mm de comprimento. A força de arrasto medida a uma velocidade do vento de 28,5 m/s é 6,18 N. O gradiente de pressão longitudinal na seção de teste do túnel de vento é −12,4 N/m²/m. Estime a correção que deverá ser feita na força de arrasto medida para compensar o efeito do empuxo horizontal causado pelo gradiente de pressão na seção de teste. Calcule o coeficiente de arrasto do modelo. Avalie a força de arrasto aerodinâmico sobre o protótipo a 120 km/h em um dia calmo.

CAPÍTULO 8

Escoamento Interno Viscoso e Incompressível

8.1 Características de Escoamento Interno

Parte A Escoamento Laminar Completamente Desenvolvido

8.2 Escoamento Laminar Completamente Desenvolvido entre Placas Paralelas Infinitas

8.3 Escoamento Laminar Completamente Desenvolvido em um Tubo

Parte B Escoamento em Tubos e Dutos

8.4 Distribuição de Tensão de Cisalhamento no Escoamento Completamente Desenvolvido em Tubos

8.5 Perfis de Velocidade em Escoamentos Turbulentos Completamente Desenvolvidos em Tubos

8.6 Considerações de Energia no Escoamento em Tubos

8.7 Cálculo da Perda de Carga

8.8 Solução de Problemas de Escoamento em Tubo

Parte C Medição de Vazão

8.9 Medidores de Vazão de Restrição para Escoamentos Internos

8.10 Resumo e Equações Úteis

Estudo de Caso

"Laboratório em um Chip"

Uma área nova e excitante em mecânica dos fluidos é a micromecânica dos fluidos, aplicada aos sistemas microeletromecânicos (MEMS – a tecnologia de dispositivos muito pequenos, geralmente abrangendo a faixa em tamanho de 1 micrômetro a 1 milímetro). Em particular, um grande número de pesquisas está sendo realizado com a tecnologia "laboratório em um chip", a qual possui muitas aplicações. Um exemplo ocorre na medicina, com dispositivos para uso em diagnósticos de doenças em atendimentos de urgência, tais como detecção em tempo real bactérias, vírus e cânceres no corpo humano. Na área de segurança, existem dispositivos que recolhem e testam continuamente amostras de água ou de ar para analisar a existência de toxinas bioquímicas e outras patogenias perigosas, tais como aquelas para as quais os sistemas de alerta precoce estão sempre ligados.

Por causa da geometria extremamente pequena, os escoamentos em tais dispositivos terão números de Reynolds muito baixos e, portanto, serão laminares; os efeitos da tensão superficial também serão significativos. Em muitas aplicações ordinárias (por exemplo, tubulações de água típicas e dutos de condicionamento de ar), os escoamentos laminares seriam desejáveis, porém o escoamento é turbulento – o custo econômico de se bombear um escoamento turbulento é maior em comparação com um escoamento laminar. Em determinadas aplicações, a turbulência é desejável por atuar como um mecanismo de mistura. Caso você não pudesse gerar uma turbulência em sua xícara de café, seria necessário muito movimento antes que o creme e o café estivessem suficientemente misturados; se o escoamento de seu sangue nunca se tornasse turbulento, você não teria oxigênio suficiente para os órgãos e músculos! No laboratório em um chip, o escoamento turbulento é normalmente desejável porque o objetivo nesses dispositivos é frequentemente misturar pequenas quantidades de dois ou mais fluidos.

Como fazemos para misturar fluidos em tais dispositivos que são inerentemente laminares? Poderíamos usar geometrias complexas, ou canais relativamente longos (contando com a difusão molecular), ou algum tipo de dispositivo MEM com pás. Uma pesquisa realizada pelos professores Goullet, Glasgow e Aubry, no Instituto de Tecnologia de Nova Jersey, sugere como alternativa pulsar os dois fluidos. A parte *a* da figura mostra um esquema de dois fluidos a uma taxa constante (em torno de 25 nanolitros/s, velocidade média menor do que 2 mm/s, em dutos com largura em torno de 200 μm) se encontrando em uma junção tipo T. Os dois fluidos não se misturam por causa da forte natureza laminar do escoamento. A parte *b* da figura mostra um esquema instantâneo de um escoamento pulsante, e a parte *c* mostra um instante calculado usando um modelo para dinâmica dos fluidos computacionais (CFD) para o mesmo escoamento. Nesse caso, a interface entre as amostras dos dois fluidos estica e dobra, levando a uma boa mistura não turbulenta no espaço de 2 mm a montante da confluência (depois de aproximadamente 1 s de contato). Tal equipamento compacto de mistura seria ideal para muitas das aplicações anteriormente mencionadas.

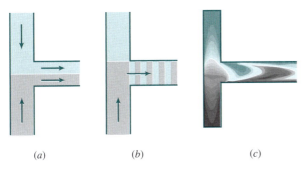

Mistura de dois fluidos em um "laboratório em um chip".

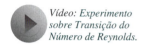

Vídeo: Experimento sobre Transição do Número de Reynolds.

Os escoamentos completamente limitados por superfícies sólidas são denominados escoamentos internos. Desse modo, os escoamentos internos incluem escoamentos em tubos, dutos, bocais, difusores, contrações e expansões súbitas, válvulas e acessórios.

Os escoamentos internos podem ser laminares ou turbulentos. Alguns casos de escoamentos laminares podem ser resolvidos analiticamente. No caso de escoamento turbulento, as soluções analíticas não são possíveis e devemos apoiar-nos fortemente em teorias semiempíricas e em dados experimentais. A natureza dos escoamentos laminar e turbulento foi discutida na Seção 2.6. Para escoamentos internos, o regime de escoamento (laminar ou turbulento) é primariamente uma função do número de Reynolds.

Neste capítulo consideraremos somente escoamentos incompressíveis; portanto, estudaremos o escoamento de líquidos bem como de gases que possuem transferência de calor desprezível e para os quais o número de Mach é $M < 0,3$; um valor de $M = 0,3$ no ar corresponde a uma velocidade de aproximadamente 100 m/s. Após uma breve introdução, este capítulo é dividido nas seguintes partes:

Parte A: A Parte A apresenta uma discussão sobre o escoamento laminar completamente desenvolvido de um fluido newtoniano entre placas paralelas e em um tubo. Estes dois casos podem ser estudados analiticamente.

Parte B: A Parte B é sobre escoamentos laminares e turbulentos em tubos e dutos. A análise do escoamento laminar segue a partir da Parte A; o escoamento turbulento (que é o mais comum) é muito complexo para ser analisado teoricamente, dessa forma dados experimentais serão utilizados para desenvolver técnicas de solução.

Parte C: A Parte C é uma discussão de métodos de medição de escoamento.

8.1 *Características de Escoamento Interno*

Escoamento Laminar *Versus* Turbulento

Vídeo: Escoamento em tubo: Laminar

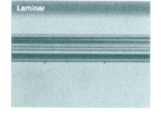

Vídeo: Escoamento em tubo: Transição

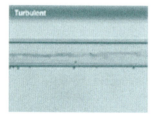

Como discutido previamente na Seção 2.6, o regime de escoamento em um tubo (laminar ou turbulento) é determinado pelo número de Reynolds, $Re = \rho \bar{V} D / \mu$. Pode-se demonstrar, pelo clássico experimento de Reynolds, a diferença qualitativa entre escoamentos laminar e turbulento. Nesse experimento, a água escoa de um grande reservatório através de um tubo transparente. Um fino filamento de corante injetado na entrada do tubo permite a observação visual do escoamento. Em vazões baixas (números de Reynolds baixos), o corante injetado no escoamento mantém-se em um filamento único ao longo do tubo; há pouca dispersão de corante porque o escoamento é laminar. Um escoamento laminar é aquele no qual o fluido escoa em lâminas ou camadas; não há mistura macroscópica de camadas adjacentes de fluido.

À medida que a vazão através do tubo é aumentada, o filamento de corante torna-se instável e parte-se em um movimento aleatório pelo tubo; a linha de corante torna-se esticada e torcida em uma miríade de novelos de fluido e rapidamente se dispersa por todo o campo de escoamento. Esse comportamento do escoamento turbulento é causado por pequenas flutuações de velocidade de alta frequência, superpostas ao movimento médio de um escoamento turbulento, conforme ilustrado anteriormente na Fig. 2.17; a mistura de partículas de camadas adjacentes de fluido resulta na rápida dispersão do corante. Mencionamos no Capítulo 2 um exemplo diário sobre a diferença entre escoamentos laminar e turbulento — quando você gira suavemente a torneira de água da cozinha (não gaseificada). Para vazões muito baixas, a água sai lentamente (indicando escoamento laminar no tubo); para altas vazões, o escoamento é agitado (escoamento turbulento).

Sob condições normais, a transição para turbulência ocorre em $Re \approx 2300$ para escoamento em tubos: para o escoamento de água em um tubo com diâmetro interno de 25 mm, isso corresponde a uma velocidade média de 0,091 m/s. Com o cuidado necessário para manter o escoamento livre de perturbações, e com superfícies lisas, os experimentos realizados até hoje têm sido capazes de manter escoamento laminar dentro de um tubo com números de Reynolds de até cerca de 100.000! Contudo, na maioria das situações de engenharia, o escoamento não é controlado com tanto cuidado, de modo que vamos tomar $Re \approx 2300$ como nossa referência para a transição para a tur-

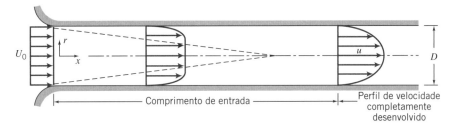

Fig. 8.1 Escoamento na região de entrada de um tubo.

bulência. Números de Reynolds de transição para algumas outras situações de escoamento são dados nos exemplos. A turbulência ocorre quando as forças viscosas no fluido não são capazes de conter flutuações aleatórias no movimento do fluido (geradas, por exemplo, pela rugosidade da parede de um tubo), e o escoamento torna-se caótico. Por exemplo, um fluido de alta viscosidade, tal como óleo de motor, é capaz de conter as flutuações mais efetivamente do que um fluido de baixa viscosidade e, por isso, permanece laminar mesmo em vazões relativamente altas. Por outro lado, um fluido de alta densidade irá gerar forças de inércia significativas devido às flutuações aleatórias no movimento, e esse fluido experimentará transição para turbulência em vazões relativamente baixas.

A Região de Entrada

A Fig. 8.1 ilustra um escoamento laminar na região de entrada de um tubo circular. O escoamento tem velocidade uniforme U_0 na entrada do tubo. Por causa da condição de não deslizamento, sabemos que a velocidade na parede do tubo deve ser zero em toda a extensão do tubo. Uma camada-limite (Seção 2.6) desenvolve-se ao longo das paredes do tubo. A superfície sólida exerce uma força de cisalhamento de retardamento sobre o escoamento; assim, a velocidade do fluido nas vizinhanças da superfície sólida é reduzida. Nas seções sucessivas ao longo do tubo, nessa região de entrada, o efeito da superfície sólida é sentido cada vez mais para dentro do escoamento.

Para escoamento incompressível, a conservação de massa exige que, conforme a velocidade na proximidade da parede é reduzida, a velocidade na região central sem atrito do tubo deve crescer ligeiramente para compensar; para essa região central não viscosa, portanto, a pressão (conforme indicado pela equação de Bernoulli) também deve cair um pouco.

Suficientemente longe da entrada do tubo, a camada-limite em desenvolvimento sobre a parede do tubo atinge a linha de centro do tubo e o escoamento torna-se inteiramente viscoso. A forma do perfil de velocidade muda, então, ligeiramente depois que o núcleo inviscido desaparece. Quando a forma do perfil não mais varia com o aumento da distância x, o escoamento está *completamente desenvolvido*. A distância a jusante, a partir da entrada, até o local onde se inicia o escoamento completamente desenvolvido, é chamada de *comprimento de entrada*. A forma real do perfil de velocidade completamente desenvolvido depende do escoamento ser laminar ou turbulento. Na Fig. 8.1, o perfil é mostrado qualitativamente para um escoamento laminar. Embora os perfis de velocidade para alguns escoamentos laminares completamente desenvolvidos possam ser obtidos pela simplificação das equações completas do movimento apresentadas no Capítulo 5, escoamentos turbulentos não podem ser tratados assim.

Para escoamento laminar, o comprimento de entrada, L, é uma função do número de Reynolds,

$$\frac{L}{D} \simeq 0{,}06 \frac{\rho \overline{V} D}{\mu} \tag{8.1}$$

em que $\overline{V} \equiv Q/A$ é a velocidade média (como a vazão $Q = A\overline{V} = AU_0$, temos $\overline{V} = U_0$). Escoamento laminar em um tubo pode ser esperado apenas para números de Reynolds menores que 2300. Assim, o comprimento de entrada para escoamento laminar em tubos pode ser tão grande quanto

$$L \simeq 0.06 \, ReD \leq (0.06)(2300) \, D = 138D$$

ou aproximadamente 140 diâmetros do tubo. Se o escoamento for turbulento, a mistura intensa entre camadas de fluido causa o crescimento mais rápido da camada-limite. Experiências mostram que o perfil de velocidades médias torna-se plenamente desenvolvido para distâncias entre 25 e 40 diâmetros de tubo a partir da entrada. Contudo, os detalhes do movimento turbulento podem não estar completamente desenvolvidos para distâncias de 80 ou mais diâmetros de tubo. Agora, estamos prontos para estudar escoamentos internos laminares (Parte A), bem como escoamentos laminar e turbulentos em tubos e dutos (Parte B). Para esses, vamos focar no que acontece depois da região de entrada, isto é, na região de escoamento completamente desenvolvido.

Parte A ESCOAMENTO LAMINAR COMPLETAMENTE DESENVOLVIDO

Nesta seção, consideraremos alguns poucos exemplos clássicos de escoamento laminar completamente desenvolvido. Nosso objetivo é acumular informações detalhadas a respeito do campo de velocidade, pois o conhecimento do campo de velocidade permite cálculos de tensão de cisalhamento, de queda de pressão e de vazão.

8.2 *Escoamento Laminar Completamente Desenvolvido entre Placas Paralelas Infinitas*

O escoamento entre placas paralelas é atraente porque essa é a geometria mais simples possível, mas por que *haveria* um fluxo entre as placas? A resposta é que o escoamento poderia ser gerado pela aplicação de um gradiente de pressão paralelo às placas, ou pelo movimento de uma placa em relação à outra, ou pela ação de uma força de campo (por exemplo, a gravidade) paralela aos planos, ou pela combinação desses mecanismos de movimento. Vamos considerar todas essas possibilidades.

Ambas as Placas Estacionárias

O fluido de um sistema hidráulico de alta pressão (tal como o sistema de freios de um automóvel) com frequência vaza através da folga anular entre um pistão e um cilindro. Para folgas muito pequenas (tipicamente 0,005 mm ou menos), esse campo de escoamento pode ser modelado como um escoamento entre placas paralelas infinitas, como indicado no esquema da Fig. 8.2. Para calcular a taxa de vazamento, devemos primeiro determinar o campo de velocidade.

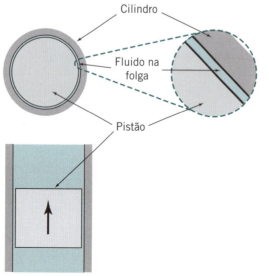

Fig. 8.2 Cilindro-pistão aproximado com placas paralelas.

Consideremos o escoamento laminar completamente desenvolvido entre placas planas horizontais paralelas infinitas. As placas estão separadas pela distância a, conforme mostrado na Fig. 8.3. As placas são consideradas infinitas na direção z, sem variação de nenhuma propriedade do fluido nessa direção. O escoamento é considerado, também, permanente e incompressível. Antes de começar nossa análise, o que sabemos a respeito do campo de escoamento? Uma coisa já sabemos, que a componente x da velocidade deve ser zero tanto na placa superior quanto na placa inferior, como resultado da condição de não deslizamento na parede. As condições de contorno são

$$\text{em} \quad y = 0 \quad u = 0$$
$$\text{em} \quad y = a \quad u = 0$$

Uma vez que o escoamento é completamente desenvolvido, a velocidade não pode variar com x e, portanto, depende apenas de y, ou seja, $u = u(y)$. Além disso, não há componente de velocidade na direção y ou z ($v = w = 0$). De fato, para escoamentos completamente desenvolvidos, somente a pressão pode e irá variar (de uma maneira a ser determinada por meio da análise) na direção x.

Esse é um caso óbvio para a utilização das equações de Navier-Stokes em coordenadas retangulares (Eqs. 5.27). Aplicando as considerações anteriores, essas equações podem ser grandemente simplificadas e em seguida resolvidas usando as condições de contorno (veja o Problema 8.17). Nesta seção, seguiremos um caminho mais longo – usando um volume de controle diferencial — para mostrar alguns aspectos importantes da mecânica dos fluidos.

Para nossa análise, selecionamos um volume de controle diferencial de tamanho $d\overline{V} = dx\, dy\, dz$, e aplicamos a componente x da equação da quantidade de movimento.

Equação básica:

$$F_{S_x} + \cancelto{0(3)}{F_{B_x}} = \cancelto{0(1)}{\frac{\partial}{\partial t}} \int_{VC} u\, \rho\, d\overline{V} + \int_{SC} u\, \rho \vec{V} \cdot d\vec{A} \tag{4.18a}$$

Considerações:

1 Escoamento permanente (dado)
2 Escoamento completamente desenvolvido (dado)
3 $F_{B_x} = 0$ (dado)

É bem natural que o perfil de velocidades seja o mesmo em todas as localizações ao longo do escoamento completamente desenvolvido, desde que não haja nenhuma mudança na quantidade de movimento. Assim, a Eq. 4.18a reduz-se ao resultado simples de que a soma das forças de superfícies sobre o volume de controle é zero,

$$F_{S_x} = 0 \tag{8.2}$$

O próximo passo é somar as forças atuando sobre o volume de controle na direção x. Reconhecemos que as forças normais (forças de pressão) atuam nas faces esquerda

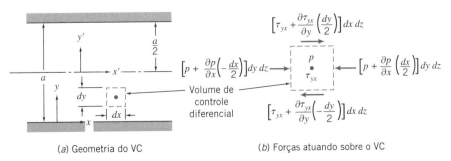

(a) Geometria do VC   (b) Forças atuando sobre o VC

Fig. 8.3 Volume de controle para análise de escoamento laminar entre placas paralelas infinitas estacionárias.

e direita e que as tangenciais (forças de cisalhamento) atuam nas faces superior e inferior.

Se a pressão no centro do elemento for p, então a força de pressão na face esquerda será

$$dF_L = \left(p - \frac{\partial p}{\partial x} \frac{dx}{2} \right) dy\, dz$$

e a força de pressão na face direita é

$$dF_R = -\left(p + \frac{\partial p}{\partial x} \frac{dx}{2} \right) dy\, dz$$

Se a tensão de cisalhamento no centro do elemento for τ_{yx}, então a força de cisalhamento na face inferior será

$$dF_B = -\left(\tau_{yx} - \frac{d\tau_{yx}}{dy} \frac{dy}{2} \right) dx\, dz$$

e a força de cisalhamento na face superior será

$$dF_T = \left(\tau_{yx} + \frac{d\tau_{yx}}{dy} \frac{dy}{2} \right) dx\, dz$$

Note que, ao expandirmos a tensão de cisalhamento, τ_{yx}, em uma série de Taylor em torno do centro do elemento, usamos a derivada total em lugar de uma derivada parcial. Assim fizemos, porque reconhecemos que τ_{yx} é uma função somente de y, visto que $u = u(y)$.

Usando as quatro forças de superfície dF_L, dF_R, dF_B e dF_T na Eq. 8.2, essa equação simplifica-se para

$$\frac{\partial p}{\partial x} = \frac{d\tau_{yx}}{dy} \tag{8.3}$$

Essa equação estabelece que, não havendo variação na quantidade de movimento da partícula, a força líquida de pressão (que realmente é $-\partial p/\partial x$) contrabalança a força líquida de atrito (que realmente é $-d\tau_{yx}/dy$). A Eq. 8.3 tem um aspecto interessante: o lado esquerdo é, quando muito, uma função apenas de x (isso resulta imediatamente da escrita da componente y da equação da quantidade de movimento); e o lado direito é, quando muito, uma função penas de y (o escoamento é completamente desenvolvido, de modo que não há mudança com x). Então, a única forma de essa equação poder ser válida para todos os valores de x e de y é aquela em que cada lado da equação é de fato uma constante:

$$\frac{d\tau_{yx}}{dy} = \frac{\partial p}{\partial x} = \text{constante}$$

Integrando essa equação, obtemos

$$\tau_{yx} = \left(\frac{\partial p}{\partial x} \right) y + c_1$$

que indica que a tensão de cisalhamento varia linearmente com y. Desejamos determinar a distribuição de velocidade. Para fazer isso, precisamos relacionar a tensão de cisalhamento com o campo de velocidade. Para um fluido newtoniano, podemos usar a Eq. 2.15 porque temos um escoamento unidimensional

$$\tau_{yx} = \mu \frac{du}{dy} \tag{2.15}$$

então, obtemos

$$\mu \frac{du}{dy} = \left(\frac{\partial p}{\partial x} \right) y + c_1$$

Integrando novamente

$$u = \frac{1}{2\mu}\left(\frac{\partial p}{\partial x}\right)y^2 + \frac{c_1}{\mu}\,y + c_2 \qquad (8.4)$$

É interessante notar que, se tivéssemos começado com as equações de Navier-Stokes (Eqs. 5.27) em vez de usar um volume de controle diferencial, após alguns passos apenas (isto é, simplificando e integrando duas vezes) teríamos obtido a Eq. 8.4 (veja o Problema 8.17). Para avaliar as constantes, c_1 e c_2, devemos aplicar as condições de contorno. Em $y = 0$, $u = 0$. Consequentemente, $c_2 = 0$. Em $y = a$, $u = 0$. Assim,

$$0 = \frac{1}{2\mu}\left(\frac{\partial p}{\partial x}\right)a^2 + \frac{c_1}{\mu}\,a$$

Isso dá

$$c_1 = -\frac{1}{2}\left(\frac{\partial p}{\partial x}\right)a$$

e então,

$$u = \frac{1}{2\mu}\left(\frac{\partial p}{\partial x}\right)y^2 - \frac{1}{2\mu}\left(\frac{\partial p}{\partial x}\right)ay = \frac{a^2}{2\mu}\left(\frac{\partial p}{\partial x}\right)\left[\left(\frac{y}{a}\right)^2 - \left(\frac{y}{a}\right)\right] \qquad (8.5)$$

Neste ponto, temos o perfil de velocidade. Essa é a chave para encontrar outras propriedades do escoamento, como discutiremos a seguir.

Distribuição da Tensão de Cisalhamento

A distribuição da tensão de cisalhamento é dada por

$$\tau_{yx} = \left(\frac{\partial p}{\partial x}\right)y + c_1 = \left(\frac{\partial p}{\partial x}\right)y - \frac{1}{2}\left(\frac{\partial p}{\partial x}\right)a = a\left(\frac{\partial p}{\partial x}\right)\left[\frac{y}{a} - \frac{1}{2}\right] \qquad (8.6a)$$

Vazão em Volume

A vazão em volume é dada por

$$Q = \int_A \vec{V} \cdot d\vec{A}$$

Para uma profundidade l na direção z,

$$Q = \int_0^a u l\,dy \quad\text{ou}\quad \frac{Q}{l} = \int_0^a \frac{1}{2\mu}\left(\frac{\partial p}{\partial x}\right)(y^2 - ay)\,dy$$

Então, a vazão volumétrica por unidade de profundidade é dada por

$$\frac{Q}{l} = -\frac{1}{12\mu}\left(\frac{\partial p}{\partial x}\right)a^3 \qquad (8.6b)$$

Vazão Volumétrica como uma Função da Queda de Pressão

Como $\partial p/\partial x$ é constante, a pressão varia linearmente com x e

$$\frac{\partial p}{\partial x} = \frac{p_2 - p_1}{L} = \frac{-\Delta p}{L}$$

Substituindo na expressão para a vazão em volume, obtemos

$$\frac{Q}{l} = -\frac{1}{12\mu}\left[\frac{-\Delta p}{L}\right]a^3 = \frac{a^3 \Delta p}{12\mu L} \qquad (8.6c)$$

Velocidade Média

O módulo da velocidade média, $\overline{V}$, é dada por

$$\overline{V} = \frac{Q}{A} = -\frac{1}{12\mu}\left(\frac{\partial p}{\partial x}\right)\frac{a^3 l}{la} = -\frac{1}{12\mu}\left(\frac{\partial p}{\partial x}\right)a^2 \qquad (8.6d)$$

Ponto de Velocidade Máxima

Para determinar o ponto de velocidade máxima, fazemos du/dy igual a zero e resolvemos para o valor de y correspondente. Da Eq. 8.5

$$\frac{du}{dy} = \frac{a^2}{2\mu}\left(\frac{\partial p}{\partial x}\right)\left[\frac{2y}{a^2} - \frac{1}{a}\right]$$

Então,

$$\frac{du}{dy} = 0 \quad \text{em} \quad y = \frac{a}{2}$$

Em

$$y = \frac{a}{2}, \quad u = u_{\text{máx}} = -\frac{1}{8\mu}\left(\frac{\partial p}{\partial x}\right)a^2 = \frac{3}{2}\overline{V} \qquad (8.6e)$$

Transformação de Coordenadas

Ao deduzirmos as relações anteriores, a origem de coordenadas, $y = 0$, foi tomada na placa inferior. Poderíamos, do mesmo modo, ter escolhido a origem na linha de centro do canal. Denotando as coordenadas com origem na linha de centro do canal como x, y', as condições de contorno são $u = 0$ em $y' = \pm a/2$.

Para obter o perfil de velocidade em termos de x, y', substituímos $y = y' + a/2$ na Eq. 8.5. O resultado é

$$u = \frac{a^2}{2\mu}\left(\frac{\partial p}{\partial x}\right)\left[\left(\frac{y'}{a}\right)^2 - \frac{1}{4}\right] \qquad (8.7)$$

A Eq. 8.7 mostra que o perfil de velocidade para escoamento laminar entre placas planas paralelas e estacionárias é parabólico, conforme mostrado na Fig. 8.4.

Como todas as tensões foram relacionadas com gradientes de velocidade através da lei da viscosidade de Newton, e as tensões adicionais que surgem como resultado de flutuações turbulentas não foram consideradas, *todos os resultados desta seção são válidos apenas para escoamento laminar*. Experimentos mostram que o escoamento laminar torna-se turbulento para números de Reynolds (definidos como $Re = \rho \vec{V} a/\mu$) maiores que aproximadamente 1400. Consequentemente, após o emprego das Eqs. 8.6, o número de Reynolds deve ser verificado sempre para assegurar uma validade da solução. O cálculo do vazamento em um cilindro de um sistema hidráulico usando a Eq. 8.6c é mostrado no Exemplo 8.1.

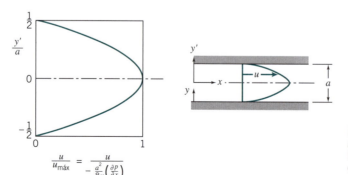

Fig. 8.4 Perfil de velocidade adimensional para escoamento laminar completamente desenvolvido entre placas paralelas infinitas.

Exemplo 8.1 VAZAMENTO EM TORNO DE UM PISTÃO

Um sistema hidráulico opera em uma pressão manométrica de 20 MPa e 55°C. O fluido hidráulico é óleo SAE 10W. Uma válvula de controle consiste em um pistão, com diâmetro de 25 mm, introduzido em um cilindro com uma folga radial média de 0,005 mm. Determine a vazão volumétrica de vazamento, se a pressão manométrica sobre o lado de baixa pressão do pistão for 1,0 MPa. O pistão tem 15 mm de comprimento.

Dados: Escoamento de óleo hidráulico entre pistão e cilindro, conforme mostrado. O fluido é óleo SAE 10W a 55°C.

Determinar: A vazão volumétrica de vazamento, Q.

Solução:
A largura da folga é muito pequena, de modo que o escoamento pode ser modelado como um escoamento entre placas paralelas. A Eq. 8.6c pode ser aplicada.

Equação básica:
$$\frac{Q}{l} = \frac{a^3 \Delta p}{12 \mu L} \quad (8.6c)$$

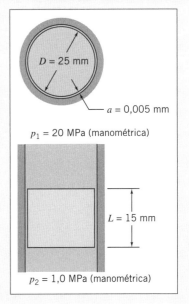

Considerações:
1. Escoamento laminar.
2. Escoamento permanente.
3. Escoamento incompressível.
4. Escoamento completamente desenvolvido. (Note que $L/a = 15/0{,}005 = 3000$!)

A largura da placa, l, é aproximada como $l = D$. Assim,

$$Q = \frac{\pi D a^3 \Delta p}{12 \mu L}$$

Para o óleo SAE 10W a 55°C, $\mu = 0{,}018$ kg/(m · s), da Fig. A.2 do Apêndice A. Então,

$$Q = \frac{\pi}{12} \times 25 \text{ mm} \times (0{,}005)^3 \text{ mm}^3 \times (20-1)10^6 \frac{\text{N}}{\text{m}^2} \times \frac{\text{m} \cdot \text{s}}{0{,}018 \text{ kg}} \times \frac{1}{15 \text{ mm}} \times \frac{\text{kg} \cdot \text{m}}{\text{N} \cdot \text{s}^2}$$

$$Q = 57{,}6 \text{ mm}^3/\text{s} \longleftarrow \hspace{6em} Q$$

Para termos certeza de que o escoamento é laminar, devemos verificar também o número de Reynolds.

$$\overline{V} = \frac{Q}{A} = \frac{Q}{\pi D a} = 57{,}6 \frac{\text{mm}^3}{\text{s}} \times \frac{1}{\pi} \times \frac{1}{25 \text{ mm}} \times \frac{1}{0{,}005 \text{ mm}} \times \frac{\text{m}}{10^3 \text{ mm}} = 0{,}147 \text{ m/s}$$

e

$$Re = \frac{\rho \overline{V} a}{\mu} = \frac{SG \rho_{H_2O} \overline{V} a}{\mu}$$

Para o óleo SAE 10W, $SG = 0{,}92$, da Tabela A.2 do Apêndice A. Então,

$$Re = 0{,}92 \times 1000 \frac{\text{kg}}{\text{m}^3} \times 0{,}147 \frac{\text{m}}{\text{s}} \times 0{,}005 \text{ mm} \times \frac{\text{m} \cdot \text{s}}{0{,}018 \text{ kg}} \times \frac{\text{m}}{10^3 \text{ mm}} = 0{,}0375$$

Portanto, o escoamento é certamente laminar, pois $Re \ll 1400$.

Placa Superior Movendo-se com Velocidade Constante, U

A segunda forma básica para gerar escoamento entre placas infinitas paralelas é quando uma placa se move paralela a outra, seja com ou sem um gradiente de pressão aplicado. A seguir, analisaremos esse problema para o caso do escoamento laminar.

Esse é um escoamento comum que ocorre, por exemplo, em um mancal de deslizamento (um tipo de mancal muito usado; por exemplo, os mancais do virabrequim do motor de um automóvel). Em tal mancal, um cilindro interno, o cilindro deslizante, gira dentro de um suporte estacionário, o mancal propriamente dito. Para cargas leves, os centros dos dois membros essencialmente coincidem, e a pequena folga é simétrica. Como a folga é pequena, é razoável "desenrolar" o mancal e modelar o campo de escoamento como um escoamento entre placas paralelas infinitas, como indicado no esquema da Fig. 8.5.

Consideremos agora um caso em que a placa superior se move para a direita com velocidade constante, U. Tudo o que fazemos para passar de uma placa superior estacionária para uma placa superior móvel é mudar uma das condições de contorno. As condições de contorno para o caso da placa móvel são

$$u = 0 \quad \text{em} \quad y = 0$$
$$u = U \quad \text{em} \quad y = a$$

Como apenas as condições de contorno mudaram, não há necessidade de repetir toda a análise da seção precedente. A análise que leva à Eq. 8.4 é igualmente válida para o caso da placa móvel. Dessa forma, a distribuição de velocidade é dada por

$$u = \frac{1}{2\mu}\left(\frac{\partial p}{\partial x}\right)y^2 + \frac{c_1}{\mu}\, y + c_2 \tag{8.4}$$

e a nossa única tarefa é avaliar as constantes c_1 e c_2 usando as condições de contorno apropriadas.

Em $y = 0$, $u = 0$. Consequentemente, $c_2 = 0$.
Em $y = a$, $u = U$. Consequentemente,

$$U = \frac{1}{2\mu}\left(\frac{\partial p}{\partial x}\right)a^2 + \frac{c_1}{\mu}\, a \quad \text{e assim} \quad c_1 = \frac{U\mu}{a} - \frac{1}{2}\left(\frac{\partial p}{\partial x}\right)a$$

Portanto,

$$u = \frac{1}{2\mu}\left(\frac{\partial p}{\partial x}\right)y^2 + \frac{Uy}{a} - \frac{1}{2\mu}\left(\frac{\partial p}{\partial x}\right)ay = \frac{Uy}{a} + \frac{1}{2\mu}\left(\frac{\partial p}{\partial x}\right)(y^2 - ay)$$

$$u = \frac{Uy}{a} + \frac{a^2}{2\mu}\left(\frac{\partial p}{\partial x}\right)\left[\left(\frac{y}{a}\right)^2 - \left(\frac{y}{a}\right)\right] \tag{8.8}$$

Note, como esperado, que, fazendo $U = 0$, a Eq. 8.8 reduz-se à Eq. 8.5 para uma placa superior estacionária. Da Eq. 8.8, para o gradiente de pressão zero ($\partial p/\partial x = 0$), a velocidade varia linearmente com y. Esse foi o caso tratado anteriormente no Capítulo 2; esse perfil linear é chamado de um escoamento de *Couette*.[*]

Podemos obter informações adicionais sobre o escoamento a partir da distribuição de velocidade da Eq. 8.8.

Distribuição de Tensão de Cisalhamento

A distribuição de tensão de cisalhamento é dada por $\tau_{yx} = \mu(du/dy)$,

$$\tau_{yx} = \mu\,\frac{U}{a} + \frac{a^2}{2}\left(\frac{\partial p}{\partial x}\right)\left[\frac{2y}{a^2} - \frac{1}{a}\right] = \mu\,\frac{U}{a} + a\left(\frac{\partial p}{\partial x}\right)\left[\frac{y}{a} - \frac{1}{2}\right] \tag{8.9a}$$

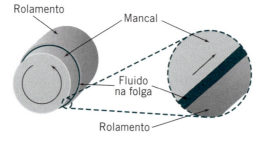

Fig. 8.5 Mancal de deslizamento aproximado como placas paralelas.

---

[*]Essa denominação é em homenagem a Maurice Marie Alfred Couette, que foi um professor de física da Universidade de Angers, na França, no final do século XIX. (N.T.)

Vazão em Volume

A vazão em volume é dada por $Q = \int_A \vec{V} \cdot d\vec{A}$. Para a profundidade l na direção z

$$Q = \int_0^a ul\, dy \quad \text{ou} \quad \frac{Q}{l} = \int_0^a \left[\frac{Uy}{a} + \frac{1}{2\mu}\left(\frac{\partial p}{\partial x}\right)(y^2 - ay)\right] dy$$

Então, a vazão volumétrica por unidade de profundidade é dada por

$$\frac{Q}{l} = \frac{Ua}{2} - \frac{1}{12\mu}\left(\frac{\partial p}{\partial x}\right)a^3 \tag{8.9b}$$

Velocidade Média

O módulo da velocidade média, $\overline{V}$, é dado por

$$\overline{V} = \frac{Q}{A} = l\left[\frac{Ua}{2} - \frac{1}{12\mu}\left(\frac{\partial p}{\partial x}\right)a^3\right] \bigg/ la = \frac{U}{2} - \frac{1}{12\mu}\left(\frac{\partial p}{\partial x}\right)a^2 \tag{8.9c}$$

Ponto de Velocidade Máxima

Para determinar o ponto de velocidade máxima, fazemos du/dy igual a zero e resolvemos para o valor de y correspondente. Da Eq. 8.8,

$$\frac{du}{dy} = \frac{U}{a} + \frac{a^2}{2\mu}\left(\frac{\partial p}{\partial x}\right)\left[\frac{2y}{a^2} - \frac{1}{a}\right] = \frac{U}{a} + \frac{a}{2\mu}\left(\frac{\partial p}{\partial x}\right)\left[2\left(\frac{y}{a}\right) - 1\right]$$

Então,

$$\frac{du}{dy} = 0 \quad \text{em} \quad y = \frac{a}{2} - \frac{U/a}{(1/\mu)(\partial p/\partial x)}$$

Não existe uma relação simples entre a velocidade máxima, $u_{\text{máx}}$, e a velocidade média, $\overline{V}$, para esse caso de escoamento.

A Eq. 8.8 sugere que o perfil de velocidade pode ser tratado como uma combinação de perfis linear e parabólico; o último termo na Eq. 8.8 é idêntico àquele na Eq. 8.5. O resultado é uma família de perfis de velocidade, dependentes de U e de $(1/\mu)(\partial p/\partial x)$; três perfis foram esboçados na Fig. 8.6. (Conforme mostrado na Fig. 8.6, algum escoamento reverso — escoamento no sentido de x negativo — pode ocorrer quando $\partial p/\partial x > 0$.)

Repetindo, todos os resultados desenvolvidos nesta seção são válidos apenas para escoamento laminar. Experimentos mostram que o escoamento laminar torna-se turbulento (para $\partial p/\partial x = 0$) em um número de Reynolds de aproximadamente 1500, em que $Re = \rho Ua/\mu$, para esse caso de escoamento. Não há muitas informações disponíveis para o caso em que o gradiente de pressão é diferente de zero. No exemplo 8.2, o torque e a potência característicos de um mancal de deslizamento são determinados usando o modelo de placas paralelas.

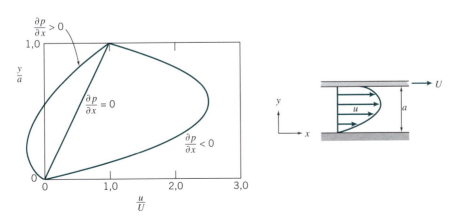

Fig. 8.6 Perfil de velocidade adimensional para escoamento laminar completamente desenvolvido entre placas paralelas infinitas: placa superior movendo-se com velocidade constante, U.

Exemplo 8.2 TORQUE E POTÊNCIA EM UM MANCAL DE DESLIZAMENTO

Um mancal de virabrequim em um motor de automóvel é lubrificado por óleo SAE 30 a 99°C. O diâmetro do cilindro interno é 76 mm, a folga diametral é 0,0635 mm e o eixo gira a 3600 rpm; seu comprimento é 31,8 mm. O mancal não está sob carga, de modo que a folga é simétrica. Determine o torque requerido para girar o eixo e a potência dissipada.

Dados: Mancal de deslizamento, conforme mostrado. Note que a largura da folga, a, é *metade* da folga diametral. O lubrificante é óleo SAE 30 a 99°C. A frequência de rotação é 3600 rpm.

Determinar: (a) O torque, T.
(b) A potência dissipada.

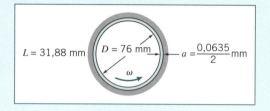

Solução:
O torque sobre o eixo girante decorre do cisalhamento viscoso na película de óleo. A largura da folga é pequena, de modo que o escoamento pode ser modelado como um escoamento entre placas paralelas infinitas:

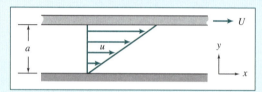

Equação básica:

$$\tau_{yx} = \mu \frac{U}{a} + a \underbrace{\left(\frac{\partial p}{\partial x}\right)}_{=\,0\,(6)} \left[\frac{y}{a} - \frac{1}{2}\right] \tag{8.9a}$$

Considerações:

1 Escoamento laminar.
2 Escoamento permanente.
3 Escoamento incompressível.
4 Escoamento completamente desenvolvido.
5 Largura infinita ($L/a = 31,8/0,03175 = 1000$, de modo que essa é uma hipótese razoável).
6 $\partial p/\partial x = 0$ (o escoamento é simétrico no mancal real sem carga).

Logo,

$$\tau_{yx} = \mu \frac{U}{a} = \mu \frac{\omega R}{a} = \mu \frac{\omega D}{2a}$$

Para óleo SAE 30 a 99°C, $\mu = 9,6 \times 10^{-3}$ N · s/m², da Fig. A.2 do Apêndice A. Então,

$$\tau_{yx} = 9,6 \times 10^{-3} \frac{\text{N} \cdot \text{s}}{\text{m}^2} \times 3600 \frac{\text{rev}}{\text{min}} \times 2\pi \frac{\text{rad}}{\text{rev}} \times \frac{\text{min}}{60\,\text{s}} \times 76\,\text{mm} \times \frac{\text{m}}{1000\,\text{mm}} \times \frac{1}{2} \times \frac{1}{0,03175} \times \frac{1000\,\text{mm}}{\text{m}} \times \frac{\text{Pa} \cdot \text{m}^2}{\text{N}}$$

$$\tau_{yx} = 4331,6\,\text{Pa}$$

A força total de cisalhamento é dada pela tensão de cisalhamento vezes a área. Ela é aplicada na superfície do eixo. Portanto, para o torque

$$T = FR = \tau_{yx} \pi D L R = \frac{\pi}{2} \tau_{yx} D^2 L$$

$$= \frac{\pi}{2} \times 4331,6\,\text{Pa} \times (76)^2\,\text{mm}^2 \times 31,8\,\text{min} \times \frac{\text{N}}{\text{m}^2} \times \frac{\text{m}^2}{10^6\,\text{mm}^2} \times \frac{\text{m}}{1000\,\text{mm}}$$

$$T = 1,25\,\text{N} \cdot \text{m} \qquad\qquad T$$

A potência dissipada no mancal é

$$\dot{W} = FU = FR\omega = T\omega$$
$$= 1{,}25\,\text{N}\cdot\text{m} \times 3600\,\text{rpm} \times \frac{\text{min}}{60\,\text{s}} \times 2\pi\frac{\text{rad}}{\text{rev}} \times \frac{\text{J}}{\text{N}\cdot\text{M}} \times \frac{\text{W}}{\text{J}\cdot\text{s}}$$

$$\dot{W} = 471\,\text{W} \longleftarrow \dot{W}$$

Para assegurar que o escoamento é laminar, verifiquemos o número de Reynolds.

$$Re = \frac{\rho U a}{\mu} = \frac{SG\rho_{H_2O}Ua}{\mu} = \frac{SG\rho_{H_2O}\omega Ra}{\mu}$$

Considere, como uma aproximação, que a densidade relativa do óleo SAE 30 é igual à do óleo SAE 10W. Da Tabela A.2 do Apêndice A, SG = 0,92. Assim,

$$Re = 0{,}92 \times 1000\,\frac{\text{kg}}{\text{m}^3} \times \frac{(3600)2\pi}{60}\,\frac{\text{rad}}{\text{s}} \times 38\,\text{mm} \times 0{,}03175\,\text{mm}$$
$$\times \frac{1}{9{,}6\times10^{-3}} \times \frac{\text{m}}{1000\,\text{mm}} \times \frac{\text{m}}{1000\,\text{mm}}$$

$$Re = 43{,}6$$

Portanto, o escoamento é laminar, pois Re ≪ 1500.

> Neste problema, aproximamos o escoamento de linha de corrente circular em uma pequena folga anular como um escoamento linear entre placas paralelas infinitas. Assim como visto no Exemplo 5.10, para pequenos valores da largura da folga a em relação ao raio R (a/R neste problema é menor que 1% de R), o erro na tensão de cisalhamento é cerca de $\frac{1}{2}$ da razão a/R. Portanto, o erro introduzido é insignificante – muito menor do que a incerteza associada à obtenção da viscosidade do óleo.

Vimos que os escoamentos laminares unidimensionais permanentes, entre duas placas, podem ser gerados pela aplicação de um gradiente de pressão, pela movimentação de uma placa em relação à outra, ou por terem ambos os mecanismos motrizes presentes. Para finalizar nossa discussão desse tipo de escoamento, no Exemplo 8.3 vamos examinar um escoamento permanente laminar unidimensional *movido por gravidade* para baixo em uma parede vertical. Mais uma vez, a abordagem direta seria começar com a formulação bidimensional em coordenadas retangulares das equações de Navier-Stokes (Eqs. 5.27); em vez disso, utilizaremos um volume de controle diferencial.

Exemplo 8.3 PELÍCULA LAMINAR SOBRE UMA PAREDE VERTICAL

Um fluido newtoniano, viscoso e incompressível, escoa em regime laminar permanente para baixo sobre uma parede vertical. A espessura, δ, da película de líquido é constante. Como a superfície livre do líquido é exposta à pressão atmosférica, não há gradiente de pressão. Para esse escoamento movido pela gravidade, aplique a equação da quantidade de movimento ao volume de controle diferencial, $dx\,dy\,dz$, a fim de deduzir a distribuição de velocidade na película de líquido.

Dados: Escoamento laminar completamente desenvolvido de um líquido newtoniano incompressível escoando para baixo sobre uma parede vertical; a espessura, δ, do filme de líquido é constante e $\partial p/\partial x = 0$.

Determinar: Uma expressão para a distribuição de velocidade na película.

Solução:
A componente x da equação da quantidade de movimento para um volume de controle é

$$F_{S_x} + F_{B_x} = \frac{\partial}{\partial t}\int_{VC} u\rho\,d\forall + \int_{SC} u\rho\vec{V}\cdot d\vec{A} \quad (4.18a)$$

Sob as condições dadas, estamos lidando com um escoamento laminar, permanente, incompressível e completamente desenvolvido.

Para escoamento permanente, $\dfrac{\partial}{\partial t}\displaystyle\int_{VC} u\rho\,d\forall = 0$

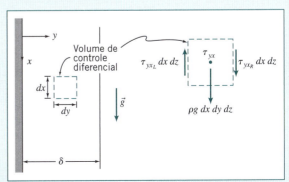

304 Capítulo 8

Para escoamento completamente desenvolvido, $\int_{SC} u\,\rho\vec{V}\cdot d\vec{A} = 0$

Então, a equação da quantidade de movimento para o caso presente reduz-se a

$$F_{S_x} + F_{B_x} = 0$$

A força de campo, F_{B_x}, é dada por $F_{B_x} = \rho g\, d\Psi = \rho g\, dx\, dy\, dz$. As únicas forças de superfície atuando sobre o volume de controle diferencial são as forças de cisalhamento sobre as superfícies verticais. (Uma vez que temos um escoamento de superfície livre, com as linhas de correntes retilíneas, a pressão é a atmosférica; não há força líquida de pressão atuando sobre o volume de controle.)

Se a tensão de cisalhamento no centro do volume de controle diferencial for τ_{yx}, então

$$\text{tensão de cisalhamento na face esquerda é } \tau_{yx_L} = \left(\tau_{yx} - \frac{d\tau_{yx}}{dy}\,\frac{dy}{2}\right)$$

e

$$\text{tensão de cisalhamento na face direita é } \tau_{yx_R} = \left(\tau_{yx} + \frac{d\tau_{yx}}{dy}\,\frac{dy}{2}\right)$$

O sentido do vetor tensão de cisalhamento é consistente com a convenção de sinais da Seção 2.3. Assim, sobre a face esquerda, uma superfície de y negativo, τ_{yx_L} atua para cima e, sobre a face direita, uma superfície de y positivo, τ_{yx_R} atua para baixo.

As forças de superfície são obtidas multiplicando cada tensão de cisalhamento pela área sobre a qual ela atua. Substituindo em $F_{S_x} + F_{B_x} = 0$, obtemos

$$-\tau_{yx_L}\, dx\, dz + \tau_{yx_R}\, dx\, dz + \rho g\, dx\, dy\, dz = 0$$

ou

$$-\left(\tau_{yx} - \frac{d\tau_{yx}}{dy}\,\frac{dy}{2}\right) dx\, dz + \left(\tau_{yx} + \frac{d\tau_{yx}}{dy}\,\frac{dy}{2}\right) dx\, dz + \rho g\, dx\, dy\, dz = 0$$

Simplificando, vem

$$\frac{d\tau_{yx}}{dy} + \rho g = 0 \quad \text{ou} \quad \frac{d\tau_{yx}}{dy} = -\rho g$$

Como

$$\tau_{yx} = \mu\,\frac{du}{dy} \quad \text{então} \quad \mu\,\frac{d^2u}{dy^2} = -\rho g \quad \text{e} \quad \frac{d^2u}{dy^2} = -\frac{\rho g}{\mu}$$

Integrando em y, obtemos

$$\frac{du}{dy} = -\frac{\rho g}{\mu}\,y + c_1$$

Integrando novamente, obtemos

$$u = -\frac{\rho g}{\mu}\,\frac{y^2}{2} + c_1 y + c_2$$

Para avaliar as constantes c_1 e c_2, aplicamos as condições de contorno apropriadas:

(i) $y = 0$, $\quad u = 0$ (não deslizamento)

(ii) $y = \delta$, $\quad \dfrac{du}{dy} = 0$ (despreze a resistência do ar, isto é, considere tensão de cisalhamento nula na superfície livre)

Da condição de contorno (i), $c_2 = 0$

Da condição de contorno (ii), $0 = -\dfrac{\rho g}{\mu}\,\delta + c_1 \quad$ ou $\quad c_1 = \dfrac{\rho g}{\mu}\,\delta$

Portanto,

$$u = -\frac{\rho g}{\mu}\,\frac{y^2}{2} + \frac{\rho g}{\mu}\,\delta y \quad \text{ou} \quad u = \frac{\rho g}{\mu}\,\delta^2\left[\left(\frac{y}{\delta}\right) - \frac{1}{2}\left(\frac{y}{\delta}\right)^2\right] \longleftarrow \qquad u(y)$$

Usando o perfil de velocidade, pode ser mostrado que:

$$\text{a vazão volumétrica é } Q/l = \frac{\rho g}{3\mu}\delta^3$$

$$\text{a velocidade máxima é } U_{\text{máx}} = \frac{\rho g}{2\mu}\delta^2$$

$$\text{a velocidade média é } \overline{V} = \frac{\rho g}{3\mu}\delta^2$$

O escoamento na película líquida é laminar para $Re = \overline{V}\delta/\nu \leq 1000$ [1].

Notas:
- *Este problema é um caso especial ($\theta = 90°$) do escoamento de placa inclinada analisado no Exemplo 5.9, que foi resolvido usando as equações de Navier-Stokes.*
- *Este problema e o Exemplo 5.9 demonstram que a abordagem por volume de controle diferencial ou o uso das equações de Navier-Stokes levam ao mesmo resultado.*

8.3 Escoamento Laminar Completamente Desenvolvido em um Tubo

Como um exemplo final de escoamento laminar completamente desenvolvido, consideremos o escoamento laminar completamente desenvolvido em um tubo. Aqui, o escoamento é axissimétrico. Assim, é mais conveniente trabalhar em coordenadas cilíndricas. Esse é mais um caso no qual poderíamos utilizar as equações de Navier-Stokes, dessa vez em coordenadas cilíndricas (Eqs. B.3). Em vez disso, novamente tomaremos o caminho mais longo — usando um volume de controle diferencial — para mostrar alguns aspectos importantes da mecânica dos fluidos. O desenvolvimento será muito similar àquele utilizado para placas paralelas na seção precedente; as coordenadas cilíndricas tornam a análise matemática um pouco mais requintada. Como o escoamento é axissimétrico, o volume de controle será um espaço anular diferencial, conforme mostrado na Fig. 8.7. O comprimento do volume de controle é dx e sua espessura é dr.

Para um regime permanente completamente desenvolvido, a componente x da equação da quantidade de movimento (Eq. 4.18a), quando aplicada ao volume de controle diferencial, reduz-se a

$$F_{S_x} = 0$$

O passo seguinte é somar as forças atuando sobre o volume de controle na direção x. Sabemos que as forças normais (forças de pressão) atuam nas extremidades esquerda e direita do volume de controle, e que forças tangenciais (forças de cisalhamento) atuam nas superfícies cilíndricas, interna e externa.

Se a pressão na face esquerda do volume de controle é p, então a força de pressão na extremidade esquerda é

$$dF_L = p2\pi r\, dr$$

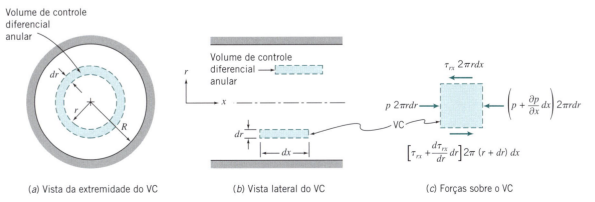

(a) Vista da extremidade do VC (b) Vista lateral do VC (c) Forças sobre o VC

Fig. 8.7 Volume de controle diferencial para análise de escoamento laminar completamente desenvolvido em um tubo.

306 Capítulo 8

A força de pressão na extremidade direita é

$$dF_R = -\left(p + \frac{\partial p}{\partial x}\, dx\right) 2\pi r\, dr$$

Se a tensão de cisalhamento na superfície interna do volume de controle anular é τ_{rx}, então a força de cisalhamento sobre a superfície cilíndrica interna é

$$dF_I = -\tau_{rx} 2\pi r\, dx$$

A força de cisalhamento sobre a superfície cilíndrica externa é

$$dF_O = \left(\tau_{rx} + \frac{d\tau_{rx}}{dr}\, dr\right) 2\pi\, (r + dr)dx$$

A soma das componentes x das forças, dF_L, dF_R, dF_I e dF_O, atuando sobre o volume de controle deve ser zero. Isso leva à condição de

$$-\frac{\partial p}{\partial x}\, 2\pi r\, dr\, dx + \tau_{rx} 2\pi\, dr\, dx + \frac{d\tau_{rx}}{dr}\, 2\pi r\, dr\, dx = 0$$

Dividindo essa equação por $2\pi r\, dr\, dx$ e resolvendo para $\partial p/\partial x$, resulta

$$\frac{\partial p}{\partial x} = \frac{\tau_{rx}}{r} + \frac{d\tau_{rx}}{dr} = \frac{1}{r}\, \frac{d(r\tau_{rx})}{dr}$$

A comparação dessa equação com a correspondente para placas paralelas (Eq. 8.3) mostra a complexidade introduzida pela adoção de coordenadas cilíndricas. O lado esquerdo da equação é, quando muito, uma função somente de x (a pressão é uniforme em cada seção); o lado direito é, quando muito, uma função somente de r (porque o escoamento é completamente desenvolvido). Portanto, a única forma dessa equação válida para todos os valores de x e de r é aquela em que ambos os lados da equação são de fato constantes:

$$\frac{1}{r}\, \frac{d(r\tau_{rx})}{dr} = \frac{\partial p}{\partial x} = \text{constante}\quad \text{ou}\quad \frac{d(r\tau_{rx})}{dr} = r\frac{\partial p}{\partial x}$$

Quase finalizamos o problema, mas já temos um resultado importante: *em um tubo de diâmetro constante, a pressão cai uniformemente ao longo do tubo* (exceto para a região de entrada).

Integrando essa equação, obtemos

$$r\tau_{rx} = \frac{r^2}{2}\left(\frac{\partial p}{\partial x}\right) + c_1$$

ou

$$\tau_{rx} = \frac{r}{2}\left(\frac{\partial p}{\partial x}\right) + \frac{c_1}{r} \tag{8.10}$$

Como $\tau_{rx} = \mu du/dr$, temos

$$\mu\frac{du}{dr} = \frac{r}{2}\left(\frac{\partial p}{\partial x}\right) + \frac{c_1}{r}$$

e

$$u = \frac{r^2}{4\mu}\left(\frac{\partial p}{\partial x}\right) + \frac{c_1}{\mu}\ln r + c_2 \tag{8.11}$$

Precisamos avaliar as constantes c_1 e c_2. Entretanto, temos apenas uma condição de contorno, que é $u = 0$ em $r = R$. O que fazer? Antes de desistir, vamos olhar a solução para o perfil de velocidade dado pela Eq. 8.11. Embora não conheçamos a velocidade na linha de centro do tubo, sabemos de considerações físicas que ela deve ser finita

Escoamento Interno Viscoso e Incompressível **307**

em $r = 0$. O único modo de tornar isso verdadeiro é fazer c_1 igual a zero. (Poderíamos também ter concluído que $c_1 = 0$ da Eq. 8.10 — que, de outra forma, resultaria em uma tensão infinita em $r = 0$.) Assim, de considerações físicas, concluímos que $c_1 = 0$, e então

$$u = \frac{r^2}{4\mu}\left(\frac{\partial p}{\partial x}\right) + c_2$$

A constante, c_2, é avaliada usando a condição de contorno disponível na parede do tubo: em $r = R$, $u = 0$. Consequentemente,

$$0 = \frac{R^2}{4\mu}\left(\frac{\partial p}{\partial x}\right) + c_2$$

Isso dá

$$c_2 = -\frac{R^2}{4\mu}\left(\frac{\partial p}{\partial x}\right)$$

e assim

$$u = \frac{r^2}{4\mu}\left(\frac{\partial p}{\partial x}\right) - \frac{R^2}{4\mu}\left(\frac{\partial p}{\partial x}\right) = \frac{1}{4\mu}\left(\frac{\partial p}{\partial x}\right)(r^2 - R^2)$$

ou

$$u = -\frac{R^2}{4\mu}\left(\frac{\partial p}{\partial x}\right)\left[1 - \left(\frac{r}{R}\right)^2\right] \qquad (8.12)$$

Uma vez que temos o perfil de velocidade, podemos obter várias características adicionais do escoamento.

Distribuição de Tensão de Cisalhamento

A tensão de cisalhamento é

$$\tau_{rx} = \mu\frac{du}{dr} = \frac{r}{2}\left(\frac{\partial p}{\partial x}\right) \qquad (8.13a)$$

Vazão volumétrica

Essa vazão é

$$Q = \int_A \vec{V} \cdot d\vec{A} = \int_0^R u2\pi r\, dr = \int_0^R \frac{1}{4\mu}\left(\frac{\partial p}{\partial x}\right)(r^2 - R^2)2\pi r\, dr$$

$$Q = -\frac{\pi R^4}{8\mu}\left(\frac{\partial p}{\partial x}\right) \qquad (8.13b)$$

Vazão em Volume como uma Função da Queda de Pressão

No escoamento completamente desenvolvido, o gradiente de pressão, $\partial p/\partial x$, é constante. Portanto, $\partial p/\partial x = (p_2 - p_1)/L = -\Delta p/L$. Substituindo na Eq. 8.13b para a vazão volumétrica, obtemos

$$Q = -\frac{\pi R^4}{8\mu}\left[\frac{-\Delta p}{L}\right] = \frac{\pi\Delta p R^4}{8\mu L} = \frac{\pi\Delta p D^4}{128\mu L} \qquad (8.13c)$$

para escoamento laminar em um tubo horizontal. Note que Q é uma função sensível de D; $Q \sim D^4$, de modo que, por exemplo, duplicando-se o diâmetro D, a vazão Q é aumentada por um fator 16.

308 Capítulo 8

Velocidade Média

O módulo da velocidade média, $\overline{V}$, é dado por

$$\overline{V} = \frac{Q}{A} = \frac{Q}{\pi R^2} = -\frac{R^2}{8\mu}\left(\frac{\partial p}{\partial x}\right) \tag{8.13d}$$

Ponto de Velocidade Máxima

Para determinar o ponto de velocidade máxima, fazemos du/dr igual a zero e resolvemos para o valor correspondente de r. Da Eq. 8.12

$$\frac{du}{dr} = \frac{1}{2\mu}\left(\frac{\partial p}{\partial x}\right)r$$

Então,

$$\frac{du}{dr} = 0 \quad \text{em} \quad r = 0$$

Em $r = 0$,

$$u = u_{\text{máx}} = U = -\frac{R^2}{4\mu}\left(\frac{\partial p}{\partial x}\right) = 2\overline{V} \tag{8.13e}$$

O perfil de velocidade (Eq. 8.12) pode ser escrito em termos da velocidade máxima (linha de centro) como

$$\frac{u}{U} = 1 - \left(\frac{r}{R}\right)^2 \tag{8.14}$$

O perfil de velocidade parabólico, dado pela Eq. 8.14 para escoamento laminar completamente desenvolvido em um tubo, foi esboçado na Fig. 8.1. Esses resultados sobre escoamento laminar são aplicados para o projeto de um viscosímetro no Exemplo 8.4.

***Exemplo* 8.4** VISCOSÍMETRO CAPILAR

Um viscosímetro simples e preciso pode ser feito com um tubo capilar. Se a vazão em volume e a queda de pressão forem medidas, e a geometria do tubo for conhecida, a viscosidade de um fluido newtoniano poderá ser calculada a partir da Eq. 8.13c. Um teste de certo líquido em um viscosímetro capilar forneceu os seguintes dados:

Vazão em volume:	880 mm³/s	Comprimento do tubo:	1 m
Diâmetro do tubo:	0,50 mm	Queda de pressão:	1,0 MPa

Determine a viscosidade do líquido.

Dados: Escoamento em um viscosímetro capilar.
A vazão volumétrica é $Q = 880$ mm³/s.

Determinar: A viscosidade do fluido.

Solução:

A Eq. 8.13c pode ser aplicada.

Equação básica:

$$Q = \frac{\pi\Delta p D^4}{128\mu L} \tag{8.13c}$$

Escoamento Interno Viscoso e Incompressível   **309**

Considerações:

1 Escoamento laminar.
2 Escoamento permanente.
3 Escoamento incompressível.
4 Escoamento completamente desenvolvido.
5 Tubo horizontal.

Então,

$$\mu = \frac{\pi \Delta p D^4}{128\, LQ} = \frac{\pi}{128} \times 1{,}0 \times 10^6\, \frac{N}{m^2} \times (0{,}50)^4\, mm^4 \times \frac{s}{880\, mm^3} \times \frac{1}{1\, m} \times \frac{m}{10^3\, mm}$$

$$\mu = 1{,}74 \times 10^{-3}\, N \cdot s/m^2 \longleftarrow \hspace{4cm} \mu$$

Verificação do número de Reynolds. Considerando que a massa específica do fluido seja similar à da água, 999 kg/m³, temos

$$\overline{V} = \frac{Q}{A} = \frac{4Q}{\pi D^2} = \frac{4}{\pi} \times 880\, \frac{mm^3}{s} \times \frac{1}{(0{,}50)^2\, mm^2} \times \frac{m}{10^3\, mm} = 4{,}48\, m/s$$

e

$$Re = \frac{\rho \overline{V} D}{\mu} = 999\, \frac{kg}{m^3} \times 4{,}48\, \frac{m}{s} \times 0{,}50\, mm$$

$$\times \frac{m^2}{1{,}74 \times 10^{-3}\, N \cdot s} \times \frac{m}{10^3\, mm} \times \frac{N \cdot s^2}{kg \cdot m}$$

$$Re = 1290$$

> Este problema está bastante simplificado. Para o projeto de um viscosímetro capilar, o comprimento de entrada, a temperatura do líquido e a energia cinética do líquido escoando devem ser considerados.

Consequentemente, como $Re < 2300$, o escoamento é laminar.

Parte B   ESCOAMENTO EM TUBOS E DUTOS

Nesta seção, estaremos interessados em determinar os fatores que afetam a pressão em um fluido incompressível quando ele escoa em um tubo ou duto (quando nos referirmos a "tubo" significa que também estaremos nos referindo a "dutos"). Se, por um momento, ignorarmos o atrito (e considerarmos escoamento permanente e uma linha de corrente no escoamento), a equação de Bernoulli do Capítulo 6 se aplica,

$$\frac{p}{\rho} + \frac{V^2}{2} + gz = \text{constante} \tag{6.8}$$

Dessa equação, podemos ver aquilo que *tende* a levar a um *decréscimo de pressão* ao longo da linha de corrente nesse escoamento sem atrito: uma *redução de área* em algum ponto no tubo (causando um decréscimo na velocidade V), ou o tubo tendo uma *inclinação positiva* (de modo que z aumente). Contrariamente, a pressão tenderá a aumentar se a área do escoamento for aumentada ou a inclinação do tubo diminuir. Dizemos "tender a" porque um fato pode se contrapor a outro; por exemplo, podemos ter uma diminuição da inclinação do tubo (tendendo a aumentar a pressão) com uma redução no diâmetro (tendendo a diminuir a pressão).

    Na realidade, escoamentos em tubos e dutos ocorrem com significativo atrito e são frequentemente turbulentos, de modo que a equação de Bernoulli não se aplica (além disso, não faz sentido usar V; em vez disso, devemos usar $\overline{V}$, para representar a velocidade média em um ponto ao longo do tubo). Vamos aprender que, de fato, efeitos de atrito levam a uma contínua redução no valor da constante de Bernoulli da Eq. 6.8 (isso representa uma "perda" de energia mecânica). Já vimos que, em contraste com a equação de Bernoulli, para um escoamento laminar há uma queda de pressão mesmo para um tubo horizontal, de diâmetro constante; nesta seção, veremos que escoamentos turbulentos experimentam uma perda de pressão ainda maior. Precisaremos substituir a equação de Bernoulli por uma equação de energia que incorpore os efeitos do atrito.

Resumindo, podemos estabelecer que *três* fatores tendem a reduzir a pressão em um escoamento tubular: uma diminuição na área do tubo, uma ascensão na inclinação e atrito. Por enquanto focaremos a perda de pressão devido ao atrito e consequentemente analisaremos tubos que têm área constante e que são horizontais.

Na seção anterior, já vimos que, para o escoamento laminar, podemos deduzir teoricamente a perda de pressão. Rearranjando a Eq. 8.13c para resolvê-la em termos da perda de pressão Δp,

$$\Delta p = \frac{128\mu L Q}{\pi D^4}$$

Gostaríamos de desenvolver uma expressão similar que se aplique para escoamentos turbulentos, mas veremos que isso não é possível de ser feito analiticamente; em vez disso, desenvolveremos expressões baseadas em uma combinação de aproximações teóricas e experimentais. Antes de fazer esses desenvolvimentos, é conveniente dividir as perdas decorrentes do atrito em duas categorias: *perdas maiores*, que são perdas causadas pelo atrito nas seções de área constantes do tubo; e *perdas menores* (algumas vezes maiores que as perdas "maiores"), que são perdas decorrentes de válvulas, cotovelos e outros elementos (trataremos a perda de pressão na região de entrada como um termo de perda menor).

Como tubos de seção circular são os mais comuns nas aplicações de engenharia, a análise básica será feita para geometrias circulares. Os resultados podem ser estendidos para outras formas pela introdução do diâmetro hidráulico, que é tratado na Seção 8.7. (Escoamentos em canal aberto serão tratados no Capítulo 11, e escoamento compressível em dutos será tratado no Capítulo 13.)

8.4 *Distribuição de Tensão de Cisalhamento no Escoamento Completamente Desenvolvido em Tubos*

Vamos considerar novamente o escoamento completamente desenvolvido no interior de um tubo horizontal circular, exceto que agora podemos ter escoamento laminar ou turbulento. Na Seção 8.3, mostramos que um balanço entre as forças de atrito e de pressão leva a Eq. 8.10:

$$\tau_{rx} = \frac{r}{2}\left(\frac{\partial p}{\partial x}\right) + \frac{c_1}{r} \tag{8.10}$$

Como não podemos ter tensão infinita na linha de centro, a constante de integração c_1 deve ser zero, de modo que

$$\tau_{rx} = \frac{r}{2}\frac{\partial p}{\partial x} \tag{8.15}$$

A Eq. 8.15 indica que, *para escoamentos completamente desenvolvidos, tanto laminares quanto turbulentos, a tensão de cisalhamento varia linearmente através do tubo, desde zero*, na linha de centro, até um valor máximo na parede do tubo. A tensão na parede, τ_w (igual e oposta à tensão no fluido na parede), é dada por

$$\tau_w = -\left[\tau_{rx}\right]_{r=R} = -\frac{R}{2}\frac{\partial p}{\partial x} \tag{8.16}$$

Para escoamento *laminar*, usamos nossa equação familiar de tensão $\tau_{rx} = \mu\, du/dr$ na Eq. 8.15 para eventualmente obter a distribuição de velocidade laminar. Isso levou a um conjunto de equações aplicáveis, Eqs. 8.13, para a obtenção de várias características do escoamento; por exemplo, a Eq. 8.13c forneceu uma relação para a vazão volumétrica Q, um resultado obtido experimentalmente pela primeira vez por Jean Louis Poiseuille, um físico francês, e independentemente por Gotthilf H. L. Hagen, um engenheiro alemão, na década de 1850 [2].

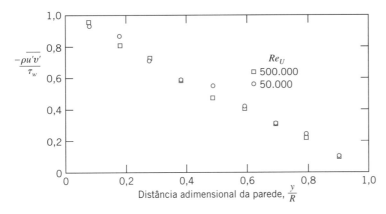

Fig. 8.8 Tensão de cisalhamento turbulenta (tensão de Reynolds) para escoamento turbulento completamente desenvolvido em um tubo. (Dados de Laufer [5].)

Infelizmente, não existe equação equivalente da tensão para escoamento *turbulento*, de modo que não podemos repetir a análise do escoamento laminar para deduzir equações equivalentes das Eqs. 8.13 para o escoamento turbulento. Tudo o que podemos fazer nesta seção é indicar alguns resultados semiempíricos clássicos.

Conforme discutido na Seção 2.6, e ilustrado na Fig. 2.17, o escoamento turbulento é representado em cada ponto pela velocidade média temporal $\bar{u}$ mais as componentes u' e v' nas direções x e y (para um escoamento bidimensional) da flutuação aleatória de velocidade (neste contexto, y representa a distância a partir da parede do tubo). Essas componentes continuamente transferem quantidade de movimento entre as camadas de fluido adjacentes, tendendo a reduzir qualquer gradiente de velocidade presente. Esse efeito, que é o mesmo de uma tensão aparente, foi introduzido pela primeira vez por Osborne Reynolds e denominado *tensões de Reynolds*.[1] Essa tensão é dada por $-\rho\overline{u'v'}$, em que a barra superior significa uma média temporal. Dessa forma, encontramos

$$\tau = \tau_{\text{lam}} + \tau_{\text{turb}} = \mu\frac{d\bar{u}}{dy} - \rho\overline{u'v'} \qquad (8.17)$$

Não confunda o sinal menos na Eq. 8.17 – ocorre que as velocidades u' e v' são negativamente correlacionadas, de modo que $\tau_{\text{turb}} - \rho\overline{u'v'}$ é positiva. Na Fig. 8.8, medições experimentais da tensão principal de Reynolds para escoamento completamente desenvolvido em um tubo são apresentadas para dois números de Reynolds, $Re_U = UD/\nu$, em que U é a velocidade na linha de centro. A tensão de cisalhamento turbulenta foi reduzida a uma forma adimensional pela tensão de cisalhamento na parede. Lembre-se de que a Eq. 8.15 revelou que a tensão de cisalhamento no fluido varia linearmente de τ_w na parede do tubo ($y/R \to 0$) a zero na linha central ($y/R = 1$); da Fig. 8.8 vemos que a tensão de Reynolds tem mais ou menos a mesma tendência, de modo que o atrito é quase todo devido à tensão de Reynolds. O que a Fig. 8.8 não mostra é que próximo à parede ($y/R \to 0$) a tensão de Reynolds cai a zero. Isso é porque a condição de não deslizamento prevalece, de modo que não apenas a velocidade média $\bar{u} \to 0$, mas também as flutuações de velocidade u' e $v' \to 0$ (a parede tende a suprimir as flutuações). Portanto, a tensão turbulenta, $\tau_{\text{turb}} - \rho\overline{u'v'} \to 0$, conforme nos aproximamos da parede, e vale zero na parede. Como a tensão de Reynolds é zero na parede, a Eq. 8.17 indica que a tensão de cisalhamento de parede é dada por $\tau_w = \mu(d\bar{u}/dy)_{y=0}$. Na região muito próxima à parede do tubo, a *camada de parede*, o cisalhamento viscoso é dominante. Na região entre a camada de parede e a porção central do tubo, tanto o cisalhamento viscoso quanto o turbulento são importantes.

---

[1] Os termos de tensão de Reynolds surgem da consideração das equações completas de movimento para escoamento turbulento [4].

8.5 Perfis de Velocidade em Escoamentos Turbulentos Completamente Desenvolvidos em Tubos

Vídeo: A Barragem de Glen Canyon: um Escoamento Tubular Turbulento.

Exceto para escoamentos de fluidos muito viscosos em tubos de diâmetro pequenos, os escoamentos internos são em geral turbulentos. Como mencionado na discussão da distribuição de tensão de cisalhamento em escoamento completamente desenvolvido em tubo (Seção 8.4), no escoamento turbulento não existe uma relação universal entre o campo de tensões e o campo de velocidade média. Desse modo, para escoamentos turbulentos, somos forçados a recorrer a dados experimentais.

Dividindo a Eq. 8.17 por ρ resulta

$$\frac{\tau}{\rho} = \nu \frac{d\bar{u}}{dy} - \overline{u'v'} \qquad (8.18)$$

O termo τ/ρ surge frequentemente na análise de escoamentos turbulentos; ele tem dimensões de velocidade ao quadrado. A quantidade $(\tau_w/\rho)^{1/2}$ é chamada de *velocidade de atrito* e é denotada pelo símbolo u_*. Ela é uma constante para um dado escoamento.

O perfil de velocidade para escoamento turbulento completamente desenvolvido no interior de um tubo liso é mostrado na Fig. 8.9. O gráfico é semilogarítmico; $\bar{u}/u_*$ está plotado contra $\log(yu_*/\nu)$. Os parâmetros adimensionais $\bar{u}/u_*$ e yu_*/ν surgem da análise dimensional, quando se considera razoável que a velocidade na vizinhança da parede é determinada pelas condições na parede, pelas propriedades do fluido e pela distância até a parede. É meramente fortuito o fato de o gráfico adimensional da Fig. 8.9 dar uma representação bastante precisa do perfil de velocidade em um tubo na região afastada da parede; note os pequenos desvios na região da linha de centro do tubo.

Na região muito próxima à parede, onde o cisalhamento viscoso predomina, o perfil de velocidade média segue a relação viscosa linear

$$u^+ = \frac{\bar{u}}{u_*} = \frac{yu_*}{\nu} = y^+ \qquad (8.19)$$

em que y é a distância medida a partir da parede ($y = R - r$; R é o raio do tubo), e $\bar{u}$ é a velocidade média. A Eq. 8.19 é válida para $0 \leq y^+ \leq 5 - 7$; essa região é chamada de *subcamada viscosa*.

Para valores de $yu_*/\nu > 30$, os dados são bem representados pela equação semilogarítmica

$$\frac{\bar{u}}{u_*} = 2,5 \ln \frac{yu_*}{\nu} + 5,0 \qquad (8.20)$$

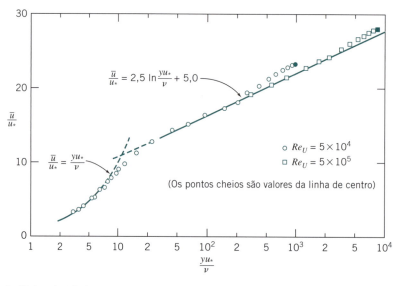

Fig. 8.9 Perfil de velocidade para escoamento turbulento completamente desenvolvido em um tubo liso. (Dados de Laufer [5].)

Nessa região, ambos os cisalhamentos, viscoso e turbulento, são importantes (embora a expectativa seja de cisalhamento turbulento significativamente maior). Existe uma dispersão considerável nas constantes numéricas da Eq. 8.20; os valores dados representam médias sobre muitos experimentos [6]. A região entre $y^+ = 5 - 7$ e $y^+ = 30$ é chamada de *região de transição* ou *camada tampão*.

Se a Eq. 8.20 for avaliada na linha de centro ($y = R$ e $u = U$) e a expressão geral da Eq. 8.20 for subtraída da equação avaliada na linha de centro, obteremos

$$\frac{U - \bar{u}}{u_*} = 2{,}5 \ln \frac{R}{y} \tag{8.21}$$

em que U é a velocidade na linha de centro. A Eq. 8.21, referida como *lei da deficiência*, mostra que a deficiência de velocidade (e, por conseguinte, a forma geral do perfil de velocidade na vizinhança da linha de centro) é uma função da razão de distância somente, não dependendo da viscosidade do fluido.

O perfil de velocidade para escoamento turbulento através de um tubo liso pode ser representado pela equação empírica da *lei de potência*

$$\frac{\bar{u}}{U} = \left(\frac{y}{R}\right)^{1/n} = \left(1 - \frac{r}{R}\right)^{1/n} \tag{8.22}$$

em que o expoente, n, varia com o número de Reynolds. Na Fig. 8.10, os dados de Laufer [5] são mostrados em um gráfico de $\ln y/R$ *versus* $\bar{u}/U$. Se o perfil da lei de potência fosse uma representação precisa dos dados, todos os pontos cairiam sobre uma linha reta de inclinação n. Claramente, os dados para $Re_U = 5 \times 10^4$ desviam-se, na vizinhança da parede, do ajuste ótimo de linha reta.

O perfil de lei de potência não é aplicável próximo da parede ($y/R < 0{,}04$). Como a velocidade é baixa nessa região, o erro no cálculo de quantidades integrais, tais como fluxos de massa, quantidade de movimento e energia em uma seção, é relativamente pequeno. O perfil da lei de potência dá um gradiente de velocidade infinito na parede e, portanto, não pode ser usado nos cálculos da tensão de cisalhamento de parede. Embora o perfil ajuste-se aos dados próximo da linha de centro, ele falha por não dar ali inclinação nula. Apesar desses inconvenientes, o perfil da lei de potência fornece resultados adequados em muitos cálculos.

Dados de Hinze [7] sugerem que a variação do expoente n da lei de potência com o número de Reynolds (baseado no diâmetro do tubo, D, e na velocidade da linha de

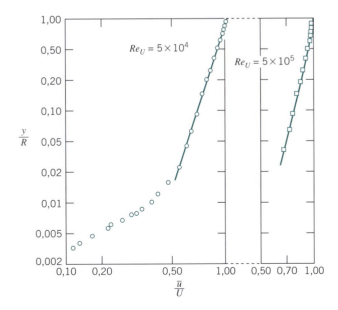

Fig. 8.10 Perfis de velocidade da lei de potência para escoamento turbulento completamente desenvolvido em um tubo liso. (Dados de Laufer [5].)

centro, U) para escoamentos completamente desenvolvidos em tubos lisos é dada por

$$n = -1{,}7 + 1{,}8 \log Re_U \tag{8.23}$$

para $Re_U > 2 \times 10^4$.

Como a velocidade média é $\overline{V} = Q/A$, e

$$Q = \int_A \vec{V} \cdot d\vec{A}$$

a razão entre a velocidade média e a velocidade na linha de centro pode ser calculada para os perfis da lei de potência da Eq. 8.22, admitindo que os perfis são válidos da parede até a linha de centro. O resultado é

$$\frac{\overline{V}}{U} = \frac{2n^2}{(n+1)(2n+1)} \tag{8.24}$$

Da Eq. 8.24, verificamos que, quando n aumenta (com o aumento do número de Reynolds), a razão entre a velocidade média e a velocidade da linha de centro também aumenta; com o aumento do número de Reynolds, o perfil de velocidade torna-se mais rombudo ou "mais cheio" (para $n = 6$, $\overline{V}/U = 0{,}79$ e para $n = 10$, $\overline{V}/U = 0{,}87$). Como um valor representativo, 7 é frequentemente usado para o expoente; isso dá origem à expressão "um perfil de potência um sétimo" para escoamento turbulento completamente desenvolvido:

$$\frac{\overline{u}}{U} = \left(\frac{y}{R}\right)^{1/7} = \left(1 - \frac{r}{R}\right)^{1/7}$$

A Fig. 8.11 mostra perfis de velocidade para $n = 6$ e $n = 10$. O perfil parabólico para escoamento laminar completamente desenvolvido foi incluído para comparação. Está claro que o perfil turbulento tem uma inclinação muito mais acentuada próximo da parede. Isso é consistente com nossa discussão para chegar à Eq. 8.17 — as flutuações de velocidade u' e v' transferem continuamente quantidade de movimento entre as camadas adjacentes de fluido, tendendo a reduzir o gradiente de velocidade.

8.6 Considerações de Energia no Escoamento em Tubos

Até aqui, usamos as equações da quantidade de movimento e da conservação da massa, na forma de volume de controle, para discutir escoamentos viscosos. Obviamente, os efeitos viscosos terão um importante efeito sobre considerações de energia. Na Seção 6.5, discutimos a linha de energia (LE),

$$LE = \frac{p}{\rho g} + \frac{V^2}{2g} + z \tag{6.16b}$$

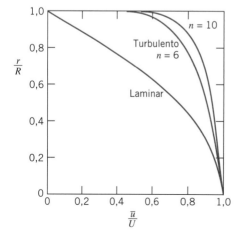

Fig. 8.11 Perfis de velocidade para escoamento completamente desenvolvido em um tubo.

e vimos que ela é uma medida da energia mecânica total (de "pressão", cinética e potencial por unidade de massa) em um escoamento. Podemos esperar que, em vez de ficar constante (o que ocorreu para o escoamento não viscoso), a LE diminuirá continuamente na direção do escoamento, pois o atrito "come" a energia mecânica. (Os Exemplos 8.9 e 8.10 apresentam esboços de curvas da LE, e também de curvas da linha piezométrica (LP); você pode desejar prevê-las.) Agora, podemos considerar a equação da energia (a primeira lei da termodinâmica) para obter informações sobre efeitos de atrito.

Considere, por exemplo, o escoamento permanente através de um sistema de tubos, incluindo um cotovelo redutor, mostrado na Fig. 8.12. As fronteiras do volume de controle são mostradas como linhas tracejadas. Elas são perpendiculares ao escoamento nas seções ① e ② e coincidem com a superfície interna do tubo nas outras partes.

Equação básica:

$$\dot{Q} - \overset{=0(1)}{\dot{W}_s} - \overset{=0(2)}{\dot{W}_{\text{cisalhamento}}} - \overset{=0(1)}{\dot{W}_{\text{outros}}} = \overset{=0(3)}{\frac{\partial}{\partial t}\int_{\text{VC}} e\,\rho\,dV} + \int_{\text{SC}} (e + p\upsilon)\rho \vec{V}\cdot d\vec{A} \quad (4.56)$$

$$e = u + \frac{V^2}{2} + gz$$

Considerações:

1 $\dot{W}_S = 0$, $\dot{W}_{\text{outro}} = 0$.
2 $\dot{W}_{\text{cisalhamento}}$ (embora as tensões de cisalhamento estejam presentes nas paredes do cotovelo, as velocidades ali são zero, de modo que não há possibilidade de trabalho).
3 Escoamento permanente.
4 Escoamento incompressível.
5 Energia interna e pressão uniformes através das seções ① e ②.

Com essas considerações, a equação da energia reduz-se a

$$\begin{aligned}\dot{Q} &= \dot{m}(u_2 - u_1) + \dot{m}\left(\frac{p_2}{\rho} - \frac{p_1}{\rho}\right) + \dot{m}g(z_2 - z_1) \\ &+ \int_{A_2} \frac{V_2^2}{2}\rho V_2\,dA_2 - \int_{A_1} \frac{V_1^2}{2}\rho V_1\,dA_1\end{aligned} \quad (8.25)$$

Note que *não* consideramos velocidade uniforme nas seções ① e ②, pois sabemos que, para escoamentos viscosos, a velocidade em uma seção transversal não pode ser uniforme. Contudo, é conveniente introduzir a velocidade média na Eq. 8.25, de modo a permitir a eliminação das integrais. Para fazer isso, definimos um coeficiente de energia cinética.

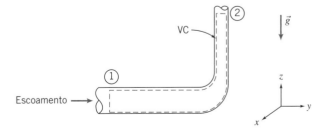

Fig. 8.12 Volume de controle e coordenadas para análise de energia de escoamento através de um cotovelo redutor de 90°.

Coeficiente de Energia Cinética

O *coeficiente de energia cinética*, α, é definido tal que

$$\int_A \frac{V^2}{2} \rho V \, dA = \alpha \int_A \frac{\overline{V}^2}{2} \rho V dA = \alpha \dot{m} \frac{\overline{V}^2}{2} \qquad (8.26a)$$

ou

$$\alpha = \frac{\displaystyle\int_A \rho V^3 dA}{\dot{m} \overline{V}^2} \qquad (8.26b)$$

Podemos imaginar α como um fator de correção que nos permite usar a velocidade média $\overline{V}$ na equação da energia para calcular a energia cinética em uma seção transversal.

Para escoamento laminar em um tubo (perfil de velocidade dado pela Eq. 8.12), $\alpha = 2,0$.

No escoamento turbulento em tubos, o perfil de velocidade é bastante achatado, conforme mostrado na Fig. 8.11. Podemos usar a Eq. 8.26b, juntamente com as Eqs. 8.22 e 8.24, para determinar α. Substituindo o perfil de velocidade da lei de potência da Eq. 8.22 na Eq. 8.26b, obtemos

$$\alpha = \left(\frac{U}{\overline{V}}\right)^3 \frac{2n^2}{(3+n)(3+2n)} \qquad (8.27)$$

A Eq. 8.24 dá o valor de $\overline{V}/U$ como uma função do expoente n da lei de potência; a combinação disso com a Eq. 8.27 leva a uma expressão em n bastante complicada. O resultado global é que na faixa realista de n, de $n = 6$ a $n = 10$ para altos números de Reynolds, α varia de 1,08 a 1,03; para o perfil de potência de um sétimo ($n = 7$), $\alpha = 1,06$. tendo em vista que α é razoavelmente próximo de 1 para altos números de Reynolds, e como a variação na energia cinética é, em geral, pequena comparada com os termos dominantes na equação de energia, *podemos quase sempre usar a aproximação $\alpha = 1$ em nossos cálculos de escoamento em tubo.*

Perda de Carga

Usando a definição de α, a equação da energia (Eq. 8.25) pode ser escrita

$$\dot{Q} = \dot{m}(u_2 - u_1) + \dot{m}\left(\frac{p_2}{\rho} - \frac{p_1}{\rho}\right) + \dot{m}g(z_2 - z_1) + \dot{m}\left(\frac{\alpha_2 \overline{V}_2^2}{2} - \frac{\alpha_1 \overline{V}_1^2}{2}\right)$$

Dividindo pela vazão mássica, obtemos

$$\frac{\delta Q}{dm} = u_2 - u_1 + \frac{p_2}{\rho} - \frac{p_1}{\rho} + gz_2 - gz_1 + \frac{\alpha_2 \overline{V}_2^2}{2} - \frac{\alpha_1 \overline{V}_1^2}{2}$$

Rearranjando essa equação, escrevemos

$$\left(\frac{p_1}{\rho} + \alpha_1 \frac{\overline{V}_1^2}{2} + gz_1\right) - \left(\frac{p_2}{\rho} + \alpha_2 \frac{\overline{V}_2^2}{2} + gz_2\right) = (u_2 - u_1) - \frac{\delta Q}{dm} \qquad (8.28)$$

Na Eq. 8.28, o termo

$$\left(\frac{p}{\rho} + \alpha \frac{\overline{V}^2}{2} + gz\right)$$

representa a energia mecânica por unidade de massa em uma seção transversal (compare-o à expressão de LE, Eq. 6.16b, para calcular a energia "mecânica", que discutimos no início desta seção. As diferenças são que, na expressão de LE, dividimos por

Escoamento Interno Viscoso e Incompressível **317**

g para obter a LE em unidades de pés ou metros, e aqui $\alpha \bar{V}^2$ decorre do fato de que, em um tubo, temos um perfil de velocidades, e não um escoamento uniforme).

O termo $u_2 - u_1 - \delta Q/dm$ é igual à diferença em energia mecânica por unidade de massa entre as seções ① e ②. Ele representa a conversão (irreversível) de energia mecânica na seção ① em energia térmica não desejada $(u_2 - u_1)$ e em perda de energia por transferência de calor $(-\delta Q/dm)$. Identificamos esse grupo de termos como a perda de energia total por unidade de massa e o designamos pelo símbolo h_{l_T}. Então,

$$\left(\frac{p_1}{\rho} + \alpha_1 \frac{\bar{V}_1^2}{2} + gz_1\right) - \left(\frac{p_2}{\rho} + \alpha_2 \frac{\bar{V}_2^2}{2} + gz_2\right) = h_{l_T} \tag{8.29}$$

As dimensões de energia por unidade de massa FL/M são equivalentes às dimensões de L^2/t^2. A Eq. 8.29 é uma das mais importantes e úteis equações na mecânica dos fluidos. Ela nos permite calcular a perda de energia mecânica causada pelo atrito entre duas seções de um tubo. Vamos voltar à nossa discussão no início da Parte B, em que discutimos o que causaria uma variação de pressão. Idealizamos um escoamento sem atrito (isto é, aquele descrito pela equação de Bernoulli, ou Eq. 8.29 com $\alpha = 1$ e $h_{l_T} = 0$) no qual a pressão somente poderia variar se a velocidade variasse (caso o tubo tivesse uma variação no diâmetro), ou se o potencial variasse (caso o tubo não fosse horizontal). Agora, com atrito, a Eq. 8.29 indica que a pressão variará mesmo para um tubo horizontal de área constante — a energia mecânica será continuamente transformada em energia térmica.

Na ciência empírica da hidráulica, desenvolvida durante o século XIX, era prática comum expressar o balanço de energia em termos de energia por unidade de *peso* do líquido escoando (água, por exemplo) em lugar de energia por unidade de *massa*, como na Eq. 8.29. Quando a Eq. 8.29 é dividida pela aceleração gravitacional, g, resulta

$$\left(\frac{p_1}{\rho g} + \alpha_1 \frac{\bar{V}_1^2}{2g} + z_1\right) - \left(\frac{p_2}{\rho g} + \alpha_2 \frac{\bar{V}_2^2}{2g} + z_2\right) = \frac{h_{l_T}}{g} = H_{l_T} \tag{8.30}$$

Cada termo na Eq. 8.30 tem dimensões de energia por unidade de peso do líquido escoando. Então, as dimensões resultantes de $H_{l_T} = h_{l_T}/g$ são $(L^2/t^2)(t^2/L) = L$, ou metros de líquido em escoamento. Como o termo perda de carga é de uso generalizado, nós o usaremos tanto para H_{l_T} (com as dimensões de comprimento ou de energia por unidade de peso) quanto para $h_{l_T} = gH_{l_T}$ (com dimensões de energia por unidade de massa).

A Eq. 8.29 (ou Eq. 8.30) pode ser usada para calcular a diferença de pressão entre dois pontos quaisquer em uma tubulação, desde que a perda de carga, h_{l_T} (ou H_{l_T}), possa ser determinada. Na próxima seção, abordaremos o cálculo da perda de carga.

8.7 *Cálculo da Perda de Carga*

A perda de carga total, h_{l_T}, é considerada como a soma das perdas maiores, h_l, causadas por efeitos de atrito no escoamento completamente desenvolvido em tubos de seção constante, com as perdas localizadas, h_{l_m}, causadas por entradas, acessórios, variações de área e outras. Por isso, consideraremos as perdas maiores e menores separadamente.

Perdas Maiores: Fator de Atrito

O balanço de energia, expresso pela Eq. 8.29, pode ser usado para avaliar a perda de carga maior. Para escoamento completamente desenvolvido em um tubo de área constante, $h_{l_m} = 0$, e $\alpha_1 (\bar{V}_1^2/2) = \alpha_2 (\bar{V}_2^2/2)$; a Eq. 8.29 reduz-se a

$$\frac{p_1 - p_2}{\rho} = g(z_2 - z_1) + h_l \tag{8.31}$$

Se o tubo é horizontal, tem-se $z_2 = z_1$, e

$$\frac{p_1 - p_2}{\rho} = \frac{\Delta p}{\rho} = h_l \qquad (8.32)$$

Dessa forma, a perda de carga maior pode ser expressa como a perda de pressão para escoamento completamente desenvolvido através de um tubo horizontal de área constante.

Como a perda de carga representa a energia mecânica convertida em energia térmica por efeitos de atrito, a perda de carga para escoamento completamente desenvolvido em tubos de área constante depende tão somente dos detalhes do escoamento através do duto. A perda de carga é independente da orientação do tubo.

a. Escoamento Laminar

No escoamento laminar, a queda de pressão pode ser calculada analiticamente para o escoamento completamente desenvolvido em um tubo horizontal. Assim, da Eq. 8.13c,

$$\Delta p = \frac{128 \mu L Q}{\pi D^4} = \frac{128 \mu L \overline{V}(\pi D^2/4)}{\pi D^4} = 32 \frac{L}{D} \frac{\mu \overline{V}}{D}$$

Substituindo na Eq. 8.32, resulta

$$h_l = 32 \frac{L}{D} \frac{\mu \overline{V}}{\rho D} = \frac{L}{D} \frac{\overline{V}^2}{2} \left(64 \frac{\mu}{\rho \overline{V} D} \right) = \left(\frac{64}{Re} \right) \frac{L}{D} \frac{\overline{V}^2}{2} \qquad (8.33)$$

(Veremos adiante a razão para escrever h_l nessa forma.)

b. Escoamento Turbulento

No escoamento turbulento, não podemos avaliar a queda de pressão analiticamente; devemos recorrer a resultados experimentais e utilizar a análise dimensional para correlacioná-los. A experiência mostra que, no escoamento turbulento completamente desenvolvido, a queda de pressão, Δp, causada por atrito em um tubo horizontal de área constante, depende do diâmetro, D, do comprimento, L, e da rugosidade do tubo, e, da velocidade média do escoamento, $\overline{V}$, da massa específica, ρ, e da viscosidade do fluido, μ. Em forma de função,

$$\Delta p = \Delta p(D, L, e, \overline{V}, \rho, \mu)$$

A aplicação da análise dimensional a esse problema, feita no Exemplo 7.2, resultou em uma correlação da forma

$$\frac{\Delta p}{\rho \overline{V}^2} = f\left(\frac{\mu}{\rho \overline{V} D}, \frac{L}{D}, \frac{e}{D} \right)$$

Reconhecemos que $\mu/\rho \overline{V} D = 1/Re$, de modo que podemos, justamente, escrever

$$\frac{\Delta p}{\rho \overline{V}^2} = \phi\left(Re, \frac{L}{D}, \frac{e}{D} \right)$$

Substituindo da Eq. 8.32, vemos que

$$\frac{h_l}{\overline{V}^2} = \phi\left(Re, \frac{L}{D}, \frac{e}{D} \right)$$

Embora a análise dimensional preveja a relação funcional, os valores reais devem ser obtidos experimentalmente.

Experiências mostram que a perda de carga adimensional é diretamente proporcional a L/D. Assim, podemos escrever

$$\frac{h_l}{\overline{V}^2} = \frac{L}{D} \phi_1\left(Re, \frac{e}{D} \right)$$

Visto que a função, ϕ_1, é ainda indeterminada, é permitido introduzir uma constante no lado esquerdo da equação anterior. O número ½ é introduzido no denominador para tornar o termo do lado esquerdo da equação igual à razão entre a perda de carga e a energia cinética por unidade de massa. Assim,

$$\frac{h_l}{\frac{1}{2}\overline{V}^2} = \frac{L}{D}\phi_2\left(Re, \ \frac{e}{D}\right)$$

A função desconhecida, $\phi_2(Re, e/D)$, é definida como o *fator de atrito, f*,

$$f \equiv \phi_2\left(Re, \ \frac{e}{D}\right)$$

e

$$h_l = f\,\frac{L}{D}\,\frac{\overline{V}^2}{2} \tag{8.34}$$

ou

$$H_l = f\,\frac{L}{D}\,\frac{\overline{V}^2}{2g} \tag{8.35}$$

O fator de atrito[2] é determinado experimentalmente. Os resultados, publicados por L. F. Moody [8], são mostrados na Fig. 8.13.

Para determinar a perda de carga em um escoamento completamente desenvolvido sob condições conhecidas, o número de Reynolds é o primeiro parâmetro a ser avaliado. A rugosidade, e, é obtida da Tabela 8.1. Em seguida, o fator de atrito, f, pode ser lido da curva apropriada na Fig. 8.13, para os valores conhecidos de Re e e/D. Finalmente, a perda de carga pode ser determinada com a Eq. 8.34 ou a Eq. 8.35.

Vários aspectos da Fig. 8.13 merecem discussão. O fator de atrito para escoamento laminar pode ser obtido comparando as Eqs. 8.33 e 8.34:

$$h_l = \left(\frac{64}{Re}\right)\frac{L}{D}\,\frac{\overline{V}^2}{2} = f\,\frac{L}{D}\,\frac{\overline{V}^2}{2}$$

Consequentemente, para escoamento laminar

$$f_{\text{laminar}} = \frac{64}{Re} \tag{8.36}$$

Tabela 8.1
Rugosidade para Tubos de Materiais Comuns de Engenharia

Tubo	Rugosidade, e
	Milímetros
Aço rebitado	0,9–9
Concreto	0,3–3
Madeira	0,2–0,9
Ferro fundido	0,26
Ferro galvanizado	0,15
Ferro fundido asfaltado	0,12
Aço comercial ou ferro forjado	0,046
Trefilado	0,0015

Fonte: Dados da Referência [8].

---

[2]O fator de atrito definido pela Eq. 8.34 é o *fator de atrito de Darcy*. O *fator de atrito de Fanning*, menos usado, é definido em termos da tensão de cisalhamento na parede. O *fator de atrito de Darcy* é quatro vezes maior que o *fator de atrito de Fanning*.

Dessa forma, no escoamento laminar, o fator de atrito é uma função do número de Reynolds apenas; ele é independente da rugosidade. Embora não tenhamos levado em conta a rugosidade na dedução da Eq. 8.33, resultados experimentais confirmam que o fator de atrito é uma função apenas do número de Reynolds em escoamento laminar.

O número de Reynolds em um tubo pode ser mudado com facilidade variando a velocidade média do escoamento. Se o escoamento em um tubo for originalmente laminar, o aumento da velocidade até que o número de Reynolds crítico seja atingido provoca a ocorrência da transição; o escoamento laminar cede lugar ao escoamento turbulento. O efeito da transição sobre o perfil de velocidade foi discutido na Seção 8.5. A Fig. 8.11 mostra que o gradiente de velocidade na parede do tubo é muito maior para o escoamento turbulento do que para o escoamento laminar. Essa mudança no perfil de velocidade causa o aumento acentuado da tensão de cisalhamento na parede, com mesmo efeito sobre o fator de atrito.

À medida que o número de Reynolds é aumentado acima do valor de transição, o perfil de velocidade continua a tornar-se mais cheio ou achatado, como observado na Seção 8.5. Para valores da rugosidade relativa $e/D \leq 0,001$, o fator de atrito logo após a transição tende a seguir a curva para tubo liso, ao longo da qual o fator de atrito é uma função do número de Reynolds apenas. Entretanto, quando o número de Reynolds aumenta, o perfil de velocidade torna-se ainda mais cheio. A espessura da fina subcamada viscosa perto da parede do tubo diminui. Quando os elementos de rugosidade começam a emergir através dessa camada, o efeito da rugosidade torna-se importante e o fator de atrito torna-se uma função do número de Reynolds *e também* da rugosidade relativa.

Para número de Reynolds muito grande, a maioria dos elementos de rugosidade na parede do tubo emerge através da subcamada viscosa; o arrasto e, por conseguinte, a

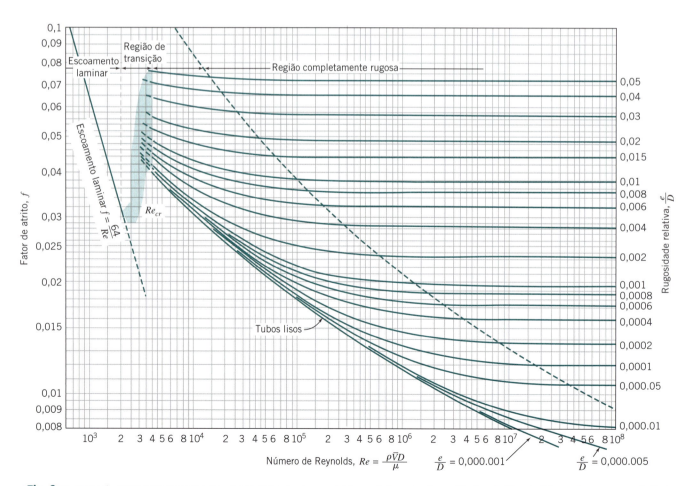

Fig. 8.13 Fator de atrito para escoamento completamente desenvolvido em tubos circulares. (Dados de Moody [8], usados com permissão.)

perda de pressão, dependem somente do tamanho dos elementos de rugosidade. Tal situação é chamada de regime de escoamento "completamente rugoso"; nesse regime, o fator de atrito depende apenas de e/D.

Quando o número de Reynolds é aumentado acima do valor de transição, para valores da rugosidade relativa $e/D \geq 0{,}001$, o fator de atrito é maior do que aquele para um tubo liso. Como foi o caso para baixos valores de e/D, o valor do número de Reynolds para o qual o regime de escoamento torna-se completamente turbulento decresce com o aumento da rugosidade relativa.

Resumindo a discussão precedente, vimos que o fator de atrito decresce com o aumento do número de Reynolds enquanto o escoamento permanecer laminar. Na transição, f aumenta bruscamente. No regime de escoamento turbulento, o fator de atrito decresce gradualmente e, por fim, nivela-se em um valor constante para grandes números de Reynolds.

Tenha em mente que a perda de energia real é h_l, (Eq. 8.34), que é proporcional a f e a $\overline{V}^2$. Portanto, para um escoamento laminar, $h_l \propto \overline{V}$ (porque $f = 64/Re$ e $Re \propto \overline{V}$); na região de transição, existe um súbito crescimento de h_l; para a zona inteiramente rugosa, $h_l \propto \overline{V}^2$ (porque $f \approx$ constante) e, para o resto da região turbulenta, h_l aumenta a uma taxa algo entre $\overline{V}$ e $\overline{V}^2$. Assim, concluímos que a perda de carga *sempre* aumenta com a vazão mássica, e mais rapidamente quando o escoamento é turbulento.

Para evitar a necessidade do uso de métodos gráficos na obtenção de f para escoamentos turbulentos, diversas expressões matemáticas foram criadas por ajuste de dados experimentais. A expressão mais usual para o fator de atrito é a de Colebrook [9],

$$\frac{1}{\sqrt{f}} = -2{,}0 \log\left(\frac{e/D}{3{,}7} + \frac{2{,}51}{Re\sqrt{f}}\right) \tag{8.37}$$

A Eq. 8.37 é implícita em f, e solucionadores de equações podem ser utilizados na determinação de f, para uma dada razão de rugosidade e/D e um dado número de Reynolds, Re. Mesmo sem usar métodos automatizados, a Eq. 8.37 não é muito difícil de ser resolvida para f. Basta fazer algumas iterações, pois a Eq. 8.37 é muito estável. Iniciamos com um valor estimado para f no lado direito e, depois de muito poucas iterações, teremos um valor convergido para f com três algarismos significativos. Da Fig. 8.13, podemos ver que, para escoamentos turbulentos, $f < 0{,}1$; assim, $f = 0{,}1$ poderia ser um bom valor inicial. Outra estratégia é usar a Fig. 8.13 para obter uma boa primeira aproximação; assim, em geral, uma iteração usando a Eq. 8.37 já leva a um bom valor para f. Como alternativa, Haaland [10] desenvolveu a seguinte equação,

$$\frac{1}{\sqrt{f}} = -1{,}8 \log\left[\left(\frac{e/D}{3{,}7}\right)^{1{,}11} + \frac{6{,}9}{Re}\right]$$

como uma aproximação à equação de Colebrook; para $Re > 3000$, ela dá resultados que diferem cerca de 2% da equação de Colebrook, sem a necessidade de fazer iterações.

Para escoamento turbulento em tubos lisos, a correlação de Blasius, válida para $Re \leq 10^5$, é

$$f = \frac{0{,}316}{Re^{0{,}25}} \tag{8.38}$$

Quando essa relação é combinada com a expressão para tensão de cisalhamento de parede (Eq. 8.16), a expressão da perda de carga (Eq. 8.32), e a definição do fator de atrito (Eq. 8.34), uma expressão útil para a tensão de cisalhamento de parede é obtida

$$\tau_w = 0{,}0332\rho\overline{V}^2\left(\frac{\nu}{R\overline{V}}\right)^{0{,}25} \tag{8.39}$$

Essa equação será usada mais tarde em nosso estudo de camada-limite turbulenta sobre uma placa plana (Capítulo 9).

Todos os valores de *e* dados na Tabela 8.1 são para tubos novos, em condições relativamente boas. Após longo período de serviço, a corrosão aparece, particularmente em regiões de água muito dura, na forma de depósitos calcários e crostas de ferrugem nas paredes. A corrosão pode enfraquecer os tubos e, eventualmente, resultar em ruptura. A formação de depósitos aumenta a rugosidade da parede apreciavelmente e também diminui o diâmetro efetivo. Esses fatores combinados aumentam e/D de 5 a 10 vezes para tubos velhos (veja o Problema 10.63). Um exemplo é mostrado na Fig. 8.14.

As curvas apresentadas na Fig. 8.13 representam valores médios de dados extraídos de vários experimentos. As curvas devem ser consideradas precisas dentro de aproximadamente $\pm 10\%$, o que é suficiente para muitas análises de engenharia. Caso uma maior precisão seja necessária, dados de teste real devem ser usados.

Perdas Menores

O escoamento em uma tubulação pode exigir a passagem do fluido através de uma variedade de acessórios, curvas ou mudanças súbitas de área. Perdas de carga adicionais são encontradas, sobretudo, como resultado da separação do escoamento. (A energia é eventualmente dissipada por forte mistura nas zonas separadas.) Essas perdas serão relativamente menores (daí o termo *perdas menores*), se o sistema incluir longos trechos retos de tubo de seção constante. As perdas de carga menores (ou localizadas) tradicionalmente são calculadas pela equação

$$h_{l_m} = K \frac{\overline{V}^2}{2} \qquad (8.40)$$

em que o *coeficiente de perda*, K, deve ser determinado experimentalmente para cada situação. Para escoamento em curvas e acessórios de uma tubulação, o coeficiente de perda, K, varia com a bitola (diâmetro) do tubo do mesmo modo que o fator de atrito, f, para o escoamento através de um tubo reto. O *Handbook* da *ASHRAE — Fundamentos* [12] e *websites* como The Engineering Toolbox [34] fornecem vas-

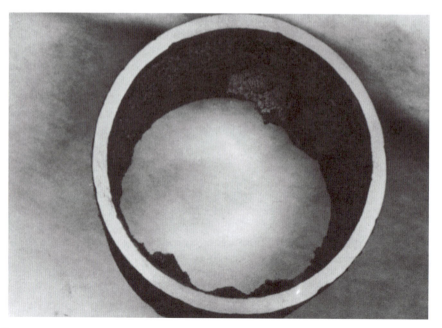

Fig. 8.14 Seção de tubo removida após 40 anos de serviço como linha de suprimento de água, mostrando a formação de incrustações. (Foto cortesia de Alan T. McDonald.)

tos dados de coeficientes de carga para acessórios. Os dados aqui apresentados devem ser considerados como representativos para algumas situações comumente encontradas na prática.

a. Entradas e Saídas

Uma entrada mal projetada de um tubo pode causar uma perda de carga apreciável. Se a entrada tiver cantos vivos, a separação do escoamento ocorre nas quinas e a *vena contracta* (veia contraída) é formada. O fluido deve acelerar-se localmente para passar através da área reduzida de escoamento na vena contracta. Perdas de energia mecânica resultam da mistura não confinada, quando a corrente fluida desacelera para preencher novamente o tubo. Três geometrias básicas de entradas são mostradas na Tabela 8.2. Da tabela, está claro que o coeficiente de perda é reduzido significativamente quando a entrada é arredondada, mesmo que ligeiramente. Para uma entrada bem arredondada, ($r/D \geq 0,15$), o coeficiente de perda é quase desprezível. O Exemplo 8.9 ilustra um procedimento para determinação experimental do coeficiente de perda para uma entrada de tubo.

A energia cinética por unidade de massa, $\alpha \overline{V}^2/2$, é completamente dissipada pela mistura quando o escoamento descarrega de um duto para um grande reservatório ou câmara. A situação corresponde ao escoamento através de uma expansão súbita com a razão de áreas $RA = 0$ (Fig. 8.15). Assim, o coeficiente de perda menor é igual a α, que, como vimos na seção precedente, é usualmente fixado em 1 para escoamento turbulento. Não é possível melhorar o coeficiente de perda menor para uma saída; entretanto, a adição de um difusor pode reduzir $\overline{V}^2/2$ e, portanto, h_{l_m} consideravelmente (veja o Exemplo 8.10).

b. Expansões e Contrações

Os coeficientes de perda menor para expansões e contrações súbitas em dutos circulares são dados na Fig. 8.15. Note que ambos os coeficientes baseiam-se no *maior*

Tabela 8.2
Coeficientes de Perdas Menores para Entradas de Tubos

Tipo de Entrada	Coeficiente de Perda Localizada, K[a]
Reentrante	0,78
Borda-viva	0,5
Arredondado	r/D: 0,02 | 0,06 | $\geq 0,15$ K: 0,28 | 0,15 | 0,04

[a]Baseado em $h_{l_m} = K(\overline{V}^2/2)$, em que $\overline{V}$ é a velocidade média no tubo.
Fonte: Dados da Referência [11].

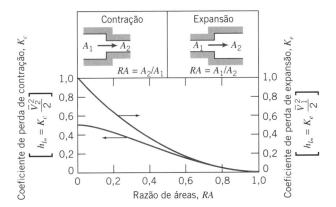

Fig. 8.15 Coeficientes de perda para escoamento através de mudança súbita de área. (Dados de Streeter [1].)

324   Capítulo 8

valor de $\overline{V}^2/2$. Desse modo, as perdas para uma expansão súbita são baseadas em $\overline{V}_1^2/2$ e aquelas para uma contração são baseadas em $\overline{V}_2^2/2$.

As perdas causadas por variação de área podem ser reduzidas um pouco com a instalação de um bocal ou difusor entre as duas seções de tubo reto. Dados para bocais são apresentados no Tabela 8.3. Note que a coluna final (dados para o ângulo $\theta = 180°$) concorda com dados da Fig. 8.15.

As perdas em difusores dependem de diversas variáveis geométricas e do escoamento. Os dados para difusores são, em geral, apresentados em termos de um coeficiente de recuperação de pressão, C_p, definido como a razão entre o aumento da pressão estática e a pressão dinâmica de entrada,

$$C_p \equiv \frac{p_2 - p_1}{\frac{1}{2}\rho\overline{V}_1^2} \tag{8.41}$$

Isso indica que fração da energia cinética do escoamento de entrada se transforma em um aumento de pressão. Não é difícil mostrar (usando as equações da continuidade e de Bernoulli; veja o Problema 8.149) que o coeficiente de recuperação de pressão ideal (sem atrito) é dado por

$$C_{p_i} = 1 - \frac{1}{RA^2} \tag{8.42}$$

em que RA é a razão de áreas. Portanto, o coeficiente de recuperação de pressão ideal é uma função apenas da razão de áreas. Na realidade, um difusor tem um escoamento tipicamente turbulento, e o aumento da pressão estática na direção do escoamento pode causar separação de escoamento das paredes, caso o difusor não seja bem projetado; pulsações de escoamento podem também ocorrer. Por isso, o C_p real será menor que o indicado pela Eq. 8.42. Por exemplo, dados para difusores cônicos com escoamento completamente desenvolvido no interior de um tubo são apresentados na Fig. 8.16 como uma função da geometria. Note que difusores menos afunilados (com pequeno ângulo de divergência ϕ ou grande comprimento adimensional N/R_1) tendem a apresentar um coeficiente C_p mais próximo do valor ideal. Quando fazemos o cone mais curto, começamos a ver uma queda em C_p para uma dada razão fixa de área — podemos considerar o comprimento do cone onde isso começa a acontecer como o comprimento ótimo (ele é o menor comprimento para o qual obtemos o máximo coeficiente para uma dada razão de área — mais próximo do previsto pela Eq. 8.42). Podemos relacionar C_p com a perda de carga. Se a gravidade for desprezada, e $\alpha_1 = \alpha_2 = 1{,}0$, a equação da perda de carga, Eq. 8.29, reduz-se a

$$\left[\frac{p_1}{\rho} + \frac{\overline{V}_1^2}{2}\right] - \left[\frac{p_2}{\rho} + \frac{\overline{V}_2^2}{2}\right] = h_{l_T} = h_{l_m}$$

Tabela 8.3
Coeficientes de Perda (K) para Contrações Graduais: Dutos Circulares e Retangulares

	Ângulo Incluso, θ, Graus						
A_2/A_1	10	15–40	50–60	90	120	150	180
0,50	0,05	0,05	0,06	0,12	0,18	0,24	0,26
0,25	0,05	0,04	0,07	0,17	0,27	0,35	0,41
0,10	0,05	0,05	0,08	0,19	0,29	0,37	0,43

Nota: Os coeficientes são baseados em $h_{l_m} = K(\overline{V}_2^2/2)$.
Fonte: Dados da ASHRAE [12].

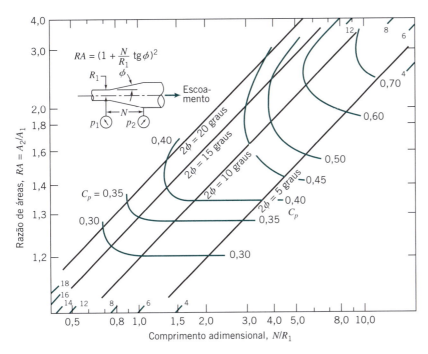

Fig. 8.16 Recuperação de pressão para difusores cônicos com escoamento turbulento completamente desenvolvido na entrada. (Dados de Cockrell e Bradley [13].)

Então,

$$h_{l_m} = \frac{\overline{V}_1^2}{2} - \frac{\overline{V}_2^2}{2} - \frac{p_2 - p_1}{\rho}$$

$$h_{l_m} = \frac{\overline{V}_1^2}{2}\left[\left(1 - \frac{\overline{V}_2^2}{\overline{V}_1^2}\right) - \frac{p_2 - p_1}{\frac{1}{2}\rho \overline{V}_1^2}\right] = \frac{\overline{V}_1^2}{2}\left[\left(1 - \frac{\overline{V}_2^2}{\overline{V}_1^2}\right) - C_p\right]$$

Da continuidade, $A_1 \overline{V}_1 = A_2 \overline{V}_2$, de modo que

$$h_{l_m} = \frac{\overline{V}_1^2}{2}\left[1 - \left(\frac{A_1}{A_2}\right)^2 - C_p\right]$$

ou

$$h_{l_m} = \frac{\overline{V}_1^2}{2}\left[\left(1 - \frac{1}{(RA)^2}\right) - C_p\right] \qquad (8.43)$$

O resultado para ausência de atrito (Eq. 8.42) é obtido a partir da Eq. 8.43 se $h_{l_m} = 0$. Podemos combinar as Eqs. 8.42 e 8.43 de modo a obter uma expressão para a perda de carga em termos dos valores real e ideal de C_p:

$$h_{l_m} = (C_{p_i} - C_p)\frac{\overline{V}_1^2}{2} \qquad (8.44)$$

Os mapas de desempenho para difusores anulares e de parede plana [14], e para difusores radiais [15], estão disponíveis na literatura.

A recuperação de pressão do difusor é essencialmente independente do número de Reynolds de entrada, se os valores desse número forem superiores a $7,5 \times 10^4$ [16]. A recuperação de pressão do difusor com escoamento de entrada uniforme é um pouco melhor do que aquela para escoamento de entrada completamente desenvolvido. Os mapas de desempenho para difusores anulares, cônicos e de

326 Capítulo 8

parede plana, para uma variedade de condições de escoamento de entrada, são apresentados em [17].

Como a pressão estática aumenta no sentido do fluxo em um difusor, o escoamento pode separar-se das paredes. Para algumas geometrias, o escoamento de saída é distorcido. Para difusores com ângulos grandes, palhetas ou repartidores podem ser empregados para suprimir o estol e melhorar a recuperação de pressão [18].

c. Curvas em Tubos

A perda de carga em uma curva de tubo é maior do que aquela para escoamento completamente desenvolvido em um trecho reto de tubo de igual comprimento. A perda adicional é essencialmente o resultado do escoamento secundário. Os coeficientes de perda para curvas de diferentes construções, geometrias e ângulos são dados na Tabela 8.4. Curvas de esquadria, em particular, são muito usadas porque são simples e baratas. Em geral, essas curvas contêm paletas de viragem instaladas dentro delas, e, como dado na Tabela 8.4, a perda é reduzida significativamente. Curvas e acessórios em um sistema de tubos podem ter conexões rosqueadas, flangeadas ou soldadas. Para pequenos diâmetros, juntas rosqueadas são mais comuns; sistemas com tubos grandes frequentemente apresentam juntas flangeadas ou soldadas.

d. Válvulas e Acessórios

As perdas em escoamentos através de válvulas e acessórios também podem ser expressas em termos de um comprimento equivalente de tubo reto. Alguns dados representativos são apresentados na Tabela 8.4.

Todas as resistências são dadas para válvulas totalmente abertas; as perdas aumentam muito quando as válvulas estão parcialmente fechadas. O projeto de válvulas varia significativamente entre fabricantes. Sempre que possível, as resistências fornecidas pelo fabricante da válvula devem ser usadas, principalmente quando uma maior exatidão nos resultados é necessária.

Em uma instalação, perdas para acessórios e válvulas podem ser consideravelmente diferentes dos valores tabelados, dependendo do cuidado de fabricação do sistema de

Tabela 8.4
Coeficientes de Perda Representativos para Acessórios e Válvulas

Acessório	Geometria	K	Acessório	Geometria	K
Cotovelo de 90°	Padrão flangeado	0,3	Válvula globo	Aberto	10
	Raio longo flangeado	0,2	Válvula angular	Aberto	5
	Padrão rosqueado	1,5	Válvula de gaveta	Aberto	0,20
	Raio longo rosqueado	0,7		75% aberto	1,10
	Esquadria	1,30		50% aberto	3,6
	Esquadria com paletas	0,20		25% aberto	28,8
Cotovelo de 45°	Padrão rosqueado	0,4	Válvula de esfera	Aberto	0,5
	Raio longo flangeado	0,2		1/3 fechado	5,5
Tê, divisório de escoamento	Rosqueado	0,9		2/3 fechado	200
	Flangeado	0,2	Medidor de água		7
Tê, ramificação de escoamento	Rosqueado	2,0	Acoplamento		0,08
	Flangeado	1,0			

Fonte: Dados das Referências [12] e [34].

Escoamento Interno Viscoso e Incompressível **327**

dutos. As rebarbas de cortes nas seções dos tubos, quando não removidas, podem causar obstruções locais no escoamento, aumentando perceptivelmente as perdas.

Embora as perdas discutidas nesta seção sejam denominadas "perdas menores", elas podem representar uma grande parcela da perda total do sistema, notadamente em tubulações curtas. Assim, em um sistema para o qual as perdas de carga vão ser calculadas, as perdas localizadas devem ser cuidadosamente identificadas e quantificadas e ter seus valores bem estimados. Se os cálculos forem feitos cuidadosamente, os resultados terão exatidão satisfatória para cálculos de engenharia. Pode-se esperar incerteza na previsão das perdas reais de cerca de $\pm 10\%$.

A seguir, incluímos mais dispositivos que variam a energia do fluido — exceto que, agora, a energia do fluido será aumentada, ou seja, o dispositivo cria uma "perda negativa de energia".

Bombas, Ventiladores e Sopradores em Sistemas de Fluidos

Em muitas situações práticas de escoamento (por exemplo, o sistema de refrigeração de um motor de automóvel, o sistema de ventilação, aquecimento e refrigeração de um prédio), a força motriz para manter o escoamento contra o atrito é fornecida por uma bomba (para líquidos) ou por um ventilador ou soprador (para gases). Aqui vamos considerar as bombas, embora todos os resultados sejam igualmente aplicáveis a ventiladores ou sopradores. Se desconsiderarmos as transferência de calor e as variações na energia interna do fluido (vamos incorporá-las mais tarde juntamente com a definição de eficiência da bomba), a primeira lei da termodinâmica aplicada através da bomba é

$$\dot{W}_{bomba} = \dot{m}\left[\left(\frac{p}{\rho} + \frac{\overline{V}^2}{2} + gz\right)_{descarga} - \left(\frac{p}{\rho} + \frac{\overline{V}^2}{2} + gz\right)_{sucção}\right]$$

Podemos também calcular a altura de carga Δh_{bomba} (energia/massa) produzida pela bomba,

$$\Delta h_{bomba} = \frac{\dot{W}_{bomba}}{\dot{m}} = \left(\frac{p}{\rho} + \frac{\overline{V}^2}{2} + gz\right)_{descarga} - \left(\frac{p}{\rho} + \frac{\overline{V}^2}{2} + gz\right)_{sucção} \quad (8.45)$$

Em muitos casos, os diâmetros de entrada e de saída da bomba (e, portanto, as velocidades) e elevações são os mesmos ou têm diferenças desprezíveis, de modo que a Eq. 8.45 pode ser simplificada para

$$\Delta h_{bomba} = \frac{\Delta p_{bomba}}{\rho} \quad (8.46)$$

É interessante notar que uma bomba adiciona energia ao fluido na forma de um ganho em pressão — a percepção corriqueira de que a bomba adiciona energia cinética ao fluido não é correta. É verdade que, na partida de uma bomba, ela realiza um trabalho para acelerar o fluido até sua velocidade de escoamento uniforme; é nesse momento que o motor elétrico de acionamento da bomba apresenta maior risco de queima.

A ideia é que, em um sistema bomba-tubulação, a altura de carga produzida pela bomba (Eq. 8.45 ou 8.46) é usada para superar a perda de carga de toda a tubulação. Portanto, a vazão em tal sistema depende das características da bomba e das perdas de carga maiores e menores da tubulação. Aprenderemos no Capítulo 10 que a altura de carga produzida por uma dada bomba não é constante, mas varia com a vazão através da bomba, levando à noção de "ajuste" de uma bomba a um dado sistema para alcançar a vazão desejada.

Uma relação útil é obtida a partir da Eq. 8.46, multiplicando-a por $\dot{m} = \rho Q$ (Q é a vazão volumétrica) e relembrando que $\dot{m}\Delta h_{bomba}$ é a potência fornecida ao fluido,

$$\dot{W}_{bomba} = Q\Delta p_{bomba} \quad (8.47)$$

328 Capítulo 8

Podemos também definir a eficiência da bomba:

$$\eta = \frac{\dot{W}_{bomba}}{\dot{W}_{entrada}} \tag{8.48}$$

em que $\dot{W}_{bomba}$ é a potência que chega ao fluido e $\dot{W}_{entrada}$ é a potência de alimentação (normalmente elétrica) da bomba.

Notamos que, na aplicação da equação da energia (Eq. 8.29) a um sistema de tubos, podemos algumas vezes escolher os pontos 1 e 2 de modo a incluir uma bomba no sistema. Para esses casos, podemos simplesmente incluir a altura de carga da bomba como uma "perda negativa":

$$\left(\frac{p_1}{\rho} + \alpha_1 \frac{\overline{V}_1^2}{2} + gz_1\right) - \left(\frac{p_2}{\rho} + \alpha_2 \frac{\overline{V}_2^2}{2} + gz_2\right) = h_{l_T} - \Delta h_{bomba} \tag{8.49}$$

Dutos Não Circulares

As correlações empíricas para escoamento em tubos também podem ser empregadas para cálculos que envolvem dutos não circulares, desde que suas seções transversais não sejam demasiadamente grandes. Dessa forma, dutos com seções transversais quadradas ou retangulares podem ser tratados como dutos circulares, se a razão entre a altura e a largura for inferior a cerca de 3 ou 4.

As correlações para escoamento turbulento em tubos são estendidas para uso com geometrias não circulares pela introdução do *diâmetro hidráulico*, definido como

$$D_h \equiv \frac{4A}{P} \tag{8.50}$$

no lugar do diâmetro do tubo, D. Na Eq. 8.50, A é a área da seção transversal e P é o *perímetro molhado*, o comprimento de parede em contato com o fluido escoando em qualquer seção transversal. O fator 4 é introduzido para que o diâmetro hidráulico seja igual ao diâmetro do duto para uma seção circular. Para um duto circular, $A = \pi D^2/4$ e $P = \pi D$, de modo que

$$D_h = \frac{4A}{P} = \frac{4\left(\frac{\pi}{4}\right)D^2}{\pi D} = D$$

Para um duto retangular de largura b e altura h, $A = bh$ e $P = 2(b + h)$, de modo que

$$D_h = \frac{4bh}{2(b + h)}$$

Se a *razão de aspecto*, ra, é definida como $ra = h/b$, então

$$D_h = \frac{2h}{1 + ra}$$

para dutos retangulares. Para um duto quadrado, $ra = 1$ e $D_h = h$.

Como observado, o conceito do diâmetro hidráulico pode ser aplicado na faixa aproximada de $\frac{1}{4} < ra < 4$. Sob essas condições, as correlações para o escoamento em tubos dão resultado com exatidão aceitável para dutos retangulares. Como a fabricação desses dutos em chapa metálica fina é fácil e barata, eles são comumente usados em sistemas de aquecimento, ventilação e condicionamento de ar. Existem muitos dados disponíveis sobre perdas para o escoamento de ar (veja, por exemplo, [12, 19]).

As perdas causadas por escoamentos secundários aumentam rapidamente para geometrias mais extremas, de modo que as correlações não se aplicam a dutos largos e achatados, ou a dutos de seção triangular ou irregular. Dados experimentais devem ser utilizados, quando informações precisas de projeto são requeridas para situações específicas.

8.8 *Solução de Problemas de Escoamento em Tubo*

A Seção 8.7 fornece um esquema completo para a solução de muitos problemas diferentes de escoamento em tubo. Por conveniência, coletamos ali as equações de cálculo relevantes.

A *equação de energia*, relacionando as condições em dois pontos quaisquer 1 e 2 para um sistema de trajeto único, é

$$\left(\frac{p_1}{\rho} + \alpha_1 \frac{\overline{V}_1^2}{2} + gz_1\right) - \left(\frac{p_2}{\rho} + \alpha_2 \frac{\overline{V}_2^2}{2} + gz_2\right) = h_{l_T} = \sum h_l + \sum h_{l_m} \quad (8.29)$$

Essa equação expressa o fato de que haverá uma perda de energia mecânica (de "pressão", cinética e/ou potencial) no tubo. Relembre que para escoamentos turbulentos $\alpha \approx 1$. Note que, pela escolha criteriosa dos pontos 1 e 2, podemos analisar não somente a tubulação inteira, mas também um trecho específico no qual estejamos interessados. A *perda de carga total* é dada pela soma das perdas maiores e menores. (Lembre-se de que podemos incluir também "perdas negativas" para quaisquer bombas presentes entre os pontos 1 e 2. A forma relevante da equação de energia é, portanto, a Eq. 8.49.)

Cada *perda maior* é dada por

$$h_l = f \frac{L}{D} \frac{\overline{V}^2}{2} \quad (8.34)$$

em que o *fator de atrito* é obtido de

$$f = \frac{64}{Re} \qquad \text{para escoamento laminar } (Re < 2300) \quad (8.36)$$

ou

$$\frac{1}{\sqrt{f}} = -2,0 \log\left(\frac{e/D}{3,7} + \frac{2,51}{Re\sqrt{f}}\right) \quad \text{para escoamento turbulento } (Re \ge 2300) \quad (8.37)$$

e Eqs. 8.36 e 8.37 são representadas graficamente no diagrama de Moody (Fig. 8.13).

Cada *perda menor* é dada ou por

$$h_{l_m} = K \frac{\overline{V}^2}{2} \quad (8.40)$$

Notamos, também, que a vazão Q está relacionada com a velocidade média $\overline{V}$ em cada seção transversal do tubo por

$$Q = \pi \frac{D^2}{4} \overline{V}$$

Aplicaremos essas equações primeiramente em sistemas de trajeto único.

Sistemas de Trajeto Único

Em problemas de trajeto simples ou único nós, em geral, conhecemos a configuração do sistema (tipo do material do tubo e, portanto, a rugosidade do tubo, o número e tipo de cotovelos, válvulas e outros acessórios etc., e variações de elevação), bem como o fluido (ρ e μ) com o qual lidaremos. Embora não sejam as únicas possibilidades, o objetivo usualmente é um entre estes:

(a) Determinar a queda de pressão Δp, para um dado tubo (L e D) e uma dada vazão Q.

330 Capítulo 8

(b) Determinar o comprimento L do tubo, para uma dada perda de carga Δp, diâmetro do tubo D e vazão Q.

(c) Determinar a vazão Q, para um dado tubo (L e D) e uma perda de carga Δp.

(d) Determinar o diâmetro D do tubo, para um dado comprimento L do tubo, queda de pressão Δp e vazão Q.

Cada um desses casos aparece com frequência em situações práticas, do mundo real. Por exemplo, o caso (a) é uma etapa necessária na seleção do tamanho (potência) correto de bomba para manter a vazão desejada em um sistema — a bomba deve ser capaz de produzir o Δp do sistema na vazão Q especificada. (Discutiremos isso com mais detalhes no Capítulo 10.) Os casos (a) e (b) têm solução computacional direta; veremos que as soluções dos casos (c) e (d) podem ser um pouco mais trabalhosas. Vamos discutir cada caso e apresentar um exemplo para cada um. Os exemplos apresentam soluções que podem ser implantadas em uma calculadora, mas existe também uma planilha *Excel* para cada um. (Lembre-se de que há um *Excel* add-in no GEN-IO, ambiente virtual de aprendizagem do Grupo Gen, que, uma vez instalado, calculará automaticamente f a partir de Re e e/D!) A vantagem de utilizar um aplicativo computacional tal como uma planilha é que não temos de utilizar o diagrama de Moody (Fig. 8.13) ou de resolver a equação implícita de Colebrook (Eq. 8.37) para obter os fatores de atrito turbulentos — o aplicativo pode determiná-los para nós! Além disso, conforme veremos, os casos (c) e (d) envolvem cálculos iterativos significativos que podem ser evitados pelo uso de um aplicativo computacional. Finalmente, uma vez encontrada a solução usando um aplicativo computacional, a análise de engenharia torna-se fácil, como, por exemplo, se a altura de carga produzida por uma bomba dobrar, de quanto será o aumento na vazão em um dado sistema?

a. Determinar Δp para L, Q e D Dados

Esses tipos de problemas são bastante diretos — a equação de energia (Eq. 8.29) pode ser resolvida diretamente escrevendo $\Delta p = (p_1 - p_2)$ em termos de variáveis conhecidas ou calculáveis. A vazão leva ao número de Reynolds (ou números, caso existam variações no diâmetro) e, portanto, ao fator (ou fatores) de atrito para o escoamento; dados tabelados podem ser usados para os coeficientes e comprimentos equivalentes das perdas menores. A equação de energia pode então ser usada diretamente para obter a queda de pressão. O Exemplo 8.5 ilustra esse tipo de problema.

b. Determinar L para Δp, D e Q Dados

Esses tipos de problemas também são diretos — a equação de energia (Eq. 8.29) pode ser resolvida diretamente escrevendo L em termos de variáveis conhecidas ou calculáveis. A vazão leva novamente ao número de Reynolds e, por conseguinte, ao fator de atrito para o escoamento. Dados tabelados podem ser utilizados para os coeficientes e comprimentos equivalentes das perdas menores. A equação de energia pode ser então rearranjada e resolvida diretamente para o comprimento de tubo. O Exemplo 8.6 ilustra esse tipo de problema.

c. Determinar Q para Δp, L e D Dados

Estes tipos de problemas requerem ou iterações manuais ou o uso de um aplicativo computacional como o *Excel*. A vazão ou a velocidade desconhecida é necessária antes do número de Reynolds e, assim, o fator de atrito não pode ser determinado diretamente. Para iteração manual, resolvemos primeiro a equação de energia diretamente para $\overline{V}$ em termos das quantidades conhecidas e do fator de atrito desconhecido f. Para iniciar o processo iterativo, fazemos uma estimativa para f (uma boa escolha é tomar um valor da região completamente turbulenta do diagrama de Moody,

Escoamento Interno Viscoso e Incompressível **331**

porque muitos escoamentos práticos estão nessa região) e obtemos um valor para $\overline{V}$. Em seguida, podemos calcular um número de Reynolds, e daí obtermos um novo valor para f. Repetimos o processo iterativo $f \to \overline{V} \to Re \to f$ até a convergência, ou seja, até que o valor do f anterior se iguale ou esteja bastante próximo do novo valor de f (em geral, duas ou três iterações são suficientes). Um procedimento mais rápido é usar um aplicativo computacional. Por exemplo, planilhas (tais como a do *Excel*) têm procedimentos internos (macros) construídos para resolver sistemas de equações algébricas para uma ou mais variáveis. O Exemplo 8.7 ilustra esse tipo de problema.

d. Determinar D, para Δp, L e Q Dados

Esses tipos de problemas aparecem, por exemplo, quando projetamos um sistema bomba-tubulação e desejamos escolher o melhor diâmetro de tubo — entendendo como melhor o diâmetro mínimo (para custo mínimo da tubulação) que fornecerá a vazão de projeto. Iteração manual ou o uso de um aplicativo computacional tal como o *Excel* é necessário. O diâmetro desconhecido é requerido antes do número de Reynolds e da rugosidade relativa e, assim, o fator de atrito pode ser determinado diretamente. Para iteração manual, poderíamos primeiro resolver diretamente a equação de energia para D em termos das quantidades conhecidas e do fator de atrito desconhecido f e, em seguida, fazer iterações a partir de um valor estimado para f de forma similar ao caso (c): $f \to D \to Re$ e $e/D \to f$. Na prática, isso é pouco produtivo, de modo que, em vez de buscar manualmente uma solução, fazemos estimativas sucessivas para D até que a queda de pressão correspondente Δp (para a vazão de escoamento dada Q) calculada a partir da equação de energia coincida ou se aproxime o bastante da perda de carga de projeto Δp. Como no caso (c), um procedimento mais rápido é utilizar um aplicativo computacional. Por exemplo, planilhas (tais como a do *Excel*) têm procedimentos internos (macros) construídos para resolver sistemas de equações algébricas para uma ou mais variáveis. O Exemplo 8.8 ilustra este tipo de problema.

Ao escolher a bitola do tubo, é lógico trabalhar com diâmetros que são comercialmente disponíveis. Os tubos são fabricados em um número limitado de bitolas padronizadas. Alguns dados para tubos de bitola padronizada são apresentados na Tabela 8.5. Para dados sobre tubo extraforte ou duplo extraforte, consulte um manual, por exemplo, [11]. Tubos com mais de 300 mm de diâmetro nominal são fabricados em múltiplos de 50 mm até o diâmetro nominal de 900 mm, e em múltiplos de 150 mm para bitolas ainda maiores.

Tabela 8.5

Diâmetros padronizados (Bitolas) para Tubos de Aço-Carbono, Aço Ligado e Aço Inoxidável

Diâmetro Nominal do Tubo (mm)	Diâmetro Interno (mm)	Diâmetro Nominal do Tubo (mm)	Diâmetro Interno (mm)
3,175	6,832	63,500	62,712
6,350	9,245	76,200	77,927
3,525	12,522	101,600	102,260
12,700	15,798	127,000	128,193
19,050	20,929	152,400	154,051
25,400	26,644	203,200	202,717
38,100	40,894	254,000	254,508
50,800	52,501	304,800	304,800

Exemplo 8.5 ESCOAMENTO NO TUBO DE SAÍDA DE UM RESERVATÓRIO: QUEDA DE PRESSÃO DESCONHECIDA

Um tubo liso horizontal, de 100 m de comprimento, está conectado a um grande reservatório. Uma bomba é ligada ao final do tubo para bombear água do reservatório a uma vazão volumétrica de 0,01 m³/s. Que pressão (manométrica) a bomba deve produzir para gerar essa vazão? O diâmetro interno do tubo liso é 75 mm.

Dados: Água é bombeada a 0,01 m³/s através de um tubo liso, de diâmetro 75 mm e comprimento $L = 100$ m, vinda de um reservatório de nível constante com profundidade $d = 10$ m.

Determinar: A pressão fornecida pela bomba, p_1, para manter o escoamento.

Solução:

Equações básicas:

$$\left(\frac{p_1}{\rho} + \alpha_1 \frac{\overline{V}_1^2}{2} + gz_1\right) - \left(\frac{p_2}{\rho} + \alpha_2 \frac{\overline{V}_2^2}{2} + gz_2\right) = h_{l_T} = h_l + h_{l_m}$$
(8.29)

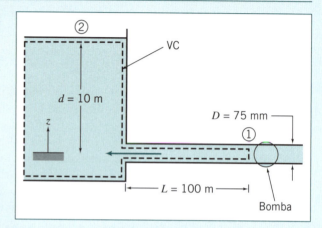

em que

$$h_l = f\frac{L}{D}\frac{\overline{V}^2}{2} \quad (8.34) \quad e \quad h_{l_m} = K\frac{\overline{V}^2}{2} \quad (8.40a)$$

Para o problema dado, $p_1 = p_{bomba}$ e $p_2 = 0$ (manométrica), de modo que $\Delta p = p_1 - p_2 = p_{bomba}$, $\overline{V}_1 = \overline{V}$, $\overline{V}_2 \approx 0$, K (perda de saída) = 1,0 e $\alpha_1 \approx 1,0$. Se $z_1 = 0$, então $z_2 = d$. Simplificando a Eq. 8.29, obtemos

$$\frac{\Delta p}{\rho} + \frac{\overline{V}^2}{2} - gd = f\frac{L}{D}\frac{\overline{V}^2}{2} + \frac{\overline{V}^2}{2} \tag{1}$$

O lado esquerdo da equação é a perda de energia mecânica entre os pontos ① e ②; o lado direito representa as perdas maior e menor que contribuíram para as perdas totais. Resolvendo para a perda de pressão, $\Delta p = p_{bomba}$,

$$p_{bomba} = \Delta p = \rho\left(gd + f\frac{L}{D}\frac{\overline{V}^2}{2}\right)$$

Todas as variáveis no lado direito da equação são conhecidas ou podem ser facilmente calculadas. A vazão Q leva à $\overline{V}$,

$$\overline{V} = \frac{Q}{A} = \frac{4Q}{\pi D^2} = \frac{4}{\pi} \times 0{,}01\,\frac{\text{m}^3}{\text{s}} \times \frac{1}{(0{,}075)^2\,\text{m}^2} = 2{,}26\,\text{m/s}$$

Essa velocidade, por sua vez, leva ao número de Reynolds [considerando a água a 20°C, $\rho = 999$ kg/m³ e $\mu = 1{,}0 \times 10^{-3}$ kg/(m·s)]

$$Re = \frac{\rho\overline{V}D}{\mu} = 999\,\frac{\text{kg}}{\text{m}^3} \times 2{,}26\,\frac{\text{m}}{\text{s}} \times 0{,}075\,\text{m} \times \frac{\text{m}\cdot\text{s}}{1{,}0\times 10^{-3}\text{kg}} = 1{,}70\times 10^5$$

Para escoamento turbulento em um tubo liso ($e = 0$), da Eq. 8.37, $f = 0{,}0162$. Então

$$p_{bomba} = \Delta p = \rho\left(gd + f\frac{L}{D}\frac{\overline{V}^2}{2}\right)$$

$$= 999 \frac{\text{kg}}{\text{m}^3} \left(9,81 \frac{\text{m}}{\text{s}^2} \times 10 \text{ m} + (0,0162) \times \frac{100 \text{ m}}{0,075 \text{ m}} \times \frac{(2,26)^2 \text{m}^2}{2 \text{ s}^2} \right) \times \frac{\text{N} \cdot \text{s}^2}{\text{kg} \cdot \text{m}}$$

$p_{\text{bomba}} = 1,53 \times 10^5 \text{ N/m}^2$ (manométrica)

Portanto,

$p_{\text{bomba}} = 153 \text{ kPa}$ (manométrica) $\longleftarrow p_{\text{bomba}}$

> Este problema ilustra o método de solução manual para cálculo da perda de carga total.
>
> A planilha do *Excel* para este problema calcula, automaticamente, *Re* e *f* a partir dos dados fornecidos. Em seguida, ela resolve a Eq. 1 diretamente para a pressão p_{bomba}, sem a necessidade de, primeiramente, explicitá-lo na equação. A planilha pode ser facilmente usada para mostrar, por exemplo, como a pressão da bomba p_{bomba} requerida para manter a vazão *Q* é afetada pela variação no diâmetro *D*; a planilha pode ser editada e facilmente adaptada para outros casos (a) de problemas desse tipo.

Exemplo 8.6 ESCOAMENTO EM UMA TUBULAÇÃO: COMPRIMENTO DESCONHECIDO

Petróleo cru escoa através de um trecho horizontal do oleoduto do Alasca a uma taxa de 2,944 m³/s. O diâmetro interno do tubo é 1,22 m; a rugosidade do tubo é equivalente à do ferro galvanizado. A pressão máxima admissível é 8,27 MPa; a pressão mínima requerida para manter os gases dissolvidos em solução no petróleo cru é 344,5 kPa. O petróleo cru tem SG = 0,93; sua viscosidade à temperatura de bombeamento de 60°C é $\mu = 0,0168$ N·s/m². Para essas condições, determine o espaçamento máximo possível entre estações de bombeamento. Se a eficiência da bomba é de 85%, determine a potência que deve ser fornecida a cada estação de bombeamento.

Dados: Escoamento de petróleo cru através de um trecho horizontal do oleoduto do Alasca.

$D = 1,22$ m (rugosidade de ferro galvanizado), SG = 0,93, $\mu = 0,0168$ N·s/m².

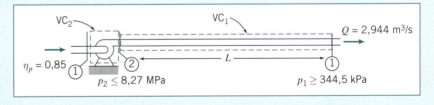

Determinar: (a) Espaçamento máximo, *L*.
(b) Potência necessária em cada estação de bombeamento.

Solução:

Conforme mostrado na figura, consideramos que o oleoduto no Alasca é feito de trechos bomba-tubo repetidos. Podemos, então, traçar dois volumes de controle: VC₁, para o escoamento no tubo (do estado ② para o estado ①); VC₂, para a bomba (do estado ① para o estado ②).

Primeiro, aplicamos ao VC₁ a equação de energia para escoamento permanente e incompressível.

Equações básicas:

$$\left(\frac{p_2}{\rho} + \alpha_2 \frac{\overline{V}_2^2}{2} + g\cancel{z_2} \right) - \left(\frac{p_1}{\rho} + \alpha_1 \frac{\overline{V}_1^2}{2} + g\cancel{z_1} \right) = h_{l_T} = h_l + h_{l_m} \quad (8.29)$$

em que

$$h_l = f \frac{L}{D} \frac{\overline{V}^2}{2} \quad (8.34) \qquad \text{e} \qquad h_{l_m} = K \frac{\overline{V}^2}{2} \quad (8.40a)$$

Considerações:
1. $\alpha_1 \overline{V}_1^2 = \alpha_2 \overline{V}_2^2$.
2. Tubo horizontal, $z_1 = z_2$.
3. Perdas menores desprezíveis.
4. Viscosidade constante.

334 Capítulo 8

Então, usando o VC_1

$$\Delta p = p_2 - p_1 = f\frac{L}{D}\rho\frac{\overline{V}^2}{2} \tag{1}$$

ou

$$L = \frac{2D}{f}\frac{\Delta p}{\rho\overline{V}^2}, \text{ em que } f = f(Re, e/D)$$

assim

$$\overline{V} = \frac{Q}{A} = 2,944\frac{m^3}{s} \times \frac{4}{\pi(1,22)^2 m^2} = 2,52 \text{ m/s}$$

$$Re = \frac{\rho\overline{V}D}{\mu} = 0,93 \times 1000\frac{kg}{m^3} \times 2,52\frac{m}{s} \times 1,22 \text{ m} \times \frac{1}{0,0168 \text{ N} \cdot s/m^2} \times \frac{N \cdot s^2}{kg \cdot m}$$

$$Re = 1,71 \times 10^5$$

Da Tabela 8.1, $e = 0,0005$ m e, por conseguinte, $e/D = 0,00012$. Então, da Fig. 8.37, $f \approx 0,017$, e assim

$$L = \frac{2}{0,017} \times 1,22 \text{ m} \times (8,27 \times 10^6 - 3,445 \times 10^5)\text{Pa} \times \frac{1}{0,93 \times 1000 \times kg/m^3}$$

$$\times \frac{1}{(2,52)^2}\frac{s^2}{m^2} \times \frac{N}{m^2 \cdot Pa} \times \frac{kg \cdot m}{N \cdot s^2} = 192.612 \text{ m}$$

$$L = 192.612 \text{ m} \longleftarrow \hspace{6cm} L$$

Para determinar a potência de bombeamento, podemos aplicar a primeira lei da termodinâmica ao VC_2. Esse volume de controle consiste somente na bomba, e vimos na Seção 8.7 que esta lei é simplificada para

$$\dot{W}_{bomba} = Q\Delta p_{bomba} \tag{8.47}$$

e a eficiência de bomba é

$$\eta = \frac{\dot{W}_{bomba}}{\dot{W}_{entrada}} \tag{8.48}$$

Lembramos que $\dot{W}_{bomba}$ é a potência recebida pelo fluido, e $\dot{W}_{entrada}$ é potência de alimentação da bomba. Como temos um sistema que se repete, o aumento de pressão através da bomba (isto é, do estado ① para o estado ②) iguala a queda de pressão no tubo (isto é, do estado ② para o estado ①),

$$\Delta p_{bomba} = \Delta p$$

de modo que

$$\dot{W}_{bomba} = Q\Delta p_{bomba} = 2,944\frac{m^3}{s} \times (8,27 \times 10^6 - 3,445 \times 10^5)\text{Pa}$$

$$\times \frac{N}{m^2 \cdot Pa} \times \frac{j}{N \cdot m} \times \frac{W \cdot s}{j} \approx 23,13 \text{ MW}$$

E a potência requerida na bomba é

$$\dot{W}_{entrada} = \frac{\dot{W}_{bomba}}{\eta} = \frac{23,13}{0,85} = 27,21 \text{ MW} \longleftarrow \hspace{3cm} \dot{W}_{necessária}$$

> Este problema ilustra o método de solução manual para cálculo do comprimento de tubo L.
>
> 💻 A planilha do *Excel* para este problema calcula, automaticamente, Re e f a partir dos dados fornecidos. Em seguida, ela resolve a Eq. 1 diretamente para L, sem a necessidade de, primeiramente, explicitá-lo na equação. A planilha pode ser facilmente usada para mostrar, por exemplo, como a vazão Q depende de L; a planilha pode ser editada e facilmente adaptada para outros casos (b) de problemas desse tipo.

Escoamento Interno Viscoso e Incompressível 335

Exemplo **8.7** **ESCOAMENTO PROVENIENTE DE UMA TORRE DE ÁGUA: VAZÃO EM VOLUME DESCONHECIDA**

Um sistema de proteção contra incêndio é suprido por um tubo vertical de 24,4 m de altura, a partir de uma torre de água. O tubo mais longo no sistema tem 182,9 m e é feito de ferro fundido com cerca de 20 anos de uso. O tubo contém uma válvula de gaveta; outras perdas menores podem ser desprezadas. O diâmetro do tubo é 101,6 mm. Determine a vazão máxima (em gpm) de água através desse tubo.

Dados: Sistema de proteção contra incêndio, conforme mostrado.

Determinar: Q, em gpm.

Solução:

Equações básicas:

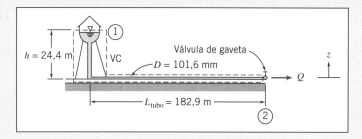

$$\left(\frac{p_1}{\rho} + \alpha_1 \frac{\overline{V}_1^2}{2} + gz_1\right) - \left(\frac{p_2}{\rho} + \alpha_2 \frac{\overline{V}_2^2}{2} + gz_2\right) = h_{l_T} = h_l + h_{l_m} \quad (8.29)$$

em que

$$h_l = f\frac{L}{D}\frac{\overline{V}^2}{2} \quad (8.34) \qquad \text{e} \qquad h_{l_m} = f\frac{L_e}{D}\frac{\overline{V}^2}{2} \quad (8.40b)$$

Considerações:

1. $p_1 = p_2 = p_{atm}$
2. $\overline{V}_1 = 0$ e $\alpha_2 \simeq 1,0$.

Então, a Eq. 8.29 pode ser escrita como

$$g(z_1 - z_2) - \frac{\overline{V}_2^2}{2} = h_{l_T} = f\left(\frac{L}{D} + \frac{L_e}{D}\right)\frac{\overline{V}_2^2}{2} \quad (1)$$

Para uma válvula de gaveta completamente aberta, da Tabela 8.4, $L_e/D = 8$. Assim,

$$g(z_1 - z_2) = \frac{\overline{V}_2^2}{2}\left[f\left(\frac{L}{D} + 8\right) + 1\right]$$

Para iteração manual, resolvemos para $\overline{V}_2$ e obtemos

$$\overline{V}_2 = \left[\frac{2g(z_1 - z_2)}{f(L/D + 8) + 1}\right]^{1/2} \quad (2)$$

Para ser conservativo, admita que o tubo vertical tenha o mesmo diâmetro do tubo horizontal. Então,

$$\frac{L}{D} = \frac{182,9 \text{ m} + 24,4 \text{ m}}{101,6 \text{ mm}} \times \frac{1000 \text{ mm}}{\text{m}} = 2040$$

Também

$$z_1 - z_2 = h = 24,4 \text{ m}$$

Para resolver manualmente a Eq. 2, necessitamos de iterações. Para iniciar, fazemos uma estimativa para f admitindo que o escoamento seja inteiramente turbulento (no qual f é constante). Esse valor pode ser obtido da solução da Eq. 8.37 usando uma calculadora ou da Eq. 8.13. Para um valor grande de Re (por exemplo, 10^8), e uma razão de rugosidade $e/D \approx 0,005$ ($e = 0,26$ mm é obtido para o ferro fundido da Tabela 8.1, e duplicado para levar em conta a idade do tubo), encontramos $f \approx 0,03$. Portanto, a primeira iteração para $\overline{V}_2$ a partir da Eq. 2 é

$$\overline{V}_2 = \left[2 \times 9,81 \frac{\text{m}}{\text{s}^2} \times 24,4 \text{ m} \times \frac{1}{0,03(2040 + 8) + 1}\right]^{\frac{1}{2}} = 2,77 \text{ m/s}$$

336 Capítulo 8

Obtenha agora um novo valor para f:

$$Re = \frac{\rho \overline{V} D}{\mu} = \frac{\overline{V} D}{\nu} = 2,77 \frac{\text{m}}{\text{s}} \times 101,6 \text{ mm} \times \frac{\text{s}}{1,124 \times 10^{-6} \text{ m}^2} \times \frac{\text{m}}{1000 \text{ mm}} = 2,50 \times 10^5$$

Para $e/D = 0,005$, $f = 0,0308$, da Eq. 8.37. Portanto, obtemos

$$\overline{V}_2 = \left[2 \times 9,81 \frac{\text{m}}{\text{s}^2} \times 24,4 \text{ m} \times \frac{1}{0,0308(2040 + 8) + 1} \right]^{\frac{1}{2}} = 2,73 \text{ m/s}$$

Os valores que obtivemos para $\overline{V}_2$ (2,77 m/s e 2,73 m/s) diferem menos de 2% — um nível aceitável de precisão. Caso a precisão desejada não tivesse sido encontrada, deveríamos continuar o processo iterativo até atingi-la (em geral, duas iterações adicionais são suficientes para atingir uma precisão razoável). Note que, em vez de iniciar com um valor grosseiro para f, poderíamos ter iniciado com um valor para $\overline{V}_2$ de, digamos, 0,3 m/s ou 3 m/s. A vazão volumétrica é

$$Q = \overline{V}_2 A = \overline{V}_2 \frac{\pi D^2}{4} = 2,73 \frac{\text{m}}{\text{s}} \times \frac{\pi}{4} (100,6 \text{ mm})^2 \times \frac{\text{m}^2}{10^6 \text{ mm}^2}$$

$$Q = 0,022 \text{ m}^3\text{s} \longleftarrow \hspace{3cm} Q$$

> Este problema ilustra o método de solução manual iterativa para cálculo da vazão.
>
> 💻 A planilha do *Excel* para este problema resolve para a vazão Q, automaticamente, por iteração. Em seguida, ela resolve a Eq. 1, sem a necessidade de, primeiramente, obter a Eq. 2 que explicita $\overline{V}_2$ (ou Q). A planilha pode ser usada para realizar inúmeros procedimentos de avaliação de variáveis ou de suas influências, que são muito trabalhosos manualmente, como, por exemplo, avaliar como Q é afetada pela variação na rugosidade e/D. A planilha mostra que a substituição do tubo velho de ferro fundido por um tubo novo ($e/D \approx 0,0025$) aumentaria a vazão de 0,0221 m³/s para cerca de 0,0244 m³/s, um aumento de 10%! A planilha pode ser modificada para resolver outros casos (c) de problemas desse tipo.

Exemplo 8.8 ESCOAMENTO EM UM SISTEMA DE IRRIGAÇÃO: DIÂMETRO DESCONHECIDO

As cabeças borrifadoras (*sprinklers*) de um sistema de irrigação agrícola devem ser supridas com água proveniente de uma bomba acionada por motor de combustão interna, através de 152,4 m de tubos de alumínio trefilado. Em sua faixa de operação de maior eficiência, a descarga da bomba é 0,0946 m³/s a uma pressão não superior a 448,2 kPa (manométrica). Para operação satisfatória, os borrifadores devem operar a 206,8 kPa (manométrica) ou mais. Perdas menores e variações de elevação podem ser desprezadas. Determine o menor diâmetro de tubo-padrão que pode ser empregado.

Dados: Sistema de suprimento de água, conforme mostrado.

Determinar: O menor diâmetro-padrão, D.

Solução: Δp, L e Q são conhecidos. D é desconhecido, de modo que um processo iterativo é necessário para determinar o menor diâmetro-padrão que satisfaça o requisito de queda de pressão para a vazão dada. A máxima queda de pressão admissível no comprimento, L, é

$$\Delta p_{\text{máx}} = p_{1_{\text{máx}}} - p_{2_{\text{mín}}} = (448,2 - 206,8) \text{ kPa} = 241,4 \text{ kPa}$$

Equações básicas:

$$\left(\frac{p_1}{\rho} + \alpha_1 \frac{\overline{V}_1^2}{2} + g z_1 \right) - \left(\frac{p_2}{\rho} + \alpha_2 \frac{\overline{V}_2^2}{2} + g z_2 \right) = h_{l_T} \tag{8.29}$$

$$= 0(3)$$

$$h_{l_T} = h_l + h_{l_m} = f \frac{L}{D} \frac{\overline{V}^2}{2}$$

Considerações:

1 Escoamento permanente.
2 Escoamento incompressível.
3 $h_{l_T} = h_l$, isto é, $h_{l_m} = 0$.
4 $z_1 = z_2$.
5 $\overline{V}_1 = \overline{V}_2 = \overline{V}$; $\alpha_1 \simeq \alpha_2$.

Então,

$$\Delta p = p_1 - p_2 = f\frac{L}{D}\frac{\rho\overline{V}^2}{2} \tag{1}$$

A Eq. 1 é difícil de resolver para D, porque tanto $\overline{V}$ quanto f dependem de D! A melhor abordagem é usar um aplicativo computacional tal como o *Excel* para resolver automaticamente para D. Para uma melhor compreensão, mostramos aqui o procedimento iterativo manual. O primeiro passo é expressar a Eq. 1 e o número de Reynolds em termos de Q em vez de $\overline{V}$ (Q é constante, mas $\overline{V}$ varia com D). Sabemos que $\overline{V} = Q/A = 4Q/\pi D^2$, logo

$$\Delta p = f\frac{L}{D}\frac{\rho}{2}\left(\frac{4Q}{\pi D^2}\right)^2 = \frac{8fL\rho Q^2}{\pi^2 D^5} \tag{2}$$

O número de Reynolds em termos de Q é

$$Re = \frac{\rho\overline{V}D}{\mu} = \frac{\overline{V}D}{\nu} = \frac{4Q}{\pi D^2}\frac{D}{\nu} = \frac{4Q}{\pi\nu D}$$

Como estimativa inicial, tome um diâmetro nominal do tubo de 100 mm (d.i. de 102,3 mm):

$$Re = \frac{4Q}{\pi\nu D} = \frac{4}{\pi}\times 0,094\frac{\text{m}^3}{\text{s}}\times\frac{\text{s}}{1,21\times 10^{-6}\text{m}^2}\times\frac{1}{102,3\text{ mm}}\times\frac{1000\text{ mm}}{\text{m}} = 1,06\times 10^6$$

Para tubo trefilado, $e = 0,0015$ mm (Tabela 8.1), logo $e/D = 1,47\times 10^{-5}$, de modo que $f \simeq 0,012$ (Eq. 8.37), e

$$\Delta p = \frac{8fL\rho Q^2}{\pi^2 D^5} = \frac{8}{\pi^2}\times 0,012\times 152,4\text{ m}\times 1000\frac{\text{kg}}{\text{m}^3}\times (0,0946)^2\frac{\text{m}^6}{\text{s}^2}\times$$

$$\frac{1}{(102,3)^5\text{mm}^5}\times\frac{10^{15}\text{mm}^5}{\text{m}^5}\times\frac{\text{N}\cdot\text{s}^2}{\text{kg}\cdot\text{m}}\times\frac{\text{Pa}\cdot\text{m}^2}{\text{N}} = 1184\text{ kPa}$$

$$\Delta p = 1184\text{ kPa} > \Delta p_{\text{máx}}$$

Como essa queda de pressão é grande demais, tente o diâmetro nominal $D = 150$ mm (na verdade, um diâmetro interno de 154 mm):

$$Re = \frac{4}{\pi}\times (0,0946)\frac{\text{m}^3}{\text{s}}\times\frac{\text{s}}{1,12\times 10^{-6}\text{ m}^2}\times\frac{1}{150\text{ mm}}\times\frac{1000\text{ mm}}{1\text{ m}} = 7,17\times 10^5$$

Para tubo trefilado com $D = 150$ mm, $e/D = 9,7\times 10^{-6}$, de modo que $f \simeq 0,0125$ (Eq. 8.37), e

$$\Delta p = \frac{8}{\pi^2}\times 0,0125\times 152,4\text{ m}\times 1000\text{ kg/m}^3\times (0,0946)^2\frac{\text{m}^6}{\text{s}^2}\times$$

$$\frac{1}{(154)^5\text{ mm}^5}\times\frac{10^{15}\text{ mm}^5}{\text{m}^5}\times\frac{\text{N}\cdot\text{s}^2}{\text{kg}\cdot\text{m}}\times\frac{\text{Pa}\cdot\text{m}^2}{\text{N}}$$

$$\Delta p = 159,5\text{ kPa} < \Delta p_{\text{máx}}$$

Como esse valor é menor que a queda de pressão permitida, devemos verificar para um tubo de 125 mm (de diâmetro nominal). Com um diâmetro interno real de 128 mm,

$$Re = \frac{4}{\pi}\times 0,0946\times\frac{\text{s}}{1,12\times 10^{-6}\text{ m}^2}\times\frac{1}{128\text{ mm}}\times\frac{1000\text{ mm}}{1\text{m}} = 8,4\times 10^5$$

Para tubo trefilado com $D = 125$ mm, $e/D = 1,7\times 10^{-5}$, de modo que $f \simeq 0,0125$ (Eq. 8.37), e

$$\Delta p = \frac{8}{\pi^2}\times 0,0125\times 152,4\text{ m}\times 1000\frac{\text{kg}}{\text{m}^3}\times (0,0946)^2\frac{\text{m}^6}{\text{s}^2}\times$$

$$\frac{1}{(128)^5\text{ mm}^5}\times\frac{10^{15}\text{ mm}^5}{\text{m}^5}\times\frac{\text{N}\cdot\text{s}^2}{\text{kg}\cdot\text{m}}\times\frac{\text{Pa}\cdot\text{m}^2}{\text{N}}$$

$$\Delta p = 402,2\text{ kPa} > \Delta p_{\text{máx}}$$

338 Capítulo 8

Desse modo, o critério para a queda de pressão é satisfeito para um diâmetro nominal mínimo de 150 mm. ← D

> Este problema ilustra o método de solução manual iterativa para cálculo do diâmetro do tubo.
>
> 💻 A planilha do *Excel* para este problema resolve, automaticamente, por iteração, para o diâmetro exato *D* do tubo que satisfaz a Eq. 1, sem ter que, primeiro, obter a equação explícita (Eq. 2) para *D*. Em seguida, tudo que é necessário fazer é selecionar o diâmetro comercial mais próximo, igual ou maior que *D*. Para o valor dado, *D* = 142 mm, a bitola de tubo mais adequada é 150 mm. A planilha pode ser usada para realizar vários procedimentos de avaliação de variáveis ou de suas influências, que são muito trabalhosos manualmente; por exemplo, avaliar como o diâmetro requerido *D* é afetado pela variação no comprimento do tubo *L*. A planilha mostra que a redução de *L* para 76 m permitiria que um tubo de 125 mm (nominal) fosse utilizado. A planilha pode ser modificada para resolver outros casos (d) de problemas desse tipo.

Resolvemos os Exemplos 8.7 e 8.8 por iteração (manual ou usando o *Excel*). Diversos diagramas especializados de fator de atrito *versus* número de Reynolds têm sido introduzidos para resolver problemas desse tipo sem a necessidade de iteração. Para exemplos desses diagramas especializados, veja as Referências [20] e [21].

Os Exemplos 8.9 e 8.10 ilustram a avaliação dos coeficientes de perdas menores e a aplicação de um difusor para reduzir a energia cinética de saída de um sistema de escoamento.

Exemplo 8.9 CÁLCULO DO COEFICIENTE DE PERDA DE ENTRADA

Hamilton [22] relata resultados de medições feitas para determinar as perdas de entrada no escoamento de um reservatório para um tubo, com diversos graus de acabamento da entrada. Um tubo de cobre de 3 m de comprimento, com diâmetro interno de 38 mm, foi utilizado nos testes. O tubo descarregava para a atmosfera. Para uma entrada de borda-viva, uma vazão de 0,016 m³/s foi medida, quando o nível do reservatório estava 25,9 m acima da linha de centro do tubo. A partir desses dados, avalie o coeficiente de perda para uma entrada de borda-viva.

Dados: Tubo com entrada de borda-viva, descarregando de um reservatório conforme mostrado.

Determinar: $K_{entrada}$.

Solução: Aplique a equação de energia para escoamento permanente e incompressível.

Equações básicas:

$$\underbrace{\frac{\cancel{p_1}}{\rho}}_{} + \alpha_1 \underbrace{\frac{\overline{V}_1^2}{2}}_{\approx 0(2)} + gz_1 = \underbrace{\frac{\cancel{p_2}}{\rho}}_{} + \alpha_2 \frac{\overline{V}_2^2}{2} + \underbrace{g\cancel{z_2}}_{=0} + h_{l_T}$$

$$h_{l_T} = f\frac{L}{D}\frac{\overline{V}_2^2}{2} + K_{entrada}\frac{\overline{V}_2^2}{2}$$

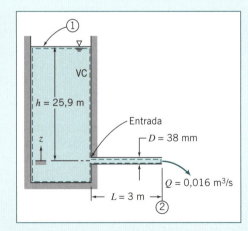

Considerações:
1. $p_1 = p_2 = p_{atm}$.
2. $\overline{V}_1 \approx 0$

Substituindo para h_{l_T} e dividindo por g, resulta $z_1 = h = \alpha_2 \dfrac{\overline{V}_2^2}{2g} + f\dfrac{L}{D}\dfrac{\overline{V}_2^2}{2g} + K_{entrada}\dfrac{\overline{V}_2^2}{2g}$

ou

$$K_{entrada} = \frac{2gh}{\overline{V}_2^2} - f\frac{L}{D} - \alpha_2 \qquad (1)$$

A velocidade média é

$$\overline{V}_2 = \frac{Q}{A} = \frac{4Q}{\pi D^2}$$

$$\overline{V}_2 = \frac{4}{\pi} \times 0{,}016\frac{m^3}{s} \times \frac{1}{(38)^2\ mm^2} \times \frac{10^6\ mm^2}{m^2} = 14{,}1\ m/s$$

Considere $T = 21°C$, de modo que $\nu = 9{,}75 \times 10^{-7}$ m²/s (Tabela A.7). Então,

$$Re = \frac{\overline{V}D}{\nu} = 14{,}1\frac{m}{s} \times 38\ mm \times \frac{m}{1000\ mm} \times \frac{s}{9{,}75 \times 10^{-7}\ m^2}$$

Para tubo trefilado, $e = 0{,}0015$ mm (Tabela 8.1), de modo que $e/D = 0{,}00004$ e $f = 0{,}0135$ (Eq. 8.37).

Neste problema, é preciso ter cuidado na determinação do fator de correção de energia cinética α_2, pois ele é um fator significativo no cálculo de $K_{entrada}$ a partir da Eq. 1. Relembre, da Seção 8.6 e do exemplo anterior, que temos normalmente considerado $\alpha \approx 1$, mas aqui calcularemos um valor a partir da Eq. 8.27

$$\alpha = \left(\frac{U}{\overline{V}}\right)^3 \frac{2n^2}{(3+n)(3+2n)} \qquad (8.27)$$

Para usar essa equação, necessitamos de valores para o coeficiente turbulento da lei de potência n e para a razão entre a velocidade média e a velocidade de linha de centro $U/\overline{V}$. Para n, da Seção 8.5

$$n = -1{,}7 + 1{,}8\ \log(Re_U) \approx 8{,}63 \qquad (8.23)$$

em que usamos a aproximação $Re_U \approx Re_{\overline{V}}$. Para $\overline{V}/U$, temos

$$\frac{\overline{V}}{U} = \frac{2n^2}{(n+1)(2n+1)} = 0{,}847 \qquad (8.24)$$

Usando esses resultados na Eq. 8.27, determinamos $\alpha = 1{,}04$. Substituindo na Eq. 1, obtemos

$$K_{entrada} = 2 \times 9{,}81\frac{m}{s^2} \times 25{,}9\ m \times \frac{s^2}{(14{,}1)^2 m^2} - 0{,}0135\frac{3m}{38\ mm} \times 1000\frac{mm}{m} - 1{,}04$$

$$K_{entrada} = 0{,}45 \longleftarrow \qquad\qquad\qquad\qquad\qquad\qquad\qquad K_{entrada}$$

Esse coeficiente concorda bem com aquele apresentado na Tabela 8.2. As linhas de energia e piezométrica são mostradas a seguir. A grande perda de carga em uma entrada de borda-viva é causada essencialmente pela separação do escoamento na quina da borda e pela formação de uma *vena contracta* imediatamente a jusante da quina. A área efetiva de escoamento atinge um mínimo na *vena contracta*, de modo que, nesse local, a velocidade é máxima. O escoamento expande-se novamente após a *vena contracta* para preencher o tubo. A expansão não controlada após a *vena contracta* é responsável pela maior parte da perda de carga. (Veja o Exemplo 8.12.)

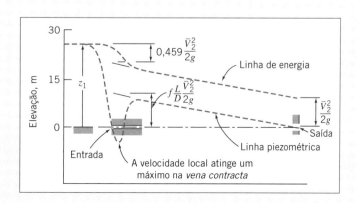

O arredondamento da quina da entrada reduz significativamente a extensão da separação. Isso reduz o aumento da velocidade através da *vena contracta* e, por conseguinte, reduz a perda de carga causada pela entrada. Uma entrada "bem arredondada" quase elimina a separação do escoamento; a configuração do escoamento aproxima-se daquela mostrada na Fig. 8.1. A perda de carga adicional em uma entrada bem arredondada comparada com o escoamento completamente desenvolvido é o resultado de tensões de cisalhamento de parede maiores no comprimento de entrada.

Este problema:
- Ilustra o método de obtenção do valor do coeficiente de perda menor (localizada) a partir de dados experimentais.
- Mostra como as linhas LE e LP, primeiramente introduzidas na Seção 6.5 para escoamento invíscido, são modificadas pela presença de perdas maiores e menores. A linha LE cai continuamente enquanto a energia mecânica é consumida — muito acentuadamente quando, por exemplo, temos uma perda de entrada de borda-viva; a linha LP em cada local está posicionada abaixo da LE por uma quantidade igual à altura de carga dinâmica $\bar{V}^2/2g$ — na *vena contracta*, por exemplo, a LP experimenta uma grande queda, seguida de uma recuperação parcial.

Exemplo 8.10 EMPREGO DE DIFUSOR PARA AUMENTAR A VAZÃO

Direitos sobre a água, concedidos pelo imperador de Roma, davam permissão a cada cidadão para conectar um bocal tubular circular de bronze, calibrado, ao distribuidor público principal de água [23]. Alguns cidadãos eram espertos o suficiente para tirar vantagem de uma lei que regulava a vazão por esse método indireto. Eles instalavam difusores nas saídas dos bocais calibrados para aumentar suas vazões. Considere que a altura de carga estática disponível no distribuidor principal seja $z_0 = 1,5$ m e que o diâmetro do bocal seja $D = 25$ mm. (A descarga era para a pressão atmosférica.) Determine o aumento na vazão, se um difusor com $N/R_1 = 3,0$ e $RA = 2,0$ fosse acoplado à extremidade do bocal.

Dados: Bocal conectado ao distribuidor principal de água, conforme mostrado.

Determinar: O aumento na vazão, se um difusor com $N/R_1 = 3,0$ e $RA = 2,0$ for instalado.

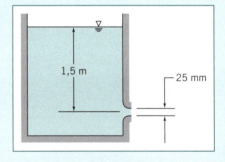

Solução: Aplique a equação de energia para escoamento permanente e incompressível em um tubo.

Equação básica:
$$\frac{p_0}{\rho} + \alpha_0 \frac{\bar{V}_0^2}{2} + gz_0 = \frac{p_1}{\rho} + \alpha_1 \frac{\bar{V}_1^2}{2} + gz_1 + h_{l_T} \quad (8.29)$$

Considerações:
1. $\bar{V}_0 \approx 0$.
2. $\alpha_1 \approx 1$.

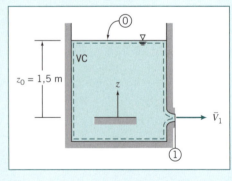

Para o bocal sozinho,

$$\underbrace{\frac{p_0}{\rho}}_{} + \underbrace{\alpha_0 \frac{\bar{V}_0^2}{2}}_{\approx 0(1)} + gz_0 = \underbrace{\frac{p_1}{\rho}}_{} + \underbrace{\alpha_1 \frac{\bar{V}_1^2}{2}}_{\approx 1(2)} + \underbrace{gz_1}_{=0} + h_{l_T}$$

$$h_{l_T} = K_{\text{entrada}} \frac{\bar{V}_1^2}{2}$$

Desse modo

$$gz_0 = \frac{\bar{V}_1^2}{2} + K_{\text{entrada}} \frac{\bar{V}_1^2}{2} = (1 + K_{\text{entrada}}) \frac{\bar{V}_1^2}{2} \quad (1)$$

Resolvendo para a velocidade e substituindo o valor de $K_{\text{entrada}} \approx 0,04$ (da Tabela 8.2),

$$\bar{V}_1 = \sqrt{\frac{2gz_0}{1,04}} = \sqrt{\frac{2}{1,04} \times 9,81 \frac{\text{m}}{\text{s}^2} \times 1,5 \text{ m}} = 5,32 \text{ m/s}$$

$$Q = \overline{V}_1 A_1 = \overline{V}_1 \frac{\pi D_1^2}{4} = 5{,}32 \frac{\text{m}}{\text{s}} \times \frac{\pi}{4} \times (0{,}025)^2 \text{ m}^2 = 0{,}00261 \text{ m}^3/\text{s} \quad \longleftarrow \quad Q$$

Para o bocal com o difusor acoplado,

$$\underbrace{\frac{p_0}{\rho}}_{\approx 0} + \alpha_0 \underbrace{\frac{\overline{V}_0^2}{2}}_{\approx 0(1)} + gz_0 = \underbrace{\frac{p_2}{\rho}}_{} + \alpha_2 \underbrace{\frac{\overline{V}_2^2}{2}}_{\approx 1(2)} + \underbrace{gz_2}_{=0} = h_{l_T}$$

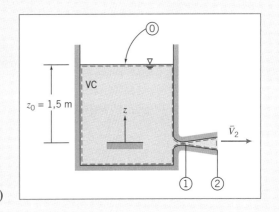

$$h_{l_T} = K_{\text{entrada}} \frac{\overline{V}_1^2}{2} + K_{\text{difusor}} \frac{\overline{V}_1^2}{2}$$

ou

$$gz_0 = \frac{\overline{V}_2^2}{2} + (K_{\text{entrada}} + K_{\text{difusor}}) \frac{\overline{V}_1^2}{2} \qquad (2)$$

Da continuidade, $\overline{V}_1 A_1 = \overline{V}_2 A_2$, logo

$$\overline{V}_2 = \overline{V}_1 \frac{A_1}{A_2} = \overline{V}_1 \frac{1}{RA}$$

e a Eq. 2 torna-se

$$gz_0 = \left[\frac{1}{(RA)^2} + K_{\text{entrada}} + K_{\text{difusor}}\right] \frac{\overline{V}_1^2}{2} \qquad (3)$$

A Fig. 8.16 fornece dados para $C_p = \dfrac{p_2 - p_1}{\frac{1}{2}\rho \overline{V}_1^2}$ para difusores.

Para obter K_{difusor}, aplique a equação de energia de ① para ②.

$$\frac{p_1}{\rho} + \alpha_1 \frac{\overline{V}_1^2}{2} + gz_1 = \frac{p_2}{\rho} + \alpha_2 \frac{\overline{V}_2^2}{2} + gz_2 + K_{\text{difusor}} \frac{\overline{V}_1^2}{2}$$

Resolvendo, com $\alpha_2 \approx 1$, obtemos

$$K_{\text{difusor}} = 1 - \frac{\overline{V}_2^2}{\overline{V}_1^2} - \frac{p_2 - p_1}{\frac{1}{2}\rho \overline{V}_1^2} = 1 - \left(\frac{A_1}{A_2}\right)^2 - C_p = 1 - \frac{1}{(RA)^2} - C_p$$

Da Fig. 8.16, $C_p = 0{,}45$, então

$$K_{\text{difusor}} = 1 - \frac{1}{(2{,}0)^2} - 0{,}45 = 0{,}75 - 0{,}45 = 0{,}3$$

Resolvendo a Eq. 3 para a velocidade e substituindo os valores de K_{entrada} e K_{difusor}, obtemos

$$\overline{V}_1^2 = \frac{2gz_0}{0{,}25 + 0{,}04 + 0{,}3}$$

assim

$$\overline{V}_1 = \sqrt{\frac{2gz_0}{0{,}59}} = \sqrt{\frac{2}{0{,}59} \times 9{,}81 \frac{\text{m}}{\text{s}^2} \times 1{,}5 \text{ m}} = 7{,}06 \text{ m/s}$$

e

$$Q_d = \overline{V}_1 A_1 = \overline{V}_1 \frac{\pi D_1^2}{4} = 7{,}06 \frac{\text{m}}{\text{s}} \times \frac{\pi}{4} \times (0{,}025)^2 \text{ m}^2 = 0{,}00347 \text{ m}^3/\text{s} \quad \longleftarrow \quad Q_d$$

O aumento de vazão que resulta da adição de um difusor é

$$\frac{\Delta Q}{Q} = \frac{Q_d - Q}{Q} = \frac{Q_d}{Q} - 1 = \frac{0,00347}{0,00261} - 1 = 0,330 \quad \text{ou} \quad 33\% \longleftarrow \frac{\Delta Q}{Q}$$

A adição do difusor aumenta significativamente a vazão. Aqui estão duas maneiras de explicar isso.

A primeira maneira é traçando as curvas de energia e piezométrica, LE e LP — aproximadamente em escala —, conforme mostrado a seguir. Podemos ver que, como requerido, a LP na saída é zero para ambos os escoamentos (lembre-se de que a LP é a soma das alturas de carga da pressão estática e potencial). Contudo, a pressão aumenta através do difusor, de modo que a pressão na entrada do difusor será, conforme mostrado, muito baixa (abaixo da atmosférica). Portanto, com o difusor, a força motriz Δp para o bocal é muito maior que aquela para o bocal sozinho, levando a uma velocidade e uma vazão muito maiores no plano de saída do bocal — é como se o difusor atuasse como um dispositivo de sucção sobre o bocal.

A segunda maneira de explicar o aumento da vazão é examinando as equações de energia para os dois escoamentos (para o bocal sozinho, Eq. 1, e para o bocal com o difusor, Eq. 3). Essas equações podem ser rearranjadas para fornecer equações para as velocidades na saída do bocal,

$$\overline{V}_1 = \sqrt{\frac{2gz_0}{1 + K_{\text{entrada}}}} \quad \text{(bocal sozinho)} \qquad \overline{V}_1 = \sqrt{\frac{2gz_0}{\frac{1}{(RA)^2} + K_{\text{difusor}} + K_{\text{entrada}}}} \quad \text{(bocal + difusor)}$$

Comparando essas duas expressões, vemos que o difusor introduziu um termo extra (seu coeficiente de perda $K_{\text{difusor}} = 0,3$) ao denominador, tendendo a reduzir a velocidade no bocal, porém, por outro lado, o termo 1 (representando a perda de energia cinética no plano de saída do bocal sem o difusor) foi substituído por $1/(RA)^2 = 0,25$ (representando uma perda menor, a energia cinética no plano de saída do difusor). O efeito líquido é que substituímos 1 no denominador por $0,25 + 0,3 = 0,55$, levando a um aumento líquido na velocidade no bocal. A resistência ao escoamento introduzida pela adição do difusor é superada pelo efeito de "jogar fora" muito menos energia cinética na saída do dispositivo (a velocidade de saída para o bocal sozinho é 5,32 m/s, enquanto para o bocal com difusor é 1,77 m/s).

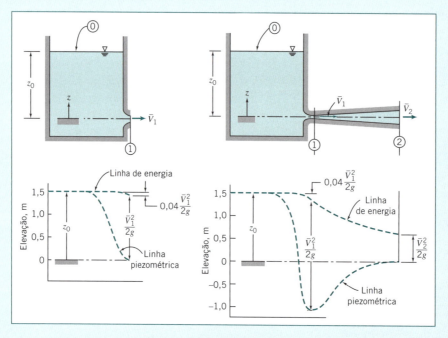

O Comissário de Águas Frontinus padronizou condições de distribuição de água para todos os romanos em 97 a.C. Ele exigiu que, para cada consumidor, o tubo conectado à descarga do bocal tivesse diâmetro constante por pelo menos 15 metros lineares contados a partir da tubulação pública principal (veja o Problema 8.10).

Sistemas de Trajetos Múltiplos

Muitos sistemas de tubos do mundo real (por exemplo, a tubulação que supre de água os apartamentos de um grande edifício) consistem em uma rede de tubos de vários diâmetros montados em uma configuração complexa que pode conter conexões em série e em paralelo. Como um exemplo, considere uma parte de um sistema de tubos, conforme mostrado na Fig. 8.17. A água é fornecida a uma determinada pressão a partir do ponto 1 de um tubo principal (distribuidor) e escoa através dos componentes mostrados até o dreno no ponto 5. Certa quantidade de água escoa através dos tubos A, B, C e D, constituindo tubos em *série* (e o tubo B tem uma vazão menor do que os outros); algum escoamento ocorre também através de A, E, F ou G, H, C e D (F e G são paralelos), e esses dois ramos principais estão em *paralelo*. Analisamos esse tipo de problema de modo similar à análise de circuitos de resistência de corrente contínua na teoria elétrica: aplicando umas poucas regras básicas ao sistema. O potencial elétrico em cada ponto no circuito é análogo ao da LP (ou da carga de pressão estática se desprezamos a gravidade) em pontos correspondentes no sistema. A corrente em cada resistor é análoga à vazão em cada trecho de tubo. Temos uma dificuldade adicional no sistema de tubos, porque a resistência ao escoamento em cada tubo é uma função da vazão (resistores elétricos são normalmente considerados constantes).

As regras simples para analisar redes de tubos podem ser expressas de várias maneiras. Vamos expressá-las assim:

1 O fluxo (vazão) líquido para fora de qualquer nó (junção) é zero.
2 Cada nó tem uma única altura de carga de pressão (LP).

Por exemplo, na Fig. 8.17, a regra 1 significa que o fluxo para dentro do nó 2 proveniente do tubo A deve ser igual à soma dos fluxos de saída para os tubos B e E. A regra 2 significa que a altura de carga de pressão no nó 7 deve ser igual à altura de carga de pressão no nó 6 menos as perdas de carga através do tubo F ou do tubo G, assim como deve ser igual à altura de carga no nó 3 mais a perda de carga no tubo H.

Essas regras aplicam-se em adição a todas as restrições para escoamentos em tubos que já discutimos (por exemplo, para $Re \geq 2300$ o escoamento será turbulento), e ao fato de que podemos ter perdas menores significantes, tais como aquelas para expansões súbitas. Podemos antecipar que a vazão no tubo F (diâmetro de 25 mm) será bem menor do que a vazão no tubo G (diâmetro de 38 mm), e a vazão através do ramal E será maior do que aquela através do ramal B (por quê?).

Os problemas que aparecem com redes de tubos podem ser tão variados quanto aqueles que discutimos quando estudamos sistemas de trajeto único, porém o mais comum envolve encontrar a vazão através de cada tubo para uma dada diferença de pressão aplicada. Examinamos esse caso no Exemplo 8.11. Obviamente, redes de tubos são muito mais difíceis e

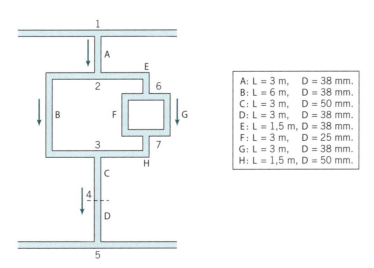

Fig. 8.17 Esquema de uma parte de uma rede de tubos.

344 Capítulo 8

consomem mais tempo de análise do que problemas de trajeto único, quase sempre requerendo métodos de solução iterativos e, em geral, são resolvidas na prática com o auxílio de um computador. Um grande número de esquemas de cálculo para analisar redes de tubos tem sido desenvolvido [24], e muitas empresas de consultoria em engenharia usam aplicativos computacionais desenvolvidos por elas para tais análises. Um aplicativo computacional tal como o *Excel* é também muito útil para a organização e resolução desses problemas.

Exemplo 8.11 VAZÕES EM UMA REDE DE TUBOS

Na seção de uma rede de tubos de ferro fundido mostrada na Fig. 8.18, a altura de carga de pressão estática (pressão manométrica) disponível no ponto 1 é de 30 m de água, e o ponto 5 é um dreno (pressão atmosférica). Determine as vazões (L/min) em cada tubo.

Dados: Altura de pressão h_{1-5} de 30 m na rede de tubos.

Determinar: A vazão em cada tubo.

Solução:

Equações básicas:

Para cada seção de tubo,

$$\left(\frac{p_1}{\rho} + \alpha_1 \frac{\overline{V}_1^2}{2} + \cancel{gz_1}^{=\,0(1)}\right) - \left(\frac{p_2}{\rho} + \alpha_2 \frac{\overline{V}_2^2}{2} + \cancel{gz_2}^{=\,0(1)}\right) = h_{l_T} = h_l + \cancel{\sum h_{l_m}}^{=\,0(2)}$$

$$(8.29)$$

em que

$$h_l = f \frac{L}{D} \frac{\overline{V}^2}{2} \qquad (8.34)$$

A: $L = 3$ m,	$D = 38$ mm.
B: $L = 6$ m,	$D = 38$ mm.
C: $L = 3$ m,	$D = 50$ mm.
D: $L = 3$ m,	$D = 38$ mm.
E: $L = 1,5$ m,	$D = 38$ mm.
F: $L = 3$ m,	$D = 25$ mm.
G: $L = 3$ m,	$D = 38$ mm.
H: $L = 1,5$ m,	$D = 50$ mm.

e f é obtido ou a partir da Eq. 8.36 (laminar) ou da Eq. 8.37 (turbulento). Para tubo de ferro fundido, a Tabela 8.1 fornece uma rugosidade $e = 0,26$ mm.

Considerações:

1 Ignore efeitos da gravidade.

2 Ignore perdas menores.

(A consideração 2 é aplicada para tornar a análise mais clara — perdas menores podem ser incorporadas facilmente mais tarde.)

Além disso, temos expressões matemáticas para as regras básicas

1 O fluxo líquido para fora de qualquer nó (junção) é zero.

2 Cada nó tem uma única altura de pressão (LP).

Podemos aplicar a regra básica 1 aos nós 2 e 6:

$$\begin{aligned} \text{Nó 2:} \quad & Q_A = Q_B + Q_E & (1) \\ \text{Nó 6:} \quad & Q_E = Q_F + Q_G & (2) \end{aligned}$$

e também temos as restrições óbvias

$$\begin{aligned} Q_A &= Q_C & (3) \\ Q_A &= Q_D & (4) \\ Q_E &= Q_H & (5) \end{aligned}$$

Podemos aplicar a regra básica 2 para obter as seguintes restrições de perda de carga:

$$\begin{aligned} h_{1-5} &: h = h_A + h_B + h_C + h_D & (6) \\ h_{2-3} &: h_B = h_E + h_F + h_H & (7) \\ h_{6-7} &: h_F = h_G & (8) \end{aligned}$$

Esse conjunto de oito equações deve ser resolvido por iteração. Se fôssemos fazer iteração manual, usaríamos as Eqs. 3, 4 e 5 para reduzir imediatamente o número de incógnitas e equações para cinco (Q_A, Q_B, Q_E, Q_F, Q_G). Existem diversos procedimentos para a iteração, um deles é:

1. Fazer uma estimativa para Q_A, Q_B e Q_F.
2. As Eqs. 1 e 2 levam então a valores para Q_E e Q_G.
3. As Eqs. 6, 7 e 8 são finalmente usadas para verificar se a regra 2 (para pressões únicas nos nós) é satisfeita.
4. Se qualquer uma das Eqs. 6, 7 ou 8 não for satisfeita, use o conhecimento de escoamento em tubo, ou um método numérico, como o da secante ou de Newton-Raphson, para ajustar os valores de Q_A, Q_B ou Q_F.
5. Repita os passos de 2 a 5 até atingir a convergência.

Um exemplo de aplicação do passo 4 seria se a Eq. 8 não tivesse sido satisfeita. Suponha que $h_F > h_G$; nesse caso, teríamos selecionado um valor muito grande para Q_F; então, reduziríamos esse valor discretamente e recalcularíamos todas as vazões e alturas de carga.

Esse processo iterativo é, obviamente, bastante dispendioso para cálculos manuais (lembre-se de que a obtenção de cada perda de carga h a partir de cada Q envolve uma boa quantidade de cálculos). Felizmente, podemos usar planilhas como as do *Excel* para automatizar todos esses cálculos — e resolver simultaneamente para todas as oito variáveis envolvidas! O primeiro passo é organizar, em uma planilha do *Excel*, tabelas para cada seção de tubo para cálculo da altura de carga h do tubo, dada a vazão Q. Uma planilha típica é mostrada a seguir:

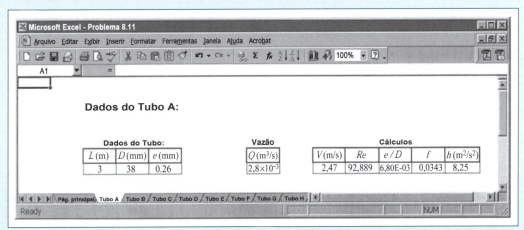

Nessa planilha, uma dada vazão Q é usada para calcular valores para $\overline{V}$, Re, e/D, f e h a partir de L, D e e.

O próximo passo é organizar uma página de cálculo que armazene juntas as vazões e as perdas de carga correspondentes para todas as seções de tubos e, em seguida, usar esses valores para verificar se as Eqs. 1 a 8 são satisfeitas. Apresentamos a seguir um exemplo de página de cálculo com valores iniciais estimados em $2,8 \times 10^{-3}$ m³/s para cada uma das vazões. A lógica do procedimento é que os oitos valores estimados para as vazões de Q_A a Q_H determinam todos os outros valores — isto é, h_A até h_H, e os valores das equações de restrição. Os erros para cada uma das equações de restrição são mostrados, assim como sua soma. Podemos então utilizar

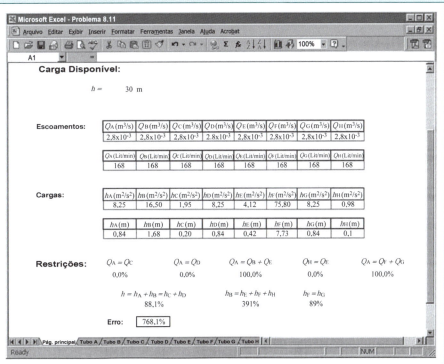

procedimentos disponíveis no *Excel* para resolução de sistemas de equações (tantas vezes quanto necessário) para minimizar o erro total (inicialmente de 768,1%) pela variação de Q_A a Q_H.

Os resultados finais obtidos pelo *Excel* são:

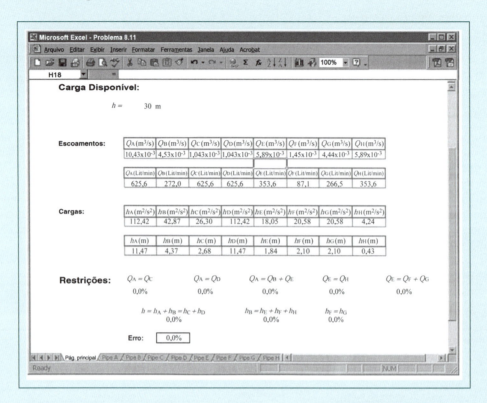

As taxas de escoamento são:

$$Q_A = Q_C = Q_D = 625,6 \text{ L/min}$$
$$Q_B = 272,0 \text{ L/min}$$
$$Q_E = Q_H = 353,6 \text{ L/min}$$
$$Q_F = 87,1 \text{ L/min}$$
$$Q_G = 266,5 \text{ L/min}$$

> Este problema ilustra o uso do *Excel* para resolver um conjunto de equações não lineares acopladas para vazões desconhecidas.
>
> 💻 A planilha do *Excel* para este problema pode ser modificada para resolver uma variedade de outros sistemas de trajetos múltiplos.

Parte C MEDIÇÃO DE VAZÃO

Neste texto, referimo-nos com frequência à vazão Q ou à velocidade média $\overline{V}$ em um tubo. A questão que surge é: como são medidas essas quantidades? Vamos encaminhar essa questão por meio da discussão dos vários tipos de medidores de vazão disponíveis.

A escolha de um medidor de vazão é influenciada pela incerteza exigida, faixa de medida, custo, complicações, facilidade de leitura ou de redução de dados e tempo de vida em serviço. O dispositivo mais simples e mais barato que forneça a exatidão desejada deve ser escolhido.

A maneira mais óbvia de medir vazão em um tubo é o *método direto* — medir simplesmente a quantidade de fluido que se acumula em um recipiente durante um período fixo de tempo! Tanques podem ser utilizados para determinar a vazão de líquidos em escoamentos permanentes, pela medição do volume ou da massa coletada durante um intervalo de tempo conhecido. Se o intervalo for longo o suficiente para ser medido com incerteza pequena, as vazões poderão ser determinadas também com boa precisão.

A compressibilidade deve ser considerada nas medições de volume em escoamentos de gases. As massas específicas dos gases são, em geral, muito pequenas para permitirem medição direta precisa da vazão em massa. Contudo, uma amostra de volume pode eventualmente ser coletada pelo deslocamento de um "sino" (*bell prover*), ou de um vaso invertido sobre água (se a pressão for mantida constante por meio de contrapesos). Se as medições de volume ou de massa forem cuidadosamente organizadas, nenhuma calibração é requerida; essa é uma grande vantagem dos métodos diretos.

Em aplicações especializadas, particularmente para uso ou registro remoto de vazão, os medidores de *deslocamento positivo* podem ser especificados, nos quais o fluido move um componente tal como um pistão alternativo ou um disco oscilante à medida que ele passa através do medidor. Exemplos comuns incluem os medidores residenciais de água e de gás natural, que são calibrados para leitura direta em unidades do produto, ou as bombas de gás ou de gasolina, que integram a vazão no tempo e automaticamente calculam o custo total do produto despejado no tanque do veículo. Muitos medidores de deslocamento positivo estão disponíveis no comércio. Consulte a literatura de fabricantes ou as Referências (por exemplo, [25]) para projeto e detalhes de instalação.

8.9 Medidores de Vazão de Restrição para Escoamentos Internos

A maioria dos medidores de restrição (redução de área) para escoamentos internos (exceto o elemento de escoamento laminar, discutido rapidamente), baseiam-se no princípio da aceleração de uma corrente fluida através de alguma forma de bocal, conforme mostrado esquematicamente na Fig. 8.18. A ideia é que a variação na velocidade leva a uma variação na pressão. Esse Δp pode ser medido com a utilização de um medidor de pressão diferencial (eletrônico ou mecânico) ou de um manômetro, e a vazão inferida a partir de uma análise teórica ou de uma correlação experimental para o dispositivo. A separação do escoamento na borda-viva da garganta do bocal causa a formação de uma zona de recirculação, conforme mostrado pelas linhas tracejadas a jusante do bocal. A corrente principal do escoamento continua a acelerar após a garganta, formando uma *vena contracta* na seção ② e, em seguida, desacelera para preencher o duto. Na *vena contracta*, a área de escoamento é um mínimo, e as linhas de corrente são essencialmente retas, e a pressão é uniforme através da seção do canal.

A vazão teórica pode ser relacionada com o diferencial de pressão entre as seções ① e ② pela aplicação das equações da continuidade e de Bernoulli. Em seguida, fatores de correção empíricos podem ser aplicados para obter a vazão real.

Equações básicas:

Vamos precisar da equação de conservação da massa,

$$\sum_{SC} \vec{V} \cdot \vec{A} = 0 \qquad (4.13b)$$

[podemos usar essa equação em vez da Eq. 4.12 devido à consideração (5) a seguir] e a equação de Bernoulli,

$$\frac{p_1}{\rho} + \alpha_1 \frac{V_1^2}{2} + g\cancel{z_1} = \frac{p_2}{\rho} + \alpha_2 \frac{V_2^2}{2} + g\cancel{z_2} \qquad (6.8)$$

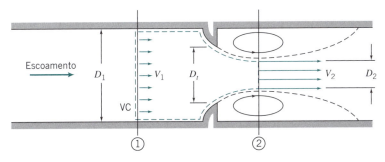

Fig. 8.18 Escoamento interno através de um bocal genérico, mostrando o volume de controle usado para análise.

348 Capítulo 8

que podemos usar se a consideração (4) for válida. Para a pequena seção de tubo considerada, isso é razoável.

Considerações:

1 Escoamento permanente.
2 Escoamento incompressível.
3 Escoamento ao longo de uma linha de corrente.
4 Não há atrito.
5 Velocidade uniforme nas seções ① e ②.
6 Não há curvatura das linhas de corrente nas seções ① e ②, logo a pressão é uniforme através dessas seções.
7 $z_1 = z_2$.

Então, da equação de Bernoulli,

$$p_1 - p_2 = \frac{\rho}{2}(V_2^2 - V_1^2) = \frac{\rho V_2^2}{2}\left[1 - \left(\frac{V_1}{V_2}\right)^2\right]$$

e da continuidade

$$(-\rho V_1 A_1) + (-\rho V_2 A_2) = 0$$

ou

$$V_1 A_1 = V_2 A_2 \quad \text{assim} \quad \left(\frac{V_1}{V_2}\right)^2 = \left(\frac{A_2}{A_1}\right)^2$$

Substituindo, obtemos

$$p_1 - p_2 = \frac{\rho V_2^2}{2}\left[1 - \left(\frac{A_2}{A_1}\right)^2\right]$$

Resolvendo para a velocidade teórica, V_2,

$$V_2 = \sqrt{\frac{2(p_1 - p_2)}{\rho[1 - (A_2/A_1)^2]}} \tag{8.51}$$

A vazão em massa teórica é dada, então, por

$$\dot{m}_{\text{teórico}} = \rho V_2 A_2$$

$$= \rho \sqrt{\frac{2(p_1 - p_2)}{\rho[1 - (A_2/A_1)^2]}} A_2$$

ou

$$\dot{m}_{\text{teórico}} = \frac{A_2}{\sqrt{1 - (A_2/A_1)^2}} \sqrt{2\rho(p_1 - p_2)} \tag{8.52}$$

A Eq. 8.52 mostra que, levando em conta nosso conjunto de considerações, para um dado fluido (ρ) e geometria do medidor (A_1 e A_2), a vazão é diretamente proporcional à raiz quadrada da queda de pressão detectada pelas tomadas de pressão do medidor,

$$\dot{m}_{\text{teórico}} \propto \sqrt{\Delta p}$$

que é a ideia básica desses dispositivos. Essa relação limita as vazões que podem ser medidas com precisão para uma faixa aproximadamente de 4:1.

Diversos fatores limitam a utilidade da Eq. 8.52 para calcular a vazão em massa real através de um medidor. A área real do escoamento na seção ② é desconhecida quando a *vena contracta* é pronunciada (por exemplo, em placas de orifício quando D_t é uma pequena fração de D_1). Os perfis de velocidade aproximam-se do escoamento uniforme somente

Escoamento Interno Viscoso e Incompressível **349**

para números de Reynolds muito grandes. Os efeitos de atrito podem tornar-se importantes (especialmente a jusante do medidor) quando os contornos do medidor são abruptos. Finalmente, a localização das tomadas de pressão influencia a leitura da pressão diferencial.

A equação teórica é ajustada para o número de Reynolds e para razão de diâmetros D_t/D_1 pela definição de um *coeficiente de descarga C* empírico tal que, substituindo-o na Eq. 8.52, obtemos

$$\dot{m}_{\text{real}} = \frac{CA_t}{\sqrt{1 - (A_t/A_1)^2}} \sqrt{2\rho(p_1 - p_2)} \tag{8.53}$$

Fazendo $\beta = D_t/D_1$, então $(A_t/A_1)^2 = (D_t/D_1)^4 = \beta^4$, de modo que

$$\dot{m}_{\text{real}} = \frac{CA_t}{\sqrt{1 - \beta^4}} \sqrt{2\rho(p_1 - p_2)} \tag{8.54}$$

Na Eq. 8.54, $1/\sqrt{1 - \beta^4}$ é o *fator de velocidade de aproximação*. O coeficiente de descarga e o fator de velocidade de aproximação frequentemente são combinados em um único *coeficiente de vazão*,

$$K \equiv \frac{C}{\sqrt{1 - \beta^4}} \tag{8.55}$$

Em termos do coeficiente de vazão, a vazão em massa real é expressa como

$$\dot{m}_{\text{real}} = KA_t\sqrt{2\rho(p_1 - p_2)} \tag{8.56}$$

Para medidores padronizados, dados de testes [25, 26] têm sido usados para desenvolver equações empíricas que predizem os coeficientes de descarga e de vazão a partir do orifício do medidor, do diâmetro do tubo e do número de Reynolds. A precisão das equações (dentro de faixas especificadas) é usualmente adequada, de modo que o medidor pode ser usado sem calibração. Se o número de Reynolds, diâmetro do tubo ou diâmetro do orifício cai fora da faixa especificada da equação, os coeficientes devem ser medidos experimentalmente.

Para o regime de escoamento turbulento (número de Reynolds no tubo maior que 4000), o coeficiente de descarga pode ser expresso por uma equação da forma [25]

$$C = C_\infty + \frac{b}{Re_{D_1}^n} \tag{8.57}$$

A forma correspondente da equação do coeficiente de vazão é

$$K = K_\infty + \frac{1}{\sqrt{1 - \beta^4}} \frac{b}{Re_{D_1}^n} \tag{8.58}$$

Nas Eqs. 8.57 e 8.58, o subscrito ∞ denota o coeficiente para número de Reynolds infinito; as constantes b e n permitem o transporte por escala para números de Reynolds finitos. Equações de correlação e curvas de coeficientes *versus* número de Reynolds são dadas nas próximas três subseções, logo após uma comparação geral das características de elementos medidores específicos.

Como já frisamos, a seleção de um medidor de vazão depende de fatores como custo, precisão, necessidade de calibração e facilidade de instalação e manutenção. Alguns desses fatores são comparados na Tabela 8.6 para medidores de *placa de orifício*, *bocal de vazão* e *venturi*. Note que uma perda de carga grande significa que o custo de operação do dispositivo é alto — ele consumirá boa quantidade de energia do fluido. Um alto custo inicial deve ser amortizado durante a vida útil do dispositivo. Esse é um exemplo de cálculo de custo comum para uma companhia (e para um con-

Tabela 8.6
Características de Medidores de Vazão de Orifício, Bocal Medidor e Venturi

Tipo de Medidor de Vazão	Diagrama	Perda de Carga	Custo Inicial
Orifício	D_1, D_t Escoamento	Alta	Baixo
Bocal Medidor	D_1, D_2 Escoamento	Intermediária	Intermediário
Venturi	D_1, D_2 Escoamento	Baixa	Alto

sumidor!) — decidir entre um alto custo inicial com baixo custo de operação, ou um baixo custo inicial com alto custo de operação.

Os coeficientes de medidores de vazão relatados na literatura têm sido medidos com distribuições de velocidades turbulentas, completamente desenvolvidas na entrada do medidor (seção ①). Se um medidor deve ser instalado a jusante de uma válvula, cotovelo ou outro elemento perturbador do escoamento, um trecho de tubo reto deve ser previsto a montante do medidor. Aproximadamente 10 diâmetros de tubo reto são necessários para medidores venturi e até 40 diâmetros para medidores de placa de orifício ou de bocal de vazão. Para medidores de vazão instalados corretamente, a vazão pode ser obtida das Eqs. 8.54 ou 8.56, após escolha de um valor apropriado para o coeficiente de descarga empírico, C, ou para o coeficiente de vazão, K, definidos nas Eqs. 8.53 e 8.55, respectivamente. Alguns dados de projeto para escoamento incompressível são apresentados nas seções seguintes. Os mesmos métodos básicos podem ser estendidos para escoamentos compressíveis, mas estes não serão abordados aqui. Para detalhes completos, consulte ASME [25] ou Bean [26].

A Placa de Orifício

A placa de orifício (Fig. 8.19) é uma placa fina que pode ser interposta entre flanges de tubos. Como sua geometria é simples, ela é de baixo custo e de fácil instalação ou reposição. A borda-viva do orifício não deve ficar incrustada com depósitos ou matéria em suspensão. Contudo, material em suspensão pode se acumular no lado da entrada de um orifício concêntrico em um tubo horizontal; uma placa de orifício excêntrico posicionado rente ao fundo do tubo pode ser instalada para evitar esse problema. As principais desvantagens do orifício são sua capacidade limitada e a elevada perda de carga permanente decorrente da expansão não controlada a jusante do elemento medidor.

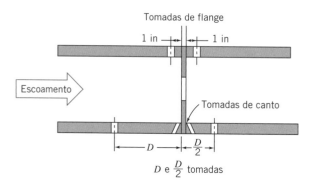

Fig. 8.19 Geometria do orifício e localização de tomadas de pressão [25].

As tomadas de pressão para orifícios podem ser colocadas em diversos locais, conforme mostrado na Fig. 8.19 (consulte [25] ou [26] para mais detalhes). Como a localização das tomadas de pressão influencia o coeficiente de vazão empírico, valores para C ou K, consistentes com a localização das tomadas, devem ser selecionados de manuais ou de normas preferencialmente.

A equação de correlação recomendada para um orifício concêntrico com tomadas de canto [25] é

$$C = 0,5959 + 0,0312\beta^{2,1} - 0,184\beta^8 + \frac{91,71\beta^{2,5}}{Re_{D_1}^{0,75}} \qquad (8.59)$$

A Eq. 8.59 é a forma da Eq. 8.57 para o coeficiente de descarga C para a placa de orifício; ela prediz os coeficientes de descarga com precisão de $\pm 0,6\%$ para $0,2 < \beta < 0,75$ e $10^4 < Re_{D_1} < 10^7$. Alguns coeficientes de vazão calculados com as Eqs. 8.59 e 8.55 são apresentados na Fig. 8.20.

Uma equação de correlação similar está disponível para placas de orifício com tomadas de pressão D e $D/2$. As tomadas de flange requerem uma correlação diferente para cada diâmetro de tubo. As tomadas de pressão, localizadas a 2½ e 8 D, não são mais recomendadas para trabalhos de precisão.

O Exemplo 8.12, que aparece mais adiante nesta seção, ilustra a aplicação de dados do coeficiente de vazão no dimensionamento de uma placa de orifício.

O Bocal Medidor

Os bocais medidores podem ser empregados como elementos medidores em plenos (ou câmaras pressurizadas) ou em dutos, conforme mostrado na Fig. 8.21; a seção do bocal é aproximadamente um quarto de elipse. Detalhes de projeto e localizações recomendadas para as tomadas de pressão são dados em [26].

A equação de correlação recomendada para um bocal ASME de raio longo [25] é

$$C = 0,9975 - \frac{6,53\beta^{0,5}}{Re_{D_1}^{0,5}} \qquad (8.60)$$

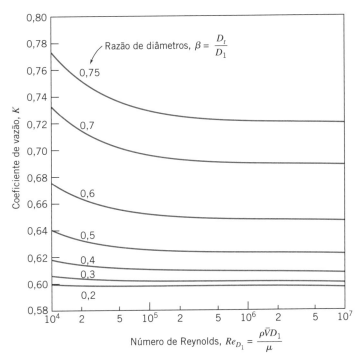

Fig. 8.20 Coeficientes de vazão para orifícios concêntricos com tomadas de canto.

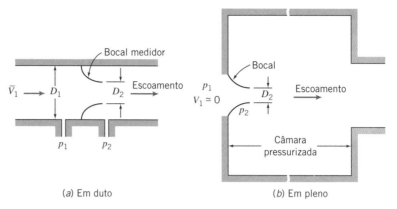

(a) Em duto (b) Em pleno

Fig. 8.21 Instalações típicas de bocais medidores.

A Eq. 8.60 é a forma da Eq. 8.57 para o coeficiente de descarga C para o local medidor; ela prediz coeficientes de descarga para bocais medidores com precisão de $\pm 2{,}0\%$ para $0{,}25 < \beta < 0{,}75$ e $10^4 < Re_{D_1} < 10^7$. Alguns coeficientes de vazão calculados com as Eqs. 8.60 e 8.55 são apresentados na Fig. 8.22. (K pode ser maior que 1 quando o fator de velocidade de aproximação excede a unidade.)

a. Instalação em Tubo

Para instalação no tubo, K é uma função de β e de Re_{D_1}. A Fig. 8.23 mostra que K é essencialmente independente do número de Reynolds para $Re_{D_1} > 10^6$. Assim, vazões altas podem ser calculadas diretamente da Eq. 8.56. Para vazões mais baixas, em que K é uma função fraca do número de Reynolds, alguma iteração pode ser necessária.

b. Instalação em Pleno

Para instalação em pleno (ou câmara pressurizada), os bocais podem ser fabricados de alumínio expandido, fibra de vidro moldada ou outros materiais de baixo custo.

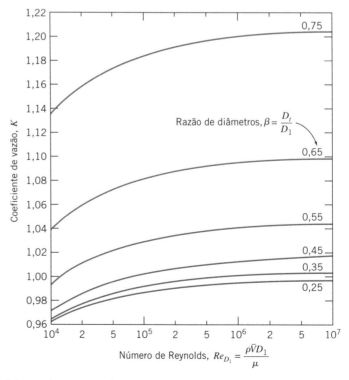

Fig. 8.22 Coeficientes de vazão para bocais ASME de raio longo.

Eles são, portanto, de fabricação e instalação simples e barata. Como a pressão no pleno é igual a p_2, a localização da tomada de pressão de jusante não é crítica. Medidores adequados a uma ampla faixa de vazões podem ser feitos instalando diversos bocais em paralelo no pleno. Para baixas vazões, a maioria deles estaria bloqueada. Para vazões maiores, os bocais seriam convenientemente desbloqueados.

Para os bocais de pleno, $\beta = 0$, que está fora da faixa de aplicabilidade da Eq. 8.58. Coeficientes de vazão típicos estão na faixa $0,95 < K < 0,99$; os valores maiores aplicam-se para altos números de Reynolds. Portanto, a vazão em massa pode ser calculada com erro próximo de $\pm 2\%$, usando a Eq. 8.56 com $K = 0,97$.

O Venturi

Os medidores venturi ou tubos de venturi, como esquematizados na Tabela 8.6, são em geral fundidos e usinados com tolerâncias muito pequenas de modo a reproduzir o desempenho do projeto-padrão. Como resultado, os medidores venturi são pesados, volumosos e caros. A seção do difusor cônico a jusante da garganta fornece excelente recuperação de pressão; por isso, a perda de carga total é baixa. O medidor venturi é também autolimpante por causa de seu contorno interno muito liso.

Dados experimentais mostram que os coeficientes de descarga para medidores venturi variam de 0,980 a 0,995 para números de Reynolds elevados ($Re_{D_1} > 2 \times 10^5$). Por isso, $C = 0,99$ pode ser usado para a medição da vazão em massa com cerca de $\pm 1\%$ de erro, para altos números de Reynolds [25]. Consulte os manuais ou a literatura dos fabricantes para informações específicas relativas a números de Reynolds abaixo de 10^5.

A placa de orifício, o bocal e o venturi produzem diferenciais de pressão proporcionais ao quadrado da vazão em massa, de acordo com a Eq. 8.56. Na prática, o tamanho de medidor deve ser escolhido de modo a acomodar a maior vazão esperada. Como a relação entre a queda de pressão e a vazão em massa é não linear, a faixa de vazões que pode ser medida com precisão é limitada. Medidores com uma única garganta geralmente são considerados apenas para vazões na faixa de 4:1 [25].

A perda de carga irrecuperável introduzida por um elemento medidor pode ser expressa como uma fração da pressão diferencial, Δp, através do elemento. As perdas de pressão são mostradas como funções da razão de diâmetros na Fig. 8.23 [25]. Note que o medidor venturi tem uma perda de carga permanente muito menor do que a da placa de orifício (que tem a maior perda) ou do que a do bocal, em conformidade com as tendências resumidas na Tabela 8.6.

Elemento de Escoamento Laminar

O *elemento de escoamento laminar*[3] é projetado para produzir um diferencial de pressão diretamente proporcional à vazão. A ideia é que o elemento de escoamento lami-

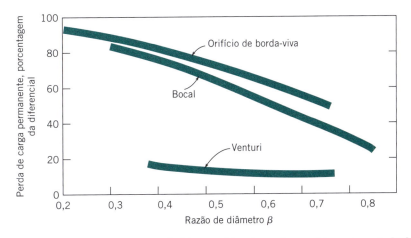

Fig. 8.23 Perda de carga permanente produzida por vários elementos medidores de vazão [25] e [33].

---

[3]Patenteado e manufaturado por Meriam Instrument Co., 10920 Madison Ave., Cleveland, Ohio 44102.

nar (LFE, de *laminar flow element*) contenha uma seção medidora na qual o escoamento passa através de um grande número de tubos ou passagens (semelhantes a uma estrutura tubular de canudos) estreitas o suficiente para que o escoamento interno seja laminar, independentemente das condições do escamento no tubo principal (lembre-se de que $Re_{tubo} = \rho V_{tubo} D_{tubo}/\mu$, de modo que D_{tubo} deve ser pequeno o suficiente para assegurar que $Re_{tubo} < Re_{crit} \approx 2300$). Para cada tubo com escoamento laminar podemos aplicar os resultados da Seção 8.3, especificamente

$$Q_{tubo} = \frac{\pi D_{tubo}^4}{128 \mu L_{tubo}} \Delta p \propto \Delta p \qquad (8.13c)$$

de modo que a vazão em cada tubo é uma função linear da queda de pressão através do equipamento. A vazão total será a soma das vazões de cada um desses tubos e será, também, uma função linear da queda de pressão. Normalmente, essa relação linear é fornecida pelo fabricante após calibração do elemento, e o LFE pode ser usado em uma faixa de vazões de 10:1. A relação entre a queda de pressão e a vazão para escoamento laminar também depende da viscosidade, que é uma forte função da temperatura. Portanto, a temperatura do fluido deve ser conhecida para que uma medição precisa seja obtida com um LFE.

Um elemento de escoamento laminar custa aproximadamente tanto quanto um venturi, porém é muito menor e muito mais leve. Por isso, o LFE está sendo muito usado em aplicações em que compacidade e faixa estendida de vazão são importantes.

Exemplo 8.12 ESCOAMENTO ATRAVÉS DE UMA PLACA DE ORIFÍCIO

Uma vazão de ar de 1 m³/s na condição-padrão é esperada em um duto de 0,25 m de diâmetro. Uma placa de orifício é usada para medir a vazão. O manômetro disponível para a medição tem alcance máximo de 300 mm de água. Que diâmetro de orifício deve ser empregado com tomadas de canto? Analise a perda de carga para uma área de escoamento na *vena contracta* $A_2 = 0{,}65\,A_t$. Compare com os dados da Fig. 8.23.

Dados: Escoamento através de um duto com placa de orifício, conforme mostrado.

Determinar: (a) D_t.
(b) A perda de carga entre as seções ① e ②.
(c) O grau de concordância com os dados da Fig. 8.23.

Solução: A placa de orifício pode ser projetada usando a Eq. 8.56 e os dados da Fig. 8.20.

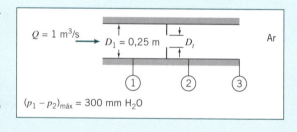

Equação básica:

$$\dot{m}_{real} = K A_t \sqrt{2\rho(p_1 - p_2)} \qquad (8.56)$$

Considerações:

1 Escoamento permanente.
2 Escoamento incompressível.

Como $A_t/A_1 = (D_t/D_1)^2 = \beta^2$,

$$\dot{m}_{real} = K\beta^2 A_1 \sqrt{2\rho(p_1 - p_2)}$$

ou

$$K\beta^2 = \frac{\dot{m}_{real}}{A_1 \sqrt{2\rho(p_1 - p_2)}} = \frac{\rho Q}{A_1 \sqrt{2\rho(p_1 - p_2)}} = \frac{Q}{A_1} \sqrt{\frac{\rho}{2(p_1 - p_2)}}$$

$$= \frac{Q}{A_1}\sqrt{\frac{\rho}{2g\rho_{H_2O}\Delta h}}$$

$$= 1\,\frac{m^3}{s} \times \frac{4}{\pi}\,\frac{1}{(0,25)^2\,m^2}\left[\frac{1}{2}\times 1,23\,\frac{kg}{m^3}\times\frac{s^2}{9,81\,m}\times\frac{m^3}{999\,kg}\times\frac{1}{0,30\,m}\right]^{1/2}$$

$$K\beta^2 = 0,295 \quad \text{ou} \quad K = \frac{0,295}{\beta^2} \tag{1}$$

Como K é uma função de β (Eq. 1) e de Re_{D_1} (Fig. 8.20), devemos promover iterações para determinar β. O número de Reynolds no duto é

$$Re_{D_1} = \frac{\rho \overline{V}_1 D_1}{\mu} = \frac{\rho(Q/A_1)D_1}{\mu} = \frac{4Q}{\pi\nu D_1}$$

$$Re_{D_1} = \frac{4}{\pi}\times 1\,\frac{m^3}{s}\times\frac{s}{1,46\times 10^{-5}\,m^2}\times\frac{1}{0,25\,m} = 3,49\times 10^5$$

Façamos $\beta = 0{,}75$. Da Fig. 8.20, K deve ser 0,72. Da Eq. 1,

$$K = \frac{0,295}{(0,75)^2} = 0,524$$

Assim, nossa estimativa para β é grande demais. Façamos $\beta = 0{,}70$. Da Fig. 8.20, K deve ser 0,69. Da Eq. 1,

$$K = \frac{0,295}{(0,70)^2} = 0,602$$

Assim, nossa estimativa para β ainda é grande demais. Façamos $\beta = 0{,}65$. Da Fig. 8.20, K deve ser 0,67. Da Eq. 1,

$$K = \frac{0,295}{(0,65)^2} = 0,698$$

Existe concordância satisfatória com $\beta \simeq 0{,}66$ e

$$D_t = \beta D_1 = 0{,}66(0{,}25\,m) = 0{,}165\,m \longleftarrow \hspace{6em} D_t$$

Para avaliar a perda de carga permanente para esse dispositivo, poderíamos simplesmente usar a razão de diâmetros $\beta \approx 0{,}66$ na Fig. 8.23; mas, em vez disso, faremos a determinação a partir dos dados disponíveis. Para avaliar a perda de carga permanente, aplique a Eq. 8.29 entre as seções ① e ③.

Equação básica: $\left(\dfrac{p_1}{\rho} + \alpha_1\dfrac{\overline{V}_1^2}{2} + \cancel{g z_1}\right) - \left(\dfrac{p_3}{\rho} + \alpha_3\dfrac{\overline{V}_3^2}{2} + \cancel{g z_3}\right) = h_{l_T}$ (8.29)

Considerações:
3 $\alpha_1\overline{V}_1^2 = \alpha_3\overline{V}_3^2$.
4 Δz desprezível.

Então,

$$h_{l_T} = \frac{p_1 - p_3}{\rho} = \frac{p_1 - p_2 - (p_3 - p_2)}{\rho} \tag{2}$$

A Eq. 2 indica a nossa aproximação: encontraremos $p_1 - p_3$ fazendo $p_1 - p_2 = 300$ mm H_2O (máxima pressão diferencial permitida na placa) e obtendo um valor para $p_3 - p_2$ a partir da componente x da equação da quantidade de movimento para um volume de controle entre as seções ② e ③.

Equação básica:

$$= 0(5) = 0(1)$$
$$F_{S_x} + \cancel{F_{B_x}} = \cancel{\frac{\partial}{\partial t}}\int_{VC} u\,\rho dV + \int_{VC} u\,\rho\vec{V}\cdot d\vec{A} \tag{4.18a}$$

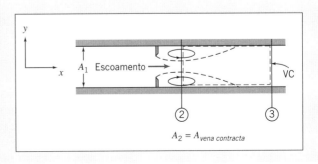

356 **Capítulo 8**

Considerações:

5 $F_{B_x} = 0$.

6 Escoamento uniforme nas seções ② e ③.

7 Pressão uniforme através do duto nas seções ② e ③.

8 Força de atrito desprezível sobre o VC.

Assim, simplificando e rearranjando,

$$(p_2 - p_3) A_1 = u_2(-\rho\overline{V}_2 A_2) + u_3(\rho\overline{V}_3 A_3) = (u_3 - u_2)\rho Q = (\overline{V}_3 - \overline{V}_2)\rho Q$$

ou

$$p_3 - p_2 = (\overline{V}_2 - \overline{V}_3)\frac{\rho Q}{A_1}$$

Mas $\overline{V}_3 = Q/A_1$, e

$$\overline{V}_2 = \frac{Q}{A_2} = \frac{Q}{0{,}65 A_t} = \frac{Q}{0{,}65\beta^2 A_1}$$

ou

$$p_3 - p_2 = \frac{\rho Q^2}{A_1^2}\left[\frac{1}{0{,}65\,\beta^2} - 1\right]$$

$$p_3 - p_2 = 1{,}23\frac{\text{kg}}{\text{m}^3} \times (1)^2\frac{\text{m}^6}{\text{s}^2} \times \frac{4^2}{\pi^2}\frac{1}{(0{,}25)^4\,\text{m}^4}\left[\frac{1}{0{,}65(0{,}66)^2} - 1\right]\frac{\text{N}\cdot\text{s}^2}{\text{kg}\cdot\text{m}}$$

$$p_3 - p_2 = 1290\,\text{N/m}^2$$

A razão de diâmetros, β, foi selecionada para dar deflexão máxima no manômetro na vazão máxima. Portanto,

$$p_1 - p_2 = \rho_{\text{H}_2\text{O}}g\Delta h = 999\frac{\text{kg}}{\text{m}^3} \times 9{,}81\frac{\text{m}}{\text{s}^2} \times 0{,}30\,\text{m} \times \frac{\text{N}\cdot\text{s}^2}{\text{kg}\cdot\text{m}} = 2940\,\text{N/m}^2$$

Substituindo na Eq. 2, obtemos

$$h_{l_T} = \frac{p_1 - p_3}{\rho} = \frac{p_1 - p_2 - (p_3 - p_2)}{\rho}$$

$$h_{l_T} = (2940 - 1290)\frac{\text{N}}{\text{m}^2} \times \frac{\text{m}^3}{1{,}23\,\text{kg}} = 1340\,\text{N}\cdot\text{m/kg} \longleftarrow \qquad\qquad h_{l_T}$$

Para comparação com a Fig. 8.23, expresse a perda de carga permanente como uma fração do diferencial do medidor

$$\frac{p_1 - p_3}{p_1 - p_2} = \frac{(2940 - 1290)\,\text{N/m}^2}{2940\,\text{N/m}^2} = 0{,}561$$

> Este problema ilustra cálculos de medidor de vazão e mostra a utilização da equação da quantidade de movimento para calcular o aumento de pressão em uma expansão súbita.

A fração da Fig. 8.23 é cerca de 0,57. Isso é uma concordância satisfatória!

Medidores de Vazão Lineares

A desvantagem de medidores de vazão de restrição de área (exceto o LFE) é que a saída medida (Δp) não é linear. Vários tipos de medidores produzem saídas que são diretamente proporcionais à vazão. Esses medidores produzem sinais sem a necessidade de medir a pressão diferencial. Os medidores de vazão lineares mais comuns são discutidos brevemente nos parágrafos seguintes.

Medidores de área variável (ou de flutuador) podem ser empregados para indicar diretamente a vazão de líquidos e gases. Um exemplo é mostrado na Fig. 8.24. Em operação, a bola ou outro flutuador é carregado para cima dentro do tubo cônico

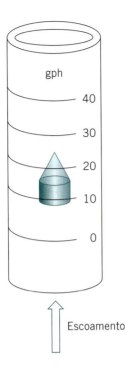

Fig. 8.24 Medidor de vazão do tipo área variável com flutuador (rotâmetro).

transparente pelo fluido em escoamento até que a força de arrasto e o peso do flutuador se equilibrem. Tais medidores (denominados *rotâmetros* no comércio) são disponíveis com calibração de fábrica para diversos fluidos comuns e faixas de vazão variadas.

Um rotor com palhetas, livre para girar, pode ser montado em uma seção cilíndrica de um tubo (Fig. 8.25), constituindo *um medidor de turbina*. Com um projeto apropriado, a taxa de rotação do rotor pode ser feita aproximadamente proporcional à vazão em volume em uma ampla faixa.

A velocidade de rotação da turbina pode ser medida usando um detector magnético ou modulado externo ao medidor. Esse tipo de sensor de medida não requer, assim, penetrações ou selos no duto. Desse modo, os medidores de turbina podem ser empregados com segurança na medição de vazões de fluidos corrosivos ou tóxicos. O sinal elétrico pode ser visualizado, registrado ou integrado para fornecer informações completas do escoamento.

Um interessante dispositivo é o *medidor de vazão de vórtice*. Esse dispositivo de medição tira vantagem do fato de que um escoamento uniforme gera uma trilha de vórtices quando encontra um corpo rombudo tal como um cilindro perpendicular ao escoamento. Uma trilha de vórtices é uma série de esteiras alternadas de vórtices a partir da traseira do corpo; a alternância gera força oscilatória e, portanto, oscilação do cilindro (o exemplo clássico do "cantar" das linhas de telefonia sob ventos fortes). O grupo adimensional que caracteriza esse fenômeno é o número de Strouhal, $St = fL/V$ (f é a frequência da esteira de vórtices, L é o diâmetro do cilindro e V é a velocidade da corrente livre), que é aproximadamente constante ($St \approx 0,21$). Desse modo, temos um dispositivo para o qual $V \propto f$. Medições de f indicam, então, diretamente a velocidade (entretanto, como o perfil de velocidade não afeta a frequência de formação da esteira, é necessário calibrar o instrumento).

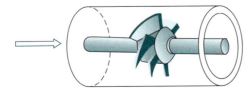

Fig. 8.25 Medidor de vazão de turbina.

358 Capítulo 8

O cilindro usado em um medidor de vazão de vórtice é, em geral, bem pequeno — 10 mm de comprimento ou menos — e é posicionado perpendicular ao escoamento (e, para alguns medidores, não é exatamente um cilindro, mas algum outro pequeno objeto rombudo). A oscilação pode ser medida por um *strain gage* ou outro sensor. Os medidores de vórtice podem ser usados em uma faixa de vazões de 20:1.

O *medidor* de vazão *eletromagnético* utiliza o princípio da indução magnética. Um campo magnético é criado transversalmente ao tubo. Quando um fluido condutor passa através do campo, uma tensão elétrica é gerada em ângulos retos em relação aos vetores de velocidade e de campo. Eletrodos colocados diametralmente opostos são usados para detectar o sinal de tensão resultante. O sinal de tensão é proporcional à velocidade média axial, quando o perfil é axissimétrico.

Os *medidores de vazão magnéticos* podem ser usados com líquidos que têm condutividade elétrica acima de 100 microsiemens por metro (1 siemen = 1 ampère por volt). A velocidade mínima de escoamento deve ser superior a 0,3 m/s, mas não há restrições quanto ao número de Reynolds. A faixa de vazões normalmente mencionada é de 10:1.

Os *medidores de vazão ultrassônicos* também respondem à velocidade média em uma seção transversal de um tubo. Dois tipos principais de medidores ultrassônicos são comuns: o tempo de propagação é medido para líquidos limpos e o desvio da frequência de reflexão (efeito Doppler) é medido para fluidos transportando particulados. A velocidade de uma onda acústica aumenta no sentido do escoamento e decresce quando transmitida contra o escoamento. Para líquidos limpos, uma trajetória acústica inclinada em relação ao eixo do tubo é usada para inferir a velocidade do escoamento. Trajetórias múltiplas são usadas para avaliar a vazão em volume com precisão.

Os medidores ultrassônicos de efeito Doppler dependem da reflexão das ondas sonoras (na faixa de MHz) em partículas espalhadas no fluido. Quando as partículas se movem à velocidade do escoamento, o desvio da frequência é proporcional à velocidade do fluido; para uma trajetória adequadamente escolhida, o sinal de saída é proporcional à vazão em volume. Um ou dois transdutores podem ser usados e o medidor pode ser fixado na parte externa do tubo. Os medidores ultrassônicos podem requerer calibração no local de instalação. A faixa de vazões é de 10:1.

Métodos Transversos

Em situações como no manuseio de ar ou de equipamentos de refrigeração, pode ser impraticável ou mesmo impossível instalar medidores de vazão fixos. Em tais casos, é possível obter dados de vazão utilizando técnicas denominadas transversas.

Para fazer uma medição de vazão pelo método transverso, a seção transversal do duto é teoricamente subdividida em segmentos de áreas iguais. A velocidade é medida no *centro de área* de cada segmento por meio de um tubo pitot, um tubo de carga (pressão) total ou um anemômetro adequado. A vazão em volume para cada segmento é aproximada pelo produto da velocidade medida e a área do segmento. A vazão total no duto é a soma dessas vazões segmentais. Detalhes dos procedimentos recomendados para medições de vazão por esse método são dados em [27].

O emprego do *pitot* ou *pitot-estático* para medições transversas requer acesso direto ao campo de escoamento. Tubos pitot dão resultados incertos quando gradientes de pressão ou curvaturas de linha de corrente estão presentes; além disso, seus tempos de resposta são grandes. Dois tipos de anemômetros — *anemômetros térmicos* e *anemômetros de laser Doppler* (LDAs, de *laser-Doppler anemometers*) — superam essas dificuldades parcialmente, embora introduzam novas complicações.

Os anemômetros térmicos usam elementos diminutos (elementos de fio quente ou de filme quente) que são aquecidos eletricamente. Circuitos eletrônicos sofisticados

Fig. 8.26 Um anemômetro de laser Doppler de sonda de volume com duas componentes.

de retroalimentação são usados para manter a temperatura do elemento constante e para medir a taxa de aquecimento necessária para manter a temperatura. A taxa de aquecimento é relacionada com a velocidade local do escoamento por calibração. A vantagem principal dos anemômetros térmicos é o pequeno tamanho do elemento sensor. Sensores tão pequenos quanto 0,002 mm de diâmetro e 0,1 mm de comprimento estão disponíveis comercialmente. Como a massa térmica desses elementos é extremamente pequena, sua resposta a flutuações na velocidade do escoamento é muito rápida. Frequências de resposta de até 50 kHz têm sido mencionadas [28]. Dessa forma, os anemômetros térmicos são ideais para medições de quantidades turbulentas. Revestimentos isolantes podem ser aplicados para permitir seu emprego em gases e líquidos corrosivos ou condutores.

Por causa de sua resposta rápida e de seu tamanho reduzido, os anemômetros térmicos são usados extensivamente em trabalhos de pesquisa. Inúmeros esquemas têm sido publicados para tratamento dos dados resultantes [29]. Técnicas de processamento digital, incluindo transformações rápidas de Fourier, podem ser aplicadas aos sinais para obter momentos e valores médios, e para analisar conteúdo de frequência e correlações.

O emprego dos anemômetros de *laser* Doppler está sendo largamente difundido em aplicações especiais, onde o acesso físico direto ao campo de escoamento é difícil ou até mesmo impossível. Um ou mais raios *laser* são focalizados em um pequeno volume no escoamento no local de interesse (como mostrado na Fig. 8.26). A luz *laser* é espalhada pelas partículas presentes no escoamento (poeira ou particulados) ou introduzida no escoamento para essa finalidade. Um desvio na frequência é causado pela velocidade do escoamento local (efeito Doppler). A luz espalhada e um raio de referência são coletados por receptores ópticos. O desvio de frequência é proporcional à velocidade do escoamento; essa relação pode ser calculada, de modo que não há necessidade de calibração. Como a velocidade é medida diretamente, o sinal não é afetado por variações de temperatura, massa específica ou composição no campo de escoamento. As principais desvantagens dos LDAs são o alto custo e a fragilidade do equipamento óptico, e a necessidade de um alinhamento extremamente cuidadoso (como os autores podem atestar).

8.10 *Resumo e Equações Úteis*

Neste capítulo, nós:

✓ Definimos muitos termos usados no estudo do escoamento interno viscoso incompressível, tais como comprimento de entrada, escoamento completamente desenvolvido, velocidade

360 Capítulo 8

de atrito, tensão de Reynolds, coeficiente de energia cinética, fator de atrito, perdas maiores e menores e diâmetro hidráulico.

✓ Analisamos o escoamento laminar entre placas paralelas e em tubos e observamos que a distribuição de velocidade pode ser obtida analiticamente, e a partir dela podem-se deduzir: a velocidade média, a velocidade máxima e sua localização, a vazão, a tensão de cisalhamento de parede e a distribuição de tensão de cisalhamento.

✓ Estudamos o escoamento turbulento em dutos e tubos e aprendemos que aproximações semiempíricas são necessárias, como o perfil de lei de potência.

✓ Escrevemos a equação de energia em uma forma útil para analisar escoamento em tubo.

✓ Discutimos como incorporar bombas, ventiladores e sopradores em uma análise de escoamento em tubo.

✓ Descrevemos vários dispositivos de medição de vazão: medição direta, elementos de restrição (placa de orifício, bocal e venturi), medidores lineares (rotâmetros, vários dispositivos acústicos ou eletromagnéticos e medidor de vórtice) e dispositivos de medição transversa (tubos pitot, anemômetros térmicos e a *laser* Doppler).

Aprendemos que problemas de escoamentos em tubos e dutos são resolvidos, em geral, por procedimentos iterativos – a vazão Q não é uma função linear da força motriz (usualmente, Δp), exceto para escoamentos laminares (que não são comuns na prática). Também vimos que redes de tubo podem ser analisadas usando as mesmas técnicas como para um sistema simples de um tubo, com a adição de regras básicas. Vimos que, na prática, um programa de computador, tal como *Excel*, é necessário para resolver mais facilmente uma rede de tubos.

Nota: A maior parte das Equações Úteis na tabela a seguir tem determinadas restrições ou limitações — *para usá-las com segurança, verifique os detalhes no capítulo conforme numeração de referência!*

Equações Úteis

Perfil de velocidade para escoamento laminar com gradiente de pressão entre placas estacionárias e paralelas:	$u = \dfrac{a^2}{2\mu}\left(\dfrac{\partial p}{\partial x}\right)\left[\left(\dfrac{y}{a}\right)^2 - \left(\dfrac{y}{a}\right)\right]$	(8.5)
Vazão volumétrica para escoamento laminar com gradiente de pressão entre placas estacionárias e paralelas:	$\dfrac{Q}{l} = -\dfrac{1}{12\mu}\left[\dfrac{-\Delta p}{L}\right]a^3 = \dfrac{a^3\,\Delta p}{12\mu\,L}$	(8.6c)
Perfil de velocidade para escoamento laminar com gradiente de pressão entre placas estacionárias e paralelas (coordenadas centralizadas):	$u = \dfrac{a^2}{2\mu}\left(\dfrac{\partial p}{\partial x}\right)\left[\left(\dfrac{y'}{a}\right)^2 - \dfrac{1}{4}\right]$	(8.7)
Perfil de velocidade para escoamento laminar com gradiente de pressão entre placas estacionárias e paralelas (placa superior em movimento):	$u = \dfrac{Uy}{a} + \dfrac{a^2}{2\mu}\left(\dfrac{\partial p}{\partial x}\right)\left[\left(\dfrac{y}{a}\right)^2 - \left(\dfrac{y}{a}\right)\right]$	(8.8)
Vazão volumétrica para escoamento laminar com gradiente de pressão entre placas estacionárias e paralelas (placa superior em movimento):	$\dfrac{Q}{l} = \dfrac{Ua}{2} - \dfrac{1}{12\mu}\left(\dfrac{\partial p}{\partial x}\right)a^3$	(8.9b)
Perfil de velocidade para escoamento laminar em um tubo:	$u = -\dfrac{R^2}{4\mu}\left(\dfrac{\partial p}{\partial x}\right)\left[1 - \left(\dfrac{r}{R}\right)^2\right]$	(8.12)
Vazão volumétrica para escoamento laminar em um tubo:	$Q = -\dfrac{\pi R^4}{8\mu}\left[\dfrac{-\Delta p}{L}\right] = \dfrac{\pi\Delta p R^4}{8\mu L} = \dfrac{\pi\Delta p D^4}{128\mu L}$	(8.13c)
Perfil de velocidade para escoamento laminar em um tubo (forma normalizada):	$\dfrac{u}{U} = 1 - \left(\dfrac{r}{R}\right)^2$	(8.14)

Equações Úteis (Continuação)

Perfil de velocidade para escoamento turbulento em um tubo liso (equação de lei de potência):	$$\frac{\overline{u}}{U} = \left(\frac{y}{R}\right)^{1/n} = \left(1 - \frac{r}{R}\right)^{1/n}$$	(8.22)
Equação de perda de carga:	$$\left(\frac{p_1}{\rho} + \alpha_1 \frac{\overline{V}_1^2}{2} + gz_1\right) - \left(\frac{p_2}{\rho} + \alpha_2 \frac{\overline{V}_2^2}{2} + gz_2\right) = h_{l_T}$$	(8.29)
Equação de perda de carga maior:	$$h_l = f \frac{L}{D} \frac{\overline{V}^2}{2}$$	(8.34)
Fator de atrito (escoamento laminar):	$$f_{\text{laminar}} = \frac{64}{Re}$$	(8.36)
Fator de atrito (escoamento turbulento – equação de Colebrook):	$$\frac{1}{\sqrt{f}} = -2,0 \log\left(\frac{e/D}{3,7} + \frac{2,51}{Re\sqrt{f}}\right)$$	(8.37)
Perda menor usando o coeficiente K:	$$h_{l_m} = K \frac{\overline{V}^2}{2}$$	(8.40)
Coeficiente de recuperação de pressão de difusores:	$$C_p \equiv \frac{p_2 - p_1}{\frac{1}{2}\rho\overline{V}_1^2}$$	(8.41)
Coeficiente de recuperação de pressão de difusores ideais:	$$C_{p_i} = 1 - \frac{1}{RA^2}$$	(8.42)
Perda de carga em difusores em termos de coeficientes de recuperação de pressão:	$$h_{l_m} = (C_{p_i} - C_p)\frac{\overline{V}_1^2}{2}$$	(8.44)
Trabalho de bomba:	$$\dot{W}_{\text{bomba}} = Q\Delta p_{\text{bomba}}$$	(8.47)
Eficiência de bomba:	$$\eta = \frac{\dot{W}_{\text{bomba}}}{\dot{W}_{\text{entrada}}}$$	(8.48)
Diâmetro hidráulico:	$$D_h \equiv \frac{4A}{P}$$	(8.50)
Equação da vazão mássica para um medidor (em termos do coeficiente de descarga C):	$$\dot{m}_{\text{real}} = \frac{CA_t}{\sqrt{1 - \beta^4}}\sqrt{2\rho(p_1 - p_2)}$$	(8.54)
Equação da vazão mássica para um medidor (em termos do coeficiente de vazão K):	$$\dot{m}_{\text{real}} = KA_t\sqrt{2\rho(p_1 - p_2)}$$	(8.56)
Coeficiente de descarga (como uma função de Re):	$$C = C_\infty + \frac{b}{Re_{D_1}^n}$$	(8.57)
Coeficiente de vazão (como uma função de Re):	$$K = K_\infty + \frac{1}{\sqrt{1 - \beta^4}}\frac{b}{Re_{D_1}^n}$$	(8.58)

REFERÊNCIAS

1. Streeter, V. L., ed., *Handbook of Fluid Dynamics*. New York: McGraw-Hill, 1961.

2. Rouse, H., and S. Ince, *History of Hydraulics*. New York: Dover, 1957.

3. Moin, P., and J. Kim, "Tackling Turbulence with Supercomputers," *Scientific American, 276*, 1, January 1997, pp. 62–68.

4. Panton, R. L., *Incompressible Flow*, 2nd ed. New York: Wiley, 1996.

5. Laufer, J., "The Structure of Turbulence in Fully Developed Pipe Flow," U.S. National Advisory Committee for Aeronautics (NACA), Technical Report 1174, 1954.

6. Tennekes, H., and J. L. Lumley, *A First Course in Turbulence*. Cambridge, MA: The MIT Press, 1972.

7. Hinze, J. O., *Turbulence*, 2nd ed. New York: McGraw-Hill, 1975.

8. Moody, L. F., "Friction Factors for Pipe Flow," *Transactions of the ASME, 66*, 8, November 1944. pp. 671–684.

9. Colebrook, C. F., "Turbulent Flow in Pipes, with Particular Reference to the Transition Region between the Smooth and Rough Pipe Laws," *Journal of the Institution of Civil Engineers, London, 11*, 1938–39, pp. 133–156.

10. Haaland, S. E., "Simple and Explicit Formulas for the Friction Factor in Turbulent Flow," *Transactions of ASME, Journal of Fluids Engineering*, 103, 1983, pp. 89–90.

11. ASME Standard B36, ASME, 2 Park Avenue, New York, NY 10016, 2004.

12. *ASHRAE Handbook—Fundamentals*. Atlanta, GA: American Society of Heating, Refrigerating, and Air Conditioning Engineers, Inc., 2009.

13. Cockrell, D. J., and C. I. Bradley, "The Response of Diffusers to Flow Conditions at Their Inlet," Paper No. 5, *Symposium on Internal Flows*, University of Salford, Salford, England, April 1971, pp. A32–A41.

14. Sovran, G., and E. D. Klomp, "Experimentally Determined Optimum Geometries for Rectilinear Diffusers with Rectangular, Conical, or Annular Cross-Sections," in *Fluid Mechanics of Internal Flows*, G. Sovran, ed. Amsterdam: Elsevier, 1967.

15. Feiereisen, W. J., R. W. Fox, and A. T. McDonald, "An Experimental Investigation of Incompressible Flow Without Swirl in R-Radial Diffusers," *Proceedings, Second International Japan Society of Mechanical Engineers Symposium on Fluid Machinery and Fluidics*, Tokyo, Japan, September 4–9, 1972. pp. 81–90.

16. McDonald, A. T., and R. W. Fox, "An Experimental Investigation of Incompressible Flow in Conical Diffusers," *International Journal of Mechanical Sciences*, 8, 2, February 1966, pp. 125–139.

17. Runstadler, P. W., Jr., "Diffuser Data Book," Hanover, NH: Creare, Inc., Technical Note 186, 1975.

18. Reneau, L. R., J. P. Johnston, and S. J. Kline, "Performance and Design of Straight, Two-Dimensional Diffusers," *Transactions of the ASME, Journal of Basic Engineering, 89D*, 1, March 1967. pp. 141–150.

19. *Aerospace Applied Thermodynamics Manual*. New York: Society of Automotive Engineers, 1969.

20. Daily, J. W., and D. R. F. Harleman, *Fluid Dynamics*. Reading, MA: Addison-Wesley, 1966.

21. White, F. M., *Fluid Mechanics*, 6th ed. New York: McGraw-Hill, 2007.

22. Hamilton, J. B., "The Suppression of Intake Losses by Various Degrees of Rounding," University of Washington, Seattle, WA, Experiment Station Bulletin 51, 1929.

23. Herschel, C., The *Two Books on the Water Supply of the City of Rome, from Sextus Julius Frontinus (ca. 40–103 A.D.)*. Boston, 1899.

24. Lam, C. F., and M. L. Wolla, "Computer Analysis of Water Distribution Systems: Part 1, Formulation of Equations," *Proceedings of the ASCE, Journal of the Hydraulics Division, 98*, HY2, February 1972, pp. 335–344.

25. "Flow Measurement," Performance Test Code (PTC) 19.5. New York: American Society of Mechanical Engineers (ASME), 2004.

26. Bean, H. S., ed., *Fluid Meters, Their Theory and Application*. New York: American Society of Mechanical Engineers, 1971.

27. ISO 7145, *Determination of Flowrate of Fluids in Closed Conduits or Circular Cross Sections—Method of Velocity Determination at One Point in the Cross Section*, ISO UDC 532.57.082.25:532.542, 1st ed. Geneva: International Standards Organization, 1982.

28. Goldstein, R. J., ed., *Fluid Mechanics Measurements*, 2nd ed. Washington, D.C.: Taylor & Francis, 1996.

29. Bruun, H. H., *Hot-Wire Anemometry—Principles and Signal Analysis*. New York: Oxford University Press, 1995.

30. Bruus, H., *Theoretical Microfluidics*. Oxford University Press, 2007.

31. Swamee, P. K., and A. K. Jain, "Explicit Equations for Pipe-Flow Problems," *Proceedings of the ASCE, Journal of the Hydraulics Division, 102*, HY5, May 1976, pp. 657–664.

32. Potter, M. C., and J. F. Foss, *Fluid Mechanics*. New York: Ronald, 1975.

33. Ifft, S. A., "Permanent Pressure Loss Comparison among Various Flowmeter Technologies." White paper. Hemet, CA: Micrometer Inc., 2010.

34. The Engineering Toolbox, http://www.EngineeringTool-Box.com.

35. ASTM Standard A999, ASTM, West Conshohocken, PA, 19428-2959 USA, 2014.

PROBLEMAS

Escoamento Laminar *Versus* Turbulento

08.1 Ar a 100°C entra em um duto circular de diâmetro 125 mm. Encontre a vazão volumétrica na qual o escoamento torna-se turbulento. Para essa vazão, estime o comprimento de entrada necessário para estabelecer escoamento completamente desenvolvido.

8.2 Considere um escoamento incompressível em um duto circular. Deduza expressões gerais para o número de Reynolds em termos de (a) vazão volumétrica e diâmetro do tubo (b) vazão mássica e diâmetro do tubo. O número de Reynolds é 2000 em uma seção na qual o diâmetro do tubo é 8 mm. Encontre o número de Reynolds para a mesma vazão em uma seção na qual o diâmetro do tubo é 5 mm.

8.3 Ar a 40°C escoa em um sistema de tubos em que o diâmetro é reduzido em dois estágios de 25 mm para 15 mm e para 10 mm. Cada seção tem 2 m de comprimento. À medida que a vazão é aumentada, em qual seção o escoamento se tornará turbulento primeiro? Determine as vazões nas quais uma, duas e, em seguida, as três seções tornam-se turbulentas em primeira instância. Para cada uma dessas vazões, determine quais seções (se existir alguma) atingirão escoamento completamente desenvolvido.

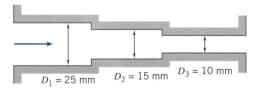

P.8.3

Escoamento Laminar entre Placas Paralelas

8.4 Para o escoamento laminar na seção de tubo mostrada na Fig. 8.1, trace a tensão de cisalhamento de parede, a pressão e a velocidade na linha de centro como funções da distância ao longo do tubo. Explique as características significativas dos gráficos, comparando-os com o escoamento completamente desenvolvido. Pode a equação de Bernoulli ser aplicada em alguma parte do campo de escoamento? Se afirmativo, onde? Explique brevemente.

8.5 Um fluido incompressível escoa entre duas placas paralelas estacionárias infinitas. O perfil de velocidade é dado por $u_{máx} = (Ay^2 + By + C)$, na qual A, B e C são constantes e y é a distância medida para cima a partir da placa inferior. O espaçamento entre as placas é h. Use condições de contorno apropriadas para expressar o módulo e as unidades SI das constantes em termos de h. Desenvolva uma expressão para a vazão em volume por unidade de profundidade e avalie a razão $\overline{V}/u_{máx}$.

8.6 O perfil de velocidade para escoamento completamente desenvolvido entre placas planas paralelas estacionadas é dado por $u = a(h^2/4 - y^2)$, na qual a é uma constante, h é o espaçamento entre as placas e y é a distância medida a partir da linha de centro da folga. Desenvolva a razão $\overline{V}/u_{máx}$.

8.7 Um fluido escoa em regime permanente entre duas placas paralelas. O escoamento é completamente desenvolvido e laminar. A distância entre as placas é h.

(a) Deduza uma equação para a tensão de cisalhamento como uma função de y. Trace um gráfico dessa função.
(b) Para $\mu = 1,15$ N·s/m², $\partial p/\partial x = 58$ Pa/m e $h = 1,3$ mm, calcule a máxima tensão de cisalhamento em Pa.

8.8 Óleo está confinado em um cilindro de 100 mm de diâmetro por um pistão que possui uma folga radial de 0,025 mm e um comprimento de 50 mm. Uma força constante de 20.000 N é aplicada ao pistão. Use as propriedades do óleo SAE 30 a 49°C. Estime a taxa à qual o óleo vaza pelo pistão.

8.9 Um óleo viscoso escoa em regime permanente entre duas placas paralelas estacionárias. O escoamento é laminar e completamente desenvolvido. O espaçamento entre as placas é $h = 5$ mm. A viscosidade do óleo é 0,5 N·s/m² e o gradiente de pressão é -1000 N/m²/m. Determine o módulo e o sentido da tensão de cisalhamento sobre a placa superior e a vazão volumétrica através do canal por metro de largura.

8.10 Um óleo viscoso escoa em regime permanente entre duas placas paralelas. O escoamento é laminar e completamente desenvolvido. O gradiente de pressão é 1,50 kPa/m e a meia-altura do canal é $h = 2$ mm. Calcule o módulo e o sentido da tensão de cisalhamento na superfície da placa superior. Determine a vazão em volume através do canal ($\mu = 0,70$ N·s/m²).

8.11 Uma grande massa é suportada por um pistão de diâmetro $D = 100$ mm e comprimento $L = 100$ mm. O pistão está assentado em um cilindro fechado no fundo. A folga $a = 0,025$ mm entre a parede do cilindro e o pistão é preenchida com óleo SAE 10 a 20°C. O pistão desliza lentamente devido ao peso da massa, e o óleo é forçado a sair à taxa de 6×10^{-6} m³/s. Qual é o valor da massa (em kg)?

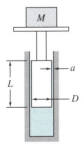

P8.11, P8.14

8.12 Uma alta pressão em um sistema é criada por um pequeno conjunto pistão-cilindro. O diâmetro do pistão é 6 mm e ele penetra 50 mm no cilindro. A folga radial entre o pistão e o cilindro é 0,002 mm. Despreze deformações elásticas do pistão e do cilindro causadas pela pressão. Considere que as propriedades do fluido são aquelas do óleo SAE 10W a 35°C. Estime a taxa de vazamento para uma pressão no cilindro de 600 MPa.

8.13 Um mancal hidrostático deve suportar uma carga de 50.000 N/m por pé de comprimento perpendicular ao diagrama. O mancal é alimentado com óleo SAE 10W–30 a 35°C e 700 kPa através do rasgo central. Como o óleo é viscoso e a folga é estreita, o escoamento na folga pode ser considerado completamente desenvolvido. Calcule (a) a largura requerida para a plataforma do mancal, (b) o gradiente de pressão resultante, dp/dx, e (c) a altura h da folga, se $Q = 1$ mL/min/m.

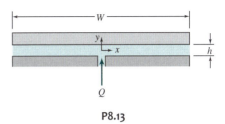

P8.13

8.14 O componente básico de um aparelho de teste de manômetros consiste em um dispositivo pistão-cilindro, conforme mostrado. O pistão, de 6 mm de diâmetro, é carregado de modo a desenvolver uma pressão de módulo conhecido. (O comprimento do pistão é 25 mm.) Calcule a massa, M, requerida para produzir 1,5 MPa (manométrica) no cilindro. Determine a taxa de vazamento como uma função da folga radial, a, para essa carga, se o líquido for óleo SAE 30 a 20°C. Especifique a máxima folga radial admissível de modo que o movimento vertical do pistão devido ao vazamento seja inferior a 1 mm/min.

8.15 Na Seção 8.2, nós deduzimos o perfil de velocidades entre placas paralelas (Eq. 8.5) usando um volume de controle diferencial. Em vez disso, seguindo o procedimento que nós usamos no Exemplo 5.9, deduza a Eq. 8.5 partindo das equações de Navier-Stokes (Eqs. 5.27). Assegure-se de fazer todas as considerações necessárias para a dedução.

8.16 Líquido viscoso, com vazão volumétrica Q, é bombeado através da abertura central para dentro da folga estreita entre os discos paralelos mostrados. A vazão é baixa, de modo que o escoamento é laminar, e o gradiente de pressão devido à aceleração convectiva na folga é desprezível comparado com o gradiente causado pelas forças viscosas (isso é chamado *escoamento de arrasto* ou *creeping flow*). Obtenha uma expressão geral para a variação da velocidade média no espaço entre os discos. Para escoamento de arrasto, o perfil de velocidade em qualquer seção transversal na folga é o mesmo que para escoamento completamente desenvolvido entre placas paralelas estacionárias. Avalie o gradiente de pressão dp/dr como uma função do raio. Obtenha uma expressão para $p(r)$. Mostre que a força líquida requerida para manter a placa superior na posição mostrada é

$$F = \frac{3\mu Q R^2}{h^3}\left[1 - \left(\frac{R_0}{R}\right)^2\right]$$

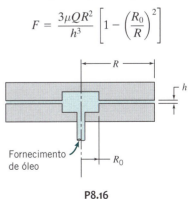

P8.16

8.17 Um mancal de deslizamento selado é formado por cilindros concêntricos. O raio interno e o externo são 27 e 26 mm, respectivamente, o comprimento do mancal é 110 mm, e ele gira a 3000 rpm. A folga radial é preenchida com óleo em movimento laminar. O per-

364   Capítulo 8

fil de velocidade é linear através da folga. O torque necessário para girar o cilindro interno é 0,3 N · m. Calcule a viscosidade do óleo. O torque aumentará ou diminuirá com o tempo? Por quê?

8.18 Considere o escoamento laminar completamente desenvolvido entre placas paralelas infinitas espaçadas de $d = 10$ mm. A placa superior se move para a direita com velocidade $U_2 = 0,5$ m/s; a placa inferior se move para a esquerda com velocidade $U_1 = 0,25$ m/s. O gradiente de pressão no sentido do escoamento é zero. Desenvolva uma expressão para a distribuição de velocidade na folga. Determine a vazão volumétrica por unidade de largura (m³/s/m) que passa por uma dada seção transversal.

8.19 Água a 60°C escoa para a direita entre duas grandes placas planas. A placa inferior se move para a esquerda com velocidade de 0,3 m/s; a placa superior está parada. O espaçamento entre as placas é 3 mm e o escoamento é laminar. Determine o gradiente de pressão necessário para produzir vazão resultante zero em uma seção transversal.

8.20 Dois fluidos imiscíveis estão contidos entre placas paralelas infinitas. As placas estão separadas pela distância $2h$, e as duas camadas de fluidos têm a mesma espessura $h = 5$ mm. A viscosidade dinâmica do fluido superior é quatro vezes aquela do fluido inferior, que é $\mu_{inferior} = 0,1$ N · s/m². Se as placas são estacionárias e o gradiente de pressão aplicado for -50 kPa/m, encontre a velocidade na interface. Qual é a velocidade máxima no escoamento? Trace um gráfico da distribuição de velocidade.

8.21 Dois fluidos imiscíveis estão contidos entre placas paralelas infinitas. As placas estão separadas pela distância $2h$, e as duas camadas de fluidos têm espessuras iguais, h; a viscosidade dinâmica do fluido superior é três vezes aquela do fluido inferior. Se a placa inferior é estacionária e a placa superior se move com velocidade constante $U = 6,1$ m/s, qual é a velocidade na interface? Admita escoamentos laminares e que o gradiente de pressão na direção do escoamento é zero.

8.22 A cabeça de leitura/gravação do disco rígido de um computador flutua acima do disco giratório sobre uma delgada camada de ar (a espessura do filme de ar é 0,35 μm). A cabeça está a 30 mm da linha de centro do disco; o disco gira a 9000 rpm. A cabeça de leitura/gravação é quadrada, com 7 mm de lado. Para ar-padrão no espaço entre a cabeça e o disco, determine (a) o número de Reynolds do escoamento, (b) a tensão de cisalhamento viscoso e (c) a potência requerida para superar o cisalhamento viscoso.

8.23 O perfil adimensional de velocidade para escoamento laminar completamente desenvolvido entre placas paralelas infinitas, com a placa superior se movendo com velocidade constante U, é mostrado na Fig. 8.6. Determine os gradientes de pressão $\partial p/\partial x$ em termos de U, a e μ para os quais (a) a placa superior e (b) a placa inferior experimentam tensão de cisalhamento zero. Trace um gráfico dos perfis de velocidade adimensional para estes casos.

8.24 Considere o escoamento laminar, permanente, completamente desenvolvido de um fluido viscoso para baixo sobre uma superfície inclinada. A camada de líquido tem espessura constante, h. Utilize um volume de controle diferencial, escolhido convenientemente, para obter o perfil de velocidade. Desenvolva uma expressão para a vazão volumétrica.

8.25 Considere o escoamento laminar, permanente, completamente desenvolvido de um líquido viscoso para baixo sobre uma superfície inclinada sem gradiente de pressão. O perfil de velocidade foi deduzido no Exemplo 5.9. Trace o perfil de velocidade. Calcule a viscosidade cinemática do líquido, se a espessura do filme com inclinação de 30° for 0,8 mm e a velocidade máxima 15,7 mm/s.

8.26 Um tubo capilar tem 40 mm de comprimento e diâmetro de 2 mm. A altura de carga requerida para produzir uma vazão de 10 mm³/s é 40 mm. A densidade do fluido é 600 kg/m³. Calcule as viscosidades dinâmica e cinemática do óleo.

8.27 A distribuição de velocidade em uma fina película de fluido escoando para baixo sobre uma superfície inclinada foi desenvolvida no Exemplo 5.9. Considere um filme de 7 mm de espessura de um líquido com SG = 1,2 e viscosidade dinâmica de 1,60 N · s/m². Deduza

uma expressão para a distribuição da tensão de cisalhamento dentro da película. Calcule a máxima tensão de cisalhamento dentro da película e indique seu sentido. Avalie a vazão volumétrica no filme, em mm³/s por milímetro de largura da superfície. Calcule o número de Reynolds baseado na velocidade média.

8.28 Considere o escoamento completamente desenvolvido entre placas paralelas, com a placa superior movendo a $U = 1,5$ m/s; o espaçamento entre as placas é $a = 2,5$ mm. Determine a vazão em volume por unidade de profundidade para o caso de gradiente de pressão zero. Se o fluido for ar, avalie a tensão de cisalhamento sobre a placa inferior e trace a distribuição de tensão de cisalhamento através do canal para o caso de gradiente de pressão zero. A vazão aumentará ou diminuirá, se o gradiente de pressão for adverso? Determine o gradiente de pressão que dará tensão de cisalhamento zero em $y = 0,25a$. Trace o gráfico da distribuição de tensão de cisalhamento em uma seção do canal para o último caso.

8.29 Glicerina a 15°C escoa entre placas paralelas com espaçamento $b = 2,5$ mm entre elas. A placa superior move com velocidade $U = 0,6$ m/s no sentido positivo de x. O gradiente de pressão é $\partial p/\partial x = -1150$ kPa/m. Localize o ponto de velocidade máxima e determine a seu módulo (faça $y = 0$ na placa inferior). Determine o volume de glicerina (m²) que passa por uma dada seção transversal ($x = $ constante) em l0 s. Trace gráficos das distribuições de velocidade e de tensão de cisalhamento.

8.30 O perfil de velocidade para escoamento completamente desenvolvido de óleo castor a 20°C entre placas paralelas, com a placa superior em movimento, é dado pela Eq. 8.8. Considere $U = 1,5$ m/s e $a = 5$ mm. Determine o gradiente de pressão para o qual não há vazão resultante na direção x. Trace um gráfico das distribuições esperadas de velocidade e de tensão de cisalhamento em uma seção do canal para este escoamento. Para o caso em que $u = U$ e $y/a = 0,5$, trace as distribuições esperadas de velocidade e de tensão de cisalhamento no canal. Comente sobre as características dos gráficos.

8.31 O perfil de velocidade para escoamento completamente desenvolvido de tetracloreto de carbono a 20°C entre placas paralelas (espaçamento $a = 1,25$ mm), com a placa superior em movimento, é dado pela Eq. 8.8. Considere uma vazão volumétrica por unidade de $3,15 \times 10^{-4}$ m³/s/m para gradiente de pressão zero. Encontre a velocidade U. Avalie a tensão de cisalhamento sobre a placa inferior. A vazão volumétrica aumentaria ou diminuiria com um ligeiro gradiente adverso de pressão? Calcule o gradiente de pressão que dará tensão de cisalhamento zero em $y/a = 0,25$. Esboce a distribuição de tensão de cisalhamento para este caso.

8.32 Microcomponentes eletrônicos (*microchips*) são suportados por uma fina película de ar sobre uma superfície horizontal durante um estágio do processo de fabricação. Os "chips" têm 11,7 mm de comprimento, 9,35 mm de largura e massa de 0,325 g. O filme de ar tem 0,125 mm de espessura. A velocidade inicial de um chip é $V_0 = 1,75$ mm/s; a velocidade do chip diminui como resultado do atrito viscoso no filme de ar. Analise o movimento do chip durante a desaceleração de modo a desenvolver uma equação diferencial para a velocidade V do chip como uma função do tempo t. Calcule o tempo requerido para o chip perder 5 % da sua velocidade inicial. Esboce a variação da velocidade do chip *versus* o tempo durante a desaceleração. Explique por que o perfil de variação de velocidade aparenta a forma que você esboçou.

8.33 A força de fixação de uma peça durante uma operação de torneamento mecânico é causada por óleo de alta pressão suprido por uma bomba. O óleo vaza axialmente através de um espaço anular com diâmetro D, comprimento L e folga radial a. O membro interno do anel gira com velocidade angular ω. Potência é requerida tanto para bombear o óleo quanto para vencer a dissipação viscosa no espaço anular. Desenvolva expressões em termos da geometria especificada para a potência da bomba, $\mathscr{P}_p$, e para a potência de dissipação viscosa, $\mathscr{P}_v$. Mostre que a potência total requerida é minimizada quando a folga radial, a, é escolhida de forma que $\mathscr{P}_v = 3\mathscr{P}_p$.

8.34 A eficiência da bomba de arrasto viscoso do Problema 8.33 é dada por

$$\eta = 6q \frac{(1-2q)}{(4-6q)}$$

em que $q = Q/abR\omega$ é uma vazão adimensional (Q é a vazão volumétrica para o diferencial de pressão Δp, e b é a profundidade normal ao diagrama). Trace um gráfico da eficiência *versus* a vazão adimensional e determine a vazão para a eficiência máxima. Explique por que a eficiência tem picos e por que ela é zero para certos valores de q.

8.35 O projeto de automóveis está tendendo para a tração nas quatro rodas de modo a melhorar o desempenho e a segurança do veículo. Um veículo de tração total deve ter um diferencial especial para permitir operação em qualquer estrada. Inúmeros veículos estão sendo construídos com um diferencial viscoso constituído de placas múltiplas contendo fluido viscoso entre elas. Faça a análise e o projeto necessários para definir o torque transmitido pelo diferencial para uma dada diferença de velocidade, em termos dos parâmetros de projeto. Identifique dimensões adequadas para o diferencial viscoso (discos paralelos rotativos) transmitir um torque de 150 N · m com uma perda de velocidade de 125 rpm, usando um lubrificante com propriedades do óleo SAE 30. Discuta como determinar o custo mínimo de material para o diferencial viscoso, se o custo de placa por metro quadrado for constante.

8.36 Um mancal de deslizamento consiste em um eixo de diâmetro $D = 35$ mm e comprimento $L = 50$ mm (momento de inércia $I = 0{,}125$ kg · m^2) instalado simetricamente em um invólucro estacionário de modo que a folga anular é $\delta = 1$ mm. O fluido na folga tem viscosidade $\mu = 0{,}1$ N · s/m^2. Se é dada ao eixo uma velocidade angular inicial $\omega = 500$ rpm, determine o tempo para que a velocidade do eixo abaixe para 100 rpm. Em outro dia, um fluido desconhecido foi testado da mesma forma, levando 10 minutos para a velocidade passar de 500 rpm para 100 rpm. Qual é a sua viscosidade?

8.37 No Exemplo 8.3, deduzimos o perfil de velocidades para escoamento laminar sobre uma parede vertical usando um volume de controle diferencial. Em vez disso, seguindo o procedimento que nós usamos no Exemplo 5.9, deduza o perfil de velocidades partindo das equações de Navier-Stokes (Eqs. 5.27). Assegure-se de fazer todas as considerações necessárias para a dedução.

8.38 Uma película de tinta molhada de espessura uniforme, δ, está pintada sobre uma parede vertical. A tinta molhada pode ser aproximada como um fluido de Bingham com uma tensão de escoamento τ_y e massa específica ρ. Deduza uma expressão para o máximo valor de δ que pode ser sustentado sem que a tinta escorra para baixo na parede. Calcule a máxima espessura para tinta de litografia cuja tensão de escoamento é $\tau_y = 40$ Pa e a massa específica é aproximadamente $\rho = 1000$ kg/m^3.

Escoamento Laminar em um Tubo

8.39 Considere, primeiro, água e, em seguida, óleo lubrificante SAE 10W fluindo a 40°C em um tubo de 6 mm de diâmetro. Determine, para cada fluido, a máxima vazão (e o correspondente gradiente de pressão, $\partial p/\partial x$) para a qual ainda seria esperado escoamento laminar.

8.40 Para escoamento laminar completamente desenvolvido em um tubo, determine a distância radial a partir do eixo do tubo na qual a velocidade iguala-se à velocidade média.

8.41 Uma agulha hipodérmica, de diâmetro interno $d = 0{,}127$ mm e comprimento $L = 25$ mm, é utilizada para injetar uma solução salina com viscosidade cinco vezes a da água. O diâmetro do êmbolo é $D = 10$ mm; a força máxima que pode ser exercida pelo polegar sobre o êmbolo é $F = 33{,}4$ N. Estime a vazão em volume de solução salina que a seringa pode produzir.

8.42 Na ciência da engenharia, analogias entre fenômenos semelhantes são frequentemente aplicadas. Por exemplo, a diferença de pressão Δp aplicada e a correspondente vazão Q em um tubo podem ser comparadas, respectivamente, com a tensão contínua V e a corrente contínua I através de um resistor elétrico. Por analogia, encontre a fórmula para a "resistência" do escoamento laminar do fluido de viscosidade μ em um tubo de comprimento L e diâmetro D, correspondendo à resistência elétrica R. Para um tubo de comprimento 250 mm e diâmetro 7,5 mm, encontre os valores máximos da vazão e da diferença de pressão para que esta analogia funcione para (a) querosene e (b) óleo castor (ambos a 40°C). Quando a vazão excede este máximo, porque a analogia falha?

8.43 Considere escoamento laminar completamente desenvolvido no espaço anular entre dois tubos concêntricos. O tubo externo é estacionário e o tubo interno se move na direção x com velocidade V. Considere o gradiente axial de pressão zero ($\partial p/\partial x = 0$). Obtenha uma expressão geral para a tensão de cisalhamento, τ, como uma função do raio, r, em termos de uma constante, C_1. Obtenha uma expressão geral para o perfil de velocidade, $u(r)$, em termos de duas constantes, C_1 e C_2. Obtenha expressões para C_1 e C_2.

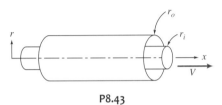

P8.43

8.44 Considere escoamento laminar completamente desenvolvido em um tubo circular. Use um volume de controle cilíndrico conforme mostrado. Indique as forças que atuam sobre o volume de controle. Usando a equação da quantidade de movimento, desenvolva uma expressão para a distribuição de velocidade.

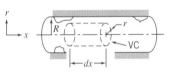

P8.44

8.45 A figura ilustra esquematicamente um difusor cônico, que é projetado para aumentar a pressão e diminuir a energia cinética. Vamos considerar que o ângulo α seja pequeno ($\alpha < 10°$), de modo que tg $\alpha \approx \alpha$ e $r_e = r_i + \alpha l$, em que r_i é o raio de entrada do difusor, r_e é o raio na saída e l é o comprimento do difusor. O escoamento em um difusor é complexo, mas aqui vamos considerar que cada camada do escoamento do fluido no difusor é laminar, como em um tubo cilíndrico com seção transversal de área constante. Baseado em um raciocínio similar àquele apresentado na Seção 8.3, a diferença de pressão Δp entre as extremidades de um tubo cilíndrico é

$$\Delta p = \frac{8\mu}{\pi} Q \int_0^x \frac{1}{r^4} dx$$

em que x é a localização no difusor, μ é a viscosidade dinâmica do fluido e Q é a vazão. A equação acima é aplicável para escoamentos em um difusor considerando que a força inercial e efeitos de saída são desprezíveis. Deduza uma expressão para a resistência hidráulica, $R_{hid} = \Delta p/Q$, do difusor.

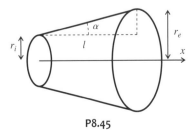

P8.45

366   Capítulo 8

8.46 Usando a Eq. 2.16, deduza os perfis de velocidade, vazão e velocidade média de um fluido não newtoniano em um tubo circular. Para uma vazão $Q = 1\ \mu L/min$ e $R = 1$ mm, com k tendo valor unitário em unidades-padrão SI, compare os gradientes de pressão requeridos para $n = 0,5$, $1,0$ e $1,5$. Que fluido demanda a menor bomba para o mesmo comprimento de tubo?

8.47 O clássico escoamento de Poiseuille (Eq. 8.12) mostra a condição de não deslizamento na parede. Se o fluido é um gás, e quando o livre caminho médio l (distância média que uma molécula viaja antes de colidir com outra molécula) é comparável ao comprimento de escala L do escoamento, então ocorrerá deslizamento na parede, de modo que a vazão e a velocidade serão aumentadas para um dado gradiente de pressão. Na Eq. 8.10, c_1 ainda será zero, c_2 deverá satisfazer a condição de deslizamento $u = l\ \partial u/\partial r$ em $r = R$. Deduza o perfil de velocidade e da vazão do gás em um microtubo ou nanotubo onde há deslizamento na parede. Calcule a vazão para $R = 12$ m, $\mu = 2,24 \times 10^{-5}$ N · s/m², $l = 74$ nm e $-\partial p/\partial x = 1,5 \times 10^6$ Pa/m.

8.48 A seguinte solução:

$$u = u_0 \left(1 - \frac{y^2}{a^2} - \frac{z^2}{b^2} \right)$$

pode ser usada como um modelo para o perfil de velocidade de um escoamento pressurizado completamente desenvolvido em um canal com seção transversal elíptica. O centro da elipse é $(y, z) = (0, 0)$, e o eixo maior de comprimento a e o eixo menor de comprimento b são paralelos aos eixos y e z, respectivamente. O gradiente de pressão, $\partial p/\partial x$, é constante. Baseado na equação de Navier-Stokes, determine a velocidade máxima u_0 em termos de a e b, da viscosidade μ e de $\partial p/\partial x$. Fazendo (ρ, ϕ) ser as coordenadas polares radial e azimutal, respectivamente, de um disco unitário $(0 \le \rho \le 1$ e $0 \le \phi \le 2\pi)$, as coordenadas (y, z) e a velocidade $u(y, z)$ podem ser expressas como funções de (ρ, ϕ):

$$y(\rho, \phi) = a\rho \cos \phi \qquad z(\rho, \phi) = b\rho\,\mathrm{sen}\, \phi \qquad u(\rho, \phi) = u_0(1 - \rho^2)$$

A vazão é $Q = \int u(y, z)dydz = ab \int_0^{2\pi} \int_0^1 \rho u(\rho, \phi)d\rho d\phi$. Deduza a vazão do escoamento completamente desenvolvido em um tubo elíptico. Compare a vazão em um canal de seção transversal elíptica com $a = 1,5R$ e $b = R$ e em um tubo de raio R com o mesmo gradiente de pressão.

8.49 Um tubo horizontal transporta fluido em escoamento turbulento completamente desenvolvido. A diferença de pressão estática medida entre duas seções é 35 kPa. A distância entre as seções é 10 m e o diâmetro do tubo é 150 mm. Calcule a tensão de cisalhamento, τ_w, que atua sobre as paredes.

8.50 Um dos extremos de um tubo horizontal é conectado por meio de cola a um tanque pressurizado contendo líquido, e o outro extremo tem uma tampa. O diâmetro interno do tubo é 2,5 cm, e a pressão no tanque é 250 kPa(manométrica). Determine a força que a cola deve resistir com o tubo tampado, e a força que a cola deve resistir quando a tampa é retirada, com o líquido sendo descarregado para a atmosfera.

8.51 Querosene é bombeado através de um tubo liso com diâmetro interno $D = 40$ mm, na proximidade do número de Reynolds crítico. O escoamento é instável e flutua entre os estados laminar e turbulento, fazendo com que o gradiente de pressão varie intermitentemente de $-3,5$ kPa/m a -12 kPa/m, aproximadamente. Que gradiente de pressão corresponde ao escoamento laminar e ao escoamento turbulento? Para cada escoamento, calcule a tensão de cisalhamento na parede do tubo e trace as distribuições de tensão de cisalhamento.

8.52 A queda de pressão entre duas tomadas separadas de 9 m, em um duto horizontal conduzindo água em escoamento completamente desenvolvido, é 6,9 kPa. A seção transversal do duto é um retângulo de 25 mm $\times$ 240 mm. Calcule a tensão de cisalhamento média na parede.

8.53 Um óleo com viscosidade $\mu = 0,50$ N · s/m² e densidade $\rho = 800$ kg/m³ escoa em um tubo de diâmetro $D = 0,040$ m.

(a) Qual queda de pressão, $p_1 - p_2$, é necessária para produzir uma vazão $Q = 3,0 \times 10^{-5}$ m³/s, se o tubo é horizontal com $x_1 = 0$ e $x_2 = 20$ m?

(b) Que ângulo θ de inclinação o tubo deve ter para o óleo escoar com a mesma vazão do item (a), mas com $p_1 = p_2$?

8.54 O experimento *pitch-drop* (piche em queda) vem sendo repetido continuamente na Universidade de Queensland desde 1927 (http://www.physics.uq.edu.au/physics_museum/pitchdrop.shtml). Nesse experimento, um funil com piche é usado para medir a viscosidade desse óleo. Médias de vazão em gotas são obtidas ao longo de décadas! A viscosidade é calculada usando a equação de vazão:

$$Q = \frac{V}{t} = \frac{\pi D^4 \rho g}{128\mu} \left(1 + \frac{h}{L} \right)$$

em que D é o diâmetro da vazão do funil, h é a profundidade de piche no corpo principal do funil, L é o comprimento da haste do funil e t é o lapso de tempo. Compare essa equação com a Eq. 8.13c usando a força hidrostática ao invés de um gradiente de pressão. Depois da 6ª gota em 1979, eles mediram que levava 17.708 dias para $4,7 \times 10^{-5}$ m³ de piche cair do bico do funil. Dadas as medições $D = 9,4$ mm, $h = 75$ mm, $L = 29$ mm e $\rho_{piche} = 1,1 \times 10^3$ kg/m³, qual é a viscosidade do piche?

Perfis de Velocidades de Escoamento Turbulento Completamente Desenvolvido em Tubo

8.55 Considere o perfil empírico de velocidade de "lei de potência" para escoamento turbulento em tubo, Eq. 8.22. Para $n = 7$, determine o valor de r/R para o qual u é igual à velocidade média $\overline{V}$. Trace um gráfico dos resultados na faixa de $6 \le n \le 10$ e compare com o caso de escoamento laminar completamente desenvolvido em tubo, Eq. 8.14.

8.56 Um coeficiente de quantidade de movimento, β, é definido como

$$\int_A u\, \rho u\, dA = \beta \int_A \overline{V} \rho u\, dA = \beta \dot{m} \overline{V}$$

Avalie β para um perfil de velocidade laminar, Eq. 8.14, e para um perfil de velocidade turbulenta de "lei de potência", Eq. 8.22. Trace β como uma função de n para perfil turbulento de lei de potência na faixa $6 \le n \le 10$ e compare com o caso do escoamento laminar completamente desenvolvido em tubo.

Considerações de Energia em Escoamento em Tubo

8.57 Considere o escoamento laminar completamente desenvolvido de água entre placas paralelas infinitas. A velocidade máxima do escoamento, o espaçamento e a largura das placas são 6,1 m/s, 1,9 mm e 38 mm, respectivamente. Determine o coeficiente de energia cinética, α.

8.58 Considere escoamento laminar completamente desenvolvido em um tubo circular. Avalie o coeficiente de energia cinética para este escoamento.

8.59 Medidas foram feitas para a configuração de escoamento mostrada na Fig. 8.12. Na entrada, seção ①, a pressão é 70 kPa (manométrica), a velocidade média é 1,75 m/s e a elevação é 2,25 m. Na saída, seção ②, a pressão, a velocidade média e a elevação são, respectivamente, 45 kPa (manométrica), 3,5 m/s e 3 m. Calcule a perda de carga em metros. Converta para unidades de energia por unidade de massa.

8.60 Água escoa em um tubo horizontal de área transversal constante; o diâmetro do tubo é 75 mm e a velocidade média do escoamento é 5 m/s. Na entrada do tubo, a pressão manométrica é 275 kPa e a saída é à pressão atmosférica. Determine a perda de carga no tubo. Se o tubo estiver alinhado agora de modo que a saída fique 15 m acima da entrada, qual será a pressão na entrada necessária para manter a mesma vazão? Se o tubo estiver alinhado agora de modo que a saída fique 15 m abaixo da entrada, qual será a pressão na entrada necessária para manter a mesma vazão? Finalmente, quão mais baixa deve estar a saída do tubo em relação à entrada para que a mesma vazão seja mantida, se ambas as extremidades estão à pressão atmosférica (isto é, campo gravitacional)?

8.61 Para a configuração de escoamento da Fig. 8.12, é sabido que a perda de carga é 2 m. Da entrada para a saída, a queda de pressão é 60 kPa, a velocidade dobra da entrada para a saída, e o aumento de elevação é de 3 m. Calcule a velocidade de entrada da água.

Cálculo da Perda de Carga

8.62 Considere o escoamento do tubo da torre de água do Exemplo 8.7. Após 5 anos, a rugosidade do tubo aumentou de modo que o escoamento tornou-se completamente turbulento e $f = 0,04$. Determine de quanto a vazão diminuiu.

8.63 Considere o escoamento do tubo da torre de água do Problema 8.62. Para aumentar a vazão, o comprimento do tubo é reduzido de 183 m a 91 m (o escoamento ainda é completamente turbulento e $f \approx 0,04$). Qual é a vazão agora?

8.64 Água escoa de um tubo horizontal para dentro de um grande tanque. O tubo está localizado a 2,5 m abaixo da superfície livre da água no tanque. A perda de carga é 2 kJ/kg. Calcule a velocidade média do escoamento no tubo.

8.65 A velocidade média de escoamento em um trecho de diâmetro constante da tubulação do Alasca é 2,5 m/s. Na entrada, a pressão é 8,25 MPa (manométrica) e a elevação é 45 m; na saída, a pressão é 350 kPa (manométrica) e a elevação é 115 m. Calcule a perda de carga nesse trecho da tubulação.

8.66 Na entrada de um trecho de diâmetro constante da tubulação do Alasca, a pressão é 9,5 MPa e a elevação é 50 m; na saída, a elevação é de 120 m. A perda de carga nessa seção da tubulação é 7,2 kJ/kg. Calcule a pressão na saída.

8.67 Laufer [5] obteve os seguintes dados para média de velocidade próxima à parede no escoamento turbulento completamente desenvolvido de ar em um tubo, para $Re_U = 50.000$ ($U = 3$ m/s e $R = 123$ mm):

$\bar{u}/U$	0,343	0,318	0,300	0,264	0,228	0,221	0,179	0,152	0,140
y/R	0,0082	0,0075	0,0071	0,0061	0,0055	0,0051	0,0041	0,0034	0,0030

Trace um gráfico com os dados e obtenha a inclinação de melhor ajuste, $d\bar{u}/dy$. Use isso para estimar a tensão de cisalhamento na parede a partir de $\tau_w = \mu \, d\bar{u}/dy$. Compare o valor estimado com aquele obtido a partir do fator de atrito f calculado com (a) a fórmula de Colebrook (Eq. 8.37) e (b) a correlação de Blasius (Eq. 8.38).

8.68 Um tubo de comprimento 10^3 m e diâmetro 18 cm encontra-se posicionado com uma inclinação de 1/150. Óleo é bombeado com uma vazão de 25 L/s. A gravidade específica do óleo é 1,1, e a viscosidade é 0,18 N·s/m². Determine a perda de carga pelo atrito e calcule também a potência requerida para bombear o óleo.

8.69 Um tubo liso de diâmetro 75 mm transporta água (65°C) horizontalmente. Quando a vazão mássica é de 0,075 kg/s, a queda de pressão medida deve ser de 7,5 Pa por 100 m de tubo. Baseado nessas medidas, qual é o fator de atrito? Qual é o número de Reynolds? Esse número indica geralmente se o escoamento é laminar ou turbulento? O escoamento é realmente laminar ou turbulento?

8.70 Um tubo capilar de pequeno diâmetro feito de alumínio trefilado é usado no lugar de uma válvula de expansão em um refrigerador doméstico. O diâmetro interno é 0,5 mm. Calcule a rugosidade relativa correspondente. Comente se esse tubo deve ou não ser considerado como "liso" com respeito ao escoamento do fluido.

8.71 Utilizando as Eqs. 8.36 e 8.37, gere o diagrama de Moody da Fig. 8.13.

8.72 O diagrama de Moody dá o fator de atrito de Darcy, f, em termos do número de Reynolds e da rugosidade relativa. O *fator de atrito de Fanning* para escoamento em tubo é definido como

$$f_F = \frac{\tau_w}{\frac{1}{2}\rho \overline{V}^2}$$

em que τ_w é a tensão de cisalhamento na parede do tubo. Mostre que a relação entre os fatores de atrito de Darcy e de Fanning, para escoamento completamente desenvolvido, é dada por $f = 4f_F$.

8.73 Água escoa a 25 L/s através de uma constrição suave, em que o diâmetro do tubo é reduzido de 75 mm para 37,5 mm, segundo um ângulo de 150°. Se a pressão antes da constrição for 500 kPa, estime a pressão depois da constrição. Refaça o problema se o ângulo da constrição for 180° (uma constrição brusca).

8.74 Água escoa através de um tubo de 25 mm de diâmetro que subitamente alarga-se para um diâmetro de 50 mm. A vazão através do alargamento é de 1,25 L/s. Calcule o aumento de pressão através do alargamento. Compare com o valor para escoamento sem atrito.

8.75 Água escoa através de um tubo de 50 mm de diâmetro que subitamente contrai-se para 25 mm. A queda de pressão através da contração é 3,45 kPa. Determine a vazão volumétrica.

8.76 Ar na condição-padrão escoa através de uma expansão súbita em um duto circular. Os diâmetros do duto a montante e a jusante da expansão são 80 mm e 250 mm, respectivamente. A pressão a jusante é 10 mm de água maior que aquela a montante. Determine a velocidade média e a vazão volumétrica do ar aproximando-se da expansão.

8.77 Como um trabalho de laboratório de fluidos, foi solicitada a construção de um medidor para medir, de forma aproximada, a vazão de água em um tubo de 45 mm de diâmetro. Você decide instalar um trecho de tubo de 22,5 mm de diâmetro e um manômetro de tubo em U para medir a queda de pressão na contração súbita. Deduza uma expressão para a constante teórica de calibração k em $Q = k\sqrt{\Delta h}$, no qual Q é a vazão volumétrica em L/min e Δh é a deflexão no manômetro em mm. Trace a curva teórica de calibração para uma faixa de vazão de 10 a 50 L/min. Qual seria a sua expectativa de uso deste dispositivo como um real medidor de vazão?

8.78 Água escoa do tanque mostrado através de um tubo muito curto. Considere que o escoamento seja quase permanente. Estime a vazão no instante mostrado. Como você poderia melhorar o sistema de escoamento se uma vazão maior fosse desejada?

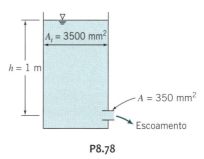

P8.78

8.79 Considere novamente o escoamento através do cotovelo analisado no Exemplo 4.6. Usando as condições dadas, calcule o coeficiente de perda menor para o cotovelo.

8.80 Ar escoa para fora de uma câmara de teste de uma sala limpa através de um duto de 180 mm de diâmetro e de comprimento L. O duto original tinha uma entrada de borda-viva, mas essa foi substituída por outra de entrada bem arredondada. A pressão na câmara é 3,5 mm de água acima da ambiente. As perdas por atrito são desprezíveis comparadas com as perdas de entrada e de saída. Estime o aumento na vazão volumétrica que resulta da mudança no contorno da entrada.

8.81 Um tanque de água (aberto para a atmosfera) contém água a uma profundidade de 5 m. Um furo com diâmetro de 25 mm é perfurado no fundo. Modele o furo como de borda-viva, e estime a vazão (L/s) que sai do tanque. Se você fixar um pequeno trecho de tubo no furo, de quanto mudaria a vazão? se em vez disso, você polir a saída do furo, arredondando as bordas ($r = 5$ mm), de quanto mudaria a vazão?

8.82 Um difusor cônico, com 150 mm de comprimento, é usado para expandir um tubo de um diâmetro de 50 mm para um diâmetro de 89 mm. Para uma vazão de água de 47 L/s, estime o aumento na pressão estática. Qual é o valor aproximado do coeficiente de perda?

8.83 Analise o escoamento através de uma expansão súbita, aplicando as equações básicas a um volume de controle começando na expansão e terminando a jusante dela (admita que a pressão de entrada p_1 age sobre a área A_2 na expansão). Desenvolva uma expressão e trace um gráfico da perda de carga menor através da expansão como uma função da razão de áreas, e compare com os dados da Fig. 8.15.

8.84 Água a 45°C entra em um chuveiro através de um tubo circular com 15,8 mm de diâmetro interno. A água sai em 24 filetes, cada um com 1,05 mm de diâmetro. A vazão volumétrica é 5,67 L/min. Estime a pressão mínima de água necessária na entrada do chuveiro. Avalie a força necessária para manter o chuveiro fixo na extremidade do tubo circular. Indique claramente se essa é uma força de compressão ou de tração.

8.85 Analise o escoamento através de uma expansão súbita para obter uma expressão para a velocidade média $\overline{V}_1$ em termos da variação de pressão $\Delta p = p_2 - p_1$, da razão de áreas RA, da massa específica ρ e do coeficiente de perda K. Se o escoamento fosse sem atrito, a vazão indicada por uma variação de pressão medida seria maior ou menor do que a vazão real, e por quê? Ou ainda, se o escoamento fosse sem atrito, uma dada vazão daria uma variação de pressão maior ou menor do que a variação real, e por quê?

8.86 Água é descarregada para a atmosfera a partir de um grande tanque, em regime permanente e através de um trecho de tubo de plástico liso. O diâmetro interno do tubo é 3,18 mm e seu comprimento é 15,3 m. Calcule a máxima vazão volumétrica para a qual o escoamento no tubo ainda será laminar. Estime o nível de água no tanque abaixo do qual o escoamento será laminar (para escoamento laminar, $\alpha = 2$ e $K_{entrada} = 1,4$).

8.87 Estime o nível mínimo de água no tanque do Problema 8.86 de modo que o escoamento seja ainda turbulento.

8.88 Um experimento de laboratório é organizado para medir a queda de pressão em um escoamento de água através de um tubo liso. O diâmetro do tubo é 15,9 mm e seu comprimento é 3,56 m. O escoamento desenvolve-se no tubo a partir de um reservatório por uma entrada de borda-viva. Calcule a vazão volumétrica necessária para obter escoamento turbulento no tubo. Avalie a altura diferencial no reservatório requerida para obter escoamento turbulento no tubo.

8.89 Um experimento de bancada consiste em um reservatório com um tubo longo e horizontal de 500 mm de comprimento e diâmetro 7,5 mm ligado em sua base. O tubo sai de um tanque. O escoamento de água a 10°C deve ser gerado de modo a atingir um número de Reynolds de 10.000. Qual é a vazão? Se o tubo na entrada é de borda-viva, que profundidade deve ter o reservatório? E se a entrada do tubo for bem arredondada, que profundidade o reservatório deve ter?

8.90 Trace o gráfico da profundidade requerida no reservatório de água para criar escoamento em um tubo liso de 10 mm de diâmetro e comprimento de 100 m, como uma função da vazão na faixa de 1 L/min a 10 L/min.

8.91 Óleo com viscosidade cinemática $\nu = 0,00005$ m²/s escoa a 0,003 m³/s em um tubo de aço horizontal de 25 m de comprimento e 4 cm de diâmetro. Percentualmente, de quanto a perda de energia aumentará se a vazão for mantida a mesma, mas o diâmetro do tubo for reduzido para 1 cm?

8.92 Um sistema de água (10°C) é usado em um laboratório para estudar escoamento em um tubo liso. Para atender a uma faixa razoável, o número de Reynolds máximo no tubo deve ser 100.000. O sistema é abastecido a partir de um tanque elevado de altura de carga constante. O sistema consiste em uma entrada de borda-viva, dois cotovelos-padrão de 45°, dois cotovelos-padrão de 90° e uma válvula de gaveta totalmente aberta. O diâmetro do tubo é 7,5 mm e seu comprimento total é de 1 m. Calcule a altura mínima do nível do tanque de abastecimento, acima do tubo de descarga do sistema, necessária para atingir o número de Reynolds desejado. Se uma câmara de pressão for usada em vez do reservatório, qual será a pressão requerida?

8.93 Água é bombeada através de um tubo comercial de aço-carbono, de 230 mm de diâmetro, por uma distância de 6400 m, desde a descarga da bomba até um reservatório aberto para a atmosfera. O nível da água no reservatório está 15 m acima da descarga da bomba, e a velocidade média da água no tubo é 3 m/s. Calcule a pressão na descarga da bomba.

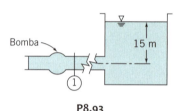

P8.93

8.94 Água deve escoar por gravidade de um reservatório para outro mais baixo através de um tubo de aço galvanizado, retilíneo e inclinado. O diâmetro do tubo é 50 mm e o comprimento total é de 250 m. Os dois reservatórios estão abertos para atmosfera. Trace um gráfico da diferença de elevação requerida Δz como uma função da vazão Q, para Q variando de 0 a 0,01 m³/s. Estime a fração de Δz decorrente de perdas menores.

8.95 Em uma instalação de ar condicionado, é requerida uma vazão de 35 m³/min de ar a 10°C. Um duto de chapa de aço lisa de seção retangular (0,23 m por 0,75 m) é usado. Determine a queda de pressão (em mm de água) para um trecho de 30 m de duto horizontal.

8.96 Um sistema para teste de bombas de descarga variável consiste em uma bomba, quatro cotovelos-padrão e uma válvula de gaveta totalmente aberta, formando um circuito fechado conforme mostrado. O circuito deve absorver a potência adicionada pela bomba. A tubulação é de ferro fundido, com 75 mm de diâmetro, e o comprimento total do circuito é 20 m. Trace um gráfico da diferença de pressão requerida da bomba para vazões de água Q variando de 0,01 m³/s a 0,06 m³/s.

P8.96

8.97 Um experimento de atrito em tubo, usando água, deve ser projetado para atingir número de Reynolds de 100.000. O sistema usará tubo liso de PVC de 5 cm de um tanque de nível constante até a bancada de teste e 20 m de tubo liso de PVC de 2,5 cm montados horizontalmente para a seção de teste. O nível de água no tanque de altura

Escoamento Interno Viscoso e Iecompressível   369

de carga constante é 0,5 m acima da entrada para o tubo de PVC de 5 cm. Determine a velocidade média da água requerida no tubo de 2,5 cm. Verifique a viabilidade do uso de um tanque de altura de carga constante. Calcule a diferença de pressão esperada entre tomadas distanciadas de 5 m na seção horizontal de teste.

8.98 Considere o escoamento de ar-padrão a 0,6 m³/s. Compare a queda de pressão por unidade de comprimento de um duto redondo com aquela de dutos retangulares de razão de aspecto 1, 2 e 3. Considere que todos os dutos são lisos, com área de seção transversal de 0,09 m².

8.99 Dados foram obtidos por medições em um trecho vertical de tubo de ferro galvanizado, velho e corroído, com diâmetro interno de 50 mm. Em uma seção a pressão era $p_1 = 750$ kPa (manométrica); em uma segunda seção, 40 m abaixo, a pressão era $p_2 = 250$ kPa (manométrica). A vazão volumétrica da água era 0,015 m³/s. Estime a rugosidade relativa do tubo. Que porcentagem de economia de potência de bombeamento resultaria, se o tubo fosse restaurado ao estado de rugosidade de tubo novo e limpo?

8.100 Uma vazão volumétrica de água, $Q = 21$ L/s, é fornecida através de uma mangueira de incêndio com bocal. A mangueira ($L = 76$ m, $D = 75$ mm e/D = 0,004) é constituída de quatro trechos de 18 m acoplados por engates rápidos. A entrada é de borda-viva; o coeficiente de perda localizada de cada engate é $K_c = 0,5$, baseado na velocidade média na mangueira. O coeficiente de perda localizada do bocal é $K_n = 0,02$, com base na velocidade de saída do jato cujo diâmetro é $D_2 = 25$ mm. Estime a pressão na entrada da mangueira requerida para essa vazão.

8.101 O escoamento em um tubo pode alternar entre os regimes laminar e turbulento para números de Reynolds na zona de transição. Projete uma bancada de testes consistindo em um cilindro transparente de plástico de nível constante (altura de carga constante) com graduação de profundidade e um trecho de tubo de plástico (admitido liso) conectado à base do cilindro, através do qual escoa água para um recipiente de medição. Selecione as dimensões do tanque cilíndrico e do tubo de modo que o sistema seja compacto, mas que opere na faixa de transição. Projete o experimento de modo que você possa facilmente variar a altura de carga no tanque de um nível baixo (escoamento laminar) até níveis da zona de transição para escoamento turbulento, e vice-versa. (Escreva instruções para os estudantes reconhecerem quando o escoamento é laminar ou turbulento.) Gere curvas (sobre um mesmo gráfico) da profundidade do tanque *versus* número de Reynolds, considerando escoamento laminar ou turbulento.

8.102 Uma piscina pequena é drenada usando uma mangueira de jardim. A mangueira tem 20 mm de diâmetro interno, uma rugosidade absoluta de 0,2 mm e 30 m de comprimento. A extremidade livre da mangueira está localizada 3 m abaixo da elevação do fundo da piscina. A velocidade média na descarga da mangueira é 1,2 m/s. Estime a profundidade da água na piscina. Se o escoamento fosse invíscido, qual seria a velocidade?

Solução de Problemas de Escoamentos em Tubos

8.103 A mangueira no Problema 8.102 é trocada por uma mangueira mais larga, de diâmetro 25 mm (com o mesmo comprimento e rugosidade). Considerando uma profundidade da piscina de 1,5 m, qual será a nova velocidade média e a nova vazão?

8.104 Uma furadeira a ar comprimido requer 0,25 kg/s de ar a 650 kPa (manométrica) na broca. A mangueira que conduz ar do compressor até a furadeira tem 40 mm de diâmetro interno. A pressão manométrica máxima na descarga do compressor é 670 kPa; o ar deixa o compressor a 40°C. Despreze variações na massa específica e quaisquer efeitos decorrentes da curvatura da mangueira. Calcule o comprimento máximo de mangueira que pode ser usado.

8.105 Os alunos da residência universitária estão colocando uma piscina infantil no segundo andar e pretendem enchê-la com água de uma mangueira de jardim. A piscina tem um diâmetro de 1,5 m e uma profundidade de 0,76 m. O andar está 5,5 m acima da torneira. A mangueira, internamente muito lisa, tem um comprimento de 15 m e o seu diâmetro é de 1,6 cm. Se a pressão da água na torneira é de 414 kPa, quanto tempo levará para ela encher completamente a piscina? Ignore as perdas menores.

8.106 Gasolina escoa em uma linha longa, subterrânea, a uma temperatura constante de 15°C. Duas estações de bombeamento, na mesma elevação, estão distanciadas 13 km uma da outra. A queda de pressão entre as estações é de 1,4 MPa. A tubulação é feita de tubo de aço de 0,6 m de diâmetro. Embora o tubo seja feito de aço comercial, a idade e a corrosão aumentaram a rugosidade do tubo para aquela do ferro galvanizado, aproximadamente. Calcule a vazão em volume.

8.107 Água escoa em regime permanente em um tubo de ferro fundido, horizontal, de 125 mm de diâmetro. O tubo tem comprimento de 150 m e a queda de pressão entre as seções ① e ② é 150 kPa. Determine a vazão volumétrica através do tubo.

8.108 Dois tubulões verticais de igual diâmetro, abertos para a atmosfera, estão conectados por um tubo reto conforme mostrado. Água escoa por gravidade de um tubulão para o outro. Para o instante mostrado, estime a taxa de variação do nível de água no tubulão da esquerda.

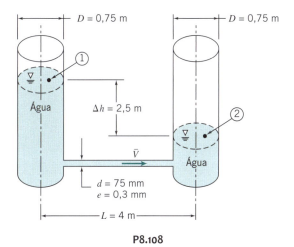

P8.108

8.109 Tubos para coletar água de chuva, com diâmetros de 50 mm feitos em ferro galvanizado, estão localizados nos quatro cantos de um edifício, mas três deles ficaram entupidos com destroços. Determine o índice pluviométrico (cm/min) para o qual apenas um tubo funcionando não poderá mais drenar a água da chuva sobre o telhado. A área do prédio é de 500 m² e a sua altura é de 5 m. Considere que os tubos são da mesma altura do prédio, e que ambas as extremidades são abertas para a atmosfera. Ignore perdas menores.

8.110 Um engenheiro de minas planeja fazer mineração hidráulica com um jato de água de alta velocidade. Um lago está localizado a $H = 300$ m acima do local da mina. A água será conduzida através de $L = 900$ m de uma mangueira de incêndio; a mangueira tem diâmetro interno $D = 75$ mm e rugosidade relativa $e/D = 0,01$. Engates, com comprimento equivalente $L_e = 20 D$, estão acoplados a cada l0 m ao longo da mangueira. O diâmetro de saída do bocal é $d = 25$ mm. Seu coeficiente de perda menor é $K = 0,02$, com base na velocidade de saída. Estime a máxima velocidade do jato de saída que o sistema pode fornecer. Determine a máxima força exercida sobre uma face de rocha por esse jato de água.

8.111 Investigue o efeito do comprimento de tubo sobre a vazão, calculando a vazão gerada por uma diferença de pressão, $\Delta p = 100$ kPa, aplicada a um comprimento L de um tubo liso de diâmetro $D = 25$ mm. Trace um gráfico da vazão *versus* o comprimento do tubo para uma faixa de vazões do escoamento laminar até o escoamento completamente turbulento.

8.112 Água para um sistema de proteção a incêndios é retirada de uma torre de água através de um tubo de 150 mm de ferro fundido.

Um manômetro no hidrante indica 600 kPa quando não há escoamento de água. O comprimento total da tubulação entre o tanque elevado e o hidrante é 200 m. Determine a altura da torre de água acima do hidrante. Calcule a máxima vazão volumétrica que pode ser alcançada quando o sistema é acionado pela abertura da válvula do hidrante (considere que as perdas menores são 10% das perdas maiores nesta condição). Quando uma mangueira é conectada ao hidrante, a vazão volumétrica é 0,75 m³/min. Determine a leitura da pressão no manômetro nesta condição de escoamento.

8.113 Um grande tanque de água aberto tem conectado à sua base um tubo horizontal de ferro fundido, de diâmetro $D = 2,5$ cm e de comprimento $L = 1,5$ m, usado para drenar a água do tanque. Se a profundidade da água é $h = 3,5$ m, encontre a vazão (m³/h) se a entrada do tubo é (a) reentrante; (b) de borda-viva e (c) arredondada ($r = 3,75$ mm).

8.114 Repita o Problema 8.113, mas agora considerando que o tubo seja vertical, como mostrado.

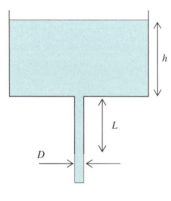

P8.114

8.115 Considere novamente o sistema de abastecimento de água de Roma discutido no Exemplo 8.10. Considere que o comprimento de 15 m de tubo horizontal de diâmetro constante exigido por lei tenha sido instalado. A rugosidade relativa do tubo é 0,01. Estime a vazão em volume de água fornecida pelo tubo sob as condições de entrada do exemplo. Qual seria o efeito de adicionar o mesmo difusor na extremidade do tubo de 15 m?

8.116 Você está regando o gramado com uma mangueira *velha*. Por causa dos depósitos que se formaram ao longo dos anos, a mangueira de 19 mm (diâmetro interno) tem agora uma altura média de rugosidade de 0,56 mm. Uma mangueira de 15 m de comprimento, conectada ao borrifador, fornece 57 L/min de água (15°C). Calcule a pressão no borrifador, em kPa. Estime a vazão, se um comprimento de mangueira de 15 m de comprimento for adicionado. Considere que a pressão no borrifador varie com a vazão e que a pressão no distribuidor principal de água permaneça constante em 345 kPa.

8.117 No Exemplo 8.10, verificamos que a vazão no distribuidor principal de água seria aumentada (algo em torno de 33%) pelo acoplamento de um difusor na saída do bocal instalado nesse distribuidor. Vimos que o comissário de águas Romano exigia que o tubo conectado ao bocal de cada derivação para o consumidor tivesse o mesmo diâmetro por uma distância mínima de 15 m, medida a partir do distribuidor principal. Teria sido o comissário por demais conservador? Usando os dados do problema, estime o comprimento de tubo (com $e/D = 0,01$) para o qual o sistema de tubo e difusor daria uma vazão igual àquela com o bocal apenas. Trace um gráfico da razão de vazões volumétricas Q/Q_i como uma função de L/D, em que L é o comprimento do tubo entre o bocal e o difusor, Q_i é a vazão para o bocal apenas e Q é a vazão real com o tubo inserido entre o bocal e o difusor.

8.118 Seu chefe, lembrando dos tempos de escola, afirma que, para escoamento em tubos, a vazão volumétrica é proporcional à raiz quadrada de $Q \propto \sqrt{\Delta p}$, em que Δp é a diferença de pressão geradora do escoamento. Você resolve analisar essa afirmativa, e faz alguns cálculos. Para isso, você considera um tubo de aço comercial de diâmetro 25 mm e considera um escoamento inicial de 4,7 L/min de água. A seguir, você aumenta a pressão aplicada de incrementos iguais, e calcula as novas vazões, de forma a construir o gráfico de Q versus Δp. No mesmo gráfico, você traça a curva com base na afirmativa do seu chefe. Você observa as duas curvas. Seu chefe estava certo?

8.119 Uma prensa hidráulica é acionada por uma bomba remota de alta pressão. A pressão manométrica na saída da bomba é 20,7 MPa, enquanto a pressão requerida na prensa é 18,9 MPa (manométrica), a uma vazão de 0,00057 m³/s. A prensa e a bomba são conectadas por um tubo liso, de aço trefilado, com 50,3 m de comprimento. O fluido é óleo SAE 10W a 38°C. Determine o mínimo diâmetro de tubo que pode ser utilizado.

8.120 Uma bomba está localizada 4,5 m para o lado e 3,5 m acima de um reservatório. Ela foi projetada para uma vazão de 6 L/s. Para operação satisfatória, a pressão estática manométrica na aspiração da bomba não deve ser inferior a -6 m de coluna de água (manométrica). Determine o menor tubo de aço comercial que dará o desempenho desejado.

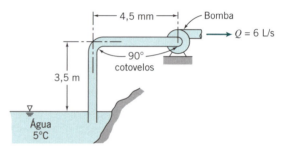

P8.120

8.121 Uma nova instalação industrial requer uma vazão de água de 5,7 m³/min. A pressão manométrica na tubulação principal de água, localizada na rua a 50 m da fábrica, é 800 kPa. O ramal de alimentação exigirá a instalação de 4 cotovelos em um comprimento total de 65 m. A pressão manométrica requerida na fábrica é 500 kPa. Que bitola de tubo de ferro galvanizado deve ser empregada?

8.122 Ar a 20°C escoa em uma seção quadrada de um duto feito de aço comercial. O duto tem 25 m de comprimento. Que tamanho de duto (comprimento de um lado) deve ser empregado para produzir uma vazão de 2 m³/s de ar com uma queda de pressão de 1,5 cm de água?

8.123 Investigue o efeito do diâmetro de tubo sobre a vazão, calculando a vazão gerada por uma diferença de pressão, $\Delta p = 100$ kPa, aplicada a um comprimento $L = 100$ m de um tubo liso. Trace um gráfico da vazão *versus* o diâmetro do tubo que inclua os escoamentos laminar e turbulento.

8.124 Um grande reservatório fornece água para a comunidade. Uma parte do sistema de abastecimento de água é mostrada. A água é bombeada de um reservatório para um grande tanque de armazenagem antes de ser enviada para a instalação de tratamento de água. O sistema é projetado para fornecer 1310 L/s de água a 20°C. De B para C, o sistema consiste em uma entrada de borda-viva, 760 m de tubo, três válvulas de gaveta, quatro cotovelos de 45° e dois cotovelos de 90°. A pressão manométrica em C é 197 kPa. O sistema entre F e G contém 760 m de tubo, duas válvulas de gaveta e quatro cotovelos de 90°. Todo o tubo é de ferro fundido de 508 mm de diâmetro. Calcule a velocidade média da água no tubo, a pressão manométrica na seção transversal em F, a potência de acionamento da bomba (sua eficiência é de 80%) e a tensão de cisalhamento de parede no trecho FG.

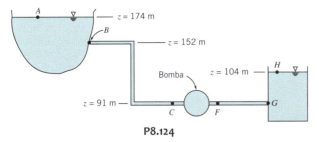

P8.124

*8.125 Petróleo está escoando de um grande tanque em uma colina para um petroleiro no cais. O compartimento de carga no navio está quase cheio e um operador inicia o processo de interrupção do escoamento. Uma válvula no cais é fechada a uma taxa tal que uma pressão de 1 MPa é mantida na linha imediatamente a montante da válvula. Considere:

Comprimento da linha do tanque até a válvula	3 km
Diâmetro interno da linha	200 mm
Elevação da superfície do óleo no tanque	60 m
Elevação da válvula no cais	6 m
Vazão volumétrica instantânea	2,5 m³/min
Perda de carga na linha para esta vazão (exclusiva do fechamento da válvula)	23 m de óleo
Densidade relativa do óleo	0,88

Calcule a taxa instantânea inicial de variação da vazão volumétrica.

8.126 Uma bomba impulsiona água a uma vazão constante de 11,3 kg/s através de um sistema de tubos. A pressão na sucção da bomba é −17,2 kPa (manométrica). A pressão na descarga da bomba é 345 kPa (manométrica). O diâmetro do tubo de entrada é 75 mm; o diâmetro do tubo de saída é 50 mm. A eficiência da bomba é 70%. Calcule a potência requerida para acionar a bomba.

8.127 O aumento de pressão através de uma bomba de água é 75 kPa quando a vazão volumétrica é 25 L/s. Se a eficiência da bomba for 80%, determine a potência fornecida para a bomba.

8.128 Uma tubulação de 125 mm de diâmetro para transporte de água a 10°C é constituída por 50 m de trecho reto e horizontal de tubo galvanizado, cinco válvulas de gaveta totalmente abertas, uma válvula angular totalmente aberta, sete cotovelos-padrão de 90°, uma entrada de borda-viva do reservatório e uma descarga livre. As condições de entrada e de saída são $p_1 = 150$ kPa e $z_1 = 15$ m, e as condições de saída são $p_2 = 0$ kPa e $z_2 = 30$ m. Uma bomba centrífuga é instalada na linha para impulsionar a água. Que aumento de pressão a bomba deve prover para que a vazão volumétrica seja $Q = 50$ L/s?

8.129 Água para resfriamento de perfuratrizes de rocha é bombeada de um reservatório para um canteiro de obras, usando o sistema de tubos mostrado. A vazão deve ser de 38 L/s e a água deve deixar o bocal de resfriamento (*spray*) a 37 m/s. Calcule a mínima pressão necessária na saída da bomba. Estime a potência de acionamento requerida, sendo a eficiência da bomba de 70%.

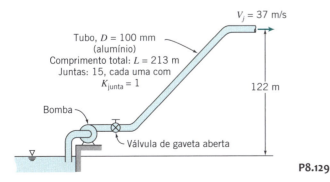

P8.129

8.130 O sistema de ar-condicionado do *campus* de uma universidade é suprido por água a 10°C de um chiller, bombeada através de uma tubulação distribuidora principal. A tubulação faz um circuito fechado de 5 km de comprimento. O diâmetro do tubo é 0,75 m e o material é aço comercial. A máxima vazão em volume de projeto é 0,65 m³/s. A bomba de recirculação é acionada por um motor elétrico. As eficiências da bomba e do motor são $\eta_b = 85\%$ e $\eta_m = 85\%$, respectivamente. O custo da eletricidade é 0,14 dólar/kW · h. Determine (a) a queda de pressão, (b) a taxa de adição de energia à água e (c) o custo diário de energia elétrica para bombeamento.

8.131 Um bocal é conectado à uma mangueira de incêndio lisa, revestida de borracha, com 100 m de comprimento e 3,5 cm de diâmetro. Água de um hidrante é fornecida a 350 kPa (manométrica) para uma bomba auxiliar instalada no carro dos bombeiros. Nas condições de projeto, a pressão na entrada do bocal é 700 kPa (manométrica), e a queda de pressão ao longo da mangueira é de 750 kPa por 100 m de comprimento. Determine (a) a vazão de projeto, (b) a velocidade na saída do bocal, considerando inexistência de perdas no bocal, e (c) a potência requerida para acionar a bomba auxiliar, sendo sua eficiência de 70%.

8.132 A vazão volumétrica através de uma fonte em um prédio do *campus* é 0,075 m³/s. Cada jato de água pode alcançar uma altura de 10 m. Estime o custo diário de funcionamento da fonte. Considere que a eficiência do motor da bomba é de 85%, que a eficiência da bomba é de 85% e que o custo da energia elétrica é de 0,14 dólar/(kW · h).

8.133 Uma bomba de água pode gerar uma diferença de pressão Δp (kPa) dada por $\Delta p = 999 - 859 Q^2$, em que a vazão volumétrica, Q, é dada em m³/s. Ela alimenta um tubo de 0,5 m de diâmetro, rugosidade de 13 mm e comprimento de 760 m. Determine a vazão volumétrica, a diferença de pressão e a potência de acionamento da bomba, sendo sua eficiência de 70%. Se o tubo fosse substituído por outro com rugosidade de 6 mm, qual seria o aumento na vazão e qual seria a potência requerida?

8.134 Um duto de seção transversal quadrada (0,35 m × 0,35 m × 175 m) é usado para fornecer ar ($\rho = 1{,}1$ kg/m³) para uma sala limpa em uma fábrica de produtos eletrônicos. O ar é insuflado por um ventilador e passa através de filtros instalados no duto. O fator de atrito no duto é $f = 0{,}003$, o filtro tem um coeficiente de perda $K = 3$. O ventilador produz uma diferença de pressão $\Delta p = 2250 - 250Q - 150Q^2$, em que Δp (Pa) é a pressão gerada pelo ventilador à vazão Q (m³/s). Determine a vazão volumétrica de ar fornecida à sala.

8.135 A curva de altura de carga *versus* capacidade para certo ventilador pode ser aproximada pela equação $H = 762 - 11{,}4\,Q^2$, em que H é a altura de carga estática na saída em polegadas de água e Q é a vazão volumétrica de ar em m³/s. As dimensões na saída do ventilador são 200 × 400 mm. Determine a vazão de ar liberada pelo ventilador para dentro de um duto retangular de 200 × 400 mm com 61 m de comprimento.

*8.136 O sistema de tubos mostrado conduz água e é construído com tubos de ferro galvanizado. Perdas menores podem ser desprezadas. A entrada está a 400 kPa (manométrica) e todas as saídas estão à pressão atmosférica. Determine as vazões volumétricas Q_0, Q_1, Q_2, Q_3 e Q_4.

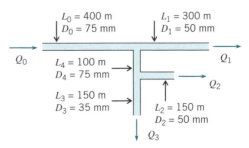

P8.136, P8.137

---

*Esses problemas requerem material de seções que podem ser omitidas sem perda de continuidade no material do texto.

*8.137 Determine as vazões volumétricas Q_0, Q_1, Q_2 e Q_4 se o ramal 3 for bloqueado.

*8.138 Um sistema de tubos de ferro fundido conduzindo água é constituído de um trecho de 46 m, após o qual o escoamento se divide em dois ramais de 46 m cada um, que se juntam em um trecho final de 46 m. Perdas menores podem ser desprezadas. Todos os trechos são de 38 mm de diâmetro, exceto um dos dois ramais, que tem 25 mm de diâmetro. Se a diferença de pressão através do sistema for 345 kPa, determine a vazão total e as vazões em cada um dos ramais.

*8.139 Uma piscina tem um sistema de filtragem de fluxo parcial. Água a 24°C é bombeada da piscina através do sistema mostrado. A bomba fornece 1,9 L/s. O tubo é de PVC com diâmetro nominal de 20 mm (diâmetro interno de 20,93 mm). A perda de pressão através do filtro é aproximadamente $\Delta p = 1039\ Q^2$, em que Δp é dada em kPa e Q em L/s. Determine a pressão na bomba e a vazão através de cada ramal do sistema.

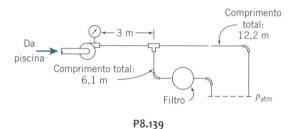

P8.139

8.140 Por que a temperatura da água do chuveiro muda quando a descarga do vaso sanitário é acionada? Esboce as curvas de pressão para os sistemas de suprimento de água quente e de água fria para explicar o que acontece.

Medidores de Vazão

8.141 Um orifício de borda-viva, com tomadas de canto, e um manômetro de coluna de água são usados para medir vazão de ar comprimido. Os seguintes dados são disponíveis:

Diâmetro interno da linha de ar	150 mm
Diâmetro da placa de orifício	100 mm
Pressão a montante	600 kPa
Temperatura do ar	25°C
Deflexão no manômetro	750 mm H_2O

Calcule a vazão em volume na linha, expressa em metros cúbicos por hora.

8.142 Água a 70°C escoa através de um orifício com diâmetro de 80 mm instalado em um tubo de 160 mm de diâmetro interno. A vazão é 30 L/s. Determine a diferença de pressão entre as tomadas de canto.

8.143 Um medidor venturi, com 76,2 mm de diâmetro na garganta, é instalado em uma linha de 152 mm de diâmetro que transporta água a 24°C. A queda de pressão entre a tomada de montante e a garganta do venturi é 305 mm de mercúrio. Calcule a vazão.

8.144 Considere um venturi horizontal de 50 mm × 25 mm com escoamento de água. Para um diferencial de pressão de 150 kPa, calcule a vazão volumétrica (gpm).

8.145 Gasolina escoa através de um medidor venturi de 50 mm × 25 mm. O diferencial de pressão é 380 mm de mercúrio. Determine a vazão em volume.

8.146 Ar escoa através do medidor venturi descrito no Problema 8.143. Considere que a pressão a montante é 413 kPa, e que a temperatura é constante em todos os pontos, com valor de 20°C. Determine a máxima vazão mássica de ar admissível, para a qual a hipótese de escoamento incompressível é válida para aproximações de engenharia. Calcule a correspondente leitura do diferencial de pressão em um manômetro de mercúrio.

8.147 A vazão de ar em um teste de um motor de combustão interna deve ser medida usando um bocal medidor instalado em uma câmara pressurizada. O deslocamento do motor é 1,6 litro e sua velocidade máxima de operação é 6000 rpm. Para evitar carregamento do motor, a queda de pressão máxima através do bocal não deve exceder 0,25 m de água. O manômetro pode ser lido com precisão de ±0,5 mm de água. Determine o diâmetro do bocal que deve ser especificado. Determine a mínima vazão de ar que pode ser medida com precisão de ±2%, usando este sistema de medição.

8.148 Água a 20°C escoa em regime permanente através de um venturi. A pressão a montante da garganta é 250 kPa (manométrica). O diâmetro da garganta é 55 mm; o diâmetro a montante é 110 mm. Estime a máxima vazão que pode passar por esse dispositivo sem cavitação.

8.149 Deduza a Eq. 8.42, do coeficiente de perda de pressão para um difusor, considerando escoamento ideal (sem atrito).

8.150 Considere a instalação de um bocal medidor em um tubo. Aplique as equações básicas ao volume de controle indicado, para mostrar que a perda de carga permanente através do medidor pode ser expressa, em forma adimensional, como o coeficiente de perda de carga,

$$C_l = \frac{p_1 - p_3}{p_1 - p_2} = \frac{1 - A_2/A_1}{1 + A_2/A_1}$$

Trace um gráfico de C_l como uma função da razão de diâmetros, D_2/D_1.

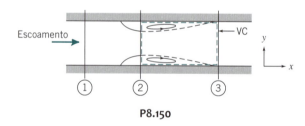

P8.150

8.151 Em alguns estados do oeste, água para mineração e irrigação era vendida por "polegada de mineiro", ou seja, a taxa para a qual a água escoa através de uma abertura de 645 mm² de área em uma tábua vertical, com altura de até 102 mm, com queda de pressão de 152 a 229 mm de água. Desenvolva uma equação para prever a vazão mássica através de tal orifício. Especifique claramente a razão de aspecto da abertura, a espessura da tábua, e o nível de referência para medida de altura de carga (topo, fundo ou meio da abertura). Mostre que a unidade de medida varia de 38,4 (no Colorado) a 50 (no Arizona, Idaho, Nevada e Utah) polegadas de mineiro para igualar 0,0283 m³/s.

8.152 A vazão volumétrica em um duto circular pode ser medida por um "pitot transverso", isto é, pela medida da velocidade em vários segmentos de área através do duto, seguida do somatório das vazões segmentais. Comente sobre o modo de realização da medição transversa. Quantifique e trace o erro esperado na medida da vazão como uma função do número de posições fundamentais usadas no pitot transverso.

---

*Estes problemas requerem material de seções que podem ser omitidas sem perda de continuidade no material do texto.

CAPÍTULO **9**

Escoamento Viscoso, Incompressível, Externo

Parte A Camadas-Limite

9.1 O Conceito de Camada-Limite

9.2 Camada-Limite Laminar sobre uma Placa Plana: Solução Exata (no GEN-IO)

9.3 Equação Integral da Quantidade de Movimento

9.4 Uso da Equação Integral da Quantidade de Movimento para Escoamento com Gradiente de Pressão Zero

9.5 Gradientes de Pressão no Escoamento da Camada-Limite

Parte B Escoamento Fluido em Torno de Corpos Submersos

9.6 Arrasto

9.7 Sustentação

9.8 Resumo e Equações Úteis

Estudo de Caso

O Avião Blended Wing Body

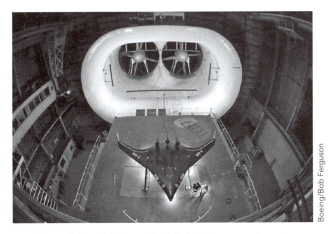

O protótipo X-48B no túnel da NASA em escala real.

A Boeing Phantom Works fez uma parceria com a NASA e o Centro de Pesquisas da Força Aérea dos Estados Unidos para estudar o conceito de uma aeronave avançada que economiza combustível. Chamado de BWB (do inglês, *blended wing-body*, algo como mistura de fuselagem-asa), o avião se parece mais com uma asa plana triangular do que com o tradicional avião constituído basicamente por um tubo com asas e uma cauda. De fato, o conceito de um BWB remonta à década de 1940, mas atualmente desenvolvimentos em materiais compósitos e voos por controle estão ficando mais viáveis. Pesquisadores testaram um protótipo com 6,3 m de envergadura (modelo em escala 8,5%) do X-48B, um avião BWB que teria aplicações militares e comerciais. O próximo passo é a NASA testar modelos em escala do chamado X-48C. Esse protótipo será usado para examinar como as montagens dos motores na parte traseira e acima da fuselagem ajudarão a reduzir os barulhos no solo provenientes do motor na decolagem e na aproximação da aeronave. O protótipo também tem aletas na cauda para a blindagem adicional de ruído e para ajudar no controle de voo.

A grande diferença entre o avião BWB e o tradicional avião tubo-asa, além do fato do tubo ser absorvido em forma de asa, é que ele não tem uma cauda. O avião convencional precisa de uma cauda para ter estabilidade e controle; o BWB usa diferentes superfícies de múltiplos controles e possivelmente aletas de cauda para controlar o aparelho. Se for viável, o avião BWB terá muitas vantagens. Como toda a superfície gera sustentação, é necessária menos potência para sua decolagem. Estudos mostram também que o BWB pode realizar manobras dentro de um contorno de 80 m de raio, que é o valor-padrão nos aeroportos. Um BWB poderia transportar até 1.000 pessoas, tornando-se um futuro produto nos EUA que provocaria mudanças no A380 da Airbus e de suas futuras versões.

Além da economia de até 30% de combustível por seu melhor desempenho, o interior de um avião BWB pode ser radicalmente diferente daquele de um avião atual. Os passageiros entrariam em um ambiente parecido ao de uma sala de cinema (e não mais em uma metade de cilindro), não haveria janelas (telas poderiam ser conectadas em câmaras externas) se sentariam em um largo teatro (eles se sentariam não apenas na parte central da aeronave, mas também no interior das asas).

Neste capítulo, estudaremos como a sustentação para o BWM é criada pelo escoamento de ar sobre as superfícies. Também aprenderemos como o arrasto aerodinâmico ocorre sobre o BWM. Tanto a sustentação quanto o arrasto dependem da natureza do padrão do escoamento e da forma do aerofólio. O material deste capítulo fornecerá para você conhecimento sobre os mecanismos do escoamento sobre superfícies.

Escoamentos externos são escoamentos sobre corpos imersos em um fluido sem fronteiras. O escoamento sobre uma esfera (Fig. 2.14*b*) e o escoamento sobre um corpo carenado (Fig. 2.16) são exemplos de escoamento externo, que foram discutidos qualitativamente no Capítulo 2. Exemplos mais interessantes são os campos de escoamento em torno de objetos, tais como aerofólios (Fig. 9.1), automóveis e aviões. Nosso objetivo, neste capítulo, é quantificar o comportamento de fluidos incompressíveis viscosos em escoamentos externos.

Diversos fenômenos que ocorrem no escoamento externo sobre um corpo são ilustrados no esboço do escoamento com alto número de Reynolds de um fluido viscoso sobre um aerofólio (Fig. 9.1). O escoamento da corrente livre divide-se no ponto de estagnação e circunda o corpo. O fluido em contato com a superfície adquire a velocidade do corpo como resultado da condição de não deslizamento. Camadas-limite formam-se tanto na superfície superior quanto na superfície inferior do corpo. (A espessura da camada-limite em ambas as superfícies, na Fig. 9.1, está exageradamente ampliada para maior clareza.) O escoamento da camada-limite é inicialmente laminar. A transição para escoamento turbulento ocorre a alguma distância do ponto de estagnação, distância essa que depende das condições da corrente livre, da rugosidade da superfície e do gradiente de pressão. Os pontos de transição estão indicados por "T" na figura. A camada-limite turbulenta que se desenvolve após a transição cresce mais rapidamente que a camada-limite laminar. Um leve deslocamento das linhas de corrente do escoamento externo é causado pelo crescimento das camadas-limite sobre as superfícies. Em uma região de pressão crescente (um *gradiente de pressão adverso* — assim chamado porque se opõe ao movimento do fluido, tendendo a desacelerar as partículas fluidas), uma separação do escoamento pode ocorrer. Os pontos de separação estão indicados por "S" na figura. O fluido que estava nas camadas-limite sobre a superfície do corpo forma a esteira viscosa atrás dos pontos de separação.

Este capítulo tem duas partes. A Parte A é uma revisão dos escoamentos de camada-limite. Nela discutimos com um pouco mais de detalhes as ideias introduzidas no Capítulo 2 e, em seguida, aplicamos os conceitos já adquiridos de mecânica dos fluidos para analisar a camada-limite de um escoamento ao longo de uma placa plana — a camada-limite mais simples possível, porque o campo de pressão é constante. Estamos interessados em verificar como cresce a espessura da camada-limite, qual será o atrito superficial, e assim por diante. Vamos explorar uma solução analítica clássica para uma camada-limite laminar, e entendemos que é necessário recorrer a métodos aproximados quando a camada-limite é turbulenta (somos capazes, também, de usar esses métodos aproximados para camadas-limite laminares, de modo a evitar o uso de métodos analíticos mais complicados). Isso concluirá nossa introdução às camadas-limite, não sem antes discutirmos brevemente os efeitos de gradientes de pressão (presentes para *todas* as formas de corpos exceto placas planas) sobre o comportamento da camada-limite.

Na Parte B, discutimos a força sobre um corpo submerso, tal como o aerofólio da Fig. 9.1. Vemos que essa força resulta tanto das forças de cisalhamento quanto das forças de pressão agindo sobre a superfície do corpo, e que ambas são profundamente afetadas pelo fato de que há uma camada-limite, especialmente quando ocorre separação do escoamento e formação de esteira. Tradicionalmente, a força que um corpo

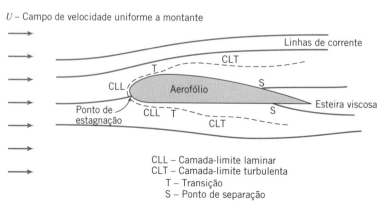

Fig. 9.1 Detalhes do escoamento viscoso em torno de um aerofólio.

Escoamento Viscoso, Incompressível, Externo **375**

experimenta é decomposta na componente paralela ao escoamento, o *arrasto*, e na componente perpendicular ao escoamento, a *sustentação*. Posto que a maioria dos corpos tem ponto de separação e esteira, é difícil usar métodos analíticos para determinar as componentes da força e, por isso, apresentamos análises aproximadas e dados experimentais para diversos formatos interessantes de corpos.

Parte A CAMADAS-LIMITE

9.1 *O Conceito de Camada-Limite*

O conceito de camada-limite foi introduzido originariamente, em 1904, por Ludwig Prandtl [1], um alemão estudioso da aerodinâmica.

Antes da histórica contribuição de Prandtl, a ciência da mecânica dos fluidos tinha sido desenvolvida em duas direções distintas. A *hidrodinâmica teórica* evoluiu das equações de Euler para o movimento de um fluido não viscoso (a Eq. 6.1, publicada por Leonhard Euler em 1755). Como os resultados da hidrodinâmica (especialmente aquele que, como vimos no Capítulo 6, sob a consideração de escoamento invíscido, nenhum corpo experimenta arrasto!) contradiziam muitas observações experimentais, engenheiros práticos desenvolveram suas próprias artes empíricas da *hidráulica*. Esses estudos baseavam-se em dados experimentais e diferiam significativamente da abordagem puramente matemática da hidrodinâmica teórica.

Embora as equações completas que descrevem o movimento de um fluido viscoso (as Eqs. 5.26 de Navier-Stokes, desenvolvidas por Navier em 1827 e, independentemente, por Stokes em 1845) fossem conhecidas antes de Prandtl, as dificuldades matemáticas para sua solução (exceto para alguns casos simples) proibiam um tratamento teórico dos escoamentos viscosos. Prandtl mostrou [1] que muitos escoamentos viscosos podem ser analisados dividindo o escoamento em duas regiões, uma perto das fronteiras sólidas e a outra cobrindo o resto do escoamento. Apenas na delgada região adjacente a uma fronteira sólida (a camada-limite) o efeito da viscosidade é importante. Na região fora da camada-limite, o efeito da viscosidade é desprezível e o fluido pode ser tratado como não viscoso.

O conceito de camada-limite forneceu o elo que faltava entre a teoria e a prática (principalmente porque ele introduziu a possibilidade teórica do arrasto!). Além disso, o conceito de camada-limite permitiu a solução de problemas de escoamentos viscosos, o que seria impossível pela aplicação das equações de Navier-Stokes ao campo completo do escoamento.[1] Desse modo, a introdução do conceito de camada-limite marcou o começo da era moderna da mecânica dos fluidos.

O desenvolvimento de uma camada-limite sobre uma superfície sólida foi discutido na Seção 2.6. Na camada-limite, tanto as forças viscosas quanto as forças de inércia são importantes. Por conseguinte, não é surpreendente que o número de Reynolds (que representa a razão entre as forças de inércia e as forças viscosas) seja significativo na caracterização dos escoamentos da camada-limite. O comprimento característico usado no número de Reynolds ou é o comprimento na direção do escoamento no qual a camada-limite desenvolveu-se ou é alguma medida da espessura da camada-limite.

Como acontece nos escoamentos em dutos, o escoamento de camada-limite pode ser laminar ou turbulento. Não há valor único do número de Reynolds para o qual ocorre a transição de escoamento laminar para turbulento em uma camada-limite. Entre os fatores que afetam a transição de camada-limite estão o gradiente de pressão, a rugosidade superficial, a transferência de calor, as forças de campo e as perturbações da corrente livre. Considerações detalhadas desses efeitos estão além dos objetivos deste livro.

Em muitas situações de escoamento real, uma camada-limite desenvolve-se sobre uma superfície longa, essencialmente plana. Os exemplos incluem escoamentos sobre cascos de navios e de submarinos, asas de aviões e movimentos atmosféricos sobre terreno plano (camada-limite atmosférica). Como as características básicas

---

[1]Hoje, soluções por computador das equações de Navier-Stokes são comuns.

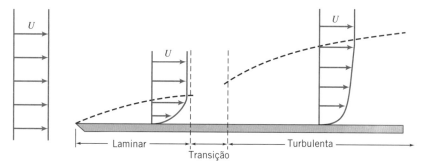

Fig. 9.2 Camada-limite sobre uma placa plana (a espessura vertical está exageradamente ampliada).

de todos esses escoamentos são ilustradas no caso mais simples de uma placa plana, consideraremos esse caso em primeiro lugar. A simplicidade do escoamento sobre uma placa plana infinita é que a velocidade U fora da camada-limite é constante e, por isso, a pressão também será constante, considerando que essa região é não viscosa, incompressível, está em regime permanente, e a pressão também será constante. Essa pressão constante — obviamente o campo de pressão mais simples possível — é a pressão "sentida" pela camada-limite. Esse é um *escoamento com gradiente de pressão zero*.

A Fig. 9.2 mostra um quadro qualitativo do crescimento de uma camada-limite sobre uma placa plana. A camada-limite é laminar por uma curta distância a jusante da borda de ataque; a transição ocorre sobre uma região da placa e não sobre uma linha única transversal à placa. A região de transição estende-se para jusante até o local onde o escoamento da camada-limite torna-se inteiramente turbulento.

Para escoamento incompressível sobre uma placa plana lisa (gradiente de pressão zero), na ausência de transferência de calor, a transição de escoamento laminar para turbulento na camada-limite pode ser retardada para números de Reynolds, $Re_x = \rho U x/\mu$, superiores a um milhão, se as perturbações externas forem minimizadas. (O comprimento x é medido a partir da borda de ataque da placa.) Para fins de cálculo, sob condições típicas de escoamento, considera-se que a transição ocorre, geralmente, em um número de Reynolds de 500.000. Para o ar na condição-padrão, com velocidade de corrente livre $U = 30$ m/s, isso corresponde a $x \approx 0,24$ m. No esquema qualitativo da Fig. 9.2, mostramos a camada-limite turbulenta crescendo mais rápido que a camada-limite laminar. Em seções posteriores deste capítulo, mostraremos que isso é realmente verdadeiro.

A camada-limite é a região adjacente a uma superfície sólida na qual tensões viscosas estão presentes, em contraposição à corrente livre em que as tensões viscosas são desprezíveis. Essas tensões estão presentes porque existe cisalhamento das camadas do fluido, isto é, gradientes de velocidade na camada-limite. Conforme indicado na Fig. 9.2, tanto a camada-limite laminar quanto a camada turbulenta têm tais gradientes. Porém, a dificuldade é que os gradientes apenas aproximam-se assintoticamente de zero quando se atinge a borda da camada-limite. Portanto, a definição de borda, isto é, de espessura da camada-limite, não é muito óbvia — não podemos simplesmente defini-la como o local onde a velocidade u é igual à velocidade da corrente livre U. Por causa disso, diversas definições de camada-limite têm sido desenvolvidas: a espessura de perturbação (ou da camada-limite, simplesmente) δ, a espessura de deslocamento δ^* e a espessura de quantidade de movimento θ. (Cada uma dessas grandezas aumenta conforme se avança na direção e sentido do escoamento, de uma forma que ainda iremos determinar.)

A definição mais direta é a *espessura de perturbação*, δ. Ela é definida usualmente como a distância da superfície na qual a velocidade situa-se dentro de 1% da velocidade da corrente livre, isto é, $u \approx 0,99U$ (conforme mostrado na Fig. 9.3b). As outras duas definições são baseadas na noção de que a camada-limite retarda o fluido, de modo que tanto o fluxo de massa quanto o fluxo de quantidade de movimento são menores do que seriam na ausência da camada-limite. Imaginemos, então, que o fluido permanecesse com a velocidade uniforme U, porém que a superfície da placa fosse movida para cima

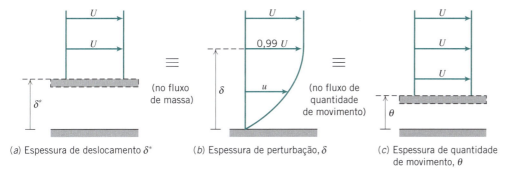

(a) Espessura de deslocamento δ^* (b) Espessura de perturbação, δ (c) Espessura de quantidade de movimento, θ

Fig. 9.3 Definições de espessura de camadas-limite.

de modo a reduzir ambos os fluxos, de massa e de quantidade de movimento, da mesma quantidade que a camada-limite realmente reduz. A *espessura de deslocamento*, δ^*, é a distância que a placa seria deslocada, de modo que a perda de fluxo de massa (devido à redução na área do escoamento uniforme) fosse equivalente à perda causada pela camada-limite. Caso não existisse camada-limite, o fluxo de massa seria $\int_0^\infty \rho U \, dy \, w$, em que w é a largura da placa perpendicular ao escoamento. O fluxo de massa real do escoamento é $\int_0^\infty \rho u \, dy \, w$. Portanto, a perda devido à camada-limite é $\int_0^\infty \rho(U-u) \, dy \, w$. Por outro lado, se imaginarmos o escoamento com velocidade constante U, com a placa deslocada para cima de uma distância δ^* (conforme mostrado na Fig. 9.3a), a perda de fluxo de massa seria $\rho U \delta^* w$. Igualando essas perdas, resulta

$$\rho U \delta^* w = \int_0^\infty \rho(U-u) \, dy \, w$$

Para escoamento incompressível, $\rho = $ constante, e

$$\delta^* = \int_0^\infty \left(1 - \frac{u}{U}\right) dy \approx \int_0^\delta \left(1 - \frac{u}{U}\right) dy \qquad (9.1)$$

Como $u \approx U$ para $y = \delta$, o integrando é essencialmente zero para $y \geq \delta$. A aplicação do conceito de espessura de deslocamento é ilustrada no Exemplo 9.1.

A *espessura de quantidade de movimento* θ, é a distância que a placa seria movida, de modo que a perda de fluxo de quantidade de movimento fosse equivalente à perda real causada pela camada-limite. O fluxo da quantidade de movimento, caso não existisse camada-limite, seria $\int_0^\infty \rho u U \, dy \, w$ (posto que o fluxo de massa real é $\int_0^\infty \rho u \, dy \, w$, e a quantidade de movimento por unidade de fluxo de massa do escoamento uniforme é o próprio U). O fluxo real de quantidade de movimento da camada-limite é $\int_0^\infty \rho u^2 \, dy \, w$. Portanto, a perda de quantidade de movimento na camada-limite é $\int_0^\infty \rho u(U-u) \, dy \, w$. Por outro lado, se imaginarmos o escoamento com velocidade constante U, com a placa deslocada para cima de uma distância θ (conforme mostrado na Fig. 9.3c), a perda de fluxo de quantidade de movimento seria $\int_0^\theta \rho U U \, dy \, w = \rho U^2 \theta w$. Igualando essas perdas, obtivemos

$$\rho U^2 \theta = \int_0^\infty \rho u(U-u) \, dy$$

e

$$\theta = \int_0^\infty \frac{u}{U}\left(1 - \frac{u}{U}\right) dy \approx \int_0^\delta \frac{u}{U}\left(1 - \frac{u}{U}\right) dy \qquad (9.2)$$

Novamente, o integrando é essencialmente zero para $y \geq \delta$.

As espessuras de deslocamento e de quantidade de movimento, δ^* e θ, são *espessuras integrais* porque suas definições, Eqs. 9.1 e 9.2, estão em termos de integrais através da camada-limite. Como essas espessuras são definidas em termos de integrais cujos integrandos tornam-se nulos na corrente livre, elas são consideravelmente mais fáceis de avaliar com precisão, a partir de dados experimentais, que a espessura de perturbação, δ, da camada-limite. Esse fato, junto com seu significado físico, justifica o emprego comum da espessura de quantidade de movimento na definição de camadas-limite.

Vimos que o perfil de velocidade em uma camada-limite une assintoticamente com a velocidade da corrente livre. Pouco erro é introduzido se a pequena diferença entre as velocidades na borda da camada-limite for ignorada em uma análise aproximada. Hipóteses simplificadoras, usualmente feitas em análises de engenharia, para o desenvolvimento da camada-limite são:

1. $u \to U$ em $y = \delta$
2. $\partial u/\partial y \to 0$ em $y = \delta$
3. $v \ll U$ dentro da camada-limite

Os resultados das análises desenvolvidas nas duas próximas seções mostram que a camada-limite é muito fina comparada com seu comprimento desenvolvido ao longo da superfície. Portanto, também é razoável supor que:

4. A variação de pressão através da camada-limite delgada seja desprezível. A distribuição de pressão da corrente livre é *impressa* sobre a camada-limite.

Exemplo 9.1 ESCOAMENTO DE CAMADA-LIMITE EM UM CANAL

Um túnel de vento de laboratório tem seção de teste quadrada, com 305 mm de lado. Os perfis de velocidade da camada-limite são medidos em duas seções transversais e as espessuras de deslocamento são avaliadas a partir dos perfis medidos. Na seção ①, em que a velocidade da corrente livre é $U_1 = 26$ m/s, a espessura de deslocamento é $\delta_1^* = 1{,}5$ mm. Na seção ②, localizada a jusante da seção ①, $\delta_2^* = 2{,}1$ mm. Calcule a variação na pressão estática entre as seções ① e ②. Expresse o resultado como uma fração da pressão dinâmica da corrente livre na seção ①. Considere atmosfera na condição-padrão.

Dados: Escoamento de ar-padrão em um túnel de vento de laboratório. A seção de teste é quadrada com $L = 305$ mm. As espessuras de deslocamento são $\delta_1^* = 1{,}5$ mm e $\delta_2^* = 2{,}1$ mm. A velocidade da corrente livre é $U_1 = 26$ m/s.

Determinar: A variação na pressão estática entre as seções ① e ②. (Expresse o resultado como uma fração da pressão dinâmica da corrente livre na seção ①.)

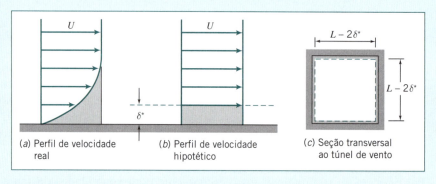

(a) Perfil de velocidade real (b) Perfil de velocidade hipotético (c) Seção transversal ao túnel de vento

Solução:
A ideia aqui é que, em cada posição, a espessura de deslocamento da camada-limite reduz a área do escoamento uniforme, conforme indicado nas figuras: a posição ② tem uma área de escoamento efetiva menor que a posição ① (porque $\delta_2^* > \delta_1^*$). Então, da conservação de massa, a velocidade uniforme na posição ② será maior. Finalmente, da equação de Bernoulli, a pressão na posição ② será menor que aquela na posição ①.

Aplique as equações da continuidade e de Bernoulli ao escoamento de corrente livre fora da espessura de deslocamento da camada-limite, em que os efeitos viscosos são desprezíveis.

Equações básicas:

$$\frac{\partial}{\partial t}\underbrace{\int\!\!\!\int_{VC} \rho\, d\forall}_{=\,0(1)} + \int_{SC} \rho \vec{V}\cdot d\vec{A} = 0 \qquad (4.12)$$

$$\frac{p_1}{\rho} + \frac{V_1^2}{2} + g\cancel{z_1} = \frac{p_2}{\rho} + \frac{V_2^2}{2} + g\cancel{z_2} \qquad (4.24)$$

Escoamento Viscoso, Incompressível, Externo · **379**

Considerações:

1 Escoamento em regime permanente.
2 Escoamento incompressível.
3 Escoamento uniforme em cada seção fora de δ^*.
4 Escoamento ao longo de uma linha de corrente entre as seções ① e ②.
5 Não há efeitos de atrito na corrente livre.
6 Variações de elevação desprezíveis.

Da equação de Bernoulli, obtivemos

$$p_1 - p_2 = \frac{1}{2}\rho(V_2^2 - V_1^2) = \frac{1}{2}\rho(U_2^2 - U_1^2) = \frac{1}{2}\rho U_1^2\left[\left(\frac{U_2}{U_1}\right)^2 - 1\right]$$

ou

$$\frac{p_1 - p_2}{\frac{1}{2}\rho U_1^2} = \left(\frac{U_2}{U_1}\right)^2 - 1$$

Da continuidade, $V_1 A_1 = U_1 A_1 = V_2 A_2 = U_2 A_2$, logo $U_2/U_1 = A_1/A_2$, em que $A = (L - 2\delta^*)^2$ é a área efetiva do escoamento. Substituindo, obtivemos

$$\frac{p_1 - p_2}{\frac{1}{2}\rho U_1^2} = \left(\frac{A_1}{A_2}\right)^2 - 1 = \left[\frac{(L - 2\delta_1^*)^2}{(L - 2\delta_2^*)^2}\right]^2 - 1$$

$$\frac{p_1 - p_2}{\frac{1}{2}\rho U_1^2} = \left[\frac{305 - 2(1,5)}{305 - 2(2,1)}\right]^4 - 1 = 0,0161 \qquad \text{ou} \qquad \frac{p_1 - p_2}{\frac{1}{2}\rho U_1^2}$$

$$\frac{p_1 - p_2}{\frac{1}{2}\rho U_1^2} = 1,61\% \longleftarrow$$

> *Notas:*
> - Este problema ilustra uma aplicação básica do conceito de espessura de deslocamento. Pelo fato de o escoamento ser confinado, a redução na área de escoamento, causada pelo crescimento das camadas-limite nas paredes, leva ao resultado de que a pressão na região de escoamento não viscoso diminui (mesmo que levemente). Na maioria das aplicações, a distribuição de pressão é determinada a partir do escoamento não viscoso e, *em seguida*, aplicada ao escoamento da camada-limite.
> - Vimos um fenômeno similar na Seção 8.1, em que descobrimos que a velocidade de linha de centro na entrada de um tubo aumenta porque a camada-limite "espreme" a área efetiva de escoamento.

9.2 *Camada-Limite Laminar sobre uma Placa Plana: Solução Exata (no GEN-IO)*

9.3 *Equação Integral da Quantidade de Movimento*

A solução exata de Blasius, discutida na Seção 9.2 (no GEN-IO, ambiente virtual de aprendizagem do GEN), analisou uma camada-limite laminar sobre uma placa plana. Mesmo esse caso mais simples (isto é, velocidade de corrente livre, U, e pressão, p, constantes, e escoamento laminar) envolveu a realização de uma transformação matemática bastante sutil de duas equações diferenciais. A solução foi baseada no sentimento de que o perfil de velocidade da camada-limite laminar é similar — apenas sua escala muda no escoamento ao longo da placa. Mesmo com essa transformação, notamos que uma integração numérica foi necessária para gerar resultados para a espessura de camada-limite $\delta(x)$, perfil de velocidade u/U como função de y/δ e tensão de cisalhamento na parede $\tau_w(x)$.

Gostaríamos de obter um método para analisar o caso geral — isto é, para camadas-limite laminar *e* turbulenta, para o qual a velocidade de corrente livre, $U(x)$, e pressão, $p(x)$, são funções conhecidas de posição ao longo da superfície x (tal como sobre a superfície curva de um aerofólio ou sobre superfícies planas, mas divergentes de um escoamento em difusor). A metodologia é aquela na qual aplicaremos novamente as equações de governo para um volume de controle. A dedução, a partir da equação da conservação da massa (ou da continuidade) e da equação da quantidade de movimento, ocupará várias páginas.

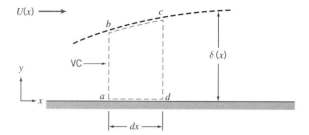

Fig. 9.4 Volume de controle diferencial em uma camada-limite.

Considere um escoamento em regime permanente, incompressível, bidimensional, sobre uma superfície sólida. A espessura da camada-limite, δ, cresce de algum modo com o aumento da distância, x. Para nossa análise, escolhemos um volume de controle diferencial, de comprimento dx, largura w e altura $\delta(x)$, conforme mostrado na Fig. 9.4. A velocidade da corrente livre é $U(x)$.

Desejamos determinar a espessura da camada-limite, δ, como uma função de x. Haverá fluxo de massa através das superfícies ab e cd do volume de controle diferencial $abcd$. E quanto à superfície bc? A superfície bc não é uma linha de corrente (mostramos isso no Exemplo 9.1, no GEN-IO, ambiente virtual de aprendizagem do GEN); é o limite imaginário que separa a camada-limite viscosa e o escoamento não viscoso da corrente livre. Então, haverá fluxo de massa através da superfície bc. Como a superfície de controle ad é adjacente a uma fronteira sólida, não haverá fluxo de massa através de ad. Antes de considerarmos as forças que atuam sobre o volume de controle e os fluxos de quantidade de movimento através da superfície de controle, apliquemos a equação da continuidade a fim de determinar o fluxo de massa através de cada porção da superfície de controle.

a. Equação da Continuidade

Equação básica:

$$\cancelto{0(1)}{\frac{\partial}{\partial t}\int_{VC} \rho\, d\mkern-6mu\mathchar'26\mkern-2mu V} + \int_{SC} \rho \vec{V}\cdot d\vec{A} = 0 \qquad (4.12)$$

Considerações: (1) Escoamento em regime permanente.
(2) Escoamento bidimensional.

Portanto,

$$\int_{SC} \rho \vec{V}\cdot d\vec{A} = 0$$

Consequentemente

$$\dot{m}_{ab} + \dot{m}_{bc} + \dot{m}_{cd} = 0$$

ou

$$\dot{m}_{bc} = -\dot{m}_{ab} - \dot{m}_{cd}$$

Avaliemos agora esses termos para o volume de controle diferencial de largura w:

Superfície	Fluxo de Massa
ab	A superfície ab está localizada em x. Uma vez que o escoamento é bidimensional (sem variação em z), o fluxo de massa através de ab é $$\dot{m}_{ab} = -\left\{\int_0^{\delta} \rho u\, dy\right\} w$$

Escoamento Viscoso, Incompressível, Externo **381**

(Continuação)

Superfície	Fluxo de Massa
cd	A superfície cd está localizada em $x + dx$. Expandindo-se $\dot{m}$ em séries de Taylor em torno do ponto x, obtivemos

$$\dot{m}_{x+dx} = \dot{m}_x + \frac{\partial \dot{m}}{\partial x}\bigg]_x dx$$

e, consequentemente,

$$\dot{m}_{cd} = \left\{ \int_0^\delta \rho u \, dy + \frac{\partial}{\partial x}\left[\int_0^\delta \rho u \, dy \right] dx \right\} w$$

bc	Assim para a superfície bc obtivemos, a partir da equação da continuidade e dos resultados anteriores,

$$\dot{m}_{bc} = -\left\{ \frac{\partial}{\partial x}\left[\int_0^\delta \rho u \, dy \right] dx \right\} w$$

(Note que a velocidade, u, e a espessura da camada-limite, δ, o limite superior na integral, dependem de x.)

Consideremos agora os fluxos de quantidade de movimento e as forças associadas ao volume de controle $abcd$. Essas quantidades estão relacionadas pela equação da quantidade de movimento.

b. Equação da Quantidade de Movimento

Apliquemos a componente x da equação da quantidade de movimento ao volume de controle $abcd$:

Equação básica:

$$F_{S_x} + \overset{= \, 0(3)}{\cancel{F_{B_x}}} = \overset{= \, 0(1)}{\cancel{\frac{\partial}{\partial t}}} \int_{VC} u \, \rho \, dV + \int_{SC} u \, \rho \vec{V} \cdot d\vec{A} \tag{4.18a}$$

Consideração: (3) $F_{B_x} = 0$

Então,

$$F_{S_x} = \mathrm{mf}_{ab} + \mathrm{mf}_{bc} + \mathrm{mf}_{cd}$$

em que mf representa a componente x do fluxo de quantidade de movimento.

Para aplicarmos essa equação ao volume de controle diferencial $abcd$, devemos obter expressões para o fluxo da quantidade de movimento na direção x através da superfície de controle e, também, para as forças superficiais que atuam sobre o volume de controle na direção x. Consideremos, primeiro, o fluxo de quantidade de movimento de novo para cada segmento da superfície de controle.

Superfície	Fluxo de Quantidade de Movimento (mf)
ab	A superfície ab está localizada em x. Uma vez que o escoamento é bidimensional, o fluxo de quantidade de movimento através de ab é

$$\mathrm{mf}_{ab} = -\left\{ \int_0^\delta u \, \rho u \, dy \right\} w$$

cd	A superfície cd está localizada em $x + dx$. Expandindo-se o fluxo de quantidade de movimento (mf) em séries de Taylor em torno do ponto x, obtivemos

$$\mathrm{mf}_{x+dx} = \mathrm{mf}_x + \frac{\partial \mathrm{mf}}{\partial x}\bigg]_x dx$$

(Continuação)

Superfície	Fluxo de Quantidade de Movimento (mf)
	ou $$\mathrm{mf}_{cd} = \left\{ \int_0^\delta u\,\rho u\,dy + \frac{\partial}{\partial x}\left[\int_0^\delta u\,\rho u\,dy\right]dx \right\} w$$
bc	Uma vez que a massa atravessando a superfície bc tem uma componente de velocidade U na direção x, o fluxo de quantidade de movimento através de bc é dado por $$\mathrm{mf}_{bc} = U\,\dot{m}_{bc}$$ $$\mathrm{mf}_{bc} = -U\left\{\frac{\partial}{\partial x}\left[\int_0^\delta \rho u\,dy\right]dx\right\}w$$

Do exposto, podemos avaliar o fluxo líquido de quantidade de movimento segundo x através da superfície de controle, como

$$\int_{SC} u\,\rho\vec{V}\cdot d\vec{A} = -\left\{\int_0^\delta u\,\rho u\,dy\right\}w + \left\{\int_0^\delta u\,\rho u\,dy\right\}w$$
$$+ \left\{\frac{\partial}{\partial x}\left[\int_0^\delta u\,\rho u\,dy\right]dx\right\}w - U\left\{\frac{\partial}{\partial x}\left[\int_0^\delta \rho u\,dy\right]dx\right\}w$$

Agrupando termos, verificamos que

$$\int_{SC} u\,\rho\vec{V}\cdot d\vec{A} = \left\{\frac{\partial}{\partial x}\left[\int_0^\delta u\,\rho u\,dy\right]dx - U\frac{\partial}{\partial x}\left[\int_0^\delta \rho u\,dy\right]dx\right\}w$$

Agora que temos uma expressão adequada para o fluxo de quantidade de movimento segundo x através da superfície de controle, vamos considerar as forças superficiais que atuam sobre o volume de controle na direção x. (Por conveniência, o volume de controle diferencial foi redesenhado na Fig. 9.5.) Note que as superfícies ab, bc e cd estão sob ação de forças normais (isto é, pressão) que geram força na direção x. Como, por definição de camada-limite, o gradiente de velocidade tende a zero na borda da camada-limite, a força de cisalhamento que atua ao longo de bc é desprezível.

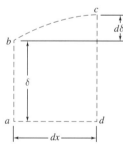

Fig. 9.5 Volume de controle diferencial.

Superfície	Força
ab	Se a pressão em x é p, então a força agindo sobre a superfície ab é dada por $$F_{ab} = pw\delta$$ [A camada-limite é muito delgada; sua espessura foi bastante exagerada em todos os esboços que fizemos. Como a camada-limite é delgada, as variações de pressão na direção y podem ser desprezadas, e consideramos somente que no interior da camada-limite, $p = p(x)$.]

(Continuação)

Superfície	Força
cd	Expandindo em séries de Taylor, a pressão em $x + dx$ é dada por $$p_{x+dx} = p + \frac{dp}{dx}\bigg]_x dx$$ A força sobre a superfície cd é então dada por $$F_{cd} = -\left(p + \frac{dp}{dx}\bigg]_x dx\right) w(\delta + d\delta)$$
bc	A pressão média agindo sobre a superfície bc é $$p + \frac{1}{2}\frac{dp}{dx}\bigg]_x dx$$ Então, a componente em x da força normal agindo sobre a superfície bc é dada por $$F_{bc} = \left(p + \frac{1}{2}\frac{dp}{dx}\bigg]_x dx\right) w\, d\delta$$
ad	A força de cisalhamento média agindo sobre ad é dada por $$F_{ad} = -\left(\tau_w + \frac{1}{2}\, d\tau_w\right) w\, dx$$

Somando as componentes na direção x das forças que atuam sobre o volume de controle, obtivemos

$$F_{S_x} = \left\{-\frac{dp}{dx}\,\delta\, dx - \frac{1}{2}\frac{dp}{dx}\, dx\overbrace{d\delta}^{\simeq 0} - \tau_w\, dx - \frac{1}{2}\, d\overbrace{\tau_w}^{\simeq 0}\, dx\right\} w$$

em que podemos inferir que $dx\, d\delta \ll \delta\, dx$ e $d\tau_w \ll \tau_w$ e, por isso, desprezamos o segundo e o quarto termos.

Substituindo as expressões para $\int_{SC} u\, \rho\vec{V}\cdot d\vec{A}$ e F_{S_x} na equação da quantidade de movimento (Eq. 4.18a), obtivemos

$$\left\{-\frac{dp}{dx}\,\delta\, dx - \tau_w\, dx\right\} w = \left\{\frac{\partial}{\partial x}\left[\int_0^\delta u\,\rho u\, dy\right] dx - U\frac{\partial}{\partial x}\left[\int_0^\delta \rho u\, dy\right] dx\right\} w$$

Dividindo essa equação por $w\, dx$, resulta

$$-\delta\frac{dp}{dx} - \tau_w = \frac{\partial}{\partial x}\int_0^\delta u\,\rho u\, dy - U\frac{\partial}{\partial x}\int_0^\delta \rho u\, dy \qquad (9.16)$$

A Eq. 9.16 é uma equação de "integral de quantidade de movimento" que fornece uma relação entre as componentes x das forças que atuam em uma camada-limite e o fluxo de quantidade de movimento na direção x.

O gradiente de pressão, dp/dx, pode ser determinado aplicando a equação de Bernoulli ao escoamento não viscoso fora da camada-limite; $dp/dx = -\rho U\, dU/dx$. Reconhecendo que $\delta = \int_0^\delta dy$, a Eq. 9.16 pode ser escrita como

$$\tau_w = -\frac{\partial}{\partial x}\int_0^\delta u\,\rho u\, dy + U\frac{\partial}{\partial x}\int_0^\delta \rho u\, dy + \frac{dU}{dx}\int_0^\delta \rho U\, dy$$

Visto que

$$U\frac{\partial}{\partial x}\int_0^\delta \rho u\, dy = \frac{\partial}{\partial x}\int_0^\delta \rho u U\, dy - \frac{dU}{dx}\int_0^\delta \rho u\, dy$$

384 Capítulo 9

temos

$$\tau_w = \frac{\partial}{\partial x} \int_0^\delta \rho u(U - u)\, dy + \frac{dU}{dx} \int_0^\delta \rho(U - u)\, dy$$

e

$$\tau_w = \frac{\partial}{\partial x} U^2 \int_0^\delta \rho \frac{u}{U} \left(1 - \frac{u}{U}\right) dy + U \frac{dU}{dx} \int_0^\delta \rho \left(1 - \frac{u}{U}\right) dy$$

Usando as definições de espessura de deslocamento, δ^* (Eq. 9.1), e espessura de quantidade de movimento, θ (Eq. 9.2), obtivemos

$$\frac{\tau_w}{\rho} = \frac{d}{dx}(U^2\theta) + \delta^* U \frac{dU}{dx} \qquad (9.17)$$

A Eq. 9.17 é a *equação integral da quantidade de movimento*. Essa equação resultará em uma equação diferencial ordinária para a espessura da camada-limite, δ, como uma função de x. Em que δ aparece na Eq. 9.17? Ela aparece nos limites superiores das integrais que definem δ^* e θ! Tudo o que temos de fazer é fornecer uma expressão adequada para o perfil de velocidade u/U e relacionar de alguma forma a tensão na parede, τ_w, com outras variáveis — que não são necessariamente tarefas fáceis! Uma vez determinada a espessura da camada-limite, as expressões para a espessura de quantidade de movimento e de deslocamento e a tensão de cisalhamento na parede podem ser obtidas.

A Eq. 9.17 foi obtida pela aplicação das equações básicas (continuidade e quantidade de movimento em x) a um volume de controle diferencial. Revendo as considerações que fizemos na dedução, verificamos que a equação fica restrita a escoamento em regime permanente, incompressível, bidimensional e sem forças de campo paralelas à superfície.

Não fizemos nenhuma hipótese específica relacionando a tensão de cisalhamento na parede, τ_w, com o campo de velocidade. Desse modo, a Eq. 9.17 é válida para um escoamento da camada-limite laminar ou turbulento. A fim de usar essa equação para estimar a espessura da camada-limite como uma função de x, devemos primeiramente:

1. Obter uma primeira aproximação para a distribuição de velocidade, $U(x)$. Essa aproximação é obtida da teoria para escoamento invíscido (a velocidade que existiria na ausência de uma camada-limite) e ela depende da forma do corpo.
2. Considerar uma forma razoável para o perfil de velocidade dentro da camada-limite.
3. Deduzir uma expressão para τ_w, usando os resultados obtidos do item **2**.

Para ilustrar a aplicação da Eq. 9.17 a escoamentos da camada-limite, vamos considerar primeiro o caso de escoamento sobre uma placa plana com gradiente de pressão zero (Seção 9.4) — os resultados que obtivermos para uma camada-limite laminar podem então ser comparados com os resultados exatos de Blasius. Os efeitos de gradientes de pressão no escoamento de camada-limite serão discutidos na Seção 9.5.

9.4 Uso da Equação Integral da Quantidade de Movimento para Escoamento com Gradiente de Pressão Zero

Para o caso especial de uma placa plana (gradiente de pressão zero), a pressão p e a velocidade U da corrente livre são ambas constantes, de modo que para o item **1** temos $U(x) = U =$ constante.

A equação integral da quantidade de movimento reduz-se então a

$$\tau_w = \rho U^2 \frac{d\theta}{dx} = \rho U^2 \frac{d}{dx} \int_0^\delta \frac{u}{U} \left(1 - \frac{u}{U}\right) dy \qquad (9.18)$$

Escoamento Viscoso, Incompressível, Externo **385**

A distribuição de velocidade, u/U, na camada-limite é considerada similar para todos os valores de x e é normalmente especificada como uma função de y/δ. (Note que u/U é adimensional e δ é uma função somente de x.) Consequentemente, convém mudar a variável de integração de y para y/δ. Definindo

$$\eta = \frac{y}{\delta}$$

obtemos

$$dy = \delta\, d\eta$$

e a equação integral da quantidade de movimento para gradiente de pressão zero é escrita

$$\tau_w = \rho U^2 \frac{d\theta}{dx} = \rho U^2 \frac{d\delta}{dx} \int_0^1 \frac{u}{U}\left(1 - \frac{u}{U}\right) d\eta \tag{9.19}$$

Queremos resolver essa equação para a espessura da camada-limite como uma função de x. Para fazer isso, devemos cumprir os itens restantes:

2. Considerar uma distribuição de velocidade na camada-limite — uma relação funcional da forma

$$\frac{u}{U} = f\left(\frac{y}{\delta}\right)$$

a. A distribuição de velocidade suposta deverá satisfazer as seguintes condições físicas aproximadas de contorno:

$$\text{em } y = 0, \qquad u = 0$$
$$\text{em } y = \delta, \qquad u = U$$
$$\text{em } y = \delta, \qquad \frac{\partial u}{\partial y} = 0$$

b. Note que, uma vez que supomos uma distribuição de velocidade, a partir da definição de espessura de quantidade de movimento (Eq. 9.2), o valor numérico da integral na Eq. 9.19 é simplesmente

$$\int_0^1 \frac{u}{U}\left(1 - \frac{u}{U}\right) d\eta = \frac{\theta}{\delta} = \text{constante} = \beta$$

e a equação integral da quantidade de movimento torna-se

$$\tau_w = \rho U^2 \frac{d\delta}{dx}\, \beta$$

3. Obter uma expressão para τ_w em termos de δ. Isso permitirá então resolver para $\delta(x)$, como ilustrado a seguir.

Escoamento Laminar

Para escoamento laminar sobre uma placa plana, uma hipótese razoável para o perfil de velocidade é um polinômio em y:

$$u = a + by + cy^2$$

As condições físicas de contorno são:

$$\text{em } y = 0, \qquad u = 0$$
$$\text{em } y = \delta, \qquad u = U$$
$$\text{em } y = \delta, \qquad \frac{\partial u}{\partial y} = 0$$

386 Capítulo 9

Avaliando as constantes, a, b e c, vem

$$\frac{u}{U} = 2\left(\frac{y}{\delta}\right) - \left(\frac{y}{\delta}\right)^2 = 2\eta - \eta^2 \qquad (9.20)$$

A Eq. 9.20 satisfaz o item **2**. Para o item **3**, lembramos que a tensão de cisalhamento na parede é dada por

$$\tau_w = \mu\frac{\partial u}{\partial y}\bigg)_{y=0}$$

Substituindo o perfil de velocidade considerado, Eq. 9.20, na expressão para τ_w, resulta

$$\tau_w = \mu\frac{\partial u}{\partial y}\bigg]_{y=0} = \mu\frac{U\,\partial(u/U)}{\delta\,\partial(y/\delta)}\bigg]_{y/\delta=0} = \frac{\mu U}{\delta}\frac{d(u/U)}{d\eta}\bigg]_{\eta=0}$$

ou

$$\tau_w = \frac{\mu U}{\delta}\frac{d}{d\eta}(2\eta - \eta^2)\bigg]_{\eta=0} = \frac{\mu U}{\delta}(2 - 2\eta)\bigg]_{\eta=0} = \frac{2\mu U}{\delta}$$

Note que isso mostra que a tensão na parede, τ_w, é uma função de x, visto que a espessura da camada-limite é $\delta = \delta(x)$. Tendo agora completado, então, os itens **1**, **2** e **3**, podemos retornar à equação integral para a quantidade de movimento

$$\tau_w = \rho U^2 \frac{d\delta}{dx} \int_0^1 \frac{u}{U}\left(1 - \frac{u}{U}\right)d\eta \qquad (9.19)$$

Substituindo τ_w e u/U, obtivemos

$$\frac{2\mu U}{\delta} = \rho U^2 \frac{d\delta}{dx} \int_0^1 (2\eta - \eta^2)(1 - 2\eta + \eta^2)\,d\eta$$

ou

$$\frac{2\mu U}{\delta\rho U^2} = \frac{d\delta}{dx} \int_0^1 (2\eta - 5\eta^2 + 4\eta^3 - \eta^4)\,d\eta$$

Integrando e substituindo os limites, resulta

$$\frac{2\mu}{\delta\rho U} = \frac{2}{15}\frac{d\delta}{dx} \quad \text{ou} \quad \delta\,d\delta = \frac{15\mu}{\rho U}\,dx$$

que é uma equação diferencial para δ. Integrando novamente, vem

$$\frac{\delta^2}{2} = \frac{15\mu}{\rho U}\,x + c$$

Se considerarmos que $\delta = 0$ em $x = 0$, então $c = 0$, logo

$$\delta = \sqrt{\frac{30\mu x}{\rho U}}$$

Note que isso mostra que a espessura da camada-limite laminar, δ, cresce na forma $\sqrt{x}$; ela tem uma forma parabólica. Tradicionalmente, isso é expresso na forma adimensional:

$$\frac{\delta}{x} = \sqrt{\frac{30\mu}{\rho Ux}} = \frac{5,48}{\sqrt{Re_x}} \qquad (9.21)$$

Escoamento Viscoso, Incompressível, Externo **387**

A Eq. 9.21 mostra que a razão entre a espessura da camada-limite laminar e a distância ao longo de uma placa plana varia inversamente com a raiz quadrada do número de Reynolds do comprimento. Ela tem a mesma forma que a solução exata deduzida por H. Blasius, em 1908, a partir das equações diferenciais completas do movimento. É notável constatar que o erro da Eq. 9.21 é apenas de 10% (a constante é muito grande) em comparação com a solução exata (Seção 9.2 no GEN-IO, ambiente virtual de aprendizagem do GEN). A Tabela 9.2 resume os resultados correspondentes calculados usando outros perfis aproximados de velocidade e lista os resultados obtidos a partir da solução exata. (A única coisa que muda na análise, quando escolhemos um perfil de velocidade diferente, é o valor de β em $\tau_w = \rho U^2 (d\delta/dx)\beta$ no item **2b**.) As formas dos perfis aproximados podem ser prontamente comparadas traçando u/U *versus* y/δ.

Uma vez conhecida a espessura da camada-limite, todos os detalhes do escoamento podem ser determinados. O coeficiente da tensão de cisalhamento na parede, ou "coeficiente de atrito superficial", é definido como

$$C_f \equiv \frac{\tau_w}{\frac{1}{2}\rho U^2} \tag{9.22}$$

Aplicando o perfil de velocidade e a Eq. 9.21, resulta

$$C_f = \frac{\tau_w}{\frac{1}{2}\rho U^2} = \frac{2\mu(U/\delta)}{\frac{1}{2}\rho U^2} = \frac{4\mu}{\rho U \delta} = 4\,\frac{\mu}{\rho U x}\,\frac{x}{\delta} = 4\,\frac{1}{Re_x}\,\frac{\sqrt{Re_x}}{5,48}$$

Finalmente,

$$C_f = \frac{0,730}{\sqrt{Re_x}} \tag{9.23}$$

Uma vez que a variação de τ_w é conhecida, o arrasto viscoso sobre a superfície pode ser avaliado por integração sobre a área da placa plana, conforme ilustrado no Exemplo 9.2.

A Eq. 9.21 pode ser usada para calcular a espessura da camada-limite laminar na transição. Para $Re_x = 5 \times 10^5$, com $U = 30$ m/s, $x = 0,24$ m para o ar na condição-padrão. Assim,

$$\frac{\delta}{x} = \frac{5,48}{\sqrt{Re_x}} = \frac{5,48}{\sqrt{5 \times 10^5}} = 0,00775$$

Tabela 9.2
Resultados do Cálculo do Escoamento na Camada-Limite Laminar sobre uma Placa Plana com Incidência Zero Baseados em Perfis de Velocidade Aproximados

Distribuição de Velocidade $\dfrac{u}{U} = f\left(\dfrac{y}{\delta}\right) = f(\eta)$	$\beta \equiv \dfrac{\theta}{\delta}$	$\dfrac{\delta^*}{\delta}$	$H \equiv \dfrac{\delta^*}{\theta}$	Constante a em $\dfrac{\delta}{x} = \dfrac{a}{\sqrt{Re_x}}$	Constante b em $C_f = \dfrac{b}{\sqrt{Re_x}}$
$f(\eta) = \eta$	$\dfrac{1}{6}$	$\dfrac{1}{2}$	3,00	3,46	0,577
$f(\eta) = 2\eta - \eta^2$	$\dfrac{2}{15}$	$\dfrac{1}{3}$	2,50	5,48	0,730
$f(\eta) = \dfrac{3}{2}\eta - \dfrac{1}{2}\eta^3$	$\dfrac{39}{280}$	$\dfrac{3}{8}$	2,69	4,64	0,647
$f(\eta) = 2\eta - 2\eta^3 = \eta^4$	$\dfrac{37}{315}$	$\dfrac{3}{10}$	2,55	5,84	0,685
$f(\eta) = \text{sen}\left(\dfrac{\pi}{2}\eta\right)$	$\dfrac{4-\pi}{2\pi}$	$\dfrac{\pi-2}{\pi}$	2,66	4,80	0,654
Exata	0,133	0,344	2,59	5,00	0,664

e a espessura da camada-limite é

$$\delta = 0{,}00775x = 0{,}00775(0{,}24\ \text{m}) = 1{,}86\ \text{mm}$$

A espessura da camada-limite na transição é menor que 1% do comprimento de desenvolvimento, x. Esses cálculos confirmam que os efeitos viscosos ficam confinados a uma camada muito delgada próxima da superfície do corpo.

Os resultados na Tabela 9.2 indicam que informações razoáveis podem ser obtidas com uma variedade de perfis aproximados de velocidade.

Exemplo **9.2** **CAMADA-LIMITE LAMINAR SOBRE UMA PLACA PLANA: SOLUÇÃO APROXIMADA USANDO PERFIL DE VELOCIDADE SENOIDAL**

Considere o escoamento bidimensional da camada-limite laminar sobre uma placa plana. Considere que o perfil de velocidade na camada-limite é senoidal,

$$\frac{u}{U} = \operatorname{sen}\left(\frac{\pi}{2}\frac{y}{\delta}\right)$$

Encontre expressões para:

(a) A taxa de crescimento de δ como uma função de x.
(b) A espessura de deslocamento, δ^*, como uma função de x.
(c) A força de atrito total sobre uma placa de comprimento L e largura b.

Dados: Escoamento bidimensional da camada-limite laminar ao longo de uma placa plana. O perfil de velocidade da camada-limite é

$$\frac{u}{U} = \operatorname{sen}\left(\frac{\pi}{2}\frac{y}{\delta}\right) \quad \text{para } 0 \leq y \leq \delta$$

e

$$\frac{u}{U} = 1 \quad \text{para } y > \delta$$

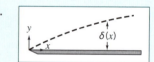

Determinar: (a) $\delta(x)$.
(b) δ^*.
(c) A força de atrito total sobre uma placa de comprimento L e largura b.

Solução:
Para escoamento sobre a placa plana, $U = $ constante, $dp/dx = 0$, e

$$\tau_w = \rho U^2 \frac{d\theta}{dx} = \rho U^2 \frac{d\delta}{dx} \int_0^1 \frac{u}{U}\left(1 - \frac{u}{U}\right) d\eta \qquad (9.19)$$

Considerações:

1 Escoamento em regime permanente.
2 Escoamento incompressível.

Substituindo $\dfrac{u}{U} = \operatorname{sen}\dfrac{\pi}{2}\eta$ na Eq. 9.19, obtivemos:

$$\tau_w = \rho U^2 \frac{d\delta}{dx} \int_0^1 \operatorname{sen}\frac{\pi}{2}\eta\left(1 - \operatorname{sen}\frac{\pi}{2}\eta\right) d\eta = \rho U^2 \frac{d\delta}{dx} \int_0^1 \left(\operatorname{sen}\frac{\pi}{2}\eta - \operatorname{sen}^2\frac{\pi}{2}\eta\right) d\eta$$

$$= \rho U^2 \frac{d\delta}{dx} \frac{2}{\pi}\left[-\cos\frac{\pi}{2}\eta - \frac{1}{2}\frac{\pi}{2}\eta + \frac{1}{4}\operatorname{sen}\pi\eta\right]_0^1 = \rho U^2 \frac{d\delta}{dx} \frac{2}{\pi}\left[0 + 1 - \frac{\pi}{4} + 0 + 0 - 0\right]$$

$$\tau_w = 0{,}137 \rho U^2 \frac{d\delta}{dx} = \beta \rho U^2 \frac{d\delta}{dx}; \quad \beta = 0{,}137$$

Mas

$$\tau_w = \mu \frac{\partial u}{\partial y}\bigg]_{y=0} = \mu \frac{U}{\delta} \frac{\partial (u/U)}{\partial (y/\delta)}\bigg]_{y=0} = \mu \frac{U}{\delta} \frac{\pi}{2} \cos \frac{\pi}{2} \eta\bigg]_{\eta=0} = \frac{\pi \mu U}{2\delta}$$

Portanto,

$$\tau_w = \frac{\pi \mu U}{2\delta} = 0{,}137 \rho U^2 \frac{d\delta}{dx}$$

Separando variáveis, obtivemos

$$\delta \, d\delta = 11{,}5 \frac{\mu}{\rho U} \, dx$$

Integrando, obtivemos

$$\frac{\delta^2}{2} = 11{,}5 \frac{\mu}{\rho U} x + c$$

Mas $c = 0$, pois $\delta = 0$ em $x = 0$, logo

$$\delta = \sqrt{23{,}0 \frac{x\mu}{\rho U}}$$

ou

$$\frac{\delta}{x} = 4{,}80 \sqrt{\frac{\mu}{\rho U x}} = \frac{4{,}80}{\sqrt{Re_x}} \longleftarrow \hspace{3cm} \delta(x)$$

A espessura de deslocamento, δ^*, é dada por

$$\delta^* = \delta \int_0^1 \left(1 - \frac{u}{U}\right) d\eta$$

$$= \delta \int_0^1 \left(1 - \operatorname{sen} \frac{\pi}{2} \eta\right) d\eta = \delta \left[\eta + \frac{2}{\pi} \cos \frac{\pi}{2} \eta\right]_0^1$$

$$\delta^* = \delta \left[1 - 0 + 0 - \frac{2}{\pi}\right] = \delta \left[1 - \frac{2}{\pi}\right]$$

Como, da parte (a),

$$\frac{\delta}{x} = \frac{4{,}80}{\sqrt{Re_x}}$$

tem-se

$$\frac{\delta^*}{x} = \left(1 - \frac{2}{\pi}\right) \frac{4{,}80}{\sqrt{Re_x}} = \frac{1{,}74}{\sqrt{Re_x}} \longleftarrow \hspace{3cm} \delta^*(x)$$

A força de atrito total sobre um lado da placa é dada por

$$F = \int_{A_p} \tau_w \, dA$$

Como $dA = b \, dx$ e $0 \le x \le L$, então

$$F = \int_0^L \tau_w b \, dx = \int_0^L \rho U^2 \frac{d\theta}{dx} b \, dx = \rho U^2 b \int_0^{\theta_L} d\theta = \rho U^2 b \theta_L$$

$$\theta_L = \int_0^{\delta_L} \frac{u}{U}\left(1 - \frac{u}{U}\right) dy = \delta_L \int_0^1 \frac{u}{U}\left(1 - \frac{u}{U}\right) d\eta = \beta \delta_L$$

390   Capítulo 9

Da parte (a), $\beta = 0,137$ e $\delta_L = \dfrac{4,80L}{\sqrt{Re_L}}$, logo

$$F = \frac{0,658\rho U^2 bL}{\sqrt{Re_L}} \quad\longleftarrow\quad F$$

> Este problema ilustra a aplicação da equação integral da quantidade de movimento a uma camada-limite laminar sobre uma placa plana.
>
> 💻 A planilha *Excel* para este exemplo traça os gráficos do crescimento de δ e δ^* na camada-limite e da solução exata (Eq. 9.13 no GEN-IO, ambiente virtual de aprendizagem do GEN). Mostra também as distribuições de tensão de cisalhamento para o perfil de velocidade senoidal e para a solução exata.

Escoamento Turbulento

Para a placa plana, temos também para o item **1** que U = constante. Da mesma forma que para a camada-limite laminar, necessitamos satisfazer o item **2** (uma aproximação para o perfil de velocidade turbulenta) e o item **3** (uma expressão para τ_w), de modo a resolver a Eq. 9.19 para $\delta(x)$:

$$\tau_w = \rho U^2 \frac{d\delta}{dx} \int_0^1 \frac{u}{U}\left(1 - \frac{u}{U}\right) d\eta \tag{9.19}$$

Os detalhes do perfil de velocidade turbulento para camadas-limite com gradiente de pressão zero são muito semelhantes àqueles para escoamento turbulento em tubos e canais. Dados para camadas-limite turbulentas ajustam-se sobre o perfil de velocidade universal, usando coordenadas de $\bar{u}/u_*$ *versus* yu_*/v, conforme mostrado na Fig. 8.9. Contudo, para uso em engenharia, esse perfil é mais complexo matematicamente que a equação integral da quantidade de movimento. A equação integral da quantidade de movimento é aproximada; assim, um perfil de velocidade aceitável para camada-limite turbulenta sobre placa plana lisa é o perfil empírico de lei de potência. Um expoente de 1/7 é tipicamente usado para modelar o perfil de velocidade turbulento. Portanto,

$$\frac{u}{U} = \left(\frac{y}{\delta}\right)^{1/7} = \eta^{1/7} \tag{9.24}$$

Entretanto, esse perfil não prevalece nas vizinhanças imediatas da parede, uma vez que ele prevê $du/dy = \infty$ na parede. Por isso, não podemos usá-lo na definição de τ_w a fim de obter uma expressão para τ_w em termos de δ, como fizemos para o escoamento da camada-limite laminar. Para escoamento da camada-limite turbulenta, adaptamos a expressão desenvolvida para escoamento em tubo,

$$\tau_w = 0,0332\rho \bar{V}^2 \left[\frac{\nu}{R\bar{V}}\right]^{0,25} \tag{8.39}$$

Para um perfil de potência 1/7 em um tubo, a Eq. 8.24 fornece $\bar{V}/U = 0,817$. Substituindo $\bar{V} = 0,817U$ e $R = \delta$ na Eq. 8.39, obtivemos

$$\tau_w = 0,0233\rho U^2 \left(\frac{\nu}{U\delta}\right)^{1/4} \tag{9.25}$$

Substituindo para τ_w e u/U na Eq. 9.19 e integrando, resulta

$$0,0233 \left(\frac{\nu}{U\delta}\right)^{1/4} = \frac{d\delta}{dx} \int_0^1 \eta^{1/7}\left(1 - \eta^{1/7}\right) d\eta = \frac{7}{72}\frac{d\delta}{dx}$$

Assim, obtivemos uma equação diferencial para δ:

$$\delta^{1/4}\,d\delta = 0,240 \left(\frac{\nu}{U}\right)^{1/4} dx$$

Escoamento Viscoso, Incompressível, Externo **391**

Integrando, vem

$$\frac{4}{5}\,\delta^{5/4} = 0{,}240\left(\frac{\nu}{U}\right)^{1/4}x + c$$

Se considerarmos que $\delta \approx 0$ para $x = 0$ (isso é equivalente a considerar escoamento turbulento desde a borda de ataque), então $c = 0$, e

$$\delta = 0{,}382\left(\frac{\nu}{U}\right)^{1/5}x^{4/5}$$

Note que isso mostra que a espessura da camada-limite turbulenta, δ, cresce conforme $x^{4/5}$; esse crescimento é quase linear (lembre que δ cresce mais lentamente, conforme $\sqrt{x}$, para a camada-limite laminar). Tradicionalmente, isso é expresso na forma adimensional:

$$\frac{\delta}{x} = 0{,}382\left(\frac{\nu}{Ux}\right)^{1/5} = \frac{0{,}382}{Re_x^{1/5}} \tag{9.26}$$

Usando a Eq. 9.25, obtivemos o coeficiente de atrito superficial em função de δ:

$$C_f = \frac{\tau_w}{\frac{1}{2}\rho U^2} = 0{,}0466\left(\frac{\nu}{U\delta}\right)^{1/4}$$

Substituindo para δ, obtivemos

$$C_f = \frac{\tau_w}{\frac{1}{2}\rho U^2} = \frac{0{,}0594}{Re_x^{1/5}} \tag{9.27}$$

Experimentos mostram que a Eq. 9.27 prediz muito bem o atrito superficial turbulento em uma placa plana para $5 \times 10^5 < Re_x < 10^7$. Essa concordância é notável em vista da natureza aproximada de nossa análise.

A aplicação da equação integral da quantidade de movimento para escoamento de camada-limite turbulenta é ilustrada no Exemplo 9.3.

Exemplo **9.3** **CAMADA-LIMITE TURBULENTA SOBRE UMA PLACA PLANA: SOLUÇÃO APROXIMADA USANDO PERFIL DE VELOCIDADE DE POTÊNCIA 1/7**

Água escoa a $U = 1$ m/s sobre uma placa plana, com $L = 1$ m na direção do escoamento. A camada-limite é provocada, de modo que ela se torna turbulenta na borda de ataque. Avalie a espessura de perturbação, δ, a espessura de deslocamento, δ^*, e a tensão de cisalhamento de parede, τ_w, para $x = L$. Compare com os resultados nessa posição para o escoamento mantido laminar. Considere um perfil de lei de potência 1/7 para a velocidade na camada-limite turbulenta.

Dados: Escoamento de camada-limite sobre placa plana; escoamento turbulento a partir da borda de ataque. Considere perfil de velocidade de lei de potência 1/7.

Determinar: (a) A espessura de perturbação, δ_L.
(b) A espessura de deslocamento, δ_L^*.
(c) A tensão de cisalhamento de parede, $\tau_w(L)$.
(d) Compare com os resultados para escoamento laminar a partir da borda de ataque.

Solução:
Aplique os resultados da equação integral da quantidade de movimento.

Equações básicas:

$$\frac{\delta}{x} = \frac{0{,}382}{Re_x^{1/5}} \tag{9.26}$$

392 Capítulo 9

$$\delta^* = \int_0^\infty \left(1 - \frac{u}{U}\right) dy \tag{9.1}$$

$$C_f = \frac{\tau_w}{\frac{1}{2}\,\rho U^2} = \frac{0{,}0594}{Re_x^{1/5}} \tag{9.27}$$

Em $x = L$, com $\nu = 1{,}00 \times 10^{-6}$ m²/s para a água, ($T = 20°C$),

$$Re_L = \frac{UL}{\nu} = 1\,\frac{\text{m}}{\text{s}} \times 1\,\text{m} \times \frac{\text{s}}{10^{-6}\,\text{m}^2} = 10^6$$

Da Eq. 9.26,

$$\delta_L = \frac{0{,}382}{Re_L^{1/5}}\,L = \frac{0{,}382}{(10^6)^{1/5}} \times 1\,\text{m} = 0{,}0241\,\text{m} \quad \text{ou} \quad \delta_L = 24{,}1\,\text{mm} \longleftarrow \qquad \delta_L$$

Usando a Eq. 9.1, com $u/U = (y/\delta)^{1/7} = \eta^{1/7}$, obtivemos

$$\delta_L^* = \int_0^\infty \left(1 - \frac{u}{U}\right) dy = \delta_L \int_0^1 \left(\frac{u}{U}\right) d\left(\frac{y}{\delta}\right) = \delta_L \int_0^1 \left(1 - \eta^{1/7}\right) d\eta = \delta_L \left[\eta - \frac{7}{8}\eta^{8/7}\right]_0^1$$

$$\delta_L^* = \frac{\delta_L}{8} = \frac{24{,}1\,\text{mm}}{8} = 3{,}01\,\text{mm} \longleftarrow \qquad \delta_L^*$$

Da Eq. 9.27,

$$C_f = \frac{0{,}0594}{(10^6)^{1/5}} = 0{,}00375$$

$$\tau_w = C_f\,\frac{1}{2}\,\rho U^2 = 0{,}00375 \times \frac{1}{2} \times 999\,\frac{\text{kg}}{\text{m}^3} \times (1)^2\,\frac{\text{m}^2}{\text{s}^2} \times \frac{\text{N} \cdot \text{s}^2}{\text{kg} \cdot \text{m}}$$

$$\tau_w = 1{,}87\,\text{N/m}^2 \longleftarrow \qquad \tau_w(L)$$

Para escoamento laminar, usamos os valores da solução de Blasius. Da Eq. 9.13 (no GEN-IO, ambiente virtual de aprendizagem do GEN),

$$\delta_L = \frac{5{,}0}{\sqrt{Re_L}}\,L = \frac{5{,}0}{(10^6)^{1/2}} \times 1\,\text{m} = 0{,}005\,\text{m} \quad \text{ou} \quad 5{,}00\,\text{mm}$$

Do Exemplo 9.1 (no GEN-IO), $\delta^*/\delta = 0{,}344$, de modo que

$$\delta^* = 0{,}344 \quad \delta = 0{,}344 \times 5{,}0\,\text{mm} = 1{,}72\,\text{mm}$$

Da Eq. 9.15, $C_f = \dfrac{0{,}664}{\sqrt{Re_x}}$, de modo que

$$\tau_w = C_f\,\frac{1}{2}\,\rho U^2 = \frac{0{,}664}{\sqrt{10^6}} \times \frac{1}{2} \times 999\,\frac{\text{kg}}{\text{m}^3} \times (1)^2\,\frac{\text{m}^2}{\text{s}^2} \times \frac{\text{N} \cdot \text{s}^2}{\text{kg} \cdot \text{m}} = 0{,}332\,\text{N/m}^2$$

Comparando os valores para $x = L$, obtivemos

$$\text{Espessura de perturbação,} \quad \frac{\delta_{\text{turbulento}}}{\delta_{\text{laminar}}} = \frac{24{,}1\,\text{mm}}{5{,}00\,\text{mm}} = 4{,}82$$

$$\text{Espessura de deslocamento,} \quad \frac{\delta_{\text{turbulento}}^*}{\delta_{\text{laminar}}^*} = \frac{3{,}01\,\text{mm}}{1{,}72\,\text{mm}} = 1{,}75$$

$$\text{Tensão de cisalhamento na parede,} \quad \frac{\tau_{w,\text{turbulento}}}{\tau_{w,\text{laminar}}} = \frac{1{,}87\,\text{N/m}^2}{0{,}332\,\text{N/m}^2} = 5{,}63$$

Este problema ilustra a aplicação da equação integral de quantidade de movimento para uma camada-limite turbulenta sobre placa plana. Os resultados, quando comparados com aqueles para escoamento laminar, indicam claramente o crescimento muito mais rápido da camada-limite turbulenta — porque a tensão de cisalhamento turbulenta de parede é significativamente maior que aquela da camada-limite laminar.

A planilha *Excel* para este exemplo traça os gráficos do perfil de velocidade de lei de potência 1/7 para a camada-limite turbulenta (Eq. 9.26) e do perfil de velocidade para a camada-limite laminar (Eq. 9.13 no GEN-IO, ambiente virtual de aprendizagem do GEN). Mostra também as distribuições de tensão de cisalhamento para ambos os casos.

Resumo dos Resultados para Escoamento em Camada-Limite com Gradiente de Pressão Zero

O uso da equação integral da quantidade de movimento é uma técnica aproximada para predizer o desenvolvimento da camada-limite; a equação prediz corretamente as tendências. Os parâmetros da camada-limite laminar variam conforme $Re_x^{-1/2}$; e os parâmetros para a camada-limite turbulenta variam conforme $Re_x^{-1/5}$. Assim, a camada-limite turbulenta se desenvolve mais rapidamente do que a camada-limite laminar.

Camadas-limite laminar e turbulenta foram comparadas no Exemplo 9.3. A tensão de cisalhamento na parede é muito maior na camada-limite turbulenta do que na camada-limite laminar. Essa é a principal razão para o desenvolvimento mais rápido das camadas-limite turbulentas.

A concordância que obtivemos com os resultados experimentais mostra que o uso da equação integral da quantidade de movimento é um método aproximado efetivo que nos fornece considerável conhecimento sobre o comportamento geral das camadas-limite.

9.5 Gradientes de Pressão no Escoamento da Camada-Limite

A camada-limite (laminar ou turbulenta) com um escoamento uniforme ao longo de uma placa plana infinita é mais fácil de ser estudada, porque o gradiente de pressão é zero — as partículas fluidas têm suas velocidades reduzidas por tensões de cisalhamento apenas, resultando no crescimento da camada-limite. Consideremos agora os efeitos causados por um gradiente de pressão, que estará presente para todos os corpos, exceto, conforme já vimos, para uma placa plana.

Um *gradiente de pressão favorável* é aquele no qual a pressão diminui no sentido do escoamento (isto é, $\partial p/\partial x < 0$); ele é chamado de favorável porque tende a agir contra a redução da velocidade das partículas fluidas na camada-limite. Esse gradiente de pressão aparece quando a velocidade de corrente livre U está aumentando com x, como em um campo de escoamento convergente em um bocal. Por outro lado, um *gradiente adverso de pressão* é um no qual a pressão cresce no sentido do escoamento (isto é, $\partial p/\partial x > 0$); ele é chamado de adverso porque provocará uma redução da velocidade das partículas fluidas a uma taxa maior do que aquele devido somente ao atrito na camada-limite. Se o gradiente adverso de pressão for grave o bastante, as partículas fluidas na camada-limite serão de fato levadas ao repouso. Quando isso ocorrer, essas partículas serão forçadas a afastar-se da superfície do corpo (um fenômeno chamado *separação de escoamento*), de modo a dar espaço para as partículas seguintes, resultando, então, em uma *esteira* na qual o escoamento é turbulento. Exemplos disso acontecem quando as paredes de um difusor divergem tão rapidamente e quando um aerofólio tem um ângulo de ataque muito grande; ambos os casos geralmente são muito indesejáveis!

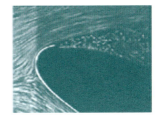

Vídeo: Separação de Escoamento: Aerofólio

Essa descrição, do gradiente adverso de pressão e do atrito viscoso na camada-limite juntos forçando a separação do escoamento, certamente faz sentido intuitivo; a questão que aparece é se podemos ver de maneira mais formal quando esse fenômeno ocorre. Por exemplo, podemos ter separação de escoamento e uma esteira em um escoamento uniforme sobre uma placa plana, em que $\partial p/\partial x = 0$? Podemos entender melhor essa questão verificando quando a velocidade na camada-limite será igual a zero. Considere a velocidade u na camada-limite a uma distância infinitesimal Δy acima da placa. Por desenvolvimento em série de Taylor, temos

$$u_{y=\Delta y} = u_0 + \frac{\partial u}{\partial y}\bigg)_{y=0} \Delta y = \frac{\partial u}{\partial y}\bigg)_{y=0} \Delta y$$

em que $u_0 = 0$ é a velocidade na superfície da placa. Está claro que $u_{y=\Delta y}$ será zero (isto é, a separação ocorrerá) somente quando $\partial u/\partial y)_{y=0} = 0$. Então, podemos usar isso como teste indicador de separação de escoamento. É importante relembrar que o gradiente de velocidade próximo da superfície em uma camada-limite laminar, e na subcamada viscosa de um escoamento turbulento, foi relacionado com a tensão de cisalhamento de parede por

$$\tau_w = \mu \frac{\partial u}{\partial y}\bigg)_{y=0}$$

Além disso, aprendemos nas seções precedentes que a tensão de cisalhamento na parede de uma placa plana é dada por

$$\frac{\tau_w(x)}{\rho U^2} = \frac{\text{constante}}{\sqrt{Re_x}}$$

para uma camada-limite laminar e

$$\frac{\tau_w(x)}{\rho U^2} = \frac{\text{constante}}{Re_x^{1/5}}$$

para uma camada-limite turbulenta. Vemos que, para o escoamento sobre uma placa plana, a tensão na parede é sempre $\tau_w > 0$. Portanto, $\partial u/\partial y)_{y=0} > 0$ sempre; e então, finalmente, $u_{y=\Delta y} > 0$ sempre. Concluímos assim, que para um escoamento uniforme sobre uma placa plana, o escoamento *nunca* separa e nunca se desenvolve em uma região de esteira, seja a camada-limite laminar ou turbulenta e qualquer que seja o comprimento da placa.

Concluímos que não há separação para um escoamento sobre uma placa plana, quando $\partial p/\partial x = 0$. Claramente, para escoamentos nos quais $\partial p/\partial x < 0$ (em que a velocidade da corrente livre está aumentando), podemos estar certos de que não ocorrerá separação de escoamento; para escoamentos nos quais $\partial p/\partial x > 0$ (isto é, gradientes adversos de pressão), *pode* ocorrer separação de escoamento. Não devemos inferir, no entanto, que um gradiente adverso de pressão *sempre* leva a uma separação de escoamento e a uma esteira; concluímos apenas que $\partial p/\partial x > 0$ é uma condição necessária para ocorrer separação de escoamento.

Para ilustrar esses resultados, considere o escoamento através de uma seção transversal variável, conforme mostrado na Fig. 9.6. Fora da camada-limite, o campo de velocidade é de tal forma que o fluido é acelerado (Região 1), apresenta uma região de velocidade constante (Região 2) e, em seguida, uma região de desaceleração (Região 3). Correspondente a isso, o gradiente de pressão é favorável, zero e adverso, respectivamente, conforme mostrado. (Note que a configuração não é uma simples placa plana — ela apresenta esses diversos gradientes de pressão porque o escoamento acima da parede plana não é um escoamento uniforme.) Dessa discussão, concluímos que a separação não pode ocorrer na Região 1 ou 2, mas pode ocorrer (conforme mostrado) na Região 3. Podemos evitar a separação do escoamento em um dispositivo como

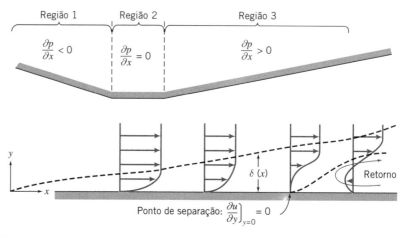

Fig. 9.6 Escoamento em camada-limite com gradiente de pressão (espessura da camada-limite exagerada para melhor compreensão).

esse? Intuitivamente, verificamos que, se fizermos a seção divergente menos grave, a separação do escoamento pode ser eliminada. Em outras palavras, podemos eliminar a separação do escoamento, reduzindo suficientemente a magnitude do gradiente de pressão adverso $\partial p/\partial x$. A questão final que resta é: quão pequeno o gradiente de pressão adverso necessita ser para que isso aconteça? A resposta a essa questão, assim como uma prova mais rigorosa de que devemos ter $\partial p/\partial x > 0$ para que haja possibilidade de separação do escoamento, está além dos objetivos deste texto [3]. A conclusão a que chegamos é que a separação do escoamento é possível, mas não garantida, quando existe um gradiente de pressão adverso.

Os perfis adimensionais de velocidade para escoamentos da camada-limite laminar e turbulento sobre uma placa plana são mostrados na Fig. 9.7a. O perfil turbulento é muito mais cheio (mais abaulado) que o perfil laminar. Para uma mesma velocidade de corrente livre, o fluxo de quantidade de movimento no interior da camada-limite turbulenta é maior que aquele no interior da camada-limite laminar (Fig. 9.7b). A separação ocorre quando a quantidade de movimento das camadas de fluido próximas da superfície é reduzida para zero pela ação combinada das forças viscosas e de pressão. Como mostrado na Fig. 9.7b, a quantidade de movimento do fluido próximo da superfície é significativamente maior para o perfil turbulento. Consequentemente, a camada turbulenta é mais capaz de resistir à separação em um gradiente de pressão adverso. Discutiremos algumas consequências desse comportamento na Seção 9.6.

Gradientes de pressão adversos causam importantes mudanças nos perfis de velocidade para ambos os escoamentos da camada-limite, laminar e turbulento. Soluções aproximadas para gradientes de pressão diferentes de zero podem ser obtidas a partir da equação integral da quantidade de movimento

$$\frac{\tau_w}{\rho} = \frac{d}{dx}(U^2\theta) + \delta^* U \frac{dU}{dx} \qquad (9.17)$$

Expandindo o primeiro termo, podemos escrever

$$\frac{\tau_w}{\rho} = U^2 \frac{d\theta}{dx} + (\delta^* + 2\theta) U \frac{dU}{dx}$$

ou

$$\frac{\tau_w}{\rho U^2} = \frac{C_f}{2} = \frac{d\theta}{dx} + (H + 2) \frac{\theta}{U} \frac{dU}{dx} \qquad (9.28)$$

em que $H = \delta^*/\theta$ é um "fator de forma" do perfil de velocidade. O fator de forma aumenta em um gradiente de pressão adverso. Para escoamento da camada-limite turbulento, H aumenta de 1,3 para gradiente de pressão zero para aproximadamente 2,5

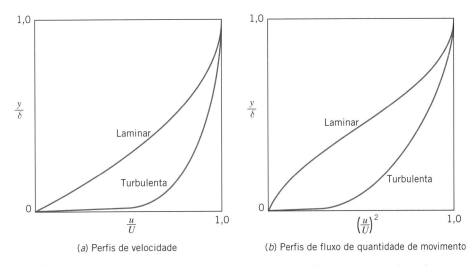

(a) Perfis de velocidade   (b) Perfis de fluxo de quantidade de movimento

Fig. 9.7 Perfis adimensionais para escoamento em camada-limite sobre uma placa plana.

396 Capítulo 9

na separação. Para escoamento laminar com gradiente de pressão zero, $H = 2,6$; na separação, $H = 3,5$.

A distribuição de velocidade de corrente livre, $U(x)$, deve ser conhecida antes que a Eq. 9.28 possa ser aplicada. Uma vez que $dp/dx = -\rho U\, dU/dx$, especificar $U(x)$ é equivalente a especificar o gradiente de pressão. Podemos obter uma primeira aproximação para $U(x)$ da teoria de escoamento ideal para um escoamento não viscoso nas mesmas condições. Como assinalado no Capítulo 6, para escoamento irrotacional sem atrito (escoamento potencial), a função de corrente, ψ, e o potencial de velocidade, ϕ, satisfazem a equação de Laplace. Isso pode ser usado para determinar $U(x)$ sobre a superfície do corpo.

Muito esforço tem sido dedicado ao cálculo de distribuições de velocidade sobre corpos de formas conhecidas (o problema "direto") e à determinação de geometrias de corpos para produzir uma distribuição de pressão desejada (o problema "inverso"). Smith *et al.* [6] desenvolveram métodos de cálculo que utilizam singularidades distribuídas sobre a superfície do corpo para solucionar o problema direto para formas de corpo bidimensionais ou axissimétricas. Um tipo de método de elementos finitos que usa singularidades definidas sobre painéis superficiais discretos (o método do "painel" [7]) tem ganhado adeptos para aplicação a escoamentos tridimensionais. Lembre também que na Seção 5.5 revisamos brevemente algumas ideias básicas de DFC (dinâmica dos fluidos computacional).

Uma vez que a distribuição de velocidade, $U(x)$, é conhecida, a Eq. 9.28 pode ser integrada para determinar $\theta(x)$, se H e C_f puderem ser correlacionados com θ. Uma discussão detalhada de vários métodos de cálculo para escoamentos com gradientes de pressão diferentes de zero está além dos objetivos deste livro. Inúmeras soluções para escoamentos laminares são dadas em Kraus [8]. Os métodos de cálculo para escoamentos da camada-limite turbulenta, baseados na equação integral da quantidade de movimento, são revistos em Rotta [9].

Por causa da importância das camadas-limite turbulentas em problemas de engenharia envolvendo escoamentos, o estado da arte dos esquemas de cálculo tem avançado rapidamente. Vários procedimentos de cálculo têm sido propostos [10, 11]; a maioria desses esquemas para escoamento turbulento utiliza modelos para prever a tensão turbulenta de cisalhamento e, em seguida, resolver as equações de camada-limite numericamente [12, 13]. As melhorias contínuas na capacidade e velocidade dos computadores estão tornando possível a solução das equações completas de Navier-Stokes usando métodos numéricos [14, 15].

Parte B ESCOAMENTO FLUIDO EM TORNO DE CORPOS SUBMERSOS

Sempre que existir movimento relativo entre um corpo sólido e o fluido viscoso que o circunda, o corpo experimentará uma força resultante $\vec{F}$. O módulo dessa força depende de muitos fatores — certamente da velocidade relativa $\vec{V}$, mas também da forma e do tamanho do corpo, e das propriedades do fluido (ρ, μ etc.). Conforme o fluido escoa em torno do corpo, ele gerará tensões superficiais sobre cada elemento da superfície, e é isso que fará aparecer a força resultante. As tensões superficiais são compostas de tensões tangenciais devido à ação viscosa e de tensões normais devido à pressão local. Podemos ser tentados a pensar que a força líquida pode ser deduzida analiticamente por meio da integração dessas tensões sobre a superfície do corpo. O primeiro passo poderia ser: dada a forma do corpo (e considerando que o número de Reynolds é grande o suficiente para que a teoria do escoamento não viscoso possa ser usada), calcule a distribuição de pressão. Em seguida, integre a pressão sobre a superfície do corpo para obter a contribuição das forças de pressão para a força líquida $\vec{F}$. (Conforme discutido no Capítulo 6, essa etapa foi desenvolvida muito cedo na história da mecânica dos fluidos e levou ao resultado de que não havia arrasto sobre o corpo!) O segundo passo poderia ser: use essa distribuição de pressão para determinar (pelo menos em princípio, usando a Eq. 9.17, por exemplo) a tensão viscosa superficial τ_w. Em seguida, integre a tensão viscosa sobre a superfície do corpo para obter sua contribuição para a força resultante $\vec{F}$. Conceitualmente, esse procedimento parece de aplicação direta, mas é bastante difícil de ser realizado na prática, exceto para formas de corpo mais simples. Além disso, mesmo se fosse possível realizá-lo, esse procedimento levaria a resultados errôneos na maior parte dos casos, porque não leva em conta uma consequência muito importante da existência das camadas-limite: a separação do escoamento. Isso causa uma esteira que não somente cria uma região de baixa pressão que geralmente leva a um arrasto maior sobre o corpo, mas também muda radicalmente o campo de escoamento global e, por conseguinte, a região de escoamento não viscoso e a distribuição de pressão sobre o corpo.

Por essas razões, devemos recorrer a métodos experimentais para determinar a força resultante sobre a maioria das formas de corpos (embora as abordagens com DFC estejam melhorando rapidamente). Tradicionalmente, a força resultante $\vec{F}$ é decomposta na força de arrasto, F_D, definida como a componente da força paralela à direção do movimento, e na força de sustentação, F_L (caso ela exista para o corpo), definida como a componente da força perpendicular à direção do movimento. Nas Seções 9.6 e 9.7, examinaremos essas forças para algumas diferentes formas de corpo.

Vídeo: Escoamento em Torno de um Carro Esportivo

9.6 Arrasto

O arrasto é a componente da força sobre um corpo que atua paralelamente à direção do movimento relativo. Ao discutirmos a necessidade de resultados experimentais na mecânica dos fluidos (Capítulo 7), consideramos o problema de determinar a força de arrasto, F_D, sobre uma esfera lisa de diâmetro d, movendo-se através de um fluido viscoso, incompressível, com velocidade V; a massa específica e a viscosidade eram ρ e μ, respectivamente. A força de arrasto, F_D, foi escrita na forma funcional

$$F_D = f_1(d, V, \mu, \rho)$$

A aplicação do teorema Pi de Buckingham resultou em dois parâmetros adimensionais Π que foram escritos na forma funcional como

$$\frac{F_D}{\rho V^2 d^2} = f_2\left(\frac{\rho V d}{\mu}\right)$$

Note que d^2 é proporcional à área de seção transversal ($A = \pi d^2/4$) e que, portanto, podemos escrever

$$\frac{F_D}{\rho V^2 A} = f_3\left(\frac{\rho V d}{\mu}\right) = f_3(Re) \tag{9.29}$$

Embora a Eq. 9.29 tenha sido obtida para uma esfera, sua forma é válida para escoamento incompressível sobre *qualquer* corpo; o comprimento característico usado no número de Reynolds depende da forma do corpo.

O *coeficiente de arrasto*, C_D, é definido como

$$C_D \equiv \frac{F_D}{\frac{1}{2}\rho V^2 A} \tag{9.30}$$

O número 1/2 foi inserido (como foi feito na definição da equação para o fator de atrito) para formar a familiar pressão dinâmica. Desse modo, a Eq. 9.29 pode ser escrita como

$$C_D = f(Re) \tag{9.31}$$

Não consideramos compressibilidade ou efeitos de superfície livre nesta discussão da força de arrasto. Se eles tivessem sido incluídos, teríamos obtido a forma funcional

$$C_D = f(Re, Fr, M)$$

Neste ponto, consideraremos a força de arrasto sobre diversos corpos para os quais a Eq. 9.31 é válida. A força de arrasto total é a soma do arrasto de atrito e do arrasto

Capítulo 9

de pressão. Contudo, o coeficiente de arrasto é uma função somente do número de Reynolds.

Agora, vamos considerar a força de arrasto e o coeficiente de arrasto para alguns corpos, começando com o mais simples: uma placa plana paralela ao escoamento (que tem somente arrasto de atrito); uma placa normal ao escoamento (que tem somente arrasto de pressão); e cilindros e esferas (os corpos 2D e 3D mais simples que apresentam, ambos, os arrastos de atrito e de pressão). Também discutiremos, brevemente, a carenagem.

Arrasto de Atrito Puro: Escoamento sobre uma Placa Plana Paralela ao Escoamento

Essa situação de escoamento foi considerada em detalhe na Seção 9.4. Como o gradiente de pressão é zero (e como as forças de pressão são perpendiculares à placa em qualquer evento, não contribuem para o arrasto), o arrasto total é igual ao arrasto de atrito. Logo

$$F_D = \int_{\text{superfície da placa}} \tau_w \, dA$$

e

$$C_D = \frac{F_D}{\frac{1}{2}\rho V^2 \, A} = \frac{\int_{\text{SP}} \tau_w \, dA}{\frac{1}{2}\rho V^2 \, A} \tag{9.32}$$

em que A é a área total da superfície em contato com o fluido (isto é, a *área molhada*). O coeficiente de arrasto para uma placa plana paralela ao escoamento depende da distribuição de tensão de cisalhamento ao longo da placa.

Para escoamento laminar sobre uma placa plana, o coeficiente de tensão de cisalhamento foi dado por

$$C_f = \frac{\tau_w}{\frac{1}{2}\rho U^2} = \frac{0,664}{\sqrt{Re_x}} \tag{9.15}$$

O coeficiente de arrasto para escoamento com velocidade de corrente livre, V, sobre uma placa plana de comprimento L e largura b é obtido substituindo τ_w da Eq. 9.15 na Eq. 9.32. Assim,

$$C_D = \frac{1}{A} \int_A 0,664 \, Re_x^{-0,5} \, dA = \frac{1}{bL} \int_0^L 0,664 \left(\frac{V}{\nu}\right)^{-0,5} x^{-0,5} b \, dx$$

$$= \frac{0,664}{L} \left(\frac{\nu}{V}\right)^{0,5} \left[\frac{x^{0,5}}{0,5}\right]_0^L = 1,33 \left(\frac{\nu}{VL}\right)^{0,5}$$

$$C_D = \frac{1,33}{\sqrt{Re_L}} \tag{9.33}$$

Considerando que a camada-limite é turbulenta a partir da borda de ataque, o coeficiente de tensão de cisalhamento, baseado na análise aproximada da Seção 9.4, é dado por

$$C_f = \frac{\tau_w}{\frac{1}{2}\rho U^2} = \frac{0,0594}{Re_x^{1/5}} \tag{9.27}$$

Substituindo τ_w da Eq. 9.27 na Eq. 9.32, obtivemos

$$C_D = \frac{1}{A} \int_A 0{,}0594 \ Re_x^{-0{,}2} \ dA = \frac{1}{bL} \int_0^L 0{,}0594 \left(\frac{V}{\nu}\right)^{-0{,}2} x^{-0{,}2} b \ dx$$

$$= \frac{0{,}0594}{L} \left(\frac{\nu}{V}\right)^{0{,}2} \left[\frac{x^{0{,}8}}{0{,}8}\right]_0^L = 0{,}0742 \left(\frac{\nu}{VL}\right)^{0{,}2}$$

$$C_D = \frac{0{,}0742}{Re_L^{1/5}} \tag{9.34}$$

A Eq. 9.34 é válida para $5 \times 10^5 < Re_L < 10^7$.

Para $Re_L < 10^9$, a equação empírica dada por Schlichting [3]

$$C_D = \frac{0{,}455}{(\log Re_L)^{2{,}58}} \tag{9.35}$$

se ajusta muito bem aos dados experimentais.

Para uma camada-limite que é inicialmente laminar e passa por uma transição em algum local sobre a placa, o coeficiente de arrasto turbulento deve ser ajustado para levar em conta o escoamento laminar no comprimento inicial. O ajuste é feito pela subtração da quantidade B/Re_L do C_D determinado para escoamento completamente turbulento. O valor de B depende do número de Reynolds na transição; B é dado por

$$B = Re_{\text{tr}}(C_{D_{\text{turbulento}}} - C_{D_{\text{laminar}}}) \tag{9.36}$$

Para um número de Reynolds na transição de 5×10^5, o coeficiente de arrasto pode ser calculado fazendo o ajuste da Eq. 9.34, caso em que

$$C_D = \frac{0{,}0742}{Re_L^{1/5}} - \frac{1740}{Re_L} \qquad (5 \times 10^5 < Re_L < 10^7) \tag{9.37a}$$

ou na Eq. 9.35, caso em que

$$C_D = \frac{0{,}455}{(\log Re_L)^{2{,}58}} - \frac{1610}{Re_L} \qquad (5 \times 10^5 < Re_L < 10^9) \tag{9.37b}$$

A variação no coeficiente de arrasto para uma placa plana paralela ao escoamento é mostrada na Fig. 9.8.

No gráfico da Fig. 9.8, a transição foi considerada como ocorrendo em $Re_x = 5 \times 10^5$ para escoamentos em que a camada-limite era inicialmente laminar. O número de Reynolds real, para o qual a transição ocorre, depende de uma combinação de fatores, tais como rugosidade da superfície e perturbações da corrente livre. A transição tende a ocorrer mais cedo (em números de Reynolds mais baixos), quando a rugosidade da superfície ou a turbulência da corrente livre é aumentada. Para a transição em números de Reynolds que não $Re_x = 5 \times 10^5$, a constante no segundo termo da Eq. 9.37 é modificada usando a Eq. 9.36. A Fig. 9.8 mostra que o coeficiente de arrasto é menor, para dado comprimento de placa, quando o escoamento laminar é mantido sobre a distância mais longa possível. No entanto, para grandes Re_L ($> 10^7$), a contribuição do arrasto laminar é desprezível. O Exemplo 9.4 ilustra como é calculada a força de atrito superficial causada por uma camada-limite turbulenta.

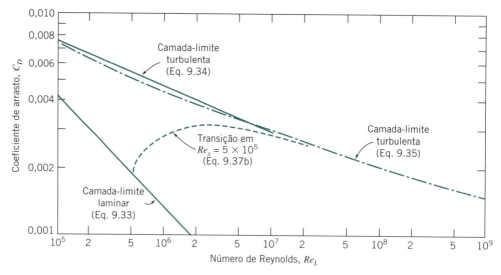

Fig. 9.8 Variação do coeficiente de arrasto em função do número de Reynolds para uma placa plana lisa paralela ao escoamento.

Exemplo 9.4 ARRASTO DE ATRITO SUPERFICIAL EM UM SUPERPETROLEIRO

Um superpetroleiro, com 360 m de comprimento, tem um través de 70 m e um calado de 25 m. Estime a força e a potência requeridas para vencer o arrasto devido ao atrito superficial para uma velocidade de cruzeiro de 6,69 m/s em água do mar a 10°C.

Dados: Superpetroleiro navegando a $U = 6,69$ m/s.

Determinar: (a) Força.
(b) Potência requerida para vencer o arrasto de atrito superficial.

Solução:
Modele o casco do navio como uma placa plana, de comprimento L e largura $b = B + 2D$, em contato com a água. Estime o arrasto devido ao atrito superficial a partir do coeficiente de arrasto.

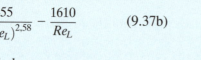

Equações básicas:
$$C_D = \frac{F_D}{\frac{1}{2}\rho U^2 A} \quad (9.32)$$

$$C_D = \frac{0{,}455}{(\log Re_L)^{2,58}} - \frac{1610}{Re_L} \quad (9.37b)$$

A velocidade do navio é 6,69 m/s, logo

$$U = 13\,\frac{\text{nm}}{\text{h}} \times 6076\,\frac{\text{ft}}{\text{nm}} \times 0{,}305\,\frac{\text{m}}{\text{ft}} \times \frac{\text{h}}{3600\,\text{s}} = 6{,}69\text{ m/s}$$

Do Apêndice A, para 10°C, $\nu = 1{,}37 \times 10^{-6}$ m²/s para a água do mar. Então,

$$Re_L = \frac{UL}{\nu} = 6{,}69\,\frac{\text{m}}{\text{s}} \times 360\text{ m} \times \frac{\text{s}}{1{,}37 \times 10^{-6}\text{ m}^2} = 1{,}76 \times 10^9$$

Considerando que a Eq. 9.37b seja válida,

$$C_D = \frac{0{,}455}{(\log 1{,}76 \times 10^9)^{2,58}} - \frac{1610}{1{,}76 \times 10^9} = 0{,}00147$$

e da Eq. 9.32,

$$F_D = C_D A \frac{1}{2}\rho U^2$$

$$= 0{,}00147 \times (360 \text{ m})(70 + 50)\text{m} \times \frac{1}{2} \times 1020 \frac{\text{kg}}{\text{m}^3} \times (6{,}69)^2 \frac{\text{m}^2}{\text{s}^2} \times \frac{\text{N} \cdot \text{s}^2}{\text{kg} \cdot \text{m}}$$

$F_D = 1{,}45 \text{ MN}$ ⟵ F_D

A potência correspondente é

$$\mathscr{P} = F_D U = 1{,}45 \times 10^6 \text{ N} \times 6{,}69 \frac{\text{m}}{\text{s}} \times \frac{\text{W} \cdot \text{s}}{\text{N} \cdot \text{m}}$$

$\mathscr{P} = 9{,}70 \text{ MW}$ ⟵ $\mathscr{P}$

> Este problema ilustra a aplicação das equações de coeficiente de arrasto para uma placa plana paralela ao escoamento.
> - A potência requerida (cerca de 9,70 MW) é muito grande, porque, embora a tensão de atrito seja pequena, ela age sobre uma área muito grande.
> - A camada-limite é turbulenta para quase todo o comprimento do navio (a transição ocorre em $x \approx 0{,}1$ m).

Arrasto de Pressão Puro: Escoamento sobre uma Placa Plana Normal ao Escoamento

No escoamento sobre uma placa plana normal ao escoamento (Fig. 9.9), a tensão de cisalhamento na parede é perpendicular à direção do escoamento e, portanto, não contribui para a força de arrasto. O arrasto é dado por

$$F_D = \int_{\text{superfície}} p\, dA$$

Para essa geometria, o escoamento separa-se a partir das bordas da placa; há fluxo reverso na esteira de baixa energia da placa. Embora a pressão sobre a superfície posterior da placa seja essencialmente constante, sua magnitude não pode ser determinada analiticamente. Em consequência, devemos recorrer a experimentos para determinar a força de arrasto.

Vídeo: Placa Normal ao Escoamento

O coeficiente de arrasto para escoamento sobre um objeto imerso baseia-se, usualmente, em uma *área frontal* (ou área projetada) do objeto. (Para aerofólios e asas, a área *planiforme* é utilizada; veja a Seção 9.7.)

O coeficiente de arrasto para uma placa finita normal ao escoamento depende da razão entre sua largura e sua altura e do número de Reynolds. Para Re (baseado na altura) maior que cerca de 1000, o coeficiente de arrasto é essencialmente independente do número de Reynolds. A variação de C_D com a razão entre largura e altura da placa (b/h) é mostrada na Fig. 9.10. (A razão b/h é definida como a *razão de aspecto* da placa.) Para $b/h = 1{,}0$, o coeficiente de arrasto é um mínimo em $C_D = 1{,}18$; isso é ligeiramente maior que para um disco circular ($C_D = 1{,}17$) em grandes números de Reynolds.

O coeficiente de arrasto para todos os objetos com bordas proeminentes é essencialmente independente do número de Reynolds (para $Re \gtrsim 1000$), porque os pontos de separação e, por conseguinte, o tamanho da esteira são fixados pela geometria do objeto. Coeficientes de arrasto para alguns objetos selecionados são apresentados na Tabela 9.3.

Arrastos de Pressão e de Atrito: Escoamento sobre uma Esfera e um Cilindro

Acabamos de estudar dois casos especiais de escoamento em que ou o arrasto de atrito ou o arrasto de pressão era a única forma de arrasto presente. No primeiro caso, o coeficiente de arrasto era uma forte função do número de Reynolds, enquanto, no segundo, C_D era essencialmente independente do número de Reynolds para $Re \gtrsim 1000$.

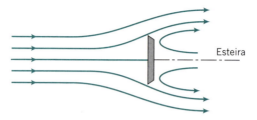

Fig. 9.9 Escoamento sobre uma placa plana normal ao escoamento.

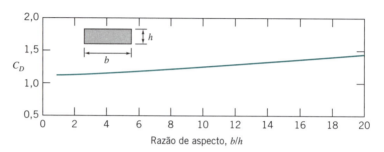

Fig. 9.10 Variação do coeficiente de arrasto em função da razão de aspecto para uma placa plana de largura finita normal ao escoamento com $Re_h > 1000$ [16].

Tabela 9.3
Dados de Coeficiente de Arrasto para Objetos Selecionados ($Re \gtrsim 10^3$)[a]

Objeto	Diagrama		$C_D(Re \gtrsim 10^3)$
Prisma retangular		$b/h = \infty$ $b/h = 1$	2,05 1,05
Disco			1,17
Anel			1,20[b]
Hemisfério (extremidade aberta voltada para o escoamento)			1,42
Hemisfério (extremidade aberta voltada para jusante)			0,38
Seção em C (lado aberto voltado para o escoamento)			2,30
Seção em C (lado aberto voltado para jusante)			1,20

[a]Dados de Hoerner [16].
[b]Baseado na área do anel.

Vídeo: Um Objeto com um Alto Coeficiente de Arrasto

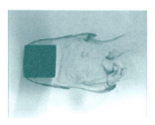

No caso de escoamento sobre uma esfera, ambos os arrastos, de atrito e de pressão, contribuem para o arrasto total. O coeficiente de arrasto para escoamento sobre uma esfera lisa é mostrado na Fig. 9.11 como uma função do número de Reynolds.

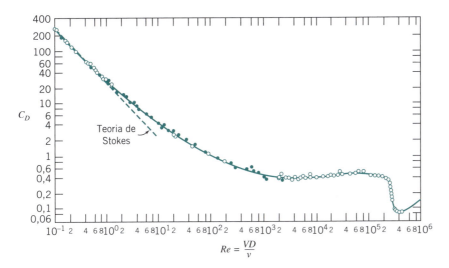

Fig. 9.11 Coeficiente de arrasto de uma esfera lisa em função do número de Reynolds [38], [39] e [3].

Para números de Reynolds muito baixos,[2] $Re \leq 1$, não há separação do escoamento para uma esfera; a esteira é laminar e o arrasto é predominantemente arrasto de atrito. Stokes mostrou analiticamente que, para escoamentos com números de Reynolds muito baixos, em que as forças de inércia podem ser desprezadas, a força de arrasto sobre uma esfera de diâmetro d, movendo com velocidade V através de um fluido de viscosidade μ, é dada por

$$F_D = 3\pi\mu V d$$

O coeficiente de arrasto, C_D, definido pela Eq. 9.30 é, então,

$$C_D = \frac{24}{Re}$$

Conforme mostrado na Fig. 9.11, essa expressão concorda com valores experimentais para baixos números de Reynolds, mas começa a desviar-se significativamente dos dados experimentais para $Re > 1,0$.

Quando o número de Reynolds é aumentado adicionalmente, o coeficiente de arrasto cai continuamente até um número de Reynolds em torno de 1000, porém não tão rapidamente conforme predito pela teoria de Stokes. Uma esteira turbulenta (não incorporada na teoria de Stokes) desenvolve-se e cresce na parte de trás da esfera, conforme o ponto de separação move-se da traseira em direção à frente da esfera; essa esteira está a uma pressão relativamente baixa, causando um grande arrasto de pressão. No momento em que $Re \approx 1000$, cerca de 95% do arrasto total eram decorrentes da pressão. Para $10^3 < Re < 3 \times 10^5$, o coeficiente de arrasto é aproximadamente constante. Nessa faixa, uma esteira turbulenta de baixa pressão ocupa toda parte de trás da esfera, conforme indicado na Fig. 9.12, e a maior parte do arrasto é causada pela assimetria de pressão entre as partes frontal e posterior da esfera. Note que $C_D \propto 1/Re$ corresponde a $F_D \propto V$, e que $C_D \sim$ constante corresponde a $F_D \propto V^2$, indicando um crescimento bastante rápido no arrasto.

Vídeo: Exemplos de Escoamento em Torno de uma Esfera

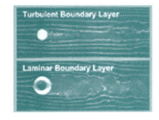

Para números de Reynolds maiores que 3×10^5, a transição ocorre e a camada-limite na porção frontal da esfera torna-se turbulenta. O ponto de separação move-se então para jusante da seção média da esfera e o tamanho da esteira diminui. A força de pressão resultante sobre a esfera é reduzida (Fig. 9.12) e o coeficiente de arrasto diminui abruptamente.

Uma camada-limite turbulenta, visto que tem quantidade de movimento maior que uma camada-limite laminar, pode resistir melhor a um gradiente de pressão adverso,

---

[2] Veja Shapiro [17] para uma boa discussão de arrasto sobre esferas e outras formas. Veja também Fage [18].

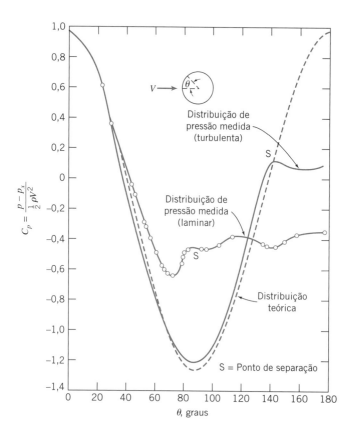

Fig. 9.12 Distribuição de pressão em torno de uma esfera lisa para escoamento nas camadas-limite laminar e turbulenta, comparado com escoamento não viscoso [18].

conforme discutido na Seção 9.5. Consequentemente, o escoamento de camada-limite turbulenta é desejável sobre um corpo rombudo, porque ele retarda a separação e, por conseguinte, reduz o arrasto de pressão.

A transição na camada-limite é afetada pela rugosidade da superfície da esfera e pela turbulência na corrente do escoamento. Portanto, a redução no arrasto associada a uma camada-limite turbulenta não ocorre em um valor único do número de Reynolds. Experimentos com esferas lisas, em um escoamento com baixo nível de turbulência, mostram que a transição pode ser retardada para um número de Reynolds crítico, Re_D, próximo de 4×10^5. Para superfícies rugosas e/ou escoamento de corrente livre altamente turbulento, a transição pode ocorrer em um número de Reynolds crítico tão baixo quanto 50.000.

O coeficiente de arrasto de uma esfera com escoamento da camada-limite turbulenta é cerca de um quinto daquele para escoamento laminar próximo do número de Reynolds crítico. A correspondente redução na força de arrasto pode afetar apreciavelmente a faixa de alcance de uma esfera (por exemplo, de uma bola de golfe). As "mossas" em uma bola de golfe são desenhadas de modo a "disparar" a camada-limite e, assim, garantir escoamento da camada-limite turbulenta e arrasto mínimo. Para ilustrar esse efeito, fizemos, alguns anos atrás, testes com amostras de bolas de golfe lisas e com mossas. Um dos nossos alunos foi voluntário para golpear as bolas. Em 50 tentativas com cada tipo de bola, a distância média atingida com as bolas tipo-padrão foi de 197 m; a distância média com as bolas lisas foi de apenas 114 m!

A inclusão de elementos de rugosidade a uma esfera também pode suprimir oscilações locais na posição de transição entre escoamentos laminar e turbulento na camada-limite. Essas oscilações podem levar a variações no arrasto e a flutuações aleatórias na sustentação (veja a Seção 9.7). No beisebol, o lançamento *knuckle ball* é feito com o intuito de confundir o rebatedor com a trajetória errática da bola. Arremessando a bola quase sem rotação, o lançador espera que as costuras da bola provoquem a transição de maneira imprevisível, à medida que a bola se aproxima do rebatedor. Isso causa a desejada variação na trajetória da bola.

A Fig. 9.13 mostra o coeficiente de arrasto para escoamento sobre um cilindro liso. A variação de C_D com o número de Reynolds mostra as mesmas características observadas

Escoamento Viscoso, Incompressível, Externo   **405**

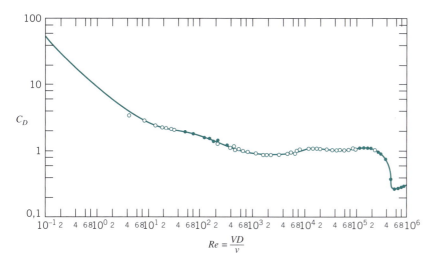

Fig. 9.13 Coeficiente de arrasto para um cilindro circular liso como função do número de Reynolds [38], [39] e [3].

no caso de uma esfera lisa, mas os valores de C_D são cerca de duas vezes maiores. O uso da Fig. 9.13 para determinar a força de arrasto sobre uma chaminé é mostrado no Exemplo 9.5, e o uso dos dados do coeficiente de arrasto da Tabela 9.3 para encontrar o arrasto em um paraquedas é mostrado no Exemplo 9.6.

O escoamento em torno de um cilindro circular liso pode desenvolver uma configuração regular de vórtices alternados a jusante. A *trilha de vórtices*[3] causa uma força de sustentação oscilatória sobre o cilindro, perpendicular ao movimento da corrente. A formação de vórtices excita oscilações que causam o "cantar" das linhas de transmissão e as "batidas" incômodas das adriças nos mastros de bandeiras. Algumas vezes, as oscilações estruturais podem atingir magnitudes perigosas e causar tensões elevadas; elas podem ser reduzidas ou eliminadas pela aplicação de elementos de rugosidade ou aletas — axiais ou helicoidais (algumas vezes vistas sobre uma chaminé ou uma antena de automóvel) — que destroem a simetria do cilindro e estabilizam o escoamento.

Dados experimentais mostram que a formação de vórtices regulares ocorre mais fortemente na faixa de números de Reynolds de cerca de 60 a 5000. Para $Re > 1000$, a frequência adimensional da formação de vórtices, expressa como um número de Strouhal, $St = fD/V$, é aproximadamente igual a 0,21 [3].

A rugosidade afeta o arrasto de cilindros e esferas de modo similar: o número crítico de Reynolds é reduzido pela superfície rugosa e a transição de escoamento laminar para turbulento nas camadas-limite ocorre mais cedo. O coeficiente de arrasto é reduzido por um fator de aproximadamente 4, quando a camada-limite sobre o cilindro torna-se turbulenta.

Vídeo: Trilha de um Vórtice Atrás de um Cilindro

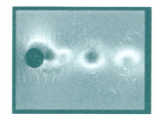

Exemplo 9.5 ARRASTO AERODINÂMICO E MOMENTO FLETOR SOBRE UMA CHAMINÉ

Uma chaminé cilíndrica com 1 m de diâmetro e 25 m de altura está exposta a um vento uniforme de 50 km/h na condição de atmosfera-padrão. Os efeitos de extremidade e de rajadas podem ser desprezados. Estime o momento fletor na base da chaminé devido à força do vento.

Dados: Chaminé cilíndrica, $D = 1$ m, $L = 25$ m, sujeita a escoamento uniforme de ar com

$$V = 50 \text{ km/h} \qquad p = 101 \text{ kPa (abs)} \qquad T = 15°C$$

---

[3] A configuração regular de vórtices na esteira de um cilindro é às vezes chamada de *Caminho de vórtices de Karman* em homenagem ao proeminente estudioso da mecânica dos fluidos Theodore von Kármán, que foi o primeiro a predizer o espaçamento estável na trilha de vórtices sobre solos teóricos em 1911; veja Goldstein [19].

Efeitos de extremidade desprezíveis.

Determinar: O momento fletor na base da chaminé.

Solução: O coeficiente de arrasto é dado por $C_D = F_D / \frac{1}{2}\rho V^2 A$, e, assim, $F_D = C_D A \frac{1}{2}\rho V^2$. Uma vez que a força por unidade de comprimento é uniforme sobre todo o comprimento, a força resultante, F_D, atuará no ponto médio da chaminé. Portanto, o momento em relação à base da chaminé será

$$M_0 = F_D \frac{L}{2} = C_D A \frac{1}{2}\rho V^2 \frac{L}{2} = C_D A \frac{L}{4} \rho V^2$$

$$V = 50 \frac{\text{km}}{\text{h}} \times 10^3 \frac{\text{m}}{\text{km}} \times \frac{\text{h}}{3600\,\text{s}} = 13,9 \text{ m/s}$$

Para o ar na condição-padrão, $\rho = 1{,}23$ kg/m³ e $\mu = 1{,}79 \times 10^{-5}$ kg/(m · s). Logo,

$$Re = \frac{\rho V D}{\mu} = 1{,}23 \frac{\text{kg}}{\text{m}^3} \times 13{,}9 \frac{\text{m}}{\text{s}} \times 1\text{ m} \times \frac{\text{m}\cdot\text{s}}{1{,}79 \times 10^{-5}\text{ kg}} = 9{,}55 \times 10^5$$

Da Fig. 9.13, $C_D \approx 0{,}35$. Para um cilindro, $A = DL$; então,

$$M_0 = C_D A \frac{L}{4}\rho V^2 = C_D DL \frac{L}{4}\rho V^2 = C_D D \frac{L^2}{4}\rho V^2$$

$$= \frac{1}{4} \times 0{,}35 \times 1\text{ m} \times (25)^2 \text{ m}^2 \times 1{,}23 \frac{\text{kg}}{\text{m}^3} \times (13{,}9)^2 \frac{\text{m}^2}{\text{s}^2} \times \frac{\text{N}\cdot\text{s}^2}{\text{kg}\cdot\text{m}}$$

$$M_0 = 13{,}0 \text{ kN} \cdot \text{m} \quad\longleftarrow\quad M_0$$

> Este problema ilustra a aplicação de dados de coeficiente de arrasto para calcular a força e o momento sobre uma estrutura. Modelamos o vento como um escoamento uniforme; mais realisticamente, a atmosfera mais baixa é usualmente modelada, *grosso modo*, como uma camada-limite turbulenta, com um perfil de velocidade de lei de potência, $u \sim y^{1/n}$ (y é a elevação).

Exemplo 9.6   DESACELERAÇÃO DE UM VEÍCULO POR UM PARAQUEDAS DE ARRASTO

Um carro de competição pesando 7120 N atinge uma velocidade de 430 km/h no quarto de milha. Imediatamente após passar pelo sinalizador de tempo, o piloto abre o paraquedas de frenagem, de área $A = 2{,}3$ m². As resistências do ar e do rolamento do carro podem ser desprezadas. Determine o tempo necessário para que o veículo desacelere para 160 km/h no ar-padrão.

Dados: Um carro de competição pesando 7120 N, movendo-se com velocidade inicial $V_0 = 430$ km/h, tem sua velocidade reduzida pela força de arrasto de um paraquedas de área $A = 2{,}3$ m². Despreze as resistências do ar e do rolamento do carro. Considere ar-padrão.

Determinar: O tempo requerido para que o veículo desacelere para 160 km/h.

Solução:
Considerando o carro como um sistema e escrevendo a segunda lei de Newton na direção do movimento, temos

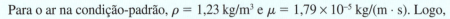

$$-F_D = ma = m\frac{dV}{dt}$$

$V_0 = 430$ km/h
$V_f = 160$ km/h
$\rho = 1{,}227$ kg/m³

Como $C_D = \dfrac{F_D}{\frac{1}{2}\rho V^2 A}$, segue que $F_D = \frac{1}{2} C_D \rho V^2 A$.

Substituindo na segunda lei de Newton, resulta

$$-\frac{1}{2} C_D \rho V^2 A = m \frac{dV}{dt}$$

Separando variáveis e integrando, obtivemos

$$-\frac{1}{2}\, C_D\, \rho\, \frac{A}{m} \int_0^t dt = \int_{V_0}^{V_f} \frac{dV}{V^2}$$

$$-\frac{1}{2}\, C_D\, \rho\, \frac{A}{m}\, t = \left. -\frac{1}{V} \right]_{V_0}^{V_f} = -\frac{1}{V_f} + \frac{1}{V_0} = -\frac{(V_0 - V_f)}{V_f V_0}$$

Finalmente,

$$t = \frac{(V_0 - V_f)}{V_f V_0}\, \frac{2m}{C_D\, \rho A} = \frac{(V_0 - V_f)}{V_f V_0}\, \frac{2W}{C_D\, \rho A g}$$

Modele o paraquedas de frenagem como um hemisfério (com a extremidade aberta faceando o escoamento). Da Tabela 9.3, $C_D = 1{,}42$ (considerando $Re > 10^3$). Assim, substituindo os valores numéricos,

$$t = \frac{(430 - 160)\ \text{km/h}}{160\ \text{km/h} \times 430\ \text{km/h}} \times \frac{2 \times 7120\ \text{N}}{1{,}42 \times 1{,}227\ \text{kg/m}^3 \times 2{,}3\ \text{m}^2 \times 9{,}81\ \text{m/s}^2}$$

$$\times \frac{\text{km}}{1000\ \text{m}} \times \frac{3600\ \text{s}}{\text{h}} \times \frac{\text{kg} \cdot \text{m}}{\text{N} \cdot \text{s}^2}$$

$$t = 5{,}12\ \text{s} \xleftarrow{\hspace{8cm}} t$$

Verifiquemos a hipótese sobre o número de Reynolds:

$$Re = \frac{DV}{\nu} = \left[\frac{4A}{\pi}\right]^{1/2} \frac{V}{\nu}$$

$$= \left[\frac{4}{\pi} \times 2{,}3\ \text{m}^2\right]^{1/2} \times 160\ \frac{\text{km}}{\text{h}} \times \frac{1000\ \text{m}}{\text{km}} \times \frac{\text{h}}{3600\ \text{s}} \times \frac{\text{s}}{1{,}46 \times 10^{-5}\ \text{m}^2}$$

$$Re = 5{,}21 \times 10^6$$

Então, a hipótese é válida.

> Este problema ilustra a aplicação de dados de coeficiente de arrasto para calcular o arrasto sobre um paraquedas veicular.
>
> A planilha *Excel* para este exemplo traça o gráfico da velocidade do carro de competição (e da distância percorrida) como uma função do tempo; ela também permite interações, como, por exemplo, podemos encontrar a área do paraquedas requerida para desacelerar o veículo para 96 km/h em 5 s.

Todos os dados experimentais apresentados nesta seção são para objetos únicos imersos em uma corrente fluida não confinada. O objetivo de testes em túneis de vento é simular as condições de um escoamento sem fronteiras. Limitações quanto ao tamanho dos equipamentos tornam este objetivo inatingível na prática. Frequentemente, é necessário aplicar correções aos dados medidos a fim de obter resultados aplicáveis às condições de escoamento não confinado.

Em inúmeras situações de escoamentos reais, ocorrem interações com objetos ou superfícies vizinhas. O arrasto pode ser reduzido significativamente quando dois ou mais objetos, movendo-se um atrás do outro, interagem. Esse fenômeno é bem conhecido dos adeptos do ciclismo e das corridas de automóvel, em que "seguir no vácuo" é uma prática comum. Reduções de arrasto de 80% podem ser alcançadas por meio de espaçamento ótimo [20]. O arrasto também pode ser aumentado significativamente quando o espaçamento não é ótimo.

O arrasto pode ser afetado também por objetos adjacentes. Pequenas partículas caindo sob a ação da gravidade movem-se mais vagarosamente quando têm vizinhos do que quando estão isoladas. Esse fenômeno tem importantes aplicações nos processos de mistura e de sedimentação.

Os dados experimentais para os coeficientes de arrasto sobre objetos devem ser selecionados e aplicados cuidadosamente. A devida atenção deve ser dada às diferenças entre as condições reais e aquelas condições mais controladas sob as quais as medições foram feitas.

408 Capítulo 9

Carenagem

A extensão da região do escoamento separado atrás de muitos dos objetos discutidos na seção anterior pode ser reduzida ou eliminada por carenagem da forma do corpo. Vimos que, devido à forma convergente do corpo na parte de trás de qualquer objeto (afinal, todo objeto tem comprimento finito!), as linhas de corrente divergirão, de modo que a velocidade diminuirá e, como consequência mais importante (conforme mostrado pela equação de Bernoulli, aplicável na região de corrente livre), a pressão aumentará. Portanto, temos, inicialmente, um gradiente de pressão adverso na parte de trás do corpo que leva à separação da camada-limite e, por fim, a uma esteira de baixa pressão que, por sua vez, provoca um grande arrasto de pressão. A carenagem é uma tentativa de reduzir o arrasto sobre um corpo. Podemos reduzir o arrasto sobre um corpo afunilando ou adelgaçando sua região posterior (por exemplo, o arrasto sobre uma esfera pode ser reduzido fazendo com que ela ganhe a forma de uma "gota de lágrima"), o que reduzirá o gradiente de pressão adverso e, por conseguinte, tornará a esteira turbulenta menor. Entretanto, quando fazemos isso, corremos o risco de aumentar o arrasto de atrito de superfície simplesmente porque aumentamos a área da superfície do corpo. Na prática, existe uma "quantidade" ótima de carenagem para a qual o arrasto total (a soma dos arrastos de pressão e de atrito) é minimizado.

O gradiente de pressão em torno de uma forma de "lágrima" (um cilindro "carenado") é menos grave que aquele em torno de um cilindro de seção circular. A troca entre arrasto de pressão e de atrito, nesse caso, é ilustrada pelos resultados apresentados na Fig. 9.14. A pressão de arrasto aumenta conforme a espessura é aumentada, enquanto o arrasto de atrito devido ao escoamento da camada-limite diminui. O arrasto total é a soma das duas contribuições e é um mínimo para algum valor da espessura. Esse arrasto mínimo é menor do que aquele de um cilindro com diâmetro igual a esse valor da espessura. Como um resultado, a carenagem sobre membros estruturais de aeronaves e automóveis leva a significativa economia de combustível.

A distribuição de pressão e os coeficientes de arrasto[4] para dois aerofólios simétricos de envergadura infinita e 15% de espessura são apresentados, para ângulo de ataque zero, na Fig. 9.15. Esses resultados foram produzidos pelo *National Advisory Committee for Aeronautics* (NACA), fundado em 1915, que foi responsável pela pesquisa e desenvolvimento em aeronáutica nos EUA até ser substituído pela National Aeronautics and Space Administration (NASA) em 1958. A transição no aerofólio convencional (NACA 0015) ocorre quando o gradiente de pressão torna-se adverso, em $x/c = 0,13$, próximo do ponto de espessura máxima. Desse modo, a maior parte da superfície do aerofólio é coberta por uma camada-limite turbulenta; o coeficiente de arrasto é $CD \approx 0,0061$. O ponto de espessura máxima foi deslocado para trás no aerofólio projetado para escoamento laminar (NACA 66_2-015). A camada-limite é mantida no regime laminar por um gradiente de pressão favorável até $x/c = 0,63$. Desse modo, a maior parte do escoamento é laminar; $C_D \approx 0,0035$ para esta seção, baseado na área planiforme. O coeficiente de arrasto baseado na área frontal é $C_{D_f} = C_D/0,15 = 0,0233$, ou cerca de 40% do ótimo para as formas mostradas na Fig. 9.14.

Testes em túneis de vento especiais mostraram que o escoamento laminar pode ser mantido até números de Reynolds do comprimento da ordem de 30 milhões por configuração adequada do perfil. Pelo fato de terem características de arrasto favoráveis, os aerofólios de escoamento laminar são utilizados no projeto da maioria dos modernos aviões subsônicos.

Avanços recentes tornaram possível o desenvolvimento de formas de baixo arrasto ainda melhores que aquelas das séries NACA 60. Experimentos [21, 22] levaram ao desenvolvimento de uma distribuição de pressão que impede a separação enquanto mantém a camada-limite turbulenta em uma condição de atrito superficial desprezível. Métodos aperfeiçoados para cálculo da geometria de corpos que produzem uma desejada distribuição de pressão [23, 24] levaram ao desenvolvimento de formas quase ótimas para estruturas espessas de baixo arrasto. A Fig. 9.16 mostra um exemplo dos resultados.

---

[4]Note que coeficientes de arrasto para aerofólios são baseados na área planiforme, isto é, $C_D = F_D/\frac{1}{2}\rho\, V^2 A_p$, em que A_p é a área máxima projetada da asa.

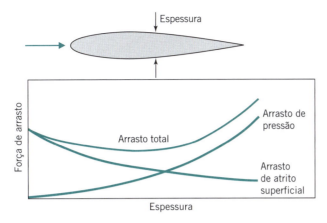

Fig. 9.14 Coeficiente de arrasto sobre uma estrutura carenada como uma função da espessura, mostrando as contribuições do atrito superficial e da pressão sobre o arrasto total (adaptada de [19]).

A redução de arrasto aerodinâmico também é importante em aplicações de veículos rodoviários. O interesse em economia de combustível tem incentivado bastante os projetos de automóveis que apresentem desempenho aerodinâmico eficiente aliado a formas atraentes. A redução do arrasto também tem se tornado importante para ônibus e caminhões.

Considerações práticas limitam o comprimento total de veículos rodoviários. Traseiras inteiramente carenadas não são práticas, exceto para veículos de recorde de velocidade. Em consequência, não é possível alcançar resultados comparáveis àqueles para as formas ótimas de aerofólios. Contudo, é possível otimizar os contornos dianteiro e traseiro dentro das restrições impostas para o comprimento total [25-27].

Atenção maior tem sido dada aos contornos dianteiros. Os estudos sobre ônibus têm mostrado que reduções de arrasto da ordem de 25% são possíveis com o devido cui-

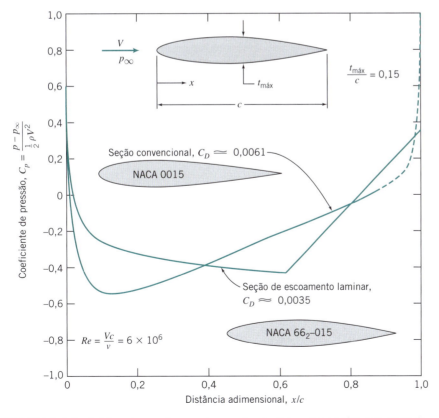

Fig. 9.15 Distribuições teóricas de pressão para duas seções simétricas de aerofólio com razão de espessura de 15%, com ângulo de ataque zero. (Dados de Abbott e Doenhoff [21].)

Fig. 9.16 Forma quase ótima para estrutura de baixo arrasto [24].

dado ao contorno dianteiro [27]. Desse modo, é possível reduzir o coeficiente de arrasto de um ônibus de cerca de 0,65 para menos de 0,5 com projetos práticos. Os conjuntos cavalo-reboque de carga rodoviária têm coeficientes mais elevados — valores de C_D de 0,90 a 1,1 têm sido verificados. Dispositivos adicionais, comercialmente disponíveis, oferecem reduções de arrasto de até 15%, particularmente em condições de vento em que o ângulo de ataque é diferente de zero. A economia típica de combustível é metade da porcentagem de redução do arrasto aerodinâmico.

Os contornos e os detalhes dianteiros são importantes nos automóveis. Uma frente baixa e contornos suavemente arredondados são as principais características que promovem um baixo arrasto. Os raios da coluna, a moldura do para-brisa e o escamoteamento de acessórios a fim de reduzir arrastos parasitas e de interferência têm recebido atenção crescente. Como resultado, os coeficientes de arrasto têm sido reduzidos de cerca de 0,55 dos automóveis antigos para 0,30, ou menos, nos automóveis modernos. Os avanços recentes em métodos computacionais têm levado ao desenvolvimento de formas ótimas geradas por computador. Diversos projetos têm sido propostos, com valores alegados de C_D abaixo de 0,2, para veículos rodoviários.

9.7 *Sustentação*

Para a maioria dos objetos em movimento em um fluido, a força mais significativa do fluido é o arrasto. Entretanto, existem alguns objetos, tais como aerofólios, para os quais a sustentação é significativa. A sustentação é definida como a componente da força do fluido perpendicular ao movimento do fluido. Para um aerofólio, o *coeficiente de sustentação*, C_L, é definido como

$$C_L \equiv \frac{F_L}{\frac{1}{2}\rho V^2 A_p} \qquad (9.38)$$

É importante notar que o coeficiente de sustentação definido anteriormente e o coeficiente de arrasto (Eq. 9.30) são definidos, cada um, como a razão entre uma força real (sustentação ou arrasto) e o produto da pressão dinâmica pela área. Esse denominador pode ser visto como a força que seria gerada se imaginarmos levar ao repouso o fluido que se aproxima diretamente da área (lembre-se de que a pressão dinâmica é a diferença entre as pressões total e estática). Isso nos dá um "sentimento" do significado dos coeficientes: eles indicam a razão entre a força real e essa força (não realista, mas, não obstante, intuitivamente significativa). Notamos, também, que as definições dos coeficientes incluem V^2 no denominador, de modo que F_L (ou F_D), sendo proporcional a V^2, corresponde a um valor constante de C_L (ou de C_D), e que F_L (ou F_D) aumentando com V a uma taxa mais baixa que a quadrática corresponde a um decréscimo em C_L (ou em C_D) com V.

Os coeficientes de arrasto e de sustentação para um aerofólio são funções do número de Reynolds e do ângulo de ataque; o ângulo de ataque, α, é o ângulo entre a corda do aerofólio e o vetor velocidade da corrente livre. A *corda* de um aerofólio é o segmento de reta ligando a extremidade da borda de ataque à extremidade da borda de fuga de um aerofólio. A forma da seção da asa é obtida por meio da combinação de uma *linha média* e uma distribuição de espessura (veja [21] para detalhes). Quando o aerofólio tem uma seção simétrica, tanto a linha média quanto a corda são linhas retas, e elas coincidem. Um aerofólio de linha média curva é chamado de *cambado*.

A área perpendicular ao escoamento muda com o ângulo de ataque. Consequentemente, a área planiforme A_p (a área projetada máxima da asa), é usada para definir os coeficientes de arrasto e de sustentação para um aerofólio.

O fenômeno da sustentação aerodinâmica é comumente explicado pelo aumento da velocidade sobre a superfície superior (extradorso) do aerofólio causando nessa região um decréscimo na pressão (o efeito Bernoulli), e pelo decréscimo da velocidade (causando um aumento de pressão) ao longo da superfície inferior (intradorso) do aerofólio. As distribuições de pressão resultantes são mostradas claramente no filme *Boundary Layer Control*. Por causa das diferenças de pressão relativas à atmosfera, o extradorso do aerofólio pode ser chamado de *superfície de sucção* e o intradorso de *superfície de pressão*.

Conforme mostrado no Exemplo 6.12, a sustentação sobre um corpo pode também ser relacionada com a circulação resultante em torno do perfil: para que a sustentação seja gerada, deve haver uma circulação líquida em torno do perfil. Pode-se imaginar que a circulação é causada por um vórtice "ligado" ao perfil.

Os avanços continuam nos métodos computacionais e na capacidade operacional dos computadores. Entretanto, a maioria dos dados de aerofólios disponível na literatura foi obtida a partir de testes em túnel de vento. A referência [21] contém resultados de um grande número de testes conduzidos pela NACA (the National Advisory Committee for Aeronautics — o predecessor da NASA). Dados para algumas formas de perfis representativos da NACA são descritos nos próximos poucos parágrafos.

Dados de coeficientes de arrasto e de sustentação para perfis convencionais típicos e de escoamento laminar, para um número de Reynolds de 9×10^6 baseado no comprimento da corda, são apresentados na Fig. 9.17. As formas das seções na Fig. 9.17 são designadas como segue:

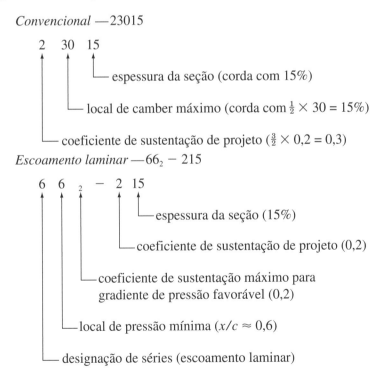

Ambas as seções são cambadas para dar sustentação com ângulo de ataque zero. À medida que o ângulo de ataque é aumentado, o Δp entre as superfícies inferior e superior aumenta, fazendo com que o coeficiente de sustentação aumente suavemente até que um máximo seja alcançado. Aumentos adicionais no ângulo de ataque produzem um decréscimo súbito em C_L. Diz-se que o aerofólio *estolou* quando C_L cai dessa maneira.

O estol do aerofólio acontece quando a separação do escoamento ocorre sobre a maior porção do extradorso do aerofólio. À medida que o ângulo de ataque é aumentado, o ponto de estagnação é deslocado para trás ao longo do intradorso do aerofólio, conforme mostrado esquematicamente para a seção simétrica de escoamento laminar na Fig. 9.18a. O escoamento sobre a superfície superior deve então acelerar abruptamente a fim de contornar o nariz do aerofólio. O efeito do ângulo de ataque sobre a distribuição de pressão teórica no extradorso é mostrado na Fig. 9.18b. A pressão mínima torna-se mais baixa e o seu local de ocorrência é deslocado para a frente sobre a superfície superior. Um grave gradiente adverso de pressão aparece em seguida ao ponto de pressão mínima; por fim, o gradiente adverso de pressão causa a completa separação do escoamento da superfície superior e o aerofólio estola (a pressão uniforme na esteira turbulenta será aproximadamente igual à pressão imediatamente antes da separação, isto é, baixa).

O movimento do ponto de pressão mínima e a acentuação do gradiente adverso de pressão são responsáveis pelo aumento súbito em C_D para a seção de escoamento laminar, o que é aparente na Fig. 9.17. O aumento súbito em C_D é causado pela transição prematura, de laminar para turbulento, do escoamento de camada-limite na superfície superior. Aeronaves com seções de escoamento laminar são projetadas para voar na região de baixo arrasto.

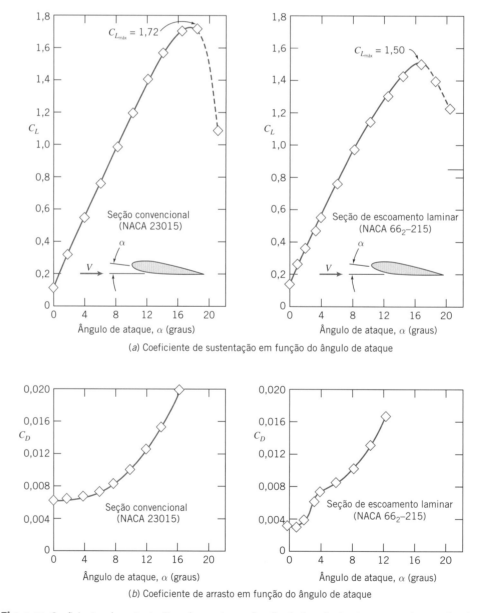

(a) Coeficiente de sustentação em função do ângulo de ataque

(b) Coeficiente de arrasto em função do ângulo de ataque

Fig. 9.17 Coeficientes de sustentação e de arrasto em função do ângulo de ataque para duas seções de aerofólio para $Re_c = 9 \times 10^6$. (Dados de Abbott e von Doenhoff [21].)

Como as seções de escoamento laminar têm bordas de ataque muito proeminentes, todos os efeitos que descrevemos são ampliados, e elas estolam em ângulos de ataque inferiores aos das seções convencionais, conforme mostrado na Fig. 9.17. O máximo coeficiente de sustentação possível, $C_{L_{\text{máx}}}$, também é menor para seções de escoamento laminar.

Gráficos de C_L versus C_D (chamados polares arrasto-sustentação) são, com frequência, usados para apresentar dados de aerofólios. Um gráfico polar é dado na Fig. 9.19 para as duas seções que discutimos. A razão sustentação/arrasto, C_L/C_D, é mostrada no coeficiente de sustentação de projeto para ambas as seções. Esta razão é muito importante no projeto de uma aeronave: o coeficiente de sustentação determina a sustentação da asa e, portanto, a carga que pode ser carregada, e o coeficiente de arrasto indica uma grande parte (em adição àquele causado pela fuselagem etc.) do arrasto que o motor da aeronave deve superar de modo a gerar a sustentação necessária; então, em geral, o objetivo é um alto valor para C_L/C_D, no que o aerofólio laminar claramente supera.

Melhorias recentes em modelagem e nas capacidades dos computadores tornaram possível projetar aerofólios com seções que desenvolvem elevada sustentação enquanto mantêm o arrasto muito baixo [23, 24]. Programas computacionais de cálculo da camada-limite são empregados junto com métodos inversos para a determinação do escoamento potencial para desenvolver as distribuições de pressão e as formas resultantes para os corpos que postergam a transição para a posição mais atrás possível no aerofólio. A camada-limite turbulenta em seguida à transição é mantida em um estado de separação incipiente, com atrito superficial aproximadamente zero, pela configuração apropriada da distribuição de pressão.

Tais aerofólios, com projetos obtidos por computador, têm sido usados em carros de corrida para desenvolver sustentação negativa (força para baixo) muito elevada, a fim de melhorar a estabilidade em altas velocidades e o desempenho nas curvas [23]. Seções de aerofólios especialmente projetados para operação com baixos números de Reynolds foram empregadas para as asas e a hélice do dispositivo de propulsão do homem-pássaro "Gossamer Condor", ganhador do prêmio Kremer [28], que agora está exposto no Museu Aeroespacial Nacional em Washington, D.C.

Todos os aerofólios reais — asas — têm extensão finita e possuem menos sustentação e mais arrasto que os dados de suas seções de aerofólio indicavam. Existem diversas formas de explicar isso. Se considerarmos a distribuição de pressão próxima do final da asa, a baixa pressão sobre o extradorso e a alta pressão sobre o intradorso fazem com que um escoamento ocorra na extremidade da asa, gerando uma *trilha de vórtices* (conforme mostrado na Fig. 9.20), e a diferença de pressão é reduzida, diminuindo a sustentação. Esses *vórtices de borda de fuga* podem também ser explicados mais abstratamente, em termos da circulação: aprendemos na Seção 6.5 que a circulação em torno de uma seção de asa está presente sempre que temos sustentação, e que a circulação é *solenoidal* — isto é, ela não pode ter fim no fluido; assim, a circulação estende-se para fora dos limites da asa em forma de uma trilha de vórtices. Os vórtices de fuga podem ser muito fortes e persistentes, podendo criar problemas para outra aeronave por 8 a 16 km atrás de uma grande aeronave — velocidades do ar superiores a 320 km/h foram registradas.[5]

Vídeo: Vórtices na Extremidade da Asa

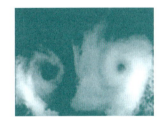

Vórtices de borda de fuga reduzem a sustentação por causa da perda de diferença de pressão, conforme já mencionamos. Essa redução e um aumento no arrasto (chamado *arrasto induzido*) podem também ser explicados da seguinte maneira: as velocidades induzidas "para baixo" pelos vórtices (*downwash*) significam redução no ângulo de ataque efetivo — a asa "vê" um escoamento a aproximadamente meio caminho entre as direções de montante e de jusante do fluxo de ar — explicando por que a asa tem menos sustentação que os dados de sua seção sugerem. Isso faz também com que a força de sustentação (que é perpendicular ao ângulo de ataque efetivo) "incline" um pouco no sentido da borda traseira da asa, resultando em que uma parte da sustentação apareça como arrasto.

---

[5]Sforza, P. M., "Aircraft Vortices: Benign or Baleful?" *Space/Aeronautics*, 53, 4, April 1970, pp. 42–49.

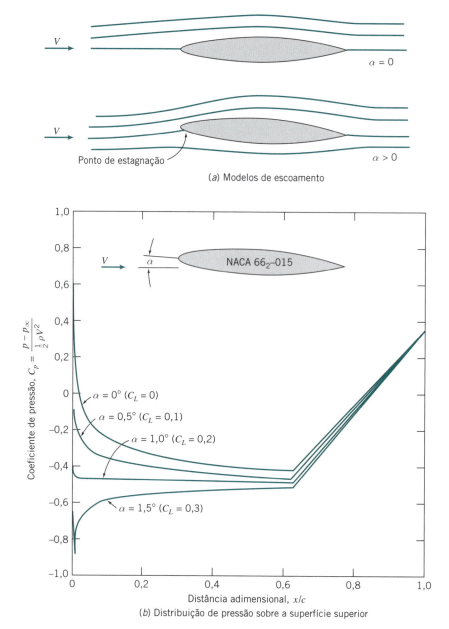

Fig. 9.18 Efeito do ângulo de ataque sobre a configuração do escoamento e a distribuição de pressão teórica para aerofólio de escoamento laminar simétrico de razão de espessura de 15%. (Dados de Abbot e von Doenhoff [21].)

A perda de sustentação e o aumento do arrasto, causados pelos efeitos de envergadura finita, estão concentrados próximo da ponta da asa; assim, fica evidente que uma asa curta e grossa experimentará estes efeitos mais gravemente que uma asa muito longa. Devemos esperar, então, que os efeitos correlacionem com a *razão de aspecto* da asa, definida como

$$AR \equiv \frac{b^2}{A_p} \tag{9.39}$$

em que A_p é a área planiforme e b é a envergadura. Para uma forma plana retangular de envergadura b e comprimento de corda c,

$$AR = \frac{b^2}{A_p} = \frac{b^2}{bc} = \frac{b}{c}$$

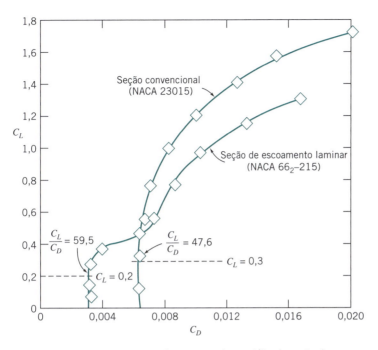

Fig. 9.19 Polares de sustentação-arrasto para duas seções de aerofólio de razão de espessura de 15%. (Dados de Abbott e von Doenhoff [21].)

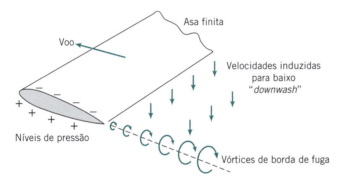

Fig. 9.20 Representação esquemática do sistema de vórtice de fuga de uma asa finita.

A máxima razão sustentação/arrasto ($L/D = C_L/C_D$) para uma moderna seção de baixo arrasto pode ser tão alta quanto 400 para uma razão de aspecto infinita. Um planador leve de alto desempenho (voo sem uso do motor), com $AR = 40$, pode ter $L/D = 40$; um avião leve típico ($AR \approx 12$) pode ter $L/D \approx 20$, ou próximo disso. Dois exemplos de formas bastante inferiores são os corpos de sustentação utilizados para reentrada na atmosfera terrestre e os esquis aquáticos, que são *hidrofólios* de baixa razão de aspecto. Para essas duas formas, L/D é tipicamente menor que a unidade.

Variações na razão de aspecto são vistas na natureza. As aves planadoras, como os albatrozes ou o condor da Califórnia, têm asas delgadas de longa envergadura. Os pássaros que fazem manobras rápidas para pegar suas presas, como as corujas, têm asas de envergadura relativamente curta, porém de grande área, o que lhes dá baixo *carregamento de asa* (a razão entre o peso e a área planiforme) e, por conseguinte, alta manobrabilidade.

Faz sentido que, quando tentamos gerar mais sustentação de uma asa finita (por exemplo, aumentando o ângulo de ataque), os vórtices de fuga e, portanto, o *downwash*, aumenta; aprendemos também que o *downwash* faz com que o ângulo de ataque efetivo seja menor que aquele da seção de aerofólio correspondente (isto é, quando $AR = \infty$), levando, em última instância, à perda de sustentação e ao arrasto induzido. Desse modo, concluímos que os efeitos da razão de aspecto finita podem ser caracterizados como uma redução $\Delta\alpha$ no ângulo de ataque efetivo e que este efeito (normalmente indesejável) torna-se pior à medida que geramos mais sustentação (isto é, conforme o coeficiente de sustentação C_L aumenta) e conforme a razão de aspecto ar é feita menor. A teoria e a experimentação indicam que

$$\Delta\alpha \approx \frac{C_L}{\pi AR} \quad (9.40)$$

Comparado com uma seção de aerofólio ($AR = \infty$), o ângulo geométrico de ataque de uma asa (com AR finito) deve ser aumentado dessa quantidade para dar a mesma sustentação, como mostrado na Fig. 9.21. Isso também significa que, em vez de ser perpendicular ao movimento, a força de sustentação inclina-se de um ângulo $\Delta\alpha$ para trás a partir da perpendicular — com isso, temos um acréscimo no coeficiente de arrasto devido a uma componente do arrasto induzido. A partir de simples geometria,

$$\Delta C_D \approx C_L \Delta\alpha \approx \frac{C_L^2}{\pi AR} \quad (9.41)$$

Isso também está mostrado na Fig. 9.21.

Quando escrito em termos da razão de aspecto, o arrasto de uma asa de envergadura finita torna-se [21]

$$C_D = C_{D,\infty} + C_{D,i} = C_{D,\infty} + \frac{C_L^2}{\pi AR} \quad (9.42)$$

em que $C_{D,\infty}$ é o coeficiente de arrasto da seção para C_L, $C_{D,i}$ é o coeficiente de arrasto induzido para C_L, e AR é a razão de aspecto efetiva da asa de envergadura finita.

O arrasto em aerofólios tem origem nas forças viscosas e de pressão. O arrasto viscoso varia com o número de Reynolds, mas apenas ligeiramente com o ângulo de ataque. Essas interações e alguma terminologia comumente empregada são ilustradas na Fig. 9.22.

Uma aproximação útil para o polar de arrasto de uma aeronave completa pode ser obtida pela adição do arrasto induzido ao arrasto de sustentação zero. O arrasto para qualquer coeficiente de sustentação é obtido de

$$C_D = C_{D,0} + C_{D,i} = C_{D,0} + \frac{C_L^2}{\pi AR} \quad (9.43)$$

em que $C_{D,0}$ é o coeficiente de arrasto para sustentação zero e AR é a razão de aspecto. A velocidade de cruzeiro ótima de uma aeronave traz essas relações de sustentação e arrasto, como mostrado no Exemplo 9.7.

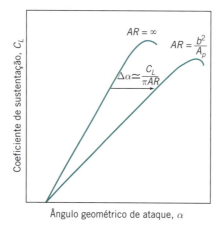
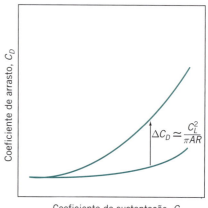

Fig. 9.21 Efeito da razão de aspecto finita sobre os coeficientes de sustentação e de arrasto para uma asa.

Escoamento Viscoso, Incompressível, Externo   **417**

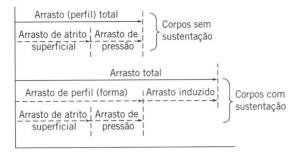

Fig. 9.22 Decomposição do arrasto sobre corpos com e sem sustentação.

Exemplo 9.7 DESEMPENHO ÓTIMO DE CRUZEIRO DE UM AVIÃO DE TRANSPORTE A JATO

O motor a jato queima combustível a uma taxa proporcional ao empuxo produzido. A condição ótima de cruzeiro para um avião a jato é na velocidade máxima para um dado empuxo. Em voo nivelado, permanente, o empuxo e o arrasto são iguais. Então, a situação ótima de cruzeiro ocorre na velocidade para a qual a razão entre a força de arrasto e a velocidade do ar é minimizada.

Um jato de transporte Boeing 727-200 tem área planiforme de asa $A_p = 149$ m² e razão de aspecto efetiva $AR = 6,5$. A velocidade de estol desta aeronave ao nível do mar, com os *flapes* erguidos e um peso bruto de 667.500 N, é 280 km/h. Abaixo de $M = 0,6$, o arrasto devido aos efeitos de compressibilidade é desprezível, de modo que a Eq. 9.43 pode ser usada para estimar o arrasto total sobre a aeronave. O $C_{D,0}$ para a aeronave é constante e vale 0,0182. Considere que a velocidade sônica ao nível do mar é $c = 1214$ km/h.

Avalie a envoltória de desempenho para esse avião ao nível do mar, traçando a força de arrasto *versus* a velocidade entre a condição de estol e $M = 0,6$. Use esse gráfico para estimar a velocidade ótima de cruzeiro para a aeronave nas condições de nível do mar. Comente sobre as velocidades de estol e de cruzeiro em uma altitude de 9140 m em um dia-padrão.

Dados: Jato de transporte Boeing 727-200 nas condições de nível do mar.

$$W = 667.500 \text{ N}, \quad A = 149 \text{ m}^2, \quad AR = 6,5 \quad \text{e} \quad C_{D,0} = 0,0182$$

A velocidade de estol é $V_{\text{estol}} = 1214$ km/h e os efeitos de compressibilidade sobre o arrasto são desprezíveis para $M \leq 0,6$ (a velocidade sônica no nível do mar é $c = 280$ km/h).

Determinar: (a) Avalie e plote a força de arrasto *versus* velocidade de V_{estol} até $M = 0,6$.
(b) Estime a velocidade ótima de cruzeiro no nível do mar.
(c) Velocidades de estol e ótima de cruzeiro na altitude de 9140 m.

Solução:
Para voo nivelado, em regime permanente, o peso iguala a sustentação e o empuxo iguala o arrasto.

Equações básicas:

$$F_L = C_L A \frac{1}{2} \rho V^2 = W \qquad C_D = C_{D,0} + \frac{C_L^2}{\pi AR}$$

$$F_D = C_D A \frac{1}{2} \rho V^2 = T \qquad M = \frac{V}{c}$$

No nível do mar, $\rho = 1,227$ kg/m³ e $c = 1214$ km/h.
Como $F_L = W$ para voo nivelado em qualquer velocidade, segue que

$$C_L = \frac{W}{\frac{1}{2}\rho V^2 A} = \frac{2W}{\rho V^2 A}$$

Na condição de estol, $V = 280$ km/h, logo

$$C_L = \times \frac{2 \times 667.500 \text{ N}}{1,227 \text{ kg/m}^3 \times (280)^2 (\text{km/h})^2 \times 149 \text{ m}^2} \times \frac{\text{kg} \cdot \text{m}}{\text{N} \cdot \text{s}^2} \times \left(\frac{3600 \text{ s}}{\text{h}}\right)^2 \times \left(\frac{\text{km}}{1000 \text{ m}}\right)^2$$

$$C_L = \frac{9{,}46 \times 10^4}{[V(\text{km/h})]^2} = \frac{9{,}46 \times 10^4}{(280)^2} = 1{,}207, \text{ e}$$

$$C_D = C_{D,0} + \frac{C_L^2}{\pi AR} = 0{,}0182 + \frac{(1{,}207)^2}{\pi(6{,}5)} = 0{,}0895$$

Portanto,

$$F_D = W\frac{C_D}{C_L} = 667.500\left(\frac{0{,}0895}{1{,}207}\right) = 49.496 \text{ N}$$

Para $M = 0{,}6$, $V = Mc = (0{,}6)1214$ km/h $= 728$ km/h; logo, $C_L = 0{,}177$ e

$$C_D = 0{,}0182 + \frac{(0{,}178)^2}{\pi(6{,}5)} = 0{,}0198$$

então

$$F_D = 667.500 \text{ N}\left(\frac{0{,}0198}{0{,}178}\right) = 74.250 \text{ N}$$

Cálculos semelhantes resultam na seguinte tabela (elaborada usando o *Excel*):

V (km/h)	280	320	480	640	730
C_L	1,207	0,924	0,411	0,231	0,178
C_D	0,0895	0,0600	0,0265	0,0208	0,0197
F_D (N)	49.510	43.348	43.009	60.150	74.237

Esses dados podem ser traçados como:

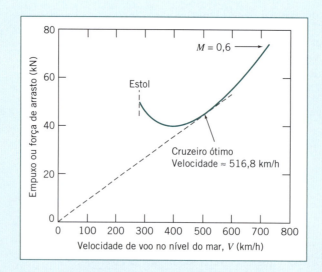

Do gráfico, a velocidade ótima de cruzeiro no nível do mar é estimada como 516,8 km/h (usando o *Excel*, obtivemos 518,4 km/h).

Da Tabela A.3, para uma altitude de 9140 m, a massa específica do ar é somente cerca de 0,375 vez o valor da massa específica no nível do mar. As velocidades para as forças correspondentes são calculadas de

$$F_L = C_L A \frac{1}{2}\rho V^2 \text{ ou } V = \sqrt{\frac{2F_L}{C_L \rho A}} \text{ ou } \frac{V_{30}}{V_{SL}} = \sqrt{\frac{\rho_{SL}}{\rho_{30}}} = \sqrt{\frac{1}{0{,}375}} = 1{,}63$$

Escoamento Viscoso, Incompressível, Externo **419**

Assim, as velocidades aumentam de 63% em uma altitude de 9140 m:

$$V_{estol} \approx 456 \text{ km/h}$$

$$V_{cruzeiro} \approx 845 \text{ km/h}$$

> Este problema ilustra que voo em grande altitude aumenta a velocidade ótima de cruzeiro — em geral, essa velocidade depende da configuração da aeronave, peso bruto, comprimento de segmento e ventos superiores.
>
> 💻 A planilha *Excel* para este exemplo traça o gráfico do arrasto, ou empuxo, ou potência, como funções da velocidade. Ela também permite interações, como a que acontece com a velocidade ótima se a altitude for aumentada, ou se a razão de aspecto for aumentada, e assim por diante.

É possível aumentar a razão de aspecto *efetiva* de uma asa de razão de aspecto geométrica dada, acrescentando uma *placa de extremidade* ou uma *winglet* à ponta da asa. Uma placa de extremidade pode ser uma simples placa acoplada à ponta da asa, perpendicular à sua envergadura, como aquelas no aerofólio de um carro de corrida (veja a Fig. 9.26). Uma placa de extremidade funciona bloqueando o escoamento que tende a migrar da região de alta pressão abaixo da ponta da asa para a região de baixa pressão acima da ponta, quando a asa está produzindo sustentação. Quando a placa de extremidade é acrescentada, as intensidades dos vórtices de fuga e do arrasto induzido são diminuídas.

As *winglets* são asas curtas, de contorno aerodinâmico, montadas perpendicularmente à ponta da asa. Assim como a placa de extremidade, a *winglet* reduz as intensidades do sistema de vórtices de fuga e do arrasto induzido. A *winglet* também produz uma pequena componente de força na direção e sentido do voo, cujo efeito é uma redução adicional no arrasto total do avião. O contorno e o ângulo de ataque da *winglet* são ajustados com base em testes de túneis de vento de modo a proporcionar resultados ótimos.

Conforme vimos, as aeronaves podem ser equipadas com aerofólios de baixo arrasto para obter excelente desempenho na condição de cruzeiro. Entretanto, visto que o máximo coeficiente de sustentação é baixo para aerofólios finos, um esforço extra deve ser despendido para a obtenção de baixas velocidades aceitáveis de pouso. Nos voos de regime permanente, a sustentação deve ser igual ao peso da aeronave. Então,

$$W = F_L = C_L \, \frac{1}{2} \, \rho V^2 \, A$$

A velocidade mínima de voo é, portanto, obtida quando $C_L = C_{L_{máx}}$. Resolvendo para $V_{mín}$,

$$V_{mín} = \sqrt{\frac{2W}{\rho C_{L_{máx}} A}} \tag{9.44}$$

De acordo com a Eq. 9.44, a velocidade mínima de aterrissagem pode ser reduzida pelo aumento ou de $C_{L_{máx}}$ ou da área da asa. Duas técnicas básicas são empregadas para controlar essas variáveis: seções de asa de geometria variável (por exemplo, pelo uso de *flapes*) ou técnicas de controle da camada-limite.

Os *flapes* são porções móveis da borda de fuga de uma asa que podem ser estendidas durante a aterrissagem e a decolagem para aumentar a área efetiva da asa. Os efeitos sobre a sustentação e o arrasto de duas configurações de *flapes* são mostrados na Fig. 9.23, para uma seção de aerofólio NACA 23012. O coeficiente máximo de sustentação para esta seção é aumentado de 1,52 na condição "limpa" para 3,48 com *flapes* duplos embutidos. Da Eq. 9.44, a correspondente redução na velocidade de aterrissagem seria de 34%.

A Fig. 9.23 mostra que o arrasto da seção é aumentado substancialmente por dispositivos de alta sustentação. Da Fig. 9.23*b*, o arrasto da seção para $C_{L_{máx}}$ ($C_D \approx 0,28$),

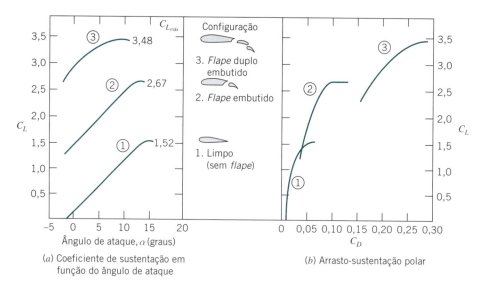

Fig. 9.23 Efeito de *flapes* sobre características aerodinâmicas da seção do aerofólio NACA 23012. (Dados de Abbott e von Doenhoff [21].)

com *flapes* duplos embutidos, é cerca de cinco vezes maior que o arrasto da seção para $C_{L_{máx}}$ ($C_D \approx 0{,}055$), para o aerofólio limpo. O arrasto induzido decorrente da sustentação deve ser adicionado ao arrasto da seção para obter o arrasto total. Como o arrasto induzido é proporcional a C_L^2 (Eq. 9.41), o arrasto total cresce abruptamente em baixas velocidades da aeronave. Para velocidades próximas do estol, o arrasto pode aumentar o suficiente para exceder o empuxo provido pelos motores. A fim de evitar essa região perigosa de operação instável, a Federal Aviation Administration (FAA) limita a operação de aviões comerciais a velocidades acima de 1,2 vez a velocidade de estol.

Embora os detalhes das técnicas de controle da camada-limite estejam além dos objetivos deste livro, o propósito básico de todas elas é retardar a separação ou reduzir o arrasto, seja por adição de quantidade de movimento à camada-limite por injeção ou sopro, seja por remoção de fluido da camada-limite de baixa quantidade de movimento por sucção. Muitos exemplos de sistemas práticos de controle da camada-limite podem ser vistos em aviões de transporte comercial no aeroporto da sua cidade. Dois sistemas típicos são mostrados na Fig. 9.24.

A sustentação aerodinâmica é uma consideração importante no projeto de veículos terrestres de alta velocidade, tais como carros de corrida e de quebra de recordes. Um veículo rodoviário gera sustentação em virtude da sua forma [29]. Uma distribuição de pressão de linha de centro representativa, medida em um túnel de vento para automóvel, é mostrada na Fig. 9.25. As regiões de coeficientes de pressão positivos e negativos estão marcadas com + e –, respectivamente, e indicam os níveis de pressão nas superfícies dos automóveis.

A pressão é baixa ao redor do nariz por causa da curvatura das linhas de corrente quando o escoamento contorna o nariz. A pressão atinge um máximo na base do para-brisa, novamente por causa da curvatura das linhas de corrente. Regiões de baixa pressão também ocorrem no topo do para-brisa e sobre o teto do automóvel. A velocidade do ar acima do teto é aproximadamente 30% maior que a velocidade de corrente livre. O mesmo efeito ocorre em torno das colunas e nas laterais do para-brisa. O aumento de arrasto causado pela inclusão de um objeto, tal como uma antena, holofote ou espelho nesses locais seria, portanto, $(1{,}3)^2 \approx 1{,}7$ vez o arrasto que o objeto experimentaria em um campo de escoamento não perturbado. Desse modo, o *arrasto parasita* de um componente adicionado pode ser muito maior do que aquele que seria calculado para escoamento livre.

Em altas velocidades, as forças de sustentação aerodinâmica podem aliviar os pneus do solo causando sérios problemas de manobrabilidade e controle de direção, além de reduzir a estabilidade perigosamente. As forças de sustentação nos carros de corrida mais antigos eram contrabalançadas parcialmente por defletores (*spoilers*), com um

Vídeo: Lâminas (Slats) na Borda de Ataque

Escoamento Viscoso, Incompressível, Externo 421

Fig. 9.24 (a) Aplicação de dispositivos de controle da camada-limite de alta sustentação para reduzir velocidade de aterrissagem de um avião de transporte a jato. A asa do Boeing 777 é altamente mecanizada. Na configuração de aterrissagem, grandes *flapes* embutidos na borda traseira da asa rolam da parte inferior da asa e defletem para baixo para aumentar a área e o *camber* da asa, aumentando assim o coeficiente de sustentação. Lâminas (*slats*) na borda de ataque da asa movem-se para a frente e para baixo para aumentar o raio efetivo da borda de ataque e prevenir a separação do escoamento, e para abrir uma fenda que ajuda a manter o escoamento de ar junto à superfície superior da asa. Após tocar o solo, chapas defletoras (*spoilers*, não mostrados em uso) são levantadas à frente de cada *flape* para reduzir a sustentação e assegurar que o avião permaneça no solo, a despeito do uso de dispositivos de aumento de sustentação. (Em voos de teste, cones de fluxo são anexados aos *flapes* e *ailerons* para identificar regiões de escoamento separado sobre essas superfícies.)

Fig. 9.24 (b) Aplicação de dispositivos de controle da camada-limite de alta sustentação para reduzir velocidade de decolagem de um avião de transporte a jato. Esta é outra vista de uma asa de um avião como o Boeing 777. Na configuração de decolagem, grandes *flapes* embutidos na borda traseira da asa defletem para aumentar o coeficiente de sustentação. O *aileron* de baixa velocidade, próximo da ponta da asa, também deflete para melhorar a envergadura durante a decolagem. Esta vista mostra, também, o *flape* único de popa, o *aileron* de alta velocidade e, mais próximo da fuselagem, o *flape* duplo de convés.

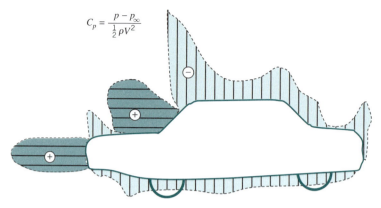

Fig. 9.25 Distribuição de pressão ao longo da linha de centro de um automóvel. Baseada nos dados da referência [30].

Fig. 9.26 Carro de corrida contemporâneo, mostrando características do projeto aerodinâmico. A frente e a asa traseira do carro são projetadas para produzir significativa força para baixo em alta velocidade para melhorar a tração. Capotas são também visíveis para direcionar o ar quente dos radiadores em torno dos pneus traseiros, e na frente do carro, e o ar fresco em direção aos freios. Outros recursos aerodinâmicos não estão visíveis, tais como a parte inferior da fuselagem, que é projetada para encaminhar cuidadosamente o escoamento de ar, usando difusores, para desenvolver o máximo de pressão negativa, e para fazer com que essa pressão negativa atue sobre a maior área possível sob o carro, para desenvolver força para baixo adicional.

pesado ônus de arrasto. Em 1965, Jim Hall introduziu o emprego de aerofólios móveis invertidos nos seus carros esportivos Chaparral, com a finalidade de desenvolver forças para baixo e prover frenagem aerodinâmica [31]. Desde então, os desenvolvimentos na aplicação de dispositivos aerodinâmicos têm sido muito rápidos. O projeto aerodinâmico é utilizado para reduzir a sustentação em todos os carros modernos de corrida, como exemplificado na Fig. 9.26. Aerofólios Liebeck [23] são usados frequentemente em automóveis de alta velocidade. Os seus coeficientes de sustentação elevados e coeficientes de arrasto relativamente baixos permitem que seja desenvolvida uma força para baixo igual ou maior que o peso do carro nas velocidades de circuito. Os carros de "efeito de solo" usam dutos em forma de venturi sob eles e saias laterais para bloquear escoamentos de vazamento lateral. O resultado líquido desses efeitos aerodinâmicos é que a força para baixo (que aumenta com a velocidade do carro) gera excelente tração sem a adição de peso significativo ao veículo, permitindo velocidades maiores em curvas, e reduzindo o tempo de percurso do circuito.

Outro método de controle da camada-limite é usar superfícies móveis para reduzir os efeitos de atrito superficial sobre a camada-limite [32]. Esse método é difícil de aplicar a dispositivos práticos, por causa das complicações geométricas e de peso, mas é muito importante em dispositivos de lazer. A maioria dos jogadores de golfe, tênis, futebol e beisebol pode dar testemunho disso! Os jogadores de tênis e futebol utilizam a rotação ou o giro (*spin*) para controlar a trajetória e o repique de suas rebatidas. No golfe, uma tacada pode dar à bola uma velocidade de 84 m/s ou mais, com uma rotação anti-horária de 9000 rpm! A rotação provê significativa sustentação aerodinâmica, aumentando o alcance de uma tacada. A rotação também é grandemente responsável pelos "efeitos" das tacadas quando as rebatidas não são "secas" e contundentes. No beisebol, o lançador de beisebol usa a rotação para arremessar uma bola em trajetória curva.

O escoamento em torno de uma esfera girando sobre si mesma é mostrado na Fig. 9.27a. A rotação altera a distribuição de pressão e também afeta a localização da separação da camada-limite. A separação é retardada na superfície superior da esfera da Fig. 9.27a e antecipada na superfície inferior. Assim, a pressão é reduzida (por causa do efeito Bernoulli) na superfície superior e aumentada na superfície inferior; a esteira é defletida para baixo, conforme mostrado. As forças de pressão causam uma sustentação no sentido mostrado; rotação no sentido contrário produziria sustentação negativa — uma força para baixo. A força é dirigida perpendicularmente a ambos, V e o eixo de rotação.

Dados de sustentação e arrasto para esferas lisas em rotação são apresentados na Fig. 9.27b. O parâmetro mais importante é a *razão de rotação*, $\omega D/2V$, a razão entre a velocidade de superfície e a velocidade de corrente livre; o número de Reynolds tem papel apenas secundário. Para baixas razões de rotação, a sustentação é negativa em termos dos sentidos mostrados na Fig. 9.27a. Somente acima de $\omega D/2V \approx 0,5$ a sustentação torna-se positiva e continua a aumentar à medida que a razão de rotação aumenta. Para altas razões de rotação, os coeficientes de sustentação tendem a um valor constante em torno de 0,35. A rotação tem pequeno efeito sobre o coeficiente de arrasto da esfera, que varia de 0,5 a 0,65, aproximadamente, na totalidade da faixa de razão de rotação mostrada.

Mencionamos anteriormente o efeito das cavidades sobre o arrasto de uma bola de golfe. Dados experimentais para os coeficientes de sustentação e de arrasto de bolas de golfe girando sobre si mesmas são apresentados na Fig. 9.28, para números de Reynolds subcríticos entre 126.000 e 238.000. Mais uma vez a variável independente é a razão de rotação; uma faixa muito menor de razão de rotação, típica de bolas de golfe, é apresentada na Fig. 9.28.

Há claramente uma tendência: o coeficiente de sustentação aumenta consistentemente com a razão de rotação tanto para as cavidades hexagonais quanto para as "convencionais" (redondas). O coeficiente de sustentação de uma bola de golfe com mar-

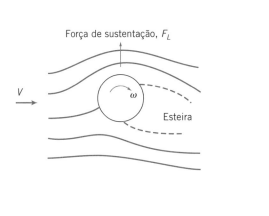

(a) Modelo de escoamento

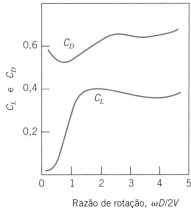

(b) Coeficientes de arrasto e sustentação

Fig. 9.27 Configuração de escoamento, sustentação e coeficientes de arrasto para uma esfera lisa girando em escoamento uniforme. (Dados de [19].)

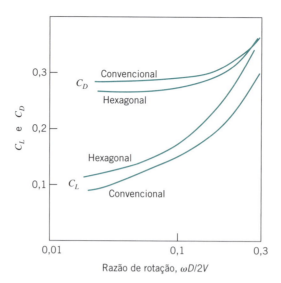

Fig. 9.28 Comparação de bolas de golfe convencional e com cavidade hexagonal. (Baseada em dados da referência [33].)

cas hexagonais é significativamente maior — tão grande quanto 15% — que aquele de uma bola com marcas redondas. A vantagem das cavidades hexagonais mantém-se para razões de rotação maiores. O coeficiente de arrasto para uma bola com cavidades hexagonais é consistentemente 5% a 7% mais baixo que o coeficiente de arrasto para uma bola com cavidades redondas para baixas razões de rotação, porém a diferença torna-se menos pronunciada à medida que a razão de rotação cresce.

A combinação de maior sustentação e menor arrasto aumenta o alcance de uma tacada de golfe. Um projeto recente — o Callaway HX — trouxe mais melhorias de desempenho com o uso de uma "estrutura tubular cruzada" com nervuras hexagonais e pentagonais (com altura exata de 0,21 mm) em lugar de cavidades [34]. A campanha publicitária assegurava aos golfistas que as tacadas com a Callaway HX seriam mais longas que a de qualquer outra bola já testada. O Exemplo 9.8 ilustra o efeito da rotação na sustentação de uma bola.

Exemplo 9.8 SUTENTAÇÃO DE UMA BOLA GIRANDO SOBRE SI MESMA

Uma bola de tênis lisa, com massa de 57 g e 64 mm de diâmetro, é golpeada na sua parte superior (*topspin*) a 25 m/s, o que lhe confere uma rotação de 7500 rpm. Calcule a sustentação aerodinâmica atuando sobre a bola. Avalie o raio de curvatura da sua trajetória na máxima elevação no plano vertical. Compare com o raio quando não houver rotação.

Dados: Bola de tênis lisa em voo, com $m = 57$ g e $D = 64$ mm, rebatida com $V = 25$ m/s e *topspin* de 7500 rpm.

Determinar: (a) A sustentação aerodinâmica atuando sobre a bola.
(b) O raio de curvatura da trajetória no plano vertical.
(c) Comparação com o raio sem rotação.

Solução: Considere que a bola é lisa.
Use os dados da Fig. 9.27 para determinar a sustentação:

$$C_L = f\left(\frac{\omega D}{2V}, Re_D\right).$$

A partir dos dados (para o ar-padrão, $v = 1{,}46 \times 10^{-5}$ m²/s),

$$\frac{\omega D}{2V} = \frac{1}{2} \times 7500 \frac{\text{rev}}{\text{min}} \times 0{,}064 \text{ m} \times \frac{\text{s}}{25 \text{ m}} \times 2\pi \frac{\text{rad}}{\text{rev}} \times \frac{\text{min}}{60 \text{ s}} = 1{,}01$$

$$Re_D = \frac{VD}{\nu} = 25\frac{\text{m}}{\text{s}} \times 0{,}064\,\text{m} \times \frac{\text{s}}{1{,}46 \times 10^{-5}\,\text{m}^2} = 1{,}10 \times 10^5$$

Da Fig. 9.27, $C_L \approx 0{,}3$, logo

$$F_L = C_L A \frac{1}{2}\rho V^2$$

$$= C_L \frac{\pi D^2}{4}\frac{1}{2}\rho V^2 = \frac{\pi}{8}C_L D^2 \rho V^2$$

$$F_L = \frac{\pi}{8} \times 0{,}3 \times (0{,}064)^2\,\text{m}^2 \times 1{,}23\frac{\text{kg}}{\text{m}^3} \times (25)^2\frac{\text{m}^2}{\text{s}^2} \times \frac{\text{N}\cdot\text{s}^2}{\text{kg}\cdot\text{m}} = 0{,}371\,\text{N} \longleftarrow \underline{\hspace{2cm}F_L}$$

Como a bola é golpeada na sua parte superior, ganhando rotação no sentido contrário ao do escoamento relativo de ar, essa força é para baixo.

Use a segunda lei de Newton para avaliar a curvatura da trajetória. No plano vertical,

$$\sum F_z = -F_L - mg = ma_z = -m\frac{V^2}{R} \qquad \text{ou} \qquad R = \frac{V^2}{g + F_L/m}$$

$$R = (25)^2\frac{\text{m}^2}{\text{s}^2}\left[\frac{1}{9{,}81\dfrac{\text{m}}{\text{s}^2} + 0{,}371\,\text{N} \times \dfrac{1}{0{,}057\,\text{kg}} \times \dfrac{\text{kg}\cdot\text{m}}{\text{N}\cdot\text{s}^2}}\right]$$

$$R = 38{,}3\,\text{m (com rotação)} \longleftarrow \underline{\hspace{3cm}R}$$

$$R = (25)^2\frac{\text{m}^2}{\text{s}^2} \times \frac{\text{s}^2}{9{,}81\,\text{m}} = 63{,}7\,\text{m (sem rotação)} \longleftarrow \underline{\hspace{3cm}R}$$

Então, o *topspin* tem efeito significativo sobre a trajetória da bola!

Há muito se sabe que um projétil girando em voo é afetado por uma força perpendicular à direção do movimento e ao eixo de rotação. Esse efeito, conhecido como *efeito Magnus*, é responsável pelo desvio sistemático das granadas de artilharia.

O escoamento transversal sobre um cilindro circular em rotação é qualitativamente similar ao escoamento sobre uma esfera girando mostrado na Fig. 9.27a. Se a velocidade da superfície superior de um cilindro está no mesmo sentido da velocidade da corrente livre, a separação é retardada na superfície superior; ela ocorre mais cedo na superfície inferior. Dessa forma, a esteira é defletida e a distribuição de pressão sobre a superfície do cilindro é alterada quando uma rotação está presente. A pressão é reduzida na superfície superior e aumentada na superfície inferior, originando uma força de sustentação resultante que atua para cima. A rotação no sentido contrário inverte esses efeitos e causa uma força de sustentação para baixo.

Os coeficientes de sustentação e arrasto para o cilindro em rotação baseiam-se na área projetada, LD. Coeficientes de arrasto e de sustentação, medidos experimentalmente para números de Reynolds subcríticos entre 40.000 e 660.000 são mostrados como funções da razão de rotação na Fig. 9.29. Quando a velocidade superficial excede a velocidade do escoamento, o coeficiente de sustentação aumenta para valores surpreendentemente altos, enquanto, no escoamento bidimensional, o arrasto é afetado apenas moderadamente. O arrasto induzido, que deve ser considerado para cilindros finitos, pode ser reduzido pelo uso de discos de extremidade maiores em diâmetro que o corpo do cilindro.

A potência requerida para girar um cilindro pode ser estimada a partir do arrasto de atrito de superfície do cilindro. Hoerner [35] sugere que a estimativa do arrasto de atrito superficial deve se basear na velocidade de superfície tangencial e na área da superfície. Goldstein [19] sugere que a potência requerida para girar o cilindro, quando

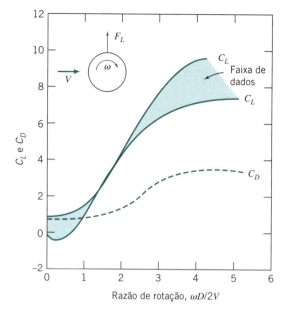

Fig. 9.29 Arrasto e sustentação em um cilindro em rotação como uma função da velocidade relativa de rotação; força Magnus. (Dados de [35].)

expressa como um coeficiente de arrasto equivalente, pode representar 20% ou mais do C_D aerodinâmico de um cilindro estacionário.

9.8 Resumo e Equações Úteis

Neste capítulo, nós:

✓ Definimos e discutimos vários termos comumente empregados em aerodinâmica, tais como espessuras de perturbação, de deslocamento e de quantidade de movimento de camada-limite; separação de escoamento; carenagem; arrastos de atrito superficial e de pressão e coeficiente de arrasto; sustentação e coeficiente de sustentação; corda, envergadura e razão de aspecto de asa; e arrasto induzido.
✓ Deduzimos expressões para a espessura da camada-limite sobre uma placa plana (gradiente de pressão zero) utilizando métodos exatos e métodos aproximados (usando a equação da quantidade de movimento integral).
✓ Aprendemos como estimar o arrasto e a sustentação a partir de dados publicados para uma diversidade de objetos.

Durante a investigação dos fenômenos citados, desenvolvemos conhecimento em alguns dos conceitos básicos do projeto aerodinâmico, tais como minimização de arrasto, determinação de velocidade ótima de cruzeiro para uma aeronave, e determinação da sustentação requerida para voar.

Nota: A maior parte das Equações Úteis na tabela a seguir tem determinadas restrições ou limitações — *para usá-las com segurança, verifique os detalhes no capítulo, conforme numeração de referência.*

Equações Úteis

Definição de espessura do deslocamento:	$\delta^* = \int_0^\infty \left(1 - \dfrac{u}{U}\right) dy \approx \int_0^\delta \left(1 - \dfrac{u}{U}\right) dy$	(9.1)
Definição de espessura da quantidade de movimento:	$\theta = \int_0^\infty \dfrac{u}{U}\left(1 - \dfrac{u}{U}\right) dy \approx \int_0^\delta \dfrac{u}{U}\left(1 - \dfrac{u}{U}\right) dy$	(9.2)
Espessura da camada-limite (laminar, exata-Blasius):	$\delta \approx \dfrac{5{,}0}{\sqrt{U/\nu x}} = \dfrac{5{,}0 x}{\sqrt{Re_x}}$	(9.13)

Equações Úteis (Continuação)

Tensão na parede (laminar, exata-Blasius):	$$\tau_w = 0{,}332U\sqrt{\rho\mu U/x} = \frac{0{,}332\rho U^2}{\sqrt{Re_x}}$$	(9.14)
Coeficiente de atrito superficial (laminar, exata-Blasius):	$$C_f = \frac{\tau_w}{\frac{1}{2}\rho U^2} = \frac{0{,}664}{\sqrt{Re_x}}$$	(9.15)
Equação integral da quantidade de movimento:	$$\frac{\tau_w}{\rho} = \frac{d}{dx}(U^2\theta) + \delta^* U \frac{dU}{dx}$$	(9.17)
Espessura da camada-limite para placa plana (laminar, perfil de velocidade polinomial-aproximado):	$$\frac{\delta}{x} = \sqrt{\frac{30\mu}{\rho Ux}} = \frac{5{,}48}{\sqrt{Re_x}}$$	(9.21)
Definição de coeficiente de atrito superficial:	$$C_f \equiv \frac{\tau_w}{\frac{1}{2}\rho U^2}$$	(9.22)
Coeficiente de atrito superficial para placa plana (laminar, perfil de velocidade polinomial-aproximado):	$$C_f = \frac{0{,}730}{\sqrt{Re_x}}$$	(9.23)
Espessura de camada-limite para placa plana (turbulento, perfil de velocidade de 1/7 de potência-aproximado):	$$\frac{\delta}{x} = 0{,}382\left(\frac{\nu}{Ux}\right)^{1/5} = \frac{0{,}382}{Re_x^{1/5}}$$	(9.26)
Coeficiente de atrito superficial para placa plana (turbulento, perfil de velocidade de 1/7 de potência-aproximado):	$$C_f = \frac{\tau_w}{\frac{1}{2}\rho U^2} = \frac{0{,}0594}{Re_x^{1/5}}$$	(9.27)
Definição de coeficiente de arrasto:	$$C_D \equiv \frac{F_D}{\frac{1}{2}\rho V^2 A}$$	(9.30)
Coeficiente de arrasto para placa plana (completamente laminar, baseado na solução de Blasius):	$$C_D = \frac{1{,}33}{\sqrt{Re_L}}$$	(9.33)
Coeficiente de arrasto para placa plana (completamente turbulento, baseado no perfil de velocidade de 1/7 de potência):	$$C_D = \frac{0{,}0742}{Re_L^{1/5}}$$	(9.34)
Coeficiente de arrasto para placa plana (empírico, $Re_L < 10^9$):	$$C_D = \frac{0{,}455}{(\log Re_L)^{2{,}58}}$$	(9.35)
Coeficiente de arrasto para placa plana (baseado no perfil de velocidade de 1/7 de potência, $5 \times 10^5 \le Re_L \le 10^7$):	$$C_D = \frac{0{,}0742}{Re_L^{1/5}} - \frac{1740}{Re_L}$$	(9.37a)
Coeficiente de arrasto para placa plana (empírico, $5 \times 10^5 \le Re_L \le 10^9$):	$$C_D = \frac{0{,}455}{(\log Re_L)^{2{,}58}} - \frac{1610}{Re_L}$$	(9.37b)
Definição de coeficiente de sustentação:	$$C_L \equiv \frac{F_L}{\frac{1}{2}\rho V^2 A_p}$$	(9.38)
Definição de razão de aspecto:	$$AR \equiv \frac{b^2}{A_p}$$	(9.39)
Coeficiente de arrasto de uma asa (aerofólio de envergadura finita, usando $C_{D,\infty}$):	$$C_D = C_{D,\infty} + C_{D,i} = C_{D,\infty} + \frac{C_L^2}{\pi AR}$$	(9.42)
Coeficiente de arrasto de uma asa (aerofólio de envergadura finita, usando $C_{D,0}$):	$$C_D = C_{D,0} + C_{D,i} = C_{D,0} + \frac{C_L^2}{\pi AR}$$	(9.43)

REFERÊNCIAS

1. Prandtl, L., "Fluid Motion with Very Small Friction (in German)," *Proceedings of the Third International Congress on Mathematics,* Heidelberg, 1904; English translation available as NACA TM 452, March 1928.

2. Blasius, H., "The Boundary Layers in Fluids with Little Friction (in German)," *Zeitschrift für Mathematik und Physik,* 56, 1, 1908, pp. 1–37; English translation available as NACA TM 1256, February 1950.

3. Schlichting, H., *Boundary-Layer Theory,* 7th ed. New York: McGraw-Hill, 1979.

4. Stokes, G. G., "On the Effect of the Internal Friction of Fluids on the Motion of Pendulums," *Cambridge Philosophical Transactions,* IX, 8, 1851.

5. Howarth, L., "On the Solution of the Laminar Boundary-Layer Equations," *Proceedings of the Royal Society of London,* A164, 1938, pp. 547–579.

6. Hess, J. L., and A. M. O. Smith, "Calculation of Potential Flow About Arbitrary Bodies," in *Progress in Aeronautical Sciences,* Vol. 8, D. Kuchemann et al., eds. Elmsford, NY: Pergamon Press, 1966.

7. Kraus, W., "Panel Methods in Aerodynamics," in *Numerical Methods in Fluid Dynamics,* H. J. Wirz and J. J. Smolderen, eds. Washington, DC: Hemisphere, 1978.

8. Rosenhead, L., ed., *Laminar Boundary Layers.* London: Oxford University Press, 1963.

9. Rotta, J. C., "Turbulent Boundary Layers in Incompressible Flow," in *Progress in Aeronautical Sciences,* A. Ferri, et al., eds. New York: Pergamon Press, 1960, pp. 1–220.

10. Kline, S. J., et al., eds., *Proceedings, Computation of Turbulent Boundary Layers—1968 AFOSR-IFP-Stanford Conference,* Vol. I: Methods, Predictions, Evaluation, and Flow Structure, and Vol. II: Compiled Data. Stanford, CA: Thermosciences Division, Department of Mechanical Engineering, Stanford University, 1969.

11. Kline, S. J., et al., eds., *Proceedings, 1980 81 AFOSRHTTM-Stanford Conference on Complex Turbulent Flows: Comparison of Computation and Experiment,* three volumes. Stanford, CA: Thermosciences Division, Department of Mechanical Engineering, Stanford University, 1982.

12. Cebeci, T., and P. Bradshaw, *Momentum Transfer in Boundary Layers.* Washington, D.C.: Hemisphere, 1977.

13. Bradshaw, P., T. Cebeci, and J. H. Whitelaw, *Engineering Calculation Methods for Turbulent Flow.* New York: Academic Press, 1981.

14. *Fluent.* Fluent Incorporated, Centerra Resources Park, 10 Cavendish Court, Lebanon, NH 03766 (www.fluent.com).

15. *STAR-CD.* Adapco, 60 Broadhollow Road, Melville, NY 11747 (www.cd-adapco.com).

16. Hoerner, S. F., *Fluid-Dynamic Drag,* 2nd ed. Midland Park, NJ: Published by the author, 1965.

17. Shapiro, A. H., *Shape and Flow, the Fluid Dynamics of Drag.* New York: Anchor, 1961 (paperback).

18. Fage, A., "Experiments on a Sphere at Critical Reynolds Numbers," Great Britain, Aeronautical Research Council, *Reports and Memoranda,* No. 1766, 1937.

19. Goldstein, S., ed., *Modern Developments in Fluid Dynamics,* Vols. I and II. Oxford: Clarendon Press, 1938. (Reprinted in paperback by Dover, New York, 1967.)

20. Morel, T., and M. Bohn, "Flow over Two Circular Disks in Tandem," *Transactions of the ASME, Journal of Fluids Engineering,* 102, 1, March 1980, pp. 104–111.

21. Abbott, I. H., and A. E. von Doenhoff, *Theory of Wing Sections, Including a Summary of Airfoil Data.* New York: Dover, 1959 (paperback).

22. Stratford, B. S., "An Experimental Flow with Zero Skin Friction," *Journal of Fluid Mechanics,* 5, Pt. 1, January 1959, pp. 17–35.

23. Liebeck, R. H., "Design of Subsonic Airfoils for High Lift," *AIAA Journal of Aircraft,* 15, 9, September 1978, pp. 547–561.

24. Smith, A. M. O., "Aerodynamics of High-Lift Airfoil Systems," in *Fluid Dynamics of Aircraft Stalling,* AGARD CP-102, 1973, pp. 10–1 through 10 26.

25. Morel, T., "Effect of Base Slant on Flow in the Near Wake of an Axisymmetric Cylinder," *Aeronautical Quarterly,* XXXI, Pt. 2, May 1980, pp. 132–147.

26. Hucho, W. H., "The Aerodynamic Drag of Cars—Current Understanding, Unresolved Problems, and Future Prospects," in *Aerodynamic Drag Mechanisms of Bluff Bodies and Road Vehicles,* G. Sovran, T. Morel, and W. T. Mason, eds. New York: Plenum, 1978.

27. McDonald, A. T., and G. M. Palmer, "Aerodynamic Drag Reduction of Intercity Buses," Transactions, *Society of Automotive Engineers,* 89, Section 4, 1980, pp. 4469–4484 (SAE Paper No. 801404).

28. Grosser, M., *Gossamer Odyssey.* Boston: Houghton Mifflin, 1981.

29. Carr, G. W., "The Aerodynamics of Basic Shapes for Road Vehicles. Part 3: Streamlined Bodies," The Motor Industry Research Association, Warwickshire, England, Report No. 107/4, 1969.

30. Goetz, H., "The Influence of Wind Tunnel Tests on Body Design, Ventilation, and Surface Deposits of Sedans and Sports Cars," SAE Paper No. 710212, 1971.

31. Hall, J., "What's Jim Hall Really Like?" *Automobile Quarterly,* VIII, 3, Spring 1970, pp. 282–293.

32. Moktarian, F., and V. J. Modi, "Fluid Dynamics of Airfoils with Moving Surface Boundary-Layer Control," *AIAA Journal of Aircraft,* 25, 2, February 1988, pp. 163–169.

33. Mehta, R. D., "Aerodynamics of Sports Balls," in *Annual Review of Fluid Mechanics,* ed. by M. van Dyke, et al. Palo Alto, CA: Annual Reviews, 1985, 17, pp. 151–189.

34. "The Year in Ideas," *New York Times Magazine,* December 9, 2001, pp. 58–60.

35. Hoerner, S. F., and H. V. Borst, *Fluid-Dynamic Lift.* Bricktown, NJ: Hoerner Fluid Dynamics, 1975.

36. Chow, C.-Y., *An Introduction to Computational Fluid Mechanics.* New York: Wiley, 1980.

37. Carr, G. W., "The Aerodynamics of Basic Shapes for Road Vehicles, Part 1: Simple Rectangular Bodies," The Motor Industry Research Association, Warwickshire, England, Report No. 1968/2, 1967.

38. L. Prandtl, *Ergebnisse der aerodynamischen, Veersuchsanstalt su Gottingen.* Vol II, 1923.

39. H. Brauer, D. Sucker, "Umstromung von Platten, Zylindern und Kugeln," *Chemie Ingenieur Technik,* 48. Jahrgang, No. 8, 1976, p 665–671. Copyright Wiley-VCH Verlag GmbH & Co. KGaA. Reproduced with permission.

PROBLEMAS

O Conceito de Camada-Limite

9.1 O teto de uma minivan é, aproximadamente, uma placa plana horizontal. Trace um gráfico do comprimento da camada-limite laminar sobre o teto como uma função da velocidade da minivan, V, quando a minivan acelera de 16 km/h até 144 km/h.

9.2 Um modelo de um rebocador fluvial deve ser testado em uma escala de 1:16. O barco foi projetado para navegar a 5,5 m/s em água doce a 15°C. Estime a distância a partir da proa em que a transição ocorre. Em que posição a transição deveria ser estimulada no modelo do rebocador?

9.3 A velocidade de decolagem de um Boeing 757 é 260 km/h. A que distância aproximadamente a camada-limite sobre as asas se tornará turbulenta? Se o Boeing estava em velocidade de cruzeiro de 850 km/h a 10.000 m, a que distância aproximadamente a camada-limite se tornará turbulenta?

9.4 Para o escoamento em torno de uma esfera a camada-limite se torna turbulenta aproximadamente a $Re_D \approx 2,5 \times 10^5$. Determine a velocidade na qual (a) uma bola de golfe norte-americana (D = 43 mm), uma bola de golfe britânica (D = 41,1 mm) e (c) uma bola de futebol (D = 222 mm) desenvolvem camadas-limite turbulentas. Considere as condições atmosféricas padrão.

9.5 Uma placa de madeira tipo compensado com dimensões de 1 m × 2 m é colocada no topo de seu carro após ser comprada em uma loja de equipamentos. A que velocidade (em quilômetros por hora, no ar a 20°C) a camada-limite começará a ficar turbulenta? E em que velocidade a camada-limite é 90% turbulenta?

9.6 Trace em um gráfico o comprimento da camada-limite laminar sobre uma placa plana, como uma função da velocidade da corrente livre, para (a) água e ar-padrão (b) ao nível do mar e (c) na altitude de 10 km. Use eixos log-log, e calcule valores para o comprimento de camada-limite variando de 0,01 m a 10 m.

Espessura da Camada-Limite

9.7 O perfil de velocidade senoidal mais geral para o escoamento laminar da camada-limite sobre uma placa plana é $u = A$ sen $(By) + C$. Estabeleça três condições de contorno aplicáveis ao perfil de velocidade laminar da camada-limite. Avalie as constantes A, B e C.

9.8 Os perfis de velocidade das camadas-limite laminares frequentemente são aproximados pelas equações

$$\text{Linear:} \quad \frac{u}{U} = \frac{y}{\delta}$$

$$\text{Senoidal:} \quad \frac{u}{U} = \text{sen}\left(\frac{\pi}{2}\frac{y}{\delta}\right)$$

$$\text{Parabólico:} \quad \frac{u}{U} = 2\left(\frac{y}{\delta}\right) - \left(\frac{y}{\delta}\right)^2$$

Compare as formas desses perfis de velocidade, traçando um gráfico de y/δ (na ordenada) como uma função de u/U (na abscissa).

9.9 Uma aproximação para o perfil de velocidade em uma camada-limite laminar é

$$\frac{u}{U} = \frac{3}{2}\frac{y}{\delta} - \frac{1}{2}\left(\frac{y}{\delta}\right)^3$$

Essa expressão satisfaz as condições de contorno aplicáveis ao perfil de velocidade da camada-limite laminar? Avalie δ^*/δ e θ/δ.

9.10 Um modelo simplificado para camada-limite laminar é

$$\frac{u}{U} = \sqrt{2}\frac{y}{\delta} \qquad 0 < y \leq \frac{\delta}{2}$$

$$\frac{u}{U} = (2-\sqrt{2})\frac{y}{\delta} + (\sqrt{2}-1) \qquad \frac{\delta}{2} < y \leq \delta$$

Essa expressão satisfaz as condições de contorno aplicáveis ao perfil de velocidade da camada-limite laminar? Avalie δ^*/δ e θ/δ.

9.11 O perfil de velocidade em uma camada-limite turbulenta é frequentemente aproximado pela equação de lei de potência 1/7

$$\frac{u}{U} = \left(\frac{y}{\delta}\right)^{1/7}$$

Compare a forma desse perfil com o perfil parabólico de velocidade da camada-limite laminar (Problema 9.8), traçando y/δ (na ordenada) versus u/U (na abscissa) para ambos os perfis.

9.12 Avalie δ^*/δ para cada um dos perfis de velocidade da camada-limite laminar dados no Problema 9.8.

9.13 Avalie δ^*/δ e θ/δ para o perfil de velocidade turbulento da lei de potência 1/7 dado no Problema 9.11. Compare com as razões para o perfil parabólico de velocidade de camada-limite laminar dado no Problema 9.8.

9.14 Um fluido, de massa específica ρ = 800 kg/m³, escoa a U = 3 m/s sobre uma placa plana de 3 m de comprimento e 1 m de largura. Na borda de fuga, a espessura da camada-limite é δ = 25 mm. Considere que o perfil de velocidade é linear, conforme mostrado, e que o escoamento é bidimensional (as condições do escoamento são independentes de z). Usando o volume de controle $abcd$, mostrado por linhas tracejadas, calcule a vazão através da superfície ab. Determine a força de arrasto sobre a superfície superior da placa. Explique como esse arrasto (viscoso) pode ser calculado a partir dos dados fornecidos, mesmo se a viscosidade do fluido não for conhecida (veja o Problema 9.31).

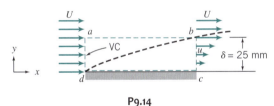

P9.14

9.15 A placa plana do Problema 9.14 é virada de modo que 1 m de lado é paralelo ao escoamento (a largura torna-se 3 m). Devemos esperar que o arrasto aumente ou diminua? Por quê? A espessura da camada-limite na borda de fuga é agora δ = 14 mm. Considere novamente que o perfil de velocidade é linear e que o escoamento é bidimensional (as condições de escoamento são independentes de z). Repita a análise do Problema 9.14.

9.16 A seção de testes de um túnel de vento de baixa velocidade tem 1,5 m de comprimento, precedido por um bocal e com um difusor na saída. A seção transversal do túnel possui dimensões de 20 cm × 20 cm. O túnel de vento deve operar com ar atmosférico a 40°C e tem uma velocidade de projeto igual a 50 m/s na seção de testes. Um problema em potencial com túnel de vento desse tipo é o bloqueio da camada-limite. A espessura da camada-limite reduz a área da seção transversal efetiva (a área de testes, na qual temos escoamento uniforme), e adicionalmente o escoamento uniforme será acelerado. Caso esses efeitos sejam pronunciados, finalizaremos com uma pequena seção transversal de testes útil com uma velocidade um pouco maior do que a prevista. Se a espessura da camada-limite na entrada for igual a 10 mm e igual a 25 mm na saída, e o perfil de velocidade na camada-limite for dado por $u/U = (y/\delta)^{1/7}$, estime a espessura do deslocamento no final da seção de testes e a variação percentual na velocidade uniforme entre a entrada e a saída.

9.17 Ar escoa em um duto horizontal cilíndrico de diâmetro D = 100 mm. Em uma seção, a poucos metros da entrada, a espessura da camada-limite turbulenta é δ_1 = 5,25 mm e a velocidade no escoamento central não viscoso é U_1 = 12,5 m/s. Mais a jusante, a camada-limite tem espessura δ_2 = 24 mm. O perfil de velocidade na camada limite é bem aproximado pela expressão de lei de potência 1/7. Determine a velocidade, U_2, no escoamento central não viscoso na segunda seção e a queda de pressão entre as duas seções.

9.18 A seção de teste quadrada de um pequeno túnel de vento de laboratório tem lados com extensão W = 40 cm. Em um local de medição, as camadas-limite turbulentas sobre as paredes do túnel têm espessuras δ_1 = 1 cm. O perfil de velocidade é bem aproximado pela expressão de lei de potência 1/7. Nesse local, a velocidade do ar de corrente livre é U_1 = 20 m/s e a pressão estática é p_1 = −250 kPa (manométrica). Em um segundo local de medição, a jusante, a espessura da camada-limite é δ_2 = 1,3 cm. Avalie a velocidade do ar na corrente livre na segunda seção. Calcule a diferença na pressão estática da seção ① para a seção ②.

9.19 Ar escoa na região de entrada de um duto quadrado, conforme mostrado. A velocidade é uniforme, U_0 = 30 m/s, e o duto tem área de 76 mm². Em uma seção a 0,3 m a jusante da entrada, a espessura de deslocamento, δ^*, em cada parede mede 0,9 mm. Determine a variação de pressão entre as seções ① e ②.

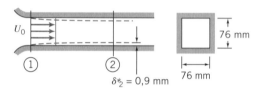

P9.19

9.20 Um escoamento de ar a 20°C desenvolve-se em um duto plano horizontal após uma seção de entrada bem arredondada. A altura do duto é H = 300 mm. Camadas-limite turbulentas crescem nas paredes do duto, mas o escoamento ainda não está inteiramente desenvolvido. Considere que o perfil de velocidade em cada camada-limite é $u/U = (y/\delta)^{1/7}$. O escoamento de entrada é uniforme com V = 10 m/s na seção ①. Na seção ②, a espessura da camada-limite sobre cada parede do duto é δ_2 = 100 mm. Mostre que, para esse escoamento, $\delta^* = \delta/8$. Avalie a pressão estática manométrica na seção ①. Determine a tensão de cisalhamento média entre a entrada e a seção ②, localizada em L = 5 m.

9.21 Um túnel de vento de laboratório tem uma seção de teste quadrada, com lados de extensão W = 305 mm, e comprimento L = 610 mm. Quando a velocidade de corrente livre do ar na entrada da seção de teste é U_1 = 24,4 m/s, a perda de carga no túnel é 6,5 mm. H$_2$O. Camadas-limite turbulentas formam-se no topo, fundo e paredes laterais da seção de teste. Medições mostram que as espessuras da camada-limite são δ_1 = 20,3 mm na entrada e δ_2 = 25,4 mm na saída da seção de teste. Os perfis de velocidade são de lei de potência 1/7. Avalie a velocidade do ar na corrente livre na saída da seção de teste. Determine as pressões estáticas na entrada e na saída da seção de teste.

9.22 Um escoamento de ar desenvolve-se em um duto horizontal cilíndrico, com diâmetro D = 400 mm, após uma seção de entrada bem arredondada. Uma camada-limite turbulenta cresce sobre a parede do duto, mas o escoamento ainda não está inteiramente desenvolvido. Considere que o perfil de velocidade na camada-limite é $u/U = (y/\delta)^{1/7}$. O escoamento de entrada é uniforme com U = 15 m/s na seção ①. Na seção ②, a espessura da camada-limite sobre cada parede do duto é δ_2 = 100 mm. Avalie a pressão estática manométrica na seção ②, localizada em L = 6 m. Determine a tensão de cisalhamento média na parede.

9.23 Ar escoa para dentro da seção de contração de entrada de um túnel de vento de um laboratório de graduação. O ar entra em seguida na seção de teste, que é um duto de seção quadrada com lados de 305 mm. A seção de teste tem 609 mm de comprimento. Em uma condição de operação, o ar deixa a contração a 50,2 m/s com espessura da camada-limite desprezível. Medições mostram que as camadas-limite a jusante, no final da seção de teste, têm 20,3 mm de espessura. Avalie a espessura de deslocamento das camadas-limite nesse local. Calcule a variação na pressão estática ao longo da seção de teste do túnel de vento. Estime a força de arrasto total causada pelo atrito superficial sobre cada parede do túnel de vento.

Camada-Limite Laminar em Placa Plana: Solução Exata

*9.24 Usando os resultados numéricos obtidos por Blasius (Tabela 9.1), avalie a distribuição de tensão de cisalhamento em uma camada-limite laminar sobre uma placa plana. Trace τ/τ_w versus y/δ. Compare com os resultados deduzidos a partir do perfil de velocidade aproximado senoidal dado no Problema 9.8.

*9.25 Usando os resultados numéricos obtidos por Blasius (Tabela 9.1), avalie a distribuição de tensão de cisalhamento em uma camada-limite laminar sobre uma placa plana. Trace τ/τ_w versus y/δ. Compare com os resultados deduzidos a partir do perfil de velocidade aproximado parabólico dado no Problema 9.8.

*9.26 Verifique que a componente y da velocidade para a solução de Blasius das equações da camada-limite de Prandtl é dada pela Eq. 9.10. Obtenha uma expressão algébrica para a componente x da aceleração de uma partícula fluida na camada-limite laminar. Trace a_x versus η para determinar a máxima componente x da aceleração para um dado valor de x.

*9.27 Resultados numéricos da solução de Blasius para as equações de Prandtl da camada-limite são apresentados na Tabela 9.1. Considere o escoamento em regime permanente, incompressível, de ar-padrão sobre uma placa plana com a velocidade de corrente livre U = 5 m/s. Em x = 20 cm, estime a distância da superfície para a qual u = 0,95 U. Avalie a inclinação da linha de corrente que passa por esse ponto. Obtenha uma expressão algébrica para o atrito de superfície local, $\tau_w(x)$. Obtenha uma expressão algébrica para a força de arrasto total de atrito de superfície sobre a placa. Avalie a espessura de quantidade de movimento para L = 1 m.

*9.28 A solução exata de Blasius envolve a resolução de uma equação não linear, Eq. 9.11, com condições iniciais e de contorno dadas pela Eq. 9.12. Desenvolva, em uma planilha no software *Excel*, um procedimento para obter uma solução numérica para este sistema de equações. A planilha deve apresentar colunas para η, f, f' e f'' contendo linhas com os valores calculados destas três últimas para passos numéricos adequados de η (por exemplo, 1000 linhas de valores de f, f' e f'' para passos de η de 0,01, com η variando de 0 a 10, para ir além dos dados na Tabela 9.1). Os valores de f e f' para a primeira linha são iguais a zero (conforme as condições iniciais, Eq. 9.12); um valor inicial estimado é necessário para f'' (tente 0,5). Os valores subsequentes das linhas para f, f' e f'' podem ser obtidos dos valores da linha anterior usando, por exemplo, o método de Euler de diferenças finitas da Seção 5.5 para aproximação de derivadas de primeira ordem (e a Eq. 9.11). Finalmente, uma solução pode ser encontrada usando as funções do *Resolvedor Excel* (*Excel's Goal Seek or Solver*) para alterar o valor inicial de f'' até que f' seja igual a 1 para grandes valores de η (por exemplo, η = 10, condição de contorno da Eq. 9.12). Trace um gráfico dos resultados. Nota: O método de Euler é relativamente grosseiro, e seu uso levará a resultados com erros de aproximadamente 1%.

*9.29 Uma placa plana delgada, de comprimento L = 0,25 m e largura b = 1 m, é instalada em um túnel de água como uma divisora de fluxo. A velocidade de corrente livre é U = 1,75 m/s e o perfil de velocidade na camada-limite é aproximado como parabólico. Trace δ, δ^* e τ_w versus x/L para a placa.

---

*Este problema requer material de seções que podem ser omitidas sem perda de continuidade no material do texto.

9.30 Considere o escoamento sobre a placa divisora do Problema 9.29. Mostre algebricamente que a força de arrasto total sobre um lado da placa pode ser escrita como $F_D = \rho U^2 \theta_L b$. Avalie θ_L e o arrasto total para as condições dadas.

9.31 Nos Problemas 9.14 e 9.15, o arrasto sobre a superfície superior da placa, para escoamento de corrente livre com $U = 3$ m/s (massa específica do fluido $\rho = 800$ kg/m³), foi determinado a partir de cálculos do fluxo de quantidade de movimento. O arrasto foi determinado para a placa com sua borda larga (3 m) e sua borda estreita (1 m) paralela ao escoamento. Sabendo que o fluido tem $\mu = 0{,}02$ N·s/m², calcule o arrasto usando as equações da camada-limite.

9.32 Considere um escoamento na camada-limite laminar para estimar o arrasto sobre a placa plana mostrada quando colocada em um escoamento de ar a 5 m/s. O ar está a 20°C e 101,3 kPa.

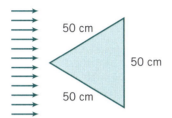

P9.32, P9.33

9.33 Considere um escoamento na camada-limite laminar para estimar o arrasto sobre a placa plana mostrada quando colocada em um escoamento de ar a 5 m/s, porém considerando que a base da placa está de frente para o escoamento. Você esperaria que o arrasto neste caso fosse maior, igual, ou menor do que o arrasto para o Problema 9.32?

9.34 Considere um escoamento na camada-limite laminar para estimar o arrasto sobre a placa plana mostrada quando colocada em um escoamento de ar a 7,5 m/s. O ar está a 20°C e a 101,3 kPa. (Note que a forma da placa é dada por $x = y^2/25$, em que x e y são dados em centímetros.)

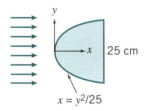

P9.34, P9.35

9.35 Considere um escoamento na camada-limite laminar para estimar o arrasto sobre a placa plana mostrada quando colocada em um escoamento de ar a 7,5 m/s, porém considerando que a base da placa está de frente para o escoamento. Você esperaria que o arrasto nesse caso fosse maior, igual, ou menor do que o arrasto para o Problema 9.34?

9.36 Considere um escoamento na camada-limite laminar para estimar o arrasto sobre as quatro placas quadradas (cada uma com dimensões de 7,5 cm × 7,5 cm) colocadas paralelas a um escoamento de água a 1 m/s, para as duas configurações mostradas. Antes de calcular, que configuração você esperaria experimentar o menor arrasto? Considere que as placas conectadas por um cordão estão suficientemente distantes umas das outras para tornar desprezíveis os efeitos de esteira, também que a água está a 20°C.

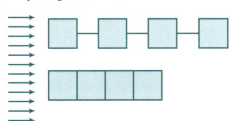

P9.36

Equação Integral da Quantidade de Movimento

9.37 O perfil de velocidade em um escoamento da camada-limite laminar com gradiente de pressão zero é aproximado pela expressão linear dada no Problema 9.8. Use a equação integral da quantidade de movimento com este perfil para obter expressões para δ/x e C_f.

9.38 Uma superfície horizontal, de comprimento $L = 1{,}8$ m e largura $b = 0{,}9$ m, está imersa em uma corrente de ar-padrão escoando a $U = 3{,}2$ m/s. Considere a formação de uma camada-limite laminar e aproxime o perfil de velocidade como senoidal. Trace δ, δ^* e τ_w versus x/L para a placa.

9.39 Água a 20°C escoa sobre uma placa plana a uma velocidade de 2 m/s. A placa tem 0,6 m de comprimento e 2 m de largura. A camada-limite sobre cada face da placa é laminar. Considere que o perfil de velocidade pode ser aproximado como linear. Determine a força de arrasto sobre a placa.

9.40 Ar-padrão escoa da atmosfera para dentro de um canal plano, largo, conforme mostrado. Camadas-limite laminares formam-se sobre as paredes de topo e de fundo do canal (ignore efeitos de camada-limite sobre as paredes laterais). Considere que as camadas-limite comportam-se como sobre uma placa plana, com perfis lineares de velocidade. Em qualquer distância axial a partir da entrada, a pressão estática é uniforme na seção transversal do canal. Considere escoamento uniforme na seção ①. Indique onde a equação de Bernoulli pode ser aplicada neste campo de escoamento. Determine a pressão estática (manométrica) e a espessura de deslocamento na seção ②. Trace a pressão de estagnação (manométrica) através do canal na seção ②, e explique o resultado. Determine a pressão estática (manométrica) na seção ① e compare com a pressão estática (manométrica) na seção ②.

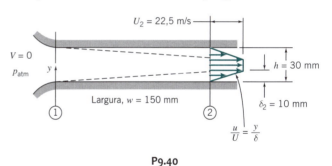

P9.40

9.41 Para as condições de escoamento do Exemplo 9.4, desenvolva uma expressão algébrica para a variação na tensão de cisalhamento de parede com a distância ao longo da superfície. Integre a fim de obter uma expressão algébrica para o arrasto total de atrito sobre a superfície. Avalie o arrasto para as condições dadas.

9.42 Considere o escoamento de ar sobre uma placa plana de comprimento $L = 5$ m. Em um gráfico, trace a espessura da camada-limite como uma função da distância ao longo da placa para uma velocidade de corrente livre $U = 10$ m/s, considerando (a) camada-limite laminar em todo o escoamento, (b) camada-limite turbulenta em todo o escoamento e (c) uma camada-limite que se torna turbulenta em $Re_x = 5 \times 10^5$. Use o *Resolvedor* do *Excel* (*Excel's Goal Seek and Solver*) para encontrar a velocidade U para a qual a transição ocorre na borda de fuga e em $x = 4$ m, 3 m, 2 m e 1 m.

9.43 Repita o Problema 9.32, considerando agora que o escoamento de ar é a 25 m/s (considere escoamento na camada-limite turbulenta).

9.44 Repita o Problema 9.34, considerando agora que o escoamento de ar é a 25 m/s (considere escoamento em camada-limite turbulenta).

9.45 Repita o Problema 9.36, considerando agora que o escoamento de ar é a 10 m/s (considere escoamento na camada-limite turbulenta).

9.46 O perfil de velocidade em um escoamento turbulento da camada-limite com gradiente de pressão zero é aproximado pela expressão de perfil de potência 1/6,

$$\frac{u}{U} = \eta^{1/6}, \quad \text{em que} \quad \eta = \frac{y}{\delta}$$

Use a equação integral de quantidade de movimento com esse perfil para obter expressões para δ/x e C_f. Compare com os resultados obtidos na Seção 9.5 para o perfil de potência 1/7.

9.47 Ar na condição-padrão escoa sobre uma placa plana. A velocidade de corrente livre é 10 m/s. Determine δ e τ_w em $x = 1$ m, medido a partir da borda de ataque, considerando (a) escoamento completamente laminar (considere um perfil de velocidade parabólico) e (b) escoamento completamente turbulento (considere um perfil de velocidade de potência 1/7).

Uso da Equação Integral da Quantidade de Movimento para Escoamento com Gradiente de Pressão Zero

9.48 Um túnel de vento de laboratório tem uma parede superior móvel que pode ser ajustada para compensar o crescimento da camada-limite, dando gradiente de pressão zero ao longo da seção de teste. As camadas-limite sobre as paredes são bem representadas por perfis de velocidade de potência 1/7. Na entrada, a seção transversal do túnel é quadrada, com altura H_1 e largura W_1 iguais a 305 mm. Com velocidade de corrente livre $U_1 = 26,5$ m/s, medições mostram que $\delta_1 = 12,2$ mm e, a jusante, $\delta_6 = 16,6$ mm. Calcule a altura das paredes do túnel na seção ⑥. Determine o comprimento equivalente de placa plana que produziria a espessura de camada-limite de entrada. Estime a distância no sentido da corrente entre as seções ① e ⑥ no túnel. Considere o ar-padrão.

Gradientes de Pressão em Escoamento da Camada-Limite

9.49 Um pequeno túnel de vento em um laboratório de graduação tem seção de teste quadrada com lado de 305 mm. Medições mostram que as camadas-limite sobre as paredes do túnel são completamente turbulentas e bem representadas por perfis de potência 1/7. Na seção transversal ①, com velocidade de corrente livre $U_1 = 26,1$ m/s, dados mostram que $\delta_1 = 12,2$ mm; na seção ②, localizada a jusante, $\delta_2 = 16,6$ mm. Avalie a variação na pressão estática entre as seções ① e ②. Estime a distância entre as duas seções.

9.50 Ar escoa em um duto cilíndrico de diâmetro $D = 150$ mm. Na seção ①, a camada-limite turbulenta tem espessura $\delta_1 = 10$ mm e a velocidade na região central invíscida é $U_1 = 25$ m/s. Mais a jusante, na seção ②, a camada-limite tem espessura $\delta_2 = 30$ mm. O perfil de velocidade na camada-limite é bem aproximado por uma expressão de potência 1/7. Determine a velocidade, U_2, na região central não viscosa da segunda seção, e a queda de pressão entre as duas seções. A magnitude da queda de pressão calculada justifica a hipótese adotada de gradiente de pressão zero entre as seções ① e ②? Estime o comprimento do duto entre ① e ②. Estime a distância a jusante da seção ① na qual a espessura da camada-limite é $\delta = 20$ mm. Considere o ar-padrão.

9.51 Considere as aproximações de camada-limite laminar linear, senoidal e parabólica do Problema 9.8. Compare os fluxos de quantidade de movimentos destes perfis. Qual deles provavelmente separa primeiro quando encontra um gradiente adverso de pressão?

9.52 Elabore uma análise de custo-benefício para um grande navio petroleiro típico. Determine, como uma porcentagem da carga de petróleo, a quantidade de petróleo que é consumida em um percurso de 3200 km. Use dados do Exemplo 9.5, e mais: considere que o petróleo constitui 75% do peso total, que a eficiência dos propulsores é 70%, que o arrasto de onda e a potência para operar equipamentos auxiliares constituem perdas adicionais equivalentes a 20%, que os motores têm eficiência térmica de 40%, e que a energia (poder calorífico) do petróleo é 46.520 kJ/kg. Compare, também, o desempenho deste petroleiro com o desempenho do Oleoduto do Alasca, que requer cerca de 79 kJ de energia para cada tonelada-milha de petróleo transportado.

9.53 Considere o difusor de parede plana, mostrado na Fig. P9.53. Primeiro, considere que o fluido é não viscoso. Descreva a configuração do escoamento, incluindo a distribuição de pressão, quando o ângulo do difusor, ϕ, é aumentado a partir de zero grau (paredes paralelas). Segundo, modifique sua descrição para levar em conta efeitos da camada-limite. Qual fluido (não viscoso ou viscoso) terá, em geral, maior pressão de saída?

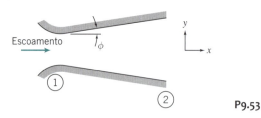

P9.53

9.54 Ar de resfriamento é suprido através do canal largo e plano mostrado. Para o mínimo de ruído e perturbação do fluxo de saída, camadas-limite laminares devem ser mantidas sobre as paredes do canal. Estime a máxima velocidade do escoamento na entrada para a qual o escoamento de saída será laminar. Considerando perfis de velocidade parabólicos nas camadas-limite laminares, avalie a queda de pressão, $p_1 - p_2$. Expresse a sua resposta em polegadas de água.

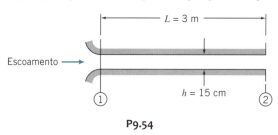

P9.54

9.55 A seção de teste de um túnel de vento de laboratório é quadrada, com largura W_1 e altura H_1 de entrada iguais a 305 mm. Para uma velocidade de corrente livre $U_1 = 24,5$ m/s, medições mostram que a espessura da camada-limite é $\delta_1 = 9,75$ mm com um perfil de velocidade turbulento de potência 1/7. O gradiente de pressão nesta região é dado aproximadamente por $dp/dx = -0,035$ mm $H_2O/$mm. Avalie a redução na área efetiva de escoamento causada pelas camadas-limite no topo, fundo e paredes laterais do túnel na seção ①. Calcule a taxa de variação da espessura de quantidade de movimento da camada-limite, $d\theta/dx$, na seção ①. Estime a espessura de quantidade de movimento no final da seção de teste, localizada $L = 254$ mm a jusante.

9.56 O conceito de parede variável é proposto para manter constante a espessura da camada-limite no túnel de vento do Problema 9.55. Partindo das condições iniciais do Problema 9.55, avalie a distribuição de velocidade de corrente livre necessária para manter constante a espessura da camada-limite. Considere largura constante, W_1. Estime o ajuste das alturas do topo do túnel ao longo da seção de teste de $x = 0$ na seção ① até $x = 254$ mm na seção ② a jusante.

Arrasto

9.57 Uma barcaça de fundo chato, de 24 m de comprimento e 10,7 m de largura, submersa até uma profundidade de 1,5 m, deve ser rebocada rio acima (a água do rio está a 15,5°C). Estime e plote a potência requerida para vencer o atrito superficial para velocidades de até 24 km/h.

9.58 Repita o Problema 9.36, porém agora considere que o escoamento de água é a 10 m/s (use as fórmulas para o C_D da Seção 9.7).

9.59 Um rebocador de barcaças fluviais é testado em um tanque de provas. O modelo do rebocador é construído em uma razão de escala de 1:13,5. As dimensões do modelo são: comprimento total 3,5 m, través 1 m e calado 0,2 m. (O deslocamento do modelo em água doce é 5500 N.) Estime o comprimento médio da superfície molhada do casco. Calcule a força de arrasto de atrito superficial no protótipo a uma velocidade de 3,601 m/s com relação à água.

9.60 Um avião de transporte a jato voa a 12 km de altitude, em voo estável nivelado, a 800 km/h. Modele a fuselagem do avião como um cilindro circular de diâmetro $D = 4$ m e comprimento $L = 38$ m. Desprezando efeitos de compressibilidade, estime a força de arrasto de atrito superficial sobre a fuselagem. Avalie a potência necessária para vencer esta força.

9.61 A resistência de uma barcaça deve ser determinada a partir de testes com modelos. O modelo é construído em uma razão de escala de 1:13,5 e tem comprimento, través e calado de 7,00 m, 1,4 m e 0,2 m, respectivamente. O teste deve simular o desempenho do protótipo a 18,5 km/h. Em que velocidade o modelo deve ser testado de maneira que o modelo e o protótipo exibam efeitos de arrasto similares? A camada-limite no protótipo é predominantemente laminar ou turbulenta? A camada-limite no modelo torna-se turbulenta em um ponto semelhante ao do protótipo? Se não, a camada-limite do modelo poderia ser artificialmente estimulada por fios fixados de través sobre o casco do navio? Onde os fios seriam colocados? Estime o arrasto de atrito superficial sobre o modelo e sobre o protótipo.

9.62 Uma aleta vertical estabilizadora sobre um carro de recorde de velocidade tem comprimento $L = 1,65$ m e altura $H = 0,785$ m. O automóvel deve ser dirigido na pista de *Bonneville Salt Flats*, em Utah, onde a elevação é de 1340 m e a temperatura de verão atinge 50°C. A velocidade do carro é 560 km/h. Avalie o número de Reynolds de comprimento da aleta. Estime o local de transição de escoamento laminar para turbulento nas camadas-limite. Calcule a potência necessária para vencer o arrasto de atrito superficial na aleta.

9.63 Um submarino nuclear navega a 13,9 m/s, inteiramente submerso. O casco é aproximadamente um cilindro circular de diâmetro $D = 11,0$ m e comprimento $L = 107$ m. Estime a porcentagem do comprimento do casco para a qual a camada-limite é laminar. Calcule o arrasto de atrito superficial sobre o casco e a potência consumida.

9.64 Uma folha de material plástico, com espessura de 10 mm e SG = 1,5, é deixada cair dentro de um grande tanque contendo água. A folha tem 0,5 m × 1 m. Estime a velocidade terminal da folha, quando ela cai com (a) o lado pequeno na vertical e (b) o lado longo na vertical. Considere que o arrasto é devido somente ao atrito superficial e que as camadas-limite são turbulentas a partir da borda de ataque.

9.65 O avião de transporte a jato de 600 lugares proposto pela Indústria Airbus tem uma fuselagem de 70 m de comprimento e 7,5 m de diâmetro. O avião deve operar 14 horas por dia, 6 dias por semana; sua velocidade de cruzeiro é 257 m/s ($M = 0,87$) a 12 km de altitude. Os motores consomem combustível na taxa de 0,06 kg por hora para cada N de empuxo produzido. Estime a força de arrasto de atrito superficial sobre a fuselagem do avião em voo de cruzeiro. Calcule a economia anual de combustível decorrente da redução de 1% no arrasto de atrito sobre a fuselagem por modificação no revestimento da superfície do avião.

9.66 O deslocamento de um superpetroleiro é aproximadamente de 600.000 toneladas métricas. Esse navio tem comprimento $L = 300$ m, través (largura) $b = 80$ m e calado (profundidade) $D = 25$ m. O cargueiro navega a 7,20 m/s na água do mar a 4°C. Para essas condições, estime (a) a espessura da camada-limite na popa do navio, (b) o arrasto total de atrito superficial atuando sobre o navio e (c) a potência requerida para vencer a força de arrasto.

9.67 Como parte das comemorações do bicentenário da independência, em 1976, um grupo empreendedor pendurou uma gigantesca bandeira norte-americana (59 m de altura e 112 m de largura) nos cabos de suspensão da ponte sobre o estreito Verrazano. Aparentemente, os fabricantes da bandeira relutaram em fazer furos na bandeira para aliviar a força do vento e, dessa forma, o que se tinha efetivamente era uma placa plana normal ao escoamento. A bandeira foi arrancada das suas amarras, quando o vento atingiu 16 km/h. Estime a força do vento agindo sobre a bandeira para essa velocidade. Eles deveriam ter ficado surpresos com o fato de a bandeira ter sido arrancada?

9.68 Uma rede de pesca é feita com fio de nylon com 0,75 mm de diâmetro, e tecida em formato retangular. As distâncias, vertical e horizontal, entre as linhas de centro dos fios adjacentes são 1 cm. Estime o arrasto sobre uma seção de 2 m × 12 m dessa rede quando ela é arrastada (perpendicularmente ao escoamento) através de água a 15°C a 6 nós. Qual é a potência requerida para manter esse movimento?

9.69 Um misturador rotativo é construído com dois discos circulares, conforme mostrado. O misturador é acionado a 80 rpm dentro de um grande vaso contendo uma solução de salmoura (SG = 1,1). Despreze o arrasto sobre as hastes e o movimento induzido no líquido. Estime o torque e a potência mínimos requeridos para acionar o misturador.

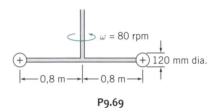

P9.69

9.70 A componente vertical da velocidade de aterrissagem de um paraquedas deve ser inferior a 6 m/s. A massa total do paraquedas e do paraquedista é 120 kg. Determine o mínimo diâmetro do paraquedas aberto.

9.71 Foi proposta a utilização de tambores excedentes de óleo de 208 litros para fazer moinhos de vento simples em países subdesenvolvidos. (É uma turbina tipo Savonius simples.) Duas configurações possíveis são mostradas. Estime qual seria a melhor, por que, e quanto melhor? O diâmetro e o comprimento de um tambor de 208 litros são $D = 610$ mm e $H = 737$ mm.

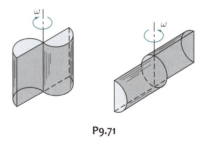

P9.71

9.72 A resistência ao movimento de uma boa bicicleta sobre um pavimento liso é decorrente, quase que inteiramente, do arrasto aerodinâmico. Considere que a massa total de ciclista e bicicleta é $W = 100$ kg. A área frontal, medida de uma fotografia, é $A = 0,46$ m². Experiências em uma colina com declive de 8% mostram que a velocidade terminal é $V_t = 15$ m/s. A partir desses dados, o coeficiente de arrasto é estimado como $C_D = 1,2$. Verifique os cálculos do coeficiente de arrasto. Estime a distância necessária para que ciclista e bicicleta desacelerem de 15 m/s para 10 m/s, enquanto o ciclista descansa nos pedais após atingir o piso plano.

9.73 Uma ciclista pode atingir uma velocidade máxima de 30 km/h em um dia calmo. A massa total da ciclista e da bicicleta é 65 kg. A resistência de rolamento dos pneus é $F_R = 7,5$ N, e o coeficiente de arrasto e a área frontal são $C_D = 1,2$ e $A = 0,25$ m². A ciclista aposta que hoje, mesmo com velocidade contrária do vento de 10 km/h, ela pode manter uma velocidade de 24 km/h. Ela aposta também que, pedalando com o vento a favor, pode atingir uma velocidade de 40 km/h. Avalie as possibilidades da ciclista ganhar essas apostas.

434 **Capítulo 9**

9.74 Considere a ciclista no Problema 9.73. Ela agora tem que subir uma colina com inclinação de 5°. Qual é a velocidade máxima que ela pode atingir? Qual é a velocidade máxima, se há também um vento contrário de 10 km/h? Ela alcança o topo da colina, faz a volta e desce a colina. Se ela ainda pedala tão forte quanto possível, qual será a sua velocidade máxima (quando está calmo, e quando o vento está presente)? Qual será sua velocidade máxima, se ela decide descansar no pedal durante a descida da colina (com e sem a ajuda do vento)?

9.75 Considere a ciclista no Problema 9.73. Determine a máxima velocidade que ela pode realmente atingir hoje (com vento de 10 km/h), pedalando contra o vento e pedalando com o vento a favor. Se ela substituísse os pneus por outros de alta tecnologia que têm uma resistência de rolamento de apenas 3,5 N, determine sua máxima velocidade em um dia calmo, pedalando contra o vento e pedalando com o vento a favor. Se, além disso, um dispositivo ou melhora aerodinâmica fosse aplicado para reduzir o coeficiente de arrasto para $C_D = 0,9$, qual seria sua nova velocidade máxima?

9.76 Em uma festa surpresa para um amigo, você amarrou uma série de balões inflados com o gás hélio com diâmetro de 20 cm a um mastro de bandeira, Cada amarra com um pequeno cordão. O primeiro é amarrado a 1 m acima do solo, e os outros oito são amarrados a espaçamentos de 1 m, de modo que o último é amarrado a uma altura de 9 m. Sendo um engenheiro completamente *nerd*, você nota que para vento em regime permanente, cada balão é soprado pelo vento de forma que parece que os ângulos que os cordões fazem com a vertical são respectivamente em torno de 10°, 20°, 30°, 35°, 40°, 45°, 50°, 60° e 65°. Estime e trace um gráfico do perfil de velocidade do vento para a faixa de 9 m. Considere que o gás hélio está a 20°C e 10 kPa (manométrica), e que cada balão é feito com 3 gramas de látex.

9.77 Um anemômetro simples, porém eficaz, para medir a velocidade do vento, pode ser feito com uma placa fina pendurada de modo a defletir sob a ação do vento. Considere uma placa fina de latão, tendo 20 mm de altura e 10 mm de largura. Deduza uma relação para a velocidade do vento como uma função do ângulo de deflexão, θ. Que espessura de latão deveria ser usada para dar $\theta = 30°$ para 10 m/s?

9.78 Um anemômetro para medir velocidade do vento é fabricado com quatro taças hemisféricas de 50 mm de diâmetro, conforme mostrado. O centro de cada taça é colocado a uma distância $R = 80$ mm do pivô. Determine a constante de calibração teórica k na equação de calibração $V = k\omega$, em que V (km/h) é a velocidade do vento e ω (rpm) é a velocidade de rotação. Em sua análise, baseie os cálculos do torque no arrasto gerado no instante em que duas taças estão ortogonais e as outras duas estão paralelas, e ignore o atrito nos mancais. Explique por que, na ausência de atrito, para uma dada velocidade do vento, o anemômetro gira com velocidade constante em vez de acelerar continuamente. Se o mancal do anemômetro real tem atrito (constante) tal que o anemômetro necessita de uma velocidade mínima do vento de 1 km/h para começar a girar, compare as velocidades de rotação com e sem atrito, para $V = 10$ km/h.

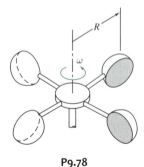

P9.78

9.79 Dados experimentais [16] sugerem que as áreas de arrasto máxima e mínima ($C_D A$) para um paraquedista de salto livre variam de cerca de 0,85 m², para uma posição de decúbito ventral, com as pernas e os braços abertos, a 0,11 m² para queda vertical. Estime as velocidades terminais para um paraquedista de 75 kg em cada posição. Calcule o tempo e a distância necessários para o paraquedista atingir 90% da velocidade terminal em uma altitude de 3000 m de um dia-padrão.

9.80 Um veículo foi construído para tentar bater o recorde de velocidade nas pistas de *Bonneville Salt Flats*, cuja elevação é de 1340 m. O motor libera 373 kW para as rodas traseiras e uma carenagem cuidadosa resultou em um coeficiente de arrasto de 0,15, com base na área frontal de 1,4 m². Calcule a velocidade teórica máxima do carro relativa ao solo (a) no ar calmo e (b) com um vento contrário de 32 km/h.

9.81 Um avião F-4 é desacelerado após aterrissagem por paraquedas duplos disparados da traseira. Cada um dos paraquedas tem 3,7 m de diâmetro. O F-4 pesa 142.400 N e aterrissa a 160 m/s. Estime o tempo e a distância necessários para desacelerar o avião para 100 m/s, considerando que os freios não são aplicados e que o arrasto do avião é desprezível.

9.82 Um conjunto cavalo-reboque tem uma área frontal $A = 9,5$ m² e coeficiente de arrasto $C_D = 0,9$. A resistência de rolamento é 6 N por 1000 N de peso do veículo. O consumo específico de combustível do motor diesel é 0,206 kg de combustível por km/h, e a eficiência do sistema de transmissão é 92%. A massa específica do óleo diesel é 812 kg/m³. Estime a economia de combustível do conjunto a 88 km/h, se seu peso bruto for 320.400 N. Um dispositivo de carenagem aerodinâmica reduz o arrasto de 15%. O caminhão percorre 192.000 km por ano. Calcule o combustível economizado por ano pela carenagem do teto.

9.83 Um ônibus trafega a 80 km/h no ar-padrão. A área frontal do veículo é 7,5 m² e o coeficiente de arrasto é 0,92. Quanta potência é requerida para superar o arrasto aerodinâmico? Estime a máxima velocidade do ônibus, se o motor tem potência nominal de 346,75 kW. Um jovem engenheiro propõe adicionar dispositivos aerodinâmicos sobre a frente e a traseira do ônibus para reduzir o coeficiente de arrasto. Testes indicam que isso reduziria o coeficiente de arrasto para 0,86, sem alterar a área frontal. Qual seria a potência requerida a 80 km/h, e qual a nova velocidade máxima? Se o custo do combustível para o ônibus é cerca de 300 dólares por dia, qual o tempo de amortização do investimento, orçado em 4800 dólares?

9.84 Compare de trace um gráfico da potência (kW) requerida por um sedan americano grande, típico da década de 1970, e por um atual sedan de tamanho médio para superar o arrasto aerodinâmico, em função da velocidade no ar-padrão, para a faixa de velocidades de 32 km/h a 160 km/h. Utilize os seguintes valores representativos:

	Peso (N)	Coeficiente de Arrasto	Área Frontal (m²)
Sedan de 1970	20.025	0,5	2,23
Sedan Atual	15.575	0,3	1,86

Se a resistência de rodagem for igual a 1,5% do peso de frenagem, determine, para cada veículo, a velocidade na qual a força aerodinâmica excede a resistência de atrito.

9.85 Um carro esportivo de 134,23 kW, com área frontal de 1,72 m², e coeficiente de arrasto de 0,31, requer 12,677 kW para trafegar a 100 km/h. Para qual velocidade o arrasto aerodinâmico superará pela primeira vez a resistência de rolamento? (A resistência de rolamento é 1,2% do peso do carro, e a massa do carro é 1250 kg.) Determine a eficiência de transmissão. Qual é a aceleração máxima a 100 km/h? Qual é a máxima velocidade? Qual modificação de projeto levaria a uma maior velocidade máxima: melhoria da eficiência de transmissão em 6% do seu valor corrente, redução do coeficiente de arrasto para 0,29 ou redução da resistência de rolamento para 0,91% do peso do carro?

9.86 Considere uma partícula esférica com raio a carregada negativamente, tendo uma carga, Q_s, suspensa em um fluido dielétrico puro (não contendo íons). Quando submetido a um campo elétrico uniforme, $\vec{E}_\infty$, a partícula sofrerá translação sob a influência elétrica que age sobre ela. O movimento induzido da partícula refere-se à eletroforese, que tem sido amplamente usado para caracterizar e purificar moléculas a partículas coloidais. A força elétrica líquida sobre a partícula carregada será simplesmente $\vec{F}_E = Q_S \vec{E}_\infty$. Tão logo a partícula inicia seu movimento sob a influência desta força elétrica, ela encontra uma força de arrasto fluida diretamente oposta.

(a) Sob o regime de escoamento de Stokes e desprezando a força gravitacional e a força de empuxo agindo sobre a micropartícula, deduza uma expressão para calcular a velocidade de translação da partícula em regime permanente.
(b) Baseado nos resultados do item anterior, explique por que a eletroforese pode ser usada para separar amostras biológicas.
(c) Calcule as velocidades de translação das duas partículas de raios $a = 1\ \mu m$ e 10 μm, usando $Q_s = -10^{-12}$ C, $E_\infty = 1000$ V/m, e $\mu = 10^{-3}$ Pa·s.

9.87 Um disco redondo, fino, de raio R, está posicionado normal a uma corrente fluida. As distribuições de pressão sobre as superfícies frontal e posterior são medidas e apresentadas na forma de coeficientes de pressão. Os dados são modelados com as seguintes expressões para as superfícies frontal e posterior, respectivamente:

$$\text{Superfície frontal}\ C_p = 1 - \left(\frac{r}{R}\right)^6$$

$$\text{Superfície posterior}\ C_p = -0{,}42$$

Calcule o coeficiente de arrasto para o disco.

9.88 Um aeroplano reboca uma faixa de propaganda acima de um estádio de futebol em uma tarde de sábado. A faixa tem 12 m de altura e 13,7 m de comprimento. Segundo Hoerner [16], o coeficiente de arrasto baseado na área (Lh) para um objeto como esta faixa é aproximado por $C_D = 0{,}05\ L/h$, em que L é o comprimento da faixa e h é a sua altura. Estime a potência requerida para rebocar a faixa a $V = 88$ km/h. Compare com o arrasto de uma placa plana rígida. Por que o arrasto da faixa é maior?

9.89 Uma grande roda de pás está imersa na correnteza de um rio para gerar potência. Cada pá tem área A e coeficiente de arrasto C_D; o centro de cada pá está localizado no raio R a partir da linha de centro da roda. Considere que o equivalente a uma pá está continuamente submerso na corrente de água. Obtenha uma expressão para a força de arrasto sobre uma única pá em termos das variáveis geométricas, velocidade da correnteza, V, e velocidade linear do centro da pá, $U = R\omega$. Desenvolva expressões para o torque e a potência produzidos pela roda. Determine a velocidade na qual a roda de pás deveria girar para dar a máxima produção de potência em dada correnteza.

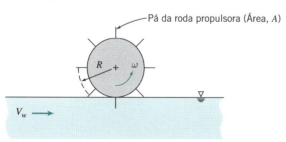

P9.89

9.90 Uma grande turbina eólica de três lâminas com eixo horizontal (HAWT) pode ser danificada se a velocidade do vento for muito grande. Para evitar esse problema, as lâminas da turbina podem ser orientadas de tal forma que estejam paralelas ao escoamento do ar. Determine o momento fletor na base de cada lâmina quando a velocidade do vento for igual a 45 m/s. Modele cada lâmina como uma placa plana com 35 m de largura e 0,45 m de comprimento.

9.91 A HAWT do Problema 9.90 não tem partida automática. O gerador é utilizado como um motor elétrico para iniciar o movimento da turbina até a velocidade de rotação de 20 unidades. Para facilitar esse processo, as lâminas são alinhadas de forma a situar-se no plano de rotação. Considerando uma eficiência global do motor e do acionamento de 65%, determine a potência requerida para manter a turbina na velocidade de rotação mínima de operação. Como uma aproximação, modele cada lâmina como uma série de placas planas (a região externa da cada lâmina se move a uma velocidade significativamente maior do que a região interna).

9.92 Um corredor mantém uma velocidade de 12 km/h durante uma corrida de 6,4 km. A pista de corrida consiste em uma estrada descendente reta por 3,22 km, e em seguida virando-se e retornando a 3,22 km direto ao ponto de partida. O $C_D\,A$ para o corredor é de 0,84 m². Em um dia sem vento, quantas calorias (em kcal) o corredor queimará para vencer o arrasto? Em um dia em que a velocidade do vento é de 8 km/h no sentido do movimento do corredor, quantas calorias (em kcal) o corredor queimará para vencer o arrasto?

9.93 Ar-padrão é puxado para dentro de um túnel de vento de baixa velocidade. Uma esfera de 30 mm de diâmetro é montada em um dinamômetro para medir sustentação e arrasto. Um manômetro de óleo é usado para medir a pressão estática dentro do túnel; a leitura é −40 mm de óleo (SG = 0,85). Calcule a velocidade do ar na corrente livre no túnel, o número de Reynolds do escoamento sobre a esfera e a força de arrasto sobre a esfera. As camadas-limite sobre a esfera são laminares ou turbulentas? Explique.

9.94 Um balão esférico de 0,6 m de diâmetro, cheio de hélio, exerce uma força vertical para cima de 1,3 N sobre a corda que o retém, quando mantido estacionário no ar-padrão sem vento. Com uma velocidade do vento de 3 m/s, a corda que retém o balão faz um ângulo de 60° com a horizontal. Calcule o coeficiente de arrasto do balão nestas condições, desprezando o peso da corda.

9.95 Uma bola de *hockey* tem diâmetro $D = 73$ mm e massa $m = 160$ g. Quando bem golpeada, ela parte do bastão com velocidade inicial $U_0 = 50$ m/s. A bola é essencialmente lisa. Estime a distância percorrida em trajetória horizontal antes que a velocidade da bola seja reduzida em 10% pelo arrasto aerodinâmico.

9.96 Calcule a velocidade terminal de uma gota de chuva de 3 mm de diâmetro (considere esférica) no ar-padrão.

9.97 O seguinte ajuste de curva para o coeficiente de arrasto de uma esfera lisa em função do número de Reynolds foi proposto por Chow [36]:

$C_D = 24/Re$	$Re \leq 1$
$C_D = 24/Re^{0{,}646}$	$1 < Re \leq 400$
$C_D = 0{,}5$	$400 < Re \leq 3 \times 10^5$
$C_D = 0{,}000366\ Re^{0{,}4275}$	$3 \times 10^5 < Re \leq 2 \times 10^6$
$C_D = 0{,}18$	$Re > 2 \times 10^6$

Use os dados da Fig. 9.11 para estimar a magnitude e a localização do erro máximo entre o ajuste de curva e os dados.

9.98 Uma bola de tênis, com massa de 57 g e diâmetro 64 mm, é solta em ar-padrão ao nível do mar. Calcule a velocidade terminal da bola. Considerando, como uma aproximação, que o coeficiente de arrasto permanece constante no seu valor para a velocidade terminal, estime o tempo e a distância requeridos para a bola atingir 95% da sua velocidade terminal.

9.99 Considere um mastro de bandeira cilíndrico de altura H. Para coeficiente de arrasto constante, avalie a força de arrasto e o momento fletor sobre o mastro, se a velocidade do vento varia como $u/U = (y/H)^{1/7}$, em que y é a distância medida a partir do solo. Compare com o arrasto e o momento para um perfil de vento uniforme com velocidade constante U.

9.100 Um modelo de aerofólio com corda de 15 cm e envergadura de 60 cm é colocado em um túnel de vento com um escoamento de ar igual a 30 m/s (o ar está a 20°C). O aerofólio está montado sobre uma haste suporte cilíndrica com diâmetro e altura iguais a 2 cm e 25 cm, respectivamente. Os instrumentos na base da haste indicam uma força vertical de 50 N e uma força horizontal de 6 N. Calcule os coeficientes de sustentação e de arrasto do aerofólio.

9.101 A lei de arrasto de Stokes para esferas lisas deve ser verificada experimentalmente, deixando cair esferas de aço de rolamentos em glicerina. Avalie o maior diâmetro de esfera de aço para o qual $Re < 1$ para a velocidade terminal. Calcule a altura da coluna de glicerina necessária para que uma esfera atinja 95% de sua velocidade terminal.

9.102 A bolha de ar do Problema 3.8 se expande conforme sobe na água. Determine o tempo decorrido para que a bolha atinja a superfície. Repita o procedimento para bolhas com diâmetro de 5 mm e de 15 mm. Calcule e trace um gráfico da profundidade das bolhas em função do tempo decorrido.

9.103 Por que é possível lançar uma bola de futebol americano mais facilmente em um movimento espiral do que em um movimento de rotação da bola em torno das suas extremidades?

9.104 As dimensões aproximadas de um bagageiro de teto de aluguel são mostradas na figura. Estime a força de arrasto sobre o bagageiro ($r = 10$ cm) a 100 km/h. Se a eficiência do sistema de transmissão do veículo for 0,85 e o consumo específico de combustível do motor for 0,3 kg/(kW · h), estime a taxa adicional de consumo de combustível devido ao bagageiro. Calcule o efeito sobre a economia de combustível se o veículo faz 12,75 quilômetros por litro sem o bagageiro. A empresa locadora oferece um bagageiro mais barato, quadrado com quinas vivas, a um preço US$5 menor que o atual. Estime o custo extra de utilizar este bagageiro em vez do atual de quinas arredondadas em uma viagem de 750 km, considerando que o litro de combustível custa US$0,92. O bagageiro oferecido como mais barato é, no final, realmente mais barato?

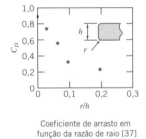

Coeficiente de arrasto em função da razão de raio [37]

P9.104

9.105 Um cilindro com diâmetro de 90 mm e comprimento de 220 mm é colocado em uma corrente de um fluido escoando a uma velocidade de 0,8 m/s. A direção do escoamento é normal ao eixo do fluido. A massa específica do fluido é 900 kg/m³. A força de arrasto é medida em 40 N. Calcule o coeficiente de arrasto. A pressão em um ponto sobre a superfície é medida em 105 kPa acima da pressão ambiente. Calcule a velocidade nesse ponto.

9.106 Testes rodoviários realizados em uma estrada plana, em um dia calmo, podem ser usados para medir os coeficientes de arrasto aerodinâmico e de resistência de rolamento para um veículo em escala real. A resistência de rolamento é estimada a partir de dV/dt medido em baixa velocidade, em que o arrasto aerodinâmico é pequeno. A resistência de rolamento é então deduzida de dV/dt medido em alta velocidade a fim de determinar o arrasto aerodinâmico. Os seguintes dados foram obtidos durante um teste com um veículo de peso $W = 111.250$ N e área frontal $A = 7,34$ m²:

V(km/h)	8	88
$\dfrac{dV}{dt}\left(\dfrac{\text{km/h}}{\text{s}}\right)$	0,24	0,76

Estime o coeficiente de arrasto aerodinâmico para esse veículo. Para qual velocidade o arrasto aerodinâmico excede pela primeira vez a resistência de rolamento?

9.107 Um transdutor sonar esférico de 0,375 m de diâmetro deve ser rebocado em água do mar. O transdutor deve estar inteiramente submerso a 16 m/s. Para evitar cavitação, a pressão mínima na superfície do transdutor deve ser maior que 30 kPa (abs). Calcule a força de arrasto aerodinâmico atuando sobre o transdutor para a velocidade de reboque requerida. Estime a profundidade mínima na qual o transdutor deve estar submerso para evitar cavitação.

9.108 O movimento de um pequeno foguete foi analisado no Exemplo 4.12, considerando o arrasto aerodinâmico desprezível. A velocidade final calculada de 369 m/s não era realista. Use o método de diferenças finitas de Euler da Seção 5.5 de aproximação de derivadas de primeira ordem, em uma planilha *Excel*, para resolver a equação de movimento para o foguete. Trace um gráfico da velocidade do foguete como uma função do tempo, considerando $C_D = 0,3$ e um diâmetro do foguete de 700 mm. Compare com os resultados para $C_D = 0$.

9.109 Uma bola de beisebol é disparada para cima com uma velocidade inicial de 25 m/s. A bola de beisebol tem um diâmetro de 0,073 m e uma massa de 0,143 kg. O coeficiente de arrasto para a bola de beisebol pode ser estimado como igual a 0,47 para $Re < 10^4$ e 0,10 para $Re > 10^4$. Determine quanto tempo a bola de beisebol ficará no ar e a altura que ela subirá.

9.110 Bolas Wiffle™, feitas de plástico leve com vários furos são usadas para praticar beisebol e golfe. Explique os propósitos dos furos e como eles funcionam. Explique como você verificaria suas hipóteses experimentalmente.

9.111 Torres de transmissão de sinais de televisão podem ter 500 m de altura. No inverno, forma-se gelo na estrutura metálica. Quando o gelo derrete, pedaços quebram-se e caem no solo. Quão distante da base da torre você recomendaria colocar uma cerca para limitar o perigo da queda de pedaços de gelo sobre pedestres?

9.112 Projete um anemômetro de vento que utiliza arrasto aerodinâmico para mover ou defletir uma peça ou acoplamento, produzindo uma saída que pode ser relacionada com a velocidade do vento, para a faixa de 1 a 10 m/s no ar-padrão. Considere três conceitos de projeto alternativos. Selecione o melhor conceito e prepare um projeto detalhado. Especifique a forma, tamanho e material para cada componente. Quantifique a relação entre velocidade do vento e saída do anemômetro. Apresente resultados como uma "curva de calibração" da saída do anemômetro *versus* velocidade do vento. Discuta as razões pelas quais você rejeitou projetos alternativos e escolheu o conceito final de projeto.

9.113 Um modelo de aerofólio com corda de 150 mm e envergadura de 750 mm é colocado em um túnel de vento com um escoamento de ar igual a 30 m/s (o ar está a 20°C). O modelo é montado sob uma haste suporte cilíndrica com 25 mm de diâmetro e 250 mm de altura. Instrumentos na base da haste indicam uma força vertical de 44,5 N e uma força horizontal de 6,7 N. Calcule os coeficientes de sustentação e de arrasto do aerofólio.

9.114 Por que os revólveres modernos têm canos estriados?

9.115 Como funciona o defletor de vento montado sobre a cabina de um caminhão de carga? Explique usando diagramas da configuração do escoamento em torno do caminhão e da distribuição de pressão sobre a superfície do caminhão.

9.116 Um avião está em voo de cruzeiro a 225 km/h no ar-padrão. O coeficiente de sustentação para esta velocidade é 0,45 e o coeficiente de arrasto é 0,065. A massa do avião é 900 kg. Calcule a área efetiva de sustentação para o avião, assim como o empuxo e potência requeridos do motor.

9.117 A área total efetiva dos hidrofólios de um barco anfíbio é 0,7 m². Seus coeficientes de sustentação e arrasto são 1,6 e 0,5, res-

Escoamento Viscoso, Incompressível, Externo 437

pectivamente. A massa total da embarcação em condição de navegação é 1800 kg. Determine a velocidade mínima na qual a embarcação é suportada pelos hidrofólios. Para essa velocidade, determine a potência necessária para vencer a resistência da água. Se o barco for equipado com um motor de 110 kW, estime a sua velocidade máxima.

9.118 Um projeto de graduação envolve a construção de um modelo de um avião ultraleve. Alguns estudantes propõem fazer um aerofólio, a partir de uma folha rígida de plástico, de 1,5 m de comprimento e 2 m de largura em um ângulo de ataque de 12°. Para esse aerofólio, os coeficientes de sustentação e de arrasto são $C_L = 0,72$ e $C_D = 0,17$. Se o ultraleve deve voar a 12 m/s, qual é a sua carga total máxima? Qual a potência requerida para manter o voo? Esse projeto é factível?

9.119 O caça de combate F-16 da Força Aérea dos Estados Unidos tem uma área planiforme de asa $A = 27,9 \text{ m}^2$; ele pode desenvolver um coeficiente máximo de sustentação de $C_L = 1,6$. Quando totalmente carregado, sua massa é 11.600 kg. A estrutura suporta manobras que produzem acelerações verticais de 9 g. Entretanto, os alunos pilotos estão limitados a manobras de no máximo 5 g durante o treinamento. Considere uma curva feita em voo nivelado com a aeronave inclinada. Determine a velocidade mínima na qual o piloto pode produzir uma aceleração total de 5 g no ar-padrão. Calcule o raio correspondente de voo. Discuta os efeitos da altitude sobre esses resultados.

9.120 O professor-instrutor dos alunos do projeto do aeroplano do Problema 9.118 não está satisfeito com a ideia de usar folha rígida de plástico para o aerofólio. Ele solicita aos estudantes que avaliem a carga total máxima esperada e a potência requerida para manter o voo, se a folha de plástico for substituída por um aerofólio de seção convencional (NACA 23015) com a mesma razão de aspecto e ângulo de ataque. Quais são os resultados da análise?

9.121 Um avião leve tem uma envergadura efetiva de 10 m e corda de 1,8 m. Ele foi originalmente projetado para usar um aerofólio de seção convencional (NACA 23015). Com esse aerofólio, sua velocidade de cruzeiro em um dia-padrão próximo do nível do mar é 225 km/h. Uma conversão para um aerofólio de seção de escoamento-laminar (NACA 66$_2$-215) é proposta. Determine a velocidade de cruzeiro que poderia ser atingida com o novo aerofólio para a mesma potência.

9.122 Considere que o avião Boeing 727 tenha asas com seção NACA 23012, área planiforme de 150 m², *flapes* duplos embutidos e razão de aspecto efetiva de 6,5. Se a aeronave, com peso bruto de 778.750 N, voa a 77,2 m/s no ar-padrão, estime o empuxo requerido para manter voo nivelado.

9.123 Um avião, com massa de 4500 kg, voa a 240 km/h em uma trajetória circular de elevação constante. O círculo de voo tem raio de 990 m. O avião tem área de sustentação de 23 m² e está equipado com aerofólios de seção NACA 23015, com razão de aspecto efetiva de 7. Estime o arrasto sobre a aeronave e a potência requerida.

9.124 Determine as velocidades, máxima e mínima, nas quais o aeroplano do Problema 9.123 pode voar sobre uma trajetória circular de voo com raio de 990 m, e estime o arrasto sobre o aeroplano e a potência requerida nestes extremos.

9.125 Os carros de corrida Chaparral 2F de Jim Hall foram pioneiros, na década de 1960, no emprego de aerofólios montados acima da suspensão traseira para aumentar a estabilidade e melhorar o desempenho dos freios. O aerofólio tinha largura efetiva (envergadura) de 1,8 m e corda de 0,3 m. Seu ângulo de ataque variava entre 0° e −12°. Considere que dados para os coeficientes de sustentação e arrasto são fornecidos pelas curvas (para seções convencionais) na Fig. 9.17. Considere uma velocidade do automóvel de 192 km/h em um dia meteo-

rologicamente calmo. Para uma deflexão do aerofólio de 12 graus para baixo calcule (a) a força máxima para baixo e (b) o aumento máximo na força de desaceleração produzida pelo aerofólio.

9.126 O ângulo de voo planado, sem motor, é tal que a sustentação, o arrasto e o peso estão em equilíbrio. Mostre que o ângulo de inclinação de voo planado, θ, é tal que $\theta = C_D / C_L$. O ângulo mínimo de voo planado ocorre para uma velocidade em que C_L/C_D é um máximo. Para as condições do Exemplo 9.8, avalie o ângulo mínimo de voo planado para um Boeing 727-200. Qual a distância máxima que esse avião poderia planar a partir de uma altitude inicial de 10 km em um dia-padrão?

9.127 A carga de asa do *Gossamer Condor* é 19 N/m² de área da asa. Medições grosseiras mostraram que o arrasto era aproximadamente 27 N a 19,2 km/h. O peso total do Condor é 890 N. A razão de aspecto efetiva do Condor é 17. Estime a potência mínima requerida para fazer voar este aparelho. Compare com 290 W que o piloto Brian Allen pôde manter por duas horas.

9.128 Alguns carros são equipados de fábrica com um *spoiler*, uma seção de asa instalada na traseira do veículo que as revendedoras afirmam aumentar significativamente a tração dos pneus em alta velocidade. Investigue a validade desta afirmação. Seriam estes dispositivos apenas decorativos?

9.129 Como voa um Frisbee™? O que o faz curvar para a esquerda ou para a direita? Qual é o efeito do giro sobre o seu voo?

9.130 Um automóvel trafega em uma estrada com uma bicicleta fixada transversalmente na sua traseira. As rodas da bicicleta giram lentamente. Explique por que e em que sentido a rotação ocorre.

9.131 Uma bola de golfe (diâmetro $D = 43$ mm) com cavidades circulares é golpeada e sai com velocidade de 20 m/s e giro anti-horário (*backspin*) de 2000 rpm. A massa da bola é 48 g. Avalie as forças de sustentação e de arrasto que atuam sobre a bola. Expresse seus resultados como frações do peso da bola.

9.132 Cilindros em rotação foram propostos como meios de propulsão de navios em 1924 pelo engenheiro alemão, Flettner. O propulsor de navio original de Flettner tinha dois rotores, cada um com cerca de 3 m de diâmetro e 15 m de comprimento, girando a até 750 rpm. Calcule as forças de sustentação e de arrasto máximas que agem sobre cada rotor no vento a 50 km/h. Compare a força total com aquela produzida para L/D ótimo com a mesma velocidade de vento. Estime a potência necessária para girar o rotor a 750 rpm.

9.133 Um lançador de beisebol arremessa uma bola a 128 km/h. A base está a 18,3 m da plataforma de lançamento. Que rotação deve ser aplicada à bola para desvio horizontal máximo de uma trajetória retilínea? (Uma bola de beisebol tem massa $m = 142$ g e $D = 230$ mm.) Qual será o desvio da bola em relação a uma trajetória reta?

9.134 As bolas de golfe americana e inglesa têm diâmetros ligeiramente diferentes mas a mesma massa (veja os Problemas 1.101 e 1.102). Suponha que um golfista profissional golpeia, com um taco em tê, cada tipo de bola imprimindo-lhes 85 m/s com *backspin* de 9000 rpm. Avalie as forças de sustentação e de arrasto sobre cada bola. Expresse as suas respostas como frações do peso de cada bola. Estime o raio de curvatura da trajetória de cada bola. Qual bola teria maior alcance nessas condições?

9.135 Um jogador de futebol bate uma falta. Em uma distância de 10 m, a bola desvia para a direita cerca de 1 m. Estime a rotação que o jogador colocou na bola, se sua velocidade é 30 m/s. A bola pesa 420 g e tem diâmetro de 70 cm.

CAPÍTULO 10

Máquinas de Fluxo

- **10.1** Introdução e Classificação de Máquinas de Fluxo
- **10.2** Análise de Turbomáquinas
- **10.3** Bombas, Ventiladores e Sopradores
- **10.4** Bombas de Deslocamento Positivo
- **10.5** Turbinas Hidráulicas
- **10.6** Hélices e Máquinas Eólicas
- **10.7** Turbomáquinas de Escoamento Compressível
- **10.8** Resumo e Equações Úteis

Estudo de Caso

O Pequeno Motor que Promete!

Alan Epstein, um professor de aeronáutica e astronáutica do Instituto de Tecnologia de Massachusetts (MIT), e sua equipe têm realizado muitas pesquisas sobre turbinas a gás de pequena espessura e fabricadas com silício. Elas apresentam um tamanho próximo ao "quarter"* (como mostrado na figura), e podem ser produzidas em massa facilmente. Diferentemente das grandes turbinas convencionais, que são constituídas de muitos componentes, essas microturbinas são construídas basicamente de uma peça sólida de silício. O professor Epstein descobriu que os conceitos básicos sobre a teoria de turbina (discutida neste capítulo) se aplicam até mesmo às suas microturbinas; a mecânica dos fluidos se revela a mesma que para grandes turbinas, desde que o diâmetro de passagem para o fluxo de gás seja maior que 1 μm (para valores inferiores a esse, é necessário aplicar a cinemática molecular do meio não contínuo).

O rotor e seus aerofólios são usinados em uma única placa, como mostra a figura. Além disso, um sistema de canais e mancais de rolamentos são gravados nas placas que formam o sanduíche do rotor. A combustão ocorre apenas fora do rotor, no mesmo nível da placa, girando-o por meio da pressão exercida sobre seus aerofólios externos. A mais de 1 *milhão* de rotação por minuto, estas turbinas não produzem ruído audível (nem mesmo seu cachorro pode ouvi-lo)! Energia elétrica poderá ser obtida usando, por exemplo, um gerador de pequena espessura. A fonte de combustível pode ser incorporada ao motor, ou vir como um cartucho substituível parecido com um isqueiro. Do ponto de vista de densidade de potência, o pequeno motor ganha fácil das baterias, apresentando uma saída entre 50 e 100 watts!

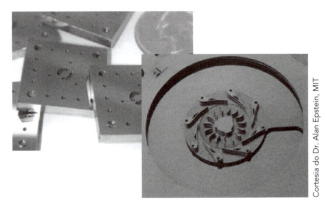

Motores do tipo turbina a gás feita em silício, conveniente para alimentar *laptops* ou telefones celulares; uma montagem de turbina com diâmetro de 6 mm.

Neste capítulo, discutimos de que maneira analisar e projetar turbomáquinas, como essa pequena turbina a gás. A maior parte dos dispositivos que você encontrará são muito maiores que essa turbina, mas aplicam-se neles os mesmos princípios. Vamos estudar bombas, sopradores, ventiladores e compressores que causam o escoamento de fluidos; tribunas e moinhos de vento que extraem energia de um fluido em escoamento; e hélices que proporcionam a força de propulsão para aviões.

Desde a Antiguidade, o homem tem buscado controlar a natureza. O homem primitivo transportava água em baldes ou conchas; com a formação de grupos maiores, esse processo foi mecanizado. As primeiras máquinas de fluxo desenvolvidas foram rodas de conchas e bombas de parafuso para elevar água. Os romanos introduziram a roda de pás em torno de 70 a.C. para extrair energia dos cursos de água [1]. Mais tarde, foram desenvolvidos os moinhos para extrair energia do vento, mas a baixa densidade de potência do vento limitava a produção a poucas centenas de quilowatts. O desenvolvimento de rodas de água tornou possível a extração de milhares de quilowatts de um único local.

---

*Quarter é o nome da moeda de 1/4 do dólar americano (25 centavos), cujo diâmetro vale 0,955 polegada (24,26 mm). (N.T.)

Hoje, tiramos proveito de várias máquinas de fluxo. No dia a dia, obtemos água pressurizada de uma torneira, usamos um secador de cabelos, dirigimos um carro, no qual máquinas de fluxo operam os sistemas de lubrificação, refrigeração e direção, e trabalhamos em um ambiente confortável, com circulação de ar condicionado. A lista poderia ser estendida indefinidamente.

Uma máquina de fluxo é um dispositivo que realiza trabalho sobre um fluido ou extrai trabalho (ou potência) de um fluido. Como você pode imaginar, esse é um campo de estudo muito vasto, de modo que limitaremos nosso estudo principalmente aos escoamentos incompressíveis. Inicialmente, vamos apresentar a terminologia do assunto, classificando as máquinas em função do princípio de operação e de suas características físicas. Em vez de tentar uma abordagem de todo o assunto, concentramos nossa atenção em máquinas em que a transferência de energia do fluido, ou para o fluido, é realizada por meio de um elemento rotativo. Equações básicas são revistas e em seguida simplificadas para formas úteis na análise de máquinas de fluxo. As características de desempenho de máquinas típicas são consideradas. São dados exemplos de aplicações de bombas e turbinas em sistemas típicos. Em seguida, vamos discutir hélices e turbinas eólicas, equipamentos singulares, que absorvem energia de um fluido sem tirar proveito de uma carcaça. Uma discussão de máquinas de escoamento compressível conclui o capítulo.

10.1 Introdução e Classificação de Máquinas de Fluxo

As máquinas de fluxo podem ser classificadas, de modo amplo, como *máquinas de deslocamento positivo* ou como *máquinas dinâmicas*. Nas máquinas de deslocamento positivo, a transferência de energia é feita por variações de volume que ocorrem devido ao movimento da fronteira na qual o fluido está confinado. Essas incluem dispositivos do tipo cilindro-pistão, bombas de engrenagens (por exemplo, a bomba de óleo de um motor de carro) e bombas de lóbulos (por exemplo, aquelas usadas na medicina para recirculação de sangue através de uma máquina). Não vamos analisar esses dispositivos neste capítulo; faremos uma breve revisão deles na Seção 10.4. Os dispositivos fluidomecânicos que direcionam o fluxo com lâminas ou pás fixadas em um elemento rotativo são denominados *turbomáquinas*. Em contraste com as máquinas de deslocamento positivo, não há volume confinado em uma turbomáquina. Todas as interações de trabalho em uma turbomáquina resultam de efeitos dinâmicos do rotor sobre a corrente de fluido. Esses dispositivos são largamente usados na indústria para geração de potência (por exemplo, o turbo compressor de um carro de alto desempenho). A ênfase neste capítulo é em máquinas dinâmicas.

Uma distinção adicional entre os tipos de turbomáquinas é fundamentada na geometria do percurso do fluido. Nas máquinas de *fluxo radial*, a trajetória do fluido é essencialmente radial, com mudanças significativas no raio, da entrada para a saída. (Tais máquinas são, por vezes, denominadas máquinas *centrífugas*.) Nas máquinas de *fluxo axial*, a trajetória do fluido é aproximadamente paralela à linha de centro da máquina, e o raio de percurso não varia significativamente. Nas máquinas de *fluxo misto*, o raio da trajetória do fluido varia moderadamente.

Toda interação de trabalho em uma turbomáquina resulta de efeitos dinâmicos do rotor sobre a corrente de fluido, isto é, a troca de trabalho entre o fluido e o rotor da máquina tanto pode aumentar quanto diminuir a velocidade do escoamento. Contudo, em conjunção com a transferência de energia cinética, máquinas que possuem uma carcaça (por exemplo, compressores, bombas e turbinas) também envolvem a conversão de energia de pressão em energia cinética ou vice-versa. Essa aceleração ou desaceleração do escoamento permite a obtenção de uma máxima razão pressão em bombas e compressores e uma máxima geração de potência em turbinas.

Máquinas para Realizar Trabalho sobre um Fluido

As máquinas que adicionam energia a um fluido, realizando trabalho sobre o fluido, são denominadas *bombas*, quando o escoamento é de líquido ou pastoso, e *ventiladores*, *sopradores* ou *compressores* para unidades que lidam com gás ou vapor, dependendo do aumento de pressão. Em geral, os ventiladores geram um pequeno aumento de pressão (inferior a 25 mm de água) e os sopradores geram um aumento de pressão moderado (da ordem de 25 mm de mercúrio); bombas e compressores podem ter aumentos de pressão muito grandes. Os sistemas industriais da atualidade operam com pressões de até 1 GPa (10^4 atmosferas).

Bombas e compressores consistem em um elemento rotativo (chamado de *impulsor* ou *rotor* dependendo do tipo de máquina), acionado por uma fonte de energia externa (por exemplo, um motor ou outra máquina de fluxo) para aumentar a energia cinética do escoamento. Na sequência, um elemento desacelera o fluxo, aumentando, assim, sua pressão. Essa combinação é conhecida como *estágio*. Uma bomba ou compressor pode consistir em vários estágios com uma só carcaça, dependendo do valor da razão de pressão requerida da máquina. Esses elementos estão contidos na *carcaça* ou *alojamento*. O eixo que transfere energia mecânica para o rotor penetra na carcaça. Um sistema de mancais e selos é necessário minimizar as perdas (mecânicas) por atrito e prevenir vazamentos do fluido de trabalho.

Três máquinas centrífugas típicas são mostradas esquematicamente na Fig. 10.1. O elemento rotativo de uma bomba ou compressor centrífugo é frequentemente chamado de impulsor. O fluido adentra cada máquina quase axialmente através do *olho* do impulsor, diagrama (*a*), no raio pequeno r_1. O fluxo é então defletido e sai pela descarga do rotor no raio r_2, em que a largura é b_2. O escoamento deixando o rotor é coletado no *caracol* ou *voluta*, que aumenta gradualmente de área à medida que se aproxima da saída da máquina, diagrama (*b*). O rotor geralmente tem pás; ele pode ser *fechado* (envolto) como mostrado no diagrama (*a*), ou *aberto* como mostrado no diagrama (*c*). As pás do rotor podem ser relativamente retas, ou encurvadas para tornarem-se não radiais na saída. O diagrama (*c*) mostra que pode haver um difusor entre a descarga do rotor e a voluta; o difusor faz a difusão ser mais eficiente, mas aumenta os custos de fabricação. Máquinas centrífugas são capazes de maiores razões de pressão que as máquinas axiais, mas elas apresentam uma maior área frontal por unidade de vazão mássica.

Vídeo: Fluxo e um Compressor de Fluxo Axial (Animação)

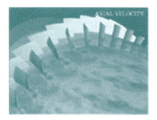

Turbomáquinas típicas de fluxo axial e de fluxo misto são mostradas esquematicamente na Fig. 10.2. A Fig. 10.2*a* mostra um estágio de um compressor de fluxo axial típico. O escoamento entra quase paralelo ao eixo do rotor e mantém aproximadamente o mesmo raio através do estágio. A bomba de fluxo misto no diagrama (*b*) mostra o escoamento sendo defletido para fora e deslocando para raios maiores à medida que atravessa o estágio. Máquinas de escoamento axial apresentam maiores eficiências e menores áreas frontais que máquinas centrífugas, mas elas não podem gerar altas razões de pressão. Por isso, máquinas de fluxo axial são geralmente de múltiplos estágios, o que as tornam mais complexas que as máquinas centrífugas. A Fig. 10.3 mostra um compressor axial de múltiplos estágios. Nessa fotografia, a carcaça (que está presa nos difusores do estator) foi removida para permitir uma melhor visualização das linhas dos difusores do rotor.

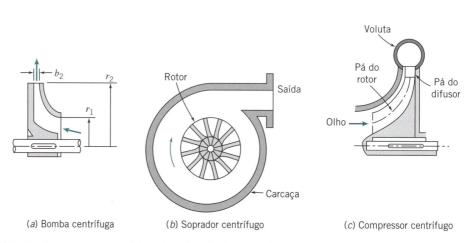

(*a*) Bomba centrífuga (*b*) Soprador centrífugo (*c*) Compressor centrífugo

Fig. 10.1 Diagramas esquemáticos de turbomáquinas centrífugas típicas, adaptados de [2].

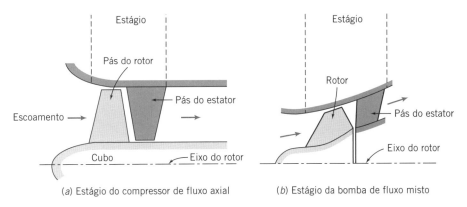

Fig. 10.2 Diagramas esquemáticos de turbomáquinas típicas de fluxo axial e de fluxo misto, adaptados de [2].

O aumento de pressão que pode ser alcançado eficientemente em um único estágio é limitado, dependendo do tipo de máquina. A razão dessa limitação pode ser entendida com base no gradiente de pressão dessas máquinas (veja a Seção 9.5). Em uma bomba ou compressor, as camadas-limite adjacentes para um gradiente de pressão adverso não são estáveis; logo, é comum haver separação da camada-limite em um compressor ou bomba. A separação da camada-limite aumenta o arrasto sobre o impulsor, resultando em uma diminuição da eficiência; portanto, trabalho adicional é necessário para comprimir o fluxo.

Ventiladores, sopradores, compressores e bombas são encontrados em vários tamanhos e tipos, desde unidades residenciais a unidades industriais, complexas, de grande capacidade. Os requisitos de torque e potência para bombas e turbossopradores idealizados podem ser analisados pela aplicação do princípio do momento da quantidade de movimento ou princípio da quantidade de movimento angular, usando um volume de controle adequado.

As *hélices* são essencialmente dispositivos de fluxo axial que operam sem uma carcaça externa. Elas podem ser projetadas para operar em gases ou em líquidos. Como seria de se esperar, as hélices projetadas para essas aplicações tão diferentes são bastante distintas. As hélices marítimas tendem a ter pás largas comparadas com seus raios, conferindo-lhes alta *solidez*. As hélices de aviões tendem a ter pás longas e delgadas, com solidez relativamente baixa. Essas máquinas serão discutidas em detalhes na Seção 10.6.

Fig. 10.3 Fotografia de um rotor de compressor axial de múltiplo estágio para uma turbina a gás.

Máquinas para Extrair Trabalho (Potência) de um Fluido

As máquinas que extraem energia de um fluido na forma de trabalho (ou potência) são chamadas *turbinas*. Nas *turbinas hidráulicas*, o fluido de trabalho é água, de modo que o escoamento é incompressível. Nas *turbinas a gás* e nas *turbinas a vapor*, a massa específica do fluido de trabalho pode variar significativamente. Em uma turbina, um estágio consiste normalmente em um elemento para acelerar o escoamento, convertendo parte da energia de pressão em energia cinética, seguido por um *rotor*, *roda* ou *elemento rotativo* que extrai energia cinética do escoamento por meio de um conjunto de *difusores*, *pás* ou *conchas* montados na roda.

As duas classificações mais gerais de turbinas são turbinas de impulsão e de reação. As *turbinas de impulsão* são acionadas por um ou mais jatos livres de alta velocidade. O exemplo clássico de uma turbina a impulsão é a roda d'água. Em uma roda d'água, o jato de água é gerado pela gravidade. A energia cinética da água é transferida para a roda, resultando em trabalho. Em turbinas de impulsão mais modernas, o jato é acelerado em um bocal externo à roda da turbina. Se o atrito e a gravidade forem desprezados, nem a pressão, nem a velocidade relativa ao rotor mudam enquanto o fluido passa sobre as conchas da turbina. Desse modo, em uma turbina de impulsão, a aceleração do fluido e a queda de pressão decorrente ocorrem em bocais externos às pás, e o rotor não trabalha cheio de fluido; o trabalho é extraído como um resultado da grande variação na quantidade de movimento do fluido.

Nas *turbinas de reação*, parte da variação de pressão do fluido ocorre externamente e a outra parte dentro das pás móveis. Ocorre aceleração externa e o escoamento é defletido para entrar no rotor na direção apropriada, à medida que passa por bocais ou pás estacionárias chamadas de *pás-guias* ou de *pás-diretrizes*. Uma aceleração adicional do fluido relativa ao rotor ocorre dentro das pás móveis, de modo que tanto a velocidade relativa quanto a pressão da corrente mudam através do rotor. Como as turbinas de reação trabalham cheias de fluido, elas podem, em geral, produzir mais potência para um dado tamanho total do que as turbinas de impulsão.

A Fig. 10.4 mostra turbinas usadas para diferentes aplicações. A Fig. 10.4*a* mostra uma roda de Pelton, um tipo de roda de turbina de impulsão usada em usinas hidroelétricas. A Fig. 10.4*b* é uma fotografia de um rotor de uma turbina axial a vapor, um exemplo de turbina de reação. A Fig. 10.4*c* é uma fazenda de turbinas eólicas. Uma turbina eólica é outro exemplo de turbina de reação, mas, como um impulsor, também opera sem uma carcaça externa. Turbinas eólicas modernas coletam energia do vento e a convertem em eletricidade.

Várias turbinas hidráulicas típicas estão mostradas esquematicamente na Fig. 10.5. A Fig. 10.5*a* mostra uma turbina de impulso acionada por um único jato, que se situa no plano do rotor da turbina. A água do jato atinge cada concha sucessivamente, que gira e sai com uma velocidade relativa em sentido quase oposto aquele de entrada na concha. Em seguida, a água cai no *canal de fuga* (não mostrado).

(*a*) Roda Pelton

(*b*) Rotor de turbina a vapor

(*c*) Fazenda de turbinas eólicas

Fig. 10.4 Fotografias de turbinas usadas em diferentes aplicações.

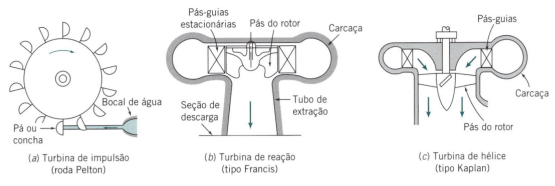

Fig. 10.5 Diagramas esquemáticos de turbinas hidráulicas típicas, adaptados de [2].

Uma turbina de reação do tipo Francis é mostrada na Fig. 10.5b. A água que entra escoa circunferencialmente através da carcaça da turbina. Ela entra na periferia das pás-guias estacionárias e escoa em direção ao rotor. A água entra no rotor quase radialmente e é defletida para baixo para sair aproximadamente na direção axial; a configuração do escoamento pode ser imaginada como a de uma bomba centrífuga reversa. A água saindo do rotor escoa através de um difusor conhecido como *tubo de extração* antes de entrar no coletor. A Fig. 10.5c mostra uma turbina de impulsão do tipo Kaplan. A entrada da água é similar aquela da turbina Francis, mas a água flui quase que axialmente antes de encontrar o rotor da turbina. O fluxo de saída do rotor pode passar para um tubo de extração.

Desse modo, as turbinas vão desde simples moinhos de vento até complexas turbinas a vapor ou a gás, com muitos estágios de pás cuidadosamente projetadas. Estes dispositivos também podem ser analisados de uma forma idealizada, aplicando-se o princípio da quantidade de movimento angular.

Em geral, a queda de pressão em um estágio da turbina é maior que a razão de pressão permitida em um estágio do compressor. Essa diferença é decorrente do gradiente de pressão favorável (veja a Seção 9.5), que causa separação da camada-limite em uma escala muito menor do que no caso do compressor.

Parâmetros adimensionais, tais como *velocidade específica*, *coeficiente de vazão*, *coeficiente de torque*, *coeficiente de potência* e *razão de pressão* são frequentemente usados para caracterizar o desempenho das turbomáquinas. Esses parâmetros foram introduzidos no Capítulo 7; seus desenvolvimentos e usos serão considerados com mais detalhes adiante neste capítulo.

Abrangência

De acordo com Japikse [3], "Turbomáquinas representam um mercado de 400 bilhões de dólares (possivelmente muito mais), apresentando, neste momento, um crescimento mundial enorme. Estima-se que apenas as bombas centrífugas industriais consumam 5% de toda energia produzida nos EUA". Além disso, demandas por energia amplamente disponível, econômica e não poluente continuaram dirigindo a pesquisa e o desenvolvimento na indústria das turbomáquinas [4]. Portanto, o projeto apropriado, a construção, a seleção e a aplicação de bombas e compressores são aspectos economicamente significativos.

O projeto de máquinas reais envolve diversos conhecimentos técnicos, incluindo mecânica dos fluidos, materiais, mancais, vedações e vibrações. Esses tópicos são abordados em inúmeros textos especializados. Nosso objetivo aqui é apresentar somente detalhes suficientes para ilustrar a base analítica do projeto de escoamento de fluido e discutir brevemente as limitações dos resultados obtidos a partir de modelos analíticos simples. Para informações mais detalhadas de projeto, consulte as referências.

A engenharia de aplicações ou de "sistemas" requer vasta experiência. Boa parte dessa experiência deve ser alcançada no campo, trabalhando com outros engenheiros. Nossa abordagem não pretende ser completa; discutimos somente os aspectos mais importantes para a aplicação sistêmica, e bem-sucedida, de bombas, compressores e turbinas.

444 Capítulo 10

O material apresentado neste capítulo é de natureza diferente daqueles discutidos nos capítulos anteriores. Os Capítulos 1 a 9 cobriram muito dos fundamentos de mecânica dos fluidos, com resultados analíticos em muitos casos. Este capítulo também abordará análises, mas a complexidade inerente do assunto nos conduzirá a algumas correlações e a resultados empíricos. Para o estudante, isso pode parecer um tanto o quanto forçado, mas a obtenção de resultados a partir da combinação de teoria e experimentação é uma prática bastante comum na ciência da engenharia.

10.2 *Análise de Turbomáquinas*

O método de análise usado para turbomáquinas é escolhido de acordo com a informação desejada. Quando se quer informações gerais sobre a vazão, a variação de pressão, o torque e a potência, uma análise de volume de controle finito deve ser usada. Caso se queiram informações detalhadas sobre ângulos de pás ou perfis de velocidade, elementos de pás individuais devem ser analisados por meio de um volume de controle infinitesimal ou outro procedimento detalhado. Consideramos apenas processos de escoamento idealizado neste livro, de modo que nos concentramos na aproximação por volume de controle finito, aplicando o princípio da quantidade de movimento angular. A análise seguinte aplica-se tanto a máquinas que realizam trabalho quanto a máquinas que extraem trabalho de um escoamento.

O Princípio da Quantidade de Movimento Angular: A Equação de Euler para Turbomáquinas

O princípio da quantidade de movimento angular foi aplicado a volumes de controle finitos no Capítulo 4. O resultado obtido foi a Eq. 4.46,

$$\vec{r} \times \vec{F}_s + \int_{VC} \vec{r} \times \vec{g}\rho d\mathcal{V} + \vec{T}_{\text{eixo}} = \frac{\partial}{\partial t} \int_{VC} \vec{r} \times \vec{V}\rho d\mathcal{V} + \int_{VC} \vec{r} \times \vec{V}\rho\vec{V}\cdot d\vec{A} \qquad (4.46)$$

A Eq. 4.46 estabelece que o momento das forças superficiais e das forças de campo, mais o torque aplicado, levam a uma variação na quantidade de movimento angular do escoamento. As forças superficiais são decorrentes do atrito e da pressão, a força de campo é decorrente da gravidade, o torque aplicado pode ser positivo ou negativo (dependendo se o trabalho é realizado pelo fluido ou sobre o fluido) e a variação na quantidade de movimento angular pode aparecer como variação na quantidade de movimento angular no interior do volume de controle, ou como fluxo de quantidade de movimento angular através da superfície de controle.

Agora, vamos simplificar a Eq. 4.46 para a análise de turbomáquinas. Primeiramente, para a análise de turbomáquinas, é conveniente escolher um volume de controle fixo englobando o rotor, a fim de avaliar o torque de eixo. Como estamos considerando volumes de controle para os quais são esperados grandes torques de eixo, os torques decorrentes de forças de superfícies podem ser ignorados em uma primeira aproximação. A força de campo gravitacional pode ser desprezada por simetria. Então, para escoamento permanente, a Eq. 4.46 torna-se

$$\vec{T}_{\text{eixo}} = \int_{VC} \vec{r} \times \vec{V}\rho\vec{V}\cdot d\vec{A} \qquad (10.1a)$$

A Eq. 10.1a estabelece: para uma turbomáquina com *entrada* de trabalho, o torque *requerido* causa uma variação na quantidade de movimento angular do fluido; para uma turbomáquina com *saída* de trabalho, o torque *produzido* é decorrente de uma variação na quantidade de movimento angular do fluido. Vamos escrever essa equação na forma escalar, ilustrando a sua aplicação a máquinas de fluxo axial e radial.

Conforme mostrado na Fig. 10.6, selecionamos um volume de controle *fixo* que inclui um rotor genérico de uma turbomáquina. O sistema de coordenadas fixas é escolhido com o eixo z alinhado com o eixo de rotação da máquina. As componentes de velocidades idealizadas são mostradas na figura. O fluido entra no rotor na localização

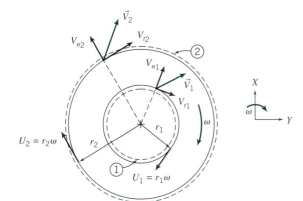

Fig. 10.6 Volume de controle finito e componentes da velocidade absoluta para análise da quantidade de movimento angular.

radial r_1, com velocidade absoluta uniforme $\vec{V}_1$; o fluido sai do rotor na localização radial r_2, com velocidade uniforme absoluta $\vec{V}_2$.

O integrando no lado direito da Eq. 10.1a é o produto de $\vec{r} \times \vec{V}$ pela vazão mássica em cada seção. Para escoamento uniforme entrando no rotor na seção 1, e saindo do rotor na seção 2, a Eq. 10.1a torna-se

$$T_{\text{eixo}}\hat{k} = (r_2 V_{t_2} - r_1 V_{t_1})\dot{m}\hat{k} \tag{10.1b}$$

(Note que na expressão $\vec{r} \times \vec{V}$, o vetor posição $\vec{r}$ é puramente radial, de modo que apenas a componente da velocidade tangencial V_t deve ser levada em conta.) Na forma escalar,

$$T_{\text{eixo}} = (r_2 V_{t_2} - r_1 V_{t_1})\dot{m} \tag{10.1c}$$

As suposições feitas na dedução dessa equação são: *escoamento permanente, sem atrito*; *escoamento unidirecional* na entrada e na saída; e *efeitos de pressão desprezíveis*. A Eq. 10.1c é a relação básica entre torque e momento da quantidade de movimento para todas as turbomáquinas. Ela é comumente chamada de *Equação de Euler das Turbomáquinas*.

Cada velocidade que aparece na Eq. 10.1c é a componente tangencial da velocidade absoluta do fluido cruzando a superfície de controle. As velocidades tangenciais são escolhidas positivas, quando no mesmo sentido da *velocidade da pá*, U. Essa convenção de sinal conduz a $T_{\text{eixo}} > 0$ para bombas, ventiladores, sopradores e compressores e $T_{\text{eixo}} < 0$ para turbinas.

A taxa de trabalho realizado sobre um rotor de uma turbomáquina (a potência mecânica, $\dot{W}_m$) é dada pelo produto escalar da velocidade angular do rotor, $\vec{\omega}$, pelo torque aplicado, $\vec{T}_{\text{eixo}}$. Usando a Eq. 10.1b, obtemos

$$\dot{W}_m = \vec{\omega} \cdot \vec{T}_{\text{eixo}} = \omega\hat{k} \cdot T_{\text{eixo}}\hat{k} = \omega\hat{k} \cdot (r_2 V_{t_2} - r_1 V_{t_1})\dot{m}\hat{k}$$

ou

$$\dot{W}_m = \omega T_{\text{eixo}} = \omega(r_2 V_{t_2} - r_1 V_{t_1})\dot{m} \tag{10.2a}$$

De acordo com a Eq. 10.2a, a quantidade de movimento angular do fluido é aumentada pela adição de trabalho de eixo. Para uma bomba, $\dot{W}_m > 0$ e a quantidade de movimento angular do fluido deve aumentar. Para uma turbina, $\dot{W}_m < 0$ e a quantidade de movimento angular do fluido deve diminuir.

A Eq. 10.2a pode ser escrita em duas outras formas úteis. Introduzindo $U = r\omega$, em que U é a velocidade tangencial do rotor no raio r, temos

$$\dot{W}_m = (U_2 V_{t_2} - U_1 V_{t_1})\dot{m} \tag{10.2b}$$

Dividindo a Eq. 10.2b por $\dot{m}g$, obtemos uma quantidade com as dimensões de comprimento, que pode ser vista como uma carga teórica adicionada ao escoamento.[1]

$$H = \frac{\dot{W}_m}{\dot{m}g} = \frac{1}{g}(U_2 V_{t_2} - U_1 V_{t_1}) \qquad (10.2c)$$

As Eqs. 10.1 e 10.2 são formas simplificadas da equação da quantidade de movimento angular para um volume de controle. Todas elas estão escritas para um volume de controle fixo com as hipóteses de escoamento permanente e uniforme em cada seção. As equações mostram que apenas a diferença no produto rV_t ou UV_t, entre as seções de saída e de entrada, é importante na determinação do torque aplicado ao rotor ou na potência mecânica. Embora $r_2 > r_1$ na Fig. 10.6, nenhuma restrição foi feita quanto à geometria; o fluido pode entrar e sair nos mesmos ou em diferentes raios. Portanto, estas equações podem ser usadas para máquinas de fluxo axial, radial e misto.

Diagramas de Velocidade

As equações que deduzimos também sugerem a importância de definir claramente as componentes de velocidade do fluido e do rotor nas seções de entrada e de saída. Para esse fim, é útil desenvolver *diagramas de velocidade* (frequentemente chamados de *polígonos de velocidade*) para os escoamentos de entrada e de saída. A Fig. 10.7 mostra os diagramas de velocidade e introduz a notação para os ângulos das pás e do escoamento. Vale relembrar que a variável V é usada tipicamente para indicar velocidade absoluta, isto é, a velocidade do escoamento relativa a um observador estacionário, enquanto a variável W é usada para indicar a velocidade do escoamento em relação às pás girantes.

As máquinas são projetadas de modo que, na *condição de projeto*, o fluido move-se suavemente (sem perturbações) através das pás. Na situação idealizada para a *velocidade de projeto*, o escoamento relativo ao rotor é suposto entrar e sair tangente ao perfil da pá em cada seção. (Essa condição de entrada idealizada é por vezes chamada de escoamento de entrada *sem choque*.) Para velocidades diferentes da velocidade de projeto (e, na verdade, algumas vezes mesmo para a velocidade de projeto!), o fluido pode sofrer impacto com as pás na entrada, na saída em um ângulo relativo à pá, ou pode haver separação significativa no escoamento, levando a uma redução na eficiência da máquina. A Fig. 10.7 é representativa de uma máquina de fluxo radial típica. Consideramos que o fluido está se movendo sem maiores perturbações no escoamento, conforme mostrado na Fig. 10.7a, com os ângulos de entrada e de saída nas pás β_1 e β_2, respectivamente,

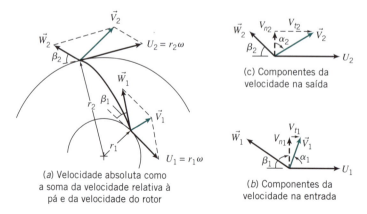

Fig. 10.7 Geometria e notação usadas para desenvolver diagramas de velocidade para máquinas típicas de fluxo radial.

---

[1] Posto que $\dot{W}_m$ tem dimensões de energia por unidade de tempo e $\dot{m}g$ é a vazão em peso por unidade de tempo, a carga, H, é na realidade a energia adicionada por unidade de peso do fluido em escoamento.

Máquinas de Fluxo **447**

relativos à direção tangencial. Note que, embora os ângulos β_1 e β_2 sejam ambos menores que 90° na Fig. 10.7, em geral, eles podem ser menores, iguais, ou maiores a 90°. A análise seguinte aplica-se a todas essas possibilidades.

A velocidade do rotor na entrada é $U_1 = r_1\omega$, e é, portanto, especificada pela geometria do rotor e pela velocidade de operação da máquina. A velocidade absoluta do fluido é a soma vetorial da velocidade do rotor com a velocidade do escoamento relativa à pá. A velocidade absoluta de entrada pode ser determinada graficamente, conforme mostrado na Fig. 10.7b. O ângulo da velocidade absoluta do fluido, α_1, é medido a partir da direção normal à área de escoamento, como mostrado.[2] Note que, para dada máquina, os ângulos α_1 e α_2 variarão com a vazão Q (através de $\vec{V}_1$ e $\vec{V}_2$) e com a velocidade ω do rotor (através de U_1 e U_2). A componente tangencial da velocidade absoluta, V_{t_1}, e a componente normal à área de escoamento, V_{n_1}, também são mostradas na Fig. 10.7b. Note, da geometria da figura, que em cada seção a componente normal da velocidade absoluta, V_n, e a componente normal da velocidade relativa à pá, W_n, são iguais (porque a pá não tem velocidade normal).

Para facilitar a determinação da velocidade absoluta na entrada da máquina, é necessário determinar se há redemoinho na entrada. O redemoinho, que pode estar presente no escoamento de entrada, ou introduzido pelas *pás-guias de entrada*, é a presença de componente de velocidade circunferencial. Quando o escoamento de entrada é livre de redemoinhos, a velocidade absoluta de entrada é puramente radial. O ângulo de entrada da pá pode ser especificado para a vazão e a velocidade de projeto da bomba de modo a gerar um escoamento na entrada suave relativo à orientação das pás.

O diagrama de velocidade é construído de maneira similar na seção de saída. A velocidade do rotor na saída é $U_2 = r_2\omega$, que novamente é conhecida a partir da geometria e da velocidade de operação da turbomáquina. O escoamento relativo é suposto sair do impulsor tangente às pás, como mostrado na Fig. 10.7c. Essa consideração idealizada de orientação perfeita fixa à direção do escoamento de saída relativo nas condições de projeto.

Para uma bomba centrífuga ou turbina de reação, a velocidade relativa à pá geralmente muda de intensidade da entrada para a saída. A equação da continuidade deve ser aplicada, usando a geometria do rotor, para determinar a componente normal da velocidade em cada seção. A componente normal, junto com o ângulo de saída da pá, é suficiente para estabelecer a velocidade relativa à pá na saída do rotor, para uma máquina de fluxo radial. O diagrama de velocidade é completado pela soma vetorial da velocidade relativa à pá com a velocidade do rotor, como mostrado na Fig. 10.7c.

Os diagramas de velocidade de entrada e de saída fornecem todas as informações necessárias para calcular o torque ou a potência ideal, absorvida ou entregue pelo rotor, usando as Eqs. 10.1 ou 10.2. Os resultados representam o desempenho da turbomáquina sob condições ideais no ponto de operação de projeto, desde que tenhamos considerado:

- Torque desprezível devido às forças superficiais (viscosas e de pressão).
- Escoamentos de entrada e de saída, tangentes às pás.
- Escoamento uniforme na entrada e na saída.

Uma turbomáquina real não se comporta de modo a atender todas essas considerações. Por isso, os resultados de nossa análise representam o limite superior do desempenho de máquinas reais. No Exemplo 10.1, usaremos a Equação de Euler para Turbomáquinas para analisar uma bomba centrífuga ideal.

O desempenho de uma máquina real pode ser estimado usando esta mesma aproximação básica, mas levando em conta variações nas propriedades do escoamento através da extensão da pá nas seções de entrada e de saída, e desvios entre os ângulos das pás e as direções do escoamento. Tais cálculos detalhados estão além do escopo deste livro. A alternativa é medir o desempenho global de uma máquina em uma bancada de testes adequada. Dados de fabricantes são exemplos de informação de desempenho medido.

---

[2] A notação varia de livro para livro, portanto, seja cuidadoso quando comparar referências.

Exemplo 10.1 BOMBA CENTRÍFUGA IDEALIZADA

Uma bomba centrífuga é utilizada para bombear 0,009 m³/s de água. A água entra no rotor axialmente através de um orifício de 32 mm de diâmetro. A velocidade de entrada é axial e uniforme. O diâmetro de saída do rotor é 100 mm. O escoamento sai do rotor a 3 m/s em relação às pás, que são radiais na saída. A velocidade do rotor é 3450 rpm. Determine a largura de saída do rotor, b_2, o torque de entrada e a potência requerida prevista pela equação de Euler para turbinas.

Dados: Escoamento conforme mostrado na figura:
$V_{r_2} = 3$ m/s, $Q = 0,009$ m³/s.

Determinar: (a) b_2.
(b) T_{eixo}.
(c) $\dot{W}_m$.

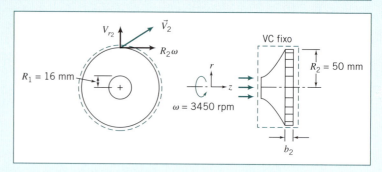

Solução: Aplique a equação da quantidade de movimento angular a um volume de controle fixo.

Equações básicas:

$$T_{eixo} = (r_2 V_{t_2} - r_1 V_{t_1})\dot{m} \qquad (10.1c)$$

$$\cancel{\frac{\partial}{\partial t} \int_{VC} \rho \, dV}^{=0(2)} + \int_{SC} \rho \vec{V} \cdot d\vec{A} = 0 \qquad (4.12)$$

Considerações:

1. Desprezar torques causados por forças superficiais e de campo.
2. Escoamento permanente.
3. Escoamento uniforme nas seções de entrada e de saída.
4. Escoamento incompressível.

Então, da continuidade,

$$(-\rho V_1 \pi R_1^2) + (\rho V_{r_2} 2\pi R_2 b_2) = 0$$

ou

$$\dot{m} = \rho Q = \rho V_{r_2} 2\pi R_2 b_2$$

de modo que

$$b_2 = \frac{Q}{2\pi R_2 V_{r_2}} = \frac{0,009 \text{ m}^3/s}{2\pi \times 50 \text{ mm} \times \dfrac{\text{m}}{1000 \text{ mm}} \times 3 \text{ m/s}}$$

$b_2 = 9,5 \times 10^{-3}$ m ou 9,5 mm ←——————————————————— b_2

Para uma entrada axial, a velocidade tangencial $V_{t_1} = 0$, e para pás de saída radial $V_{t_2} = R_2 \omega$, de modo que a Eq. 10.1c fica reduzida a

$$T_{eixo} = R_2^2 \omega \dot{m} = \omega R_2^2 \rho Q$$

em que usamos a continuidade ($\dot{m} = \rho Q$).

Portanto,

$$T_{eixo} = \omega R_2^2 \rho Q = 360 \, \frac{\text{rad}}{\text{s}} \times 8,1 \text{ N·m} \times \frac{\text{J}}{\text{N·m}} \times \frac{\text{W·s}}{\text{J}}$$

$T_{eixo} = 8,1$ N·m ←——————————————————— T_{eixo}

e

$$\dot{W}_m = \omega T_{eixo} = 360 \frac{rad}{s} \times (50 \ mm)^2 \times \frac{m^2}{(1000 \ mm)^2} \times 1000 \frac{kg}{m^3} \times 0{,}009 \frac{m^3}{s}$$

$$\dot{W}_m = 2{,}916 \times 10^3 \ W \longleftarrow \hspace{3cm} \dot{W}_m$$

> Este problema ilustra a aplicação da Equação de Euler para Turbomáquinas para um volume de controle fixo a uma máquina de fluxo centrífuga.

Eficiência — Potência Hidráulica

O torque e a potência previstos pela aplicação da equação da quantidade de movimento angular ao rotor de uma turbomáquina (Eqs. 10.1c e 10.2a) são valores idealizados. Na prática, a potência do rotor e a taxa de variação da energia do fluido não são iguais. A *transferência* de energia entre o rotor e o fluido causa perdas por efeitos viscosos, por desvios do escoamento uniforme e por desvios de direção do escoamento em relação aos ângulos das pás. A *transformação* de energia cinética em aumento de pressão pela difusão do fluido no invólucro fixo introduz mais perdas. *Dissipação* de energia ocorre em selos e mancais e no atrito do fluido entre o rotor e a carcaça (perdas "*windage*"). A aplicação da primeira lei da termodinâmica a um volume de controle envolvendo o rotor mostra que estas "perdas" na energia mecânica são conversões irreversíveis de energia mecânica em energia térmica. Da mesma forma que no caso de escoamento em tubo discutido no Capítulo 8, a energia térmica aparece sob a forma de energia interna na corrente de fluido, ou como calor transferido para a vizinhança.

Por causa dessas perdas, a potência real entregue ao fluido por uma bomba é menor do que aquela prevista pela equação de quantidade de movimento angular. No caso de uma turbina, a potência real entregue ao eixo é menor do que a potência cedida pela corrente de fluido.

Podemos definir a potência, a altura de carga e a eficiência de uma turbomáquina, baseados em que a máquina ou realiza trabalho (ou potência) sobre o fluido ou extrai trabalho (ou potência) do fluido.

Para uma bomba, a *potência hidráulica* é dada pela taxa de energia mecânica cedida ao fluido,

$$\dot{W}_h = \rho Q g H_p \tag{10.3a}$$

em que

$$H_p = \left(\frac{p}{\rho g} + \frac{\overline{V}^2}{2g} + z \right)_{descarga} - \left(\frac{p}{\rho g} + \frac{\overline{V}^2}{2g} + z \right)_{sucção} \tag{10.3b}$$

Para uma bomba, o aumento *de carga* medido em uma bancada de testes é menor do que aquele produzido pelo rotor. A taxa de energia mecânica recebida é maior do que a taxa de aumento de carga produzida pelo rotor. A potência mecânica necessária para acionar a bomba é relacionada com a potência hidráulica pela definição da *eficiência de bomba* como

$$\eta_p = \frac{\dot{W}_h}{\dot{W}_m} = \frac{\rho Q g H_p}{\omega T} \tag{10.3c}$$

Para avaliar a variação real na altura de carga através da máquina a partir da Eq. 10.3b, devemos conhecer a pressão, a velocidade e a elevação do fluido nas duas seções de medição. A velocidade do fluido pode ser calculada a partir da vazão volumétrica e dos diâmetros de passagem medidos.

450 Capítulo 10

A pressão estática é geralmente medida em trechos retos de tubos a montante da entrada da bomba e a jusante da saída da bomba. A elevação de cada manômetro pode ser registrada, ou as leituras de pressão estática podem ser corrigidas para a mesma elevação. A linha de centro da bomba fornece um nível de referência conveniente.

Para uma turbina hidráulica, a *potência hidráulica* é definida como a taxa de energia mecânica retirada da corrente de fluido em escoamento,

$$\dot{W}_h = \rho Q g H_t \tag{10.4a}$$

em que

$$H_t = \left(\frac{p}{\rho g} + \frac{\overline{V}^2}{2g} + z \right)_{\text{entrada}} - \left(\frac{p}{\rho g} + \frac{\overline{V}^2}{2g} + z \right)_{\text{saída}} \tag{10.4b}$$

Para uma turbina hidráulica, a potência cedida pelo rotor (a potência mecânica) é menor do que a taxa de energia transferida do fluido para o rotor, porque o rotor tem que superar perdas por atrito, viscoso e mecânico.

A potência mecânica fornecida por uma turbina é relacionada com a potência hidráulica pela definição da *eficiência de turbina* como

$$\eta_t = \frac{\dot{W}_m}{\dot{W}_h} = \frac{\omega T}{\rho Q g H_t} \tag{10.4c}$$

As Eqs. 10.4a e 10.4b mostram que, *para obter potência máxima de uma turbina hidráulica, é importante minimizar a energia mecânica do escoamento de saída da turbina.* Isso é realizado, na prática, fazendo a pressão, a velocidade e a elevação do fluido na saída da turbina tão pequenos quanto possível. A turbina deve ser montada em uma elevação mais próxima possível do nível do rio de coleta da descarga de água, atentando para o aumento do nível no período de enchente. Testes para medir eficiência de turbina podem ser realizados para vários níveis de potência produzida e para diferentes condições de carga constante (veja a discussão das Figs. 10.35 e 10.36).

Análise Dimensional e Velocidade Específica

A análise dimensional para turbomáquinas foi introduzida no Capítulo 7, em que os coeficientes adimensionais de vazão, de altura de carga e de potência foram deduzidos de forma generalizada. Os parâmetros independentes eram o coeficiente de vazão e uma forma do número de Reynolds. Os parâmetros dependentes eram os coeficientes de altura de carga e de potência.

Nosso objetivo aqui é desenvolver as formas de coeficientes adimensionais de uso comum, e dar exemplos ilustrando seus empregos na seleção de um tipo de máquina, no projeto de testes com modelos e no transporte por escala dos resultados. Uma vez que desenvolvemos uma teoria idealizada para turbomáquinas, podemos ganhar mais compreensão física desenvolvendo coeficientes adimensionais diretamente a partir das equações de cálculo resultantes. Então, aplicaremos essas expressões para dimensionamento de turbomáquinas por meio de regras de similaridade na Seção 10.3.

O *coeficiente de vazão* adimensional, Φ, é definido pela normalização da vazão volumétrica, usando a área de saída e a velocidade da roda na descarga. Assim,

$$\Phi = \frac{Q}{A_2 U_2} = \frac{V_{n_2}}{U_2} \tag{10.5}$$

em que V_{n_2} é a componente da velocidade perpendicular à área de saída. Essa componente é também referida como *velocidade meridional* no plano de saída da roda. Ela aparece em verdadeira grandeza na projeção no *plano meridional*, que é qualquer seção reta radial através da linha de centro de uma máquina.

Um coeficiente de carga adimensional, Ψ, pode ser obtido pela normalização da altura de carga, H (Eq. 10.2c), com U_2^2/g. Assim,

$$\Psi = \frac{gH}{U_2^2} \qquad (10.6)$$

Um coeficiente de torque adimensional, τ, pode ser obtido normalizando o torque, T (Eq. 10.1c) com $\rho A_2 U_2^2 R_2$. Assim,

$$\tau = \frac{T}{\rho A_2 U_2^2 R_2} \qquad (10.7)$$

Finalmente, o coeficiente de potência adimensional, Π, é obtido pela normalização da potência, $\dot{W}$ (Eq. 10.2b), com $\dot{m}U_2^2 = \rho Q U_2^2$. Assim,

$$\Pi = \frac{\dot{W}}{\rho Q U_2^2} = \frac{\dot{W}}{\rho \omega^2 Q R_2^2} \qquad (10.8)$$

Para bombas, a potência mecânica de entrada excede a potência hidráulica, e a eficiência é definida como $\eta_p = \dot{W}_h/\dot{W}_m$ (Eq. 10.3c). Daí,

$$\dot{W}_m = T\omega = \frac{1}{\eta_p}\dot{W}_h = \frac{\rho Q g H_p}{\eta_p} \qquad (10.9)$$

Introduzindo os coeficientes adimensionais Φ (Eq. 10.5), Ψ (Eq. 10.6) e τ (Eq. 10.7) na Eq. 10.9, obtemos uma relação análoga entre os coeficientes adimensionais como

$$\tau = \frac{\Psi\Phi}{\eta_p} \qquad (10.10)$$

Para turbinas, a potência mecânica de saída é inferior à potência hidráulica, e a eficiência é definida como $\eta_t = \dot{W}_m/\dot{W}_h$ (Eq. 10.4c). Daí,

$$\dot{W}_m = T\omega = \eta_t\dot{W}_h = \eta_t\rho Q g H_p \qquad (10.11)$$

Introduzindo os coeficientes adimensionais Φ, Ψ e τ na Eq. 10.11, obtemos uma relação análoga entre os coeficientes adimensionais como

$$\tau = \Psi\Phi\eta_t \qquad (10.12)$$

Os coeficientes adimensionais formam a base para o projeto de testes com modelos e para o transporte de resultados por escala para o protótipo. Conforme mostrado no Capítulo 7, o coeficiente de vazão Φ é tratado como o parâmetro independente. Então, se os efeitos viscosos forem desprezados, os coeficientes de carga, de torque e de potência são tratados como parâmetros dependentes múltiplos. Com essas hipóteses, a semelhança dinâmica é alcançada quando o coeficiente de vazão do modelo iguala-se ao do protótipo.

Como discutido no Capítulo 7, um parâmetro útil chamado *velocidade específica* pôde ser obtido combinando os coeficientes de vazão e de carga e eliminando o tamanho da máquina. O resultado foi

$$N_S = \frac{\omega Q^{1/2}}{h^{3/4}} \qquad (7.22a)$$

Quando a altura de carga é expressa como energia por unidade de massa (isto é, com dimensões equivalentes a L^2/t^2, ou g vezes a carga em altura de líquido), e ω é expressa em radianos por segundo, a velocidade específica definida pela Eq. 7.22a é adimensional.

452 Capítulo 10

Embora a velocidade específica seja um parâmetro adimensional, é prática comum utilizar uma equação de "engenharia" na forma da Eq. 7.22a, na qual ω e Q são especificados em unidades convenientes, porém inconsistentes, e a energia por unidade de massa, h, é substituída pela energia por unidade de peso, H. Quando isso é feito, a velocidade específica não é um parâmetro sem unidades e o seu módulo depende das unidades empregadas para calculá-lo. Unidades habituais usadas nos Estados Unidos na prática de engenharia de bombas são rpm para ω, gpm para Q e pés (energia por unidade de peso) para H. Na prática, o símbolo N é usado para representar a taxa de rotação (ω) em rpm. Dessa forma, a velocidade específica dimensional para bombas, expressa em unidades habituais dos Estados Unidos,* torna-se

$$N_{S_{us}} = \frac{N(\text{rpm})[Q(\text{gpm})]^{1/2}}{[H(\text{ft})]^{3/4}} \qquad (7.22\text{b})$$

Os valores de velocidade específica adimensional, N_S (Eq. 7.22a), devem ser multiplicados por 2733 para obter os valores da velocidade específica correspondentes a este conjunto corriqueiro de unidades, embora inconsistente (veja o Exemplo 10.2).

Para turbinas hidráulicas, usamos o fato de que a produção de potência é proporcional à vazão e à altura de carga, $\mathscr{P} \propto \rho Q h$ em unidades consistentes. Substituindo $\mathscr{P}/\rho h$ por Q na Eq. 7.22a, resulta,

$$N_S = \frac{\omega}{h^{3/4}}\left(\frac{\mathscr{P}}{\rho h}\right)^{1/2} = \frac{\omega P^{1/2}}{\rho^{1/2} h^{5/4}} \qquad (10.13\text{a})$$

como a forma adimensional da velocidade específica.

Na prática de engenharia nos Estados Unidos é usual eliminar o fator $\rho^{1/2}$ (a água é invariavelmente o fluido de trabalho nas turbinas para as quais a velocidade específica é aplicada) e usar a carga H em lugar da energia por unidade de massa, h. Unidades habituais usadas na prática de engenharia de turbinas hidráulicas nos Estados Unidos são rpm para ω, hp (*horsepower*) para $\mathscr{P}$ e pés para H. Na prática, o símbolo N é usado para representar a taxa de rotação (ω) em rpm. Dessa forma, a velocidade específica dimensional para uma turbina hidráulica, expressa em unidades corriqueiras nos Estados Unidos, torna-se

$$N_{S_{us}} = \frac{N(\text{rpm})[\mathscr{P}(\text{hp})]^{1/2}}{[H(\text{ft})]^{5/4}} \qquad (10.13\text{b})$$

Os valores de velocidade específica adimensional para uma turbina hidráulica, N_S (Eq. 10.13a), devem ser multiplicados por 43,46 para obter os valores de velocidade específica correspondentes para este conjunto usual de unidades, embora inconsistente.

A velocidade específica pode ser pensada como a velocidade de operação na qual a máquina produz altura de carga unitária a uma vazão volumétrica unitária (ou para uma turbina hidráulica, potência unitária a uma carga unitária). Para ver isso, resolva para N nas Eqs. 7.22b e 10.13b, respectivamente. Para bombas

$$N(\text{rpm}) = N_{S_{us}} \frac{[H(\text{ft})]^{3/4}}{[Q(\text{gpm})]^{1/2}}$$

e para turbinas hidráulicas

$$N(\text{rpm}) = N_{S_{us}} \frac{[H(\text{ft})]^{5/4}}{[\mathscr{P}(\text{hp})]^{1/2}}$$

---

*Os índices de equações referentes às unidades costumeiras empregadas nos Estados Unidos serão denotados, neste texto, pelo símbolo US. (N.T.)

Mantendo a velocidade específica constante, são descritas todas as condições de operação de máquinas geometricamente semelhantes com condições similares de escoamento.

É comum caracterizar uma máquina pela sua velocidade específica no ponto de projeto. Tem sido verificado que esta velocidade específica caracteriza os aspectos de projeto hidráulico de uma máquina. Baixas velocidades específicas correspondem à operação eficiente de máquinas de fluxo radial. Altas velocidades específicas correspondem à operação eficiente de máquinas de fluxo axial. Para uma carga e uma vazão especificadas, pode ser escolhida tanto uma máquina de baixa velocidade específica (que opera a baixa velocidade) quanto uma de alta velocidade específica (que opera a velocidades mais altas).

Proporções típicas para projetos de bombas comerciais e suas variações com a velocidade específica adimensional são mostradas na Fig. 10.8. Nessa figura, o tamanho de cada máquina foi ajustado para dar a mesma altura de carga e a mesma vazão para rotação a uma velocidade correspondente à velocidade específica. Assim, pode ser visto que, se o tamanho e o peso da máquina forem críticos, a escolha deveria cair sobre uma velocidade específica mais alta. A Fig. 10.8 mostra a tendência de geometrias de bombas, partindo das bombas radiais (puramente centrífugas), passando pelas de fluxo misto, até as de fluxo axial, conforme a velocidade específica aumenta.

As tendências de eficiência correspondentes para bombas típicas são mostradas na Fig. 10.9, na qual é visto que a capacidade da bomba em geral aumenta com o aumento da velocidade específica. A figura mostra também que, para qualquer velocidade específica dada, a eficiência é maior para bombas grandes do que para pequenas. Fisicamente, esse efeito de escala significa que as perdas viscosas tornam-se menos importantes à medida que o tamanho da bomba aumenta.

As proporções características de turbinas hidráulicas também são correlacionadas pela velocidade específica, conforme mostrado na Fig. 10.10. Assim como na Fig. 10.8, o tamanho da máquina foi colocado em escala nessa ilustração de modo que a máquina forneça aproximadamente a mesma potência para carga unitária, quando girando a uma velocidade igual à velocidade específica. As tendências de eficiência correspondentes para turbinas típicas são mostradas na Fig. 10.11.

Diversas variações de velocidade específica, calculadas diretamente de unidades de engenharia, são largamente usadas na prática. As formas de velocidade específica mais comumente empregadas são definidas e comparadas no Exemplo 10.2.

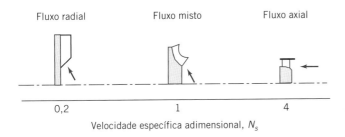

Fig. 10.8 Proporções geométricas típicas de bombas comerciais variando com a velocidade específica adimensional [5].

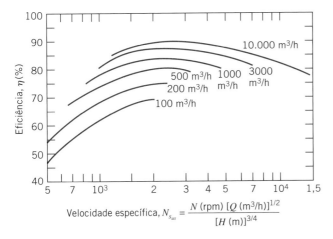

Fig. 10.9 Eficiências médias de bombas comerciais variando com a velocidade específica e com o tamanho da bomba [6].

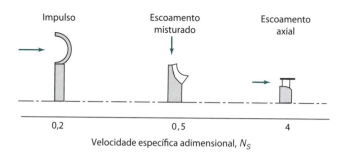

Fig. 10.10 Proporções geométricas típicas de turbinas hidráulicas comerciais variando com a velocidade específica adimensional [5].

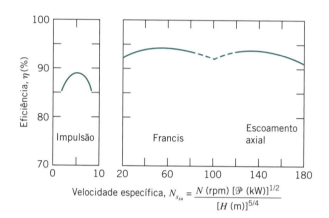

Fig. 10.11 Eficiências médias de turbinas hidráulicas comerciais variando com a velocidade específica [6].

Exemplo 10.2 COMPARAÇÃO DE DEFINIÇÕES DE VELOCIDADE ESPECÍFICA

No ponto de melhor eficiência, uma bomba centrífuga, com diâmetro de rotor $D = 200$ mm, produz $H = 7$ m a $Q = 68$ m³/h com $N = 1170$ rpm. Calcule as velocidades específicas de engenharia e adimensionais. Desenvolva fatores de conversão para relacionar as velocidades específicas.

Dados: Bomba centrífuga no ponto de melhor eficiência (PME ou BEP). Considere que as características da bomba são $H = 7$ m, $Q = 68$ m³/h e $N = 1170$ rpm.

Determinar: (a) Velocidade específica em unidades usuais dos Estados Unidos.
(b) Velocidade específica em unidades SI.
(c) Velocidade específica em unidades europeias.
(d) Fatores de conversão apropriados para relacionar as velocidades específicas.

Solução:

Equações básicas: $N_s = \dfrac{\omega Q^{1/2}}{h^{3/4}}$ e $N_{S_{us}} = \dfrac{NQ^{1/2}}{H^{3/4}}$

A partir das informações dadas, a velocidade específica em unidades usuais dos Estados Unidos é

$$N_{S_{us}} = 1170 \text{ rpm} \times (68)^{1/2}\left(\dfrac{\text{m}^3}{\text{h}}\right)^{1/2} \times \dfrac{1}{7^{3/4} \text{ m}^{3/4}} = 2242 \longleftarrow \qquad N_{S_{us}}$$

A energia por unidade de massa é

$$h = gH = 9{,}81\,\dfrac{\text{m}}{\text{s}^2} \times 6{,}68 \text{ m} = 65{,}5 \text{ m}^2/\text{s}^2$$

Máquinas de Fluxo **455**

A velocidade específica adimensional é

$$N_s = 123\,\frac{\text{rad}}{\text{s}} \times (0,0190)^{1/2}\,\frac{\text{m}^{3/2}}{\text{s}^{1/2}} \times \frac{(\text{s}^2)^{3/4}}{(65,5)^{3/4}\,(\text{m}^2)^{3/4}} = 0,736 \longleftarrow \qquad\qquad N_s$$

Para relacionar as velocidades específicas, forme razões:

$$\frac{N_{s_{us}}}{N_s(\text{SI})} = \frac{2242}{0,736} = 3046$$

> Este problema demonstra o uso das equações "de engenharia" para calcular velocidade específica de bombas a partir de cada um dos três conjuntos de unidades comumente utilizados e comparar os resultados. (Neste exemplo, três algarismos significativos foram usados em todos os cálculos. Resultados ligeiramente diferentes podem ser obtidos, se um maior número de algarismos significativos for considerado nos cálculos intermediários.)

10.3 *Bombas, Ventiladores e Sopradores*

Agora, vamos analisar várias máquinas de fluxo em detalhes. Começaremos nossa discussão com máquinas rotativas que realizam trabalho sobre um fluido incompressível, a saber, bombas, ventiladores e sopradores.

Aplicação da Equação de Euler para Turbomáquinas para Bombas Centrífugas

Como demonstrado no Exemplo 10.1, o tratamento da Seção 10.2 pode ser aplicado diretamente para a análise de máquinas centrífugas. A Fig. 10.7 na Seção 10.2 representa o escoamento através de um rotor simples de bomba centrífuga. Se o fluido entra no rotor com uma velocidade absoluta puramente radial, ele não terá quantidade de movimento angular e V_{t_1} é identicamente zero.

Com $V_{t_1} = 0$, o aumento em altura de carga (da Eq. 10.2c) é dado por

$$H = \frac{U_2 V_{t_2}}{g} \tag{10.14}$$

Do diagrama de velocidade de saída da Fig. 10.7c,

$$V_{t_2} = U_2 - W_2\cos\beta_2 = U_2 - \frac{V_{n_2}}{\text{sen}\,\beta_2}\cos\beta_2 = U_2 - V_{n_2}\cot g\,\beta_2 \tag{10.15}$$

Então,

$$H = \frac{U_2^2 - U_2 V_{n_2}\cot g\,\beta_2}{g} \tag{10.16}$$

Para um rotor de largura w, a vazão volumétrica é

$$Q = \pi D_2 w V_{n_2} \tag{10.17}$$

Para expressar o aumento na altura de carga em termos da vazão volumétrica, substituímos V_{n_2} em termos de Q a partir da Eq. 10.17. Assim,

$$H = \frac{U_2^2}{g} - \frac{U_2\cot g\,\beta_2}{\pi D_2 w g}\,Q \tag{10.18a}$$

A Eq. 10.18a é da forma

$$H = C_1 - C_2 Q \tag{10.18b}$$

em que as constantes C_1 e C_2 são funções da *geometria* e da *velocidade da máquina*,

$$C_1 = \frac{U_2^2}{g} \quad \text{e} \quad C_2 = \frac{U_2 \cotg \beta_2}{\pi D_2 w g}$$

Desse modo, a Eq. 10.18a prevê uma variação linear da altura de carga, H, com a vazão em volume, Q. Note que essa relação linear é um modelo ideal; dispositivos reais podem ter apenas uma variação linear aproximada e podem ser modelados melhor através de um método baseado em uma curva obtida a partir de dados experimentais. (Veremos um caso desse tipo no Exemplo 10.5.)

A constante $C_1 = U_2^2/g$ representa a altura de carga ideal desenvolvida pela bomba para vazão zero; isso é denominado *altura de carga de bloqueio* (ou de "*shutoff*"). A inclinação da curva de altura de carga *versus* vazão volumétrica (a curva $H - Q$) depende do sinal e da magnitude de C_2.

Para pás de saída radial, $\beta_2 = 90°$ e $C_2 = 0$. A componente tangencial da velocidade absoluta na saída é igual à velocidade do rotor e é independente da vazão. Da Eq. 10.18a, a altura de carga ideal é independente da vazão. A curva característica $H - Q$ está traçada na Fig. 10.12.

Se as pás são *curvadas para trás* (conforme mostrado na Fig. 10.7a), $\beta_2 < 90°$ e $C_2 > 0$. Então, a componente tangencial da velocidade absoluta de saída é menor do que a velocidade do rotor e diminui proporcionalmente com a vazão. Da Eq. 10.18a, a altura de carga ideal diminui linearmente com o aumento da vazão. A curva $H - Q$ correspondente está traçada na Fig. 10.12.

Se as pás são *curvadas para a frente*, então $\beta_2 > 90°$ e $C_2 < 0$. A componente tangencial da velocidade absoluta do fluido na saída é maior do que a velocidade do rotor e aumenta com o aumento da vazão. Da Eq. 10.7a, a altura de carga ideal aumenta linearmente com o aumento da vazão. A curva $H - Q$ correspondente está traçada na Fig. 10.12.

As características de uma máquina de fluxo radial podem ser alteradas mudando o ângulo de saída das pás; o modelo idealizado prevê as tendências à medida que o ângulo de saída das pás é variado.

As previsões da teoria idealizada da quantidade de movimento angular, para uma bomba centrífuga, estão resumidas na Fig. 10.12. Pás curvadas para a frente quase nunca são utilizadas na prática porque elas tendem a ter um ponto de operação instável.

Aplicação da Equação de Euler para Bombas e Ventiladores Axiais

A Equação de Euler para Turbomáquinas desenvolvida na Seção 10.2 também pode ser usada para máquinas de fluxo axial. Contudo, para isso, algumas considerações precisam ser feitas. A mais importante é que as propriedades no raio médio (o ponto médio das

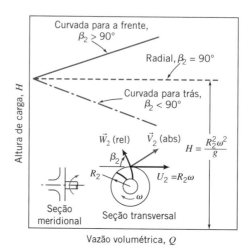

Fig. 10.12 Relação idealizada entre altura de carga e vazão volumétrica para uma bomba centrífuga com as pás do rotor curvadas para a frente, radiais e curvadas para trás.

pás do rotor) representam completamente o escoamento em todo o raio. Esta consideração é boa desde que a razão da altura da pá em relação ao raio seja aproximadamente 0,2 ou menos [7]. Para razões maiores, é preciso usar uma análise tridimensional. Tais análises estão fora do escopo deste livro, mas outras fontes podem fornecer informações sobre o fenômeno, como Dixon [7]. A segunda consideração é que velocidade de escoamento não tem componente radial. Essa é uma consideração razoável, pois muitas máquinas apresentam incorporados estatores ou conjunto de pás que guiam o fluxo para dentro da máquina, removendo componentes indesejáveis de velocidade radial. A terceira consideração é que o escoamento varia apenas na direção axial. *Isso não é o mesmo que dizer que há apenas uma componente axial de velocidade!* De fato, haverá uma componente de velocidade na direção tangencial significativa quando o escoamento passar através de uma máquina de fluxo axial, isto é, o escoamento terá "redemoinhos". O significado desta consideração é que para uma dada localização, a quantidade de redemoinhos no escoamento é constante, em vez de variar entre as pás da máquina [7].

A consequência primária desse modelo aplicado para máquinas de fluxo é que o raio usado nas Eqs. (10.1) é constante, isto é,

$$r_1 = r_2 = R_m \tag{10.19a}$$

Desde que a velocidade angular ω também seja constante, segue que:

$$U_1 = U_2 = U \tag{10.19b}$$

Portanto, as Eqs. (10.1) e (10.2) se reduzem a:

$$T_{eixo} = R_m(V_{t_2} - V_{t_1})\dot{m} \tag{10.20}$$

$$\dot{W}_m = U(V_{t_2} - V_{t_1})\dot{m} \tag{10.21}$$

$$H = \frac{\dot{W}_m}{\dot{m}g} = \frac{U}{g}(V_{t_2} - V_{t_1}) \tag{10.22}$$

No Exemplo 10.3, essas versões especiais da Equação de Euler para Turbomáquinas e diagramas de velocidade são utilizadas na análise do escoamento através de um ventilador de fluxo axial.

Exemplo 10.3 VENTILADOR DE FLUXO AXIAL IDEALIZADO

Um ventilador de fluxo axial opera a 1200 rpm. O diâmetro periférico da pá é 1,1 m e o diâmetro do cubo (eixo) é 0,8 m. Os ângulos de entrada e de saída das pás são 30° e 60°, respectivamente. Pás-guias de entrada geram um ângulo de 30° com o escoamento absoluto entrando no primeiro estágio. O fluido é ar na condição-padrão, e o escoamento pode ser considerado incompressível. Não há variação na componente axial da velocidade através do rotor. Considere que o escoamento relativo entre e saia do rotor nos ângulos geométricos da pá, e use as propriedades no raio médio de pá para os cálculos. Para essas condições idealizadas, desenhe o diagrama de velocidade de entrada, determine a vazão em volume do ventilador e esboce as formas das pás do rotor. Usando os dados assim obtidos, desenhe o diagrama de velocidade de saída e calcule a potência e o torque mínimos necessários para acionar o ventilador.

Dados: Escoamento através do rotor de um ventilador de fluxo axial.
Diâmetro da periferia: 1,1 m
Diâmetro do cubo: 0,8 m
Velocidade de operação: 1200 rpm
Ângulo de entrada absoluto: 30°
Ângulo de entrada da pá: 30°
Ângulo de saída da pá: 60°

O fluido é ar na condição-padrão. Use propriedades no diâmetro médio das pás.

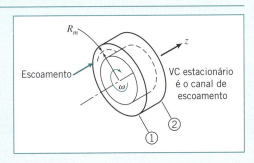

Determinar: (a) Diagrama de velocidade de entrada.
(b) Vazão volumétrica.
(c) Forma da pá do rotor.
(d) Diagrama de velocidade de saída.
(e) Torque no rotor.
(f) Potência requerida.

Solução: Aplique a equação da quantidade de movimento angular a um volume de controle fixo.

Equação básica:

$$T_{\text{eixo}} = R_m(V_{t_2} - V_{t_1})\dot{m} = R_m(V_{t_2} - V_{t_1})\rho Q \tag{10.20}$$

Considerações:

1 Desprezar torques causados por forças superficiais e de campo.
2 Escoamento permanente.
3 Escoamento uniforme nas seções de entrada e de saída.
4 Escoamento incompressível.
5 Não há variação na área de escoamento axial.
6 Use o raio médio das pás do rotor, R_m.

As formas da pá são

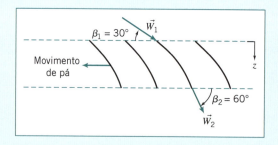

(Note que, para uma máquina de fluxo axial, as componentes normais da velocidade são paralelas ao eixo, e não normais à superfície circunferencial!)

O diagrama de velocidades de entrada é

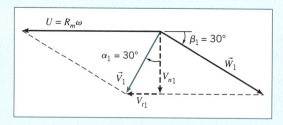

Da continuidade

$$(-\rho V_{n_1} A_1) + (\rho V_{n_2} A_2) = 0$$

ou

$$Q = V_{n_1} A_1 = V_{n_2} A_2$$

Como $A_1 = A_2$, segue que $V_{n_1} = V_{n_2}$, e o diagrama de velocidade de saída é conforme mostrado na seguinte figura:

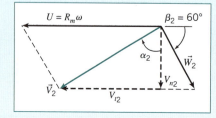

No raio médio das pás,

$$U = R_m \omega = \frac{D_m}{2}\omega$$

$$U = \frac{\frac{1}{2}(1,1+0,8)m}{2} \times 1200\frac{\text{rev}}{\text{min}} \times 2\pi\frac{\text{rad}}{\text{rev}} \times \frac{\text{min}}{60\,\text{s}} = 59,7\,\text{m/s}$$

Da geometria do diagrama de velocidade de entrada,

$$U = V_{n_1}(\text{tg } \alpha_1 + \text{cotg }\beta_1)$$

de modo que,

$$V_{n_1} = \frac{U}{\text{tg }\alpha_1 + \text{cotg }\beta_1} = 59,7\frac{\text{m}}{\text{s}} \times \frac{1}{\text{tg }30° + \text{cotg }30°} = 25,9\,\text{m/s}$$

Consequentemente,

$$V_1 = \frac{V_{n_1}}{\cos \alpha_1} = 25,9\frac{\text{m}}{\text{s}} \times \frac{1}{\cos 30°} = 29,9\,\text{m/s}$$

$$V_{t_1} = V_1\text{sen }\alpha_1 = 29,9\frac{\text{m}}{\text{s}} \times \text{sen }30° = 15,0\,\text{m/s}$$

e

$$W_1 = \frac{V_{n_1}}{\text{sen }\beta_1} = 25,9\frac{\text{m}}{\text{s}} \times \frac{1}{\text{sen }30°} = 51,8\,\text{m/s}$$

A vazão volumétrica é

$$Q = V_{n_1}A_1 = \frac{\pi}{4}V_{n_1}(D_t^2 - D_h^2) = \frac{\pi}{4} \times 25,9\frac{\text{m}}{\text{s}}[(1,1)^2 - (0,8)^2]\text{m}^2$$

$$Q = 11,6\,\text{m}^3/\text{s} \longleftarrow \underline{\hspace{8cm}Q}$$

Da geometria do diagrama de velocidade de saída,

$$\text{tg }\alpha_2 = \frac{V_{t_2}}{V_{n_2}} = \frac{U - V_{n_2}\text{cotg }\beta_2}{V_{n_2}} = \frac{U - V_{n_1}\text{cotg }\beta_2}{V_{n_1}}$$

ou

$$\alpha_2 = \text{tg}^{-1}\left[\frac{59,7\frac{\text{m}}{\text{s}} - 25,9\frac{\text{m}}{\text{s}} \times \text{cotg }60°}{25,9\frac{\text{m}}{\text{s}}}\right] = 59,9°$$

e

$$V_2 = \frac{V_{n_2}}{\cos \alpha_2} = \frac{V_{n_1}}{\cos \alpha_2} = 25,9\frac{\text{m}}{\text{s}} \times \frac{1}{\cos 59,9°} = 51,6\,\text{m/s}$$

Finalmente,

$$V_{t_2} = V_2\text{sen}\alpha_2 = 51,6\frac{\text{m}}{\text{s}} \times \text{sen }59,9° = 44,6\,\text{m/s}$$

460 Capítulo 10

Aplicando a Eq. 10.20

$$T_{\text{eixo}} = \rho Q R_{\text{m}}(V_{t_2} - V_{t_1})$$

$$= 1{,}23\,\frac{\text{kg}}{\text{m}^3} \times 11{,}6\,\frac{\text{m}^3}{\text{s}} \times \frac{0{,}95}{2}\,\text{m} \times (44{,}6 - 15{,}0)\,\frac{\text{m}}{\text{s}} \times \frac{\text{N}\cdot\text{s}^2}{\text{kg}\cdot\text{m}}$$

$$T_{\text{eixo}} = 201\ \text{N}\cdot\text{m} \longleftarrow \underline{\hspace{6cm}} T_{\text{eixo}}$$

Assim, o torque *sobre* o VC tem o mesmo sentido de $\vec{\omega}$. A potência requerida é

$$\dot{W}_m = \vec{\omega}\cdot\vec{T} = \omega T_{\text{eixo}} = 1200\,\frac{\text{rev}}{\text{min}} \times 2\pi\,\frac{\text{rad}}{\text{rev}} \times \frac{\text{min}}{60\ \text{s}} \times 201\ \text{N}\cdot\text{m} \times \frac{\text{W}\cdot\text{s}}{\text{N}\cdot\text{m}}$$

$$\dot{W}_m = 25{,}3\ \text{kW} \longleftarrow \underline{\hspace{4cm}} \dot{W}_m$$

> Este problema ilustra a construção de diagramas de velocidade e a aplicação da equação da quantidade de movimento angular para um volume de controle fixo a uma máquina de fluxo axial, sob condições idealizadas.

Características de Desempenho

Para especificar máquinas de fluxo para sistemas de escoamento, o projetista deve conhecer o aumento de pressão (ou de altura de carga), o torque, o requisito de potência e a eficiência de uma máquina. Para dada máquina, cada uma dessas características é uma função da vazão; as características para máquinas similares dependem do tamanho e da velocidade de operação. Nesta seção, definimos *características de desempenho* para bombas e turbinas e revisamos tendências medidas experimentalmente para máquinas típicas.

As análises idealizadas apresentadas na Seção 10.2 são úteis para prever tendências e para avaliar, em primeira aproximação, o desempenho do ponto de projeto de uma máquina consumidora ou produtora de energia. Contudo, o desempenho completo de uma máquina real, incluindo a operação em condições fora de projeto, deve ser determinado experimentalmente.

Para determinar o desempenho de uma turbomáquina, uma bomba, ventilador, soprador ou compressor deve ser instalado sobre uma bancada de testes instrumentada, com capacidade de medir vazão, velocidade, torque e aumento de pressão. O teste deve ser realizado de acordo com um procedimento normalizado, correspondente à máquina sendo testada [8, 9]. Medições são feitas enquanto a vazão é variada desde o bloqueio (vazão zero) até a descarga máxima, por meio da variação da carga do máximo até o mínimo (iniciando com uma válvula fechada e abrindo-a em estágios até sua abertura total). A potência absorvida pela máquina é determinada por meio de um motor calibrado ou calculada a partir da velocidade e do torque medidos; em seguida, a eficiência é calculada conforme ilustrado no Exemplo 10.4. Finalmente, as características calculadas são colocadas em gráficos em unidades desejadas de engenharia ou na forma de adimensionais. Se apropriado, curvas suaves podem ser ajustadas através dos pontos assinalados ou, então, curvas de regressão podem ser ajustadas aos resultados, conforme ilustrado no Exemplo 10.5.

Exemplo 10.4 CÁLCULO DE CARACTERÍSTICAS DE BOMBA A PARTIR DE DADOS DE TESTE

O sistema de escoamento empregado no teste de uma bomba centrífuga com velocidade nominal de 150 mm está mostrado na figura. O líquido é água a 27°C e os diâmetros dos tubos de sucção e de descarga são de 150 mm. Os dados medidos durante o teste são apresentados na tabela. O motor é trifásico, alimentado com 460 V, tem fator de potência 0,875 e uma eficiência constante de 90%.

Vazão (m³/h)	Pressão de Sucção (kPa-manométrica)	Pressão de Descarga (kPa-manométrica)	Corrente do Motor (amp)
0	−25	377	18,0
114	−29	324	25,1
182	−32	277	30,0
227	−39	230	32,6
250	−43	207	34,1
273	−46	179	35,4
318	−53	114	39,0
341	−58	69	40,9

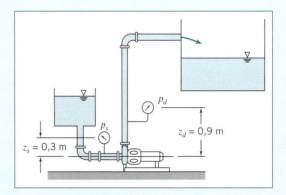

Calcule a altura de carga líquida e a eficiência da bomba para uma vazão volumétrica de 227 m³/h. Trace a altura de carga da bomba, a potência e a eficiência como funções da vazão volumétrica.

Dados: Sistema hidrodinâmico de teste de bomba e dados mostrados.

Determinar: (a) Altura de carga da bomba e eficiência para $Q = 227$ m³/h.
(b) Altura de carga, potência elétrica e eficiência da bomba como funções da vazão volumétrica. Apresente os resultados na forma gráfica.

Solução:

Considerações:

1. Escoamento permanente.
2. Escoamento uniforme em cada seção.
3. $\overline{V}_2 = \overline{V}_1$.
4. Todas as alturas de carga corrigidas para a mesma elevação.

Desde que $\overline{V}_1 = \overline{V}_2$, a altura de carga da bomba é

$$H_p = \frac{1}{g}\left[\left(\frac{p}{\rho} + gz\right)_d - \left(\frac{p}{\rho} + gz\right)_s\right] = \frac{p_2 - p_1}{\rho g}$$

em que as pressões de descarga e de sucção, *corrigidas para a mesma elevação*, são designadas por p_2 e p_1, respectivamente.
Corrija as pressões estáticas medidas para a linha de centro da bomba

$$p_1 = p_s + \rho g z_s$$

$$p_1 = -39 \times 10^3 \text{ Pa} + 1000 \text{ kg/m}^3 \times 9{,}8 \text{ m/s}^2 \times 0{,}3 \text{ m} \times \frac{\text{N·s}^2}{\text{kg·m}} \times \frac{\text{Pa·m}^2}{\text{N}} = -36{,}03 \times 10^3 \text{ Pa}$$

e

$$p_2 = p_d + \rho g z_d$$

$$p_2 = 230 \times 10^3 \text{ Pa} + 1000 \text{ kg/m}^3 \times 9{,}8 \text{ m/s}^2 \times 0{,}9 \text{ m} \times \frac{\text{N·s}^2}{\text{kg·m}} \times \frac{\text{Pa·m}^2}{\text{N}} = 238{,}82 \times 10^3 \text{ Pa}$$

Calcule a altura de carga da bomba:

$$H_p = (p_2 - p_1)/\rho g$$

$$H_p = \frac{[238{,}82 - (-36{,}06)] \times 10^3 \text{ Pa}}{1000 \text{ kg/m}^3 \times 9{,}8 \text{ m/s}^2} \times \frac{\text{kg} \cdot \text{m}}{\text{N} \cdot \text{s}^2} \times \frac{\text{N}}{\text{Pa} \cdot \text{m}^2} = 28{,}05 \text{ m} \longleftarrow \quad H_p$$

Calcule a potência hidráulica entregue ao fluido:

$$\dot{W}_h = \rho Q g H_p = Q(p_2 - p_1)$$

$$= 227 \frac{\text{m}^3}{\text{h}} \times \frac{\text{h}}{3600 \text{s}} \times [238{,}82 - (-36{,}06)] \times 10^3 \text{ Pa} \times \frac{\text{N}}{\text{Pa} \cdot \text{m}^2} \times \frac{\text{J}}{\text{N} \cdot \text{m}} \times \frac{\text{W} \cdot \text{s}}{\text{J}}$$

$$\dot{W}_h = 17{,}3 \times 10^3 \text{ W}$$

Calcule a potência de saída do motor (potência mecânica fornecida à bomba) a partir de informações elétricas:

$$\mathcal{P}_{\text{ent}} = \eta\sqrt{3}(PF)EI$$

$$\mathcal{P}_{\text{ent}} = 0{,}90 \times \sqrt{3} \times 0{,}875 \times 460 \text{ V} \times 32{,}6 \text{ A} \times \frac{\text{W}}{\text{VA}} = 20{,}5 \times 10^3 \text{ W}$$

A correspondente eficiência da bomba é

$$\eta_p = \frac{\dot{W}_h}{\dot{W}_m} = \frac{17{,}3 \times 10^3 \text{ W}}{28{,}5 \times 10^3 \text{ W}} = 0{,}844 \quad \text{ou} \quad 84{,}4 \text{ \%} \longleftarrow \quad \eta_p$$

Os resultados de cálculos similares para outras vazões estão traçados na figura a seguir:

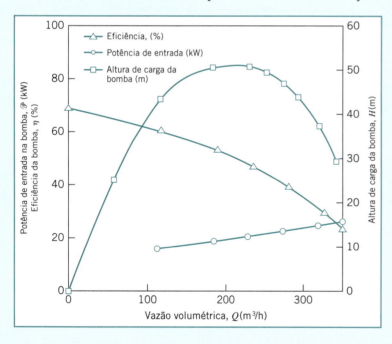

Este problema ilustra o procedimento de redução de dados usado para obter as curvas de desempenho de uma bomba a partir de dados experimentais. Os resultados calculados e traçados neste exemplo são típicos para uma bomba centrífuga operada a velocidade constante:

- O aumento de pressão é máximo na condição de bloqueio (*shutoff*, vazão volumétrica zero).
- O aumento de pressão através da bomba decresce permanentemente quando a vazão é aumentada; compare essa curva experimental típica ao comportamento linear previsto pela Eq. 10.18b e mostrado na Fig. 10.12 para rotores idealizados de pás curvas voltadas para trás (usadas na maioria de bombas centrífugas).
- A potência de entrada requerida aumenta com o aumento da vazão; o aumento é, em geral, não linear.
- A eficiência da bomba é zero na condição de bloqueio, sobe até atingir um pico de máximo quando a vazão é aumentada e cai em seguida para vazões maiores que a do pico; a eficiência permanece próxima de seu valor máximo para uma faixa de vazões (neste caso, de cerca de 180 a 220 m³/h).

Os cálculos neste exemplo estão bastante simplificados, porque a eficiência do motor que aciona a bomba é suposta constante. Na prática, a eficiência do motor varia com a carga, de modo que ela deve ser calculada para cada carga a partir de dados experimentais de velocidade e torque do motor ou obtida de uma curva de calibração.

A planilha do *Excel* para este exemplo foi usada nos cálculos para cada vazão e para gerar o gráfico. Ela pode ser modificada para uso com outros dados de bomba.

Exemplo 10.5 AJUSTE POR CURVA DOS DADOS DE DESEMPENHO DE UMA BOMBA

No Exemplo 10.4, dados de teste de bomba foram fornecidos e o desempenho foi calculado. Ajuste uma curva parabólica, $H = H_0 - AQ^2$, a esses resultados calculados de desempenho de bomba e compare a curva ajustada com os valores medidos.

Dados: Dados de teste e de desempenho calculados no Exemplo 10.4.

Determinar: (a) Curva parabólica, $H = H_0 - AQ^2$, ajustada aos dados de desempenho da bomba.
(b) Comparação da curva com o desempenho calculado.

Solução: O ajuste por curva pode ser obtido através de uma curva linear de H versus Q^2. Organizando em tabela,

Do desempenho calculado:			Do ajuste de curva:	
Q (m³/h)	Q^2 (m⁶/h²)	H (m)	H (m)	Erro (%)
0	0	41,6	40,4	−3,0
114	$1,3 \times 10^4$	36,6	37,4	2,1
182	$3,3 \times 10^4$	32,1	32,8	2,0
227	$5,2 \times 10^4$	28,0	28,6	1,8
250	$6,3 \times 10^4$	26,1	26,0	−0,3
273	$7,5 \times 10^4$	23,6	23,3	−1,2
318	$10,1 \times 10^4$	17,6	17,2	−2,7
341	$11,6 \times 10^4$	13,6	13,7	1,0

Intercepto = 40,4
Inclinação = $-2,3 \times 10^{-4}$
r^2 = 0,995

Usando o método dos mínimos quadrados, a equação da curva ajustada é obtida como

$$H(\text{m}) = 40,9 - 2,3 \times 10^{-4} \, [Q(\text{m}^3/\text{h})]^2$$

com o coeficiente de determinação $r^2 = 0,995$. (O ideal seria r^2 igual a 1, seu máximo valor possível, representando o melhor ajuste.)

Tenha sempre o cuidado de comparar os resultados da curva ajustada com os dados usados para desenvolver o ajuste. A figura mostra a curva ajustada (a linha cheia) e os valores experimentais (os pontos).

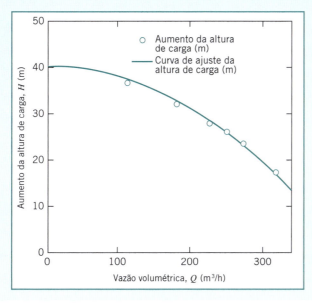

Este problema mostra que os dados de teste de bomba para o Exemplo 10.4 podem ser ajustados muito bem por uma curva parabólica. Nossas justificativas para escolher uma função parabólica para ajuste nesse caso são:

- Observação experimental — os dados experimentais "dão ideia" de uma parábola.
- Teoria e conceito — veremos mais tarde, nesta seção, que as regras de semelhança sugerem tal relação entre carga e vazão.

📄 A planilha *Excel* para este exemplo foi usada nos cálculos de mínimos quadrados e para gerar o gráfico. Ela pode ser modificada para uso com outros dados de bomba.

O procedimento básico usado no cálculo do desempenho de máquina foi ilustrado para uma bomba centrífuga no Exemplo 10.4. A diferença entre as pressões estáticas da aspiração e da descarga foi usada para calcular o aumento de carga produzido pela bomba. Para bombas, o aumento da pressão dinâmica é tipicamente uma pequena fração do aumento de carga desenvolvido pela bomba e pode ser desprezado comparado com o aumento da altura de carga.

Curvas características típicas de uma bomba centrífuga testada à velocidade constante foram mostradas qualitativamente na Fig. 7.5;[3] a curva de altura de carga *versus* a capacidade está reproduzida na Fig. 10.13 para fins de comparação com as características previstas pela análise idealizada. A Fig. 10.13 mostra que a altura de carga, para qualquer vazão na máquina real, pode ser significativamente inferior àquela prevista pela análise idealizada. Algumas das causas são:

1 Para vazões muito baixas, certa quantidade de fluido recircula no rotor.
2 Perdas por atrito e por vazamento aumentam com a vazão.
3 "Perdas por choque" resultam da divergência entre a direção da velocidade relativa e a direção da tangente à pá do rotor na entrada.[4]

Curvas como aquelas nas Figs. 7.5 e 10.13 são medidas à velocidade constante (de projeto) com um único diâmetro de rotor. É prática comum variar a capacidade da bomba, mudando o tamanho do rotor em uma dada carcaça. Para apresentar informações de forma compacta, os dados de testes de diversos diâmetros de impulsores podem ser traçados em um único gráfico, conforme mostrado na Fig. 10.14. Como antes, para cada diâmetro, a carga é traçada contra a vazão; cada curva é rotulada com o diâmetro correspondente. Os contornos de isoeficiência são traçados unindo os pontos de mesma eficiência. Os contornos de requisitos de potência também são traçados. Finalmente, os requisitos de *NPSH* (que ainda não definimos) são mostrados para os diâmetros extremos; na Fig. 10.14, a curva para o rotor de 200 mm cairia entre as curvas para os rotores de 150 mm e 250 mm.

Com o advento da análise assistida por computador, os dados da Fig. 10.14 são frequentemente tabulados para facilitar o acesso por códigos computacionais. Portanto, nem sempre os dados são apresentados da forma mostrada nessas figuras. Especificamente, os dados da Fig. 10.14 são simplificados reportando uma eficiência média como

Fig. 10.13 Comparação das curvas de altura-vazão ideal e real para uma bomba centrífuga com pás do rotor curvadas para trás [10].

---

[3]A única característica importante não mostrada na Fig. 7.5 é a altura de sucção positiva líquida (*NPSH* — "*Net Positive Suction Head*") requerida para prevenir cavitação. Cavitação e *NPSH* serão abordadas posteriormente nesta seção.
[4]Essa perda é maior para vazão alta e para vazão baixa; ela cai essencialmente a zero quando as condições de operação aproximam-se das condições ótimas [11].

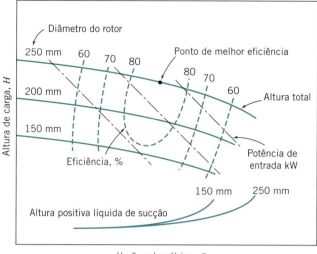

Fig. 10.14 Curvas típicas de desempenho de bombas, obtidas de testes com três diâmetros de rotor a velocidade constante [10].

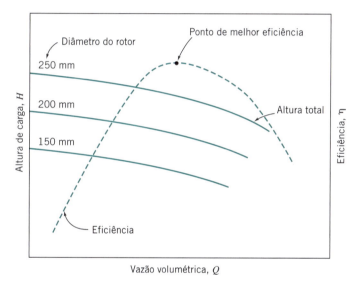

Fig. 10.15 Curvas típicas de desempenho de bombas, obtidas de testes com três diâmetros de rotor a velocidade constante, mostrando o desempenho como uma função apenas da vazão [12].

uma função apenas da vazão, como mostrado na Fig. 10.15, em vez de uma função da vazão e da altura de carga. As figuras no Apêndice C mostram a eficiência da bomba nesse formato.

Para essa máquina típica, a altura de carga é máxima no bloqueio e decresce continuamente à medida que a vazão aumenta. A potência absorvida é mínima no bloqueio e aumenta com o aumento da vazão. Consequentemente, para minimizar a carga de partida, é aconselhável acionar a bomba com a válvula de saída fechada. (Entretanto, a válvula não deve ficar fechada por muito tempo, sob pena de superaquecer a bomba à medida que a energia dissipada por atrito transfere-se para a água na voluta.) A eficiência da bomba aumenta com a capacidade até que o *ponto de melhor eficiência* (PME ou BEP, de *Best Efficiency Point*) é alcançado, e cai, em seguida, com o aumento adicional da vazão. Para consumo mínimo de energia, convém operar tão próximo do BEP quanto possível.

Bombas centrífugas podem ser combinadas em paralelo para fornecer maior vazão, ou em série para fornecer maior pressão (ou altura de carga). Diversos fabricantes constroem bombas de estágios múltiplos, que são essencialmente várias bombas arran-

466 Capítulo 10

jadas em série em uma só carcaça. Bombas e sopradores são usualmente testados em diversas velocidades constantes. A prática comum é acionar as máquinas com motores elétricos de velocidade aproximadamente constante, porém, em alguns sistemas, expressivas economias de energia podem ser obtidas de operação com velocidade variável. Esses tópicos de aplicação de bombas são discutidos mais adiante nesta seção.

Regras de Semelhança

Os fabricantes de bombas oferecem um número limitado de tamanhos de carcaça e de projetos. Frequentemente, carcaças de tamanhos diferentes são desenvolvidas a partir de um projeto comum, aumentando ou diminuindo todas as dimensões por meio de uma mesma razão de escala. Mudanças adicionais nas curvas características podem ser obtidas variando a velocidade de operação ou alterando o tamanho do rotor dentro de uma dada carcaça. Os parâmetros adimensionais desenvolvidos no Capítulo 7 formam a base de previsão de mudanças no desempenho que resultam de variações no tamanho da bomba, na velocidade de operação ou no diâmetro do rotor.

Para atingir semelhança dinâmica, é necessário obter semelhanças geométrica e cinemática. Considerando bombas e campos de escoamento semelhantes e desprezando efeitos viscosos, conforme mostrado no Capítulo 7, a semelhança dinâmica é obtida quando o coeficiente de vazão adimensional é mantido constante. A operação dinamicamente semelhante é assegurada quando duas condições de escoamento satisfazem a relação

$$\frac{Q_1}{\omega_1 D_1^3} = \frac{Q_2}{\omega_2 D_2^3} \tag{10.23a}$$

Os coeficientes adimensionais de carga e de potência dependem apenas do coeficiente de vazão, isto é,

$$\frac{h}{\omega^2 D^2} = f_1\left(\frac{Q}{\omega D^3}\right) \quad \text{e} \quad \frac{\mathscr{P}}{\rho \omega^3 D^5} = f_2\left(\frac{Q}{\omega D^3}\right)$$

Assim, quando obtemos semelhança dinâmica, como mostrado no Exemplo 7.6, as características da bomba em uma nova condição (subscrito 2) podem ser relacionadas com aquelas na condição antiga (subscrito 1) por

$$\frac{h_1}{\omega_1^2 D_1^2} = \frac{h_2}{\omega_2^2 D_2^2} \tag{10.23b}$$

e

$$\frac{\mathscr{P}_1}{\rho \omega_1^3 D_1^5} = \frac{\mathscr{P}_2}{\rho \omega_2^3 D_2^5} \tag{10.23c}$$

Essas relações de escala podem ser usadas para prever os efeitos de variações na velocidade de operação da bomba, no seu tamanho ou no diâmetro do rotor dentro de uma dada carcaça.

A situação mais simples ocorre quando, mantendo a mesma bomba, apenas a velocidade da bomba é alterada. Nesse caso, a semelhança geométrica está assegurada. A semelhança cinemática será mantida se não houver cavitação; os escoamentos serão, então, dinamicamente semelhantes quando os coeficientes de vazão forem iguais. Para este caso de variação de velocidade com diâmetro fixo, as Eqs. 10.23 tornam-se

$$\frac{Q_2}{Q_1} = \frac{\omega_2}{\omega_1} \tag{10.24a}$$

$$\frac{h_2}{h_1} = \frac{H_2}{H_1} = \left(\frac{\omega_2}{\omega_1}\right)^2 \tag{10.24b}$$

$$\frac{\mathscr{P}_2}{\mathscr{P}_1} = \left(\frac{\omega_2}{\omega_1}\right)^3 \tag{10.24c}$$

No Exemplo 10.5, foi mostrado que a curva de desempenho de uma bomba pode ser modelada com precisão de engenharia pela relação parabólica,

$$H = H_0 - AQ^2 \qquad (10.25a)$$

Como essa representação contém dois parâmetros, a curva da bomba para a nova condição de operação pode ser deduzida transportando por escala dois pontos quaisquer da curva de desempenho medida na condição original de operação. Usualmente, a *condição de bloqueio* e o *ponto de melhor eficiência* são os escolhidos para o transporte. Esses pontos são representados por B e C na Fig. 10.16.

Conforme mostrado pela Eq. 10.24a, a vazão aumenta proporcionalmente com o aumento da razão de velocidades de operação, de modo que

$$Q_{B'} = \frac{\omega_2}{\omega_1} Q_B = 0 \quad \text{e} \quad Q_{C'} = \frac{\omega_2}{\omega_1} Q_C$$

Assim, o ponto B' está localizado diretamente acima do ponto B e o ponto C' move para a direita do ponto C (nesse exemplo, $\omega_2 > \omega_1$).

A altura de carga aumenta pelo quadrado da razão entre as velocidades, de modo que

$$H_{B'} = H_B \left(\frac{\omega_1}{\omega_2}\right)^2 \quad \text{e} \quad H_{C'} = H_C \left(\frac{\omega_2}{\omega_1}\right)^2$$

Os pontos C e C', em que condições de escoamento dinamicamente semelhantes estão presentes, são denominados pontos *homólogos* para a bomba.

Podemos relacionar a velha condição de operação (isto é, girando à velocidade $N_1 = 1170$ rpm, conforme mostrado na Fig. 10.16) com a nova condição (por exemplo, girando com $N_2 = 1750$ rpm na Fig. 10.16), utilizando a relação parabólica e as Eqs. 10.24a e 10.24b,

$$H = H' \left(\frac{\omega_1}{\omega_2}\right)^2 = H_0 - AQ^2 = H_0' \left(\frac{\omega_1}{\omega_2}\right)^2 - AQ'^2 \left(\frac{\omega_1}{\omega_2}\right)^2$$

ou

$$H' = H_0' - AQ'^2 \qquad (10.25b)$$

de modo que, para uma dada bomba, o fator A permanece invariável quando variamos a velocidade da bomba (conforme verificaremos no Exemplo 10.6).

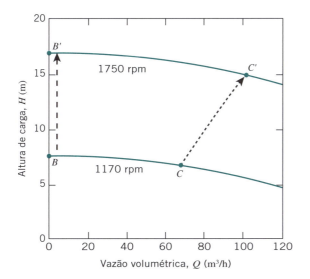

Fig. 10.16 Esquema de curva de desempenho de uma bomba, ilustrando o efeito de uma variação na velocidade de operação da bomba.

468   Capítulo 10

A eficiência permanece relativamente constante entre pontos de operação dinamicamente semelhantes quando apenas a velocidade de operação da bomba é alterada. A aplicação dessas ideias é ilustrada no Exemplo 10.6.

Exemplo **10.6** TRANSPORTE POR ESCALA DE CURVAS DE DESEMPENHO DE BOMBAS

Quando operando a $N = 1170$ rpm, uma bomba centrífuga, com diâmetro de rotor $D = 200$ mm, tem altura de carga no bloqueio $H_0 = 7,6$ m de água. Na mesma velocidade de operação, a melhor eficiência ocorre para $Q = 68$ m³/h, em que a altura de carga é $H = 6,7$ m de água. Faça o ajuste destes dados por uma parábola para a bomba a 1170 rpm. Transporte os resultados por escala para uma nova velocidade de operação de 1750 rpm. Trace um gráfico e compare os resultados.

Dados: Bomba centrífuga (com rotor de $D = 300$ mm) operada a $N = 1170$ rpm.

Q (m³/h)	0	68
H (m)	7,6	6,7

Determinar: (a) A equação de uma parábola para as características da bomba a 1170 rpm.
(b) A equação correspondente para uma nova velocidade de operação de 1750 rpm.
(c) Comparação (gráfica) dos resultados.

Solução: Considere uma variação parabólica na altura de carga da bomba da forma, $H = H_0 - AQ^2$. Resolvendo para A resulta

$$A_1 = \frac{H_0 - H}{Q^2} = (7,6 - 6,7)\,\text{m} \times \frac{1}{(68)^2 (\text{m}^3/\text{h})^2} = 1,95 \times 10^{-4}\,\text{m}/(\text{m}^3/\text{h})^2$$

A equação desejada é

$$H(\text{m}) = 7,6 - 1,95 \times 10^{-4}\,[Q\,(\text{m}^3/\text{h})]^2$$

A bomba permanece a mesma, de modo que as duas condições de escoamento são geometricamente semelhantes. Admitindo que não ocorra cavitação, os dois escoamentos também serão cinematicamente semelhantes. Assim, a semelhança dinâmica será obtida quando os dois coeficientes de vazão forem igualados. Denotando a condição de 1170 rpm pelo subscrito 1 e a condição de 1750 rpm pelo subscrito 2, temos

$$\frac{Q_2}{\omega_2 D_2^3} = \frac{Q_1}{\omega_1 D_1^3} \quad \text{ou} \quad \frac{Q_2}{Q_1} = \frac{\omega_2}{\omega_1} = \frac{N_2}{N_1}$$

visto que $D_2 = D_1$. Para a condição de bloqueio,

$$Q_2 = \frac{N_2}{N_1}\,Q_1 = \frac{1750\,\text{rpm}}{1170\,\text{rpm}} \times 0\,\text{m}^3/\text{h} = 0\ \text{m}^3/\text{h}$$

Do ponto de melhor eficiência, a nova vazão é

$$Q_2 = \frac{N_2}{N_1}\,Q_1 = \frac{1750\,\text{rpm}}{1170\,\text{rpm}} \times 68\,\text{m}^3/\text{h} = 101,7\,\text{m}^3/\text{h}$$

As alturas de carga da bomba são relacionadas por

$$\frac{h_2}{h_1} = \frac{H_2}{H_1} = \frac{N_2^2 D_2^2}{N_1^2 D_1^2} \quad \text{ou} \quad \frac{H_2}{H_1} = \frac{N_2^2}{N_1^2} = \left(\frac{N_2}{N_1}\right)^2$$

desde que $D_2 = D_1$. Para a condição de bloqueio,

$$H_2 = \left(\frac{N_2}{N_1}\right)^2 H_1 = \left(\frac{1750\,\text{rpm}}{1170\,\text{rpm}}\right)^2 7,6\,\text{m} = 17\,\text{m}$$

No ponto de melhor eficiência,

$$H_2 = \left(\frac{N_2}{N_1}\right)^2 H_1 = \left(\frac{1750 \text{ rpm}}{1170 \text{ rpm}}\right)^2 6,7 \text{ m} = 14,98 \text{ m}$$

O parâmetro da curva a 1750 rpm pode agora ser encontrado. Resolvendo para A, encontramos

$$A_2 = \frac{H_{02} - H_2}{Q_2^2} = (17,0 - 14,98) \text{ m} \times \frac{1}{(101,7)^2 (\text{m}^3/\text{h})^2} = 1,95 \times 10^{-4} \text{ m}/(\text{m}^3/\text{h})^2$$

Note que A_2, para 1750 rpm, é o mesmo que A_1 para 1170 rpm. Desse modo, demonstramos que o coeficiente A na equação parabólica não varia quando a velocidade da bomba é alterada. As equações de "engenharia" para as duas curvas são

$$H_1 = 7,6 - 1,95 \times 10^{-4} [Q \text{ (m}^3/\text{h})]^2 \text{ (a 1170 rpm)}$$

e

$$H_2 = 17,0 - 1,95 \times 10^{-4} [Q \text{ (m}^3/\text{h})]^2 \text{ (a 1750 rpm)}$$

As curvas da bomba são comparadas no gráfico seguinte:

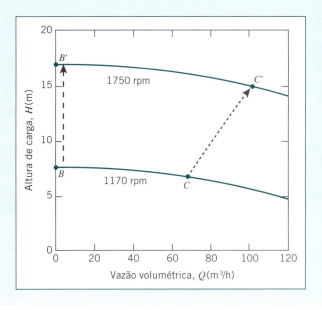

Este problema ilustra o procedimento para
- Obtenção da equação parabólica "de engenharia" de Q versus H, a partir de dados da altura de bloqueio H_0 e da melhor eficiência.
- Transposição, por escala de curvas de bombas, de uma velocidade para outra.

📄 A planilha *Excel* para este exemplo pode ser usada para gerar curvas de desempenho de bombas para uma dada faixa de velocidades.

Em princípio, a semelhança geométrica seria mantida quando bombas de *mesma geometria*, diferindo apenas no tamanho por uma razão de escala, fossem testadas à *mesma velocidade de operação*. As variações da vazão, da altura de carga e da potência com o *tamanho da bomba* seriam previstas como

$$Q_2 = Q_1 \left(\frac{D_2}{D_1}\right)^3, \quad H_2 = H_1 \left(\frac{D_2}{D_1}\right)^2 \quad \text{e} \quad \mathcal{P}_2 = \mathcal{P}_1 \left(\frac{D_2}{D_1}\right)^5 \quad (10.26)$$

Não é prático fabricar e testar uma série de modelos de bombas que diferem em tamanho por uma razão de escala apenas. Em vez disso, é prática comum testar uma dada carcaça de bomba a uma velocidade fixa com diversos rotores de diferentes diâmetros [13]. Como a largura da carcaça da bomba é a mesma para cada teste, a largura do rotor também deve ser a mesma; somente o diâmetro D do impulsor é mudado. Como resultado, o transporte da vazão volumétrica é feito em proporção a D^2, e não a D^3. A potência absorvida pela bomba para velocidades fixas é transportada como o produto da vazão mássica pela carga, tornando-se proporcional a D^4. O uso desse método de

470 Capítulo 10

escala modificado fornece, em geral, resultados com precisão aceitável, conforme demonstrado em diversos problemas do final do capítulo, em que o método é verificado contra dados do Apêndice C de desempenho medido.

Não é possível comparar as eficiências para as duas condições de operação diretamente. Contudo, os efeitos viscosos devem tornar-se relativamente menos importantes à medida que o tamanho da bomba aumenta. Desse modo, a eficiência deve melhorar ligeiramente com o aumento do diâmetro. Moody [14] sugeriu uma equação empírica que pode ser usada para estimar a eficiência máxima de uma bomba protótipo, baseado em dados de testes de um modelo geometricamente semelhante. Sua equação é escrita como

$$\frac{1 - \eta_p}{1 - \eta_m} = \left(\frac{D_m}{D_p}\right)^{1/5} \tag{10.27}$$

Para desenvolver a Eq. 10.27, Moody considerava que apenas as resistências de superfície mudassem com a escala do modelo, de modo que perdas em passagens de mesma rugosidade variassem conforme $1/D^5$. Infelizmente, é difícil manter a mesma rugosidade relativa entre as bombas modelo e protótipo. Além disso, o modelo de Moody não leva em conta nenhuma diferença nas perdas mecânicas entre o modelo e o protótipo, nem permite a determinação de eficiências fora do pico. Apesar disso, o transporte do ponto de eficiência máxima é útil para se obter uma estimativa geral da curva de eficiência do protótipo.

Cavitação e Altura de Carga de Sucção Positiva Líquida

A *cavitação* pode ocorrer em qualquer máquina trabalhando com líquido, sempre que a pressão estática local cair abaixo da pressão de vapor do líquido. Quando isso ocorre, o líquido pode localmente passar de líquido a vapor instantaneamente, formando uma cavidade de vapor e alterando significativamente a configuração do escoamento em relação à condição sem cavitação. A cavidade de vapor muda a forma efetiva da passagem do escoamento, alterando assim o campo de pressão local. Como o tamanho e a forma da cavidade (bolha) de vapor são influenciados pelo campo de pressão local, o escoamento pode se tornar transiente. O regime transiente pode causar oscilação em todo o escoamento e vibração na máquina.

Quando a cavitação começa, ela reduz rapidamente o desempenho da bomba ou da turbina. Por isso, a cavitação deve ser evitada para manter a operação estável e eficiente. Além disso, pressões superficiais podem tornar-se localmente altas quando a bolha de vapor implode, causando danos (perfurações, vazamentos etc.) ou desgastes superficiais por erosão. Os danos podem ser graves a ponto de destruir uma máquina fabricada com material quebradiço de baixa resistência. Obviamente, a cavitação deve ser evitada, também, para assegurar longa vida à máquina.

Em uma bomba, a cavitação tende a iniciar na seção onde o escoamento é acelerado para dentro do rotor. A cavitação em uma turbina inicia onde a pressão é mais baixa. A tendência à cavitação aumenta à medida que a velocidade do escoamento local aumenta; isso ocorre sempre que a vazão ou a velocidade de operação da máquina é aumentada.

A cavitação pode ser evitada, se a pressão em todos os pontos da máquina for mantida acima da pressão de vapor do líquido de trabalho. À velocidade constante, isso requer que uma pressão algo maior do que a pressão de vapor do líquido seja mantida na entrada da bomba (a *sucção* ou *aspiração*). Por causa das perdas de pressão na tubulação de entrada, a pressão de sucção pode estar abaixo da atmosférica. Por isso, é importante limitar cuidadosamente a queda de pressão na tubulação de sucção.

A *altura de sucção positiva líquida* (ou o *NPSH*, de *Net Positive Suction Head*) é definida como a diferença entre a pressão absoluta de estagnação no escoamento na sucção da bomba e a pressão de vapor do líquido, expressa em altura de líquido em escoamento [15].[5] Portanto, a altura *NPSH* é uma medida da diferença entre a máxima

---

[5]O *NPSH* pode ser expresso em qualquer unidade de medida conveniente, como altura do líquido em escoamento, por exemplo, metro de coluna de água (daí o termo *altura de sucção*), psia ou kPa (abs). Quando expresso como *altura*, o *NPSH* é medido em relação à linha de centro do rotor.

pressão possível em dado escoamento e a pressão na qual o líquido começará a se vaporizar por ebulição *flash*; quanto maior a altura *NPSH*, menor a probabilidade de ocorrência de cavitação. A *altura de sucção positiva líquida requerida* (*NPSHR*) por uma bomba específica para evitar cavitação varia com o líquido bombeado, com sua temperatura e com a condição da bomba (por exemplo, com a maneira pela qual as características geométricas críticas da bomba são afetadas pelo desgaste). O valor de *NPSHR* pode ser medido em uma bancada de teste de bombas por meio do controle da pressão de entrada. Os resultados são traçados sobre a curva de desempenho da bomba. Curvas características típicas de bombas para três rotores testados em uma mesma carcaça são mostradas na Fig. 10.14. As curvas de *NPSHR* determinadas experimentalmente para os rotores de maior e menor diâmetro estão traçadas na parte inferior da figura.

A *altura de sucção positiva líquida disponível* (*NPSHA*) na entrada da bomba deve ser maior do que o *NPSHR* para evitar cavitação. A queda de pressão na tubulação de aspiração e na entrada da bomba aumenta com o aumento da vazão volumétrica. Desse modo, para qualquer sistema, o *NPSHA* diminui quando a vazão é aumentada. O *NPSHR* da bomba aumenta quando a vazão é aumentada. Assim, com o aumento da vazão do sistema, as curvas de *NPSHA* e *NPSHR* versus a vazão cruzarão em algum ponto. Para qualquer sistema de sucção, existe uma vazão que não pode ser excedida, se o escoamento através da bomba deve permanecer livre de cavitação. As perdas de pressão de entrada podem ser reduzidas aumentando o diâmetro do tubo de aspiração; por essa razão, muitas bombas centrífugas têm flanges ou conexões maiores na entrada do que na saída. O Exemplo 10.7 mostra a relação entre as curvas *NPSH*, *NPSHA* e *NPSHR*.

Exemplo 10.7 CÁLCULO DA ALTURA DE SUCÇÃO POSITIVA LÍQUIDA (*NPSH*)

Uma bomba centrífuga Peerless, Tipo 4AE11 (Fig. C.3, Apêndice C), é testada a 1750 rpm usando um sistema de escoamento com o *layout* do Exemplo 10.4. O nível de água no reservatório de alimentação está 1 m acima da linha de centro da bomba; a tubulação de sucção consiste em 1,8 m de tubo de ferro fundido reto de 125 mm de diâmetro, um cotovelo-padrão e uma válvula de gaveta totalmente aberta. Calcule a altura de sucção positiva líquida disponível (*NPSHA*) na entrada da bomba para uma vazão volumétrica de 230 m³/h de água a 30°C. Compare com a altura de sucção positiva líquida requerida (*NPSHR*) pela bomba para esta vazão. Trace *NPSHA* e *NPSHR* para água a 30°C e 80°C *versus* a vazão volumétrica.

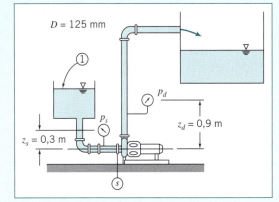

Dados: Uma bomba centrífuga Peerless, Tipo 4AE11 (Fig. C.3, Apêndice C), é testada a 1750 rpm, usando um sistema de escoamento com o *layout* do Exemplo 10.4. O nível de água no reservatório de entrada está 1 m acima da linha de centro da bomba; a tubulação de entrada tem 1,8 m de tubo reto de ferro fundido de 125 mm de diâmetro, um cotovelo-padrão e uma válvula de gaveta totalmente aberta.

Determinar: (a) O *NPSHA* para $Q = 230$ m³/h de água a 30°C.
(b) A comparação com o *NPSHR* para a bomba com $Q = 230$ m³/h.
(c) O gráfico de *NPSHA* e *NPSHR* para água a 30°C e 80°C *versus* vazão volumétrica.

Solução: A altura de sucção positiva líquida (*NPSH*) é definida como a diferença entre a pressão absoluta de estagnação no escoamento na sucção da bomba e a pressão de vapor do líquido, expressa em altura de líquido em escoamento. Portanto, é necessário calcular a altura de carga na sucção da bomba.

Aplique a equação de energia para escoamento incompressível em regime permanente para calcular a pressão na entrada da bomba e, em seguida, o *NPSHA*. Denote o nível de reservatório como ① e o nível da sucção da bomba como ⓢ, conforme mostrado previamente na figura.

472 Capítulo 10

Equação básica:

$$p_1 + \frac{1}{2}\rho\cancelto{0}{\overline{V}_1^2} + \rho g z_1 = p_s + \frac{1}{2}\rho\overline{V}_s^2 + \rho g_s + \rho h_{\ell_T}$$

Consideração: $\overline{V}_1$ é desprezível. Então,

$$p_s = p_1 + \rho g(z_1 - z_s) - \frac{1}{2}\rho\overline{V}_s^2 - \rho h_{\ell_T} \tag{1}$$

A perda de carga total é

$$h_{\ell_T} = \left(\sum K + \sum f\frac{L_e}{D} + f\frac{L}{D}\right)\frac{1}{2}\rho\overline{V}_s^2 \tag{2}$$

Substituindo a Eq. 2 na Eq. 1, e dividindo por ρg,

$$H_s = H_1 + z_1 - z_s - \left(\sum K + \sum f\frac{L_e}{D} + f\frac{L}{D} + 1\right)\frac{\overline{V}_s^2}{2g} \tag{3}$$

Avaliando o fator de atrito e a perda de carga,

$$f = f(Re, e/D); \quad Re = \frac{\rho\overline{V}D}{\mu} = \frac{\overline{V}D}{\nu}; \quad \overline{V} = \frac{Q}{A}; \quad A = \frac{\pi D^2}{4}$$

Para um tubo de 125 mm (nominal), $D = 128$ mm,

$$D = 128 \text{ mm} \times \frac{\text{m}}{1000 \text{ mm}} = 0,128 \text{ m}, \quad A = \frac{\pi D^2}{4} = 0,0129 \text{ m}^2$$

$$\overline{V} = 230\,\frac{\text{m}^3}{\text{h}} \times \frac{\text{h}}{3600\,\text{s}} \times \frac{1}{0,0129\,\text{m}^2} = 4,95 \text{ m/s}$$

Da Tabela A.7, para água a $T = 30°C$, $\nu = 8,03 \times 10^{-7}$ m²/s.
   O número de Reynolds é

$$Re = \frac{\overline{V}D}{\nu} = 4,95\,\frac{\text{m}}{\text{s}} \times 0,128 \text{ m} \times \frac{5}{8,03 \times 10^{-7}\text{m}^2} = 7,89 \times 10^5$$

Da Tabela 8.1, $e = 0,26$ mm, logo $e/D = 0,00203$. Da Eq. 8.37, $f = 0,0237$. Os coeficientes das perdas menores são

Entrada	$K = 0,5$
Cotovelo-padrão	$\dfrac{L_e}{D} = 30$
Válvula de gaveta aberta	$\dfrac{L_e}{D} = 8$

Substituindo,

$$\left(\sum K + \sum f\frac{L_e}{D} + f\frac{L}{D} + 1\right)$$

$$= 0,5 + 0,0237(30 + 8) + 0,0237\left(\frac{1,8}{0,128}\right) + 1 = 2,73$$

As alturas de carga são

$$H_1 = \frac{p_{\text{atm}}}{\rho g} = \frac{1,01325 \times 10^5\,\text{Pa}}{996 \text{ kg/m}^3 \times 9,8 \text{ m/s}^2} \times \frac{\text{N}}{\text{Pa·m}^2} \times \frac{\text{kg·m}}{\text{N·s}^2}$$

$$= 10,4 \text{ m}$$

$$\frac{\overline{V}_s^2}{2g} = \frac{1}{2} \times (4,95)^2\,\frac{\text{m}^2}{\text{s}^2} \times \frac{\text{s}^2}{9,8 \text{ m}} = 1,25 \text{ m}$$

Este problema ilustra os procedimentos usados para verificar se uma dada bomba corre o risco de cavitação:

- A Eq. 3 e os gráficos mostram que o *NPSHA* decresce à medida que a vazão volumétrica Q (ou $\overline{V}_s$) aumenta; por outro lado, o *NPSHR* aumenta com Q, de modo que, se a vazão for grande o bastante, a bomba muito provavelmente irá cavitar (quando *NPSHA* < *NPSHR*).
- O *NPSHR* para qualquer bomba aumenta com o aumento da vazão volumétrica Q porque as velocidades locais do fluido dentro da bomba aumentam, criando pressões localmente reduzidas e tendendo a promover cavitação.
- Com água a 30°C, essa bomba mostra ter *NPSHA* > *NPSHR* para todas as vazões, de modo que ela nunca vai cavitar; a 80°C, a cavitação pode ocorrer em torno de 250 m³/h, mas, de acordo com a Fig. C.3, a bomba tem melhor eficiência em torno de 200 m³/h, de modo que ela provavelmente não poderia operar a 250 m³/h — a bomba provavelmente não iria cavitar mesmo com água mais quente.

A planilha *Excel* para este exemplo pode ser usada para gerar curvas de *NPSHA* e de *NPSHR* para uma variedade de bombas e temperaturas da água.

Portanto
$$H_s = 10,4 \text{ m} + 1 \text{ m} - 2,73 \times 1,25 \text{ m} = 7,98 \text{ m}$$

Para obter o NPSHA, some a altura de velocidade e subtraia a altura de pressão de vapor. Desse modo,

$$NPHSA = H_s + \frac{\overline{V}_s^2}{2g} - H_v$$

A pressão de vapor da água a 30°C é $p_v = 4,25$ kPa. A altura correspondente é $H_v = 0,44$ m de água. Então,

$$NPSHA = 7,98 + 1,25 - 0,44 = 8,79 \text{ m} \longleftarrow \underline{\hspace{4cm} NPSHA}$$

A curva da bomba (Fig. C.3, Apêndice C) mostra que a 230 m³/h a bomba requer:

$$NPSHR = 3,1 \text{ m} \longleftarrow \underline{\hspace{4cm} NPSHR}$$

Resultados de cálculos similares para água a 30°C estão traçados à esquerda na figura seguinte. (Valores de NPSHR são obtidos das curvas da bomba na Fig. C.3, Apêndice C.)

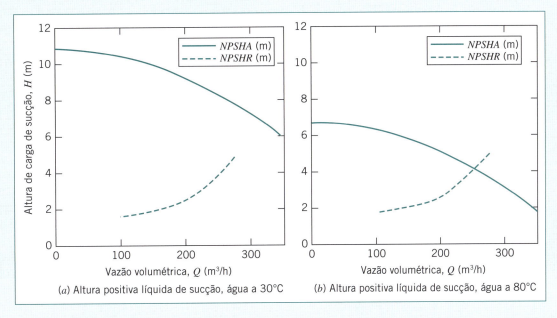

(a) Altura positiva líquida de sucção, água a 30°C

(b) Altura positiva líquida de sucção, água a 80°C

Os resultados de cálculos para água a 80°C estão traçados à direita na figura. A pressão de vapor para água a 80°C é $p_v = 47,4$ kPa. A altura correspondente é $H_v = 4,98$ m de água. Essa pressão alta de vapor reduz o NPSHA, conforme mostrado no gráfico.

Seleção de Bomba: Aplicação para Sistemas Fluidos

Definimos um *sistema de fluido* como a combinação de uma máquina de fluxo e uma rede de tubos ou canais que conduzem o fluido. A engenharia de aplicação de máquinas de fluxo em um sistema real requer uma concordância entre as características da máquina e aquelas do sistema, e o atendimento simultâneo de condições de eficiência energética, economia de capital e durabilidade. Já fizemos menção à vasta variedade de equipamentos oferecidos por fabricantes competidores; essa variedade confirma a importância comercial das máquinas de fluxo nos sistemas de engenharia modernos.

Usualmente, é mais econômico especificar uma máquina de produção seriada do que uma sob encomenda, porque os produtos de fabricantes já estabelecidos têm características de desempenho conhecidas e publicadas, e eles devem ser duráveis para sobreviver no mercado. A engenharia de aplicação consiste em fazer a melhor seleção a partir de catálogos de produtos disponíveis. Além de curvas características de máquinas, todos os fabricantes fornecem abundantes dados dimensionais, configurações alternativas e esquemas de montagem, bem como folhetos ou boletins técnicos de orientação quanto à aplicação dos seus produtos.

Esta seção consiste em uma breve revisão da teoria relevante, seguida de exemplos de aplicações usando dados extraídos de literatura dos fabricantes. Curvas de desempenho selecionadas para bombas centrífugas e ventiladores são apresentadas no Apêndice C. Essas curvas podem ser estudadas como exemplos típicos de dados de desempenho fornecidos por fabricantes. As curvas também podem ser usadas para ajudar na seleção de equipamentos e na solução de problemas de projeto de sistemas de fluidos no final do capítulo.

Vamos considerar várias máquinas para realizar trabalho sobre um fluido, mas primeiramente abordaremos alguns pontos gerais. Conforme vimos no Exemplo 10.4, uma bomba típica, por exemplo, produz uma altura de carga menor conforme a vazão é aumentada. Por outro lado, a carga (que inclui perdas maiores e menores) requerida para manter o escoamento em um sistema de tubos aumenta com a vazão. Portanto, conforme mostrado graficamente[6] na Fig. 10.17, um sistema-bomba funcionará no *ponto de operação*, isto é, com a vazão para a qual a altura de carga da bomba e a altura de carga requerida pelo sistema coincidem. (A Fig. 10.17 também mostra uma curva de eficiência de uma bomba, indicando que, para uma seleção ótima, a bomba deve ser escolhida de modo que tenha a melhor eficiência na vazão do ponto de operação.) O sistema-bomba mostrado na Fig. 10.17 é estável. Se, por alguma razão, a vazão cai abaixo da vazão do ponto de operação, a altura de pressão da bomba aumenta acima da altura requerida pelo sistema e, em seguida, a vazão aumenta de volta para o ponto de operação. Inversamente, se a vazão aumenta momentaneamente, a altura requerida excede a altura fornecida pela bomba, e a vazão diminui de volta para o ponto de operação. Essa noção de um ponto de operação aplica-se a cada máquina que consideraremos (embora, como veremos, os pontos de operação nem sempre sejam estáveis).

O requisito de pressão do sistema, para uma dada vazão, é composto da queda de pressão por atrito (perdas maiores devido ao atrito em trechos retos de área de seção constante e perdas menores devido a entradas, acessórios, válvulas e saídas) e das variações de pressão decorrentes da gravidade (a elevação estática pode ser positiva ou negativa). É interessante discutir os dois casos-limite, de atrito puro e de elevação pura, antes de considerar suas combinações.

A curva de altura de pressão *versus* vazão do sistema de *atrito puro*, sem elevação estática, começa no ponto de vazão e altura de carga iguais a zero, conforme mostrado na Fig. 10.18a. Para esse sistema, a altura de carga total requerida é a soma das perdas maiores e menores,

$$h_{l_T} = \sum h_l + \sum h_{l_m} = \sum f \frac{L}{D} \frac{\overline{V}^2}{2} + \sum \left(f \frac{L_e}{D} \frac{\overline{V}^2}{2} + K \frac{\overline{V}^2}{2} \right)$$

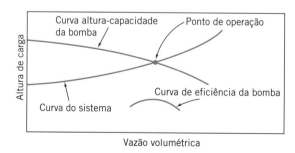

Fig. 10.17 Curvas superpostas de altura-vazão do sistema e de altura-capacidade da bomba.

---

[6]Enquanto uma representação gráfica é útil para a visualização e entendimento das curvas de ajuste sistema-bomba, os métodos analíticos ou numéricos são mais precisos para determinar o ponto de operação (o aplicativo *Excel* é muito útil para isso).

Para o escoamento turbulento (o regime usual nos sistemas de engenharia), conforme aprendemos no Capítulo 8 (veja a Fig. 8.13), os fatores de atrito são aproximadamente constantes, e os coeficientes K e os comprimentos equivalentes L_e de perdas menores são também constantes. Portanto, $h_{l_T} \sim \overline{V}^2 \sim Q^2$, de modo que a curva do sistema é aproximadamente parabólica. (Na verdade, como os fatores de atrito f somente aproximam-se de constantes à medida que o regime torna-se completamente turbulento, tem-se que $Q^{1,75} < h_{l_T} < Q^2$.) Isso significa que a curva do sistema com atrito puro torna-se mais íngreme à medida que a vazão aumenta. Para desenvolver a curva de atrito, as perdas são calculadas para diversas vazões e em seguida traçadas em um gráfico.

A variação de pressão decorrente da diferença de elevação é independente da vazão. Assim, a curva pressão-vazão (ou carga-vazão, ou ainda, altura-vazão) para o sistema de *elevação pura* é uma linha reta horizontal. A altura de carga decorrente da gravidade é avaliada a partir da variação da elevação no sistema.

Todos os sistemas de escoamento reais têm alguma queda de pressão por atrito e alguma variação de elevação. Assim, todas as curvas de altura-vazão (ou pressão-vazão) de sistemas podem ser tratadas como a soma de uma componente de atrito e uma componente de variação de elevação estática. A altura de carga para o sistema completo, para qualquer vazão, é a soma das alturas de atrito e de diferença de elevação. A curva pressão-vazão do sistema completo é apresentada na Fig. 10.18b.

A forma *íngreme* ou *plana* da curva resultante do sistema completo depende da importância relativa do atrito e da gravidade. A queda de pressão por atrito pode ser relativamente sem importância no suprimento de água para um edifício muito alto (por exemplo, a Torre Sears em Chicago, que tem aproximadamente 400 m de altura); por outro lado, a diferença de elevação pode ser desprezível em um sistema de ventilação de uma loja no andar térreo de um edifício.

Na Seção 8.7, obtivemos uma forma da equação de energia para um volume de controle consistindo em um sistema bomba-tubulação,

$$\left(\frac{p_1}{\rho} + \alpha_1 \frac{\overline{V}_1^2}{2} + gz_1\right) - \left(\frac{p_2}{\rho} + \alpha_2 \frac{\overline{V}_2^2}{2} + gz_2\right) = h_{l_T} - \Delta h_{\text{bomba}} \qquad (8.49)$$

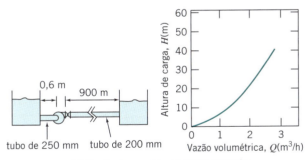

(a) Queda de pressão puramente por atrito

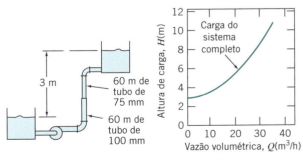

(b) Combinação de variações de pressão por atrito e por gravidade

Fig. 10.18 Digramas esquemáticos ilustrando tipos básicos de curvas altura-vazão de sistemas. (Adaptada de [10].)

476 Capítulo 10

Substituindo Δh_{bomba} por h_a, representando a carga adicionada por qualquer máquina (não somente uma bomba) que realiza trabalho sobre um fluido, e rearranjando a Eq. 8.49, obtemos uma expressão mais geral

$$\frac{p_1}{\rho} + \alpha_1 \frac{\overline{V}_1^2}{2} + gz_1 + h_a = \frac{p_2}{\rho} + \alpha_2 \frac{\overline{V}_2^2}{2} + gz_2 + h_{l_T} \tag{10.28a}$$

Dividindo por g, dá

$$\frac{p_1}{\rho g} + \alpha_1 \frac{\overline{V}_1^2}{2g} + z_1 + H_a = \frac{p_2}{\rho g} + \alpha_2 \frac{\overline{V}_2^2}{2g} + z_2 + \frac{h_{l_T}}{g} \tag{10.28b}$$

em que H_a é a energia por unidade de peso (isto é, a altura de carga, com dimensões de L) adicionada pela máquina.

O ponto de operação de uma bomba é definido pela superposição da curva do sistema e da curva de desempenho da bomba, conforme mostrado na Fig. 10.17. O ponto de interseção é a única condição em que as vazões do sistema e da bomba e as alturas de carga do sistema e da bomba são simultaneamente iguais. O procedimento usado para determinar o ponto de operação de um sistema de bombeamento é ilustrado no Exemplo 10.8.

Exemplo **10.8** DETERMINANDO O PONTO DE OPERAÇÃO DE UM SISTEMA DE BOMBEAMENTO

A bomba do Exemplo 10.6, operando a 1750 rpm, é usada para bombear água através do sistema da Fig. 10.18*a*. Desenvolva uma expressão algébrica para a forma geral da curva de resistência do sistema. Calcule e trace a curva de resistência do sistema. Resolva graficamente para o ponto de operação do sistema. Obtenha uma expressão analítica aproximada para a curva de resistência do sistema. Resolva analiticamente para o ponto de operação do sistema.

Dados: Bomba do Exemplo 10.6, operando a 1750 rpm, com $H = H_0 - AQ^2$, em que $H_0 = 17$ m e $A = 1,95 \times 10^{-4}$ m/$(\text{m}^3/\text{h})^2$. Sistema da Fig. 10.18*a*, em que $L_1 = 0,6$ m de tubo com $D_1 = 250$ mm e $L_2 = 900$ m de tubo com $D_2 = 200$ mm, transportando água entre dois grandes reservatórios cujas superfícies livres estão no mesmo nível.

Determinar: (a) Uma expressão algébrica geral para a curva de carga do sistema.
  (b) A curva de carga do sistema por cálculo direto.
  (c) O ponto de operação do sistema usando uma solução gráfica.
  (d) Uma expressão analítica *aproximada* para a curva de carga do sistema.
  (e) O ponto de operação do sistema usando a expressão analítica determinada em (d).

Solução: Aplique a equação da energia para o sistema de escoamento da Fig. 10.18*a*.

Equação básica:

$$\frac{p_0}{\rho g} + \alpha_0 \frac{\overline{V}_0^2}{2g} + z_0 + H_a = \frac{p_3}{\rho g} + \alpha_3 \frac{\overline{V}_3^2}{2g} + z_3 + \frac{h_{l_T}}{g} \tag{10.24b}$$

em que z_0 e z_3 são as elevações das superfícies dos reservatórios de entrada e de saída, respectivamente.

Considerações:

1 $p_0 = p_3 = p_{\text{atm}}$.
2 $\overline{V}_0 = \overline{V}_3 = 0$.
3 $z_0 = z_3$ (dado).

Simplificando, obtemos

$$H_a = \frac{h_{l_T}}{g} = \frac{h_{lT_{0_1}}}{g} + \frac{h_{lT_{23}}}{g} = H_{l_T} \tag{1}$$

em que as seções ① e ② são localizadas imediatamente a montante e a jusante da bomba, respectivamente.

A perda de carga total é a soma das perdas maiores com as perdas menores, de modo que

$$h_{l_{T_{01}}} = K_{ent}\frac{\overline{V}_1^2}{2} + f_1\frac{L_1}{D_1}\frac{\overline{V}_1^2}{2} = \left(K_{ent} + f_1\frac{L_1}{D_1}\right)\frac{\overline{V}_1^2}{2}$$

$$h_{l_{T_{23}}} = f_2\frac{L_2}{D_2}\frac{\overline{V}_2^2}{2} + K_{saída}\frac{\overline{V}_2^2}{2} = \left(f_2\frac{L_2}{D_2} + K_{saída}\right)\frac{\overline{V}_2^2}{2}$$

Da continuidade, $\overline{V}_1 A_1 = \overline{V}_2 A_2$, de modo que $\overline{V}_1 = \overline{V}_2 \frac{A_2}{A_1} = \overline{V}_2 \left(\frac{D_2}{D_1}\right)^2$.

Portanto,

$$H_{l_T} = \frac{h_{l_T}}{g} = \left(K_{ent} + f_1\frac{L_1}{D_1}\right)\frac{\overline{V}_2^2}{2g}\left(\frac{D_2}{D_1}\right)^4 + \left(f_2\frac{L_2}{D_2} + K_{saída}\right)\frac{\overline{V}_2^2}{2g}$$

ou, após simplificação,

$$H_{l_T} = \left[\left(K_{ent} + f_1\frac{L_1}{D_1}\right)\left(\frac{D_2}{D_1}\right)^4 + f_2\frac{L_2}{D_2} + K_{saída}\right]\frac{\overline{V}_2^2}{2g} \qquad \longleftarrow H_{l_T}$$

Essa é a equação da perda de carga para o sistema. No ponto de operação, conforme indicado na Eq. 1, a perda de carga é igual à carga produzida pela bomba, dada por

$$H_a = H_0 - AQ^2 \qquad (2)$$

em que $H_0 = 17$ m e $A = 1{,}95 \times 10^{-4}$ m/(m³/h)².

A perda de carga no sistema e a carga produzida pela bomba podem ser calculadas para uma faixa de vazões:

Q (m³/h)	$\overline{V}_1$ (m/s)	Re_1 (1000)	f_1 (–)	$\overline{V}_2$ (m/s)	Re_2 (1000)	f_2 (–)	H_{l_T} (m)	H_a (m)
0	0,00	0	–	0,00	0	–	0,00	17,00
25	0,14	39	0,0249	0,22	49	0,0249	0,28	16,88
50	0,28	79	0,0228	0,44	99	0,0232	1,05	16,51
75	0,42	118	0,0220	0,66	148	0,0225	2,29	15,90
100	0,57	158	0,0215	0,88	197	0,0221	4,00	15,05
125	0,71	197	0,0212	1,11	247	0,0219	6,19	13,95
150	0,85	237	0,0210	1,33	296	0,0218	8,86	12,61
175	0,99	276	0,0208	1,55	345	0,0217	12,00	11,03
200	1,13	316	0,0207	1,77	394	0,0216	15,61	9,20
225	1,27	355	0,0206	1,99	444	0,0215	19,70	7,13
250	1,41	395	0,0206	2,21	493	0,0215	24,25	4,81

As curvas da bomba e de resistência do sistema estão traçadas a seguir:

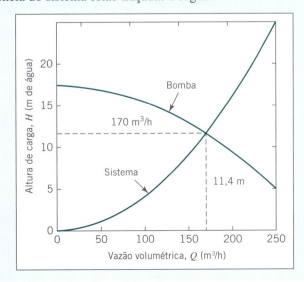

478 Capítulo 10

A solução gráfica é mostrada nesse diagrama. No ponto de operação, $H \approx 11,4$ m e $Q \approx 170,0$ m³/h.

Podemos obter mais precisão a partir da solução gráfica, usando a seguinte aproximação: como o número de Reynolds corresponde ao regime completamente turbulento, $f \approx$ constante, podemos simplificar a equação para a perda de carga e escrevê-la na forma

$$H_{l_T} \approx CQ^2 \tag{3}$$

em que $C = 8/\pi^2 D_2^4 g$ vezes o termo entre colchetes na expressão para H_{l_T}. Podemos obter um valor para C diretamente da Eq. 3, utilizando valores para H_{l_T} e Q da tabela em um ponto próximo ao ponto de operação antecipado. Por exemplo, a partir do ponto dado $Q = 150$ m³/h,

$$C = \frac{H_{l_T}}{Q^2} = \frac{8,86 \text{ m}}{150^2 \text{ (m}^3/\text{h)}^2} = 3,94 \times 10^{-4} \text{ m/(m}^3/\text{h)}^2$$

Portanto, a expressão analítica aproximada para a curva de carga do sistema é

$$H_{l_T} = 3,94 \times 10^{-4} \text{ m/(m}^3/\text{h)}^2 \times [Q(\text{m}^3/\text{h})]^2 \longleftarrow \hspace{4cm} H_{l_T}$$

Utilizando as Eqs. 2 e 3 na Eq. 1, obtemos

$$H_0 - AQ^2 = CQ^2$$

Resolvendo para Q, a vazão em volume no ponto de operação, resulta

$$Q = \left[\frac{H_0}{A + C}\right]^{1/2}$$

Para esse caso,

$$Q = \left[17 \text{ m} \times \frac{(\text{m}^3/\text{h})^2}{(1,95 \times 10^{-4} + 3,94 \times 10^{-4}) \text{ m}}\right]^{1/2} = 170,0 \text{ m}^3/\text{h} \longleftarrow \hspace{2cm} Q$$

A vazão volumétrica pode ser substituída em qualquer uma das expressões da carga para calcular a altura de carga no ponto de operação como

$$H = CQ^2 = 3,94 \times 10^{-4} \frac{\text{m}}{(\text{m}^3/\text{h})^2} \times (170)^2 (\text{m}^3/\text{h})^2 = 11,4 \text{ m} \longleftarrow \hspace{2cm} H$$

Podemos ver que neste problema nossa leitura do ponto de operação a partir do gráfico foi muito boa: a leitura da altura e do fluxo de carga estava em concordância com a altura de carga calculada; a leitura da vazão foi menos de 2% diferente do resultado calculado.

Note que ambos os conjuntos de resultados são aproximados. Podemos obter um resultado mais preciso, e de modo mais fácil, utilizando o *Resolvedor do Excel* (*Excel Solver* ou *Goal Seek*) para determinar o ponto de operação, permitindo a consideração de que os fatores de atrito variam, embora discretamente, com o número de Reynolds. Fazendo isso chegamos a uma vazão no ponto de operação de 170,2 m³/h e a uma altura de carga de 11,4 m.

Este problema ilustra os procedimentos usados para determinar o ponto de operação de uma bomba e de um sistema de escoamento.

- Os métodos aproximados — gráficos, e supondo que as perdas de atrito são proporcionais a Q^2, forneceram resultados próximos daqueles calculados com detalhes usando o *Excel*. Concluímos que, desde que a maioria dos coeficientes de atrito do escoamento no tubo apresente incerteza dentro de $\pm 10\%$, aproximadamente, os métodos aproximados são suficientemente exatos. Por outro lado, o uso do *Excel*, quando disponível, facilita e melhora a exatidão dos cálculos.
- A Eq. 3, para a perda de carga no sistema, pode ser substituída por uma equação da forma $H = Z_0 + CQ^2$, quando a altura de carga H requerida pelo sistema tem uma componente Z_0 de altura estática (devido à gravidade) e uma componente devido às perdas de carga.

A planilha *Excel* para este exemplo foi usada para gerar os resultados tabelados bem como a solução mais exata. Ela pode ser adaptada para uso com outros sistemas tubulação-bomba.

As formas de ambas as curvas, da bomba e do sistema, podem ser importantes para a estabilidade do sistema em certas aplicações. A curva da bomba mostrada na Fig. 10.17 é típica daquela para uma bomba centrífuga nova, de velocidade específica intermediária, para a qual a altura de carga decresce suave e monotonamente à medida que a vazão é aumentada a partir da condição de bloqueio. Dois efeitos ocorrem gradualmente à medida que o sistema envelhece: (1) a bomba desgasta-se e seu desempenho cai (isso produz menos altura de pressão; logo, a curva da bomba move-se gradualmente para baixo no sentido de uma carga mais baixa, para cada vazão) e (2) a resistência do sistema aumenta (a curva do sistema move-se gradualmente para cima no sentido de uma carga mais alta, para cada vazão, por causa do envelhecimento dos tubos[7]). O efeito dessas alterações com o tempo é mover o ponto de operação no sentido de vazões mais baixas. O módulo da variação na vazão depende das formas das curvas da bomba e do sistema.

As perdas de capacidade, quando ocorre desgaste da bomba, são comparadas para sistemas de curvas íngremes (atrito dominante) e planas (gravidade dominante) na Fig. 10.19. A perda na capacidade é maior para o sistema de curva plana do que para o sistema de curva íngreme.

A curva de eficiência da bomba também está traçada na Fig. 10.17. O ponto de operação original do sistema é geralmente escolhido de modo a coincidir com a eficiência máxima por meio de uma cuidadosa escolha do tamanho da bomba e de sua velocidade. O desgaste da bomba aumenta os vazamentos internos, reduzindo assim, a vazão e abaixando o pico de eficiência. Além disso, conforme mostrado na Fig. 10.19, o ponto de operação move-se no sentido de vazões mais baixas, para longe do ponto de eficiência máxima. Dessa forma, a redução no desempenho do sistema pode não ser acompanhada por uma redução no consumo de energia.

Às vezes é necessário satisfazer um requisito de altura de carga elevada e baixa vazão; isso força a seleção de uma bomba com baixa velocidade específica. Tal bomba pode ter uma curva de desempenho com uma altura de carga ligeiramente crescente próximo da condição de bloqueio, conforme mostrado na Fig. 10.20. Quando a curva

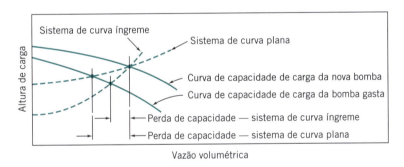

Fig. 10.19 Efeito do desgaste da bomba sobre a vazão entregue ao sistema.

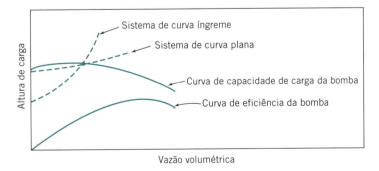

Fig. 10.20 Operação de bomba de baixa velocidade específica próximo da condição de bloqueio (*shutoff*).

---

[7]Com o envelhecimento dos tubos, depósitos minerais formam-se nas paredes (veja a Fig. 8.14), aumentando a rugosidade relativa e reduzindo o diâmetro do tubo, quando comparado com a condição de novo. Veja o Problema 10.63 para dados típicos de fator de atrito.

do sistema é íngreme, o ponto de operação é bem definido e não deveriam surgir problemas com a operação do sistema. No entanto, o uso da bomba em sistema de curva plana poderia facilmente causar problemas, especialmente se a curva real do sistema estivesse ligeiramente acima da curva calculada, ou a vazão da bomba estivesse abaixo do desempenho previsto no mapa carga-vazão (ou altura-vazão).

Se houver dois pontos de interseção das curvas da bomba e do sistema, o sistema poderá operar em qualquer um deles, dependendo das condições de partida (*startup*); uma perturbação poderia causar o deslocamento para o segundo ponto de interseção. Sob certas condições, o ponto de operação do sistema pode alternar entre os dois pontos de interseção, provocando escoamento não permanente e desempenho insatisfatório.

Em vez de uma única bomba de baixa velocidade específica, uma bomba de múltiplos estágios pode ser empregada nesta situação. Uma vez que a vazão através de todos os estágios é a mesma, mas a altura de carga por estágio é menor do que aquela na unidade de um só estágio, a velocidade específica da bomba de múltiplos estágios é maior (veja a Eq. 7.22a).

A curva característica altura-vazão de algumas bombas de alta velocidade específica mostra uma inflexão para capacidades abaixo do ponto de eficiência máxima, conforme mostrado na Fig. 10.21. É preciso estar atento à aplicação de tais bombas, especialmente se elas operarem na inflexão da curva altura-vazão ou próximo dela. Nenhum problema deve ocorrer se a característica do sistema for íngreme, pois, nesse caso, haverá apenas um ponto de interseção com a curva da bomba. A menos que a interseção esteja próxima do ponto B, o sistema retornará à operação estável, em regime permanente, após qualquer perturbação transiente.

A operação em um sistema de curva plana é mais problemática. É possível ter um, dois ou três pontos de interseção das curvas da bomba e do sistema, como sugerido na figura. Os pontos A e C são pontos de operação estáveis, porém o ponto B é instável: se a vazão cair momentaneamente abaixo de Q_B, por qualquer razão, a vazão continuará a cair (até Q_A) porque a carga fornecida pela bomba é agora menor do que aquela requerida pelo sistema: inversamente, se a vazão ficar momentaneamente acima de Q_B, ela continuará a aumentar (até Q_C), porque a carga da bomba excede a carga requerida. Em um sistema de curva plana, a bomba pode oscilar (*hunt*) periodicamente ou não periodicamente.

Diversos outros fatores podem influenciar adversamente o desempenho da bomba: bombear líquidos quentes, líquidos com vapor entranhado e líquidos de alta viscosidade. De acordo com [9], a presença de pequenas quantidades de gás arrastado no líquido pode reduzir drasticamente o desempenho da bomba. Algo tão pouco quanto 4% de vapor arrastado pode reduzir a capacidade da bomba em mais de 40%. O ar pode penetrar pelo lado da aspiração do circuito de bombeamento, em que a pressão é inferior à atmosférica, se houver qualquer vazamento presente.

Uma submersão adequada do tubo de aspiração é necessária para impedir a entrada de ar. Submersão insuficiente pode causar um vórtice na entrada do tubo de sucção. Se o vórtice for intenso, poderá haver penetração de ar para a bomba através do tubo. Dickinson, Hicks e Edwards [16] e [17] dão diretrizes gerais para um projeto adequado do poço de aspiração de modo a eliminar a possibilidade de formação de vórtices.

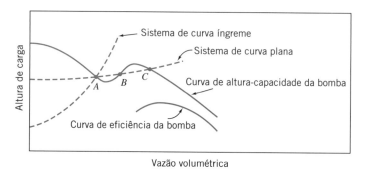

Fig. 10.21 Operação de uma bomba de alta velocidade específica próximo da inflexão.

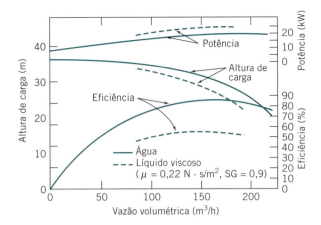

Fig. 10.22 Efeito da viscosidade do líquido sobre o desempenho de uma bomba centrífuga [9].

O aumento da viscosidade do fluido pode reduzir drasticamente o desempenho de uma bomba centrífuga [17]. Resultados de testes experimentais típicos são apresentados graficamente na Fig. 10.22. Na figura, o desempenho da bomba com água ($\mu = 0,001$ Ns/m^2) é comparado com o desempenho no bombeamento de um líquido mais viscoso ($\mu = 0,22$ Ns/m^2). O aumento da viscosidade reduz a altura de carga produzida pela bomba. Ao mesmo tempo, o requisito de potência de alimentação da bomba é aumentado. O resultado é uma queda acentuada na eficiência da bomba para todas as vazões.

O aquecimento de um líquido eleva a sua pressão de vapor. Dessa forma, o bombeamento de um líquido quente requer pressão adicional na entrada da bomba para prevenir cavitação. (Veja o Exemplo 10.7.)

Em alguns sistemas, tais como abastecimento de água em cidades ou recirculação de água gelada, pode haver uma larga faixa na demanda com uma resistência de sistema relativamente constante. Nesses casos, é possível operar bombas de velocidade constante em série ou em paralelo para atender os requisitos do sistema, sem dissipação excessiva de energia devido ao estrangulamento da descarga. Duas ou mais bombas podem ser operadas em paralelo ou em série para fornecer vazão em condições de alta demanda, e um número menor de unidades pode ser usado quando a demanda for baixa.

Para bombas em *série*, a curva combinada de desempenho é obtida somando os aumentos de altura de carga para cada vazão (Fig. 10.23). O ganho na vazão na operação de bombas em série depende da resistência do sistema que está sendo abastecido. Para duas bombas em série, a vazão aumentará para qualquer altura de carga do sistema. As curvas características para uma bomba e para duas bombas idênticas em série são:

$$H_1 = H_0 - AQ^2$$

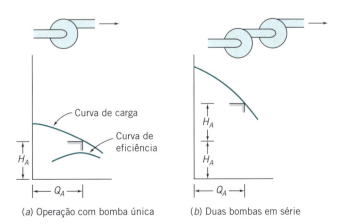

(a) Operação com bomba única   (b) Duas bombas em série

Fig. 10.23 Operação de duas bombas centrífugas em série.

e

$$H_{2_s} = 2(H_0 - AQ^2) = 2H_0 - 2AQ^2$$

A Fig. 10.23 é uma ilustração esquemática da aplicação de duas bombas idênticas em série. Um ajuste razoável ao requisito do sistema e possível — ao mesmo tempo que a eficiência é mantida elevada — se a curva do sistema for relativamente íngreme.

Em um sistema real, não é apropriado simplesmente conectar duas bombas em série. Se apenas uma bomba fosse acionada, o escoamento através da segunda, não acionada, causaria perdas adicionais, aumentando a resistência do sistema. Também é conveniente arranjar as bombas e a tubulação de modo que cada bomba possa ser retirada do circuito para manutenção, reparos ou substituição, quando necessário. Assim, um sistema de contorno ou de *bypass*, com válvulas de bloqueio e de retenção, pode ser necessário em uma instalação real [13, 17].

Bombas podem ser combinadas também em *paralelo*. A curva de desempenho resultante, mostrada na Fig. 10.24, é obtida pela soma das capacidades de cada bomba, para cada altura de carga. As curvas características para uma bomba e para duas bombas idênticas em paralelo são:

$$H_1 = H_0 - AQ^2$$

e

$$H_{2_p} = H_0 - A\left(\frac{Q}{2}\right)^2 = H_0 - \frac{1}{4}AQ^2$$

O esquema na Fig. 10.24 mostra que a combinação em paralelo pode ser utilizada mais efetivamente para aumentar a capacidade do sistema quando a curva do sistema é relativamente plana.

Uma instalação real com bombas em paralelo também requer mais atenção para permitir operação satisfatória com apenas uma bomba acionada. É necessário impedir o refluxo através da bomba que não está em operação. Para prevenir refluxo, e para permitir a remoção da bomba, uma configuração de tubulação mais complexa e dispendiosa é necessária.

Muitos outros arranjos de tubulação e combinações de bombas são possíveis. Bombas de diferentes tamanhos, alturas de carga e capacidades podem ser combinadas em série, em paralelo, ou em arranjos série-paralelo. Obviamente, a complexidade da tubulação e controle do sistema aumenta rapidamente. Em muitas aplicações, a complexidade é decorrente da exigência de que o sistema trabalhe com vazões variadas — uma faixa de vazões pode ser gerada pela utilização de bombas em série e em paralelo, e pelo uso de válvulas reguladoras de vazão (válvulas de estrangulamento). Válvulas reguladoras de vazão são normalmente necessárias porque boa parte das bombas industriais é acionada por motores de velocidade constante, de modo que o uso puro e simples de uma rede de bombas (algumas ligadas e outras desligadas), sem válvulas de estrangulamento, só permite que a vazão seja variada em degraus discretos. A desvantagem das válvulas de estrangulamento é que elas

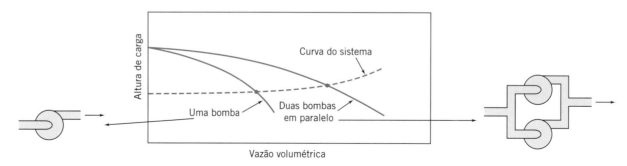

Fig. 10.24 Operação de duas bombas centrífugas em paralelo.

podem introduzir uma perda importante de energia, de modo que uma dada vazão exigirá maior potência na bomba do que aquela que seria requerida sem a válvula. Alguns dados típicos para uma válvula de estrangulamento, apresentados na Tabela 10.1 [18], mostram uma diminuição na eficiência da válvula (a porcentagem de pressão disponível na bomba que não é consumida pela válvula), conforme a válvula é usada para reduzir a vazão.

O *acionamento (motor) de velocidade variável* permite um controle infinitamente variável da vazão no sistema com alta eficiência energética e sem a complexidade de encanamentos extras. Outra vantagem é que um sistema de acionamento de velocidade variável oferece controle de vazão mais simplificado no sistema. O custo de sistemas eficientes de acionamento de velocidade variável continua a decrescer por causa dos progressos em inversores de frequência e em circuitos e componentes da eletrônica de potência. A vazão no sistema pode ser controlada pela variação da velocidade de operação da bomba com expressiva economia de potência de bombeamento e de consumo de energia. A Tabela 10.1 ilustra a redução de potência de alimentação oferecida pelo motor de velocidade variável. Para 250 m³/h, a potência de entrada é reduzida de quase 54% para o sistema de velocidade variável; para 136 m³/h, a redução na potência é superior a 75%.

A redução de potência, nas pequenas vazões, com o acionamento de velocidade variável, é impressionante. A economia de energia e, por conseguinte, de custos depende do ciclo de serviço específico no qual a máquina opera. Armintor e Conners [18] apresentam informações sobre o ciclo médio de serviço para bombas centrífugas usadas na indústria química; a Fig. 10.25 mostra um histograma desses dados. O gráfico mostra que, embora o sistema deva ser projetado e instalado para oferecer capacidade nominal plena, esta condição raramente ocorre. Em vez disso, mais da metade do tempo o sistema opera com 70% de sua capacidade ou abaixo. As economias de energia que resultam do emprego de um motor de velocidade variável para esse ciclo de serviço são estimadas no Exemplo 10.9.

Tabela 10.1
Requisitos de Potência para Bombas Operadas a Velocidade Constante e a Velocidade Variável

Controle de Válvula de Estrangulamento com Motor de Velocidade Constante (1750 rpm)

Vazão (m³/h)	Carga do Sistema (m)	Eficiência da Válvula[a] (%)	Carga da Bomba (m)	Eficiência da Bomba (%)	Potência da Bomba (kW)	Eficiência do Motor (%)	Potência do Motor (kW)	Potência de Alimentação[b] (kW)
386	54,9	100,0	54,9	80,0	72,1	90,8	79,4	79,6
341	45,7	78,1	58,5	78,4	69,3	90,7	76,4	76,5
309	39,9	66,2	60,4	76,8	66,1	90,7	72,9	73,0
250	31,1	49,5	62,8	72,4	59,0	90,6	65,1	65,2
204	25,3	39,5	64,0	67,0	53,2	90,3	58,9	59,0
136	18,9	29,0	65,2	54,0	44,8	90,0	49,8	49,9

Acionamento de Velocidade Variável com Motor Eficiente

Vazão (m³/h)	Carga de Bomba/ Sistema (m)	Eficiência da Bomba (%)	Potência da Bomba (kW)	Velocidade do Motor (rpm)	Eficiência do Motor (%)	Potência do Motor (kW)	Eficiência do Controle (%)	Potência de Alimentação[b] (kW)
386	54,9	80,0	72,1	1750	93,7	77,0	97,0	79,3
341	45,7	79,6	53,3	1580	94,0	56,7	96,1	59,0
309	39,9	78,8	42,7	1470	93,9	45,4	95,0	47,8
250	31,1	78,4	27,0	1275	93,8	28,8	94,8	30,3
204	25,3	77,1	18,3	1140	92,3	19,8	92,8	21,3
136	18,9	72,0	9,8	960	90,0	10,8	89,1	12,2

Fonte: Baseado em Armintor e Conners [18].
[a]A eficiência da válvula é a razão entre a pressão do sistema e a pressão da bomba.
[b]A potência de alimentação é a potência do motor dividida pela eficiência de 0,998 do dispositivo de partida (*starter*).

484 Capítulo 10

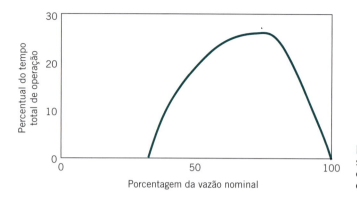

Fig. 10.25 Ciclo médio de serviço para bombas centrífugas nas indústrias de química e de petróleo [18].

Exemplo 10.9 ECONOMIAS DE ENERGIA DE BOMBA CENTRÍFUGA COM MOTOR DE VELOCIDADE VARIÁVEL

Combine as informações sobre o ciclo médio de serviço de bombas centrífugas apresentadas na Fig. 10.25 com os dados sobre motores da Tabela 10.1. Estime as economias anuais na energia de bombeamento e no custo que poderiam ser obtidas com a implantação de um sistema de acionamento de velocidade variável.

Dados: Considere o sistema de bombeamento da Tabela 10.1, com vazão e pressão variáveis. Considere que o sistema opere no ciclo de serviço típico mostrado na Fig. 10.25, 24 horas por dia, durante todo o ano.

Determinar: (a) Uma estimativa da redução anual no consumo de energia obtida com o motor de velocidade variável.
(b) As economias de energia e de custos decorrentes da operação com velocidade variável.

Solução: A operação em tempo integral significa 365 dias × 24 horas por dia, ou 8760 horas por ano. Assim, as porcentagens da Fig. 10.27 devem ser multiplicadas por 8760 para dar as horas de operação por ano.
Primeiramente, trace um gráfico da potência absorvida pela bomba *versus* vazão, usando os dados da Tabela 10.1, a fim de permitir interpolação, conforme mostrado a seguir.

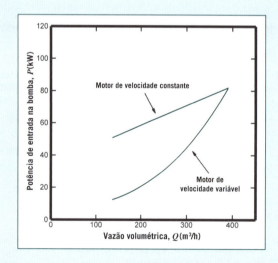

Ilustre o procedimento usando operação com 70% da vazão nominal, como amostra de cálculo. Para vazão de 70%, a bomba fornece 0,7 × 386 m³/h = 270 m³/h. Do gráfico, a potência requerida pela bomba, para esta vazão, é de 68 kW para o motor de velocidade constante. Com essa vazão, a bomba opera 23% do tempo, ou seja, 0,23 × 8760 = 2015 horas por ano. A energia total consumida nesse ponto de serviço é 68 kW × 2015 h = 1,37 × 10⁵ kW · h.
O custo correspondente de eletricidade [a $0,12/(kW · h)] é

$$C = 1{,}37 \times 10^5 \text{ kW} \cdot \text{h} \times \frac{\$0{,}12}{\text{kW} \cdot \text{h}} = \$16.440$$

As seguintes tabelas foram preparadas usando cálculos similares:

Motor de Velocidade Constante, 8760 h/ano

Vazão (%)	Vazão (m³/h)	Tempo (%)	Tempo (h)	Potência (kW)	Energia (kW · h)
100	386	2	175	80	$1,4 \times 10^4$
90	348	8	701	77	$5,4 \times 10^4$
80	309	21	1840	73	$13,4 \times 10^4$
70	270	23	2010	68	$13,7 \times 10^4$
60	232	21	1840	63	$11,6 \times 10^4$
50	193	15	1310	57	$7,5 \times 10^4$
40	154	10	876	52	$4,6 \times 10^4$
				Total:	$57,6 \times 10^4$

O somatório dos valores na última coluna da tabela mostra que, para o sistema com motor de velocidade constante, o consumo anual de energia é $57,6 \times 10^4$ kW·h.

A \$0,12 por kW·h, o custo da energia para o sistema com motor de velocidade constante é

$$C = 57,6 \times 10^4 \text{ kW·h} \times \frac{\$0,12}{\text{kW·h}} = \$69.120 \longleftarrow \qquad C_{\text{CSD}}$$

Motor de Velocidade Variável, 8760 h/ano

Vazão (%)	Vazão (m³/h)	Tempo (%)	Tempo (h)	Potência (kW)	Energia (kW · h)
100	386	2	175	79	$1,4 \times 10^4$
90	348	8	701	62	$4,3 \times 10^4$
80	309	21	1840	48	$8,8 \times 10^4$
70	270	23	2010	36	$7,2 \times 10^4$
60	232	21	1840	27	$5,0 \times 10^4$
50	193	15	1310	20	$2,6 \times 10^4$
40	154	10	876	15	$1,3 \times 10^4$
				Total:	$30,6 \times 10^4$

O somatório da última coluna da tabela mostra que, para o sistema com motor de velocidade variável, o consumo anual de energia é $3,06 \times 10^5$ kW · h. O consumo de energia elétrica é

A \$0,12 por kW · h, o custo da energia para o sistema com motor de velocidade variável é apenas

$$C = 3,06 \times 10^5 \text{ kW·h} \times \frac{\$0,12}{\text{kW·h}} = \$36.720 \longleftarrow \qquad C_{\text{VSD}}$$

Portanto, nesta aplicação, o acionamento de velocidade variável reduz o consumo de energia em 270.000 kW · h (47%). A economia em custos financeiros é a expressiva quantia de 32.400 dólares por ano. Parece, portanto, ser vantajosa a instalação de um sistema de velocidade variável mesmo com custo de instalação elevado. A economia de energia por ano é apreciável e continua por toda a vida útil do sistema.

> Este problema ilustra as economias de custo e de energia que podem ser obtidas com o emprego do acionamento de bombas a velocidade variável. Verificamos que os benefícios específicos dependem do sistema e do seu ciclo operacional.
>
> A planilha *Excel* para este exemplo foi usada para traçar o gráfico, obter os dados interpolados e realizar os cálculos. Ela pode facilmente ser modificada para outras análises desse tipo. Note que os resultados foram arredondados para três algarismos significativos *após* os cálculos.

Sopradores e Ventiladores

Ventiladores são projetados para trabalhar com ar ou vapor. Os tamanhos dos ventiladores variam desde aquele do resfriamento de uma peça de equipamento eletrônico, que move um metro cúbico de ar por hora e exige alguns watts de potência, até aqueles ventiladores para túneis de vento, que movem milhares de metros cúbicos de ar por minuto e necessitam de muitas centenas de quilowatts de potência. Os ventiladores são produzidos em variedades similares às das bombas: variam dos dispositivos de fluxo radial (centrífugos) aos de fluxo axial. Assim como nas bombas, as formas das curvas características dependem do tipo de ventilador. Algumas curvas típicas de desempenho de ventiladores centrífugos são apresentadas no Apêndice C. Elas podem ser usadas na escolha de ventiladores para resolver alguns dos problemas de seleção de equipamento e projeto de sistema apresentados no final do capítulo.

Uma vista explodida de um ventilador centrífugo de tamanho médio é mostrada na Fig. 10.26. Nessa figura, é apresentada alguma terminologia de uso comum para esse tipo de máquina. O aumento de pressão produzido por ventiladores é várias ordens de grandeza inferior àquele das bombas. Outra diferença entre ventiladores e bombas é que a medição de vazão é mais difícil em gases e vapores do que em líquidos. Não há um método conveniente análogo àquele de "coletar o escoamento em um recipiente" usado para medir vazão de líquidos! Consequentemente, os testes de ventiladores exigem instalações e procedimentos especiais [20, 21]. Como o aumento de pressão causado por um ventilador é pequeno, em geral é impraticável medir a vazão com um dispositivo de restrição do fluxo, como uma placa de orifício, bocal ou venturi. Pode ser necessário utilizar um ventilador auxiliar para desenvolver um aumento de pressão suficiente para permitir a medição de vazão com precisão aceitável usando dispositivos de restrição de área. Uma alternativa é usar um duto instrumentado no qual a vazão é determinada por meio de um pitot transverso. Normas apropriadas devem ser consultadas para obter informações completas sobre métodos específicos de testes de ventiladores e procedimentos de redução de dados para cada aplicação [20, 21].

O teste e o procedimento para redução de dados para ventiladores, sopradores e compressores são basicamente os mesmos para bombas centrífugas. Contudo, sopradores, e especialmente ventiladores, acrescentam relativamente pequenas quantidades de pressão estática ao gás ou vapor. Para essas máquinas, a pressão dinâmica pode aumentar da entrada para a saída, e ela pode ser apreciável comparada com o aumento da pressão estática. Por essas razões, é importante estabelecer claramente as bases sobre as quais os cálculos de desempenho são realizados. Definições-padrão estão disponíveis para a eficiência de máquina baseada tanto no aumento da pressão estática quanto no aumento da pressão total [20]. Dados de aumentos de pressão estática e de pressão total, bem como dados de eficiência baseados em ambos os aumentos de pressão são, usualmente, traçados em um mesmo gráfico característico (Fig. 10.27).

As coordenadas podem ser traçadas em unidades físicas (por exemplo, milímetros de coluna de água, pés cúbicos por minuto e hp ou milímetros de coluna de água, kW e metro cúbico por minuto) ou como coeficientes adimensionais de fluxo e de pressão. A diferença entre as pressões total e estática é a pressão dinâmica, de modo que a distância vertical entre essas duas curvas é proporcional a Q^2.

Ventiladores centrífugos são muito utilizados; por isso, vamos usá-los como exemplos. O ventilador centrífugo evoluiu do projeto simples das rodas de pás, no qual a roda era um disco portando placas planas, radiais. (Essa forma primitiva ainda é empregada em ventiladores livres de depósitos, como nas secadoras de roupa comerciais.) Refinamentos levaram aos três tipos genéricos mostrados na Fig. 10.28a-c, com pás

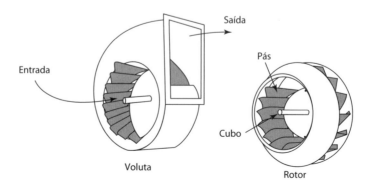

Fig. 10.26 Esquema de um ventilador centrífugo típico [19].

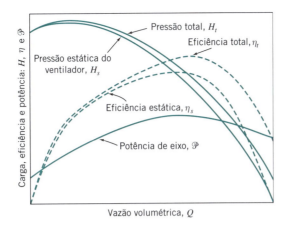

Fig. 10.27 Curvas características típicas para ventilador com pás curvadas para trás [22].

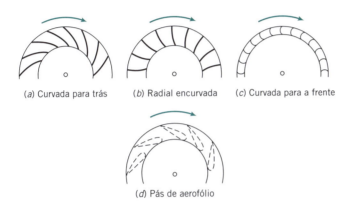

Fig. 10.28 Configurações típicas de pás utilizadas para rotores de ventiladores centrífugos [22].

curvadas para trás, radiais encurvadas e curvadas para a frente. Todos os ventiladores mostrados têm pás que são encurvadas nas suas bordas de admissão para aproximarem-se do escoamento sem choque entre a pá e a direção do fluxo de entrada. Esses três projetos são típicos de ventiladores com pás de chapa metálica fina, que são de fabricação relativamente simples e, portanto, relativamente baratos. O projeto de pás curvadas para a frente, ilustrado na figura, apresenta lâminas muito próximas; ele é muitas vezes chamado de ventilador de *gaiola de esquilo* por causa da sua semelhança com as rodas de exercício encontradas em gaiolas de animais.

À medida que os ventiladores tornam-se maiores em tamanho e em demanda de potência, a eficiência torna-se mais importante. As *pás de aerofólio*, de formas aerodinâmicas bem projetadas, mostradas na Fig. 10.28d, são muito menos sensíveis à direção do fluxo de entrada e aumentam a eficiência de maneira notável, em comparação com as pás de chapa fina mostradas nos diagramas *a* a *c*. O custo adicional das pás de aerofólio para grandes ventiladores metálicos pode ser compensado dentro do ciclo de vida útil da máquina. As pás de aerofólio vêm sendo gradativamente empregadas em pequenos ventiladores, à medida que rotores de plástico moldado tornam-se comuns.

Como ocorre para bombas, o aumento de pressão total através de um ventilador é aproximadamente proporcional à velocidade absoluta do fluido na saída do rotor. Por isso, as curvas características produzidas pelas formas básicas de pás tendem a diferir umas das outras. As formas típicas das curvas são mostradas na Fig. 10.29, em que tanto o aumento de pressão (altura de carga) quanto o requisito de potência estão esboçados. Ventiladores com extremidades de pás curvadas para trás têm, tipicamente, uma curva de potência que atinge o máximo e, em seguida, decresce à medida que a vazão aumenta. Se o motor do ventilador é dimensionado adequadamente de modo a comportar o pico de potência, é impossível sobrecarregá-lo com esse tipo de ventilador.

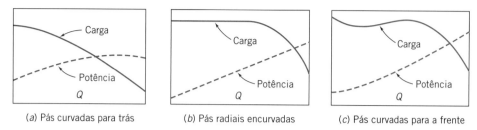

Fig. 10.29 Características gerais das curvas de desempenho para ventiladores centrífugos com pás curvadas para trás, radiais e curvadas para a frente [22].

As curvas de potência para ventiladores com pás radiais e com pás curvadas para a frente sobem à medida que a vazão aumenta. Se o ponto de operação do ventilador estiver mais alto do que aquele da vazão de projeto, o motor pode estar sobrecarregado. Esses ventiladores não podem funcionar por longos períodos com baixos valores de contrapressão. Um exemplo disso seria quando um ventilador gira sem carga de resistência ao escoamento — em outras palavras, o ventilador está sempre "girando livre". Como a curva de potência do ventilador decresce monotonamente com a vazão, o motor do ventilador poderia, eventualmente, queimar sob tais condições de giro livre.

Ventiladores com pás curvadas para trás são os mais indicados para instalações com elevada demanda de potência e operação contínua. O ventilador de pá curvada para a frente é preferido quando um baixo custo inicial de instalação e um tamanho reduzido são importantes e o serviço é intermitente. As pás curvadas para a frente requerem menores velocidades nas suas extremidades para produzir uma altura de carga específica; uma menor velocidade periférica nas pás significa ruído reduzido. Dessa maneira, pás curvadas para a frente podem ser especificadas para aplicações em aquecimento e resfriamento de materiais e em condicionamento de ar de modo a minimizar ruído.

As curvas características para ventiladores de fluxo axial (*hélices*) diferem notavelmente daquelas dos ventiladores centrífugos. A curva de potência, Fig. 10.30, é especialmente diferente, visto que tende a decair continuamente à medida que a vazão aumenta. Dessa maneira, é impossível sobrecarregar um motor adequadamente dimensionado para um ventilador de fluxo axial. O ventilador de hélice simples é utilizado com frequência em ventilação; pode ser do tipo pedestal ou montado em uma abertura, como um exaustor de parede, sem dutos de entrada e de saída. Os ventiladores de fluxo axial em dutos têm sido estudados extensivamente e evoluíram para máquinas de alta eficiência [23]. Os projetos modernos, com pás de aerofólio, montados em dutos e muitas vezes munidos de pás-guias, podem fornecer grandes volumes contra resistências elevadas e com alta eficiência. A deficiência primária do ventilador de fluxo axial é a inclinação não monotônica da curva característica de pressão: em certas faixas de vazão o ventilador pode pulsar. Devido ao fato de os ventiladores de fluxo axial tenderem a ter alta velocidade de rotação, eles podem ser ruidosos.

A seleção e a instalação de um ventilador sempre exigem compromisso. Para minimizar o consumo de energia, é desejável operar um ventilador no seu ponto de eficiência máxima.

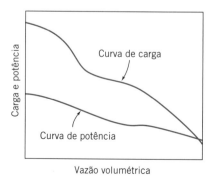

Fig. 10.30 Curvas características para um ventilador de fluxo axial típico [22].

Para reduzir o tamanho da máquina para uma dada capacidade, é tentador operar a uma vazão maior do que aquela da eficiência máxima. Em uma instalação real, essa "negociação" deve ser feita levando em consideração fatores como espaço disponível, custo inicial e horas de operação por ano. Não é de bom senso operar um ventilador a uma vazão abaixo do ponto de eficiência máxima. Tal ventilador seria maior do que o necessário e algumas instalações, particularmente aquelas de ventiladores com pás curvadas para a frente, poderiam tornar-se instáveis e ruidosas quando operadas nessa região.

É necessário considerar o sistema de dutos, tanto na entrada quanto na saída do ventilador, a fim de desenvolver uma instalação satisfatória. Qualquer coisa que quebre o escoamento uniforme na admissão do ventilador irá, provavelmente, prejudicar o desempenho. Um escoamento não uniforme na admissão causa operação assimétrica do rotor, podendo diminuir a capacidade drasticamente. Redemoinhos também afetam adversamente o desempenho do ventilador. Quando eles ocorrem no sentido da rotação, reduzem a pressão desenvolvida; no sentido oposto à rotação do ventilador, eles podem aumentar a potência requerida para acionar o ventilador.

O especialista em ventiladores pode não ter liberdade total para projetar o melhor sistema de escoamento para o ventilador. Algumas vezes, um sistema de escoamento deficiente pode ser melhorado, sem muito esforço, acrescentando divisores de fluxo ou palhetas de retificação do escoamento na admissão. Alguns fabricantes de ventiladores oferecem pás-guias (venezianas) que podem ser instaladas com esse propósito.

As condições de escoamento na descarga do ventilador também afetam o desempenho da instalação. Todo ventilador produz escoamento não uniforme na descarga. Quando o ventilador é conectado a um trecho de duto reto, o escoamento torna-se mais uniforme e algum excesso de energia cinética é transformado em pressão estática. Se o ventilador descarregar diretamente em um grande espaço, sem duto, todo o excesso de energia cinética do escoamento não uniforme é dissipado. O desempenho de ventilador, instalado em um sistema de escoamento sem duto de descarga, pode ficar bem aquém daquele medido em uma bancada de testes de laboratório.

A configuração do escoamento na descarga do ventilador pode ser afetada pela quantidade de resistência presente a jusante. O efeito do sistema sobre o desempenho do ventilador pode ser diferente para os diversos pontos ao longo da curva pressão-vazão. Desse modo, pode não ser possível prever com precisão o desempenho de um ventilador, *como instalado*, com base nas curvas medidas no laboratório.

As leis de escala podem ser aplicadas aos ventiladores, tanto para dimensões quanto para velocidades, usando os mesmos princípios básicos desenvolvidos para as máquinas de fluxo no Capítulo 7. É possível que dois ventiladores operem com fluidos de massas específicas significativamente diferentes[8] e, nesse caso, a pressão deve substituir a altura de carga (que usa a massa específica) como um parâmetro dependente, enquanto a massa específica deve ser mantida nos grupos adimensionais. Os grupos adimensionais apropriados para transporte de dados por escala em ventiladores são

$$\Pi_1 = \frac{Q}{\omega D^3}, \quad \Pi_2 = \frac{p}{\rho \omega^2 D^2} \quad \text{e} \quad \Pi_3 = \frac{\mathscr{P}}{\rho \omega^3 D^5} \qquad (10.29)$$

Mais uma vez, a semelhança dinâmica é garantida quando os coeficientes de fluxo são igualados. Então, quando

$$Q' = Q \left(\frac{\omega'}{\omega} \right) \left(\frac{D'}{D} \right)^3 \qquad (10.30a)$$

então

$$p' = p \left(\frac{\rho'}{\rho} \right) \left(\frac{\omega'}{\omega} \right)^2 \left(\frac{D'}{D} \right)^2 \qquad (10.30b)$$

e

$$\mathscr{P}' = \mathscr{P} \left(\frac{\rho'}{\rho} \right) \left(\frac{\omega'}{\omega} \right)^3 \left(\frac{D'}{D} \right)^5 \qquad (10.30c)$$

---

[8]A massa específica dos gases de combustão que passam por um ventilador de tiragem induzida em uma termelétrica a vapor pode ser 40% inferior à massa específica do ar que passa pelo ventilador de tiragem forçada nessa termelétrica.

Como uma primeira aproximação, a eficiência do ventilador definido por análise dimensional é suposta permanecer constante, de modo que

$$\eta' = \eta \tag{10.30d}$$

Quando a altura de carga é substituída pela pressão e a massa específica é incluída, a expressão que define a velocidade específica de um ventilador torna-se

$$N_S = \frac{\omega Q^{1/2} \rho^{3/4}}{p^{3/4}} \tag{10.31}$$

A aplicação das leis de escala a um ventilador com variação de massa específica é o assunto do Exemplo 10.10.

Exemplo 10.10 TRANSPORTANDO POR ESCALA O DESEMPENHO DE UM VENTILADOR

Curvas de desempenho [20] são dadas a seguir para um ventilador centrífugo com $D = 914$ mm e $N = 600$ rpm, conforme medições em uma bancada de testes, usando ar com massa específica padrão ($\rho = 1{,}2$ kg/m³). Transporte os dados por escala para prever o desempenho de um ventilador semelhante com $D' = 1070$ mm, $N' = 1150$ rpm e $\rho' = 0{,}72$ kg/m³. Estime a vazão e a potência do ventilador maior, quando ele opera a uma pressão de sistema equivalente a 190 mm de H₂O. Verifique a velocidade específica do ventilador no novo ponto de operação.

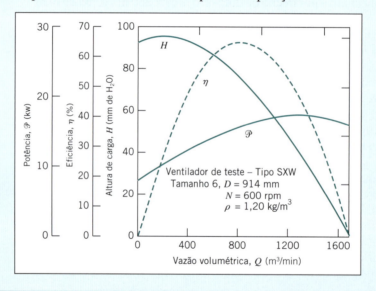

Dados: Dados de desempenho, conforme mostrado, para ventilador centrífugo com $D = 914$ mm, $N = 600$ rpm e $\rho = 1{,}2$ kg/m³.

Determinar: (a) O desempenho previsto de um ventilador geometricamente semelhante com $D' = 1070$ mm, para $N' = 1150$ rpm, com $\rho' = 0{,}72$ kg/m³.
(b) Uma estimativa da vazão fornecida e da potência requerida, se o ventilador maior operar contra uma resistência do sistema de 190 mm H₂O.
(c) A velocidade específica do ventilador maior nesse ponto de operação.

Solução: Desenvolva as curvas de desempenho para a nova condição de operação transportando os dados dos testes ponto por ponto. Usando as Eqs. 10.30 e os dados das curvas para $Q = 850$ m³/min,* a nova vazão volumétrica é

$$Q' = Q\left(\frac{N'}{N}\right)\left(\frac{D'}{D}\right)^3 = 850 \text{ m}^3/\text{min} \times \left(\frac{1150}{600}\right) \times \left(\frac{1070}{914}\right)^3 = 2614 \text{ m}^3/\text{min}$$

---

*A unidade de vazão cfm, iniciais de *cubic feet per minute*, ainda é de uso comum na engenharia. (N.T.)

O aumento de pressão do ventilador é

$$p' = p\frac{\rho'}{\rho}\left(\frac{N'}{N}\right)^2\left(\frac{D'}{D}\right)^2 = 75{,}2 \text{ mm H}_2\text{O} \times \left(\frac{0{,}72}{1{,}2}\right) \times \left(\frac{1150}{600}\right)^2 \times \left(\frac{1070}{914}\right)^2 = 227{,}2 \text{ mm H}_2\text{O}$$

e a nova potência requerida é

$$\mathcal{P}' = \mathcal{P}\left(\frac{\rho'}{\rho}\right)\left(\frac{N'}{N}\right)^3\left(\frac{D'}{D}\right)^5 = 16{,}0 \text{ kW} \times \left(\frac{0{,}72}{1{,}2}\right) \times \left(\frac{1150}{600}\right)^3 \times \left(\frac{1070}{914}\right)^5 = 148{,}6 \text{ kW}$$

Admitimos que a eficiência permaneça constante entre os dois pontos, de modo que

$$\eta' = \eta = 64{,}8\%$$

Cálculos similares para outros pontos de operação dão os resultados tabelados a seguir:

Q (m³/min)	p (mm H$_2$O)	$\mathcal{P}$ (kW)	η (%)	Q' (m³/min)	p' (mm H$_2$O)	$\mathcal{P}'$ (kW)
0	93,5	8,3	0	0	282,4	77,1
283	95,3	11,3	37,4	870	287,9	105,0
566	88,9	13,9	59,2	1741	268,5	129,1
850	75,2	16,0	64,8	2614	227,2	148,6
1130	53,8	17,2	57,4	3475	162,5	159,8
1420	25,9	17,2	34,5	4367	78,2	159,8
1700	0	15,7	0	5228	0	145,8

Para permitir a interpolação entre os pontos de referência, é conveniente traçar curvas dos resultados:

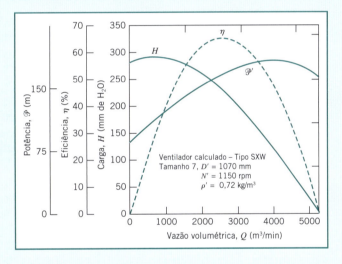

Na curva altura-vazão, nota-se que o ventilador maior deve fornecer 3107 m³/min a 190 mm de H$_2$O de altura de carga do sistema, com uma eficiência de cerca de 62,2%.

Esse ponto de operação está apenas ligeiramente à direita do pico de eficiência para este ventilador, de modo que ele é um ponto de operação razoável. A velocidade específica do ventilador nesse ponto de operação (em unidades usuais nos Estados Unidos) é dada por substituição direta na Eq. 10.31:

$$N_{s_{us}} = \frac{\omega Q^{1/2} \rho^{3/4}}{p^{3/4}} = \frac{(1150 \text{ rpm}) \times (3107 \text{ m}^3/\text{min})^{1/2} \times (0{,}72 \text{ kg/m}^3)^{3/4}}{(190 \text{ mm H}_2\text{O})^{3/4}}$$

$$= 979 \qquad \longleftarrow \quad N_{s_{us}}$$

Em unidades adimensionais (SI),

$$N_s = \frac{(120 \text{ rad/s}) \times (51{,}8 \text{ m}^3/\text{s})^{1/2}(0{,}72 \text{ kg/m}^3)^{3/4}}{(1{,}86 \times 10^3 \text{N/m}^2)^{3/4}} = 2{,}38 \quad \longleftarrow \quad N_s(\text{SI})$$

> Este problema ilustra o procedimento de transportar por escala o desempenho de ventiladores que operam com gases com duas massas específicas diferentes.
>
> 💻 A planilha *Excel* para este exemplo foi usada para traçar os gráficos, obter os dados interpolados e realizar os cálculos. Ela pode facilmente ser modificada para outras análises desse tipo.

492 Capítulo 10

Três métodos estão disponíveis para controlar a vazão de um ventilador: controle da velocidade do motor, veneziana ou *damper** de entrada e estrangulamento da saída. O controle de velocidade foi amplamente abordado na seção sobre bombas. Os mesmos benefícios de consumo reduzido de energia e redução de ruído são obtidos com ventiladores, e os custos dos sistemas de acionamento de velocidade variável continuam a decrescer.

Dampers na admissão podem ser usados com eficácia em alguns ventiladores centrífugos grandes. Entretanto, eles reduzem a eficiência e não podem ser empregados para diminuir a vazão do ventilador abaixo de cerca de 40% da capacidade nominal. O estrangulamento da descarga é barato, mas desperdiça energia. Para mais detalhes, consulte Jorgensen [19] ou Berry [22]; ambos são autores particularmente abrangentes. Osborne [24] também trata de ruído, vibração e projeto mecânico de ventiladores.

Ventiladores também podem ser combinados em série, em paralelo ou em arranjos mais complexos, de modo a casar resistências variáveis do sistema com requisitos de vazão. Essas combinações podem ser analisadas usando os métodos descritos para bombas. ASHRAE [25] e Idelchik [26] são fontes excelentes de dados de perdas em sistemas de escoamento de ar.

Os *sopradores* têm características de desempenho semelhantes às dos ventiladores, mas eles operam (tipicamente) a velocidades mais altas e aumentam a pressão do fluido mais do que os ventiladores. Jorgensen [19] divide o território entre ventiladores e compressores por um nível de pressão arbitrário que muda a massa específica do ar em 5%; ele não faz demarcação entre ventiladores e sopradores.

10.4 *Bombas de Deslocamento Positivo*

A pressão é desenvolvida em bombas de deslocamento positivo por reduções de volume causadas pelo movimento da fronteira na qual o líquido está confinado. Diferentemente das turbomáquinas, as bombas de deslocamento positivo podem desenvolver altas pressões a velocidades relativamente baixas, pois o efeito de bombeamento depende de variação de volume em vez de ação dinâmica.

Bombas de deslocamento positivo são frequentemente usadas em sistemas hidráulicos com pressões de até 40 MPa. A principal vantagem da potência hidráulica é a alta *densidade de potência* (potência por peso de unidade ou tamanho de unidade) que pode ser obtida: para uma dada potência produzida, um sistema hidráulico pode ser mais leve e menor do que um sistema de acionamento elétrico típico.

Inúmeros tipos de bombas de deslocamento positivo têm sido desenvolvidos. Alguns exemplos incluem bombas de pistão, bombas de palhetas e bombas de engrenagens. Dentro de cada tipo, as bombas podem ser de deslocamento fixo ou variável. Uma classificação abrangente dos tipos de bombas é dada em [16].

As características de desempenho da maioria das bombas de deslocamento positivo são similares; nesta seção, focalizaremos as bombas de engrenagens. Esse tipo de bomba é empregado, tipicamente, para injetar óleo lubrificante pressurizado em motores de combustão interna. A Fig. 10.31 é um diagrama esquemático de uma bomba de engrenagens típica. O óleo entra no espaço entre as engrenagens no fundo da cavidade da bomba. O óleo é levado para fora e para cima pelos dentes das engrenagens rotativas e sai através da portinhola existente no topo da cavidade. A pressão é gerada à medida que o óleo é forçado em direção à saída da bomba; vazamentos e refluxo são evitados pelo ajuste rigoroso dos dentes no centro da bomba e pelas folgas estreitas mantidas entre as faces laterais das engrenagens e da carcaça da bomba. As folgas estreitas exigem que o fluido hidráulico seja mantido extremamente limpo por filtragem plena do escoamento.

A Fig. 10.32 é uma fotografia mostrando as partes de uma bomba de engrenagens real; ela nos dá uma boa ideia da robustez da carcaça e dos mancais necessários para suportar as grandes forças de pressão desenvolvidas no interior da bomba. Ela também

---

*Damper é uma chapa interna móvel com dimensão ligeiramente inferior àquela da seção transversal do duto. (N.T.)

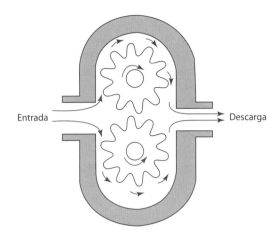

Fig. 10.31 Esquema de uma bomba de engrenagens típica.

Fig. 10.32 Ilustração de bomba de engrenagens com placas laterais carregadas por pressão.

mostra placas laterais carregadas por pressão, projetadas para "flutuar" — para permitir expansão térmica — enquanto mantêm a menor folga lateral possível entre engrenagens e carcaça. Muitos projetos engenhosos têm sido desenvolvidos para bombas; os detalhes estão além do escopo de nossa abordagem aqui, em que a atenção está voltada para as características de desempenho. Para mais detalhes consulte Lambeck [27] ou Warring [28].

Curvas típicas de desempenho de pressão *versus* vazão para uma bomba de engrenagens para serviço médio são mostradas na Fig. 10.33. O tamanho da bomba é especificado por seu deslocamento por revolução, e o fluido de trabalho é caracterizado

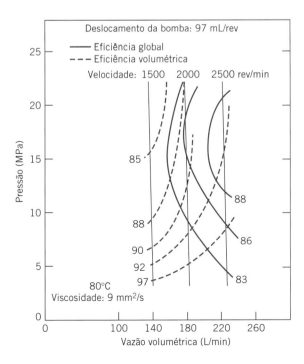

Fig. 10.33 Características de desempenho de uma bomba de engrenagens típica [27].

494 Capítulo 10

por sua viscosidade e temperatura. Curvas de testes para três velocidades constantes são apresentadas no diagrama. Para cada velocidade, a vazão volumétrica diminui ligeiramente à medida que a pressão é aumentada. A bomba desloca o mesmo volume, mas quando a pressão é aumentada, tanto os vazamentos quanto o refluxo aumentam, de modo que a vazão diminui levemente. O fluido vazado vai parar na carcaça da bomba, por isso uma caixa de dreno deve ser providenciada para retornar o líquido vazado ao reservatório do sistema.

A eficiência volumétrica — mostrada pelas curvas tracejadas —, é definida como a vazão volumétrica real dividida pelo deslocamento da bomba. A eficiência volumétrica diminui com o aumento da pressão ou com a redução da velocidade da bomba. *A eficiência global* — mostrada pelas curvas em linha cheia — é definida como a potência entregue ao fluido dividido pela potência de alimentação da bomba. A eficiência global tende a aumentar (e atinge um máximo em uma pressão intermediária) com o aumento da velocidade da bomba.

Até aqui mostramos bombas de deslocamento positivo apenas. O custo extra e a complexidade de bombas de deslocamento variável são compensados pela economia de energia que elas geram durante a operação com vazões parciais. Em uma bomba de deslocamento variável, a vazão pode ser variada para acomodar a carga. Sensores de carga podem ser usados para reduzir a pressão de descarga, reduzindo, assim, ainda mais o gasto de energia durante a operação com carga parcial. Alguns projetos de bombas permitem alívio de pressão para uma redução adicional na perda de potência durante a operação sem carga (operação em *standby*).

Existem perdas no sistema com uma bomba de deslocamento fixo em comparação com perdas para bombas de deslocamento variável e de pressão variável. Uma bomba de deslocamento fixo fornecerá fluido a uma vazão fixa. Se a carga requer um escoamento menor, o fluxo restante deve ser levado de volta ao reservatório (*bypass*). Sua pressão é dissipada por estrangulamento. Uma bomba de deslocamento variável operando a pressão constante fornecerá escoamento suficiente apenas para fornecer a carga, mas a uma pressão menor. Assim, a perda de potência do sistema será significativamente reduzida. A melhor escolha do sistema depende do ciclo de operação. Detalhes completos desses e de outros sistemas de energia hidráulica são apresentados em Lambeck [27]. Comparamos os desempenhos de bombas de deslocamento constante e variável no Exemplo 10.11.

Exemplo **10.11** DESEMPENHO DE UMA BOMBA DE DESLOCAMENTO POSITIVO

Uma bomba hidráulica, com as características de desempenho da Fig. 10.33, opera a 2000 rpm em um sistema que requer uma vazão $Q = 75$ L/min a uma pressão $p = 10$ MPa para a carga, em certa condição de operação. Verifique o volume de óleo fornecido por revolução por essa bomba. Calcule a potência requerida pela bomba, a potência entregue à carga e a potência dissipada por estrangulamento nessa condição. Compare com a potência dissipada, usando (i) uma bomba de deslocamento variável a 20 MPa e (ii) uma bomba com sensor de carga que opera a 700 kPa acima do requisito de carga.

Dados: Bomba hidráulica, com características de desempenho da Fig. 10.33, operando a 2000 rpm. O sistema requer $Q = 75$ L/min a $p = 10$ MPa (manométrica).

Determinar: (a) O volume de óleo fornecido por revolução por essa bomba.
          (b) A potência requerida pela bomba.
          (c) A potência entregue à carga.
          (d) A potência dissipada por estrangulamento nessa condição.
          (e) A potência dissipada usando:
               (i) uma bomba de deslocamento variável a 20 MPa (manométrica), e
               (ii) uma bomba com sensor de carga que opera a 700 kPa acima do requisito de pressão da carga.

Máquinas de Fluxo **495**

Solução: Para estimar a vazão máxima, extrapole a curva de pressão *versus* vazão para a pressão zero. Nessa condição, $Q = 186$ L/min a $N = 2000$ rpm com Δp desprezível. Assim,

$$\mathcal{V} = \frac{Q}{N} = 186\frac{L}{min} \times \frac{min}{2000\ rev} \times \frac{1000\ mL}{L} = 93\frac{mL}{rev} \longleftarrow \qquad\qquad \mathcal{V}$$

A eficiência volumétrica da bomba na vazão máxima é

$$\eta_V = \frac{\mathcal{V}_{calc}}{\mathcal{V}_{bomba}} = \frac{93}{97} = 0,959$$

O ponto de operação da bomba pode ser encontrado a partir da Fig. 10.36. A 10 MPa (manométrica), ela opera a $Q \approx 178$ L/min. A potência entregue ao fluido é

$$\mathcal{P}_{fluido} = \rho Q g H_p = Q\Delta p_p$$

$$= 178\frac{L}{min} \times \frac{m^3}{1000\ L} \times \frac{min}{60\ s} \times 10^7 Pa \times \frac{N}{Pa \cdot m^2} \times \frac{J}{N \cdot m} \times \frac{W \cdot s}{J}$$

$$\mathcal{P}_{fluido} = 29,7 \times 10^3\ W$$

Do gráfico, nesse ponto de operação, a eficiência da bomba é aproximadamente $\eta = 0,84$. Então, a potência requerida pela bomba é

$$\mathcal{P}_{entrada} = \frac{\mathcal{P}_{fluido}}{\eta} = \frac{29,7 \times 10^3\ W}{0,84} = 35,4 \times 10^3\ W \longleftarrow \qquad\qquad \mathcal{P}_{entrada}$$

A potência entregue à carga é

$$\mathcal{P}_{carga} = Q_{carga}\Delta p_{carga}$$

$$= 75\frac{L}{min} \times \frac{m^3}{1000\ L} \times \frac{min}{60\ s} \times 10^7\ Pa \times \frac{N}{Pa \cdot m^2} \times \frac{J}{N \cdot m} \times \frac{W \cdot s}{J}$$

$$\mathcal{P}_{carga} = 12,5 \times 10^3\ W \longleftarrow \qquad\qquad \mathcal{P}_{carga}$$

A potência dissipada por estrangulamento é

$$\mathcal{P}_{dissipada} = \mathcal{P}_{fluido} - \mathcal{P}_{carga} = (29,7 - 12,5) \times 10^3\ W = 17,2 \times 10^3\ W \longleftarrow \quad \mathcal{P}_{dissipada}$$

A dissipação com a bomba de deslocamento variável é

$$\mathcal{P}_{desl \cdot var} = Q_{carga}(p_{oper} - p_{carga})$$

$$= 75\frac{L}{min} \times \frac{m^3}{1000\ L} \times \frac{min}{60\ s} \times (20 - 10) \times 10^6\ Pa \times \frac{N}{Pa \cdot m^2} \times \frac{J}{N \cdot m} \times \frac{W \cdot s}{J}$$

$$\mathcal{P}_{desl \cdot var} = 12,5 \times 10^3\ W \longleftarrow \qquad\qquad \mathcal{P}_{desl \cdot var}$$

A dissipação com a bomba de deslocamento variável é, portanto, inferior aos $17,2 \times 10^3$ W dissipados com a bomba de deslocamento constante mais estrangulamento. A economia é de aproximadamente 5×10^3 W.

O cálculo final é para a bomba com sensor de carga. Se a pressão da bomba for 700 kPa acima da requerida pela carga, a dissipação do excesso de energia é

$$\mathcal{P}_{sens \cdot carga} = Q_{carga}(p_{oper} - p_{carga})$$

$$= 75\frac{L}{min} \times \frac{m^3}{1000\ L} \times \frac{min}{60\ s} \times 700 \times 10^3\ Pa$$

$$\times \frac{N}{Pa \cdot m^2} \times \frac{J}{N \cdot m} \times \frac{W \cdot s}{J}$$

$$\mathcal{P}_{sens \cdot carga} = 875\ W \longleftarrow \qquad \mathcal{P}_{sens \cdot carga}$$

> Este problema contrasta o desempenho de um sistema com uma bomba de deslocamento constante com aquele de um sistema com bombas de deslocamento variável e com sensor de carga. A economia específica depende do ponto de operação do sistema e do seu ciclo de trabalho do sistema.

10.5 Turbinas Hidráulicas

Teoria de Turbina Hidráulica

A teoria para máquinas que realizam trabalho sobre o fluido (por exemplo, as bombas) pode ser usada para a análise de máquinas que extraem trabalho de um fluido. Essas máquinas são denominadas turbinas. A principal diferença é que os termos denotando torques, trabalho e potência serão negativos em vez de positivos. O Exemplo 10.12 a seguir ilustra a aplicação da Equação de Euler para Turbomáquinas para uma turbina a reação.

Exemplo 10.12 ANÁLISE IDEAL DE UMA TURBINA A REAÇÃO

Em uma turbina Francis de eixo vertical a altura disponível na entrada do flange da turbina é 150 m e a distância vertical entre o rotor e o *tailrace* (canal que transporta a água vinda da turbina) é 1,95 m. A velocidade periférica do rotor é 34,5 m/s, a velocidade da água entrando no rotor é 39 m/s e a velocidade da água saindo do rotor é constante e igual a 10,5 m/s. A velocidade de escoamento na saída do tubo de sucção é 3,45 m/s. As perdas de energia hidráulica estimadas da turbina são iguais a 6 m na voluta, 1,05 m no tubo de sucção e 9,9 m no rotor. Determine a altura de carga (em relação ao *tailrace*) na entrada e na saída do rotor, o ângulo do escoamento na entrada do rotor e a eficiência da turbina.

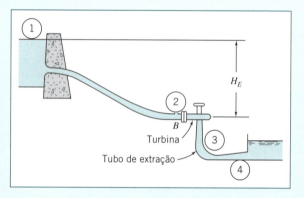

Dados: Escoamento através de uma turbina Francis de eixo vertical
- Altura na entrada: 150 m
- Distância vertical entre o rotor e o *tailrace*: 1,95 m
- Velocidade periférica do rotor: 34,5 m/s
- Velocidade na saída do rotor: 39 m/s
- Velocidade de escoamento na saída do tubo de sucção: 10,5 m/s
- Perdas: 6 m na voluta, 1,05 m no tubo de sucção, 9,9 m no rotor

Determinar:
(a) Altura de carga na entrada e na saída do rotor.
(b) Ângulo do escoamento na entrada do rotor.
(c) Eficiência da turbina.

Solução: Aplique as equações da energia e de Euler para Turbomáquinas para volume de controle.

Equações básicas:

$$H = \frac{\dot{W}_m}{\dot{m}g} = \frac{1}{g}(U_2 V_{t_2} - U_1 V_{t_1}) \tag{10.2c}$$

$$\eta_t = \frac{\dot{W}_m}{\dot{W}_h} = \frac{\omega T}{\rho Q g H_t} \tag{10.4c}$$

$$\frac{p_1}{\rho g} + \alpha_1 \frac{\overline{V}_1^2}{2g} + z_1 + H_a = \frac{p_2}{\rho g} + \alpha_2 \frac{\overline{V}_2^2}{2g} + z_2 + \frac{h_{l_T}}{g} \tag{10.28b}$$

Considerações:

1. Escoamento permanente
2. Escoamento uniforme em cada seção
3. Escoamento turbulento; $\alpha = 1$
4. Reservatório e *tailrace* estão na pressão atmosférica
5. Reservatório está na condição de estagnação; $\overline{V}_1 = 0$

(a) Se aplicarmos a equação da energia entre a saída do rotor e o *tailrace*:

$$H_3 = \frac{p_3 - p_{\text{atm}}}{\rho g} = \frac{\overline{V}_4^2 - \overline{V}_3^2}{2g} + \Delta H_{DT} + z_4$$

$$H_3 = \frac{1}{2} \times \left[\left(3,45 + \frac{m}{s} \right)^2 - \left(10,5 \frac{m}{s} \right)^2 \right] \times \frac{1\,s^2}{9,81\,m} + 1,05\,m - 1,95\,m = -5,91\,m \quad \longleftarrow \quad H_3$$

(indicação de sinal negativo de sucção)

A seguir, aplicamos a equação da energia entre a entrada do rotor e o *tailrace*

$$H_2 = \frac{p_2 - p_{\text{atm}}}{\rho g} = H_E - \Delta H_R - \frac{\overline{V}_2^2}{2g}$$

$$H_2 = 150\,m - 9,9\,m - \frac{1}{2} \times \left(39 \frac{m}{s} \right)^2 \times \frac{1s^2}{9,81\,m} = 62,58\,m \quad \longleftarrow \quad H_2$$

(b) Aplicando a equação da energia para todo o sistema, obtemos o trabalho extraído através da turbina:

$$\frac{p_1}{\rho g} + \alpha_1 \frac{\overline{V}_1^2}{2g} + z_1 + H_a = \frac{p_4}{\rho g} + \alpha_4 \frac{\overline{V}_4^2}{2g} + z_4 + \frac{h_{l_T}}{g}$$

Simplificando a expressão com base nas considerações e resolvendo a equação para obter a altura de carga extraída da turbina, obtemos:

$$H_a = \frac{\overline{V}_4^2}{2g} - z_1 + z_4 + \sum \Delta H = \frac{\overline{V}_4^2}{2g} - (H_E + z) + (\Delta H_V + \Delta H_R + \Delta H_{DT})$$

Como o nível 1 está mais elevado que o nível 4, tomaremos o valor negativo de H_a. Denominando a altura extraída da turbina de H_T, obtemos:

$$H_T = -\frac{\overline{V}_4^2}{2g} + (H_e + z) - (\Delta H_V + \Delta H_R + \Delta H_{DT})$$

$$= -\frac{1}{2} \times \left(3,45 \frac{m}{s} \right)^2 \times \frac{1s^2}{9,81\,m} + (150\,m + 1,95\,m) - (6\,m + 9,9\,m + 1,05\,m) = 134,39\,m$$

Aplicando a Equação de Euler para Turbomáquinas para esse sistema:

$$-H_T = \frac{U_3 V_{t_3} - U_2 V_{t_2}}{g}$$

Resolvendo para a velocidade tangencial no nível 2:

$$V_{t_2} = \frac{gH_T}{U_2} = 9,81 \frac{m}{s^2} \times 134,39\,m \times \frac{1}{34,5} \frac{s}{m} = 38,21 \frac{m}{s}$$

Configurando o triângulo de velocidades:

$$\beta_2 = \text{tg}^{-1} \frac{V_{t_2} - U_2}{V_{n_2}} = \text{tg}^{-1} \frac{38,21 - 34,5}{10,5} = 19,46° \quad \longleftarrow \quad \beta_2$$

$$\alpha_2 = \text{tg}^{-1} \frac{V_{t_2}}{V_{n_2}} = \text{tg}^{-1} \frac{38,21}{10,5} = 74,63° \quad \longleftarrow \quad \alpha_2$$

(c) Para calcular a eficiência:

$$\eta_t = \frac{\dot{W}_m}{\dot{W}_h} = \frac{gH_T}{gH_E} = \frac{134,39}{150} = 89,59\% \quad \longleftarrow \quad \eta$$

Este problema demonstra a análise de uma turbina hidráulica com perda de carga e quantifica tais efeitos em termos de uma eficiência da turbina. Além disso, como a altura de carga na saída da turbina está abaixo da pressão atmosférica, cuidado deve ser tomado para assegurar que não ocorra cavitação.

As tendências previstas pela teoria do momento angular idealizado, especialmente pela Eq. 10.18b e pela Fig. 10.12, são comparadas com resultados experimentais na próxima seção.

Características de Desempenho para Turbinas Hidráulicas

O procedimento de teste para turbinas é similar ao de bombas, exceto que um dinamômetro é usado para absorver a potência produzida pela turbina, enquanto a velocidade e o torque são medidos. Turbinas são construídas geralmente para operar a uma velocidade constante que é uma fração ou um múltiplo da frequência da potência elétrica a ser produzida. Dessa forma, os testes de turbinas são conduzidos à velocidade constante sob carga variável, enquanto, simultaneamente, o consumo de água é medido e a eficiência é calculada.

A turbina de impulsão é uma turbomáquina relativamente simples e, por isso, vamos usá-la para ilustrar resultados típicos de testes. As turbinas de impulsão são escolhidas quando a altura de carga disponível excede cerca de 300 m. A maioria das turbinas de impulsão usadas hoje é uma versão melhorada da *roda Pelton* desenvolvida na década de 1880 pelo engenheiro americano de minas Lester Pelton [29]. Uma turbina de impulsão é suprida com água com altura de carga elevada por meio de um longo duto chamado *tubo de adução* ou *adutor*. A água é acelerada através de um bocal e descarregada como um jato livre de alta velocidade à pressão atmosférica. O jato choca-se contra pás em forma de concha, montadas na periferia de uma roda giratória (Fig. 10.5a). A energia cinética do jato é transferida enquanto ele é defletido pelas pás. A potência gerada pela turbina é controlada, para velocidade do jato essencialmente constante, pela variação da vazão da água atingindo as pás. Um bocal de área variável pode ser usado para fazer mudanças pequenas e graduais na potência produzida. Mudanças mais rápidas ou maiores devem ser obtidas por meio de defletores de jato, ou bocais auxiliares, para evitar variações súbitas na velocidade do escoamento e as altas pressões resultantes na longa coluna de água no tubo adutor. A água descarregada da roda, a uma velocidade relativamente baixa, cai dentro do coletor. O nível do coletor é ajustado de modo a evitar o alagamento da roda durante épocas de enchente. Quando grande quantidade de água está disponível, uma potência adicional pode ser obtida pela conexão de duas rodas a um único eixo, ou fazendo-se um arranjo para que dois ou mais jatos batam em uma única roda.

A Fig. 10.34 ilustra a instalação de uma turbina de impulsão e as definições das alturas de cargas bruta e líquida [11]. A *altura de carga bruta* disponível é a diferença entre os níveis do reservatório de alimentação e do coletor. A *altura de carga efetiva* ou *líquida*, H, usada para calcular eficiência, é a altura de carga total na *entrada* do bocal, medida na elevação da linha de centro do bocal [11]. Portanto, nem toda a carga líquida é convertida em trabalho na turbina: uma parte é perdida por ineficiência da turbina, outra parte é perdida no bocal e ainda outra é perdida como energia cinética residual na saída do escoamento. Na prática, o tubo de adução é geralmente dimensionado de modo que a altura de carga líquida na potência nominal seja 85% a 95% da altura de carga bruta.

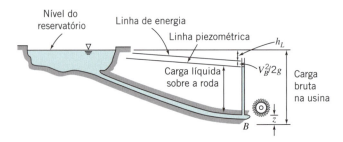

Fig. 10.34 Esquema de instalação de uma turbina de impulsão, mostrando as definições de alturas de cargas bruta e líquida [11].

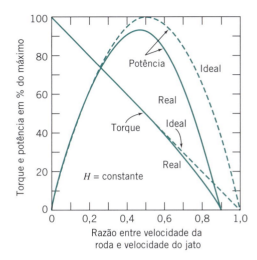

Fig. 10.35 Desempenhos ideal e real para uma turbina de impulsão de velocidade variável [6].

Além de perdas no bocal, atritos na roda e nos mancais e atrito superficial entre o jato e a pá reduzem o desempenho em comparação com o caso ideal, sem atrito. A Fig. 10.35 mostra resultados típicos de testes realizados com altura de carga constante.

O pico de eficiência da turbina de impulsão corresponde ao pico de potência, desde que os testes sejam conduzidos com altura de carga e vazão constantes. Para a turbina ideal, conforme mostrado no Exemplo 10.13, isso ocorre quando a velocidade do rotor é metade da velocidade do jato. Como veremos, nessa velocidade do rotor, o fluido sai da turbina na mais baixa velocidade absoluta possível, minimizando, portanto, a perda de energia cinética de saída. Conforme indicado na Eq. 10.2a, se a velocidade na saída $\vec{V}_2$ é minimizada, o trabalho na turbina $\dot{W}_m$ é maximizado. Em instalações reais, o pico de eficiência ocorre para uma velocidade da roda apenas ligeiramente menor que metade da velocidade do jato. Essa condição fixa a velocidade do rotor, uma vez determinada a velocidade do jato para uma dada instalação. Para grandes unidades, a eficiência global pode atingir 88% [30].

Exemplo 10.13 VELOCIDADE ÓTIMA DE TURBINA DE IMPULSÃO

Uma roda Pelton é uma forma de turbina de impulsão bem adaptada para situações de altura de carga elevada e baixa vazão. Considere o arranjo de roda Pelton e jato único mostrado, no qual o jato atinge a pá curva tangencialmente e é defletido de um ângulo θ. Obtenha uma expressão para o torque exercido pela corrente de água sobre a roda e a correspondente potência produzida. Mostre que a potência é máxima quando a velocidade da pá, $U = R\omega$, é metade da velocidade do jato, V.

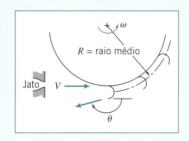

Dados: Roda Pelton e jato único mostrados.

Determinar: (a) Expressão para o torque exercido sobre a roda.
(b) Expressão para a potência produzida.
(c) Razão entre a velocidade da roda U e a velocidade do jato V, para potência máxima.

Solução: Como uma ilustração de seu uso, começamos com a equação da quantidade de movimento angular, Eq. 4.52 (no GEN-IO, ambiente virtual de aprendizagem do Grupo GEN), para um volume de controle rotativo, em vez da forma de VC inercial, Eq. 4.46, que usamos na dedução da Equação de Euler para Turbomáquinas na Seção 10.2.

Equação básica:

$$\vec{r} \times \cancelto{0(1)}{\vec{F}_S} + \cancelto{0(2)}{\int_{VC} \vec{r} \times \vec{g}\,\rho d V} + \vec{T}_{eixo} - \int_{VC} \vec{r} \times [2\vec{\omega} \times \vec{V}_{xyz} + \vec{\omega} \times (\vec{\omega} \times \vec{r}) + \cancelto{\approx 0(3)}{\dot{\vec{\omega}} \times \vec{r}}]\,\rho d V$$

$$= \frac{\partial}{\partial t} \iiint_{VC} \vec{r} \times \vec{V}_{xyz}\, \rho d\mathcal{V} + \int_{SC} \vec{r} \times \vec{V}_{xyz}\, \rho \vec{V}_{xyz} \cdot d\vec{A} \qquad (4.52)$$

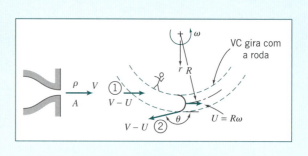

Considerações:

1 Desprezar torque devido às forças de superfície.
2 Desprezar torque devido às forças de campo.
3 Desprezar massa de água sobre a roda.
4 Escoamento permanente com relação à roda.
5 Toda a água que sai do bocal atua sobre as pás.
6 A altura da concha é pequena comparada com R, portanto $r_1 \approx r_2 \approx R$.
7 Escoamento uniforme em cada seção.
8 Não há variação da velocidade do jato em relação à pá.

Assim, como toda a água do jato cruza as pás,

$$\vec{T}_{eixo} = \vec{r}_1 \times \vec{V}_1(-\rho VA) + \vec{r}_2 \times \vec{V}_2(+\rho VA)$$

$$\vec{r}_1 = R\hat{e}_r \qquad \vec{r}_2 = R\hat{e}_r$$

$$\vec{V}_1 = (V-U)\hat{e}_\theta \qquad \vec{V}_2 = (V-U)\cos\theta\, \hat{e}_\theta + (V-U)\sin\theta\, \hat{e}_r$$

$$T_{eixo}\hat{k} = R(V-U)\hat{k}(-\rho VA) + R(V-U)\cos\theta\, \hat{k}(\rho VA)$$

de modo que, finalmente,

$$T_{eixo}\hat{k} = -R(1-\cos\theta)\rho VA(V-U)\hat{k}$$

Esse é o torque externo do eixo sobre o volume de controle, isto é, sobre a roda. O torque exercido pela água sobre a roda é igual e oposto,

$$\vec{T}_{saída} = -\vec{T}_{eixo} = R(1-\cos\theta)\rho VA(V-U)\hat{k}$$

$$\vec{T}_{saída} = \rho QR(V-U) \times (1-\cos\theta)\hat{k} \qquad \longleftarrow \vec{T}_{saída}$$

A potência produzida correspondente é

$$\dot{W}_{saída} = \vec{\omega} \cdot \vec{T}_{saída} = R\omega(1-\cos\theta)\rho VA(V-U)$$

$$\dot{W}_{saída} = \rho QU(V-U) \times (1-\cos\theta) \qquad \longleftarrow \dot{W}_{saída}$$

Para determinar a condição de potência máxima, derive a expressão da potência com respeito à velocidade da roda U e iguale o resultado a zero. Desse modo,

$$\frac{d\dot{W}}{dU} = \rho Q(V-U)(1-\cos\theta) + \rho QU(-1)(1-\cos\theta) = 0$$

$$\therefore (V-U) - U = V - 2U = 0$$

Assim, para potência máxima, $U/V = \frac{1}{2}$ ou $U = V/2$. $\longleftarrow U/V$

Nota: A deflexão do escoamento de $\theta = 180°$ resultaria em potência máxima com $U = V/2$. Sob essas condições, a velocidade *absoluta* teórica do fluido na saída (calculada na direção de U) seria $U - (V-U) = V/2 - (V - V/2) = 0$, de modo que não existiria perda de energia cinética na saída, maximizando a potência produzida. Na prática, é possível defletir o jato de ângulos de até 165°. Com $\theta = 165°$, $1 - \cos\theta \approx 1{,}97$, ou cerca de 1,5% abaixo do valor para potência máxima.

> Este problema ilustra o uso da equação da quantidade de movimento angular aplicada a um volume de controle girando, Eq. 4.52, para analisar o escoamento através de uma turbina de impulsão ideal.
> • O pico de potência ocorre quando a velocidade da roda é metade da velocidade do jato, o que é um critério de projeto útil na seleção de uma turbina para uma dada altura de carga disponível.
> • Este problema também pode ser analisado partindo de um volume de controle inercial, isto é, usando a Equação de Euler das Turbomáquinas (Problema 10.17).

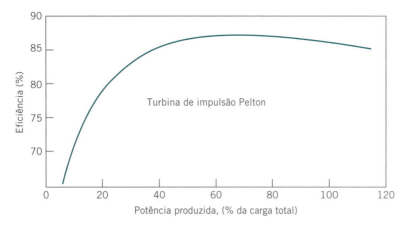

Fig. 10.36 Relação entre eficiência e potência produzida para uma turbina de água Pelton típica. (Adaptada de [30].)

Na prática, as turbinas hidráulicas são, em geral, operadas a velocidade constante, e a potência produzida é variada alterando a área de abertura da válvula de agulha do bocal de jato. A perda no bocal aumenta ligeiramente e as perdas mecânicas tornam-se uma fração maior da potência produzida à medida que a válvula é fechada, de modo que a eficiência cai abruptamente em carga baixa, conforme mostrado na Fig. 10.36. Para essa roda Pelton, entre 40% e 113% da carga total, a eficiência permanece acima de 85%.

Para alturas de carga menores, as turbinas de reação apresentam melhor eficiência do que as turbinas de impulsão. Em contraste com o escoamento em uma bomba centrífuga, o escoamento em uma turbina de reação entra no rotor na seção radial maior (mais externa) e descarrega na seção radial menor (mais interna), após transferir a maior parte da sua energia ao rotor. As turbinas de reação tendem a ser máquinas de alta vazão e baixa altura de carga. Uma instalação típica de turbina de reação é mostrada esquematicamente na Fig. 10.37, na qual a terminologia empregada para definir as alturas de carga está indicada.

As turbinas de reação trabalham cheias de água. Consequentemente, é possível usar um difusor, ou um tubo de extração, para recuperar uma fração da energia cinética que permanece na água que sai do rotor. O tubo de extração é parte integrante do projeto de instalação. Conforme mostrado na Fig. 10.37, a *altura de carga bruta* disponível é a diferença entre a altura de carga do reservatório de alimentação e a altura de carga do coletor. A *altura de carga efetiva* ou *líquida*, H, usada para calcular eficiência, é a diferença entre a elevação da linha de energia imediatamente a montante da turbina e aquela do tubo de extração de descarga (seção C). O benefício do tubo de extração é claro: a carga líquida disponível para a turbina é igual à carga bruta menos as perdas na tubulação de alimentação e a perda de energia cinética na

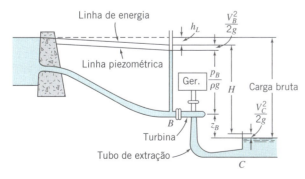

Fig. 10.37 Esquema de instalação típica de turbina de reação, mostrando definições de terminologia de altura de carga [11].

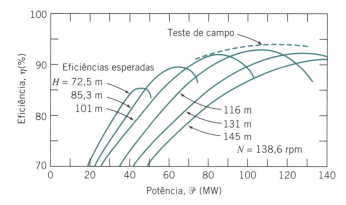

Fig. 10.38 Desempenho de turbina de reação típica, como previsto por testes de modelos (eficiências esperadas) e confirmado por teste de campo [6].

saída da turbina; sem o tubo de extração, a velocidade na saída e a energia cinética seriam relativamente grandes. Porém, com o tubo de extração, elas são pequenas, resultando em um aumento na eficiência da turbina. Visto de outro modo, o difusor do tubo de extração, através do efeito de Bernoulli, reduz a pressão na descarga da turbina, resultando em uma maior queda de pressão através da turbina e, portanto, aumentando a produção de potência. (Vimos um efeito de Bernoulli similar usado pelos antigos romanos no Exemplo 8.10.)

Um eficiente rotor de turbina de fluxo misto foi desenvolvido por James B. Francis, usando uma série de cuidadosos experimentos em Lowell, Massachusetts, na década de 1840 [29]. Uma eficiente turbina de hélice de fluxo axial, com pás ajustáveis, foi desenvolvida pelo professor alemão Victor Kaplan entre 1910 e 1924. A *turbina Francis* (Fig. 10.5b) é usualmente escolhida quando 15 m ≤ H ≤ 300 m, e a *turbina Kaplan* (Fig. 10.5c) é geralmente escolhida para cargas de 15 m ou menos. O desempenho de turbinas de reação pode ser medido da mesma maneira que o desempenho de turbinas de impulsão. Contudo, como as cargas brutas são menores, qualquer variação no nível da água durante a operação é mais significativa. Por isso, as medições devem ser feitas para uma série de alturas de carga, a fim de definir completamente o desempenho de uma turbina de reação.

Um exemplo da apresentação de dados para uma turbina de reação é dado na Fig. 10.38, na qual a eficiência é mostrada para diversos valores de potência produzida, para uma série de cargas constantes [6]. A turbina de reação tem eficiência máxima superior àquela da turbina de impulsão, mas a eficiência da turbina de reação varia mais bruscamente com a carga.

Dimensionamento de Turbinas Hidráulicas para Sistemas Fluidos

A queda de água tem sido considerada como uma fonte de energia "grátis", renovável. Na realidade, a potência produzida por turbinas hidráulicas não é gratuita; os custos operacionais são baixos, mas um investimento de capital considerável é necessário para preparar o local e instalar o equipamento. No mínimo, serviços de captação de água, tubo de adução, turbina(s), casa de máquinas e controles devem ser providenciados. Uma análise econômica é necessária para determinar a viabilidade de possíveis locais de instalação. Adicionalmente aos fatores econômicos, as plantas hidrelétricas de potência devem também ser avaliadas pelo seu impacto no meio ambiente — nos últimos anos tem-se descoberto que essas plantas não são completamente benignas, e podem ser danosas, por exemplo, aos deslocamentos dos salmões.

Nos idos da Revolução Industrial, as rodas de água eram usadas para acionar moinhos de grãos e máquinas têxteis. Essas usinas tinham que ser instaladas nas proximidades da queda de água, o que limitava o uso da potência da água a empresas locais e relativamente pequenas. A introdução da corrente alternada na década de 1880 tornou possível a transmissão de energia elétrica por longas distâncias. Desde então, cerca de 40% dos recursos de potência hidrelétrica nos Estados Unidos têm sido desenvolvidos e conectados à rede de distribuição [31]. A potência hidrelétrica compõe cerca de 16% da energia elétrica produzida naquele país.

Os Estados Unidos têm reservas abundantes e relativamente baratas de combustíveis fósseis. Por isso, os recursos hidrelétricos remanescentes nos Estados Unidos não são considerados econômicos atualmente, quando comparados com usinas termelétricas a combustível fóssil.

No mundo inteiro, somente cerca de 30% dos recursos hidrelétricos têm sido desenvolvidos comercialmente [32]. Uma quantidade bem maior de potência hidrelétrica será provavelmente desenvolvida nas décadas vindouras à medida que os países tornarem-se mais industrializados. Muitos países em desenvolvimento não têm reservas próprias de combustível fóssil. A potência hidrelétrica pode ajudar muito esses países a encontrar caminhos próprios para o progresso industrial. Consequentemente, o projeto e a instalação de usinas hidrelétricas devem ser atividades futuras importantes em países em desenvolvimento.

Para avaliar um local propício para geração de potência hidrelétrica, deve-se conhecer a vazão média do curso de água e a altura de carga bruta disponível para fazer uma estimativa preliminar do tipo de turbina, números de turbinas e potencial de produção de potência. Análises econômicas estão além do escopo deste livro, mas consideramos os fundamentos de engenharia dos fluidos aplicados ao desempenho de turbina de impulsão para otimizar a eficiência.

Turbinas hidráulicas convertem a energia potencial da água armazenada em trabalho mecânico. A fim de maximizar a eficiência da máquina, é sempre um objetivo de projeto descarregar a água de uma turbina à pressão ambiente, tão próximo da elevação da corrente de água a jusante quanto possível, e com o mínimo possível de energia cinética residual.

Conduzir o fluxo de água para dentro da turbina com perda mínima de energia também é importante. Inúmeros detalhes de projeto devem ser considerados, tais como geometria de entrada, peneiras para detritos etc. [31]. As referências 1, 6, 10, 31 e 33-38 oferecem informações sobre seleção, projeto hidráulico e instalação de turbinas e otimização de usinas hidrelétricas. O número de grandes fabricantes tem se limitado a uns poucos, mas as unidades de pequeno porte têm se tornado numerosas [35]. O enorme custo de uma instalação hidrelétrica de escala comercial justifica o uso intensivo de testes com modelos em escala reduzida para o detalhamento final do projeto. Consulte [31] para uma abordagem detalhada da geração de energia por potência hidráulica.

As perdas hidráulicas em longos tubos de suprimento (conhecidos como *tubos de adução* ou *adutores*) devem ser consideradas quando do projeto de instalação de máquinas de elevada altura de carga, como as turbinas de impulsão; um diâmetro ótimo para o tubo de admissão, que maximize a potência produzida pela turbina, pode ser determinado para essas unidades, conforme mostrado no Exemplo 10.14.

A potência produzida pela turbina é proporcional à vazão em volume multiplicada pela diferença de pressão através do bocal. Para vazão nula, a carga hidrostática total está disponível, mas a potência produzida é zero. À medida que a vazão aumenta, a carga líquida na entrada do bocal da turbina diminui. Primeiro, a potência aumenta, atinge um máximo e, em seguida, decresce novamente com o aumento subsequente da vazão. Conforme veremos no Exemplo 10.14, para dado diâmetro do tubo de adução, a potência teórica máxima é obtida quando um terço da altura de carga bruta é dissipada por perdas de atrito nesse tubo. Na prática, o diâmetro do tubo de adução é escolhido maior do que o mínimo teórico, e apenas 10% a 15% da altura de carga bruta é dissipada por atrito [11].

Certo diâmetro mínimo do tubo de adução é exigido para produzir dada potência. O diâmetro mínimo depende da produção de potência desejada, da altura de carga disponível e do material e comprimento do adutor. Alguns valores representativos são apresentados na Fig. 10.39.

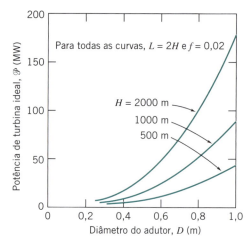

Fig. 10.39 Potência máxima produzida por uma turbina de impulsão *versus* diâmetro do tubo de adução.

Exemplo 10.14 DESEMPENHO E OTIMIZAÇÃO DE UMA TURBINA DE IMPULSÃO

Considere a instalação hipotética de uma turbina de impulsão mostrada. Analise o escoamento no adutor e desenvolva uma expressão para a potência ótima produzida pela turbina como função do diâmetro do jato, D_j. Obtenha uma expressão para a razão entre o diâmetro do jato, D_j, e o diâmetro do tubo de adução, D, para a qual a potência de saída é maximizada. Sob condições de máxima potência produzida, mostre que a perda de carga no tubo de adução é um terço da altura de carga disponível. Desenvolva uma equação paramétrica para o diâmetro mínimo do adutor necessário para produzir uma potência especificada, usando a altura de carga bruta e o comprimento do adutor como parâmetros.

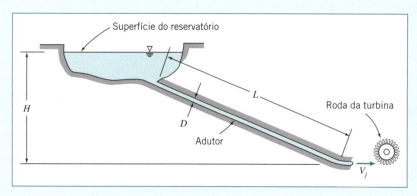

Dados: Instalação de turbina de impulsão mostrada.

Determinar:
(a) Uma expressão para a potência produzida pela turbina como uma função do diâmetro do jato.
(b) Uma expressão para a razão entre o diâmetro do jato, D_j, e o diâmetro do tubo de adução, D, na qual a potência de saída é maximizada.
(c) A razão entre a perda de carga no tubo de adução e a altura disponível para as condições de máxima potência.
(d) Uma equação paramétrica para o diâmetro mínimo do tubo de adução necessário para produzir uma potência especificada, usando a altura de carga bruta e o comprimento do tubo como parâmetros.

Solução: De acordo com os resultados do Exemplo 10.13, a potência produzida por uma turbina de impulsão idealizada é dada por $\mathcal{P}_{saída} = \rho Q U(V - U)(1 - \cos\theta)$. Para potência ótima de saída, $U = V/2 = V_j/2$, e

$$\mathcal{P}_{saída} = \rho Q \frac{V}{2}\left(V - \frac{V}{2}\right)(1 - \cos\theta) = \rho A_j V_j \frac{V_j}{2} \frac{V_j}{2}(1 - \cos\theta)$$

$$\mathcal{P}_{saída} = \rho A_j \frac{V_j^3}{4}(1 - \cos\theta)$$

Máquinas de Fluxo **505**

Desse modo, a potência produzida é proporcional a $A_j V_j^3$.

Aplique a equação de energia para escoamento em tubos, permanente e incompressível, através do adutor, a fim de analisar V_j^2 na saída do bocal. A superfície livre do reservatório é designada como seção ①; ali $\overline{V}_1 \approx 0$.

Equação básica:

$$\left(\frac{\cancel{p_1}}{\cancel{\rho}} + \alpha_1 \overset{\approx 0}{\cancel{\frac{\overline{V}_1^2}{2}}} + gz_1\right) - \left(\frac{\cancel{p_j}}{\cancel{\rho}} + \alpha_j \frac{\overline{V}_j^2}{2} + gz_j\right) = h_{l_T} = \left(K_{\text{ent}} + f\frac{L}{D}\right)\frac{\overline{V}_p^2}{2} + K_{\text{bocal}}\frac{\overline{V}_j^2}{2}$$

Considerações:

1 Escoamento permanente.
2 Escoamento incompressível.
3 Escoamento completamente desenvolvido.
4 Pressão atmosférica na saída do jato.
5 $\alpha_j = 1$, de modo que $\overline{V}_j = V_j$.
6 Escoamento uniforme no tubo de adução, de modo que $\overline{V}_p = V$.
7 $K_{\text{ent}} \ll f\dfrac{L}{D}$.
8 $K_{\text{bocal}} = 1$.

Então,

$$g(z_1 - z_j) = gH = f\frac{L}{D}\frac{V^2}{2} + \frac{V_j^2}{2} \quad \text{ou} \quad V_j^2 = 2gH - f\frac{L}{D}V^2 \tag{1}$$

Portanto, a altura de carga disponível é parcialmente consumida pelo atrito no tubo de adução, e o restante está disponível como energia cinética no jato de saída — em outras palavras, a energia cinética do jato é reduzida pela perda no tubo de adução. Entretanto, essa perda é uma função da velocidade do jato, conforme podemos ver da continuidade:

$$VA = V_j\,A_j, \text{ assim } V = V_j\frac{A_j}{A} = V_j\left(\frac{D_j}{D}\right)^2 \quad \text{e} \quad V_j^2 = 2gH - f\frac{L}{D}V_j^2\left(\frac{D_j}{D}\right)^4$$

Resolvendo para V_j, obtemos

$$V_j = \left[\frac{2gH}{\left\{1 + f\dfrac{L}{D}\left(\dfrac{D_j}{D}\right)^4\right\}}\right]^{1/2} \tag{2}$$

A potência da turbina pode ser escrita como

$$\mathscr{P} = \rho A_j\frac{V_j^3}{4}(1 - \cos\theta) = \rho\frac{\pi}{16}D_j^2\left[\frac{2gH}{\left\{1 + f\dfrac{L}{D}\left(\dfrac{D_j}{D}\right)^4\right\}}\right]^{3/2}(1 - \cos\theta)$$

$$\mathscr{P} = C_1 D_j^2\left[1 + f\frac{L}{D}\left(\frac{D_j}{D}\right)^4\right]^{-3/2} \longleftarrow \qquad\qquad \mathscr{P}$$

em que $C_1 = \rho\pi(2gH)^{3/2}(1 - \cos\theta)/16 = $ constante.

Para encontrar a condição de máxima potência produzida, para um diâmetro fixo do tubo de adução, D, derivamos em relação a D_j e igualamos a zero,

$$\frac{d\mathscr{P}}{dD_j} = 2C_1 D_j\left[1 + f\frac{L}{D}\left(\frac{D_j}{D}\right)^4\right]^{-3/2} - \frac{3}{2}C_1 D_j^2\left[1 + f\frac{L}{D}\left(\frac{D_j}{D}\right)^4\right]^{-5/2}4f\frac{L}{D}\frac{D_j^3}{D^4} = 0$$

506   Capítulo 10

Portanto,

$$1 + f\frac{L}{D}\left(\frac{D_j}{D}\right)^4 = 3f\frac{L}{D}\left(\frac{D_j}{D}\right)^4$$

Resolvendo para D_j/D, obtemos

$$\frac{D_j}{D} = \left[\frac{1}{2f\dfrac{L}{D}}\right]^{1/4} \qquad\qquad \frac{D_j}{D}$$

Para o valor ótimo de D_j/D, a velocidade do jato é dada pela Eq. 2 como

$$V_j = \left[\frac{2gH}{\left\{1 + f\dfrac{L}{D}\left(\dfrac{D_j}{D}\right)^4\right\}}\right]^{1/2} = \sqrt{\frac{4}{3}gH}$$

A perda de carga na potência máxima é então obtida da Eq. 1, depois de rearranjos:

$$h_l = f\frac{L}{D}\frac{V^2}{2} = gH - \frac{V_j^2}{2} = gH - \frac{2}{3}gH = \frac{1}{3}gH$$

e

$$\frac{h_l}{gH} = \frac{1}{3} \qquad\qquad \frac{h_l}{gH}$$

Sob condições de potência máxima

$$\mathcal{P}_{\text{máx}} = \rho V_j^3 \frac{A_j}{4}(1 - \cos\theta) = \rho\left(\frac{4}{3}gH\right)^{3/2}\frac{\pi}{16}\left[\frac{D^5}{2fL}\right]^{1/2}(1 - \cos\theta)$$

Finalmente, para obter o mínimo diâmetro do tubo de adução, a equação pode ser escrita na forma

$$D \propto \left(\frac{L}{H}\right)^{1/5}\left(\frac{\mathcal{P}}{H}\right)^{2/5} \qquad\qquad D$$

> Este problema ilustra a otimização de uma turbina de impulsão idealizada. A análise determina a bitola mínima do adutor necessária para obter uma potência de saída especificada. Na prática, diâmetros maiores do que o calculado são usados, reduzindo a perda de carga por atrito abaixo daquela determinada aqui.

10.6 *Hélices e Máquinas Eólicas*

Como mencionado na Seção 10.1, hélices e máquinas eólicas, tais como moinhos de vento e turbinas eólicas podem ser consideradas máquinas sem carcaça [6]. Apesar de sua longa história (hélices foram usadas em embarcações marítimas desde 1776, e máquinas de vento descobertas na Pérsia datam de tempos entre os séculos VI e XX C.E. [39]), tais dispositivos têm comprovado serem eficientes para propulsão e geração de energia.

Hélices

Como em outros dispositivos de propulsão, uma hélice produz empuxo por transmitir quantidade de movimento linear ao fluido. A produção de empuxo sempre deixa a

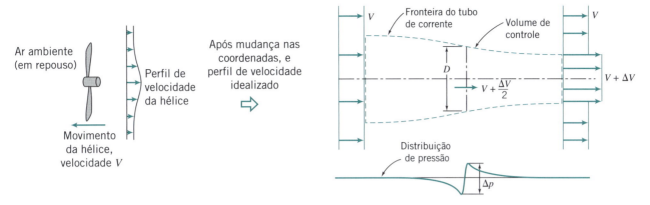

Fig. 10.40 Modelo de escoamento unidimensional e volume de controle utilizado para analisar uma hélice idealizada [6].

corrente de ar com alguma mesma energia cinética e quantidade de movimento angular que não são recuperáveis, de modo que o processo nunca é 100% eficiente.

O modelo de escoamento adimensional mostrado esquematicamente na Fig. 10.40 foi desenhado conforme visto por um observador movendo-se com a hélice, de modo que o escoamento é permanente. A hélice real é substituída conceitualmente por um *disco atuador* ou *disco de hélice* delgado, através do qual a velocidade do escoamento é contínua, porém a pressão sobe abruptamente. Em relação à hélice, o escoamento a montante está com velocidade V e na pressão ambiente. A velocidade axial no disco de hélice é $V + \Delta V/2$, com uma correspondente redução na pressão. A jusante, a velocidade é $V + \Delta V$ e a pressão retorna ao valor da pressão ambiente. (O Exemplo 10.15 mostra que metade do aumento de velocidade ocorre antes e metade após o disco atuador.) A contração de área da corrente fluida para satisfazer à continuidade e o aumento de pressão através do disco de hélice aparecem na figura.

A figura não mostra as velocidades de redemoinho que resultam do torque requerido para girar a hélice. A energia cinética do redemoinho presente na corrente fluida também é perdida, a menos que seja removida por uma hélice de rotação contrária ou parcialmente recuperada por pás-guias estacionárias.

Como para todas as turbomáquinas, as hélices podem ser analisadas de duas maneiras. A aplicação da quantidade de movimento linear na direção axial, usando um volume de controle finito, proporciona relações globais entre a velocidade da corrente fluida, o empuxo, a potência útil produzida e a energia cinética residual mínima na corrente. Uma teoria de *elemento de pá* mais detalhada é necessária para calcular a interação entre uma pá da hélice e a corrente fluida. Uma relação geral para a eficiência de propulsão ideal pode ser deduzida usando o enfoque de volume de controle, como mostrado a seguir no Exemplo 10.15.

Exemplo **10.15** **ANÁLISE DE VOLUME DE CONTROLE DO ESCOAMENTO IDEALIZADO ATRAVÉS DE UMA HÉLICE**

Considere o modelo unidimensional mostrado na Fig. 10.40 para o escoamento idealizado através de uma hélice. A hélice avança no ar calmo com velocidade constante V_1. Obtenha expressões para a pressão imediatamente a montante e a pressão imediatamente a jusante do disco atuador. Escreva o empuxo na hélice como o produto desta diferença de pressão vezes a área do disco. Iguale esta expressão para o empuxo a uma obtida pela aplicação da equação da quantidade de movimento linear ao volume de controle. Mostre que metade do aumento de velocidade ocorre à frente e metade atrás do disco de hélice.

Dados: Uma hélice avançando com velocidade V_1 no ar calmo, conforme mostrado na Fig. 10.40.

Determinar: (a) Expressões para as pressões imediatamente a montante e imediatamente a jusante do disco de hélice.

(b) Expressão para a velocidade do ar no disco de hélice. Em seguida, mostre que metade do aumento de velocidade ocorre à frente e metade atrás do disco atuador.

Solução: Aplique a equação de Bernoulli e a componente x da quantidade de movimento linear usando o VC mostrado.

Equações básicas:

$$\frac{p}{\rho} + \frac{V^2}{2} + \overset{\approx 0(5)}{g\cancel{z}} = \text{constante}$$

$$F_{S_x} + \overset{=0(5)}{\cancel{F_{B_x}}} = \overset{=0(1)}{\frac{\partial}{\cancel{\partial t}}\int_{VC} u_{xyz}\,\rho\,d\forall} + \int_{SC} u_{xyz}\,\rho\vec{V}\cdot d\vec{A}$$

Considerações:

1. Escoamento permanente em relação ao VC.
2. Escoamento incompressível.
3. Escoamento ao longo de uma linha de corrente.
4. Escoamento sem atrito.
5. Escoamento horizontal: despreze variações em z; $F_{B_x} = 0$.
6. Escoamento uniforme em cada seção.
7. p_{atm} envolve o VC.

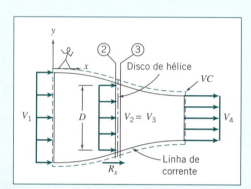

Aplicando a equação de Bernoulli da seção ① à seção ②, obtemos:

$$\frac{p_{atm}}{\rho} + \frac{V_1^2}{2} = \frac{p_2}{\rho} + \frac{V_2^2}{2}; \quad p_{2(\text{manométrica})} = \frac{1}{2}\rho(V_1^2 - V_2^2)$$

Aplicando a equação de Bernoulli da seção ③ à seção ④, obtemos:

$$\frac{p_3}{\rho} + \frac{V_3^2}{2} = \frac{p_{atm}}{\rho} + \frac{V_4^2}{2}; \quad p_{3(\text{manométrica})} = \frac{1}{2}\rho(V_4^2 - V_3^2)$$

O empuxo na hélice é dado por

$$F_T = (p_3 - p_2)A = \frac{1}{2}\rho A(V_4^2 - V_1^2) \quad (V_3 = V_2 = V)$$

Da equação da quantidade de movimento, usando velocidades *relativas*,

$$R_x = F_T = u_1(-\dot{m}) + u_4(+\dot{m}) = \rho V A(V_4 - V_1) \quad \{u_1 = V_1,\ u_4 = V_4\}$$

$$F_T = \rho V A(V_4 - V_1)$$

Equacionando essas duas expressões para F_T,

$$F_T = \frac{1}{2}\rho A(V_4^2 - V_1^2) = \rho V A(V_4 - V_1)$$

$$\text{ou} \quad \frac{1}{2}(V_4 + V_1)(V_4 - V_1) = V(V_4 - V_1)$$

Portanto, $V = \frac{1}{2}(V_1 + V_4)$, assim

$$\Delta V_{12} = V - V_1 = \frac{1}{2}(V_1 + V_4) - V_1 = \frac{1}{2}(V_4 - V_1) = \frac{\Delta V}{2}$$

$$\Delta V_{34} = V_4 - V = V_4 - \frac{1}{2}(V_1 + V_4) = \frac{1}{2}(V_4 - V_1) = \frac{\Delta V}{2} \longleftarrow \text{Aumento da Velocidade}$$

> O propósito deste problema é aplicar as equações da continuidade, da quantidade de movimento e de Bernoulli a um modelo de escoamento idealizado de uma hélice, e verificar a teoria de Rankine, de 1885, segundo a qual metade da variação da velocidade ocorre de cada lado do disco de hélice.

As formulações para volume de controle das equações de continuidade e de quantidade de movimento foram aplicadas, no Exemplo 10.15, ao escoamento de hélice mostrado na Fig. 10.40. Os resultados obtidos são discutidos mais amplamente a seguir. O empuxo produzido é

$$F_T = \dot{m}\Delta V \tag{10.32}$$

Para escoamento incompressível, na ausência de atrito e de transferência de calor, a equação da energia indica que a potência mínima requerida pela hélice é aquela necessária para aumentar a energia cinética do escoamento, que pode ser expressa como

$$\mathscr{P}_{\text{entrada}} = \dot{m}\left[\frac{(V+\Delta V)^2}{2} - \frac{V^2}{2}\right] = \dot{m}\left[\frac{2V\Delta V + (\Delta V)^2}{2}\right] = \dot{m}V\Delta V\left[1 + \frac{\Delta V}{2V}\right] \tag{10.33}$$

A potência útil produzida é o produto do empuxo pela velocidade de avanço, V, da hélice. Usando a Eq. 10.32, isso pode ser escrito como

$$\mathscr{P}_{\text{útil}} = F_T V = \dot{m}V\Delta V \tag{10.34}$$

Combinando as Eqs. 10.34 e 10.35, e simplificando, obtemos a eficiência de propulsão como

$$\eta = \frac{\mathscr{P}_{\text{útil}}}{\mathscr{P}_{\text{entrada}}} = \frac{1}{1 + \dfrac{\Delta V}{2V}} \tag{10.35}$$

As Eqs. 10.32 a 10.35 aplicam-se a qualquer dispositivo que cria empuxo aumentando a velocidade de uma corrente fluida. Portanto, elas aplicam-se igualmente bem a aviões, barcos e navios de propulsão a hélice ou de propulsão a jato.

A Eq. 10.35, para eficiência de propulsão, é de fundamental importância. Ela indica que a eficiência de propulsão pode ser aumentada, reduzindo ΔV ou aumentando V. Para empuxo constante, conforme mostrado pela Eq. 10.32, ΔV pode ser reduzido se $\dot{m}$ for aumentado, ou seja, se mais fluido for acelerado com um menor aumento de velocidade. Uma vazão mássica maior pode ser trabalhada, se o diâmetro da hélice for aumentado, mas o tamanho total e a velocidade periférica são fatores limitadores desse procedimento. O mesmo princípio é aplicado para aumentar a eficiência de propulsão do motor de um turboventilador quando se usa um grande ventilador para movimentar uma massa adicional de ar fora do núcleo do motor.

A eficiência de propulsão também pode ser melhorada aumentando a velocidade do movimento relativo ao fluido. A velocidade de avanço pode ser limitada pela cavitação em aplicações marítimas. A velocidade de voo é limitada para aviões a hélice por efeitos de compressibilidade nas extremidades das hélices, mas progressos têm sido feitos no projeto de hélices para mantê-las com elevada eficiência e com baixo nível de ruído, enquanto operam com escoamento transônico na periferia das pás. Os aviões a jato podem voar muito mais rápidos do que os aviões movidos a hélice, o que lhes confere eficiência de propulsão superior.

A análise fornecida não revela o comprimento da escala sobre a qual a velocidade axial varia. Uma análise desse tipo é fornecida na referência [40]; a variação axial na velocidade pode ser expressa como

$$V_{cl}(x) = V + \Delta V\left(1 - \frac{x}{\sqrt{x^2 + R^2}}\right) \tag{10.36}$$

Na Eq. 10.36 $V_{cl}(x)$ é a velocidade na linha de centro na localização x a montante do disco, enquanto V é a velocidade a montante. Esta relação está apresentada graficamente na Fig. 10.41. O gráfico mostra que o efeito da hélice é apenas sentido a distâncias dentro de dois raios do disco do atuador.

Uma teoria mais detalhada de *elemento de pá* pode ser usada para calcular a interação entre uma pá de hélice e a corrente fluida e, portanto, para determinar o efeito do arrasto

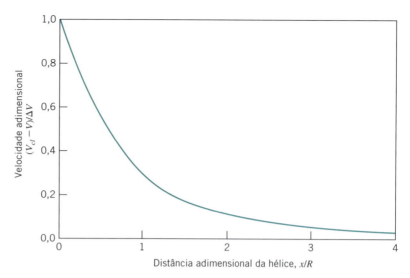

Fig. 10.41 Gráfico da velocidade *versus* distância para escoamento do ar próximo a uma hélice.

aerodinâmico da pá sobre a eficiência da hélice. Se o espaçamento entre pás for grande e o *carregamento de disco*[9] for leve, as pás podem ser consideradas independentes e relações podem ser deduzidas para o torque requerido e o empuxo produzido por uma hélice. Essas relações aproximadas são mais exatas para hélices de baixa solidez.[10] As hélices de aviões são tipicamente de muito baixa solidez, tendo pás longas e delgadas.

Um diagrama esquemático de um elemento de uma pá de hélice rotativa é mostrado na Fig. 10.42. A pá está posicionada em um ângulo θ em relação ao plano do disco de hélice e ela tem uma espessura dr (para dentro do plano da figura). O escoamento é mostrado conforme seria visto por um observador *sobre* a pá da hélice. Forças de sustentação e de arrasto são exercidas na pá perpendicularmente e paralelamente ao vetor velocidade relativa V_r, respectivamente. Chamamos o ângulo que V_r forma com o plano do disco da hélice de *ângulo de passo efetivo*, ϕ. Portanto, as forças de sustentação e de arrasto são inclinadas de um ângulo em relação ao eixo de rotação da hélice e ao plano do disco da hélice, respectivamente.

A velocidade relativa do escoamento, V_r, passando sobre o elemento de pá, depende da velocidade periférica da pá, $r\omega$, e da *velocidade de avanço*, V. Consequentemente, para dado posicionamento de pá, o ângulo de ataque, α, depende de ambos, V e $r\omega$. Desse modo, o desempenho de uma hélice é influenciado tanto por ω quanto por V.

Se tomarmos o diagrama de corpo livre do elemento do aerofólio de comprimento dr na Fig. 10.42, veremos que o módulo da força resultante dF_T paralela ao vetor velocidade $\vec{V}$ é:

$$dF_T = dL \cos\phi - dD \,\text{sen}\,\phi = q_r c\, dr (C_L \cos\phi - C_D \,\text{sen}\,\phi) \tag{10.37a}$$

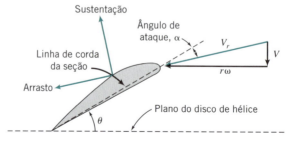

Fig. 10.42 Diagrama esquemático de um elemento e vetor da velocidade relativa do escoamento.

---

[9]*Carregamento de disco* é o empuxo da hélice dividido pela área de varredura do disco atuador.
[10]*Solidez* é definida como a razão entre a área projetada da pá e a área de varredura do disco atuador.

Nessa equação, q_r é a pressão dinâmica baseada na velocidade relativa V_r,

$$q_r = \frac{1}{2}\rho V_r^2$$

c é o comprimento da corda local e C_L e C_D são os coeficientes de sustentação e de arrasto, respectivamente, para o aerofólio. Em geral, devido à torção e à conicidade nas pás da hélice, e à variação radial da velocidade na periferia da hélice, C_L, C_D, V_r, c, ϕ e q_r serão todos funções da coordenada radial r. Podemos também generalizar para o torque que deve ser aplicado à hélice:

$$dT = r(dL\operatorname{sen}\phi + dD\cos\phi) = q_r rcdr(C_L\operatorname{sen}\phi + C_D\cos\phi) \qquad (10.37b)$$

Essas duas expressões podem ser integradas para encontrar o empuxo total de propulsão e o torque, considerando N pás independentes montadas no rotor:

$$F_T = N\int_{r=R_{\text{cubo}}}^{r=R} dF_T = qN\int_{R_{\text{cubo}}}^{R} \frac{(C_L\cos\phi - C_D\operatorname{sen}\phi)}{\operatorname{sen}^2\phi}cdr \qquad (10.38a)$$

$$T = N\int_{r=R_{\text{cubo}}}^{r=R} dT = qN\int_{R_{\text{cubo}}}^{R} \frac{(C_L\operatorname{sen}\phi + C_D\cos\phi)}{\operatorname{sen}^2\phi}rcdr \qquad (10.38b)$$

Nessas equações, q_r é substituído por $q/\operatorname{sen}^2\phi$ baseado na relação entre V e V_r. Usaremos as equações acima para analisar características de partida de uma hélice no Exemplo 10.16.

Exemplo 10.16 EMPUXO DE TORQUE NA PARTIDA DA HÉLICE

Use a teoria de elemento de pá para estimar o empuxo e o torque de partida para uma hélice constituída de N pás independentes com comprimento de corda, c, e para um ângulo constante, θ, com relação ao plano do disco atuador.

Dados: Hélice com N pás independentes
       O comprimento da corda c é constante
       O ângulo θ relativo ao disco atuador é constante

Determinar: Expressões para o empuxo e para o torque de partida

Solução: Aplicar as equações apresentadas anteriormente para a hélice.

Equações básicas:

$$dF_T = dL\cos\phi - dD\operatorname{sen}\phi = q_r cdr(C_L\cos\phi - C_D\operatorname{sen}\phi) \qquad (10.37a)$$

$$dT = r(dL\operatorname{sen}\phi + dD\cos\phi) = q_r rcdr(C_L\operatorname{sen}\phi + C_D\cos\phi) \qquad (10.37b)$$

$$F_T = qN\int_{R_{\text{cubo}}}^{R} \frac{(C_L\cos\phi - C_D\operatorname{sen}\phi)}{\operatorname{sen}^2\phi}cdr \qquad (10.38a)$$

$$T = qN\int_{R_{\text{cubo}}}^{R} \frac{(C_L\operatorname{sen}\phi + C_D\cos\phi)}{\operatorname{sen}^2\phi}rcdr \qquad (10.38b)$$

Considerações:

Velocidade local do vento V é desprezível.
Velocidade angular ω é constante.

512 **Capítulo 10**

Se desprezarmos a velocidade local do vento, V, veremos que as integrais nas Eqs. 10.38 serão indeterminadas desde que $q = 0$ e $\theta = 0$. Portanto, usaremos as expressões diferenciais do empuxo e do torque dadas nas Eqs. 10.37 e integrá-las. Na partida, a velocidade relativa, V_r é simplesmente igual à velocidade $r\omega$ do elemento da pá local. Portanto, a pressão dinâmica relativa q_r é igual a:

$$q_r = \frac{1}{2}\rho r^2 \omega^2$$

Quando $\phi = 0$, as expressões do empuxo e do torque diferenciais se tornam:

$$dF_T = \frac{1}{2}\rho r^2 \omega^2 c\,dr(C_L \cos 0 - C_D \,\text{sen}\,0) = \frac{1}{2}\rho\omega^2 c C_L r^2 dr$$

$$dT = \frac{1}{2}\rho r^2 \omega^2 r c\,dr(C_L \,\text{sen}\,0 + C_D \cos 0) = \frac{1}{2}\rho\omega^2 c C_D r^3 dr$$

Podemos integrar o empuxo e o torque sobre todo o disco atuador:

$$F_T = N\int dF_T = \frac{1}{2}\rho\omega^2 c C_L \int_{R_{\text{cubo}}}^{R} r^2 dr = \frac{1}{2}\rho\omega^2 c C_L \times \frac{1}{3}\left(R^3 - R_{\text{cubo}}^3\right)$$

$$T = N\int dT = \frac{1}{2}\rho\omega^2 c C_D \int_{R_{\text{cubo}}}^{R} r^3 dr = \frac{1}{2}\rho\omega^2 c C_D \times \frac{1}{4}\left(R^4 - R_{\text{cubo}}^4\right)$$

Quando coletamos os termos e simplificamos, encontramos as seguintes expressões:

$$F_{T_{\text{partida}}} = \frac{\rho\omega^2 c C_L}{6}\left(R^3 - R_{\text{cubo}}^3\right) \longleftarrow \quad\quad F_{T_{\text{partida}}}$$

$$T_{\text{partida}} = \frac{\rho\omega^2 c C_D}{8}\left(R^4 - R_{\text{cubo}}^4\right) \longleftarrow \quad\quad T_{\text{partida}}$$

> Este problema apresenta a análise de uma hélice usando a teoria de elementos de pás. As expressões aqui deduzidas parecem relativamente simples, mas é importante notar que os coeficientes de sustentação e de arrasto, C_L e C_D, são funções da seção do aerofólio, bem como do ângulo local de ataque, α, que, para $V = 0$, é igual ao ângulo de inclinação da pá, θ. Além disso, também deve ser notado que os coeficientes de sustentação e de arrasto, quando apresentados como nas Figs. 9.17 ou 9.19, eles são tipicamente dados para números de Reynolds alto, para os quais o escoamento é turbulento e as forças de sustentação e arrasto são insensíveis às mudanças de velocidade. Cuidados devem ser tomados para assegurar que os coeficientes de sustentação e de arrasto usados neste problema correspondam ao número de Reynolds da partida.

Embora essas expressões possam ser relativamente simples de deduzir, elas são difíceis de serem avaliadas. Mesmo que a geometria da hélice seja ajustada para dar passo geométrico constante,[11] o campo de escoamento no qual ela opera pode ser não uniforme. Por isso, o ângulo de ataque ao longo dos elementos de pá pode diferir do ideal, e só pode ser calculado com o auxílio de um código computacional abrangente, capaz de prever as direções e velocidades locais do escoamento. O resultado é que as Eqs. 10.38 não são normalmente usadas, e as características de desempenho da hélice são usualmente medidas experimentalmente.

A Fig. 10.43 mostra medidas de características típicas de desempenho de uma hélice marítima [6] e para uma hélice de avião [41]. As variáveis usadas para traçar o gráfico das características são quase adimensionais: por convenção, a velocidade de rotação, n, é expressa em revoluções por segundo (em vez de radianos por segundo como em ω). A variável independente é o *coeficiente de velocidade de avanço*, J,

$$J \equiv \frac{V}{nD} \tag{10.39}$$

---

[11]O *passo* é definido como a distância que a hélice percorreria por revolução, em fluido calmo, se ele avançasse ao longo da pá estabelecendo o ângulo θ. O passo, H, desse elemento de pá é igual a $2\pi r\,\text{tg}\,\theta$. Para obter passo constante ao longo da pá, θ deve seguir a relação, $\text{tg}\,\theta = H/2\pi r$, do cubo à periferia da pá. Assim, o ângulo geométrico da pá é menor na periferia e aumenta continuamente em direção à raiz.

Máquinas de Fluxo   513

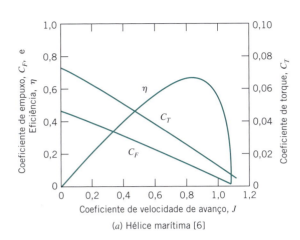
(a) Hélice marítima [6]

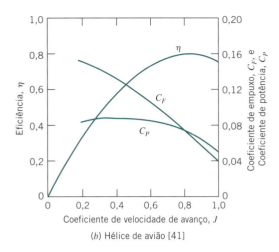
(b) Hélice de avião [41]

Fig. 10.43 Medidas de características típicas de duas hélices.

As variáveis dependentes são o *coeficiente de empuxo*, C_F, o *coeficiente de torque*, C_T, o *coeficiente de potência*, C_P, e a *eficiência da hélice*, η, definidos como

$$C_F = \frac{F_T}{\rho n^2 D^4}, \quad C_T = \frac{T}{\rho n^2 D^5}, \quad C_P = \frac{\mathscr{P}}{\rho n^3 D^5} \quad \text{e} \quad \eta = \frac{F_T V}{\mathscr{P}_{\text{entrada}}} \qquad (10.40)$$

As curvas de desempenho para ambas as hélices, marítima e de avião, mostram tendências semelhantes. Ambos os coeficientes, de empuxo e de torque, são mais altos e a eficiência é zero para velocidade de avanço igual a zero. Isso corresponde ao maior ângulo de ataque para cada elemento de pá ($\alpha = \alpha_{\text{máx}} = \theta$). A eficiência é zero, pois nenhum trabalho útil está sendo realizado pela hélice estacionária. À medida que a velocidade de avanço aumenta, o empuxo e o torque diminuem suavemente. A eficiência aumenta até um máximo, para uma velocidade de avanço ótima, e depois cai a zero, quando o empuxo tende para zero. (Por exemplo, se a seção do elemento de pá é simétrica, isso iria ocorrer teoricamente quando $\tan \theta = V/r\omega$.) O exemplo 10.17 mostra a aplicação dessas relações para o projeto de uma hélice marinha.

A fim de aumentar o desempenho, algumas hélices são projetadas com passo variável. O desempenho de uma hélice de passo variável está mostrado na Fig. 10.45. Essa figura mostra curvas de eficiências (curvas em traço contínuo) para uma série de hélices para diferentes ângulos de passo. Como vimos na Fig. 10.43, a hélice exibe um η máximo para certo valor de J. Contudo, o valor de J para η máximo varia com θ. Incluindo todas as eficiências máximas, o resultado é a curva tracejada na Fig. 10.44. Portanto, variando θ, podemos atingir a maior eficiência dentro de uma ampla faixa de J do que com uma hélice de passo fixo. Tal projeto, contudo, acarreta custos decorrentes da implantação dos sistemas de atuadores e controle necessários para gerar um passo variável. Assim, o emprego ou não dessa concepção de projeto depende dos custos relativos e dos benefícios obtidos para a aplicação pretendida.

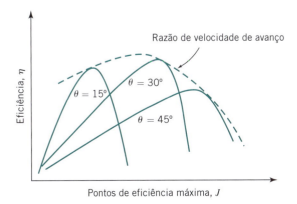

Fig. 10.44 Eficiência de uma hélice de passo variável sujeita a várias incidências globais θ para uma distância radial fixada.

514   Capítulo 10

Exemplo **10.17** DIMENSIONANDO UMA HÉLICE MARÍTIMA

Considere o superpetroleiro do Exemplo 9.5. Considere também que a potência total requerida para vencer a resistência viscosa e o arrasto de ondas é 11,4 MW. Use as características de desempenho da hélice marítima mostradas na Fig. 10.43*a* para estimar o diâmetro e a velocidade de operação requeridos para impulsionar o navio com uma única hélice.

Dados: Superpetroleiro do Exemplo 9.5, com requisito de potência propulsora total igual a 11,4 MW para vencer os arrastos viscoso e de ondas, e dados de desempenho para a hélice marítima mostrados na Fig. 10.43*a*.

Determinar: (a) Uma estimativa do diâmetro de uma hélice única requerida para impulsionar o navio.
(b) A velocidade de operação dessa hélice.

Solução: Das curvas da Fig. 10.43*a*, no ponto de eficiência ótima da hélice, os coeficientes são

$$J = 0,85, \quad C_F = 0,10, \quad C_T = 0,020 \quad \text{e} \quad \eta = 0,66$$

O navio navega a $V = 6,69$ m/s e requer 11,4 MW de potência útil. Portanto, o empuxo da hélice deve ser

$$F_T = \frac{\mathscr{P}_{\text{útil}}}{V} = 11,4 \times 10^6 \text{W} \times \frac{\text{s}}{6,69 \text{ m}} \times \frac{\text{N·m}}{\text{W·s}} = 1,70 \text{ MN}$$

A potência requerida pela hélice é

$$\mathscr{P}_{\text{entrada}} = \frac{\mathscr{P}_{\text{útil}}}{\eta} = \frac{11,4 \text{ MW}}{0,66} = 17,3 \text{ MW}$$

De $J = \dfrac{V}{nD} = 0,85$, vem

$$nD = \frac{V}{J} = 6,69 \frac{\text{m}}{\text{s}} \times \frac{1}{0,85} = 7,87 \text{ m/s}$$

Como

$$C_F = \frac{F_T}{\rho n^2 D^4} = 0,10 = \frac{F_T}{\rho(n^2 D^2)D^2} = \frac{F_T}{\rho(nD)^2 D^2}$$

resolvendo para D, resulta

$$D = \left[\frac{F_T}{\rho(nD)^2 C_F}\right]^{1/2} = \left[1,70 \times 10^6 \text{ N} \times \frac{\text{m}^3}{1025 \text{ kg}} \times \frac{\text{s}^2}{(7,87)^2 \text{ m}^2} \times \frac{1}{0,10} \times \frac{\text{kg·m}}{\text{N·s}^2}\right]^{1/2}$$

$$D = 16,4 \text{ m} \longleftarrow \underline{\hspace{6cm}} D$$

De $nD = \dfrac{V}{J} = 7,87$ m/s, $n = \dfrac{nD}{D} = 7,87 \dfrac{\text{m}}{\text{s}} \times \dfrac{1}{16,4 \text{ m}} = 0,480$ rev/s

de modo que

$$n = \frac{0,480 \text{ rev}}{\text{s}} \times 60 \frac{\text{s}}{\text{min}} = 28,8 \text{ rev/min} \longleftarrow \underline{\hspace{3cm}} n$$

A hélice requerida é muito grande, porém ainda menor do que os 25 m de calado (porção máxima do casco que pode ser mantida submersa) do navio. Seria necessário embarcar água do mar, como lastro no navio, para manter a hélice submersa, quando o navio não estivesse com carga plena de petróleo.

> Este problema ilustra o uso de dados de coeficiente normalizado para o dimensionamento preliminar de uma hélice marítima. Esse processo de projeto preliminar seria repetido, usando dados para outros tipos de hélices, para determinar a combinação ótima de tamanho, velocidade e eficiência da hélice.

As hélices marítimas tendem a ter elevada solidez. Isso significa superfície de sustentação suficiente dentro da área de varredura do disco para manter pequena a diferença de pressão através da hélice e evitar cavitação. A cavitação tende a descarregar as pás de uma hélice marítima, reduzindo tanto o torque requerido quanto o empuxo produzido [6]. A cavitação torna-se mais provável ao longo das pás, quando o índice (número) de cavitação,

$$Ca = \frac{p - p_v}{\frac{1}{2}\rho V^2} \qquad (10.41)$$

é reduzido. A inspeção da Eq. 10.41 mostra que Ca decresce quando p é reduzida por operação próxima da superfície livre ou por aumento de V. Aqueles que já operaram barcos a motor sabem que a cavitação local pode ser causada por escoamento distorcido aproximando-se da hélice, como, por exemplo, em uma virada brusca.

A compressibilidade afeta hélices de aviões quando as velocidades periféricas aproximam-se do *número crítico de Mach*, para o qual o número de Mach local aproxima-se de $M = 1$ em algum ponto da pá. Sob estas condições, o torque aumenta devido ao aumento no arrasto, o empuxo cai devido à redução na sustentação da seção e, assim, a eficiência cai drasticamente.

Se uma hélice opera dentro da camada-limite de um corpo impulsionado, em que o escoamento relativo é desacelerado, seu torque e seu empuxo aparentes podem aumentar comparados com aqueles em uma corrente livre uniforme, para uma mesma velocidade de avanço. A energia cinética residual na corrente fluida também pode ser reduzida. A combinação destes efeitos pode aumentar a eficiência global de propulsão do combinado corpo e hélice. Códigos computacionais avançados são utilizados no projeto de navios modernos (e de submarinos, onde o ruído pode ser uma consideração primordial) para otimizar o desempenho de cada combinação hélice/casco.

Para certas aplicações especiais, uma hélice pode ser colocada dentro de um *tubulão* ou *duto*. Tais configurações podem ser integradas em um casco (por exemplo, como uma hélice transversal de proa para aumentar a capacidade de manobra), instaladas em uma asa de avião, ou colocadas no convés de um *hovercraft*. O empuxo pode ser melhorado pelas forças favoráveis de pressão nas bordas do duto, mas a eficiência pode ser reduzida pelas perdas adicionais de atrito superficial encontradas no duto.

Máquinas Eólicas

Os moinhos de vento (ou mais apropriadamente, as turbinas eólicas) têm sido usados por séculos para extrair potência dos ventos naturais. Dois exemplos bem conhecidos são mostrados na Fig. 10.45.

Os moinhos de vento holandeses (Fig. 10.45a) giravam lentamente, de modo que a potência podia ser usada para girar rodas de pedra que moíam grãos, daí o nome "moinho de vento". Eles evoluíram para grandes estruturas; o tamanho prático máximo era limitado pelos materiais da época. Calvert [43] relata que, com base em seus testes de laboratório com modelos, um moinho de vento tradicional holandês, de 26 m de

(a) Moinho holandês tradicional

(b) Moinho de vento de fazenda americana

Fig. 10.45 Exemplos de moinhos de vento bem conhecidos [42].

diâmetro, produzia 41 kW em um vento de 36 km/h, a uma velocidade angular de 20 rpm. Os moinhos de vento americanos, de pás múltiplas (Fig. 10.45b) eram encontrados em muitas fazendas dos Estados Unidos entre 1850 e 1950. Eles realizavam valiosos serviços no acionamento de bombas de água antes da eletrificação rural.

A ênfase recente em recursos renováveis tem reavivado o interesse no projeto e otimização de moinhos de vento. Em 2008, nos Estados Unidos, a potência elétrica gerada a partir da energia eólica superou 25.000 MW, que produziram 52 milhões de MWh de energia elétrica, representando 1,26% do consumo total de energia elétrica para aquele ano [44]. Além disso, em 2008, os Estados Unidos superaram a Alemanha, tornando-se o maior gerador mundial de eletricidade a partir da energia eólica. Das novas fontes de energia, a eólica representa 42% do total, contra apenas 2% em 2004. O cinturão de ventos da América, que se estende das Grandes Planícies do Texas até Dakotas, tem sido apelidado de "Arábia Saudita do vento" [45].

Esquemas de configurações de turbinas eólicas estão mostrados na Fig. 10.46. Em geral, turbinas eólicas são classificadas de duas formas. A primeira classificação é baseada na orientação do eixo da turbina. Configurações de turbinas eólicas com eixo horizontal (HAWT, do inglês, *Horizontal-Axial Wind Turbine*) e eixo vertical (VAWT, do inglês, *Vertical-Axial Wind Turbine*) vêm sendo estudadas extensivamente. A maioria das HAWTs apresenta hélices com duas ou três pás, que giram em alta velocidade e são montadas em torres muito altas com o gerador elétrico. A grande e moderna HAWT mostrada na Fig. 10.47a é capaz de produzir potência a partir de qualquer vento superior a uma brisa leve. A turbina mostrada na Fig. 10.47b é uma VAWT. Esse dispositivo usa uma moderna seção de aerofólio simétrico para o rotor, tendo uma forma *troposquiana*.[12] Projetos antigos de VAWT sofriam com as elevadas tensões de flexão e os torques pulsantes. Projetos mais recentes, como o mostrado nessa figura, se caracterizam por aerofólios helicoidais, que distribuem o torque mais uniformemente em torno do eixo central. As VAWTs ainda se caracterizam por apresentarem o gerador elétrico montado no solo.

A segunda classificação refere-se a como a energia eólica é aproveitada. O primeiro grupo de turbinas coleta a energia do vento através da força de arrasto; essas turbinas eólicas são tipicamente apenas de configuração de eixo vertical. O segundo grupo coleta a energia através das forças de sustentação. Turbinas eólicas baseadas na força de sustentação são de configuração de eixo horizontal ou de eixo vertical. A VAWT tipo sus-

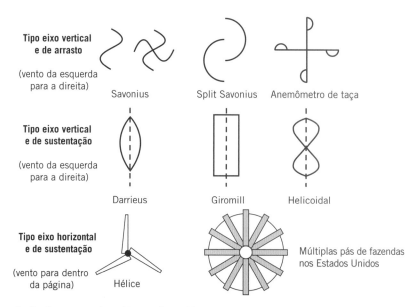

Fig. 10.46 Configurações de turbinas eólicas diferenciadas pela orientação do eixo (horizontal contra vertical) e pela natureza da força exercida sobre o elemento ativo (sustentação contra arrasto).

---

[12]Essa forma (que seria aquela assumida por uma corda flexível girada em torno de um eixo vertical) minimiza as tensões de flexão no rotor da turbina Darrieus.

 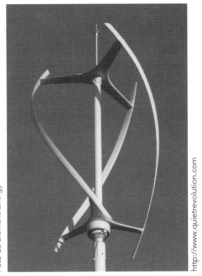

(a) Turbina eólica de eixo horizontal   (b) Turbina eólica de eixo vertical

Fig. 10.47 Exemplos de projetos modernos de turbinas eólicas.

tentação não é capaz de partir do repouso; ela só pode produzir potência utilizável acima de certa velocidade angular mínima. Ela pode ser combinada com uma turbina autônoma, como um rotor Savonius, de modo a prover o torque de partida [40, 46].

Uma turbina eólica de eixo horizontal pode ser analisada como uma hélice em operação reversa. O modelo de Rankine de escoamento unidimensional, incorporando um disco de hélice idealizado, é mostrado na Fig. 10.48. A notação simplificada da figura é frequentemente usada para analisar turbinas eólicas.

A velocidade do vento afastado a montante é V. A corrente é desacelerada para $V(1-a)$ no disco da turbina e para $V(1-2a)$ na esteira da turbina (a é chamado de *fator de interferência*). Assim, o tubo de corrente de ar capturado pela turbina eólica é pequeno a montante e seu diâmetro aumenta à medida que ele move para jusante.

A aplicação direta da equação da quantidade de movimento linear para um VC (veja o Exemplo 10.18) prevê o empuxo axial numa turbina de raio R como

$$F_T = 2\pi R^2 \rho V^2 a(1-a) \tag{10.42}$$

A aplicação da equação de energia, supondo não haver perdas (nenhuma variação na energia interna ou transferência de calor), fornece a potência retirada da corrente de vento como

$$\mathscr{P} = 2\pi R^2 \rho V^3 a(1-a)^2 \tag{10.43}$$

A eficiência de uma turbina eólica é definida mais convenientemente com referência ao fluxo de energia cinética contido dentro de um tubo de corrente do tamanho do disco atuador (disco de hélice). Esse fluxo de energia cinética é

$$KEF = \frac{1}{2}\rho V^3 \pi R^2 \tag{10.44}$$

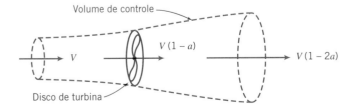

Fig. 10.48 Volume de controle e notação simplificada usados na análise do desempenho de turbinas eólicas.

A combinação das Eqs. 10.43 e 10.44 dá a eficiência (ou, alternativamente, o *coeficiente de potência* [47]) como

$$\eta = \frac{\mathscr{P}}{KEF} = 4a(1-a)^2 \qquad (10.45)$$

Betz [veja a 47] foi o primeiro a deduzir esse resultado e a mostrar que a eficiência teórica é maximizada quando $a = 1/3$. A eficiência máxima teórica é $\eta = 0{,}593$.

Se a turbina eólica estiver levemente carregada (a pequeno), ela afetará uma grande massa de ar por unidade de tempo, mas a energia extraída por unidade de massa será pequena e a eficiência, baixa. A maior parte da energia cinética na corrente de ar inicial será deixada na esteira e desperdiçada. Se a turbina estiver fortemente carregada ($a \approx 1/2$), ela afetará uma massa de ar muito menor por unidade de tempo. A energia removida por unidade de massa será grande, mas a potência produzida será pequena comparada ao fluxo de energia cinética através da área não perturbada do disco atuador. Desse modo, um pico de eficiência ocorre em carregamentos intermediários do disco.

O modelo de Rankine inclui algumas hipóteses importantes que limitam a sua aplicabilidade [47]. Primeiro, admite-se que a turbina eólica afeta apenas o ar contido dentro do tubo de corrente definido na Fig. 10.48. Segundo, a energia cinética produzida como redemoinho atrás da turbina não é considerada. Terceiro, qualquer gradiente radial de pressão é ignorado. Glauert [veja a 41] considerou parcialmente o redemoinho da esteira para prever a dependência da eficiência ideal sobre a razão de velocidade periférica, X,

$$X = \frac{R\omega}{V} \qquad (10.46)$$

como mostrado na Fig. 10.49 (ω é a velocidade angular da turbina).

À medida que a razão de velocidade periférica aumenta, a eficiência ideal aumenta, aproximando-se assintoticamente do valor de pico ($\eta = 0{,}593$). (Fisicamente, o redemoinho deixado na esteira é reduzido quando a razão de velocidade periférica aumenta.) Avallone et al. [46] apresentaram um resumo da teoria detalhada do elemento de pá usada para desenvolver a curva de eficiência limite mostrada na Fig. 10.49.

Cada tipo de turbina eólica tem a sua faixa de aplicação mais favorável. O tradicional moinho de vento americano de pás múltiplas tem um grande número de pás e opera a velocidades relativamente baixas. Sua solidez, σ (a razão entre a área da pá e a área de varredura do disco da turbina, πR^2) é alta. Por causa da velocidade de operação relativamente baixa, sua razão de velocidade periférica e seu

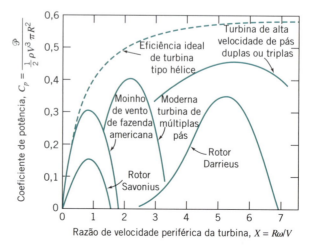

Fig. 10.49 Tendências de eficiência de tipos de turbina eólica *versus* razão de velocidade periférica [43].

limite de desempenho teórico são baixos. O seu desempenho relativamente pobre, comparado com o limite teórico, é em grande parte decorrente das pás grosseiras, que são simples chapas metálicas dobradas, em vez de aerofólios.

É necessário aumentar consideravelmente a razão de velocidade periférica para alcançar uma faixa de operação mais favorável. Os projetos modernos de turbina eólica de alta velocidade são aerofólios cuidadosamente conformados e operam com razões de velocidade periférica de até 7 [48].

Exemplo 10.18 DESEMPENHO DE UM MOINHO DE VENTO IDEALIZADO

Desenvolva expressões gerais para empuxo, potência produzida e eficiência de um moinho de vento idealizado, conforme mostrado na Fig. 10.48. Calcule o empuxo, a eficiência ideal e a eficiência real para o moinho holandês testado por Calvert ($D = 26$ m, $N = 20$ rpm, $V = 36$ km/h e $\mathcal{P}_{saída} = 41$ kW).

Dados: Moinho de vento idealizado, conforme mostrado na Fig. 10.48, e moinho de vento holandês testado por Calvert:

$$D = 26 \text{ m} \quad N = 20 \text{ rpm} \quad V = 36 \text{ km/h} \quad \mathcal{P}_{saída} = 41 \text{ kW}$$

Determinar: (a) Expressões gerais para o empuxo, a potência produzida e a eficiência ideais.
(b) O empuxo, a potência produzida e as eficiências ideais e reais para o moinho de vento holandês testado por Calvert.

Solução: Aplique as equações de continuidade, quantidade de movimento e energia (componente x), usando o VC e as coordenadas mostradas.

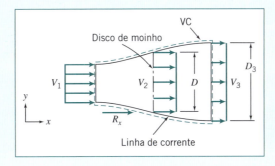

Equações básicas:

$$\cancelto{0(3)}{\frac{\partial}{\partial t}\int_{VC} \rho\, d\mathcal{V}} + \int_{SC} \rho \vec{V} \cdot d\vec{A} = 0$$

$$F_{S_x} + \cancelto{0(2)}{F_{B_x}} = \cancelto{0(3)}{\frac{\partial}{\partial t}\int_{SC} u\, \rho\, d\mathcal{V}} + \int_{SC} u\, \rho \vec{V} \cdot d\vec{A}$$

$$\cancelto{0(7)}{\dot{Q}} - \dot{W}_s = \cancelto{0(3)}{\frac{\partial}{\partial t}\int_{VC} e\, \rho\, d\mathcal{V}} + \int_{SC} \left(e + \frac{p}{\rho}\right) \rho \vec{V} \cdot d\vec{A}$$

Considerações:

1 A pressão atmosférica atua sobre o VC; $F_{S_x} = R_x$.
2 $F_{B_x} = 0$.
3 Escoamento permanente.
4 Escoamento uniforme em cada seção.
5 Escoamento incompressível de ar padrão.

520   Capítulo 10

6   $V_1 - V_2 = V_2 - V_3 = \frac{1}{2}(V_1 - V_3)$, conforme demonstrado por Rankine.

7   $Q = 0$.

8   Nenhuma variação na energia interna para escoamento incompressível e sem atrito.

Em termos do fator de interferência, a, $V_1 = V$, $V_2 = (1 - a)\,V$ e $V_3 = (1 - 2a)\,V$.

Da continuidade, para escoamento uniforme em cada seção transversal, $V_1A_1 = V_2A_2 = V_3A_3$.
Da quantidade de movimento,

$$R_x = u_1(-\rho V_1 A_1) + u_3(+\rho V_3 A_3) = (V_3 - V_1)\rho V_2 A_2 \qquad \{u_1 = V_1,\ u_3 = V_3\}$$

R_x é a força externa atuando *sobre* o volume de controle. A força de empuxo exercida *pelo* VC *sobre* o ambiente é

$$K_x = -R_x = (V_1 - V_3)\rho V_2 A_2$$

Em termos do fator de interferência, a equação para o empuxo pode ser escrita na forma geral,

$$K_x = \rho V^2\, \pi R^2 2a(1 - a) \longleftarrow \hspace{5cm} K_x$$

(Faça dK_x/da igual a zero para mostrar que o máximo empuxo ocorre quando $a = \frac{1}{2}$.)
A equação da energia torna-se

$$-\dot{W}_s = \frac{V_1^2}{2}\,(-\rho V_1 A_1) + \frac{V_3^2}{2}\,(+\rho V_3 A_3) = \rho V_2 \pi R^2\,\frac{1}{2}\,(V_3^2 - V_1^2)$$

A potência ideal produzida, $\mathcal{P}$, é igual a $\dot{W}_s$. Em termos do fator de interferência,

$$\mathcal{P} = \dot{W}_s = \rho V(1 - a)\pi R^2\left[\frac{V^2}{2} - \frac{V^2}{2}\,(1 - 2a)^2\right] = \rho V^3(1 - a)\,\frac{\pi R^2}{2}\,[1 - (1 - 2a)^2]$$

Após simplificação algébrica,

$$\mathcal{P}_{\text{ideal}} = 2\rho V^3 \pi R^2 a(1 - a)^2 \longleftarrow \hspace{5cm} \mathcal{P}_{\text{ideal}}$$

O fluxo de energia cinética através de um tubo de corrente de escoamento não perturbado, de área igual à do disco atuador, é

$$KEF = \rho V \pi R^2\,\frac{V^2}{2} = \frac{1}{2}\rho V^3 \pi R^2$$

Então, a eficiência ideal pode ser escrita como

$$\eta = \frac{\mathcal{P}_{\text{ideal}}}{KEF} = \frac{2\rho V^3 \pi R^2 a(1 - a)^2}{\frac{1}{2}\rho V^3 \pi R^2} = 4a(1 - a)^2 \longleftarrow \hspace{5cm} \eta$$

Para encontrar a condição de máxima eficiência possível, faça $d\eta/da$ igual a zero. A eficiência máxima é $\eta = 0{,}593$, que ocorre quando $a = 1/3$.
O moinho holandês testado por Calvert tem uma razão de velocidade periférica de

$$X = \frac{NR}{V} = 20\,\frac{\text{rev}}{\text{min}} \times 2\pi\,\frac{\text{rad}}{\text{rev}} \times \frac{\text{min}}{60\text{ s}} \times 13\text{ m} \times \frac{\text{s}}{10\text{ m}} = 2{,}72 \longleftarrow \hspace{3cm} X$$

A eficiência teórica máxima atingível para essa razão de velocidade periférica, levando em conta redemoinho (Fig. 10.44), seria cerca de 0,53.
A eficiência real do moinho de vento holandês é

$$\eta_{\text{real}} = \frac{\mathcal{P}_{\text{real}}}{KEF}$$

Baseado nos dados de teste de Calvert, o fluxo de energia cinética é

$$KEF = \frac{1}{2}\rho V^3 \pi R^2$$

$$= \frac{1}{2} \times 1{,}23\frac{\text{kg}}{\text{m}^3} \times (10)^3 \frac{\text{m}^3}{\text{s}^3} \times \pi \times (13)^2 \text{ m}^2 \times \frac{\text{N}\cdot\text{s}^2}{\text{kg}\cdot\text{m}} \times \frac{\text{W}\cdot\text{s}}{\text{N}\cdot\text{m}}$$

$$KEF = 3{,}27 \times 10^5 \text{ W} \quad \text{ou} \quad 327 \text{ kW}$$

Substituindo na definição de eficiência real, vem

$$\eta_{\text{real}} = \frac{41 \text{ kW}}{327 \text{ kW}} = 0{,}125 \quad\longleftarrow\quad \eta_{\text{real}}$$

Assim, a eficiência real do moinho de vento holandês é cerca de 24% da eficiência máxima teoricamente atingível para esta razão de velocidade periférica.

O empuxo real do moinho de vento holandês pode ser apenas estimado, pois o fator de interferência, a, não é conhecido. O empuxo máximo possível ocorreria para $a = 1/2$, caso em que,

$$K_x = \rho V^2 \pi R^2 \, 2a(1-a)$$

$$= 1{,}23\frac{\text{kg}}{\text{m}^3} \times (10)^2 \frac{\text{m}^2}{\text{s}^2} \times \pi \times (13)^2 \text{ m}^2 \times 2\left(\frac{1}{2}\right)\left(1 - \frac{1}{2}\right) \times \frac{\text{N}\cdot\text{s}^2}{\text{kg}\cdot\text{m}}$$

$$K_x = 3{,}27 \times 10^4 \text{ N} \quad \text{ou} \quad 32{,}7 \text{ kN} \quad\longleftarrow\quad K_x$$

Isso não aparenta ser uma grande força de empuxo, considerando o tamanho ($D = 26$ m) do moinho de vento. Contudo, $V = 36$ km/h é apenas um vento moderado. A máquina real teria que suportar condições de vento muito mais graves durante tempestades.

> Este problema ilustra uma aplicação dos conceitos de empuxo, potência e eficiência ideais para um moinho de vento, e os cálculos dessas quantidades para uma máquina real.

A análise de uma VAWT é ligeiramente diferente daquela de uma HAWT. A principal razão para essa diferença pode ser vista na Fig. 10.50. Nessa figura, a seção transversal de um aerofólio em uma turbina Darrieus é mostrada girando em torno do eixo da turbina. Considerando que o vento sopra em uma direção constante, o ângulo de ataque α variará até atingir um valor máximo quando θ for igual a 90°. Nessa configuração, o ângulo de ataque é expresso por:

$$\alpha_m = \text{tg}^{-1} \frac{V}{R\omega} \tag{10.47a}$$

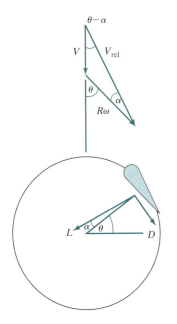
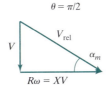

Fig. 10.50 Velocidades em torno das pás de um elemento das pás de um rotor Darrieus para um ângulo azimutal θ, bem como para $\theta = \pi/2$, em que o ângulo de ataque do aerofólio é maximizado.

522   Capítulo 10

A Eq. 10.47a estabelece que o ângulo máximo de ataque se relaciona com a velocidade do vento, a velocidade angular do rotor e com o raio local do rotor. Usando a razão de velocidade periférica, X, definida pela Eq. 10.46, a Eq. 10.47a pode ser reescrita como:

$$\alpha_m = \text{tg}^{-1} \frac{1}{X} \tag{10.47b}$$

Como o ângulo de ataque deve ser menor que aquele para estol ($10°$–$15°$ para a maioria dos aerofólios típicos), segue que X deveria ser um número grande (pelo menos da ordem de 6). As forças de sustentação e de arrasto (L e D, respectivamente) atuando sobre o aerofólio podem ser vistas na Fig. 10.50. Essas forças aerodinâmicas geram um torque sobre o rotor. O torque sobre o rotor para um dado valor de α é:

$$T = \omega R (L \operatorname{sen} \alpha - D \cos \alpha) \tag{10.48}$$

Agora, se a seção do aerofólio usado é simétrica (curvatura zero), então o coeficiente de sustentação é diretamente proporcional ao ângulo de ataque [49]:

$$C_L = m\alpha \tag{10.49}$$

Na Eq. 10.49, m é a inclinação da curva de sustentação, sendo específica para o aerofólio usado. Além disso, o coeficiente de arrasto pode ser aproximado por:

$$C_D = C_{D,0} + \frac{C_L^2}{\pi RA} \tag{9.43}$$

Nessa expressão, $C_{D,0}$ é o coeficiente de arrasto para o ângulo de ataque zero e RA é a razão de área do aerofólio. Agora, como a velocidade do ar em relação ao rotor é uma função de α, que depende de θ, segue que as forças de sustentação e de arrasto também são funções de θ. Por isso, qualquer quantificação do desempenho do rotor precisa ser uma média em toda a faixa de θ. Decher [40] deduziu uma expressão para a eficiência do rotor baseada nos efeitos de sustentação e arrasto, $\eta_{L/D}$. Essa expressão é definida como o trabalho útil (o torque na Eq. 10.48) dividido pela potência disponível no vento. Em termos da sustentação e do arrasto, essa expressão é:

$$\eta_{L/D} = \frac{R\omega \overline{(L \operatorname{sen} \alpha - D \cos \alpha)}}{V \overline{(L \cos \alpha + D \operatorname{sen} \alpha)}}$$

Nessa equação, as barras sobre os dois termos entre parênteses indicam os valores médios dessas quantidades. Como as forças de sustentação e de arrasto do rotor mudam com θ, um tempo médio das forças precisa ser calculado por integração. Substituindo as Eqs. 10.49 e 9.43 nessa expressão e tomando a média em uma revolução completa do rotor ($0 \leq \theta \leq 2\pi$), a eficiência se torna:

$$\eta_{L/D} = \frac{1 - C_{D,0}\left(\dfrac{2}{C_{D,0}RA} + \dfrac{4X^3}{1 + X^2}\right)}{1 + C_{D,0}\left(\dfrac{1}{2\pi} + \dfrac{3}{2C_{D,0}RAX^2}\right)} \tag{10.50}$$

Essa eficiência altera a eficiência baseada na teoria do disco do atuador (Eq. 10.45) para um valor estimado da eficiência global do rotor:

$$\eta \approx \eta_{disco\,atu}\eta_{L/D} \tag{10.51}$$

Contudo, para determinar a eficiência de um rotor completo, precisamos adicionar as contribuições do torque sobre todo o rotor. Como diferentes partes do rotor têm diferentes raios (diferentes valores de R), elas terão diferentes valores de X. Da Eq. 10.50, pode-se perceber que as porções do rotor com pequenos raios contribuirão muito pouco para o torque comprado às porções centrais do rotor. No exemplo 10.19, características de desempenho de um VAWT são apresentadas.

Máquinas de Fluxo   **523**

Exemplo **10.19** ANÁLISE DE UMA TURBINA EÓLICA GIROMILL

Uma turbina eólica Giromill (veja a Fig. 10.46) tem uma altura de 42 m e um diâmetro de 33 m. A seção do aerofólio usado é simétrica, de comprimento constante e com um ângulo de estol de 12° e uma razão de área de 50. Sobre a faixa normal de operação, o coeficiente de sustentação do aerofólio pode ser descrito pela equação $C_L = 0,1097\alpha$, em que α é o ângulo de ataque em graus. O coeficiente de arrasto para o ângulo de ataque zero é 0,006 e, para outros ângulos de ataque, o coeficiente de arrasto pode ser aproximado pela Eq. 9.43. Se o Giromill gira a 24 rpm, calcule a velocidade máxima permitida para o vento para evitar estol na seção do aerofólio. Se a potência gerada para essa condição de velocidade mínima é de 120 kW, qual é a eficiência da turbina?

Dados: Turbina eólica Giromill
  Altura: 42 m
  Diâmetro: 33 m
  Velocidade de rotação mínima: 24 rpm
  Potência: 120 kW
  Aerofólio simétrico
  Ângulo de estol: 12°
  Razão de área: 50
  Coeficiente de sustentação é linear; $C_L = 0,1097\alpha$ (α em graus)
  Coeficiente de arrasto parabólico é $C_{D,0} = 0,006$

Determinar: (a) Velocidade do vento máxima permitida para evitar estol.
  (b) Eficiência da turbina.

Solução: Aplicar as equações apresentadas anteriormente para a turbina:

Equações básicas:

$$\alpha_m = \text{tg}^{-1}\frac{V}{\omega R} = \text{tg}^{-1}\frac{1}{X} \tag{10.47a,b}$$

$$KEF = \frac{1}{2}\rho V^3 \pi R^2 \tag{10.44}$$

$$\eta = \frac{\mathscr{P}}{KEF} \tag{10.45}$$

$$C_D = C_{D,0} + \frac{C_L^2}{\pi RA} \tag{9.43}$$

$$\eta_{L/D} = \frac{1 - C_{D,0}\left(\dfrac{2}{C_{D,0}RA} + \dfrac{4X^3}{1+X^2}\right)}{1 + C_{D,0}\left(\dfrac{1}{2\pi} + \dfrac{3}{2C_{D,0}RAX^2}\right)} \tag{10.50}$$

$$\eta \approx \eta_{disco\ atu}\eta_{L/D} \tag{10.51}$$

Considerações:

Atmosfera-padrão: $\rho = 0,002377$ slug/ft³

(a) Para a velocidade máxima, resolvemos a Eq. 10.47a para a velocidade:

$$V = R\omega\ \text{tg}\ \alpha_m - 16,5 \times 24\frac{\text{rev}}{\text{min}} \times \frac{2\pi\ \text{rad}}{\text{rev}} \times \frac{\text{min}}{60\ \text{s}} \times \text{tg}\ 12° = 8,8\frac{\text{m}}{\text{s}}$$

$$V = 8,8\ \frac{\text{m}}{\text{s}} \longleftarrow \underline{\hspace{9cm} V}$$

(b) Para determinar a eficiência, precisamos achar a eficiência do disco do atuador e a eficiência sustentação/arrasto, pela Eq. 10.51. Para calcular a eficiência do disco do atuador, primeiro vamos achar o fluxo de energia cinética:

$$KEF = \frac{1}{2}\rho V^3 \pi R^2 = \frac{\pi}{2} \times 1,23\frac{\text{kg}}{\text{m}^3} \times \left(8,8\frac{\text{m}}{\text{s}}\right)^3 \times (16,5\ \text{m})^2 = 358,5\ \text{kW}$$

524   Capítulo 10

Portanto, a eficiência do disco do atuador é:

$$\eta = \frac{\mathcal{P}}{KEF} = \frac{160}{521} = 0,307$$

Para achar a eficiência sustentação/arrasto do rotor, precisamos calcular a razão de velocidade periférica:

$$X = \frac{1}{\text{tg } \alpha_m} = \frac{1}{\text{tg } 12°} = 4,705$$

Usando esse valor de X e os valores dados no problema, podemos calcular a eficiência sustentação/arrasto:

$$\eta_{L/D} = \frac{1 - C_{D,0}\left(\dfrac{2}{C_{D,0}RA} + \dfrac{4X^3}{1 + X^2}\right)}{1 + C_{D,0}\left(\dfrac{1}{2\pi} + \dfrac{3}{2C_{D,0}RAX^2}\right)} = \frac{1 - 0,006 \times \left(\dfrac{2}{0,006 \times 50} + \dfrac{4 \times 4,705^3}{1 + 4,705^2}\right)}{1 + 0,006 \times \left(\dfrac{1}{2\pi} + \dfrac{3}{2 \times 0,006 \times 50 \times 4,705^2}\right)} = 0,850$$

Logo, a eficiência global é:

$$\eta \approx \eta_{disco\ atu}\eta_{L/D} = 0,335 \times 0,850 = 0,285 \longleftarrow \hspace{3cm} \eta$$

> Este problema apresenta a análise de uma VAWT, desde que a seção do aerofólio esteja abaixo do ângulo de estol. Uma análise mais detalhada seria necessária se um tipo diferente de seção, como a da turbina Darrieus, fosse usada, e desde que o raio do rotor não fosse constante.

10.7 *Turbomáquinas de Escoamento Compressível*

Embora a interação de fluidos incompressíveis com turbomáquinas seja um importante tópico, tanto do ponto de vista fenomenológico quanto do prático, existem muitas situações em que o escoamento através da máquina experimenta significativas mudanças na massa específica. Isso é especialmente importante na turbina a gás (ciclo Brayton) e na turbina a vapor (ciclo Rankine) para geração de energia. Investigaremos as modificações das equações básicas e das análises dimensionais necessárias nas aplicações de escoamento compressível. Quando necessário, o leitor será orientado a buscar esclarecimentos no Capítulo 12.

Aplicação da Equação da Energia para uma Máquina de Escoamento Compressível

No Capítulo 4, vimos a primeira lei da termodinâmica para um volume de controle arbitrário. O resultado foi a equação da energia, Eq. 4.56,

$$\dot{Q} - \dot{W_s} - \dot{W}_{\text{cisalhamento}} - \dot{W}_{\text{outro}} = \frac{\partial}{\partial t}\int_{VC} e\rho d\Psi + \int_{SC}\left(u + pv + \frac{V^2}{2} + gz\right)\rho\vec{V}\cdot d\vec{A} \quad (4.56)$$

A Eq. 4.56 estabelece que o calor adicionado ao sistema, menos o trabalho realizado pelo sistema, resulta em um acréscimo na energia do sistema. Nessa equação, o trabalho realizado pelo sistema é constituído de três partes. A primeira, conhecido como "trabalho de eixo", é o trabalho útil de entrada/saída que analisamos nas turbomáquinas. O segundo é o trabalho devido à tensão de cisalhamento na superfície do volume de controle. O terceiro, referido como "outros trabalhos", inclui fontes, tais como transferência de energia eletromagnética.

Agora, vamos simplificar a Eq. 4.56 para turbomáquinas de escoamento compressível. Primeiro, as turbomáquinas típicas funcionam em condições tais que as transferências de calor com a vizinhança são minimizadas, de modo que a transferência de calor pode ser ignorada. Segundo, a exceção do trabalho de eixo, os outros trabalhos são pequenos, de modo que podem ser desprezados. Terceiro, mudanças na energia

Máquinas de Fluxo **525**

potencial gravitacional são pequenas, e podem ser desprezadas na integral de superfície. Como a entalpia é definida como $h \equiv u + pv$, para escoamento permanente, a Eq. 4.56 se torna:

$$\dot{W}_s = -\int_{SC}\left(h + \frac{V^2}{2}\right)\rho\vec{V}\cdot d\vec{A}$$

Neste ponto, introduzimos a *entalpia de estagnação*,[13] definida como a soma da entalpia do fluido e a energia cinética:

$$h_0 = h + \frac{V^2}{2}$$

Portanto, podemos reescrever a equação da energia como:

$$\dot{W}_s = -\int_{SC} h_0\rho\vec{V}\cdot d\vec{A} \tag{10.52a}$$

A Eq. 10.52a estabelece que, para uma turbomáquina com trabalho de *entrada*, a potência *requerida* causa um aumento na entalpia de estagnação do fluido; para uma turbomáquina com trabalho de *saída*, a potência *produzida* é decorrente de um decréscimo na entalpia de estagnação do fluido. Nessa equação, $\dot{W}_s$ é positivo quando o trabalho está sendo realizado *pelo* fluido (como em uma turbina), enquanto $\dot{W}_s$ é negativo quando o trabalho está sendo realizado *sobre* o fluido (como em um compressor).

É importante notar que a convenção de sinal usada nessa equação parece contrariar aquela usada na Equação de Euler para Turbomáquinas, desenvolvida na Seção 10.2. Se você recordar, na Eq. 10.2, um valor positivo de $\dot{W}_p$ indicou trabalho realizado sobre o fluido, enquanto um valor negativo indicou trabalho realizado pelo fluido. A diferença, para relembrar, é que $\dot{W}_s$ é a potência mecânica exercida *pelo* fluido de trabalho sobre sua vizinhança, isto é, o rotor, enquanto $\dot{W}_p$ é a potência mecânica exercida *sobre* o fluido de trabalho pelo rotor. Levando isso em conta, faz todo sentido pensar que essas duas quantidades deverão ter módulos iguais e sinais opostos.

O integrando no lado direito da Eq. 10.52a é o produto da entalpia de estagnação com a vazão mássica para cada seção. Se consideramos escoamento uniforme para dentro da máquina na seção 1, e para fora da máquina na seção 2, a Eq. 10.52a se torna:

$$\dot{W}_s = -(h_{0_2} - h_{0_1})\dot{m} \tag{10.52b}$$

Compressores

Os *compressores* podem ser centrífugos ou axiais, dependendo da velocidade específica. Turbocompressores automotivos, pequenos motores de turbinas a gás e equipamentos de recompressão (*boosters*) em tubulações de gás natural são centrífugos. Grandes turbinas a gás e a vapor e motores de aviões a jato (como visto nas Figs. 10.3 e 10.4*b*) são, em geral, máquinas de fluxo axial.

Se o escoamento através de um compressor causar uma mudança na massa específica do fluido, a análise dimensional apresentada para escoamento incompressível não será a mais apropriada. Em vez disso, vamos quantificar o desempenho de um compressor através de Δh_{0_s}, o aumento ideal na entalpia de estagnação do escoamento,[14] a eficiência η e a potência $\mathscr{P}$. A relação funcional é:

$$\Delta h_{0_s}, \eta, \mathscr{P} = f(\mu, N, D, \dot{m}, \rho_{0_1}, c_{0_1}, k) \tag{10.53}$$

---

[13]Veja a Seção 12.3 para uma discussão de estado de estagnação.

[14]Na Seção 12.1, foi demonstrado que um processo adiabático e reversível é isentrópico. Disso pode ser provado que uma compressão isentrópica resulta na potência mínima de entrada entre duas pressões fixas, enquanto uma expansão isentrópica resulta na potência máxima de saída entre duas pressões fixas. Portanto, o processo isentrópico de compressão/expansão é considerado ideal para compressores e turbinas, respectivamente. Para mais informações, consulte Moran e Shapiro [50].

526 **Capítulo 10**

Nessa relação, as variáveis independentes são, nessa ordem, a viscosidade, a velocidade de rotação, o diâmetro do rotor, a vazão mássica, a massa específica de estagnação, a velocidade de estagnação do som na entrada e a razão de calores específicos.

Se aplicarmos o teorema Pi de Buckingham para este sistema, os grupos adimensionais resultantes serão:

$$\Pi_1 = \frac{\Delta h_{0_s}}{(ND)^2} \qquad \Pi_2 = \frac{\mathscr{P}}{\rho_{0_1} N^3 D^5}$$

$$\Pi_3 = \frac{\dot{m}}{\rho_{0_1} ND^3} \qquad \Pi_4 = \frac{\rho_{0_1} ND^2}{\mu}$$

$$\Pi_5 = \frac{ND}{c_{0_1}}$$

Como a eficiência η e a razão de calores específicos k são valores adimensionais, eles podem ser tratados como termos Π. As relações funcionais resultantes são:

$$\frac{\Delta h_{0_s}}{(ND)^2}, \eta, \frac{\mathscr{P}}{\rho_{0_1} N^3 D^5} = f_1\left(\frac{\dot{m}}{\rho_{0_1} ND^3}, \frac{\rho_{0_1} ND^2}{\mu}, \frac{ND}{c_{0_1}}, k\right) \qquad (10.54a)$$

Essa equação é realmente uma expressão de três funções separadas, isto é, os termos $\Pi_1 = \Delta h_{0_s}/(ND)^2$, η e $\Pi_2 = \mathscr{P}/\rho_{0_1} N^3 D^5$ são todas funções das outras quantidades adimensionais. $\Delta h_{0_s}/(ND)^2$ é uma medida da mudança de energia no escoamento e é o análogo compressível ao coeficiente de carga Ψ (Eq. 10.6). $\mathscr{P}/\rho_{0_1} N^3 D^5$ é um coeficiente de potência, similar aquele na Eq. 10.8. $\dot{m}/\rho_{0_1} ND^3$ é o coeficiente de vazão mássica, análogo coeficiente de escoamento incompressível ϕ (Eq. 10.5). $\rho_{0_1} ND^2/\mu$ é o número de Reynolds baseado na velocidade periférica do rotor e ND/c_{0_1} é o número de Mach baseado na velocidade periférica do rotor. Usando as relações para processos isentrópicos e para escoamento compressível de um gás ideal, podemos fazer algumas simplificações. Como resultado, a Eq. 10.54a pode ser reescrita como:

$$\frac{p_{0_2}}{p_{0_1}}, \eta, \frac{\Delta T_0}{T_{0_1}} = f_2\left(\frac{\dot{m}\sqrt{RT_{0_1}}}{p_{0_1} D^2}, \text{Re}, \frac{ND}{\sqrt{RT_{0_1}}}, k\right) \qquad (10.54b)$$

Essas relações funcionais podem ser usadas tanto na forma apresentada no Capítulo 7 quanto naquela apresentada no início deste capítulo para investigar, por escala, o desempenho de máquinas de fluxo similares. Um problema disso é apresentado no Exemplo 10.20.

Exemplo **10.20** TRANSPORTANDO, POR ESCALA, UM COMPRESSOR

Um modelo de escala 1/5 de um protótipo de compressor de ar consome uma potência de 225 kW, gira a uma velocidade de 1000 rpm, apresenta uma vazão mássica de 9 kg/s e tem uma razão de pressão de 5. Para condições dinâmicas e cinemáticas similares, quais devem ser a velocidade de operação, a vazão mássica e a potência consumida pelo protótipo?

Dados: Modelo do compressor em escala 1/5
Potência: 225 kW
Razão de pressão: 1000 rpm
Razão de pressão: 5
Vazão mássica: 9 kg/s

Determinar: Velocidade do protótipo, vazão mássica e potência consumida para condições similares.

Máquinas de Fluxo **527**

Solução: Aplicar as equações apresentadas anteriormente e os conceitos apresentados no Capítulo 7 semelhantes quanto ao compressor.

Equações básicas:

$$\left(\frac{ND}{c_{0_1}}\right)_p = \left(\frac{ND}{c_{0_1}}\right)_m$$

$$\left(\frac{\dot{m}}{\rho_{0_1} ND^3}\right)_p = \left(\frac{\dot{m}}{\rho_{0_1} ND^3}\right)_m$$

$$\left(\frac{\mathscr{P}}{\rho_{0_1} N^3 D^5}\right)_p = \left(\frac{\mathscr{P}}{\rho_{0_1} N^3 D^5}\right)_m$$

Considerações:

Condições de entrada similares para o modelo e o protótipo.

Condição similar de entrada significa que a velocidade de estagnação do som e a massa específica devem ser iguais para o modelo e para o protótipo. Resolvendo a primeira equação para a velocidade do protótipo:

$$N_p = N_m \frac{D_m}{D_p} \frac{c_{0_{1_p}}}{c_{0_{1_m}}} = 1000\,\text{rpm} \times \frac{1}{5} \times 1 = 200\,\text{rpm}$$

$$N_p = 200\,\text{rpm} \longleftarrow \hspace{3cm} N_p$$

Resolvendo a segunda equação para a vazão mássica do protótipo:

$$\dot{m}_p = \dot{m}_m \frac{\rho_{0_{1_p}}}{\rho_{0_{1_m}}} \frac{N_p}{N_m} \left(\frac{D_p}{D_m}\right)^3 = 9\frac{\text{kg}}{\text{s}} \times \frac{200}{1000} \times \left(\frac{5}{1}\right)^3 = 225\frac{\text{kg}}{\text{s}}$$

$$\dot{m}_p = 225\,\text{kg/s} \longleftarrow \hspace{3cm} \dot{m}_p$$

Para calcular a potência requerida para o protótipo:

$$\mathscr{P}_p = \mathscr{P}_m \frac{\rho_{0_{1_p}}}{\rho_{0_{1_m}}} \left(\frac{N_p}{N_m}\right)^3 \left(\frac{D_p}{D_m}\right)^5 = 225\,\text{kW} \times \left(\frac{200}{1000}\right)^3 \times \left(\frac{5}{1}\right)^5 = 5625\,\text{kW}$$

$$\mathscr{P}_p = 5625\,\text{kW} \longleftarrow \hspace{3cm} P_p$$

> Este problema apresenta cálculos, por escala, de uma máquina de escoamento compressível. Note que, se os fluidos de trabalho para duas escalas diferentes de máquinas forem diferentes (por exemplo, hélio e ar), os efeitos das constantes dos gases e das razões de calores específicos deverão ser levados em conta.

Uma vez que a maioria dos estudos de operabilidade de compressores é realizada em um único projeto de compressor sem escala, e usando o mesmo fluido de trabalho, todas as variáveis relacionadas com a escala e o fluido (especificamente, D, R e k) podem ser eliminadas da relação funcional. Além disso, estudos empíricos mostraram que, como no caso da bomba centrífuga no Capítulo 7, para valores suficientemente altos do número de Reynolds, o escoamento é completamente turbulento, e o desempenho do compressor não é dependente do número de Reynolds. Uma vez que essas variáveis são eliminadas, a Eq. 10.54b se transforma em

$$\frac{p_{0_2}}{p_{0_1}}, \eta, \frac{\Delta T_0}{T_{0_1}} = f_3\left(\frac{\dot{m}\sqrt{T_{0_1}}}{p_{0_1}}, \frac{N}{\sqrt{T_{0_1}}}\right) \tag{10.54c}$$

Note que essa equação não é mais adimensional. Contudo, ela ainda é útil na caracterização do desempenho de um compressor, desde que o desempenho seja avaliado para uma única máquina usando um único fluido de trabalho. A relação retratada na Eq. 10.54c é normalmente expressa na forma de um mapa operacional de compressor, como mostrado na Fig. 10.51. Nesse mapa, podemos ver a razão de compressão *versus* a razão de vazão ($\dot{m} = \sqrt{T_{0_1}/p_{0_1}}$), com curvas de velocidade constante normalizada ($N/\sqrt{T_{0_1}}$) e de eficiência. Frequentemente, a abscissa é a "vazão mássica corrigida":

$$\dot{m}_{corr} = \frac{\dot{m}\sqrt{T_{0_1}/T_{\text{ref}}}}{p_{0_1}/p_{\text{ref}}}$$

e as linhas de velocidade constante do compressor são uma "velocidade corrigida":

$$N_{corr} = \frac{N}{\sqrt{T_{0_1}/T_{\text{ref}}}}$$

Nessa expressão, T_{ref} e p_{ref} são a temperatura e a pressão de referência (geralmente tomadas em relação às condições-padrão, que podem ser esperadas na entrada de tais máquinas). Isso permite ao usuário ler a carta facilmente em termos de quantidades físicas reais e ser capaz de fazer ajustes pela variação das condições de entrada com um mínimo de cálculos. A linha de operação é o lugar geométrico dos pontos de eficiência máxima para uma dada vazão mássica. É importante notar que o mapa de operacionalidade do compressor da Fig. 10.51 tem uma notável semelhança com o mapa de operacionalidade de bomba da Fig. 10.14. As duas figuras não apenas mostram o desempenho de uma turbomáquina realizando trabalho sobre um fluido, mas os dados são usados para traçar um gráfico de forma similar; as curvas de nível de eficiência constante são traçadas em um gráfico que tem um eixo vertical de saída (altura de carga para a bomba e razão de pressão para o compressor) *versus* um eixo horizontal com uma entrada de vazão.

A figura mostra dois fenômenos que devem ser evitados na operação de um compressor. O primeiro é chamado de *choque* (bloqueio), que acontece quando o número de Mach local em algum ponto do compressor atinge o valor unitário.[15] Para explicar o choque de um ponto de vista físico, imagine que vamos fazer um compressor girar a velocidade constante e com uma pressão na entrada seja constante, e que podemos controlar diretamente a pressão de saída do compressor. No mapa do compressor, podemos deslocar ao longo de uma linha de velocidade normalizada constante. Se começássemos de uma pressão mais baixa na saída, a razão de pressão aumentaria. Se a velocidade do compressor permanecer constante, a vazão mássica aumentaria. Contudo, vimos que as linhas de velocidade normalizada constante se curvam para baixo se a vazão mássica for

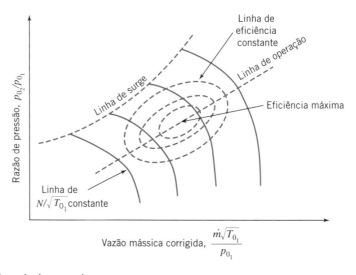

Fig. 10.51 Mapa de desempenho para um compressor.

---

[15] O choque também é descrito para escoamentos em bocais na Seção 12.6.

aumentada além de certo valor, indicando uma vazão máxima possível para dada velocidade do compressor, de modo que o compressor é bloqueado. Quando o bloqueio ocorre, é impossível aumentar a vazão mássica sem aumentar a velocidade do rotor.

O segundo fenômeno chama-se *surge*, que é uma pulsação cíclica que faz a vazão mássica através da máquina variar, podendo até mesmo invertê-la. O *surge* ocorre quando a razão de pressão no compressor é aumentada além de certo nível para uma dada vazão mássica. Como a razão de pressão aumenta, o gradiente adverso de pressão através do compressor também aumenta. Esse aumento no gradiente de pressão pode causar separação da camada-limite sobre a superfície do rotor e constringir o escoamento através do espaço entre duas pás adjacentes.[16] Portanto, o fluxo extra fica desviado para o canal seguinte entre as pás. A separação é aliviada no canal anterior e move-se para o próximo canal, provocando a pulsação cíclica mencionada anteriormente. O fenômeno de *surge* é acompanhado de ruídos elevados e pode danificar o compressor ou seus componentes; ele também deve ser evitado. A Fig. 10.51 mostra a *linha de surge*, o lugar geométrico dos pontos em condições de operações além dos quais ocorrerá *surge*.

Em geral, conforme mostrado na Fig. 10.51, quanto mais alto o desempenho, mais estreita é a faixa na qual o compressor pode operar com êxito. Dessa maneira, um compressor deve ser cuidadosamente ajustado com o seu sistema de escoamento para que se tenha uma operação satisfatória. A adequação de compressores em aplicações de linhas de gás natural é abordada por Vincent-Genod [51]. Talvez a aplicação mais comum, hoje, de máquinas de fluxo de alta velocidade seja em turbocompressores (*turbochargers*) automotivos (vários milhões de veículos automotivos em todo o mundo são vendidos a cada ano com turbocompressores). A adequação de turbocompressores automotivos é descrita na literatura dos fabricantes [52].

Turbinas de Escoamento Compressível

O escoamento através de uma turbina a gás é governado pela mesma relação geral como no compressor, mas as relações funcionais reais são diferentes. A Fig. 10.52 mostra o mapa de desempenho para uma turbina de escoamento compressível. Como no caso do compressor, o mapa da turbina mostra linhas de velocidade normalizada constante sobre um gráfico de razão de pressão *versus* vazão mássica normalizada. A diferença mais marcante entre esse mapa e aquele para o compressor é que o desempenho é uma função muito fraca de $N/\sqrt{T_{0_1}}$; as curvas são definidas muito próximas. O choque do escoamento da turbina é bem definido no mapa: há uma vazão normalizada que não pode ser excedida na turbina, independente da razão de pressão.

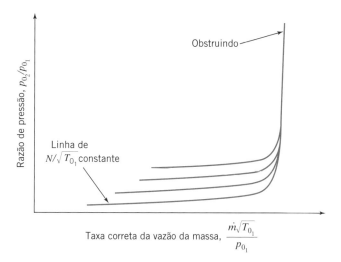

Fig. 10.52 Mapa de desempenho para uma turbina de escoamento compressível.

---

[16] A separação da camada-limite devido ao gradiente adverso de pressão é discutida na Seção 9.5.

530 Capítulo 10

10.8 *Resumo e Equações Úteis*

Neste capítulo:
- ✓ Definimos os dois principais tipos de máquinas de fluxo: máquinas de deslocamento positivo e turbomáquinas.
- ✓ Definimos, dentro da categoria de turbomáquinas: tipos de escoamento radial, axial e misto, bombas, ventiladores, sopradores, compressores e turbinas de impulsão e de reação.
- ✓ Discutimos diversas características das turbomáquinas, tais como hélices, rotores, rodas, caracol (voluta), estágio de compressores e tubo de extração.
- ✓ Usamos a equação da quantidade de movimento angular para um volume de controle para deduzir a Equação de Euler para Turbomáquinas.
- ✓ Traçamos diagramas de velocidades e aplicamos a Equação de Euler para Turbomáquinas na análise de diversas máquinas idealizadas para deduzir o torque, a altura de carga e a potência ideais.
- ✓ Avaliamos o desempenho — altura de carga, potência e eficiência — de diversas máquinas reais a partir de dados medidos.
- ✓ Definimos e usamos parâmetros adimensionais para transportar por escala o desempenho de uma máquina de fluxo de certo tamanho, velocidade de operação e conjunto de condições de operação, para outra máquina.
- ✓ Discutimos a definição de vários parâmetros, tais como eficiência de bomba, solidez, potência hidráulica, potência mecânica, eficiência de turbina, altura de carga de bloqueio (*shutoff*), perda por choque, velocidade específica, cavitação, *NPSHR* e *NPSHA*.
- ✓ Examinamos bombas e sua concordância com a restrição de que a altura de sucção positiva líquida disponível exceda aquela requerida para evitar cavitação.
- ✓ Ajustamos as máquinas de fluxo para realizar trabalho sobre um fluido em sistemas de tubos de modo a obter o ponto de operação (vazão e altura de carga).
- ✓ Previmos os efeitos de instalar máquinas de fluxo em série e em paralelo sobre o ponto de operação de um sistema.
- ✓ Discutimos e analisamos turbomáquinas sem carcaça, especificamente hélices e turbinas eólicas.
- ✓ Discutimos o uso e o desempenho de turbomáquinas de escoamento compressível.

Com esses conceitos e técnicas, aprendemos como usar a literatura dos fabricantes e outros dados para realizar análises preliminares de desempenho e fazer seleções apropriadas de bombas, ventiladores, turbinas hidráulicas e eólicas e de outras máquinas de fluxo.

Nota: A maior parte das Equações Úteis na tabela a seguir tem determinadas restrições ou limitações — *para usá-las com segurança, verifique os detalhes no capítulo conforme a numeração de referência!*

Equações Úteis

Equação de Euler para Turbomáquinas:	$T_{\text{eixo}} = (r_2 V_{t_2} - r_1 V_{t_1})\dot{m}$	(10.1c)
Potência teórica de turbomáquina:	$\dot{W}_m = (U_2 V_{t_2} - U_1 V_{t_1})\dot{m}$	(10.2b)
Altura de carga teórica de turbomáquina:	$H = \dfrac{\dot{W}_m}{\dot{m}g} = \dfrac{1}{g}(U_2 V_{t_2} - U_1 V_{t_1})$	(10.2c)
Potência, altura de carga e eficiência de bomba:	$\dot{W}_h = \rho Q g H_p$	(10.3a)
	$H_p = \left(\dfrac{p}{\rho g} + \dfrac{\overline{V}^2}{2g} + z\right)_{\text{descarga}} - \left(\dfrac{p}{\rho g} + \dfrac{\overline{V}^2}{2g} + z\right)_{\text{sucção}}$	(10.3b)
	$\eta_p = \dfrac{\dot{W}_h}{\dot{W}_m} = \dfrac{\rho Q g H_p}{\omega T}$	(10.3c)

Equações Úteis (*Continuação*)

Potência, altura de carga e eficiência de turbina:	$$\dot{W}_h = \rho Q g H_t$$	(10.4a)
	$$H_t = \left(\frac{p}{\rho g} + \frac{\overline{V}^2}{2g} + z \right)_{\text{entrada}} - \left(\frac{p}{\rho g} + \frac{\overline{V}^2}{2g} + z \right)_{\text{saída}}$$	(10.4b)
	$$\eta_t = \frac{\dot{W}_m}{\dot{W}_h} = \frac{\omega T}{\rho Q g H_t}$$	(10.4c)
Coeficiente adimensional de vazão:	$$\Phi = \frac{Q}{A_2 U_2} = \frac{V_{n_2}}{U_2}$$	(10.5)
Coeficiente adimensional de altura de carga:	$$\Psi = \frac{gH}{U_2^2}$$	(10.6)
Coeficiente adimensional de torque:	$$\tau = \frac{T}{\rho A_2 U_2^2 R_2}$$	(10.7)
Coeficiente adimensional de potência:	$$\Pi = \frac{\dot{W}}{\rho Q U_2^2} = \frac{\dot{W}}{\rho \omega^2 Q R_2^2}$$	(10.8)
Velocidade específica de bomba centrífuga (em função da altura de carga h):	$$N_S = \frac{\omega Q^{1/2}}{h^{3/4}}$$	(7.22a)
Velocidade específica de bomba centrífuga (em função da altura de carga H):	$$N_{S_{us}} = \frac{N(\text{rpm})[Q(\text{m}^3/\text{h})]^{1/2}}{[H(\text{m})]^{3/4}}$$	(7.22b)
Velocidade específica de turbina centrífuga (em função da altura de carga h):	$$N_S = \frac{\omega}{h^{3/4}} \left(\frac{\mathscr{P}}{\rho h} \right)^{1/2} = \frac{\omega \mathscr{P}^{1/2}}{\rho^{1/2} h^{5/4}}$$	(10.13a)
Velocidade específica de turbina centrífuga (em função da altura de carga H):	$$N_{S_{us}} = \frac{N(\text{rpm})[\mathscr{P}(\text{kW})]^{1/2}}{[H(\text{m})]^{5/4}}$$	(10.13b)
Desempenho ideal de turbomáquinas de fluxo axial:	$$T_{\text{eixo}} = R_m (V_{t_2} - V_{t_1}) \dot{m}$$	(10.20)
	$$\dot{W}_m = U(V_{t_2} - V_{t_1}) \dot{m}$$	(10.21)
	$$H = \frac{\dot{W}_m}{\dot{m}g} = \frac{U}{g}(V_{t_2} - V_{t_1})$$	(10.22)
Hélice de empuxo:	$$F_T = qN \int_{R_{cubo}}^{R} \frac{(C_L \cos\phi - C_D \,\text{sen}\,\phi)}{\text{sen}^2\phi} c\,dr$$	(10.38a)
Hélice de torque:	$$T = qN \int_{R_{cubo}}^{R} \frac{(C_L \,\text{sen}\,\phi + C_D \cos\phi)}{\text{sen}^2\phi} rc\,dr$$	(10.38b)
Coeficiente de velocidade de avanço da hélice:	$$J \equiv \frac{V}{nD}$$	(10.39)
Coeficientes de empuxo, de torque e de potência e eficiência da hélice:	$$C_F = \frac{F_T}{\rho n^2 D^4}, \quad C_T = \frac{T}{\rho n^2 D^5},$$ $$C_P = \frac{\mathscr{P}}{\rho n^3 D^5}, \quad \eta = \frac{F_T V}{\mathscr{P}_{entrada}}$$	(10.40)
Número de cavitação:	$$Ca = \frac{p - p_v}{\frac{1}{2}\rho V^2}$$	(10.41)

Capítulo 10

Equações Úteis (Continuação)

Eficiência do disco do atuador:	$$\eta = \frac{\mathcal{P}}{KEF} = 4a(1-a)^2$$	(10.45)
Razão de velocidade periférica:	$$X = \frac{R\omega}{V}$$	(10.46)
Eficiência VAWT:	$$\eta_{L/D} = \frac{1 - C_{D,0}\left(\dfrac{2}{C_{D,0}AR} + \dfrac{4X^3}{1+X^2}\right)}{1 + C_{D,0}\left(\dfrac{1}{2\pi} + \dfrac{3}{2C_{D,0}ARX^2}\right)}$$	(10.50)
	$$\eta \approx \eta_{disco\ atu}\eta_{L/D}$$	(10.51)
Equação da energia para turbomáquina de escoamento compressível:	$$\dot{W}_s = -(h_{0_2} - h_{0_1})\dot{m}$$	(10.52b)
Parâmetros de desempenho para turbomáquina de escoamento compressível:	$$\frac{p_{0_2}}{p_{0_1}}, \eta, \frac{\Delta T_0}{T_{0_1}} = f_3\left(\frac{\dot{m}\sqrt{T_{0_1}}}{p_{0_1}}, \frac{N}{\sqrt{T_{0_1}}}\right)$$	(10.54c)

REFERÊNCIAS

1. Wilson, D. G., "Turbomachinery—From Paddle Wheels to Turbojets," *Mechanical Engineering*, *104*, 10, October 1982, pp. 28–40.

2. Logan, E. S., Jr., *Turbomachinery: Basic Theory and Applications.* New York: Dekker, 1981.

3. Japikse, D. "Teaching Design in an Engineering Education Curriculum: A Design Track Syllabus," TM-519, Concepts ETI Inc., White River Jct., VT 05001.

4. Postelwait, J., "Turbomachinery Industry Set for Growth," *Power Engineering*, http://pepei.pennnet.com/.

5. Sabersky, R. H., A. J. Acosta, E. G. Hauptmann, and E. M. Gates, *Fluid Flow: A First Course in Fluid Mechanics*, 4th ed. Englewood Cliffs, NJ: Prentice-Hall, 1999.

6. Daily, J. W., "Hydraulic Machinery," in Rouse, H., ed., *Engineering Hydraulics*. New York: Wiley, 1950.

7. Dixon, S. L., *Fluid Mechanics and Thermodynamics of Turbomachinery*, 5th ed. Amsterdam: Elsevier, 2005.

8. American Society of Mechanical Engineers, *Performance Test Codes: Centrifugal Pumps*, ASME PTC 8.2-1990. New York: ASME, 1990.

9. American Institute of Chemical Engineers, *Equipment Testing Procedure: Centrifugal Pumps (Newtonian Liquids)*. New York: AIChE, 1984.

10. Peerless Pump, Brochure B-4003, "System Analysis for Pumping Equipment Selection," Indianapolis, IN: Peerless Pump Co., 1979.

11. Daugherty, R. L., J. B. Franzini, and E. J. Finnemore, *Fluid Mechanics with Engineering Applications*, 8th ed. New York: McGraw-Hill, 1985.

12. Peerless Pump Company, RAPID, v 8.25.6, March 23, Indianapolis, IN: Peerless Pump Co., 2007.

13. Hodge, B. K., *Analysis and Design of Energy Systems*, 2nd ed. Englewood Cliffs, NJ: Prentice-Hall, 1990.

14. Moody, L. F., "Hydraulic Machinery," in *Handbook of Applied Hydraulics*, ed. by C. V. Davis. New York: McGraw-Hill, 1942.

15. Hydraulic Institute, *Hydraulic Institute Standards*. New York: Hydraulic Institute, 1969.

16. Dickinson, C., *Pumping Manual*, 8th ed. Surrey, England: Trade & Technical Press, Ltd., 1988.

17. Hicks, T. G., and T. W. Edwards, *Pump Application Engineering*. New York: McGraw-Hill, 1971.

18. Armintor, J. K., and D. P. Conners, "Pumping Applications in the Petroleum and Chemical Industries," *IEEE Transactions on Industry Applications*, IA-23, l, January 1987.

19. Jorgensen, R., ed., *Fan Engineering*, 8th ed. Buffalo, NY: Buffalo Forge, 1983.

20. Air Movement and Control Association, *Laboratory Methods of Testing Fans for Rating*. AMCA Standard 210-74, ASHRAE Standard 51-75. Atlanta, GA: ASHRAE, 1975.

21. American Society of Mechanical Engineers, Power Test Code for Fans. New York: ASME, Power Test Codes, PTC 11-1946.

22. Berry, C. H., *Flow and Fan: Principles of Moving Air through Ducts*, 2nd ed. New York: Industrial Press, 1963.

23. Wallis, R. A., *Axial Flow Fans and Ducts*. New York: Wiley, 1983.

24. Osborne, W. C., *Fans*, 2nd ed. London: Pergamon Press, 1977.

25. American Society of Heating, Refrigeration, and Air Conditioning Engineers, *Handbook of Fundamentals*. Atlanta, GA: ASHRAE, 1980.

26. Idelchik, I. E., *Handbook of Hydraulic Resistance*, 2nd ed. New York: Hemisphere, 1986.

27. Lambeck, R. R., *Hydraulic Pumps and Motors: Selection and Application for Hydraulic Power Control Systems*. New York: Dekker, 1983.

28. Warring, R. H., ed., *Hydraulic Handbook*, 8th ed. Houston: Gulf Publishing Co., 1983.

29. Rouse, H., and S. Ince, *History of Hydraulics*. Iowa City, IA: Iowa University Press, 1957.

30. Russell, G. E., *Hydraulics*, 5th ed. New York: Henry Holt, 1942.

31. Gulliver, J. S., and R. E. A. Arndt, *Hydropower Engineering Handbook*. New York: McGraw-Hill, 1990.

32. World Energy Council, "2007 Survey of Energy Resources," World Energy Council, 2007.

Máquinas de Fluxo 533

33. Fritz, J. J., *Small and Mini Hydropower Systems: Resource Assessment and Project Feasibility*. New York: McGraw-Hill, 1984.

34. Gladwell, J. S., *Small Hydro: Some Practical Planning and Design Considerations*. Idaho Water Resources Institute. Moscow, ID: University of Idaho, April 1980.

35. McGuigan, D., *Small Scale Water Power*. Dorchester: Prism Press, 1978.

36. Olson, R. M., and S. J. Wright, *Essentials of Engineering Fluid Mechanics*, 5th ed. New York: Harper & Row, 1990.

37. Quick, R. S., "Problems Encountered in the Design and Operation of Impulse Turbines," *Transactions of the ASME, 62*, 1940, pp. 15–27.

38. Warnick, C. C., *Hydropower Engineering*. Englewood Cliffs, NJ: Prentice-Hall, 1984.

39. Dodge, D. M., "Illustrated History of Wind Power Development," http://www.telosnet.com/wind/index.html.

40. Decher, R., *Energy Conversion: Systems, Flow Physics, and Engineering*. New York: Oxford University Press, 1994.

41. Durand, W. F., ed., *Aerodynamic Theory*, 6 Volumes. New York: Dover, 1963.

42. Putnam, P. C., *Power from the Wind*. New York: Van Nostrand, 1948.

43. Calvert, N. G., *Windpower Principles: Their Application on the Small Scale*. London: Griffin, 1978.

44. American Wind Energy Association, *Annual Wind Industry Report, Year Ending 2008*. Washington, DC: American Wind Energy Association, 2008.

45. "Wind Power in America: Becalmed," *The Economist, 392*, 8642 (August 1, 2009).

46. Eldridge, F. R., *Wind Machines*, 2nd ed. New York: Van Nostrand Reinhold, 1980.

47. Avallone, E. A., T. Baumeister, III, and A. Sadegh, eds., *Marks' Standard Handbook for Mechanical Engineers*, 11th ed. New York: McGraw-Hill, 2007.

48. Migliore, P. G., "Comparison of NACA 6-Scrics and 4-Digit Airfoils for Darrieus Wind Turbines," *Journal of Energy, 7, 4*, Jul-Aug 1983, pp. 291–292.

49. Anderson, J. D., *Introduction to Flight*, 4th ed. Boston McGraw-Hill, 2000.

50. Moran, M. J., and H. N. Shapiro, *Fundamentals of Engineering Thermodynamics*, 6th ed. Hoboken, NJ: Wiley, 2007.

51. Vincent-Genod, J., *Fundamentals of Pipeline Engineering*. Houston: Gulf Publishing Co., 1984.

52. Warner-Ishi Turbocharger brochure. (Warner-Ishi, P.O. Box 580, Shelbyville, IL 62565-0580, U.S.A.)

53. White, F. M., *Fluid Mechanics*, 6th ed. New York: McGraw-Hill, 2007.

54. Sovern, D. T., and G. J. Poole, "Column Separation in Pumped Pipelines," in K. K. Kienow, ed., *Pipeline Design and Installation,* Proceedings of the International Conference on Pipeline Design and Installation, Las Vegas, Nevada, March 25–27, 1990. New York: American Society of Civil Engineers, 1990, pp. 230–243.

55. U.S. Department of the Interior, "Selecting Hydraulic Reaction Turbines," A Water Resources Technical Publication, *Engineering Monograph No. 20*. Denver, CO: U.S. Department of the Interior, Bureau of Reclamation, 1976.

56. Drella, M., "Aerodynamics of Human-Powered Flight," in *Annual Review of Fluid Mechanics, 22*, pp. 93–110. Palo Alto, CA: Annual Reviews, 1990.

PROBLEMAS

Introdução e Classificação de Máquinas de Fluxo; Análise de Turbomáquinas

10.1 As dimensões do rotor de uma bomba centrífuga são

Parâmetro	Entrada, Seção ①	Saída, Seção ②
Raio, r (mm)	175	500
Largura da pá, b (mm)	50	30
Ângulo da pá, β (grau)	65	70

A bomba trabalha com água e é acionada a 750 rpm. Calcule a altura de carga teórica e a potência mecânica de alimentação da bomba, se a vazão for 0,75 m³/s.

10.2 Uma bomba centrífuga, girando a 3000 rpm, bombeia água a uma taxa de 0,6 m³/min. A água entra axialmente, e deixa o rotor a 5,4 m/s relativo às pás, que são radiais na saída. Se a bomba requer 5 kW e tem eficiência de 72%, estime as dimensões básicas (diâmetro e largura de saída do rotor), usando a Equação de Euler para Turbomáquinas.

10.3 As dimensões do rotor de uma bomba centrífuga são

Parâmetro	Entrada, Seção ①	Saída, Seção ②
Raio, r (mm)	380	1140
Largura da pá, b (mm)	120	80
Ângulo da pá, β (grau)	40	60

A bomba é acionada a 575 rpm enquanto bombeia água. Calcule a altura de carga teórica e a potência mecânica de alimentação da bomba, se a vazão é 18.000.

10.4 As dimensões do rotor de uma bomba centrífuga são

Parâmetro	Entrada, Seção ①	Saída, Seção ②
Raio, r (mm)	75	250
Largura da pá, b (mm)	38	30
Ângulo da pá, β (grau)	60	70

A bomba é acionada a 1250 rpm para bombear água. Calcule a altura de carga teórica e a potência mecânica de alimentação da bomba, se a vazão for 340 m³/h.

10.5 Para o rotor do Problema 10.4, determine a velocidade de rotação para a qual a componente tangencial da velocidade de entrada é zero, se a vazão volumétrica for 910 m³/h. Calcule a altura de carga teórica e a potência mecânica teórica de entrada.

10.6 Para o rotor do Problema 10.1, operando a 750 rpm, determine a vazão volumétrica para a qual a componente tangencial da velocidade de entrada é zero. Calcule a altura de carga teórica e a potência mecânica teórica de entrada.

10.7 Considere a geometria da bomba centrífuga idealizada descrita no Problema 10.8. Desenhe os diagramas de velocidades de entrada e de saída supondo b = constante. Calcule os ângulos de entrada das pás requeridos para entrada "sem choque" na vazão de projeto. Avalie a potência teórica de entrada na bomba na vazão de projeto.

534 Capítulo 10

10.8 Considere uma bomba centrífuga cuja geometria e condições de escoamento são

Raio de entrada do rotor	2,5 cm
Raio de saída do rotor	18 cm
Largura de saída do rotor	1 cm
Velocidade de projeto	1800 rpm
Vazão de projeto	30 m³/min
Pás curvadas para trás (ângulo de saída de pá)	75°
Faixa de vazão requerida 50% a 150% da de projeto	50% a 150% da de projeto

Admita comportamento ideal da bomba com 100% de eficiência. Determine a altura de carga de bloqueio. Calcule as velocidades absoluta e relativa de descarga, a altura de carga total e a potência teórica requerida na vazão de projeto.

10.9 Para o rotor do Problema 10.3, determine o ângulo de entrada da pá para o qual a componente tangencial da velocidade de entrada é zero, se a vazão volumétrica for 28.000. Calcule a altura de carga teórica e a potência mecânica teórica de entrada na bomba.

10.10 Repita a análise para determinar a velocidade ótima para uma turbina de impulsão do Exemplo 10.13, usando a Equação de Euler das Turbomáquinas.

10.11 Querosene é bombeado por uma bomba centrífuga. Quando a vazão volumétrica é igual a 0,025 m³/s, a bomba requer 15 kW, sendo a sua eficiência igual a 82%. Calcule o aumento de pressão produzido pela bomba. Expresse este resultado em (a) pés de água e (b) pés de querosene.

10.12 Uma bomba centrífuga, projetada para bombear água a 30 L/s, tem as seguintes dimensões

Parâmetro	Entrada	Saída
Raio, r (mm)	75	150
Largura da pá, b (mm)	7,5	6,25
Ângulo da pá, β (grau)	25	40

Desenhe o diagrama de velocidades de entrada. Determine a velocidade de projeto, se a velocidade de entrada não possuir componente tangencial. Trace o diagrama de velocidades de saída. Determine o ângulo absoluto do escoamento de saída (medido em relação à direção normal). Avalie a altura de carga teórica desenvolvida pela bomba. Estime a mínima potência mecânica entregue à bomba.

Bombas, Ventiladores e Sopradores

10.13 A altura de carga teórica desenvolvida por uma bomba centrífuga na condição de bloqueio depende do raio de saída e da velocidade angular do rotor. Para um projeto preliminar, é útil dispor de um gráfico mostrando as características teóricas do bloqueio e aproximando o desempenho real. Prepare um gráfico log-log do raio do rotor *versus* aumento de altura de carga teórica no bloqueio, tendo as velocidades-padrão de motores elétricos como parâmetros. Considere que o fluido é a água e que a altura de carga real na vazão de projeto seja 70% da altura de carga teórica de bloqueio (mostre estas como linhas tracejadas). Explique como esse gráfico pode ser usado em um projeto preliminar.

10.14 Use dados do Apêndice C para escolher pontos das curvas de desempenho para uma bomba Peerless horizontal, de carcaça bipartida, Tipo 16A18B, a 705 e 880 rpm nominais. Obtenha e trace curvas de ajuste para altura de carga total *versus* vazão volumétrica desta bomba, com um rotor de diâmetro 460 mm.

10.15 Use dados do Apêndice C para escolher pontos das curvas de desempenho para uma bomba Peerless horizontal, de carcaça bipartida, Tipo 4AEl2, a 1750 e 3550 rpm nominais. Obtenha e trace curvas de ajuste para altura de carga total *versus* vazão volumétrica para cada velocidade desta bomba, com um rotor de 310 mm de diâmetro.

10.16 Dados de testes de uma bomba de sucção operada a 2000 rpm com um rotor de 35 cm de diâmetro, são

Vazão, Q (m³/s $\times 10^3$)	17	26	38	45	63
Altura total, H (m)	60	59	54	50	37
Potência de alimentação, $\mathscr{P}$ (kW)	19	22	26	30	34

Trace curvas de desempenho desta bomba; inclua uma curva de eficiência *versus* a vazão volumétrica. Localize o ponto de melhor eficiência e especifique a capacidade da bomba nesse ponto.

10.17 Uma bomba centrífuga de diâmetro 22,5 cm, girando a 900 rpm com água a 20°C, gera os seguintes dados:

Vazão, Q (m³/min)	0	5,7	11,3	17,0	22,6	28,3
Altura total, H (m)	7	6,8	6,4	5,9	5,2	3,8
Potência de alimentação, $\mathscr{P}$ (kW)	11,3	12,8	18,2	20,1	24,0	36,4

Trace curvas de desempenho desta bomba; inclua uma curva de eficiência *versus* a vazão volumétrica. Localize o ponto de melhor eficiência e especifique a capacidade da bomba neste ponto. Qual é a velocidade específica para essa bomba?

10.18 Um ventilador de fluxo axial opera com ar no nível do mar a 1350 rpm e tem um diâmetro periférico da pá de 1 m e um diâmetro na raiz de 0,8 m. Os ângulos de entrada são $\alpha_1 = 55°$, $\beta_1 = 30°$ e o de saída $\beta_2 = 60°$. Estime a vazão volumétrica, a potência e o ângulo de saída α_2.

10.19 Escreva a velocidade específica da turbina em termos do coeficiente de vazão e do coeficiente de altura de carga.

10.20 Dados medidos durante testes de uma bomba centrífuga operada a 3000 rpm são

Parâmetro	Entrada, Seção ①	Saída, Seção ②
Pressão manométrica, p (kPa)	86	–
Elevação acima do referencial, z (m)	2,0	10
Velocidade média do escoamento, $\overline{V}$ (m/s)	2,0	4,6

A vazão é 15 m³/h e o torque aplicado ao eixo da bomba é 6,4 N·m. A eficiência da bomba é 75% e a eficiência do motor elétrico é 85%. Determine a potência elétrica requerida e a pressão manométrica na seção ②.

10.21 O *quilograma-força* (kgf), definido como a força exercida por um quilograma massa na gravidade-padrão, é comumente usado na prática europeia. *O cavalo-vapor métrico* (*hpm*, de *metric horsepower*) é definido como 1 hpm ≡ 75 m · kgf/s. Desenvolva uma conversão relacionando o hpm com o hp dos Estados Unidos. Relacione a velocidade específica para uma turbina hidráulica — calculada em unidades de rpm, hpm e metros — com a velocidade específica calculada nas unidades usuais nos Estados Unidos.

10.22 Escreva a velocidade específica da bomba em termos do coeficiente de vazão e do coeficiente de carga.

10.23 Curvas típicas de desempenho de uma bomba centrífuga, testada com três diferentes diâmetros de rotor em uma carcaça única, são mostradas na figura. Especifique a vazão e a altura de carga produzidas pela bomba no seu ponto de melhor eficiência com um rotor de diâmetro de 300 mm. Transporte estes dados por escala para prever o desempenho desta bomba, quando testada com rotores de 275 mm e de 325 mm. Comente sobre a exatidão do procedimento de transporte.

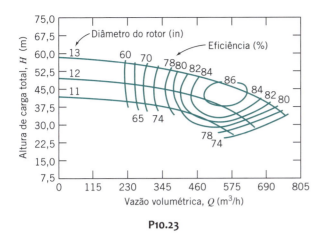

P10.23

C). Trace um gráfico e ilustre a exatidão do ajuste de curva, comparando a eficiência prevista com aquela medida para essa bomba.

10.32 Um ventilador opera a $Q = 6,3$ m³/s, $H = 0,15$ m e $N = 1440$ rpm. Um pequeno ventilador geometricamente semelhante é previsto em uma instalação, de modo que ele fornecerá a mesma carga com a mesma eficiência de um grande ventilador, mas com uma velocidade de 1800 rpm. Determine a vazão volumétrica do ventilador pequeno.

10.33 Dados de testes de uma bomba operada a 1500 rpm, com um rotor de diâmetro 30 cm, são

Vazão, Q (m³/s × 10³)	10	20	30	40	50	60	70
Altura de sucção positiva líquida requerida, $NPSR$ (m)	2,2	2,4	2,6	3,1	3,6	4,1	5,1

Desenvolva e trace o gráfico de uma equação de ajuste de curva para $NPSHR$ versus vazão volumétrica, da forma $NPSHR = a + bQ^2$, em que a e b são constantes. Se o $NPSHA = 6$ m, estime a velocidade máxima permitida para esta bomba.

10.34 A altura de sucção positiva líquida requerida ($NPSHR$) por uma bomba pode ser expressa aproximadamente como uma função parabólica da vazão em volume. O $NPSHR$ para dada bomba, operando a 1800 rpm com água, é dado por $H_r = H_0 + AQ^2$, em que $H_0 = 3$ m de água e $A = 3000$ m/(m³/s)². Considere que o sistema de alimentação da sucção da bomba consiste em um reservatório, cuja superfície está 6 m acima da linha de centro da bomba, de uma entrada de borda-viva, 6 m de tubo de ferro fundido de 15 cm de diâmetro e um cotovelo de 90°. Calcule a vazão volumétrica máxima a 20°C, para a qual a altura de carga da sucção é suficiente para operar essa bomba sem cavitação.

10.35 Uma bomba centrífuga, operando a $N = 2265$ rpm, eleva água entre dois reservatórios conectados por 90 m de tubo de ferro fundido de 150 mm e 30 m de tubo de 75 mm do mesmo material, instalados em série. A diferença de elevação entre os reservatórios é 7,6 m. Estime os requisitos de altura de carga, de potência da bomba e de custo horário de energia elétrica de bombeamento da água a 45 m³/h para o reservatório mais alto. Admita que a energia elétrica custe 0,12 dólar por kW · h, e que a eficiência do motor elétrico seja igual a 85%.

10.36 Para a bomba e sistema de escoamento do Problema 10.34, calcule a vazão máxima para água quente a várias temperaturas e trace um gráfico de vazão versus temperatura da água. (Certifique-se de considerar a variação na massa específica quando a temperatura da água variar.)

10.37 Parte do suprimento de água para o Setor Sul do Parque Nacional do Grand Canyon é oriunda do Rio Colorado [54]. Uma vazão de 136 m³/h, tomada do rio a uma elevação de 1140 m, é bombeada para um tanque de armazenagem acima do Setor Sul, na elevação de 2140 m. Parte da tubulação está acima do solo e parte em uma galeria perfurada direcionalmente em ângulos de até 70° a partir da vertical; o comprimento total da linha é de 4020 m. Sob condições de operação em regime permanente, a perda de carga por atrito é de 88 m de água, em adição à altura estática. Estime o diâmetro do tubo de aço comercial do sistema. Calcule a potência de bombeamento requerida, se a eficiência da bomba for 61%.

10.38 Uma bomba Peerless horizontal, de carcaça bipartida do tipo 4AE12, com rotor de diâmetro 280 mm, operando a 1750 rpm, eleva água entre dois reservatórios conectados por tubos de ferro fundido com 61 m de 100 mm e 61 m de 75 mm montados em série. A altura estática é de 3 m. Trace a curva de carga do sistema e determine o ponto de operação da bomba.

10.39 Uma bomba transfere água de um reservatório para outro através de dois trechos de tubo de ferro fundido em série. O primeiro trecho tem 915 m de comprimento e 230 mm de diâmetro e o segundo,

10.24 No seu ponto de melhor eficiência ($\eta = 0,85$), com $D = 400$ mm, fornece uma vazão de água $Q = 1,2$ m³/s a uma altura $H = 50$ m, quando opera a $N = 1500$ rpm. Calcule a velocidade específica desta bomba. Estime a potência de entrada requerida pela bomba. Determine os parâmetros de ajuste da curva de desempenho da bomba com base no ponto de bloqueio e no ponto de melhor eficiência. Transporte por escala a curva de desempenho de modo a estimar a vazão, a altura de carga, a eficiência e a potência requerida para acionar a mesma bomba a 750 rpm.

10.25 Uma bomba centrífuga opera a 1750 rpm; o rotor tem pás curvadas para trás com $\beta_2 = 60°$ e $b_2 = 1,25$ cm. A uma vazão de 0,025 m³/s, a velocidade radial de saída é $V_{n_2} = 3,5$ m/s. Estime a altura de carga que esta bomba pode desenvolver a 1150 rpm.

10.26 O Apêndice C contém mapas para a seleção de modelos de bombas e curvas de desempenho para modelos individuais de bombas. Use esses dados e as regras de similaridade para prever o desempenho e traçar curvas de altura de carga H (m) como função de Q (m³/l) de uma bomba Peerless Tipo 10AE12, com diâmetro de rotor $D = 305$ mm, para velocidades nominais de 1000, 1200, 1400 e 1600 rpm.

10.27 Curvas de desempenho para bombas Peerless horizontais, de carcaça bipartida, são apresentadas no Apêndice C. Desenvolva e trace curvas de ajuste para uma bomba Tipo 10AE12, acionada a 1150 rpm nominal, usando o procedimento descrito no Exemplo 10.6.

10.28 Curvas de desempenho para bombas Peerless horizontais, de carcaça bipartida, são apresentadas no Apêndice C. Desenvolva e trace curvas de ajuste para uma bomba tipo l6A18B, com diâmetro de rotor $D = 460$ mm, operada a 705 e 880 rpm nominais. Verifique os efeitos de velocidade da bomba sobre o transporte das curvas pelos princípios de semelhança, usando o procedimento descrito no Exemplo l0.6.

10.29 Dados de catálogo para uma bomba centrífuga de água, nas condições de projeto, são $Q = 57$ m³/h e $\Delta p = 128$ kPa a l750 rpm. Uma calha medidora de laboratório requer 45 m³/h e 9,8 m de altura de carga. O único motor disponível desenvolve 2,2 kW a 1750 rpm. Esse motor é adequado para a calha medidora do laboratório? Como poderia ser melhorada a combinação bomba/motor?

10.30 O Problema 10.13 sugere que a altura de carga de uma bomba, em sua melhor eficiência, seja tipicamente cerca de 70% da altura de bloqueio. Use dados de bombas do Apêndice C para avaliar esta aproximação. Outra sugestão na Seção 10.4 é que $Q \propto D^2$ no transporte por escala apropriado para testes de carcaças de bombas com diferentes diâmetros de rotor. Use dados de bombas para avaliar esta aproximação.

10.31 White [53] sugere modelar a eficiência de uma bomba centrífuga usando o ajuste de curva $\eta = aQ - bQ^3$, em que a e b são constantes. Descreva um procedimento para avaliar a e b a partir de dados experimentais. Avalie a e b usando dados para a bomba Peerless Tipo 10AEl2, com diâmetro de rotor $D = 305$ mm, a 1760 rpm (Apêndice

300 mm de comprimento e 150 mm de diâmetro. Uma vazão constante de 17 m³/h é medida na junção entre os dois trechos. Obtenha e trace a curva de altura de carga do sistema *versus* vazão. Determine a vazão, se o sistema for suprido pela bomba do Exemplo 10.6, operando a 1750 rpm.

10.40 Os dados de desempenho de uma bomba são

H (m)	27,5	27	25	22	18	13	6,5
Q (m³/s)	0	0,025	0,050	0,075	0,100	0,125	0,150

A bomba é usada para mover água entre dois reservatórios abertos com um desnível de 7,5 m. O sistema de tubos de conexão consiste em 500 m de tubo de aço comercial contendo dois joelhos de 90° e uma válvula de gaveta aberta. Determine a vazão se forem usados tubos de diâmetros nominais (a) 20 cm, (b) 30 cm e (c) 40 cm.

10.41 Os dados de desempenho de uma bomba são

H (m)	55	54	50	44	36	26	13
Q (m³/h)	0	105	210	315	420	525	630

Estime a vazão quando a bomba é usada para mover água entre dois reservatórios abertos, através de 365 m de tubo de aço comercial com D = 305 mm, contendo duas curvas de 90° e uma válvula de gaveta aberta, se o aumento de elevação for de 15 m. Determine o coeficiente de perda da válvula de gaveta requerido para reduzir a vazão volumétrica pela metade.

10.42 Considere novamente a bomba e a tubulação do Problema 10.41. Determine a vazão volumétrica e o coeficiente de perda da válvula de gaveta para o caso de duas bombas idênticas instaladas em *séries*.

10.43 A resistência de um dado tubo aumenta com a idade, à medida que se formam depósitos, aumentando a rugosidade e reduzindo o diâmetro (veja a Fig. 8.14). Multiplicadores típicos para serem aplicados ao fator de atrito são dados em [15]:

Idade do Tubo (anos)	Tubos Pequenos 100-250 mm	Tubos Grandes 300-1500 mm
Novo	1,00	1,00
10	2,20	1,60
20	5,00	2,00
30	7,25	2,20
40	8,75	2,40
50	9,60	2,86
60	10,0	3,70
70	10,1	4,70

Considere novamente a bomba e a tubulação do Problema 10.41. Estime as reduções percentuais na vazão volumétrica que ocorrerão após (a) 20 anos e (b) 40 anos de uso, se as características da bomba permanecerem constantes. Repita os cálculos para os casos da altura de carga da bomba ser reduzida de 10% após 20 anos e de 25% após 40 anos de uso.

10.44 Considere novamente a bomba e o sistema de tubos do Problema 10.42. Estime as reduções percentuais na vazão volumétrica que ocorrerão após (a) 20 anos e (b) 40 anos de uso, se as características da bomba permanecerem constantes. Repita os cálculos para os casos da altura de carga da bomba ser reduzida de 10% após 20 anos e de 25% após 40 anos de uso. (Use os dados do Problema 10.43 para o aumento no fator de atrito com a idade do tubo.)

10.45 A cidade de Englewood, no Colorado, é abastecida com água do South Platte River, na elevação de 1610 m [54]. A água é bombeada para reservatórios de armazenagem na elevação de 1620 m. O diâmetro interno da tubulação de aço é 68,5 cm; seu comprimento é 1770 m. A instalação foi projetada para uma capacidade (vazão) inicial de 3200 m³/h e uma capacidade futura de 3900 m³/h. Calcule e trace a curva de resistência do sistema. Especifique um sistema apropriado de bombeamento. Estime a potência de bombeamento requerida para operação em regime permanente, para ambas as vazões, inicial e futura.

10.46 Uma bomba, no sistema mostrado, retira água de um poço e lança-a em um tanque aberto através de 400 m de tubo novo de aço com diâmetro nominal de 10 cm. O tubo vertical da aspiração (sucção) tem comprimento de 2 m e inclui uma válvula de pé com disco articulado e um cotovelo de 90°. A linha de recalque (descarga) inclui dois cotovelos padronizados, de 90°, uma válvula angular de retenção e uma válvula de gaveta totalmente aberta. A vazão de projeto é 800 L/min. Determine as perdas de carga nas linhas de sucção e de descarga. Calcule o *NPSHA*. Selecione uma bomba adequada para essa aplicação.

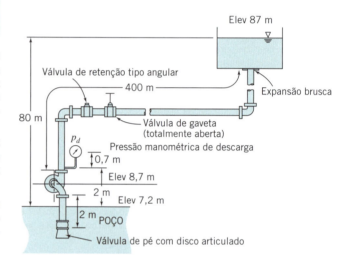

P10.46, P10.48

10.47 Considere o sistema de escoamento descrito no Problema 8.128. Selecione uma bomba apropriada para esta aplicação. Verifique o *NPSHR versus* o *NPSHA* para esse sistema.

10.48 Considere o sistema de escoamento e os dados do Problema 10.46, e as informações de envelhecimento de tubos apresentadas no Problema 10.43. Selecione a bomba ou as bombas que manterão a vazão do sistema no valor desejado por (a) 10 anos e (b) 20 anos. Compare a vazão fornecida por essas bombas com aquela fornecida pela bomba dimensionada apenas para tubos novos.

10.49 Considere o sistema de escoamento mostrado no Problema 8.129. Selecione uma bomba apropriada para esta aplicação. Verifique os requisitos de eficiência e de potência da bomba em comparação com aqueles do enunciado do problema.

10.50 Considere a rede de tubos do Problema 8.138. Selecione uma bomba adequada para fornecer uma vazão total de 68 m³/h através da rede de tubos.

10.51 Um bocal de incêndio está conectado a uma mangueira de lona de 90 m de comprimento e 75 mm de diâmetro (com e = 0,3 mm). Água de um hidrante é fornecida a 345 kPa para uma bomba auxiliar na carroceria do carro de bombeiros. Nas condições de operação de projeto, a pressão na entrada do bocal é 690 kPa, e a perda de carga ao longo da mangueira é de 7,5 kPa/m para o comprimento. Calcule a vazão de projeto e a máxima velocidade na saída do bocal. Selecione uma bomba apropriada para esta aplicação, determine sua eficiência, nesta condição de operação, e calcule a potência requerida para acionar a bomba.

Máquinas de Fluxo 537

10.52 Um sistema de bombeamento, com duas diferentes alturas estáticas, é mostrado. Cada reservatório é suprido por uma linha que consiste em tubos de ferro fundido com 300 m de comprimento e 20 cm de diâmetro. Avalie e trace a curva de altura de carga *versus* vazão do sistema. Explique o que acontece quando a altura de carga da bomba é menor do que a altura do reservatório superior. Calcule a vazão fornecida pela bomba para uma altura de 26 m.

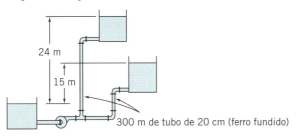

P10.52

10.53 Considere o sistema de circulação de água gelada do Problema 8.130. Selecione bombas que possam ser combinadas em paralelo para suprir a demanda total de vazão. Calcule a potência requerida por três bombas em paralelo. Calcule também as vazões volumétricas e as potências requeridas, quando somente 1 ou 2 dessas bombas operam.

10.54 A água do sistema de irrigação de uma casa de campo deve ser retirada de um lago próximo. A casa está localizada em uma encosta 33 m acima da superfície do lago. A bomba está localizada em um terreno 3 m acima da superfície do lago. O dispositivo de irrigação (*sprinkler*) requer 40 L/min a 300 kPa. O sistema de tubos deve ser de ferro galvanizado com diâmetro de 2 cm. A seção de aspiração (entre o lago e a entrada da bomba) inclui uma entrada reentrante, um cotovelo-padrão de 45°, um cotovelo-padrão de 90° e 20 m de tubo. A seção de recalque (entre a saída da bomba e o *sprinkler*) inclui dois cotovelos-padrão de 45° e 45 m de tubo. Avalie a perda de carga no lado da sucção da bomba. Calcule a pressão manométrica na entrada da bomba. Determine o requisito de potência hidráulica da bomba. Se o diâmetro do tubo fosse aumentado para 4 cm, o requisito de potência da bomba decresceria, cresceria ou permaneceria o mesmo? Que diferença faria, se a bomba estivesse localizada no meio da encosta?

10.55 Considere a mangueira e bocal de incêndio do Problema 8.131. Especifique uma bomba e um diâmetro de rotor apropriados para alimentar quatro dessas mangueiras simultaneamente. Calcule a potência requerida pela bomba.

10.56 Considere o sistema de filtragem de piscina do Problema 8.139. Considere também que o tubo usado é de PVC, com diâmetro nominal de 20 mm (plástico liso). Especifique a velocidade e o diâmetro do rotor e estime a eficiência de uma bomba adequada.

10.57 Água é bombeada de um lago (em $z = 0$) para um grande reservatório localizado sobre uma encosta acima do lago. O tubo é de ferro galvanizado com 75 mm de diâmetro. A seção de aspiração (entre o lago e a bomba) inclui uma entrada bem arredondada, um cotovelo-padrão de 90° e 15 m de tubo. A seção de recalque (entre a saída da bomba e a descarga para o tanque aberto) inclui 2 cotovelos-padrão de 90°, uma válvula de gaveta e 46 m de tubo. O tubo de descarga (pela lateral inferior do tanque) está a uma altura $z = 21$ m. Calcule a curva de vazão do sistema. Estime o ponto de operação do sistema. Determine a potência de alimentação da bomba, se a eficiência no ponto de operação é 80%. Esboce a curva do sistema, quando o nível de água no tanque superior atinge $z = 27$ m. Se o nível de água no tanque superior está em $z = 23$ m e a válvula está parcialmente fechada de modo a reduzir a vazão para 10 m³/h, esboce a curva do sistema para esta condição de operação. Você esperaria que a eficiência da bomba fosse maior para a primeira ou para a segunda condição de operação? Por quê?

10.58 Dados de desempenho para um ventilador centrífugo de 1 m de diâmetro, testado a 650 rpm, são

Vazão volumétrica, Q (m³/s)	3	4	5	6	7	8
Aumento de pressão estática, Δp (mm de H_2O)	53	51	45	35	23	11
Potência de alimentação $\mathcal{P}$ (kW)	2,05	2,37	2,60	2,62	2,61	2,4

Trace um gráfico dos dados de desempenho *versus* vazão volumétrica. Calcule a eficiência estática e mostre a curva no gráfico. Determine o ponto de melhor eficiência e especifique os valores de operação do ventilador neste ponto.

10.59 Considerando o ventilador do Problema 10.58, determine o mínimo tamanho de duto quadrado, de chapa metálica, capaz de transportar uma vazão de 5,75 m³/s para uma distância de 15 m. Estime o aumento na vazão, se a velocidade de rotação do ventilador for aumentada para 800 rpm.

10.60 Os dados de desempenho do Problema 10.58 são para um rotor de ventilador de diâmetro 1 m. Esse ventilador também é fabricado com rotores de 1,025 m, 1,125 m, 1,250 m e 1,375 m de diâmetro. Selecione um ventilador-padrão que forneça 14 m³/s contra um aumento de pressão estática de 25 mm de coluna de mercúrio. Determine a velocidade e a potência requeridas para o ventilador.

10.61 Considere o ventilador e os dados de desempenho do Problema 10.58. Para $Q = 5,75$ m³/s, a pressão dinâmica é equivalente a 4 mm de coluna de água. Avalie a área de saída do ventilador. Trace um gráfico do aumento de pressão total e da potência de entrada (em hp) *versus* vazão em volume. Calcule a eficiência total do ventilador e mostre a curva no gráfico. Determine o ponto de melhor eficiência e especifique os valores de operação do ventilador nesse ponto.

10.62 As características de desempenho de um ventilador de fluxo axial da Howden Buffalo são apresentadas na figura. O ventilador é utilizado para operar um túnel de vento de 0,3 m² de seção transversal. O túnel consiste em uma contração de entrada suave, duas telas (cada uma com coeficiente de perda $K = 0,12$), a seção de teste e um difusor, onde a seção transversal é ampliada para o diâmetro de 610 mm na entrada do ventilador. O fluxo do ventilador é descarregado de volta no ambiente. Calcule e trace a curva característica de perda de pressão do sistema *versus* vazão volumétrica. Estime a máxima velocidade do escoamento de ar disponível na seção de teste desse túnel de vento.

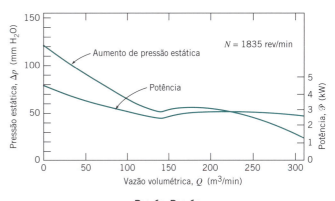

P10.62, P10.63

10.63 Considere novamente o ventilador de fluxo axial e o túnel de vento do Problema 10.62. Transporte por escala o desempenho do ventilador à medida que ela varia com a velocidade de operação. Desenvolva e trace uma "curva de calibração", mostrando a velocidade do escoamento na seção de teste (em m/s) *versus* a velocidade de rotação do ventilador (em rpm).

538   Capítulo 10

10.64 Dados de testes experimentais para a bomba de combustível de um motor de avião são apresentados adiante. Essa bomba de engrenagens é requerida para fornecer combustível a 205 kg/h e 1 MPa para o controlador de combustível do motor do avião. Os testes foram conduzidos a 10%, 96% e 100% da velocidade nominal da bomba de 4536 rpm. Para cada velocidade constante, a contrapressão (altura de descarga) sobre a bomba era ajustada e a vazão medida. Em um único gráfico, trace curvas de pressão *versus* vazão para as três velocidades constantes. Estime o volume deslocado pela bomba por revolução. Calcule a eficiência volumétrica em cada ponto de teste e esboce os contornos de η_v constante. Avalie a perda de energia causada pelo estrangulamento na válvula para 100% de velocidade e vazão total para o motor.

Velocidade da Bomba (rpm)	Contra-pressão MPa	Vazão de combus-tível (kg/h*)	Velocidade da Bomba (rpm)	Contra-pressão MPa	Vazão de combus-tível (kg/h)	Velocidade da Bomba (rpm)	Contra-pressão MPa	Vazão de combus-tível (kg/h)
	1,4	815		1,4	780		1,4	40
4536	2,1	815	4355	2,1	790	453	1,7	33
(100%)	2,8	815	(96%)	2,8	782	(10%)	2,1	26
	3,5	805		3,5	775		2,4	20
	6,3	775		6,3	775		2,8	14

*Vazão de combustível medida em libra-massa por hora (kg/h).

Turbinas Hidráulicas

10.65 Uma turbina hidráulica é projetada para produzir 26.800 kW a 95 rpm sob uma altura de carga de 15 m. Um modelo em instalações de laboratório pode gerar 35 kW para uma altura de 5 m. Determine (a) a velocidade de teste do modelo e a razão de escala e (b) a vazão volumétrica, considerando que a eficiência do modelo é de 86%.

10.66 Cálculos preliminares para uma usina hidrelétrica mostram que uma altura de carga líquida de 715 m está disponível com uma vazão de água de 2 m³/s. Compare a geometria e a eficiência de rodas Pelton projetadas para funcionar a (a) 450 rpm e (b) 600 rpm.

10.67 As condições na entrada do bocal de uma turbina Pelton são $p = 4,9$ MPa e $V = 24$ km/h. O diâmetro do jato é $d = 190$ mm e o coeficiente de perda do bocal é $K_{bocal} = 0,04$. O diâmetro da roda é $D = 2,4$ m. Para esta condição de operação, $\eta = 0,86$. Calcule (a) a potência produzida, (b) a velocidade normal de operação, (c) a velocidade aproximada de descarga, (d) o torque na velocidade normal de operação e (e) o torque aproximado para velocidade nula.

10.68 As turbinas de reação em Niagara Falls são do tipo Francis. O diâmetro externo do rotor é 4,5 m. Cada turbina produz 54 MW a 107 rpm, com eficiência de 93,8% sob uma altura de carga líquida de 65 m. Calcule a velocidade específica dessas unidades. Avalie a vazão volumétrica em cada turbina. Estime o diâmetro do tubo de adução, se ele tem 400 m de comprimento e a altura de carga líquida é 83% da altura de carga bruta.

10.69 As Unidades 19, 20 e 21 de turbinas Francis, instaladas na represa do Grand Coulee no Rio Columbia, são *muito* grandes [55]. Cada rotor tem 830 mm de diâmetro e contém 550 toneladas de aço fundido. Em condições nominais, cada turbina desenvolve 610 MW a 72 rpm, sob uma altura de carga de 87 m. A eficiência é, aproximadamente, 95% nas condições nominais. As turbinas operam com alturas de carga de 67 a 108 m. Calcule a velocidade específica nas condições nominais de operação. Estime a vazão máxima de água através de cada turbina.

10.70 Dados medidos do desempenho das turbinas de reação da represa de Shasta Dam, perto de Redding, na Califórnia, são mostrados na Fig. 10.39. Cada turbina tem potência nominal de 77×10^3 kW, quando operada a 138,6 rpm, sob uma altura de carga líquida de 115 m. Avalie a velocidade específica e calcule o torque no eixo desenvolvido por cada turbina nas condições nominais de operação.

Calcule e trace a vazão de água, por turbina, necessária para produzir a potência nominal como uma função da altura de carga.

10.71 A Fig. 10.37 apresenta dados para a eficiência de uma grande roda de água Pelton instalada na Usina Hidrelétrica de Tiger Creek da Pacific Gas & Electric Company, perto de Jackson, na Califórnia. Esta unidade tem potência nominal de 26,8 MW, quando operada a 225 rpm, sob uma altura de carga de água de 360 m. Adote valores razoáveis para ângulos de escoamento e coeficiente de perda no bocal e para a água a 15°C. Determine o diâmetro do rotor e estime o diâmetro do jato e a vazão mássica de água.

10.72 Uma turbina de impulsão sob uma altura de carga líquida de 9,9 m foi testada para diferentes velocidades. As vazões e as forças de frenagem para a série de velocidades foram registradas:

Velocidade da Roda (rpm)	Vazão (m³/h)	Força de frenagem (N) ($R = 0,15$ m)
0	13,15	11,70
1000	13,15	10,68
1500	13,15	9,88
1900	12,64	8,50
2200	11,93	6,45
2350	9,58	3,87
2600	7,85	1,51
2700	6,93	0,40

Calcule e faça um gráfico da potência produzida e da eficiência da máquina em função da velocidade da turbina de água.

10.73 Em unidades típicas dos Estados Unidos, a definição comum de velocidade específica para uma turbina hidráulica é dada pela Eq. 10.13b. Desenvolva uma conversão entre essa definição e outra verdadeiramente adimensional em unidades SI. Avalie a velocidade específica de uma turbina de impulsão, operando a 400 rpm, sob uma altura de carga líquida de 1190 m com 86% de eficiência, quando suprida por jato único de diâmetro 6 mm. Use ambas as unidades, americanas e SI. Estime o diâmetro da roda.

10.74 De acordo com um porta-voz da Pacific Gas & Electric Company, a Usina de Tiger Creek, localizada a leste de Jackson, na Califórnia, é uma das 71 usinas hidrelétricas da Companhia. A usina tem 373 m de altura de carga bruta, consome 21 m³/s de água, tem potência nominal de 60 MW e opera a 58 MW. Alega-se que a usina produz 0,785 kW · h/(m² · m) de água e $336,4 \times 10^6$ kWh/ano de operação. Estime a altura de carga líquida do local, a velocidade específica da turbina e a sua eficiência. Comente quanto à consistência interna desses dados.

10.75 Projete um sistema de tubulação para o fornecimento da água de uma turbina, a partir de um reservatório na montanha. O reservatório está localizado a 320 m acima do local da turbina. A eficiência da turbina é 83%, e ela deve produzir 30 kW de potência mecânica. Defina o mínimo tamanho-padrão requerido para o tubo de suprimento de água para a turbina e a vazão volumétrica de água requerida. Discuta os efeitos de eficiência da turbina, rugosidade do tubo e instalação de um difusor na saída da turbina sobre o desempenho da instalação.

10.76 Uma pequena turbina hidráulica de impulsão é alimentada com água através de um tubo adutor, com diâmetro D e comprimento L; o diâmetro do jato é d. A diferença de elevação entre a superfície da água no reservatório e a linha de centro do bocal é Z. O coeficiente de perda de carga no bocal é K_{bocal} e o coeficiente de perda de carga do reservatório para a entrada do adutor é $K_{entrada}$. Determine a velocidade do jato de água, a vazão volumétrica e a potência hidráulica do jato, para o caso em que $Z = 90$ m, $L = 300$ m, $D = 150$ mm, $K_{entrada} = 0,5$; $K_{bocal} = 0,04$ e $d = 50$ mm, se o tubo é de aço comercial.

Máquinas de Fluxo 539

Faça um gráfico da potência do jato como uma função do seu diâmetro para determinar o diâmetro ótimo e a potência hidráulica resultante do jato. Comente sobre os efeitos de variação dos coeficientes de perda e da rugosidade do tubo.

Hélices e Máquinas Eólicas

10.77 A hélice de um barco de propulsão a ar, usado no parque nacional de Everglades, na Flórida, movimenta ar à taxa de 50 kg/s. Quando em repouso, a velocidade da corrente de ar atrás da hélice é de 45 m/s em um local onde a pressão é a atmosférica. Calcule (a) o diâmetro da hélice, (b) o empuxo produzido em repouso e (c) o empuxo produzido quando o barco move para a frente a 15 m/s, se a vazão mássica através da hélice permanece constante.

10.78 A eficiência de propulsão, η, de uma hélice é definida como a razão entre o trabalho útil produzido e a energia mecânica cedida ao fluido. Determine a eficiência de propulsão do barco em movimento do Problema 10.77. Qual seria a eficiência, se o barco não estivesse em movimento?

10.79 A hélice do "avião" a propulsão humana Gossamer Condor tem diâmetro $D = 3,6$ m e gira a $N = 107$ rpm. Detalhes adicionais do avião são dados no Problema 9.127. Estime as características adimensionais de desempenho e eficiência desta hélice nas condições de cruzeiro. Considere que o piloto gaste 70% da potência máxima no regime de cruzeiro. (Veja a Referência [56] para mais informações sobre voo a propulsão humana.)

10.80 Equações para o empuxo, potência e eficiência de dispositivos de propulsão foram deduzidas na Seção 10.6. Mostre que aquelas equações podem ser combinadas para a condição de empuxo constante para obter

$$\eta = \frac{2}{1 + \left(1 + \dfrac{F_T}{\dfrac{\rho V^2}{2} \dfrac{\pi D^2}{4}}\right)^{1/2}}$$

Interprete este resultado fisicamente.

10.81 A NASA (National Aeronautics Space Administration) e o DOE (Department of Energy) dos Estados Unidos patrocinam um grande gerador a turbina eólica de demonstração, em Plum Brook, perto de Sandusky, em Ohio [47]. A turbina tem duas pás, com raio de 19 m, e fornece potência máxima, quando a velocidade do vento está acima de $V = 29$ km/h. Ela foi projetada para produzir 100 kW com uma eficiência mecânica de 75%. O rotor foi projetado para operar a uma velocidade constante de 45 rpm, em ventos acima de 2,6 m/s, por meio do controle da carga do sistema e do ajuste dos ângulos das pás. Para a condição de potência máxima, calcule a velocidade periférica do rotor e o coeficiente de potência.

10.82 Um moinho típico de fazenda americana, com pás múltiplas, tem $D = 2,1$ m e foi projetado para produzir potência máxima em ventos com $V = 24$ km/h. Estime a vazão de água fornecida como função da altura em que a água é bombeada por este moinho.

10.83 Dados de sustentação e arrasto para a seção de aerofólio NACA 23015 são apresentados na Fig. 9.17. Considere a hélice de duas pás de uma turbina eólica, de eixo horizontal, com seção de pá NACA 23015. Analise o escoamento de ar relativo a um elemento de pá da turbina eólica em rotação. Desenvolva um modelo numérico para o elemento de pá. Calcule o coeficiente de potência desenvolvido pelo elemento de pá como uma função da razão de velocidade periférica. Compare seu resultado com a tendência geral de potência produzida para rotores de turbinas de alta velocidade, de duas pás, mostrada na Fig. 10.50.

Turbomáquinas de Escoamento Compressível

10.84 Um compressor está sendo projetado para condições de entrada de 101,3 kPa e 21°C. Para economizar a potência requerida, ele está sendo testado com um estrangulador no duto de entrada para reduzir a pressão de entrada. A curva característica para sua velocidade normal de projeto de 3200 rpm está sendo levantada em um dia em que a temperatura ambiente é 14,4°C. A que velocidade o compressor poderia girar? No ponto da curva característica na qual a vazão mássica seria 57 kg/s, a pressão de entrada é 55,16 kPa. Calcule a vazão mássica real durante o teste.

10.85 A turbina para um novo motor a jato foi projetado para condições de entrada de 1100 kPa e 925°C, recebendo 250 kg/s a velocidade de 500 rpm e condições de saída de 550 kPa e 730°C. Se a altitude e o combustível do motor forem mudados de modo que as condições de entrada agora sejam de 965 kPa e 870°C, calcule os novos valores da velocidade de operação e da vazão mássica, considerando condições de saída similares, inclusive a eficiência.

CAPÍTULO 11

Escoamento em Canais Abertos

- 11.1 Conceitos Básicos e Definições
- 11.2 Equação de Energia para Escoamentos em Canal Aberto
- 11.3 Efeito Localizado de Mudança de Área (Escoamento sem Atrito)
- 11.4 O Ressalto Hidráulico
- 11.5 Escoamento Uniforme em Regime Permanente
- 11.6 Escoamento com Profundidade Variando Gradualmente
- 11.7 Medição de Descarga Usando Vertedouros
- 11.8 Resumo e Equações Úteis

Estudo de Caso

Muitos escoamentos de líquidos na engenharia e na natureza ocorrem com a superfície livre. Um exemplo de um canal construído pelo ser humano que transporta água é mostrado na fotografia. Essa é uma vista do aqueduto Hayden-Rhodes, com 190 milhas de comprimento, que é parte do Projeto Arizona Central (Central Arizona Project, CAP na sigla em inglês). O CAP é um canal usado para redirecionar água do rio Colorado para dentro da região sul e central do Arizona. O CAP começa no lago Havasu, na fronteira ocidental do Arizona, escoa pela região de Phoenix e termina na reserva indígena San Xavier, no sul de Tucson. O canal CAP é projetado para transportar em torno de 1,5 milhão de acres-pés (1.850 milhões de metros cúbicos) de água por ano do rio Colorado, sendo a maior fonte renovável de suprimento de água no estado do Arizona.

O projeto do PAC envolveu muitos dos princípios de engenharia que iremos estudar neste capítulo. Por causa da grande vazão de água, o aqueduto foi projetado como um canal aberto com uma seção transversal trapezoidal, que propiciou o menor canal para a vazão desejada. A gravidade é a força motor para o escoamento, e a terra foi graduada para fornecer a inclinação correta ao canal para o escoamento. Como o lago Havasu tem aproximadamente 3000 pés abaixo do terminal, o projeto final do aqueduto inclui 15 estações de bombeamento, 8 sifões invertidos e 3 túneis.

Aqueduto, Projeto Arizona Central.

Escoamento em Canais Abertos   541

Os escoamentos na superfície livre diferem em muitos aspectos importantes dos escoamentos em condutos fechados que estudamos no Capítulo 8. Exemplos familiares em que a superfície livre de um escoamento de água está na pressão atmosférica incluem escoamentos em rios, aquedutos, canais de irrigação, em telhados ou calhas de rua, e em valas de drenagem. Canais artificiais feitos pelo ser humano, chamados aquedutos, podem ser de muitos tipos diferentes, como canais, condutos e galerias. Um canal normalmente está situado abaixo do nível do solo e pode ser revestido ou não. Os canais geralmente são longos e com inclinações muito suaves; são usados para transportar irrigação ou águas pluviais, ou para navegação. Um conduto ou calha normalmente é construído acima do nível do solo para transportar água através de uma depressão. Uma galeria, que normalmente é projetada para escoar com apenas uma parte cheia, é um pequeno canal coberto usado para drenar água sob uma rodovia ou ferrovia.

A Fig. 11.1 ilustra um exemplo típico de água escoando em um canal aberto. O canal, frequentemente chamado de aqueduto, transporta água de uma fonte, como um lago, através da superfície terrestre para onde a água é necessária, frequentemente para

Fig. 11.1 Exemplo típico de água escoando em um canal aberto, localizado no Vale Central, na Califórnia; os tubos de abastecimento são visíveis ao fundo.

irrigação de plantações ou água de suprimento para uma cidade. Como você pode ver nessa fotografia, o canal é relativamente largo, com laterais inclinadas, e tem inclinação gradual, que permite o escoamento da água. A água entra nesse aqueduto através de grandes tubos corrugados a partir de uma elevação muito grande; os tubos são usados porque a inclinação da vertente é muito grande para um canal aberto. A estrutura na entrada para o aqueduto pode ser uma turbina que extrai potência do escoamento de água.

Neste capítulo, introduzimos alguns dos conceitos básicos no estudo de escoamentos em canal aberto. O tópico de escoamento em canal aberto é coberto em maiores detalhes em uma série de textos especializados [1–8]. Vamos desenvolver, usando os conceitos de volume de controle do Capítulo 4, alguma teoria básica para descrever o comportamento e classificação dos escoamentos em canais naturais e feitos pelo homem. Vamos considerar:

- *Escoamentos para os quais os efeitos locais de mudança de área predominam e as forças de atrito podem ser desprezadas.* Um exemplo é o escoamento sobre uma lombada ou depressão, ao longo de um pequeno comprimento no qual o atrito é desprezível.

- *Escoamento com uma variação abrupta na profundidade.* Isso ocorre durante um ressalto hidráulico, em que o grupo d'água passa de rápido e raso para lento e profundo em uma distância muito curta (veja a Fig. 11.12).

- *Escoamento em que é chamado de profundidade normal.* Para esse escoamento, a seção transversal não varia na direção do escoamento; a superfície do líquido é paralela ao leito do canal. Esse é um escoamento análogo ao escoamento completamente desenvolvido no interior de um tubo.

- *Escoamento variado gradualmente.* Um exemplo desse tipo de escoamento é aquele em um canal onde a inclinação do leito do canal varia. O objetivo principal na análise dos escoamentos variados gradualmente é a predição da forma da superfície livre.

É bastante comum observar ondas superficiais em escoamentos com uma superfície livre, sendo o mais simples exemplo quando um objeto, tal como uma pedra, é atirado dentro da água. A velocidade de propagação da onda na superfície é análoga em muitos aspectos à propagação de uma onda sonora em um meio fluido compressível (que discutimos no Capítulo 12). Vamos determinar os fatores que afetam a velocidade de tais ondas superficiais. Veremos que a velocidade é um importante parâmetro para se saber se um escoamento em canal aberto será capaz de se ajustar gradualmente às condições variáveis a jusante ou se ocorrerá um ressalto hidráulico.

Este capítulo inclui também uma breve discussão sobre técnicas de medição para uso em canais abertos.

11.1 *Conceitos Básicos e Definições*

Antes de analisar os diferentes tipos de escoamento que podem ocorrer em um canal aberto, discutiremos alguns conceitos comuns e formularemos algumas hipóteses para simplificação. Estamos fazendo isso explicitamente, porque existem algumas diferenças importantes entre nossos estudos precedentes de tubos e dutos no Capítulo 8 e o estudo de escoamentos em canais abertos.

Uma diferença significativa com relação aos escoamentos em tubos e dutos é

- A força de acionamento para escoamentos em canais abertos é a *gravidade.*

(Note que alguns escoamentos em tubos e dutos são também acionados pela gravidade (por exemplo, escoamento para baixo em uma tubulação de esgoto), porém o escoamento é tipicamente acionado por uma diferença de pressão gerada por um dispositivo tal como uma bomba.) A força da gravidade em escoamento em canal aberto se opõe à força de atrito sobre as fronteiras sólidas do canal.

Considerações para Simplificação

O escoamento em um canal aberto, especialmente em um canal natural, tal como um rio, é frequentemente muito complexo, tridimensional e não permanente. Entretanto, na maior parte dos casos, podemos obter resultados úteis por aproximação, considerando o escoamento como:

- *Unidimensional.*
- *Em regime permanente.*

Uma terceira consideração para simplificação é:

- O escoamento em cada seção em um escoamento em canal aberto é aproximado como tendo *velocidade uniforme.*

Embora a velocidade real em um canal não seja realmente uniforme, iremos justificar essa consideração. A Fig. 11.2 indica as regiões de velocidade máxima em algumas geometrias de escoamento em canal aberto. A velocidade mínima é zero ao longo das paredes por causa da viscosidade. Medições experimentais mostram que a região de velocidade máxima ocorre abaixo da superfície livre. Existe uma tensão de cisalhamento desprezível por causa do arrasto do ar sobre a superfície livre, de modo que seria de esperar que a velocidade máxima ocorresse na superfície livre. Entretanto, escoamentos secundários ocorrem e produzem um perfil de velocidades não uniforme com o máximo ocorrendo normalmente abaixo da superfície livre. Escoamentos secundários também ocorrem quando um canal tem curva ou inclinação, ou ainda obstrução, tal como uma ponte com pilares. Essas obstruções podem produzir vórtices que corroem o fundo de um canal natural.

A maioria dos escoamentos de água em canais abertos é grande em escala física, de modo que o número de Reynolds é geralmente bastante alto. Consequentemente, o escoamento em canal aberto é raramente laminar, e assim iremos considerar que o escoamento em canais abertos é sempre turbulento. Conforme vimos em capítulos anteriores, a turbulência tende a suavizar o perfil de velocidade (veja a Fig. 8.11 para escoamento turbulento no interior de tubo e a Fig. 9.7 para camada-limite turbulenta). Consequentemente, embora exista um perfil de velocidade em um escoamento em canal aberto, conforme indicado na Fig. 11.2, iremos considerar um perfil de velocidade uniforme em cada seção, como ilustrado na Fig. 11.3a.

A próxima consideração para simplificação que fazemos é:

- A distribuição de pressão é considerada *hidrostática.*

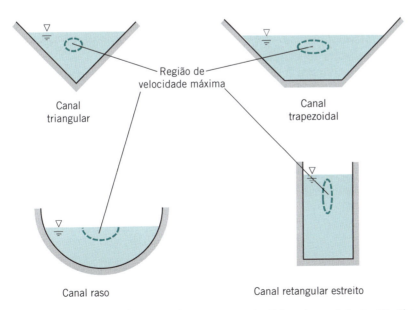

Fig. 11.2 Região de velocidade máxima em algumas geometrias típicas de canal aberto. (De Chow [1], usado com permissão.)

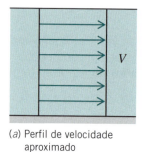

(a) Perfil de velocidade aproximado

(b) Distribuição aproximada da pressão manométrica

Fig. 11.3 Aproximações para o perfil de velocidade e distribuição de pressão.

Isso é ilustrado na Fig. 11.3*b* e é uma diferença significativa com relação à análise de escoamentos no interior de tubos e dutos do Capítulo 8; para esses escoamentos, descobrimos que a pressão era uniforme em cada localização axial e variava na direção da corrente. Nos escoamentos em canais abertos, a superfície livre estará à pressão atmosférica (zero manométrica), de modo que a pressão na superfície livre não varia na direção do escoamento. A principal variação de pressão ocorre *através* de cada seção; isso será exatamente verdadeiro se os efeitos de curvatura da linha de corrente forem desprezíveis, o que ocorre frequentemente.

Como no caso do escoamento turbulento no interior de tubos e dutos, devemos confiar em correlações empíricas para relacionar os efeitos de atrito com a velocidade média do escoamento. A correlação empírica é incluída por meio do termo de perda de carga na equação de energia (Seção 11.2). Complicações adicionais em muitos casos práticos incluem a presença de sedimentos ou outras partículas no escoamento, bem como a erosão dos canais de barro ou de estruturas pela ação da água.

Geometria do Canal

Os canais podem ser construídos em diversas formas de seção transversal; em muitos casos, os formatos geométricos regulares são usados. Um canal com uma inclinação e seção transversal constantes é chamado de *prismático*. Os canais alinhados frequentemente são construídos com seções retangulares ou trapezoidais; depressões ou valas menores algumas vezes são triangulares. Galerias e túneis geralmente têm seções circulares ou elípticas. Os canais naturais são altamente irregulares e não prismáticos, mas frequentemente são considerados como tendo seções aproximadamente trapezoidais ou parabólicas. As propriedades geométricas de formas comuns de canais abertos são resumidas na Tabela 11.1.

A *profundidade de escoamento*, y, é a distância perpendicular medida a partir do leito do canal até a superfície. A *área de escoamento*, A, é a seção transversal do escoamento perpendicular à direção do escoamento. O *perímetro molhado*, P, é o comprimento da seção transversal em contato com o líquido. O *raio hidráulico*, R_h, é definido como

$$R_h = \frac{A}{P} \tag{11.1}$$

Para escoamento em condutos fechados não circulares (Seção 8.7), o diâmetro hidráulico foi definido como

$$D_h = \frac{4A}{P} \tag{8.50}$$

Assim, para um tubo circular, o diâmetro hidráulico, a partir da Eq. 8.50, é igual ao diâmetro do tubo. A partir da Eq. 11.1, o raio hidráulico para um tubo circular poderia então ser *metade* do raio real do tubo, o que é um pouco confuso! O raio hidráulico, como definido pela Eq. 11.1, é normalmente usado na análise de escoamentos em canal

Escoamento em Canais Abertos   **545**

aberto, de modo que será usado em todo este capítulo. Uma razão para esta utilização é que o raio hidráulico de um canal extenso, como visto na Tabela 11.1, é igual á profundidade real.

Para canais não retangulares, a *profundidade hidráulica* é definida como

$$y_h = \frac{A}{b_s} \qquad (11.2)$$

em que b_s é a largura na superfície. Por isso, a profundidade hidráulica representa a *profundidade média* do canal em qualquer seção transversal. Ela fornece a *profundidade de um canal retangular equivalente*.

Velocidade de Ondas Superficiais e o Número de Froude

Aprenderemos mais tarde neste capítulo que o comportamento de um escoamento em canal aberto conforme eles encontram mudanças a jusante (por exemplo, um inchaço no leito do canal, um estreitamento do canal, ou uma variação na inclinação do leito) dependente fortemente da velocidade do escoamento, se o mesmo é lento ou rápido. Um escoamento lento terá tempo de se ajustar gradualmente a variações a jusante, enquanto um escoamento rápido algumas vezes irá se ajustar gradualmente, mas em

Tabela 11.1
Propriedades Geométricas de Formas Comuns de Canais Abertos

Forma	Seção	Área de Escoamento, A	Perímetro Molhado, P	Raio Hidráulico, R_h
Trapezoidal		$y\,(b + y \cot g\,\alpha)$	$b + \dfrac{2y}{\operatorname{sen}\alpha}$	$\dfrac{y\,(b + y \cot \alpha)}{b + \dfrac{2y}{\operatorname{sen}\alpha}}$
Triangular		$y^2 \cot g\,\alpha$	$\dfrac{2y}{\operatorname{sen}\alpha}$	$\dfrac{y \cos\alpha}{2}$
Retangular		by	$b + 2y$	$\dfrac{by}{b + 2y}$
Larga e Plana		by	b	y
Circular		$(\alpha - \operatorname{sen}\alpha)\,\dfrac{D^2}{8}$	$\dfrac{\alpha D}{2}$	$\dfrac{D}{4}\left(1 - \dfrac{\operatorname{sen}\alpha}{\alpha}\right)$

algumas situações fará isso "violentamente" (isto é, existirá um ressalto hidráulico; veja a Fig. 11.12*a* para um exemplo). A questão é o que constitui um escoamento lento ou rápido? Essas descrições vagas serão feitas mais precisamente agora. Verifica-se que a velocidade na qual as ondas superficiais viajam ao longo da superfície é a chave para definir mais precisamente as noções de lento e rápido.

Para determinar a velocidade (ou *celeridade*) de ondas superficiais, considere um canal aberto com parede de fundo móvel, contendo um líquido inicialmente em repouso. Se a parede de fundo sofre um movimento súbito, como na Fig. 11.4*a*, uma onda se forma e percorre o canal a alguma velocidade, *c* (consideraremos um canal retangular de largura, *b*, para simplificar).

Se deslocarmos as coordenadas de modo que viajamos com a mesma velocidade da onda, *c*, obtemos um volume de controle em regime permanente, como mostrado na Fig. 11.4*b* (onde por enquanto consideraremos $c > \Delta V$). Para obter uma expressão para *c*, usaremos as equações da continuidade e da quantidade de movimento para este volume de controle. Também faremos as seguintes considerações:

1 Escoamento em regime permanente.
2 Escoamento incompressível.
3 Velocidade uniforme em cada seção.
4 Distribuição de pressão hidrostática em cada seção.
5 Escoamento sem atrito.

A consideração **1** é válida para o volume de controle com coordenadas deslocadas. A consideração **2** obviamente é válida para o nosso escoamento líquido. As considerações **3** e **4** são usadas para todo o capítulo. A consideração **5** é válida neste caso porque consideramos que a área de ação, $b\Delta x$, é relativamente pequena (o esboço não está em escala), de modo que a força de atrito total é desprezível.

Para um escoamento *incompressível* com *velocidade uniforme* em cada seção, podemos usar a forma apropriada da equação da continuidade do Capítulo 4,

$$\sum_{SC} \vec{V} \cdot \vec{A} = 0 \tag{4.13b}$$

Aplicando a Eq. 4.13b ao volume de controle, obtivemos

$$(c - \Delta V)\{(y + \Delta y)b\} - cyb = 0 \tag{11.3}$$

ou

$$cy - \Delta Vy + c\Delta y - \Delta V\Delta y - cy = 0$$

Resolvendo para ΔV,

$$\Delta V = c\frac{\Delta y}{y + \Delta y} \tag{11.4}$$

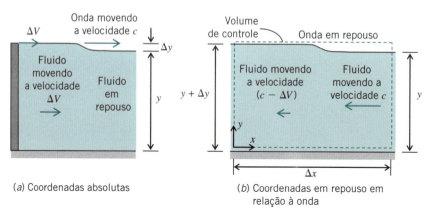

(a) Coordenadas absolutas

(b) Coordenadas em repouso em relação à onda

Fig. 11.4 Movimento de uma onda superficial.

Para a equação da quantidade de movimento, novamente com a consideração de velocidade uniforme em cada seção, podemos usar a seguinte forma da componente em x da equação da quantidade de movimento

$$F_x = F_{S_x} + F_{B_x} = \frac{\partial}{\partial t} \int_{\text{VC}} u\rho \, d\forall + \sum_{\text{SC}} u\rho \vec{V} \cdot d\vec{A} \qquad (4.18d)$$

O termo em regime não permanente $\partial/\partial t$ desaparece visto que o escoamento é em *regime permanente*, e a força de campo F_{B_x}, é zero para *escoamento horizontal*. Obtivemos então

$$F_{S_x} = \sum_{\text{SC}} u\rho \vec{V} \cdot \vec{A} \qquad (11.5)$$

A força superficial consiste nas forças de pressão sobre as duas extremidades, e na força de atrito sobre a superfície inferior (o ar na superfície livre contribui com atrito desprezível em escoamentos em canal aberto). Pela consideração **5**, desprezamos o atrito. A pressão manométrica nas duas extremidades é hidrostática, como ilustrado na Fig. 11.4b. Vamos lembrar o estudo de hidrostática em que a força hidrostática F_R sobre uma superfície vertical submersa de área A é dada pelo resultado simples de

$$F_R = p_c A \qquad (3.10b)$$

em que p_c é a pressão no centroide da superfície vertical. Para as duas superfícies verticais do volume de controle, então, temos que

$$F_{S_x} = F_{R_{\text{esquerda}}} - F_{R_{\text{direita}}} = (p_c A)_{\text{esquerda}} - (p_c A)_{\text{direita}}$$

$$= \left\{ \left(\rho g \frac{y + \Delta y}{2} \right)(y + \Delta y)b \right\} - \left\{ \left(\rho g \frac{y}{2} \right)yb \right\}$$

$$= \frac{\rho g b}{2}(y + \Delta y)^2 - \frac{\rho g b}{2}y^2$$

Usando esse resultado na Eq. 11.5 e avaliando os termos no lado direito,

$$F_{S_x} = \frac{\rho g b}{2}(y + \Delta y)^2 - \frac{\rho g b}{2}y^2 = \sum_{\text{SC}} u\rho \vec{V} \cdot \vec{A}$$

$$= -(c - \Delta V)\rho\{(c - \Delta V)(y + \Delta y)b\} - c\rho\{-cyb\}$$

Os dois termos entre chaves são iguais, da equação da continuidade como mostrado na Eq. 11.3, de modo que a equação da quantidade de movimento fica simplificada para

$$gy\Delta y + \frac{g(\Delta y)^2}{2} = yc\Delta V$$

ou

$$g\left(1 + \frac{\Delta y}{2y}\right)\Delta y = c\Delta V$$

Combinando esse termo com a Eq. 11.4 obtivemos

$$g\left(1 + \frac{\Delta y}{2y}\right)\Delta y = c^2 \frac{\Delta y}{y + \Delta y}$$

e resolvendo para c,

$$c^2 = gy\left(1 + \frac{\Delta y}{2y}\right)\left(1 + \frac{\Delta y}{y}\right)$$

548 Capítulo 11

Para ondas com amplitude relativamente pequena ($\Delta y \ll y$), podemos simplificar essa expressão para

$$c = \sqrt{gy} \qquad (11.6)$$

Consequentemente, a velocidade de uma perturbação superficial depende da profundidade de fluido no local. Por exemplo, isso explica por que ondas "quebram" quando se aproximam da praia. Em alto-mar, a profundidade da água abaixo das cristas e dos vales que as ondas formam são aproximadamente as mesmas, e, portanto, também o é a sua velocidade. Conforme a profundidade da água diminui na aproximação da praia, a profundidade das cristas das ondas começa a ficar significativamente maior do que a profundidade dos vales, causando aceleração das cristas, que ultrapassam os vales. Por isso, as ondas "quebram".

Note que a velocidade não entra na lista de propriedades dos fluidos: a viscosidade é normalmente um fator secundário, e a perturbação ou onda que descrevemos é decorrente da interação das forças gravitacional e de inércia, que são lineares com relação à massa específica. A Eq. 11.6 foi deduzida com base no movimento unidimensional (na direção x); um modelo mais realista permitindo a consideração de um movimento bidimensional (nas direções x e y) mostra que a Eq. 11.6 aplica-se para o caso-limite de ondas com grande comprimento de onda (o Problema 11.3 explorará isso). Também, existem outros tipos de ondas superficiais, tais como ondas capilares provocadas pela tensão superficial, para as quais a Eq. 11.6 não se aplica (o Problema 11.6 explora os efeitos da tensão superficial). O Exemplo 11.1 ilustra o cálculo para a velocidade de onda superficial, que depende somente da profundidade.

Exemplo **11.1** VELOCIDADE DAS ONDAS NA SUPERFÍCIE LIVRE

Você está curtindo uma tarde de verão relaxando com um passeio de barco em uma lagoa. Você decide descobrir a profundidade da água batendo o remo na água e cronometrando quanto tempo leva a onda que você produz para alcançar a borda da lagoa. (A lagoa é artificial; então ela tem aproximadamente a mesma profundidade mesmo nas bordas.) A partir de flutuadores instalados na lagoa, você sabe que está a 6 m da borda e cronometra em 1,5 s o tempo que a onda leva para atingir a borda da lagoa. Estime a profundidade da lagoa. Fará diferença se a água da lagoa for doce ou salgada?

Dados: Tempo para uma onda atingir a borda de uma lagoa.

Determinar: A profundidade da lagoa.

Solução: Use a equação da velocidade de onda, Eq. 11.6.

Equação básica: $c = \sqrt{gy}$

O tempo para uma onda, com velocidade c, viajar uma distância L, é $\Delta t = L/c$, então $c = L/\Delta t$. Usando essa equação juntamente com a Eq. 11.6,

$$\sqrt{gy} = \frac{L}{\Delta t}$$

em que y é a profundidade, ou

$$y = \frac{L^2}{g\Delta t^2}$$

Usando os dados fornecidos

$$y = 6^2 \mathrm{m}^2 \times \frac{1}{9,81}\frac{\mathrm{s}^2}{\mathrm{m}} \times \frac{1}{1,5^2 \mathrm{s}^2} = 1,63 \text{ m} \longleftarrow \qquad y$$

A profundidade da lagoa é aproximadamente 1,63 m.

O resultado obtido não depende do tipo da água, se é doce ou salgada, porque a velocidade dessas ondas superficiais não depende das propriedades do fluido.

Escoamento em Canais Abertos **549**

A velocidade de perturbações superficiais dada pela Eq. 11.6 nos fornece um "teste decisivo" mais útil para categorizar a velocidade de um fluido do que os termos "rápido" e "lento". Para ilustrar isso, considere um escoamento movendo-se a uma velocidade V, que experimenta uma perturbação em algum ponto a jusante. (A perturbação poderia ser causada por uma colisão no fundo do canal ou por um obstáculo, por exemplo.) A perturbação viajará para montante à velocidade c *relativamente ao fluido*. Se a velocidade do fluido é baixa, $V < c$, e a perturbação viajará para montante com uma velocidade absoluta igual a $(c - V)$. Entretanto, se a velocidade do fluido for alta, $V > c$, e a perturbação não puder viajar para montante e, em vez disso, é "lavada" a jusante a uma velocidade absoluta igual a $(V - c)$. Isso leva a respostas radicalmente diferentes para perturbações a jusante em escoamentos lentos e rápidos. Consequentemente, recordando da Eq. 11.6 para a velocidade c, escoamentos em canal aberto podem ser classificados com base no número de Froude introduzido pela primeira vez no Capítulo 7:

$$Fr = \frac{V}{\sqrt{gy}} \qquad (11.7)$$

Em vez dos termos imprecisos, "lento" e "rápido", agora temos o seguinte critério:

$Fr < 1$ O escoamento é *subcrítico*, *tranquilo* ou *de corrente*. Perturbações podem viajar a montante; condições de jusante podem afetar o escoamento a montante. O escoamento pode gradativamente se ajustar à perturbação.

$Fr = 1$ O escoamento é *crítico*.

$Fr > 1$ O escoamento é *supercrítico*, *rápido* ou *disparado*. Nenhuma perturbação pode viajar a montante; condições de jusante não podem ser sentidas a montante. O escoamento pode responder violentamente à perturbação porque o escoamento não tem chance de ajustar-se à perturbação antes de atingi-la.

Note que para canais não retangulares usamos a profundidade hidráulica y_h,

$$Fr = \frac{V}{\sqrt{gy_h}} \qquad (11.8)$$

Esses regimes de comportamento de escoamento são quantitativamente análogos aos regimes de escoamentos subsônicos, sônicos e supersônicos para gás que discutiremos no Capítulo 12. (Nesse caso, também comparamos uma velocidade de escoamento, V, com a velocidade de uma onda, c, exceto que a onda é uma onda sonora em vez de uma onda superficial.)

Discutiremos as ramificações desses vários regimes do número de Froude mais adiante neste capítulo.

11.2 *Equação de Energia para Escoamentos em Canal Aberto*

Na análise de escoamentos em canal aberto, usaremos as equações da continuidade, da quantidade de movimento e de energia. Aqui, deduzimos a forma apropriada da equação de energia (usaremos as equações da continuidade e da quantidade de movimento quando for necessário). Como no caso do escoamento no interior de tubos, o atrito em escoamentos em canal aberto resulta em uma perda de energia mecânica; isso pode ser caracterizado por uma perda de carga. A tentação é de usar apenas uma das formas da equação de energia para escoamento no interior de tubos que deduzimos na Seção 8.6, tal como

$$\left(\frac{p_1}{\rho g} + \alpha_1 \frac{\overline{V}_2^2}{2g} + z_1 \right) - \left(\frac{p_2}{\rho g} + \alpha_2 \frac{\overline{V}_2^2}{2g} + z_2 \right) = \frac{h_{l_T}}{g} = H_{l_T} \qquad (8.30)$$

O problema com isso é que a equação foi deduzida com base na consideração de pressão uniforme em cada seção, que não é o caso no escoamento em canal aberto (temos uma variação na pressão hidrostática em cada local); não temos uma pressão uniforme, p_1, na seção ① e também não temos uma pressão uniforme, p_2, na seção ②!

Em vez de usar essa equação necessitamos de deduzir uma equação para escoamentos em canal aberto a partir dos princípios básicos. Vamos acompanhar de perto os passos delineados na Seção 8.6 para escoamentos no interior do tubo usando, porém, considerações diferentes. Você está instado a revisar a Seção 8.6 de modo a estar ciente das similaridades e diferenças entre os escoamentos no interior de tubo e em canal aberto.

Usaremos os volumes de controle genéricos mostrados na Fig. 11.5, com as seguintes considerações:

1 Escoamento em regime permanente.
2 Escoamento incompressível.
3 Velocidade uniforme em cada seção.
4 Profundidade variando gradualmente de forma que a distribuição de pressão seja hidrostática.
5 Pequena inclinação do leito.
6 $\dot{W}_s = \dot{W}_{cisalhamento} = \dot{W}_{outros} = 0$.

Aqui fazemos alguns comentários. Já vimos as considerações de 1 a 4; elas serão sempre aplicadas neste capítulo. A consideração 5 simplifica a análise de modo que a profundidade, y, é tomada como vertical e a velocidade, V, é tomada como horizontal, em vez de normal e paralela ao leito do canal, respectivamente. A consideração 6 estabelece que não existe trabalho de eixo, trabalho devido ao cisalhamento do fluido nas fronteiras, e nem outros tipos de trabalho. Não existe trabalho de cisalhamento nas fronteiras porque sobre cada parte da superfície de controle a velocidade tangencial é zero (sobre as paredes do canal) ou a tensão de cisalhamento é zero (na superfície aberta), de modo que nenhum trabalho pode ser realizado. Note que pode ainda haver dissipação de energia mecânica no interior do fluido devido ao atrito.

Escolhemos um volume de controle genérico de modo que possamos deduzir uma equação de energia genérica para escoamentos em canal aberto, isto é, uma equação que pode ser aplicada a uma variedade de escoamentos, tais como aqueles com uma variação na elevação, ou um ressalto hidráulico, ou comportas, e assim por diante, entre as seções ① e ②, a coordenada z indica a distância medida na direção vertical; as distâncias medidas verticalmente a partir do leito do canal são denotadas por y. Observe que y_1 e y_2 são de profundidades de fluxo nas seções ① e ②, respectivamente, e z_1 e z_2 são as elevações do canal correspondentes.

A equação de energia para um volume de controle é

$$\dot{Q} - \cancel{\dot{W}_s}^{=0(6)} - \cancel{\dot{W}_{cisalhamento}}^{=0(6)} - \cancel{\dot{W}_{outros}}^{=0(6)} = \cancel{\frac{\partial}{\partial t}\iiint_{VC} e\rho\, d\mathcal{V}}^{=0(1)} + \int_{SC} (e + pv)\rho \vec{V} \cdot d\vec{A} \quad (4.56)$$

$$e = u + \frac{V^2}{2} + gz$$

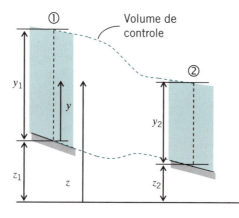

Fig. 11.5 Volume de controle e coordenadas para análise de energia de escoamento em canal aberto.

Escoamento em Canais Abertos **551**

Lembre-se de que u é a energia específica térmica e $v = 1/\rho$ é o volume específico. Após usar as considerações **1** e **6**, e rearranjando, com $\dot{m} = \int \rho \vec{V} \cdot d\vec{A}$, e $dA = bdy$, em que $b(y)$ é a largura do canal, obtivemos

$$\dot{Q} = -\int_1 \left(\frac{p}{\rho} + \frac{V^2}{2} + gz\right)\rho Vbdy - \int_1 u\rho Vbdy + \int_2 \left(\frac{p}{\rho} + \frac{V^2}{2} + gz\right)\rho Vbdy + \int_2 u\rho Vbdy$$

$$= \int_1 \left(\frac{p}{\rho} + \frac{V^2}{2} + gz\right)\rho Vbdy + \int_2 \left(\frac{p}{\rho} + \frac{V^2}{2} + gz\right)\rho Vbdy + \dot{m}(u_2 - u_1)$$

ou

$$\int_1 \left(\frac{p}{\rho} + \frac{V^2}{2} + gz\right)\rho Vbdy - \int_2 \left(\frac{p}{\rho} + \frac{V^2}{2} + gz\right)\rho Vbdy = \dot{m}(u_2 - u_1) - \dot{Q} = \dot{m}h_{l_T}$$

$$(11.9)$$

Isso estabelece que a perda nas energias mecânicas ("pressão", cinética e potencial) através do volume de controle leva a um ganho na energia térmica e/ou uma perda de calor do volume de controle. Como na Seção 8.6, esses efeitos térmicos são coletados no termo de perda de carga h_{l_T}.

As integrais de superfície na Eq. 11.9 podem ser simplificadas. A velocidade, V, é constante em cada seção pela consideração **3**. A pressão, p, varia através das seções ① e ②, assim como a energia potencia a função de z. Entretanto, pela consideração **4**, a variação de pressão é hidrostática. Consequentemente, para a seção ①, usando a notação da Fig. 11.5

$$p = \rho g(y_1 - y)$$

[Assim $p = \rho g y_1$ no leito do canal e $p = 0$ (manométrica) na superfície livre] e

$$z = (z_1 + y)$$

Convenientemente, vemos que a pressão *decresce* linearmente com y enquanto z *cresce* linearmente com y, de modo que os dois termos juntos são constantes,

$$\left(\frac{p}{\rho} + gz\right)_1 = g(y_1 - y) + g(z_1 + y) = g(y_1 + z_1)$$

Usando esses resultados na primeira integral da Eq. 11.9,

$$\int_1 \left(\frac{p}{\rho} + \frac{V^2}{2} + gz\right)\rho Vbdy = \int_1 \left(\frac{V^2}{2} + g(y_1 + z_1)\right)\rho Vbdy = \left(\frac{V_1^2}{2} + gy_1 + gz_1\right)\dot{m}$$

Encontramos um resultado similar para a seção ②, de modo que a Eq. 11.9 torna-se

$$\left(\frac{V_2^2}{2} + gy_2 + gz_2\right) - \left(\frac{V_1^2}{2} + gy_1 + gz_1\right) = h_{l_T}$$

Finalmente, dividindo por g (com $H_l = h_{l_T}/g$) obtivemos para a equação de energia para escoamentos em canal aberto

$$\frac{V_1^2}{2g} + y_1 + z_1 = \frac{V_2^2}{2g} + y_2 + z_2 + H_l \qquad (11.10)$$

Essa equação pode ser comparada com a equação correspondente para escoamento no interior de tubo, Eq. 8.30, apresentada no início desta seção. (Note que usamos H_l em vez de H_{l_T}; no escoamento no interior de tubo podemos ter perdas maiores e menores, justificando T para total, mas no escoamento em canal aberto não fazemos essa distinção.) A Eq. 11.10

provará ser útil para nosso uso para o restante de capítulo e indica que os cálculos de energia podem ser realizados simplesmente pela geometria (y e z) e pela velocidade, V.

A *carga total* ou *carga de energia*, H, em qualquer local em um escoamento em canal aberto pode ser definida a partir da Eq. 11.10 como

$$H = \frac{V^2}{2g} + y + z \tag{11.11}$$

em que y e z são a *profundidade do escoamento* no local e a *elevação do leito do canal*, respectivamente (eles não representam mais as coordenadas mostradas na Fig. 11.5). Essa é uma medida da energia mecânica (cinética e de pressão/potencial) do escoamento. Usando isso na equação de energia, obtivemos uma forma alternativa

$$H_1 - H_2 = H_l \tag{11.12}$$

A partir disso vemos que a perda de carga total depende da perda de carga devido ao atrito.

Energia Específica

Podemos também definir na *energia específica* (ou *carga específica*), denotada pelo símbolo E,

$$E = \frac{V^2}{2g} + y \tag{11.13}$$

Essa é uma medida da energia mecânica (cinética e de pressão/potencial) do escoamento acima e além daquela devido à elevação do leito do canal; esta medida indica essencialmente *a energia devido à velocidade e profundidade do escoamento*. Usando a Eq. 11.13 na Eq. 11.10, obtivemos outra forma da equação de energia,

$$E_1 - E_2 + z_1 - z_2 = H_l \tag{11.14}$$

A partir dessa equação vemos que a variação na energia específica depende do atrito e na variação de elevação no leito do canal. Enquanto a carga total deve decrescer na direção do escoamento (Eq. 11.12), a carga específica pode decrescer, crescer, ou permanecer constante, dependendo da elevação no leito do canal, z.

A partir da equação da continuidade, $V = Q/A$, então a energia específica pode ser expressa como

$$E = \frac{Q^2}{2gA^2} + y \tag{11.15}$$

Para todos os canais A é uma função que aumenta monotonicamente com a profundidade do escoamento (como a Tabela 11.1 indica); o aumento da profundidade deve levar a uma área de escoamento maior. Consequentemente, a Eq. 11.15 indica que a energia específica é uma combinação de um decréscimo do tipo hiperbólico com a profundidade e um acréscimo linear com a profundidade. Isso é ilustrado na Fig. 11.6. Vemos que para uma dada vazão, Q, existe uma faixa de possíveis profundidades de escoamento e energias, porém uma única profundidade na qual a energia específica está no mínimo. Em vez de traçar um gráfico de E em função de y, traçamos tipicamente um gráfico de y em função de E de modo que o gráfico corresponda à seção de escoamento do exemplo, como mostrado na Fig. 11.7.

Lembrando que a energia específica, E, indica a energia real (cinética mais potencial/de pressão por unidade de vazão mássica) sendo carregada pelo escoamento, vemos que, para dado escoamento, Q, podemos ter uma faixa de energias, E, e profundidades de escoamento correspondentes, y. A Fig. 11.7 também revela alguns fenômenos interessantes do escoamento. Para um dado escoamento, Q, e energia específica, E, existem duas profundidades de escoamento possíveis, y; essas são chamadas de *profundidades alternativas*.

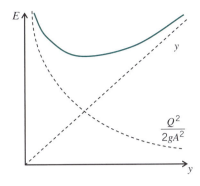

Fig. 11.6 Dependência da energia específica sobre a profundidade do escoamento para dada vazão.

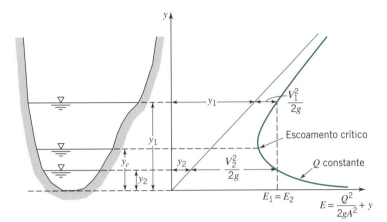

Fig. 11.7 Curva de energia específica para dada vazão.

Por exemplo, podemos ter um escoamento a uma profundidade y_1 ou profundidade y_2. O primeiro escoamento tem grande profundidade e se move lentamente, e o segundo escoamento é raso, mas se move rapidamente. O gráfico indica isso: para o primeiro escoamento, E_1 é feito com um y_1 grande e pequeno $V_1^2/2g$; para o segundo escoamento, E_2 é feito com um y_2 pequeno e grande $V_2^2/2g$. Veremos mais tarde que podemos mudar de um escoamento para outro. Podemos também ver (conforme demonstraremos no Exemplo 11.2 para um canal retangular) que, para dado Q, existe sempre um escoamento para o qual a energia específica é mínima, $E = E_{mín}$; investigaremos isso também após o Exemplo 11.2 e mostraremos que $E_{mín} = E_{crít}$, na qual $E_{crít}$ é a energia específica nas condições críticas.

Exemplo 11.2 CURVAS DE ENERGIA ESPECÍFICA PARA UM CANAL RETANGULAR

Para um canal retangular de largura $b = 10$ m, construa uma família de curvas de energia específica para $Q = 0, 2, 5$ e 10 m³/s. Quais são as energias específicas mínimas para essas curvas?

Dados: Canal retangular e faixa de vazões.

Determinar: As curvas de energia específica. Para cada vazão, determine a energia específica mínima.

Solução: Use a forma da vazão da equação de energia específica (Eq. 11.15) para gerar as curvas.

Equação básica:

$$E = \frac{Q^2}{2gA^2} + y \tag{11.15}$$

Para as curvas de energia específica, expresse E como função da profundidade, y.

$$E = \frac{Q^2}{2gA^2} + y = \frac{Q^2}{2g(by)^2} + y = \left(\frac{Q^2}{2gb^2}\right)\frac{1}{y^2} + y \tag{1}$$

A tabela e o gráfico correspondente foram gerados a partir dessa equação usando uma planilha do *Excel*.

	Energia específica, *E* (m)			
y (m)	*Q* = 0	*Q* = 2	*Q* = 5	*Q* = 10
0,100	0,10	0,92	5,20	20,49
0,125	0,13	0,65	3,39	13,17
0,150	0,15	0,51	2,42	9,21
0,175	0,18	0,44	1,84	6,83
0,200	0,20	0,40	1,47	5,30
0,225	0,23	0,39	1,23	4,25
0,250	0,25	0,38	1,07	3,51
0,275	0,28	0,38	0,95	2,97
0,30	0,30	0,39	0,97	2,57
0,35	0,35	0,42	0,77	2,01
0,40	0,40	0,45	0,72	1,67
0,45	0,45	0,49	0,70	1,46
0,50	0,50	0,53	0,70	1,32
0,55	0,55	0,58	0,72	1,22
0,60	0,60	0,62	0,74	1,17
0,70	0,70	0,72	0,80	1,12
0,80	0,80	0,81	0,88	1,12
0,90	0,90	0,91	0,96	1,15
1,00	1,00	1,01	1,05	1,20
1,25	1,25	1,26	1,28	1,38
1,50	1,50	1,50	1,52	1,59
2,00	2,00	2,00	2,01	2,05
2,50	2,50	2,50	2,51	2,53

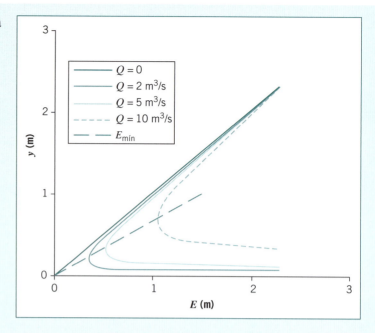

Para determinar a energia mínima para uma dada vazão, *Q*, diferenciamos a Eq. 1,

$$\frac{dE}{dy} = \left(\frac{Q^2}{2gb^2}\right)\left(-\frac{2}{y^3}\right) + 1 = 0$$

Consequentemente, a profundidade $y_{E_{mín}}$ para uma energia específica mínima é

$$y_{E_{mín}} = \left(\frac{Q^2}{gb^2}\right)^{\frac{1}{3}}$$

Usando esse resultado na Eq. 11.15 obtivemos:

$$E_{mín} = \frac{Q^2}{2gA^2} + y_{E_{mín}} = \frac{Q^2}{2gb^2 y_{E_{mín}}^2} + \left[\frac{Q^2}{gb^2}\right]^{\frac{1}{3}} = \frac{1}{2}\left[\frac{Q^2}{gb^2}\right]\left[\frac{gb^2}{Q^2}\right]^{\frac{2}{3}} + \left[\frac{Q^2}{gb^2}\right]^{\frac{1}{3}} = \frac{3}{2}\left[\frac{Q^2}{gb^2}\right]^{\frac{1}{3}}$$

$$E_{mín} = \frac{3}{2}\left[\frac{Q^2}{gb^2}\right]^{\frac{1}{3}} = \frac{3}{2} y_{E_{mín}} \tag{2}$$

Por isso para um canal retangular, obtivemos um resultado simples para a mínima energia. Usando a Eq. 2 com os dados fornecidos:

Q (m³/s)	2	5	10
*E*mín (m)	0,302	0,755	1,51

As profundidades correspondentes para estes escoamentos são 0,201 m, 0,503 m, e 1,01 m, respectivamente.

> Veremos no próximo tópico que a profundidade na qual temos a energia mínima é a profundidade crítica, y_c, e $E_{mín} = E_{crít}$.
>
> 💻 A planilha *Excel* usada para resolver este problema pode também ser usada para traçar as curvas de energia específica para outros canais retangulares. A profundidade para a energia mínima é também obtida usando o *Solver*.

Profundidade Crítica: Energia Específica Mínima

O Exemplo 11.2 tratou o caso de um canal retangular. Agora consideraremos canais de seção transversal geral. Para o escoamento em um canal desse tipo, temos a energia específica em função da vazão Q,

$$E = \frac{Q^2}{2gA^2} + y \tag{11.15}$$

Seja dada vazão Q, para determinarmos a profundidade para a energia específica mínima, diferenciamos:

$$\frac{dE}{dy} = 0 = -\frac{Q^2}{gA^3}\frac{dA}{dy} + 1 \tag{11.16}$$

Para prosseguir, parece que precisamos de $A(y)$; alguns exemplos de $A(y)$ são mostrados na Tabela 11.1. Entretanto, acontece que para qualquer seção transversal dada podemos escrever

$$dA = b_s dy \tag{11.17}$$

em que, conforme vimos anteriormente, b_s é a largura na superfície. Isso é indicado na Fig. 11.8; o incremento aumenta na área dA devido à variação do incremento de profundidade que ocorre na superfície livre, em que $b = b_s$.

Usando a Eq. 11.17 na Eq. 11.16, verificamos que

$$-\frac{Q^2}{gA^3}\frac{dA}{dy} + 1 = -\frac{Q^2}{gA^3}b_s + 1 = 0$$

então

$$Q^2 = \frac{gA^3}{b_s} \tag{11.18}$$

para a energia específica mínima. A partir da equação da continuidade $V = Q/A$, então a Eq. 11.18 leva a

$$V = \frac{Q}{A} = \frac{1}{A}\left[\frac{gA^3}{b_s}\right]^{1/2} = \sqrt{\frac{gA}{b_s}} \tag{11.19}$$

Definimos previamente a profundidade hidráulica como,

$$y_h = \frac{A}{b_s} \tag{11.2}$$

Consequentemente, usando a Eq. 11.2 na Eq. 11.19, obtivemos

$$V = \sqrt{gy_h} \tag{11.20}$$

Porém, o número de Froude é dado por

$$Fr = \frac{V}{\sqrt{gy_h}} \tag{11.8}$$

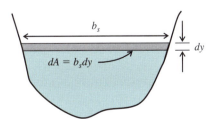

Fig. 11.8 Dependência da variação da área de escoamento dA sobre a variação de profundidade dy.

556   Capítulo 11

Por isso vemos que, para a energia específica mínima, $Fr = 1$, que corresponde ao escoamento crítico. Obtivemos um importante resultado que, para o escoamento em qualquer canal aberto, *a energia específica está no seu mínimo nas condições críticas.*

Juntamos as Eqs. 11.18 e 11.20; para o escoamento crítico

$$Q^2 = \frac{gA_c^3}{b_{s_c}} \qquad (11.21)$$

$$V_c = \sqrt{gy_{h_c}} \qquad (11.22)$$

para $E = E_{\text{mín}}$. Nessas equações, A_c, V_c, b_{s_c} e y_{h_c} são a área de escoamento crítico, a velocidade, a largura da superfície do canal, e a profundidade hidráulica, respectivamente. A Eq. 11.21 pode ser usada para determinar a profundidade crítica, y_c, para determinada forma de seção transversal do canal, a dada vazão. A equação é enganosamente difícil: tanto A_c quanto b_{s_c} dependem da profundidade do escoamento y, frequentemente de forma não linear; assim a equação deve ser resolvida iterativamente para determinação de y. Uma vez que y_c for obtido, a área, A_c, a largura da superfície, b_{s_c}, podem ser calculadas levando a y_{h_c} (usando a Eq. 11.2). Este, por sua vez, é usado na Eq. 11.22 para determinar a velocidade do escoamento V_c (ou $V_c = Q/A_c$ pode ser usado). Finalmente, a energia mínima pode ser calculada a partir da Eq. 11.15. O Exemplo 11.3 mostra como a profundidade crítica é determinada para um canal de seção triangular.

Para o caso específico de um *canal retangular*, temos $b_s = b = $ constante e $A = by$, então a Eq. 11.21 torna-se

$$Q^2 = \frac{gA_c^3}{b_{s_c}} = \frac{gb^3y_c^3}{b} = gb^2y_c^3$$

então

$$y_c = \left[\frac{Q^2}{gb^2}\right]^{1/3} \qquad (11.23)$$

com

$$V_c = \sqrt{gy_c} = \left[\frac{gQ}{b}\right]^{1/3} \qquad (11.24)$$

Para o canal retangular, um resultado particularmente simples para a energia mínima é obtido quando a Eq. 11.24 é usada na Eq. 11.15,

$$E = E_{\text{mín}} = \frac{V_c^2}{2g} + y_c = \frac{gy_c}{2g} + y_c$$

ou

$$E_{\text{mín}} = \frac{3}{2}y_c \qquad (11.25)$$

Esse é o mesmo resultado que encontramos no Exemplo 11.2. O estado crítico é uma referência importante. Ele será usado na próxima seção para ajudar a determinar o que acontece quando um escoamento encontra um obstáculo tal como uma colisão. Também, próximo da E mínima, como a Fig. 11.7 mostra, a taxa de variação de y com E é próxima do infinito. Isso significa que para as condições de escoamento crítico, mesmo pequenas variações em E, devido a irregularidades ou perturbações, podem causar variações pronunciadas na profundidade do fluido. Assim, ondas superficiais se formam normalmente da maneira instável, quando um escoamento está próximo das condições críticas. Consequentemente, escoamentos longos em condições próximas da crítica são evitados na prática.

Exemplo 11.3 PROFUNDIDADE CRÍTICA PARA SEÇÃO TRIANGULAR

Um canal de seção triangular com lados íngremes ($\alpha = 60°$) possui uma vazão de 300 m³/s. Determine a profundidade crítica para essa vazão. Verifique que o número de Froude é unitário.

Dados: Escoamento em um canal de seção triangular.

Determinar: A profundidade crítica; verifique que $Fr = 1$.

Solução: Use a equação do escoamento crítico, Eq. 11.21.

Equações básicas:

$$Q^2 = \frac{gA_c^3}{b_{s_c}} \qquad Fr = \frac{V}{\sqrt{gy_h}}$$

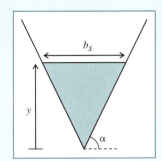

Os dados fornecidos são:

$$Q = 300 \text{ m}^3/\text{s} \qquad \alpha = 60°$$

Da Tabela 11.1, temos:

$$A = y^2 \cotg \alpha$$

e a partir da geometria básica

$$\tg \alpha = \frac{y}{b_s/2} \quad \text{assim} \quad b_s = 2y \cotg \alpha$$

Usando estas na Eq. 11.21, obtivemos

$$Q^2 = \frac{gA_c^3}{b_{s_c}} = \frac{g[y_c^2 \cotg \alpha]^3}{2y_c \cotg \alpha} = \frac{1}{2} g y_c^5 \cotg^2 \alpha$$

Assim,

$$y_c = \left[\frac{2Q^2 \tg^2 \alpha}{g}\right]^{1/5}$$

Usando os dados fornecidos

$$y_c = \left[2 \times 300^2 \left(\frac{\text{m}^3}{\text{s}}\right)^2 \times \tg^2\left(\frac{60 \times \pi}{180}\right) \times \frac{\text{s}^2}{9{,}81 \text{ m}}\right]^{1/5} = [5{,}51 \times 10^4 \text{m}^5]^{1/5}$$

Finalmente

$$y_c = 8{,}88 \text{ m} \longleftarrow \qquad\qquad\qquad\qquad\qquad\qquad\qquad\qquad y_c$$

Para verificar que $Fr = 1$, necessitamos de V e de y_h.

A partir da equação da continuidade

$$V_c = \frac{Q}{A_c} = \frac{Q}{y_c^2 \cotg \alpha} = 300 \frac{\text{m}^3}{\text{s}} \times \frac{1}{8{,}88^2 \text{m}^2} \times \frac{1}{\cotg\left(\frac{60 \times \pi}{180}\right)} = 6{,}60 \text{ m/s}$$

e a partir da definição de profundidade hidráulica

$$y_{h_c} = \frac{A_c}{b_{s_c}} = \frac{y_c^2 \cotg \alpha}{2y_c \cotg \alpha} = \frac{y_c}{2} = 4{,}44 \text{ m}$$

Assim,

$$Fr_c = \frac{V_c}{\sqrt{gy_{h_c}}} = \frac{6{,}60\,\frac{m}{s}}{\sqrt{9{,}81\,\frac{m}{s^2} \times 4{,}44\,m}} = 1 \longleftarrow \quad Fr_c = 1$$

Verificamos que na profundidade crítica o número de Froude é a unidade.

> Como para o canal retangular, a análise do canal de seção triangular leva a uma equação explícita para y_c a partir da Eq. 11.21. Outras seções transversais mais complicadas de canais frequentemente levam a uma equação implícita que necessita ser resolvida numericamente.

11.3 Efeito Localizado de Mudança de Área (Escoamento sem Atrito)

Consideraremos a seguir um caso de escoamento simples no qual o leito do canal é horizontal e para o qual os efeitos da seção transversal do canal (variação de área) são predominantes: escoamento sobre um ressalto. Uma vez que esse fenômeno é localizado (ele ocorre sobre uma curta distância), os efeitos do atrito (tanto sobre a energia quanto sobre a quantidade de movimento) podem ser razoavelmente desprezados.

A equação de energia, Eq. 11.10, com a consideração de que não existem perdas devido ao atrito torna-se então

$$\frac{V_1^2}{2g} + y_1 + z_1 = \frac{V_2^2}{2g} + y_2 + z_2 = \frac{V^2}{2g} + y + z = \text{constante} \quad (11.26)$$

(Note que a Eq. 11.26 também poderia ser obtida a partir da aplicação de equação de Bernoulli entre dois pontos ① e ② sobre a superfície, porque todos os requisitos da equação de Bernoulli são satisfeitos aqui.) Alternativamente, usando a definição de energia específica

$$E_1 + z_1 = E_2 + z_2 = E + z = \text{constante}$$

Vemos que a energia específica de um escoamento sem atrito variará somente se existir uma variação na elevação do leito do canal.

Escoamento sobre um Ressalto

Considere o escoamento sem atrito em um canal retangular horizontal de largura constante, b, com um ressalto no leito do canal, como ilustrado na Fig. 11.9. (Escolhemos um canal retangular para simplificar, porém os resultados obtidos serão aplicados de forma geral.) A altura do ressalto acima da horizontal do leito do canal é igual a $z = h(x)$; a profundidade da água $y(x)$ é medida a partir da superfície inferior do canal no local.

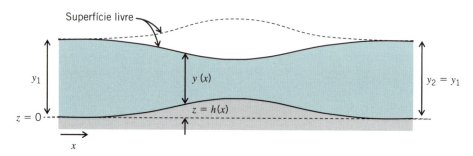

Fig. 11.9 Escoamento sobre um ressalto em um canal horizontal.

Note que indicamos duas possibilidades para o comportamento da superfície livre: talvez o escoamento suba gradualmente sobre o ressalto; talvez o escoamento decline gradualmente sobre o ressalto. (Existem também outras possibilidades!) Entretanto, de uma coisa podemos ter certeza, é que se ele sobe, não vai ter o mesmo contorno que o ressalto tem. (Você pode explicar por quê?) Aplicando a equação de energia (Eq. 11.26) para o escoamento sem atrito entre um ponto ① a montante e qualquer ponto ao longo da região do ressalto,

$$\frac{V_1^2}{2g} + y_1 = E_1 = \frac{V^2}{2g} + y + h = E + h(x) = \text{constante} \qquad (11.27)$$

A Eq. 11.27 indica que a energia específica deve decrescer através do ressalto, em seguida crescendo de volta ao seu valor original (de $E_1 = E_2$),

$$E(x) = E_1 - h(x) \qquad (11.28)$$

Da equação da continuidade

$$Q = bV_1y_1 = bVy$$

Usando esta equação na Eq. 11.27 obtivemos

$$\frac{Q^2}{2gb^2y_1^2} + y_1 = \frac{Q^2}{2gb^2y^2} + y + h = \text{constante} \qquad (11.29)$$

Podemos obter uma expressão para a variação da profundidade superfície livre diferenciando a Eq. 11.29:

$$-\frac{Q^2}{gb^2y^3}\frac{dy}{dx} + \frac{dy}{dx} + \frac{dh}{dx} = 0$$

Resolvendo para a inclinação da superfície livre, obtivemos

$$\frac{dy}{dx} = \frac{dh/dx}{\left[\dfrac{Q^2}{gb^2y^3} - 1\right]} = \frac{dh/dx}{\left[\dfrac{V^2}{gy} - 1\right]}$$

Finalmente,

$$\frac{dy}{dx} = \frac{1}{Fr^2 - 1}\frac{dh}{dx} \qquad (11.30)$$

A Eq. 11.30 leva à interessante conclusão de que a resposta a um resto depende muito do número de Froude local, Fr.

$Fr < 1$ O escoamento é *subcrítico, tranquilo* ou *de corrente*. Quando $Fr < 1$, $(Fr^2 - 1)$ < 1 e a inclinação dy/dx da superfície livre tem sinal *oposto* ao da inclinação do ressalto dh/dx: quando a elevação do ressalto aumenta, o escoamento declina; quando a elevação do ressalto decresce, a profundidade do escoamento decresce. Essa é a superfície livre sólida mostrada na Fig. 11.9.

$Fr = 1$ O escoamento é *crítico*. Quando $Fr = 1$, $(Fr^2 - 1) = 0$. A Eq. 11.30 prediz uma inclinação superficial infinita para a água, a menos que dh/dx seja igual a zero nesse instante. Visto que a inclinação da superfície livre não pode ser infinita, então dh/dx deve ser zero quando $Fr = 1$; dito de outra forma, se tivermos $Fr = 1$ (não temos que ter $Fr = 1$ em um escoamento), somente pode ser em um local onde $dh/dx = 0$ (na crista do ressalto, ou onde o canal é plano). Se o escoamento crítico é atingido, então em local a jusante do escoamento crítico, o escoamento pode ser subcrítico ou supercrítico, dependendo das condições a jusante. Se o escoamento crítico *não* ocorre onde $dh/dx = 0$, então o escoamento a jusante desse local será do mesmo tipo que o escoamento a montante deste local.

Fr > 1 O escoamento é *supercrítico, rápido* ou *disparado*. Quando $Fr > 1$, $(Fr^2 - 1) > 1$ e a inclinação dy/dx da superfície livre possui o mesmo sinal da inclinação do ressalto dh/dx: quando a elevação do ressalto aumenta, o mesmo acontece com a profundidade do escoamento; quando a elevação do ressalto decresce, o mesmo acontece com a profundidade do escoamento. Essa é a superfície livre tracejada mostrada na Fig. 11.9.

As tendências gerais para $Fr < 1$ e $Fr > 1$, para elevações do leito do canal tanto crescentes quanto decrescentes, são ilustradas na Fig. 11.10. O ponto importante sobre o escoamento crítico ($Fr = 1$) é que, se ele ocorrer, pode ocorrer somente onde a elevação do leito do canal é constante.

Uma ajuda visual adicional é fornecida pelo gráfico de energia específica da Fig. 11.11. Esse gráfico mostra a curva de energia específica para uma dada vazão, Q. Para um escoamento subcrítico, que está no estado mostrado no ponto a, antes que o escoamento encontre um ressalto, conforme o escoamento se move para cima no ressalto em direção ao cume do ressalto, a energia específica deve decrescer (Eq. 11.28). Consequentemente, movemos ao longo da curva para o ponto b. Se o ponto b corresponde ao cume do ressalto, então movemos novamente ao longo da curva para o ponto a (note que esse escoamento sem atrito é reversível!) conforme o escoamento desce no ressalto. Alternativamente, se o ressalto continua a aumentar além do ponto b, continuamos a mover ao longo da curva para o ponto de energia mínima, ponto e em que $E = E_{\text{mín}} = E_{\text{crít}}$. Conforme discutimos, para que o escoamento sem atrito possa existir, o ponto e pode estar apenas em $dh/dx = 0$ (o cume do ressalto). Para esse caso, alguma coisa interessante acontece conforme o escoamento desce o ressalto: podemos retornar ao longo da curva até o ponto a, ou podemos mover também ao longo da curva até o ponto d. Isso significa que a superfície de um escoamento subcrítico que encontra um ressalto vai mergulhar e depois *ou* retorna à sua profundidade original *ou* (se o ressalto é alto o suficiente para que o escoamento encontre as condições críticas) pode continuar a acelerar e tornar-se mais raso até que atinja o estado supercrítico correspondente à energia específica original (ponto d). Qual tendência ocorre depende das condições a jusante; por exemplo, se existe algum tipo de restrição ao escoamento, o escoamento a jusante do ressalto retornará ao seu estado subcrítico original. Note que, conforme mencionamos anteriormente, quando um escoamento está em seu estado crítico o comportamento da superfície tende a mostrar variações drásticas. Finalmente, a Fig. 11.11 indica que um escoamento supercrítico (ponto d) que encontra um ressalto aumentaria em profundidade

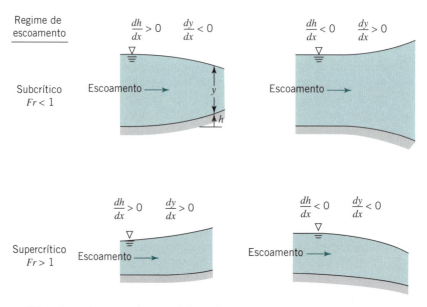

Fig. 11.10 Efeitos das variações na elevação do leito do canal.

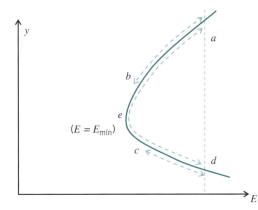

Fig. 11.11 Curva de energia específica para escoamento sobre um ressalto.

sobre o ressalto (para o ponto c no cume do ressalto), e em seguida retorna ao seu escoamento supercrítico no ponto d. Vemos também, que se o ressalto é alto o suficiente um escoamento supercrítico pode desacelerar até o ponto crítico (ponto e) e em seguida ou retornar ao supercrítico (ponto d) ou tornar-se subcrítico (ponto a). Qual dessas possibilidades realmente ocorre depende obviamente da forma do ressalto, mas também das condições a montante e a jusante (a última possibilidade é um tanto indesejável que ocorra na prática). No Exemplo 11.4, o escoamento em um canal retangular com uma variação na superfície do leito ou da parede lateral é analisado.

O leitor atento pode perguntar: "o que acontece se o ressalto é tão grande que a energia específica quer diminuir do mínimo mostrado no ponto e?" A resposta é que o escoamento já não estará em conformidade com a Eq. 11.26; o escoamento deixará de ser sem atrito, porque ocorrerá um ressalto hidráulico, consumindo uma quantidade de energia mecânica significativa (veja a Seção 11.4).

Exemplo 11.4 ESCOAMENTO EM UM CANAL RETANGULAR COM UM RESSALTO OU UM ESTREITAMENTO

Um canal retangular com 2 m de largura tem um escoamento de 2,4 m³/s a uma profundidade de 1 m. Determine se a profundidade crítica ocorre em (a) uma seção na qual a largura do canal é $h = 0,20$ m é instalada através do leito do canal, (b) uma constrição da parede lateral (sem ressaltos) reduzindo a largura do canal para 1,7 m, e (c) o ressalto combinado com a constrição da parede lateral. Despreze as perdas de carga do ressalto e da constrição causadas por atrito, expansão, e contração.

Dados: Um canal retangular com um ressalto, uma constrição da parede lateral, ou ambos.

Determinar: Se ocorrem as condições de escoamento crítico.

Solução: Compare a energia específica com a energia específica mínima para a taxa de escoamento dada em cada caso para estabelecer se a profundidade crítica ocorre.

Equações básicas:

$$E = \frac{Q^2}{2gA^2} + y \quad (11.15) \qquad y_c = \left[\frac{Q}{gb^2}\right]^{1/3} \quad (11.23)$$

$$E_{mín} = \frac{3}{2}y_c \quad (11.25) \qquad E = E_1 - h \quad (11.28)$$

(a) Ressalto com altura $h = 0,20$ m:

A energia específica inicial, E_1, é

$$E_1 = y_1 + \frac{Q^2}{2gA^2} = y_1 + \frac{Q^2}{2gb^2y_1^2}$$

562 Capítulo 11

$$= 1{,}0 \text{ m} + 2{,}4^2 \left(\frac{\text{m}^3}{\text{s}}\right)^2 \times \frac{1}{2} \times \frac{\text{s}^2}{9{,}81 \text{ m}} \times \frac{1}{2^2 \text{ m}^2} \times \frac{1}{1^2 \text{ m}^2}$$

$$E_1 = 1{,}073 \text{ m}$$

Então, a energia específica no cume do ressalto, E_{ressalto}, é obtida da Eq. 11.28

$$E_{\text{ressalto}} = E_1 - h = 1{,}073 \text{ m} - 0{,}20 \text{ m}$$
$$E_{\text{ressalto}} = 0{,}873 \text{ m} \tag{1}$$

Devemos comparar o valor dessa energia específica com o valor da energia específica mínima para a taxa de vazão Q. Primeiramente, a profundidade crítica é

$$y_c = \left[\frac{Q^2}{gb^2}\right]^{1/3} = \left[2{,}4^2 \left(\frac{\text{m}^3}{\text{s}}\right)^2 \times \frac{\text{s}^2}{9{,}81 \text{ m}} \times \frac{1}{2^2 \text{ m}^2}\right]^{1/3}$$

$$y_c = 0{,}528 \text{ m}$$

(Note que temos $y_1 > y_c$, então temos um escoamento subcrítico.)
Então, a energia específica mínima é

$$E_{\text{mín}} = \frac{3}{2} y_c = 0{,}791 \text{ m} \tag{2}$$

Comparando as Eqs. 1 e 2, vemos que com o ressalto *não* atingimos as condições críticas. $\longleftarrow$

(b) Uma constrição de parede lateral (sem ressalto) reduzindo a largura do canal para 1,7 m:

Nesse caso, a energia específica deve permanecer constante em toda parte ($h = 0$), mesmo na constrição; então

$$E_{\text{constrição}} = E_1 - h = E_1 = 1{,}073 \text{ m} \tag{3}$$

Entretanto, na constrição, temos um novo valor para b, ($b_{\text{constrição}} = 1{,}7$ m), e assim uma nova profundidade crítica

$$y_{c_{\text{constrição}}} = \left[\frac{Q^2}{gb^2_{\text{constrição}}}\right]^{1/3} = \left[2{,}4^2 \left(\frac{\text{m}^3}{\text{s}}\right)^2 \times \frac{\text{s}^2}{9{,}81 \text{ m}} \times \frac{1}{1{,}7^2 \text{ m}^2}\right]^{1/3}$$

$$y_{c_{\text{constrição}}} = 0{,}588 \text{ m}$$

Então, a energia específica mínima *na constrição* é

$$E_{\text{mín}_{\text{constrição}}} = \frac{3}{2} y_{c_{\text{constrição}}} = 0{,}882 \text{ m} \tag{4}$$

Comparando as Eqs. 3 e 4 vemos que com a constrição *não* atingimos as condições críticas. $\longleftarrow$
Poderíamos perguntar sobre que constrição *causaria* o escoamento crítico. Para responder a essa questão, resolva

$$E = 1{,}073 \text{ m} = E_{\text{mín}} = \frac{3}{2} y_c = \frac{3}{2} \left[\frac{Q^2}{gb_c^2}\right]^{1/3}$$

para a largura do canal crítico b_c.
Consequentemente

$$\frac{Q^2}{gb_c^2} = \left[\frac{2}{3} E_{\text{mín}}\right]^3$$

$$b_c = \frac{Q}{\sqrt{\dfrac{8}{27} g E_{\text{mín}}^3}}$$

$$= \left(\frac{27}{8}\right)^{1/2} \times 2,4 \left(\frac{\text{m}^3}{\text{s}}\right) \times \frac{\text{s}}{9,81^{1/2}\,\text{m}^{1/2}} \times \frac{1}{1,073^{3/2}\,\text{m}^{3/2}}$$
$$b_c = 1,27\,\text{m}$$

Para fazer o escoamento dado atingir as condições críticas, a constrição deve ter 1,27 m; algo mais ampla, e as condições críticas não serão atingidas.

(c) Para um ressalto de $h = 0,20$ m combinado com a constrição para $b = 1,7$ m:

Já vimos no caso (a) que o ressalto ($h = 0,20$ m) foi insuficiente para por si próprio criar as condições críticas. A partir do caso (b) vimos que na constrição a energia especifica mínima é $E_{\text{mín}} = 0,882$ m em vez de $E_{\text{mín}} = 0,791$ m no escoamento principal. Quando temos os dois fatores presentes, podemos comparar a energia específica no ressalto e na constrição,

$$E_{\text{ressalto + constrição}} = E_{\text{ressalto}} = E_1 - h = 0,873\,\text{m} \tag{5}$$

e a energia específica mínima para o escoamento no ressalto e na constrição,

$$E_{\text{mín}_{\text{constrição}}} = \frac{3}{2} y_{c_{\text{constrição}}} = 0,882\,\text{m} \tag{6}$$

A partir das Eqs. 5 e 6 vemos que com ambos os fatores a energia específica é realmente *menor* do que a mínima. O fato que devemos ter uma energia específica que seja menor do que o mínimo permissível significa algo! O que acontece é que as considerações para o escoamento tornam-se inválidas; o escoamento pode não ser mais uniforme ou unidimensional, ou pode haver uma perda significativa de energia, por exemplo, devido à ocorrência de um ressalto hidráulico. (Discutiremos ressaltos hidráulicos na próxima seção.)

Consequentemente, o ressalto combinado com a constrição é suficiente para fazer o escoamento atingir o estado crítico. ◄───────

> Este exemplo ilustra como determinar se um ressalto ou uma constrição em um canal, ou ambos combinados, levam às condições de escoamento crítico.

11.4 O Ressalto Hidráulico

Mostramos que o escoamento em canal aberto pode ser subcrítico ($Fr < 1$) ou supercrítico ($Fr > 1$). Para o escoamento subcrítico, perturbações causadas por uma variação na inclinação do leito do canal ou seção transversal do escoamento podem se mover a montante e a jusante; o resultado é um suave ajuste do escoamento, como vimos na seção precedente. Quando o escoamento a uma seção é supercrítico, e as condições a jusante requerem uma mudança para o escoamento subcrítico, a necessidade dessa mudança não pode ser comunicada a montante; a velocidade do escoamento excede a velocidade das ondas superficiais, as quais são o mecanismo para comunicação de mudanças. Assim, uma mudança gradual com uma transição suave através do ponto crítico não é possível. A transição do escoamento supercrítico para o subcrítico ocorre abruptamente através de um *ressalto hidráulico*. Os ressaltos hidráulicos podem ocorrer em canais a jusante de comportas reguladoras, ao pé dos vertedouros (veja a Fig. 11.12*a*), onde a encosta do canal subitamente se torna plana — e igualmente na cozinha de casa (veja a Fig. 11.12*b*)! A curva de energia específica e a forma geral de um ressalto são mostradas na Fig. 11.13. Veremos nesta seção que o ressalto sempre vai de uma profundidade supercrítica ($y_1 < y_c$) para uma profundidade subcrítica ($y_2 > y_c$) e que existirá uma perda ΔE na energia específica. Ao contrário das mudanças devido a fenômenos, tais como um ressalto, a mudança abrupta na profundidade envolve uma perda significativa na energia mecânica através da mistura turbulenta.

Analisaremos o fenômeno do ressalto por meio da aplicação das equações básicas para o volume de controle mostrado na Fig. 11.14. Experimentos mostram que o ressalto ocorre sobre uma distância relativamente curta — no máximo, aproximadamente seis vezes a maior profundidade (y_2) [9]. Em vista desse pequeno comprimento, é razoável considerar que a força de atrito F_f que atua sobre o volume de controle é desprezível comparada com as forças de pressão. Note que estamos, portanto, ignorando os efeitos

564 Capítulo 11

(a) A represa de Burdekin na Austrália

(b) A pia da cozinha
(James Kilfiger)

Fig. 11.12 Exemplos de um ressalto hidráulico.

Vídeo: Um Ressalto Hidráulico Laminar

viscosos para considerações da quantidade de movimento, porém *não* para considerações de energia (como apenas mencionamos, existe uma considerável turbulência no ressalto). Embora os ressaltos hidráulicos possam ocorrer sobre superfícies inclinadas, para simplificar consideraremos um leito horizontal, e canal retangular de largura b; os resultados que obtivemos serão aplicados de forma geral para ressaltos hidráulicos.

Por isso, temos a seguinte suposição:

1 Escoamento em regime permanente.
2 Escoamento incompressível.
3 Velocidade uniforme em cada seção.

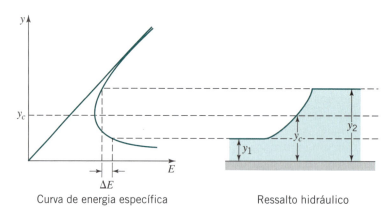

Curva de energia específica

Ressalto hidráulico

Fig. 11.13 Curva de energia específica para escoamento através de um ressalto hidráulico.

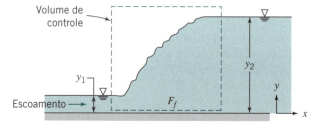

Fig. 11.14 Desenho esquemático de um ressalto hidráulico, mostrando o volume de controle usado para a análise.

Escoamento em Canais Abertos **565**

4 Distribuição de pressão hidrostática em cada seção.

5 Escoamento sem atrito (para a equação da quantidade de movimento).

Essas considerações são familiares a partir das discussões precedentes neste capítulo. Para um escoamento *incompressível* com *velocidade uniforme* em cada seção, podemos usar a forma apropriada da equação da continuidade do Capítulo 4,

$$\sum_{\text{SC}} \vec{V} \cdot \vec{A} = 0 \tag{4.13b}$$

Aplicando a Eq. 4.13b ao volume de controle obtivemos

$$-V_1 b y_1 + V_2 b y_2 = 0$$

ou

$$V_1 y_1 = V_2 y_2 \tag{11.31}$$

Essa é a equação da continuidade para o ressalto hidráulico. Para a equação da quantidade de movimento, novamente com a consideração de velocidade uniforme em cada seção, podemos usar a seguinte forma para a componente na direção x da equação da quantidade de movimento

$$F_x = F_{S_x} + F_{B_x} = \frac{\partial}{\partial t} \int_{\text{VC}} u\rho \ d\mkern-11mu\forall + \sum_{\text{SC}} u\rho \vec{V} \cdot \vec{A} \tag{4.18d}$$

O termo em regime não permanente $\partial/\partial t$ desaparece visto que o escoamento é em *regime permanente*, e a força de campo F_{B_x} é zero para *escoamento horizontal*. Dessa forma, obtivemos

$$F_{S_x} = \sum_{\text{SC}} u\rho \vec{V} \cdot \vec{A} \tag{11.32}$$

A força de superfície consiste nas forças de pressão sobre as duas extremidades e na força de atrito sobre a superfície molhada. Pela consideração **5** desprezamos o atrito. A pressão manométrica nas duas extremidades é hidrostática, como ilustrado na Fig. 11.13b. Lembramo-nos de nosso estudo de hidrostática que a força hidrostática, F_R, sobre uma superfície vertical submersa de área, A, é dada pelo resultado simples de

$$F_R = p_c A \tag{3.10b}$$

em que p_c é a pressão no centroide da superfície vertical. Para as duas superfícies verticais do volume de controle, então, temos

$$F_{S_x} = F_{R_1} - F_{R_2} = (p_c A)_1 - (p_c A)_2 = \{(\rho g y_1) y_1 b\} - \{(\rho g y_2) y_2 b\}$$

$$= \frac{\rho g b}{2} (y_1^2 - y_2^2)$$

Usando esse resultado na Eq. 11.32, e avaliando os termos no lado direito da equação, temos que

$$F_{S_x} = \frac{\rho g b}{2} (y_1^2 - y_2^2) = \sum_{\text{SC}} u\rho \vec{V} \cdot \vec{A} = V_1 \rho\{-V_1 y_1 b\} + V_2 \rho\{V_2 y_2 b\}$$

Rearranjando e simplificando

$$\frac{V_1^2 y_1}{g} + \frac{y_1^2}{2} = \frac{V_2^2 y_2}{g} + \frac{y_2^2}{2} \tag{11.33}$$

Essa é a equação da quantidade de movimento para o ressalto hidráulico. Já deduzimos a equação de energia para escoamentos em canal aberto,

$$\frac{V_1^2}{2g} + y_1 + z_1 = \frac{V_2^2}{2g} + y_2 + z_2 + H_l \tag{11.10}$$

566 Capítulo 11

Para nosso ressalto hidráulico horizontal, $z_1 = z_2$, então

$$E_1 = \frac{V_1^2}{2g} + y_1 = \frac{V_2^2}{2g} + y_2 + H_l = E_2 + H_l \tag{11.34}$$

Essa é a equação de energia para o ressalto hidráulico; a perda de energia mecânica é

$$\Delta E = E_1 - E_2 = H_l$$

As equações da continuidade, da quantidade de movimento e da energia (Eqs. 11.31, 11.33 e 11.34, respectivamente) constituem um conjunto completo de equações para a análise do ressalto hidráulico.

Aumento de Profundidade Através de um Ressalto Hidráulico

Para determinar esse valor a jusante, ou profundidade *subsequente*, como é chamada, em função das condições a montante do ressalto hidráulico, iniciamos pela eliminação de V_2 da equação da quantidade de movimento. A partir da equação da continuidade, $V_2 = V_1 y_1 / y_2$ (Eq. 11.31), então a Eq. 11.33 pode ser escrita da seguinte forma

$$\frac{V_1^2 y_1}{g} + \frac{y_1^2}{2} = \frac{V_1^2 y_1}{g} \left(\frac{y_1}{y_2} \right) + \frac{y_2^2}{2}$$

Rearranjando

$$y_2^2 - y_1^2 = \frac{2V_1^2 y_1}{g} \left(1 - \frac{y_1}{y_2} \right) = \frac{2V_1^2 y_1}{g} \left(\frac{y_2 - y_1}{y_2} \right)$$

Dividindo ambos os lados pelo fator comum $(y_2 - y_1)$, obtivemos

$$y_2 + y_1 = \frac{2V_1^2 y_1}{g y_2}$$

Em seguida, multiplicando por y_2 e dividindo por y_1^2, obtivemos

$$\left(\frac{y_2}{y_1} \right)^2 + \left(\frac{y_2}{y_1} \right) = \frac{2V_1^2}{g y_1} = 2Fr_1^2 \tag{11.35}$$

Resolvendo para y_2/y_1, e usando a formulação quadrática (ignorando a raiz negativa que não tem significado físico), obtivemos

$$\frac{y_2}{y_1} = \frac{1}{2} \left[\sqrt{1 + 8Fr_1^2} - 1 \right] \tag{11.36}$$

Consequentemente, a relação entre as profundidades a jusante e a montante através de um ressalto hidráulico é uma função apenas do número de Froude a montante. A Eq. 11.36 foi bem validada experimentalmente, como pode ser visto na Fig. 11.15*a*. As profundidades y_1 e y_2 são chamadas de *profundidades conjugadas*. A partir da Eq. 11.35, vemos que um aumento em profundidade ($y_2 > y_1$) requer um número de Froude a montante maior do que um ($Fr_1 > 1$). Ainda não estabelecemos que *devemos* ter $Fr_1 > 1$, apenas que deve ser para um aumento na profundidade (teoricamente poderíamos ter $Fr_1 < 1$ e $y_2 < y_1$); consideraremos agora a perda de carga para demonstrar que *devemos* ter $Fr_1 > 1$.

Perda de Carga Através de um Ressalto Hidráulico

Os ressaltos hidráulicos são frequentemente usados para dissipar a energia abaixo de vertedouros como um meio de prevenir a erosão no fundo ou nas laterais do canal artificial ou natural. Consequentemente, é de interesse ser capaz de determinar a perda de carga devido ao ressalto hidráulico.

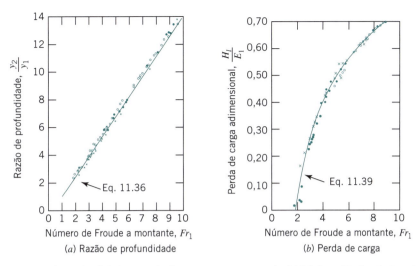

Fig. 11.15 Razão de profundidade e perda de carga para um ressalto hidráulico. (Dados de Peterka [9].)

A partir da equação de energia para o ressalto, Eq. 11.34, podemos resolver para a perda de carga

$$H_l = E_1 - E_2 = \frac{V_1^2}{2g} + y_1 - \left(\frac{V_2^2}{2g} + y_2\right)$$

A partir da equação da continuidade, $V_2 = V_1 y_1/y_2$, então

$$H_l = \frac{V_1^2}{2g}\left[1 - \left(\frac{y_1}{y_2}\right)^2\right] + (y_1 - y_2)$$

ou

$$\frac{H_l}{y_1} = \frac{Fr_1^2}{2}\left[1 - \left(\frac{y_1}{y_2}\right)^2\right] + \left[1 - \frac{y_2}{y_1}\right] \tag{11.37}$$

Resolvendo a Eq. 11.35 para Fr_1 em termos de y_2/y_1 e substituindo na Eq. 11.37, obtivemos (após algumas operações algébricas)

$$\frac{H_l}{y_1} = \frac{1}{4}\frac{\left[\frac{y_2}{y_1} - 1\right]^3}{\frac{y_2}{y_1}} \tag{11.38a}$$

A Eq. 11.38a é a nossa prova de que $y_2/y_1 > 1$; o lado esquerdo é sempre positivo (a turbulência deve levar a uma perda de energia mecânica); então, o termo elevado ao cubo deve levar a um resultado positivo. Consequentemente, a partir da Eq. 11.35 ou da Eq. 11.36, vemos que devemos ter $Fr_1 > 1$. Uma forma alternativa desse resultado é obtida após um pequeno rearranjo.

$$H_l = \frac{[y_2 - y_1]^3}{4y_1 y_2} \tag{11.38b}$$

que mostra novamente que $y_2 > y_1$ para escoamentos reais ($H_l > 0$). Em seguida, E_1, pode ser escrito como

$$E_1 = \frac{V_1^2}{2g} + y_1 = y_1\left[\frac{V_1^2}{2gy_1} + 1\right] = y_1\frac{(Fr_1^2 + 2)}{2}$$

568 Capítulo 11

Adimensionalizando H_l usando E_1,

$$\frac{H_l}{E_1} = \frac{1}{2} \frac{\left[\dfrac{y_2}{y_1} - 1\right]^3}{\dfrac{y_2}{y_1} \left[Fr_1^2 + 2\right]}$$

A relação de profundidade em termos da Fr_1 é dada pela Eq. 11.36. Consequentemente, H_l/E_1, pode ser escrito puramente como uma função do número de Froude a montante. O resultado após alguma manipulação é

$$\frac{H_l}{E_1} = \frac{\left[\sqrt{1 + 8Fr_1^2} - 3\right]^3}{8\left[\sqrt{1 + 8Fr_1^2} - 1\right]\left[Fr_1^2 + 2\right]} \tag{11.39}$$

Vemos que a perda de carga, como uma fração da energia específica original através de um ressalto hidráulico, é uma função apenas do número de Froude a montante. A Eq. 11.39 é bem validada experimentalmente, como pode ser visto na Fig. 11.15*b*; a figura também mostra que mais de 70% da energia mecânica da corrente que entra é dissipada em ressaltos com $Fr_1 > 9$. A verificação da Eq. 11.39 mostra também que se $Fr_1 = 1$, então $H_l = 0$, e que os valores negativos são precedidos por $Fr_1 < 1$. Visto que H_l deve ser positivo em qualquer escoamento real, isso reconfirma que um *ressalto hidráulico pode ocorrer apenas em escoamento supercrítico. O escoamento a jusante de um ressalto sempre é subcrítico.* As características de um ressalto hidráulico são determinadas no Exemplo 11.5.

Exemplo **11.5** RESSALTO HIDRÁULICO EM UM ESCOAMENTO EM CANAL ABERTO

Um ressalto hidráulico ocorre em um canal retangular com 3 m de largura. A profundidade da água antes do ressalto é de 0,6 m, e após o ressalto é de 1,6 m. Calcule (a) a vazão no canal (b) a profundidade crítica (c) a perda de carga no ressalto.

Dados: Canal retangular com ressalto hidráulico no qual a profundidade do escoamento varia de 0,6 m a 1,6 m.

Determinar: A vazão, a profundidade crítica e a perda de carga no ressalto.

Solução: Use a equação que relaciona as profundidades y_1 e y_2 em termos do número de Froude (Eq. 11.36); em seguida use o número de Froude (Eq. 11.7) para obter a vazão; use a Eq. 11.23 para obter a profundidade crítica; e, finalmente, calcule a perda de carga a partir da Eq. 11.38b.

Equações básicas:

$$\frac{y_2}{y_1} = \frac{1}{2}\left[-1 + \sqrt{1 + 8Fr_1^2}\right] \tag{11.36}$$

$$Fr = \frac{V}{\sqrt{gy}} \tag{11.7}$$

$$y_c = \left[\frac{Q^2}{gb^2}\right]^{1/3} \tag{11.23}$$

$$H_l = \frac{[y_2 - y_1]^3}{4y_1 y_2} \tag{11.38b}$$

(a) A partir da Eq. 11.36

$$Fr_1 = \sqrt{\frac{\left(1 + 2\dfrac{y_2}{y_1}\right)^2 - 1}{8}}$$

$$= \sqrt{\frac{\left(1 + 2 \times \dfrac{1,6\,\text{m}}{0,6\,\text{m}}\right)^2 - 1}{8}}$$

$$Fr_1 = 2,21$$

Como esperado, $Fr_1 > 1$ (escoamento supercrítico). Podemos agora usar a definição do número de Froude para escoamento em canal aberto para determinar V_1

$$Fr_1 = \frac{V_1}{\sqrt{gy_1}}$$

Consequentemente

$$V_1 = Fr_1\sqrt{gy_1} = 2,21 \times \sqrt{\frac{9,81\,\text{m}}{\text{s}^2} \times 0,6\,\text{m}} = 5,36\,\text{m/s}$$

A partir desse resultado, podemos obter a vazão, Q.

$$Q = by_1V_1 = 3,0\,\text{m} \times 0,6\,\text{m} \times \frac{5,36\,\text{m}}{\text{s}}$$

$$Q = 9,65\,\text{m}^3/\text{s} \longleftarrow \hspace{6cm} Q$$

(b) A profundidade crítica pode ser obtida a partir da Eq. 11.23.

$$y_c = \left[\frac{Q^2}{gb^2}\right]^{1/3}$$

$$= \left(9,65^2\,\frac{\text{m}^6}{\text{s}^2} \times \frac{\text{s}^2}{9,81\,\text{m}} \times \frac{1}{3,0^2\,\text{m}^2}\right)^{1/3}$$

$$y_c = 1,02\,\text{m} \longleftarrow \hspace{6cm} y_c$$

Note que, como ilustrado na Fig. 11.13, $y_1 < y_c < y_2$.

(c) A perda de carga pode ser obtida a partir da Eq. 11.38b.

$$H_l = \frac{[y_2 - y_1]^3}{4y_1y_2}$$

$$= \frac{1}{4}\frac{[1,6\,\text{m} - 0,6\,\text{m}]^3}{1,6\,\text{m} \times 0,6\,\text{m}} = 0,260\,\text{m} \longleftarrow \hspace{4cm} H_l$$

Como uma verificação desse resultado, usamos diretamente a equação de energia,

$$H_l = E_1 - E_2 = \left(y_1 + \frac{V_1^2}{2g}\right) - \left(y_2 + \frac{V_2^2}{2g}\right)$$

com $V_2 = Q/(by_2) = 2,01$ m/s.

$$H_l = \left(0,6\,\text{m} + 5,36^2\,\frac{\text{m}^2}{\text{s}^2} \times \frac{1}{2} \times \frac{\text{s}^2}{9,81\,\text{m}}\right)$$

$$- \left(1,6\,\text{m} + 2,01^2\,\frac{\text{m}^2}{\text{s}^2} \times \frac{1}{2} \times \frac{\text{s}^2}{9,81\,\text{m}}\right)$$

$$H_l = 0,258\,\text{m}$$

Este exemplo ilustra o cálculo da vazão, da profundidade crítica, e da perda de carga, para um ressalto hidráulico.

570   Capítulo 11

11.5 *Escoamento Uniforme em Regime Permanente*

Após estudar efeitos locais, tais como protuberância e ressaltos hidráulicos, e definindo algumas quantidades fundamentais, tais como a energia específica e a velocidade crítica, estamos prontos para analisar escoamentos em longos trechos. O escoamento uniforme em regime permanente é o tipo de escoamento a ser esperado para canais de inclinação e seção transversal constantes; as Figs. 11.1 e 11.2 mostram exemplos desse tipo de escoamento. Tais escoamentos são muito comuns e importantes, e têm sido estudados extensivamente.

O mais simples desse tipo de escoamento é o escoamento *completamente desenvolvido*; ele é análogo ao escoamento completamente desenvolvido no interior de tubos. Um escoamento completamente desenvolvido é aquele para o qual o canal é *prismático*, isto é, um canal com inclinação constante e seção transversal também constante que escoa a uma profundidade constante. Essa profundidade, y_n, é chamada de *profundidade normal* e o escoamento é chamado de *escoamento uniforme*. Consequentemente, a expressão *escoamento uniforme* neste capítulo possui um significado diferente daqueles dos capítulos anteriores. Nos capítulos anteriores escoamento uniforme significa que a *velocidade* é uniforme *em uma seção* do escoamento; neste capítulo, usamos *escoamento uniforme* para expressar também isso, e adicionalmente que o *escoamento* é o *mesmo em todas as seções*. Assim, para o escoamento mostrado na Fig. 11.16, temos $A_1 = A_2 = A$ (áreas de seção transversal), $Q_1 = Q_2 = Q$ (vazões), $V_1 = V_2 = V$ (velocidade média, $V = Q/A$), e $y_1 = y_2 = y_n$ (profundidade do escoamento).

Como anteriormente, (Seção 11.2), usamos as seguintes considerações:

1 Escoamento em regime permanente.
2 Escoamento incompressível.
3 Velocidade uniforme em cada seção.
4 Profundidade variando gradualmente de modo que a distribuição de pressão é hidrostática.
5 A inclinação do leito é muito pequena.
6 $\dot{W}_s = \dot{W}_{\text{cisalhamento}} = \dot{W}_{\text{outros}} = 0$.

Note que a consideração **5** significa que podemos considerar a profundidade do escoamento y como vertical e a velocidade do escoamento como horizontal. (Falando estritamente elas deveriam ser normal e paralela ao fundo do canal, respectivamente.)

A equação da continuidade para esse caso obviamente é

$$Q = V_1 A_1 = V_2 A_2 = VA$$

Para a equação da quantidade de movimento, novamente com a consideração de velocidade uniforme em cada seção, podemos usar a seguinte forma para a componente na direção x da equação da quantidade de movimento

$$F_x = F_{S_x} + F_{B_x} = \frac{\partial}{\partial t} \int_{\text{VC}} u\rho \, d\forall + \sum_{\text{SC}} u\rho \, \vec{V} \cdot \vec{A} \qquad (4.18\text{d})$$

O termo em regime não permanente $\partial/\partial t$ desaparece visto que o escoamento é em regime permanente, e o somatório na superfície de controle é zero por que $V_1 = V_2$; consequentemente, o lado direito da equação é igual a zero como não existe variação na quantidade de movimento para o volume de controle. A força de campo F_{B_x} em que W é o peso do fluido no volume de controle; θ é a inclinação do leito, como visto na Fig. 11.16. A força de superfície consiste na força hidrostática sobre as superfícies das duas extremidades em ① e ② e na força de atrito F_f sobre a superfície molhada do volume de controle. Entretanto, como temos as mesmas distribuições de pressão em ① e ②, a componente líquida na direção x da força de pressão é igual a zero. Usando todos esses resultados na Eq. 4.18d, obtemos

$$-F_f + W \operatorname{sen} \theta = 0$$

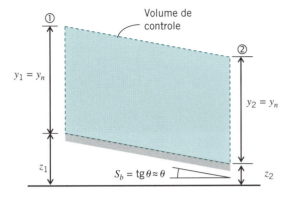

Fig. 11.16 Volume de controle para escoamento uniforme em canal aberto.

ou
$$F_f = W\,\text{sen}\,\theta \tag{11.40}$$

Vemos que para o escoamento à profundidade normal, a componente da força gravitacional agindo sobre o escoamento é apenas balanceada pela força de atrito agindo sobre as paredes do canal. Isso é um contraste com relação ao escoamento no interior de tubos, para o qual (com exceção do escoamento resultante exclusivamente da força gravitacional) normalmente temos um balanço entre um gradiente de pressão aplicado e o atrito. A força de atrito pode ser expressa como o produto de uma tensão média de cisalhamento na parede, τ_w, e a área da superfície molhada do canal, PL (no qual L é o comprimento do canal), sobre a qual a tensão age

$$F_f = \tau_w PL \tag{11.41}$$

A componente da força gravitacional pode ser escrita como

$$W\,\text{sen}\,\theta = \rho g A L\,\text{sen}\,\theta \approx \rho g A L \theta \approx \rho g A L S_b \tag{11.42}$$

em que S_b é a inclinação do leito do canal. Usando as Eqs. 11.41 e 11.42 na Eq. 11.40,

$$\tau_w PL = \rho g A L S_b$$

ou

$$\tau_w = \frac{\rho g A S_b}{P} = \rho g R_h S_b \tag{11.43}$$

em que usamos o raio hidráulico, $R_h = A/P$ como definido na Eq. 11.1. No Capítulo 9, já introduzimos um coeficiente de atrito superficial,

$$C_f = \frac{\tau_w}{\frac{1}{2}\rho V^2} \tag{9.22}$$

Usando na Eq. 11.43

$$\frac{1}{2}C_f \rho V^2 = \rho g R_h S_b$$

então, resolvendo para V

$$V = \sqrt{\frac{2g}{C_f}}\sqrt{R_h S_b} \tag{11.44}$$

A Equação de Manning para Escoamento Uniforme

A Eq. 11.44 fornece a velocidade do escoamento V como uma função da geometria do canal, especificamente do raio hidráulico, R_h, e da inclinação, S_b, mas também do

Tabela 11.2
Coeficiente de Rugosidade de Manning Representativos

Tipo de Canal	Condição	n de Manning
Construído, sem revestimento	Terra batida	0,016 – 0,020
	Terra nua	0,018 – 0,022
	Cascalho	0,022 – 0,030
	Rocha	0,025 – 0,035
Construído, revestido	Plástico	0,009 – 0,011
	Asfalto	0,013 – 0,016
	Concreto	0,013 – 0,015
	Tijolo	0,014 – 0,017
	Madeira	0,011 – 0,015
	Alvenaria	0,025 – 0,030
	Metal corrugado	0,022 – 0,024
Normal	Corrente, limpa	0,025 – 0,035
	Rio principal, limpo	0,030 – 0,040
	Rio principal, lento	0,040 – 0,080

Fonte: Dados retirados das referências [1], [3], [7], [11], [12]

coeficiente de atrito superficial, C_f. O último termo é difícil de ser obtido seja experimental quanto teoricamente; ele depende de uma série de fatores, tais como a rugosidade do leito do canal e as propriedades do fluido, mas também da própria velocidade (via o número de Reynolds). Em vez disso, definimos uma nova quantidade,

$$C = \sqrt{\frac{2g}{C_f}}$$

então, a Eq. 11.44 se torna

$$V = C\sqrt{R_h S_b} \tag{11.45}$$

A Eq. 11.45 é a equação bastante conhecida como *equação de Chezy*, e C refere-se ao *coeficiente de Chezy*. Valores experimentais para C foram obtidos por Manning [10]. Ele sugere que

$$C = \frac{1}{n} R_h^{1/6} \tag{11.46}$$

em que n é um coeficiente de rugosidade que tem valores diferentes para tipos diferentes de rugosidade na fronteira. Alguns valores representativos para n estão listados na Tabela 11.2. A faixa de valores fornecida na tabela reflete a importância das características superficiais. Para o mesmo material, o valor de n pode variar de 20 % a 30 %, dependendo do acabamento da superfície do canal. A substituição de C da Eq. 11.46 na Eq. 11.45 resulta na *equação de Manning* para a determinação da velocidade em escoamento em profundidade normal

$$V = \frac{1}{n} R_h^{2/3} S_b^{1/2} \tag{11.47}$$

que é válida para unidades do sistema internacional, SI. A equação de Manning pode também ser expressa como

$$Q = \frac{1}{n} A R_h^{2/3} S_b^{1/2} \tag{11.48}$$

em que A é em m². Note que uma série dessas equações, bem como muitas das que se seguem, são equações de "engenharia"; isto é, *o usuário deve estar consciente das unidades requeridas para cada um dos termos na equação.* Na Tabela 11.1, listamos previamente dados sobre A e R_h para diversas geometrias de canal.

A relação entre as variáveis nas Eqs. 11.47 e 11.48 pode ser vista de uma série de formas. Por exemplo, ela mostra que a vazão através de um canal prismático de inclinação e rugosidade determinadas é uma função tanto do tamanho quanto do formato do canal. Isso é ilustrado nos Exemplos 11.6 e 11.7.

Exemplo 11.6 VAZÃO EM UM CANAL RETANGULAR

Um canal retangular com 2,4 m de largura com inclinação do leito igual a 0,0004 m/m tem profundidade de escoamento igual a 0,6 m. Considerando escoamento uniforme em regime permanente, determine a descarga no canal. O coeficiente de rugosidade de Manning é $n = 0,015$.

Dados: A geometria do canal retangular e a profundidade do escoamento.

Determinar: A vazão, Q.

Solução: Use a forma apropriada da equação de Manning.

Equações básicas:

$$Q = \frac{1}{n} A R_h^{2/3} S_b^{1/2} \qquad R_h = \frac{by}{b + 2y} \qquad \text{(Tabela 11.1)}$$

Usando essa equação com os dados fornecidos

$$Q = \frac{1}{n} A R_h^{2/3} S_b^{1/2}$$

$$= \frac{1}{0,015} \times (2,4\,\text{m} \times 0,6\,\text{m}) \times \left(\frac{2,4\,\text{m} \times 0,6\,\text{m}}{2,4\,\text{m} + 2 \times 0,6\,\text{m}}\right)^{2/3} \times \left(0,0004\,\frac{\text{m}}{\text{m}}\right)^{1/2}$$

$$Q = 1,04\,\text{m}^3/\text{s} \longleftarrow \qquad Q$$

> Este exemplo demonstra o uso da equação de Manning para determinação da vazão, Q. Note que como essa é uma equação "de engenharia", as unidades não se cancelam.

Exemplo 11.7 ESCOAMENTO *VERSUS* ÁREA ATRAVÉS DE DOIS FORMATOS DE CANAIS

Canais abertos, de formatos quadrado e semicircular, estão sendo considerados para transportar o escoamento sobre um leito com inclinação de $S_b = 0,001$; as paredes do canal devem ser feitas de concreto com $n = 0,015$. Determine a vazão entregue pelos canais para dimensões máximas entre 0,5 e 2,0 m. Compare os canais com base na vazão volumétrica para uma dada área de seção transversal.

Dados: Canais quadrado e semicircular; $S_b = 0,001$ e $n = 0,015$. Tamanhos entre 0,5 e 2,0 m.

Determinar: A vazão como função do tamanho. Compare os canais com base na vazão volumétrica, Q, *versus* a área da seção transversal, A.

Solução: Use a forma apropriada da equação de Manning.

Equações básicas:

$$Q = \frac{1}{n} A R_h^{2/3} S_b^{1/2} \qquad (11.48)$$

Consideração: Escoamento na profundidade normal.

Para o canal quadrado,

$$P = 3b \quad \text{e} \quad A = b^2 \quad \text{assim} \quad R_h = \frac{b}{3}$$

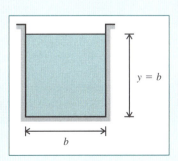

Usando o resultado na Eq. 11.48

$$Q = \frac{1}{n}AR_h^{2/3}S_b^{1/2} = \frac{1}{n}b^2\left(\frac{b}{3}\right)^{2/3}S_b^{1/2} = \frac{1}{3^{2/3}n}S_b^{1/2}b^{8/3}$$

Para $b = 1$ m,

$$Q = \frac{1}{3^{2/3}(0{,}015)}(0{,}001)^{1/2}(1)^{8/3} = 1{,}01 \text{ m}^3/\text{s} \longleftarrow \underline{Q}$$

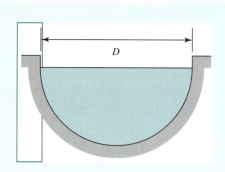

Tabulando para uma faixa de tamanho obtivemos

b (m)	0,5	1,0	1,5	2,0
A (m²)	0,25	1,00	2,25	4,00
Q (m³/s)	0,160	1,01	2,99	6,44

Para o canal semicircular,

$$P = \frac{\pi D}{2} \quad \text{e} \quad A = \frac{\pi D^2}{8}$$

$$\text{assim } R_h = \frac{\pi D^2}{8}\frac{2}{\pi D} = \frac{D}{4}$$

Usando o resultado na Eq. 11.48

$$Q = \frac{1}{n}AR_h^{2/3}S_b^{1/2} = \frac{1}{n}\frac{\pi D^2}{8}\left(\frac{D}{4}\right)^{2/3}S_b^{1/2}$$

$$= \frac{\pi}{4^{5/3}(2)n}S_b^{1/2}D^{8/3}$$

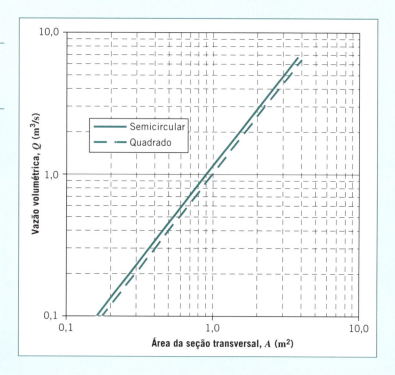

Para $D = 1$ m,

$$Q = \frac{\pi}{4^{5/3}(2)(0{,}015)}(0{,}001)^{1/2}(1)^{8/3} = 0{,}329 \text{ m}^3/\text{s} \longleftarrow \underline{Q}$$

Tabulando para uma faixa de tamanho obtivemos

D (m)	0,5	1,0	1,5	2,0
A (m²)	0,0982	0,393	0,884	1,57
Q (m³/s)	0,0517	0,329	0,969	2,09

Para ambos os canais, a vazão volumétrica varia como

$$Q \sim L^{8/3} \quad \text{ou} \quad Q \sim A^{4/3}$$

visto que $A \sim L^2$. O gráfico da vazão em função da área da seção transversal mostra que o canal semicircular é mais "eficiente".

O desempenho dos dois canais pode ser comparado para qualquer área especificada. Para $A = 1$ m², $Q/A = 1{,}01$ m/s para o canal quadrado. Para o canal semicircular com $A = 1$ m², então $D = 1{,}60$ m, e $Q = 1{,}15$ m³/s; então $Q/A = 1{,}15$ m/s. Portanto, o canal semicircular transporta escoamento por unidade de área aproximadamente 14% a mais do que o canal quadrado.

A comparação com base na área da seção transversal é importante na determinação da quantidade de escavação requerida para construir o canal. A forma do canal poderia também ser comparada com base no perímetro, que poderia indicar a quantidade de concreto necessário para o acabamento do canal.

A planilha do *Excel* para este problema pode ser usada para calcular dados e traçar curvas para outros canais quadrados e semicirculares.

Escoamento em Canais Abertos **575**

Demonstramos que as equações de Manning (Eqs. 11.47 e 11.48) significam que, para o escoamento normal, a vazão depende do tamanho e do formato do canal. Para uma vazão especificada através de um canal prismático com dada inclinação e rugosidade, as equações mostram também que a profundidade do escoamento uniforme é uma função tanto do tamanho quanto da forma do canal, bem como da inclinação. Existe apenas uma profundidade para o escoamento uniforme a uma dada vazão; ela pode ser maior, menor, ou igual a profundidade crítica. Isso é ilustrado nos Exemplos 11.8 e 11.9.

Exemplo 11.8 PROFUNDIDADE NORMAL EM UM CANAL RETANGULAR

Determine a profundidade normal (para o escoamento uniforme) se o canal descrito no Exemplo 11.6 tem vazão de 2,83 m³/s.

Dados: Dados geométricos do canal retangular do Exemplo 11.6.

Determinar: A profundidade normal para uma vazão $Q = 2,83$ m³/s.

Solução: Use a formulação apropriada da equação de Manning.

Equações básicas:

$$Q = \frac{1,49}{n} A R_h^{2/3} S_b^{1/2} \qquad R_h = \frac{b y_n}{b + 2 y_n} \qquad \text{(Tabela 11.1)}$$

Combinando essas equações

$$Q = \frac{1}{n} A R_h^{2/3} S_b^{1/2} = \frac{1,49}{n} (b y_n) \left(\frac{b y_n}{b + 2 y_n} \right)^{2/3} S_b^{1/2}$$

Consequentemente, após rearranjo

$$\left(\frac{Q n}{1 \, b^{5/3} S_b^{1/2}} \right)^3 (b + 2 y_n)^2 = y_n^5$$

Substituindo $Q = 2,83$ m³/s, $n = 0,015$, $b = 2,4$ m e $S_b = 0,0004$ e simplificando (sempre lembrando que essa é uma equação "de engenharia", na qual inserimos valores sem as unidades),

$$0,48(8 + 2 y_n)^2 = y_n^5$$

Essa equação não linear pode ser resolvida para y_n usando um método numérico tal como o método de Newton-Raphson (ou, melhor ainda, usando o recuso de sua calculadora ou o *Excel*). Obtivemos

$$y_n = 1,232 \, \text{m} \longleftarrow \hspace{5cm} y_n$$

Note que existem cinco raízes, mas quatro delas são raízes complexas — matematicamente corretas, mas sem significado físico.

- Este exemplo demonstra o uso da equação de Manning para determinação da profundidade normal.
- Este problema de resolução relativamente simples do ponto de vista físico, ainda envolve a resolução de uma equação algébrica não linear.

A planilha *Excel* para este problema pode ser usada para resolver problemas similares.

Exemplo 11.9 DETERMINAÇÃO DO TAMANHO DO CONDUTO

Um conduto acima do nível do solo, construído de madeira, deve transportar água de um lago na montanha para uma pequena planta hidroelétrica. A calha deve liberar água a $Q = 2$ m³/s; a inclinação é $S_b = 0,002$ e $n = 0,013$. Avalie o tamanho de calha requerido para (a) uma seção retangular com $y/b = 0,5$ e (b) uma seção triangular equilateral.

Dados: Um conduto a ser construído de madeira, com $S_b = 0,002$, $n = 0,013$ e $Q = 2,00$ m³/s.

Determinar: O tamanho requerido para o conduto para:
(a) Seção retangular com $y/b = 0{,}5$.
(b) Seção triangular equilateral.

Solução: Considere que o conduto é muito longo, então o escoamento é uniforme.

Equação básica:

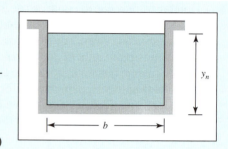

$$Q = \frac{1}{n} A R_h^{2/3} S_b^{1/2} \quad (11.48)$$

A escolha do formato do canal fixa a relação entre R_h e A; então a Eq. 11.48 pode ser resolvida para a profundidade normal, y_n consequentemente determina o tamanho requerido para o canal.

(a) Seção retangular

$$P = 2y_n + b;\ y_n/b = 0{,}5 \text{ assim } b = 2y_n$$
$$P = 2y_n + 2y_n = 4y_n \qquad A = y_n b = y_n(2y_n) = 2y_n^2$$
$$\text{portanto } R_h = \frac{A}{P} = \frac{2y_n^2}{4y_n} = 0{,}5 y_n$$

Usando esse resultado na Eq. 11.48,

$$Q = \frac{1}{n} A R_h^{2/3} S_b^{1/2} = \frac{1}{n}(2y_n^2)(0{,}5 y_n)^{2/3} S_b^{1/2} = \frac{2(0{,}5)^{2/3}}{n} y_n^{8/3} S_b^{1/2}$$

Resolvendo para y_n

$$y_n = \left[\frac{nQ}{2(0{,}5)^{2/3} S_b^{1/2}}\right]^{3/8} = \left[\frac{0{,}013(2{,}00)}{2(0{,}5)^{2/3}(0{,}002)^{1/2}}\right]^{3/8} = 0{,}748\text{ m}$$

As dimensões requeridas para o canal retangular são

$$y_n = 0{,}748\text{ m} \qquad A = 1{,}12\text{ m}^2$$
$$b = 1{,}50\text{ m} \qquad p = 3{,}00\text{ m} \longleftarrow \text{Tamanho da calha}$$

(b) Seção triangular equilateral°

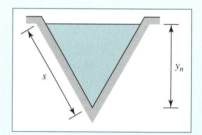

$$P = 2s = \frac{2y_n}{\cos 30°} \qquad A = \frac{y_n s}{2} = \frac{y_n^2}{2\cos 30°}$$
$$\text{portanto } R_h = \frac{A}{P} = \frac{y_n}{4}$$

Usando esse resultado na Eq. 11.48,

$$Q = \frac{1}{n} A R_h^{2/3} S_b^{1/2} = \frac{1}{n}\left(\frac{y_n^2}{2\cos 30°}\right)\left(\frac{y_n}{4}\right)^{2/3} S_b^{1/2} = \frac{1}{2\cos 30°(4)^{2/3} n} y_n^{8/3} S_b^{1/2}$$

Resolvendo para y_n

$$y_n = \left[\frac{2\cos 30°(4)^{2/3} nQ}{S_b^{1/2}}\right]^{3/8} = \left[\frac{2\cos 30°(4)^{2/3}(0{,}013)(2{,}00)}{(0{,}002)^{1/2}}\right]^{3/8} = 1{,}42\text{ m}$$

As dimensões necessárias para o canal triangular são:

$$y_n = 1{,}42\text{ m} \qquad A = 1{,}16\text{ m}^2$$
$$b_s = 1{,}64\text{ m} \qquad p = 3{,}28\text{ m} \longleftarrow \text{Tamanho da calha}$$

Note que para o canal triangular

$$V = \frac{Q}{A} = 2,0\frac{\text{m}^3}{\text{s}} \times \frac{1}{1,16\,\text{m}^2} = 1,72\,\text{m/s}$$

e

$$Fr = \ = \frac{V}{\sqrt{gy_h}} = \frac{V}{\sqrt{gA/b_s}}$$

$$Fr = 1,72\frac{\text{m}}{\text{s}} \times \frac{1}{\left[9,81\dfrac{\text{m}}{\text{s}^2} \times 1,16\,\text{m}^2 \times \dfrac{1}{1,64\,\text{m}}\right]^{1/2}} = 0,653$$

Consequentemente, esse escoamento normal é subcrítico (como é o escoamento no canal retangular).

Comparando os resultados, vemos que o conduto retangular seria mais barato para construir; seu perímetro é em torno de 8,5% menor do que aquele do conduto triangular.

> Este problema mostra o efeito da forma do canal sobre o tamanho necessário para fornecer uma dada vazão para um declive do leito e um coeficiente de rugosidade. Para valores específicos de S_b e n, a vazão pode ser subcrítica ou supercrítica, dependendo de Q.

Equação de Energia para Escoamento Uniforme

Para completar nossa discussão sobre escoamentos normais, consideramos a equação de energia. A equação de energia já foi deduzida na Seção 11.2.

$$\frac{V_1^2}{2g} + y_1 + z_1 = \frac{V_2^2}{2g} + y_2 + z_2 + H_l \tag{11.10}$$

Nesse caso, obtivemos, com $V_1 = V_2 = V$ e $y_1 = y_2 = y_n$

$$z_1 = z_2 + H_l$$

ou

$$H_l = z_1 - z_2 = LS_b \tag{11.49}$$

em que S_b é a inclinação do leito e L é a distância entre os pontos ① e ②. Consequentemente, vemos que, para o escoamento à profundidade normal, a *perda de carga devido ao atrito é igual à variação em elevação do leito*. A energia específica, E, é a mesma em todas as seções,

$$E = E_1 = \frac{V_1^2}{2g} + y_1 = E_2 = \frac{V_2^2}{2g} + y = \text{constante}$$

Para aperfeiçoar, também podemos calcular a linha de energia LE e a linha de piezométrica LP. A partir da Seção 6.4

$$LE = \frac{p}{\rho g} + \frac{V^2}{2g} + z_{\text{total}} \tag{6.16b}$$

e

$$LP = \frac{p}{\rho g} + z_{\text{total}} \tag{6.16c}$$

Note que usamos $z_{\text{total}} = z + y$ nas Eqs. 6.16b e 6.16c. (No Capítulo 6, z é a elevação total da superfície livre.) Portanto, para qualquer ponto da superfície livre (lembre-se de que estamos usando pressões manométricas),

$$LE = \frac{V^2}{2g} + z + y \tag{11.50}$$

e

$$LP = z + y \quad (11.51)$$

Portanto, usando as Eqs. 11.50 e 11.51 na Eq. 11.10, entre os pontos ① e ② obtivemos

$$LE_1 - LE_2 = H_l = z_1 - z_2$$

e (como $V_1 = V_2$)

$$LP_1 - LP_2 = H_l = z_1 - z_2$$

Para escoamento normal, a linha de energia, a linha de piezométrica e a base do canal são paralelas. As tendências para a linha de energia, a linha de piezométrica e a energia específica são mostradas na Figura 11.17.

Seção Transversal do Canal Ótima

Para dadas inclinação e rugosidade, a seção transversal do canal ótima é aquela para a qual necessitamos do menor canal para dada vazão; isso quando Q/A é maximizado. A partir da Eq. 11.48 (usando a versão em unidades do SI, embora os resultados obtidos sejam aplicados de modo geral)

$$\frac{Q}{A} = \frac{1}{n} R_h^{2/3} S_b^{1/2} \quad (11.52)$$

Consequentemente, a seção transversal ótima tem raio hidráulico, R_h. Visto que $R_h = A/P$, R_h é máximo quando o perímetro molhado é mínimo. Resolvendo a Eq. 11.52 para A (com $R_h = A/P$), obtivemos

$$A = \left[\frac{nQ}{S_b^{1/2}}\right]^{3/5} P^{2/5} \quad (11.53)$$

A partir da Eq. 11.53, a área do o escoamento será mínima quando o perímetro molhado for mínimo.

O perímetro molhado, P, é uma função da forma do canal. Para qualquer forma dada para canal prismático (retangular, trapezoidal, triangular, circular etc.), a seção transversal do canal pode ser otimizada. As seções transversais ótimas para os formatos comuns de canal são dadas, sem prova, na Tabela 11.3.

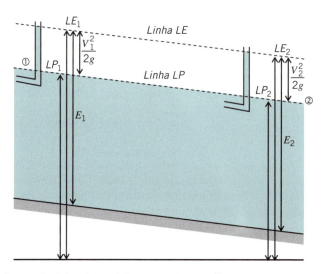

Fig. 11.17 Linha de energia, linha piezométrica e energia específica para escoamento uniforme.

Tabela 11.3
Propriedades das Seções Ótimas para Canal Aberto (Unidades do Sistema SI)

Forma	Seção	Geométrica Ótima	Profundidade Normal, y_n	Área da Seção Transversal, A
Trapezoidal		$\alpha = 60°$ $b = \dfrac{2}{\sqrt{3}} y_n$	$0{,}968 \left[\dfrac{Qn}{S_b^{1/2}} \right]^{3/8}$	$1{,}622 \left[\dfrac{Qn}{S_b^{1/2}} \right]^{3/4}$
Retangular		$b = 2y_n$	$0{,}917 \left[\dfrac{Qn}{S_b^{1/2}} \right]^{3/8}$	$1{,}682 \left[\dfrac{Qn}{S_b^{1/2}} \right]^{3/4}$
Triangular		$\alpha = 45°$	$1{,}297 \left[\dfrac{Qn}{S_b^{1/2}} \right]^{3/8}$	$1{,}682 \left[\dfrac{Qn}{S_b^{1/2}} \right]^{3/4}$
Larga e Plana		Nenhuma	$1{,}00 \left[\dfrac{(Q/b)n}{S_b^{1/2}} \right]^{3/8}$	—
Circular		$D = 2y_n$	$1{,}00 \left[\dfrac{Qn}{S_b^{1/2}} \right]^{3/8}$	$1{,}583 \left[\dfrac{Qn}{S_b^{1/2}} \right]^{3/4}$

Uma vez que a seção transversal ótima para dado formato de canal tenha sido determinada, expressões para a profundidade normal, y_n, e área, A, como funções da vazão podem ser obtidas a partir da Eq. 11.48. Essas expressões estão incluídas na Tabela 11.3.

11.6 Escoamento com Profundidade Variando Gradualmente

A maior parte dos canais feitos pelos seres humanos é projetada para ter escoamento uniforme (por exemplo, veja a Fig. 11.1). Entretanto, isso não é verdadeiro em algumas situações. Um canal pode ter escoamento não uniforme, isto é, um escoamento para o qual a profundidade e consequentemente a velocidade, e assim por diante, varia ao longo do canal por diversas razões. Os exemplos incluem quando um escoamento em canal aberto encontra uma variação na inclinação do leito, na geometria, ou na rugosidade (tal como em uma comporta). Já estudamos variações localizadas, rápida, tais como aquela que ocorre em um ressalto hidráulico, mas aqui consideramos que a profundidade do escoamento varia de modo gradual. O escoamento com a profundidade variando gradualmente é analisado por meio da aplicação da equação de energia a um volume de controle diferencial; o resultado é uma equação diferencial que relaciona a variação em profundidade com a distância ao longo do escoamento. A equação resultante pode ser resolvida analiticamente, ou mais tipicamente, por um método numérico, se *aproximarmos a perda de carga em cada seção como a mesma que aquela para o escoamento na profundidade normal, usando a velocidade e o raio hidráulico da seção.* A profundidade da água e a altura do leito do canal são consideradas ter uma variação lenta. Como do

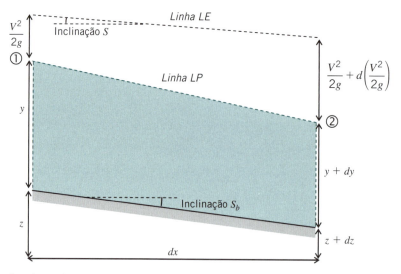

Fig. 11.18 Volume de controle para a análise de energia de escoamento variando gradualmente.

caso do escoamento na profundidade normal, a velocidade é considerada uniforme, e a distribuição de pressão é considerada hidrostática em cada seção.

A equação de energia (Eq. 11.10) para escoamento em canal aberto foi aplicada para um volume de controle finito na Seção 11.2,

$$\frac{V_1^2}{2g} + y_1 + z_1 = \frac{V_2^2}{2g} + y_2 + z_2 + H_l \qquad (11.10)$$

Aplicamos essa equação para um volume de controle diferencial, de comprimento dx, mostrado na Fig. 11.18. *Note que a linha de energia, a linha piezométrica e o fundo do canal têm inclinações diferentes*, ao contrário do que ocorre com o escoamento uniforme da seção precedente!

A equação de energia torna-se

$$\frac{V^2}{2g} + y + z = \frac{V^2}{2g} + d\left(\frac{V^2}{2g}\right) + y + dy + z + dz + dH_l$$

ou após simplificar e rearranjar

$$-d\left(\frac{V^2}{2g}\right) - dy - dz = dH_l \qquad (11.54)$$

Isso não é surpreendente. A perda diferencial de energia mecânica é igual a perda de carga diferencial. A partir da geometria do canal

$$dz = -S_b dx \qquad (11.55)$$

Também temos a aproximação de que a perda de carga nesse escoamento não uniforme diferencial pode ser aproximada pela perda de carga do escoamento uniforme que teria tido à mesma vazão, Q, na seção. Consequentemente, a perda de carga diferencial é aproximada por

$$dH_l = S dx \qquad (11.56)$$

em que S é a inclinação da LE (veja a Fig. 11.18). Usando as Eqs. 11.55 e 11.56 na Eq. 11.54, e dividindo por dx, e rearranjando, obtemos

$$\frac{d}{dx}\left(\frac{V^2}{2g}\right) + \frac{dy}{dx} = S_b - S \qquad (11.57)$$

Para eliminar a derivada da velocidade, diferenciamos a equação da continuidade, $Q = VA$ = constante, para obter

$$\frac{dQ}{dx} = 0 = A\frac{dV}{dx} + V\frac{dA}{dx}$$

ou

$$\frac{dV}{dx} = -\frac{V}{A}\frac{dA}{dx} = -\frac{Vb_s}{A}\frac{dy}{dx} \qquad (11.58)$$

em que usamos $dA = b_s dy$ (Eq. 11.17), em que b_s é a largura do canal na superfície livre. Usando a Eq. 11.58 na Eq. 11.57, após rearranjos

$$\frac{d}{dx}\left(\frac{V^2}{2g}\right) + \frac{dy}{dx} = \frac{V}{g}\frac{dV}{dx} + \frac{dy}{dx} = -\frac{V^2 b_s}{gA}\frac{dy}{dx} + \frac{dy}{dx} = S_b - S \qquad (11.59)$$

Em seguida, vemos que

$$\frac{V^2 b_s}{gA} = \frac{V^2}{g\dfrac{A}{b_s}} = \frac{V^2}{gy_h} = Fr^2$$

em que y_h é a profundidade hidráulica (Eq. 11.2). Usando esse resultado na Eq. 11.59, finalmente obtivemos nossa forma desejada para a *equação de energia para escoamento variando gradualmente*

$$\frac{dy}{dx} = \frac{S_b - S}{1 - Fr^2} \qquad (11.60)$$

Essa equação indica quanto a profundidade, y, do escoamento varia. Se o escoamento se torna mais profundo ($dy/dx > 0$) ou mais raso ($dy/dx < 0$) depende do sinal do termo do lado direito da equação. Por exemplo, considere um canal que tem uma seção horizontal ($S_b = 0$):

$$\frac{dy}{dx} = -\frac{S}{1 - Fr^2}$$

Por causa do atrito a LE sempre decresce, então $S > 0$. Se o escoamento de entrada for subcrítico ($Fr < 1$), a profundidade do escoamento decrescerá gradualmente ($dy/dx < 0$); se o escoamento de entrada for supercrítico ($Fr > 1$), a profundidade do escoamento crescerá gradualmente ($dy/dx > 0$). Note também que para o escoamento crítico ($Fr = 1$), a equação leva a uma singularidade, e o escoamento gradual já não é sustentável — algo drástico ocorrerá (adivinhe o quê).

Cálculo de Perfis de Superfície

A Eq. 11.60 pode ser usada para determinar a forma da superfície livre $y(x)$; a equação parece bastante simples, mas normalmente é difícil de ser resolvida analiticamente e consequentemente é resolvida numericamente. A dificuldade de resolver é por que a inclinação do leito, S_b, o número de Froude local, Fr, e S, a inclinação equivalente LE para escoamento uniforme à vazão Q, geralmente variará com o local, x. Para S, usamos os resultados obtidos na Seção 11.5, especificamente

$$Q = \frac{1}{n}AR_h^{2/3}S^{1/2} \qquad (11.48)$$

Note que usamos S em vez de S_b na Eq. 11.48 visto que estamos usando a equação para obter um valor *equivalente* de S para um escoamento uniforme à vazão Q! Resolvendo para S obtivemos

$$S = \frac{n^2 Q^2}{A^2 R_h^{4/3}} \qquad (11.61)$$

Também podemos expressar o número de Froude como uma função de Q,

$$Fr = \frac{V}{\sqrt{gy_h}} = \frac{Q}{A\sqrt{gy_h}} \tag{11.62}$$

Usando as Eqs. 11.61 e 11.62 na Eq. 11.60

$$\frac{dy}{dx} = \frac{S_b - S}{1 - Fr^2} = \frac{S_b - \dfrac{n^2 Q^2}{A^2 R_h^{4/3}}}{1 - \dfrac{Q^2}{A^2 g y_h}} \tag{11.63}$$

Para dado canal (inclinação, S_b, e coeficiente de rugosidade, n, que podem ambos variar com x) e vazão Q, a área A, o raio hidráulico R_h, e a profundidade hidráulica y_h, são todos funções da profundidade y (veja a Seção 11.1). Consequentemente, a Eq. 11.63 normalmente é mais bem resolvida com o uso de um método numérico adequado. O Exemplo 11.10 mostra tal cálculo para o caso mais simples, que é um canal retangular.

Exemplo 11.10 CÁLCULO DO PERFIL DA SUPERFÍCIE LIVRE

Água escoa em um canal retangular com 5 m de largura feito de concreto não acabado com $n = 0,015$. O canal contém um longo alcance em que S_b é constante em $S_b = 0,020$. Em uma seção, o escoamento possui uma profundidade $y_1 = 1,5$ m, com velocidade $V_1 = 4,0$ m/s. Calcule e trace um gráfico do perfil da superfície livre para os primeiros 100 m do canal, e determine a profundidade final.

Dados: Escoamento de água em um canal retangular.

Determinar: Traçar um gráfico com o perfil da superfície livre; a profundidade a 100 m.

Solução: Use a forma apropriada da equação para a profundidade do escoamento, Eq. 11.63.

Equação básica:

$$\frac{dy}{dx} = \frac{S_b - S}{1 - Fr^2} = \frac{S_b - \dfrac{n^2 Q^2}{A^2 R_h^{4/3}}}{1 - \dfrac{Q^2}{A^2 g y_h}} \tag{11.63}$$

Usamos o método de Euler (veja a Seção 5.5) para converter a equação diferencial em uma equação de diferenças finitas. Nessa abordagem, a equação diferencial é convertida em uma equação de diferença finita:

$$\frac{dy}{dx} \approx \frac{\Delta y}{\Delta x} \tag{1}$$

em que Δx e Δy são variações pequenas mas finitas em x e em y, respectivamente. Combinando as Eqs. 11.63 e 1, e rearranjando,

$$\Delta y = \Delta x \left(\frac{S_b - \dfrac{n^2 Q^2}{A^2 R_h^{4/3}}}{1 - \dfrac{Q^2}{A^2 g y_h}} \right)$$

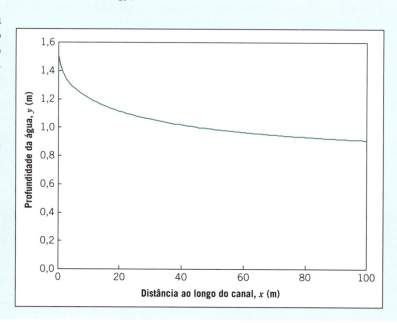

Finalmente, vamos fazer $\Delta y = y_{i+1} - y_i$ e em que y_{i+1} são as profundidades no ponto i e em um ponto $(i + 1)$ distante Δx a jusante,

$$y_{i+1} = y_i + \Delta x \left(\dfrac{S_{b_i} - \dfrac{n_i^2 Q^2}{A_i^2 R_{h_i}^{4/3}}}{1 - \dfrac{Q^2}{A_i^2 g y_{h_i}}} \right) \tag{2}$$

A Eq. 2 calcula da profundidade y_{i+1}, dados fornecidos no ponto i. Na atual aplicação, S_b e n são constantes, mas A, R_h e y_h, variarão, é claro, com x porque são funções de y. Para um canal retangular temos o seguinte:

$$A_i = b y_i$$

$$R_{h_i} = \frac{b y_i}{b + 2 y_i}$$

$$y_{h_i} = \frac{A_i}{b_s} = \frac{A_i}{b} = \frac{b y_i}{b_s} = y_i$$

Os cálculos são realizados de modo conveniente e os resultados traçados em gráfico usando uma planilha do *Excel*. Note que os resultados parciais são mostrados na tabela, e que para o primeiro metro, sobre o qual existe uma rápida variação em profundidade, o passo espacial é $\Delta x = 0,05$.

i	x (m)	y (m)	A (m²)	R_h (m)	y_h (m)
1	0,00	1,500	7,500	0,938	1,500
2	0,05	1,491	7,454	0,934	1,491
3	0,10	1,483	7,417	0,931	1,483
4	0,15	1,477	7,385	0,928	1,477
5	0,20	1,471	7,356	0,926	1,471
⋮	⋮	⋮	⋮	⋮	⋮
118	98	0,096	4,580	0,670	0,916
119	99	0,915	4,576	0,670	0,915
120	100	0,914	4,571	0,669	0,914

A profundidade no local $x = 100$ m é 0,914 m.

$$y(100\,\text{m}) = 0,914\,\text{m} \longleftarrow \qquad\qquad\qquad y(100\,\text{m})$$

Note (seguindo o procedimento de solução do Exemplo 11.8) que a profundidade normal para esse escoamento é $y_n = 0,858$ m; a profundidade do escoamento se aproxima assintoticamente desse valor. Geralmente, essa é uma das diversas possibilidades, dependendo dos valores da profundidade inicial e das propriedades do canal (inclinação e rugosidade). Um escoamento pode se aproximar da profundidade normal, tornar-se mais e mais profundo, ou eventualmente tornar-se raso e sofrer um ressalto hidráulico.

A precisão dos resultados obtidos obviamente depende do modelo numérico usado; por exemplo, um modelo mais preciso é o método RK₄. Também, para o primeiro metro ou algo em torno, há mudanças bruscas de profundidade, levando-nos a questionar a validade de muitas considerações feitas, como escoamento uniforme e pressão hidrostática.

A planilha *Excel* para esse problema pode ser modificada para ser usada na solução de problemas similares.

11.7 Medição de Descarga Usando Vertedouros

Um *vertedouro* é um dispositivo (ou estrutura de transbordamento) colocado normal à direção do escoamento. O vertedouro essencialmente retém a água de modo que, escoando sobre o vertedouro, a água passa através de sua profundidade crítica. Os vertedouros têm sido usados para medição do escoamento de água em canais abertos por muitos anos. Os vertedouros geralmente podem ser classificados como *vertedouros de soleira delgada* e *vertedouros de soleira espessa*. Os vertedouros são discutidos em detalhes em Bos [13], Brater [14] e Replogle [15].

Um *vertedouro de soleira delgada* é basicamente uma placa delgada montada perpendicular ao escoamento com o topo da placa possuindo uma borda chanfrada, afinada, que faz com que o lençol de água seja livre a partir da placa (veja a Fig. 11.19).

A vazão é determinada por meio da medida da altura de carga, tipicamente em um tanque sem movimento de água (veja a Fig. 11.20) a uma distância a montante da crista. A altura de carga H é medida usando um manômetro.

Vertedouro Retangular Suprimido

Esses vertedouros de soleira delgada são tão amplos quanto o canal e a largura do lençol de água é a mesma que a da crista. Com referência à Fig. 11.20, considere um elemento de área $dA = bdh$ e considere que a velocidade seja $V = \sqrt{2gh}$; assim, o escoamento elementar é

$$dQ = bdh\sqrt{2gh} = b\sqrt{2g}h^{1/2}dh$$

A descarga é expressa por meio da integração dessa equação sobre a área acima do topo da crista do vertedouro:

$$Q = \int_0^H dQ = \sqrt{2g}b \int_0^H h^{1/2}dh = \frac{2}{3}\sqrt{2g}bH^{3/2} \tag{11.64}$$

Os efeitos de atrito foram desprezados na dedução da Eq. 11.64. O efeito de rebaixamento mostrado na Fig. 11.19 e a contração na crista indicam que as linhas de corrente

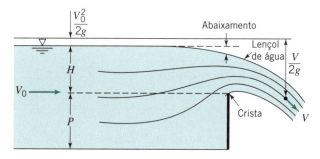

Fig. 11.19 Escoamento sobre um vertedouro de soleira delgada.

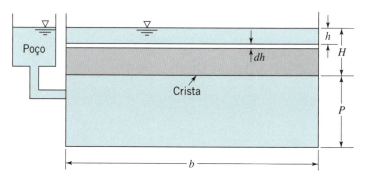

Fig. 11.20 Vertedouro de soleira delgada retangular sem contração na extremidade.

não são paralelas ou normais à área no plano. Para levar em consideração esses efeitos, um coeficiente de descarga, C_d, é usado, de modo que

$$Q = C_d \frac{2}{3} \sqrt{2g} b H^{3/2}$$

em que C_d é aproximadamente 0,62. Essa é a equação básica para um vertedouro retangular suprimido, que pode ser expressa de modo mais geral como

$$Q = C_w b H^{3/2} \qquad (11.65)$$

em que C_w é o coeficiente do vertedouro, $C_w = \frac{2}{3} C_d \sqrt{2g}$. Para unidades do sistema SI, $C_w \approx 1.84$.

Se a velocidade de aproximação, V_a, em que H é medido, for apreciável (não desprezível), então os limites de integração são

$$Q = \sqrt{2g} b \int_{V_a^2/2g}^{H + V_a^2/2g} h^{1/2} dh = C_w b \left[\left(H + \frac{V_a^2}{2g} \right)^{3/2} - \left(\frac{V_a^2}{2g} \right)^{3/2} \right] \qquad (11.66)$$

Quando $(V_a^2/2g)^{3/2} \approx 0$, a Eq. 11.66 pode ser simplificada para

$$Q = C_w b \left(H + \frac{V_a^2}{2g} \right)^{3/2} \qquad (11.67)$$

Vertedouros Retangulares Contraídos

Um *vertedouro horizontal contraído* é outro vertedouro de soleira delgada com uma crista que é mais curta do que a largura do canal e uma ou duas seções de extremidade chanfradas de modo que a água se contraia tanto horizontal quanto verticalmente. Isso força que a largura do lençol de água seja menor do que b. O comprimento efetivo da crista é

$$b = b - 0,1\, nH$$

em que $n = 1$ se o vertedouro for colocado contra uma parede lateral do canal de modo que a contração sobre um lado seja suprimida e $n = 2$ se o vertedouro for posicionado de modo que não esteja colocado contra uma parede lateral.

Vertedouro Triangular

Vertedouros triangulares ou *de entalhe em V* são vertedouros de soleira delgada usados para escoamentos relativamente pequenos, mas têm a vantagem de que também podem funcionar para escoamentos razoavelmente grandes. Referente à Fig. 11.21, a vazão através de uma área elementar, dA, é

$$dQ = C_d \sqrt{2gh}\, dA$$

em que $dA = 2x dh$, e $x = (H - h)\text{tg}(\theta/2)$; então $dA = 2(H - h)\text{tg}(\theta/2)dh$. Então

$$dQ = C_d \sqrt{2gh} \left[2(H - h)\text{tg}\left(\frac{\theta}{2}\right) dh \right]$$

e

$$Q = C_d 2\sqrt{2g}\, \text{tg}\left(\frac{\theta}{2}\right) \int_0^H (H - h) h^{1/2} dh$$

$$= C_d \left(\frac{8}{15} \right) \sqrt{2g}\, \text{tg}\left(\frac{\theta}{2}\right) H^{5/2}$$

$$Q = C_w H^{5/2}$$

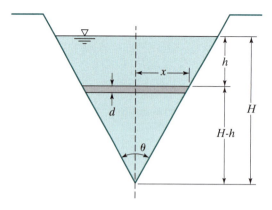

Fig. 11.21 Vertedouro triangular com soleira delgada.

O valor de C_w para um valor de $\theta = 90°$ (o mais comum) é $C_w = 1,38$ para unidades do sistema SI.

Vertedouro de Soleira Espessa

Os *vertedouros de soleira espessa* (Fig. 11.22) são essencialmente vertedouros de profundidade crítica nos quais, se forem altos o suficiente, ocorre a profundidade crítica sobre a soleira do vertedouro. Para as condições de escoamento crítico $y_c = (Q^2/gb^2)^{1/3}$ (Eq. 11.23) e $E = 3y_c/2$ (Eq. 11.25) para canais retangulares:

$$Q = b\sqrt{gy_c^3} = b\sqrt{g\left(\frac{2}{3}E\right)^3} = b\left(\frac{2}{3}\right)^{3/2}\sqrt{g}E^{3/2}$$

ou, considerando que a velocidade de aproximação seja desprezível:

$$Q = b\left(\frac{2}{3}\right)^{3/2}\sqrt{g}H^{3/2}$$

$$Q = C_w b H^{3/2}$$

A Fig. 11.23 ilustra uma instalação de vertedouro de soleira espessa em um canal trapezoidal.

O Exemplo 11.11 mostra o processo para calcular o escoamento em um vertedouro com soleira delgada. O procedimento para vertedouros com outras geometrias é basicamente igual àquele para esta geometria específica.

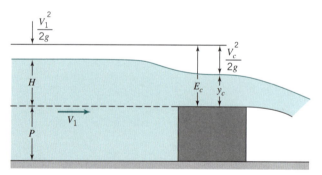

Fig. 11.22 Vertedouro de soleira espessa.

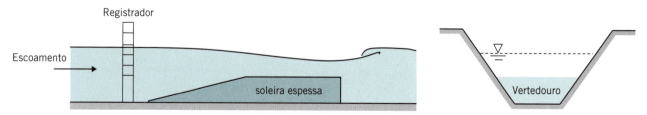

Fig. 11.23 Vertedouro de soleira espessa em um canal trapezoidal.

Escoamento em Canais Abertos **587**

Exemplo **11.11** DESCARGA DE UM VERTEDOURO SUPRIMIDO RETANGULAR DE SOLEIRA DELGADA

Um vertedouro retangular, suprimido, com soleira delgada com 3 m de comprimento tem 1 m de altura. Determine a descarga quando a altura de carga é 150 mm.

Dados: Geometria e altura de carga de um vertedouro suprimido retangular de soleira delgada.

Determinar: A descarga (vazão), Q.

Solução: Use a equação de descarga de vertedouro apropriada.

Equação básica:

$$Q = C_w b H^{3/2} \tag{11.65}$$

Na Eq. 11.65 usamos $C_w \approx 1,84$, e os dados fornecidos, $b = 3$ m, e $H = 150$ mm $= 0,15$ m, então

$$Q = 1,84 \times 3\,\text{m} \times (0,15\,\text{m})^{3/2}$$

$$Q = 0,321\,\text{m}^3/\text{s} \longleftarrow \qquad Q$$

Note que a Eq. 11.65 é uma equação de "engenharia"; então, não esperamos que as unidades se cancelem.

Este exemplo ilustra o uso de uma das diversas equações para descarga de vertedouros.

1.8 *Resumo e Equações Úteis*

Neste capítulo:

✓ Deduzimos uma expressão para a velocidade de ondas superficiais e desenvolvemos a noção de energia específica de um escoamento, deduzimos o número de Froude para determinar se o escoamento é crítico, subcrítico ou supercrítico.
✓ Investigamos escoamentos variados rapidamente, em especial o ressalto hidráulico.
✓ Investigamos o escoamento uniforme em regime permanente em um canal e usamos os conceitos de energia e quantidade de movimento para deduzir as equações de Chezy e Manning.
✓ Investigamos alguns conceitos básicos de escoamentos variados gradualmente.

Também aprendemos como usar muitos dos conceitos mencionados na análise de uma faixa de problemas reais de escoamento em canal aberto.

Nota: A maior parte das Equações Úteis na tabela a seguir tem determinadas restrições ou limitações — *para usá-las com segurança, verifique os detalhes no capítulo conforme numeração de referência*!

Equações Úteis

Raio hidráulico:	$R_h = \dfrac{A}{P}$	(11.1)
Profundidade hidráulica:	$y_h = \dfrac{A}{b_s}$	(11.2)
Velocidade da onda de superfície:	$c = \sqrt{gy}$	(11.6)
Número de Froude:	$Fr = \dfrac{V}{\sqrt{gy}}$	(11.7)
Equação da energia para escoamento em canal aberto:	$\dfrac{V_1^2}{2g} + y_1 + z_1 = \dfrac{V_2^2}{2g} + y_2 + z_2 + H_l$	(11.10)
Carga total:	$H = \dfrac{V^2}{2g} + y + z$	(11.11)

588 Capítulo 11

Equações Úteis (*Continuação*)

Energia específica:	$$E = \frac{V^2}{2g} + y$$	(11.13)
Escoamento crítico:	$$Q^2 = \frac{gA_c^3}{b_{s_c}}$$	(11.21)
Velocidade crítica:	$$V_c = \sqrt{gy_{h_c}}$$	(11.22)
Profundidade crítica (canal retangular):	$$y_c = \left[\frac{Q^2}{gb^2}\right]^{1/3}$$	(11.23)
Velocidade crítica (canal retangular):	$$V_c = \sqrt{gy_c} = \left[\frac{gQ}{b}\right]^{1/3}$$	(11.24)
Energia específica mínima (canal retangular):	$$E_{\text{mín}} = \frac{3}{2}y_c$$	(11.25)
Profundidades conjugadas do ressalto hidráulico:	$$\frac{y_2}{y_1} = \frac{1}{2}\left[\sqrt{1 + 8Fr_1^2} - 1\right]$$	(11.36)
Perda de carga do ressalto hidráulico:	$$H_l = \frac{[y_2 - y_1]^3}{4y_1y_2}$$	(11.38b)
Perda de carga do ressalto hidráulico (em termos de Fr_1):	$$\frac{H_l}{E_1} = \frac{\left[\sqrt{1 + 8Fr_1^2} - 3\right]^3}{8\left[\sqrt{1 + 8Fr_1^2} - 1\right][Fr_1^2 + 2]}$$	(11.39)
Equação de Chezy:	$$V = C\sqrt{R_h S_b}$$	(11.45)
Coeficiente de Chezy:	$$C = \frac{1}{n}R_h^{1/6}$$	(11.46)
Equação de Manning para velocidade (unidades no SI):	$$V = \frac{1}{n}R_h^{2/3}S_b^{1/2}$$	(11.47)
Equação de Manning para vazão (unidades no SI):	$$Q = \frac{1}{n}AR_h^{2/3}S_b^{1/2}$$	(11.48)
Linha de energia:	$$LE = \frac{V^2}{2g} + z + y$$	(11.50)
Linha piezométrica:	$$LP = z + y$$	(11.51)
Equação da energia (escoamento variando gradualmente):	$$\frac{dy}{dx} = \frac{S_b - S}{1 - Fr^2}$$	(11.60)

REFERÊNCIAS

1. Chow, V. T., *Open-Channel Hydraulics*. New York: McGraw-Hill, 1959.

2. Henderson, F. M., *Open-Channel Flow*. New York: Macmillan, 1966.

3. "Manning's Roughness Coefficient," The Engineer's Toolbox, http://www.engineeringtoolbox.com/mannings-roughness-d_799.html (accessed September 22, 2014).

4. Townson, J. M., *Free-Surface Hydraulics*. London: Unwin Hyman, 1991.

5. Chaudhry, M. H., *Open-Channel Flow*. Englewood Cliffs, NJ: Prentice Hall, 1993.

6. Jain, S. C., *Open Channel Flow*. New York: Wiley, 2001.

7. "Design Charts for Open Channel Flow," HDS 3, Federal Highway Association, 1961, http://www.fhwa.dot.gov/engineering/hydraulics/pubs/hds3.pdf.

8. Mays, L. W., *Water Resources Engineering*, 2005 ed. New York: Wiley, 2005.

9. Peterka, A. J., "Hydraulic Design of Stilling Basins and Energy Dissipators," U.S. Department of the Interior, Bureau of Reclamation, Engineering Monograph No. 25 (Revised), July 1963.

10. Manning, R., " On the Flow of Water in Open Channels and Pipes." *Transactions Institute of Civil Engineers of Ireland, vol. 20,*

pp. 161–209, Dublin, 1891; Supplement, vol. 24, pp. 179–207, 1895.
11. Linsley, R. K., J. B. Franzini, D. L. Freyberg, and G. Tchobanoglous, *Water Resources Engineering*. New York: McGraw-Hill, 1991.
12. Chen, Y. H., and G. K. Cotton, *Design of Roadside Channels with Flexible Linings*, Hydraulic Engineering Circular 15, FHWA-IP-87-7, Federal Highway Administration, McClean, VA, 1988.
13. Bos, M. G., J. A. Replogle, and A. J. Clemmens, *Flow Measuring Flumes for Open Channel System*. New York: John Wiley & Sons, 1984.
14. Brater, E. F., H. W. King, J. E. Lindell, and C. Y. Wei, *Handbook of Hydraulics*, 7th ed. New York: McGraw-Hill, 1996.
15. Replogle, J. A., A. J. Clemmens, and C. A. Pugh, "Hydraulic Design of Flow Measuring Structures." *Hydraulic Design Handbook*, L. W. Mays, ed. New York: McGraw-Hill, 1999.

PROBLEMAS

Definições e Conceitos Básicos

11.1 Verifique a equação dada na Tabela 11.1 para o raio hidráulico de um canal trapezoidal. Trace o gráfico da taxa R/y para $b = 2$ m com inclinações do lado de 30° e 60° para 0,5 m < y < 3 m.

11.2 Uma onda de um barco que passava em um lago viaja a 16 km/h. Determine a profundidade aparente da água no local.

11.3 Uma pedrinha é abandonada em uma corrente de água que escoa em um canal retangular de 2 m de profundidade. Em um segundo, uma ondulação causada pela pedra é levada 7 m a jusante. Qual é a velocidade de escoamento da água?

11.4 Uma pedrinha é abandonada em uma corrente de água que escoa em um canal retangular de 1,5 m de profundidade. Em um segundo, uma ondulação causada pela pedra é levada 3,9 m a jusante. Qual é a velocidade de escoamento da água?

11.5 A solução das equações diferenciais completas para o movimento de ondas sem tensão superficial mostra que a velocidade da onda é dada por:

$$c = \sqrt{\frac{g\lambda}{2\pi} \text{tg h}\left(\frac{2\pi y}{\lambda}\right)}$$

em que λ é o comprimento de onda e y é a profundidade do líquido. Mostre que quando $\lambda/y \ll 1$, a velocidade da onda torna-se proporcional a $\sqrt{\lambda}$. No limite, como $\lambda/y \to \infty$, $C = \sqrt{gy}$. Determine o valor de λ/y para o qual $C > 0{,}99\sqrt{gy}$.

11.6 A solução das equações diferenciais completas para o movimento de ondas em líquidos em repouso, incluindo os efeitos da tensão superficial, mostra que a velocidade da onda é dada por:

$$c = \sqrt{\left(\frac{g\lambda}{2\pi} + \frac{2\pi\sigma}{\rho\lambda}\right)\text{tg h}\left(\frac{2\pi y}{\lambda}\right)}$$

em que λ é o comprimento de onda, y é a profundidade do líquido e σ é a tensão superficial. Trace o gráfico da velocidade da onda *versus* o comprimento de onda para a faixa 1 mm < λ < 100 mm para a (a) água e (b) mercúrio. Considere $y = 7$ mm para ambos os líquidos.

11.7 Ondas de superfície são causadas pela forma do objeto que toca apenas na superfície de uma corrente de um escoamento de água, formando o padrão de onda mostrado. A profundidade da corrente é 150 mm. Determine a velocidade do escoamento e o número de Froude. Note que a onda viaja a velocidade c (Eq. 11.6) normal à frente de onda, como mostrado no diagrama.

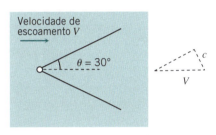

P11.7

11.8 Um corpo submerso, viajando horizontalmente abaixo de uma superfície líquida com um número de Froude (baseado no comprimento do corpo) em torno de 0,5, produz um forte padrão de onda superficial se a profundidade de submersão for menor que a metade do seu comprimento. (O padrão de onda de uma superfície de navio também é pronunciado pelo número de Froude.) Em um gráfico logarítmico da velocidade *versus* o comprimento do corpo (ou do navio), trace a linha de $Fr = 0{,}5$ para 1 m/s < V < 30 m/s e 1 m < x < 300 m.

11.9 Água escoa em um canal retangular a uma profundidade de 750 mm. Se a velocidade do escoamento é (a) 1 m/s e (b) 4 m/s, calcule os números de Froude correspondentes.

11.10 Um longo canal retangular, de 3 m de largura, tem uma superfície ondulada a uma profundidade de cerca de 1,8 m. Estime a vazão de descarga.

Equação de Energia para Escoamentos em Canal Aberto

11.11 Para um canal retangular de largura $b = 20$ m, construa uma família de curvas de energia específica para $Q = 0$, 25, 75, 125 e 200 m³/s. Quais são as energias específicas mínimas para essas curvas?

11.12 Um canal trapezoidal com uma largura inferior de 6 m, com inclinação lateral de 1 para 2, com inclinação no fundo do canal de 0,0016, e um n de Manning igual a 0,025, transporta uma descarga de 11,3 m³/s. Calcule a profundidade e a velocidade crítica desse canal.

11.13 Um canal retangular carrega uma descarga de 0,93 m³/s por metro de largura. Determine a energia específica mínima possível para esse escoamento. Calcule a profundidade e a velocidade de escoamento correspondente.

11.14 O fluxo no canal do Problema 11.13 ($E_{mín} = 0{,}66$ m) deve ter o dobro da energia mínima específica. Calcule as profundidades alternativas para essa energia.

11.15 Para um canal de seção transversal não retangular, a profundidade crítica ocorre a uma energia específica mínima. Obtenha uma equação geral para a profundidade crítica em um canal de seção trapezoidal em função de Q, g, b e α. Ela será implícita em y_c!

590 Capítulo 11

11.16 Água escoa a 8,5 m³/s em um canal trapezoidal com largura inferior de 2,4 m. Os lados são inclinados a 2:1. Encontre a profundidade crítica para esse canal.

Efeito Localizado de Mudança de Área (Escoamento sem Atrito)

11.17 Considere o canal condutor Venturi mostrado. O fundo é horizontal e o escoamento pode ser considerado sem atrito. A profundidade a montante é 0,3 m e a profundidade a jusante é 0,22 m. A largura a montante é 0,6 m e a largura da garganta é 0,3 m. Estime a vazão através do conduto.

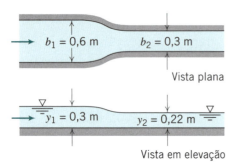

P11.17

11.18 Um canal retangular com 3 m de largura carrega 2,83 m³/s sobre um fundo horizontal a uma profundidade de 0,3 m. Um ressalto suave através do canal está a 10 cm acima do fundo. Determine a elevação da superfície livre do líquido acima do ressalto.

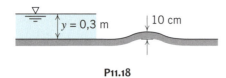

P11.18

11.19 Um canal retangular com 3 m de largura carrega 0,57 m³/s a uma profundidade de 0,27 m. Um ressalto suave através do canal está a 0,06 m acima do fundo do canal. Estime a variação local na profundidade do escoamento causada pelo ressalto.

11.20 Em uma seção de um canal retangular com 3 m de largura, a profundidade é 0,09 m para uma descarga de 0,57 m³/s. Um ressalto suave com 0,03 m de altura é colocado sobre o fundo do canal. Determine a variação local na profundidade do escoamento causada pelo ressalto.

11.21 Água, a 0,09 m/s e 0,6 m de profundidade, aproxima-se de um aumento suave na inclinação do fundo do canal. Estime a profundidade da corrente de água após o aumento de 0,15 m.

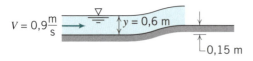

P11.21

11.22 Água é descarregada de uma comporta a uma profundidade de 1,25 m. A descarga por unidade de largura é 10 m³/s/m. Estime o nível de água longe a montante onde a velocidade do escoamento é desprezível. Calcule a vazão máxima por unidade de largura que poderia ser liberada através da comporta.

11.23 Um canal retangular horizontal com 0,9 m de largura contém uma comporta. A montante da comporta a profundidade é de 1,8 m; a profundidade a jusante é de 0,27 m. Estime a vazão volumétrica no canal.

11.24 A figura mostra o escoamento através de uma comporta. Estime a profundidade da água e a velocidade depois da comporta (bem antes do ressalto hidráulico).

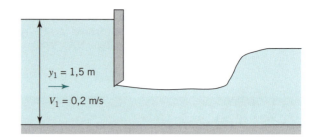

P11.24, P11.30

11.25 Refaça o Exemplo 11.3 para uma altura de 350 mm do ressalto e um tamanho de constrição da parede que reduz a largura do canal para 1,5 m.

O Ressalto Hidráulico

11.26 Determine a taxa na qual a energia está sendo consumida (kW) pelo ressalto hidráulico do Exemplo 11.4. Essa taxa é suficiente para produzir um significativo aumento de temperatura na água?

11.27 Um canal largo carrega 10 m³/s por m de largura a uma profundidade de 1 m no pé de um ressalto hidráulico. Determine a profundidade do ressalto e perda de carga através desse.

11.28 Um ressalto hidráulico ocorre em um canal retangular. A vazão é de 6,5 m³/s, e a profundidade antes do ressalto é de 0,4 m. Determine a profundidade após o ressalto e a perda de carga, se o canal tem 1 m de largura.

11.29 O ressalto hidráulico pode ser usado com um medidor de vazão grosseiro. Suponha que em um canal retangular horizontal com 1,5 m de largura as profundidades observadas antes e após um ressalto hidráulico são, respectivamente, iguais a 0,2 e 0,9 m. Determine a vazão e a perda de carga.

11.30 Estime a profundidade de água antes e depois do ressalto para o ressalto hidráulico a jusante da comporta mostrada na Fig. P11.24.

11.31 Um *tidal bore* (uma onda abrupta ou um ressalto hidráulico se movendo) se forma frequentemente quando a maré escoa em um amplo estuário de um rio. Neste problema, um *tidal bore* de 3,6 m acima do nível do rio, que é de 2,4 m, viaja rio acima com a velocidade $V_{\text{tidal bore}}$ = 28,97 km/h. Determine aproximadamente a velocidade V_r da corrente do rio não perturbado.

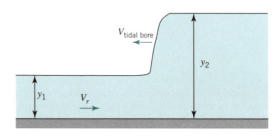

P11.31

Escoamento Uniforme

11.32 Determine a profundidade de escoamento uniforme em um canal trapezoidal com uma largura no fundo igual a 2,4 m e inclinações laterais de 1 na vertical para 2 na horizontal. A descarga é de 2,8 m³/s. O fator de rugosidade de Manning é de 0,015 e a inclinação no fundo do canal é de 0,0004.

11.33 Determine a profundidade de escoamento uniforme em um canal trapezoidal com largura no fundo igual a 2,5 m e inclinações laterais de 1 na vertical para 2 na horizontal com uma descarga de 3 m³/s. A inclinação é de 0,0004 e o fator de rugosidade de Manning é de 0,015.

11.34 Um conduto retangular construído de concreto, com inclinação de 1 m por 1000 m, tem 1,8 m de largura. Água escoa a uma profundidade normal de 0,9 m. Calcule a descarga.

11.35 Um conduto retangular construído de madeira tem 0,9 m de largura. O conduto deve guiar um escoamento de 2,55 m³/s a uma profundidade normal de 1,8 m. Determine a inclinação requerida.

11.36 Água escoa em um canal trapezoidal a uma profundidade normal de 1,2 m. A largura do fundo é de 2,4 m e a inclinação lateral é de 1:1 (45°). A vazão é 7,1 m³/s. O canal é escavado na terra nua. Determine a inclinação do fundo.

11.37 Uma cuba semicircular de aço corrugado, com diâmetro $D = 1$ m, carrega água a uma profundidade $y = 0,25$ m. A inclinação é de 0,01. Determine a descarga.

11.38 O conduto do Problema 11.34 é ajustado com um novo revestimento de filme plástico ($n = 0,010$). Determine a nova profundidade de escoamento se a descarga permanece constante a 2,42 m³/s.

11.39 Considere um canal aberto simétrico de seção transversal triangular. Mostre que para uma dada área de escoamento, o perímetro molhado é minimizado quando os lados se encontram em um ângulo reto.

11.40 Calcule a profundidade e a velocidade normal do canal do Problema 11.12.

11.41 Determine a seção transversal da eficiência hidráulica ótima para um canal trapezoidal com inclinação lateral de 1 na vertical para 2 na horizontal se a descarga de projeto for 250 m³/s. A inclinação do canal é 0,001 e o fator de rugosidade de Manning é 0,020.

11.42 Para um canal com formato trapezoidal ($n = 0,014$ e inclinação $S_b = 0,0002$ com uma largura no fundo igual a 6 m e inclinações laterais de 1 na vertical para 1,5 na horizontal), determine a profundidade normal para uma descarga de 28,3 m³/s.

11.43 Mostre que a melhor seção trapezoidal hidráulica é a metade de um hexágono.

11.44 Considere um canal retangular de largura 2,45 m com uma inclinação no fundo igual a 0,0004 e um fator de rugosidade de Manning igual a 0,015. Um dique é colocado no canal e a profundidade a montante do dique é igual a 1,52 m para uma descarga igual a 5,66

m³/s. Determine se um ressalto hidráulico é formado a montante do dique.

11.45 Uma calha retangular acima do solo retangular está para ser construída em madeira. Para uma queda de 1,9 m/km, qual será a profundidade e largura para a calha mais econômica se ela tiver que descarregar 1,1 m³/s?

11.46 Considere um escoamento em um canal retangular. Mostre que, para escoamento a uma profundidade crítica e razão de aspecto óptima ($b = 2y$), a vazão volumétrica e a inclinação do fundo são dadas pelas expressões:

$$ Q = 62,6 y_c^{5/2} \quad \text{e} \quad S_c = 24,7 \frac{n^2}{y_c^{1/3}} $$

11.47 Um canal trapezoidal forrado com tijolo tem lados inclinados de 2:1 e largura de fundo de 3 m. Ele carrega 17 m³/s a velocidade crítica. Determine a inclinação crítica (a inclinação na qual a profundidade é crítica).

11.48 Um canal largo e chato, em concreto bruto, descarrega água a 1,9 m³/s por metro de largura. Determine a inclinação crítica (a inclinação na qual a profundidade é crítica).

11.49 Um canal retangular para água pluvial, em concreto bruto, deve carregar uma vazão máxima de 2,83 m³/s, em condição crítica. Determine a largura e a inclinação do canal.

Medição de Descarga

11.50 A crista de um vertedouro de soleira espessa está 0,3 m abaixo do nível a montante do reservatório, onde a profundidade é 2,4 m. Para $C_w \approx 3,4$, qual é a vazão máxima por unidade de largura que poderia passar sobre o vertedouro?

11.51 Um vertedouro de soleira delgada retangular com contração final tem 1,6 m de comprimento. A que altura ele deveria ser colocado em um canal para manter uma profundidade a montante de 2,5 m para uma vazão de 0,5 m³/s?

11.52 Para um vertedouro de soleira delgada sem contração ($C_w \approx 3,33$) de comprimento $b = 2,4$ m, $P = 0,6$ m e $H = 0,3$ m, determine a descarga sobre o vertedouro. Despreze a velocidade de aproximação da cabeça.

11.53 Determine a carga sobre um vertedouro com entalhe em V de 60° para uma descarga igual a 150 L/s. Considere $Cd \approx 0,58$.

11.54 A carga sobre um dique com entalhe em V de 90° é igual a 0,45 m. Determine a descarga.

CAPÍTULO **12**

Introdução ao Escoamento Compressível

12.1 Revisão de Termodinâmica
12.2 Propagação de Ondas de Som
12.3 Estado de Referência: Propriedades de Estagnação Isentrópica Local
12.4 Condições Críticas
12.5 Equações Básicas para Escoamento Compressível Unidimensional
12.6 Escoamento Isentrópico de um Gás Ideal: Variação de Área
12.7 Choques Normais

12.8 Escoamento Supersônico em Canais, com Choque
12.8 Escoamento Supersônico em Canais, com Choque (continuação, no GEN-IO)
12.9 Escoamento em Duto de Área Constante, com Atrito (no GEN-IO)
12.10 Escoamento sem Atrito em um Duto de Área Constante, com Transferência de Calor (no GEN-IO)
12.11 Choques Oblíquos e Ondas de Expansão (no GEN-IO)
12.12 Resumo e Equações Úteis

Estudo de Caso

A Aeronave X-43A/Hyper-X

O super-homem é mais rápido do que uma bala. Então, o quão rápido é isso? Verifica-se que a maior velocidade de uma bala é em torno de 1500 m/s, ou em torno do número de Mach 4,5 ao nível do mar. Os seres humanos podem acompanhar o super-homem? Caso estivéssemos em órbita, poderíamos (qual é o número de Mach do Ônibus Espacial em órbita? É uma questão enganosa!), pois não existe arrasto — uma vez que chegando a essa velocidade, podemos nos manter —, mas para voar a velocidades hipersônicas (isto é, em torno de $M = 5$) na atmosfera requer uma tremenda propulsão do motor e um motor que possa funcionar em todas essas velocidades. Em 2004, um X-43A conseguiu voar a quase $M = 10$, ou em torno de 11.265,4 km/h. O motor a jato *scramjet* hipersônico nesta aeronave atualmente está integrado em sua estrutura, e toda a superfície inferior do veículo é formatada para fazer o motor funcionar. A protuberância na parte de baixo na figura é o motor. Diferentemente dos motores turbojato usados em muitas aeronaves, os quais possuem ventiladores e compressores como principais componentes, o motor *scramjet*, espantosamente, não possui partes móveis, de modo que, caso você olhasse seu interior, não teria muito para ver! Em vez de partes móveis ele usa a geometria para desenvolver um trem de choque que reduz a velocidade do escoamento de ar de hipersônica para supersônica. O *scramjet*, que é essencialmente um motor *ramjet* com combustão supersônica, não necessita reduzir a velocidade do escoamento de ar para velocidades sônicas. A compressão *ram* sobre a superfície inferior da aeronave reduz o escoamento de ar da velocidade hipersônica para velocidade supersônica antes que ele atinja o motor da aeronave. Este efeito é conseguido causando uma sequência de choques oblíquos (os quais discutimos neste capítulo) que reduzem sucessivamente o escoamento e também aumentam a massa específica do ar. Conforme o ar à velocidade supersônica, com massa específica relativamente alta, passa através do motor, o hidrogênio combustível é injetado e o processo de combustão ocorre, criando um tremendo empuxo na exaustão. Uma vez à velocidade hipersônica, o processo de combustão é autossustentável.

Um dos problemas que os engenheiros encontraram foi como dar a partida no motor. Primeiramente, a aeronave tem que ser acelerada acima do número de Mach 4 de forma convencional (por motor a jato ou foguete, ou sendo carregada por outra aeronave), e em seguida o combustível do *scramjet* pode ser injetado e a ignição iniciada. Isso parece bastante simples, mas o processo de ignição tem sido comparado a "acender um palito de fósforo em um furacão"! A solução foi realizar o início da ignição usando uma mistura de silano pirofórico (que entra em combustão espontânea na presença do ar sem necessidade de uma fonte de ignição) e hidrogênio, e em seguida mudar para hidrogênio puro.

A aeronave X-43A/Hyper-X é experimental, mas no futuro podemos esperar ver *scramjets* em aplicações militares (aeronaves e mísseis), em seguida possivelmente na aviação comercial. Você poderia viver em Nova Iorque, ir para um encontro em Los Angeles, e estar de volta em Nova Iorque para o jantar!

Neste capítulo, você aprenderá algumas ideais básicas sobre escoamentos subsônicos e supersônicos, e por que os projetos de aeronaves são diferentes para os dois regimes. Você também aprenderá como as ondas de choque se formam e por que um bocal supersônico é tão diferente de um subsônico.

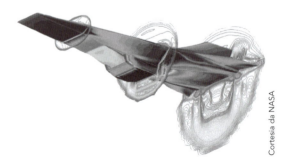

O X-43A/Hyper-X a $M = 7$ (Imagem do programa DFC mostrando os contornos de pressão).

Cortesia da NASA

Introdução ao Escoamento Compressível **593**

No Capítulo 2, discutimos brevemente as duas questões mais importantes a que devemos responder antes de analisar um escoamento de fluido: se o escoamento é viscoso ou não e se o escoamento é compressível ou não. Em seguida, estudamos os escoamentos *incompressíveis, não viscosos* (Capítulo 6), e os escoamentos *incompressíveis viscosos* (Capítulos 8 e 9). Agora, estamos prontos para estudar escoamentos que experimentam efeitos de compressibilidade. Como este é um texto introdutório, nosso foco estará voltado principalmente para os escoamentos *unidimensionais, compressíveis* e *não viscosos*, embora também iremos revisar alguns dos fenômenos importantes dos escoamentos *compressíveis viscosos*.

Em primeiro lugar, precisamos estabelecer o que entendemos por escoamento "compressível". Esse é um escoamento no qual existem variações significantes ou notáveis na massa específica do fluido. Na prática, assim como os fluidos invíscidos não existem, os escoamentos incompressíveis também não existem. Neste texto, por exemplo, tratamos a água como um fluido incompressível, embora, de fato, a massa específica da água do mar aumente em torno de 1% para cada milha de profundidade. Portanto, se dado escoamento pode ser tratado ou não como incompressível é uma questão de julgamento: escoamentos líquidos quase sempre serão considerados incompressíveis (as exceções incluem fenômenos, tais como o efeito do "golpe de aríete" em tubos), porém escoamentos de gases podem facilmente ser tratados como compressíveis ou incompressíveis. Neste capítulo, aprenderemos (no Exemplo 12.5) que, para números de Mach M menores do que 0,3, a variação na massa específica do gás devido ao escoamento será menor do que 3%; esta variação é pequena o suficiente na maioria das aplicações de engenharia para o uso da seguinte regra: *um escoamento de gás pode ser considerado incompressível quando M < 0,3*.

As consequências da compressibilidade não estão limitadas simplesmente a variações na massa específica. Tais variações indicam que podemos ter trabalho de expansão ou de compressão significativo sobre um gás, de modo que o estado termodinâmico do fluido mudará, significando que, de modo geral, *todas* as propriedades — temperatura, energia interna, entropia e outras — podem variar. Em particular, variações na massa específica criam um mecanismo (assim como a viscosidade faz) para troca de energia entre energias "mecânicas" (cinética, potencial e "de pressão") e a energia interna térmica. Por essa razão, começamos com uma revisão da termodinâmica necessária ao estudo do escoamento compressível.

Após abordarmos os conceitos básicos do escoamento compressível, discutiremos o escoamento unidimensional mais detalhadamente. Veremos o que faz as propriedades do fluido variarem em um escoamento compressível unidimensional. Mudanças nas propriedades de um fluido podem ser causadas por vários fenômenos, tais como uma variação na área de passagem do fluido, um choque normal (que é um processo adiabático "violento" que faz a entropia aumentar), atrito entre o fluido e paredes ao longo do escoamento e ainda aquecimento ou resfriamento. Um escoamento real provavelmente envolverá alguns desses fenômenos simultaneamente. Além disso, pode haver efeitos bidimensionais no escoamento, tais como choque oblíquo e ondas de expansão. Esses assuntos serão apenas introduzidos no texto, mas esperamos que isso forneça as bases para você fazer um estudo mais avançado sobre esse importante tópico.

12.1 *Revisão de Termodinâmica*

A pressão, a massa específica e a temperatura de uma substância podem ser relacionadas por uma equação de estado. Embora muitas substâncias apresentem comportamento complexo, a experiência mostra que a maioria dos gases de interesse da engenharia, em pressões e temperaturas moderadas, é bem representada pela equação de estado de gás ideal (veja Referências [1] ou [2] para fazer uma revisão das relações de propriedades para um gás ideal),

$$p = \rho R T \tag{12.1}$$

em que R é uma constante para cada gás;[1] R é dado por

$$R = \frac{R_u}{M_m}$$

em que R_u é a constante universal dos gases, $R_u = 8314 \text{ N} \cdot \text{m}/(\text{kmol} \cdot \text{K})$ e M_m é a massa molecular do gás. Embora a equação para o gás ideal seja deduzida usando um modelo que tenha uma consideração não realista de que as moléculas de gás (a) têm volume zero (isto é, elas são pontos de massa) e (b) que elas não interagem umas com as outras, muitos gases reais seguem o comportamento previsto pela Eq. 12.1, especialmente se a pressão for "baixa" o suficiente e/ou a temperatura "alta" o suficiente. Por exemplo, a Eq. 12.1 modela a massa específica do ar à temperatura ambiente com erro inferior a 1%, desde que a pressão esteja abaixo de 30 atm; similarmente, a Eq. 12.1 é precisa para o ar a 1 atm e para temperaturas superiores a $-130°C$ (140 K).

O gás ideal tem outras características que são úteis. Em geral, a *energia interna* de uma substância simples pode ser expressa como uma função de duas propriedades independentes quaisquer, por exemplo, $u = u(v, T)$. Em que $v \equiv 1/\rho$ é o *volume específico*. Logo,

$$du = \left(\frac{\partial u}{\partial T}\right)_v dT + \left(\frac{\partial u}{\partial v}\right)_T dv$$

O *calor específico a volume constante* é definido como $c_v \equiv (\partial u/\partial T)_v$, de modo que

$$du = c_v \, dT + \left(\frac{\partial u}{\partial v}\right)_T dv$$

Em particular, para um gás ideal e, a energia interna, u, é uma função apenas da temperatura, de modo que $(\partial u/\partial v)_T = 0$, e

$$du = c_v \, dT \tag{12.2}$$

Isso significa que variações de energia interna e de temperatura podem ser relacionadas, se c_v for conhecido. Além disso, posto que $u = u(T)$, segue da Eq. 12.2 que $c_v = c_v(T)$.

A *entalpia* de uma substância é definida como $h \equiv u + p/\rho$. Para um gás ideal, $p = \rho RT$, e, por conseguinte, $h = u + RT$. Uma vez que $u = u(T)$ para um gás ideal, h também deve ser função apenas da temperatura.

Podemos obter uma relação entre h e T, lembrando novamente que, para uma substância simples, qualquer propriedade pode ser expressa como uma função de duas outras propriedades independentes quaisquer [1]. Por exemplo, como fizemos para u, $h = h(v, T)$ ou $h = h(p, T)$. Vamos usar essa última forma para desenvolver uma relação útil,

$$dh = \left(\frac{\partial h}{\partial T}\right)_p dT + \left(\frac{\partial h}{\partial p}\right)_T dp$$

Visto que o *calor específico à pressão constante* é definido como $c_p \equiv (\partial h/\partial T)_p$,

$$dh = c_p \, dT + \left(\frac{\partial h}{\partial p}\right)_T dp$$

Nós já mostramos que, para um gás ideal, h é uma função de T apenas. Consequentemente, $(\partial h/\partial T)_T = 0$ e

$$dh = c_p \, dT \tag{12.3}$$

Como h é uma função apenas de T, a Eq. 12.3 requer que c_p para um gás ideal seja também uma função apenas de T.

---

[1] Para o ar, $R = 287 \text{ N} \cdot \text{m}/(\text{kg} \cdot \text{K})$.

Embora os calores específicos para um gás ideal sejam funções somente da temperatura, a diferença entre eles é uma constante para cada gás. Para ver isso, de

$$h = u + RT$$

tiramos

$$dh = du + RdT$$

Combinando esta equação com a Eq. 12.2 e com a Eq. 12.3, podemos escrever

$$dh = c_p\, dT = du + RdT = c_v\, dT + R\, dT$$

Então

$$c_p - c_v = R \tag{12.4}$$

Esse resultado pode parecer um pouco singular, mas ele significa simplesmente que, embora os calores específicos de um gás ideal possam variar com a temperatura no primeiro termo da Eq. 12.4, eles o fazem à mesma taxa, de modo que a sua *diferença* é sempre constante.

A *razão de calores específicos* é definida como

$$k \equiv \frac{c_p}{c_v} \tag{12.5}$$

Utilizando a definição de k, a Eq. 12.4 pode ser resolvida para ambos, c_p e c_v, em termos de k e R. Assim,

$$c_p = \frac{kR}{k-1} \tag{12.6a}$$

e

$$c_p = \frac{kR}{k-1} \tag{12.6b}$$

Embora os calores específicos para um gás ideal possam variar com a temperatura, dentro de faixas de temperatura moderadas eles variam muito discretamente e podem ser tratados como constantes, de modo que

$$u_2 - u_1 = \int_{u_1}^{u_2} du = \int_{T_1}^{T_2} c_v\, dT = c_v(T_2 - T_1) \tag{12.7a}$$

$$h_2 - h_1 = \int_{h_1}^{h_2} dh = \int_{T_1}^{T_2} c_p\, dT = c_p(T_2 - T_1) \tag{12.7b}$$

A Tabela A.6, do Apêndice A, apresenta dados para M_m, c_p, c_v, R e k para gases comuns.

Veremos que a propriedade *entropia* é extremamente útil na análise de escoamentos compressíveis. Diagramas de estado, particularmente o diagrama temperatura-entropia (Ts), são ajudas valiosas na interpretação física de resultados analíticos. Como faremos uso intensivo de diagramas Ts na resolução de problemas de escoamentos compressíveis, vamos rever brevemente algumas relações úteis envolvendo a propriedade entropia.

A entropia é definida pela equação

$$\Delta S \equiv \int_{\text{rev}} \frac{\delta Q}{T} \quad \text{ou} \quad dS = \left(\frac{\delta Q}{T}\right)_{\text{rev}} \tag{12.8}$$

em que o subscrito significa *reversível*.

A desigualdade de Clausius, deduzida da segunda lei da termodinâmica, estabelece que

$$\oint \frac{\delta Q}{T} \leq 0$$

Como uma consequência da segunda lei, podemos escrever

$$dS \geq \frac{\delta Q}{T} \quad \text{ou} \quad T \, dS \geq \delta Q \qquad (12.9a)$$

Para processos *reversíveis*, vale a igualdade, e

$$T \, ds = \frac{\delta Q}{m} \quad \text{(processo reversível)} \qquad (12.9b)$$

A desigualdade vale para processos *irreversíveis*, e

$$T \, ds > \frac{\delta Q}{m} \quad \text{(proocesso irreversível)} \qquad (12.9c)$$

Para um processo *adiabático*, $\delta Q/m = 0$. Assim,

$$ds = 0 \qquad \text{(processo adiabático reversível)} \qquad (12.9d)$$

e

$$ds > 0 \qquad \text{(processo adiabático irreversível)} \qquad (12.9e)$$

Assim, um processo que é *reversível e adiabático* é também *isentrópico*; a entropia permanece constante durante o processo. A desigualdade 12.9e mostra que a entropia deve *aumentar* para um processo adiabático que é irreversível. As Eqs. 12.9 mostram que duas quaisquer das restrições — reversível, adiabático ou isentrópico — implicam a terceira. Por exemplo, um processo que é isentrópico e reversível deve também ser adiabático.

Uma relação útil entre propriedades (p, v, T, s, u) pode ser obtida, considerando a primeira e a segunda leis juntas. O resultado é a equação de Gibbs, ou equação $T \, ds$,

$$T \, ds = du + p \, dv \qquad (12.10a)$$

Essa é uma relação diferencial entre propriedades, válida para qualquer processo entre dois estados quaisquer de equilíbrio. Embora essa relação seja derivada da primeira e da segunda leis, ela mesma não é um enunciado de nenhuma das duas.

Uma forma alternativa da Eq. 12.10a pode ser obtida substituindo

$$du = d(h - pv) = dh - p \, dv - v \, dp$$

para obter

$$T \, ds = dh - v \, dp \qquad (12.10b)$$

Para um gás ideal, a variação de entropia pode ser avaliada das equações $T \, ds$ como

$$ds = \frac{du}{T} + \frac{p}{T} \, dv = c_v \frac{dT}{T} + R \frac{dv}{v}$$

$$ds = \frac{dh}{T} - \frac{v}{T} \, dp = c_p \frac{dT}{T} - R \frac{dp}{p}$$

Para calores específicos constantes, essas equações podem ser integradas para dar

$$s_2 - s_1 = c_v \ln \frac{T_2}{T_1} + R \ln \frac{v_2}{v_1} \qquad (12.11a)$$

$$s_2 - s_1 = c_p \ln \frac{T_2}{T_1} - R \ln \frac{p_2}{p_1} \qquad (12.11b)$$

e também

$$s_2 - s_1 = c_v \ln \frac{p_2}{p_1} + c_p \ln \frac{v_2}{v_1} \qquad (12.11c)$$

A Eq. 12.11c pode ser obtida da Eq. 12.11a ou da Eq. 12.11b, usando a Eq. 12.4 e a equação de gás ideal, Eq. 12.1, escrita na forma $pv = RT$, para eliminar T. O Exemplo 12.1 mostra o uso das relações básicas citadas (as equações $T\,ds$) para avaliar as variações das propriedades durante um processo.

Para um gás ideal com calores específicos constantes, podemos usar as Eqs. 12.11 para obter relações válidas para um processo isentrópico. Da Eq. 12.11a

$$s_2 - s_1 = 0 = c_v \ln \frac{T_2}{T_1} + R \ln \frac{v_2}{v_1}$$

Então, usando as Eqs. 12.4 e 12.5,

$$\left(\frac{T_2}{T_1}\right)\left(\frac{v_2}{v_1}\right)^{R/c_v} = 0 \quad \text{ou} \quad T_2 v_2^{k-1} = T_1 v_1^{k-1} = T v^{k-1} = \text{constante}$$

em que os estados 1 e 2 são estados arbitrários do processo isentrópico. Usando $v = 1/\rho$,

$$T v^{k-1} = \frac{T}{\rho^{k-1}} = \text{constante} \quad (12.12\text{a})$$

Podemos aplicar um processo similar para as Eqs. 12.11b e 12.11c, respectivamente, e obter as seguintes relações de interesse:

$$T p^{1 - k/k} = \text{constante} \quad (12.12\text{b})$$

$$p v^k = \frac{p}{\rho^k} = \text{constante} \quad (12.12\text{c})$$

As Eqs. 12.12 são para um gás ideal submetido a um processo isentrópico.

Informações qualitativas, úteis para o traçado de diagramas de estado, também podem ser obtidas das equações $T\,ds$. Para completar nossa revisão de fundamentos da termodinâmica, vamos avaliar as inclinações das linhas de pressão e de volume constantes no diagrama Ts do Exemplo 12.2.

Exemplo 12.1 VARIAÇÕES DE PROPRIEDADES NO ESCOAMENTO COMPRESSÍVEL EM DUTO

Ar escoa através de um duto longo de área constante a 0,15 kg/s. Um trecho curto do duto é resfriado com nitrogênio líquido circundando o duto. A taxa de perda de calor do ar neste trecho do duto é de 15,0 kJ/s. A pressão e a temperatura absolutas e a velocidade do ar entrando no trecho resfriado são, respectivamente, 188 kPa, 440 K e 210 m/s. Na saída, a pressão e a temperatura absolutas são 213 kPa e 351 K. Calcule a área da seção do duto e as variações de entalpia, energia interna e entropia para esse escoamento.

Dados: Escoamento de ar, em regime permanente, através de um trecho curto de um duto de seção transversal constante, resfriado por nitrogênio líquido.

$T_1 = 440$ K
$p_1 = 188$ kPa (abs)
$V_1 = 210$ m/s

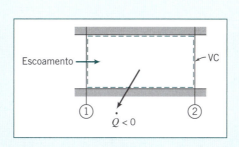

$T_2 = 351$ K
$p_2 = 213$ kPa (abs)

Determinar: (a) Área do duto. (b) Δh. (c) Δu. (d) Δs.

Solução: A área do duto pode ser obtida da equação da continuidade.

598 Capítulo 12

Equação básica:

$$\overset{=0(1)}{\cancel{\frac{\partial}{\partial t}}} \int_{VC} \rho \, d\cancel{V} + \int_{VC} \rho \vec{V} \cdot d\vec{A} = 0 \tag{4.12}$$

Considerações:

1 Escoamento em regime permanente.
2 Escoamento uniforme em cada seção.
3 Gás ideal.

Então,

$$(-\rho_1 V_1 A_1) + (\rho_2 V_2 A_2) = 0$$

ou

$$\dot{m} = \rho_1 V_1 A = \rho_2 V_2 A$$

posto que $A = A_1 = A_2 =$ constante. Usando a relação de gás ideal, $p = \rho RT$, encontramos

$$\rho_1 = \frac{p_1}{RT_1} = 1{,}88 \times 10^5 \frac{N}{m^2} \times \frac{kg \cdot K}{287 \, N \cdot m} \times \frac{1}{440 \, K} = 1{,}49 \, kg/m^3$$

Da continuidade,

$$A = \frac{\dot{m}}{\rho_1 V_1} = 0{,}15 \frac{kg}{s} \times \frac{m^3}{1{,}49 \, kg} \times \frac{s}{210 \, m} = 4{,}79 \times 10^{-4} m^2 \longleftarrow \qquad A$$

Para um gás ideal, a variação na entalpia é

$$\Delta h = h_2 - h_1 = \int_{T_1}^{T_2} c_p \, dT = c_p (T_2 - T_1) \tag{12.7b}$$

$$\Delta h = 1{,}00 \frac{kJ}{kg \cdot K} \times (351 - 440) K = -89{,}0 \, kJ/kg \longleftarrow \qquad \Delta h$$

Também, a variação na energia interna é

$$\Delta u = u_2 - u_1 = \int_{T_1}^{T_2} c_v \, dT = c_v (T_2 - T_1) \tag{12.7a}$$

$$\Delta u = 0{,}717 \frac{kJ}{kg \cdot K} \times (351 - 440) \, K = -63{,}8 \, kJ/kg \longleftarrow \qquad \Delta u$$

A variação na entropia pode ser obtida da Eq. 12.11b,

$$\Delta s = s_2 - s_1 = c_p \ln \frac{T_2}{T_1} - R \ln \frac{p_2}{p_1}$$

$$= 1{,}00 \frac{kJ}{kg \cdot K} \times \ln \left(\frac{351}{440} \right) - 0{,}287 \frac{kJ}{kg \cdot K} \times \ln \left(\frac{2{,}13 \times 10^5}{1{,}88 \times 10^5} \right)$$

$$\Delta s = -0{,}262 \, kJ/(kg \cdot K) \longleftarrow \qquad \Delta s$$

Vemos que a entropia pode decrescer para um processo não adiabático no qual o gás é resfriado.

> Este exemplo ilustra o uso das equações básicas para calcular variações de propriedades de um gás ideal durante um processo.

Exemplo 12.2 LINHAS DE PROPRIEDADES CONSTANTES NO DIAGRAMA Ts

Para um gás ideal, encontre a inclinação de (a) uma linha de volume constante e (b) uma linha de pressão constante no plano Ts.

Determinar: Equações para as linhas de (a) volume constante e (b) pressão constante no plano Ts para um gás ideal.

Solução:
(a) Estamos interessados na relação entre T e s com o volume v mantido constante. Isso sugere o uso da Eq. 12.11a,

$$s_2 - s_1 = c_v \ln \frac{T_2}{T_1} + R \ln \cancelto{=0}{\frac{v_2}{v_1}} \qquad (12.8)$$

Vamos indexar de novo esta equação de forma que o estado 1 é agora o estado de referência 0 e o estado 2 é um estado arbitrário,

$$s - s_0 = c_v \ln \frac{T}{T_0} \quad \text{ou} \quad T = T_0 e^{(s-s_0)/c_v} \qquad (1)$$

Assim, concluímos que as linhas de volume constante no plano Ts são exponenciais.

(b) Estamos interessados na relação entre T e s com a pressão p mantida constante. Isso sugere o uso da Eq. 12.11b e, seguindo um procedimento similar ao caso (a), determinamos

$$T = T_0 e^{(s-s_0)/c_p} \qquad (2)$$

Então, concluímos que as linhas de pressão constante no plano Ts são também exponenciais.

O que dizer sobre a inclinação destas curvas? Como $c_p > c_v$ para todos os gases, podemos ver que a exponencial e, portanto, a inclinação da curva de pressão constante, Eq. 2, é menor do que aquela para a curva de volume constante, Eq. 1.

Isso é mostrado no esquema a seguir

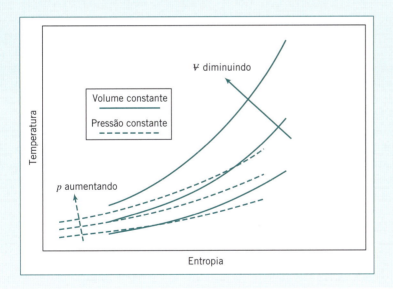

Este exemplo ilustra o uso das equações básicas para explorar relações entre propriedades.

12.2 Propagação de Ondas de Som

Velocidade do Som

Um iniciante aos estudos do escoamento compressível pode pensar que relação velocidade do som tem a ver com as velocidades presentes em um escoamento. Veremos neste e no próximo capítulo que a velocidade do som, c, é um indicador importante em mecânica dos fluidos: escoamentos com velocidades menores do que a velocidade do som são chamados de *subsônicos*; escoamentos com velocidades maiores do que a velocidade do som são chamados de *supersônicos*; e aprenderemos que os comportamentos dos escoamentos subsônicos e supersônicos são completamente diferentes. Já definimos anteriormente o número de Mach M de um escoamento (por meio da Eq. 7.16, no Capítulo 2 e no Capítulo 7). Essa definição é tão importante para nossos estudos que a redefinimos aqui,

$$M \equiv \frac{V}{c} \tag{12.13}$$

em que V é a velocidade (do fluido, ou em alguns casos da aeronave), de forma que $M < 1$ e $M > 1$ correspondem aos escoamentos subsônicos e supersônicos, respectivamente. Adicionalmente, mencionamos na Seção 12.1 que iremos demonstrar, no Exemplo 12.5, que para $M < 0,3$, geralmente podemos considerar escoamento incompressível. Consequentemente, o conhecimento do valor do número de Mach é importante em mecânica dos fluidos.

Uma resposta à questão colocada no início desta seção é que a velocidade do som é importante em mecânica dos fluidos por que ela é a velocidade com a qual os "sinais" podem viajar através do meio. Considere, por exemplo, um objeto tal como uma aeronave em movimento — o ar em última análise tem que se mover para fora de seu caminho. Na época de Newton, pensava-se que isso acontecia quando as partículas (invisíveis) de ar literalmente ricocheteavam na frente do objeto, da mesma forma como bolas ricocheteando em uma parede; agora, sabemos que, na maior parte dos casos, o ar começa a mover-se para fora do caminho bem antes de encontrar o objeto; isso *não* será verdadeiro quando tivermos escoamento supersônico! Como o ar "sabe" mover-se para fora do caminho? Ele sabe, pois, conforme o objeto se move, distúrbios são gerados. Esses distúrbios são ondas de pressão infinitesimais — ondas de som —, que emanam do objeto em todas as direções. São essas ondas que "sinalizam" o ar e o redirecionam em torno do corpo conforme ele se aproxima. Essas ondas viajam para fora na velocidade do som.

O som é uma onda de pressão com valores de variação de pressão muito baixa, para o ouvido humano geralmente na faixa de 10^{-9} atm (o limiar da audição) até 10^{-3} atm (você sentirá dor!). Sobrepostas na pressão atmosférica ambiente, as ondas de som consistem em flutuações de pressão extremamente pequenas. Como a faixa da audição humana cobre em torno de cinco ou seis ordens de valor da variação da pressão, tipicamente usamos a escala logarítmica adimensional, o nível decibel, para indicar a intensidade do som; 0 dB corresponde ao limiar da audição. Se você ouvir o seu MP3 no máximo volume, você terá em torno de 100 dB — em torno de 10^{10} da intensidade do limiar da audição!

Vamos deduzir um método para calcular a velocidade do som em qualquer meio (sólido, líquido, ou gás). Ao fazê-lo, tenha em mente que estamos obtendo a velocidade de um "sinal" — uma onda de pressão — e que a velocidade do meio no qual a onda viaja é uma coisa completamente diferente. Por exemplo, se você vê um jogador de futebol chutar a bola (à velocidade da luz — que é a observação), uma fração de segundo mais tarde você irá ouvir o baque do contato com a bola, pois o som (uma onda de pressão) deve viajar através do campo até você na arquibancada. Porém, nenhuma partícula de ar viajou entre você e o jogador (todas as partículas de ar envolvidas no evento simplesmente vibraram um pouco).

Considere a propagação de uma onda de som de intensidade infinitesimal em um meio não perturbado, conforme mostrado na Fig. 12.1a. Estamos interessados em relacionar a velocidade de propagação da onda, c, com as variações de propriedades através da onda. Se a pressão e a massa específica no meio não perturbado à frente da onda são denotadas por p e ρ, respectivamente, a passagem da onda provocará nelas variações infinitesimais, tornando-as $p + dp$ e $\rho + d\rho$. Como a onda propaga em um fluido estacionário, a velocidade à frente dela, V_x, é zero. O módulo da velocidade atrás da onda, $V_x + dV_x$, será então simplesmente dV_x; na Fig. 12.1a, o sentido do movimento atrás da onda foi considerado ser para a esquerda.[2]

---

[2] O mesmo resultado final é obtido com o sentido do movimento atrás da onda para a direita (veja o Problema 12.39).

O escoamento da Fig. 12.1a parece não permanente para um observador estacionário, vendo o movimento da onda de um ponto fixo no solo. Entretanto, o escoamento parece permanente para um observador localizado *sobre* um volume de controle inercial movendo junto com um segmento da onda, conforme mostrado na Fig.12.1b. A velocidade de aproximação da onda do volume de controle é c, e a velocidade de saída é $c - dV_x$.

As equações básicas podem ser aplicadas ao volume de controle diferencial mostrado na Fig. 12.1b (usamos V_x para a componente x da velocidade com intuito de evitar confusão com a energia interna, u).

a. Equação da Continuidade

Equação básica:

$$\cancel{\frac{\partial}{\partial t} \int_{VC} \rho\, dV}^{=0(1)} + \int_{VC} \rho \vec{V} \cdot d\vec{A} = 0 \tag{4.12}$$

Considerações:

1. Escoamento em regime permanente.
2. Escoamento uniforme em cada seção.

Então,

$$(-\rho c A) + \{(\rho + d\rho)(c - dV_x)A\} = 0 \tag{12.14a}$$

ou

$$-\rho \cancel{c}A + \rho \cancel{c}A - \rho\, dV_x A + d\rho\, cA - \cancel{d\rho\, dV_x A}^{\approx 0} = 0$$

ou

$$dV_x = \frac{c}{\rho} d\rho \tag{12.14b}$$

b. Equação da Quantidade de Movimento

Equação básica:

$$F_{S_x} + \cancel{F_{B_x}}^{=0(3)} = \cancel{\frac{\partial}{\partial t} \int_{VC} V_x \rho\, dV}^{=0(1)} + \int_{SC} V_x \rho \vec{V} \cdot d\vec{A} \tag{4.18a}$$

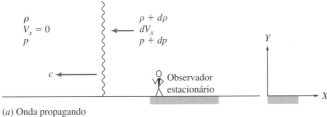

(a) Onda propagando

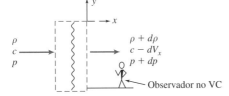

(b) Volume de controle inercial movendo-se com a onda, velocidade c

Fig. 12.1 Onda de propagação do som mostrando o volume de controle escolhido para a análise.

602 Capítulo 12

Consideração:

3 $F_{B_x} = 0$

As únicas forças de superfície que atuam na direção x sobre o volume de controle da Fig. 12.1b são as forças de pressão (as áreas infinitesimais superiores e inferiores têm atrito zero porque consideramos que a onda é unidimensional).

$$F_{S_x} = pA - (p + dp)A = -A\,dp$$

Substituindo na equação básica, vem

$$-A\,dp = c(-\rho cA) + (c - dV_x)\{(\rho + d\rho)(c - dV_x)A\}$$

Usando a equação da continuidade, (Eq. 12.14a), a equação anterior fica reduzida a

$$-A\,dp = c(-\rho cA) + (c - dV_x)(\rho cA) = (-c + c - dV_x)(\rho cA)$$
$$-A\,dp = -\rho cA\,dV_x$$

ou

$$dV_x = \frac{1}{\rho c}\,dp \qquad (12.14c)$$

Combinando as Eqs. 12.14b e 12.l4c, obtivemos

$$dV_x = \frac{c}{\rho}\,d\rho = \frac{1}{\rho c}\,dp$$

da qual resulta

$$dp = c^2\,d\rho$$

ou

$$c^2 = \frac{dp}{d\rho} \qquad (12.15)$$

Deduzimos uma expressão para a velocidade do som em qualquer meio em termos de quantidades termodinâmicas! A Eq. 12.15 indica que a velocidade do som depende de como a pressão e a massa específica do meio estão relacionadas. Para obter a velocidade do som em um meio, poderíamos medir o tempo que uma onda sonora leva para viajar uma distância prescrita ou, em vez disso, poderíamos aplicar uma pequena variação de pressão dp a uma amostra, medir a correspondente variação na massa específica, $d\rho$, e avaliar c a partir da Eq. 12.15. Por exemplo, um meio *incompressível* teria $d\rho = 0$ para qualquer dp, logo $c \to \infty$. Podemos antecipar que sólidos e líquidos (cujas massas específicas são difíceis de variar) terão valores de c relativamente altos, e os gases (cujas massas específicas são fáceis de variar) terão valores de c relativamente baixos. Existe um único problema com a Eq. 12.15: para uma substância simples, cada propriedade depende de *duas* propriedades independentes quaisquer [1]. Para uma onda de som, por definição temos uma variação infinitesimal de pressão (isto é, é *reversível*), e ela ocorre muito rapidamente, de forma que não há tempo para que ocorra qualquer transferência de calor (isto é, é *adiabático*). Portanto, as ondas sonoras propagam-se *isentropicamente*. Então, se expressarmos p como uma função da massa específica e da entropia, $p = p(\rho, s)$, segue que

$$dp = \left(\frac{\partial p}{\partial \rho}\right)_s d\rho + \left(\frac{\partial p}{\partial s}\right)_\rho ds = \left(\frac{\partial p}{\partial \rho}\right)_s d\rho$$

de modo que a Eq. 12.15 torna-se

$$c^2 = \frac{dp}{d\rho} = \frac{\partial p}{\partial \rho}\bigg)_s$$

e

$$c = \sqrt{\frac{\partial p}{\partial \rho}\bigg)_s} \qquad (12.16)$$

Aplicaremos agora a Eq. 12.16 para sólidos, líquidos e gases. Para *sólidos* e *líquidos*, os dados estão usualmente disponíveis como o módulo de compressibilidade E_v, que é uma medida de como a variação de pressão afeta a variação relativa na massa específica,

$$E_v = \frac{dp}{d\rho/\rho} = \rho\frac{dp}{d\rho}$$

Para esses meios,

$$c = \sqrt{E_v/\rho} \qquad (12.17)$$

Para um *gás ideal*, a pressão e a massa específica no escoamento isentrópico são relacionadas por

$$\frac{p}{\rho^k} = \text{constante} \qquad (12.12c)$$

Tomando logaritmos e diferenciando, obtivemos

$$\frac{dp}{p} - k\frac{d\rho}{\rho} = 0$$

Portanto,

$$\frac{\partial p}{\partial \rho}\bigg)_s = k\frac{p}{\rho}$$

Mas $p/\rho = RT$, e assim, finalmente, obtivemos

$$c = \sqrt{kRT} \qquad (12.18)$$

para um gás ideal. A velocidade do som no ar foi medida com exatidão por diversos pesquisadores [3]. Os resultados concordam muito bem com a previsão teórica da Eq. 12.18.

A característica importante da propagação do som em um gás ideal, como mostrado pela Eq. 12.18, é que a *velocidade do som é uma função apenas da temperatura*. A variação na temperatura atmosférica com a altitude para um dia-padrão foi discutida no Capítulo 3; as propriedades estão resumidas na Tabela A.3. O Exemplo 12.3 mostra o uso das Eqs. 12.17 e 12.18 para determinar a velocidade do som em diferentes meios.

Exemplo 12.3 VELOCIDADE DO SOM NO AÇO, NA ÁGUA, NA ÁGUA DO MAR E NO AR

Calcule a velocidade do som no (a) aço ($E_v \approx 200$ GN/m^2), (b) água (a 20°C), (c) água do mar (a 20°C) e (d) ar no nível do mar em um dia-padrão.

Determinar: A velocidade do som em (a) aço ($E_v \approx 200$ GN/m^2), (b) água (a 20°C), (c) água do mar (a 20°C) e (d) ar no nível do mar em um dia-padrão.

604 Capítulo 12

Solução:

(a) Para o aço, um sólido, usamos a Eq. 12.17, com a massa específica, ρ, obtida da Tabela A.1(b),

$$c = \sqrt{E_v/\rho} = \sqrt{E_v/SG\rho_{H_2O}}$$

$$c = \sqrt{200 \times 10^9 \frac{N}{m^2} \times \frac{1}{7,83} \times \frac{1}{1000} \frac{m^3}{kg} \times \frac{kg \cdot m}{N \cdot s^2}} = 5050 \text{ m/s} \longleftarrow \qquad c_{\text{aço}}$$

(b) Para a água, também usamos a Eq. 12.17, com os dados obtidos da Tabela A.2,

$$c = \sqrt{E_v/\rho} = \sqrt{E_v/SG\rho_{H_2O}}$$

$$c = \sqrt{2,24 \times 10^9 \frac{N}{m^2} \times \frac{1}{0,998} \times \frac{1}{1000} \frac{m^3}{kg} \times \frac{kg \cdot m}{N \cdot s^2}} = 1500 \text{ m/s} \longleftarrow \qquad c_{\text{água}}$$

(c) Para a água do mar, usamos novamente a Eq. 12.17, com os dados obtidos da Tabela A.2,

$$c = \sqrt{E_v/\rho} = \sqrt{E_v/SG\rho_{H_2O}}$$

$$c = \sqrt{2,42 \times 10^9 \frac{N}{m^2} \times \frac{1}{1,025} \times \frac{1}{1000} \frac{m^3}{kg} \times \frac{kg \cdot m}{N \cdot s^2}} = 1540 \text{ m/s} \longleftarrow \qquad c_{\text{água do mar}}$$

(d) Para o ar, usamos a Eq. 12.18, com a temperatura de nível do mar obtida da Tabela A.3,

$$c = \sqrt{kRT}$$

$$c = \sqrt{1,4 \times 287 \frac{N \cdot m}{kg \cdot K} \times 288 \text{ K} \times \frac{kg \cdot m}{N \cdot s^2}} = 340 \text{ m/s} \longleftarrow \qquad c_{\text{ar (288 K)}}$$

> Este exemplo ilustra as magnitudes relativas da velocidade do som em sólidos, líquidos e gases típicos ($c_{\text{sólidos}} > c_{\text{líquidos}} > c_{\text{gases}}$). Não confunda a velocidade do som com a *atenuação* do som — a taxa na qual o atrito interno do meio reduz o nível do som — geralmente, sólidos e líquidos atenuam o som mais rapidamente do que gases.

Tipos de Escoamento — o Cone de Mach

Os escoamentos para os quais $M < 1$ são *subsônicos*, enquanto aqueles para os quais $M > 1$ são *supersônicos*. Os campos de escoamento que possuem ambas as regiões, subsônica e supersônica, são denominados *transônicos*. (O regime transônico ocorre para números de Mach entre 0,9 e 1,2.) Embora a maioria dos escoamentos, em nossa experiência, seja subsônica, há importantes casos práticos em que $M \geq 1$ ocorre em um campo de escoamento. Talvez os mais óbvios sejam os aviões supersônicos e os escoamentos transônicos nos compressores e ventiladores de aeronaves. Ainda um outro regime de escoamento, o *hipersônico* ($M \gtrsim 5$), é de interesse no projeto de mísseis e de veículos de reentrada na atmosfera. (O Avião Aeroespacial Nacional proposto pelos americanos teria voado a números de Mach próximos de 20.) Algumas diferenças qualitativas importantes entre escoamentos subsônico e supersônico podem ser deduzidas a partir das propriedades de uma fonte sonora simples em movimento.

Considere uma fonte puntiforme de som que emite um pulso a cada Δt segundos. Cada pulso expande para fora a partir de seu ponto de origem a uma velocidade c, de forma que em um instante qualquer t o pulso será uma esfera de raio ct centrado no ponto de origem do pulso (ponto fonte). Desejamos investigar o que acontece se o ponto fonte se mover. Existem quatro possibilidades, conforme mostrado na Fig. 12.2:

(a) $V = 0$. O ponto fonte é *estacionário*. A Figura 12.2a mostra as condições após $3\Delta t$ segundos. O primeiro pulso expandiu em uma esfera de raio $c(3\Delta t)$; o segundo em uma esfera de raio $c(2\Delta t)$, e o terceiro em uma esfera de raio $c(\Delta t)$; um novo

Introdução ao Escoamento Compressível **605**

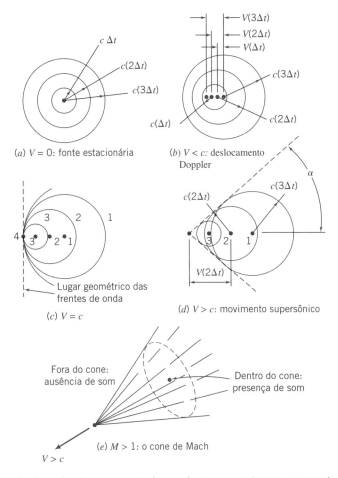

Fig. 12.2 Propagação de ondas de som a partir de uma fonte em movimento: o cone de Mach.

pulso está prestes a ser emitido. Os pulsos constituem um conjunto de esferas concêntricas sempre em expansão.

(b) $0 < V < c$. O ponto fonte move para a esquerda com velocidade *subsônica*. A Figura 12.2b mostra as condições após $3\Delta t$ segundos. A fonte é mostrada nos tempos $t = 0$, $2\Delta t$ e $3\Delta t$. O primeiro pulso expandiu em uma esfera de raio $c(3\Delta t)$ *centrada onde a fonte estava originalmente*, o segundo em uma esfera de raio $c(2\Delta t)$ centrada onde a fonte estava no instante Δt, e o terceiro em uma esfera de raio $c(\Delta t)$ centrada onde a fonte estava no instante $2\Delta t$; um novo pulso está prestes de ser emitido. Os pulsos constituem novamente um conjunto de esferas em expansão contínua, exceto que agora elas não são concêntricas. Os pulsos estão todos expandindo à velocidade constante c. É necessário fazer aqui duas menções importantes: primeira, podemos ver que um observador que está à frente da fonte (ou de quem a fonte está se aproximando) ouvirá os pulsos a uma taxa de frequência maior do que irá ouvir um observador que está atrás da fonte (isto é o efeito Doppler, que ocorre quando um veículo se aproxima e passa); segunda, um observador à frente da fonte ouve a fonte *antes* que a mesma chegue até o observador.

(c) $V = c$. O ponto fonte move para a esquerda com velocidade *sônica*. A Figura 12.2c mostra as condições após $3\Delta t$ segundos. A fonte é mostrada nos instantes $t = 0$ (ponto 1), Δt (ponto 2), $2\Delta t$ (ponto 3) e $3\Delta t$ (ponto 4). O primeiro pulso expandiu em uma esfera 1 de raio $c(3\Delta t)$ *centrada no ponto 1*, o segundo em uma esfera 2 de raio $c(2\Delta t)$ *centrada no ponto 2* e o terceiro em uma esfera 3 de raio $c(\Delta t)$ *centrada em torno da fonte no ponto 3*. Podemos ver uma vez mais que os pulsos constituem um conjunto de esferas em expansão contínua, exceto que agora elas são tangentes umas às outras à esquerda! Os pulsos estão todos expandindo à velocidade constante *c*, porém a fonte está se movendo à velocidade *c*, com o resultado de que a fonte e todos os pulsos estão movendo juntos para a esquerda. Novamente, fazemos duas menções importantes: primeira, podemos ver que um observador que está à frente da fonte *não* ouvirá os pulsos antes que a fonte chegue até ele; segunda, teoricamente, após certo tempo, um número ilimitado de pulsos se acumulará na frente da fonte, levando a uma onda sonora de amplitude ilimitada (uma fonte de preocupação para engenheiros que tentam quebrar a "barreira do som", a qual muitas pessoas acreditavam não poder ser quebrada — Chuck Yeager, em um Bell X-1, foi o primeiro a fazê-lo em 1947).

(d) $V > c$. O ponto fonte move para a esquerda com velocidade *supersônica*. A Fig. 12.2*d* mostra as condições após $3\Delta t$ segundos. Já está claro como as ondas esféricas se desenvolvem. Podemos ver mais uma vez que os pulsos constituem um conjunto de esferas em expansão constante, exceto que agora a fonte está se movendo tão rápido que ela está à frente de cada esfera que ela gera! Para movimento supersônico, as esferas geram o que é chamado de um *cone de Mach* tangente a cada esfera. A região no interior do cone é chamada de *zona de ação* e aquela fora do cone é chamada de *zona de silêncio*, por motivos óbvios, conforme mostrado na Fig. 12.2*e*. Da geometria, podemos ver, a partir da Fig. 12.2*d*, que

$$\operatorname{sen} \alpha = \frac{c}{V} = \frac{1}{M}$$

ou

$$\alpha = \operatorname{sen}^{-1}\left(\frac{1}{M}\right) \quad (12.19)$$

Vídeo: Ondas de Choque Devido a um Projétil

A Fig. 12.3 mostra uma imagem de um F/A-18 Hornet no momento em que ele acelera para a velocidade supersônica. A amostra visível de bruma é decorrente de repentino aumento na pressão conforme uma onda de choque passa sobre a aeronave (veremos no próximo capítulo que uma onda de choque leva a um repentino e grande aumento de pressão). O cone (invisível) de Mach emana a partir no nariz da aeronave e passa através da periferia do disco de bruma. No Exemplo 12.4, as propriedades do cone de Mach são usadas na análise da trajetória de uma bala.

Exemplo 12.4 CONE DE MACH DE UMA BALA

Nos testes de um material de proteção, desejamos fotografar uma bala no momento em que ela impacta um colete protetor feito com esse material. Uma câmera fotográfica é colocada a uma distância perpendicular $h = 5$ m da trajetória da bala, conforme mostra a figura. Desejamos determinar a distância perpendicular *d* a partir do plano do alvo ao qual a câmera deve ser colocada de tal forma que o som da bala acionará a câmera no exato momento do impacto. Nota: A velocidade da bala é medida a 550 m/s; o tempo de retardo da câmera é igual a 0,005 s.

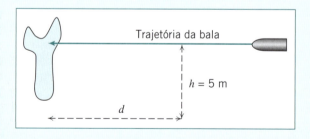

Determinar: O local da câmera para capturar a imagem do impacto.

Solução: O valor correto para *d* é aquele para o qual a bala atinge o alvo 0,005 s antes de a onda de Mach atingir a câmera. Devemos determinar primeiramente o número de Mach da bala; em seguida podemos determinar o ângulo de Mach; finalmente, podemos utilizar equações básicas de trigonometria para determinar *d*.

Considerando as condições no nível do mar, e a partir da Tabela A.3, temos $T = 288$ K. Portanto, a Eq. 12.18 leva a

$$c = \sqrt{kRT}$$

$$c = \sqrt{1{,}4 \times 287 \frac{\text{N} \cdot \text{m}}{\text{kg} \cdot \text{K}} \times 288 \text{ K} \times \frac{\text{kg} \cdot \text{m}}{\text{N} \cdot \text{s}^2}} = 340 \text{ m/s}$$

Em seguida, podemos determinar o número de Mach,

$$M = \frac{V}{c} = \frac{550 \text{ m/s}}{340 \text{ m/s}} = 1{,}62$$

Em seguida, a partir da Eq. 12.19, podemos determinar o ângulo de Mach,

$$\alpha = \text{sen}^{-1}\left(\frac{1}{M}\right) = \text{sen}^{-1}\left(\frac{1}{1{,}62}\right) = 38{,}2°$$

A distância x viajada pela bala enquanto a onda de Mach atinge a câmera é, portanto,

$$x = \frac{h}{\text{tg}(\alpha)} = \frac{5 \text{ m}}{\text{tg}(38{,}2°)} = 6{,}35 \text{ m}$$

Finalmente, adicionando a isso o percurso de translado da bala enquanto a câmera está operando, que é 0,005 s × 550 m/s, obtivemos:

$$d = 0{,}005 \text{ s} \times \frac{550 \text{ m}}{\text{s}} + 6{,}35 \text{ m} = 2{,}75 \text{ m} + 6{,}35 \text{ m}$$

$$d = 9{,}10 \text{ m} \longleftarrow \hspace{6cm} d$$

Fig. 12.3 Um F/A-18 Hornet no momento em que quebra a barreira do som.

12.3 Estado de Referência: Propriedades de Estagnação Isentrópica Local

Em nosso estudo sobre escoamento incompressível, descobriremos que, em geral, *todas* as propriedades (p, T, ρ, u, h, s, V) podem variar à medida que o escoamento prossegue. Necessitamos obter condições de referência que possam ser utilizadas para relacionar condições de um ponto para outro em um escoamento. Para qualquer escoamento, uma condição de referência é obtida quando o fluido (na realidade ou conceitualmente) é levado ao repouso ($V = 0$). Chamaremos isso de *condição de estagnação*, e denominaremos *propriedades de estagnação* os valores das propriedades (p_0, T_0, ρ_0, u_0, h_0, s_0) nesse estado. Esse processo — de trazer o fluido ao repouso — não é tão direto quanto parece. Por exemplo, faremos isso acontecer enquanto existe atrito, ou enquanto o fluido está sendo aquecido ou resfriado, ou "violentamente", ou de uma outra forma qualquer? O processo mais óbvio a ser usado é um processo isentrópico, no qual não existe atrito, não existe transferência de calor, nem eventos "violentos". Desse modo, as propriedades que obtivemos serão as *propriedades locais de estagnação isentrópica*. Por que "locais"? Porque o escoamento real pode ser qualquer tipo de escoamento, como com atrito, de forma que ele pode ser ou não ser isentrópico. Portanto, cada ponto no escoamento terá suas propriedades próprias ou locais de estagnação isentrópica. Isso é ilustrado na Fig. 12.4, mostrando um escoamento de algum estado ① para algum novo estado ②. As propriedades locais de estagnação isentrópica para cada estado, obtidas levando o fluido ao repouso isentropicamente, são também mostradas. Portanto, $s_{0_1} = s_1$ e $s_{0_2} = s_2$. O escoamento real pode ser isentrópico ou não. Se ele *for* isentrópico, $s_1 = s_2 = s_{0_1} = s_{0_2}$, de modo que os estados de estagnação são idênticos; se ele *não for* isentrópico, então $s_{0_1} \neq s_{0_2}$. Veremos que variações nas propriedades locais de estagnação isentrópica fornecerão informações úteis sobre o escoamento.

Podemos obter informações sobre o estado de referência de estagnação isentrópica para escoamentos *incompressíveis* utilizando a equação de Bernoulli do Capítulo 6

$$\frac{p}{\rho} + \frac{V^2}{2} + gz = \text{constante} \tag{6.8}$$

válida para um escoamento em regime permanente, incompressível, sem atrito, ao longo de uma linha de corrente. A Eq. 6.8 é válida para um processo isentrópico porque ele é reversível (sem atrito e em regime permanente) e adiabático (nós não incluímos considerações de transferência de calor em sua dedução). Conforme vimos na Seção 6.3, a equação de Bernoulli leva a

$$p_0 = p + \frac{1}{2}\rho V^2 \tag{6.11}$$

O termo da gravidade é excluído porque consideramos que o estado de referência está na mesma elevação que aquela do estado real, e em qualquer evento em escoamentos externos ele é, em geral, muito menor do que os outros termos. No Exemplo 12.6, comparamos as condições de estagnação isentrópica obtidas considerando incompressibilidade (Eq. 6.11) e permitindo compressibilidade.

Propriedades Locais de Estagnação Isentrópica para o Escoamento de um Gás Ideal

Para um escoamento compressível, podemos deduzir as relações de estagnação isentrópica aplicando as equações de conservação da massa (ou da continuidade) e da quantidade de movimento a um volume de controle diferencial, e em seguida integrar. Para o processo mostrado esquematicamente na Fig. 12.4, podemos obter o processo do estado ① para o correspondente estado de estagnação, imaginando o volume de controle mostrado na Fig. 12.5. Considere primeiro, a equação da continuidade.

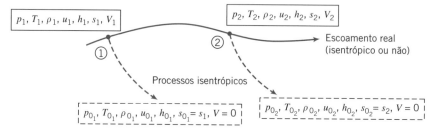

Fig. 12.4 Propriedades de estagnação isentrópicas locais.

a. Equação da Continuidade

Equação básica:

$$\underset{=0(1)}{\cancel{\frac{\partial}{\partial t}\int_{VC} \rho\, d\mathcal{V}}} + \int_{SC} \rho \vec{V}\cdot d\vec{A} = 0 \tag{4.12}$$

Considerações:

1 Escoamento em regime permanente.
2 Escoamento uniforme em cada seção.

Então,

$$(-\rho V_x A) + \{(\rho + d\rho)(V_x + dV_x)(A + dA)\} = 0$$

ou

$$\rho V_x A = (\rho + d\rho)(V_x + dV_x)(A + dA) \tag{12.20a}$$

b. Equação da Quantidade de Movimento

Equação básica:

$$F_{S_x} + \underset{=0(3)}{\cancel{F_{B_x}}} = \underset{=0(1)}{\cancel{\frac{\partial}{\partial t}\int_{VC} V_x \rho\, d\mathcal{V}}} + \int_{SC} V_x \rho \vec{V}\cdot d\vec{A} \tag{4.18a}$$

Considerações:

3 $F_{B_x} = 0$.
4 Escoamento sem atrito.

As forças de superfície atuando sobre o volume de controle infinitesimal são

$$F_{S_x} = dR_x + pA - (p + dp)(A + dA)$$

A força dR_x é aplicada ao longo da fronteira do tubo de corrente, conforme mostrado na Fig. 12.5, em que a pressão média é $p + dp/2$, e a componente de área na direção x é dA. Não há atrito. Assim,

$$F_{S_x} = \left(p + \frac{dp}{2}\right)dA + pA - (p + dp)(A + dA)$$

ou

$$F_{S_x} = p\, dA + \underset{\approx 0}{\cancel{\frac{dp\, dA}{2}}} + \cancel{pA} - \cancel{pA} - dp\, A - \cancel{p\, dA} - \underset{\approx 0}{\cancel{dp\, dA}}$$

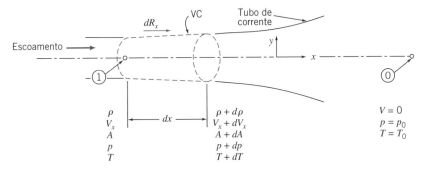

Fig. 12.5 Escoamento compressível em um tubo de corrente infinitesimal.

610   Capítulo 12

Substituindo esse resultado na equação da quantidade de movimento, resulta

$$-dp\,A = V_x\{-\rho V_x A\} + (V_x + dV_x)\{(\rho + d\rho)(V_x + dV_x)(A + dA)\}$$

que pode ser simplificada usando a Eq. 12.20a para obter

$$-dp\,A = (-V_x + V_x + dV_x)(\rho V_x A)$$

Finalmente,

$$dp = -\rho V_x dV_x = -\rho\, d\left(\frac{V_x^2}{2}\right)$$

ou

$$\frac{dp}{\rho} + d\left(\frac{V_x^2}{2}\right) = 0 \tag{12.20b}$$

A Eq. 12.20b é uma relação entre propriedades durante o processo de desaceleração. (Note que para escoamento incompressível, ela leva imediatamente à Eq. 6.11.) No desenvolvimento dessa relação, estabelecemos um processo de desaceleração sem atrito. Para poder integrar entre os estados inicial e final (de estagnação), devemos antes especificar a relação existente entre a pressão, p, e a massa específica, ρ, ao longo do caminho do processo.

Posto que o processo de desaceleração é isentrópico, p e ρ para um gás ideal são relacionados pela expressão

$$\frac{p}{\rho^k} = \text{constante} \tag{12.12c}$$

Nossa tarefa agora é integrar a Eq. 12.20b, sujeita a essa relação. Ao longo da linha de corrente de estagnação existe uma única componente de velocidade; V_x é o módulo da velocidade. Por conseguinte, podemos abandonar o índice na Eq. 12.20b.

De $p/\rho^k = \text{constante} = C$, podemos escrever

$$p = C\rho^k \quad \text{e} \quad \rho = p^{1/k}\,C^{-1/k}$$

Então, da Eq. 12.20b,

$$-d\left(\frac{V^2}{2}\right) = \frac{dp}{\rho} = p^{-1/k}C^{1/k}dp$$

Podemos integrar esta equação entre o estado inicial e o correspondente estado de estagnação

$$-\int_V^0 d\left(\frac{V^2}{2}\right) = C^{1/k}\int_p^{p_0} p^{-1/k}dp$$

para obter

$$\frac{V^2}{2} = C^{1/k}\frac{k}{k-1}\left[p^{(k-1)/k}\right]_p^{p_0} = C^{1/k}\frac{k}{k-1}\left[p_0^{(k-1)/k} - p^{(k-1)/k}\right]$$

$$\frac{V^2}{2} = C^{1/k}\frac{k}{k-1}p^{(k-1)/k}\left[\left(\frac{p_0}{p}\right)^{(k-1)/k} - 1\right]$$

Como $C^{1/k} = p^{1/k}/\rho$,

$$\frac{V^2}{2} = \frac{k}{k-1}\frac{p^{1/k}}{\rho}p^{(k-1)/k}\left[\left(\frac{p_0}{p}\right)^{(k-1)/k} - 1\right]$$

$$\frac{V^2}{2} = \frac{k}{k-1}\frac{p}{\rho}\left[\left(\frac{p_0}{p}\right)^{(k-1)/k} - 1\right]$$

Uma vez que buscamos uma expressão para a pressão de estagnação, podemos reescrever essa equação como

$$\left(\frac{p_0}{p}\right)^{(k-1)/k} = 1 + \frac{k-1}{k}\frac{\rho}{p}\frac{V^2}{2}$$

e

$$\frac{p_0}{p} = \left[1 + \frac{k-1}{k}\frac{\rho V^2}{2p}\right]^{k/(k-1)}$$

Para um gás ideal, $p = \rho RT$, e então,

$$\frac{p_0}{p} = \left[1 + \frac{k-1}{2}\frac{V^2}{kRT}\right]^{k/(k-1)}$$

Também, para um gás ideal, a velocidade sônica é $c = \sqrt{kRT}$ e assim

$$\frac{p_0}{p} = \left[1 + \frac{k-1}{2}\frac{V^2}{c^2}\right]^{k/(k-1)}$$

$$\frac{p_0}{p} = \left[1 + \frac{k-1}{2}M^2\right]^{k/(k-1)} \tag{12.21a}$$

A Eq. 12.21a possibilita calcular a pressão local de estagnação isentrópica em qualquer ponto do campo de escoamento de um gás ideal, desde que conheçamos a pressão estática e o número de Mach naquele ponto.

Podemos prontamente obter expressões para outras propriedades de estagnação isentrópica, aplicando a relação

$$\frac{p}{\rho^k} = \text{constante}$$

entre os estados extremos do processo. Assim,

$$\frac{p_0}{p} = \left(\frac{\rho_0}{\rho}\right)^k \qquad \text{e} \qquad \frac{\rho_0}{\rho} = \left(\frac{p_0}{p}\right)^{1/k}$$

Para um gás ideal, então,

$$\frac{T_0}{T} = \frac{p_0}{p}\frac{\rho}{\rho_0} = \frac{p_0}{p}\left(\frac{p_0}{p}\right)^{-1/k} = \left(\frac{p_0}{p}\right)^{(k-1)/k}$$

Usando a Eq. 12.21a, podemos resumir as equações de determinação das propriedades locais de estagnação isentrópica de um gás ideal como

$$\frac{p_0}{p} = \left[1 + \frac{k-1}{2}M^2\right]^{k/(k-1)} \tag{12.21a}$$

$$\frac{T_0}{T} = 1 + \frac{k-1}{2}M^2 \tag{12.21b}$$

$$\frac{\rho_0}{\rho} = \left[1 + \frac{k-1}{2}M^2\right]^{1/(k-1)} \tag{12.21c}$$

Das Eqs. 12.21, a razão entre cada propriedade local de estagnação isentrópica e a correspondente propriedade estática, em qualquer ponto de um campo de escoamento de um gás ideal, pode ser determinada, se conhecermos o número de Mach local. Usaremos

612 Capítulo 12

normalmente as Eqs. 12.21 em lugar das equações da continuidade e da quantidade de movimento para relacionar as propriedades de um estado com aquelas propriedades do estado de estagnação, mas é importante lembrar de que deduzimos as Eqs. 12.21 usando essas equações *e* a relação isentrópica para um gás ideal. O Apêndice E.1 lista funções de escoamento para razões de propriedades T_0/T, p_0/p e ρ_0/ρ, em função de M para escoamento isentrópico de um gás ideal. Uma tabela de valores e um gráfico dessas razões de propriedades são apresentados para o ar ($k = 1,4$) para uma faixa limitada de números de Mach. A planilha *Excel* associada, *Relações Isentrópicas*, disponível no GEN-IO, ambiente virtual de aprendizagem do GEN, pode ser usada para imprimir uma tabela maior de valores para o ar e outros gases ideais. O procedimento de cálculo é ilustrado no Exemplo 12.5. A faixa de números de Mach para validade da hipótese de escoamento incompressível é investigada no Exemplo 12.6.

Exemplo 12.5 CONDIÇÕES DE ESTAGNAÇÃO ISENTRÓPICAS LOCAIS EM ESCOAMENTO EM CANAL

Ar escoa em regime permanente através do tubo mostrado a partir de 350 kPa (abs), 60°C e 183 m/s, no estado de entrada para $M = 1,3$ na saída, onde as condições de estagnação isentrópicas locais são iguais a 385 kPa (abs) e 350 K. Calcule a temperatura e a pressão de estagnação isentrópicas locais na entrada e a pressão e a temperatura estática na saída do tubo. Localize os pontos de estado estático na entrada e na saída em um diagrama *Ts*, e indique os processos de estagnação.

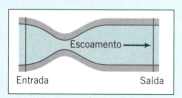

Dados: Escoamento em regime permanente de ar através de um tubo conforme mostrado no esboço.

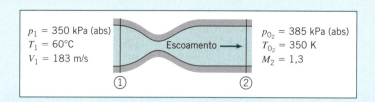

Determinar: (a) p_{0_1}.
(b) T_{0_1}.
(c) p_2.
(d) T_2.
(e) Os pontos nos estados ① e ② em um diagrama *Ts*; indicar os processos de estagnação.

Solução: Para avaliar as condições de estagnação isentrópicas locais na seção ①, devemos calcular o número de Mach, $M_1 = V_1/c_1$. Para um gás ideal, $c = \sqrt{kRT}$. Então,

$$c_1 = \sqrt{kRT_1} = \left[1{,}4 \times 287\,\frac{\text{N·m}}{\text{kg·K}} \times (273 + 60)\,\text{K} \times \frac{\text{kg·m}}{\text{N·s}^2}\right]^{1/2} = 366\,\text{m/s}$$

e

$$M_1 = \frac{V_1}{c_1} = \frac{183}{366} = 0{,}5$$

As propriedades de estagnação isentrópicas podem ser avaliadas a partir das Eqs. 12.21. Portanto,

$$p_{0_1} = p_1\left[1 + \frac{k-1}{2}M_1^2\right]^{k(k-1)} = 350\,\text{kPa}\,[1 + 0{,}2(0{,}5)^2]^{3,5} = 415\,\text{kPa(abs)} \longleftarrow \quad p_{0_1}$$

$$T_{0_1} = T_1\left[1 + \frac{k-1}{2}M_1^2\right] = 333\,\text{K}[1 + 0{,}2(0{,}5)^2] = 350\,\text{K} \longleftarrow \quad T_{0_1}$$

Na seção ②, as Eqs. 12.21 podem ser aplicadas novamente. Portanto, a partir da Eq. 12.21a,

$$p_2 = \frac{p_{0_2}}{\left[1 + \frac{k-1}{2}M_2^2\right]^{k/(k-1)}} = \frac{385 \text{ kPa}}{[1 + 0{,}2(1{,}3)^2]^{3{,}5}} = 139 \text{ kPa(abs)} \longleftarrow p_2$$

A partir da Eq. 12.21b,

$$T_2 = \frac{T_{0_2}}{1 + \frac{k-1}{2}M_2^2} = \frac{350 \text{ K}}{1 + 0{,}2(1{,}3)^2} = 262 \text{ K} \longleftarrow T_2$$

Para localizar os estados ① e ② um em relação ao outro, e esboçar os processos de estagnação sobre o diagrama Ts, necessitamos determinar a variação na entropia $s_2 - s_1$. Para cada estado, temos p e T, de modo que é conveniente usar a Eq. 12.11b,

$$s_2 - s_1 = c_p \ln \frac{T_2}{T_1} - R \ln \frac{p_2}{p_1}$$

$$= 1{,}00 \frac{\text{kJ}}{\text{kg} \cdot \text{K}} \times \ln\left(\frac{262}{333}\right) - 0{,}287 \frac{\text{kJ}}{\text{kg} \cdot \text{K}} \times \ln\left(\frac{139}{350}\right)$$

$$s_2 - s_1 = 0{,}0252 \text{ kJ/(kg} \cdot \text{K)}$$

Portanto, nesse escoamento, temos um aumento na entropia. Talvez exista irreversibilidade (por exemplo, atrito), ou atrito sendo adicionado, ou ambos. (Veremos que, pelo fato de $T_{0_1} = T_{0_2}$ para esse escoamento particular, na verdade temos um escoamento adiabático.) Também determinamos que $T_2 < T_1$ e que $p_2 < p_1$. Agora, podemos esboçar o diagrama Ts (lembrando que, no Exemplo 12.2, vimos que as linhas isobáricas — linhas de pressão constante — têm um perfil exponencial no diagrama Ts).

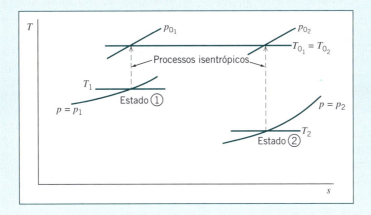

Este problema ilustra o uso das propriedades de estagnação isentrópicas locais (Eqs. 12.21) para relacionar pontos diferentes em um mesmo escoamento.

A planilha *Excel de Relações Isentrópicas*, disponível no GEN-IO, ambiente virtual de aprendizagem do GEN, pode ser usada para calcular razões de propriedades a partir do número de Mach, M, bem como para calcular M a partir de razões de propriedades.

Exemplo 12.6 NÚMERO DE MACH LIMITE PARA ESCOAMENTO INCOMPRESSÍVEL

Deduzimos as equações para p_0/p tanto para escoamentos compressíveis quanto para escoamentos "incompressíveis". Escrevendo ambas as equações em função do número de Mach, compare seu comportamento. Determine o número de Mach abaixo do qual as duas equações coincidem dentro da exatidão da engenharia.

Dados: As formulações compressível e incompressível das equações para a pressão de estagnação, p_0.

$$\text{Incompressível} \quad p_0 = p + \frac{1}{2}\rho V^2 \quad (6.11)$$

$$\text{Compressível} \quad \frac{p_0}{p} = \left[1 + \frac{k-1}{2}M^2\right]^{k/(k-1)} \quad (12.21a)$$

Determinar: (a) O comportamento de ambas as equações como função do número de Mach.
(b) O número de Mach abaixo do qual os valores calculados de p_0/p coincidem dentro da exatidão de engenharia.

Solução: Primeiramente, vamos escrever a Eq. 6.11 em função do número de Mach. Usando a equação de estado para um gás ideal e $c^2 = kRT$,

$$\frac{p_0}{p} = 1 + \frac{\rho V^2}{2p} = 1 + \frac{V^2}{2RT} = 1 + \frac{kV^2}{2kRT} = 1 + \frac{kV^2}{2c^2}$$

Portanto,

$$\frac{p_0}{p} = 1 + \frac{k}{2}M^2 \tag{1}$$

para escoamento "incompressível".

A Eq. 12.21a pode ser expandida usando o teorema binomial,

$$(1+x)^n = 1 + nx + \frac{n(n-1)}{2!}x^2 + \cdots, |x| < 1$$

Para a Eq. 12.21a, $x = [(k-1)/2]M^2$ e $n = k(k-1)$. Portanto, a série converge para $[(k-1)/2]M^2 < 1$, e para escoamento compressível,

$$\frac{p_0}{p} = 1 + \left(\frac{k}{k-1}\right)\left[\frac{k-1}{2}M^2\right] + \left(\frac{k}{k-1}\right)\left(\frac{k}{k-1} - 1\right)\frac{1}{2!}\left[\frac{k-1}{2}M^2\right]^2$$

$$+ \left(\frac{k}{k-1}\right)\left(\frac{k}{k-1} - 1\right)\left(\frac{k}{k-1} - 2\right)\frac{1}{3!}\left[\frac{k-1}{2}M^2\right]^3 + \cdots \tag{2}$$

$$= 1 + \frac{k}{2}M^2 + \frac{k}{8}M^4 + \frac{k(2-k)}{48}M^6 + \cdots$$

$$\frac{p_0}{p} = 1 + \frac{k}{2}M^2\left[1 + \frac{1}{4}M^2 + \frac{(2-k)}{24}M^4 + \cdots\right]$$

No limite, conforme $M \to 0$, o termo entre os colchetes na Eq. 2 se aproxima de 1,0. Portanto, para escoamento com baixo número de Mach, as equações para escoamentos compressíveis e incompressíveis fornecem o mesmo resultado. A variação de p_0/p com o número de Mach é mostrada a seguir. Conforme o número de Mach é aumentado, a equação para escoamento compressível fornece um maior valor para a razão p_0/p.

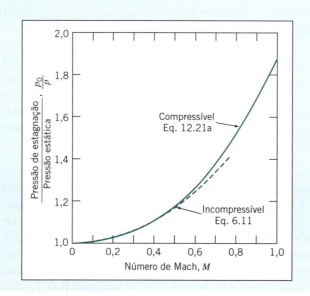

Introdução ao Escoamento Compressível **615**

As Eqs. 1 e 2 podem ser comparadas quantitativamente mais simplesmente escrevendo-se

$$\frac{p_0}{p} - 1 = \frac{k}{2}M^2 \quad \text{("incompressível")}$$

$$\frac{p_0}{p} - 1 = \frac{k}{2}M^2\left[1 + \frac{1}{4}M^2 + \frac{(2-k)}{24}M^4 + \cdots\right] \text{(compressível)}$$

O termo entre colchetes é aproximadamente igual a 1,02 para $M = 0{,}3$, e a 1,04 para $M = 0{,}4$. Portanto, para cálculos com a exatidão exigida pela engenharia, *o escoamento deve ser considerado incompressível se $M < 0{,}3$*. As duas equações fornecem valores coincidentes dentro de uma faixa 5% para $M \lesssim 0{,}45$.

12.4 *Condições Críticas*

As condições de estagnação são extremamente úteis como condições de referência para propriedades termodinâmicas; isso não é verdadeiro para a velocidade, pois, por definição, $V = 0$. Um valor de referência útil para a velocidade é a *velocidade crítica* — a velocidade V que é obtida quando um escoamento é acelerado ou desacelerado (real ou conceitualmente) isentropicamente até atingir $M = 1$. Mesmo que não exista um ponto no campo de escoamento em que o número de Mach seja igual a um, tal condição hipotética ainda é útil como uma condição de referência.

Usando asteriscos para denotar condições em $M = 1$, temos por definição

$$V^* \equiv c^*$$

Nas condições críticas, as Eqs. 12.21 para as propriedades de estagnação isentrópica tornam-se

$$\frac{p_0}{p^*} = \left[\frac{k+1}{2}\right]^{k/(k-1)} \tag{12.22a}$$

$$\frac{T_0}{T^*} = \frac{k+1}{2} \tag{12.22b}$$

$$\frac{\rho_0}{\rho^*} = \left[\frac{k+1}{2}\right]^{1/(k-1)} \tag{12.22c}$$

A velocidade crítica pode ser escrita em termos da temperatura crítica, T^*, ou da temperatura de estagnação isentrópica, T_0.

Para um gás ideal, $c^* = \sqrt{kRT^*}$, e assim $V^* = \sqrt{kRT^*}$. Como, a partir da Eq. 12.22b,

$$T^* = \frac{2}{k+1}T_0$$

temos

$$V^* = c^* = \sqrt{\frac{2k}{k+1}RT_0} \tag{12.23}$$

Utilizaremos ambas as condições, de estagnação e crítica, como condições de referência no próximo capítulo, quando consideraremos uma variedade de escoamentos compressíveis.

12.5 *Equações Básicas para Escoamento Compressível Unidimensional*

Nossa primeira tarefa é desenvolver equações gerais para um escoamento unidimensional que expresse as leis básicas do Capítulo 4: *conservação da massa* (continuidade), *quantidade de movimento*, a *primeira lei da termodinâmica*, a *segunda lei da termodinâmica*, além de uma *equação de estado*. Para fazer isso, usaremos o volume de controle mostrado na Fig. 12.6. Inicialmente consideramos que o escoamento é afetado por *todos* os fenômenos mencionados anteriormente (isto é, variação de área, atrito e transferência de calor — mesmo o choque normal será descrito por esta aproximação). Em seguida, iremos simplificar as equações individualmente para cada fenômeno a fim de obter resultados úteis.

Conforme mostrado na Fig. 12.6, as propriedades nas seções ① e ② são indexadas com os subscritos correspondentes. R_x é a componente em x da força superficial de atrito e pressão sobre os lados do canal. Existirão também forças superficiais de pressões nas superfícies ① e ②. Note que a componente em x das forças de campo é zero, visto que isso não está mostrado. O termo $\dot{Q}$ representa a taxa de transferência de calor.

Equação da Continuidade

Equação básica:

$$\underbrace{\frac{\partial}{\partial t}\int_{VC}\rho\, d\forall}_{=0(1)} + \int_{SC}\rho\vec{V}\cdot d\vec{A} = 0 \tag{4.12}$$

Considerações:

1 Escoamento em regime permanente.
2 Escoamento unidimensional.

Logo,

$$(-\rho_1 V_1 A_1) + (\rho_2 V_2 A_2) = 0$$

ou

$$\rho_1 V_1 A_1 = \rho_2 V_2 A_2 = \rho V A = \dot{m} = \text{constante} \tag{12.24a}$$

Equação da Quantidade de Movimento

Equação básica:

$$F_{S_x} + \underbrace{F_{B_x}}_{=0(3)} = \underbrace{\frac{\partial}{\partial t}\int_{VC} V_x\,\rho\, d\forall}_{=0(1)} + \int_{SC} V_x\,\rho\vec{V}\cdot d\vec{A} \tag{4.18a}$$

Considerações:

3 $F_{B_x} = 0$

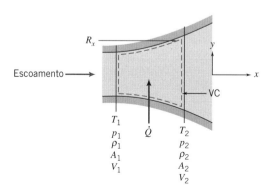

Fig. 12.6 Volume de controle para análise de um escoamento unidimensional geral.

Introdução ao Escoamento Compressível **617**

A força de superfície é decorrente das forças de pressão nas superfícies ① e ②, pelo atrito e pela força de pressão distribuída, R_x, ao longo das paredes do duto. Substituindo, obtivemos

$$R_x + p_1 A_1 - p_2 A_2 = V_1(-\rho_1 V_1 A_1) + V_2(\rho_2 V_2 A_2)$$

Usando a equação da continuidade, obtivemos

$$R_x + p_1 A_1 - p_2 A_2 = \dot{m} V_2 - \dot{m} V_1 \tag{12.24b}$$

Primeira Lei da Termodinâmica

Equação básica:

$$\dot{Q} - \cancel{\dot{W}_s} - \cancel{\dot{W}_{\text{cisalhamento}}} - \cancel{\dot{W}_{\text{outros}}} = \cancel{\frac{\partial}{\partial t}} \int_{\text{VC}} e\,\rho\,d\Psi + \int_{\text{SC}} (e + pv)\rho\,\vec{V}\cdot d\vec{A} \tag{4.56}$$

em que

$$e = u + \frac{V^2}{2} + \overset{\simeq 0(6)}{\cancel{gz}}$$

Considerações:

4 $\dot{W}_s = 0$.
5 $\dot{W}_{\text{cisalhamento}} = \dot{W}_{\text{outros}} = 0$.
6 Os efeitos da gravidade são desprezados.

(Note que mesmo se tivermos atrito, não existe *trabalho* de atrito nas paredes porque, com o atrito, a velocidade nas paredes deve ser zero pela condição de não deslizamento.) Com essas considerações, a primeira lei se reduz a

$$\dot{Q} = \left(u_1 + p_1 v_1 + \frac{V_1^2}{2}\right)(-\rho_1 V_1 A_1) + \left(u_2 + p_2 v_2 + \frac{V_2^2}{2}\right)(\rho_2 V_2 A_2)$$

(Lembre que v representa aqui o volume específico.) Isso pode ser simplificado por meio da utilização de $h \equiv u + pv$, e da continuidade (Eq. 12.24a),

$$\dot{Q} = \dot{m}\left[\left(h_2 + \frac{V_2^2}{2}\right) - \left(h_1 + \frac{V_1^2}{2}\right)\right]$$

Podemos escrever a transferência de calor sob a base de massa em vez da base de tempo:

$$\frac{\delta Q}{dm} = \frac{1}{\dot{m}}\dot{Q}$$

então,

$$\frac{\delta Q}{dm} + h_1 + \frac{V_1^2}{2} = h_2 + \frac{V_2^2}{2} \tag{12.24c}$$

A Eq. 12.24c expressa o fato de que a transferência de calor muda a energia total (a soma da energia térmica, h, e da energia cinética $V^2/2$) do fluido em escoamento. Essa combinação, $h + V^2/2$, ocorre frequentemente em escoamento compressível, e é chamada de *entalpia de estagnação*, h_0. Essa é a entalpia obtida se um escoamento for trazido adiabaticamente ao repouso.

Portanto, a Eq. 12.24c pode também ser escrita

$$\frac{\delta Q}{dm} = h_{0_2} - h_{0_1}$$

618 Capítulo 12

Vemos que a transferência de calor causa a variação da entalpia de estagnação e, portanto, da temperatura de estagnação, T_0.

Segunda Lei da Termodinâmica

Equação básica:

$$\overbrace{\frac{\partial}{\partial t} \int_{VC} s\rho dV}^{= 0(1)} + \int_{SC} s\, \rho \vec{V} \cdot d\vec{A} \geq \int_{SC} \frac{1}{T} \left(\frac{\dot{Q}}{A} \right) dA \qquad (4.58)$$

ou

$$s_1(-\rho_1 V_1 A_1) + s_2(\rho_2 V_2 A_2) \geq \int_{SC} \frac{1}{T} \left(\frac{\dot{Q}}{A} \right) dA$$

e, novamente usando a continuidade,

$$\dot{m}(s_2 - s_1) \geq \int_{SC} \frac{1}{T} \left(\frac{\dot{Q}}{A} \right) dA \qquad (12.24d)$$

Equação de Estado

As equações de estado são relações entre propriedades termodinâmicas intensivas. Essas relações podem ser expressas na forma de tabelas, gráficos ou expressões algébricas. Em geral, sem olhar o formato dos dados, conforme discutimos anteriormente neste capítulo para uma substância simples, qualquer propriedade pode ser expressa como uma função de duas outras propriedades independentes quaisquer. Por exemplo, poderíamos escrever $h = h\,(s, p)$, ou $\rho = \rho\,(s, p)$, e assim por diante.

Em primeiro lugar, iremos tratar com gases ideais com calores específicos constantes, e para estes podemos escrever as Eqs. 12.1 e 12.7b (renumeradas para conveniência de uso neste capítulo),

$$p = \rho RT \qquad (12.24e)$$

e

$$\Delta h = h_2 - h_1 = c_p \Delta T = c_p(T_2 - T_1) \qquad (12.24f)$$

Para gases ideais com calores específicos constantes, a variação na entropia $\Delta s = s_2 - s_1$, para qualquer processo pode ser calculada a partir de qualquer uma das Eqs. 12.11. Por exemplo, a Eq. 12.11b (renumerada para conveniência) é

$$\Delta s = s_2 - s_1 = c_p \ln \frac{T_2}{T_1} - R \ln \frac{p_2}{p_1} \qquad (12.24g)$$

Agora temos um conjunto básico de equações para analisar escoamentos compressíveis e unidimensionais de um gás ideal com calores específico constantes:

$$\rho_1 V_1 A_1 = \rho_2 V_2 A_2 = \rho VA = \dot{m} = \text{constante} \qquad (12.24a)$$

$$R_x + p_1 A_1 - p_2 A_2 = \dot{m} V_2 - \dot{m} V_1 \qquad (12.24b)$$

$$\frac{\delta Q}{dm} + h_1 + \frac{V_1^2}{2} = h_2 + \frac{V_2^2}{2} \qquad (12.24c)$$

$$\dot{m}(s_2 - s_1) \geq \int_{SC} \frac{1}{T} \left(\frac{\dot{Q}}{A} \right) dA \qquad (12.24d)$$

$$p = \rho RT \qquad (12.24e)$$

Introdução ao Escoamento Compressível **619**

$$\Delta h = h_2 - h_1 = c_p \Delta T = c_p (T_2 - T_1) \qquad (12.24\text{f})$$

$$\Delta s = s_2 - s_1 = c_p \ln \frac{T_2}{T_1} - R \ln \frac{p_2}{p_1} \qquad (12.24\text{g})$$

Note que a Eq. 12.24e aplica-se somente se tivermos um gás ideal; as Eqs. 12.24f e 12.24g se aplicam apenas quando temos um gás ideal com calores específicos constantes. Nossa tarefa agora é simplificar este conjunto de equações para cada um dos fenômenos que podem afetar o escoamento:

- Escoamento com área variável.
- Choque normal.
- Escoamento em um canal com atrito.
- Escoamento em um canal com aquecimento ou resfriamento.

12.6 *Escoamento Isentrópico de um Gás Ideal: Variação de Área*

O primeiro fenômeno é tal que o escoamento é modificado somente pela variação de área — não existe transferência de calor ($\delta Q/dm = 0$) ou atrito (de modo que R_x, a componente em x da força superficial, resulta somente da pressão sobre os lados do canal), e não existem choques. A ausência de transferência de calor, atrito e choques (que são "violentos" e, portanto, inerentemente irreversíveis) significa que o escoamento irá ser reversível e adiabático, de modo que a Eq. 12.24d torna-se

$$\dot{m}(s_2 - s_1) = \int_{\text{SC}} \frac{1}{T}\left(\frac{\dot{Q}}{A}\right) dA = 0$$

ou

$$\Delta s = s_2 - s_1 = 0$$

tal escoamento é *isentrópico*. Isso significa que a Eq. 12.24g leva ao resultado que vimos anteriormente,

$$T_1 p_1^{(1-k)/k} = T_2 p_2^{(1-k)/k} = Tp^{(1-k)/k} = \text{constante} \qquad (12.12\text{b})$$

ou sua equação equivalente (que pode ser obtida por meio da utilização da equação de estado para um gás ideal na Eq. 12.12b para eliminar a temperatura),

$$\frac{p_1}{\rho_1^k} = \frac{p_2}{\rho_2^k} = \frac{p}{\rho^k} = \text{constante} \qquad (12.12\text{c})$$

Portanto, o conjunto básico de equações (Eqs. 12.24) torna-se:

$$\rho_1 V_1 A_1 = \rho_2 V_2 A_2 = \rho V A = \dot{m} = \text{constante} \qquad (12.25\text{a})$$

$$R_x + p_1 A_1 - p_2 A_2 = \dot{m} V_2 - \dot{m} V_1 \qquad (12.25\text{b})$$

$$h_{0_1} = h_1 + \frac{V_1^2}{2} = h_2 + \frac{V_2^2}{2} = h_{0_2} = h_0 \qquad (12.25\text{c})$$

$$s_2 = s_1 = s \qquad (12.25\text{d})$$

$$p = \rho R T \qquad (12.25\text{e})$$

$$\Delta h = h_2 - h_1 = c_p \Delta T = c_p (T_2 - T_1) \qquad (12.25\text{f})$$

$$\frac{p_1}{\rho_1^k} = \frac{p_2}{\rho_2^k} = \frac{p}{\rho^k} = \text{constante} \qquad (12.25\text{g})$$

Note que as Eqs. 12.25c, 12.25d, e 12.25f dão o discernimento de como esse processo aparece nos diagramas *hs* e *Ts*. A partir da Eq. 12.25c, a energia total, ou a entalpia de estagnação, h_0, do fluido é constante; a entalpia e a energia cinética podem variar ao longo do escoamento, mas a sua soma é constante. Isso significa que se o fluido se acelera, sua temperatura deve decrescer, e vice-versa. A Eq. 12.25d indica que a entropia permanece constante. Esses resultados são mostrados para um processo típico na Fig. 12.7.

A Eq. 12.25f indica que a temperatura e a entalpia estão relacionadas linearmente; portanto, os processos traçados sobre um diagrama *Ts* irão parecer muito similares àqueles mostrados na Fig. 12.7 exceto pela escala vertical.

As Eqs. 12.25 *poderiam* ser usadas para analisar escoamento isentrópico em um canal da área variável. Por exemplo, se conhecermos as condições na seção ① (isto é, p_1, ρ_1, T_1, s_1, h_1, V_1 e A_1), poderíamos usar essas equações para determinar condições em alguma outra nova seção ②, em que a área é A_2: iríamos ter sete equações e sete incógnitas (p_2, ρ_2, T_2, s_2, h_2, V_2 e R_x). Reforçando, *poderíamos* usar as Eqs. 12.25 porque, na prática, esse processo é de difícil execução — temos um conjunto de sete equações *algébricas não lineares acopladas* para resolver. Em vez disso, usaremos algumas dessas equações quando for conveniente, mas também tiraremos vantagem dos resultados que obtivemos para escoamentos isentrópicos e desenvolveremos relações apropriadas em função do número de Mach local, das condições de estagnação e das condições críticas.

Antes de proceder com esta aproximação, podemos ganhar conhecimento de processos isentrópicos por meio da revisão dos resultados obtidos anteriormente quando analisamos um volume de controle diferencial (Fig. 12.5). A equação da quantidade de movimento para isso foi

$$\frac{dp}{\rho} + d\left(\frac{V^2}{2}\right) = 0 \quad (12.20b)$$

Então,

$$dp = -\rho V\, dV$$

Dividindo por ρV^2, obtivemos

$$\frac{dp}{\rho V^2} = -\frac{dV}{V} \quad (12.26)$$

Uma forma diferencial conveniente da equação da continuidade pode ser obtida da Eq. 12.25a, na forma

$$\rho A V = \text{constante}$$

Diferenciando e dividindo por ρAV resulta em

$$\frac{d\rho}{\rho} + \frac{dA}{A} + \frac{dV}{V} = 0 \quad (12.27)$$

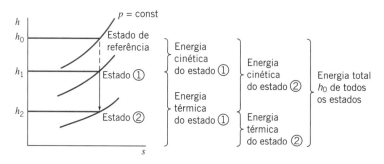

Fig. 12.7 Escoamento isentrópico no plano *hs*.

Introdução ao Escoamento Compressível **621**

Resolvendo a Eq. 12.27 para dA/A, obtivemos

$$\frac{dA}{A} = -\frac{dV}{V} - \frac{d\rho}{\rho}$$

Substituindo da Eq. 12.26, temos

$$\frac{dA}{A} = \frac{dp}{\rho V^2} - \frac{d\rho}{\rho}$$

ou

$$\frac{dA}{A} = \frac{dp}{\rho V^2}\left[1 - \frac{V^2}{dp/d\rho}\right]$$

Lembramos agora que, para um processo isentrópico, $dp/d\rho = \partial p/\partial\rho)_s = c^2$, de modo que

$$\frac{dA}{A} = \frac{dp}{\rho V^2}\left[1 - \frac{V^2}{c^2}\right] = \frac{dp}{\rho V^2}[1 - M^2]$$

ou

$$\frac{dp}{\rho V^2} = \frac{dA}{A}\frac{1}{[1 - M^2]} \tag{12.28}$$

Substituindo da Eq. 12.26 na Eq. 12.28, obtivemos

$$\frac{dV}{V} = -\frac{dA}{A}\frac{1}{[1 - M^2]} \tag{12.29}$$

Note que, para um escoamento isentrópico, não pode haver nenhum atrito. As Eqs. 12.28 e 12.29 confirmam que, para esse caso, do ponto de vista da quantidade de movimento, esperamos um aumento na pressão devido a um decréscimo na velocidade, e vice-versa. Embora não possamos usá-las para cálculos (ainda não determinamos como M varia com A), as Eqs. 12.28 e 12.29 nos dão informações interessantes de como a pressão e a velocidade variam à medida que a área de escoamento varia. Três possibilidades são discutidas a seguir.

Escoamento Subsônico, $M < 1$

Para $M < 1$, o fator $1/[1 - M^2]$ nas Eqs. 12.28 e 12.29 é positivo, de modo que um dA positivo leva a um dp positivo e a um dV negativo. Esses resultados matemáticos significam que em uma seção *divergente* ($dA > 0$) o escoamento deve experimentar um *acréscimo* na pressão ($dp > 0$), enquanto a velocidade deve *decrescer* ($dV < 0$). Portanto, um *canal divergente* é um *difusor subsônico* (um difusor é um dispositivo que desacelera um escoamento).

Por outro lado, um dA negativo leva a um dp negativo e a um dV positivo. Esses resultados matemáticos significam que em uma seção *convergente* ($dA < 0$) o escoamento deve experimentar um *decréscimo* na pressão ($dp < 0$), enquanto a velocidade deve *crescer* ($dV > 0$). Portanto, um *canal convergente* é um *bocal subsônico* (um bocal é um dispositivo que acelera o escoamento).

Esses resultados são inconsistentes com as nossas experiências diárias, não sendo uma surpresa — por exemplo, lembre-se do medidor de venturi no Capítulo 8, no qual uma redução na garganta do venturi levou a uma acréscimo na velocidade e, devido ao princípio de Bernoulli, a uma queda de pressão, enquanto a seção divergente levou à recuperação da pressão e à desaceleração do escoamento. (O princípio de Bernoulli se aplica ao escoamento incompressível, que é o caso limite do escoamento subsônico.) Tanto o bocal quanto o difusor subsônicos são mostrados na Fig. 12.8.

Escoamento Supersônico, $M > 1$

Para $M > 1$, o fator $1/[1 - M^2]$ nas Eqs. 12.28 e 12.29 é negativo, de modo que dA leva a um dp negativo e a um dV positivo. Esses resultados matemáticos significam que

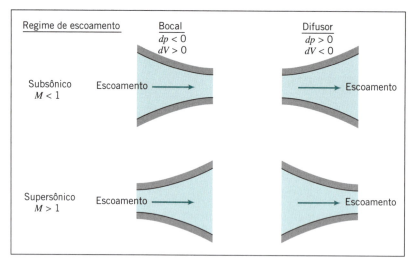

Fig. 12.8 Formas de bocal e difusor como uma função do número inicial de Mach.

em uma seção *divergente* ($dA > 0$) o escoamento deve experimentar um *decréscimo* na pressão ($dp < 0$) e a velocidade deve *crescer* ($dV > 0$). Portanto, *um canal divergente é um bocal supersônico*.

Por outro lado, um dA negativo leva a um dp positivo e a um dV negativo. Esses resultados matemáticos significam que em uma seção *convergente* ($dA < 0$) o escoamento deve experimentar um *acréscimo* na pressão ($dp > 0$), enquanto a velocidade deve *decrescer* ($dV < 0$). Portanto, um *canal convergente* é um *difusor supersônico*.

Esses resultados vão contra as nossas experiências diárias e, a princípio, são surpreendentes — eles representam o oposto do que vemos em um medidor de venturi! Os resultados estão consistentes com as leis da física; por exemplo, um aumento na pressão deve levar a uma desaceleração do escoamento, pois as forças de pressão são as únicas atuantes. Tanto o bocal quanto o difusor supersônicos são mostrados na Fig. 12.8.

Esses resultados um tanto o quanto contra intuitivos podem ser compreendidos quando atentamos para o fato de que estávamos acostumados a considerar ρ = constante, mas que agora estamos em um regime de escoamento em que a massa específica do fluido é uma função sensível às condições do escoamento. Da Eq. 12.27,

$$\frac{dV}{V} = -\frac{dA}{A} - \frac{d\rho}{\rho}$$

Por exemplo, em um escoamento supersônico divergente (dA positivo), o escoamento realmente acelera (dV também positivo) porque a massa específica cai fortemente ($d\rho$ é negativo e grande, resultando em um valor positivo no lado direito da equação). Podemos ver exemplos de bocais supersônicos divergentes nos motores principais dos lançadores espaciais, cada um dos quais tem um bocal de aproximadamente 3 m de comprimento com um diâmetro de saída de 2,4 m. O empuxo máximo é obtido dos motores quando os gases da combustão saem a mais alta velocidade possível, que os bocais podem desenvolver.

Escoamento Sônico, $M = 1$

Conforme o escoamento se aproxima de $M = 1$, a partir do estado subsônico ou do estado supersônico, o fator $1/[1 - M^2]$ nas Eqs. 12.28 e 12.29 tende para um valor infinito, implicando que as mudanças na pressão e na velocidade também tendem para valores infinitos. Isso, obviamente, não é realista, de modo que devemos procurar outras maneiras de fazer com que as equações apresentem significado físico. O único modo de evitar essas singularidades na pressão e na velocidade é fazer a restrição de que $dA \to 0$ quando $M \to 1$. Desse modo, para um escoamento isentrópico, as condições sônicas só podem ocorrer onde a área é constante! Vamos ser mais específicos: podemos imaginar a aproximação de $M = 1$ tanto a partir do estado subsônico quanto do estado supersônico. Um escoamento subsônico ($M < 1$) necessitaria ser acelerado, usando um bocal subsônico, que é uma seção convergente conforme aprendemos; um escoamento supersônico ($M > 1$) necessitaria ser desacelerado usando um difusor supersônico, que também é uma seção convergente. Portanto, as condições sônicas estão limitadas não somente a um local de área constante, mas àquele que tem área mínima. O resultado importante é que, *para escoamento isentrópico, a condição sônica* $M = 1$ *só pode ser atingida em uma garganta, ou em uma seção de área mínima.* (Isso *não* significa que uma garganta *deva* ter $M = 1$. Mesmo porque, pode até não haver escoamento no dispositivo!)

Podemos ver que, para acelerar isentropicamente um fluido a partir do repouso até uma velocidade supersônica, seria necessário ter um bocal subsônico (seção convergente) seguido por um bocal supersônico (seção divergente), com $M = 1$ na garganta. Esse dispositivo é chamado um *bocal convergente-diverg*ente (bocal C-D). De fato, para criar um escoamento supersônico, necessitamos bem mais do que apenas um bocal C-D: devemos também gerar e manter uma diferença de pressão entre e entrada e a saída. Vamos discutir sucintamente os bocais C-D, com algum detalhe, e as pressões requeridas para realizar uma mudança de escoamento subsônico para supersônico.

Devemos ser cuidadosos em nossa discussão de escoamento isentrópico (especialmente com a desaceleração), porque os fluidos reais podem experimentar fenômenos não isentrópicos, tais como separação de camada-limite e ondas de choque. Na prática, o escoamento supersônico não pode ser desacelerado exatamente até $M = 1$ na garganta, porque o escoamento sônico próximo a uma garganta é instável em um gradiente de pressão crescente (adverso). Os distúrbios que estão sempre presentes em um escoamento subsônico real propagam-se a montante, perturbando o escoamento sônico na garganta, causando ondas de choque que se deslocam para montante, onde elas podem ser descarregadas a partir da entrada do difusor supersônico.

A área de garganta de um difusor supersônico real deve ser ligeiramente maior do que aquela requerida para reduzir o escoamento para $M = 1$. Sob condições apropriadas a jusante, uma fraca onda de choque normal forma-se no canal divergente imediatamente a jusante da garganta. O escoamento saindo do choque é subsônico e desacelera no canal divergente. Portanto, a desaceleração do escoamento supersônico para subsônico não pode ocorrer isentropicamente na prática, visto que a fraca onda de choque normal causa aumento de entropia. Os choques normais serão analisados na Seção 12.7.

Para escoamentos em aceleração (com gradientes de pressão favoráveis), a idealização de escoamento isentrópico é geralmente um modelo realista do comportamento real do escoamento. Para escoamentos em desaceleração, a idealização do escoamento isentrópico pode não ser realista por causa dos gradientes adversos de pressão e da possibilidade iminente de separação do escoamento, conforme discutido para o escoamento de camada-limite no Capítulo 9.

Condições Críticas e de Estagnação de Referência para Escoamento Isentrópico de um Gás ideal

Conforme mencionado no início desta seção, poderíamos, em princípio, usar as Eqs. 12.25 para analisar o escoamento unidimensional isentrópico de um gás ideal, porém os cálculos seriam um pouco trabalhosos. Em vez disso, já que o escoamento é isentrópico, podemos usar os resultados das Seções 12.3 (as condições de referência de estagnação) e 12.4 (as condições de referência críticas). A ideia é ilustrada na Fig. 12.9: em vez de usar as Eqs. 12.25 para calcular, por exemplo, as propriedades no estado ② a partir daquelas no estado ①, podemos usar o estado ① para determinar dois estados de referência (o estado de estagnação e o estado crítico) e, em seguida, usá-los para obter as propriedades no estado ②. Necessitamos de dois estados de referência, porque o estado de referência de estagnação não fornece informação de área (matematicamente a área de estagnação é infinita).

Vamos usar as Eqs. 12.21 (renumeradas por conveniência),

$$\frac{p_0}{p} = \left[1 + \frac{k-1}{2}M^2\right]^{k/(k-1)} \quad (12.30a)$$

$$\frac{T_0}{T} = 1 + \frac{k-1}{2}M^2 \quad (12.30b)$$

$$\frac{\rho_0}{\rho} = \left[1 + \frac{k-1}{2}M^2\right]^{1/(k-1)} \quad (12.30c)$$

Podemos notar que *as condições de estagnação são constantes através do escoamento isentrópico.* As condições críticas (quando $M = 1$) foram relacionadas com as condições de estagnação na Seção 12.4,

$$\frac{p_0}{p*} = \left[\frac{k+1}{2}\right]^{k/(k-1)} \quad (12.22a)$$

$$\frac{T_0}{T*} = \frac{k+1}{2} \quad (12.22b)$$

$$\frac{\rho_0}{\rho*} = \left[\frac{k+1}{2}\right]^{1/(k-1)} \quad (12.22c)$$

$$V* = c* = \sqrt{\frac{2k}{k+1}RT_0} \quad (12.23)$$

Embora um escoamento particular nunca possa atingir as condições sônicas (conforme no exemplo da Fig. 12.9), mesmo assim vamos determinar as condições críticas úteis como condições de referência. As Eqs. 12.30a, 12.30b e 12.30c relacionam as propriedades locais (p, ρ, T e V) com as propriedades de estagnação (p_0, ρ_0 e T_0) por meio do número de Mach M, e as Eqs. 12.22 e 12.23 relacionam as propriedades críticas (p^*, ρ^*, T^* e V^*) com as propriedades de estagnação (p_0, ρ_0 e T_0), respectivamente, mas ainda temos que obter uma relação entre as áreas A e A^*. Para fazer isso, iniciamos com a equação da continuidade (Eq. 12.25a) na forma

$$\rho A V = \text{constante} = \rho^* A^* V^*$$

Então,

$$\frac{A}{A^*} = \frac{\rho^*}{\rho}\frac{V^*}{V} = \frac{\rho^*}{\rho}\frac{c^*}{Mc} = \frac{1}{M}\frac{\rho^*}{\rho}\sqrt{\frac{T^*}{T}}$$

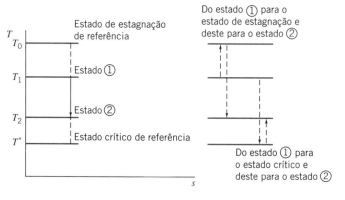

Fig. 12.9 Exemplo de estados de referência crítico e de estagnação no plano Ts.

$$\frac{A}{A^*} = \frac{1}{M} \frac{\rho^*}{\rho_0} \frac{\rho_0}{\rho} \sqrt{\frac{T^*/T_0}{T/T_0}}$$

$$\frac{A}{A^*} = \frac{1}{M} \frac{\left[1 + \frac{k-1}{2} M^2\right]^{1/(k-1)}}{\left[\frac{k+1}{2}\right]^{1/(k-1)}} \left[\frac{1 + \frac{k-1}{2} M^2}{\frac{k+1}{2}}\right]^{1/2}$$

$$\frac{A}{A^*} = \frac{1}{M} \left[\frac{1 + \frac{k-1}{2} M^2}{\frac{k+1}{2}}\right]^{(k+1)/2(k-1)} \quad (12.30\text{d})$$

As Eqs. 12.30 formam um conjunto de relações conveniente para analisar o escoamento isentrópico de um gás ideal com calores específicos constantes, que utilizamos normalmente em lugar das equações básicas, Eqs. 12.25. Por conveniência, listamos as Eqs. 12.30 juntas:

$$\frac{p_0}{p} = \left[1 + \frac{k-1}{2} M^2\right]^{k/(k-1)} \quad (12.30\text{a})$$

$$\frac{T_0}{T} = 1 + \frac{k-1}{2} M^2 \quad (12.30\text{b})$$

$$\frac{\rho_0}{\rho} = \left[1 + \frac{k-1}{2} M^2\right]^{1/(k-1)} \quad (12.30\text{c})$$

$$\frac{A}{A^*} = \frac{1}{M} \left[\frac{1 + \frac{k-1}{2} M^2}{\frac{k+1}{2}}\right]^{(k+1)/2(k-1)} \quad (12.30\text{d})$$

As Eqs. 12.30 fornecem relações de propriedades em função do número de Mach local, das condições de estagnação e das condições críticas. Existem até mesmo algumas páginas interativas da Internet que disponibilizam esses programas (veja, por exemplo, [4]), e elas são bastante fáceis de ser trabalhadas em planilhas como as do *Excel*. Incentivamos você, leitor, a baixar os programas *add-ins Excel* para essas equações no GEN-IO, ambiente virtual de aprendizagem do GEN; com esses programas, funções estão disponíveis para cál-

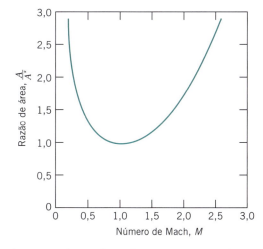

Fig. 12.10 Variação de A/A^* com o número de Mach, para escoamento de um gás ideal com $k = 1,4$.

626 Capítulo 12

culos de pressão, temperatura, massa específica ou razões de área a partir de M, e M a partir das razões. Embora essas funções sejam um pouco complicadas algebricamente, elas possuem uma vantagem sobre as equações básicas, Eqs. 12.25: elas não são acopladas. Cada propriedade pode ser determinada diretamente a partir de seu valor de estagnação e do número de Mach.

A Eq. 12.30d mostra a relação entre o número de Mach M e a área A. A área crítica A^* (definida quando um dado escoamento atende ou não às condições sônicas) é utilizada para normalizar a área A. Para cada número de Mach M, obtivemos uma única razão de área. Porém, conforme mostrado na Fig. 12.10, cada razão A/A^* (exceto 1) apresenta dois possíveis números de Mach — um subsônico, o outro supersônico. A forma mostrada na Fig. 12.10 *aparenta* uma seção convergente-divergente para acelerar um escoamento de subsônico para supersônico (com, como necessário, $M = 1$ somente na garganta). Na prática, contudo, essa não é a forma com que uma passagem seria construída. Por exemplo, a seção divergente usualmente terá um ângulo de divergência muito menos grave para reduzir a chance de separação do escoamento.

O Apêndice D.1 lista funções de escoamento para razões de propriedades T_0/T, p_0/p, ρ_0/ρ e A/A^* em termos de M para escoamento isentrópico de um gás ideal. Uma tabela de valores, bem como um gráfico dessas razões, é apresentada para o ar ($k = 1,4$), para uma faixa limitada de números de Mach. A planilha *Excel* associada, *Relações Isentrópicas*, pode ser usada para imprimir uma tabela maior de valores para o ar e para outros gases ideais.

O Exemplo 12.7 demonstra o uso de algumas das relações citadas no parágrafo anterior. Conforme mostrado na Fig. 12.9, podemos usar as equações para relacionar uma propriedade em um estado com o valor de estagnação e, em seguida, a partir do valor de estagnação, chegar a um segundo estado. Porém, note que podemos realizar essa tarefa em um único passo — por exemplo, p_2 pode ser obtida a partir de p_1 escrevendo-se $p_2 = (p_2/p_0)(p_0/p_1)p_1$, em que as razões de pressão vêm da Eq. 12.30a avaliada para os dois números de Mach.

Exemplo 12.7 ESCOAMENTO ISENTRÓPICO EM UM CANAL CONVERGENTE

Ar escoa isentropicamente em um canal. Na seção ①, o número de Mach é 0,3, a área é 0,001 m² e a pressão absoluta e a temperatura são, respectivamente, 650 kPa e 62°C. Na seção ②, o número de Mach é 0,8. Esboce a forma do canal, trace um diagrama Ts para o processo e avalie as propriedades na seção ②. Verifique se os resultados concordam com as equações básicas, Eqs. 12.25.

Dados: Escoamento isentrópico de ar em um canal. Para as seções ① e ②, são fornecidos os seguintes dados: $M_1 = 0,3$, $T_1 = 62°C$, $p_1 = 650$ kPa (abs), $A_1 = 0,001$ m² e $M_2 = 0,8$.

Determinar:
(a) A forma do canal.
(b) Um diagrama Ts para o processo.
(c) Propriedades na seção ②.
(d) Mostre que os resultados satisfazem as equações básicas.

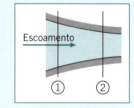

Solução: Para acelerar um escoamento subsônico é necessário um bocal convergente. A forma do canal deve ser conforme mostrado.

No plano Ts, o processo segue uma linha de s = constante. As condições de estagnação permanecem fixas para escoamento isentrópico.

Consequentemente, a temperatura de estagnação na seção ② pode ser calculada (para o ar, $k = 1,4$) da Eq. 12.30b,

$$T_{0_2} = T_{0_1} = T_1\left[1 + \frac{k-1}{2}M_1^2\right]$$

$$= (62 + 273)\,\text{K}\left[1 + 0,2(0,3)^2\right]$$

$$T_{0_2} = T_{0_1} = 341\,\text{K} \longleftarrow \qquad\qquad T_{0_1},\, T_{0_2}$$

Introdução ao Escoamento Compressível **627**

Para p_{0_2}, a partir da Eq. 12.30a,

$$p_{0_2} = p_{0_1} = p_1 \left[1 + \frac{k-1}{2} M_1^2 \right]^{k/(k-1)} = 650 \, \text{kPa} [1 + 0{,}2(0{,}3)^2]^{3,5}$$

$$p_{0_2} = 692 \, \text{kPa (abs)} \longleftarrow \qquad\qquad\qquad\qquad\qquad\qquad\qquad\qquad\qquad p_{0_2}$$

Para T_2, a partir da Eq. 12.30b,

$$T_2 = T_{0_2} \Bigg/ \left[1 + \frac{k-1}{2} M_2^2 \right] = 341 \, \text{K} \Big/ \left[1 + 0{,}2(0{,}8)^2 \right]$$

$$T_2 = 302 \, \text{K} \longleftarrow \qquad\qquad\qquad\qquad\qquad\qquad\qquad\qquad\qquad\qquad T_2$$

Para p_2, a partir da Eq. 12.30a,

$$p_2 = p_{0_2} \Bigg/ \left[1 + \frac{k-1}{2} M_2^2 \right]^{k/k-1} = 692 \, \text{kPa} \Big/ \left[1 + 0{,}2(0{,}8)^2 \right]^{3,5}$$

$$p_2 = 454 \, \text{kPa} \longleftarrow \qquad\qquad\qquad\qquad\qquad\qquad\qquad\qquad\qquad p_2$$

Note que poderíamos ter calculado diretamente T_2 a partir de T_1, porque T_0 = constante:

$$\frac{T_2}{T_1} = \frac{T_2}{T_0} \Big/ \frac{T_0}{T_1} = \left[1 + \frac{k-1}{2} M_1^2 \right] \Bigg/ \left[1 + \frac{k-1}{2} M_2^2 \right] = \left[1 + 0{,}2(0{,}3)^2 \right] \Big/ \left[1 + 0{,}2(0{,}8)^2 \right]$$

$$\frac{T_2}{T_1} = \frac{0{,}8865}{0{,}9823} = 0{,}9025$$

Então,

$$T_2 = 0{,}9025 \, T_1 = 0{,}9025(273 + 62) \, \text{K} = 302 \, \text{K}$$

De modo similar, para p_2,

$$\frac{p_2}{p_1} = \frac{p_2}{p_0} \Big/ \frac{p_0}{p_1} = 0{,}8865^{3,5} / 0{,}9823^{3,5} = 0{,}6982$$

Então,

$$p_2 = 0{,}6982 \, p_1 = 0{,}6982(650 \, \text{kPa}) = 454 \, \text{kPa}$$

A massa específica ρ_2 na seção ② pode ser determinada a partir da Eq. 12.30c, usando o mesmo procedimento adotado para T_2 e p_2, ou podemos usar a equação de estado de gás ideal, Eq. 12.25e,

$$\rho_2 = \frac{p_2}{RT_2} = 4{,}54 \times 10^5 \frac{\text{N}}{\text{m}^2} \times \frac{\text{kg·K}}{287 \, \text{N·m}} \times \frac{1}{302 \, \text{K}} = 5{,}24 \, \text{kg/m}^3 \longleftarrow \qquad\qquad \rho_2$$

e a velocidade na seção ② é

$$V_2 = M_2 c_2 = M_2 \sqrt{kRT_2} = 0{,}8 \times \sqrt{1{,}4 \times 287 \frac{\text{N·m}}{\text{kg·K}} \times 302 \, \text{K} \times \frac{\text{kg·m}}{\text{s}^2 \cdot \text{N}}} = 279 \, \text{m/s} \longleftarrow \qquad V_2$$

A área A_2 pode ser obtida da Eq. 12.30d, notando que A^* é constante para esse escoamento,

$$\frac{A_2}{A_1} = \frac{A_2}{A^*} \frac{A^*}{A_1} = \frac{1}{M_2} \left[\frac{1 + \dfrac{k-1}{2} M_2^2}{\dfrac{k+1}{2}} \right]^{(k+1)/2(k-1)} \Bigg/ \frac{1}{M_1} \left[\frac{1 + \dfrac{k-1}{2} M_1^2}{\dfrac{k+1}{2}} \right]^{(k+1)/2(k-1)}$$

$$= \frac{1}{0{,}8} \left[\frac{1 + 0{,}2(0{,}8)^2}{1{,}2} \right]^3 \Bigg/ \frac{1}{0{,}3} \left[\frac{1 + 0{,}2(0{,}3)^2}{1{,}2} \right]^3 = \frac{1{,}038}{2{,}035} = 0{,}5101$$

628   Capítulo 12

Então,

$$A_2 = 0{,}5101A_1 = 0{,}5101(0{,}001 \text{ m}^2) = 5{,}10 \times 10^{-4} \text{ m}^2 \longleftarrow \qquad A_2$$

Note que $A_2 < A_1$, conforme esperado.

Vamos verificar se esses resultados satisfazem as equações básicas.

Primeiro, precisamos obter ρ_1 e V_1:

$$\rho_1 = \frac{p_1}{RT_1} = 6{,}5 \times 10^5 \frac{\text{N}}{\text{m}^2} \times \frac{\text{kg·K}}{287 \text{ N·m}} \times \frac{1}{335 \text{ K}} = 6{,}76 \text{ kg/m}^3$$

e

$$V_1 = M_1 c_1 = M_1 \sqrt{kRT_1} = 0{,}3 \times \sqrt{1{,}4 \times 287 \frac{\text{N·m}}{\text{kg·K}} \times 335 \text{ K} \times \frac{\text{kg·m}}{\text{s}^2 \cdot \text{N}}} = 110 \text{ m/s}$$

A equação da conservação de massa é

$$\rho_1 V_1 A_1 = \rho_2 V_2 A_2 = \rho V A = \dot{m} = \text{constante} \qquad (12.25a)$$

$$\dot{m} = 6{,}76 \frac{\text{kg}}{\text{m}^3} \times 110 \frac{\text{m}}{\text{s}} \times 0{,}001 \text{ m}^2 = 5{,}24 \frac{\text{kg}}{\text{m}^3} \times 279 \frac{\text{m}}{\text{s}} \times 0{,}00051 \text{ m}^2 = 0{,}744 \text{ kg/s} \qquad \text{(Confira!)}$$

Não podemos verificar a equação da quantidade de movimento (Eq. 12.25b), porque não conhecemos a força R_x produzida pelas paredes do dispositivo (poderíamos usar a Eq. 12.25b para calcular essa força, se desejássemos). A equação de energia é

$$h_{0_1} = h_1 + \frac{V_1^2}{2} = h_2 + \frac{V_2^2}{2} = h_{0_2} = h_0 \qquad (12.25c)$$

Verificaremos isso, substituindo a entalpia pela temperatura por meio da Eq. 12.25f,

$$\Delta h = h_2 - h_1 = c_p \Delta T = c_p(T_2 - T_1)$$

$$(12.25f)$$

logo, a equação de energia torna-se

$$c_p T_1 + \frac{V_1^2}{2} = c_p T_2 + \frac{V_2^2}{2} = c_p T_0$$

Usando c_p para o ar da Tabela A.6,

$$c_p T_1 + \frac{V_1^2}{2} = 1004 \frac{\text{J}}{\text{kg·K}} \times 335 \text{ K} + \frac{(110)^2}{2} \left(\frac{\text{m}}{\text{s}}\right)^2 \times \frac{\text{N·s}^2}{\text{kg·m}} \times \frac{\text{J}}{\text{N·m}} = 342 \text{ kJ/kg}$$

$$c_p T_2 + \frac{V_2^2}{2} = 1004 \frac{\text{J}}{\text{kg·K}} \times 302 \text{ K} + \frac{(278)^2}{2} \left(\frac{\text{m}}{\text{s}}\right)^2 \times \frac{\text{N·s}^2}{\text{kg·m}} \times \frac{\text{J}}{\text{N·m}} = 342 \text{ kJ/kg}$$

$$c_p T_0 = 1004 \frac{\text{J}}{\text{kg·K}} \times 341 \text{ K} = 342 \text{ kJ/kg} \qquad \text{(Confira!)}$$

A equação final que podemos verificar é a relação entre a pressão e a massa específica para um processo isentrópico (Eq. 12.25g),

$$\frac{p_1}{\rho_1^k} = \frac{p_2}{\rho_2^k} = \frac{p}{\rho^k} = \text{constante} \qquad \text{(Confira!)}$$

$$\frac{p_1}{\rho_1^{1,4}} = \frac{650 \text{ kPa}}{\left(6{,}76 \dfrac{\text{kg}}{\text{m}^3}\right)^{1,4}} = \frac{p_2}{\rho_2^{1,4}} = \frac{454 \text{ kPa}}{\left(5{,}24 \dfrac{\text{kg}}{\text{m}^3}\right)^{1,4}} = 44{,}7 \frac{\text{kPa}}{\left(\dfrac{\text{kg}}{\text{m}^3}\right)^{1,4}} \qquad \text{(Confira!)}$$

As equações básicas são satisfeitas por nossa solução.

> **Este exemplo ilustra:**
> - O uso das equações isentrópicas, Eqs. 12.30.
> - Que as equações isentrópicas são consistentes com as equações básicas, Eqs. 12.25.
> - Que os cálculos podem ser muito trabalhosos sem o uso de relações isentrópicas pré-programadas (disponíveis, por exemplo, nos programas *add-ins Excel* no GEN-IO, ambiente virtual de aprendizagem do GEN)!
>
> 💻 A planilha *Excel* para este exemplo é conveniente para realizar os cálculos usando tanto as equações isentrópicas quanto as equações básicas.

Escoamento Isentrópico em um Bocal Convergente

Agora que temos nossas equações de cálculo (Eqs. 12.30) para analisar escoamentos isentrópicos, estamos prontos para ver como podemos obter escoamento em um bocal, partindo do repouso. Primeiro, vamos considerar o bocal convergente e, em seguida, o bocal C-D. Em ambos os casos, para produzir um escoamento, devemos criar uma diferença de pressão. Por exemplo, conforme ilustrado no bocal convergente mostrado na Fig. 12.11a, podemos fazer isso fornecendo o gás a partir de um reservatório (*câmara* ou *pleno*) a p_0 e T_0 e, usando uma combinação de bomba de vácuo/válvula, criar uma pressão baixa, a "contrapressão", p_b. Estamos interessados no que acontece com as propriedades do gás à medida que ele escoa através do bocal e, também, em conhecer como a vazão mássica aumenta à medida que a contrapressão é reduzida progressivamente.

Vamos chamar a pressão no plano de saída de p_e. Veremos que ela será, com frequência, igual à contrapressão aplicada, p_b, mas nem sempre! Os resultados que obtivemos, quando abrimos progressivamente a válvula a partir da posição fechada, são mostrados nas Figs. 12.11b e 12.11c. Vamos considerar cada um dos casos mostrados.

Quando a válvula é fechada, não existe escoamento através do bocal. A pressão é p_0 em todo o bocal, conforme mostrado pela condição (*i*) na Fig. 12.11a.

Se a contrapressão, p_b, for então reduzida para um valor ligeiramente inferior a p_0, existirá escoamento através do bocal, com uma diminuição na pressão no sentido do escoamento, conforme mostrado pela condição (*ii*). O escoamento no plano de saída será subsônico, com a pressão no plano de saída igual à contrapressão.

O que acontece quando continuamos a diminuir a contrapressão? Conforme esperado, a vazão continuará a aumentar, e a pressão no plano de saída continuará a diminuir, conforme mostrado pela condição (*iii*) na Fig. 12.11a.

À medida que a contrapressão é diminuída progressivamente, a vazão aumenta e, por conseguinte, a velocidade e o número de Mach no plano de saída também aumentam. A seguinte questão surge: "Há um limite para a vazão mássica através do bocal?" ou, em outras palavras, "Existe um limite superior para o número de Mach na saída?" A resposta a estas questões é "Sim!" Para ver isso, relembre que, para escoamento isentrópico, a Eq. 12.29 aplica-se:

$$\frac{dV}{V} = -\frac{dA}{A}\frac{1}{[1-M^2]} \tag{12.29}$$

Disso, aprendemos que o *único* local em que podemos ter condições sônicas ($M = 1$) é onde a variação na área dA é zero. *Não podemos* ter condições sônicas em nenhum local na seção convergente. Logicamente, podemos ver que o *número de Mach máximo*

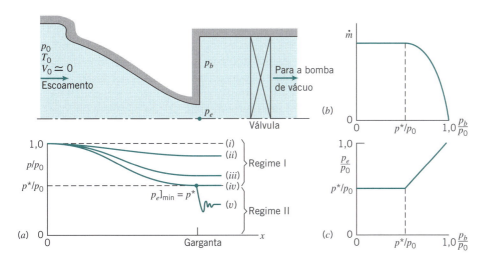

Fig. 12.11 Bocal convergente operando em várias contrapressões.

630 Capítulo 12

na saída é um. Posto que o escoamento principiou do repouso ($M = 0$), se postularmos que $M > 1$ na saída, o escoamento teria que passar por $M = 1$ em algum local na seção convergente, o que seria uma violação da Eq. 12.29.

Portanto, a vazão máxima ocorre quando se tem condições sônicas no plano de saída, quando $M_e = 1$, e $p_e = p_b = p^*$, a pressão crítica. Isso é mostrado como condição (*iv*) na Fig. 12.11*a*, e é chamado de "escoamento bloqueado", além do qual a vazão não pode ser aumentada. Da Eq. 12.30a, com $M = 1$ (ou da Eq. 12.21a),

$$\left.\frac{p_e}{p_0}\right|_{\text{bloqueado}} = \frac{p^*}{p_0} = \left(\frac{2}{k+1}\right)^{k/(k-1)} \tag{12.31}$$

Para o ar, $k = 1,4$, então $p_e/p_0]_{\text{bloqueio}} = 0,528$. Por exemplo, se desejássemos ter um escoamento sônico na saída de um bocal a partir de um pleno que está à pressão atmosférica, teríamos que manter uma contrapressão em torno de 53,5 kPa, ou seja, cerca de 47,85 kPa de vácuo. Isso não parece difícil de ser gerado por uma bomba de vácuo, mas, na verdade, consome muita potência para ser mantido, pois haverá uma grande vazão mássica através da bomba. Para a vazão máxima, ou de bloqueio, temos a seguinte vazão mássica

$$\dot{m}_{\text{bloqueado}} = \rho^* V^* A^*$$

Usando a equação de estado de gás ideal, Eq. 12.25e, e as razões entre pressões e temperaturas de estagnação e críticas, Eqs. 12.30a e 12.30b, respectivamente, com $M = 1$ (ou as Eqs. 12.21a e 12.21b, respectivamente), com $A^* = A_e$, pode ser mostrado que essa equação torna-se

$$\dot{m}_{\text{bloqueado}} = A_e p_0 \sqrt{\frac{k}{RT_0}} \left(\frac{2}{k+1}\right)^{(k+1)/2(k-1)} \tag{12.32a}$$

Note que, para um dado gás (k e R), a vazão máxima no bocal convergente depende *apenas* do tamanho da seção de saída (A_e) e das condições no reservatório (p_0, T_0).

Para o ar, por conveniência, escrevemos a Eq. 12.32a na forma de uma equação de "*engenharia*",

$$\dot{m}_{\text{bloqueado}} = 0,04 \frac{A_e p_0}{\sqrt{T_0}} \tag{12.32b}$$

com $\dot{m}_{\text{bloqueado}}$ em kg/s, A_e em m^2, p_0 em Pa e T_0 em K.

Suponha que agora insistamos em reduzir a contrapressão abaixo desse nível de referência p^*. Nossa próxima pergunta é "O que acontecerá com o escoamento no bocal?" A resposta é "Nada!" O escoamento permanece bloqueado: a vazão mássica não aumenta, conforme mostrado na Fig. 12.11*b*, e a distribuição de pressão no bocal permanece invariável, com $p_e = p^* > p_b$, como mostrado na condição (*v*) nas Figs. 12.11*a* e 12.11*c*. Após a saída, o escoamento ajusta-se à contrapressão aplicada, mas isso acontece de forma tridimensional e não isentrópica em uma série de ondas de expansão e choques e, para essa parte do escoamento, nossos conceitos de escoamento unidimensional e isentrópico não mais se aplicam. Retornaremos a essa discussão na Seção 12.8.

Essa ideia de escoamento bloqueado parece um pouco estranha, mas pode ser explicada, pelo menos, de duas maneiras. Primeiro, já discutimos que, para aumentar a vazão mássica além do bloqueio, seria necessário $M_e > 1$, o que não é possível. Segundo, uma vez que o escoamento atinge as condições sônicas, ele torna-se "insensível" às condições de jusante: qualquer variação (isto é, uma redução) na contrapressão aplicada propaga-se no fluido à velocidade do som em todas as direções, de modo que ela é "lavada" a jusante pelo fluido que está se movendo à velocidade do som na saída do bocal.

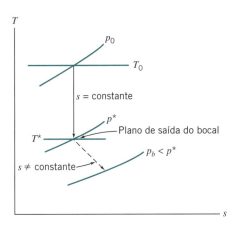

Fig. 12.12 Diagrama esquemático Ts para escoamento bloqueado através de um bocal convergente.

O escoamento através de um bocal convergente pode ser dividido em dois regimes:

1 No Regime I, $1 \geq p_b/p_0 \geq p^*/p_0$. O escoamento em direção à garganta é isentrópico, $p_e = p_b$.
2 No Regime II, $p_b/p_0 < p^*/p_0$. O escoamento em direção à garganta é isentrópico, e $M_e = 1$. Uma expansão não isentrópica ocorre no escoamento deixando o bocal e $p_e = p^* > p_b$ (a entropia aumenta porque essa expansão, apesar de adiabática, é irreversível).

Embora o escoamento isentrópico seja uma idealização, ele é muitas vezes uma aproximação muito boa para o comportamento real de bocais. Visto que um bocal é um dispositivo que acelera um escoamento, o gradiente de pressão interna é favorável. Isso tende a manter delgadas as camadas-limite nas paredes e a minimizar os efeitos de atrito. Os processos de escoamento correspondentes ao Regime II são mostrados em um diagrama Ts na Fig. 12.12. Dois problemas envolvendo bocais convergentes são resolvidos nos Exemplos 12.8 e 12.9.

Exemplo 12.8 ESCOAMENTO ISENTRÓPICO EM UM BOCAL CONVERGENTE

Um bocal convergente, com área de garganta de 0,001 m², é operado com ar a uma contrapressão de 591 kPa (abs). O bocal é alimentado a partir de uma grande câmara pressurizada onde a pressão absoluta de estagnação e a temperatura são, respectivamente, 1,0 MPa e 60°C. O número de Mach na saída e a vazão mássica devem ser determinados.

Dados: Escoamento de ar através de um bocal convergente nas condições mostradas: o escoamento é isentrópico.

Determinar: (a) M_e.
(b) $\dot{m}$.

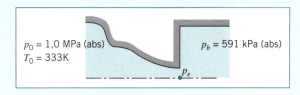

Solução: O primeiro passo é verificar quanto ao bloqueio. A razão de pressão é

$$\frac{p_b}{p_0} = \frac{5{,}91 \times 10^5}{1{,}0 \times 10^6} = 0{,}591 > 0{,}528$$

de modo que o escoamento *não* está bloqueado. Portanto, $p_b = p_e$, e o escoamento é isentrópico, conforme esboçado no diagrama Ts.

Como p_0 = constante, M_e pode ser determinado a partir da razão de pressão,

$$\frac{p_0}{p_e} = \left[1 + \frac{k-1}{2} M_e^2\right]^{k/(k-1)}$$

Resolvendo para M_e, como $p_e = p_b$, obtivemos

$$1 + \frac{k-1}{2} M_e^2 = \left(\frac{p_0}{p_b}\right)^{(k-1)/k}$$

e

$$M_e = \left\{\left[\left(\frac{p_0}{p_b}\right)^{(k-1)/k} - 1\right]\frac{2}{k-1}\right\}^{1/2} = \left\{\left[\left(\frac{1{,}0 \times 10^6}{5{,}91 \times 10^5}\right)^{0{,}286} - 1\right]\frac{2}{1{,}4-1}\right\}^{1/2} = 0{,}90 \longleftarrow \quad M_e$$

A vazão mássica é

$$\dot{m} = \rho_e V_e A_e = \rho_e M_e c_e A_e$$

Precisamos de T_e para encontrar ρ_e e c_e. Dado que T_0 = constante,

$$\frac{T_0}{T_e} = 1 + \frac{k-1}{2} M_e^2$$

ou

$$T_e = \frac{T_0}{1 + \dfrac{k-1}{2} M_e^2} = \frac{(273 + 60)\,\text{K}}{1 + 0{,}2(0{,}9)^2} = 287\,\text{K}$$

$$c_e = \sqrt{kRT_e} = \left[1{,}4 \times 287 \frac{\text{N}\cdot\text{m}}{\text{kg}\cdot\text{K}} \times 287\,\text{K} \times \frac{\text{kg}\cdot\text{m}}{\text{N}\cdot\text{s}^2}\right]^{1/2} = 340\,\text{m/s}$$

e

$$\rho_e = \frac{p_e}{RT_e} = 5{,}91 \times 10^5 \frac{\text{N}}{\text{m}^2} \times \frac{\text{kg}\cdot\text{K}}{287\,\text{N}\cdot\text{m}} \times \frac{1}{287\,\text{K}} = 7{,}18\,\text{kg/m}^3$$

Finalmente,

$$\dot{m} = \rho_e M_e c_e A_e = 7{,}18 \frac{\text{kg}}{\text{m}^3} \times 0{,}9 \times 340 \frac{\text{m}}{\text{s}} \times 0{,}001\,\text{m}^2$$

$$= 2{,}20\,\text{kg/s} \longleftarrow \quad \dot{m}$$

> Este problema ilustra o uso das equações isentrópicas, Eqs. 12.30a, para um escoamento que não está bloqueado.
>
> A planilha *Excel* para este exemplo é conveniente para realizar os cálculos (usando ou as equações isentrópicas ou as equações básicas). (Os programas *add-ins Excel* para escoamento isentrópico, no GEN-IO, ambiente virtual de aprendizagem do GEN, também tornam os cálculos muito mais facilitados.)

Exemplo 12.9 ESCOAMENTO BLOQUEADO EM UM BOCAL CONVERGENTE

Ar escoa isentropicamente através de um bocal convergente. Em uma seção em que a área do bocal é 0,0012 m², a pressão, a temperatura e o número de Mach locais são 413,4 kPa (abs), 4,5°C e 0,52, respectivamente. A contrapressão é de 206,7 kPa (abs). O número de Mach na garganta, a vazão mássica e a área da garganta devem ser determinados.

Dados: Escoamento de ar através de um bocal convergente nas condições mostradas:

$$M_1 = 0{,}52$$
$$T_1 = 4{,}5°\text{C}$$
$$p_1 = 413{,}4\,\text{kPa(abs)}$$
$$A_1 = 0{,}0012\,\text{m}^2$$

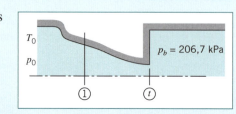

Determinar: (a) M_t. (b) $\dot{m}$. (c) A_t.

Solução: Primeiro, verificamos quanto ao bloqueio para determinar se o escoamento é isentrópico até p_b. Para isso, avaliamos as condições de estagnação.

$$p_0 = p_1\left[1 + \frac{k-1}{2} M_1^2\right]^{k/(k-1)} = 413{,}4\,\text{kPa (abs)}\,[1 + 0{,}2(0{,}52)^2]^{3{,}5} = 497{,}1\,\text{kPa (abs)}$$

A razão de contrapressão é

$$\frac{p_b}{p_0} = \frac{206,7}{497,1} = 0,416 < 0,528$$

de modo que o escoamento está bloqueado! Para escoamento bloqueado,

$$M_t = 1,0 \quad\longleftarrow\quad M_t$$

O diagrama Ts é
A vazão mássica pode ser determinada a partir das condições na seção ①, usando $\dot{m} = \rho_1 V_1 A_1$.

$$V_1 = M_1 c_1 = M_1 \sqrt{kRT_1}$$

$$= 0,52 \left[1,4 \times 287 \frac{\text{N} \cdot \text{m}}{\text{kg} \cdot \text{K}} \times (273 + 4,5) \text{ K} \times 32,3 \frac{\text{lbm}}{\text{slug}} \times \frac{\text{kg} \cdot \text{m}}{\text{N} \cdot \text{s}^2}\right]^{1/2}$$

$$V_1 = 570 \text{ ft/s}$$

$$\rho_1 = \frac{p_1}{RT_1} = 413,4 \times 1000 \text{ Pa} \times \frac{\text{kg} \cdot \text{K}}{287 \text{ N} \cdot \text{m}} \times (1/277,5 \text{ K}) \times \frac{\text{N}}{\text{Pa} \cdot \text{m}^2} = 5,19 \text{ (kg/m}^3)$$

$$\dot{m} = \rho_1 V_1 A_1 = 5,19 \text{ (kg/m}^3) \times 173,6 \text{ (m/s)} \times 0,0012 \text{ m}^2 = 1,08 \text{ (kg/s)} \quad\longleftarrow\quad \dot{m}$$

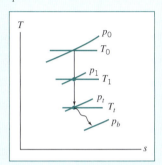

Da Eq. 12.29,

$$\frac{A_1}{A^*} = \frac{1}{M_1}\left[\frac{1 + \frac{k-1}{2}M_1^2}{\frac{k+1}{2}}\right]^{(k+1)/2(k-1)} = \frac{1}{0,52}\left[\frac{1 + 0,2(0,52)^2}{1,2}\right]^{3,00} = 1,303$$

Para escoamento bloqueado, $A_t = A^*$. Portanto,

$$A_t = A^* = \frac{A_1}{1,303} = \frac{0,0012 \text{ m}^2}{1,303}$$

$$A_t = 9,21 \times 10^{-4} \text{ m}^2 \quad\longleftarrow\quad A_t$$

Este problema ilustra o uso das equações isentrópicas, Eq. 12.30a, para um escoamento que está bloqueado.

- Posto que o escoamento está bloqueado, poderíamos, também, ter usado a Eq. 12.32a para $\dot{m}$ (após determinar T_0).

A planilha *Excel* para este exemplo é conveniente para realizar os cálculos. (Os programas *add-ins Excel* para escoamento isentrópico, GEN-IO, ambiente virtual de aprendizagem do GEN, também tornam os cálculos muito mais facilitados.)

Escoamento Isentrópico em um Bocal Convergente-Divergente

Tendo considerado o escoamento isentrópico em um bocal convergente, vamos considerar agora o escoamento isentrópico em um bocal convergente-divergente (C-D). Como no caso anterior, o escoamento através da passagem convergente-divergente na Fig. 12.13 é induzido por uma bomba de vácuo a jusante, e é controlado pela válvula mostrada; as condições de estagnação a montante são constantes. A pressão no plano de saída do bocal é p_e; o bocal descarrega para a contrapressão p_b. Como para o bocal convergente, desejamos investigar, entre outras coisas, como a vazão mássica varia com a diferença de pressão aplicada $(p_0 - p_b)$. Considere o efeito da redução gradual da contrapressão. Os resultados são ilustrados graficamente na Fig. 12.13. Vamos considerar cada um dos casos mostrados.

Com a válvula inicialmente fechada, não há escoamento através do bocal; a pressão é constante em p_0. Uma leve abertura da válvula (p_b ligeiramente inferior a p_0) produz a curva de distribuição de pressão (*i*). Se a vazão for suficientemente baixa, o escoamento será subsônico e essencialmente incompressível em todos os pontos sobre essa curva. Nessas condições, o bocal C-D comportar-se-á como um venturi, com o escoamento acelerando na parte convergente até que um ponto de velocidade máxima e pressão mínima seja atingido na garganta, e desacelerando em seguida na parte divergente até a saída do bocal. Esse comportamento é descrito com exatidão pela equação de Bernoulli, Eq. 6.8.

634 Capítulo 12

À medida que se abre mais a válvula e a vazão é aumentada, uma pressão mínima definida ocorre de forma mais acentuada, conforme mostrado pela curva (*ii*). Embora os efeitos de compressibilidade tornem-se importantes, o escoamento é ainda subsônico em toda parte, e ele é desacelerado na seção divergente. (Claramente, esse comportamento *não* é descrito com exatidão pela equação de Bernoulli.) Finalmente, à medida que a válvula é aberta ainda mais, resulta a curva (*iii*). Na seção de área mínima, o escoamento finalmente atinge $M = 1$, e o bocal é bloqueado — a vazão é a máxima possível para o bocal e as condições de estagnação dados.

Todos os escoamentos com distribuições de pressão (*i*), (*ii*) e (*iii*) são isentrópicos; cada curva está associada a uma única vazão mássica. Finalmente, quando a curva (*iii*) é atingida, as condições críticas estão presentes na garganta. Para essa vazão, o escoamento é bloqueado, e

$$\dot{m} = \rho^* V^* A^*$$

em que $A^* = A_t$, conforme foi para o bocal convergente, e, para essa máxima vazão possível, a Eq. 12.32a aplica-se (com A_e substituída pela área de garganta A_t),

$$\dot{m}_{\text{bloqueado}} = A_t p_0 \sqrt{\frac{k}{RT_0} \left(\frac{2}{k+1}\right)^{(k+1)/2(k-1)}} \tag{12.33a}$$

Note que, para um dado gás (k e R), a vazão mássica no bocal C-D depende *apenas* do tamanho a área da garganta (A_t) e das condições no reservatório (p_0, T_0).

Para o ar, por conveniência, escrevemos a Eq. 12.33a na forma de uma equação de "*engenharia*",

$$\dot{m}_{\text{bloqueado}} = 0{,}04 \, \frac{A_t p_0}{\sqrt{T_0}} \tag{12.33b}$$

Com $\dot{m}_{\text{bloqueado}}$ em kg/s, A_t em m², p_0 em Pa e T_0 em K.

Qualquer tentativa de aumentar a vazão por meio de uma redução adicional na contrapressão não surtirá efeito, pelas duas razões que discutimos anteriormente: uma vez atingidas as condições sônicas, as variações a jusante não podem mais ser transmitidas para montante; e as condições sônicas não podem ser excedidas na garganta, pois isso exigiria uma passagem através do estado sônico em algum lugar na seção convergente, o que é impossível no escoamento isentrópico.

Com condições sônicas na garganta, consideramos o que *pode* acontecer ao escoamento na seção divergente. Já discutimos previamente (veja a Fig. 12.8) que uma seção divergente desacelerará um escoamento subsônico ($M < 1$), mas acelerará um escoamento supersônico ($M > 1$) — comportamentos muito diferentes! Surge, então, a seguinte questão: "Um escoamento sônico comporta-se como um escoamento subsônico ou como um escoamento supersônico quando ele entra em uma seção divergente?" A resposta para essa questão é que ele pode se comportar como qualquer um deles, dependendo da pressão a jusante! Já vimos o comportamento do escoamento subsônico [curva (*iii*)]: a contrapressão aplicada leva a um aumento gradual na pressão a jusante, desacelerando o escoamento. Vamos agora considerar a aceleração do escoamento bloqueado.

Para acelerar o escoamento em uma seção divergente é necessário uma diminuição de pressão. Essa condição é ilustrada pela curva (*iv*) na Fig. 12.13. O escoamento será acelerado isentropicamente no bocal desde que a pressão na saída seja ajustada em p_{iv}. Vemos então que, com um número de Mach na garganta igual à unidade, existem duas condições possíveis de escoamento isentrópico no bocal convergente-divergente. Isso é consistente com os resultados na Fig. 12.10, em que encontramos dois números de Mach para cada A/A^* no escoamento isentrópico.

A redução da contrapressão abaixo da condição (*iv*), digamos para a condição (*v*), não causa efeito algum sobre o escoamento no bocal. O escoamento é isentrópico do pleno até a saída do bocal [como na condição (*iv*)] e, em seguida, ele submete-se a uma expansão

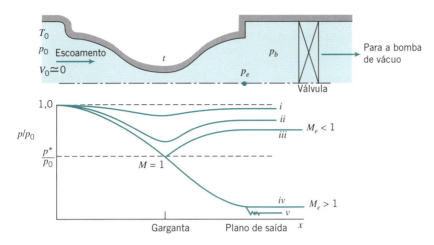

Fig. 12.13 Distribuições de pressão para escoamento isentrópico em um bocal convergente-divergente.

tridimensional e irreversível até a contrapressão mais baixa. Um bocal operando nessas condições é dito *subexpandido*, visto que uma expansão adicional ocorre fora do bocal.

Um bocal convergente-divergente é, em geral, solicitado para produzir escoamento supersônico no plano de saída. Se a contrapressão for ajustada em p_{iv}, o escoamento será isentrópico através do bocal, e supersônico na saída do bocal. Bocais operando com $p_b = p_{iv}$ [correspondendo à curva (*iv*) na Fig. 12.13] são ditos operar nas *condições de projeto*.

O escoamento saindo de um bocal C-D é supersônico quando a contrapressão está na pressão de projeto do bocal ou abaixo dela. O número de Mach na saída é fixo, uma vez especificada a razão de área, A_e/A^*. Todas as outras propriedades no plano de saída (para escoamento isentrópico) estão relacionadas unicamente com as propriedades de estagnação pelo número de Mach fixo no plano de saída. A consideração de escoamento isentrópico para um bocal real nas condições de projeto é razoável. Entretanto, o modelo de escoamento unidimensional é inadequado para o projeto de bocais relativamente curtos para produzir escoamento supersônico uniforme na saída.

Veículos de propulsão a jato usam bocais C-D para acelerar os gases de exaustão à velocidade máxima possível para produzir empuxo elevado. Um bocal de propulsão está sujeito a condições ambientais variáveis durante o voo através da atmosfera, de modo que é impossível obter o máximo empuxo teórico em toda a faixa de operação. Como somente um número de Mach pode ser obtido para cada razão de área, os bocais para túneis de ventos supersônicos são construídos, em geral, com seções de teste intercambiáveis, ou com geometria variável.

Sem dúvida, você notou que nada foi dito sobre a operação de bocais convergentes-divergentes com contrapressão na faixa $p_{iii} > p_b > p_{iv}$. Para tais casos, o escoamento não pode expandir isentropicamente até p_b. Sob essas condições, um choque (que pode ser tratado como uma descontinuidade irreversível envolvendo aumento de entropia) ocorre em algum lugar dentro do escoamento. Após uma discussão sobre choques normais na Seção 12.7, completaremos a discussão de escoamento em bocais convergentes-divergentes na Seção 12.8.

Bocais operando com $p_{iii} > p_b > p_{iv}$ são ditos *sobre-expandidos*, pois a pressão em algum ponto no bocal é menor do que a contrapressão. Obviamente, um bocal sobre-expandido poderia ser modificado para operar em uma nova condição de projeto, removendo a parte da seção divergente. No Exemplo 12.10, nós consideramos o escoamento isentrópico em um bocal C-D; no Exemplo 12.11, consideramos o escoamento bloqueado em um bocal C-D.

Exemplo 12.10 ESCOAMENTO ISENTRÓPICO EM UM BOCAL CONVERGENTE-DIVERGENTE

Ar escoa isentropicamente em um bocal convergente-divergente, com área de saída de 0,001 m². O bocal é alimentado a partir de uma grande câmara, onde as condições de estagnação são 350 K e 1,0 MPa (abs). A pressão de saída é 954 kPa (abs) e o número de Mach na garganta é 0,68. As propriedades do fluido e a área na garganta do bocal, bem como o número de Mach na saída devem ser determinados.

Dados: Escoamento isentrópico de ar em um bocal C-D conforme mostrado:

$T_0 = 350\,\text{K}$
$p_0 = 1{,}0\,\text{MPa (abs)}$
$p_b = 954\,\text{kPa (abs)}$
$M_t = 0{,}68 \quad A_e = 0{,}001\,\text{m}^2$

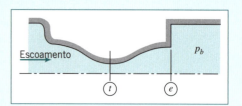

Determinar: (a) As propriedades e a área na garganta do bocal.
(b) M_e.

Solução: A temperatura de estagnação é constante para escoamento isentrópico. Logo, visto que

$$\frac{T_0}{T} = 1 + \frac{k-1}{2}M^2$$

segue que

$$T_t = \frac{T_0}{1 + \dfrac{k-1}{2}M_t^2} = \frac{350\,\text{K}}{1 + 0{,}2(0{,}68)^2} = 320\,\text{K} \longleftarrow \qquad T_t$$

Além disso, como p_0 é constante no escoamento isentrópico, segue que

$$p_t = p_0 \left(\frac{T_t}{T_0}\right)^{k/(k-1)} = p_0 \left[\frac{1}{1 + \dfrac{k-1}{2}M_t^2}\right]^{k/(k-1)}$$

$$p_t = 1{,}0 \times 10^6\,\text{Pa}\left[\frac{1}{1 + 0{,}2(0{,}68)^2}\right]^{3{,}5} = 734\,\text{kPa (abs)} \longleftarrow \qquad p_t$$

logo,

$$\rho_t = \frac{p_t}{RT_t} = 7{,}34 \times 10^5 \frac{\text{N}}{\text{m}^2} \times \frac{\text{kg}\cdot\text{K}}{287\,\text{N}\cdot\text{m}} \times \frac{1}{320\,\text{K}} = 7{,}99\,\text{kg/m}^3 \longleftarrow \qquad \rho_t$$

e

$$V_t = M_t c_t = M_t \sqrt{kRT_t}$$

$$V_t = 0{,}68\left[1{,}4 \times 287\frac{\text{N}\cdot\text{m}}{\text{kg}\cdot\text{K}} \times 320\,\text{K} \times \frac{\text{kg}\cdot\text{m}}{\text{N}\cdot\text{s}^2}\right]^{1/2} = 244\,\text{m/s} \longleftarrow \qquad V_t$$

Da Eq. 12.30d, podemos obter o valor de A_t/A^*

$$\frac{A_t}{A^*} = \frac{1}{M_t}\left[\frac{1 + \dfrac{k-1}{2}M_t^2}{\dfrac{k+1}{2}}\right]^{(k+1)/2(k-1)} = \frac{1}{0{,}68}\left[\frac{1 + 0{,}2(0{,}68)^2}{1{,}2}\right]^{3{,}00} = 1{,}11$$

mas nesse ponto A^* não é conhecido.

Como $M_t < 1$, o escoamento na saída deve ser subsônico. Por conseguinte, $p_e = p_b$. As propriedades de estagnação são constantes, logo

$$\frac{p_0}{p_e} = \left[1 + \frac{k-1}{2} M_e^2\right]^{k/(k-1)}$$

Resolvendo para M_e, resulta

$$M_e = \left\{\left[\left(\frac{p_0}{p_e}\right)^{(k-1)/k} - 1\right] \frac{2}{k-1}\right\}^{1/2} = \left\{\left[\left(\frac{1{,}0 \times 10^6}{9{,}54 \times 10^5}\right)^{0{,}286} - 1\right](5)\right\}^{1/2} = 0{,}26 \longleftarrow \quad M_e$$

O diagrama Ts para esse escoamento é

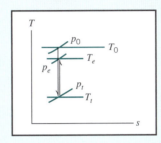

Uma vez que A_e e M_e são conhecidos, podemos calcular A^*. Da Eq. 12.30d,

$$\frac{A_e}{A^*} = \frac{1}{M_e}\left[\frac{1 + \frac{k-1}{2}M_e^2}{\frac{k+1}{2}}\right]^{(k+1)/2(k-1)} = \frac{1}{0{,}26}\left[\frac{1 + 0{,}2(0{,}26)^2}{1{,}2}\right]^{3{,}00} = 2{,}317$$

Então,

$$A^* = \frac{A_e}{2{,}317} = \frac{0{,}001\ \text{m}^2}{2{,}317} = 4{,}32 \times 10^{-4}\ \text{m}^2$$

e

$$A_t = 1{,}110 A^* = (1{,}110)(4{,}32 \times 10^{-4}\ \text{m}^2)$$
$$= 4{,}80 \times 10^{-4}\ \text{m}^2 \longleftarrow \quad A_t$$

> Este problema ilustra o uso das equações isentrópicas, Eq. 12.30a, para escoamento em um bocal C-D que não está bloqueado.
> * Note que o uso da Eq. 12.30d nos permitiu obter a área da garganta, sem precisar primeiro calcular as outras propriedades.
>
> 💻 A planilha *Excel* para este exemplo é conveniente para realizar os cálculos (usando ou as equações isentrópicas ou as equações básicas). (Os programas *add-ins Excel* para escoamento isentrópico, no GEN-IO, ambiente virtual de aprendizagem do GEN, também tornam os cálculos muito mais facilitados.)

Exemplo 12.11 ESCOAMENTO ISENTRÓPICO EM UM BOCAL CONVERGENTE-DIVERGENTE: ESCOAMENTO BLOQUEADO

O bocal do Exemplo 12.10 tem uma contrapressão de projeto de 87,5 kPa (abs), mas é operado com uma contrapressão de 50,0 kPa (abs). Considere que o escoamento dentro do bocal seja isentrópico. Determine o número de Mach na saída e a vazão mássica.

Dados: Escoamento de ar através de um bocal C-D conforme mostrado:

$T_0 = 350\ \text{K}$
$p_0 = 1{,}0\ \text{MPa (abs)}$
$p_e(\text{projeto}) = 87{,}5\ \text{kPa (abs)}$
$p_b = 50{,}0\ \text{kPa (abs)}$
$A_e = 0{,}001\ \text{m}^2$
$A_t = 4{,}8 \times 10^{-4}\ \text{m}^2$ (Exemplo 12.10)

Determinar: (a) M_e.
(b) $\dot{m}$.

Solução: A contrapressão de operação está *abaixo* da pressão de projeto. Desse modo, o bocal está subexpandido e o diagrama Ts e a distribuição de pressão serão conforme mostrado:

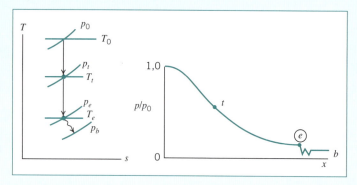

O escoamento *dentro* do bocal será isentrópico, mas a expansão irreversível de p_e para p_b causará um aumento de entropia; $p_e = p_e$ (de projeto) = 87,5 kPa (abs).

Como as propriedades de estagnação são constantes para escoamento isentrópico, o número de Mach de saída pode ser calculado a partir da razão de pressão. Assim,

$$\frac{p_0}{p_e} = \left[1 + \frac{k-1}{2} M_e^2\right]^{k/(k-1)}$$

ou

$$M_e = \left\{\left[\left(\frac{p_0}{p_e}\right)^{(k-1)/k} - 1\right]\frac{2}{k-1}\right\}^{1/2} = \left\{\left[\left(\frac{1,0 \times 10^6}{8,75 \times 10^4}\right)^{0,286} - 1\right]\frac{2}{0,4}\right\}^{1/2}$$

$$= 2,24 \qquad\qquad\qquad\qquad\qquad\qquad\qquad\qquad M_e$$

Visto que o escoamento é bloqueado, podemos usar a Eq. 12.33b para a vazão mássica,

$$\dot{m}_{\text{bloqueado}} = 0,04 \frac{A_t p_0}{\sqrt{T_0}} \qquad (12.33b)$$

(com $\dot{m}_{\text{bloqueado}}$ em kg/s, A_t em m², p_0 em Pa e T_0 em K), logo

$$\dot{m}_{\text{bloqueado}} = 0,04 \times 4,8 \times 10^{-4} \times 1 \times 10^6 / \sqrt{350}$$

$$\dot{m} = \dot{m}_{\text{bloqueado}} = 1,04 \text{ kg/s} \qquad\qquad\qquad \dot{m}$$

> Este problema ilustra o uso das equações isentrópicas, Eq. 12.30a, para escoamento em um bocal C-D que está bloqueado.
> • Note que usamos a Eq. 12.33b na forma de uma "equação de engenharia" — isto é, uma equação contendo um coeficiente que tem unidades. Embora isso tenha sido útil aqui, essas equações são pouco usadas em engenharia porque sua aplicação correta depende do uso dos valores das variáveis de entrada em unidades específicas.
>
> 💻 A planilha *Excel* para este exemplo é conveniente para realizar os cálculos (usando ou as equações isentrópicas ou as equações básicas). (Os programas *add-ins Excel* para escoamento isentrópico, no GEN-IO, ambiente virtual de aprendizagem do GEN, também tornam os cálculos muito mais facilitados.)

12.7 Choques Normais

Mencionamos anteriormente os choques normais na seção precedente no contexto do escoamento através de um bocal. Na prática, essas descontinuidades irreversíveis podem ocorrer em qualquer campo do escoamento supersônico, tanto no escoamento interno quanto no escoamento externo. O conhecimento das variações de propriedades através dos choques e do comportamento dos choques é importante para a compreensão do projeto de difusores supersônicos, por exemplo, para as tomadas de ar de aviões de alto desempenho e de túneis de vento supersônicos. Isso posto, o propósito desta seção é analisar o processo de choque normal.

Antes de aplicar as equações básicas aos choques normais, é importante formar um quadro físico claro do choque em si. Embora seja fisicamente impossível ter descontinuidades nas propriedades dos fluidos, o choque normal é aproximadamente descontínuo. A espessura de um choque é cerca de 0,2 μm ou, grosseiramente, quatro vezes o caminho livre médio das moléculas de gases [5]. Grandes variações na pressão, temperatura e em outras propriedades ocorrem através dessa pequena distância. As desacelerações locais das partículas do fluido atingem dezenas de milhões de *g*s! Essas considerações justifi-

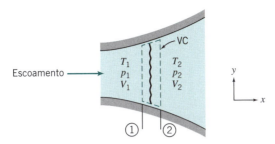

Fig. 12.14 Volume de controle usado na análise de choque normal.

cam tratar o choque normal como uma descontinuidade súbita; estamos mais interessados nas mudanças que ocorrem através do choque do que nos detalhes da sua estrutura.

Considere um pequeno volume de controle envolvendo um choque normal estabelecido em uma passagem de forma arbitrária, conforme mostrado na Fig. 12.14. Como para o escoamento isentrópico com variação de área (Seção 12.6), nosso ponto de partida na análise do choque normal é o conjunto de equações básicas (Eqs. 12.24), descrevendo um movimento unidimensional que pode ser afetado por diversos fenômenos: variação de área, atrito e transferência de calor. Essas equações são

$$\rho_1 V_1 A_1 = \rho_2 V_2 A_2 = \rho V A = \dot{m} = \text{constante} \tag{12.24a}$$

$$R_x + p_1 A_1 - p_2 A_2 = \dot{m} V_2 - \dot{m} V_1 \tag{12.24b}$$

$$\frac{\delta Q}{dm} + h_1 + \frac{V_1^2}{2} = h_2 + \frac{V_2^2}{2} \tag{12.24c}$$

$$\dot{m}(s_2 - s_1) \geq \int_{SC} \frac{1}{T}\left(\frac{\dot{Q}}{A}\right) dA \tag{12.24d}$$

$$p = \rho R T \tag{12.24e}$$

$$\Delta h = h_2 - h_1 = c_p \Delta T = c_p(T_2 - T_1) \tag{12.24f}$$

$$\Delta s = s_2 - s_1 = c_p \ln \frac{T_2}{T_1} - R \ln \frac{p_2}{p_1} \tag{12.24g}$$

Relembremos que a Eq. 12.24a é a *equação da continuidade*, a Eq. 12.24b é uma *equação da quantidade de movimento*, a Eq. 12.24c é uma *equação de energia*, a Eq. 12.24d é a *segunda lei da termodinâmica* e as Eqs. 12.24e, 12.24f e 12.24g são *relações de propriedades* úteis para um gás ideal com calores específicos constantes.

Equações Básicas para um Choque Normal

Podemos agora simplificar as Eqs. 12.24 para escoamento de um gás ideal com calores específicos constantes através de um choque normal. O aspecto mais importante da simplificação é que a largura do volume de controle é infinitesimal (na realidade, cerca de 0,2 μm como já mencionado) e daí, $A_1 \approx A_2 \approx A$, a força devido às paredes $R_x \approx 0$ (porque a área da superfície da parede do volume de controle é infinitesimal) e a transferência de calor com as paredes $\delta Q/dm \approx 0$, pela mesma razão. Desse modo, para esse escoamento, nossas equações tornam-se

$$\rho_1 V_1 = \rho_2 V_2 = \frac{\dot{m}}{A} = \text{constante} \tag{12.34a}$$

$$p_1 A - p_2 A = \dot{m} V_2 - \dot{m} V_1$$

640 Capítulo 12

ou, utilizando a Eq. 12.34a,

$$p_1 + \rho_1 V_1^2 = p_2 + \rho_2 V_2^2 \qquad (12.34\text{b})$$

$$h_{0_1} = h_1 + \frac{V_1^2}{2} = h_2 + \frac{V_2^2}{2} = h_{0_2} \qquad (12.34\text{c})$$

$$s_2 > s_1 \qquad (12.34\text{d})$$

$$p = \rho R T \qquad (12.34\text{e})$$

$$\Delta h = h_2 - h_1 = c_p \Delta T = c_p (T_2 - T_1) \qquad (12.34\text{f})$$

$$\Delta s = s_2 - s_1 = c_p \ln \frac{T_2}{T_1} - R \ln \frac{p_2}{p_1} \qquad (12.34\text{g})$$

As Eqs. 12.34 podem ser usadas para analisar escoamento através de um choque normal. Por exemplo, se conhecermos as condições antes do choque, na seção ①, (isto é, p_1, ρ_1, T_1, s_1, h_1 e V_1), podemos utilizar essas equações para determinar as condições após o choque, na seção ②. Temos seis equações (não incluindo a restrição da Eq. 12.34d) e seis incógnitas (p_2, ρ_2, T_2, s_2, h_2 e V_2). Portanto, para condições a montante dadas, existe um único estado singular a jusante. Na prática, esse procedimento é trabalhoso — conforme vimos em seções anteriores, temos um conjunto de equações *algébricas não lineares acopladas* para resolver.

Podemos certamente usar essas equações para analisar choques normais, porém é mais útil, em geral, desenvolver funções para choques normais baseados em M_1, o número de Mach a montante. Antes disso, vamos considerar o conjunto de equações. Temos dito repetidamente neste capítulo que variações em um escoamento unidimensional podem ser causadas por variação de área, atrito ou transferência de calor. Porém, na dedução das Eqs. 12.34, eliminamos todas as três causas! Nesse caso, portanto, o que está fazendo o escoamento mudar? Talvez não existam variações através de um choque normal! Na verdade, se examinarmos cada uma dessas equações, veremos que cada uma delas é satisfeita — tem uma "solução" possível — se todas as propriedades na posição ② forem iguais às propriedades correspondentes na posição ① (por exemplo, $p_2 = p_1$, $T_2 = T_1$) *exceto* para a Eq. 12.34d, que expressa a segunda lei da termodinâmica. A natureza está nos dizendo que, na ausência de variação de área, atrito e transferência de calor, as propriedades do escoamento não variarão, *a não ser* de maneira muito abrupta, irreversível, em que a entropia aumenta. De fato, todas as propriedades, com exceção de T_0, *variam* através do choque. Devemos encontrar uma solução que satisfaça *todas* as Eqs. 12.34.

Como essas equações formam um conjunto não linear acoplado, é difícil usar as Eqs. 12.34 para ver exatamente o que acontece através de um choque normal. Vamos adiar a prova formal dos resultados que estamos prestes a apresentar até uma subseção subsequente, na qual remodelamos as equações em termos do número de Mach na entrada. Essa remodelagem é bastante matemática, de modo que apresentamos os resultados da análise aqui para melhor clareza.

Acontece que um choque normal pode ocorre apenas quando o escoamento de entrada é supersônico. Os escoamentos fluidos geralmente se ajustarão gradualmente às condições a jusante (por exemplo, um obstáculo no escoamento) conforme o campo de pressão redireciona o escoamento (por exemplo, em torno de um objeto). Entretanto, se o escoamento está se movendo a uma velocidade tal que o campo de pressão não pode se propagar a montante (quando a velocidade do escoamento, V, é maior do que a velocidade local do som, c, ou em outras palavras $M > 1$), então o fluido tem que se ajustar "violentamente" para as condições a jusante. O choque que um escoamento supersônico pode encontrar é como uma martelada que cada partícula fluida sofre; a pressão aumenta subitamente através do choque, de modo que no instante em

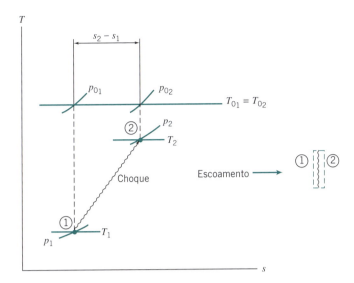

Fig. 12.15 Desenho esquemático de um processo de choque normal no plano Ts.

que uma partícula está passando através do choque, existe um gradiente negativo de pressão muito grande. Esse gradiente de pressão causa uma drástica redução na velocidade, V, e consequentemente um rápido aumento na temperatura, T, visto que a energia cinética é convertida em energia térmica interna.

Podemos perguntar o que acontece com a massa específica porque tanto a temperatura quanto a pressão aumentam através do choque, levando a variações opostas na massa específica; verifica-se que a massa específica, ρ, aumenta através do choque. Como o choque é adiabático, mas altamente irreversível, a entropia, s, aumenta através do choque. Finalmente, vemos que conforme a velocidade, V, diminui e a velocidade do som c, aumenta (porque a temperatura, T, aumenta) através do choque, o número de Mach, M, diminui; de fato, veremos mais tarde que ele sempre se torna subsônico. Esses resultados são mostrados graficamente na Fig. 12.15 e na forma tabular na Tabela 12.1.

Funções de Escoamento de Choque Normal para Escoamento Unidimensional de um Gás Ideal

As equações básicas, Eqs. 12.34, podem ser usadas para analisar escoamentos que experimentam um choque normal. Como no escoamento isentrópico, é frequentemente mais conveniente, utilizar as equações baseadas no número de Mach, que, nesse caso, são baseadas no número de Mach inicial, M_1. Isso envolve três etapas: primeiro, obtivemos as razões de propriedades (por exemplo, T_2/T_1 e p_2/p_1) em termos de M_2 e M_1. Em seguida, desenvolvemos uma relação entre M_1 e M_2 e, finalmente, usamos essa

Tabela 12.1
Resumo das Variações das Propriedades Através de um Choque Normal

Propriedade	Efeito	Obtido a partir:
Temperatura de estagnação	T_0 = constante	Equação de energia
Entropia	$s \Uparrow$	Segunda lei da termodinâmica
Pressão de estagnação	$p_0 \Downarrow$	Diagrama Ts
Temperatura	$T \Uparrow$	Diagrama Ts
Velocidade	$V \Downarrow$	Equação de energia, e efeito sobre T
Massa específica	$\rho \Uparrow$	Equação da continuidade, e efeito sobre V
Pressão	$p \Uparrow$	Equação da quantidade de movimento, e efeito sobre V
Número de Mach	$M \Downarrow$	$M = V/c$, e efeitos sobre V e T

642 Capítulo 12

relação para obter expressões para as razões de propriedades em termos do número de Mach a montante, M_1.

A razão de temperaturas pode ser expressa como

$$\frac{T_2}{T_1} = \frac{T_2}{T_{0_2}} \frac{T_{0_2}}{T_{0_1}} \frac{T_{0_1}}{T_1}$$

Visto que a temperatura de estagnação é constante através do choque, temos

$$\frac{T_2}{T_1} = \frac{1 + \dfrac{k-1}{2} M_1^2}{1 + \dfrac{k-1}{2} M_2^2} \tag{12.35}$$

Uma razão de velocidades pode ser obtida usando

$$\frac{V_2}{V_1} = \frac{M_2 c_2}{M_1 c_1} = \frac{M_2}{M_1} \frac{\sqrt{kRT_2}}{\sqrt{kRT_1}} = \frac{M_2}{M_1} \sqrt{\frac{T_2}{T_1}}$$

ou

$$\frac{V_2}{V_1} = \frac{M_2}{M_1} \left[\frac{1 + \dfrac{k-1}{2} M_1^2}{1 + \dfrac{k-1}{2} M_2^2} \right]^{1/2}$$

Uma razão de massas específicas pode ser obtida da equação da continuidade

$$\rho_1 V_1 = \rho_2 V_2 \tag{12.34a}$$

de modo que

$$\frac{\rho_2}{\rho_1} = \frac{V_1}{V_2} = \frac{M_1}{M_2} \left[\frac{1 + \dfrac{k-1}{2} M_2^2}{1 + \dfrac{k-1}{2} M_1^2} \right]^{1/2} \tag{12.36}$$

Finalmente, temos a equação de quantidade de movimento,

$$p_1 + \rho_1 V_1^2 = p_2 + \rho_2 V_2^2 \tag{12.34b}$$

Substituindo $\rho = p/RT$, e colocando as pressões em evidência, resulta

$$p_1 \left[1 + \frac{V_1^2}{RT_1} \right] = p_2 \left[1 + \frac{V_2^2}{RT_2} \right]$$

Como

$$\frac{V^2}{RT} = k \frac{V^2}{kRT} = kM^2$$

então,

$$p_1 \left[1 + kM_1^2 \right] = p_2 \left[1 + kM_2^2 \right]$$

Finalmente,

$$\frac{p_2}{p_1} = \frac{1 + kM_1^2}{1 + kM_2^2} \tag{12.37}$$

Para achar M_2 em função de M_1, devemos obter outra expressão para uma das razões de propriedades dadas pelas Eqs. 12.35 a 12.37.

Da equação de estado de gás ideal, a razão de temperaturas pode ser escrita como

$$\frac{T_2}{T_1} = \frac{p_2/\rho_2 R}{p_1/\rho_1 R} = \frac{p_2}{p_1}\frac{\rho_1}{\rho_2}$$

Substituindo das Eqs. 12.36 e 12.37, resulta

$$\frac{T_2}{T_1} = \left[\frac{1 + kM_1^2}{1 + kM_2^2}\right]\frac{M_2}{M_1}\left[\frac{1 + \dfrac{k-1}{2}M_1^2}{1 + \dfrac{k-1}{2}M_2^2}\right]^{1/2} \tag{12.38}$$

As Eqs. 12.35 e 12.38 são duas equações para T_2/T_1. Podemos combiná-las e resolver para M_2 em termos de M_1. Combinando e cancelando, resulta

$$\left[\frac{1 + \dfrac{k-1}{2}M_1^2}{1 + \dfrac{k-1}{2}M_2^2}\right]^{1/2} = \frac{M_2}{M_1}\left[\frac{1 + kM_1^2}{1 + kM_2^2}\right]$$

Elevando ao quadrado, obtivemos

$$\frac{1 + \dfrac{k-1}{2}M_1^2}{1 + \dfrac{k-1}{2}M_2^2} = \frac{M_2^2}{M_1^2}\left[\frac{1 + 2kM_1^2 + k^2M_1^4}{1 + 2kM_2^2 + k^2M_2^4}\right]$$

que pode ser resolvida explicitamente para M_2^2. Duas soluções são obtidas:

$$M_2^2 = M_1^2 \tag{12.39a}$$

e

$$M_2^2 = \frac{M_1^2 + \dfrac{2}{k-1}}{\dfrac{2k}{k-1}M_1^2 - 1} \tag{12.39b}$$

Obviamente, a primeira delas é trivial. A segunda expressa a dependência singular de M_2 em relação a M_1.

Agora, tendo uma relação entre M_2 e M_1, podemos resolver para as razões de propriedades através de um choque. Conhecendo M_1, pode-se obter M_2 da Eq. 12.38b; as razões de propriedades podem ser determinadas subsequentemente das Eqs. 12.35 a 12.37.

Uma vez que a temperatura de estagnação permanece constante, a razão de temperaturas de estagnação através do choque é a unidade. A razão de pressões de estagnação é avaliada como

$$\frac{p_{0_2}}{p_{0_1}} = \frac{p_{0_2}}{p_2}\frac{p_2}{p_1}\frac{p_1}{p_{0_1}} = \frac{p_2}{p_1}\left[\frac{1 + \dfrac{k-1}{2}M_2^2}{1 + \dfrac{k-1}{2}M_1^2}\right]^{k/(k-1)} \tag{12.40}$$

Combinando as Eqs. 12.37 e 12.39b, obtivemos (após considerável algebrismo)

$$\frac{p_2}{p_1} = \frac{1 + kM_1^2}{1 + kM_2^2} = \frac{2k}{k+1}M_1^2 - \frac{k-1}{k+1} \tag{12.41}$$

Usando as Eqs. 12.39b e 12.41, verificamos que a Eq. 12.40 torna-se

$$\frac{p_{0_2}}{p_{0_1}} = \frac{\left[\dfrac{\dfrac{k+1}{2}M_1^2}{1 + \dfrac{k-1}{2}M_1^2}\right]^{k/(k-1)}}{\left[\dfrac{2k}{k+1}M_1^2 - \dfrac{k-1}{k+1}\right]^{1/(k-1)}} \tag{12.42}$$

644 Capítulo 12

Após substituição para M_2^2 das Eqs. 12.39b nas Eqs. 12.35 e 12.36, resumimos o conjunto de equações baseadas no número de Mach (numeradas de novo por conveniência) para uso com um gás ideal passando através de um choque normal:

$$M_2^2 = \frac{M_1^2 + \dfrac{2}{k-1}}{\dfrac{2k}{k-1}M_1^2 - 1} \tag{12.43a}$$

$$\frac{p_{0_2}}{p_{0_1}} = \frac{\left[\dfrac{\dfrac{k+1}{2}M_1^2}{1 + \dfrac{k-1}{2}M_1^2}\right]^{k/(k-1)}}{\left[\dfrac{2k}{k+1}M_1^2 - \dfrac{k-1}{k+1}\right]^{1/(k-1)}} \tag{12.43b}$$

$$\frac{T_2}{T_1} = \frac{\left(1 + \dfrac{k-1}{2}M_1^2\right)\left(kM_1^2 - \dfrac{k-1}{2}\right)}{\left(\dfrac{k+1}{2}\right)^2 M_1^2} \tag{12.43c}$$

$$\frac{p_2}{p_1} = \frac{2k}{k+1}M_1^2 - \frac{k-1}{k+1} \tag{12.43d}$$

$$\frac{\rho_2}{\rho_1} = \frac{V_1}{V_2} = \frac{\dfrac{k+1}{2}M_1^2}{1 + \dfrac{k-1}{2}M_1^2} \tag{12.43e}$$

As Eqs. 12.43 são úteis para analisar o escoamento através de um choque normal. Note que todas as variações através de um choque normal dependem apenas de M_1, o número de Mach na entrada (bem como da propriedade do fluido, k, a razão dos calores específicos). As equações são normalmente preferíveis àquelas equações originais, as Eqs. 12.34, porque fornecem expressões explícitas e não acopladas para variações das propriedades; as Eqs. 12.34 também são ocasionalmente úteis. Note que a Eq. 12.43d requer $M_1 > 1$ para $p_2 > p_1$, o que concorda com nossa discussão anterior. A razão p_2/p_1 é conhecida como a *intensidade* do choque; quanto maior for o número de Mach de entrada, mais forte (mais violento) é o choque.

As Eqs. 12.43 embora sejam algebricamente bastante complexas, fornecem relações explícitas de propriedades em termos do número de Mach na entrada, M_1. Elas são facilmente programáveis, e existem também páginas interativas da Internet que disponibilizam essas equações (veja, por exemplo, [4]). Elas são bem fáceis de ser definidas em uma planilha computacional como a do *Excel*. O leitor deve baixar os programas *add-ins* do *Excel* para essas equações no GEN-IO, ambiente virtual de aprendizagem do GEN, com esses programas, funções são disponíveis para calcular M_2 e a pressão de estagnação, temperatura, pressão e razões de massa específica/velocidade em função de M_1, assim como M_2 em função dessas razões. O Apêndice D.2 lista funções de escoamento para M_2 e para as razões de propriedades p_{0_2}/p_{0_1}, T_2/T_1, p_2/p_1 e ρ_2/ρ_1 (V_1/V_2) em função de M_1 para escoamento de um gás ideal através de um choque normal. Uma tabela de valores, bem como um gráfico dessas razões de propriedades, é apresentada para o ar ($k = 1,4$), para uma faixa limitada de números de Mach. A planilha associada do *Excel, Relações de Choque Normal*, pode ser usada para imprimir uma tabela maior para o ar e outros gases ideais. Um problema envolvendo um choque normal é resolvido no Exemplo 12.12.

Exemplo 12.12 CHOQUE NORMAL EM UM DUTO

Um choque normal ocorre em um duto. O fluido é ar, que pode ser considerado um gás ideal. As propriedades a montante do choque são $T_1 = 5°C$, $p_1 = 65,0$ kPa (abs) e $V_1 = 668$ m/s. Determine as propriedades a jusante e $s_2 - s_1$. Esboce o processo em um diagrama Ts.

Dados: Choque normal em um duto, conforme mostrado:

$$T_1 = 5°C$$
$$P_1 = 65,0 \text{ kPa (abs)}$$
$$V_1 = 668 \text{ m/s}$$

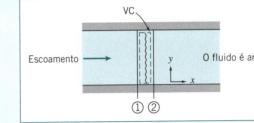

Determinar:
(a) Propriedades na seção ②.
(b) $s_2 - s_1$.
(c) O diagrama Ts.

Solução: Primeiro, calcule as propriedades restantes na seção ①. Para um gás ideal,

$$\rho_1 = \frac{p_1}{RT_1} = 6,5 \times 10^4 \frac{\text{N}}{\text{m}^2} \times \frac{\text{kg·K}}{287 \text{ N·m}} \times \frac{1}{278 \text{ K}} = 0,815 \text{ kg/m}^3$$

$$c_1 = \sqrt{kRT_1} = \left[1,4 \times 287 \frac{\text{N·m}}{\text{kg·K}} \times 278 \text{ K} \times \frac{\text{kg·m}}{\text{N·s}^2}\right]^{1/2} = 334 \text{ m/s}$$

Então,

$$M_1 = \frac{V_1}{c_1} = \frac{668}{334} = 2,00,$$ e (usando as relações de estagnação isentrópica, Eqs. 12.21a e 12.21b)

$$T_{0_1} = T_1\left(1 + \frac{k-1}{2}M_1^2\right) = 278 \text{ K}[1 + 0,2(2,0)^2] = 500 \text{ K}$$

$$p_{0_1} = p_1\left(1 + \frac{k-1}{2}M_1^2\right)^{k/(k-1)} = 65,0 \text{ kPa}[1 + 0,2(2,0)^2]^{3,5} = 509 \text{ kPa (abs)}$$

A partir das funções de escoamento de choque normal, Eqs. 12.43 para $M_1 = 2,0$,

M_1	M_2	p_{0_2}/p_{0_1}	T_2/T_1	p_2/p_1	V_2/V_1
2,00	0,5774	0,7209	1,687	4,500	0,3750

Desses dados,

$$T_2 = 1,687 T_1 = (1,687)278 \text{ K} = 469 \text{ K} \longleftarrow \quad T_2$$

$$p_2 = 4,500 p_1 = (4,500)65,0 \text{ kPa} = 293 \text{ kPa (abs)} \longleftarrow \quad p_2$$

$$V_2 = 0,3750 V_1 = (0,3750)668 \text{ m/s} = 251 \text{ m/s} \longleftarrow \quad V_2$$

Para um gás ideal,

$$\rho_2 = \frac{p_2}{RT_2} = 2,93 \times 10^5 \frac{\text{N}}{\text{m}^2} \times \frac{\text{kg·K}}{287 \text{ N·m}} \times \frac{1}{469 \text{ K}} = 2,18 \text{ kg/m}^3 \longleftarrow \quad \rho_2$$

A temperatura de estagnação é constante no escoamento adiabático. Portanto,

$$T_{0_2} = T_{0_1} = 500 \text{ K} \longleftarrow \quad T_{0_2}$$

Usando as razões de propriedades para um choque normal, obtemos

$$p_{0_2} = p_{0_1} \frac{p_{0_2}}{p_{0_1}} = 509 \text{ kPa } (0,7209) = 367 \text{ kPa (abs)} \longleftarrow \quad p_{0_2}$$

Para a variação de entropia (Eq. 12.34g),

$$s_2 - s_1 = c_p \ln \frac{T_2}{T_1} - R \ln \frac{p_2}{p_1}$$

Porém $s_{0_2} - s_{0_1} = s_2 - s_1$, então

$$s_{0_2} - s_{0_1} = s_2 - s_1 = c_p \ln \underbrace{\frac{T_{0_2}}{T_{0_1}}}_{=0} - R \ln \frac{p_{0_2}}{p_{0_1}} = -0{,}287 \frac{kJ}{kg \cdot K} \times \ln(0{,}7209)$$

$$s_2 - s_1 = 0{,}0939 \text{ kJ}/(\text{kg} \cdot \text{K}) \longleftarrow s_2 - s_1$$

O diagrama Ts é

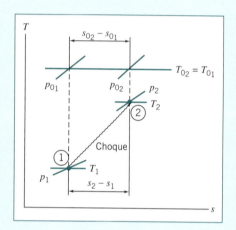

Este problema ilustra o uso das relações de choque normal, Eqs. 12.43, para analisar escoamento de um gás ideal através de um choque normal.

💻 A planilha *Excel* para este exemplo é conveniente para realizar os cálculos. (Alternativamente, os programas *add-ins* do *Excel* de relações de choques normais, disponíveis no GEN-IO, ambiente virtual de aprendizagem do GEN, são úteis para esses cálculos.)

12.8 Escoamento Supersônico em Canais, com Choque

O escoamento ser supersônico é uma condição necessária para que o choque normal ocorra. A possibilidade de ocorrência de um choque normal deve ser considerada em qualquer escoamento supersônico. Algumas vezes, um choque *deve* acontecer para atender uma condição de pressão a jusante; convém determinar se um choque ocorrerá e qual a sua localização quando ele ocorrer.

Nesta seção, o escoamento isentrópico em um bocal convergente-divergente (Seção 12.6) é estendido para incluir choques e completar nossa discussão sobre escoamento em bocal convergente-divergente operando sob pressões de retorno variáveis. A distribuição de pressão através de um bocal para diferentes contrapressões é mostrada na Fig. 12.16.

Quatro regimes de escoamento são possíveis. No Regime I, o escoamento é totalmente subsônico. A vazão mássica aumenta com o decréscimo da contrapressão. Na condição (*iii*), que forma a linha divisória entre os Regimes I e II, o escoamento na garganta é sônico, $M_t = 1$.

À medida que a contrapressão é reduzida abaixo da condição (*iii*), um choque normal aparece a jusante da garganta, conforme mostrado pela condição (*vi*). Há um aumento de pressão através do choque. Como o escoamento é subsônico ($M < 1$) atrás do choque, ocorre uma desaceleração acompanhada de um aumento de pressão através do canal divergente. À medida que a contrapressão é reduzida ainda mais, o choque move-se para jusante até aparecer no plano de saída (condição *vii*). No Regime II, assim como no Regime I, o escoamento de saída é subsônico e, por conseguinte, $p_e = p_b$. Como as propriedades do escoamento na garganta são constantes para todas as condições no Regime II, a vazão mássica no Regime II não varia com a contrapressão.

No Regime III, conforme exemplificado pela condição (*viii*), a contrapressão é mais alta do que a pressão de saída, mas não o suficiente para sustentar um choque normal

Introdução ao Escoamento Compressível 647

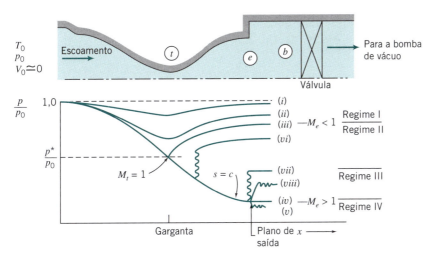

Fig. 12.16 Distribuições de pressão para escoamento em um bocal convergente-divergente para diferentes contrapressões.

no plano de saída. O escoamento ajusta-se para a contrapressão através de uma série de choques de compressão oblíquos fora do bocal; esses choques oblíquos não podem ser tratados pela teoria unidimensional.

Conforme previamente assinalado na Seção 12.6, a condição (iv) representa a condição de projeto. No Regime IV, o escoamento ajusta-se para a contrapressão mais baixa através de uma série de ondas de expansão oblíquas fora do bocal; essas ondas de expansão oblíquas não podem ser tratadas pela teoria unidimensional.

O diagrama Ts para escoamento em bocal convergente-divergente com um choque normal é mostrado na Fig. 12.17; o estado ① está localizado imediatamente a montante do choque e o estado ② imediatamente a jusante. O aumento de entropia através do choque move o escoamento subsônico a jusante para uma nova linha isentrópica. A temperatura crítica é constante, de modo que p_2^* é menor que p_1^*. Como $\rho^* = p^*/RT^*$, a massa específica crítica a jusante também é reduzida. Para transportar a mesma vazão em massa, o escoamento a jusante deve ter uma área crítica maior. Da continuidade (e da equação de estado), a razão de área crítica é o inverso da razão de pressão crítica, isto é, através de um choque, $p^*A^* =$ constante.

Se o número de Mach (ou posição) do choque normal no bocal for conhecido, a pressão no plano de saída pode ser calculada diretamente. Na situação mais realista, a pressão no plano de saída é especificada, e a posição e intensidade do choque são desconhecidas. O escoamento subsônico a jusante deve deixar o bocal na contrapressão, de modo que $p_b = p_e$. Logo,

$$\frac{p_b}{p_{0_1}} = \frac{p_e}{p_{0_1}} = \frac{p_e}{p_{0_2}} \frac{p_{0_2}}{p_{0_1}} = \frac{p_e}{p_{0_2}} \frac{A_1^*}{A_2^*} = \frac{p_e}{p_{0_2}} \frac{A_t}{A_e} \frac{A_e}{A_2^*} \qquad (12.44)$$

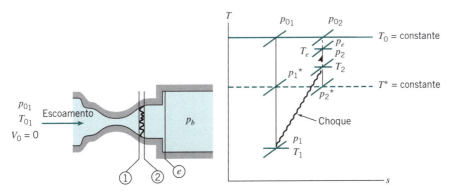

Fig. 12.17 Diagrama esquemático Ts para escoamento em um bocal convergente-divergente com um choque normal.

648 Capítulo 12

Como o escoamento é isentrópico do estado ② (após o choque) ao plano da saída, $A_2^* = A_e^*$ e $p_{0_2} = p_{0_e}$. Assim, da Eq. 12.44, podemos escrever

$$\frac{p_e}{p_{0_1}} = \frac{p_e}{p_{0_2}} \frac{A_t}{A_e} \frac{A_e}{A_2^*} = \frac{p_e}{p_{0_e}} \frac{A_t}{A_e} \frac{A_e}{A_e^*}$$

Rearranjando,

$$\frac{p_e}{p_{0_1}} \frac{A_e}{A_t} = \frac{p_e}{p_{0_e}} \frac{A_e}{A_e^*} \tag{12.45}$$

Na Eq. 12.45, o lado esquerdo tem quantidades conhecidas, e o lado direito é uma função somente do número de Mach na saída M_e. A razão de pressão é obtida a partir da relação de pressão de estagnação (Eq. 12.21a); a razão de área é obtida da relação de área isentrópica (Eq. 12.30d). A determinação de M_e a partir da Eq. 12.45 normalmente requer iteração. Conhecido M_e, a magnitude e o local do choque normal podem ser determinados rearranjando a Eq. 12.45 (lembrando que $p_{0_2} = p_{0_e}$).

$$\frac{p_{0_2}}{p_{0_1}} = \frac{A_t}{A_e} \frac{A_e}{A_e^*} \tag{12.46}$$

Na Eq. 12.46, o lado direito é conhecido (a primeira razão de área é dada e a segunda é uma função de M_e apenas), e o lado esquerdo é uma função somente do número de Mach antes do choque, M_1. Então, M_1, pode ser determinado. A área na qual esse choque ocorre pode, portanto, ser determinada a partir da relação de área isentrópica (Eq. 12.30d, com $A^* = A_t$), para escoamento isentrópico entre a garganta e o estado ①.

Neste capítulo introdutório sobre escoamento incompressível, cobrimos alguns dos fenômenos básicos do escoamento e apresentamos as equações que nos permitem obter as propriedades do escoamento em algumas das situações de escoamentos simples. Existem muitas situações de escoamentos compressíveis complexos, e fornecemos uma introdução para alguns desses tópicos avançados na Internet. Formação de choque em um bocal CD, escoamentos unidimensionais com atrito e/ou com transferência de calor, e choque bidimensional e ondas de expansão são estudados nestas seções.

12.8 Escoamento Supersônico em Canais, com Choque (continuação, no GEN-IO)

12.9 Escoamento em Duto de Área Constante, com Atrito (no GEN-IO)

12.10 Escoamento sem Atrito em um Duto de Área Constante, com Transferência de Calor (no GEN-IO)

12.11 Choques Oblíquos e Ondas de Expansão (no GEN-IO)

12.12 Resumo e Equações Úteis

Neste capítulo, nós:

✓ Revisamos as equações básicas usadas na termodinâmica, incluindo as relações isentrópicas.
✓ Introduzimos algumas terminologias de escoamentos compressíveis, tais como as definições de número de Mach e de escoamentos subsônico, supersônico, transônico e hipersônico.
✓ Aprendemos sobre diversos fenômenos que dizem respeito ao som, incluindo que a velocidade do som em um gás ideal é uma função somente da temperatura ($c = \sqrt{kRT}$), e que o cone de Mach e o ângulo de Mach determinam quando um veículo supersônico é ouvido no solo.
✓ Aprendemos que existem dois estados de referência úteis para um escoamento compressível: a condição de estagnação isentrópica e a condição crítica de estagnação isentrópica.

Introdução ao Escoamento Compressível **649**

✓ Desenvolvemos um conjunto de equações básicas (continuidade, quantidade de movimento, a primeira e a segunda leis da termodinâmica, e equações de estado) para escoamento unidimensional de um fluido compressível (em particular um gás ideal), conforme ele pode ser afetado pela variação de área, atrito, transferência de calor e choques normais.
✓ Simplificamos essas equações para escoamento isentrópico afetado apenas pela variação de área e desenvolvemos relações isentrópicas para analisar tais escoamentos.
✓ Simplificamos as equações para escoamento por meio de um choque normal e desenvolvemos relações para choque normal para analisar tais escoamentos.

Enquanto investigávamos os assuntos supracitados, adquirimos conhecimento sobre alguns fenômenos interessantes dos escoamentos compressíveis, incluindo:

✓ O uso de gráficos Ts na visualização do comportamento do escoamento.
✓ O escoamento através, e a forma necessária, de bocais e difusores subsônicos e supersônicos.
✓ O fenômeno de escoamento bloqueado em bocais convergentes e bocais CD, e as circunstâncias sob as quais as ondas de choque são desenvolvidas em bocais CD.

Nota: A maior parte das Equações Úteis na tabela a seguir tem restrições ou limitações — *para usá-las com segurança, verifique os detalhes no capítulo conforme numeração de referência!*

Equações Úteis

Definição do número de Mach M:	$$M \equiv \frac{V}{c}$$	(12.13)
Velocidade do som c:	$$c = \sqrt{\left.\frac{\partial p}{\partial \rho}\right)_s}$$	(12.16)
Velocidade do som c (sólidos e líquidos):	$$c = \sqrt{E_v/\rho}$$	(12.17)
Velocidade do som c (gás ideal):	$$c = \sqrt{kRT}$$	(12.18)
Ângulo α do cone de Mach:	$$\alpha = \mathrm{sen}^{-1}\left(\frac{1}{M}\right)$$	(12.19)
Razão de pressão isentrópica (gás ideal, calores específicos constantes):	$$\frac{p_0}{p} = \left[1 + \frac{k-1}{2}M^2\right]^{k/(k-1)}$$	(12.21a)
Razão de temperatura isentrópica (gás ideal, calores específicos constantes):	$$\frac{T_0}{T} = 1 + \frac{k-1}{2}M^2$$	(12.21b)
Razão de massa específica isentrópica (gás ideal, calores específicos constantes):	$$\frac{\rho_0}{\rho} = \left[1 + \frac{k-1}{2}M^2\right]^{1/(k-1)}$$	(12.21c)
Razão de pressão crítica (gás ideal, calores específicos constantes):	$$\frac{p_0}{p^*} = \left[\frac{k+1}{2}\right]^{k/(k-1)}$$	(12.22a)
Razão de temperatura crítica (gás ideal, calores específicos constantes):	$$\frac{T_0}{T^*} = \frac{k+1}{2}$$	(12.22b)
Razão de massa específica crítica (gás ideal, calores específicos constantes):	$$\frac{\rho_0}{\rho^*} = \left[\frac{k+1}{2}\right]^{1/(k-1)}$$	(12.22c)
Velocidade crítica V^* (gás ideal, calores específicos constantes):	$$V^* = c^* = \sqrt{\frac{2k}{k+1}RT_0}$$	(12.23)
Equações para escoamento unidimensional:	$$\rho_1 V_1 A_1 = \rho_2 V_2 A_2 = \rho V A = \dot{m} = \text{constante}$$	(12.24a)
	$$R_x + p_1 A_1 - p_2 A_2 = \dot{m}V_2 - \dot{m}V_1$$	(12.24b)

650 Capítulo 12

Equações Úteis (*Continuação*)

Equações para escoamento unidimensional:	$$\frac{\delta Q}{dm} + h_1 + \frac{V_1^2}{2} = h_2 + \frac{V_2^2}{2}$$	(12.24c)
	$$\dot{m}(s_2 - s_1) \geq \int_{SC} \frac{1}{T}\left(\frac{\dot{Q}}{A}\right) dA$$	(12.24d)
	$$p = \rho R T$$	(12.24e)
	$$\Delta h = h_2 - h_1 = c_p \Delta T = c_p(T_2 - T_1)$$	(12.24f)
	$$\Delta s = s_2 - s_1 = c_p \ln \frac{T_2}{T_1} - R \ln \frac{p_2}{p_1}$$	(12.24g)
Relações isentrópicas: [Nota: Essas equações são um pouco pesadas para uso prático manual. Elas estão listadas (e tabeladas e plotadas para o ar) no Apêndice D. Você está instado a carregar os arquivos do tipo *Excel* GEN-IO, ambiente virtual de aprendizagem do GEN, para uso computacional com essas equações.]	$$\frac{p_0}{p} = f(M)$$	(12.30a)
	$$\frac{T_0}{T} = f(M)$$	(12.30b)
	$$\frac{\rho_0}{\rho} = f(M)$$	(12.30c)
	$$\frac{A}{A^*} = f(M)$$	(12.30d)
Razão de pressão para bocal convergente bloqueado, $p_e/p_0\|_{\text{bloqueado}}$	$$\frac{p_e}{p_0}\bigg|_{\text{bloqueado}} = \frac{p^*}{p_0} = \left(\frac{2}{k+1}\right)^{k/(k-1)}$$	(12.31)
Vazão mássica para bocal convergente bloqueado:	$$\dot{m}_{\text{bloqueado}} = A_e p_0 \sqrt{\frac{k}{RT_0}} \left(\frac{2}{k+1}\right)^{(k+1)/2(k-1)}$$	(12.32a)
Vazão mássica para bocal convergente bloqueado (unidades SI):	$$\dot{m}_{\text{bloqueado}} = 0,04 \frac{A_e p_0}{\sqrt{T_0}}$$	(12.32b)
Vazão mássica para bocal divergente-convergente bloqueado:	$$\dot{m}_{\text{bloqueado}} = A_t p_0 \sqrt{\frac{k}{RT_0}} \left(\frac{2}{k+1}\right)^{(k+1)/2(k-1)}$$	(12.33a)
Vazão mássica para bocal divergente-convergente bloqueado (unidades SI):	$$\dot{m}_{\text{bloqueado}} = 0,04 \frac{A_t p_0}{\sqrt{T_0}}$$	(12.33b)
Relações de choque normal: [Nota: Essas relações são muito pesadas para uso prático manual. Elas estão listadas (e tabeladas e plotadas para o ar) no Apêndice D. Você está instado a carregar os arquivos do tipo *Excel* GEN-IO, ambiente virtual de aprendizagem do GEN, para uso computacional com essas equações.]	$$M_2 = f(M_1)$$	(12.43a)
	$$\frac{p_{0_2}}{p_{0_1}} = f(M_1)$$	(12.43b)
	$$\frac{T_2}{T_1} = f(M_1)$$	(12.43c)
	$$\frac{p_2}{p_1} = f(M_1)$$	(12.43d)
	$$\frac{\rho_2}{\rho_1} = \frac{V_1}{V_2} = f(M_1)$$	(12.43e)
Relações úteis para determinação do local do choque normal em bocal convergente-divergente:	$$\frac{p_e}{p_{0_1}} \frac{A_e}{A_t} = \frac{p_e}{p_{0_2}} \frac{A_e}{A_e^*}$$	(12.45)
	$$\frac{p_{0_2}}{p_{0_1}} = \frac{A_t}{A_e} \frac{A_e}{A_e^*}$$	(12.46)

REFERÊNCIAS

1. Borgnake, C., and R. E. Sonntag, *Fundamentals of Thermodynamics*, 7th ed. New York: Wiley, 2008.
2. Moran, M. J., and H. N. Shapiro, *Fundamentals of Engineering Thermodynamics*, 6th ed. New York: Wiley, 2007.
3. Wong, G. S. K., Speed of Sound in Standard Air, *J. Acoustical Society of America*, 79, 5, May 1986, pp. 1359–1366.
4. *Isentropic Calculator* (http://www.aoe.vt.edu/aoe3114/calc.html), William Devenport, Aerospace and Ocean Engineering, Virginia Polytechnic Institute and State University.
5. Hermann, R., *Supersonic Inlet Diffusers*. Minneapolis, MN: Minneapolis-Honeywell Regulator Co., Aeronautical Division, 1956.

PROBLEMAS

Revisão de Termodinâmica

12.1 Ar é expandido em um processo de escoamento em regime permanente através de uma turbina. As condições iniciais são 1300°C e 2,0 MPa (abs). As condições finais são 500°C e pressão atmosférica. Mostre esse processo em um diagrama Ts. Avalie as variações de energia interna, entalpia e entropia específica para o processo.

12.2 Cinco quilogramas de ar são resfriados em um tanque fechado de 250°C para 50°C. A pressão inicial é 3 MPa. Calcule as variações na entropia, energia interna e entalpia do ar. Mostre os pontos de estado do processo em um diagrama Ts.

12.3 Ar está contido em um dispositivo cilindro-pistão. A temperatura do ar é 100°C. Usando o fato de que, para um processo reversível, a transferência de calor é dada por $q = \int Tds$, compare a quantidade de calor (J/kg) necessária para elevar a temperatura do ar até 1200°C na condição de (a) pressão constante e (b) volume constante. Verifique seus resultados, usando a primeira lei da termodinâmica. Trace o processo em um diagrama Ts.

12.4 Calcule a potência por unidade de massa de ar gerada pela turbina quando a transferência de calor no trocador de calor é zero. Então, como a potência depende da transferência de calor através desse trocador se todas as outras condições permanecem as mesmas? Considere que o ar é um gás ideal.

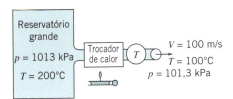

P12.4

12.5 Hidrogênio escoa como gás ideal sem atrito entre as seções ① e ②. Calcule V_2 se $q_H = 7,5 \times 10^5$ J/kg.

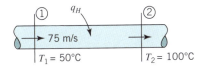

P12.5

12.6 Um tanque de 1 m³ contém ar a 0,1 MPa (absoluta) e 20°C. O tanque é pressurizado até 2 MPa. Considerando que o tanque receba ar de forma adiabática e reversível, calcule a temperatura final do ar no tanque. Agora considerando que a pressurização tenha sido isotérmica e reversível, calcule a perda de calor pelo ar do tanque durante o processo? Qual processo (o adiabático ou o isotérmico) resulta em uma massa maior de ar no tanque?

12.7 Ar entra em uma turbina em escoamento em regime permanente a 0,5 kg/s com velocidade desprezível. As condições de entrada são 1300°C e 2,0 MPa (absoluta). O ar é expandido através da turbina até a pressão atmosférica. Se a temperatura e a velocidade reais na saída da turbina são 500°C e 200 m/s, determine a potência produzida pela turbina. Marque os pontos de estado em um diagrama Ts para este processo.

12.8 Gás natural, com as propriedades termodinâmicas do metano, escoa em uma tubulação subterrânea de 0,6 m de diâmetro. A pressão manométrica na entrada de um compressor de linha é 0,5 MPa; a pressão na saída é 8,0 MPa (manométrica). A temperatura do gás e a velocidade na entrada são 13°C e 32 m/s, respectivamente. A eficiência do compressor é $\eta = 0,85$. Calcule a vazão mássica de gás natural através da tubulação. Marque pontos de estado em um diagrama Ts para a entrada e a saída do compressor. Avalie a temperatura e a velocidade do gás na saída do compressor e a potência necessária para acionar o compressor.

12.9 Dióxido de carbono escoa à velocidade de 10 m/s em um tubo e depois através de um bocal no qual a velocidade é de 50 m/s. Qual a mudança na temperatura do gás entre o tubo e o bocal? Considere o escoamento adiabático e que o gás seja ideal.

Propagação de Ondas de Som

12.10 Calcule a velocidade do som a 20°C no (a) hidrogênio, (b) hélio, (c) metano, (d) nitrogênio e (e) dióxido de carbono.

12.11 Um avião voa a 550 km/h e a 1500 m de altitude em um dia-padrão. O avião sobe para 15.000 m e voa a 1200 km/h. Calcule o número de Mach de voo para ambos os casos.

12.12 Para a velocidade do som no aço de 4300 m/s, determine o módulo de elasticidade. Compare esse valor com o módulo de elasticidade da água. Determine a velocidade do som no aço, na água e no ar para as condições atmosféricas. Comente as diferenças.

12.13 Investigue o efeito da altitude sobre o número de Mach traçando o número de Mach de uma aeronave a 800 km/h enquanto ela voa em altitudes na faixa do nível do mar até 10 km.

12.14 Use dados de tabela de volume específico para calcular e traçar um gráfico da velocidade do som na água no estado de líquido saturado para uma faixa de temperatura de 0 a 200°C.

12.15 Um objeto viajando na atmosfera emite duas ondas de pressão em diferentes instantes de tempo. A figura mostra as ondas em certo instante de tempo. Determine a velocidade e o número de Mach do objeto e sua posição atual.

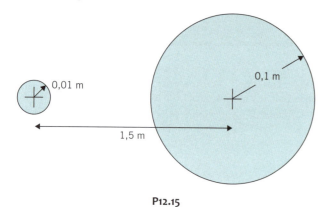

P12.15

12.16 Um objeto viajando na atmosfera emite duas ondas de pressão em diferentes instantes de tempo. A figura mostra as ondas em certo instante de tempo. Determine a velocidade e o número de Mach do objeto e sua posição atual.

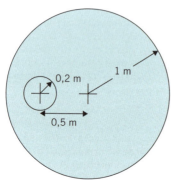

P12.16

12.17 A temperatura varia linearmente do nível do mar até cerca de 11 km de altitude na atmosfera-padrão. Avalie a *taxa de lapso* — a taxa de diminuição de temperatura com a altitude — na atmosfera-padrão. Deduza uma expressão para a taxa de variação da velocidade sônica com a altitude em um gás ideal sob condição atmosférica-padrão. Avalie e trace um gráfico para uma faixa de altitude do nível do mar até 10 km.

12.18 A fotografia de uma bala mostra um ângulo de Mach de 32°. Determine a velocidade da bala no ar-padrão.

12.19 Um avião F-4 faz uma passagem de alta velocidade sobre um aeroporto em um dia em que $T = 35°C$. O avião voa a $M = 1,4$ e a 200 m de altitude. Calcule a velocidade do avião. Quanto tempo após a sua passagem diretamente sobre o ponto A no solo seu cone de Mach passa sobre o ponto A?

12.20 Um avião passa reto a 3 km de altitude. O avião voa a $M = 1,5$; considere a temperatura do ar constante e igual a 20°C. Determine a velocidade do ar relativa à aeronave. Um vento contrário sopra a 30 m/s. Quanto tempo após o avião passar diretamente acima de um ponto no solo o seu som alcança este ponto?

12.21 Um avião supersônico voa a 3 km de altitude a uma velocidade de 1000 m/s em um dia-padrão. Quanto tempo após o avião passar diretamente acima de um observador que está no solo seu som é ouvido pelo observador?

12.22 Para as condições do Problema 12.21, determine o local no qual onda sonora, que primeiro alcança o observador no solo, foi emitida.

12.23 A aeronave supersônica de transporte Concorde voa em cruzeiro a $M = 2,2$, e a 17 km de altitude em um dia-padrão. Quanto tempo após a passagem do avião diretamente acima de um observador no solo o som da aeronave é ouvido pelo observador?

Estado de Referência: Propriedades de Estagnação Isentrópica Local

12.24 Trace um gráfico da diferença percentual entre a massa específica no ponto de estagnação e a massa específica em um local onde o número de Mach é M, de um escoamento compressível, para números de Mach entre 0,05 e 0,95. Determine os números de Mach nos quais a diferença é de 1%, 5% e 10%.

12.25 Calcule a massa específica no ar não perturbado e no ponto de estagnação de uma aeronave voando a 250 m/s no ar a 28 kPa e 250°C. Qual é a porcentagem de aumento da massa específica? Esse escoamento pode ser considerado incompressível?

12.26 Dióxido de carbono escoa em um duto a velocidade de 90 m/s, pressão absoluta de 140 kPa e temperatura de 90°C. Calcule a pressão e a temperatura no nariz de um pequeno objeto colocado nesse escoamento.

12.27 Nitrogênio a 15°C escoa em um tubo. A medida da temperatura no nariz de um pequeno objeto imerso no escoamento é igual a 38°C. Qual é a velocidade de escoamento do gás no tubo?

12.28 Um avião voa a $M = 0,65$ e a 10 km de altitude em um dia-padrão. A velocidade do avião é deduzida a partir da medida da diferença entre as pressões de estagnação e estática. Qual é o valor dessa diferença? Calcule a velocidade do ar a partir desta diferença real considerando (a) compressibilidade e (b) incompressibilidade. A discrepância nesse caso é significante?

12.29 Aeronaves modernas de alta velocidade usam "dados de ar computadorizados" para calcular a velocidade do ar a partir da diferença entre as pressões de estagnação e estática. Trace, como uma função do número real de Mach M, para M de 0,1 a 0,9, o erro percentual no número de Mach calculado a partir da diferença de pressões, considerando incompressibilidade (isto é, usando a equação de Bernoulli). Trace o erro percentual na velocidade da aeronave voando a 12 km de altitude como uma função da velocidade, para uma faixa de velocidades correspondente a números de Mach reais de 0,1 a 0,9.

12.30 A seção de teste de um túnel de vento supersônico é projetada para ter $M = 2,5$ a 15°C e 35 kPa (abs). O fluido é ar. Determine as condições de estagnação requeridas de entrada T_0 e p_0. Calcule a vazão em massa requerida para uma seção de teste com área de 0,175 m².

12.31 Determine a pressão no nariz de uma bala movendo-se a 300 m/s no ar-padrão no nível do mar, considerando que o escoamento é: (a) incompressível; (b) compressível. Compare os resultados.

12.32 Ar escoa em regime permanente através de um trecho (①) denota entrada e ② denota saída) de um duto de seção constante, termicamente isolado. As propriedades mudam ao longo do duto como resultado do atrito.

(a) Começando com a forma da primeira lei da termodinâmica para volume de controle, mostre que a equação pode ser reduzida para

$$h_1 + \frac{V_1^2}{2} = h_2 + \frac{V_2^2}{2} = \text{constante}$$

(b) Denotando a constante por h_0 (a entalpia de estagnação), mostre que, para escoamento adiabático de um gás ideal com atrito,

$$\frac{T_0}{T} = 1 + \frac{k-1}{2}M^2$$

(c) Para esse escoamento, $T_{0_1} = T_{0_2}$? $p_{0_1} = p_{0_2}$? Explique esses resultados.

12.33 Ar escoa em um duto isolado termicamente. No ponto ①, as condições são $M_1 = 0,1$, $T_1 = -20°C$ e $p_1 = 1,0$ MPa (absoluta). A jusante, no ponto ②, por causa do atrito, as propriedades são $M_2 = 0,7$, $T_2 = -5,62°C$ e $p_2 = 136,5$ kPa (absoluta). (Quatro algarismos significativos são dados a fim de minimizar erros de arredondamento.) Compare as temperaturas de estagnação nos pontos ① e ②, e expli-

Introdução ao Escoamento Compressível   **653**

que o resultado. Calcule as pressões de estagnação nos pontos ① e ②. Como você explica o fato de que a velocidade *aumenta* para este escoamento com atrito? Esse processo poderia ser isentrópico, ou não? Justifique sua resposta, calculando a variação na entropia entre os pontos ① e ②. Marque os pontos de estado estático e de estagnação em um diagrama Ts.

12.34 Considere o escoamento permanente e adiabático de ar através de um tubo reto com $A = 0,05$ m². Na entrada (seção ①), o ar está a 200 kPa (abs), 60°C e 146 m/s. A jusante, na seção ②, o ar está a 95,6 kPa (abs) e 280 m/s. Determine p_{0_1}, p_{0_2}, T_{0_1}, T_{0_2} e a variação de entropia para o escoamento. Mostre os pontos de estado estático e de estagnação em um diagrama Ts.

12.35 Ar passa através de um choque normal em um túnel de vento supersônico. As condições a montante são $M_1 = 1,8$, $T_1 = 270$ K e $p_1 = 10,0$ kPa (absoluta). As condições de jusante são $M_2 = 0,6165$, $T_2 = 413,6$ K e $p_2 = 36,13$ kPa (absoluta). (Quatro algarismos significativos são dados a fim de minimizar erro de arredondamento.) Avalie as condições locais de estagnação isentrópica (a) a montante e (b) a jusante do choque normal. Calcule a variação na entropia específica através do choque. Mostre os pontos de estado estático e de estagnação em um diagrama Ts.

12.36 Um Boeing 747 voa a $M = 0,87$ em uma altitude de 13 km em um dia-padrão. Uma janela na cabine do piloto está localizada onde o número de Mach do escoamento externo é 0,2 em relação à superfície do avião. A cabine é pressurizada para uma altitude equivalente de 2500 m em uma atmosfera-padrão. Estime a diferença de pressão através da janela. Certifique-se de especificar o sentido da força de pressão resultante.

Condições Críticas

12.37 Um cartucho de CO_2 é usado para propelir um foguete de brinquedo. O gás no cartucho é pressurizado a 45 MPa (manométrica) e está a 25°C. Calcule as condições críticas (temperatura, pressão e velocidade de escoamento) que correspondem a estas condições de estagnação.

12.38 Ar escoa da atmosfera para dentro de um tanque evacuado através de um bocal convergente com um diâmetro de ponta de 38 mm. Se a pressão atmosférica e a temperatura são 101,3 kPa e 15°C, respectivamente, que vácuo deve ser mantido no tanque para produzir velocidade supersônica no jato? Qual é a vazão? E qual seria a vazão se o vácuo fosse de 254 mm de mercúrio?

12.39 Oxigênio descarrega de um tanque através de um bocal convergente. A temperatura e a velocidade do jato são −20°C e 270 m/s, respectivamente. Qual é a temperatura do gás no tanque? Qual é a temperatura do gás no nariz de um pequeno objeto na frente do jato?

12.40 A corrente de gás quente na entrada da turbina de um motor a jato JT9-D está a 1500°C, 140 kPa (absoluta) e $M = 0,32$. Calcule as condições críticas (temperatura, pressão e velocidade do escoamento) que correspondem a estas condições. Considere as propriedades do fluido como as do ar puro.

12.41 Dióxido de carbono descarrega de um tanque através de um bocal convergente para a atmosfera. Se a temperatura e a pressão monométrica são 38°C e 140 kPa, respectivamente, qual temperatura, pressão e velocidade podem ser esperadas? A pressão barométrica é 101,3 kPa.

12.42 Vapor de água escoa em regime permanente e isoentropicamente através de um bocal. Na seção a montante, em que a velocidade pode ser desprezada, a temperatura e a pressão absoluta são 450°C e 6 MPa. Na seção na qual o diâmetro é 2 cm, a pressão absoluta do vapor é 2 MPa. Determine a velocidade e o número de Mach nessa seção e a vazão mássica do vapor. Esboce a forma de passagem.

12.43 Nitrogênio escoa através de uma seção divergente de um duto com $A_1 = 0,15$ m² e $A_2 = 0,45$ m². Se $M_1 = 0,7$ e $p_1 = 450$ kPa, encontre M_2 e p_2.

Escoamento Isentrópico – Variação de Área

12.44 Em dado escoamento em duto, M = 2,0; a velocidade decresce 20%. Qual variação percentual na área foi necessária para que isso ocorresse? Qual deveria ser a resposta se M = 0,5?

12.45 Ar escoa isentropicamente através de um bocal convergente-divergente, vindo de um grande tanque contendo ar a 250°C. Em duas posições, onde a área é 1 cm², as pressões estáticas são 200 kPa e 50 kPa. Encontre a vazão mássica, a área da garganta e o número de Mach nas duas posições.

12.46 Ar, com pressão absoluta de 60,0 kPa e 27°C, entra em um canal a 486 m/s, onde $A = 0,02$ m². Na seção ① a jusante, $p = 78,8$ kPa (abs). Considerando escoamento isentrópico, calcule o número de Mach na seção ②. Esboce a forma do canal.

12.47 Dióxido de carbono escoa de um tanque através de um bocal convergente-divergente com 25 mm de garganta e 50 mm de diâmetro de saída. A pressão e a temperatura absolutas no taque são 241,5 kPa e 37,8°C, respectivamente. Calcule a vazão mássica quando a pressão absoluta de saída for (a) 172,5 kPa e (b) 221 kPa.

12.48 Um bocal convergente-divergente com diâmetro na ponta de 50 mm descarrega para a atmosfera (103,2 kPa) de um tanque no qual o ar é mantido a uma pressão e temperatura absolutas de 690 kPa e 37,8°C, respectivamente. Qual é a vazão mássica máxima que pode ocorrer através desse bocal? Qual diâmetro de garganta deve ser projetado para que essa vazão mássica ocorra?

12.49 Ar escoa adiabaticamente através de um duto. Na entrada a temperatura estática e a pressão estática são 310 K e 200 kPa, respectivamente. Na saída, as temperaturas estática e de estagnação são 294 K e 316 K, respectivamente, e a pressão estática é 125 kPa. Determine (a) os números de Mach do escoamento na entrada e na saída e (b) a razão de área A_2/A_1.

12.50 Ar escoa isentropicamente através de um bocal convergente para dentro de um recipiente onde a pressão é 250 kPa (abs). Se a pressão é 350 kPa (abs) e a velocidade é 150 m/s na posição do bocal em que o número de Mach é 0,5, determine a pressão, a velocidade e o número de Mach na garganta do bocal.

12.51 Ar atmosférico a 98,5 kPa e 20°C é tirado de um tanque de vácuo através de um bocal convergente-divergente de 50 mm de diâmetro de garganta e 75 mm de diâmetro de saída. Calcule a maior vazão mássica que pode ser tirada através desse bocal sob essas condições.

12.52 A seção de saída de um bocal convergente-divergente deve ser usada para a seção de testes de um túnel de vento supersônico. Se a pressão absoluta na seção de testes deve ser 140 kPa, que pressão é requerida no reservatório para produzir um número de Mach de 5 na seção de testes? Para que a temperatura do ar seja −20°C na seção de testes, que temperatura é requerida no reservatório? Qual razão da área de garganta para a área da seção de testes é requerida para obter essas condições?

12.53 Ar, escoando isentropicamente através de um bocal convergente, descarrega para a atmosfera. Na seção na qual a pressão absoluta é 20 kPa, a temperatura é 20°C e a velocidade do ar é 200 m/s. Determine a pressão na garganta do bocal.

12.54 Ar escoa de um grande tanque ($p = 650$ kPa (abs), $T = 550$°C) através de um bocal convergente com área de garganta de 600 mm², e descarrega para a atmosfera. Determine a vazão mássica para escoamento isentrópico através do bocal.

12.55 Um bocal convergente é conectado a um grande tanque que contém ar comprimido a 15°C. A área de saída do bocal é 0,001 m². A descarga é feita para a atmosfera. Para obter uma imagem fotográfica

654   Capítulo 12

satisfatória da configuração do escoamento deixando o bocal, é necessário que a pressão no plano de saída seja superior a 325 kPa (manométrica). Que pressão é requerida no tanque? Que vazão mássica de ar deve ser fornecida para que o sistema funcione continuamente? Mostre os pontos dos estados de estagnação e estáticos em um diagrama Ts.

12.56 Ar, a 0°C, está contido em um grande tanque sobre um foguete espacial. Uma seção convergente com área de saída de 1×10^{-3} m² está instalada no tanque, através da qual o ar sai para o espaço com uma vazão de 2 kg/s. Quais são a pressão no tanque e a pressão, temperatura e velocidade na saída?

12.57 Um grande tanque é inicialmente evacuado até a pressão manométrica de −10 kPa. (As condições ambientes são 101 kPa e 20°C.) Em $t = 0$, um orifício de 5 mm de diâmetro é aberto na parede do tanque; a área da veia contraída é 65% da área geométrica. Calcule a vazão mássica com a qual o ar entra inicialmente no tanque. Mostre o processo em um diagrama Ts. Faça um gráfico esquemático da vazão mássica em função do tempo. Explique por que essa relação não é linear.

12.58 Ar escoa isentropicamente através de um bocal convergente instalado em um grande tanque onde a pressão absoluta é 171 kPa e a temperatura é 27°C. Na seção de entrada, o número de Mach é 0,2. O bocal descarrega para a atmosfera; a área de descarga é 0,015 m². Determine o módulo e o sentido da força que deve ser aplicada para manter o bocal no lugar.

12.59 Ar entra em um bocal convergente-divergente a 2 MPa (abs) e 313 K. Na saída do bocal a pressão é 200 kPa (abs). Considere que o escoamento é sem atrito, e adiabático através do bocal. A área da garganta é 20 cm². Qual é a área de saída do bocal? Qual é a vazão mássica de ar?

12.60 Um avião de transporte a jato, com cabine pressurizada, viaja a 11 km de altitude. A temperatura e a pressão na cabine são, inicialmente, 25°C e o equivalente a 2,5 km de altitude. O volume interior da cabine é 25 m³. Ar escapa através de um pequeno orifício com área efetiva de escoamento de 0,002 m². Calcule o tempo requerido para que a pressão na cabine decresça de 40%. Trace um gráfico da pressão na cabine como uma função do tempo.

12.61 Ar, com pressão de estagnação de 7,20 MPa (abs) e temperatura de estagnação de 1100 K, escoa isentropicamente através de um bocal convergente-divergente que tem área de garganta de 0,01 m². Determine a velocidade e a vazão mássica na seção a jusante onde o número de Mach é 4,0.

12.62 O motor de um pequeno foguete, alimentado com hidrogênio e oxigênio, é testado em uma bancada de empuxo a uma altitude simulada de 10 km. O motor é operado nas condições de estagnação da câmara de 1500 K e 8,0 MPa (manométrica). O produto da combustão é vapor d'água, que pode ser tratado como um gás ideal. A expansão ocorre através de um bocal convergente-divergente com número de Mach de projeto de 3,5 e área de saída de 700 mm². Avalie a pressão no plano de saída do bocal. Calcule a vazão mássica de gás de descarga. Determine a força exercida pelo motor do foguete sobre a bancada de empuxo.

Choques Normais

12.63 Um explosivo para demolição é avaliado através de teste. Sensores indicam que a onda de choque gerada no instante da explosão é de 30 MPa (abs). Se a explosão ocorre no ar a 20°C e 101 kPa, encontre a velocidade da onda de choque, e a temperatura e a velocidade do ar logo depois que a onda de choque passa. Como uma aproximação, considere $k = 1,4$. (Por que isso é uma aproximação?)

12.64 Ar é descarregado através de um bocal convergente-divergente que está anexado a um grande reservatório. A um ponto no bocal, é detectada uma onda de choque normal por meio da qual a pressão absoluta sobe bruscamente de 69 kPa para 207 kPa. Calcule as pressões na garganta do bocal e no reservatório.

12.65 Uma onda de choque normal existe em um escoamento de ar. A pressão absoluta, a velocidade e a temperatura imediatamente a montante da onda são 207 kPa, 610 m/s e −17,8°C, respectivamente. Calcule a pressão, a velocidade, a temperatura e a velocidade sônica imediatamente a jusante da onda de choque.

12.66 Ar aproxima-se de um choque normal a $V_1 = 900$ m/s, $p_1 = 50$ kPa (absoluta) e $T_1 = 220$ K. Quais são a velocidade e a pressão após o choque? Quais seriam a velocidade e a pressão se o escoamento fosse desacelerado isoentropicamente para o mesmo número de Mach?

12.67 Ar passa por um choque normal. Antes do choque, $T_1 = 35$°C, $p_1 = 229$ kPa (abs) e $V_1 = 704$ m/s. Determine a temperatura e a pressão de estagnação da corrente de ar deixando o choque.

12.68 Se, através de uma onda de choque normal no ar, a pressão absoluta sobe de 275 kPa para 410 kPa e a velocidade diminui de 460 m/s para 346 m/s, que temperaturas devem ser esperadas a montante e a jusante da onda?

12.69 A temperatura de estagnação em um escoamento de ar é 149°C a montante e a jusante de uma onda de choque normal. A pressão de estagnação absoluta a jusante da onda de choque é 229,5 kPa. Através da onda, a pressão absoluta aumenta de 103,4 para 138 kPa. Determine as velocidades a montante e a jusante da onda.

12.70 Um avião supersônico voa a $M = 2,2$ a 12 km de altitude. Um tubo pitot é usado para detectar a pressão de estagnação que permitirá o cálculo da velocidade do ar. Um choque normal ocorre em frente ao tubo. Avalie as condições de estagnação isentrópica local antes do choque. Estime a pressão de estagnação detectada pelo tubo pitot. Mostre todos os pontos dos estados estáticos e de estagnação e o caminho do processo em um diagrama Ts.

12.71 O avião supersônico de transporte Concorde voa a $M = 2,2$, a 20 km de altitude. Ar é desacelerado isentropicamente pelo sistema de admissão do motor para um número de Mach local de 1,3. O ar passa através de um choque normal e é desacelerado ainda mais para $M = 0,4$ na seção do compressor do motor. Considere como primeira aproximação que esse processo de difusão subsônica é isentrópico e use dados da atmosfera-padrão para as condições da corrente livre. Determine a temperatura, a pressão e a pressão de estagnação do ar entrando no compressor do motor.

APÊNDICE A
Dados de Propriedades de Fluidos

A.1 Densidade Relativa

Dados da densidade relativa para diversos líquidos e sólidos comuns estão apresentados nas Figs. A.1a e A.1b e nas Tabelas A.1 e A.2. Para líquidos, a densidade relativa é uma função da temperatura. (Massas específicas da água e do ar são dadas como funções da temperatura nas Tabelas de A.7 a A.10.) Para a maior parte dos líquidos, a densidade relativa decresce com o aumento da temperatura. A água tem um comportamento singular: ela apresenta uma massa específica máxima de 1000 kg/m³ a 4°C. A massa específica máxima da água é usada como valor de referência para calcular a densidade relativa. Portanto

$$SG \equiv \frac{\rho}{\rho_{H_2O} \, (a \, 4°C)}$$

Consequentemente, a densidade relativa (SG) máxima da água é exatamente a unidade.

As densidades relativas para sólidos são relativamente insensíveis à temperatura; os valores dados na Tabela A.1 foram medidos a 20°C.

A densidade relativa da água do mar depende tanto da temperatura quanto do grau de salinidade. Um valor representativo para a água do oceano é SG = 1,025, como dado na Tabela A.2.

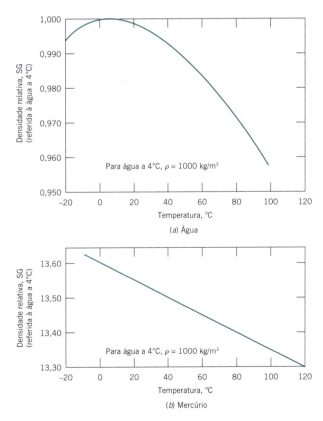

Fig. A.1 Densidade relativa da água e do mercúrio como funções da temperatura. (Dados da Referência [1].) (A densidade relativa do mercúrio varia linearmente com a temperatura. A variação é dada por SG = 13,60 − 0,00240 T para T em graus Celsius.)

Tabela A.1
Densidades Relativas de Materiais Selecionados de Engenharia

(a) Líquidos Comuns de Manômetro a 20°C

Líquido	Densidade Relativa
Óleo azul E. V. Hill	0,797
Óleo vermelho Meriam	0,827
Benzeno	0,879
Dibutil fitalato	1,04
Monocloronaftaleno	1,20
Tetracloreto de carbono	1,595
Bromoetilbenzeno (Meriam azul)	1,75
Tetrabromoetano	2,95
Mercúrio	13,55

(b) Materiais Comuns

Material	Densidade Relativa (—)
Aço	7,83
Alumínio	2,64
Carvalho	0,77
Chumbo	11,4
Cobre	8,91
Concreto (curado)	2,4[a]
Concreto (líquido)	2,5[a]
Espuma Styrofoam (1 kg/m^3)	0,0160
Espuma Styrofoam (3 kg/m^3)	0,0481
Ferro fundido	7,08
Gelo (0°C)	0,917
Latão	8,55
Madeira Balsa	0,14
Pinheiro branco	0,43
Urânio (exaurido)	18,7

Fonte: Dados das Referências [1–4].
[a]Dependendo do agregado.

Tabela A.2
Propriedades Físicas de Líquidos Comuns a 20°C

Líquido	Módulo de Compressibilidade Isentrópica[a] (GN/m^2)	Densidade Relativa (—)
Água	2,24	0,998
Água do mar[b]	2,42	1,025
Benzeno	1,48	0,879
Etanol	—	0,789
Gasolina	—	0,72
Glicerina	4,59	1,26
Heptano	0,886	0,684
Mercúrio	28,5	13,55
Metanol	—	0,796
Octano	0,963	0,702
Óleo Castor	2,11	0,969
Óleo cru	—	0,82–0,92
Óleo lubrificante	1,44	0,88
Óleo SAE 10W	—	0,92
Querosene	1,43	0,82
Tetracloreto de carbono	1,36	1,595

Fonte: Dados das Referências [1, 5, 6].
[a]Calculado a partir da velocidade do som; 1 GN/m^2 = 10^9 N/m^2.
[b]A viscosidade dinâmica da água do mar a 20°C é $\mu = 1,08 \times 10^{-3}$ N · s/m^2. (Portanto, a viscosidade cinemática da água do mar é em torno de 5% maior que a viscosidade da água pura.)

Dados de Propriedades de Fluidos **657**

Tabela A.3
Propriedades da Atmosfera-Padrão dos Estados Unidos

Altitude Geométrica (m)	Temperatura (K)	p/p_{NM} (—)	ρ/ρ_{NM} (—)
−500	291,4	1,061	1,049
0	288,2	1,000[a]	1,000[b]
500	284,9	0,9421	0,9529
1000	281,7	0,8870	0,9075
1500	278,4	0,8345	0,8638
2000	275,2	0,7846	0,8217
2500	271,9	0,7372	0,7812
3000	268,7	0,6920	0,7423
3500	265,4	0,6492	0,7048
4000	262,2	0,6085	0,6689
4500	258,9	0,5700	0,6343
5000	255,7	0,5334	0,6012
6000	249,2	0,4660	0,5389
7000	242,7	0,4057	0,4817
8000	236,2	0,3519	0,4292
9000	229,7	0,3040	0,3813
10.000	223,3	0,2615	0,3376
11.000	216,8	0,2240	0,2978
12.000	216,7	0,1915	0,2546
13.000	216,7	0,1636	0,2176
14.000	216,7	0,1399	0,1860
15.000	216,7	0,1195	0,1590
16.000	216,7	0,1022	0,1359
17.000	216,7	0,08734	0,1162
18.000	216,7	0,07466	0,09930
19.000	216,7	0,06383	0,08489
20.000	216,7	0,05457	0,07258
22.000	218,6	0,03995	0,05266
24.000	220,6	0,02933	0,03832
26.000	222,5	0,02160	0,02797
28.000	224,5	0,01595	0,02047
30.000	226,5	0,01181	0,01503
40.000	250,4	0,002834	0,003262
50.000	270,7	0,0007874	0,0008383
60.000	255,8	0,0002217	0,0002497
70.000	219,7	0,00005448	0,00007146
80.000	180,7	0,00001023	0,00001632
90.000	180,7	0,000001622	0,000002588

Fonte: Dados da Referência [7].
[a] $p_{NM} = 1,01325 \times 10^5$ N/m² (abs).
[b] $\rho_{NM} = 1,2250$ kg/m³.

A.2 Tensão Superficial

Os valores de tensão superficial, σ, para a maioria dos compostos orgânicos, são notavelmente similares à temperatura ambiente; a faixa típica é 25 a 40 mN/m. O valor para a água é mais alto, cerca de 73 mN/m a 20°C. Os metais líquidos têm valores na faixa entre 300 e 600 mN/m; o mercúrio líquido tem um valor de cerca de 480 mN/m a 20°C. A tensão superficial diminui com a temperatura; o decréscimo é aproximadamente linear com a temperatura absoluta. A tensão superficial à temperatura crítica é zero.

Os valores de σ são usualmente apresentados para superfícies em contato com o vapor puro do líquido em estudo ou com o ar. Em baixas pressões, os dois valores são aproximadamente os mesmos.

Tabela A.4
Tensão Superficial de Líquidos Comuns a 20°C

Líquido	Tensão Superficial, σ (mN/m)[a]	Ângulo de Contato, θ (graus)
(a) Em contato com o ar		
Água	72,8	~0
Benzeno	28,9	
Etanol	22,3	
Glicerina	63,0	
Hexano	18,4	
Mercúrio	484	140
Metanol	22,6	
Octano	21,8	
Óleo lubrificante	25–35	
Querosene	26,8	
Tetracloreto de carbono	27,0	

Fonte: Dados das Referências [1, 5, 8, 9].

(b) Em contato com a água		
Benzeno	35,0	
Hexano	51,1	
Mercúrio	375	140
Metanol	22,7	
Octano	50,8	
Tetracloreto de carbono	45,0	

Fonte: Dados das Referências [1, 5, 8, 9].
[a]1 mN/m = 10^{-3} N/m.

A.3 A Natureza Física da Viscosidade

A viscosidade é uma medida do atrito interno do fluido, ou seja, da resistência à deformação. O mecanismo da viscosidade gasosa é razoavelmente bem compreendido, mas a teoria para líquidos não está bem desenvolvida. Podemos obter algumas informações sobre a natureza física do escoamento viscoso discutindo brevemente esses mecanismos.

A viscosidade de um fluido newtoniano é fixada pelo estado do material. Assim, $\mu = \mu(T, p)$. A temperatura é a variável mais importante e, por isso, vamos considerá-la primeiro. Existem excelentes equações empíricas para a viscosidade como uma função da temperatura.

Efeito da Temperatura sobre a Viscosidade

a. Gases

Todas as moléculas gasosas estão em contínuo movimento aleatório. Quando há um movimento da massa de gás em decorrência do escoamento, o movimento de massa é sobreposto aos movimentos aleatórios. Ele é então distribuído por todo o fluido pelas colisões moleculares. Análises fundamentadas na teoria cinética predizem que

$$\mu \propto \sqrt{T}$$

A previsão da teoria cinética concorda muito bem com as tendências experimentais, mas a constante de proporcionalidade e um ou mais fatores de correção devem ser determinados; isso limita a aplicação prática dessa equação simples.

Se dois ou mais pontos experimentais estão disponíveis, os dados poderão ser correlacionados pela equação empírica de Sutherland [7]

$$\mu = \frac{bT^{1/2}}{1 + S/T} \tag{A.1}$$

As constantes b e S podem ser determinadas com mais facilidade escrevendo-se

$$\mu = \frac{bT^{3/2}}{S + T}$$

ou

$$\frac{T^{3/2}}{\mu} = \left(\frac{1}{b}\right)T + \frac{S}{b}$$

(Compare isso com $y = mx + c$.) De um gráfico de $T^{3/2}/\mu$ *versus* T, podem-se obter a inclinação, $1/b$, e a ordenada para abscissa nula, S/b. Para o ar,

$$b = 1{,}458 \times 10^{-6} \frac{\text{kg}}{\text{m} \cdot \text{s} \cdot \text{K}^{1/2}}$$

$$S = 110{,}4 \text{ K}$$

Essas constantes foram usadas com a Eq. A.1 para calcular as viscosidades para a atmosfera-padrão em [7], os valores da viscosidade do ar para várias temperaturas mostrados na Tabela A.10 e, usando fatores de conversão apropriados, os valores mostrados na Tabela A.9.

b. Líquidos

As viscosidades para líquidos não podem ser bem estimadas teoricamente. O fenômeno da transferência de quantidade de movimento por colisões moleculares é ofuscado nos líquidos pelos efeitos de campos de força interagindo entre grupos de moléculas líquidas muito próximas.

As viscosidades dos líquidos são fortemente afetadas pela temperatura. Essa dependência da temperatura absoluta é bem representada pela equação empírica

$$\mu = Ae^{B/(T-C)} \tag{A.2}$$

ou pela forma equivalente

$$\mu = A10^{B/(T-C)} \tag{A.3}$$

em que T é a temperatura absoluta.

A Eq. A.3 requer pelo menos três pontos para ajustar A, B e C. Em teoria, é possível determinar as constantes a partir de medidas da viscosidade em apenas três temperaturas. Uma técnica melhor seria a de usarmos mais dados e obtermos as constantes por meio de um ajuste estatístico dos dados, ou seja, fazermos uma regressão.

Após o desenvolvimento da regressão, adote sempre o procedimento de comparar a linha ou curva resultante com os dados de medições. A melhor metodologia é fazer uma inspeção crítica de um gráfico da curva obtida comparada com os dados disponíveis. Em geral, os resultados da regressão serão satisfatórios somente quando a qualidade dos dados disponíveis e aqueles da correlação empírica forem sabidamente excelentes.

Dados para a viscosidade dinâmica da água são bem ajustados usando as constantes $A = 2{,}414 \times 10^{-5}$ N $\cdot$ s/m², $B = 247{,}8$ K e $C = 140$ K. A Referência [10] estabelece que, usando essas constantes na Eq. A.3, a viscosidade da água é determinada com um erro de $\pm 2{,}5\%$ em uma faixa de temperaturas de 0°C a 370°C. A Eq. A.3, por meio do *Excel*, foi usada para calcular os valores da viscosidade da água para várias temperaturas mostrados na Tabela A.8 e, usando fatores de conversão apropriados, os valores mostrados na Tabela A.7.

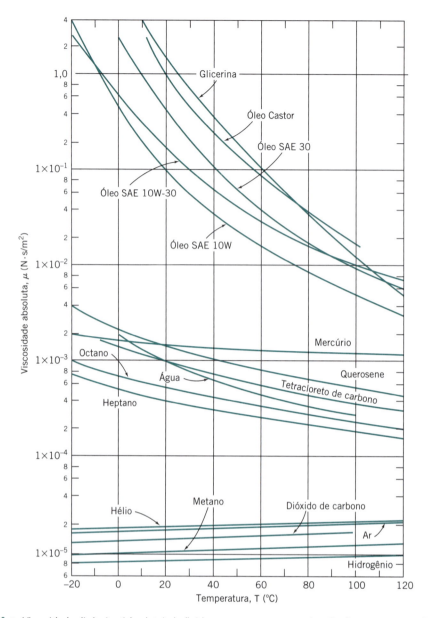

Fig. A.2 Viscosidade dinâmica (absoluta) de fluidos comuns como uma função da temperatura. (Dados das Referências [1, 6, 10].)

Note que a viscosidade de um líquido decresce com a temperatura, enquanto a de um gás aumenta com a temperatura.

Os gráficos para o ar e para a água foram calculados a partir da planilha *Excel Viscosidades Absolutas*, constante do material em Excel disponível no GEN-IO, ambiente virtual de aprendizagem do GEN, usando as Eqs. A.1 e A.3, respectivamente. O livro pode ser usado para calcular viscosidades de outros fluidos se as constantes b e S (para um gás) ou A, B e C (para um líquido) forem conhecidas.

Efeito da Pressão sobre a Viscosidade

a. Gases

A viscosidade dos gases é essencialmente independente da pressão entre uns poucos centésimos de uma atmosfera e umas poucas atmosferas. Entretanto, a viscosidade a pressões elevadas aumenta com a pressão (ou com a massa específica).

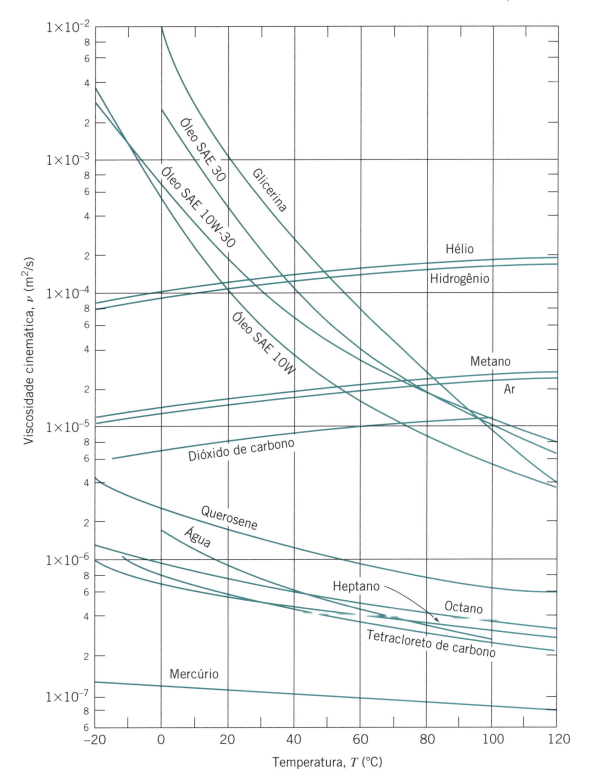

Fig. A.3 Viscosidade cinemática de fluidos comuns (à pressão atmosférica) como uma função da temperatura. (Dados das Referências [1, 6, 10].)

b. Líquidos

As viscosidades da maioria dos líquidos não são afetadas por pressões moderadas, porém grandes aumentos foram verificados a pressões muito altas. Por exemplo, a viscosidade da água a 10.000 atm é o dobro daquela a 1 atm. Compostos mais complexos apresentam um aumento de viscosidade de diversas ordens de grandeza para a mesma faixa de pressão.

Mais informações podem ser encontradas em Reid e Sherwood [11].

662 Apêndice A

A.4 *Óleos Lubrificantes*

Os óleos lubrificantes de motores e de transmissões são classificados pela viscosidade de acordo com normas estabelecidas pela *Society of Automotive Engineers-SAE* [12]. As faixas de viscosidades permitidas para diversos graus são dadas na Tabela A.5.

Os números de viscosidade com W (por exemplo, 20 W) são classificados pela viscosidade a $-18°C$. Aqueles sem W são classificados pela viscosidade a $99°C$.

Os óleos multigraus (por exemplo, 10W-40) são formulados para minimizar a variação da viscosidade com a temperatura. Na mistura desses óleos são empregados altos polímeros com o objetivo de melhorar o "índice de viscosidade". Tais aditivos são altamente não newtonianos; eles podem sofrer perda permanente de viscosidade pelo cisalhamento.

Existem gráficos especiais para estimar a viscosidade dos produtos do petróleo como uma função da temperatura. Os gráficos foram usados para desenvolver os dados para os óleos lubrificantes típicos apresentados na forma gráfica nas Figs. A.2 e A.3. Para mais detalhes, consulte [15].

Tabela A.5
Faixas de Viscosidades Permissíveis para Lubrificantes

Óleo de Motor	Grau de Viscosidade SAE	Viscosidade Máx., (cP)[a] à Temp. (°C)	Viscosidade (cSt)[b] a 100°C	
			Mín.	Máx.
	0W	3250 a -30	3,8	—
	5W	3500 a -25	3,8	—
	10W	3500 a -20	4,1	—
	15W	3500 a -15	5,6	—
	20W	4500 a -10	5,6	—
	25W	6000 a -5	9,3	—
	20	—	5,6	$<9,3$
	30	—	9,3	$<12,5$
	40	—	12,5	$<16,3$
	50	—	16,3	$<21,9$
Lubrificante de Transmissão de Eixo e Manual	Grau de Viscosidade SAE	Temp. Máx. (°C) para Viscosidade de 150.000 cP	Viscosidade (cSt) a 100°C	
			Mín.	Máx.
	70W	-55	4,1	—
	75W	-40	4,1	—
	80W	-26	7,0	—
	85W	-12	11,0	—
	90	—	13,5	$<24,0$
	140	—	24,0	$<41,0$
	250	—	41,0	—
Fluido de Transmissão Automática (Típico)	Viscosidade Máxima (cP)	Temperatura (°C)	Viscosidade (cSt) a 100°C	
			Mín.	Máx.
	50.000	-40	6,5	8,5
	4000	$-23,3$	6,5	8,5
	1700	-18	6,5	8,5

Fonte: Dados das Referências [12–14].
[a]centipoise $= 1$ cP $= 1$ mPa $\cdot$ s $= 10^{-3}$ Pa $\cdot$ s.
[b]centistoke $= 10^{-6}$ m²/s.

Dados de Propriedades de Fluidos **663**

A.5 *Propriedades de Gases Comuns, Ar e Água*

Tabela A.6
Propriedades Termodinâmicas de Gases Comuns na Condição-Padrão ou *Standard*[a]

Gás	Símbolo Químico	Massa Molecular, M_m	R^b $\left(\dfrac{J}{kg \cdot K}\right)$	c_p $\left(\dfrac{J}{kg \cdot K}\right)$	c_v $\left(\dfrac{J}{kg \cdot K}\right)$	$k = \dfrac{c_p}{c_v}$ $(-)$
Ar	—	28,98	286,9	1004	717,4	1,40
Dióxido de carbono	CO_2	44,01	188,9	840,4	651,4	1,29
Hélio	He	4,003	2077	5225	3147	1,66
Hidrogênio	H_2	2,016	4124	14.180	10.060	1,41
Metano	CH_4	16,04	518,3	2190	1672	1,31
Monóxido de carbono	CO	28,01	296,8	1039	742,1	1,40
Nitrogênio	N_2	28,01	296,8	1039	742,0	1,40
Oxigênio	O_2	32,00	259,8	909,4	649,6	1,40
Vapor[c]	H_2O	18,02	461,4	~2000	~1540	~1,30

Fonte: Dados das Referências [7, 16, 17].
[a]STP = Temperatura e pressão na condição-padrão ou *standard*, $T = 15°C$ e $p = 101,325$ kPa (abs).
[b]$R \equiv R_u/M_m$; $R_u = 8314,3$ J/(kgmol · K); 1J = 1N · m.
[c]O vapor de água comporta-se como um gás ideal quando superaquecido de 55°C ou mais.

Tabela A.7
Propriedades da Água (Unidades SI)

Temperatura $T(°C)$	Massa Específica, $\rho(kg/m^3)$	Viscosidade Dinâmica, $\mu(N \cdot s/m^2)$	Viscosidade Cinemática, $\nu(m^2/s)$	Tensão Superficial, $\sigma(N/m)$	Pressão de Vapor, $p_v(kPa)$	Módulo de Compressibilidade, $E_v(GPa)$
0	1000	1,76E-03	1,76E-06	0,0757	0,661	2,01
5	1000	1,51E-03	1,51E-06	0,0749	0,872	
10	1000	1,30E-03	1,30E-06	0,0742	1,23	
15	999	2,38E-05	1,23E-06	0,00504	1,247	
60	1,94	1,14E-03	1,14E-06	0,0735	1,71	
20	998	1,01E-03	1,01E 06	0,0727	2,34	2,21
25	997	8,93E-04	8,96E-07	0,0720	3,17	
30	996	8,00E-04	8,03E-07	0,0712	4,25	
35	994	7,21E-04	7,25E-07	0,0704	5,63	
40	992	6,53E-04	6,59E-07	0,0696	7,38	
45	990	5,95E-04	6,02E-07	0,0688	9,59	
50	988	5,46E-04	5,52E-07	0,0679	12,4	2,29
55	986	5,02E-04	5,09E-07	0,0671	15,8	
60	983	4,64E-04	4,72E-07	0,0662	19,9	
65	980	4,31E-04	4,40E-07	0,0654	25,0	
70	978	4,01E-04	4,10E-07	0,0645	31,2	
75	975	3,75E-04	3,85E-07	0,0636	38,6	
80	972	3,52E-04	3,62E-07	0,0627	47,4	
85	969	3,31E-04	3,41E-07	0,0618	57,8	
90	965	3,12E-04	3,23E-07	0,0608	70,1	2,12
95	962	2,95E-04	3,06E-07	0,0599	84,6	
100	958	2,79E-04	2,92E-07	0,0589	101	

Tabela A.8
Propriedades do Ar à Pressão Atmosférica (Unidades SI)

Temperatura $T(°C)$	Massa Específica, $\rho(kg/m^3)$	Viscosidade Dinâmica, $\mu(N \cdot s/m^2)$	Viscosidade Cinemática, $\nu(m^2/s)$
0	1,29	1,72E-05	1,33E-05
5	1,27	1,74E-05	1,37E-05
10	1,25	1,76E-05	1,41E-05
15	1,23	1,79E-05	1,45E-05
20	1,21	1,81E-05	1,50E-05
25	1,19	1,84E-05	1,54E-05
30	1,17	1,86E-05	1,59E-05
35	1,15	1,88E-05	1,64E-05
40	1,13	1,91E-05	1,69E-05
45	1,11	1,93E-05	1,74E-05
50	1,09	1,95E-05	1,79E-05
55	1,08	1,98E-05	1,83E-05
60	1,06	2,00E-05	1,89E-05
65	1,04	2,02E-05	1,94E-05
70	1,03	2,04E-05	1,98E-05
75	1,01	2,06E-05	2,04E-05
80	1,00	2,09E-05	2,09E-05
85	0,987	2,11E-05	2,14E-05
90	0,973	2,13E-05	2,19E-05
95	0,960	2,15E-05	2,24E-05
100	0,947	2,17E-05	2,29E-05

REFERÊNCIAS

1. *Handbook of Chemistry and Physics*, 62nd ed. Cleveland, OH: Chemical Rubber Publishing Co., 1981 1982.

2. "Meriam Standard Indicating Fluids," Pamphlet No. 920GEN: 430-1, The Meriam Instrument Co., 10920 Madison Avenue, Cleveland, OH 44102.

3. E. Vernon Hill, Inc., P.O. Box 7053, Corte Madera, CA 94925.

4. Avallone, E. A., and T. Baumeister, III, eds., *Marks' Standard Handbook for Mechanical Engineers*, 11th ed. New York: McGraw-Hill, 2007.

5. *Handbook of Tables for Applied Engineering Science*. Cleveland, OH: Chemical Rubber Publishing Co., 1970.

6. Vargaftik, N. B., *Tables on the Thermophysical Properties of Liquids and Gases*, 2nd ed. Washington, DC: Hemisphere Publishing Corp., 1975.

7. *The U.S. Standard Atmosphere (1976)*. Washington, DC: U. S. Government Printing Office, 1976.

8. Trefethen, L., "Surface Tension in Fluid Mechanics," in *Illustrated Experiments in Fluid Mechanics*. Cambridge, MA: The M.I.T. Press, 1972.

9. Streeter, V. L., ed., *Handbook of Fluid Dynamics*. New York: McGraw-Hill, 1961.

10. Touloukian, Y. S., S. C. Saxena, and P. Hestermans, *Thermophysical Properties of Matter, the TPRC Data Series. Vol. 11—Viscosity*. New York: Plenum Publishing Corp., 1975.

11. Reid, R. C., and T. K. Sherwood, *The Properties of Gases and Liquids*, 2nd ed. New York: McGraw-Hill, 1966.

12. "Engine Oil Viscosity Classification—SAE Standard J300 Jun86," *SAE Handbook*, 1987 ed. Warrendale, PA: Society of Automotive Engineers, 1987.

13. "Axle and Manual Transmission Lubricant Viscosity Classification—SAE Standard J306 Mar85," *SAE Handbook*, 1987 ed. Warrendale, PA: Society of Automotive Engineers, 1987.

14. "Fluid for Passenger Car Type Automatic Transmissions—SAE Information Report J311 Apr86," *SAE Handbook*, 1987 ed. Warrendale, PA: Society of Automotive Engineers, 1987.

15. ASTM Standard D 341–77, "Viscosity-Temperature Charts for Liquid Petroleum Products," American Society for Testing and Materials, 1916 Race Street, Philadelphia, PA 19103.

16. NASA, *Compressed Gas Handbook* (Revised). Washington, DC: National Aeronautics and Space Administration, SP-3045, 1970.

17. ASME, *Thermodynamic and Transport Properties of Steam*. New York: American Society of Mechanical Engineers, 1967.

APÊNDICE B

Filmes para Mecânica dos Fluidos

Os seguintes filmes, que são indicados por meio de ícones no texto, podem ser acessados por meio do GEN-IO, ambiente virtual de aprendizagem do GEN, Grupo Editorial Nacional, que está disponível no *site* www.grupogen.com.br.

Capítulo 2
Linhas de Corrente
Linhas de Emissão
Aumento Capilar
Escoamento em Camada-limite
Escoamento Laminar Interno em um Tubo
Linhas de Corrente em Torno de um Carro
Escoamento Laminar e Turbulento

Capítulo 4
Conservação da Massa: O Enchimento de um Tanque
O Efeito da Quantidade de Movimento: Um Jato Impactando uma Superfície

Capítulo 5
Um Exemplo de Linhas de Corrente e de Linhas de Emissão
O Movimento de uma Partícula em um Canal
Deformação Linear
Escoamento Passando por um Cilindro

Capítulo 6
Um Exemplo de Escoamento Irrotacional

Capítulo 7
Similaridade Geométrica Não Dinâmica: Escoamento Passando por um Bloco

Capítulo 8
O Experimento de Transição de Reynolds
Escoamento em Tubo: Laminar
Escoamento em Tubo: de Transição
A Barragem de Glen Canyon: um Escoamento Tubular Turbulento

Capítulo 9
Separação de Escoamento: Aerofólio
Escoamento em Torno de um Carro Esportivo
Placa Normal ao Escoamento
Um Objeto com um Alto Coeficiente de Arrasto
Exemplos de Escoamento em Torno de uma Esfera
Trilha de Vórtex Atrás de um Cilindro
Vórtices na Extremidade da Asa
Lâminas (Slots) na Borda de Ataque

Capítulo 10
Escoamento em um Compressor de Fluxo Axial (Animação)

Capítulo 11
Um Ressalto Hidráulico Laminar

Capítulo 12
Ondas de Choque Devido a um Projétil
Ondas de Choque sobre uma Aeronave Supersônica (Seções Extras *online*)

Os "vídeos clássicos" apresentados a seguir foram desenvolvidos pelo National Committee for Fluid Mechanics Films (NCFMF) e podem ser vistos gratuitamente no GEN-IO, ambiente virtual de aprendizagem do GEN, que pode ser acessado pelo *site* www.grupogen.com.br. Cada um desses vídeos aprofunda-se em um tema mais do que seria apropriado para uma disciplina de graduação. Entretanto, segmentos selecionados dos vídeos são úteis para apresentar fenômenos importantes dos fluidos

Esses vídeos são produzidos pela:

Encyclopaedia Britannica Educational Corporation
331 North La Salle Street
Chicago, IL 60654

Aerodynamic Generation of Sound (44 min, principals: M. J. Lighthill, J. E. Ffowcs-Williams)
Cavitation (31 min, principal: P. Eisenberg)
Channel Flow of a Compressible Fluid (29 min, principal: D. E. Coles)
Deformation of Continuous Media (38 min, principal: J. L. Lumley)
Eulerian and Lagrangian Descriptions in Fluid Mechanics (27 min, principal: J. L. Lumley)
Flow Instabilities (27 min, principal: E. L. Mollo-Christensen)
Flow Visualization (31 min, principal: S. J. Kline)
The Fluid Dynamics of Drag (4 parts, 120 min, principal: A. H. Shapiro)
Fundamentals of Boundary Layers (24 min, principal: F. H. Abernathy)
Low-Reynolds-Number Flows (33 min, principal: Sir G. I. Taylor)
Magnetohydrodynamics (27 min, principal: J. A. Shercliff)
Pressure Fields and Fluid Acceleration (30 min, principal: A. H. Shapiro)
Rarefied Gas Dynamics (33 min, principals: F. C. Hurlbut, F. S. Sherman)
Rheological Behavior of Fluids (22 min, principal: H. Markovitz)
Rotating Flows (29 min, principal: D. Fultz)
Secondary Flow (30 min, principal: E. S. Taylor)
Stratified Flow (26 min, principal: R. R. Long)
Surface Tension in Fluid Mechanics (29 min, principal: L. M. Trefethen)
Turbulence (29 min, principal: R. W. Stewart)
Vorticity (2 parts, 44 min, principal: A. H. Shapiro)
Waves in Fluids (33 min, principal: A. E. Bryson)

APÊNDICE **C**

Curvas de Desempenho Selecionadas para Bombas e Ventiladores

C.1 Introdução

Muitas empresas, em todo o mundo, fabricam máquinas de fluxo em vários tipos e tamanhos-padrão. Cada fabricante publica dados completos de desempenho a fim de permitir a aplicação de suas máquinas em sistemas. Este apêndice contém dados de desempenho selecionados para uso na resolução de problemas de sistemas de bombas e ventiladores. Dois tipos de bomba e um tipo de ventilador são incluídos.

A escolha de um fabricante pode basear-se na prática, na localização ou no custo. Uma vez escolhido um fabricante, a seleção da máquina é um processo em três etapas:

1. Selecione um tipo de máquina, adequado à aplicação, a partir de um catálogo completo de um fabricante, que dê as faixas de elevação de pressão (altura de carga) e a vazão para cada tipo de máquina.
2. Escolha um modelo de máquina apropriado e uma velocidade do motor a partir de um diagrama mestre de seleção que superpõe as faixas de altura de carga e de vazão de uma série de máquinas em um só gráfico.
3. Verifique se a máquina pré-selecionada é satisfatória para a aplicação pretendida, usando uma curva de desempenho detalhada para a máquina específica.

É aconselhável consultar engenheiros de sistemas experientes, sejam eles empregados pelo fabricante da máquina ou de sua própria organização, antes de tomar a decisão final de compra.

Hoje, muitos fabricantes usam procedimentos informatizados para selecionar uma máquina que seja a mais adequada para cada aplicação. Tais procedimentos são, simplesmente, versões automatizadas do método tradicional de seleção. O emprego do diagrama de seleção e das curvas detalhadas de desempenho é ilustrado a seguir para bombas e ventiladores, utilizando os dados de um fabricante de cada tipo de máquina. A literatura de outros fabricantes difere nos detalhes, mas contém as informações necessárias para a seleção de máquinas.

C.2 Seleção de Bombas

As Figs. C.1 a C.10 mostram dados representativos para bombas Peerless[1] horizontais de carcaça bipartida, de um só estágio (série AE) e as Figs. C.11 e C.12 para bombas Peerless de estágios múltiplos (séries TU e TUT).

As Figs. C.1 e C.2 são diagramas mestres de seleção de bombas da série AE para 3500 e 1750 rpm nominais. Nesses diagramas, o número do modelo (por exemplo, 6AE14) indica a bitola da linha de descarga (tubo de 6 in ou cerca de 150 mm nominais), a série da bomba (AE) e o diâmetro máximo do rotor (aproximadamente 14 in ou 350 mm).

As Figs. C.3 a C.10 são diagramas detalhados de desempenho para modelos individuais de bombas da série AE.

As Figs. C.11 e C.12 são diagramas mestres de seleção para as séries TU e TUT de 1750 rpm nominais. Os dados para as bombas de dois estágios são apresentados na

---

[1]Peerless Pump Company, P.O. Box 7026, Indianapolis, IN 46207-7026.

668 Apêndice C

Fig. C.11, enquanto a Fig. C.12 contém dados para bombas com três, quatro e cinco estágios.

Cada diagrama de desempenho de bomba contém curvas da altura de carga total *versus* vazão volumétrica; curvas para diversos diâmetros de rotores – testados na mesma carcaça – são apresentadas em um único gráfico. Cada diagrama de desempenho também contém contornos mostrando a eficiência da bomba e da potência do motor; o requisito de altura de sucção líquida positiva (*NPSH*), uma vez que esse varia com a vazão, é mostrado pela curva na parte inferior de cada diagrama. O ponto de melhor eficiência (PME ou BEP) para cada rotor pode ser encontrado usando-se os contornos de eficiência.

O emprego dos diagramas mestres de seleção e das curvas detalhadas de desempenho é ilustrado no Exemplo C.1.

Exemplo **C.1** PROCEDIMENTO DE SELEÇÃO DE BOMBA

Selecione uma bomba para fornecer 400 m³/h de água com uma altura de carga total de 36 m. Escolha o modelo apropriado da bomba e a velocidade do motor. Especifique a eficiência da bomba, a potência do motor e o requisito de *NPSH*.

Dados: Selecione uma bomba para fornecer 400 m³/h de água com altura de carga total de 36 m.

Determinar:

(a) O modelo da bomba e a velocidade do motor.

(b) A eficiência da bomba.

(c) A potência do motor.

(d) O requisito de *NPSH*.

Solução: Use o procedimento de seleção descrito na Seção C.1. (Os números a seguir correspondem às etapas enumeradas no procedimento.)

1. Primeiro, selecione um tipo de máquina adequado à aplicação. (Essa etapa, na verdade, requer um catálogo completo do fabricante que não é reproduzido aqui. O catálogo da linha de produtos Peerless especifica uma vazão e uma altura de carga máximas de 570 m³/h e 200 m para as bombas da série AE. Portanto, o desempenho exigido pode ser obtido; considere que a seleção seja feita dessa série.)
2. Segundo, consulte o diagrama mestre de seleção de bombas. O ponto de operação desejado não se encontra dentro de nenhum contorno do diagrama de seleção para 3500 rpm (Fig. C.1). Do diagrama para 1750 rpm (Fig. C.2), selecione uma bomba modelo 6AE14. Da curva de desempenho para a bomba 6AE14 (Fig. C.6), escolha um rotor de 325 mm.
3. Terceiro, verifique o desempenho da máquina, usando o diagrama detalhado. No diagrama de desempenho para o modelo 6AE14, estenda uma linha vertical na abscissa $Q = 400$ m³/h. Projete horizontalmente o ponto $H = 36$ m da ordenada até a linha vertical. A interseção é o desempenho da bomba no ponto de operação desejado:

$$\eta \approx 85,8 \text{ por cento} \qquad \mathcal{P} \approx 48 \text{ kW}$$

> Isso completa o processo de seleção para essa bomba. Engenheiros experientes devem ser consultados para certificar que a condição de operação do sistema foi prevista com precisão e que a bomba foi selecionada corretamente.

A partir do ponto de operação, projete uma linha vertical para baixo até a curva de requisito de *NPSH*. Na interseção, leia *NPSH* ≈ 5 m.

C.3 *Seleção de Ventilador*

A seleção de ventilador é similar á seleção de bomba. Um diagrama mestre normalmente representativo da seleção de ventilador é mostrado na Fig. C.13 para uma série de ventiladores de escoamento axial Howden Buffalo.[2] O diagrama mostra o rendi-

---

[2]Howdem Buffalo Inc., 2029 W. DeKalb ST., Camden, SC 29020.

Curvas de Desempenho Selecionadas para Bombas e Ventiladores

mento de uma série inteira de ventiladores como função do aumento da pressão total e da vazão. As séries de números para cada ventilador indicam o diâmetro do ventilador em polegadas, o diâmetro do cubo em polegadas e a velocidade de rotação do ventilador em rotações por minuto. Por exemplo, um ventilador 54-26-870 tem um diâmetro de ventilador igual a 54 in ou 1350 mm, um diâmetro de cunho igual a 26 in ou 650 mm, e deveria ser operado a 870 rpm.

Normalmente, a avaliação final da adequação de cada modelo de ventilador para a aplicação deveria ser feita usando diagramas de desempenho detalhados para o modelo específico. Em vez disso, usamos as eficiências da Fig. C.13, que estão indicadas pelo sombreamento das diferentes zonas sobre o diagrama. Para calcular os requerimentos da potência para o motor de acionamento de ventilador, usamos a seguinte equação:

$$\mathscr{P}(\text{kW}) = \frac{Q(\text{m}^3/s) \times \Delta p(\text{mm} \cdot \text{H}_2\text{O})}{\eta}$$

Uma amostra de seleção de ventilador é apresentada no Exemplo C.2.

Exemplo C.2 PROCEDIMENTO DE SELEÇÃO DE VENTILADOR

Selecione um ventilador de fluxo axial para fornecer 850 m³/min de ar-padrão a 32 mm de H₂O de pressão total. Escolha o modelo apropriado de ventilador e a velocidade do motor. Especifique a eficiência do ventilador e a potência do motor.

Dados: Selecione um ventilador axial para fornecer 850 m³/min de ar-padrão a 32 mm de H₂O de altura de carga total.

Determinar:

(a) O tamanho do ventilador e a velocidade do motor.

(b) A eficiência do ventilador.

(c) A potência do motor.

Solução: Use o procedimento de seleção de ventiladores descrito na Seção C.1. (Os números a seguir correspondem às etapas enumeradas no procedimento.)

1. Primeiro, selecione um tipo de máquina adequado à aplicação. (Essa etapa, na verdade, requer o catálogo completo do fabricante que não é reproduzido aqui. Considere que a seleção do ventilador seja feita a partir dos dados para máquinas axiais apresentados na Fig. C.13.)
2. Segundo, consulte o diagrama mestre de seleção. O ponto de operação desejado encontra-se dentro do contorno para o ventilador 48-21-860 do diagrama de seleção (Fig. C.13). Para alcançar o desempenho desejado, é necessário acionar o ventilador a 860 rpm.
3. Terceiro, verifique o desempenho da máquina usando o diagrama detalhado. Para determinar o desempenho consultamos novamente a Fig. C.13. Estimamos uma eficiência de 85%. Para determinar o requerimento de potência do motor, usamos a equação:

$$\mathscr{P} = \frac{Q\Delta p}{\eta} = 8{,}50\,\frac{\text{m}^3}{\text{min}} \times \frac{\text{min}}{60\text{s}} \times 32\ \text{mm H}_2\text{O}$$

$$\times\, 999\,\frac{\text{kg}}{\text{m}^3} \times 9{,}81\,\frac{\text{m}}{\text{s}^2} \times \frac{1}{0{,}85} \times \frac{\text{m}}{1000\ \text{mm}} = 5{,}23\ \text{kW}$$

Isso completa o processo de seleção do ventilador. Novamente, engenheiros de sistemas experientes devem ser consultados para certificar que a condição de operação do sistema foi prevista com precisão e que o ventilador foi selecionado corretamente.

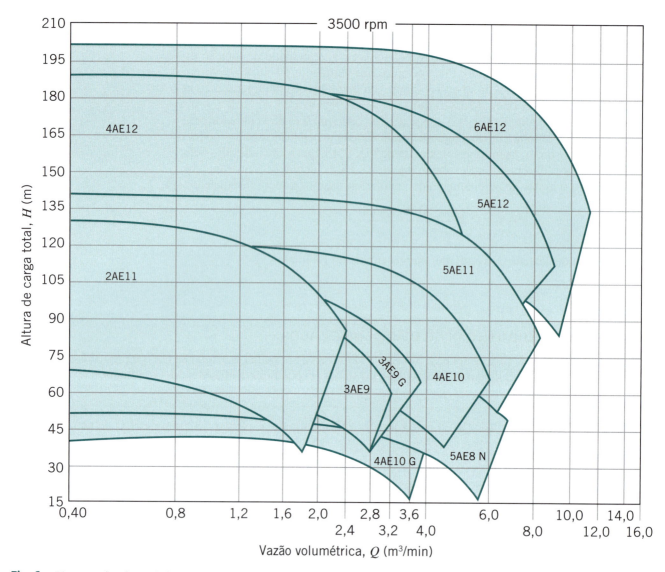

Fig. C.1 Diagrama de seleção de bombas Peerless horizontais de carcaça bipartida (série AE) para 3500 rpm nominais.

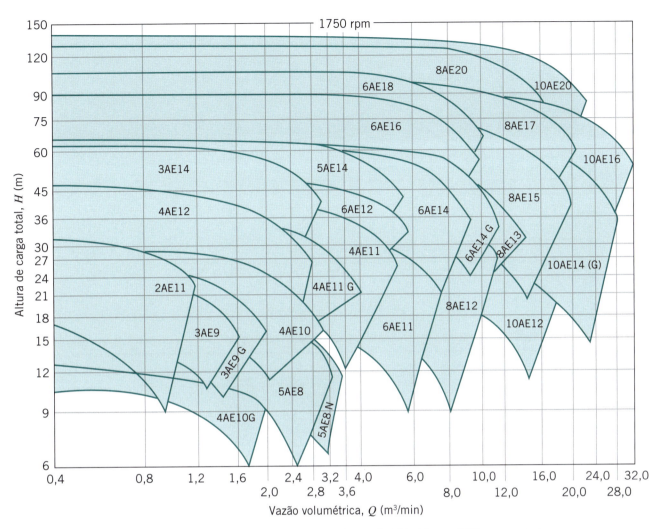

Fig. C.2 Diagrama de seleção de bombas Peerless horizontais de carcaça bipartida (série AE) para 1750 rpm nominais.

Apêndice C

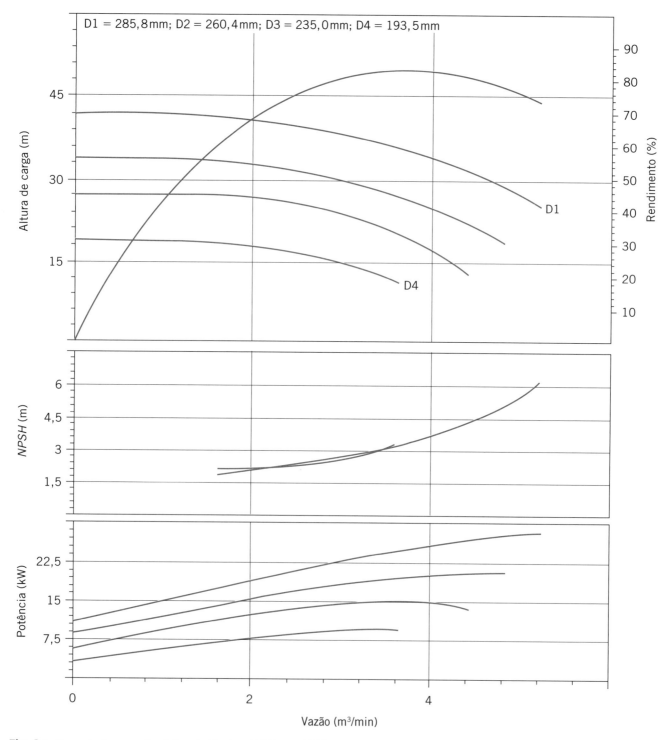

Fig. C.3 Curva de desempenho da bomba Peerless 4AE11 para 1750 rpm.

Curvas de Desempenho Selecionadas para Bombas e Ventiladores 673

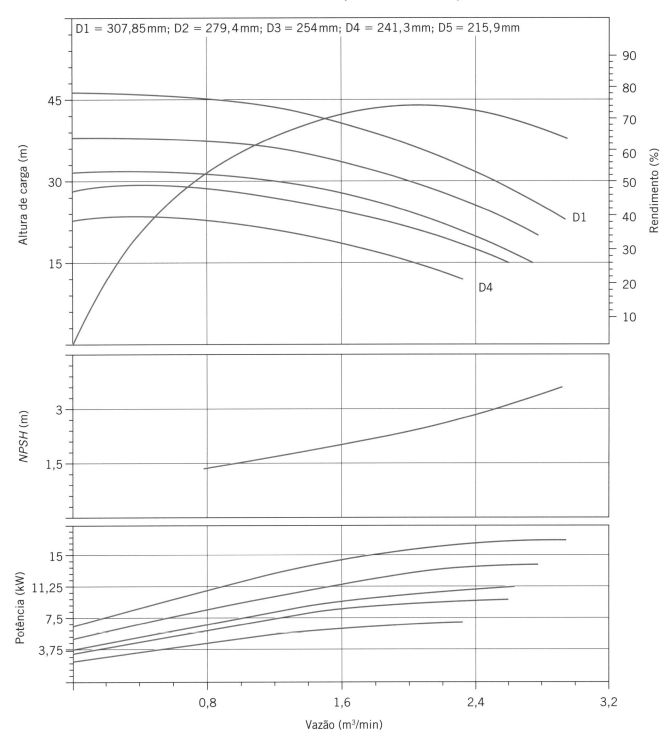

Fig. C.4 Curva de desempenho da bomba Peerless 4AE12 para 1750 rpm.

674 Apêndice C

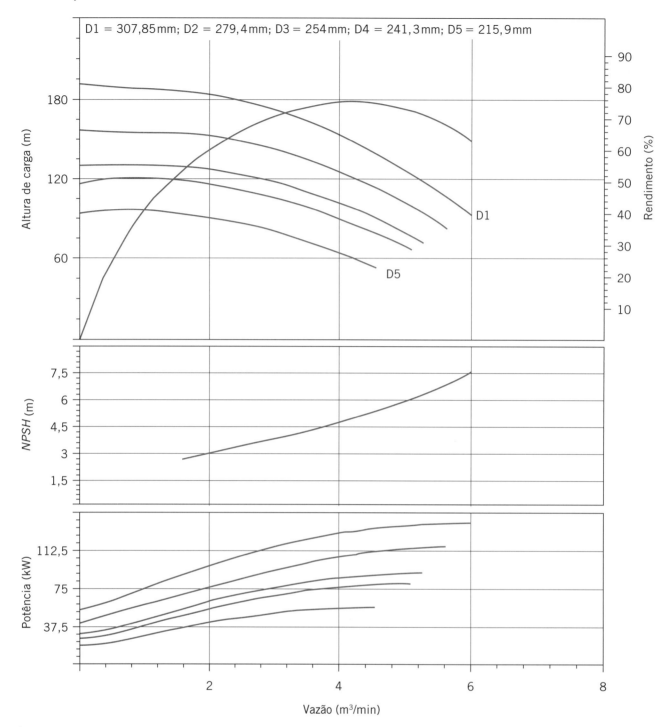

Fig. C.5 Curva de desempenho da bomba Peerless 4AE12 para 3550 rpm.

Curvas de Desempenho Selecionadas para Bombas e Ventiladores 675

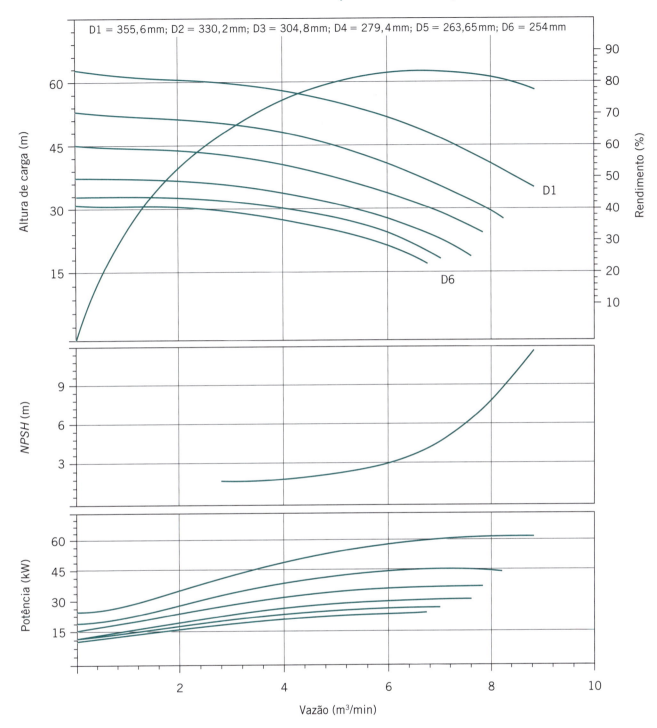

Fig. C.6 Curva de desempenho da bomba Peerless 6AE14 para 1750 rpm.

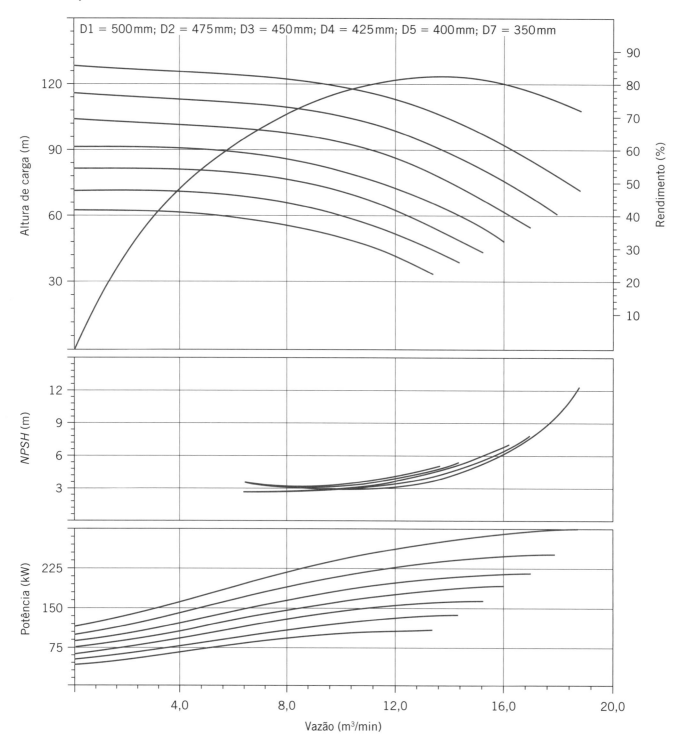

Fig. C.7 Curva de desempenho da bomba Peerless 8AE20G para 1770 rpm.

Curvas de Desempenho Selecionadas para Bombas e Ventiladores

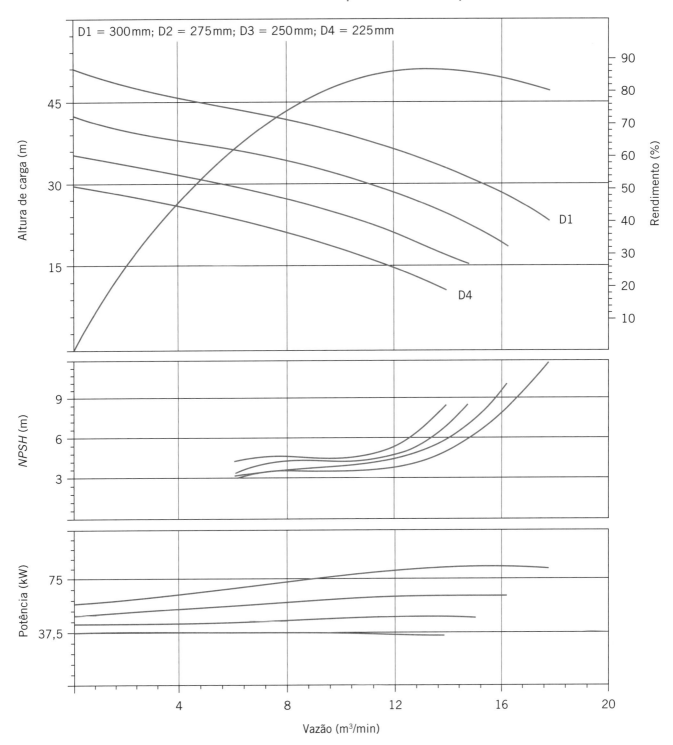

Fig. C.8 Curva de desempenho da bomba Peerless 10AE12 para 1760 rpm.

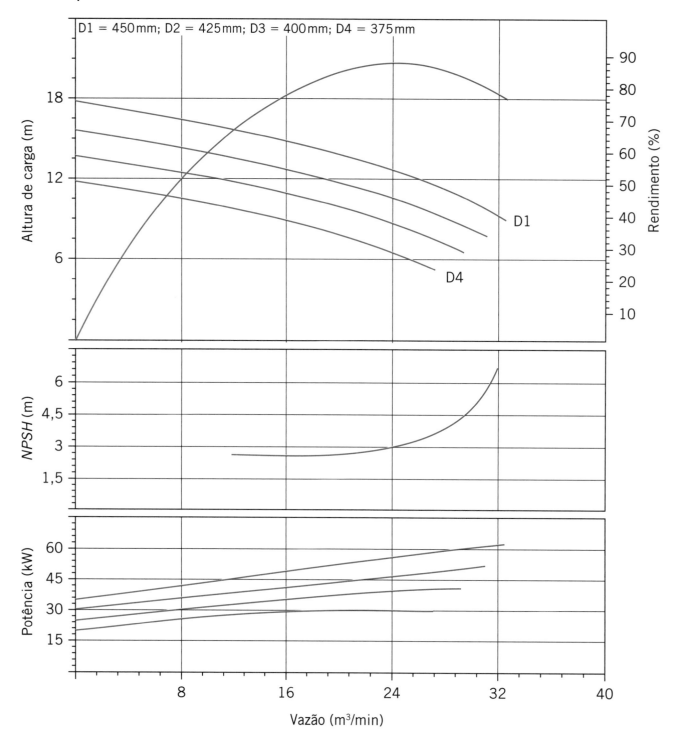

Fig. C.9 Curva de desempenho da bomba Peerless 16A18B para 705 rpm.

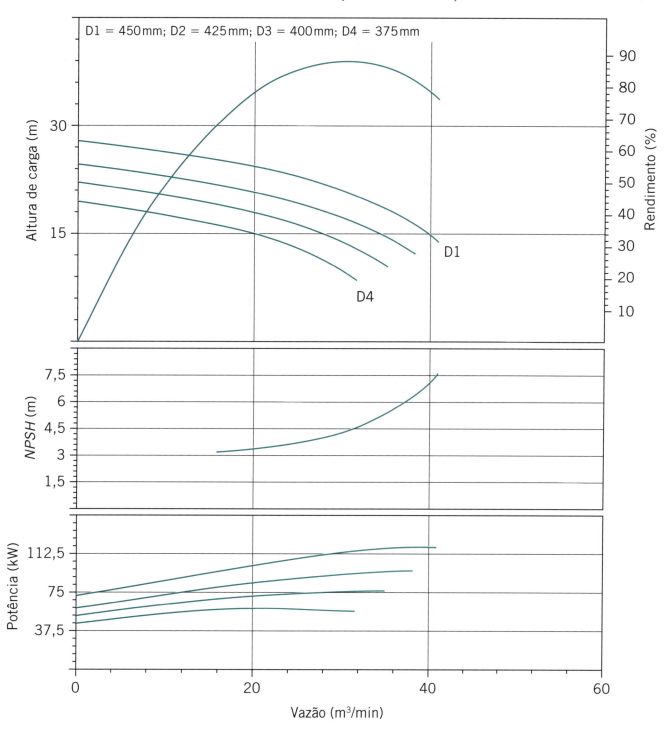

Fig. C.10 Curva de desempenho da bomba Peerless 16A18B para 880 rpm.

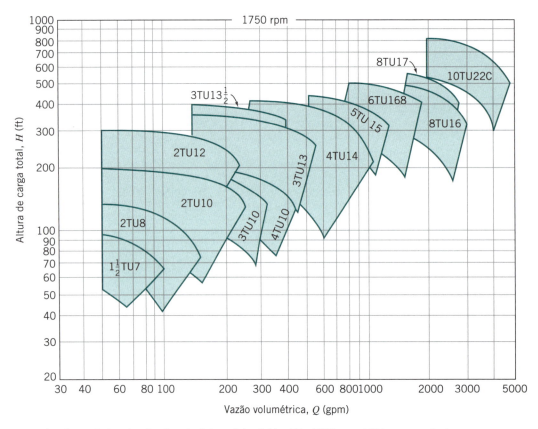

Fig. C.11 Diagrama de seleção de bombas Peerless de dois estágios (séries TU e TUT) para 1750 rpm nominais.

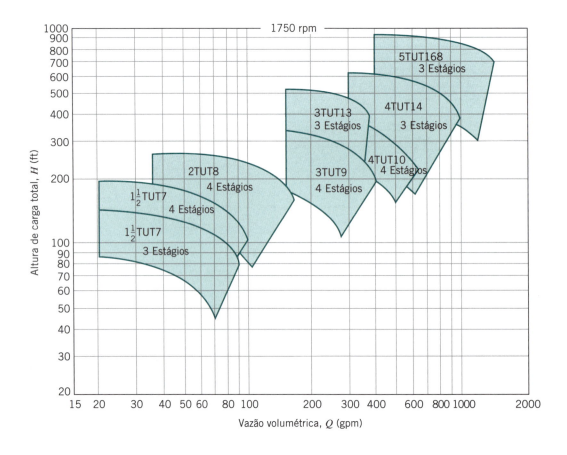

Fig. C.12 Diagrama de seleção de bombas Peerless de múltiplos estágios (séries TU e TUT) para 1750 rpm nominais.

Curvas de Desempenho Selecionadas para Bombas e Ventiladores

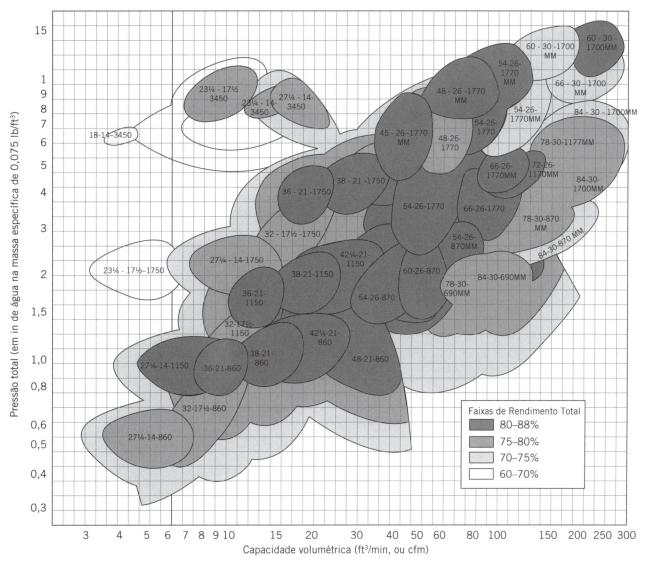

Fig. C.13 Diagrama de seleção de ventiladores axiais Buffalo Howden.

REFERÊNCIAS

1. Peerless Pump literature:
   – Horizontal Split Case Single Stage Double Suction Pumps, Series AE, Brochure B-1200, 2003.
   – Horizontal Split Case, Multistage Single Suction Pumps, Types TU, TUT, 60 Hertz, Performance Curves, Brochure B-1440, 2003.
   – RAPID v8.25.6, March 2007.

2. Buffalo Forge literature:
   – Axivane Axial Fan Optimum Efficiency Selection Chart, n.d.

APÊNDICE **D**

Funções de Escoamento para o Cálculo de Escoamento Compressível

D.1 Escoamento Isentrópico

As funções de escoamento isentrópico são calculadas com o auxílio das seguintes equações:

$$\frac{T_0}{T} = 1 + \frac{k-1}{2}M^2 \tag{12.21a/12.30a}$$

$$\frac{p_0}{p} = \left[1 + \frac{k-1}{2}M^2\right]^{k/(k-1)} \tag{12.21b/12.30b}$$

$$\frac{\rho_0}{\rho} = \left[1 + \frac{k-1}{2}M^2\right]^{1/(k-1)} \tag{12.21c/12.30c}$$

$$\frac{A}{A^*} = \frac{1}{M}\left[\frac{1 + \dfrac{k-1}{2}M^2}{\dfrac{k+1}{2}}\right]^{(k+1)/2(k-1)} \tag{12.30d}$$

Valores representativos das funções de escoamento isentrópico para $k = 1{,}4$ estão apresentados na Tabela D.1 e graficamente na Fig. D.1.

Tabela D.1
Funções de Escoamento Isentrópico (escoamento unidimensional, gás ideal, $k = 1{,}4$)

M	T/T_0	p/p_0	ρ/ρ_0	A/A^*
0,00	1,0000	1,0000	1,0000	∞
0,50	0,9524	0,8430	0,8852	1,340
1,00	0,8333	0,5283	0,6339	1,000
1,50	0,6897	0,2724	0,3950	1,176
2,00	0,5556	0,1278	0,2301	1,688
2,50	0,4444	0,05853	0,1317	2,637
3,00	0,3571	0,02722	0,07623	4,235
3,50	0,2899	0,01311	0,04523	6,790
4,00	0,2381	0,006586	0,02766	10,72
4,50	0,1980	0,003455	0,01745	16,56
5,00	0,1667	0,001890	0,01134	25,00

Essa tabela foi construída da planilha *Excel de Relações Isentrópicas*. A planilha contém muitos detalhes; ela pode ser impressa e facilmente modificada para gerar dados para outras faixas de número de Mach ou para um gás diferente.

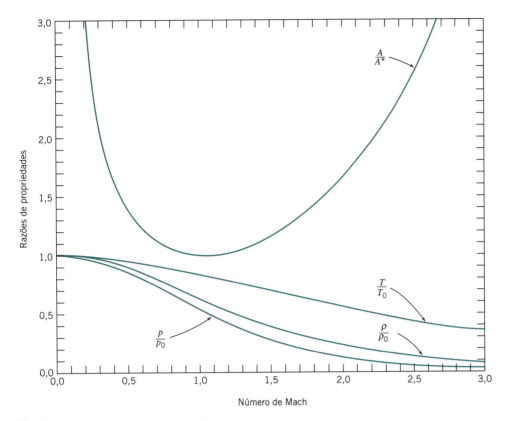

Fig. D.1 Funções de escoamento isentrópico.

📃 Esse gráfico foi gerado da planilha *Excel*. A planilha pode ser facilmente modificada para gerar curvas para um gás diferente.

D.2 *Choque Normal*

As funções de escoamento com choque normal são calculadas com o auxílio das seguintes equações:

$$M_2^2 = \frac{M_1^2 + \dfrac{2}{k-1}}{\dfrac{2k}{k-1}M_1^2 - 1} \tag{12.43a}$$

$$\frac{p_{0_2}}{p_{0_1}} = \frac{\left[\dfrac{\dfrac{k+1}{2}M_1^2}{1 + \dfrac{k-1}{2}M_1^2}\right]^{k/(k-1)}}{\left[\dfrac{2k}{k+1}M_1^2 - \dfrac{k-1}{k+1}\right]^{1/(k-1)}} \tag{12.43b}$$

$$\frac{T_2}{T_1} = \frac{\left(1 + \dfrac{k-1}{2}M_1^2\right)\left(kM_1^2 - \dfrac{k-1}{2}\right)}{\left(\dfrac{k+1}{2}\right)^2 M_1^2} \tag{12.43c}$$

$$\frac{p_2}{p_1} = \frac{2k}{k+1}M_1^2 - \frac{k-1}{k+1} \tag{12.43d}$$

$$\frac{\rho_2}{\rho_1} = \frac{V_1}{V_2} = \frac{\dfrac{k+1}{2}M_1^2}{1 + \dfrac{k-1}{2}M_1^2} \tag{12.43e}$$

Valores representativos das funções de escoamento com choque normal para $k = 1,4$ estão apresentados na Tabela D.2 e graficamente na Fig. D.2.

Tabela D.2
Funções de Escoamento com Choque Normal (escoamento unidimensional, gás ideal, $k = 1,4$)

M_1	M_2	p_{0_2}/p_{0_1}	T_2/T_1	p_2/p_1	ρ_2/ρ_1
1,00	1,000	1,000	1,000	1,000	1,000
1,50	0,7011	0,9298	1,320	2,458	1,862
2,00	0,5774	0,7209	1,687	4,500	2,667
2,50	0,5130	0,4990	2,137	7,125	3,333
3,00	0,4752	0,3283	2,679	10,33	3,857
3,50	0,4512	0,2130	3,315	14,13	4,261
4,00	0,4350	0,1388	4,047	18,50	4,571
4,50	0,4236	0,09170	4,875	23,46	4,812
5,00	0,4152	0,06172	5,800	29,00	5,000

Essa tabela foi construída da planilha *Excel de Relações de Choque Normal*. A planilha contém muitos detalhes, ela pode ser impressa e facilmente modificada para gerar dados para outras faixas de número de Mach ou para um gás diferente.

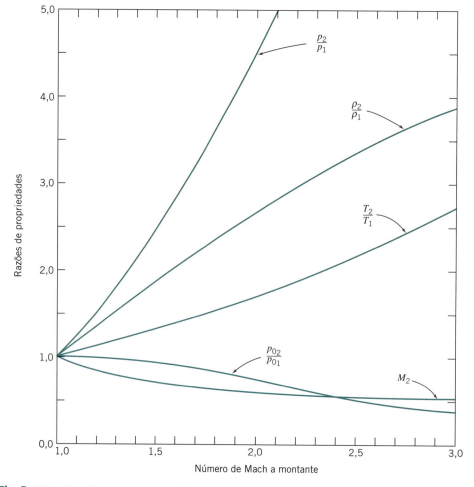

Fig. D.2 Funções de escoamento com choque normal.

Esse gráfico foi gerado da planilha *Excel*. A planilha pode ser facilmente modificada para gerar curvas para um gás diferente.

APÊNDICE **E**

Análise de Incerteza Experimental

E.1 Introdução

Dados de testes experimentais são frequentemente utilizados para complementar análises de engenharia como uma base para o projeto. Nem todos os dados são igualmente bons; a validade dos dados deve ser documentada antes que os resultados do teste sejam usados no projeto. A análise de incerteza é o procedimento usado para quantificar a validade dos dados e sua exatidão.

A análise de incerteza também é útil durante o projeto do experimento. Estudos cuidadosos podem indicar fontes potenciais de erros inaceitáveis e sugerir métodos aperfeiçoados de medição.

E.2 Tipos de Erros

Erros estão sempre presentes quando medições experimentais são feitas. Além dos enganos grosseiros do experimentalista, os erros podem ser de dois tipos. O erro fixo (ou sistemático) causa repetidas medições erradas da mesma quantidade em cada tentativa. O erro fixo é o mesmo para cada leitura, e pode ser eliminado pela calibração ou correção adequada. O erro aleatório (não repetitivo) é diferente para cada leitura e, portanto, não pode ser eliminado. Os fatores que introduzem o erro aleatório são incertos por sua própria natureza. O objetivo da análise de incerteza é estimar o erro aleatório provável nos resultados experimentais.

Vamos considerar que o equipamento tenha sido construído corretamente e calibrado de forma adequada para eliminar os erros fixos. Vamos considerar também que os instrumentos tenham resolução apropriada e que as flutuações nas leituras não sejam excessivas. Vamos considerar ainda que observações sejam feitas e registradas com o devido cuidado, de modo que apenas os erros aleatórios permaneçam.

E.3 Estimativa de Incerteza

Nossa meta é estimar a incerteza de medições experimentais e de resultados calculados devida aos erros aleatórios. O procedimento tem três etapas:

1. Estimar o intervalo de incerteza para cada quantidade medida.
2. Declarar o limite de confiança em cada medição.
3. Analisar a propagação de incerteza nos resultados calculados a partir dos dados experimentais.

A seguir, nós delineamos o procedimento para cada etapa e ilustramos aplicações com exemplos.

Etapa 1. *Estimar o intervalo da incerteza de medição.* Designe as variáveis medidas em uma experiência como $x_1, x_2, ..., x_n$. Um modo possível para determinar o intervalo de incerteza para cada variável seria repetir cada medição muitas vezes. O resultado seria uma distribuição de dados para cada variável. Os erros aleatórios na medição em geral produzem uma distribuição de frequência *normal (gaussiana)* dos valores medidos. A dispersão dos dados para uma distribuição normal caracteriza-se pelo desvio-padrão, σ. O intervalo de incerteza para cada variável medida, x_i, pode ser enunciado como $\pm n\sigma_i$, em que $n = 1, 2$ ou 3.

685

686 Apêndice E

Contudo, a situação mais típica do trabalho de engenharia é uma experiência de "uma só amostra", na qual apenas uma medição é feita para cada ponto [1]. Uma estimativa razoável da incerteza de medição decorrente do erro aleatório em uma experiência de uma só amostra é geralmente mais ou menos metade da menor divisão da escala (a *contagem mínima*) do instrumento. Contudo, essa abordagem também deve ser usada com cautela, conforme ilustrado no exemplo seguinte.

Exemplo E.1 INCERTEZA NA LEITURA DE UM BARÔMETRO

A altura observada da coluna de mercúrio de um barômetro é $h = 752,6$ mm. A contagem mínima na escala do vernier é 0,1 mm, de modo que o erro provável da medição pode ser estimado como $\pm 0,05$ mm.

Provavelmente, uma medição não poderia ser feita com tal precisão. Os cursores e o menisco do barômetro devem ser alinhados pelo olho humano. O cursor tem uma contagem mínima de 1 mm. Como estimativa conservadora, uma medição poderia ser feita dentro do milímetro mais próximo. O valor provável de uma só medição seria então expresso como $752,6 \pm 0,5$ mm. A incerteza relativa na altura barométrica seria determinada como

$$u_h = \pm \frac{0,5 \text{ mm}}{752,6 \text{ mm}} = \pm 0,000664 \quad \text{ou} \quad \pm 0,0664 \text{ por cento}$$

Comentários:

1. Um intervalo de incerteza de $\pm 0,1\%$ corresponde a um resultado especificado dentro de três dígitos significativos; essa acurácia é suficiente para a maioria dos trabalhos de engenharia.

2. A medição da altura do barômetro foi acurada, conforme mostrado pela estimativa de incerteza. Mas ela foi exata o suficiente? A temperaturas ambientes típicas, a leitura observada no barômetro deve ser reduzida por uma correção decorrente da temperatura de quase 3 mm! Esse é um exemplo de erro fixo que requer um fator de correção.

Quando medições repetidas de uma variável estão disponíveis, geralmente são dados normalmente distribuídos, para os quais mais de 99% dos valores medidos de x_i situam-se dentro de $\pm 3\sigma_i$ do valor médio, 95% situam-se dentro de $\pm 2\sigma_i$, e 68% situam-se dentro de $\pm\sigma_i$ do valor médio do conjunto de dados [2]. Dessa forma, seria possível quantificar os erros esperados dentro de qualquer *limite de confiança* desejável se um conjunto de dados estatisticamente significativos estivesse disponível.

O método das medições repetidas é geralmente impraticável. Na maioria das aplicações é impossível obter dados suficientes para uma amostra estatisticamente significativa, em virtude do tempo e custo excessivos. Contudo, a distribuição normal sugere diversos conceitos importantes:

1. Os pequenos erros são mais prováveis do que os grandes.
2. Os erros para mais e para menos são igualmente prováveis.
3. Nenhum erro máximo finito pode ser especificado.

Etapa 2. *Enunciar o limite de confiança de cada medição.* O intervalo de incerteza de uma medição deve ser enunciado em probabilidades especificadas. Por exemplo, pode-se escrever $h = 752,6 \pm 0,5$ mm (20 para 1). Isso significa que se aposta 20 por 1 que a altura da coluna de mercúrio realmente está dentro de $\pm 0,5$ mm do valor declarado. É óbvio [3] que "... a especificação de tais probabilidades só pode ser feita pelo experimentalista com base na ... experiência total de laboratório. Não há substituto para o julgamento sólido de engenharia na estimativa da incerteza de uma variável medida".

O enunciado do intervalo de confiança baseia-se no conceito de desvio-padrão para uma distribuição normal. Probabilidades de cerca de 370 por 1 correspondem a $\pm 3\sigma$; 99,7% de todas as leituras futuras são esperadas cair dentro do intervalo. Probabilidades de cerca de 20 por 1 correspondem a $\pm 2\sigma$ e de 3 por 1 correspondem a limites de confiança de $\pm\sigma$. Probabilidades de 20 por 1 são as utilizadas, tipicamente, nos trabalhos de engenharia.

Análise de Incerteza Experimental **687**

Etapa 3. *Analisar a propagação de incerteza nos cálculos.* Suponha que medições das variáveis independentes, x_1, x_2, ..., x_n, são feitas no laboratório. A incerteza relativa de cada quantidade medida independentemente é estimada como u_i. As medições são usadas para calcular algum resultado, R, para o experimento. Desejamos analisar como os erros nos x_is *propagam-se* no cálculo de R a partir dos valores medidos.

Em geral, R pode ser expresso matematicamente como $R = R(x_1, x_2, ..., x_n)$. O efeito sobre R de um erro na medição de um x_i individual pode ser estimado por analogia com a derivada de uma função [4]. Uma variação, δx_i, em x_i, causaria a variação de δR_i em R,

$$\delta R_i = \frac{\partial R}{\partial x_i}\,\delta x_i$$

A variação relativa em R é

$$\frac{\delta R_i}{R} = \frac{1}{R}\frac{\partial R}{\partial x_i}\,\delta x_i = \frac{x_i}{R}\frac{\partial R}{\partial x_i}\frac{\delta x_i}{x_i} \qquad (E.1)$$

A Eq. E.1 pode ser empregada para estimar o intervalo de incerteza no resultado devido às variações em x_i. Introduzindo a notação de incerteza relativa, obtemos

$$u_{R_i} = \frac{x_i}{R}\frac{\partial R}{\partial x_i}\,u_{x_i} \qquad (E.2)$$

Como estimamos a incerteza relativa em R causada pelos efeitos combinados das incertezas relativas em todos os x_i? O erro aleatório em cada variável tem uma faixa de valores dentro do intervalo de incerteza. É improvável que todos os erros terão valores adversos ao mesmo tempo. Pode ser mostrado [1] que a melhor representação para a incerteza relativa do resultado é

$$u_R = \pm\left[\left(\frac{x_1}{R}\frac{\partial R}{\partial x_1}u_1\right)^2 + \left(\frac{x_2}{R}\frac{\partial R}{\partial x_2}u_2\right)^2 + \cdots + \left(\frac{x_n}{R}\frac{\partial R}{\partial x_n}u_n\right)^2\right]^{1/2} \qquad (E.3)$$

Exemplo E.2 INCERTEZA NO VOLUME DE UM CILINDRO

Obtenha uma expressão para a incerteza na determinação do volume de um cilindro a partir de medições do seu raio e da sua altura. O volume do cilindro em termos do raio e da altura é

$$\mathcal{V} = \mathcal{V}(r, h) = \pi r^2 h$$

Diferenciando, obtemos

$$d\mathcal{V} = \frac{\partial \mathcal{V}}{\partial r}\,dr + \frac{\partial \mathcal{V}}{\partial h}\,dh = 2\pi rh\,dr + \pi r^2\,dh$$

uma vez que

$$\frac{\partial \mathcal{V}}{\partial r} = 2\pi rh \quad \text{e} \quad \frac{\partial \mathcal{V}}{\partial h} = \pi r^2$$

Da Eq. E.2, a incerteza relativa decorrente do raio é

$$u_{\mathcal{V},r} = \frac{\delta \mathcal{V}_r}{\mathcal{V}} = \frac{r}{\mathcal{V}}\frac{\partial \mathcal{V}}{\partial r}\,u_r = \frac{r}{\pi r^2 h}(2\pi rh)u_r = 2u_r$$

688 Apêndice E

e a incerteza relativa decorrente da altura é

$$u_{V,h} = \frac{\delta V_h}{V} = \frac{h}{V} \frac{\partial V}{\partial h} u_h = \frac{h}{\pi r^2 h} (\pi r^2) u_h = u_h$$

A incerteza relativa no volume é

$$u_V = \pm[(2u_r)^2 + (u_h)^2]^{1/2} \qquad (E.4)$$

> **Comentário:**
> O coeficiente 2, na Eq. E.4, mostra que a incerteza na medição do raio do cilindro tem um efeito maior do que a incerteza na medição da altura. Isso ocorre porque o raio é elevado ao quadrado na equação do volume.

E.4 *Aplicações a Dados Experimentais*

Aplicações a dados obtidos a partir de medições experimentais em laboratórios são ilustradas nos exemplos seguintes.

Exemplo **E.3** INCERTEZA NA VAZÃO EM MASSA DE UM LÍQUIDO

A vazão em massa de água fluindo através de um tubo deve ser determinada coletando-a em um recipiente. A vazão em massa é calculada a partir da massa líquida de água coletada dividida pelo intervalo de tempo,

$$\dot{m} = \frac{\Delta m}{\Delta t} \qquad (E.5)$$

em que $\Delta m = m_f - m_e$. As estimativas de erro para as quantidades medidas são

Massa do recipiente cheio, $m_f = 400 \pm 2$ g (20 por 1)
Massa do recipiente vazio, $m_e = 200 \pm 2$ g (20 por 1)
Intervalo de tempo de coleta, $\Delta t = 10 \pm 0,2$ s (20 por 1)

As incertezas relativas nas quantidades medidas são

$$u_{m_f} = \pm \frac{2 \text{ g}}{400 \text{ g}} = \pm 0,005$$

$$u_{m_e} = \pm \frac{2 \text{ g}}{200 \text{ g}} = \pm 0,01$$

$$u_{\Delta t} = \pm \frac{0,2 \text{ s}}{10 \text{ s}} = \pm 0,02$$

A incerteza relativa no valor medido da massa líquida é calculada a partir da Eq. E.3 como

$$u_{\Delta m} = \pm \left[\left(\frac{m_f}{\Delta m} \frac{\partial \Delta m}{\partial m_f} u_{m_f} \right)^2 + \left(\frac{m_e}{\Delta m} \frac{\partial \Delta m}{\partial m_e} u_{m_e} \right)^2 \right]^{1/2}$$

$$= \pm \{[(2)(1)(\pm 0,005)]^2 + [(1)(-1)(\pm 0,01)]^2\}^{1/2}$$

$$u_{\Delta m} = \pm 0,0141$$

Uma vez que $\dot{m} = \dot{m}(\Delta m, \Delta t)$, podemos escrever a Eq. E.3 como

$$u_{\dot{m}} = \pm \left[\left(\frac{\Delta m}{\dot{m}} \frac{\partial \dot{m}}{\partial \Delta m} u_{\Delta m} \right)^2 + \left(\frac{\Delta t}{\dot{m}} \frac{\partial \dot{m}}{\partial \Delta t} u_{\Delta t} \right)^2 \right]^{1/2} \qquad (E.6)$$

Os termos requeridos das derivadas parciais são

$$\frac{\Delta m}{\dot{m}} \frac{\partial \dot{m}}{\partial \Delta m} = 1 \quad \text{e} \quad \frac{\Delta t}{\dot{m}} \frac{\partial \dot{m}}{\partial \Delta t} = -1$$

Substituindo na Eq. E.6, obtemos

$$u_{\dot{m}} = \pm\{[(1)(\pm0,0141)]^2 + [(-1)(\pm0,02)]^2\}^{1/2}$$

$$u_{\dot{m}} = \pm0,0245 \quad \text{ou} \quad \pm2,45 \text{ por cento (20 para 1)}$$

> *Comentário:*
> O intervalo de incerteza de 2% na medição do tempo é a contribuição mais importante para o intervalo de incerteza do resultado.

Exemplo E.4 INCERTEZA NO NÚMERO DE REYNOLDS PARA ESCOAMENTO DE ÁGUA

O número de Reynolds deve ser calculado para o escoamento de água em um tubo. A equação de cálculo para o número de Reynolds é

$$Re = \frac{4\dot{m}}{\pi\mu D} = Re(\dot{m}, D, \mu) \tag{E.7}$$

Consideramos o intervalo de incerteza no cálculo da vazão em massa. Quais as incertezas em relação a μ e D? O diâmetro do tubo é dado como $D = 6,35$ mm. Podemos considerar esse valor como exato? O diâmetro pode ser medido com resolução de 0,1 mm. Se assim for, a incerteza relativa no diâmetro seria estimada como

$$u_D = \pm\frac{0,05 \text{ mm}}{6,35 \text{ mm}} = \pm0,00787 \quad \text{ou} \quad \pm0,787 \text{ por cento}$$

A viscosidade da água depende da temperatura. Esta é estimada como $T = 24 \pm 0,5°C$. Como a incerteza na temperatura afetará a incerteza em μ? Um modo de estimar isso é escrever

$$u_{\mu(T)} = \pm\frac{\delta\mu}{\mu} = \frac{1}{\mu} \frac{d\mu}{dT} (\pm\delta T) \tag{E.8}$$

A derivada pode ser estimada a partir de dados tabelados para a viscosidade perto da temperatura nominal de 24°C. Assim,

$$\frac{d\mu}{dT} \approx \frac{\Delta\mu}{\Delta T} = \frac{\mu(25°C) - \mu(23°C)}{(25 - 23)°C} = (0,000890 - 0,000933)\frac{N\cdot s}{m^2} \times \frac{1}{2°C}$$

$$\frac{d\mu}{dT} = -2,15 \times 10^{-5} \text{ N}\cdot\text{s}/(m^2\cdot°C)$$

Segue-se, da Eq. E.8, que a incerteza na viscosidade decorrente da temperatura é

$$u_{\mu(T)} = \frac{1}{0,000911} \frac{m^2}{N\cdot s} \times -2,15 \times 10^{-5}\frac{N\cdot s}{m^2\cdot°C} \times (\pm0,5°C)$$

$$u_{\mu(T)} = \pm0,0118 \quad \text{ou} \quad \pm1,18 \text{ por cento}$$

Os próprios dados tabelados para a viscosidade também têm alguma incerteza. Se ela for de $\pm1,0\%$, uma estimativa para a incerteza relativa resultante na viscosidade será

$$u_{\mu} = \pm[(\pm0,01)^2 + (\pm0,0118)^2]^{1/2} = \pm0,0155 \quad \text{ou} \quad \pm1,55 \text{ por cento}$$

As incertezas na vazão mássica, diâmetro do tubo e viscosidade, necessárias para calcular o intervalo de incerteza do número de Reynolds calculado, são agora conhecidas. As derivadas parciais requeridas, determinadas a partir da Eq. E.7, são

$$\frac{\dot{m}}{Re} \frac{\partial Re}{\partial \dot{m}} = \frac{\dot{m}}{Re} \frac{4}{\pi\mu D} = \frac{Re}{Re} = 1$$

Apêndice E

$$\frac{\mu}{Re}\frac{\partial Re}{\partial \mu} = \frac{\mu}{Re}(-1)\frac{4\dot{m}}{\pi\mu^2 D} = -\frac{Re}{Re} = -1$$

$$\frac{D}{Re}\frac{\partial Re}{\partial D} = \frac{D}{Re}(-1)\frac{4\dot{m}}{\pi\mu D^2} = -\frac{Re}{Re} = -1$$

Substituindo na Eq. E.3, obtemos

$$u_{Re} = \pm\left\{\left[\frac{\dot{m}}{Re}\frac{\partial Re}{\partial \dot{m}}u_{\dot{m}}\right]^2 + \left[\frac{\mu}{Re}\frac{\partial Re}{\partial \mu}u_\mu\right]^2 + \left[\frac{D}{Re}\frac{\partial Re}{\partial D}u_D\right]^2\right\}^{1/2}$$

$$u_{Re} = \pm\left\{[(1)(\pm 0,0245)]^2 + [(-1)(\pm 0,0155)]^2 + [(-1)(\pm 0,00787)]^2\right\}^{1/2}$$

$$u_{Re} = \pm 0,0300 \quad \text{ou} \quad \pm 3,00 \text{ por cento}$$

> **Comentário:**
>
> Os Exemplos E.3 e E.4 ilustram dois pontos importantes para projeto de experimento. Primeiro, a massa de água coletada, Δm, é calculada a partir de duas quantidades medidas, m_f e m_{e}. Para qualquer intervalo de incerteza considerado nas medições de m_f e m_e, a incerteza *relativa* em Δm pode ser diminuída fazendo Δm maior. Isso pode ser realizado usando-se recipientes maiores ou um tempo de medição mais longo, Δt, que também reduziria a incerteza relativa no Δt medido. Segundo, a incerteza nos dados de propriedades tabeladas pode ser significativa. A incerteza dos dados também é aumentada pela incerteza na medição da temperatura do fluido.

Exemplo E.5 INCERTEZA NA VELOCIDADE DO AR

A velocidade do ar é calculada a partir de medições com tubo pitot em um túnel de vento. Da equação de Bernoulli,

$$V = \left(\frac{2gh\rho_{\text{água}}}{\rho_{\text{ar}}}\right)^{1/2} \tag{E.9}$$

em que h é a altura observada da coluna do manômetro.

O único elemento novo neste exemplo é a raiz quadrada. A variação em V decorrente do intervalo de incerteza em h é

$$\frac{h}{V}\frac{\partial V}{\partial h} = \frac{h}{V}\frac{1}{2}\left(\frac{2gh\rho_{\text{água}}}{\rho_{\text{ar}}}\right)^{-1/2}\frac{2g\rho_{\text{água}}}{\rho_{\text{ar}}}$$

$$\frac{h}{V}\frac{\partial V}{\partial h} = \frac{h}{V}\frac{1}{2}\frac{1}{V}\frac{2g\rho_{\text{água}}}{\rho_{\text{ar}}} = \frac{1}{2}\frac{V^2}{V^2} = \frac{1}{2}$$

Usando a Eq. E.3, calculamos a incerteza relativa em V como

$$u_V = \pm\left[\left(\frac{1}{2}u_h\right)^2 + \left(\frac{1}{2}u_{\rho_{\text{água}}}\right)^2 + \left(-\frac{1}{2}u_{\rho_{\text{ar}}}\right)^2\right]^{1/2}$$

Se $u_h = \pm 0,01$ e as outras incertezas forem desprezíveis,

$$u_V = \pm\left\{\left[\frac{1}{2}(\pm 0,01)\right]^2\right\}^{1/2}$$

$$u_V = \pm 0,00500 \quad \text{ou} \quad \pm 0,500 \text{ por cento}$$

> **Comentário:**
>
> A raiz quadrada reduz a incerteza relativa na velocidade calculada para metade daquela de u_h.

E.5 *Resumo*

A confirmação da incerteza provável de dados é parte importante de um relatório claro e completo de resultados experimentais. A Sociedade Americana de Engenheiros Mecânicos (ASME) exige que todos os manuscritos submetidos para publicação em revistas científicas incluam uma declaração adequada das incertezas nos dados experimentais apresentados [5]. A estimativa da incerteza em dados experimentais exige cuidado, experiência e capacidade crítica, em comum com muitos esforços na engenharia. Enfatizamos a necessidade de quantificar a incerteza nas medições, porém a limitação de espaço permitiu apenas a inclusão de poucos exemplos. Uma quantidade maior de informação está disponível nas referências apresentadas a seguir (por exemplo, [4, 6, 7]). Sugerimos fortemente que você consulte essas referências quando for projetar experimentos ou analisar dados experimentais.

REFERÊNCIAS

1. Kline, S. J., and F. A. McClintock, "Describing Uncertainties in Single-Sample Experiments," *Mechanical Engineering, 75*, 1, January 1953, pp. 3-9.

2. Pugh, E. M., and G. H. Winslow, *The Analysis of Physical Measurements*. Reading, MA: Addison-Wesley, 1966.

3. Doebelin, E. O., *Measurement Systems*, 4th ed. New York: McGraw-Hill, 1990.

4. Young, H. D., *Statistical Treatment of Experimental Data*. New York: McGraw-Hill, 1962.

5. Rood, E. P., and D. P. Telionis, "JFE Policy on Reporting Uncertainties in Experimental Measurements and Results," *Transactions of ASME, Journal of Fluids Engineering*, 113, 3, September 1991, pp. 313-314.

6. Coleman, H. W., and W. G. Steele, *Experimentation and Uncertainty Analysis for Engineers*. New York: Wiley, 1989.

7. Holman, J. P., *Experimental Methods for Engineers*, 5th ed. New York: McGraw-Hill, 1989.

Respostas de Problemas Selecionados

Capítulo 1

1.1 (a) Conservação da massa: A massa de um sistema é constante por definição.
(b) Segunda lei de Newton do movimento: A força líquida atuando sobre o sistema é diretamente proporcional ao produto da massa do sistema e sua aceleração.
(c) Primeira lei da termodinâmica: A variação da energia estocada em um sistema é igual à energia líquida adicionada ao sistema como calor e trabalho.
(d) Segunda lei da termodinâmica: A entropia de qualquer sistema isolado não pode diminuir durante nenhum processo entre estados de equilíbrio do sistema.
(e) Princípio do momento angular: O torque líquido atuando sobre o sistema é igual à variação do momento angular do sistema.

1.3 $M = 26,6$ kg

1.5 $t = 3W/gk$

1.7 $L = 0,249$ m $\quad D = 0,487$ m

1.13 a) kg $\cdot$ m^2/s^3 b) kg/m $\cdot$ s^2 c) kg/m $\cdot$ s^2
d) 1/s e) kg $\cdot$ m^2/s^2 f) kg $\cdot$ m^2/s^3
g) kg $\cdot$ m/s h) kg/m $\cdot$ s^2 i) adimensional
j) kg $\cdot$ m^2/s

1.15 (a) 6,89 kPa, (b) 0,264 galão, (c) 47,9 N $\cdot$ s/m^2

1.17 (a) $9,25 \times 10^3$ m^3, (b) 0,00311 m^3/s,
(c) 0,000315 m^3/s, (d) 2,23 m/s^2

1.19 a) $6,36 \times 10^{-3}$ ft^3 b) 402 hp
c) 1,044 lbf $\cdot$ s/ft^2 d) 431 ft^2

1.21 $Q = 397$ L/min

1.23 2,22 kgf/cm^2

1.25 $u_p = \pm 0,345\%$ ($\pm 4,24 \times 10^{-3}$kg/m^3)

1.27 C_D é adimensional

1.29 c: N $\cdot$ s/m, $\quad k$: N/m, $\quad f$: N.

1.31 m, m/(L/min)^2

1.33 $\rho = 1,06 \pm 3,47 \times 10^{-3}$ kg/m^3 ($\pm 0,328\%$)

1.35 $\rho = 858 \pm 24,8$ kg/m^3 (20 para 1)

1.37 1,243 kg/m^3, $SG = 1,243$ incerteza $= \pm 0,4$

1.39 $\delta_x = \pm 0,158$ mm

1.41 $H = 17,3 \pm 0,164$ m $\quad \theta_{min} = 31,4°$

Capítulo 2

2.1 2D $\overline{V} = 0$ (disco inferior) $\overline{V} = \hat{e}_\theta r\omega$ (disco superior) Linhas de corrente: $y = \dfrac{c}{\sqrt{x}}$

2.3 A é irrelevante para as formas das linhas de corrente; determina as magnitudes de velocidade.

2.5 Linhas de corrente: $y = c\, x^{-\frac{b}{a}t}$

2.7 Linhas de corrente: $y = \dfrac{\text{constante}}{x + \dfrac{B}{A}}$

2.9 Linhas de corrente: $x^2 + y^2 = c$
Modelo de vórtice do centro de um tornado.

2.11 $\ln(x \cdot y) = c \quad x \cdot y = \text{constante} \quad x \cdot y = 4$
A linha de corrente e a linha de trajetória coincidem, porque o escoamento é em regime permanente.

2.15 $\Delta P = 485,33$ N/m^2

2.19 Linhas de trajetória: $y = 4t + 1, \quad x = 3e^{0,05t^2}$

Linhas de corrente: $y = 1 + \dfrac{40}{t} \ln\left(\dfrac{x}{3}\right)$

2.23 (a) $y = (x^2/4) + 4,$ (b) $(x, y) = (4$ m, 1 m),
(c) $(x, y) = (5$ m, 10 m), (d) Para esse escoamento em regime permanente, linhas de corrente, de trajetória e de emissão coincidem; as partículas referidas são a mesma partícula.

2.25 $F = 133,94$ N

2.27 $\mu = 0,123$ kg/ms

2.31 $a_x = 0,138$ m/s^2

2.33 $U_{\text{sem força}} = 0,196$ m/s, $U_{\text{para cima}} = 0,104$ m/s, $U_{\text{para baixo}} = 0,496$ m/s

2.35 $V = 25,62$ m/s

2.37 As tensões de cisalhamento são zero

2.39 $\tau_{yx} = a - y$ (age para a esquerda),
$t = 1,9$ (M $\cdot$ h/$\mu \cdot a^2$)

2.41 $U = 1,34$

2.43 $V = 0,483$ m/s, $V_{12} = 0,333$ m/s, $V_{23} = 0,383$ m/s

2.45 $\mu = 8,07 \times 10^{-4}$ N $\cdot$ s/m^2

2.47 $t = 4,00$ s

2.49 $T = \dfrac{2\pi\mu\omega h R^3}{a} \quad \omega = \dfrac{mga}{2\pi R^2 \mu h}\left[1 - e^{-\frac{2\pi R\mu h}{a(m_1 + m_2)}t}\right]$

$\omega_{\text{máx}} = \dfrac{mga}{2\pi R^2 \mu h}$

2.51 $\omega = \dfrac{A}{B}\left(1 - e^{-\frac{B}{C}t}\right) \quad \omega_{\text{máx}} = 25,1$ rpm

$t = 0,671$ s

2.53 $1,8 \times 10^{-4} \dfrac{\text{Ns}}{\text{m}^2}$

2.55 $T = \dfrac{\pi\mu\Delta\omega R^4}{2a}$ $\qquad P_0 = \dfrac{\pi\mu\omega_0\Delta\omega R^4}{2a}$

$s = \dfrac{2aT}{\pi\mu R^4 \omega_i}$

2.57 $\mu = \dfrac{2a\cos(\theta)T}{\pi\omega\,\mathrm{tg}^3(\theta)H^4}$ $\quad$ Óleo Castor

2.59 $P = 24$ W

2.61 Nenhuma agulha flutuará (o comprimento da agulha é irrelevante)

2.65 Massa específica constante não é uma consideração razoável para uma operação de jato de corte a 350 MPa

2.67 $V = 368$ km/h

2.69 $M = 2,6$ $\quad x_{\mathrm{trans}} = 0,51$ m

2.71 $x_{\mathrm{trans}} = 0,09$ m, $\quad x_{\mathrm{trans}} = 0,169$ m

Capítulo 3

3.1 $p = 25,44$ MPa $\qquad t = 2,27$ cm

3.3 $p = 6,1 \times 10^5$ N/m^2

3.7 $p = 316$ kPa (manométrica)
$p_{\mathrm{SL}} = 253$ kPa (manométrica)

3.9 $\mathrm{SG} = 1,77$ $\qquad p_{\mathrm{superior}} = 3,525$ kPa
$p_{\mathrm{inferior}} = 6,13$ kPa

3.11 $\dfrac{y}{H} = \dfrac{\left(\frac{p_a}{\rho g H} + \frac{h}{H} + 1\right) - \sqrt{\left(\frac{p_a}{\rho g H} + \frac{h}{H} + 1\right)^2 - 4\frac{h}{H}}}{2}$

3.13 O suporte é suficientemente forte $h = 6,52$ m

3.15 $(P_{\mathrm{manométrica}})_{\text{Ar preso}}$ na câmara esquerda $= 6,96$ kPa
$(P_{\mathrm{manométrica}})_{\text{Para igualar o nível de mercúrio}} = 245,7$ kPa

3.17 $H = 17,75$ mm

3.19 $h = 42,3$ mm

3.21 $\Delta p = \rho_{\text{água}}g\,[h\,(\mathrm{SG}_{\mathrm{Hg}}) \quad L\,\mathrm{sen}\,30°]$
$\Delta p = 0,0111$ N/mm^2

3.23 $l = 1,68$ m

3.25 $\theta = 11,13°$ $\qquad s = \dfrac{5}{SG}$

3.27 $p_{\mathrm{atm}} = 99,5$ kPa (abs)
O comprimento da coluna de mercúrio decresceria

3.29 $\Delta h = -\dfrac{4\sigma\cos(\theta)}{gD(\rho_2 - \rho_1)}$ $\qquad \Delta h = 0,915$ cm

3.33 $\rho = 3,32 \times 10^{-3}$ kg/m^3

3.37 $F_R = 354$ N $\qquad y' = 0,285$ m

3.41 $F_R = 552$ kN $\qquad y' = 2,00$ m $\qquad x' = 2,50$ m

3.43 $y' = 4,06$ m $\quad$ A força é para a direita e perpendicular ao tampo

3.45 (a) $F_R = 33,3$ kN, (b) $d_b = 7,28$ mm

3.47 $F_{\mathrm{AB}} = 5$ kN

3.49 $F_R = 1589,22$ kN

3.51 (a) Represa retangular, $A_{\mathrm{mín}} = 0,373\,D^2$,
(b) Represa triangular (triângulo retângulo) dam,
$A_{\mathrm{mín}} = 0,228\,D^2$,

(c) $A = \dfrac{D^2}{2\sqrt{4,8 + 0,6\alpha - \alpha^2}}$, $\quad A_{\mathrm{mín}} = 0,226\,D^2$

3.53 $F_T = -137$ kN

3.55 $F_V = 2,19$ kN $\quad x' = 0,243$ m

3.57 $F_V = -\rho g w R^2 \pi/4$ $\quad x' = 4R/3\pi$

3.59 $F_V = 1,83 \times 10^7$ N $\quad \alpha = 19,9°$

3.61 $F_R = 370$ kN $\quad \alpha = 57,5°$

3.63 $F_V = 2,47$ kN $\quad x' = 0,645$ m
$F_H = 7,35$ kN $\quad y' = 0,433$ m

3.65 $M = 734$ kg

3.67 $F = 284$ kN $\quad \alpha = 34,2°$

3.69 $SG = SG_w \dfrac{F_{\mathrm{ar}}}{F_{\mathrm{ar}} - F_{\mathrm{líquida}}}$

3.71 $SG = \dfrac{W_{\mathrm{a}}}{W_{\mathrm{a}} - W_{\mathrm{w}}}$

3.73 $\mathrm{LV}_{\mathrm{ar65}} = 0,23$ kg/m^3 $\quad$ A concordância com as declarações é boa. Ar com $\Delta T = 121°$C fornece 57% mais sustentação do que ar com $\Delta T = 65°$C

3.75 $M = 2017$ kg $\quad M_{\mathrm{nova}} = 549$ kg
Para fazer o balão se deslocar para cima ou para baixo durante o voo, o ar tem de ser aquecido (temperatura maior) ou resfriado (temperatura menor), respectivamente

3.77 $M_B = 29,1$ kg

3.79 $0,323$ m $\quad F = 6,1$ N

3.81 A esfera permanece no fundo do tanque

3.83 $\rho_{\mathrm{mistura}} = 785$ kg/m^3

3.89 $h = aL/g$

3.91 $\Delta p = \rho\omega^2 R^2/2$ $\quad \omega = 7,16$ rad/s

3.93 $dy/dx = -0,25$ $\quad p = 105 - 1,96x$ (p: kPa, x: m)

3.95 $T = 402$ N $\Delta p = 3,03$ kPa

3.97 $p = p_{\mathrm{atm}} + \rho\omega^2 \dfrac{(r^2 - r_i^2)}{2} - \rho g(r - r_i)\cos(\theta)$

$P_{\text{máx manométrica}} = 51,5$ kPa $\quad p_{\text{mín manométrica}} = 43,9$ kPa

Capítulo 4

4.1 $x = 0,49$m $\quad x = 0,43$ m $\quad x = 0,122$ m

4.3 $V = 0,577$ m/s $\qquad \theta = 48,2°$

4.5 $V = 87,5\dfrac{\mathrm{km}}{\mathrm{h}}$ $\qquad t = 4,13$ s

4.7 $W = 107$ kJ/kg

4.9 $T_F = 27,76°$C

4.11 $\int \vec{V} \cdot d\vec{A} = 30$ m^3/s $\quad \rho\int\vec{V}(\vec{V} \cdot d\vec{A}) = (80\hat{i} + 75\hat{j})\,\mathrm{kg} \cdot \mathrm{m/s}^2$

694   Respostas de Problemas Selecionados

4.13 $Q = -\dfrac{1}{2}Vhw$ m.f. $= -\dfrac{1}{3}\rho V^2 wh\hat{i}$

4.15 $V_{\text{jato}} = 5,7$ m/s $V_{\text{tubo}} = 0,49$ m/s

4.17 $t_{\text{saída}} = 126$ s $t_{\text{dreno}} = 506$ s $Q_{\text{dreno}} = 0,0242$ m³/s

4.19 $\vec{V}_3 = 1,30$ m/s, $-0,75$ m/s

4.21   3 tubos

4.23 $\theta = 2,78$ m $V_{\text{nível}} = 229,76 \times 10^{-6}$ m/s

4.25 $Q_{\text{tempestade}} = 0,6$ L/s

4.27 $\dfrac{\dot{m}}{w} = \dfrac{\rho^2 g\,\text{sen}(\theta)\,h^3}{3\mu}$

4.29 $U = 1,5$ m/s

4.31 $V_{1\text{máx}} = 6,71$ m/s

4.33 $\dot{m} = 16,2$ kg/s

4.35 $\vec{V}_s = -30,5\,\hat{j}$ mm/s

4.37 $1,109\dfrac{\text{kg}}{\text{m}^3 \cdot \text{s}}$

4.39 $y_1 = 0,49$ m $y_2 = 4,10$ m $y_3 = 11,25$ m

4.41 $dy/dt = -9,01$ mm/s

4.43 $t = \dfrac{8}{5}\dfrac{\text{tg}^2(\theta)y_0^{5/2}}{\sqrt{2gd^2}}$ $t_{\text{dreno}} = 2,53$ min

     $t_{12-6} = 2,10$ min $t_{6-0} = 0,448$ min

4.45 $t_{500\,\text{kPa}} = 42,2$ dias $P_{30\,\text{dia (Exata)}} = 639$ kPa
     $P_{30\,\text{dia (Dizendo)}} = 493$ kPa $\Delta p = 51$ kPa

4.47   1,33

4.49 $V = 1243$ m/s $F = 78,3$ N

4.51 $T = 3,12$ N

4.53 $F = 156$ N

4.55 $V_{h=2} = 68,01$ m/s $V_{h=1} = 24,05$ m/s
     $V_{h=0,5} = 8,05$ m/s

4.57   (a) $\dot{V} = 1,2618$ L/s $\dot{m} = 1,2618$ kg/s
     (b) $V_s = 19,84$ m/s

4.59 $F = 11,6$ kN

4.61 $R_x = -475$ N,   A junta está sob tração

4.63 $R_x = 7972$ N

4.65 $R_x = 14,9$ kN

4.67 $V = 21,8$ m/s

4.69 $R_x = -4,68$ kN $R_y = 1,66$ kN

4.71 $V_2 = 6,5$ m/s $\Delta p = 85,1$ kPa

4.73 $R_x = 21,33$ N para a direita

4.75 $V_1 = 4,44$ m/s, $V_2 = 8,9$ m/s, $R_x = -6,2$ kN,
     $R_y = -2,07$ kN

4.77 $\dot{m}_{\text{ar}} = 63,3$ kg/s $V_{\text{máx}} = 18,8$ m/s
     $F_{\text{arrasto}} = 54,1$ N

4.79 $U_1 = 5,66$ m/s $U_{\text{máx}} = 11,3$ m/s $\Delta p = 9,08$ kPa

4.81 $F = 52,1$ N

4.83 $\theta = \text{sen}^{-1}\left(\dfrac{\alpha}{1-\alpha}\right)$ $R_x = -pV^2 wh[1 - (1 - 2\alpha)^{1/2}]$

4.85 $h = 0,17$ m (170 mm) $F = 0,78$ N

4.87 $V = \sqrt{V_0^2 + 2gh}$ $R = \rho V_0 A_0 \sqrt{V_0^2 + 2gh}$

     $R = 3,56$ N (para cima)

4.89 $M = \dfrac{(V_0 - V_2 \cos\theta)\,\rho V_0 A_1}{g}$

     $M = 4,46$ kg
     $M_w = 2,06$ kg

4.91 $F = 1,14$ kN

4.93 $V(z) = \sqrt{V_0^2 + 2gz}$ $A(z) = \dfrac{A_0}{\sqrt{1 + \dfrac{2gz}{V_0^2}}}$ $z_{1/2} = \dfrac{3V_0^2}{2g}$

4.95 $h_1 = \sqrt{h_2^2 + \dfrac{2Q^2}{gb^2 h_2}}$

4.97 $R_x = -10.800$ N $R_y = 6235,38$ N

4.99 $Q = 0,1005$ m³/s $K = 2,23$ [N/(m/s)²],
     $V = 22,48$ m/s $Q = 0,15$ m³/s

4.101 $R_x = 16,8$ kN

4.103   (a) $t = 5,435$ mm, (b) $R_x = 7595$ N para a
      esquerda

4.105 $a_{\text{rfx}} = 20,6$ m/s² (para a direita)

4.107 $t = 1,034$ s

4.109 $\theta = 19,7°$

4.111 $U = 22,5$ m/s

4.113 $V(1\text{ s}) = 5,13$ m/s $x(1\text{ s}) = 1,94$ m
      $V(2\text{ s}) = 3,18$ m/s $x(2\text{ s}) = 3,47$ m

4.115 $t = 0,867$ s $x_{\text{repouso}} = 6,26$ m

4.117 $Q = 0,0469$ m³/s

4.119 $U_{\text{máx}} = 834$ m/s $\dfrac{dU}{dt}_{\text{máx}} = 96,7$ m/s²

4.121 $m_{\text{combustível}} = 73,59$ kg

4.123 $m_{\text{combustível}} = 38,1$ kg

4.125 $a_{\text{rfy}} = 169$ m/s²

      $U = -\left[V_e + \dfrac{(p_e - p_{\text{atm}})A_e}{\dot{m}}\right]\ln\left(\dfrac{M_0 - \dot{m}t}{M_0}\right) - gt$

4.127 $\theta = 19,0°$

4.129 $\dfrac{U}{V} = 1 - \dfrac{1}{\sqrt{1 + \dfrac{2\rho VA}{M_0}t}}$

4.131 $\dot{m}_{\text{inicial}} = 0,111$ kg/s $\dot{m}_{\text{final}} = 0,0556$ kg/s
      $t = 20,8$ min

4.133 $\partial M_{\text{vc}}/\partial t = -0,165$ kg/s $\partial P_{x\text{VC}}/\partial t = -2,1$ mN
      Proporção $= -4,62 \times 10^{-4}\%$

4.137 $F_x = 23,4$ kN/$-22,8$ kN
      Quantidade de movimento $= -468$ kN $\cdot$ m

4.139 $T = 1,62$ N $\cdot$ m $\omega = 113$ rpm

4.141 $\omega = 39,1$ rad/s

4.143 $\omega = 0,161$ rad/s²

4.151 $\dfrac{dT}{dt} = -1,97°$C/s

4.153   75,4 kPa

Respostas de Problemas Selecionados **695**

4.155 $-\dot{\omega}_s = 96,0\,\text{kW}$ ou $\dot{\omega}_s = -96,0\,\text{kW}$

4.157 $\dot{\omega}_s = -3,41\,\text{kW}$

4.159 $\Delta u = -\Delta$ (coluna inicial de água) / (coluna de água), $\Delta T = 4,49 \times 10^{-4}\,\text{K}$

Capítulo 5

5.1 (a) Possível (b) Não possível
(c) Não possível (d) Não possível

5.3 Equação válida para escoamento permanente e transiente, número infinito de soluções $v(x,\,y) = 1,8y - 3,3\dfrac{y^2}{2}$

5.5 Equação válida para escoamento permanente e transiente, número infinito de soluções $v(x,\,y) = -3xy^2$

5.7 Equação válida para escoamento permanente e transiente $u(x,\,y) = \dfrac{9}{2}x^2y^2 - \dfrac{3}{4}x^4$

5.9 $\dfrac{v}{U}\Big)_{\text{máx}} = 0,00167\ (0,167\%)$

5.15 (a) Possível (b) Possível (c) Possível

5.17 $V_\theta = -\dfrac{\Lambda \operatorname{sen}\theta}{r^2} + f(r)$

5.21 $\vec{V} = \left(-U\cos\theta + \dfrac{q}{2\pi R}\right)\hat{e}_r + U\operatorname{sen}\theta\,\hat{e}_\theta$

Ponto de estagnação em $(r,\,\theta) = \left(\dfrac{q}{2\pi U},\,0\right)$

$\psi_{\text{estagnação}} = 0$

5.23 $\psi = \dfrac{Uy^2}{2\delta}\quad \dfrac{y}{\delta} = \dfrac{1}{2}$ para um quarto da vazão

$\dfrac{y}{\delta} = \dfrac{1}{\sqrt{2}}$ para metade da vazão

5.25 $\psi = -\dfrac{2U\delta}{\pi}\cos\left(\dfrac{\pi y}{2\delta}\right)\quad \dfrac{y}{\delta} = 0,460$ para um quarto da vazão

$\dfrac{y}{\delta} = 0,667$ para metade da vazão

5.27 $f = 4,5 - 5,36x$

5.29 (a) Bidimensional, (b) Sim, pode ser um campo de escoamento incompressível,

(c) $\vec{a}_p = \dfrac{162}{4}\hat{i} + \dfrac{2187}{4}\hat{j} + \dfrac{486}{4}\hat{k}$

5.31 (a) Tridimensional (b) Esse não pode ser incompressível,

(c) $\vec{a}_p = (25788\hat{i} + 18\hat{j} + 15\hat{k})\dfrac{\text{m}}{\text{s}^2}$

5.33 $\vec{a}_p = -7,4(10^{-4}\hat{i} + 10^{-4}\hat{j})\dfrac{\text{m}}{\text{s}^2}$, Declive $= 2,5 \times 10^{-3}$

5.35 Incompressível $a_x = -\dfrac{\Lambda^2 x}{(x^2 + y^2)^2}$

$a_y = a_y = -\dfrac{\Lambda^2 y}{(x^2 + y^2)^2}\qquad a = -\dfrac{100}{r^3}$

5.39 $a = -\left(\dfrac{Q}{2\pi h}\right)^2 \dfrac{1}{r^3}$ (Radial)

5.41 $\dfrac{D_c}{D_t}\bigg)_{\text{montante}} = 0\qquad \dfrac{D_c}{D_t}\bigg)_{\text{deriva}} = \dfrac{125 \times 10^{-6}}{h}$

$\dfrac{D_c}{D_t}\bigg)_{\text{jusante}} = \dfrac{250 \times 10^{-6}}{h}$

5.43 $\dfrac{DT}{Dt} = -7,8\,°\text{C/min}$

5.45 $\vec{a}_p = A^2(x\hat{i} + y\hat{j})$, $(\vec{a}_p)_{(0,5\,\text{m},\,2\,\text{m})} = (0,5\hat{i} + 2\hat{j})\dfrac{\text{m}}{\text{s}^2}$,

$(\vec{a}_p)_{(1\,\text{m},\,1\,\text{m})} = (\hat{i} + \hat{j})\dfrac{\text{m}}{\text{s}^2}$,

$(\vec{a}_p)_{(2\,\text{m},\,0,5\,\text{m})} = (2\hat{i} + 0,5\hat{j})\dfrac{\text{m}}{\text{s}^2}$

5.47 $a_x = \dfrac{U^2}{x}\left[-\left(\dfrac{y}{\delta}\right)^2 + \dfrac{4}{3}\left(\dfrac{y}{\delta}\right)^3 - \dfrac{1}{3}\left(\dfrac{y}{\delta}\right)^4\right]$,

$(a_x)_{\text{máx}} = -5,22\,\text{m/s}^2$

5.49 $V_z = v_0\left(1 - \dfrac{z}{h}\right)\quad a_{pr} = \dfrac{v_0^2 r}{4h^2}\quad a_{pz} = \dfrac{v_0^2}{h}\left(\dfrac{z}{h} - 1\right)$

5.51 $a_x = \dfrac{U_0}{(1 - b\cdot x)}\left[-(0,5\cdot\omega\cdot\operatorname{sen}(\omega t)) + (0,5 + 0,5\cos(\omega t))\right.$

$\left.\left[\dfrac{U_0 b(0,5\cos(\omega t) + 0,5)}{(1 - b\cdot x)^2}\right]\right]$

5.53 (a) Não irrotacional, (b) Não irrotacional,
(c) Não irrotacional, (d) Não irrotacional

5.55 $\Gamma = -0,1\,\text{m}^2\text{/s}\quad \Gamma = -0,1\,\text{m}^2\text{/s}$

5.57 Não incompressível, não irrotacional

5.59 Incompressível, $\vec{\omega} = -0,5\hat{k}\dfrac{\text{rad}}{\text{s}}\quad \Gamma = -0,5\,\text{m}^2\text{/s}$

5.61 Incompressível, Irrotacional

5.63 Incompressível, Não irrotacional

5.65 $\vec{V} = -2y\hat{i} - 2x\hat{j}$

5.67 $\psi = \dfrac{A}{2}(y^2 - x^2) + By\quad \Gamma = 0$

5.69 O escoamento é irrotacional $\varphi = -\dfrac{K}{2\pi}\ln(r) - \dfrac{q\theta}{2\pi}$

5.71 $U_{r\,\text{saída}} = 50\,\text{m/s}\quad U_{r\,\text{entrada}} = 7,5\,\text{m/s}\quad Q_{\text{saída}} = 3\,\text{m}^3\text{/s}$

5.73 $\dfrac{dF_{\text{máx}}}{dV} = -\mu U\left(\dfrac{\pi}{2\delta}\right)^2\quad \dfrac{dF_{\text{máx}}}{dV} = -1,85\,\dfrac{\text{kN}}{\text{m}^3}$

5.75 $u(y) = -\dfrac{\varepsilon\zeta}{\mu}E\quad V = 70,8 \times 10^{-6}\,\text{m/s}$

696 Respostas de Problemas Selecionados

Capítulo 6

6.1 $\vec{a} = \left(2{,}8\hat{i} + 6{,}3\hat{j}\right)\dfrac{\text{m}}{\text{s}^2}$

     $\nabla p = \left(-2884\hat{i} - 16{.}593\hat{j}\right)\dfrac{\text{pa}}{\text{m}}$

6.3 $\vec{a}_{\text{local}} = B(\hat{i} + \hat{j})$

     $\vec{a}_{\text{conv}} = A(Ax - Bt)\hat{i} + A(Ay + Bt)\hat{j}$

     $\vec{a}_{\text{total}} = (A^2x - ABt + B)\hat{i} + (A^2y + ABt + B)\hat{j}$

     $\nabla p = 6{,}99\hat{i} - 14{,}0\hat{j} - 9{,}80\hat{k}\ \text{kPa/m}$

6.5 $v(x,y) = -A \cdot y$ (y – componente de velocidade),
     $a = 32{,}45\ \text{m/s}^2$, $[\partial/\partial x\, p = -48{,}6\ \text{Pa/m}$,
     $\partial/\partial x\, p = -32{,}4\ \text{Pa/m}$, $\partial/\partial z\, p = 17{,}66\ \text{Pa/m}]$,
     $p(x) = 200 - (8{,}1/1000)x^2$ [p em kPa, x em m]

6.7   Incompressível,   Ponto de estagnação: (2,5; 1,5)
     $\nabla p = -\rho\left[(4x - 10)\hat{i} + (4y - 6)\hat{j} + g\hat{k}\right]$
     $\nabla p = 9{,}6\ \text{Pa}$

6.9 $\dfrac{dp}{dx} = \rho\dfrac{U^2}{L}\left(1 - \dfrac{x}{L}\right)$ $p_{\text{saída}} = 241\ \text{kPa}$

     (manométrica)

6.11 $\vec{V} = (x^2y^2 + 2xy)\hat{i} - 2\left(\dfrac{2}{3}xy^3 + y^2\right)\hat{j}$

     $186{,}66\hat{i} + 165{,}33\hat{j}$

6.15 $a_x = -\dfrac{2V_i^2(D_o - D_i)}{D_iL\left[1 + \dfrac{(D_o - D_i)}{D_iL}x\right]^5}$

     $\left.\dfrac{\partial p}{\partial x}\right|_{\text{máx}} = 100\ \text{kPa/m}$ $L \geq 4\ \text{m}$

6.17 $\vec{a}_p = \dfrac{q^2}{h}\left[\dfrac{x}{h}\hat{i} + \left(\dfrac{y}{h} - 1\right)\hat{j}\right]$ $\dfrac{\partial p}{\partial x} = -\dfrac{\rho q^2 x}{h^2}$

     $F_{\text{líquido}} = \dfrac{\rho q^2 b^3 L}{12h^2}$

     $q = 0{,}0432\ \text{m}^3/\text{s/m}^2$ $U_{\text{máx}} = 1{,}73\ \text{m/s}$

6.19 $B = -8\ \text{m}^{-3}\cdot\text{s}^{-1}$ Linha de corrente: $y^5 - 10y^3x^2 + 5yx^4 = -38$

     $\vec{a}_p = 4A^2(x^2 + y^2)^3\dfrac{q^2}{h}(x\hat{i} + y\hat{j})$ $R = 0{,}822\ \text{m}$

6.21 $\nabla p = \dfrac{4\rho U^2}{a}\operatorname{sen}\theta\,(\operatorname{sen}\theta\,\hat{e}_r - \cos\theta\,\hat{e}_\theta)$ $p(\theta) =$
     $-2U^2\rho\operatorname{sen}^2\theta$ $p_{\text{mín}} = -13{,}8\ \text{kPa}$

6.23 $Q = w \cdot \ln\left(\dfrac{r_2}{r_1}\right)\sqrt{\dfrac{2r_1^2 r_2^2}{\rho(r_2^2 - r_1^2)}}\sqrt{\Delta p}$

6.25 $\vec{a}_p = (0{,}6\hat{i} + 1{,}2\hat{j})\dfrac{\text{m}}{\text{s}^2}$ $R = 1{,}76\ \text{m}$

6.27 $\vec{a}_p = 4\hat{i} + 2\hat{j}\ \text{m/s}^2$ $R = 5{,}84\ \text{m}$

6.29 $p_{\text{din}} = 475\ \text{Pa}$ $h_{\text{din}} = 48{,}4\ \text{mm}$

6.31 $V_j = 49{,}5\ \text{m/s}$, $V = 41{,}53\ \text{m/s}$

6.33   (a) $p_{\text{dinâmica}} = 3{,}23\ \text{kPa}$ e (b) $p_{\text{estagnação}} = -3{,}35\ \text{kPa}$.
     (c) As linhas de corrente na seção de teste são
     retilíneas, implicando $\partial p/\partial n = 0$ e, portanto,
     $p_{\text{parede}} = p_{\text{linha central}}$. (d) No entanto, na contração
     do túnel de vento, as linhas de corrente são
     curvas, implicando $\partial p/\partial n = \rho_{\text{ar}}V^2/R$, de modo que
     $p_{\text{parede}} < p_{\text{linha central}}$.

6.35   Velocidade do ar, $V_1 = 27{,}95\ \text{m/s}$

6.37 $p_2 = 291\ \text{kPa}$ (manométrica)

6.39 $Q(h) = \dfrac{\pi D^2}{4}\sqrt{2gh}$ $h = 147\ \text{mm}$

6.41 $p_{\text{Diet}} = 4{,}90\ \text{kPa}$ (manométrica)
     $p_{\text{Regular}} = 5{,}44\ \text{kPa}$ (manométrica)

6.43 $A = A_1\sqrt{\dfrac{1}{1 + \dfrac{2g(z_1 - z)}{V_1^2}}}$

6.45 $p_r = 50\ \text{mm} = -404\ \text{Pa}$ (manométrica)

6.47 $p_0 = 29{,}4\ \text{Pa}$ (manométrica) $V_{\text{rel}} = 24{,}7\ \text{m/s}$

6.49 $p_2 = 106{,}543\ \text{kPa}$ $\dfrac{\Delta p}{q} = 93{,}3\%$

6.53 $Q = 18{,}5\ \text{L/s}$ $R_x = -2{,}42\ \text{kN}$

6.55 $p_1 = 11{,}7\ \text{kPa}$ (manométrica) $R_x = -22{,}6\ \text{N}$

6.57 $p_{1g} = 9{,}34\ \text{kPa}$ (manométrica) $p_{0g} = 12{,}4\ \text{kN}$
     $\vec{F}_{\text{H}_2\text{O}} = 21{,}3\ \text{kN}$

6.61 $\dfrac{h}{h_0} = \left[1 - \sqrt{\dfrac{g}{2h_0\left\{\left(\dfrac{D}{d}\right)^4 - 1\right\}}}\,t\right]^2$

6.63 $F_V = 804\ \text{kN}$

6.65 $p_1 = 82{,}8\ \text{kPa}$ (manométrica) $F = 66\ \text{N}$

6.69 $p = 12{,}5\ \text{kPa}$

6.71 $dQ/dt = 0{,}516\ \text{m}^3/\text{s/s}$

6.73 $D_j/D_1 = 0{,}32$

6.75   A Equação de Bernoulli pode ser aplicada

6.77 $\psi = \dfrac{q}{2\pi}\left[\operatorname{tg}^{-1}\left(\dfrac{y - h}{x - h}\right) + \operatorname{tg}^{-1}\left(\dfrac{y + h}{x - h}\right) + \right.$
     $\left.\operatorname{tg}^{-1}\left(\dfrac{y + h}{x + h}\right) + \operatorname{tg}^{-1}\left(\dfrac{y - h}{x + h}\right)\right]$

     $\phi = -\dfrac{q}{4\pi}\ln[\{(x - h)^2 + (y - h)^2\}\{(x - h)^2 +$
     $(y + h)^2\}\{(x + h)^2 + (y - h)^2\}\{(x + h)^2 +$
     $(y + h)^2\}]$

     $u(x) = \dfrac{q}{\pi}\left[\dfrac{x - h}{(x - h)^2 + h^2} + \dfrac{x + h}{(x + h)^2 + h^2}\right]$

6.79 $u(x, y) = 20xy^3 - 20x^3y$ $v(x, y) = 30x^2y^2 - 5x^4 - 5y^4$
$\phi(x, y) = 5x^4y - 10x^2y^3 + y^5$

6.81 (a) $u(x, y) = 60x^2y^3 - 30x^4y - 6y^5$, $v(x, y) = 60x^3y^2$

$- 6x^5 - 30xy^4$, (b) As $\dfrac{\partial}{\partial y}u(x, y) = \dfrac{\partial}{\partial x}v(x, y)$

[O escoamento é irrotacional], (c) $\phi(x, y) =$
$6x^5y - 20x^3y^3 + 6xy^5$

6.83 $\psi(x, y) = 20x^3y^3 - 6x^5y - 6xy^5$

6.91 $\psi = -\dfrac{q}{2\pi}\theta - \dfrac{K}{2\pi}\ln r$ $\psi = -\dfrac{q}{2\pi}\ln r - \dfrac{K}{2\pi}\theta$
$r > 9{,}77$ m $p = -6{,}37$ kPa (manométrica)

6.93 $R_x = -5{,}51$ kN/m

Capítulo 7

7.1 $\dfrac{gL}{V_0^2}, \dfrac{\sigma}{\rho L V_0^2}$

7.3 O grupo adimensional é $\dfrac{gL}{V_0^2}$

7.5 $\dfrac{\nu}{V_0 L}\left(=\dfrac{1}{\text{Re}}\right)$

7.7 $\Pi_1 = \dfrac{\Delta p}{\rho V^2}$ $\Pi_2 = \dfrac{\mu}{\rho VD}$ $\Pi_3 = \dfrac{d}{D}$

7.9 $D = \rho L^2 c^3 f\left(\dfrac{\lambda}{L}\right)$

7.11 $\dfrac{Tw}{\rho U^2} = f\left(\dfrac{\mu}{\rho UL}\right)$

7.13 $\dfrac{W}{g\rho p^3}, \dfrac{\sigma}{g\rho p^3}$

7.15 $E = \dfrac{\rho R^5}{t^2}f\left(\dfrac{pt^2}{\rho R^2}\right)$

7.17 $\dfrac{T}{Fe}, \dfrac{\mu e^2\omega}{F}, \dfrac{\sigma e}{F}$

7.19 $t = \sqrt{\dfrac{d}{g}}f\left(\dfrac{\mu^2}{\rho^2 gd^3}\right)$

7.21 $\dfrac{Q}{Vh^2} = f\left(\dfrac{\rho Vh}{\mu}, \dfrac{V^2}{gh}\right)$

7.23 $\Pi_1 = f(\Pi_2, \Pi_3, \Pi_4)$ $\dfrac{\delta}{D} = f\left(\dfrac{h}{D}, \dfrac{d}{D}, \dfrac{E}{D\gamma}\right)$

7.25 $\dfrac{d}{D}, \dfrac{\mu}{\rho VD}, \dfrac{\sigma}{\rho DV^2}, \dfrac{L}{D}$

7.27 $\Pi_1 = \dfrac{w}{L}$ $\Pi_2 = \dfrac{t}{L}$ $\Pi_3 = \dfrac{\mu}{\rho VL}$

7.29 $n = 5$, $m = C\dfrac{pA}{\sqrt{RT}}$

7.31 $n = 6$, $n - m = 3$,

$m = \rho A^{\frac{5}{4}}g^{\frac{1}{2}}f\left(\dfrac{h}{\sqrt{A}}, \dfrac{\Delta p}{\rho g\sqrt{A}}\right)$

7.33 $\dfrac{\dot{m}}{\Delta\rho\alpha} = f\left(\dfrac{D}{\alpha}\right)$

7.35 $\Pi_1 = \dfrac{F_T}{\rho V^2 D^2}$ $\Pi_2 = \dfrac{gD}{V^2}$ $\Pi_3 = \dfrac{\omega D}{V}$

$\Pi_4 = \dfrac{p}{\rho V^2}$ $\Pi_5 = \dfrac{\mu}{\rho VD}$

7.37 $\Pi_1 = \dfrac{u}{U}$ $\Pi_2 = \dfrac{y}{\delta}$ $\Pi_3 = \dfrac{(dU/dy)\delta}{U}$ $\Pi_4 = \dfrac{\nu}{\delta U}$

7.39 $\dfrac{\rho_m}{\rho_P} = 20$, $P_m = 20{,}20 \times 10^5$ Pa, $F_p = 6$ kN

7.41 $P = f(\rho, \mu, V, \omega, D, H)$,

$\dfrac{P}{\rho\omega^3 D^5} = f\left(\dfrac{\mu}{\rho\omega D^2}, \dfrac{V}{\omega D}, \dfrac{H}{D}\right)$

7.43 (a) $\omega_m = 379{,}5$ rpm, (b) $\omega_m = 12.000$ rpm, (c) Número de Froude

7.45 $Re_m = 4{,}93 \times 10^6$ $V_p = 40$ m/s

7.47 $V_m = 13{,}53$ m/s, $\dfrac{F_m}{F_p} = 15{,}1$

7.49 $Q_m = 0{,}02$ m³/s $P_p = 1{,}93$ MW

7.51 $p_m = 20{,}4$ Pa

7.53 $V_m = 403{,}2$ m/s $\dfrac{F_p}{F_m} = 385{,}80$

7.55 $V_m = 90$ m/s a 180 m/s

7.57 (a) Parâmetros adimensionais, (b) Para semelhança dinâmica, deve haver semelhança cinemática e geométrica, e o número de Reynolds deve ser correspondente, (c) $F_{DP} = 2{,}46$ kN, (d) $P = 55{,}1$ kW

7.59 $V_m = 9{,}02$ m/s $F_p/F_m = 0{,}265$
$p_{\text{mín}} = 22{,}6$ kPa $p_{\text{tanque}} = 79{,}4$ kPa

7.61 $V_R = 175$ km/h @ 5°C
$V_R = 123{,}7$ km/h @ 65°C $V_R =$ km/h usando CO_2

7.63 $\dfrac{V_\theta}{\omega r} = g\left(\dfrac{\mu}{\rho\omega r^2}, \omega\tau\right)$ o mel gasta um tempo

menor do que a água para atingir o movimento em regime permanente

7.65 Modelo $= \dfrac{1}{50} \times$ Protótipo

Número de Reynolds adequado não alcançado

7.67 $D = 245$ N a 15 nós $D = 435$ N a 20 nós

7.69 $h_m = 138$ J/kg $Q_m = 0{,}166$ m³/s $D_m = 0{,}120$ m

7.71 As gotas em pequena escala são 4,4% do tamanho das gotas em larga escala

698 Respostas de Problemas Selecionados

7.73 $F_B = -0,54$ N, $F_{Dm} = 129,38$ N,
Razão de arrasto = $-0,42\%$

7.75   0,299 N, $C_{Dm} = 0,375$, $F_{DP} = 7419,6$ kN

Capítulo 8

8.1 $Q = 5,17 \times 10^{-1}$ m³/s $L = 3,12 - 5,00$ m
(turbulento) $L = 17,3$ m (laminar)

8.3   O escoamento na menor se tornará turbulento
primeiro
$Q_{grande} = 7,63 \times 10^{-4}$ m³/s   Menor, médio
completamente desenvolvido; maior somente
completamente desenvolvido se turbulento
$Q_{média} = 4,58 \times 10^{-4}$ m³/s   Menor completamente
desenvolvido: médio somente completamente
desenvolvido se turbulento
$Q_{pequena} = 3,05 \times 10^{-4}$ m³/s Menor completamente
desenvolvido

8.5   (a) $C = 0$, $A = -4h^2$, $B = 4/h$,

(b) $Q/b = (2/3)\, u_{máx}h$, (c) $\dfrac{\overline{V}}{u_{máx}} = \dfrac{2}{3}$

8.7   (a) $\tau_{yx} = y(\partial p/\partial x)$, (b) $\tau_{máx} = 0,038$ Pa

8.9 $\tau_{yx} = -2,5$ N/m² (A força de cisalhamento é para
a direita, na direção positiva do eixo x),
$Q/b = 20,8 \times 10^{-6}$ m²/s

8.11 $M = 117,43 \times 10^3$ kg

8.13 $W = 0,143$ m $dp/dx = -9,79\dfrac{\text{MPa}}{\text{m}}$
$h = 1,452 \times 10^{-5}$ m

8.17 $\mu = 0,17$ Ns/m², O torque diminuirá, pois ele é
proporcional a μ

8.19 $\partial p/\partial x = -92,6$ Pa/m

8.21 $u_{interface} = 4,6$ m/s

8.23 $\partial p/\partial x = -2U\mu/a^2$ $\partial p/\partial x = 2U\mu/a^2$

8.25 $v = 1,00 \times 10^{-4}$ m²/s

8.27 $\tau = \rho g\,\text{sen}(\theta)(h - y)$ $Q/w = 217$ mm³/s/mm
$Re = 0,163$

8.29 $y(u_{máx}) = 2,08$ mm $u_{máx} = 0,625$ m/s
$Q/w = 0,011$ m²

8.31 $U = 0,504\dfrac{\text{m}}{\text{s}}$ $\tau_{yx} = 0,4032$ Pa $\partial p/\partial x = 1,29\dfrac{\text{kPa}}{\text{m}}$

8.33 $\mathscr{P}_v = \dfrac{\pi\mu\omega^2 D^3 L}{4a}$ $\mathscr{P}_p = \dfrac{\pi D a^3 \Delta p^2}{12\mu L}$ $\mathscr{P}_v = 3\mathscr{P}_p$

8.37 $u = \dfrac{\rho g}{\mu}\delta^2\left[\left(\dfrac{y}{\delta}\right) - \dfrac{1}{2}\left(\dfrac{y}{\delta}\right)^2\right]$

8.39 $Q_{máx} = 4,10 \times 10^{-4}$, $\partial p/\partial x = -4,36 \times 10^5$

8.41 $Q = 21,5$ mm³/s (1290 mm³/mm)

8.43 $\tau = c_1/r$ $u = \dfrac{c_1}{\mu}\ln r + c_2$ $c_1 = \dfrac{\mu V_0}{\ln(r_i/r_o)}$

$c_2 = \dfrac{V_0 \ln r_0}{\ln(r_i/r_o)}$

8.45 $R_{hid} = -\dfrac{8\mu}{3\pi\alpha}\left[\dfrac{1}{(r_0 + \alpha z)^3} - \dfrac{1}{r_0^3}\right]$

8.47   (a) $u = \dfrac{1}{4\mu}\dfrac{\partial p}{\partial x}\left(R^2 - r^2 + 2lR\right)$,

$Q = -\dfrac{\pi R^4}{8\mu}\dfrac{\partial p}{\partial x}\left[1 + 4\dfrac{l}{R}\right]$, (b) $Q = 3,036 \times 10^{-10}$ m³/s

8.49 $\tau_w = -131$ Pa

8.51   (a) Maior queda de pressão corresponde a
escoamento turbulento, e menor queda, a
escoamento laminar, (b) $\tau_{w_1} = 35$ Pa, $\tau_{w_2} = 120$ Pa

8.53   (a) $\Delta p = 4,78$ kPa, (b) $\theta = -1,743$

8.55 $\dfrac{r}{R} = 1 - \left[\dfrac{2n^2}{(n+1)(2n+1)}\right]^n$

8.57 $\alpha = 1,54$

8.59 $H_{lT} = 1,33$ m $h_{lT} = 13,0$ J/kg

8.61 V_1(velocidade de entrada) = 2,70 m/s

8.63 $Q = 0,026$ m³/s

8.65 $H_{1T} = 825$ m,
$h_{1T} = 8,09$ kN $\cdot$ m/kg (Em termos de energia/
massa)

8.67 $\dfrac{d\overline{u}}{dy} = 971$ s^{-1} $\tau_w = 1,73 \times 10^{-2}\dfrac{\text{N}}{\text{m}^2}$ $\tau_w = 0,02$ N/m²

8.69 $f = 0,0390$ $Re = 3183$ Turbulento

8.73 $p_2 = 171$ kPa $p_2 = 155$ kPa

8.75 $Q = 1,114 \times 10^{-3}$ m³/s (0,067 m³/min, 67 L/min)

8.79 $K = 9,38 \times 10^{-4}$

8.81 $Q = 3,97$ L/s $Q = 3,64$ L/s   ($\Delta Q = -0,33$ L/s)
$Q = 4,77$ L/s   ($\Delta Q = 0,87$ L/s, um ganho)

8.83 $h_{l_m} = (1 - AR)^2\dfrac{V_1^2}{2}$

8.85 $\overline{V}_1 = \sqrt{\dfrac{2\Delta p}{\rho(1 - AR^2 - K)}}$ Considerações de
invíscido: Menor do que a vazão maior/real Δp

8.87 $d = 6,13$ m (ou 6,16 m se $\alpha = 2$, laminar)

8.89 $Q = 7,66 \times 10^{-5}$ m³/s (0,0766 L/s) $h = 545$ mm
$h = 475$ mm

8.91   Razão = 1188

8.93 $p_1 = 2,02 \times 10^6$ Pa

8.95 $\Delta p = 0,001$ m H$_2$O

8.97 $V_B = 4,04$ m/s $L_A = 12,8$ m (Não é possível!)
$\Delta p = 29,9$ kPa

8.99 $e/D = 0,0101$, 26,3%

8.103 $V = 1,39$ m/s $Q = 6,80$ m³/s (0,680 L/s)

8.105 $t = 16,7$ min

8.107 $Q = 0,0395$ m³/s

8.109   Índice pluviômetro = 0,759 cm/min

8.113   (a) Reintrante: $Q = 2 \times 10^{-3}$ m³/s,
(b) Borda-viva: $Q = 2,08 \times 10^{-3}$ m³/s,

Resposta de Problemas Selecionados **699**

(c) Arredondado: $Q = 2,21 \times 10^{-3}$ m^3/s

8.115 $Q = 5,30 \times 10^{-4}$ m^3/s $\quad Q = 5,35 \times 10^{-4}$ m^3/s (difusor)

8.117 $L = 0,296$ m

8.119 $D = 1,2$ m

8.121 $D = 150$ mm (nominal)

8.125 $dQ/dt = -0,524$ m^3/s/min

8.127 $W_{\text{requerida}} = 2,34$ kW

8.129 (a) Pressão mínima = 2398 kPa (b) Potência de entrada, $\dot{W}_{\text{entrada}} = 130,2$ kW

8.131 $Q = 5,58 \times 10^{-3}$ m^3/s (0,335 m^3/min)
$V = 37,9$ m/s $\quad \mathscr{P} = 8,77$ kW

8.133 (a) $Q = 0,74$ m^3/s, $p = 0,58$ MPa e 0,53 MPa, $P = 0,59$ MP
(b) Aumento da vazão = 0,06 m^3/s, $P = 0,53$ MW

8.135 Vazão de ar, $Q = 4,5$ m^3/s

8.137 $Q_0 = 0,00744$ m^3/s, $Q_1 = 0,00314$ m^3/s, $Q_2 = 0,00430$ m^3/s, $Q_4 = 0,00430$ m^3/s

8.139 $\Delta p_{\text{bomba}} = 152,56$ kPa, $Q_{23} \approx 0,329$ L/s, $Q_{24} \approx 1,572$ L/s

8.141 $Q = 0,224$ m^3/s

8.143 $Q = 0,042$ m^3/s

8.145 $Q = 0,00611$ m^3/s

8.147 $\Delta t = 40,8$ mm $\quad \dot{m}_{\text{mín}} = 0,0220$ kg/s

8.151 $Q_{\text{atual}} = 0,0283$ m^3/s

Capítulo 9

9.3 $x_p = 10,4$ cm na decolagem $\quad x_p = 7,47$ cm em cruzeiro

9.5 (a) $U = 3,8$ m/s, (b) $U = 37,5$ m/s

9.7 $A = U \quad B = \pi/2\delta \quad C = 0$

9.9 $\dfrac{\delta^*}{\delta} = 0,375 \quad \dfrac{\theta}{\delta} = 0,139$

9.13 Potência: $\dfrac{\delta^*}{\delta} = 0,125, \dfrac{\theta}{\delta} = 0,0972$

Parabólica: $\dfrac{\delta^*}{\delta} = 0,333, \dfrac{\theta}{\delta} = 0,133$

9.15 $\dot{m} = 50,4$ kg/s $\quad D = 50,4$ (mais do que o Problema 9.18)

9.17 $U_2 = 13,8$ m/s, $\Delta p = 20,6$ Pa

9.19 $\Delta p = -56,7$ N/m^2

9.21 $U_2 = 24,6$ m/s $\quad p_2 = -44,5$ mm H$_2$O

9.23 $\delta_2^* = 2,54$ mm $\quad \Delta p = -107$ Pa $\quad F_D = 2,00$ N

9.25 $\tau/\tau_w = 1 - (y/\delta)$

9.27 $y = 0,305$ cm $\quad \dfrac{dy}{dx} = \dfrac{1}{2\sqrt{\text{Re}_x}} \dfrac{\eta f' - f}{f'}$

$\tau_w = 0,00326 \dfrac{\rho U^2}{\sqrt{\text{Re}_x}}$

9.31 $F_D = 26,3$ N (caminho longo)
$F_D = 45,5$ N (caminho curto)

9.33 $F_D = 1,68 \times 10^{-2}$ N (ambos os lados) (duas vezes maior do que o Problema 9.42)

9.35 $F_D = 6,9 \times 10^{-3}$ N (ambos os lados) (maior que o Problema 9.44)

9.37 $\dfrac{\delta}{x} = \dfrac{3,46}{\sqrt{\text{Re}_x}} \quad C_f = \dfrac{0,577}{\sqrt{\text{Re}_x}}$

9.39 $F_D = 3,815$ N, $\quad F_{D,\text{Total}} = 7,63$ N

9.41 $\tau_w = 0,0297 \dfrac{\rho U^2}{\text{Re}_x^{1/5}} \quad F_D = 0,0360 \dfrac{\rho U^2 bL}{\text{Re}_x^{1/5}}$

$F_D = 2,39$ N

9.43 $F_D = 0,3638$ N (ambos os lados)

9.45 $F_D = 11,12$ N (separando, ambos os lados)
$F_D = 8,46$ N (composto, ambos os lados)

9.47 (a) $\delta_{\text{lam}} = 6,62$ mm, $\tau_{\text{wlam}} = 0,054$ N/m^2
(b) $\delta_{\text{turb}} = 26,0$ mm, $\tau_{\text{wturb}} = 0,249$ N/m^2

9.49 $\Delta p = 6,16$ Pa $\quad L = 0,233$ m

9.51 $mf = \dfrac{1}{3}\rho U^2 \delta W$ (linear) $\quad mf = \dfrac{1}{2}\rho U^2 \delta W$ (senoide)

$mf = \dfrac{8}{15}\rho U^2 \delta W$ (parabólico) $\quad$ Perfis lineares separados primeiro

9.55 (a) $(A_{\text{ef}} - A)/A = -1,59\%$,
(b) $d\theta/dx = 0,61$ mm/m, (c) $\theta_2 = 110$ mm

9.59 (a) $L_{av} = 2,80$ m, (b) $F_D = 9,41$ kN

9.61 (a) $V_m = 5,04$ km/h, (b) turbulento,
(c) $x_t = 0,0109$ m, (d) $F_{DP} = 54,5$ kN

9.63 (a) $x_t/L = 0,0353\%$, (b) $F_D = 5,36 \times 10^5$ N,
(c) $P = 7,45$ MW

9.65 $F_D = 3,02 \times 10^4$ N $\quad$ Economia de US$20.644/ano considerando o custo do combustível de $0,26 por quilo.

9.67 $F_D = 92,3$ kN, Essa é uma força grande. Eles não deveriam ter se surpreendido.

9.69 (a) $T = 78,02$ N · m, (b) $P = 0,876$ hp

9.71 B é 20,8% melhor que A ($H > D$)

9.73 Ela pode pedalar com o vento contra, mas não pode atingir a velocidade proposta com o vento a favor.

9.75 (a) $(V)_{\text{contra o vento}} = 26,8$ km/h,
$\quad (V)_{\text{a favor do vento}} = 39,1$ km/h,
(b) $(V)_{\text{contra o vento}} = 29,8$ km/h,
$\quad (V)_{\text{a favor do vento}} = 42,1$ km/h

9.77 $V = \sqrt{\left[\dfrac{2mg \operatorname{sen}\theta}{C_D A\rho \cos^2\theta}\right]} \quad t = 1,30$ mm

9.79 (a) $U_{\text{máx}} = 121$ m/s, $U_{\text{mín}} = 43,5$ m/s,
(b) $t_{\text{mín}} = 6,53$ s, $t_{\text{máx}} = 18,2$ s,
(c) $y_{\text{mín}} = 160,2$ m, $y_{\text{máx}} = 1239$ m

9.81 $t = 2,86$ s, $x = 186$ m

9.83 (a) 46,57 kW, (b) $V_{\text{máx}} = 43,4$ m/s,
(c) $P_{\text{novo}} = 43,43$ kW, $(V_{\text{máx}})_{\text{novo}} = 44,4$ m/s,

700 Respostas de Problemas Selecionados

(d) $\tau = 7,56$ meses

9.85 (a) $V = 21,2$ m/s, (b) $\eta = 87,7\%$,
(c) $a_{máx} = 3,07$ m/s², (d) $V_{máx} = 248$ km/h,
(e) Coeficiente de arrasto melhorado

9.87 $C_D = 1,17$

9.89 $F_D = C_D A \dfrac{1}{2}\rho(V-U)^2 \quad T = C_D A \dfrac{1}{2}\rho(V-U)^2 R$

$\mathcal{P} = C_D A \dfrac{1}{2}\rho(V-U)^2 U \quad \omega_{ótimo} = \dfrac{V}{3R}$

9.91 $P = 2,99$ kW

9.93 $V = 23,3$ m/s $\quad Re = 48.200 \quad F_D = 0,111$ N

9.95 $x = 13,9$ m

9.97 $C_D = 0,5$, 10% maior na região de $Re \approx 10^3$ até $Re \approx 10^4$

9.99 $F_D = \dfrac{7}{9} C_D \dfrac{1}{2}\rho U^2 DH \quad M = \dfrac{7}{16} C_D \dfrac{1}{2}\rho U^2 DH^2$

$\dfrac{F_D}{F_{D_{uniforme}}} = \dfrac{7}{9} \quad \dfrac{M}{M_{uniforme}} = \dfrac{7}{8}$

9.101 $D = 7,99$ mm $\quad y = 121$ mm

9.105 $C_D = 6,94$, $u = 0,64$ m/s

9.107 $F_D = 2,53$ kN, $h = 8,37$ m

9.109 $t = 4,93$ s, $h = 30,0$ m

9.111 $x \approx 203$ m

9.113 $C_L = 0,726$, $C_D = 0,0538$

9.117 (a) $V_{máx} = 5,62$ m/s, (b) $P = 31,0$ kW,
(c) $V_{máx} = 19,9$ m/s

9.119 (a) $V_{mín} = 144$ m/s, (b) $R = 431$ m, (c) Conforme a altitude aumenta, a massa específica diminui, e tanto a velocidade quanto o raio aumentarão.

9.121 $V = 289$ km/h

9.123 $F_D = 2,2$ kN, $P = 147$ kW

9.125 (a) $F_L = -1,32$ kN (força para baixo)
(b) $\Delta F_B = 1,43$ kN

9.127 $(P_{Piloto})_{mín} = 224$ W, $P_{Piloto} < 290$ W

9.131 $F_L = 0,0822$ N $= 0,175$ mg $\quad F_D = 0,471$ N $= 0,236$ mg

9.133 $\omega = 14.000 - 17.000$ rpm $\quad x = 1,21$ m

9.135 $\omega = 3090$ rpm

Capítulo 10

10.1 $H = 135$ m $\quad \dot{W} = 994$ kW

10.3 $\dot{W} = 2,15 \times 10^7$ W $\quad H = 439,2$ m

10.5 $\dot{W} = 161$ kW $\quad H = 65$ m

10.7 $\beta_1 = 80,9°$, $\quad W_m = 105$ hp

10.9 $\beta_1 = 50°$, $\quad \dot{W} = 3,24 \times 10^4$ kW $\quad 425,4$ m

10.11 (a) $H = 50,15$ m, $\quad H = 61,16$ m

10.17 $Q = 19,4$ m³/min $\quad H = 5,52$ m $\quad \eta = 82,6\%$
$N_s = 2,64$

10.19 $N_s = \Pi_3^{\frac{1}{2}}/\Pi_2^{\frac{5}{4}}$

10.21 1 hp $= 1,01$ hpm $\quad N_{s_{cu}} = 0,228\, N_s$(rpm, hpm, m)

10.23 (a) $Q = 500$ m³/h, $H = 39$ m, (b) BEP_{11} é a $Q = 385$ m³/h, $H = 32,73$ m, BEP_{13} é a $Q = 636$ m³/h, $H = 45,77$ m, (c) Os pontos de escala modificada estão mais próximos dos $BEPs$ medidos.

10.25 $H' = 10,9$ m

10.27 $\hat{H}(\text{ft}) = 67,0$ ft $- 3,83 \times 10^{-6}[Q(\text{gpm})]^2$

10.29 O motor não é adequado para acionar a bomba diretamente. Pelo uso de uma correia de transmissão.

10.31 $a = 0,0384$, $b = 9,95 \times 10^{-8}$, A curva de ajuste tem boa precisão perto da frequência de pico, mas subestima os dados medidos em outros pontos.

10.33 $Q = 81,2 \times 10^{-3}$ m³/s

10.35 $H_a = 12,5$ m, $P_m = 1,531$ kW, Custo $= \$0,216$/h

10.37 $D = 0,15$ m $\quad \dot{W} = 660,3$ kW

10.39 $Q_1 = 142$ m³/s

10.41 $Q = 614$ m³/h $\quad L_c/D_{válvula} = 26.900$

10.43 $Q_{perda} = 37$ m³/h (6,0% de perda em 20 anos)
$Q_{perda} = 50$ m³/h (8,2% de perda em 40 anos)
$Q_{perda} = 57$ m³/h (9,3% de perda em 20 anos)
$Q_{perda} = 111$ m³/h (18,1% de perda em 40 anos)

10.45 $\dot{W}_{inicial} = 191,2$ kW $\quad \dot{W}_{cheio} = 286$ kW

10.47 $H_p = 37,124$ m $\quad$ Uma bomba de 275 mm tipo $4AE12$ funcionaria
$NPSHA = 24,99$ m $> NPSHR \approx 1,5$ m

10.49 Uma $5TUT168$ funcionaria $\quad \eta \approx (0,86)^3 = 0,636 = 63,6\%$

10.51 $Q = 0,028$ m³/s, $V_n = 37,7$ m/s, $\eta \approx 0,75$, $P = 38$ kW

10.53 $W_{m1} = 50$ kW, $W_{m2} = 189$ kW e $W_{m3} = 321$ kW e $Q_1 = $ não satisfatório, $Q_2 = 0,59$ m³/s (marginal) e $Q_3 = 0,7$ m³/s (ok)

10.55 $P_{requerida} = 8,77$ kW (para uma bomba)

10.57 $H = 36,6$ m $\quad \dot{W} = 7,88$ kW

10.59 $H = 1,284$ m $\quad H = 1,703$ m na velocidade maior

10.61 $A_e = 0,72$ m² $\quad Q = 4,98$ m³/s $\quad h_c = 4,73$ cm
$\dot{W} = 2,30$ kW $\quad \eta = 90,8\%$

10.65 $N = 566$ rpm $\quad D_m/D_p = 0,138 \quad Q = 0,83$ m³/s

10.67 $\dot{W} = 11,7$ MW $\quad N = 356$ rpm
$N_{funcionamento} = 759$ rpm
$T = 2,09 \times 10^5$ N $\cdot$ m $\quad T_{estolagem} = 5,45 \times 10^5$ N $\cdot$ m

10.69 $N_{s_{cu}} = 212 \quad Q = 978$ m³/s

10.71 $R = 1,643$ m $\quad D_j = 37,0$ cm $\quad \dot{m} = 8830$ kg/s

10.73 $V_j = 277$ ft/s, $D = 6,20$ ft, $\dfrac{N_{s_{cu}}}{N_s} = 43,5$

10.75 (a) $D = 41,0$ cm, (b) $Q = 1,081$ m³/s, (c) A eficiência da turbina varia com a velocidade específica. A rugosidade da tubulação aparece para a metade da potência, de modo que ela tem um efeito secundário. Uma roda de Pelton é uma turbina de impulsão que não gira cheia de água; ela direciona o fluxo de água com conchas abertas. Um difusor não poderia ser usado com esse sistema.

10.77 (a) $D = 1,52$ m, (b) $T = 2250$ N, (c) $T = 750$ N

10.79 $J = 0,745 \quad C_F = 0,0452 \quad \eta = 77,7\%$
$C_r = 0,00689 \quad C_P = 0,0039$

10.81 $U = 79,6$ m/s $\quad C_P = 0,364$

10.85 $N = 488$ rpm $\quad \dot{m} = 226$ kg/s $\quad T_{02} = 686,59°C$
$p_{02} = 482,5$ kPa

Capítulo 11

11.3 $V_{corrente} = 2,57$ m/s

11.5 $\dfrac{\lambda}{y} = 5,16$

11.7 $V_{corrente} = 2,43$ m/s $\quad Fr = 2$

11.9 $Q = 22,68$ m^3/s

11.11 $E_c = NA$, 0,547 m, 1,14 m, 1,60 m, 2,19 m

11.13 $E_{mín} = 0,66$ m, $y = 0,445$ m, $V = 2,09$ m/s

11.15 $\dfrac{Q^2(b + 2y\cot\alpha)}{gy^3(b + y\cot\alpha)^3} = 1$

11.17 $Q = 0,089$ m^3/s

11.19 $y_2 = 0,18$ m

11.21 $y_2 = 0,415$ m

11.23 $Q = 1,35$ m^3/s

11.25 (a) O ressalto É suficiente para escoamento crítico. (b) A constrição NÃO é suficiente para escoamento crítico. (c) O ressalto e a constrição são suficientes para escoamento crítico.

11.27 $y_2 = 4,04$ m $\quad H_l = 1,74$ m

11.29 $Q = 1,48$ m^3/s, $H_1 = 0,48$ m

11.31 $V_r = 2,1$ m/s (7,56 km/h)

11.33 $y = 0,815$ m

11.35 $S_b = 2,03 \times 10^{-3}$

11.37 $Q = 0,194$ m^3/s

11.41 $y = 5,66$ m, $b = 2,67$ m

11.45 $y_n = 0,6$ m, $b = 1,2$ m

11.47 $S_c = 0,0038$

11.49 $b = 1,456$ m, $S_c = 0,00463$

11.51 $P = 2,18$ m

11.53 $H = 0,514$ m

Capítulo 12

12.1 $\Delta u = -574\dfrac{J}{kg}$, $\Delta h = -803\dfrac{J}{kg}$, $\Delta s = 143\dfrac{J}{kg\,K}$

12.3 (a) $q = 1104$ kJ/kg, (b) $q = 789$ kJ/kg

12.5 $V_2 = 247\dfrac{m}{s}$

12.7 $\dot{W} = 392$ kW

12.9 $AT = -2,1°F$

12.11 $M = 0,457, M = 1,13$

12.17 $m = -6,49 \times 10^{-3}$ K/m, $dc/dz = mkR/2c$

12.19 $V = 493$ m/s, $\Delta t = 0,398$ s

12.21 $\Delta t = 8,55$ s

12.23 $\Delta t = 48,5$ s

12.25 $\dfrac{\Delta\rho}{\rho} = 48,5\%$ (Escoamento não incompressível)

12.27 $V = 218$ m/s

12.31 (a) $p_0 = 156,4$ kPa, (b) $p_0 = 166,7$ kPa

12.33 (a) $T_{01} = 20,6°C$, $T_{02} = 20,6°C$, (b) $p_{01} = 1,01$ MPa, $p_{02} = 189$ kPa, (c) Embora não haja atrito, sugerindo que o escoamento deveria acelerar, uma vez que a pressão estática diminui muito, o efeito líquido é a aceleração do escoamento!, (d) Não é um processo isentrópico, (e) $\Delta s = 480$ J/kg·K

12.35 (a) $T_{01} = 445$ K, $p_{01} = 57,5$ kPa (abs),
(b) $T_{02} = 445$ K, $p_{02} = 46,7$ kPa (abs),
(c) $S_2 - S_1 = 59,6$ J/kg·K

12.37 $T^4 = 260$ K, $p^* = 24,7$ MPa abs, $V^* = 252\dfrac{m}{s}$

12.39 $(T)_{tanque} = 20,1°C$, $(T)_{bocal} = 20,1°C$

12.41 $p = 6,52$ psi

12.43 $M_2 = 0,1797$, $p_2 = 610$ kPa

12.45 $M_1 = 0,512$, $M_2 = 1,68$, $A^* = 0,769$ cm^2,
$\dot{m} = 0,0321\dfrac{kg}{s}$

12.47 (a) $\dot{m} = 0,325\dfrac{kg}{s}$, (b) $\dot{m} = 0,325\dfrac{kg}{s}$,

12.49 $M_1 = 0,311$, $M_2 = 0,612$, $\dfrac{A_2}{A_1} = 0,792$

12.51 $\dot{m} = 0,451\dfrac{kg}{s}$

12.53 $P_t = 166$ kPa

12.55 $P_0 = 806$ kPa, $\dot{m} = 1,92\dfrac{kg}{s}$

12.57 $\dot{m} = 1,87 \times 10^{-3}$ kg/s, O diagrama Ts será uma linha vertical. O gráfico é não linear porque V e ρ variam.

12.59 $A_e = 38,6$ cm^2, $\dot{m} = 17,646\dfrac{kg}{s}$

12.61 $A_1 = 1,50 \times 10^{-3}$ m^2, $A_t = 8,89 \times 10^{-4}$ m^2

12.63 $V_s = 5475$ m/s, $T_2 = 14.517°C$, $V = 4545$ m/s

12.65 $p_2 = 842$ kPa, $V_2 = 242$ m/s,
$T_2 = 145°C$, $c_2 = 406$ m/s

12.67 $T_2 = 520$ K, $p_{02} = 1,29$ MPa abs

12.69 $V_1 = 416\dfrac{m}{s}$, $\quad V_2 = 399\dfrac{m}{s}$

12.71 $p_0 = 57,9$ kPa abs, $T = 414$ K, $p = 51,9$ kPa abs

Índice

A

Aceleração
  arbitrária, 125
  retilínea, 118
Acionamento de velocidade variável, 483
Alojamento, 440
Altura
  de carga
    bruta, 498, 501
    de bloqueio, 456
    efetiva, 498, 501
    líquida, 498, 501
  de sucção positiva líquida, 470
    disponível, 471
    requerida, 471
Análise
  de erro experimental, 15
  dimensional, 261
Anemômetros
  de *laser* Doppler, 358
  térmicos, 358
Ângulo de contato, 34
Aplicações DFC, 188
Área
  de escoamento, 544
  frontal, 447
  planiforme, 447
Arrasto, 443
  de atrito puro, 444
  de pressão, 39
  induzido, 459
Ascensão capilar, 34
Atmosfera-padrão, 55

B

Balanço de energia mecânica, 228
Barômetro, 60
Bloqueio, 528
Bocal
  convergente-divergente, 623, 633
  de vazão, 349
  medidor, 351
  subsônico, 225
  supersônico, 622
Bombas, 439
Boosters, 525

C

Calor específico, 594
Camada
  -limite, 38, 421, 425, 439
  tampão, 313
Campo
  de escoamento uniforme, 23
  de tensão, 27
  de velocidade, 21
Canal
  convergente, 621
  de fuga, 442
  divergente, 622
Caracol, 440
Característica de desempenho, 460
Carcaça, 440
Carenagem, 39, 454
Carga
  de energia, 552

específica, 552
  total, 552
Carregamento
  de asa, 461
  de disco, 510
Cativação, 41, 270, 470
Centro de área, 358
Centroide, 64
Choque(s), 528
  normal(is), 638, 639, 683
Ciclo Rankine, 524
Circulação, 173
Coeficiente
  de arrasto, 443
  de descarga, 349
  de empuxo, 513
  de perda, 322
  de performance, 15
  de potência, 513
  de torque, 513
  de vazão, 349, 450
  de velocidade de avanço, 512
Compostos surfactantes, 35
Compressão, 42
Compressores, 439, 525
Concordância da solução, 198
Condição
  de bloqueio, 467
  de projeto, 446, 635
Cone de Mach, 604, 606
Conservação da massa, 5, 89, 94, 154, 615
Consistência dimensional, 14
Convecção, 167
Convergência iterativa, 199
Conversor de energia, 153
Coordenada(s)
  cilíndricas, 158
  de linha de corrente, 211
  retangular(es), 154, 215
Corpo
  de Rankine, 239
  rígido, 211
Critério de convergência, 200

D

Deformação
  angular, 164, 174
  de fluido, 174
  linear, 164, 174
Densidade
  de potência, 492
  relativa, 20, 655
Depressão capilar, 34
Derivação, 91
Derivada
  de partícula, 167
  material, 167
    da velocidade, 21
  substancial, 167
Deslocamento positivo, 347
Diagrama(s)
  de corpo livre, 6, 7
  de velocidade, 446
Diâmetro hidráulico, 328
Diferencial, 89
Difusor(es), 442
  subsônico, 225, 621

Dilatação volumétrica, 176
Dimensão(ões), 10
  primária, 11
  secundária, 12
Dinâmica de fluidos computacional
  (DFC), 186, 442
Disco
  atuador, 507
  de hélice, 507

E

Efeito de pressão desprezível, 445
Eficiência
  de bomba, 449
  de turbina, 450
  global, 494
  volumétrica, 494
Elasticidade, 4
Elemento de escoamento laminar, 353
Elevação do leito do canal, 552
Empuxo, 74
Energia
  cinética, 316
  das correntes, 87
  das ondas, 50, 153
  elétrica, 2
  eólica, 1
  específica, 552, 556
  mecânica, 228
Energy efficiency ratio (EER), 14
Entalpia, 594
  de estagnação, 525, 617
Entropia, 595
Equação(ões)
  algébricas, 68
    não lineares, 620
      acopladas, 640
  básica, 51
  da continuidade, 95, 156
  de Bernoulli, 14, 112, 114, 214, 215, 225, 226, 232, 309
  de energia, 226, 329, 549, 577
  de "engenharia", 14
  de estado, 618
  de Euler, 183, 210, 232, 444-456, 496
    das turbomáquinas, 445
  de Laplace, 234, 239, 442
  de Manning, 571, 572, 575
  de Navier-Stokes, 183, 197
  diferenciais, 7
  integral da quantidade de movimento, 430
  semiempírica de Manning, 14
Erro
  de truncamento, 195
  experimental, 15
Escoamento(s)
  bidimensional, 22, 167, 234
  com gradiente de pressão zero, 422, 439
  compressível, 40, 96, 524, 529
  de fluidos, 259
  de vórtice, 171
  em canal aberto, 42, 549
  em dutos, 42
  em regime permanente, 167
  externo, 42
  fluido, 442

Índice 703

horizontal, 547, 565
incompressível, 40, 41, 180, 234, 546, 565
  bidimensional, 161
interno, 42, 292
  características, 292
invíscido, 38
irrotacional(is), 173, 232
isentrópico, 619, 629, 682
laminar, 40, 294, 298, 305, 318
não viscoso, 37, 38
para fora, 102
permanente, 96, 214, 445
planos elementares, 237
sem atrito, 558
subsônico, 43, 621
supersônico, 43, 646
transiente, 232
tridimensional, 22
turbulento, 40, 318, 436
unidimensional, 22, 167, 543
unidirecional, 445
uniforme, 22, 238, 570, 577
viscoso, 37
Espessura
  de deslocamento, 423
  de perturbação, 422
  de quantidade de movimento, 423
Estabilidade, 74
Estágio, 440
Estática dos fluidos, 51
Estratégia de DFC, 193
Exatidão de primeira ordem, 195

F

Fator
  de atrito, 317
  de interferência, 517
Fluido(s), 4, 19
  barotrópico, 41
  como contínuo, 19
  definição, 4
  dilatante, 33
  estacionário, 19
  estático, 55
  incompressível, 95, 156
  inteligentes, 4
  leis básicas, 5
  mecânicos, 1
  meio contínuo, 19
  não newtoniano, 30, 32
  newtoniano, 30, 179
  pseudoplásticos, 33
  razão de deformação, 4
  reopéticos, 34
  tixotrópicos, 34
  viscoelásticos, 34
Fluxo
  axial, 439
  misto, 439
  radial, 439
Força(s), 12, 52
  de arrasto, 264
  de campo, 27
  de empuxo do fluido, 74
  de superfície, 27
  hidrostática, 63, 70
  linha de ação da, 63
  líquida, 65
    vertical, 71
  módulo, 63
  resultante, 64
  sentido da, 63

Formulação
  diferencial, 7
  integral, 7, 8
Função de corrente, 161, 234

G

Gás, 61
  ideal, 5
Golpe de aríete, 41
Gradiente
  adverso de pressão, 439
  de pressão, 52, 439
    adverso, 39, 420
    favorável, 439
Gravidade, 542
  específica, 20
Grupo(s)
  adimensionais, 42
  de partículas, 88

H

Hélices, 506
Hidrodinâmica teórica, 421
Horsepower (hp), 452

I

Impulsor, 440
Incerteza experimental, 15
Índice de cavitação, 270
Integral, 89
Intensidade do choque, 644
Isentrópica local, 607

L

Laminar flow element (LFE), 354
Lei da potência, 313
Leis básicas, 89
Linha
  de corrente, 23, 24, 232
  de emissão, 23
  de energia, 230
  de *surge*, 529
  de tempo, 23, 24
  piezométrica, 230, 231
Líquido manométrico, 58

M

Malha de convergência, 196
Manômetro, 55, 56
Máquinas
  centrífugas, 439
  de deslocamento positivo, 439
  de fluxo, 439
  dinâmicas, 439
  eólicas, 506
Massa específica, 20
Mecânica dos fluidos, 1-3, 5, 269
  clássica, 20
Medidor(es)
  de área variável, 356
  de flutuador, 356
  de turbina, 357
  de vazão
    de vórtice, 357
    eletromagnético, 358
    ultrassônicos, 358
Menisco curvo, 34
Método(s)
  de descrição lagrangiano, 8, 168
  de diferenças finitas, 195
  direto, 346

Euleriano, 168
transversos, 358
Módulo de compressibilidade, 41
Movimento(s)
  angular, 89, 125
  de fluido, 36
    classificação, 36
    descrição, 36

N

Número
  crítico de Mach, 515
  de cavitação, 270
  de Euler, 270
  de Froude, 545
  de Mach, 271, 292, 644
  de Reynolds, 37, 39, 270, 274, 275, 298, 338, 420, 449, 689
  de Weber, 271

O

Oyster (ostra), 153

P

Paradoxo de d'Alembert, 36
Partícula
  cinemática, 163
  fluida, 163
  individual, 88
Pás
  curvadas
    para a frente, 456
    para trás, 456
  -diretrizes, 442
  -guias, 442
  de entrada, 447
Perda(s)
  de carga total, 329
  maior, 329
  menor(es), 322, 329
Perímetro molhado, 328, 544
Peso
  do fluido deslocado, 74
  específico, 21
Pitot, 358
  -estático, 358
Placa(s)
  de extremidade, 465
  de orifício, 349, 350
  estacionárias, 294
Plano meridional, 451
Plástico
  de Bingham, 33
  ideal, 33
Polares arrasto-sustentação, 459
Ponto(s)
  de deslocamento, 39
  de estagnação, 38
  de melhor eficiência, 465, 467
  de separação, 39
  homólogos, 467
Posição MNOP do tempo, 29
Potência
  hidráulica, 449, 450
  requerida, 525
Potencial de velocidade, 233, 234, 236
Pressão
  absoluta, 54, 65
  de estagnação, 217, 218
  de vapor, 41
  dinâmica, 217
  estática, 217

704 Índice

manométrica, 54, 65
total, 218
Primeira lei da termodinâmica, 5, 90, 129, 616
Princípio
da quantidade, 89, 125
de movimento angular, 5
de Arquimedes, 74
Prismático, 544
Processo
adiabático, 596
isentrópico, 596
reversível, 596
Profundidade(s)
alternativas, 552
conjugadas, 566
crítica, 555
de escoamento, 544, 552
de estagnação, 607
de um canal retangular equivalente, 545
hidráulica, 545
média, 545

Q

Quantidade(s)
de movimento, 616
primárias, 10
secundárias, 10

R

Raio hidráulico, 544
Razão
de aspecto, 328, 459
de calores específicos, 595
de diâmetros, 58
de rotação, 469
Recompressão (*boosters*), 525
Região
de entrada, 293
de transição, 313
do espaço, 88
Regime
permanente, 21, 24, 156, 547, 565, 570
transiente, 24
Relações de choque normal, 644
Ressalto hidráulico, 563, 566
Rotação, 163
de fluido, 170
Rotor
aberto, 440
fechado, 440

S

Segunda lei
da termodinâmica, 5, 129, 616, 618
de Newton, 101, 118
do movimento de Newton, 5, 6, 11, 89, 90
Semelhança geométrica, 271
Sensibilidade, 57
Separação de escoamento, 439
Séries de Taylor, 173, 195
Shutoff, 456
Sistema(s)
aberto, 6

de controle, 6, 7
finitos, 7
infinitesimais, 7
de elevação pura, 475
de fluido, 473
de trajetos múltiplos, 343
discreto, 196
fechado, 6
gravitacional britânico, 12
Internacional de Unidades (SI), 11
Sky Windpower, 2
Sobre-expandidos, 635
Solenoidal, 459
Solidez, 441
Solucionador
direto, 198
iterativo, 198
Sopradores, 439
Subexpandido, 635
Substâncias viscoelásticas, 5
Superfície
curva submersa, 70
de sucção, 457
submersa, 63
plana submersa, 63
Sustentação, 456
coeficiente, 456

T

Tangencial, 4
Taxa
de cisalhamento, 30
de fluxo de volume, 96
Tensão(ões), 27
de cisalhamento, 4, 27, 131, 297, 300, 310
de Reynolds, 311
normal(is), 27, 130
superficial, 34, 657
Teorema
de transporte de Reynolds, 93
Pi de Buckingham, 262, 263, 443
Teoria
de elemento de pá, 507
de Stokes, 449
de turbina hidráulica, 496
Termodinâmica, 6, 593
Trabalho
de eixo, 130
de saída, 525
Trajetória, 23
Transferência de energia, 449
Transformação de energia cinética, 449
Translação, 163
Troposquiana, 516
Tubo(s)
adutor(es), 498, 503
de corrente, 226
de extração, 443
de Pitot, 219
Turbinas
a vapor, 442
de impulsão, 442
de reação, 442
hidráulicas, 442

Turbomáquinas, 439, 444, 524

U

Unidades, 10
de comprimento, 11
de massa, 11
de temperatura, 11, 12
de tempo, 11

V

Valor

arbitrado, 198
relativo, 200
Variação de pressão, 55
Variáveis complexas, 248
Vazão em volume, 96
Velocidade
corrigida, 528
da pá, 445
de avanço, 510
de escoamento, 552
de operação, 469
de projeto, 446
do som, 599, 603
subsônico, 599
supersônico, 600
específica, 451
meridional, 451
uniforme, 546, 565
Vena contracta, 347
Ventilador(es), 439
gaiola de esquilo, 487
Venturi, 349, 353
Vertedouro(s), 584
de soleira
delgada, 584
espessa, 586
horizontal contraído, 585
triangular, 585
Viscoelásticas, 5
Viscosidade, 29,
absoluta, 31
aparente, 33
cinemática, 31
constante, 180
dinâmica, 31
natureza física, 658
Vivace, 87
Volume
de controle, 6, 7, 88, 91, 116, 126, 132
inercial, 101
rotativo, 126
específico, 594
Voluta, 440
Vórtice(s)
de borda de fuga, 459
livre, 239
Vorticidade, 173

W

Wavebob, 50
Winglets, 465

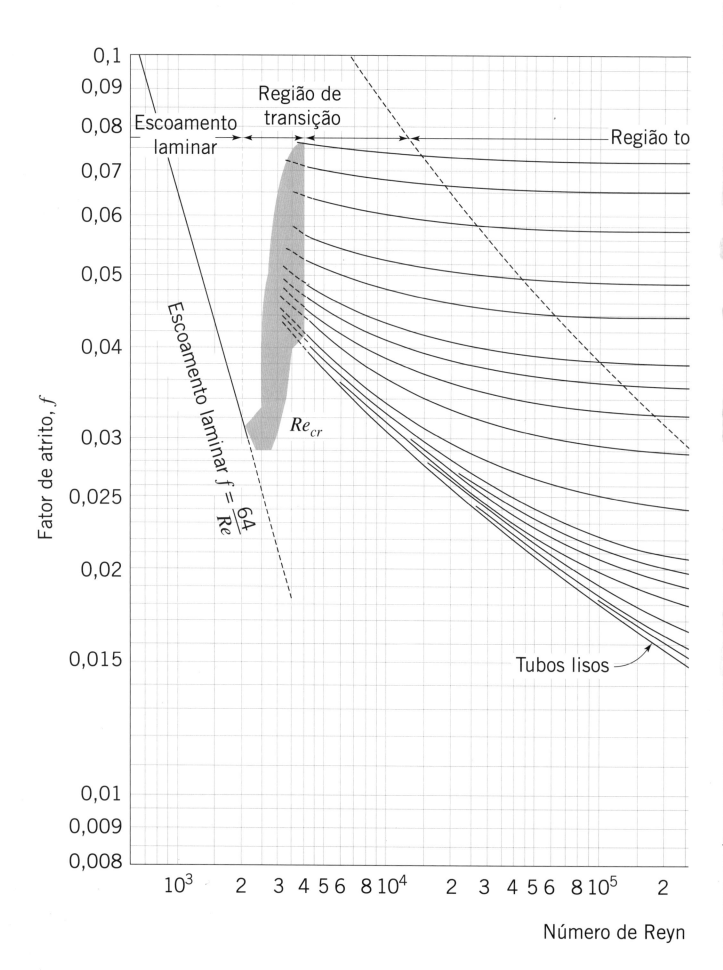